L'AGRICULTURE

ET

LES CLASSES RURALES

DANS LE PAYS TOULOUSAIN

DEPUIS LE MILIEU DU DIX-HUITIÈME SIÈCLE

Imprimerie typographique Berdal Durand et Comp.
Toulouse

L'AGRICULTURE

ET LES

CLASSES RURALES

DANS LE PAYS TOULOUSAIN

DEPUIS LE MILIEU DU DIX-HUITIÈME SIÈCLE

PAR

M. THÉRON DE MONTAUGÉ

MEMBRE DU CONSEIL GÉNÉRAL DE LA HAUTE-GARONNE
MEMBRE CORRESPONDANT DE LA SOCIÉTÉ IMPÉRIALE ET CENTRALE D'AGRICULTURE DE FRANCE
MEMBRE DE L'ACADÉMIE IMPÉRIALE DES SCIENCES DE TOULOUSE
VICE-SECRÉTAIRE DE LA SOCIÉTÉ D'AGRICULTURE DE LA HAUTE-GARONNE
CULTIVATEUR A PÉRIOLE.

> Le bien de l'humanité est la fin de la société. Il est de notre devoir à tous, tant que nous sommes, de concourir, selon nos forces et nos moyens, à procurer à nos semblables, dès cette vie et au sein de la cité qui nous rassemble, la plus grande somme possible de bonheur.
>
> (PORTALIS.)

PARIS

LIBRAIRIE AGRICOLE DE LA MAISON RUSTIQUE
26, RUE JACOB, 26.

TOULOUSE
CHEZ LES PRINCIPAUX LIBRAIRES

—

1869

AVANT-PROPOS

C'est icy un livre de bonne foy.

(MONTAIGNE).

L'ouvrage que nous soumettons au lecteur n'est pas, à proprement parler, ce qu'on nomme un livre dans le sens élevé du mot; c'est plutôt un essai comprenant une série d'études, conçues d'après un plan méthodique, mais écrites sans prétentions littéraires ou doctrinales. L'auteur, agriculteur de profession, ne s'est proposé que d'examiner, en homme pratique, les divers sujets sur lesquels son attention s'est portée tour à tour. Voué à la vie active des champs, sans cesse mêlé à la population des campagnes, il n'a pu consacrer à son œuvre favorite que les heures de délassement laissées à sa disposition par les travaux agricoles dans le cours d'une carrière déjà longue. Naturellement ses préférences se sont portées sur la région qu'il habite; le sujet lui était plus familier, les recherches plus faciles, les comparaisons plus sensibles. C'est donc au pays toulousain qu'il a limité cet *Essai sur l'état de l'agriculture et la condition des classes rurales, depuis le milieu du dix-huitième siècle jusqu'à ce jour.*

L'ouvrage si attrayant et si solide de M. de Lavergne, sur l'économie rurale de la France, en m'inspirant la pensée de faire une étude approfondie de l'agriculture dans mon pays natal, avait marqué le point de départ et le but de mes efforts.

A la révolution de 1789, commence, en effet, un nouvel ordre de choses. Si, pour bien apprécier l'influence des principes qui ont dirigé la société issue de ce mouvement, il était nécessaire de préciser la situation au moment où il éclata, d'un autre côté, pour être juste envers les hommes de ce temps, il faut remonter un peu plus haut, afin de mesurer le chemin qu'ils avaient eux-mêmes parcouru. Tel est l'objet que je me suis proposé dans la première partie de ces Etudes. Je n'ai pas reculé devant des recherches longues et minutieuses. Mes investigations ont porté sur les procès-verbaux des Etats de Languedoc, les archives de la subdélégation de Toulouse, les arrêts du parlement, les papiers du clergé et des hôpitaux, ceux de diverses communautés et de quelques anciennes familles. Enfin, mon examen s'est étendu aux cahiers des doléances dressés dans la sénéchaussée de Toulouse : documents pleins d'intérêt, rassemblés par un de mes proches, M. Fos de Laborde, l'un des représentants que le tiers état de cette circonscription envoya à l'Assemblée nationale.

Je suis si loin d'avoir épuisé ces sources fécondes d'information, que je ne prétends pas même les avoir toutes complètement sondées. Si d'autres, plus maîtres de leur temps et plus habiles, reprennent ces recherches, ils peuvent être assurés d'avoir une ample moisson de faits à recueillir, et je souhaite de tout mon cœur que l'entreprise soit tentée. Elle le serait avec d'autant plus de fruit, aujourd'hui, qu'un classement méthodique a été introduit dans les archives départementales depuis l'époque où j'explorais ce précieux dépôt.

J'ai dû me livrer à une multitude de calculs dont j'épargnerai au lecteur le détail aride, me bornant à fixer son attention sur les résultats acquis. Je m'efforcerai d'être, autant que possible, vrai et clair dans l'exposition des faits, impartial et modéré dans mes appréciations.

C'est une bonne fortune pour l'écrivain dont le sujet touche à des questions chaque jour agitées, et sur lesquelles la plupart des lecteurs ont une opinion faite, de se présenter à eux avec des documents authentiques encore inexplorés, des faits bien constatés et inédits :

Juvat integros accedere fontes
Atque haurire.....

Cette bonne fortune, je la dois à mon savant ami M. Baudouin, archiviste en chef de la Haute-Garonne, qui a bien voulu diriger mes recherches dans les liasses de la subdélégation de Toulouse, et qui m'a révélé l'existence d'un volume, malheureusement tronqué, contenant les réponses manuscrites des curés du diocèse à un questionnaire envoyé, en 1763, par l'archevêque, et relatif à l'état des paroisses. C'est en m'aidant de ces documents contemporains et de l'expérience acquise dans la pratique de la vie et des travaux des champs, que j'ai essayé de décrire, dans la première partie de cet ouvrage, l'état de l'agriculture et la condition des classes rurales dans notre pays pendant la seconde moitié du dix-huitième siècle.

Les résultats auxquels m'a conduit cette étude, diffèrent entièrement de l'opinion qu'on pourrait concevoir à la lecture de la poétique description du Languedoc, tracée par Florian dans la pastorale d'Estelle, qu'il dédia aux Etats de cette province : « Je veux, disait-il, célébrer ma patrie, je veux peindre ces beaux climats où la mûre vermeille, la grappe dorée croissent ensemble sous un ciel toujours d'azur; où, sur de riantes collines, semées de violettes et d'asphodèles, bondissent de nombreux troupeaux; où enfin, un peuple spirituel et sensible, laborieux et enjoué, échappe aux besoins par le travail et aux vices par la gaieté. » Hélas! dans tout le cours de mes recherches, je n'ai pu retrouver la trace de ce bétail si nombreux, qui n'eût pas seulement animé le paysage, mais fécondé le sillon du laboureur. Encore moins ai-je rencontré dans les documents contemporains les témoignages du bien-être de la population rurale. Les bords du Gardon auraient-ils été plus favorisés que les rives de la Garonne? Il n'est guère probable qu'il en fût ainsi. Mais on peut admettre avec plus de vraisemblance que, jugeant les choses par comparaison, le poète avait vu le paysan moins malheureux en Languedoc que dans les autres contrées qu'il avait parcourues.

Notre premier livre est consacré à l'étude des assolements et des diverses cultures. Le second traite du bétail. Nous avons groupé dans le troisième ce qui est relatif aux travaux, aux produits et au capital agricole.

Avec le quatrième livre commence l'histoire des classes rurales; il est spécialement consacré à la population ouvrière, et divisé en quatre chapitres : les salaires, le régime alimentaire, l'assistance publique, les mœurs et l'instruction.

Le livre cinquième comprend sous ce titre : La propriété et les propriétaires, trois chapitres, dans lesquels on passe en revue la constitution de la propriété et la condition des diverses classes de personnes qui la détenaient : vassaux et bourgeois, noblesse et clergé.

Dans le livre suivant, consacré à l'administration publique, nous avons tracé le tableau de l'organisation judiciaire, financière et administrative de la Province, en faisant ressortir le rôle important des Etats de Languedoc.

Le septième livre contient le résumé des doléances et des vœux du pays toulousain, exprimés dans les cahiers de 1789. Avec la chute de l'ancien régime se termine la première partie de l'ouvrage.

Encouragé par les suffrages de l'Académie des sciences de Toulouse et par la Société impériale et centrale d'agriculture de France, qui m'accorda une médaille d'or, en 1864, sur le rapport de M. de Lavergne, je me décidai à poursuivre ma tâche. Déjà même elle était assez avancée, lorsque la mort d'un père qui m'avait consacré sa vie, et auquel j'avais voué la reconnaissance la plus vive, vint en interrompre le cours. Je devais à mon père, avec une position aisée, des exemples d'honneur et de délicatesse, d'autant plus méritoires qu'il n'avait pas toujours été favorisé de la fortune. Il avait cherché à m'inspirer l'esprit d'ordre, l'économie et la simplicité des goûts, qui font trouver dans une situation modeste les éléments d'une position plus élevée ; ami des faibles et des malheureux, il ne leur avait jamais refusé ni ses conseils ni son appui ; enfin, je tenais de lui cet amour des champs et des livres, qui fait le charme et l'utilité de la vie rurale.

Lorsque ma santé, profondément altérée par une perte aussi douloureuse, n'exigea plus autant de ménagements et que les affaires me laissèrent un peu de loisir, je repris mes *Études*. Mais le temps avait marché, de nouvelles recherches étaient devenues nécessaires ; j'ai profité de ce travail de révision pour refondre la première partie de cet ouvrage et compléter la seconde.

Celle-ci se subdivise en huit livres, dont les deux premiers sont consacrés à l'histoire et à l'examen critique des assolements et des cultures nombreuses en usage dans la Haute-Garonne. On y passe successivement en revue les céréales, les légumes, les plantes à racine alimentaire, les plantes oléagineuses, potagères, textiles et fourragères, les végétaux à tige ligneuse (vigne, arbres), etc. Chacune de ces plantes est l'objet d'une monographie détaillée.

Dans le troisième livre, qui traite du bétail, nous avons réservé une place à chacune de nos espèces d'animaux domestiques.

Avec le quatrième commencent nos études sur les classes rurales ; il est consacré aux populations ouvrières. Toutefois, avant de décrire le côté matériel et moral de la vie du paysan, nous avons cru devoir appeler l'attention du lecteur sur le mouvement général de la population, caractérisé par l'accroissement des villes aux dépens des campagnes et aussi par la diminution des naissances. Un dernier chapitre est consacré à la question des salaires.

Dans les deux livres suivants, nous nous sommes attaché à résoudre deux grandes questions qui, par leur importance, méritaient un examen approfondi. C'est ainsi, que le quatrième livre traite de l'assistance publique dans les campagnes, et le cinquième de l'éducation et de l'enseignement au point de vue de l'agriculture.

Dans le livre suivant, intitulé : De la propriété foncière et de l'entreprise agricole, nous étudions les changements que la propriété a subis, chez nous, depuis 1789, les divers modes d'exploitation en usage dans le département (fermage, colonage partiaire, faire-valoir), enfin, le capital agricole considéré dans ses trois branches : capital fixe, cheptel et fonds de roulement.

Le huitième et dernier livre contient sous ce titre : Les vœux et les besoins de l'agriculture, un exposé de l'enquête agricole dans la Haute-Garonne, et les conclusions que l'ensemble de ces études nous a inspirées.

Pour la seconde partie de cet ouvrage, j'ai puisé de nombreux renseignements dans la collection du *Journal de la Société d'agriculture de Toulouse*, dans plusieurs écrits spéciaux, et dans un grand nombre de documents publics ou privés. Enfin, pour la mise en œuvre de ces matériaux, j'ai profité de l'expérience acquise dans la direction de mon domaine de Périole, qui m'a valu une médaille d'or au concours pour la prime d'honneur en 1861, et une médaille d'or, grand module, en 1868. Quatre fois désigné par les suffrages de la Société d'agriculture pour faire partie de la commission chargée de visiter les propriétés concourant pour la prime départementale offerte au domaine le mieux tenu, j'ai pu examiner attentivement, en compagnie d'hommes instruits et expérimentés, les principales stations agronomiques d'une contrée qui m'était déjà connue en bien des points divers.

Je dois prévenir le lecteur que je ne saurais parler ici le langage d'un savant, n'étant qu'un simple praticien, ni celui d'un littérateur, puisque je passe la moitié de ma vie à m'entretenir, avec nos campagnards, dans un idiome dont le génie ne s'harmonise pas toujours avec celui de la langue française. Mais, à défaut d'art, ce travail aura du moins le mérite d'être consciencieux et sincère. Laissant à d'autres le soin de discuter les théories économiques et les questions de science, je me suis placé, autant que je l'ai pu, sur le terrain des faits pratiques.

Mû par le seul désir d'être utile et accoutumé au franc parler de l'homme des champs, je dirai, sans détour, ma pensée sur toute chose. Bienveillant sans flatterie, je m'efforcerai de signaler les services rendus à l'agriculture, accomplissant ainsi un acte de justice qui, en honorant les uns, devra exciter la reconnaissance et l'émulation des autres.

Sans cesser d'être tolérant pour les personnes, je combattrai avec résolution, quelle que soit l'inégalité des forces, tout ce qui, dans l'ordre moral et dans l'ordre économique, me semblera dangereux pour l'harmonie sociale ou contraire à nos intérêts locaux. Ma conscience sera toujours la règle et, au besoin, j'ose l'espérer, l'excuse de mes appréciations.

Malgré les soins qu'il a coûtés, ce travail présentera sans nul doute des omissions et des erreurs involontaires. Ayant fait tout ce qui dépendait de moi pour les prévenir, je serai toujours disposé à les réparer. J'attends beaucoup, pour cet objet, de l'analyse des procès-verbaux du conseil général de la Haute-Garonne, dont la publication, votée dans la session dernière (29 août 1868), a été confiée à une plume habile. Plusieurs parties de mon travail ayant été communiquées, en divers temps, à mes collègues de la Société d'agriculture et de l'Académie des sciences de Toulouse, j'ai mis à profit leurs observations et leurs conseils; qu'ils reçoivent ici l'expression de ma reconnaissance. On peut être certain que j'accueillerai dans le même esprit les renseignements qui pourront m'être transmis sur les divers sujets traités dans cet ouvrage.

NOTIONS PRÉLIMINAIRES

Avant d'entrer en matière, il a paru utile de décrire sommairement la topographie, la composition du sol et le climat de la région qui va nous occuper. Je l'ai désignée sous le nom de pays toulousain dans la première partie de ce travail, pour indiquer qu'elle n'est pas exclusivement bornée au département de la Haute-Garonne, mais qu'elle s'étend hors de ces limites, à la contrée dont Toulouse est le centre. Au contraire, dans la seconde partie de cet ouvrage, j'ai circonscrit, en général, les recherches et les observations à nos quatre arrondissements.

Géographie. — Le département de la Haute-Garonne, formé aux dépens du Languedoc et de la Guyenne, à laquelle il a emprunté la plus grande partie du comté de Comminges et une petite portion de l'Armagnac, s'appuie au midi, sur une étendue de 2 myriamètres, à la chaîne des Pyrénées qui le sépare de l'Espagne. Il est borné à l'est par les départements de l'Ariége, de l'Aude et du Tarn ; au nord, par celui de Tarn-et-Garonne ; à l'ouest, par ceux du Gers et des Hautes-Pyrénées. On le voit s'étendre depuis 0° 20' jusqu'à 1° 54' de longitude à l'ouest de Paris, et depuis 42° 40' jusqu'à 43° 53' 1/2 de latitude. Il est compris tout entier dans le bassin de la Garonne. Ce fleuve prend sa source dans les Pyrénées espagnoles, au fond de la vallée d'Aran ; il entre en France à 2 lieues au-dessus de Saint-Béat, se porte vers le nord-ouest jusqu'à Montréjeau, puis se jette à l'est jusqu'à Toulouse, et revient ensuite au nord-ouest avant d'entrer dans le Tarn-et-Garonne. Il parcourt dans ce vaste circuit une longueur de 200 kilomètres, reçoit sur sa droite le Ger, le Salat, la Volp, la Rize, l'Ariége grossie de la Lèze, et le Lhers grossi de la Marcassonne, de la Saune, de la Sausse et du Girou. Ses affluents sur la rive gauche sont la Pique, la Neste, la Noue, la Louge, le Touch, l'Aussonelle, la Save et la Margastau. Une portion du Tarn arrose l'extrémité nord-est du département.

Dans sa plus grande longueur, du sud-ouest au nord-est, depuis le *port* de Venasque jusqu'à la limite du Tarn-et-Garonne dans la commune du Born, le département offre un développement de 16 myriamètres ou 40 lieues ; sa plus grande largeur, de l'est à l'ouest, depuis Revel jusqu'à Molas, n'est que de 10 myriamètres et demi ou 26 lieues. Sa superficie totale est de 629,601 hectares 73 ares (ou 6,296 kilomètres carrés), savoir : sol agricole, 607,000 hectares ; sol non agricole, 22,601 hectares (1). On sait que ce territoire, qui présente une configuration très irrégulière, se trouve réparti entre 4 arrondissements, 40 cantons et 578 communes.

Géologie. — Le département de la Haute-Garonne, situé au pied des Pyrénées, est compris dans la région désignée sous le nom de bassin sous-pyrénéen. Ce bassin est constitué géognostiquement par un dépôt effectué après le dernier soulèvement qui a imprimé à ces montagnes leur caractère actuel.

Les géologues signalent, dans le pays toulousain, en dehors de la partie montagneuse, deux *régions naturelles* distinctes au point de vue de la géographie physique et de l'agriculture : 1º région tertiaire (âge du masthodonte et du dinothérium) ; 2º région diluvienne (âge du mammouth).

A la première appartiennent nos coteaux, nos collines et des plateaux partiels plus ou moins mamelonnés. Elle est horizontalement stratifiée et composée principalement de marnes, d'argiles et d'argerènes contenant des grumeaux d'un calcaire impur ; le sable n'y joue qu'un rôle accessoire et l'on ni rencontre pas de cailloux : c'est le sous-sol des terres arables difficiles à labourer qu'on appelle *terre-fort.* Là, point de nappes d'eau ; on n'y rencontre que des sources faibles et irrégulièrement disséminées. Les puits doivent être poussés jusqu'à une grande profondeur pour fournir une quantité d'eau un peu notable par la réunion des suintements qui peuvent se manifester sur les parois. Sur ce sol de nature argileuse ou marneuse, les eaux s'infiltrent difficilement, et les chemins, pour lesquels il faut chercher ailleurs les matériaux d'entretien, sont généralement mauvais.

(1) Godoffre, *Annuaire de* 1861.

Il n'en est pas ainsi pour la région diluvienne. Dans la vallée de la Garonne, elle consiste géognostiquement en un dépôt peu épais, composé de cailloux pyrénéens de nature assez variée, de gravier et de terre argilo-siliceuse. On doit considérer l'élément terreux du diluvium comme étant formé en partie par des détritus fins des roches pyrénéennes qui ont fourni les cailloux et les graviers; mais il faut y joindre deux autres éléments, l'un de nature argileuse qui provient des schistes pyrénéens qui n'ont pu faire arriver jusqu'à nous de gros fragments à cause de leur peu de consistance et de dureté, et l'autre argilo-sableux, emprunté au terrain tertiaire entamé et lavé par les courants diluviens. C'est cette terre mélangée, assez variable d'un point à un autre, mais de nature le plus souvent siliceuse, et, dans tous les cas, très pauvre en calcaire, qui constitue les *boulbènes,* terres trop sujettes à être tassées par la pluie et durcies par la sécheresse. On conçoit que, suivant la prédominance de l'élément siliceux ou de l'élément argileux, suivant que le sol laisse plus ou moins arriver à la surface le gravier ou les cailloux, on peut avoir des boulbènes siliceuses, argileuses, graveleuses, caillouteuses.

Ces considérations s'appliquent aux plateaux diluviens. Quant à la vallée proprement dite de la Garonne où le sol se trouve beaucoup plus mélangé de débris tertiaires, il est en général plus profond et mieux équilibré. C'est là qu'on rencontre les meilleures terres, les *terres franches.*

Les vallées secondaires tributaires de la Garonne (Lhers, Girou, Touch), méritent une place à part comme régions naturelles subordonnées. Leur sol est constitué par un lehm argilo-sableux plus ou moins calcarifère, résultant du lavage du terrain tertiaire qui encaisse immédiatement les vallées. Les cailloux, lorsqu'il y en a, n'y jouent qu'un rôle accessoire. On connaît la fertilité exceptionnelle de ces terres profondes où tous les éléments essentiels se trouvent le plus souvent réunis et mélangés dans les plus heureuses proportions. Dans ces vallées, comme dans la vallée de la Garonne, le terrain tertiaire se rencontre toujours au-dessous du diluvium. Il est baigné par une nappe d'eau souterraine formée par les infiltrations des sols supérieurs et environnants.

Au point de vue agricole, il est également essentiel de remarquer que la marne, étant un des éléments habituels du terrain tertiaire ou terre-fort, se trouve admirablement disposée pour servir à l'amendement des boulbènes qui la recouvrent, boulbènes auxquelles le calcaire fait presque toujours défaut et qui même ne contiennent souvent qu'une faible proportion d'argile.

Nous ne terminerons pas ces aperçus géologiques dont nous avons emprunté les idées et souvent les termes à M. le professeur Leymerie, sans remercier ce savant des soins conciencieux et éclairés qu'il met à dresser la carte géologique de la Haute-Garonne. Le conseil général, qui l'a chargé de cette mission, ne manquera pas sans doute de reconnaître, par tous les moyens qui sont en son pouvoir, le mérite d'une œuvre capitale au point de vue de la science, et féconde pour les applications journalières de la culture.

Climat. — Sur la carte agronomique de la France, le sud-ouest est renfermé presque en entier dans la région des vignes et dans la sous-région du maïs. La partie la plus méridionale appartient seule à la région des oliviers. C'est un pays de transition entre les cultures arbustives et les céréales. Les pluies y sont plus rares et plus irrégulières, et l'évaporation plus rapide qu'au nord ; les étés sont toujours secs, moins cependant que dans le sud-est, mais les hivers y sont plus rigoureux.

C'est à cette région qu'appartient le département de la Haute-Garonne. Comme il présente, du sud au nord de grandes dissemblances quant au climat, on doit envisager séparément la région des montagnes et la plaine.

La hauteur des sommets qui couronnent les Pyrénées, favorisant l'accumulation des neiges, refroidit considérablement la température dans la contrée environnante. Les hivers y sont longs et prématurés, les étés courts et tardifs. Néanmoins l'humidité de l'atmosphère et la concentration de la chaleur dans les gorges y déveveloppent rapidement, 'au printemps, une végétation magnifique.

Dans la plaine, le climat est soumis à des alternatives de température brusques et fréquentes. La quantité de pluie qui tombe annuellement à Toulouse est, en moyenne, de 644 millimètres ; mais elle est très inégalement répartie entre les divers mois. La plus grande quantité survient en juin ($0^m,077$) au grand péril des céréales ; la plus faible, en juillet (0^m,041) et en août (0^m,035). Dans cette saison, les orages sont fréquents et redoutables ; souvent ils sont accompagnés de grêle. Il n'est pas rare cependant que la prolongation de la sécheresse n'amène un temps d'arrêt si complet dans la végétation que la récolte des fourrages varie de 75 pour 100 d'une année à l'autre. Cette circonstance rend l'élevage du bétail difficile et chanceux.

Le vent du sud-est, l'autan, est ordinairement suivi de pluie ; mais, pendant qu'il souffle, il dessèche la terre, brûle les plantes et énerve l'organisme animal. En juillet et août, il cause une chaleur insupportable. Il prive nos plaines des bienfaits de la rosée qui dédommage les plantes de la rareté des pluies. En revanche, il dissipe les brouillards, autre fléau du laboureur.

En résumé, le département de la Haute-Garonne est un de ceux où l'inconstance du climat se fait le plus sentir et crée le plus de difficultés à la prospérité des cultures. C'est une considération qu'il ne faut jamais perdre de vue lorsqu'on apprécie l'économie rurale du sud-ouest pour la comparer à celle des autres régions.

PREMIÈRE PARTIE

L'agriculture et les classes rurales dans le pays toulousain
sous l'ancien régime

LIVRE PREMIER

TABLEAU DE LA CULTURE DANS LE PAYS TOULOUSAIN AU DIX-HUITIÈME SIÈCLE

CHAPITRE PREMIER

ASSOLEMENTS

Aperçu historique. — Réveil de l'art agricole en France sous le règne de
Louis XVI. — Les assolements dans le diocèse de Toulouse sous l'ancien
régime.

Xénophon, qui vivait près de 500 ans avant Jésus-Christ,
rapporte dans ses *Economiques* que les Grecs suivaient l'assolement biennal : jachère, blé. Or c'est précisément cette pratique
qui était universellement adoptée dans le pays toulousain lorsque la culture du maïs commença à s'y populariser dans le cours
du dix-septième siècle. Après plus de deux mille ans d'efforts et
de défaillances, l'économie rurale était donc revenue au point de
départ. Hélas, beaucoup d'agriculteurs en sont encore là !
Plusieurs fois cependant, durant cette longue suite de siècles,
le progrès avait jeté sa bienfaisante lumière sur le sillon du laboureur, mais les ténèbres reparaissaient bientôt pour marquer
les douloureuses vicissitudes de cette longue lutte que l'humanité grandissante eut constamment à soutenir contre l'autorité

des préjugés et contre l'empire de la force, lutte qui est l'histoire même de la civilisation.

Jadis les Romains avaient enseigné à nos ancêtres les savantes pratiques de la culture latine et notamment l'utilité de faire alterner les légumineuses avec les céréales : *Sic quoque mutatis requiescunt fætibus arva.* Pour les Romains, l'agriculture était le premier des arts, celui qui avait fait la force de la République et préparé ses grandeurs (1). Mais la restauration agricole qu'ils avaient accomplie fut détruite par les Barbares, ennemis implacables du travail, contre la loi duquel ils devaient protester jusque dans l'organisation des relations féodales.

Plus tard, les ordres monastiques, que M. Mignet a appelé de grandes républiques agricoles, industrielles et littéraires, entreprirent de défricher le sol. L'impulsion qu'ils donnèrent fut si bien suivie qu'au treizième siècle la France jouissait d'une véritable prospérité, et qu'à l'avènement des Valois, elle ne comptait pas moins de 25 ou 26 millions d'habitants, chiffre qui n'était pas encore dépassé en 1789.

Tourmentée et ruinée dans la suite par les troubles civils et les guerres de religion, l'agriculture nationale ne commença à se relever que sous Henri IV, qui fit goûter à la France les bienfaits de la paix. Cet heureux changement dut produire une vive impression dans nos contrées, puisqu'il a inspiré à notre Goudelin la strophe suivante de son ode à la mémoire de Henri le Grand :

> Taléu que sur soun froun se pausec la courouno,
> L'englazi se neguéc al riou del delbrembié ;
> La patz y ba béni que de soun oulibié
> Y fec un bél empéut sul laurié de Bellouno (2).

Ce fut un patriarche du Midi, l'illustre Olivier de Serres, dont les lauriers ont reverdi de nos jours au front d'un de ses descendants, le regrettable comte de Gasparin, ce fut, dis-je, Olivier de Serres qui réunit les lois et les pratiques de la bonne culture en un code fameux, qui est resté comme un des plus beaux

---

(1)   *Sic fortis Etruria crevit*
     Scilicet, et rerum facta est pulcherrima Roma.
          (Virgile, *Géorg.*, lib. II.)

(2) Voici le sens de ces vers :

Sitôt que sur son front il posa la couronne, l'angoisse se noya dans le fleuve de l'oubli et la paix accourut greffer son olivier sur le laurier de Bellone.

monuments élevés à la science agricole dans le cours des siècles. Tout le monde connaît ces belles paroles de Sully : « Labourage et pâturage sont les deux mamelles de la France, les vraies mines et trésors du Pérou. » Telle fut la maxime du règne.

Mais, après Henri IV, le pouvoir royal, qui s'efforçait d'affermir sa domination sur les ruines de la féodalité et des libertés municipales, accabla la culture sous le poids des charges. Il l'épuisa d'hommes et d'argent. Le joug des seigneurs fut allégé, mais le souverain appesantit son sceptre sur la nation tout entière. On sait ce qu'il en coûta à Montmorency pour avoir pris en main avec trop d'ardeur la défense des intérêts et des droits du Languedoc. Bientôt le despotisme nous imposa ses fantaisies belliqueuses et ses prodigalités insensées. « Si Louis XIV, comme le fait observer un économiste anglais, au lieu de ruiner son peuple pour placer son petit-fils sur le trône d'Espagne et faire des conquêtes, eût banni la jachère d'une douzaine de ses provinces, il eût rendu son royaume infiniment plus riche, plus heureux et plus puissant. Il n'y a pas un progrès de ce genre qui ne lui eût donné plus de sujets et de pouvoir que toutes ses conquêtes, dont chaque acre en a ruiné dix de ses anciennes possessions. » Cette pensée avait dû se représenter souvent à l'esprit des contemporains, les écrits de Fénelon nous l'attestent.

L'état intérieur de la France était bien propre en effet à inspirer des réflexions douloureuses. De nos jours, on aurait peine à ajouter foi aux témoignages les plus authentiques recueillis sur ce sujet, s'ils n'émanaient d'autorités aussi considérables que celles de Vauban et de Massillon. L'éclat des lettres et des arts sous Louis XIV, la gloire militaire de son règne, les splendides travaux qui ont rendu son nom impérissable dans les contrées que sillonne le canal des Deux-Mers, toutes ces magnificences, qui sont autant de titres d'honneur pour le souverain et pour le pays, cachent à la postérité de profondes misères.

Toutefois, le mal devait augmenter encore sous le règne suivant, et la population du royaume qui était de 20 à 21 millions d'âmes, au commencement du dix-huitième siècle, n'en comptait que 16 ou 17 millions vers 1740. Ajoutons cependant, à l'honneur de Louis XV, que c'est de la fin de son règne que date le réveil de l'art agricole en France. On lui doit la fondation de plusieurs sociétés d'agriculture et celle des écoles vétérinaires. Si les établissements de ce genre que Toulouse possède ne datent pas de cette époque, du moins ce monarque accorda sa protection à notre Académie royale des sciences, inscriptions et belles-lettres, qui lui est redevable de son titre.

L'avènement de Louis XVI donna un nouvel élan au progrès. On vit se grouper autour de lui des hommes de cœur et de talent, qui s'efforcèrent de faire pénétrer l'équité dans l'administration et l'humanité dans la justice, la liberté dans les transactions commerciales et l'ordre dans les finances.

A côté des Malesherbes, des Turgot et des Necker, on ne saurait omettre les noms si chers à la science des Lavoisier, des Buffon, des Haüy, des Lagrange, des Jussieu, des Bougainville. Quant à l'agriculture proprement dite, Parmentier réussissait à la doter d'une plante merveilleuse, la pomme de terre, et Daubenton naturalisait en France la race précieuse du mouton mérinos. En ce temps-là aussi, joignant le précepte à l'exemple, l'abbé Rozier entreprenait la publication de son grand dictionnaire d'agriculture, et Duhamel portait les lumières de la science dans ses essais agronomiques. Enfin, l'abbé Tessier et Thouin préparaient, pour les éditeurs de l'Encyclopédie, les éléments d'un vaste et magnifique ouvrage agricole, dont le premier volume seul devait voir le jour sous l'ancien régime.

Jamais les questions qui se rattachent à la distribution des cultures, au rôle des labours et des engrais, n'avaient été plus discutées et mieux approfondies. La critique ne restait étrangère à aucun des travaux qui se publiaient soit en France, soit hors du royaume, et les procédés de l'Anglais Tull, du Toscan Fabroni et de Patullo, n'étaient pas étudiés avec moins d'intérêt que ceux de nos savants compatriotes.

Le mouvement avait gagné les sociétés savantes des provinces, et l'Académie des sciences de Toulouse, qui en 1781 avait reçu communication d'un Mémoire du docteur Gardeil sur l'épizootie, enrichissait son recueil d'une étude de Parmentier sur la patate (1785) et des recherches de M. de Lapeyrouse sur les ravages causés aux ormes par les galéruques et les scolytes (1787).

Malheureusement, des abus sans nombre paralysaient les efforts des hommes les mieux intentionnés, et quoique le Languedoc fût de longue date beaucoup plus favorisé que les autres provinces du royaume sous le rapport de l'administration intérieure et de la gestion des deniers publics, la production agricole était loin de s'y présenter sous un aspect favorable.

Pour se faire une juste idée de l'état de la culture dans notre pays au dix-huitième siècle, il ne suffit pas de jeter un coup d'œil sur les tableaux statistiques et les documents officiels de l'époque, il faut encore pénétrer dans le dédale des informations particulières reconnaître, peser et comparer les faits. L'antique assolement biennal qui ramène la jachère après chaque récolte de blé, de méteil ou de seigle, était généralement adopté. Là où avait pénétré le maïs, cette plante succédait au froment, puis était accompagnée d'une jachère. Ce n'était que par exception qu'on renvoyait la sole du repos à la quatrième année, selon le précepte du prieur de Pradinas :

> Al terren cependant qué trés ans a pourtat
> Douno un an dé répaous, l'a bé prou méritat ;
> Es las ambé rasou d'estré estripat, pécayré (1).

Il paraît qu'à l'origine on s'était flatté que le maïs pourrait précéder et suivre le blé sans fumure et au moyen de simples labours, selon la pratique alors adoptée, sur une surface restreinte, pour les fèves, les haricots et les autres légumes. L'expérience ne tarda pas à montrer que si le maïs est une plante très propre à nettoyer le sol, elle est en même temps fort exigeante, et ne saurait servir de préparation au froment sans le secours d'une quantité considérable d'engrais et sans des travaux bien appropriés ; aussi cette pratique se concentra-t-elle peu à peu dans les meilleurs terrains. La règle générale fut de faire précéder le maïs d'un blé et de le faire suivre d'une jachère qui était abandonnée à la dépaissance des troupeaux.

Un petit nombre de propriétaires, parmi les plus soigneux, ensemençaient en vesces quelques arpents de chaume ; mais c'étaient là des exceptions rares, des expédients que suggérait, à l'occasion, la pénurie du foin des prés naturels. En général, on se contentait de semer çà et là, sur les terres à maïs, des farouchs pour être consommés sur place ou mangés en vert à la crèche.

L'esparcet et le trèfle, confinés sur de très faibles étendues, étaient cultivés dans les jachères, où la pomme de terre jouait aussi un rôle plus que modeste à côté des fèves et de quelques autres légumes.

Mais ce n'était pas seulement dans le Languedoc que la jachère dominait en 1789, on la voyait s'étendre de même sur presque toutes les provinces du royaume. Il n'y avait guère que les Flandres et les meilleures terres des vallées formées par la Garonne et par ses affluents qui présentassent l'exemple d'une culture intensive. Ici le maïs, là le chanvre alternaient avec le

---

(1) Voici la traduction littérale de ces vers :

> Au terrain cependant qui trois ans a porté
> Donne un an de repos, il l'a bien mérité ;
> Il est las, à bon droit, pécheur, d'être éventré.

froment. A quelques exceptions près, une jachère morte revenait partout ailleurs après deux récoltes consécutives de grains d'espèce différente sinon même après chaque récolte.

L'alimentation du bétail était basée presque exclusivement sur le foin des prairies naturelles et sur les dépaissances.

En Angleterre, au contraire, le progrès avait été plus rapide, et, dans les assolements les plus usités, on voyait chaque récolte épuisante immédiatement précédée et suivie d'une culture améliorante telle que le trèfle, ou d'une plante sarclée comme la fève et le turneps. Le sol ne connaissait pas d'autre repos. L'abondance des fumiers, qui résultait de celle des fourrages, permettait aux Anglais de retirer des profits considérables du bétail, sans que la culture des céréales fût moins florissante qu'en France.

Chez nous, la funeste pensée de produire du grain coûte que coûte, pensée que les pouvoirs publics s'étaient efforcés d'accréditer parmi les cultivateurs, avait fait autant de victimes que de prosélytes. En vain les plus sages répétaient-ils avec un vieux proverbe : Veux-tu du blé, fais des prés (*sé bos dé blat, fay dé prat*), le préjugé avait poussé des racines si profondes que lorsque le pouvoir central lui-même , mieux inspiré sur les intérêts généraux, voulut seconder le progrès qu'il avait si souvent contrarié par ses tendances et par des règlements oppressifs, on resta sourd à ses meilleurs conseils comme aux enseignements d'un passé qui avait compté des jours plus glorieux.

CHAPITRE II

CÉRÉALES ET LÉGUMES

Les céréales : blé, maïs, méteil, seigle, orge; rendements moyens; écarts dans la production. — Les céréales devant la législation douanière. — Restrictions imposées à la culture de la vigne pour augmenter la production du froment. — Les menus grains : statistique. — La pomme de terre : détails historiques; efforts de Mgr Du Barral dans le diocèse de Castres, et de M. de Lapeyrouse dans le pays toulousain, pour propager cette plante.

Le sol privé d'engrais, fort souvent mal disposé pour l'écoulement des eaux et très superficiellement travaillé, souffrait tantôt de l'excès d'humidité et tantôt de l'excès de chaleur. La récolte des céréales, que l'assolement avait pour but de favoriser, était par suite bien faible et singulièrement incertaine et inégale. Toutefois, on citait des localités où le froment était cultivé avec intelligence et succès. Arthur Young, en allant de Pompignan à Saint-Jory (1787), traversa, dit-il, les plus beaux champs de blé qu'on pût voir nulle part. Malheureusement ce n'était là que des exceptions, puisque le blé ne donnait pas, en moyenne, plus de 5 grains pour 1 de semence, selon les renseignements recueillis par le subdélégué de Toulouse. « D'après l'opinion générale, écrivait-il en 1778, en jugeant par approximation des différents cantons du département, on voit que 1 setier de blé en produit 5 (mesure du pays pesant 140 livres); il y a des cantons où 1 setier produit jusqu'à 8, 10 et 12 ; mais comme il y en a d'autres beaucoup plus stériles où il ne produit que 2, 3 et 4, ce n'est qu'en rapprochant ces différentes quantités des produits qu'on a cru devoir évaluer à 5 setiers le produit de chaque setier dans le général du département (1). » Or déjà, en 1852, la statistique officielle portait le rendement du blé, dans la Haute-Garonne, à 12 hectolitres 13 litres par hectare. La semence étant en moyenne de 1 hectolitre 98 litres, chaque hectolitre aurait produit 6 hectolitres 25 litres. A ne considérer que l'arrondissement de Toulouse et celui de Villefranche, les seuls dont le territoire fût compris dans l'ancienne subdélégation de Toulouse (Muret et Saint-Gaudens dépendant du comté de Comminges, en Gascogne), on trouve que le produit moyen de l'hectare de froment s'élevait, en 1852, à 13 hectolitres 13 litres. Comme on semait 1 hectolitre 82 litres par hectare, chaque hectolitre donnait 7 hectolitres 21 litres. Cette proportion est certainement dépassée aujourd'hui. Si l'on tient compte, en effet, des progrès réalisés depuis cette époque par notre agriculture qui, sur bien des points, a modifié ses rotations, augmenté partout ses engrais et amélioré son outillage ; si l'on considère que la division croissante de la propriété a fait passer de grandes étendues de fonds négligés dans les mains industrieuses du paysan, on sera convaincu que l'évaluation de la statistique de 1852 ne peut s'appliquer exactement à l'état actuel de notre culture. M. Godoffre, dans son Annuaire de 1862, porte le produit du blé dans le département à 15 hectolitres par hectare. C'est aussi le chiffre que la Société d'agriculture a adopté dans sa réponse au questionnaire de l'enquête agricole. D'après cette base, que nous croyons fondée, le produit, équivalant à 8 fois 1/5 la

(1) Archives départementales.

semence, serait supérieur de 60 pour 100 à celui qu'on obtenait avant la Révolution.

A cette époque, on cultivait les blés gros et mitadins dans une proportion plus élevée qu'on ne fait de nos jours, ce qui s'explique naturellement, parce que ces variétés sont plus productives que les blés fins et parce que la faible différence des prix ne compensait pas encore cet avantage. Depuis, il en a été autrement. Le minot, qui n'avait jadis que le débouché des colonies, assez considérable il est vrai, puisqu'on estime qu'avant la Révolution le port de Bordeaux expédiait annuellement, sur Saint-Domingue, 400 mille quintaux de farine (1), le minot a pris une grande place dans la consommation indigène, et le laboureur a dû plusieurs fois modifier ses semences selon les exigences du commerce.

Quant au poids du grain, il résulte d'un relevé de la consommation en froment faite à l'hôpital général de la Grave, depuis le 28 décembre 1766 jusqu'au 1er juillet 1781, que l'hectolitre pesa en moyenne 185 livres (poids de table), soit 74 kilogr. 146 grammes (2). Or, la statistique de 1852 portait le poids moyen de l'hectolitre de froment, dans la Haute-Garonne, à 75 kilogr. 06 grammes ; et M. Godoffre, dans son Annuaire de 1863, l'élève à 78 kilogr. La qualité se serait donc améliorée avec la quantité, ce qui résulte, en grande partie sans doute, du changement introduit dans les semences. Toutefois, on signale, depuis quelque temps, un mouvement en sens inverse provenant de la diminution des emblavures sur jachère, de l'extension des emblavures sur fourrages artificiels et de la substitution des froments tendres aux variétés aduries. Le poids moyen de l'hectolitre ne dépasse plus 77 kilogr., année commune (3).

Sous l'ancien régime, il n'était pas rare que la carie exerçât dans les blés de grands ravages contre lesquels la masse des cultivateurs ne savait pas se prémunir ; cependant, depuis 1755, la nature et les causes de cette maladie étaient connues, ainsi que les pratiques qui pouvaient en atténuer les effets. En cette année, l'Académie de Bordeaux mit au concours la question de « trouver la cause qui corrompt les grains de blé dans leurs épis et qui les noircit, et les moyens d'en prévenir les accidents. » Le prix fut accordé au Mémoire de Tillet, dont le nom est devenu inséparable de la désignation même du fléau : *Tilletia caries*. Ce savant définit les caractères qui distinguent le charbon de la carie, confondus

(1) Amé, *Etude économique sur le tarif des douanes*, p. 84.
(2) De Villèle, *Journal des propriétaires ruraux*, 1844.
(3) Questionnaire de la Société d'agriculture.

auparavant quant aux termes, sinon quant à leur nature, par les cultivateurs et les écrivains agricoles. Tout le monde sait aujourd'hui que, bien que ces deux altérations soient dues à un entophyte de la tribu des Ustilaginées, et qu'elles finissent par donner naissance à une poussière noirâtre, elles ne sauraient être confondues l'une avec l'autre. Dans la carie, la poussière a une odeur de poisson gâté qu'on ne retrouve pas dans le charbon, et les grains sont plus gros ; d'un autre côté, les froments seuls paraissent en être atteints, tandis que le charbon se montre sur nos autres céréales comme sur le blé. Dans cette plante, l'extérieur de l'ovaire est la seule partie où la carie se développe ; elle détruit l'ovule et par suite le grain lui-même.

Les expériences de Tillet et, plus tard, les travaux de Tessier montrèrent que c'est par la contagion que cette maladie se propage, et qu'on doit conséquemment s'efforcer d'en détruire les germes dans les blés destinés à être employés pour semence. Un grand nombre d'agents chimiques furent essayés dans ce but, et l'on acquit la certitude que plusieurs substances détruisent la carie. L'arsenic, le cobalt, le vert de gris donnèrent des résultats complets ; mais les dangers inséparables de leur emploi firent préférer la chaux. Malheureusement, les effets n'en sont pas aussi énergiques ; l'opération, pour être bien efficace, doit être complétée par des criblages minutieux ou des lavages fréquents.

Ces difficultés nuisirent à la généralisation des méthodes rationnelles du chaulage : l'opération, incomplétement exécutée, donna des résultats imparfaits. Beaucoup de cultivateurs découragés se bornèrent à combattre les effets de la carie, soit en renouvelant de temps à autre leurs semences, soit en les faisant nettoyer mécaniquement ou même trier à la main. Quant aux méthodes préventives, basées sur l'usage exclusif des agents chimiques, leur adoption définitive parmi nous est bien plus récente : elle date de l'emploi du sulfate de cuivre, que Bénédict Prévost commença à vulgariser, dans les environs de Montauban, vers le commencement du dix-neuvième siècle. Jusqu'à cette époque, le fléau ne cessa d'exercer de grands ravages dans nos contrées.

Sous l'ancien régime, le méteil et le seigle ne rendaient, comme le blé, que 5 grains pour 1. On estime aujourd'hui que le méteil donne communément 14 hectolitres par hectare (1), c'est-à-dire à peu près six fois et demie la semence, ou 30 pour 100 de plus qu'autrefois. Le seigle rapporte 15 hectolitres à l'hectare (2), ce qui revient à 7 grains et demi pour 1 : augmentation, 50 pour 100.

(1) Questionnaire de la Société d'agriculture. — (2) Id.

D'après les données statistiques recueillies dans le diocèse de Toulouse, en 1784, l'orge rendait six fois la semence, mais on n'en récoltait pas beaucoup, environ 18,000 setiers, année commune, tandis qu'on recueillait en moyenne 50,000 setiers de seigle, 60,000 de méteil, 20,000 d'avoine, 100,000 de maïs et 330,000 de blé. Si nous rapprochons ces chiffres des documents statistiques les plus récents, nous remarquerons que le seigle et le méteil, dont la production dans notre pays, sous l'ancien régime, équivalait presque au tiers de celle du blé, n'en forment pas même aujourd'hui le douzième. C'est là l'indice d'un immense progrès dans la culture et dans l'alimentation publique, progrès non moins significatif que l'élévation du rendement des céréales. Tandis qu'en 1789, on récoltait, chez nous, presque trois fois plus de seigle et de méteil que d'avoine et d'orge, maintenant, au contraire, on recueille ces dernières espèces de grain en quantité double des premières : nouveau témoignage en faveur du bien-être de nos populations, comme aussi en faveur du régime économique appliqué à une portion considérable de nos bestiaux de travail.

Sous l'ancien régime, la production des céréales variait, d'une année à l'autre, dans des proportions effrayantes (1). Sur les vingt-cinq années comprises entre 1764 et 1788, on en rencontre cinq pendant lesquelles la récolte en blé, dans le diocèse de Toulouse, fut égale ou supérieure à 400,000 setiers, et trois, pendant lesquelles elle n'atteignit pas à la moitié de ce produit. En s'en tenant à cette appréciation, dont le résultat serait beaucoup aggravé, si l'on considérait séparément les rendements extrêmes, et en défalquant, de part et d'autre, la semence, on arrive à un écart qui approche de 150 pour 100 entre les bonnes et les mauvaises années. De notre temps, et grâce au progrès de la culture, ces vicissitudes désastreuses ont disparu ; mais la différence est encore bien considérable entre les rendements extrêmes du blé dans le le Sud-Ouest. Nous avons pu établir, dans une note communiquée à la Société centrale d'agriculture de France, et dressée sur des documents dignes de foi recueillis dans la Haute-Garonne et dans les départements limitrophes, que l'écart moyen entre les rendements extrêmes s'était élevé à 65 pour 100 pendant la période contemporaine. Toutefois, l'avantage est immense au profit du temps présent ; mais il y a plus encore, car, pour parer au déficit, on a, de nos jours, la ressource de demander un supplément aux récoltes subsidiaires et aux contrées plus heureuses.

_____

(1) Consulter aux pièces justificatives l'état du produit des récoltes dans le diocèse de Toulouse, de 1764 à 1788, tableau I.

L'assurance mutuelle des nations en matière de subsistance a pris une extension considérable, dont les abus trop réels mais faciles à corriger, ne doivent pas nous faire méconnaître les bienfaits. Nos pères ne jouissaient pas de ces avantages. Les entraves des douanes intérieures, qui paralysaient à la fois le commerce et la culture, ne contribuaient pas moins à aggraver la disette que l'état ·imparfait des communications et le défaut de sécurité. Il est vrai qu'en 1774, un arrêt du Conseil, provoqué par Turgot, décréta la libre circulation des grains dans toute l'étendue du royaume ; mais les provinces, accoutumées à veiller elles-mêmes sur leurs approvisionnements, ne cédèrent pas sans résistance. La publication de cet arrêt ayant coïncidé avec une mauvaise récolte, les populations s'insurgèrent, sur plusieurs points, pour empêcher l'enlèvement des blés. Il fallut recourir à la force pour les soumettre (1). J'ai sous les yeux un passeport daté de cette même année 1774, et délivré à un modeste étudiant, qui de Montpellier se rendait en Guyenne; on y lit cette formule significative : « Autorisé à porter deux pistolets aux arçons de la selle. » Ce petit trait en dit beaucoup sur les embarras du voyage et les dangers de la route.

A plusieurs reprises, pour remédier aux disettes, l'administration tutélaire des Etats de Languedoc avait dû faire opérer des achats de grains dans les contrées lointaines. Avec l'abondance surgissaient d'autres difficultés. C'est ainsi qu'en 1731, les Etats demandèrent au roi la liberté d'exporter des blés, parce qu'on n'en pouvait trouver le placement dans le Roussillon et la Provence, et que les prix étaient tellement faibles à Narbonne et .dans le haut Languedoc, que les contribuables ne pouvaient payer leurs impositions. La demande des députés fut rejetée, parce que, leur dit-on, la disette, qui dure ailleurs depuis longtemps, fait appréhender qu'elle ne s'étende à plusieurs provinces du royaume (2).

On fit plus encore, car, dans le but d'augmenter la culture des céréales, on prohiba la plantation des vignes. Un arrêt du Conseil, en date du 5 juin 1731, étendit à la France entière cette défense, qui était déjà en vigueur dans plusieurs généralités, telles que celle de Bordeaux et celle de Montauban. En conséquence, les propriétaires durent se résigner à ne rien planter et même à laisser dépérir les vignes qui étaient restées deux ans sans culture, à moins d'obtenir du roi une permission expresse, que l'intendant

(1) Amé, *Étude économique sur les tarifs des douanes*, p. 76.
(2, Procès-verbaux des Etats de Languedoc.

ne devait pas accorder avant d'avoir acquis la certitude que le terrain fût impropre à tout autre usage. Les infractions à cet arrêt devaient être punies d'une amende qui pouvait dépasser 3,000 livres, et les syndics de chaque paroisse, qui n'auraient pas dénoncé les délinquants, s'exposaient à une autre amende de 200 livres. Il paraît que cette loi ne reçut pas une exécution bien rigoureuse, sans doute à cause de ses dispositions exagérées. On dut s'en féliciter au point de vue même de la production des céréales, car c'est un singulier moyen d'encourager une culture que de ruiner ceux qui peuvent en consommer les produits. Or, quoique l'insuffisance des débouchés portât alors de graves atteintes à la prospérité de nos vignobles, il est certain cependant qu'ils donnaient des profits supérieurs à ceux des terres labourables, et, en tout cas, ils offraient au pauvre journalier un salaire qu'il ne retrouvait pas ailleurs et qu'il se hâtait forcément de convertir en pain au grand avantage des producteurs de céréales.

Avant d'en finir sur ce sujet, il nous a paru curieux de rechercher quelle part était faite à chaque espèce de grains dans l'assolement de notre pays vers la fin du dernier siècle. En compulsant et combinant les éléments que la statistique nous a laissés sur le diocèse de Toulouse, nous croyons pouvoir établir cette proportion de la manière suivante sur les 9,600 arpents de terre qu'on ensemençait approximativement chaque année : blé, froment, 66 pour 100 ; méteil, 12 pour 100 ; seigle, 10 pour 100 ; avoine, 4 pour 100 ; maïs, 6 pour 100 ; orge, 1/2 pour 100 ; haricots, fèves et autres légumes, 1 1/2 pour. 100.

Tel était, sous l'ancien régime, l'effet d'une mauvaise législation douanière et l'état imparfait des communications, qu'en ce beau pays de France il y avait, à la fois et pour ainsi dire côte à côte, des familles dans la détresse à cause de la pénurie ou du prix élevé des denrées, et d'autres familles dans la gêne, au point de ne pouvoir payer l'impôt, parce que l'encombrement des récoltes en avilissait la valeur jusqu'à la rendre presque nulle. Cette dernière circonstance, qui se reproduisait assez souvent dans notre contrée où la production des céréales était en grand honneur, influait sans nul doute sur le bas prix des salaires qui étonnait les contemporains eux-mêmes. En effet, si, d'une part, l'absence du capital disponible entre les mains de l'entrepreneur de culture et le faible parti qu'il tirait de ses produits limitaient beaucoup la demande qu'il pouvait faire du travail, d'autre part l'abondance de la main-d'œuvre nuisait à sa rémunération. Aussi le paysan était-il réduit à se nourrir de seigle, de méteil et de maïs.

Nous avons dit ailleurs quel rôle cette dernière plante jouait dans l'assolement, quand et comment elle avait été introduite chez nous. Nous ajouterons qu'aux dernières années de l'ancien régime, elle jouissait d'une grande faveur auprès des agents du pouvoir, parce qu'elle donnait au cultivateur le moyen de vendre plus de blé pour payer l'impôt ; aussi ne tarissaient-ils pas d'éloges sur ce sujet. L'intendant Basville avance que le maïs produisait, d'ordinaire, dans le diocèse de Toulouse, 60, 80 et 100 pour 1. Or, d'après les statistiques les plus récentes, le rendement moyen de cette céréale dans la Haute-Garonne ne dépasse pas 18 hectolitres par hectare (1). Comme on sème environ 35 litres, on ne récolte pas tout à fait 50 grains pour 1. L'évaluation de Basville est donc fort exagérée. A peine pourrait-elle s'appliquer, aujourd'hui, aux fonds doués d'une fertilité exceptionnelle.

Malgré ses avavantages, au point de vue de l'agriculture et du fisc, le maïs ne paraît pas avoir constamment joui des faveurs de l'autorité publique en Languedoc, du moins dans certaines parties du Lauragais. La crainte de voir restreindre la culture du blé aurait porté le législateur à limiter rigoureusement celle du maïs. M. Pariset cite à ce propos un édit 1747. D'après les régistres de l'assiette diocésaine de Saint-Papoul, la tolérance n'excédait pas la part virile qu'on a coutume d'attribuer, encore aujourd'hui, dans la même contrée, à chaque chef de famille métayère ou estivandière cultivant à moitié fruit (2). Nous n'avons pu retrouver la trace de ce règlement dans les archives de la subdélégation de Toulouse, ce qui donne à croire que, si la défense s'étendit à toute la province, elle n'y fut pas longtemps observée. En tout cas, l'opinion de nos administrateurs était complétement modifiée quelques années après.

En 1780, on n'évaluait pas à plus de 4,000 arpents la part faite à la culture des menus grains dans le diocèse de Toulouse. Encore même l'orge était-il compris dans ce chiffre pour 500 arpents environ. C'était principalement sur les coteaux que ces cultures variées étaient en honneur. On y rencontrait la fève, le haricot, la lentille, le pois, le pois chiche, la gesse qui ne servaient qu'à l'alimentation de l'homme, l'ers si apprécié pour l'engraissement des moutons et la vesce rousse destinée aux volatiles.

Quant à la pomme de terre, elle était en honneur dans nos montagnes avant de se répandre dans la plaine. Chose digne de remarque, cette solanée, importée en Europe au seizième siècle en

_____

(1) Questionnaire de la Société d'agriculture de la Haute-Garonne et de l'arrondissement de Toulouse.

(2) Pariset, *Economie rurale du Lauragais*, p. 53.

même temps que le tabac, y fut longtemps délaissée malgré ses propriétés utiles, tandis que cette dernière plante, dont le caprice de la mode fait presque tout le mérite, fut d'abord accueillie avec enthousiasme. L'oubli alla si loin, que lorsque l'amiral Walter-Raleigh réintroduisit la pomme de terre en 1628, on ne se souvenait plus que le capitaine John Hawkins l'avait apportée en Irlande au siècle précédent (1545). L'Angleterre, la Saxe, l'Ecosse et la Prusse se l'approprièrent avant la France. Bien qu'on la cultivât déjà dans plusieurs de nos cantons sous Louis XV, elle était encore loin d'être universellement répandue à la fin de ce règne.

Le diocèse de Castres avait alors la bonne fortune d'être administré par Mgr du Barral. Cet évêque, intelligemment dévoué au bien-être de ses ouailles, distribua des tubercules de la précieuse solanée aux curés de toutes les paroisses, et leur imposa, comme un devoir sacré, d'en propager la culture (1765). Dans le même but, il pressa les grands propriétaires de céder temporairement aux familles pauvres quelques parcelles de terre inculte pour les consacrer à cet usage. Un zèle non moins vif pour le même objet fit chérir en d'autres provinces les noms de Duhamel, de Turgot et de Parmentier. Néanmoins, malgré tant d'efforts, malgré la sollicitude active et paternelle du roi Louis XVI, lorsque Arthur Young parcourut la France en 1789, il observa que les 99 centièmes de l'espèce humaine refusaient d'employer la pomme de terre pour leur nourriture.

Nos provinces du Nord, notamment l'Alsace et la Lorraine, la reçurent avant le Midi. Tout le monde sait quelle grande part l'illustre Parmentier prit à la propagation de cette plante. En 1789 il y avait déjà quinze ans qu'il luttait pour en généraliser l'adoption, ainsi qu'il nous l'apprend lui-même. Nombre de savants et de philanthropes s'inspirèrent de ses efforts et s'associèrent à cette noble tâche. Dans le diocèse de Toulouse, M. de Lapeyrouse se distingua par son zèle. Il en fallait, en effet, car la propagation de la pomme de terre rencontra d'abord beaucoup de difficultés dans les préjugés des cultivateurs, qui ne lui accordèrent trop longtemps qu'une bien petite place sur leurs jachères auprès des haricots, des pois, des gesses, des lentilles et des fèves. Ce dernier légume était cultivé, mais sur une faible étendue, dans la plupart des domaines, tant pour le consommer en vert que pour l'associer au froment dans la fabrication du pain.

CHAPITRE III

PLANTES FOURRAGÈRES

Fourrages artificiels : farouch, vesces, luzerne, trèfle : détails historiques; esparcet. — Prairies naturelles ; leur développement. — Fourrages-racines : turneps, topinambour, betterave : de la culture de cette plante en Europe et
dans les provinces méridionales de la France. — Fourrages supplémentaires :
maïs, dragée. — Ecarts de la production fourragère dans le diocèse de Toulouse. — Législation sur les pâturages : jurisprudence du Parlement. — Ordonnance des capitouls.

A la fin de l'ancien régime, les prairies artificielles commençaient à se montrer, quoique fort timidement encore, dans le pays
toulousain, sur le vaste domaine de la jachère. On semait çà et
là du farouch pour dépaissance sur les maïs et sur les éteules de
seigle et de froment. Cette plante hâtive nous était venue du Roussillon, mais on ne connaissait pas encore la variété précieuse du
farouch tardif dont la culture paraît s'être concentrée dans quelques vallées isolées des Pyrénées. Ce fut là que de longues années
plus tard, vers 1827, elle fut rencontrée par M. Juéry et introduite par ses soins dans la Haute-Garonne.

Quant à la vesce rousse et à la noire, qu'on cultivait comme
fourrage ou pour leur graine, elles étaient plus répandues dans
notre Midi que dans le reste de la France.

Vers le milieu du dix-huitième siècle, on signale quelques
essais de luzerne et de sainfoin dans le Lauragais. La promptitude avec laquelle on se hâtait de défricher ces cultures prouve
qu'elles rapportaient peu, c'est-à-dire qu'elles étaient mal conduites. De là, sans doute, la lenteur avec laquelle elles se propagè-
rent. Malgré les encouragements de la Province et les instructions répandues par les soins d'un monarque zélé et bienfaisant,
malgré l'exemple et le succès du seigneur de Morville et de quelques agriculteurs distingués, parmi lesquels nous citerons M. de
Saint-Félix, à Mauremont, et M. d'Escouloubre, à Vieillevigne,
malgré tous ces efforts, les prairies artificielles occupaient encore
peu de terrain au moment de la Révolution. C'est ainsi qu'Arthur

Young ne rencontra qu'une seule pièce de luzerne dans la vallée de la Garonne lorsqu'il la traversa en 1787. Il vit plusieurs petits champs couverts de cette plante dans la Gascogne ; mais, chose bizarre, dans certaines localités telles que Fleurance et Astafort, on ne l'employait que pour les litières.

Quant au trèfle rouge (*Trifolium pratense*), on sait qu'il est entré plus récemment que la luzerne dans la pratique agricole. Non-seulement les anciens ne paraissent pas avoir cultivé cette plante seule et d'une manière spéciale, mais elle semble même être restée complétement inconnue d'Olivier de Serres. C'est de là Flandre qu'elle s'est répandue dans les Iles-Britanniques, en Allemagne et chez nous. Le comte de Portland contribua beaucoup à la propager en Angleterre (1633). Néanmoins, plus d'un siècle après (1766), elle était encore inconnue dans une grande partie du royaume, au témoignage d'Arthur Young. L'Allemand Schwbard l'introduisit plus tard dans sa patrie et mérita d'être anobli par Joseph II du titre de comte de Kléefeld, mot qui signifie champ de trèfle. En 1759, Schroeder apporta en Alsace les premières graines de cette légumineuse. Elle se propagea bien lentement en Languedoc, malgré les efforts du roi Louis XVI, les écrits de Gilbert, les encouragements des Etats généraux de la province et les essais heureux de quelques grands propriétaires.

La sécheresse de 1785 aurait dû cependant éclairer les cultivateurs sur le mérite des fourrages artificiels. C'est ainsi que l'esparcet produisit en moyenne, d'après les renseignements recueillis par le subdélégué du diocèse, 30 quintaux (1) par arpent, et les vesces noires autant au moins ; tandis que les prairies naturelles, après avoir donné 15 quintaux seulement, en 1784, ne dépassèrent pas 5 quintaux l'année d'après (2).

Le rendement moyen de ces dernières était évalué, année commune, à 30 quintaux poids de marc, soit 1,468 kilog. 5 par arpent. Il est vrai que si cette culture était l'objet de soins intelligents dans la région des montagnes, où l'abondance des eaux et les accidents du terrain rendent les arrosements faciles, elle était, en revanche, complétement négligée ailleurs.

Le nom latin *prata*, dont nous avons fait pré, prairie, dérive, selon Varron, de *parata*, qui signifie *préparée* (3). C'est même de ce dernier mot qu'on avait d'abord fait usage. On l'aurait appliqué à ce genre de culture, parce qu'il donne spontanément, pour ainsi

---

(1) Poids de marc. La livre vaut 429 grammes.
(2) Archives départementales.
(3) Varron, 1-7.

dire, ses produits. Mais les agronomes latins, en hommes non moins positifs qu'érudits, ne s'en tenant pas au pied de la lettre, recommandaient unanimement de prendre soin des prairies, surtout de prodiguer les engrais à celles qui n'étaient point arrosées. *Siccum (pratum) ne fanum desiet summittito* (1). Il paraît que ce commentaire n'était pas du goût de nos paysans, et, en dehors de la région des montagnes, ils ne se montraient guère plus dociles aux conseils de Caton l'Ancien, recommandant d'étendre le plus possible les prairies arrosées. *Prata irrigua, si aquam habebis, potissimum facito* (2).

Les essais d'irrigation entrepris par le marquis de Fourquevaux, à Fourquevaux, et par M. Rigues, à Préserville, n'avaient pas rencontré beaucoup d'imitateurs. L'incurie des colons était d'autant plus fatale que l'étendue des prairies était fort considérable. C'est ainsi qu'à la fin du dix-septième siècle, celle de l'Hers avait, dit Basville (3), près d'une demi-lieue de large sur 5 lieues en longueur et remontait jusqu'au diocèse de Saint-Papoul. Même après les beaux travaux de redressement opérés dans cette vallée pendant la seconde moitié du dix-huitième siècle, les prés naturels occupaient encore une grande partie du sol, et il en fut ainsi jusqu'à la chute de l'ancien régime.

Quant aux fourrages-racines, la culture des turneps tentée par M. de Lapeyrouse ne parvint pas à se généraliser. En 1785, le gouvernement envoya de la graine pour être vendue, selon les prescriptions du contrôleur général, à raison de 15 sols la livre à tout particulier qui payait 50 deniers de taille, et délivrée gratuitement à ceux qui étaient cotisés au-dessous. La graine fut distribuée, mais l'incertitude des rendements ne tarda pas à décourager les expérimentateurs. Enfin, la rave, la betterave et le topinambour, alors vulgairement appelé *poire de terre*, étaient encore relégués dans les jardins. A peine savait-on que les bestiaux s'en montrent avides.

Il est particulièrement curieux d'interroger le sentiment des agronomes du dernier siècle au sujet de la betterave. Le continuateur de Liger (1763) se borne à la classer dans la liste des plantes potagères, et affirme gravement qu'il y a certains terrains où les betteraves au lieu d'être rouges viennent blanchâtres, mais qu'elles n'en sont pas plus mauvaises pour cela. S'il ignore le rôle que cette racine peut jouer dans l'alimentation du bétail, en

(1) Cato, *De re rusticà,* IX.
(2) Cato, *De re rusticà*, VIII.
(3) Mémoires de Basville, p. 243.

revanche il enseigne comment il convient de l'accommoder selon qu'on veut la manger en friture, en fricassée ou en salade. Quant à l'abbé Rozier, il insiste surtout sur les propriétés médicinales de cette plante et se complait à signaler, entre autres mérites, la vertu sternutatoire de son jus. A la vérité, il ajoute qu'on peut, au moins deux fois durant l'été, couper toutes les feuilles et les donner aux bestiaux. Puis vient cette intéressante remarque que Margraff, célèbre chimiste de Berlin, a tiré de toute la plante un sel doux qui est du véritable sucre. C'est là le dernier mot du dix-huitième siècle sur l'emploi industriel de la betterave et sur son usage pour la nourriture des animaux dans nos provinces méridionales. Sous ce rapport, nous étions fort en arrière des autres Etats de l'Europe, puisque l'Allemagne, la Pologne, la Hollande et l'Italie cultivaient la betterave en grand pour les bêtes à cornes. Le choix des agriculteurs d'outre-Rhin s'était même fixé sur la variété rose, distincte des espèces qu'on semait alors dans les jardins et qui a conservé jusqu'à nos jours le nom de *champêtre*. La *racine de disette*, pour l'appeler comme son infatigable propagateur, l'abbé de Commerel, était connue depuis longtemps en Alsace lorsqu'il l'expérimenta dans la Lorraine. Non content de publier les avantages de cette culture, il procura des graines à un grand nombre de particuliers, et, de l'aveu de Tessier, c'était au zèle de l'abbé de Commerel qu'on devait de la voir répandue dans l'intérieur de la France vers 1791. Malgré tous les efforts de cet homme de bien pour propager la betterave, le mouvement ne paraît pas s'être étendu jusque dans nos cantons où le climat, il faut le reconnaître, est loin de lui être propice.

En revanche, dans les années ordinaires, la température favorise le développement du maïs, auquel il suffit de quelques pluies d'orage pour prospérer malgré les plus fortes chaleurs. Nos colons avaient la coutume de le cultiver sous le nom de *millargou*, pour le faire consommer en vert par les bœufs. A cet effet, ils le semaient à la volée, depuis les premiers jours d'avril jusqu'à la fin de juin. Chaque printemps, la fourragère (c'est le nom qu'on donnait à un clos invariablement déterminé, toujours voisin de la ferme dont il absorbait en grande partie les engrais) voyait succéder le maïs au seigle d'automne, qui constituait la première nourriture verte du bétail après les jeûnes et les abstinences de l'hiver. Le maïs-fourrage passait, avec raison, pour une culture très exigeante, et c'est bien à tort que Parmentier, qui voulait la propager en France, le représentait en 1785, devant la Société d'agriculture de Paris, comme n'épuisant ni le sol ni les fumiers.

Dans les localités arides ou trop sèches, on substituait au maïs des mélanges de graines (le plus souvent des *purges* de blé) qu'on semait à l'automne. C'est ainsi que l'alimentation des bestiaux était généralement réglée sur nos domaines. Mais, avant tout, elle était basée sur les dépaissances, sur les pailles, les dépouilles du maïs cultivé comme céréale et sur le produit des prés naturels trop souvent compromis par la sécheresse ou les inondations. Si l'on en croit les documents officiels, la récolte des foins et fourrages présentait les variations les plus désastreuses. Pour n'en citer qu'un exemple, nous rappellerons, d'après la correspondance du subdélégué Ginesty, que les prairies qui produisaient, année moyenne, près de 30 quintaux par arpent, ne donnèrent en 1784 que 15 quintaux. L'année suivante, les plus fertiles n'arrivèrent pas à 5, et dans certaines localités, telles que Escalquens, on n'y put rien faucher. Nos cultivateurs furent obligés de faire consommer aux bestiaux des grains, du vin et jusqu'à du chiendent et du chaume. Beaucoup de bêtes à cornes et à laine moururent d'inanition (1).

La faible étendue des cultures fourragères et les variations considérables que présentaient fréquemment leurs produits, donnaient un prix infini aux dépaissances. De là la sollicitude inquiète que le Parlement de Toulouse apportait dans l'application de son règlement sur les pâturages. Dans les communautés où cet arrêt était pleinement en vigueur, il était défendu à tous les habitants et particuliers de tenir des troupeaux ni autre espèce de bétail qu'à proportion et à concurrence de leur tènement et alivrement. La proportion admise au Parlement de Paris et adoptée par les autres cours, selon le témoignage de Denizart, était *d'une bête à laine par chacun arpent.*

Quant aux chevaux et aux bêtes à cornes, il n'y avait point de règles aussi précises. Un certain nombre de coutumes ne permettaient aux particuliers « de mettre dans les pâturages que les bestiaux de leur crû ou nécessaires à leur usage pour et autant qu'ils en auraient nourris, l'hiver précédent, du produit de leur récolte. » Ces rigueurs abusives étaient encore dépassées dans certaines localités situées dans le ressort du Parlement de Paris. Ainsi à Nogent, un arrêt enjoignait d'ensemencer les terres en blé, puis en orge, et, la troisième année, de les laisser en jachère pour le pâturage des bêtes à laine. Dans les coutumes muettes sur l'article du parcours, l'usage général du royaume était que les habitants pouvaient envoyer les bestiaux de toute

---

(1) Archives départementales. — Consulter aussi aux pièces justificatives l'état du produit des récoltes de 1764 à 1788, tableau I.

nature paître dans les prairies naturelles et artificielles après que la dernière coupe avait été enlevée.

Mais la jurisprudence du Parlement de Toulouse était plus favorable à la culture. Elle défendait, en tout temps, à toute espèce de bétail étranger, l'entrée des vignes, vergers, prés clos et fermés ; celle des prairies non clauses était particulièrement interdite aux bêtes à laine et aux volailles ; et ceux-là seuls qui possédaient des prés détachés dans l'étendue des prairies, y pouvaient conduire leurs chevaux et leurs bêtes à cornes, mais non toutefois depuis le 1er mars jusqu'à la dépouille des foins ; car il n'était permis de faire *pastenc*, c'est-à-dire d'établir de pâturage pérenne, que dans les enclos ou possessions détachées non mêlées avec celles d'autrui (1).

Les capitouls de Toulouse, qui s'intitulaient gouverneurs de la ville, chefs des nobles, juges des causes civiles, criminelles et de police en ladite ville et gardiage d'icelle, avaient aussi porté une ordonnance concernant les pâturages (2). Les dispositions que nous avons énumérées plus haut y sont sanctionnées par une pénalité plus rigoureuse, et le parcours s'y trouve formellement prohibé. « Défendons, est-il dit, à tous bergers et autres personnes de mener ni faire mener, ni de jour ni de nuit, dans aucune saison de l'année, aucun bétail gros ni menu dans les prés détachés des prairies, dans les champs, soit en chaume, soit en guéret, dans les fossés ni dans les bois et autres possessions des particuliers, sans leur permission par écrit, à peine de 500 livres d'amende contre les propriétaires des bestiaux et de peine afflictive contre les pasteurs ou bergers. »

---

(1) Arrêt du Parlement, 31 janvier 1701.
(2) Ordonnance du 14 novembre 1739.

CHAPITRE IV

CULTURES ARBUSTIVES ET INDUSTRIELLES

La vigne : détails sur la viticulture et la vinification. — Effets du régime des traites et des douanes. — Les bois : augmentation des prix. — Défrichements. — Mesures conservatoires. — Cultures industrielles : pastel. — Sériciculture. — Plantes potagères. — Plantes oléagineuses et textiles.

A côté des plantes fourragères et des céréales, la vigne occupait une place importante dans nos cultures sous l'ancien régime. La nature du sol, le climat, l'abondance de la main-d'œuvre, tout la favorisait, tout, excepté le vigneron lui-même et les lois en vigueur. Trop souvent, en effet, on plantait, sans soins et pêle-mêle, des ceps appartenant à un grand nombre de variétés. C'était bien, il est vrai, un moyen d'imprimer une certaine régularité au rendement, comme le prouve ce vieux proverbe :

> Quant on planto dé tout plan,
> On bendémio cad'an.

Mais, du moins, alors, eût-il fallu tenir compte des exigences de chaque cépage, sous le rapport de la taille, comme aussi du moment de la maturité, pour recueillir les fruits. On était, en général, si loin de prendre ces précautions minutieuses, qu'on négligeait les soins les plus élémentaires. Rarement le sol recevait plus de deux labours au lieu des façons multiples prescrites par Virgile. Pour la taille, on consultait moins les exigences de la vigne que la commodité des colons, et ce travail était trop fréquemment différé au-delà du temps convenable. Enfin, le raisin, prématurément cueilli et grossièrement foulé sous les pieds des vendangeurs, soit dans les comportes, soit dans de vastes trémies à claire-voie, séjournait des mois entiers dans la cuve. Le vin n'en sortait que pour être logé dans de vieux tonneaux, le plus souvent gâtés ou malpropres.

Si tel s'offrait l'état général de la viticulture dans le pays toulousain au dix-huitième siècle et si cette situation était encore celle de bien d'autres contrées, comme on le voit par les recherches de Monteil, qui la juge de tout point semblable à celle que le quatorzième siècle avait présentée, on rencontrait cependant chez nous des localités entières où la pratique était bien mieux entendue. Tels étaient en particulier les vignobles dont les vins corsés étaient susceptibles de supporter les longs voyages, comme ceux de Gaillac en Albigeois.

Là on n'ignorait pas que la vigne réclame des soins incessants et qu'elle sait les payer. *A l'oumbro dal mestré creis la bigno* (1), disait l'adage populaire. Les travaux commençaient de bonne heure et se multipliaient avec les saisons. Le 1er mars était la grande époque de la taille. *Qui poudo per sant Albi a toujoun bigno amay bi* (2). Dans ces localités privilégiées on égrappait soigneusement la vendange, soit en totalité, soit en partie, et l'on était familiarisé avec l'usage des pressoirs qui devait rester longtemps encore inconnu dans la plupart de nos vignobles. Enfin, si on tenait à la pratique des longs cuvages à l'air libre, qui trop souvent communique de l'acidité aux vins, on avait l'excuse de leur procurer ainsi une teinte plus foncée très recherchée par le commerce. Là encore on prenait un soin particulier de la vaisselle vinaire si généralement négligée ailleurs.

Mais la vigne n'avait pas seulement pour ennemie l'incurie des colons, elle avait encore contre elle, en bien des cas, les lois du royaume et les priviléges féodaux. Nous avons déjà fait connaître, en parlant des céréales, les entraves apportées à l'extension des vignobles dans le but de favoriser la production des grains. Plus tard, quand nous énumèrerons les charges qui frappaient l'agriculture, nous aurons occasion d'insister sur les taxes municipales et autres relatives à la consommation des vins indigènes, ainsi que sur les priviléges particuliers résultant des droits seigneuriaux.

En outre, il existait des règlements fort rigoureux et souverainement injustifiables qui contrariaient la consommation de ce produit. C'est ainsi que la ville de Bordeaux jouit, durant près de trois siècles, de la faculté d'arrêter pendant une partie de l'année la descente des vins de Languedoc, et que ses *jurats* s'opposaient à ce que l'on convertît en eau-de-vie ceux qui s'étaient avariés dans le transport. D'un autre côté, les droits excessifs perçus dans les ports de la province à la sortie des vins, et les charges imposées à l'entrée des produits que les vaisseaux étrangers apportaient

(1) Traduisez : A l'ombre du maître croît la vigne.
(2) Traduisez : Celui qui taille à la Saint-Aubin a toujours vigne et vin.

en échange des nôtres, éloignaient le commerce et rendaient de nul effet le traité par lequel on avait stipulé la diminution des droits d'entrée qui frappaient les vins introduits en Angleterre.

Pour se faire une idée exacte de la situation que le régime des traites et des douanes créait à notre industrie vinicole, il est indispensable de consulter les documents contemporains. Voici ce que le subdélégué de Toulouse écrivait en 1780 à l'intendant de Languedoc : « Le produit des vins a été très abondant l'année 'dernière, et cette denrée offrant une très belle apparence cette année, il y a à présumer que, si la récolte prochaine est abondante, le prix en sera si modique qu'il ne saurait faire face aux frais des travaux et des impositions. » Il paraît que les prévisions du subdélégué se réalisèrent, car, en 1781, il transmettait les renseignements suivants : « A l'égard du vin, il n'est que trop abondant, puisqu'il ne récompense presque pas les travaux. Mais, d'un autre côté, ajoutait-il, c'est un bonheur, parce que le peuple oublie par cette boisson le poids de la misère qui l'accable de toute part (1). » Quelques années après, en 1787, un arrêt, rendu sur les instances des Etats, étendit aux vins exportés par les ports et graux de la province l'exemption de la traite accordée aux eaux-de-vie depuis 1784.

Par suite de l'absence des débouchés, le prix des vins tendait donc visiblement à s'affaiblir et les propriétaires de vignes du diocèse de Toulouse n'étaient pas seuls à s'en plaindre. J'ai sous les yeux un relevé des cours du vin à Gaillac d'Albigeois, depuis 1767 jusqu'en 1786. On voit, par ce document, en comparant les dix premières années de cette période aux dix dernières, que les prix avaient fléchi de plus de 40 pour 100.

Quant à nos raisins de table, qui donnent lieu maintenant à un commerce d'exportation assez considérable, ils n'étaient guère connus hors de la province. Et cependant les fameux chasselas de Fontainebleau doivent leur origine à ceux du bassin de la Garonne. Il est constant, en effet, qu'en 1531 Jacques de Genouillac, sénéchal de Quercy, envoya à François Ier trente mulets chargés de plant de chasselas et un vigneron pour naturaliser cette culture à Fontainebleau, où ce cépage était resté inconnu jusqu'à cette époque (2).

Contrairement à ce qui avait lieu pour les vins, les produits de la sylviculture augmentaient de valeur, comme le prouvent les chiffres suivants, empruntés à la comptabilité d'un domaine qui

(1) Archives départementales.
(2) Cruzel, Chronique agricole du *Messager*, septembre 1868.

comprenait 100 arpents de bois exploités en coupes réglées de seize ans en seize ans (1). Le *bûcher*, qui valait 8 livres en 1738, se vendit à raison de 10 livres en 1754, de 13 livres en 1770 et finalement de 21 livres ne 1789. Dans ce temps, les fagots dits de *levée* passèrent de 2 fr. à 5 fr. 25, et le prix des fagots de *branche* ou de *coupe* s'éleva de 5 fr. à 13. A Gaillac, la *canne* de bois remise chez l'acheteur était payée 14 livres en 1772. Elle atteignit 18 livres en 1780, et valait déjà 25 livres en 1788. Le prix courant est de 45 fr. aujourd'hui.

L'augmentation avait lieu d'année en année, à mesure sans doute que la pioche du cultivateur, en détruisant les bruyères et les friches, rendait le combustible plus rare. Dans le seul diocèse de Toulouse, 5,358 arpents furent transformés de la sorte pendant les onze années qui précédèrent 1789 (2). Malgré cela, les terres incultes susceptibles d'être traitées utilement de la même manière comprenaient encore, à cette époque, 3,300 arpents (mesure de Paris). On sait que l'exemption des impositions et des dîmes était le mode le plus usité pour encourager les défrichements.

Cette opération consistait, en général, à nettoyer la surface du sol et à fouiller à une profondeur suffisante pour extirper la plus grande partie des racines avant d'opérer le nivellement du terrain. Mais dans les montagnes on procédait avec plus de précautions. Le gazon était soigneusement écroûté, mis en tas avec les broussailles et brûlé sur place. On répandait ensuite les cendres, et, confiant dans le succès de son écobuage, le paysan semait grain sur grain, sans souci de l'avenir, aussi longtemps que cette culture lui procurait des bénéfices, ce qui durait quelquefois pendant dix ou douze ans.

> Quand, à forço dé bras, un pèlenc escourgat
> Dé touto bourdufaillo es ensi descarguat,
> Amb'aquélo brandillo' on fa la fournélado ;
> On espandis après la moto calcinado.
> Penden dex ou douz' ans, sans paousa séménat,
> Aquel terren tout noou porto uno mar dé blat (3).

(1) *Journal des propriétaires ruraux,* 1813, p. 112.

(2) Archives départementales.

(3) Cl. Peyrot, l'*Automne.* Voici la traduction littérale de ces vers ·

Lorsque, à force de bras, une friche écorchée — De toutes les broussailles est ainsi déchargée, — Avec ce menu bois, on construit les fourneaux ; — Plus tard, on étend la motte calcinée. — Pendant dix ou douze ans, sans cesse ensemencé, — Ce terrain vierge porte une mer de froment.

Il ne faudrait pas croire que notre contrée fût seule alors à présenter de vastes étendues de terres *vagues*. Voici ce que le marquis de Turbilly, dont les écrits ,et les exemples contribuèrent puissamment à hâter le défrichement du sol, consignait, en 1760, dans l'impérissable Mémoire qu'il a écrit sur ce sujet : « L'on voit en France, disait-il, une si grande quantité de terre abandonnée, que tout bon citoyen qui voyage dans ces provinces ne peut s'empêcher d'en gémir. Ce royaume, sous l'un des plus heureux climats de l'univers, des plus tempérés et des plus propres à différentes sortes de productions, a près de la moitié de son terrain en friche, et l'autre moitié est si mal cultivée en général, qu'elle rapporterait au moins le double si elle était travaillée convenablement. »

La science et l'imagination des historiens se sont donné carrière pour expliquer l'origine de cette immense quantité de terres vagues qu'on voyait en France et dont une grande partie était possédée par l'Etat ou les communautés. On va jusqu'à en faire remonter l'origine à la jouissance indivise du sol par les tribus de la Gaule qui y auraient cherché la nourriture de leurs troupeaux. Quoi qu'il en soit de cette explication, ce fut Henri IV qui prit l'initiative de la mise en valeur de ces terrains, par son édit du 8 avril 1599. Malgré tous les développements qui furent donnés à ses projets sous son règne et sous celui de ses successeurs jusqu'à la Révolution, on estime que la surface boisée occupait encore, à cette époque, la septième partie du sol, qui forme aujourd'hui le département de la Haute-Garonne. Les bois et forêts s'étendaient sur 87,717 hectares, dont 21,923 appartenaient à la couronne. Les communes possédaient 18,234 hectares, et les particuliers 47,000 (1).

Quelque considérable que fût alors l'augmentation des prix que les produits de la sylviculture avaient atteints, les cours sur les marchés de nos villes restaient toutefois bien inférieurs à ce qu'ils sont aujourd'hui. Il est en outre essentiel de remarquer que l'état fort incomplet de la viabilité entraînait, à cette époque, des frais de transport si considérables, que les produits forestiers étaient, pour ainsi dire, sans valeur dans les localités éloignées des centres principaux de la consommation. Peut-être faut-il rapporter à cette circonstance l'heureuse conservation d'une bonne partie de nos bois que l'absence des débouchés tint longtemps à l'abri de la funeste pratique des coupes trop fréquentes

(1) *Journal des propriétaires ruraux*, 1822.

à laquelle on attribue, non sans de bons motifs, le dépérissement actuel des forêts.

Il est certain aussi que les rigueurs de la législation et le zèle des employés de la maîtrise des eaux et forêts n'ont pas peu contribué à arrêter les progrès du déboisement. L'administration distinguait deux sortes de bois : les taillis et les futaies. On ne pouvait couper les premiers avant qu'ils n'eussent atteint leur dixième année, et on était tenu de laisser seize baliveaux par arpent, outre les *anciens* et les *modernes*, c'est-à-dire ceux qu'on avait réservés dans les deux coupes précédentes. Les arbres plus âgés ne pouvaient même être exploités qu'après les formalités de de la *dénonce*. Il était défendu aussi de couper les futaies qui ne comptaient pas quarante années d'existence. On n'était pas obligé d'y laisser par arpent plus de dix baliveaux, mais on ne pouvait les couper avant l'âge de cent vingt ans. Enfin, les arbres épars dans les fossés et ailleurs, qui se trouvaient propres aux constructions navales, étaient assimilés aux futaies, et, comme tels, soumis à la dénonce. En conséquence il n'était permis de les exploiter que six mois après que cette formalité avait été remplie.

On ne se doute guère aujourd'hui des ressources que nos forêts ont procuré à la marine française sous l'ancien régime. C'est pourtant sur les Pyrénées que Louis XIV fit couper la plus grande partie des mâts nécessaires à sa flotte, et l'on évalue à plus de 3 millions de pieds cubes les bois de même nature qui en furent extraits depuis 1675 jusqu'à la fin du siècle dernier. On sait que, suivant l'altitude, ces forêts sont formées d'essences diverses : chênes, hêtres, sapin, etc.

Nous devons mentionner à leur suite, parmi les arbres d'alignement en honneur dans le Toulousain : l'orme déjà attaqué par les insectes qui le menacent d'une ruine complète ; le frêne, non moins recherché pour le charronage; le saule, qu'on plantait en bordure autour des champs et dans les bas-fonds marécageux ; le peuplier vulgaire du pays à la tige informe et noueuse ; l'aune, le noyer ; enfin le mûrier et le peuplier d'Italie, dont les Etats de Languedoc favorisaient la propagation, etc., etc.

Quant aux arbres fruitiers du Toulousain, ils devaient plutôt leur bonne renommée au privilége du climat qu'à l'art de l'arboriculteur. L'estime dont jouissaient les meilleures variétés, les faisait rechercher, sans doute, par les classes riches, mais n'allait pas jusqu'à donner une importance sérieuse au commerce des fruits ni à l'industrie des pépinières.

En revanche, celle-ci avait pris un certain essor, sous l'influence des encouragements que les Etats de Languedoc avaient attribués, en divers temps, à la propagation de certaines essences. Quelques propriétaires avaient suivi le mouvement. Nous citerons parmi eux M. de Villèle qui, vers 1730, avait établi de magnifiques pépinières sur sa terre de Morvilles. Toutefois, jusqu'à la chute de l'ancien régime, la production des jeunes arbres d'alignement ne paraît avoir pas dépassé chez nous les besoins de la consommation locale.

Pour compléter le cadre que nous nous sommes tracé dans cette étude, il nous reste à décrire, en quelques mots, la situation des cultures industrielles. On sait qu'elles avaient fait autrefois la fortune du Languedoc. Malheureusement elles ne conservaient qu'une faible partie de leur ancienne importance dans le pays toulousain, à la fin du dix-huitième siècle. Avant la découverte de l'Amérique, le pastel constituait une véritable source de richesse pour notre contrée ; on prétend même qu'on l'y cultivait déjà à l'époque de la conquête romaine. Il est certain, du moins, que le sol convient merveilleusement à cette plante. Le Lauragais, en particulier, était la terre classique du pastel. « Grand trafic en est fait ès quartier de Tolose la très bien connue, » dit quelque part Olivier de Serres. Vers 1700, cette culture, sans être complétement abandonnée, avait cessé d'être en honneur dans les diocèses de Saint-Papoul, Mirepoix, Lavaur et Albi, ainsi que dans celui de Toulouse, où elle donnait lieu précédemment à un commerce de plus de 1 million, selon le témoignage de l'intendant Basville. Mais la consommation diminuait sans cesse devant l'emploi de plus en plus répandu de l'indigo. Vers le milieu du dix-huitième siècle, il n'y avait plus de vrai pays de cocagne.

Quant à la sériciculture, elle n'avait acquis qu'une faible importance dans le pays toulousain, malgré les libéralités de la Province, libéralités sur lesquelles nous aurons occasion de revenir, lorsque nous apprécierons l'influence des Etats sur les choses de l'agriculture. On n'évaluait pas à plus de 220 quintaux (10,579 kilogr.) le poids moyen des cocons récoltés annuellement dans le diocèse de Toulouse (1782-1788) (1).

D'un autre côté, à l'exception de l'ail, qui jouait un grand rôle dans la cuisine bourgeoise et qui était si prisé pour ses propriétés hygiéniques qu'on l'avait surnommé la *thériaque des pauvres,* la production des plantes potagères ne dépassait pas la consommation locale. L'oignon, qui donne lieu aujourd'hui à un commerce assez considérable, n'était cultivé, en grand, dans aucune com-

(1) Archives départementales.

munauté du diocèse, vers le milieu du siècle dernier ; des renseignements authentiques nous en informent (1).

Quant aux plantes oléagineuses, la disette des engrais leur imposait des limites fort étroites, mesurées presque toujours sur les besoins des agents de la ferme qui prélevaient leur quote-part de ce produit. On ne semait en général pour cet usage que la navette, dont l'huile passait pour être plus mangeable que celle du colza. Le suc des noix fournissait l'appoint nécessaire à la cuisine de nos paysans.

Quant à l'huile à brûler, on la retirait des graines du lin et du chanvre, dont il nous reste à parler comme plantes textiles.

Le lin, qui occupe aujourd'hui six fois plus de surface que le chanvre dans la Haute-Garonne, était aussi plus généralement répandu dans notre région avant 1789. C'est que, si, à l'opposé du chanvre, il n'aime pas à revenir sur le même sol, il a sur celui-ci l'avantage d'être moins exigeant sous le rapport du terrain et des engrais. Comme les variétés automnales sont les seules que la sécheresse permette de cultiver dans le pays Toulousain et comme leur réussite est souvent compromise par les gelées, la production se réglait uniquement sur les besoins de la famille du laboureur.

Il n'en était pas tout à fait de même, quant au chanvre, dans les cantons où cette culture était adoptée, c'est-à-dire dans le voisinage des pays dépendant de Castres, de Lavaur et du diocèse d'Albi. On ne fabriquait pas seulement, au moyen de cette plante, des cordages et des étoffes grossières, mais des tissus assez fins et d'une incomparable durée, dont s'accommodaient les femmes de toutes les conditions, tant on était loin de ce temps où l'on avait remarqué, comme une chose curieuse, que Catherine de Médicis, épouse de Henri II, eut deux chemises en toile de chanvre ! La possibilité et l'utilité d'étendre cette culture à un grand nombre de provinces, où elle était inconnue, avait frappé les agronomes du dernier siècle. Rozier en recommandait chaleureusement la propagation au zèle des curés et des intendants. Encore aujourd'hui, on ne saurait mieux faire que d'engager nos cultivateurs à expérimenter le chanvre sur les terres meubles, substantielles et fraîches du fond des vallons. L'essai vaut la peine qu'on le tente, puisque les plantes textiles n'ont pas cessé d'être un de ces rares produits pour lesquels la France ne se suffit pas à elle-même. En 1783, on assurait que, sur 400 millions de livres, auxquelles étaient évaluée notre consommation en

(1) Archives départementales, 1759.

chanvre, beaucoup plus du tiers nous venait de la Russie et de l'Italie (1). Or, en 1864, nos importations en chanvre teillé et en étoupes, ont surpassé les exportations de près de 7 millions de kilogr. (6,874,000 kilogr.).

Si l'on considère, avec cela, que pendant le même exercice nous avons dû tirer de l'étranger plus de 30 millions de kilog. en lin teillé et en étoupes, on jugera sans doute qu'il est peu de denrées à l'égard desquelles le cultivateur français ait moins à redouter la concurrence de ses concitoyens. Les plantes textiles et oléagineuses, ainsi que le bétail, constituent, en effet, les principaux produits que nous sommes contraints de faire venir du dehors pour compléter nos approvisionnements.

Malgré tous les progrès qui restent encore à obtenir, il est certain que si on met en parallèle avec la situation présente de l'agriculture le spectacle que l'étude du passé vient d'offrir à nos regards, la comparaison ne sera pas à l'avantage du *bon vieux temps*. C'est d'ailleurs dans l'ordre naturel des choses, puisque la génération actuelle a hérité des travaux et de l'expérience des cultivateurs du dernier siècle. N'est-ce pas, en effet, sous l'influence des grands principes que les hommes de l'ancien régime proclamèrent en 1789, dans l'ordre politique et social, que la prospérité dont nous jouissons s'est développée? N'est-ce pas à ces mêmes hommes que nous devons la connaissance des règles fondamentales des assolements basés sur la suppression de la jachère et l'extension des fourrages artificiels?

N'oublions pas non plus que si nos agriculteurs de la Haute-Garonne ont peu de chose à envier à ceux de l'ancien Languedoc, ceux-ci du moins s'étaient montrés supérieurs, sous plusieurs rapports, à leurs contemporains. Nous avons eu déjà quelques occasions de le faire remarquer et nous l'observerons souvent dans la suite de ce travail. Tel fut, à juste titre, l'heureux privilége d'une mâle population qui avait su conserver, en face des abus sociaux et des envahissements du pouvoir central, les lambeaux chèrement rachetés des droits naturels, des libertés municipales et d'une organisation administrative indépendante.

(1) *Encyclopédie méthodique*, t. III, p. 17.

LIVRE II

LE BÉTAIL

CHAPITRE PREMIER

ESPÈCES CHEVALINE, ASINE ET MULASSIÈRE

Des espèces chevaline et mulassière. — Encouragements donnés par les Etats de Languedoc. — L'administration des haras du royaume : système de Colbert; règlement de 1717. — Régime particulier à la province de Languedoc ; gratifications annuelles aux propriétaires des chevaux et baudets. — Importance relative des industries chevaline et mulassière. — Usages du mulet, élevage. — La race asine de Gascogne. — Espèce chevaline : préférence donnée dans la plaine aux races de trait ; le cheval navarrin dans nos montagnes. — L'art vétérinaire au dix-huitième siècle.

De toutes les parties de l'art agricole, la plus négligée dans le pays toulousain, sous l'ancien régime, était certainement l'économie du bétail.

Quels que fussent les efforts des pionniers du progrès, le zèle des administrateurs pour répandre les pratiques nouvelles, la sollicitude des magistrats municipaux et du Parlement de Toulouse au sujet des pâturages, ils n'avaient pu prévaloir encore contre les vices de l'assolement qui donnait si peu à la nourriture du bétail. Vainement les Etats de Languedoc encouragèrent la production des espèces chevaline et mulassière avec un zèle infatigable et une intelligence des besoins locaux qu'on n'a pas assez imité depuis, le diocèse mal pourvu de fourrages ne profita que bien incomplétement de ces bienfaits. L'intendant Basville, qui écrivait vers 1698, atteste que le Languedoc fournissait alors très peu de chevaux. Il attribue l'insuccès des mesures qu'on avait prises pour changer cet état de choses à l'incapacité et à la vénalité des inspecteurs des haras royaux, ainsi qu'à la faute qu'on avait faite de vouloir imposer aux éleveurs le cheval fin, auquel ils préféraient le cheval d'artillerie (1). Durant tout le le cours du dix-huitième siècle, la Province ne cessa de s'imposer des sacrifices pour rélever nos races locales. Au début, on adopta le système des achats d'étalons et de juments qui étaient donnés à moitié fruit aux cultivateurs. En 1704, cinq juments furent attribuées au diocèse du Toulouse. Déjà la province avait dépensé plus de 88,000 livres pour ses haras. En 1706, on acheta treize juments du Poitou, dont dix furent placées dans les vallées de Lhers, du Girou et de la Marquessonne. Les propriétaires qui en devinrent détenteurs prirent l'engagement de ne pas les faire travailler et de payer une indemnité de 100 livres.

En 1710, le crédit alloué aux haras par les Etats généraux s'élevait à 6,000 livres, dont une moitié devait servir à payer les honoraires des inspecteurs, et l'autre, à l'acquisition de neuf étalons, même de quelques juments poitevines, s'il y avait lieu.

A cette époque, l'administration des haras du royaume se composait d'un inspecteur général et de plusieurs commissaires provinciaux. Le système d'amélioration et d'encouragement consistait à introduire les meilleurs types étrangers et à proposer des gratifications aux inspecteurs et aux éleveurs les plus méritants. A cette occasion même, le monarque ne dédaignait pas de donner à ses gentilshommes un témoignage écrit de sa royale satisfaction.

Mais le régime des haras, inauguré par Colbert avec le concours de Garsault, touchait à sa fin. Soit qu'après la mort du grand ministre son œuvre n'eût pas été poursuivie avec le même zèle, soit qu'on mît à sa charge des griefs qui ne devaient pas, tout au moins, lui être exclusivement imputés, elle était tombée dans une impopularité complète. On l'accusait d'avoir amené la pénurie des chevaux, qui nous avait contraint à en faire venir pour plus de 100 millions de l'étranger, pendant les guerres de 1688 et de 1700.

Tel fut le motif qui donna lieu au déplorable règlement de 1717 sur les haras. Le roi ou les provinces durent fournir des étalons dits *royaux* ou *provinciaux*, qu'on plaça de distance en distance dans les pays d'élevage. Il y eut, en outre, des étalons *approuvés* appartenant aux particuliers eux-mêmes et agréés par l'inspecteur.

Le garde étalon jouissait de grands priviléges, tels que l'exemp-

(1) Mémoire de Basville, Haras.

tion du logement des gens de guerre, — la suppression de la corvée, — la modération de la taille, — un de ses fils ou domestiques ne tirait pas à la milice ; — enfin, il percevait 3 livres en espèces et 1 boisseau d'avoine par bête saillie.

A chaque étalon était annexé une trentaine de juments du voisinage, au choix de l'inspecteur ou du garde-étalon lui-même. S'il était prouvé qu'une jument ainsi *marquée* fût pleine du fait d'un autre cheval, son propriétaire était condamné à 50 livres d'amende ; en outre, on confisquait la mère et le poulain.

Là où les étalons publics ne pouvaient suffire, on permettait à quelques particuliers possesseurs de juments de se pourvoir d'un étalon ; mais s'ils lui laissaient couvrir des juments appartenant à autrui, ils étaient condamnés à 300 livres d'amende. De plus, le cheval était saisi, hongré sur-le-champ et vendu au profit du dénonciateur.

Ce règlement rigoureux ne répondit pas à l'attente de ceux qui l'avaient édicté ; l'exécution confiée aux soins des intendants, qui étaient surchargés d'autres affaires, et à la vigilance d'inspecteurs souvent inhabiles et de garde-étalon toujours âpres à la curée, ne tarda pas à décourager profondément les éleveurs. La production chevaline diminua sensiblement.

Le maréchal de Villars s'en émut ; mais ce fut en vain qu'il appela, dès 1730, l'attention du roi Louis XV sur cet état de choses. Le règlement sur les haras ne devait disparaître qu'avec l'ancien régime en 1790 ; heureusement, dans quelques provinces, des intendants éclairés fermèrent les yeux sur les infractions à la loi, ou tout au moins prirent un soin particulier de faire exécuter ses dispositions les plus sages.

En Languedoc, les choses avaient pris une meilleure tournure, grâce à l'initiative intelligente des Etats de la province. Au système des achats d'animaux reproducteurs, on avait substitué celui des gratifications annuelles aux propriétaires des haras ; le taux de la prime fut fixé à 150 fr. par étalon. De beaux établissements s'élevèrent dans les diocèses d'Albi, de Castres, de Lavaur, de Bas-Montauban. Nous n'en trouvons aucun dans le diocèse de Toulouse qui appelle l'attention de la haute assemblée ; des gentilshommes tels que le vicomte de Puységur, M. de Sénégas et M. d'Espagne, seigneur de Cazals, ne dédaignaient pas de se mettre à la tête de ces créations utiles. Le syndic de la province avait mission de les inspecter, chaque année, avec le concours d'un maréchal-expert.

Il résulte des procès-verbaux des Etats que la production du mulet était généralement préférée, dans le Languedoc, à celle du cheval, qui, disait-on, donne peu de profit et nécessite de plus grands soins. Ce choix fait honneur à nos aïeux, car c'était une victoire du bon sens sur les préjugés officiels accrédités par le pouvoir central. Les hommes de science eux-mêmes tenaient le mulet en faible estime : c'est ainsi que l'auteur du *Parfait maréchal* le qualifie d'animal monstrueux et l'accuse, on ne sait pourquoi, de ne pas tirer dans les mauvais chemins, « pour peu qu'il trouve de résistance (1). »

En 1787, on citait des mules de six mois vendues 8 et même 10 louis ; à la vérité, c'était des exceptions. Les mâles, moins prisés que les femelles, ne dépassaient pas toujours 60 livres, à l'âge de six mois ; — on en pouvait acheter, d'un an, pour 250 livres la paire, et des mules du même âge, pour 50 livres de plus. L'Espagne et l'Amérique recherchaient ces animaux pour les transports et les usages du luxe. Chez nous, on les employait aux labours, aux charrois et surtout au bât, pour lequel ils ont une aptitude spéciale, car, selon la juste remarque de Garsault, « ces animaux ont les reins très forts et portent beaucoup plus pesant que le cheval. » Cette qualité, jointe à la sûreté de la démarche, les avait fait rechercher pour voiturer les litières aussi longtemps que ce système de véhicule fut en usage ; mais, la mode passée, le mulet cessa presque complétement d'être employé chez nous au transport des personnes. En effet, on ne le montait guère plus, et déjà, depuis longtemps, les conseillers au Parlement de Toulouse avaient abandonné la coutume de se rendre à la cour sur des mules.

Laroche Flavin, qui était président des requêtes à Toulouse, au commencement du dix-septième siècle, a donné de curieux détails sur ces changements : « Les guerres civiles, dit-il, ont été cause qu'on a quitté les mulets, moins dépenseurs, plus commodes, non tant subjects à se gâter et morfondre, en demeurant longtemps aux portes, bridés, pour prendre les chevaux plus vistes à la fuite et se sauver des emprisonnements fréquents durant icelles, et pour n'estre sitost recognus aux champs. » Dans la seconde moitié du dix-huitième siècle, le carrosse commençait même à détrôner le cheval de selle.

Les encouragements de la Province distribués indistinctement aux chevaux et aux baudets allaient, pour les trois quarts au moins, à ces derniers, parce qu'ils figuraient à peu près avec cette proportion dans nos haras. On faisait venir les plus beaux du

(1) Garsault, ch. VII.

Poitou et de la Catalogne, car notre espèce locale, bien qu'issue d'une même origine, était loin de présenter la même ampleur dans les formes. Depuis que ces animaux avaient cessé d'être recherchés pour la charrue, ils étaient tombés dans un grand discrédit ; sous l'influence d'un rude labeur et d'une alimentation trop parcimonieuse, la race asine de Gascogne avait perdu sa belle structure.

Quant aux chevaux, les éleveurs donnaient la préférence aux grandes races de trait susceptibles de reproduire la jument mulassière ; il n'en est pas autrement aujourd'hui. La production du mulet et celle du cheval de forte stature n'ont pas cessé d'être les plus profitables ; tout le monde en convient. Pourquoi les encouragements vont-ils ailleurs ?

Mais si l'élevage du cheval léger était loin d'être avantageux dans nos plaines, il n'en était pas ainsi sur les plateaux que renferme la chaîne des Pyrénées.

On y voyait, au dix-huitième siècle, une tribu nombreuse de chevaux navarrins. Cette race, incessamment mariée avec des étalons andaloux dont la membrure solide corrigeait la trop grande finesse des femelles indigènes, était arrivée à présenter les mêmes qualités et les mêmes défauts : un tempérament robuste, beaucoup d'ardeur et de solidité, une petite taille avec un corps bien étoffé, la tête forte et busquée, des allures raccourcies mais pleines de grâce et de souplesse. En 1779 on croisa, paraît-il, avec succès, plusieurs étalons arabes à la race navarrine ; mais si ces tentatives furent d'abord favorables et si l'espèce ainsi modifiée acquit plus de nerf et d'harmonie, elle ne tarda pas à présenter moins de corps et de membres, c'est-à-dire à perdre de ses aptitudes primordiales. Quoi qu'il en soit, à l'époque qui nous occupe, le cheval navarrin était encore considéré comme essentiellement propre aux troupes légères et estimé à l'égal de l'andaloux lui-même. Les hussards de Belzunce, de Chamboran et de Berchiny, avaient, à poste fixe, des officiers de remonte dans le Bigorre, le Béarn et la Navarre.

La partie centrale du bassin sous-pyrénéen, comprise aujourd'hui dans les cantons montagneux de l'Ariége et de la Haute-Garonne, fournissait aussi d'excellents chevaux à notre cavalerie légère. Ces animaux de taille médiocre, mais admirablement proportionnés, avaient la tête petite, l'œil vif, l'encolure fine, la poitrine développée, la côte cylindrique et la croupe arrondie. Ils se distinguaient surtout par leur rusticité, et sous ce rapport comme sous bien d'autres, ils présentaient de grandes analogies avec les races orientales, auxquelles, d'ailleurs, selon la légende, ils empruntaient leur origine. Les Maures d'Espagne d'après les uns, et selon d'autres, les comtes de Foix et de Toulouse à leur retour des croisades, auraient été les importateurs de ce type dans la région sous-pyrénéenne.

Bien que les questions d'élevage et même de dressage fussent fort bien comprises en France au dernier siècle, il n'en était malheureusement pas de même de celles qui se rapportent à l'art vétérinaire. Le soin de guérir toutes les maladies était trop universellement abandonné aux maréchaux ferrants, aux forgerons de campagne et aux empiriques nomades. Cette branche importante des connaissances humaines, jadis traitée par les anciens avec tant de considération, qu'Aristote chez les Grecs, Pline, Végèce, Columelle, Caton et Varron chez les Latins, ne l'avaient pas jugée indigne de leur gloire, était tombée au moyen-âge dans un profond discrédit.

Dans les temps modernes, Ruini et Ramazzini en Italie, Snape et le comte de Newcastle en Angleterre, en France Pluvinel, Soleysel et Garsault aidé des conseils du célèbre médecin Chirac, avaient publié des remarques intéressantes et des recettes plus ou moins bonnes sur ce sujet; mais les lumières de l'éducation méthodique n'avaient point été portées dans l'exercice de l'art vétérinaire. Ce mérite revient aux deux Lafosse, qui fondèrent une école de maréchalerie, et à Bourgelat, dont le nom se lie à l'établissement de l'Ecole vétérinaire de Lyon, la première que la France ait possédée (1761).

L'absence de notions zoologiques chez le plus grand nombre des producteurs et même des acheteurs, et l'impossibilité trop fréquente de s'éclairer de conseils indispensables, exposait l'éleveur à de grands mécomptes et le public aux friponneries les plus éhontées. Les maquignons ne se bornaient pas à limer et à brûler les dents des animaux pour faire illusion sur leur âge; au besoin, ils en teignaient la robe selon le goût présumé du consommateur. Ils savaient aussi orner les chevaux d'une fausse queue, et joignaient à ces ruses grossières celle de dissimuler les ulcères et les blessures sous la selle ou le licol. En un mot, c'était l'âge d'or du maquignonage. Il n'était pas de famille aisée tant soit peu ancienne où l'on n'entendît raconter quelque grosse mésaventure de ce genre dont on avait été victime.

CHAPITRE II

ESPÈCE OVINE

De l'espèce ovine : troupeaux d'élevage ; troupeaux d'engraissement. — L'industrie du lait et des agneaux de lait dans les environs de Toulouse. — Le commerce des moutons dans le diocèse. — Régime des troupeaux : bergeries, alimentation ; la cachexie et les prisonniers de la Miséricorde. — Tentatives de croisement avec les béliers de Flandre. — Troupeaux mérinos de MM. de Villèle et de Lapeyrouse.

En ce qui concerne l'espèce ovine, on entretenait chez nous, au dernier siècle, comme de nos jours, deux sortes de troupeaux : ceux appelés d'élevage et les troupeaux de moutons à l'engrais. Ils n'appartenaient pas tous à la même variété, de bien s'en faut. C'est ainsi que le versant des Pyrénées était occupé par une race intermédiaire entre le mouton à laine fine et à taille exiguë du Roussillon, et le type grand et grossier de la plaine de Tarbes. Dans les pays de plaine et de coteaux on trouvait des animaux plus forts, très inégaux entre eux quant au poids qui se ressentait de la fertilité plus ou moins grande de chaque canton et du régime économique auquel ils étaient soumis. Nos troupeaux présentaient cependant assez de caractères communs sous le rapport du lainage, de la conformation et des aptitudes, pour pouvoir être ramenés à un type unique. Ce type avait emprunté son nom à l'ancien comté de Lauragais, *Lauriacensis ager*, qui s'étendait sur les coteaux argilocalcaires compris entre la plaine de l'Ariége et la Montagne-Noire.

Le petit pays, ainsi désigné à cause de son ancienne capitale Laurac, a eu une destinée assez singulière. Après avoir été réuni au domaine royal par saint Louis, il en fut détaché par Louis XI. Plus tard, il échut en héritage à Catherine de Médicis, qui dota Castelnaudary, sa nouvelle capitale, d'un présidial. Enfin la reine Marguerite, qui tenait le comté du chef de sa mère, se dessaisit de tous ses droits en faveur du Dauphin, depuis Louis XIII, à la condition expresse que le Lauragais ne serait plus détaché de la couronne de France. Avant 1789, il était compris dans le haut Languedoc ; il se trouve aujourd'hui réparti entre les départements de l'Aude et de la Haute-Garonne. C'est dans ce petit pays que notre race ovine indigène présentait, au dix-huitième siècle, les caractères les plus remarquables de pureté.

Aux environs de Toulouse, mais sans doute dans un cercle plus restreint qu'il ne l'est aujourd'hui, on produisait du laitage et des agneaux de lait. Ces denrées étaient dirigées, tous les matins, vers la ville, à dos d'âne, seul mode de transport que le mauvais état des chemins rendait constamment praticable et qui ne devait, hélas! disparaître que de nos jours avec les progrès de la viabilité rurale. Tous nos villageois ont encore présent à la mémoire le rustique équipage du berger qui avait succédé au *pâtre* ou *pasteur* du dernier siècle. Une mauvaise monture (*roussati*) achetée, selon l'usage traditionnel, aux foires de la Saint-André à Toulouse, un large bât vulgairement appelé *bardino* aux flancs duquel on attachait par une lanière de cuir deux barils en chêne désignés sous le nom de *pégarros* et destinés à contenir le lait des brebis, puis, sur cela, le berger assis mal à l'aise avec les genoux à la hauteur de l'estomac, sa tête renfermée dans un bonnet de laine, et le tout, cheval, barrils et cavalier, recouvert d'une immense cape blanche qui se dressait en forme de pyramide, tel était cet attirail champêtre doué de l'inappréciable avantage de se frayer un passage à travers les fondrières et les terrains les plus raboteux, mais qui n'avait pas, en revanche, le mérite de la célérité.

Vers 1788, on payait le lait 8 sols 6 deniers le péga (1) (il vaut aujourd'hui 80 centimes), et les agneaux de lait se vendaient 3 livres 5 sols (ils valent maintenant 8 fr.). Le prix des béliers variait de 17 livres à 25, celui des brebis et des moutons était en moyenne de 10 livres. Il a aussi plus que doublé. On faisait de ces derniers un grand commerce avec l'Espagne. En 1786, une compagnie fameuse formée aux portes de Toulouse envoyait, disait-on, jusqu'à 200,000 moutons par an au-delà des Pyrénées (2). Il est certain du moins que, par un traité conclu avec les administrateurs de la ville de Barcelone, cette société avait pris l'engagement de leur fournir 95,000 moutons. Quoiqu'elle poussât ses achats jusque dans le Berry, ils portaient principalement sur notre contrée. Lorsque Arthur Young parcourut les environs de Toulouse en 1787, il fut frappé de l'état d'engraissement que présentaient certains lots de moutons qu'il rencontra sur sa route (3).

(1) Le péga équivaut normalement à 3 litres 2 décilitres ; mais pour la vente du lait de brebis, on le considère comme égal à 4 litres.
(2) Archives départementales.
(3) *Voy en France*, t. II, ch. XII.

Mais la masse de nos troupeaux était soumise à un régime qui, pour n'être pas inférieur à celui qu'on pratiquait en un grand nombre d'autres lieux, laissait cependant beaucoup à désirer. C'est ainsi que nos bêtes à laine avaient pour refuge, contre le froid et le soleil, des étables brûlantes et mal aérées, dont on n'enlevait le fumier, selon l'usage, que deux fois par an, en avril et en septembre. Ces bergeries infectes n'avaient ni fenêtres, ni râteliers, ni mangeoires. Nous lisons dans un mémoire adressé à l'intendant par M. de Ginesty, son subdélégué à Toulouse, les renseignements suivants à la date de 1763 : « On mène les brebis au pâturage tous les jours ; leur meilleure nourriture est celle qu'elles prennent dans les belles jachères, dans les champs dont on a recueilli récemment toutes les récoltes. Enfin, les terres en friche et les chemins garnis d'herbe fine sont, chacun dans leur saison, leur principale ressource (1). » M. de Lapeyrouse rapporte que, lorsqu'il prit possession de son domaine en 1775, aucun fourrage n'était mis en réserve pour faire hiverner les troupeaux. Ils ne recevaient pour toute nourriture à l'étable qu'un chaume grossier, et seulement lorsque la rigueur du temps ne permettait pas de les conduire au dehors, la faim le leur faisait dévorer quoique piétiné et sali. Ce qu'ils ne mangeaient pas leur servait de litière. Telle était, du reste, la condition générale des troupeaux en France, le Berry excepté (2).

Dans les montagnes, la rigueur du climat, qui retenait le bétail, durant tout l'hiver, dans les granges, obligeait les bergers à plus de prévoyance. Ils mettaient soigneusement des fourrages en réserve pour l'âpre saison. Mais comme leurs ressources étaient très bornées (le meilleur foin étant consacré aux vaches), les brebis se trouvaient parfois réduites, quand l'hiver prolongeait ses rigueurs, à endurer dans leur tanière les angoisses de la faim.

Il n'est pas étonnant que des animaux ainsi logés et entretenus devinssent facilement la proie des maladies. Dans certains cantons de la plaine, on estimait que la pourriture détruisait les troupeaux au moins une fois en trois ans. En 1789, beaucoup de brebis périrent de faim par la rigueur de la saison. La cachexie fit aussi de nombreuses victimes. On égorgeait à Toulouse un si grand nombre de moutons atteints de pourriture que les capitouls, inquiets pour la santé publique, chargèrent trois professeurs célèbres de la Faculté de médecine de s'expliquer sur les dangers que pouvait présenter l'usage de cette viande. Le rapport des

---

(1) Archives départementales.
(2) *Journal des propriétaires ruraux*, 1814.

docteurs Arrazat, Dubernard et Dubor ayant laissé des doutes sur l'innocuité de cette nourriture, les capitouls s'avisèrent d'en faire l'expérience sur les prisonniers de la Miséricorde. Tous les jours du carnaval on leur servit de la viande de mouton malade. Ils la trouvèrent à leur goût et eurent le bonheur de n'en être pas incommodés (1).

Comme tonique et pour prévenir la cachexie, nos cultivateurs étaient dans l'usage d'administrer du sel à leurs troupeaux. Cette pratique était très généralement suivie dans les Pyrénées pour corriger l'insanité des dépaissances qui, à l'automne et au printemps, se trouvent souillées par la neige et la boue ; aussi dans cette région le sel était-il l'objet d'un commerce important avec les Espagnols, et la Gabelle jouissait-elle d'une impopularité redoutable. Mais comme cet excellent tonique est loin d'être un antidote souverain contre la pourriture, on dut chercher d'autres remèdes. Un propriétaire du Dauphiné, M. Faujas, réussit, paraît-il, à combattre le fléau en employant l'écorce de chêne pilée qu'on mélangeait avec des farineux, sans doute pour la rendre plus appétissante (2). Nous citons ce trait, quoiqu'il ait été vraisemblablement sans influence sur l'économie rurale du pays toulousain, parce qu'il présente une certaine analogie avec un spécifique beaucoup prôné depuis quelque temps et qui consiste à administrer de l'écorce d'osier ou de saule aux bêtes ovines suspectée sou même convaincues de cachexie. Si ce remède continue de répondre aux espérances que des essais déjà nombreux ont fait concevoir, M. Pons-Tende, qui l'a révélé et propagé, aura acquis un beau titre à la reconnaissance publique.

Le régime économique auquel les troupeaux étaient soumis laissait trop à désirer pour que la voie du croisement pût donner de bons résultats. La dégénérescence de la race locale frappait tous les yeux; on voulut y remédier en important une espèce plus forte, à la laine plus longue et plus abondante, et qui, par suite, était plus exigeante pour son entretien. A ne pas améliorer le régime économique, c'était faire fausse route et augmenter le mal. Les béliers que la Province fit acheter en Flandre en 1772, et pendant les années suivantes, ne réussirent pas. Au bout de quatre ans, on dut abandonner cette tentative (3). Plus tard, on essaya du mérinos. M. de Villèle et M. Picot de Lapeyrouse formèrent des troupeaux dont la souche fut choisie par Gilbert que Louis XVI

---

(1) Archives départementales.
(2) Arthur Joung, *Voyage en France*, t. II, ch. XII.
(3) Procès-verbaux des Etats de Languedoc.

avait chargé de créer celui de Rambouillet. Cette innovation accueillie avec faveur, puis négligée au milieu des troubles civils, devait être reprise plus tard sous l'Empire et succomber définitivement quand la laine fine ne trouva plus d'acheteurs à des prix assez élevés. Il est vraiment bien à regretter que l'expérience n'ait pas été poursuivie dans des vues moins exclusives. Sous l'influence d'une alimentation supérieure à celle qu'il trouvait sur le sol espagnol, le mérinos eût augmenté en poids et en volume. Ainsi agrandi, on l'eût croisé avec notre race lauragaise dont la laine se fût améliorée. Nos troupeaux y auraient gagné beaucoup. On en peut juger par les succès obtenus, depuis quelques années, avec le dishley-mérinos que M. Martegoute a introduit dans la Haute-Garonne; mais on en jugera mieux encore, lorsque les essais auront été soigneusement poursuivis avec le beau mérinos des environs de Paris, pur de tout mélange de sang anglais.

Nous ne quitterons pas l'espèce ovine sans ajouter quelques détails à ceux que nous avons déjà donnés au sujet des nombreuses tribus qui peuplaient nos montagnes au dix-huitième siècle. Nous avons décrit plus haut le régime auquel ces animaux étaient astreints durant l'hiver. Huit jours avant la Saint-Jean, on les envoyait pâturer sur les plateaux supérieurs des montagnes et jusque sur le territoire espagnol. Ils s'élevaient à mesure que la neige fondait devant eux et redescendaient vers le 15 septembre. Les bergers campaient dans des cabanes placées à l'intérieur des parcs, où l'on renfermait les troupeaux pendant la nuit pour les soustraire aux hôtes dangereux qui rôdent dans ces solitudes. Une fois par semaine, les propriétaires du bétail faisaient parvenir à leurs bergers le pain de méteil, de seigle, de millet ou d'avoine, qui formait avec le laitage la base de leur alimentation.

Lorsque M. de Froidour, inspecteur des forêts, parcourut les Pyrénées en 1667, les bergers étaient dans l'usage de se réunir par groupe pour convertir en fromages le lait de leurs troupeaux (1). On amalgamait ensemble celui des brebis, des vaches et des chèvres. Le produit était ensuite partagé en nature entre les associés en proportion de l'effectif de leur bétail. Cette coutume, analogue à l'institution des *fruitières* de la Suisse et du Jura, procurait une économie notable dans la fabrication et prévenait, par la prompte mise en œuvre des matières, les inconvénients inséparables de l'altération du lait.

---

(1). Roschach, *Un voyage aux Pyrénées en 1667.*

CHAPITRE III

ESPÈCE BOVINE

L'espèce bovine : sentiment unanime des écrivains agricoles sur les qualités du bœuf. — L'élevage négligé dans le diocèse de Toulouse. — Production insuffisante. — Histoire de l'épizootie (1775). — Le charbon (1777-1783). — La disette des fourrages (1784 et 1785). — Valeur des bestiaux.

Par suite de l'insuffisance des fourrages, qui était, de temps immémorial, un des signes distinctifs de notre culture, le commerce du gros bétail avait beaucoup moins d'importance que celui de l'espèce ovine dans le diocèse de Toulouse.

Ce fait regrettable à tous égards était, avant tout, la conséquence de la fausse direction donnée à l'assolement. Si on peut l'imputer aussi à la négligence et au défaut d'instruction des cultivateurs, on n'en saurait accuser les écrivains agricoles ; car ceux-ci, fidèles à la tradition des agronomes latins, se rendaient parfaitement compte des qualités qui font du bœuf une excellente bête de trait et un bon animal de boucherie. Olivier de Serres, Charles Etienne, Liger et Rozier ont laissé d'excellentes descriptions du bœuf de travail. Sans doute il y a dans ces portraits des détails qu'on peut critiquer, mais les traits essentiels nous semblent avoir été fort bien saisis.

Le premier de ces auteurs veut « que le taureau ait le poil fin, mol et délié, une large poitrine, assez grand ventre, les reins et côtés ouverts, le dos ferme et droit, courte tête, larges et velues oreilles, large front et crépu... gros col, grand et pendant fanon, fesse ronde, ferme genoil, grosse et ronde jambe ; la corne du pied petite, noire et dure ; la queue longue et bien fournie de poil. » Il n'y a pas là, j'en conviens, de quoi satisfaire complétement ceux qui pensent que le temps du bœuf de travail est à jamais passé et qui considèrent le durham comme le type universel de de la perfection. Ceux-là, cependant, loueront Olivier de Serres d'avoir mis au nombre des qualités essentielles au bœuf la finesse du poil, l'ampleur de la poitrine, la largeur du rein et l'horizontalité de l'épine dorsale.

Charles Etienne et Liébault, qui écrivaient cinquante ans avant ce célèbre agronome (1554), ne sont pas moins explicites à cet égard. Ils veulent que le bœuf soit bien membru, court et large, carré de corps, ferme et roide ; qu'il ait les muscles élevés, larges épaules et poitrine, le dos droit et plein, les côtes étendues et les reins larges. Mais ils tiennent aussi à ce que la tête soit courte et entassée, le front large et crépu, le fanon (les panetiers) pendant jusqu'aux genoux, les jambes solides, les cuisses fermes et nerveuses.

Liger, qui se borne le plus souvent à reproduire dans ses livres l'opinion des écrivains antérieurs, se montre plus explicite sinon plus original dans sa description du bœuf. Il le veut bien membru, court et large, quarré du corps, ferme et roide... la tête courte et ramassée, les épaules larges, la poitrine de même, la croupe ronde, la jambe ferme... le dos droit et plein, les côtes étendues, les reins larges, les cuisses fermes et nerveuses, le poil court, luisant, épais et doux à manier. L'auteur du *Prædium rusticum*, qui avait cultivé les champs avant les lettres, et qui connaissait bien notre pays, puisqu'il y était né et qu'il y avait longtemps vécu, s'exprime dans le même sens. Enfin l'abbé Rozier, énumérant dans son grand Dictionnaire d'agriculture les qualités du taureau et de la vache destinés à la propagation de l'espèce, ne sépare, pas plus que ne l'avaient fait ses prédécesseurs, les conditions essentielles à la conformation de la bête de trait, de l'aptitude à produire la viande.

Les bons conseils, comme on voit, ne manquaient pas aux cultivateurs. Malgré cela, l'élevage était pour ainsi dire livré au hasard ; aucun soin ne présidait aux accouplements de nos races locales, qu'on pouvait considérer comme des dérivés plus ou moins abâtardis du type gascon. L'alimentation et la bonne tenue des animaux laissaient aussi tout à désirer. Lorsqu'on avait besoin d'une forte paire de bœufs de travail, on l'allait chercher dans la Gascogne ou sur les rives plantureuses du cours inférieur de la Garonne. Des documents authentiques attestent qu'on n'entretenait guère que les bestiaux indispensables pour cultiver les terres. Cette situation, mauvaise en tout temps, devenait désastreuse lorsque survenaient les maladies épidémiques, ce qui, hélas! n'était pas rare, témoin le typhus contagieux qu'une version très répandue, mais sans doute exagérée, accusait en 1775 d'avoir enlevé depuis son apparition 80,000 têtes de bétail entre Toulouse et Bordeaux (1) ; témoin aussi le charbon ou mal noir

---

(1) *Lettre sur la maladie contagieuse des bœufs...* Ouvrage anonyme. — Sacareau, libraire. Toulouse, 1775.

qui, dans les années suivantes, sévit en plusieurs communautés.

L'épizootie nous vint du Béarn, après avoir ravagé la Guyenne. L'alarme commença à se répandre en 1774. Au mois de novembre de cette année, le procureur général demanda l'avis de la Faculté de médecine de Toulouse. Ses savants professeurs constatèrent que cette maladie présentait les mêmes caractères que celle qui avait dévasté le Padouan en 1711. C'est, paraît-il, dans la Dalmatie que le mal avait d'abord éclaté. Il ravagea successivement la plupart des Etats de l'Europe, et fit invasion dans le Vivarais, en 1745. Les Etats de Languedoc envoyèrent sur les lieux M. Sauvage, célèbre professeur de l'Ecole de Montpellier, qui a laissé un Mémoire sur cette épidémie.

Au mois de janvier 1775, l'Albigeois, la plus grande partie du Languedoc, le Quercy, le Rouergue, le comté de Foix et quelques parties de la Gascogne étaient encore intacts. Informé de la marche de l'épizootie qui menaçait le diocèse de Toulouse, le Gouvernement envoya Vicq-d'Azir dans notre ville, où il fit un court séjour. Convaincu que la maladie était contagieuse et non épidémique, on adopta les mesures les plus rigoureuses pour arrêter sa propagation. Le Parlement prit arrêt sur arrêt, défendit qu'on fît dépaître et même circuler les bêtes saines « hors des terres dépendant de leur métairie respective. » Il interdisit spécialement au bétail à cornes la prairie qui s'étendait le long de la rive droite du l'Hers depuis le pont de Montaudran jusqu'à Baziége. On dut placer un signal extérieur sur toutes les métairies qui comptaient des animaux malades. Un cordon sanitaire avait été établi; il fut défendu sous les peines les plus grièves de le faire franchir aux bêtes bovines, brebis et moutons. La surveillance des gardes bourgeoises n'offrant pas assez d'ensemble et de garanties, on confia l'exécution de cette mesure préservatrice à deux corps de troupes régulières, placés sous la direction de chefs investis de tous les pouvoirs de généraux d'armée : le maréchal de Mouchy dut garder les bords de la Garonne depuis son embouchure jusqu'à Castelsarrasin, et le comte de Pérignon fut chargé d'une mission analogue entre Castelsarrasin et les Pyrénées. La ligne stratégique ainsi établie sur le fleuve dont on voulait faire une barrière infranchissable au fléau, on songea à porter les opérations sur la rive gauche, sur un zone de terrain d'une lieue de large, s'étendant depuis Cazères jusqu'à l'embouchure de la Baïsse. L'autorité prit le parti de faire assommer tous les bœufs qui tomberaient malades. Les officiers qui commandaient les troupes n'accordaient que fort difficilement l'autorisation de tenter un traitement médical. A Saint-Jory, où l'on fut plus tolérant, sur

86 bœufs malades, 13 furent abattus, 5 moururent de maladie et 68 guérirent. Ce fait donne la mesure des exagérations qu'on eut à déplorer.

Il est vrai que le roi payait au propriétaire, sur estimation d'expert, le tiers de la valeur des animaux tués. Mû par un noble sentiment de commisération pour les cultivateurs les plus pauvres de son diocèse, l'archevêque de Toulouse, Mgr de Brienne, solda de ses deniers un second tiers du prix des bêtes qu'on sacrifia.

Pour arrêter plus sûrement la contagion, on résolut d'exterminer tous les bœufs, sains et malades, dans un certain nombre de communautés, de manière à laisser un espace absolument vide entre les pays infectés par l'épizootie et ceux qu'on voulait en garantir. Cette dépense, que le diocèse devait supporter en entier, s'étant élevée à 100 mille livres en une semaine, on abandonna cet expédient. Toutefois, on ne renonça pas au principe, et plusieurs paroisses furent entièrement dépouillées de leurs bœufs, qu'on acheta pour le compte de l'Etat qui les fit conduire à Grenade et saler pour les approvisionnements de la marine.

Soit que l'épizootie eût été plus bénigne dans le haut Languedoc qu'ailleurs, comme le prouvent les faits constatés à Saint-Jory, soit que les précautions sévères et minutieuses auxquelles on eut recours aient empêché le fléau de se développer, il est certain que notre pays fut beaucoup moins maltraité que d'autres. On sait, en effet, qu'en bien des lieux le fléau avait résisté à tous les remèdes. Au rapport de Vicq-d'Azir, on ne sauvait pas 1 animal sur 20 et quelquefois sur 50. Chez nous, au contraire, la mortalité fut relativement peu considérable, et porta sur les vaches et les veaux bien plus que sur les taureaux et les bœufs.

Les Etats de la province, le gouvernement, les cours de justice, le clergé, les facultés de médecine avaient rivalisé de zèle avec les autorités locales. C'est de son lit de douleur où il était cloué par la goutte, que Turgot avait rédigé ses minutieuses et salutaires instructions contre la peste bovine. Dès 1775, l'Académie des sciences de Toulouse avait été saisie des graves questions que soulevait l'épizootie par un Mémoire de M. Binet, médecin à Rieux, et par un écrit du Hollandais Camper, partisan déclaré de l'inoculation. La docte compagnie réserva pour sa séance publique du 8 avril 1781, la lecture d'une étude très intéressante, dans laquelle M. Gardeil présentait l'historique du fléau dans nos contrées. Selon lui, le traitement qui aurait eu le plus de succès consistait à frotter le corps de l'animal avec de l'eau-de-vie, à laquelle on mettait ensuite le feu. Le poil ainsi brûlé, on enduisait la peau du bœuf avec une pâte composée d'eau-de-vie et de fiente de pigeon, laquelle provoquait une éruption salutaire (1).

Après l'épizootie vint le tour du charbon ou mal noir, qui sévit sur l'espèce bovine depuis 1777 jusqu'en 1783. 29 bœufs périrent en trente-deux jours à Labastide-Saint-Sernin, à Cépet ou à Montberon. Il en mourut 20 à Pibrac dans l'espace de quelques mois. On accusait de ces désastres les grandes chaleurs et la rareté des eaux saines pour abreuver les animaux. Il est certain que la température devait être fort élevée, puisqu'en 1781, les cultivateurs s'étaient vu contraints à labourer pendant une partie de la nuit, comme l'atteste un rapport d'Auger, brigadier de la maréchaussée de Toulouse (2). En quittant la charrue, les bestiaux étaient lâchés dans les pâturages humides de rosée. Encore échauffés par le travail, ils s'élançaient vers les mares et les cours d'eau. En fallait-il davantage pour leur faire contracter des maladies mortelles ?

Quand nos bestiaux eurent payé tribut à l'épizootie et au charbon, ils durent compter avec la disette des fourrages qu'entraîna la sécheresse des années 1784 et 1785. La rareté des animaux de trait fut telle, qu'elle contraignit nombre de cultivateurs à laisser leurs champs en friche.

En 1786, le gouvernement, frappé de cet état de choses qui se reproduisait dans plusieurs provinces du royaume, fit savoir par un avis du contrôleur général qu'il avait pris des mesures pour faire venir des vaches de l'étranger.

La pénurie du bétail en fit naturellement hausser la valeur. Depuis cette crise jusqu'en 1789, je trouve une augmentation de 30 pour 100 sur les prix des bêtes à cornes comparés à ceux qu'avaient offert les quinze années précédentes. J'ai relevé les éléments de cette proportion dans la comptabilité de l'hôpital de Gaillac, ville située dans le diocèse d'Albi. D'un autre côté, je trouve, dans les notes d'un agriculteur contemporain, les renseignements suivants sur le cours des bestiaux, dans les environs de Toulouse, pendant les dernières années qui précédèrent la Révolution. Un veau de lait valait de 25 à 30 livres. Une paire de braus d'un an coûtait en moyenne 120 livres ; une paire de deux ans, 250 livres ; de trois ans, 320 livres environ. Les bœufs de travail se vendaient de 400 à 550 fr. la paire ; les vaches, de 200 à 300 fr. A considérer

(1) Ce Mémoire, qui nous a fourni de curieux détails, est inséré dans la première série du Recueil de l'Académie des sciences, inscriptions et belles-lettres de Toulouse.

(2) Archives départementales.

dans l'ensemble les dix années qui ont précédé 89, en tenant compte de l'élévation temporaire des cours causée par les ravages de l'épizootie pendant la dernière partie de cette période, on peut admettre que le prix du bétail à cornes, vers la fin de l'ancien régime, était, dans notre pays du moins, inférieur de moitié à ce qu'il est devenu de nos jours.

CHAPITRE IV

PORCHERIE ET BASSE-COUR

Porcherie, basse-cour et colombier.

L'espèce porcine, malgré la renommée des variétés du Lauragais, de la Gascogne et du Quercy, laissait en général beaucoup à désirer dans le pays toulousain au dix-huitième siècle. Il semble que le sentiment aveugle de répulsion que ces animaux inspiraient aux gens *bien élevés* ait influé sur les cultivateurs eux-mêmes. Aucune idée d'amélioration ne présidait aux accouplements, et les porcelets recevaient rarement dans le jeune âge les soins et l'alimentation desquels dépend leur avenir. On se bornait à leur distribuer quelques glands et à les lâcher dans les dépaissances ; aussi c'était merveille de voir comment leur conformation s'était mise en harmonie avec cette existence nomade. Dans les villages, un unique porcher rassemblait, chaque matin, au son de la corne, tous les porcs du lieu et les conduisait dans les communaux ; le soir venu, chacun regagnait bruyamment son logis, où l'attendait un brouet plus ou moins substantiel. Comme les porcs ne recevaient en général qu'une nourriture insuffisante et qu'il fallait l'aller chercher de çà de là, souvent même au loin, les jambes gagnaient en longueur ce que le tronc perdait en volume, et ces races efflanquées possédaient en effet plus d'aptitude à fournir une course longue et rapide qu'à bien prendre la graisse.

Dans la dernière période de leur existence, les porcs recevaient de la farine de maïs ou de seigle, du son recueilli dans le ménage, et, s'il se pouvait, des glands ; car on attribuait à ce fruit la propriété de rendre la chair plus ferme et plus nourrissante.

Piey quand faras mazel, beyras qu'uné salatgé,
La car séra pus fermo et fara may d'usatgé ;

ainsi disait Claude Peyrot, dans ses *Géorgiques patoises*.

Les oiseaux de basse-cour, si merveilleusement propres à trouver leur nourriture là où l'œil même de l'homme n'aperçoit rien qui puisse être utilisé, multipliaient à l'envi autour de chaque ferme. La plus petite chaumière avait son troupeau d'oies ou de dindons, et l'on voyait barboter dans toutes les mares quelques couples de canards. La réputation des oies de Languedoc est attestée par tous les agronomes du dernier siècle. L'abbé Rozier, après avoir décrit les procédés en usage pour la salaison, qui sont les mêmes que l'on emploie aujourd'hui, dit qu'on prépare ainsi une quantité considérable d'oies dans la partie du Languedoc qui avoisine Toulouse.

Toutefois, l'espèce galline était de beaucoup la plus nombreuse ; comme elle est la moins exigeante et la plus prolifique, elle était chargée de pourvoir à la consommation quotidienne des familles aisées. Chaque métairie payait au propriétaire une forte redevance en poules, poulets, chapons et œufs, suivant le nombre des attelages et les us et coutumes de la localité ; en outre, une multitude de petits fiefs étaient assujétis à des rentes de même nature, que nos anciens feudistes désignaient sous le nom de *gélines*. Sous la double influence d'une production énorme et de débouchés restreints, le prix des volailles était fort peu élévé, quoique la qualité fût très supérieure et qu'alors, comme aujourd'hui, la poule noire du Languedoc pût soutenir sans désavantage toute comparaison. C'est ainsi qu'en 1776, on avait une assez bonne paire de poules pour 26 sous. Il est vrai qu'à la même époque, un dindon de moyenne grosseur ne valait pas tout à fait autant. Enfin, malgré l'élévation constante des cours, la douzaine d'œufs ne se vendait pas plus de 7 sous en 1787.

L'art d'engraisser la volaille était loin d'être méconnu et méprisé, chez nous, au dernier siècle ; toutes les bonnes ménagères le pratiquaient avec succès et n'étaient pas moins jalouses de garder le secret de leurs procédés qu'avides d'entendre louer leur savoir-faire. S'il faut en croire un écrivain agricole (1), certains gourmets poussaient le raffinement jusqu'à contraindre les chapons à une sorte d'immobilité et même jusqu'à leur crever les yeux, afin de rendre l'engraissement plus facile et plus parfait.

(1) Vanière, liv. XII.

Quant à l'élevage des pigeons, on sait que cette branche de l'économie rurale n'était pas en général dans le domaine public, et qu'elle était à la fois l'objet de restrictions salutaires et de priviléges blessants. Ces volatiles, plus redoutés pour les dommages qu'ils causaient aux récoltes qu'appréciés pour leur chair, ne se vendaient pas plus de 6 à 7 sous la paire en 1787 (1).

Olivier de Serres, dans son *Théâtre d'agriculture*, recommandait au père de famille « de fournir pour une fois son poulailler de pigeons qui iraient *pourchasser leur vivre*, afin qu'étant ainsi munitionné, il puisse noblement nourrir sa famille et faire bonne chère à ses amis sans mettre la main à la bourse... N'est-ce pas une belle acquisition, ajoutait l'agriculteur-gentilhomme, que de s'approprier des garde-manger perpétuels, auxquels, en toute occurence, on puise de la viande comme d'une source vive?... » Mais l'élevage des pigeons si goûté de leurs propriétaires était beaucoup moins à l'avantage de la généralité des cultivateurs et du public. Aussi Claude Ferrières rapporte-t-il l'origine de la restriction dont les coutumes frappèrent la liberté de bâtir des colombiers au dommage que les pigeons causent aux semailles. La faculté d'avoir un colombier devint un droit seigneurial ou un privilége octroyé aux tenanciers d'une contenance de terre déterminée par l'usage des différents Parlements.

Il est à remarquer que cette liberté était beaucoup moins restreinte dans les pays de droit écrit, par suite de la latitude absolue que la loi accordait sur ce sujet. Les habitants de Toulouse, en particulier, avaient été maintenus en la liberté de construire des pigeonniers et des tours avec créneaux et girouettes ; mais ce privilége, comme tous ceux qui contenaient une aliénation des droits domaniaux de la couronne, devait être confirmé par chaque roi à son avènement (2).

Malgré les restrictions que la jurisprudence mettait ailleurs à l'élevage des pigeons, on continuait à se plaindre de leurs ravages dans tout le royaume. Lorsque la Révolution française ouvrit une tribune aux griefs séculaires de la propriété, le tiers-état s'éleva moins contre le privilége dont cette matière était l'objet que contre les dommages que ce privilége amoindrissait sans les abolir. C'est dans cet esprit que se prononcèrent la plupart des cahiers.

(1) Comptabilité de l'hôpital de Gaillac.
(2) Soulatge, *Coutume de Toulouse,* 4ᵉ partie, 118.

LIVRE III

CHAPITRE PREMIER

LES TRAVAUX ET LE MATÉRIEL DE LA FERME. — LES PRODUITS
ET LES DÉBOUCHÉS

Rôle insignifiant des engrais dans la culture. — Les charrues et les labours :
controverse. — Le gros matériel de la ferme. — Les outils du journalier. —
Procédés en usage pour la préparation des récoltes. — Impulsion donnée
aux transactions commerciales : le nombre des foires augmente ; suppression des leudes et péages, ainsi que des droits seigneuriaux sur les
foires et marchés. — La valeur des produits agricoles s'élève. — La classe
ouvrière n'en profite pas. — La population reste stationnaire.

Avec un effectif d'animaux très restreint et soumis à un régime alimentaire insuffisant, la production des engrais était
nécessairement très faible, dans le pays toulousain, au dix-huitième siècle. Il faut même ajouter qu'on mettait fort peu de soin
à recueillir les litières, et que des quantités considérables de
chaume allaient s'engloutir dans les fours où cuisait le pain des
cultivateurs. Le tas de fumier était petit et généralement déposé dans un trou qui recevait l'eau des toits. Le purin croupis-
sait dans la cour de la ferme ou s'écoulait sans plus de profit le
long des fossés. Dans les exploitations les mieux conduites, on
avait en général la coutume d'enlever les fumiers deux fois par
an. Ailleurs, les années se passaient sans que la fosse fût vidée,
tant on était loin des sévères et minutieuses pratiques que les
Romains avaient enseignées jadis aux colons de l'Aquitaine.
Les labours étaient donnés au moyen de charrues en bois,
fort inférieures, paraît-il, à celles que les charrues en fer ont détrôné de nos jours. Le coutre était court, épais et irrégulièrement

4

ajusté; le soc, étroit, présentait deux ailes recourbées en dessous; un versoir peu élevé retournait incomplétement la terre. Enfin, les moyens de régler cet appareil grossier étaient des plus primitifs. Aussi son travail laissait-il beaucoup à désirer sous le rapport de la profondeur, de la largeur et de la régularité de la raie. En outre, la disposition du coutre et du soc, comme aussi la surface de frottement que présentait l'age au-dessous de la courbure, rendaient le tirage considérable relativement à l'effet produit. Dans beaucoup de localités, les cultivateurs ne connaissaient même pas cette charrue. Ils employaient, exclusivement à toute autre, l'antique araire de Virgile, formé d'un soc pointu engagé dans l'age, et flanqué de deux oreilles en forme de coin, qui repoussaient la terre sur les côtés. Il paraît qu'on était dans l'usage d'effectuer les labours en billons étroits (1). Cette méthode, qu'explique l'adoption de mauvais instruments, avait l'avantage de favoriser l'aération du sol; mais nos bouviers bien inspirés devaient la faire disparaître d'eux-mêmes le jour où ils seraient mis en possession d'un engin plus énergique. En attendant, munis d'une charrue défectueuse, traînée par un attelage médiocre et faiblement nourri, ils faisaient peu de besogne et ils ne l'exécutaient pas bien. Aussi, le prix de la rejointe (c'est le nom qu'on donnait à la demi-journée de travail d'un attelage) ne dépassait-il pas 1 livre 15 sols, au mois d'octobre 1787, dans les environs de Toulouse. En décembre, on ne donnait même que 1 livre 10 sols.

Malgré cela, le nombre réglementaire des façons, qui était de quatre dans les jachères, était loin d'être toujours atteint. C'était, le plus souvent, l'effet de la négligence, mais quelquefois aussi la conséquence de certains préjugés. Ainsi, il était des cultivateurs qui refusaient, par principe, de multiplier les labours sur les sols légers et même sur toutes les terres échauffées par le soleil. Du reste, ces questions étaient alors l'objet d'une intéressante controverse parmi les agronomes. D'une part, les continuateurs de Liger prétendaient, avec lui, qu'il faut donner peu de façons aux terres légères et sablonneuses, « parce qu'ayant peu de substance et d'humidité, un labourage trop répété les altérerait. » Pour le même motif, ils ne voulaient pas non plus qu'on les travaillât avec la sécheresse. En revanche, cette école exagérait le rôle fécondant des engrais et de la jachère.

_____

(1) Topographie rurale du canton de Montastruc et tableau des améliorations introduites dans son agriculture, depuis environ cinquante ans. — M. de Lapeyrouse, 1814.

D'un autre côté, les sectateurs de Tull soutenaient que les fumiers sont très inutiles pour améliorer le sol, et que les labours seuls suffisent à produire les récoltes les plus abondantes. Dans l'application de ce système, on divisait les champs en planches régulières ayant entre elles des intervalles de même largeur. On semait sur les planches, et, pendant la végétation, on multipliait les façons sur les espaces restés vides. Ces travaux servaient à la fois au développement de la récolte pendante et à la préparation de l'emblavure nouvelle, car l'année suivante on inversait les semis. Pour faciliter l'exécution de son procédé, Tull avait imaginé un semoir (Drill).

Duhamel, bien qu'il approuvât le système de la culture en planches de cet agronome, était loin de nier l'efficacité des engrais; mais il recommandait de les réserver de préférence pour les terres peu fertiles. Il était d'ailleurs grand partisan des labours fréquents et profonds. Loin de condamner les façons données pendant la sécheresse, il voyait dans cette pratique le moyen de détruire les mauvaises herbes et de rompre cette adhérence de la couche superficielle du sol qui le rend impénétrable aux agents atmosphériques. De même que Tull, il préconisait le semoir, et il avait complété les engins de la culture en planches par des charrues légères, qu'il nommait *cultivateurs*. Toutefois, ce système ne réalisait pas toutes ses espérances, et il cherchait le moyen de faire fonctionner son appareil entre chaque rangée de froment. En un mot, c'était la culture en ligne qu'il avait rêvée, et il faut reconnaître que le semoir de Tull, malgré la délicatesse et la fragilité de ses organes ainsi que la difficulté de le manœuvrer, était un acheminement bien marqué vers les instruments modernes qui ont rendu possible la culture en ligne.

Le système de Tull, annoncé à la France par Buffon, et propagé par Duhamel, présentait de si grands inconvénients, qu'il ne tarda pas à être abandonné par ses plus fervents adeptes, sans en excepter Duhamel lui-même.

Sur la question du labourage, l'abbé Rozier était plus avancé dans la bonne voie, lorsqu'il déclarait que l'action de la charrue devait être complétée par celle des fumiers et par l'application d'un bon assolement, où la jachère morte serait remplacée par des plantes fourragères destinées à être livrées au bétail ou enfouies en vert.

Un des bons effets de la controverse à laquelle donna lieu la question des labours, fut d'appeler l'attention des agronomes sur la construction de la charrue et des autres machines destinées à ameublir le sol. Les inventions se multiplièrent; mais dans le pays toulousain, du moins, les cultivateurs en tirèrent peu de profit.

C'est ainsi qu'en dressant l'inventaire du matériel agricole, nous ne pouvons citer que *pour mémoire* les rouleaux pleins, destinés à tasser le sol, et celui à pointe si efficace pour l'ameublir quand on sait l'employer à propos. Ce dernier instrument, dont l'usage est aujourd'hui populaire, n'était guère connu que des savants, qui appelaient sa propagation de tous leurs vœux.

Les exploitations les mieux pourvues avaient des herses dont les dents comme la monture étaient en bois. Dans les autres métairies, on opérait les hersages avec une échelle de charrette enlevée de sur l'essieu ; ces charrettes elles-mêmes étaient grossièrement et mal assemblées. On y employait aussi peu de fer que possible ; l'essieu était presque toujours en bois. Certainement, elles n'auraient pu résister à la moitié de la charge que nous mettons sur les nôtres ; il est vrai que l'attelage eût été accablé à moins. Les instruments que nous avons décrits formaient tout le gros matériel de la ferme.

En outre, les cultivateurs possédaient des bêches (anduzac), des houes à main (foussou), des pioches (rabassièro), des pelles et de longues masses en bois dur pour fouiller ou ameublir le sol. Ces engins, dont les formes ont peu varié jusqu'à nos jours, ne se distinguaient pas par le mérite de leurs dispositions ; ils n'étaient nullement propres à faire produire à l'effort de l'ouvrier tout son effet utile. La bêche fourchue, qui pénètre plus aisément dans le sol que la bêche plate et qui se prête mieux à un travail énergique, n'était pas connue dans un grand nombre de localités, où l'adhérence du sol en aurait permis l'usage. De même, le manche de la houe, trop court et mal dirigé, formait avec le tranchant de cet instrument un angle très aigu, qui obligeait le manouvrier à se courber démesurément et sans profit vers la terre. En revanche, la faible inclinaison, généralement donnée aux pelles, doublait la difficulté du jet ; hélas ! les outils qui sont encore entre les mains de la plupart de nos paysans ne valent guère mieux. Ce serait faire une excellente œuvre, au point de vue économique et humanitaire, que de favoriser dans toute la France, au moyen de récompenses spéciales, le perfectionnement de cette catégorie si intéressante de notre matériel agricole. Aux environs de Toulouse, les anciens colons se servaient de la faucille (boulan) pour faire la moisson, et du fléau pour l'égrainer sur l'aire aux rayons d'un brûlant soleil ; dans les pays où la paille est plus courte, au lieu de la couper à moitié hauteur, on moissonnait à l'aide d'un instrument dont la courbure plus allongée permettait à l'ouvrier de raser le sol (biat).

Le dépiquage par le piétinement des chevaux et des mules était pratiqué dans certains cantons, soit d'une manière exclusive, soit concurremment avec le fléau. Le prieur de Pradinas a dépeint cette scène rustique dans les vers suivants :

> Sur un sol mastiquat d'argilo pla battudo,
> As régars del soulél la garbo es estendudo.
> La calcado coumenço, et déjà lous flagels
> Del fabré sur l'enclumé imitou lous martels,
> En batten la ségliol, qu'es de duro dessarro,
> Tandis qué sul froumen dés miols troto la garro (1).

Un très petit nombre d'exploitations avait des ventilateurs, mais presque partout on nettoyait le grain en le jetant, à l'aide d'une pelle en bois, à l'encontre du vent; quelques cribles en peau servaient à préparer les semences. Les cultivateurs les plus soigneux faisaient opérer, en outre, un triage à la main ; mais c'étaient là des faits très rares, surtout dans les localités où le colonage partiaire était en honneur, parce que le métayer, qui ne travaillait guère que pour assurer sa subsistance, était peu porté à effectuer des améliorations dont il n'était pas bien sûr de retirer son profit en numéraire. Le chaulage des semences lui-même, dont le succès contre la carie des grains était chaque jour constaté par l'observation scrupuleuse des savants et divulgé dans leurs écrits, le chaulage n'avait pu triompher de l'incurie des laboureurs.

En résumé, l'état de notre agriculture, aux dernières années de l'ancien régime, était profondément misérable. Comment eût-il pu en être différemment, quand tout le système portait sur cette fausse base que, pour élever la production des céréales, il fallait restreindre le plus possible la sole des fourrages et des plantes industrielles ? L'économie du bétail, qui est le critérium de l'état agricole, était complétement négligée.

On peut juger du mouvement d'affaires auquel les produits de la terre donnaient lieu par le nombre et l'importance des foires. On a calculé que le territoire qui compose le département actuel de la Haute-Garonne et qui comptait, en 1863, 475 foires, n'en avait pas plus de 180 en 1789. Encore même si la moitié de ces foires étaient bonnes et très fréquentées, un quart l'était peu et l'autre

(1) Voici la traduction de ces vers :
Sur un sol enduit d'argile bien battue, — Aux rayons du soleil, la gerbe est étendue. — Le battage commence, et déjà le fléau — De l'ouvrier sur l'enclume imite le marteau, — En égrainant le seigle, dur à se desserrer, — Tandis que les mulets galoppent sur le blé.

quart ne l'était pas du tout. Quelque considérable que soit l'infériorité que révèle la comparaison de ces chiffres, il serait injuste
de ne pas reconnaître qu'un immense progrès était déjà accompli
en 1789. En effet, si l'on se reporte à l'an de grâce 1720, on
verra qu'au lieu de 180 foires, il y en avait 120 à peine (1).

Cette différence était pour beaucoup, sans doute, la conséquence
des grands et heureux changements que l'autorité royale avait
apportés dans les relations commerciales, par la suppression à peu
près complète des droits de leude et péage qui embarrassaient la
circulation et des droits féodaux perçus au nom des seigneurs sur
la vente des diverses marchandises dans un certain nombre de villes
et de villages. L'origine de la plupart de ces droits remonte à une
haute antiquité ; il est probable qu'ils entraînaient alors des obligations précises de la part de ceux qui en avaient la jouissance.
Les leudes et péages établis sur les routes durent impliquer l'entretien des chemins, comme le droit de pontanage, l'entretien des
ponts ; mais avec le temps, bon nombre de ces obligations dispa-
rurent ; les droits seuls restèrent.

Indépendamment des leudes et péages qui existaient dans
beaucoup de communautés, beaucoup étaient encore astreintes à
des droits de pontanage perçus sous forme d'abonnement, à
l'occasion de ponts souvent situés sur des points très éloignés de
leur territoire. C'est ainsi, par exemple, que le fermier du pont
de Lhers, à Lasbordes, dans le gardiage de Toulouse, percevait
des rentes en grains dans cinquante-trois localités disséminées
dans ce diocèse, dans celui de Lavaur et dans le comté de Caraman (2). Au pont de Périole, le tarif, qui remontait au treizième
siècle, consistait en une rente annuelle de 4 boisseaux de blé froment par paire de bœufs ou de chevaux de labourage, et de 2 boisseaux de froment par paires d'ânes attelés, sur les métairies
établies dans les communautés dénommées au tarif. Quant aux
charrettes, qui avaient une autre provenance, elles payaient, par
an, 2 sols 6 deniers, et chaque bête de bast, 10 deniers (3). Le tarif
de la leude du Fousseret, tiré des anciennes coutumes du lieu,
donne une nomenclature très détaillée des droits qui frappaient
les bestiaux et les marchandises. Nous y avons remarqué cet
article singulier et trop caractérisque : « Juif ou juive, 2 sols, et
s'il est à cheval, 4 sols (4). » A Longages, les juifs étaient aussi
l'objet d'une mention spéciale au tarif (5). Il est difficile de se
représenter aujourd'hui les obstacles que l'existence d'un grand

---

(1) *Journal des propriétaires ruraux.*
(2) Archives départementales. — (3) Id. — (4) Id. — (5) Id.

nombre de péages, de droits de leude et de pontanage, entraînait dans l'échange des produits du sol contre les objets manufacturés. Le résultat de cette déplorable organisation, si fatalement complétée par les traites ou douanes intérieures, était de paralyser la production agricole ainsi que l'industrie, et de réduire le négoce aux plus faibles proportions.

Pour mettre fin à cet état de choses, on imagina d'obliger toutes les personnes qui jouissaient de droits semblables à présenter leur titre de possession. Ce fut l'objet d'un arrêt du conseil pris en 1724 et confirmé par d'autres arrêts successifs. La guerre fut longue et implacable contre ces restes malfaisants de la féodalité ; mais enfin la royauté triompha en s'appuyant sur les intérêts généraux dont elle prenait si utilement la défense. Malheureusement elle ne retira pas de cette lutte toute la popularité qu'elle aurait pu acquérir, si elle n'eût paru préoccupée de son intérêt exclusif, jusqu'à donner en cela l'exemple des plus flagrantes contradictions, et si, dans le temps où elle abattait les barrières et maisons de leude des seigneurs, on ne l'eût vue parfois les rétablir à son profit. C'est ainsi, par exemple, qu'au mépris de deux chartes de Raymond le Jeune, qui exemptaient les habitants du comté de Toulouse des péages perçus sur les étrangers pour l'entretien des chemins, privilége confirmé par l'acte de réunion à la couronne, la ville de Toulouse se vit imposer la leude au profit de la marquise de Saissac, qui l'obtint du roi en 1720. Cela donna lieu à de longues contestations : la cour des Aides prononçait des amendes contre les habitants sur les procès-verbaux dressés par les commis de la leude, les habitants faisaient casser l'arrêt devant le Parlement pour transport de juridiction, la cour des Aides réformait à son tour cette sentence, et finalement le peuple payait les droits. De guerre lasse on racheta l'exemption (1). Pendant cinquante ans, le conseil du roi manœuvra avec tant de persistance, d'astuce et de dextérité, qu'en 1777 il ne restait plus que cinq communautés dans le diocèse de Toulouse où l'on payât la leude ; c'étaient : Montgiscard, Bessières, Nailloux, Auterive et Montjoire (2).

Les droits seigneuriaux sur les foires et marchés avaient succombé comme la leude devant l'autorité du conseil. En 1786, le comte de Clarac était encore en possession d'un droit de mesurage sur les grains et farines vendus à Montastruc. Mais deux ans après, on ne citait qu'une seule localité dans le diocèse où des droits seigneuriaux fussent perçus sur les foires et marchés : c'était

(1) Archives départementales. — (2) Id.

Montgiscard. On ne payait que pour les animaux réellement vendus. Le taux était de 4 deniers pour chaque cheval ou mulet, de 1 sol par bœuf ou vache, de 3/4 de denier par truie ou pourceau, et d'un denier pour chaque *saunée* de blé (1). En 1788, on prélevait aussi à Montgiscard une taxe de 20 sols sur les charrettes, vides ou chargées, allant ou revenant du bas Languedoc à Toulouse. Cette taxe, établie de temps immémorial, était perçue comme la précédente au profit d'un cessionnaire du roi.

La suppression de entraves que les leudes et péages mettaient aux transactions imprima peu à peu un certain essor au commerce. Nous avons signalé la manifestation de ce fait dans l'augmentation du nombre des foires. En 1789, on en comptait, dans le diocèse de Toulouse, 60 de plus qu'en 1720. L'augmentation était de 50 pour 100.

Cet accroissement d'affaires profita au cours des denrées. Nous avons eu occasion de le remarquer pour plusieurs produits, notamment pour les bestiaux et les bois. Il en était de même pour les graines oléagineuses et les plantes textiles qu'on cultivait sur beaucoup de points, mais en quantité très faible dans le pays toulousain. Ainsi le chanvre, qui de 1770 à 1779 n'avait pas valu plus de 39 centimes la livre, atteignit 50 centimes dans la période décennale suivante. Les huiles indigènes pour l'éclairage, qui étaient cotées 70 centimes en 1780, se vendaient 1 fr. 05 c. en 1788.

Le blé lui-même, dont les cours présentent d'année en année de si grandes variations, avait une tendance marquée vers la hausse. Mais pour bien apprécier ce fait, il faut considérer les choses dans l'ensemble et à distance. Nous avons les mercuriales de la Province de Languedoc depuis 1756 jusqu'en 1790. La moyenne des cinq premières années (1756-1760) fait revenir le prix de l'hectolitre à 14 fr. 06 c. De 1761 à 1770, le blé monte à 15 fr. 39 c.; dans la période décennale suivante, il atteint 17 fr. 05 c.; enfin, de 1781 à 1790, il vaut 18 fr. 70 c. La progression est constante et sensible (2).

Cette augmentation dans la valeur des produits, faiblement contre-balancée par une certaine hausse dans les salaires, tourna au profit du propriétaire et de l'entrepreneur de culture. L'ouvrier seul n'y gagna rien. Arthur Young l'a constaté, et nos calculs, comme on le verra au livre suivant, justifient son assertion. A tout prendre cependant, l'art agricole était en progrès.

(1) Archives départementales.
(2) Voir aux pièces justificatives le tableau du prix moyen du froment dans la province de Languedoc, tableau III.

L'introduction des prairies artificielles marque les débuts de cette lente mais féconde transformation, dont l'honneur doit revenir aux heureux changements qui s'opéraient dans le régime économique de la France, sous l'impulsion d'un monarque bienfaisant servi par un ministre patriote.

Mais quoique la situation de l'agriculture tendît visiblement à s'améliorer, cependant, soit que le temps, dont le progrès ne saurait se passer pour donner tous ses fruits, eût fait défaut, soit que les principes funestes sur lesquels reposait l'organisation de la société civile prévalussent sur les changements favorables mais partiels qu'on s'efforçait d'introduire, il est certain qu'un état profond de malaise continuait à régner et que la population n'augmentait pas. Il résulte en effet des renseignements recueillis par l'intendant de Languedoc que le diocèse de Toulouse comptait 134,000 habitants en 1788 comme en 1777 (1). On en sera peu surpris, si l'on considère que le triste et véridique tableau que nous avons tracé de la production agricole se rapporte aux dernières années de l'ancien régime.

CHAPITRE II

DU CAPITAL AGRICOLE

Faible importance du capital consacré à l'agriculture : 1° Capital fixe : bâtiments, clôtures, chemins. — 2° Capital de cheptel : animaux de trait et de rente; statistique des communautés formant aujourd'hui le canton de Montastruc; matériel agricole. — 3° Capital circulant ou fonds de roulement : provisions, salaires, semences, engrais, etc.

La cause principale de l'état déplorable de l'agriculture française avant 1789 était sans contredit la faiblesse du capital qui s'y trouvait engagé. Les charges de toute sorte qui frappaient la propriété foncière, l'incertitude et le peu d'importance des débouchés toujours sacrifiés à l'intérêt des manufactures et aux appréhensions du pouvoir central, détournaient les capitaux de l'exploitation du sol. Ils se portaient plus volontiers vers les emprunts de la province

(1) Archives départementales.

et surtout vers le commerce des colonies. Arthur Young a donné une évaluation du capital employé dans la culture en France, et il a comparé cette situation à celle de l'Angleterre. Le résultat n'est pas favorable à notre pays. C'est peut-être la seule conclusion ou tout au moins la plus certaine qu'on puisse tirer des appréciations du savant agronome. Quant aux chiffres même par lesquels il a précisé la valeur de notre capital et celui de la culture anglaise, ils conduisent à des exagérations si palpables qu'il serait inutile de les rapporter ici (1).

A défaut de renseignements complets propres à faire apprécier directement tous les éléments qui entraient dans la composition de notre capital agricole sous l'ancien régime, nous pouvons cependant nous former une idée assez exacte de sa valeur en comparant les documents statistiques de cette époque avec ceux de la période contemporaine.

Mais d'abord il faut s'entendre sur la signification des mots. A considérer l'économie rurale dans toute son étendue, le capital agricole comprend, selon la distinction formulée par M. de Gasparin (2) : 1° le capital fixe, qui représente, outre les fonds de terre, les bâtiments d'exploitation, les travaux de dessèchement, les clôtures, les chemins, etc. ; 2° le capital de cheptel, qui comprend les animaux de trait et de rente, ainsi que le matériel agricole ; 3° le capital circulant ou fonds de roulement, qui se compose des provisions nécessaires pour nourrir les hommes et les animaux, du salaire des ouvriers, des semences, des engrais, des sommes nécessaires pour amortir les pertes du cheptel, payer les impôts et pourvoir enfin à l'entretien du domaine.

Chez nous, tout le capital fixe ou incorporé au sol est fourni par le propriétaire, tandis que le cheptel et le capital circulant appartiennent, tantôt en entier à l'entrepreneur de culture (fermage), lequel est souvent le propriétaire lui-même (faire-valoir), et tantôt il est fourni partie par le propriétaire et partie par l'entrepreneur de culture (colonage partiaire).

Quoique la valeur du fonds forme l'élément principal du capital fixe, nous n'en dirons rien ici, parce qu'elle ne constitue pas, à proprement parler, le capital d'exploitation, qui se compose uniquement des capitaux incorporés au sol et de ceux qui y sont annexés pour un temps plus ou moins long.

Dans les capitaux incorporés au sol, les bâtiments ruraux tiennent une place importante. Or, le logement des cultivateurs

---

(1) *Voyage en France*, t. II, chap. XIII.
(2) *Cours d'agriculture*, t. V.

comme celui des bestiaux était extraordinairement négligé dans le pays toulousain sous l'ancien régime. Des constructions basses et très resserrées, avec des murs en pisé percés de rares ouvertures et surmontés parfois d'un toit en chaume, voilà pour l'aspect extérieur. Au-dedans, la lumière était distribuée avec autant de parcimonie que l'espace lui-même. Faute d'avoir une fenêtre à son logis, le paysan était obligé de laisser sa porte ouverte en plein hiver. Les étables étaient encore plus mal aérées et mal construites. Pas d'emplacement autour de la ferme pour enserrer les pailles et fourrages; tout au plus un abri pour les instruments aratoires.

Sous le rapport des clôtures, l'infériorité n'était pas moins sensible. La quantité des terres vaines et vagues était immense, et la jouissance en commun du pâturage dans les prairies non clauses aurait suffi à paralyser les améliorations que les mieux intentionnés auraient pu y introduire.

Quant aux communications, si le Languedoc avait de plus belles routes que tous les autres pays, il n'en comptait qu'un petit nombre, et les bons chemins manquaient partout pour aller rejoindre les grandes lignes. Cette situation s'est lentement améliorée jusqu'au règne de Louis-Philippe qui transforma les conditions de la viabilité rurale en France. Depuis cette époque, les chemins vicinaux ont pris de nouveaux développements, et l'initiative personnelle de l'Empereur fait espérer que le réseau de nos communications secondaires sera bientôt complet. Le Midi doit déjà aux bienfaits de ce gouvernement l'établissement de ses chemins de fer. Rien sous l'ancien régime ne tenait lieu de ces grandes et économiques voies de transport, car le magnifique canal des Deux-Mers, qui a immortalisé le génie de Riquet, n'avait encore pu produire des résultats considérables faute d'être achevé par les deux bouts.

Si le capital fixe faisait grandement défaut à l'agriculture du pays toulousain avant 1789, le capital de cheptel ne laissait pas moins à désirer. Le tableau que nous avons tracé de l'économie du bétail a dû faire pressentir au lecteur cette situation. Nous allons tâcher d'en déterminer la portée à l'aide des documents officiels. Malheureusement, ces renseignements statistiques sont loin d'être complets, les états fournis par un grand nombre de communautés ont disparu. Nous avons cependant retrouvé, à une exception près, tous ceux des communes formant aujourd'hui le canton de Montastruc, canton dont la culture a la plus grande analogie avec celle des contrées environnantes. Il résulte de ces états, qui remontent à l'année 1773, que sur ce territoire on comp-

tait alors 1,635 bêtes à laine et 803 bêtes à cornes (1). Selon toute
apparence, cet effectif ne dut pas augmenter beaucoup jusqu'au
moment de la Révolution, parce que, d'une part, la cachexie et
l'épizootie exercèrent de grands ravages durant cette période, et
que, d'autre part, la sécheresse, qui causa une véritable disette de
fourrages pendant les années 1784 et 1785, entraîna des pertes
de bestiaux considérables et un temps d'arrêt dans la production.
Or, on compte aujourd'hui dans le canton de Montastruc, en
dehors de la commune qui renferme le chef-lieu, 4,430 animaux
de l'espèce ovine et 2,415 de l'espèce bovine. Le nombre a
donc plus que triplé. En ce qui concerne les chevaux, nous avons
pu consulter des états dressés en 1788 (2). Sur sept communautés
comprises aujourd'hui dans le canton de Montastruc, il y avait
146 chevaux de tout sexe et de tout âge. On en compte aujour-
d'hui 458 dans les mêmes lieux. Le nombre a donc aussi plus
que triplé.

D'autre part, sous l'influence de l'amélioration des races et de
l'augmentation des prix que nous avons signalée dans les produits naturels, la valeur du bétail s'est élevée, comme on l'a vu,
de 100 pour 100 depuis 1789. En sorte que, si on généralisait ces
résultats, on trouverait que les bestiaux représentent aujourd'hui
un capital six fois plus fort qu'à cette époque.

Quant à cette autre partie du cheptel qui comprend le matériel agricole, elle était fort peu considérable sous l'ancien régime.
Comment, en effet, avec une force motrice aussi limitée aurait-
on pu mettre en jeu un bon outillage ? On n'avait qu'un petit
nombre d'instruments, et ils étaient en général, ainsi qu'Arthur
Young le remarque, construits en vue du bon marché, sans
avoir égard à leur durée ou à leur effet (3). Les détails dans lesquels nous sommes entré sur ce point confirment pleinement
cette assertion en ce qui concerne le pays toulousain.

Enfin, le capital circulant ou fonds de roulement était propor-
tionné au capital fixe et au cheptel. Comme on n'avait que peu
de bestiaux, et qu'on les nourrissait mal, il n'était pas besoin de
grandes provisions de fourrage. Un observateur contemporain
affirme qu'il était rare de voir en France des meules de foin en
réserve, tandis qu'on en rencontrait partout en Angleterre (4).
Quand même le régime alimentaire n'eût pas été inférieur à celui
qui est adopté de nos jours, nos prédécesseurs, ayant deux fois

---

(1) Consulter aux pièces justificatives la statistique du bétail dans les communes formant le canton de Montastruc, tableau II. — (2) Id.
(3) *Voyage en France.* — (4) Id.

moins d'animaux, n'auraient pu faire consommer que deux fois moins de fourrages. Mais, en outre, tous les agriculteurs savent que sur un domaine on peut entretenir une petite quantité de bétail dans des conditions exceptionnelles de bon marché, en lui abandonnant les herbages dont il serait impossible de tirer aucun autre parti. En réalité donc, les réserves en foin devaient être inférieures à la proportion que semble indiquer le nombre des animaux. Il est certain qu'elles n'atteignaient pas au tiers de leur importance actuelle.

D'un autre côté, l'adoption générale du système de la jachère, qui est de tous les assolements le moins favorable à l'emploi de la main-d'œuvre, et le taux peu élevé des salaires, ne nécessitaient pas des avances ou des déboursés considérables pour subvenir à l'entretien des hommes à gage ou au paiement des journées.

Quant aux semences, elles avaient une valeur bien inférieure à celle qu'elles atteignent aujourd'hui, non-seulement parce que le prix des grains a haussé, mais encore parce qu'en beaucoup de lieux le froment s'est substitué au seigle, et que des cultures nouvelles, telles que la pomme de terre, les prairies artificielles et les plantes oléagineuses, ont pris la place laissée vide auparavant par la jachère.

Avons-nous besoin d'ajouter, après avoir computé l'infériorité numérique du cheptel et sa valeur relative, que cette infériorité donne la mesure des sommes nécessaires pour amortir les pertes de ce capital? D'après ces bases, on ne saurait calculer cette réserve au-dessus du sixième de sa valeur actuelle. D'un autre côté, l'effectif du bétail pourrait aussi faire apprécier la quantité des engrais produits, si l'alimentation s'était opérée dans des conditions identiques. Mais nous savons que les animaux étaient beaucoup plus mal nourris autrefois que de nos jours. Il y a donc lieu de croire que le cultivateur ayant deux fois moins de bestiaux, pouvait bien avoir trois fois moins de fumier.

Quant aux amendements pour lesquels nous faisons de si grandes avances au sol, ils étaient sans importance dans les plus riches cantons du royaume; Arthur Young l'affirme à la veille de la Révolution.

Concluons avec lui qu'il n'y avait pas de point de vue sous lequel la France fît plus mauvaise figure que sous celui du capital consacré sous toutes les formes aux travaux agricoles. D'après les faits que nous avons déduits, nous ne croyons pas que ce capital pût s'élever au tiers de sa valeur actuelle. C'est dans la faible importance de ce chiffre, qu'il faut chercher la cause de l'infériorité de l'agriculture française sous l'ancien régime. Selon M. de Lavergne, elle est là tout entière. Plusieurs années avant la Révolution, l'illustre Turgot avait clairement entrevu l'origine du mal et proposé les meilleurs remèdes. En effet, il avait songé à relever le crédit de la propriété foncière par la spécialité et la publicité des hypothèques, et à lui procurer des fonds par la création d'une banque rurale, qui aurait prêté jusqu'à concurrence d'une partie de la valeur des immeubles. Malheureusement il ne fut pas donné au grand ministre de réaliser ces projets, qui devançaient merveilleusement son époque (1).

Mais pourquoi le capital d'exploitation faisait-il ainsi défaut à nos devanciers? Cette grave question touche à l'ordre économique, à l'ordre social et à l'ordre politique. Nous l'avons indirectement abordée dans ce chapitre, en signalant les restrictions imposées à la production et au commerce des denrées agricoles. Nous la considérerons sous de nouveaux aspects dans la suite de ce travail, en étudiant la condition respective des diverses classes de la société et l'action des pouvoirs publics.

(1) *Nouvelle biographie générale*, t. XLV.

LIVRE IV

LES POPULATIONS OUVRIÈRES

CHAPITRE PREMIER

LES SALAIRES

Etat précaire des populations ouvrières sous l'ancien régime. Le travail peu recherché et mal rétribué. La loi du maximum. — Les journaliers : hommes et femmes dans le gardiage de Toulouse. Parallèle avec la période moderne. — Les journaliers dans les pays de vignoble. Salaires comparés. — Les hommes à gage plus favorisés que les *estachants*. Le maître-valet d'autrefois et celui d'aujourd'hui. — Du métayage.

Le trait caractéristique de l'agriculture, dans le pays toulousain au dix-huitième siècle, était (comme on l'a vu au livre précédent) une tendance exagérée, irrationnelle, à produire des céréales. L'industrie du bétail, qui seule aurait pu féconder le sol et le rendre capable de porter les récoltes épuisantes qu'on lui demandait, était reléguée presque au dernier plan dans les préoccupations du cultivateur. C'est à peine si on accordait aux animaux de trait et aux troupeaux la dépaissance des jachères et le foin des prairies naturelles, si souvent visitées par l'inondation ou la sécheresse. On préférait laisser la terre sans récolte de deux années l'une, ou tout au moins une année sur trois, plutôt que d'entretenir le bétail, qui eût pu la fertiliser par le travail et l'engrais ; aussi la production agricole, considérée dans l'ensemble, était-elle singulièrement faible, et celle même des céréales, à cause de la médiocrité des rendements, se trouvait-elle bien inférieure à ce qu'on se croyait en droit d'en attendre.

Une pareille situation ne pouvait qu'être fatale au propriétaire, à l'entrepreneur de culture et à l'ouvrier. Or, on sait que dans notre Midi, où le fermage est encore peu répandu et où il était presque inconnu autrefois, c'est tantôt le propriétaire lui-même (faire-valoir) et tantôt l'ouvrier (colonage partiaire), qui cumule le rôle d'entrepreneur de culture. Nous n'aurons donc à nous occuper spécialement que de ces deux grandes classes de personnes.

La population ouvrière fixera d'abord notre attention. L'enquête manuscrite, faite en 1763 par les curés du diocèse de Toulouse sur l'état de leurs paroisses, va nous montrer sous leur véritable jour certains côtés mal connus de ce sujet si intéressant et si délicat. L'article le plus curieux de ce recueil est certainement celui qui donne le bilan de la misère publique avec l'indication des causes qui la produisaient et des remèdes propres à la tempérer. Il met en lumière un fait général très caractéristique : la présence constante de mendiants et de pauvres honteux parmi les ouvriers. On en trouvait à peu près partout, et dès que le travail manquait ou qu'il survenait quelque maladie, l'indigence devenait le partage du plus grand nombre. Les localités réputées aujourd'hui pour être les plus riches et les mieux cultivées n'échappaient pas à cette loi. Il suffira de citer Bouloc, Buzet, Saint-Sauveur et Bruyères (1) : « Tous les habitants sont gens de journée, écrit le curé de cette dernière paroisse, et pour peu que l'hiver soit mauvais, ils sont tous à l'aumône. » Or, le travail manquait souvent et les chômages étaient bien longs. « Les ouvriers n'ont rien à faire pendant huit mois, mandait-on de Caraman (2). » La plupart n'étaient pas employés quatre mois de l'année, sur les paroisses de Castelginest et de Gratentour (3). A Colomiers, tout le travail ne consiste qu'à fouir la terre, à cultiver les vignes, à ramasser les récoltes ; il ne dure par toujours et il est impuissant à donner à vivre aux familles pauvres (4). Pas de travail à Saint-Jory, depuis le mois d'octobre jusqu'au mois de février (5). Presque tout le monde est inoccupé dès qu'il fait mauvais temps ou que les travaux de la terre sont finis, dans les paroisses de Saint-Loup, de Saint-Géniès et de Saint-Pierre (6). Le curé de Saint-Martial écrit que, durant l'hiver, le tiers des ouvriers journaliers est sans travail ; cela s'entend, dit-il, de la Toussaint à la mi-carême, de l'Ascension à la Saint-Jean (7). Sur la paroisse de Saint-Orens, le travail manque de la mi-mai à la mi-juin (8).

Mais ce n'était pas tout, car aux longs et fréquents chômages venait s'ajouter encore l'insuffisance du prix de la journée ; il paraîtrait même, si l'on en croit l'auteur des *Considérations sur*

(1) Archives départementales, *Etat des paroisses.* — (2) Id. — (3) Id. — (4) Id. — (5) Id. — (6) Id. — (7) Id. — (8) Id.

les finances et les rédacteurs de l'*Encyclopédie*, que la condition des manouvriers, fermiers et laboureurs, dans le Languedoc, était inférieure à celle dont les hommes de la même profession jouissaient en d'autres provinces. La raison d'un fait si extraordinaire en apparence était, suivant ces écrivains, que, dans notre pays, le taux des salaires n'avait point haussé proportionnellement à la valeur des céréales : « Il n'est, disent-ils, en beaucoup d'endroits de cette province, que de 6 sols, comme il y a cent ans. » Si nous consultons l'état des paroisses fourni par les curés du diocèse de Toulouse, nous verrons que vers 1760 les salaires variaient de 7 sols à 10 et 12 au plus, en été, dans la communauté de Saint-Orens. A Saint-Rustice, les journaliers n'avaient que 6 à 7 sols, selon l'usage ; heureux même, ajoute-t-on, s'ils trouvaient tous les jours du travail à ce prix (1).

Il paraît que les ouvriers ruraux, las d'être aussi mal payés, s'efforçaient parfois de faire enchérir les salaires et d'augmenter la rétribution usitée pour lever la récolte. Ces coalitions étaient surtout fréquentes dans les centres de population quelque peu importants où les journaliers se rassemblaient, en troupe, chaque matin, avant l'aurore, sur la place publique, pour louer leurs services. Les vers suivants de Claude Peyrot dépeignent fort bien cette scène :

> Sé bous sabes entendré en fasquen lou mercat,
> Del bigos tirares dé liardos un sacat.
> Qu'uné boulégadis ! tout, jusqu'al mendré drillo,
> Carguo biasso, barral, bigos sur sa roupillo.
> Del cric-crac dés esclops la plaço rétentis ;
> Bref, lou mercat sé sarro, et la colo partis (2).

(Lou Printemps.)

En 1715, les prétentions des cultivateurs quoique fort naturelles, donnèrent lieu à des plaintes nombreuses. Le Parlement de Toulouse fut saisi de l'affaire, et, sur les réquisitions du procureur général du roi, il porta un arrêt qui faisait inhibition et défense à tous manants et habitants des villes, faubourgs, paroisses et con-

---

(1) Archives départementales, *Etat des paroisses.*
(2) Si vous savez vous concerter en faisant le marché, — de votre houe vous tirerez un sac de petite monnaie — Quelle cohue ! tout, jusqu'au moindre drille, charge sa besace et ses outils sur ses guenilles. — Du cric-crac des sabots, la place retentit. — On conclut le marché et la troupe court aux champs.

(Le Printemps.)

sulats du ressort, qui faisaient profession de travailler les terres, vignes, prés, bois et jardins, de désemparer les villes, bourgs et paroisses de leur domicile, qu'après que les travaux ordinaires de la saison auraient été faits, à peine de 25 livres d'amende et du fouet en cas de récidive.

Le même arrêt enjoignait à l'autorité municipale de fixer le prix de la journée de travail eu égard à la valeur des denrées, et ce dans le délai de trois jours après la publication de l'arrêt. Le Parlement devait être informé dans la huitaine des règlements adoptés, à peine contre les consuls d'être déclarés fauteurs et complices du monopole des travailleurs. Il était interdit à ceux-ci d'exiger un salaire supérieur à la taxe, ou même de l'accepter, si on le leur offrait volontairement, à peine de 10 livres d'amende pour la prmière contravention, du carcan pour la seconde, et du fouet en cas de récidive. — Quant à la moisson, si on laissait au travailleur la faculté de s'y employer hors de sa résidence, on lui interdisait, sous les peines ci-dessus énumérées, de percevoir un salaire en argent ou en *cote de grains* (escoussure), supérieur à celui que l'usage avait consacré.

J'ai lu, dans une délibération prise à la suite de cet arrêt, le 5 mai 1715, par le conseil politique d'une communauté de la sénéchaussée de Toulouse, située en pays de vignoble, que le prix de la journée des travailleurs et brassiers fut fixé, savoir : à 11 sols pour la première façon à fouir les vignes, à 9 sols pour la seconde et la troisième « qui sont biner et terser, » et à 8 sols seulement pour les autres travaux des vignes, à l'exclusion de la cueillette des raisins. Les consuls rappelaient aux journaliers la défense de rien recevoir en plus, directement ou indirectement, ni avant ni après la journée, soit en pain, soit en vin, vivres ou autre chose, à peine de l'amende, du carcan ou du fouet.

Une ordonnance des consuls de Blagnac, en date du 14 août 1718, fixa le prix des journées d'homme à 6 sols, depuis le 1er octobre jusqu'au 1er février exclusivement ; à 8 sols depuis le 1er février jusqu'au 1er avril ; et à 10 sols, depuis le 1er avril jusqu'au 1er octobre. On arrêta, en même temps, que la journée des femmes serait payée à raison de 3 sols, depuis le 1er octobre jusqu'au 1er février ; de 4 sols, depuis le 1er février jusqu'au 1er avril ; de 5 sols, depuis le 1er avril jusqu'au 1er octobre ; « le tout à compter du soleil levant jusqu'au soleil couché, et le travail vitement fait... (1) »

_____

(1) Archives de la commune de Blagnac. — Communication de M. Lavigne.

Pauvres travailleurs ! Pendant la moitié de l'année, ils ne trouvaient pas de chantier pour occuper leurs bras, et lorsqu'on ne pouvait plus se passer de leur concours et qu'ils songeaient à en profiter pour se créer une réserve qui leur permît de ne pas manquer de pain dans les temps de chômage, les pouvoirs publics s'armaient contre eux de la loi du maximum, déplorable expédient qui devait revivre plus tard sous une forme bien différente en un jour de cruelle expiation.

L'influence des salaires est si capitale pour le bien-être des classes ouvrières, qu'avant de se prononcer sur ses résultats, il est indispensable d'étudier les faits sous leurs divers aspects. Nous passerons donc successivement en revue la condition des journaliers, celle des maîtres-valets et des métayers.

Parmi les premiers, nous considérerons séparément les hommes de journée placés dans les conditions ordinaires de la culture et ceux qui vivaient dans les pays de vignoble.

J'ai retrouvé des comptes détaillés et très bien tenus, se rapportant aux cinq années qui ont précédé la révolution de 89, et au domaine que ma famille possède depuis plus de deux siècles dans le gardiage de Toulouse. Cette circonstance, qui permettait de comparer les faits anciens avec ceux qui ont été recueillis sur la même exploitation dans la période actuelle, m'a engagé à opérer le dépouillement de ces vieux registres. Ils ont été tenus avec une méthode et une exactitude qui ne permettent pas de douter qu'ils ne soient l'œuvre d'un praticien aussi éclairé que soigneux. Ils sont entièrement écrits de la main de M. de Cassaïgne, qui devait présenter quelques années plus tard la résumption des travaux de la Société libre d'agriculture de la Haute-Garonne dans la séance publique du 10 messidor an XIII, et qui a laissé, comme magistrat et comme administrateur des hospices de Toulouse, une mémoire vénérée.

Je trouve dans ses livres de compte que, de 1785 à 1790, le prix moyen de la journée d'homme sur le domaine de Périole fut de 50 centimes en janvier, février et mars ; de 60 centimes en avril et mai. Le prix normal, ou pour parler plus exactement le prix nominal, pour les mois de juin, juillet et août, fut de 70 centimes. C'est ce qu'on payait aux hommes qui n'étaient pas pris à la tâche pour les travaux de la moisson. Mais la plupart des familles attachées au domaine avaient un intérêt dans la récolte du blé, ce que l'on nomme encore une *latte au sol*. Les *solatiers* prélevaient le huitième du grain pour sarcler, couper à la faucille et battre au fléau les céréales. Il résulte des chiffres consignés dans les livres de compte de l'époque, que le produit moyen de la latte pendant cinq ans fut de 7 hectol. 70 litres de blé. La latte étant servie par un homme et une femme, la part du premier, évaluée aux 4/7 de la totalité, aurait été de 4 hectolitres 40, et celle de la femme de 3 hectol. 30. La moisson commençant d'ordinaire le 20 juin, et la dernière *levée* de la récolte n'ayant pas été retardée au-delà du mois d'août, c'est entre les cinquante-trois jours de travail compris dans ces cinq ou six semaines, que l'on doit répartir la valeur des 4 hectol. 40 litres de blé gagnés par le solatier. Or, le prix moyen du froment à Toulouse ayant été de 16 fr. 94 c. pendant les cinq années sur lesquelles portent les observations, celui de la journée de travail revient à 1 fr. 40 c.; ce qui élève à 94 centimes la moyenne du mois de juin. En juillet et août, le journalier a gagné 1 fr. 40 c.; en septembre, il eut 68 centimes; en octobre, 60 c.; en novembre, 55 c.; et en décembre, 50 c. (1).

Nous n'avons pas trouvé dans l'ancienne comptabilité de notre domaine ni autre part des renseignements précis sur le nombre des jours de travail au dix-huitième siècle. Le maréchal de Vauban, dans sa dixme royale publiée en 1707, donne une évaluation relative au Morvan. Il en résulte qu'en tenant compte des temps de grève et de maladie, l'ouvrier n'aurait pas eu plus de 180 jours occupés, 180 jours rétribués à raison de 8 sols, l'un portant l'autre. Mais cette appréciation hypothétique, faite pour un autre climat, ne nous a pas paru suffisamment justifiée pour servir de base à nos calculs. Nous avons donné la préférence au nombre moyen des journées de travail que la statistique officielle de 1852 assigne aux hommes dans le département de Haute-Garonne, et qui s'élève à 206. Cette évaluation est certainement exagérée pour l'époque qui nous occupe (2). Les témoignages que nous avons empruntés à l'*Etat des paroisses* ne laissent aucun doute à cet égard. Mais le lecteur impartial fera la part de la vérité, et celui qui nous suspecterait de prévention pourra de la sorte prendre confiance dans nos calculs. Evalué d'après les bases que nous avons fait connaître, le salaire annuel de l'ouvrier rural aux dernières années de l'ancien régime était de 162 fr. 43 c., somme qui au cours du temps pouvait être échangée sur la place de Toulouse contre 9 hectol. 59 litres de blé (3).

---

(1) Voir aux pièces justificatives le taux mensuel des journées d'homme dans la banlieue de Toulouse, tableau VI.

(2) Voir aux pièces justificatives la répartition des jours de travail, tableau VIII.

(3) Voir aux pièces justificatives la tableau récapitulatif des salaires d'hommes évalués en blé, tableau IX.

Pour se faire une idée juste de cette situation, il convient de la mettre en parallèle avec l'état des choses constaté à des époques plus rapprochées de nous.

Dans la période de 1820 à 1830, en prenant pour base, quant au taux des salaires, les renseignements recueillis dans la comptabilité du même domaine de Périole, et quant au nombre des jours de travail, l'évaluation admise par M. de Gasparin, pour la région du Midi (262 journées), évaluation qui sera commune à tous nos calculs pour la première moitié du dix-neuvième siècle (1), on trouve que le salaire annuel d'un homme a été de 256 fr. 70 c. Le prix moyen du blé, de 1820 à 1830, n'ayant pas dépassé 16 fr. 89 c., d'après la mercuriale de Toulouse qui servira de base à nos appréciations pour tout ce siècle, le journalier a gagné en somme la valeur de 15 hectol. 19 litres (2).

Dans la période décennale suivante, le salaire s'élève à 265 fr. 85 c.; mais il n'équivaut plus qu'à 14 hectol. 61, parce que le froment monte à 18 fr. 17 9. (3).

De 1840 à 1850, nouvelle hausse : le blé vaut 19 fr. 058; mais l'émigration de la famille rurale a augmenté déjà le prix de la main-d'œuvre : l'ouvier gagne 291 fr. 2 c., c'est-à-dire 15 hectol. 8 litres de grain (4).

A dater de 1850, la dépopulation prend un grand développement. Les bras de l'ouvrier n'ont d'autre repos que celui que leur créent les intempéries extrêmes. Ici, nous ne sommes plus réduits pour fixer le nombre des jours de travail aux conjectures et aux évaluations générales de la statistique, et nous pouvons emprunter à notre propre comptabilité des données positives. De 1855 à 1860, la moyenne annuelle des journées d'homme a été de 288; mais nous croyons devoir l'abaisser à 280, pour tenir compte des différences que peut présenter la première moitié de la période décennale et pour rendre les résultats comparables avec ceux que nous relèverons dans les pays de vignoble (5). Si on objectait ici que notre moyenne est trop élevée pour qu'on puisse en généraliser l'application, nous répondrions que c'est un inconvénient inhérent à toutes les monographies de ne pas ressembler, trait pour trait, au type commun auquel on les rapporte. Mais on nous accordera que cette dissemblance peut s'effacer, quand on ne juge les choses que dans l'ensemble et par leurs résultats définitifs. Or, c'est ici le cas. Il ne faut pas perdre de vue que notre but est seulement de déterminer la valeur du sa-

(1) Pièces justificatives, tableau IX. — (2) Id.
(3) Pièces justificatives, tableau VIII. — (4) Id. — (5) Id.

laire annuel. Si les ouvriers qui, pour la plupart, sont employés à l'année sur notre exploitation, y trouvent un travail plus constant qu'ailleurs, ils pourront céder leurs services à un moindre prix, et tout se compensera. Les chiffres suivants serviront à le démontrer.

Du 1er novembre au 1er mars, nous donnions, il y a quelques années à peine, 80 centimes aux hommes. Ils gagnaient 90 centimes, du·1er mars au 1er mai. Pendant le reste de l'année, ils sont, le plus souvent, occupés à la tâche, soit qu'ils fauchent les prairies artificielles et naturelles ou les chaumes, soit qu'ils opèrent la récolte des grains comme solatiers. D'après nos calculs, le prix moyen de la journée de 1850 à 1860 a été, en mai, de 1 fr. 25 c.; en juin, juillet et août, de 1 fr. 67 c.; en septembre, de 1 fr. 25 c.; enfin, en octobre, de 1 fr. Pour l'année entière, le produit de ces journées s'élève à la somme de 334 fr. 27 c. qui, au prix moyen de 21 fr. 72 c., équivaut à 15 hectol. 39 litres de blé (1). Mais il convient d'y joindre une part virile du bénéfice réalisé par la famille du solatier sur la culture de 56 ares 90 centiares de terre, pris à moitié fruit et ensemencés en maïs. Nous n'avons pas jusqu'ici tenu compte de cet élément, parce que la faiblesse du rendement, qui ne dépassait pas 16 hectol. à l'hectare (c'est l'évaluation adoptée en 1852 dans la statistique officielle), permettait à peine au solatier de rentrer dans ses frais avec un prix moyen de 10 fr. par hectolitre vendu. L'impossibilité de trouver à occuper ses bras pendant la morte saison pouvait seule déterminer le solatier à se livrer à cette culture dans les conditions qui lui étaient faites (2).

Les accords du propriétaire et du solatier, en ce qui concerne la culture du maïs, n'ont pas changé; mais celui-ci a profité de l'élévation constante des produits amenée par les progrès de la culture. C'est ainsi que, pour la période 1850-1860, nous constatons sur notre domaine de Périole un rendement de 24 hectol. par hectare, laissant au solatier un bénéfice de 34 fr. Celui-ci

---

(1) Pièces justificatives, tableau IX.

(2) Voici le détail des frais qui incombent au solatier pour la culture de 1 arpent (56 ares 90 centiares). Bécher le sol, vingt journées, à 80 centimes = 16 fr.; une journée pour semer (le propriétaire fournissant le bouvier et l'attelage), 60 centimes; semence, 25 litres maïs = 2 fr. 50 c.; sarclage à forfait, 10 fr. 30 c.; buttage, six journées, 7 fr.; couper et enlever les crêtes, deux journées, 1 fr. 60 c.; cueillette du maïs, cinq journées de femme et une journée d'homme, 4 fr.; couper et charger les tiges, une journée, 1 fr.; dépense totale, 43 fr. par arpent, soit 62 fr. par hectare.

étant obligé, aux termes de nos accords, à fournir, durant toute l'année, 1 homme et 2 femmes, il y a lieu de répartir cette somme entre ces trois agents. Nous avons adopté la proportion suivante : 3/7 pour l'homme et 2/7 pour chaque femme. Dans ces conditions la part de l'homme atteignant 14 fr. 67 c., élève son salaire annuel à 348 fr. 94 c., somme qui a pu être échangée contre 16 hectol. 06 de blé au cours moyen de la période.

De 1861 à 1866, le produit des journées s'est élevé à 356 fr. 82 c. D'un autre côté, le bénéfice sur la culture du maïs (avec un rendement de 31 hectol. 67 par hectare et un prix moyen de 11 fr. 56 c.) a atteint 60 fr., dont 25 fr. 71 c. pour la part virile du solatier. Il a donc gagné 382 fr. 53 c. Le prix moyen du froment n'ayant pas dépassé 20 fr. 66 c., le salaire a pu être échangé contre 18 hectol. 51 litres de blé. Or, en appéciant ce que recevait le journalier travaillant sur le même domaine avant la Révolution, nous avons trouvé que la somme ne surpassait pas 162 fr. 43 c. et ne pouvait être échangée contre plus de 9 hectol. 59 litres de blé. La différence au profit de notre temps n'est donc pas inférieure à 8 hectol. 92 et dépasse ainsi 93 pour 100.

Il faut remarquer en outre que depuis 1866 le taux des salaires n'a pas cessé de s'élever.

De 1785 à 1790, le prix de la journée des femmes, sur notre propriété de Périole, fut de 30 centimes depuis le mois de septembre jusqu'au mois de juin, et de 40 centimes pendant le reste de l'année. Mais comme la plupart d'entre elles étaient employées à la moisson ou au battage des grains, et que cette entreprise avec les autres charges qui s'y trouvaient rattachées, telles que la préparation des foins, exigeait environ trois mois de travail, nous avons dû répartir sur cet espace de temps la valeur des 3 hectol. 30 litres de blé que les femmes recevaient, une année portant l'autre, pour leur quote-part de rétribution (1). En portant à 131 le nombre des journées de travail d'après la statistique officielle de 1852 (2), évaluation très probablement exagérée pour l'époque, le salaire annuel se serait évalué à 75 fr. 40 c., somme équivalant à 4 hectol. 45 litres de blé (3). Mais il faut observer que si les femmes trouvaient rarement à s'occuper à l'extérieur, elles ne restaient pas pour cela dans l'inaction. C'étaient elles, en effet, qui filaient la laine, le chanvre et le lin, dont s'habillait toute la famille. Ces industries domestiques qui seraient actuellement

(1) Voir aux pièces justificatives, tableau IX.
(2) Id., tableau VIII.
(3) Id., tableau IX.

ruineuses pour les classes ouvrières, parce que, grâce au progrès de l'art agricole et au perfectionnement des manufactures, elles trouvent un emploi plus lucratif de leur temps dans le travail de la terre, ces industries domestiques offraient alors au paysan l'inappréciable avantage de mettre à profit les interminables loisirs auxquels il était condamné. En bien des lieux, le père de famille tissait lui-même la toile que sa vieille mère, son épouse et ses enfants avaient filée. Le salaire n'était pas considérable, mais l'atelier était presque toujours ouvert. Malheureusement, il n'est pas possible d'apprécier ce gain avec quelque certitude, parce qu'il était infiniment variable; nous sommes donc réduits constater son existence.

Si nous plaçons en regard des chiffres qui représentent le salaire des femmes sous l'ancien régime ceux de la période décennale 1851-1861 que nous avons relevés dans nos livres de compte, nous verrons que de 1851 à 1856, les femmes, occupées en moyenne pendant 270 jours (exactement 273), ont gagné 167 fr. 90 c., à quoi il convient d'ajouter pour 2/7 bénéfice sur la culture du maïs 9 fr. 78 c., soit au total 177 fr. 68 c. Le blé ayant valu durant ce temps 21 fr. 01 c., le salaire a pu être échangé contre 8 hectol. 40 litres de froment (1). De 1856 à 1861, quoique le prix du grain s'élève à 22 fr. 42 c., la position de l'ouvrière s'améliore encore, son salaire atteint 196 fr. 36 c., somme égale en valeur à 8 hectol. 76 litres de blé (2).

Dans la période quinquennale suivante (1861 à 1866), le produit de la journée des femmes s'est élevé à 209 fr. 77 c., et la part de bénéfice sur la culture du maïs, à 17 fr. 44 c., soit en totalité 226 fr. 91 c. Le blé ayant valu 20 fr. 66 c., le salaire a pu être échangé contre 10 hectol. 91 litres (3). Cette situation, comparée à celle des dernières années qui ont précédé la Révolution de 1789, donnerait au profit du temps actuel une différence qui surpasse 145 pour 100.

Toutefois, il faut remarquer que les chiffres empruntés à notre comptabilité pour la fixation des jours de travail se rapportent exclusivement à des femmes qui restent à peu près étrangères aux soins du ménage. Si on voulait apprécier le temps que ce genre d'occupation absorbe dans la généralité des familles rurales, on pourrait l'évaluer assez approximativement au quart de la journée. Dans les familles peu nombreuses où il n'y a pas d'enfants en bas âge, les heures du repos suffisent à la femme diligente pour préparer la nourriture et approprier le logis. Elle

(1) Voir aux pièces justificatives le tableau IX. — (2) Id. — (3) Id.

consacre les jours pluvieux au ravaudage des vêtements, et emploie à peine, de loin en loin, quelques journées à faire ses lessives. Mais lorsque la ménagère a beaucoup de bouches à nourrir, de linge à tenir blanchi et raccommodé, comme cela est ordinaire dans la classe des maîtres-valets, elle cesse alors de courir habituellement aux champs et ne quitte pas le foyer. Enfin, pour les familles moyennes, composées d'un homme, d'une femme et de deux enfants, des exemples quotidiens nous permettent d'évaluer au quart de la journée le temps que la ménagère consacre aux soins de l'intérieur. Nous pensons que ce chiffre peut être considéré comme représentant assez exactement la perte que les occupations du ménage font subir au travail salarié des femmes, dans la généralité des cas.

Après avoir étudié la position des journaliers placés dans les conditions ordinaires de la culture, il nous reste à jeter un coup d'œil sur les faits présentés par les pays vinicoles.

A la suite de l'arrêt que le Parlement de Toulouse avait rendu en 1715, pour combattre le renchérissement de la main-d'œuvre, les autorités municipales prirent des ordonnances de police qui déterminèrent le taux des salaires. Nous avons rapporté plus haut le règlement adopté à cette occasion par le conseil politique de la communauté de Gaillac, située au sein d'un riche vignoble, dans un arrondissement limitrophe de la Haute-Garonne et compris avant 1789 dans la sénéchaussée de Toulouse.

L'exécution de cette ordonnance ayant cessé de répondre aux exigences qui l'avaient provoquée, il en fut porté une nouvelle en 1721. Dans la suite, celle-ci étant tombée en désuétude, les propriétaires se plaignirent de ce qu'au mépris de l'arrêt du Parlement et des ordonnances de police, le prix des journées fût redevenu arbitraire et excessif, et, d'un autre côté, que les travailleurs quittassent leur chantier dès quatre heures du soir. En conséquence, le 29 mars 1762, les consuls décidèrent, sur les réquisitions du syndic de la communauté, que du 13 mars au 1er octobre, la journée finirait à cinq heures du soir, et que, pendant le reste de l'année, les ouvriers pourraient se retirer à quatre heures, après que la grande cloche de l'église les aurait avertis. Les infractions étaient punissables d'une amende de 20 sols pour la première fois, et, ajoutait-on, de la prison, et de plus forte en cas de récidive. Chose digne de remarque, l'usage de finir la journée à quatre heures du soir et celui de sonner le retraite de l'ouvrier sont restés debout au milieu des changements qui ont transformé les institutions politiques, les mœurs et jusqu'à l'éco-

nomie sociale. Encore aujourd'hui, le beffroi de Saint-Pierre
retentit à quatre heures dans la riche plaine de Gaillac, et donne
au vigneron le signal du retour.

L'ordonnance de 1762 fixa le prix de la journée des hommes
à 10 sols du 1ᵉʳ janvier au 13 mars, à 15 sols du 13 mars au
6 mai, à 12 sols du 6 mai au 24 juin, à 10 sols du 24 juin au
1ᵉʳ octobre, non compris toutefois les journées des vendangeurs
sur lesquelles on se réserva de statuer ultérieurement. Enfin,
du 1ᵉʳ octobre au 1ᵉʳ janvier, le salaire dut être de 8 sols. Il fut
défendu aux ouvriers de recevoir et aux propriétaires de donner davantage, sous peine d'une amende de 5 livres, au paiement de laquelle ils pouvaient être contraints par toutes voies,
même par l'emprisonnement. Il est presque superflu d'ajouter
qu'une disposition formelle de cette ordonnance permettait aux
propriétaires « de convenir avec les travailleurs de prix plus
bas que ceux énumérés ci-dessus. »

En supposant que l'on ne fît pas usage de cette faculté, et que
les travailleurs trouvassent à s'occuper pendant 206 jours, ce qui
est trop présumer sans doute, ils auraient gagné 111 fr. 68 c. Si
l'on rapproche ces chiffres du prix du blé dans le Languedoc,
pendant la période septennale de 1756 à 1763, on voit que le froment ayant valu en moyenne 13 fr. 41 c., le salaire a égalé en
valeur 8 hectol. 33 litres (1). Cette évaluation ne doit pas s'écarter beaucoup de la vérité; car si, d'une part, le nombre des jours
de travail a pu être inférieur à celui que nous avons fixé, il est
certain aussi que plus d'une fois le salaire s'est élevé au-dessus
du taux déterminé postérieurement par l'ordonnance des consuls,
car sans cela elle n'eût pas eu sa raison d'être.

Selon toute apparence, on ne tarda pas à constater de nombreuses infractions à la loi du maximum, qui dut être modifiée
ou tomber en désuétude. En effet, si l'on s'en fût tenu aux prescriptions de 1762, le prix du blé s'étant élevé en moyenne à
14 fr. 35 c. de 1763 à 1766, et ayant haussé jusqu'à 17 fr. 78 c.
pendant les trois années suivantes, le salaire annuel, qui, à l'époque où l'ordonnance fut rendue, pouvait être échangé contre
8 hectol. 33 litres de blé, n'aurait procuré que 7 hectol. 14 litres, et en dernier lieu que 6 hectol. 40 litres seulement. A coup
sûr, il n'en fut pas ainsi ; et la population ouvrière ne dut pas se
trouver réduite à cette déplorable extrémité. Il est plus vraisem-
blable que la force des choses ne tarda pas à triompher des abus
de la législation.

(1) Voir aux pièces justificatives le tableau X.

Il résulte, en effet, des chiffres que j'ai relevés dans la comptabilité de l'hôpital de Gaillac, que le prix des journées d'homme oscilla de 55 centimes à 80 dans la période de 1771 à 1779. En calculant sur 206 jours de travail, le salaire se serait élevé à 141 fr. 76 c., somme équivalente à 8 hectol. 30 litres de blé (1), d'après la mercuriale de la Province de Languedoc qui, ramenée aux mesures nouvelles, porte le prix de l'hectolitre à 17 fr. 5 c. (2).

De 1781 à 1789, la moyenne du prix de la journée, calculé par mois, a varié entre 0 fr. 57 et 0 fr. 832 ; le salaire annuel du vigneron s'est élevé à 147 fr. 93 c. ; mais le prix du blé ayant haussé jusqu'à 18 fr. 70 c., on n'a pu se procurer avec cette somme que 7 hectol. 91 de grain (3). Il suit de là qu'aux dernières années de l'ancien régime, bien que les salaires eussent une certaine tendance à s'élever, la position de l'ouvrier était devenue pire que dans la période précédente. Tous les objets de sa consommation avaient enchéri. Il est surprenant, dit Arthur Young en signalant ce fait, que le prix de la main-d'œuvre n'ait pas haussé également ou au moins en quelque proportion avec le reste. Cela vient probablement, ajoute-t-il, de l'excès de la population.

Si l'on compare les salaires payés avant 1789 à ceux de la période décennale 1851-1860, le nombre des jours de travail étant supposé être de 262 d'après l'évaluation évidemment trop faible ici de M. de Gasparin, nous trouverons que de 1851 à 1860 l'ouvrier a gagné 305 fr. 74 c., ce qui équivaut à 14 hectol. 07 litres de blé (4) au prix moyen de 21 fr. 72 c. (5). Mais si on compte les journées de travail d'après les données de notre comptabilité de Périole, le salaire annuel sera de 326 fr. 31 c. ou 15 hectol. 2 litres de froment, évaluation que nous croyons être plus sincère que la précédente (6). Il faut remarquer toutefois que la mercuriale de Toulouse, dont nous avons emprunté les chiffres afin de rendre les résultats plus facilement comparables entre eux, ne s'accorde pas exactement avec celle de Gaillac qui porte le blé à 22 fr. 093 (7). Il en résulte que le vigneron n'aura pu rigoureusement acquérir du prix de sa journée que 14 hectol. 77 litres de froment. De 1861 à 1866, le salaire s'est élevé à 391 fr. 44 c., et le cours du blé s'étant

(1) Voir aux pièces justificatives le tableau X.
(2) Id. le tableau III.
(3) Id. le tableau X.
(4) Id. le tableau V.
(5) Id. le tableau X. — (6) Id. —
(7) Id. le tableau V.

abaissé à 20 fr. 66 c., on a pu convertir le salaire en 18 hectol. 94 litres de grain. Cette situation, comparée à celle qu'avait présentée la seconde moitié du dix-huitième siècle, accuse, au profit de la période la plus récente, un écart supérieur à 125 pour 100.

Depuis 1866, la hausse des salaires a fait de nouveaux progrès.

Quant au travail des femmes, à ne considérer que le taux mensuel des journées et sans s'occuper de leur nombre qui cependant a du s'accroître, la période de 1780 à 1788, comparée à celle d 1861 à 1866, accuse une infériorité qui surpasse de 115 pour 100 (1).

Quelles que fussent la sobriété et la simplicité des goûts dont la rigueur des temps faisait une nécessité à la population ouvrière de nos compagnes avant la Révolution, il est certain que ses ressources étaient trop faibles et trop précaires pour ne pas lui imposer de bien dures privations et les plus humiliantes extrémités. On voit en effet dans l'enquête ouverte en 1763, par les soins de l'archevêque de Toulouse, qu'il y avait des paroisses entières dont tous les habitants étaient dans la misère. A Saint-Salvy, deux familles seulement faisaient exception ; — à Saint-Sernin de Ricanselve, pas d'exception (2).

Reconnaissons toutefois que, hors de la province, le mal était encore plus profond et surtout beaucoup plus général. Cela tenait à la manière dont les charges publiques étaient réparties et perçues. Or, en Languedoc, l'administration des Etats se montrait autant équitable et paternelle à cet égard, qu'elle était en toute chose indépendante et éclairée. Bien qu'en matière de travaux publics elle ait opéré des merveilles, objet d'envie pour les étrangers et pour les habitants des autres provinces, elle n'admettait pas la corvée qui suscitait ailleurs des plaintes trop légitimes. Là où ce système était en usage, le paysan, arraché à ses occupations, se trouvait contraint de courir au loin pour se rendre sur un chantier où il travaillait sans salaire, de réparer des routes qu'il ne devait, peut-être, jamais fréquenter et dont n'usaient guère que ceux-là seuls qui ne contribuaient pas à les entretenir. Aussi la corvée irritait au plus haut point les passions populaires. On en put juger par l'enthousiasme avec lequel fut accueillie, plus tard, la nouvelle de leur suppression. Ce fut un des plus beaux jours du règne de Louis XVI et du ministère de Turgot.

De toutes les catégories qui composaient la classe ouvrière, la

(1) Voir aux pièces justificatives le tableau VII.
(2) Archives départementales, *Etat des paroisses*.

plus à plaindre était celle des hommes de journée, désignés sous le nom d'*estachants*. Leur situation matérielle avait réagi sur leur état moral : ils étaient dominés par le découragement et l'indolence. A force de travailler, rarement ils en étaient venus à exécuter lentement la besogne et à la mal faire. Cette circonstance, qui n'a pas échappé aux rédacteurs les plus intelligents de l'*Etat des paroisses*, trouve sa confirmation dans le taux du travail à la tâche ou prix-fait, comparé à celui des journées dans la période ancienne et dans la période moderne.

Avant la Révolution, le fauchage des chaumes sur notre propriété de Périole coûtait 3 livres l'arpent de 56 ares 90 centiares. Nous le payons en moyenne 3 fr. 50 c., soit en plus 16 pour 100. A la vérité, ce prix résulte d'une convention spéciale faite avec les ouvriers que nous occupons à la moisson, mais c'est précisément la position dans laquelle nos prédécesseurs se sont trouvés. Lorsque nous employons d'autres bras, le prix varie, selon les années, de 4 à 5 fr., et la différence s'élève en moyenne à 40 pour 100. — Pour les prés, les faucheurs, attachés au domaine comme solatiers, recevaient autrefois 4 livres 5 sols par arpent ; nous leur donnons aujourd'hui 5 fr., et à ce prix ils trouvent une bonne aubaine. C'est seulement 18 pour 100 de plus. Il est vrai que le même travail confié à des ouvriers étrangers coûte plus cher et se paie jusqu'à 6 fr. : mais, à ce compte même, l'augmentation ne dépasse pas 39 pour 100. Ainsi, tandis que le prix des travaux à la tâche s'est élevé seulement de 17 pour 100 dans les conditions les plus comparables avec celle de l'ancienne culture, et de 40 pour 100 dans les autres cas, nous trouvons, en rapprochant du taux mensuel des salaires avant la Révolution le taux des journées dans la période 1861-1866, une différence qui surpasse 67 pour 100. Comment expliquer une disproportion aussi considérable, si ce n'est par le peu d'activité que déployait autrefois le tâcheron, sous l'influence d'habitudes indolentes et d'un régime économique très insuffisant?

Quant aux ouvriers gagés à l'année, leur condition était bien préférable à celle des estachants, quoique très inférieure, comme on le verra, à ce qu'elle a été depuis. Tout le monde connaît le système d'exploitation à *maître-valet*, dont la substitution au métayage a exercé une influence si bienfaisante sur l'agriculture de nos cantons. Le maître-valet, étranger à la direction du domaine, n'est en réalité qu'un entrepreneur de main-d'œuvre, qui s'oblige à fournir au fermier ou au propriétaire un nombre de bras déterminé moyennant un salaire proportionnel, généralement payé en nature, du moins en partie, quelquefois en argent, assez souvent aussi par la jouissance, à des conditions précises, d'une certaine étendue de terre.

Je trouve dans nos vieux régistres qu'en 1787 le maître-valet recevait pour chacun de ses hommes : 5 setiers de blé équivalant à 4 hectol. 66 ; 2 setiers 2 pugnères, soit 2 hectol. 33 litres de maïs, et 2 setiers 2 pugnères, soit 2 hectol. 33 litres de *mixture* (méteil), mélange composé normalement de trois portions de seigle et d'une portion de blé. Ces denrées, calculées d'après la mercuriale de Toulouse, valaient ensemble 126 fr. 15 c. On donnait de plus par homme 30 livres en espèces, 6 fr. d'indemnité pour sel et huile, et cinquante fagots évalués 6 livres. Le chauffage du four, qui était fourni en sus, ne peut être estimé à moins de 5 fr. pour la cuisson du pain de chaque homme gagé. Les arrière-vins et vinades qu'on donnait aussi valaient bien autant. Enfin, la part respective de l'individu dans la jouissance de l'habitation et du jardin attribués à la famille peut être fixée à 20 fr. Rappelons, mais seulement pour mémoire, les bénéfices réalisables sur la volaille après le paiement de la rente au propriétaire ; les porcs tenus à moitié profit ; la terre à lin et à maïs cultivée à moitié fruit, mais entièrement à bras, et aux frais du maître-valet ; enfin une indemnité de 5 sols par voyage pour le transport des denrées à la ville. Les gages énumérés plus haut avaient une valeur de 195 fr. 15 c., équivalant à 11 hectol. 34 litres de blé.

Un homme gagé à titre de jardinier, mais avec l'obligation de s'employer à tous les travaux de la culture, gagnait à la même époque et sur le même domaine 202 fr., représentés par 2 setiers de blé (1 hectol. 864), 7 setiers (6 hectol. 524) de mixture, 27 fr. en espèces, 11 fr. pour chauffage, 6 fr. pour sel et huile, enfin, une valeur de 40 fr. en loyer d'habitation et en jardinage. Au prix du blé à Toulouse, ces diverses sommes représentaient 12 hectol. 52 litres ; or, le lecteur peut se souvenir que le salaire annuel du journalier, qui travaillait sur la même exploitation rurale, ne dépassait pas en ce temps 162 fr. 43 c., soit 9 hectol. 59 litres de blé. La condition des hommes gagés était donc bien préférable à celle des estachants ; du reste, il en était alors de même partout. Il n'en faudrait pas conclure cependant qu'il n'y eût pas de pauvres parmi les maître-valets, le cahier de Cessales et de Cépet fait foi du contraire (1). Mais il est à présumer que ce triste sort était spécialement le lot des familles nombreuses, dont quelques membres à peine avaient des gages

---

(1) Archives départementales, *État des paroisses.*

fixes, et qui, dès lors, participaient à divers degrés à la condition précaire des estachants.

Il nous reste maintenant à mettre en parallèle avec la situation de nos anciens maîtres-valets celle de leurs derniers successeurs. On donne à ceux-ci, par homme, 5 hectol. de blé, 5 hectol. de maïs, 30 fr. en espèces, 15 fr. pour boisson et autant environ pour le chauffage; la part d'un individu, dans le loyer de l'habitation et du jardin, peut être évaluée, pour la généralité des cas, à 20 fr. Enfin, il est assigné à chaque homme 1 hectare 13 ares 80 centiares de terre pour y cultiver du maïs à moitié fruit, les labours étant à la charge du maître et tous les autres travaux aux frais du maître-valet. En représentation de la terre à maïs, on stipule quelquefois de donner 10 hectolitres de maïs en grain: nous établirons nos calculs sur cette base. Rappelons pour mémoire : quelques ares que le maître-valet ensemence en lin, dont le produit, rendu propre au peignage, se partage avec le maître ; les menus profits ds la basse-cour, après qu'on a servi la rente, et l'indemnité de 50 centimes payée pour les transports de récolte à la ville. En laissant de côté ces petits avantages et en ne faisant entrer en ligne de compte que les gages proprement dits, évalués d'après la mercuriale de Toulouse, nous trouvons que de 1850 à 1860 chaque homme a reçu, une année portant l'autre, une valeur de 383 fr. 45 c., équivalant à 17 hectol. 65 litres de blé, à raison de 21 fr. 72 c. Or, pendant la même période, le journalier n'a obtenu que 348 fr. 94 c. ou l'équivalent de 16 hectol. 4 litres de blé.

Dans les cinq années comprises entre 1861 et 1866, le salaire des maîtres-valets a atteint par homme 404 fr. 58 c., savoir : blé, 5 hectol. à 20 fr. 66 c. = 103 fr. 30 c. ; maïs, 5 hectol. à 11 fr. 56 c. = 57 fr. 80 c. ; argent, 30 fr. ; boisson, 15 fr. ; chauffage et logement, 35 fr. ; bénéfice sur la culture du maïs (dont le rendement s'est élevé de 24 à 31 hectol. 67 par hectare), 163 fr. 48 c. ; somme égale, 404 fr. 58 c. Le cours moyen du blé durant cette période n'ayant pas dépassé 20 fr. 66 c., le salaire du maître-valet s'est trouvé équivalant à 19 hectol. 58 litres. — Si l'on rapproche ce chiffre de celui que nous avons relevé sur les registres du même domaine en 1789 (11 hectol. 34), on verra que le salaire s'est accru de 72 pour 100. Rappelons ici que le simple journalier n'a gagné que 18 hectol. 51 litres de froment pendant que le maître-valet en obtenait 19 hectol. 58 litres.

Chose étonnante cependant, on n'entend guère les propriétaires se récrier contre le salaire des maîtres-valets, qui a si largement profité, soit de l'élévation du prix des grains, soit de l'abondance des récoltes résultant des progrès de la culture sur les terres données à moitié fruit ; au contraire, ils se plaignent de l'augmentation du taux des journées, quoique, en fin de compte, la position du journalier reste le plus souvent inférieure à celle de l'homme à gages. Il est vrai toutefois que cette différence tend à s'effacer ; sur plusieurs points même elle a disparu, et l'équilibre s'est rompu en faveur de l'estachant.

Après avoir examiné la condition de l'homme de journée et celle du maître-valet, il nous reste à parler du métayer. Le métayage est, comme on sait, une sorte de fermage à moitié fruit ; le propriétaire perçoit pour la location du sol une part du produit en nature ; le métayer fournit la main-d'œuvre, et, suivant l'usage des lieux ou les conventions particulières, la totalité ou seulement une partie du capital d'exploitation. Même de nos jours, ce capital est très faible, les métayers ayant personnellement peu de ressources et les propriétaires, lorsqu'ils sont riches, répugnant à consacrer leurs fonds à un emploi dont ils ne seraient pas seuls à profiter. Si, de notre temps, Mathieu de Dombasle a pu qualifier avec raison le métayage « d'agriculture misérable, » qu'aurait-il dit, en voyant fonctionner ce système entre les mains de cultivateurs si pauvres, qu'ils n'avaient pas toujours du chaume à donner en pâture à leurs bestiaux, et qu'en bien des cas, ils laissaient les terres en jachère, parce qu'ils manquaient de grain pour les ensemencer ? En 1763, le curé du Burgaud, décrivant à l'archevêque de Toulouse la situation de ses paroissiens, demande qu'on leur prête de quoi emblaver les terres, qui, en partie, resteront incultes faute de semence. Le curé de Buzet ne tient pas un autre langage (1).

Il semble que déjà à cette époque les inconvénients du métayage étaient si manifestes, que ce système ne devait sa conservation qu'à l'empire d'habitudes séculaires combinées avec la difficulté de lui substituer un régime qui exige, d'une part, des avances et une mise de fonds considérable que peu de propriétaires pouvaient alors se permettre, et, d'autre part, une surveillance qu'on ne se souciait pas d'exercer personnellement, et qu'il était encore plus périlleux qu'aujourd'hui de déléguer à un tiers. Voltaire, dans son *Dictionnaire philosophique*, dit que le métayer ne risquant rien, parce qu'il n'a rien fourni, ne donne jamais à la terre ni les engrais, ni les façons dont elle a besoin ; il ne l'enrichit point, ajoute-t-il, et il appauvrit son maître. C'est malheureusement le cas où se trouvent plusieurs pères de famille...

_____

(1) Archives départementales, *Etat des paroisses*.

Combien misérable devait donc être alors la condition du colon partiaire lui-même ! Or, au témoignage d'Arthur Young, le métayage était le mode d'exploitation usité dans les 7/8 de la la France, vers la fin de l'ancien régime ; il prévalait presque partout, un peu moins cependant dans les provinces méridionales que dans certaines autres.

CHAPITRE II

LE RÉGIME ALIMENTAIRE.

La nourriture. — L'habitation. — Les vêtements (cherté relative des objets manufacturés).

On a peine, aujourd'hui, à se faire une idée du régime alimentaire des classes ouvrières dans le pays toulousain avant 1789. A Caussidières, est-il rapporté dans l'*Etat des paroisses*, « les deux tiers des habitants sont fort pauvres. En mai (remarquez la saison), on leur fait une distribution de mil. C'est le temps de l'année où ils souffrent le plus (1). » Il ne faudrait pas conclure de là que l'emploi du maïs dans la nourriture du paysan se présentât alors comme un fait exceptionnel et isolé. Je lis dans la correspondance du subdélégué de Toulouse, à la date de 1757, que le gros millet (c'est le nom qu'on donnait alors au maïs) était la principale nourriture des habitants du diocèse. Il résulte des renseignements fournis à l'intendant, par la même admistration en 1783, qu'on ne mangeait dans nos campagnes que peu de blé, mais beaucoup de mixture, de gros millet et de menus grains. Dans tout le Lauragais, le maïs formait la base de l'alimentation (2).

Les montagnards se nourrissaient de châtaignes pendant la moitié de l'année, comme l'attestent ces vers du poète gascon :

> Quand lou brouillard coumenço a coubri las mountagnos,
> Qué la pléjo et lous bens abattou las castagnos,
> On ba jous castagniès accampa lous pélous,
> Et dé poou de jalado, ou né fa de moulous.

(1) Archives départementales. — (2) Id.

> D'aquel fruit nourrissent la perbésiou secado,
> Fa la founctiou del pa la mitat de l'annado (¹).

A cet aliment, les habitants des Pyrénées joignaient une bouillie composée d'un mélange de lait et de farine de millet ou de sar-
razin non blutée.

On voit, par les rapports des intendants, que les paysans n'étaient
pas mieux favorisés ailleurs sous le rapport des vivres. En Normandie, l'avoine formait la base de la nourriture ; dans l'élection
de Troyes, c'était le blé noir. Les cultivateurs de la Manche et du
Limousin y joignaient des châtaignes et des raves ; les Auver-
gnats, du lait et de la chèvre salée. Dans la Beauce, bien qu'on
récoltât du froment en abondance, les paysans ne mangeaient
que de l'orge et du seigle. Chez nous, la pomme de terre, qui
rend journellement de si grands services aux populations
rurales, était à peine connue. Les préjugés des cultivateurs
résistèrent d'abord vivement à son adoption. Arthur Young
rapporte dans son *Voyage en France*, que les 99 centièmes
de l'espèce humaine n'en voulaient pas toucher. Lorsque M. de
Lapeyrouse essaya de populariser la pomme de terre, il eut
beau faire préparer ses tubercules de différente sorte, en offrir à
manger aux chefs des familles les plus notables de son voisinage,
tous les rebutèrent avec dédain. Les laboureurs et les bergers
s'obstinaient à n'en donner à aucune espèce de bétail. Heureusement, les efforts persévérants de cet homme zélé finirent par
triompher de la résistance qu'un aveugle préjugé soulevait autour
de lui.

Quant à la viande, nos classes ouvrières en faisaient rarement
usage à cause de son prix élevé relativement au grain. On y
suppléait par des légumes. Les payans les plus fortunés n'allaient presque jamais à la boucherie ; ils engraissaient et salaient
un porc qu'ils consommaient d'une année à l'autre. Bien que la
volaille fût commune et à vil prix, on ne mettait la poule au pot
dans les chaumières que pour les malades ou pour solenniser le
mardi gras et la fête locale.

Heureusement, pour les pauvres travailleurs, il n'en coûtait pas
pas beaucoup pour s'abreuver avec un vin potable. C'était le
temps où on lisait sur la porte des tavernes rustiques cette formule obligée : *Boun bi biel de païs à siès sos lé péga*. Le vin à
6 centimes le litre chez le débitant, c'était un prix ruineux pour
le propriétaire, l'intendant de Languedoc en convenait ; « mais

(¹) Cl. Peyrot, *l'Automne.*

d'un autre côté, ajoutait-il, c'est un bonheur, parce que le peuple oublie par cette boisson le poids de la misère qui l'accable de toute part (1). » Cet aveu est affligeant à plus d'un titre et bien profondément significatif. Qu'il est triste, en effet, de voir des créatures intelligentes réduites à chercher dans les fumées du vin l'oubli de maux immérités, auxquels il ne leur était pas donné de se soustraire par les voies naturelles du travail et de l'épargne !

Il est presque superflu d'ajouter que des gens aussi mal nourris n'étaient pas mieux logés. A la vérité, nos paysans, descendant de ces colons du moyen-âge, qui ne faisaient que camper dans les champs et qui allaient s'entasser ensuite avec leurs récoltes dans les places fortifiées, ne trouvaient ni dans leurs souvenirs traditionnels, ni dans l'exemple des populations environnantes, le type d'une condition meilleure. Même dans nos cantons les plus plus riches, les maisons des cultivateurs et des petits propriétaires étaient généralement construites en pisé ou paillebart, partout où le moellon ne se trouvait pas sous la main du paysan. Une seule ouverture donnait accès à l'air, au jour et aux hôtes de cette demeure. Un plancher enfumé et des parois salies ; sous les pieds, la terre nue ; voilà pour l'aspect intérieur. C'était bien pis encore dans les montagnes, où les bestiaux vivaient, la plupart du temps, pêle-mêle avec leurs gardiens, ceux-ci couchés sur la paille, ceux-là sur la fougère, dans des granges où l'on ne trouvait, hélas ! ni fenêtres, ni cheminées, et où l'on séjournait jusqu'à deux et trois mois sans sortir. Ces détails ne sont pas imaginés à plaisir, comme on pourrait être tenté de le croire. Ils ont été empruntés par le savant archiviste de la commune de Toulouse, M. Roschach (2), à la correspondance d'un inspecteur des forêts envoyé en mission dans les Pyrénées en 1667. Or, les choses n'avaient pas beaucoup changé, un siècle plus tard, dans ces gorges restées encore presque inaccessibles.

On peut se faire une idée, de ce qu'étaient alors les habitations rurales dans nos plaines par l'état misérable qu'elles présentaient dans les villages. Lorsqu'en l'an de grâce 1787, Arthur Young traversa le gros bourg de Grisolles pour se rendre à Toulouse, il n'aperçut pas de vitres aux fenêtres des chaumières les mieux bâties, et il observa que les autres n'avaient que la porte pour toute ouverture. Avant d'arriver à Saint-Gaudens, il rencontra

(1) Archives départementales.
(2) *Un voyage aux Pyrénées en 1667.*

aussi un village composé de maisons bien construites, mais n'ayant pas une seule vitre.

Cet observateur signale à plusieurs reprises l'impression pénible qu'il éprouve à la vue de nos laboureurs en guenilles, si favorisés cependant relativement à ces pauvres hères de la Normandie qui étaient encore vêtus de peaux comme au temps de Mme de Sévigné. Il s'indigne et s'exaspère de la malpropreté qu'on étale sous ses yeux. Arrivé dans le Quercy, « impossible, dit-il, pour une imagination anglaise, de se figurer les animaux qui nous servirent à l'hôtel du Chapeau-Rouge : des êtres appelés femmes par la courtoisie des habitants de Souillac, en réalité des tas de fumier ambulants. Mais ce serait en vain, ajoute-t-il, qu'on chercherait, en France, une servante d'auberge proprement mise (1). »

Ne nous pressons pas toutefois d'incriminer la toilette si négligée de nos pauvres paysans, car ils étaient peut-être moins coupables qu'ils n'en avaient l'air. Nous savons d'abord que leur salaire était fort exigu et assez incertain. Quand on gagne peu, c'est déjà une bonne raison pour ne pas dépenser beaucoup. La recherche dans les vêtements, il faut aussi en convenir, ne saurait précéder les satisfactions impérieuses de la faim ; d'un autre côté, le logement est encore une nécessité de premier ordre à laquelle il n'est pas facile de se soustraire. Après cela, si les habits sont chers, peut-on trouver mauvais que l'indigent s'efforce de prolonger leur existence au-delà des limites naturelles ? Or, la valeur des étoffes était précisément considérable eu égard à la rémunération du travail agricole.

Nous avons vu plus haut qu'avant 1789, le salaire du vigneron, converti en blé, était inférieur de 125 pour 100 au taux actuel de la main-d'œuvre. Recherchons quelle était à cette époque la valeur des marchandises qu'il employait à se vêtir. Je trouve, dans la comptabilité de l'hôpital de Gaillac (1783-1787), que la *tiretaine* ou *sarguine*, dont on faisait les habits d'hiver et qui avait la chaîne en fil et la trame en laine, se vendait, selon qualité, depuis 2 livres 8 sols jusqu'à 3 livres 8 sols la canne, soit, en moyenne, 2 fr. 90 c. Elle vaut, de notre temps, 4 fr. environ ; différence, 34 pour 100. La canne de toile de chanvre grossière, connue sous le nom d'*estoupas* et dont les pauvres gens faisaient leurs vêtements d'été, valait depuis 1 livre 15 sols jusqu'à 1 livre 17 sols. Cette étoffe coûte aujourd'hui 2 fr. à 2 fr. 25 c. L'écart des prix est de 17 1/2 pour 100. Enfin, la toile qui servait à con-

_____

(1) *Voyage en France.*

fectionner les chemises se vendait 2 livres à 2 livres 4 sols la canne. On m'assure qu'elle ne vaut pas actuellement plus de 2 fr. 25 c. La différence surpasse à peine 7 pour 100. Autant qu'on en peut juger par ces exemples, l'écart moyen de la hausse, sur les étoffes qui composaient le vêtement de l'ouvrier, n'est pas tout à fait de 20 pour 100. Or, la comparaison des salaires donne au préjudice du passé une différence de 125 pour 100 ; en sorte que si l'ouvrier, sous l'ancien régime, avait à dépenser un cinquième de moins pour acheter les mêmes hardes, d'un autre côté, il avait beaucoup moins de ressources pour faire cette emplète. On doit donc, en toute justice, se montrer indulgent pour les négligences de son costume, car elles trouvent une explication trop naturelle dans le bas prix des salaires et dans la cherté relative des objets manufacturés. Il est certain que le paysan eût été aussi mal vêtu qu'il était mal nourri et mal logé, si son industrie personnelle n'eût suppléé à ses ressources pécuniaires.

Le sort du travailleur était assurément bien triste, mais celui de la masse des bien-tenants n'était pas fait pour exciter l'envie. C'est ce qu'ont trop perdu de vue les écrivains contemporains qui, à l'exemple de l'abbé Rozier, accusaient les propriétaires et les fermiers de ne pas regarder les journaliers comme des hommes, et de les traiter en conséquence. Cette dureté qu'on a exagérée, selon le goût déclamatoire de l'époque, était moins le fait de la volonté individuelle que de l'impuissance, et la responsabilité de ces excès doit être imputée avant tout aux vices de l'ordre politique et social.

CHAPITRE III

DE L'ASSISTANCE PUBLIQUE

De l'assistance publique. Pauvreté du bas clergé. Emploi des dîmes. Les secours font défaut dans les campagnes et affluent dans les villes où ils attirent les indigents : aumônes des maisons religieuses. Ordonnances de Louis XV contre les mendiants. — De l'exercice de la médecine dans le diocèse de Toulouse. — Statistique des établissements de charité. — Le seigneur bienfaisant. — Des causes de la misère dans les campagnes. Exubérance de la population. Absence de propriété entre les mains des cultivateurs.

Telle était la détresse dans la paroisse du Burgaud en 1763, que plusieurs particuliers avaient abandonné leurs biens. L'ecclésiastique qui y remplissait les fonctions curiales écrivait à l'archevêque : « J'en verrai mourir plus d'un, faute de secours que je ne puis leur donner, étant moi-même presque aussi indigent qu'eux. » Et cela était vrai sans nul doute, comme il le disait, car c'était vrai pour la plupart de ses confrères dans le ministère évangélique (1).

Qui n'a entendu parler de la dîme, de cet impôt aux formes multiples, irrégulières et vexatoires? Eh bien, dans la généralité des cas, les deux tiers du produit de cette contribution, prélevés par un chapitre, un monastère ou un évêque, sortaient de la paroisse sans qu'il en restât la moindre parcelle aux indigents. La part du curé, souvent réduite au quart, servait seule alors à son entretien et fournissait à ses aumônes. Voici quelques exemples de ce qui avait lieu dans les paroisses qui n'étaient pas le plus mal traitées. A Saint-Pierre de Bajourville, où l'archevêque de Toulouse prenait la moitié des dîmes, ce prélat était dans l'usage de ne faire que 8 livres d'aumône tous les ans (2). A Bretx, le chapitre de l'Isle-Jourdain qui percevait les trois quarts de certaines dîmes et la moitié des autres, ne poussait pas la générosité au-delà d'une aumône de 10 livres (3). Auprès de ces chanoines, les

(1) Archives, *Etat des paroisses.* — (2) Id. — (3) Id.

Bénédictins devaient passer pour prodigues, puisqu'ils servaient aux pauvres de Croix-Falgarde une rente de même valeur, quoique la moitié seulement de la dîme leur fût acquise (1).

Mais de ce que, en général, une très faible partie du produit de cette contribution allait aux pauvres des paroisses qui l'avaient fournie, il n'en faudrait pas conclure que le reste fût totalement perdu pour les œuvres de bienfaisance. Cela n'était rigoureusement vrai que pour les dîmes inféodées. Quant à la grosse portion prélevée par les évêques, les chapitres ou les ordres religieux, elle allait grossir des revenus qui n'étaient pas absorbés, de bien s'en faut, par les frais du culte, la taxe en cour de Rome et les dépenses personnelles des titulaires ; une part considérable était affectée aux indigents. Mais comme les établissements religieux étaient inégalement répartis sur le territoire et non moins inégalement dotés, comme les maisons riches n'étaient pas les plus nombreuses et que les campagnes étaient moins favorisées sous ce rapport que les villes, la distribution des secours n'était nullement réglée sur les besoins ; et tandis qu'elle faisait complétement défaut dans le plus grand nombre des communautés, elle était si abondante dans quelques autres, qu'elle y faisait affluer et multiplier les pauvres sans mesure. Ainsi, à Toulouse, on comptait un très grand nombre de mendiants. La malveillance s'efforçait de présenter cet état de choses comme une conséquence des vices de l'administration des capitouls ; mais on le trouvera péremptoirement expliqué par l'extrait suivant d'un mémoire contemporain (1776), remis en lumière par M. Eugène Lapierre, littérateur non mois intelligent que délicat (2) : « Sans doute, disait-on dans cet écrit, la mendicité est un mal auquel il faut porter un remède sûr et prompt ; mais deux causes s'opposent à la guérison complète de ce mal : d'abord l'absence de revenus suffisants pour occuper les pauvres à des travaux publics ; puis (seconde cause plus fâcheuse et plus difficile à vaincre que la première), la charité mal entendue des moines et du peuple. Plus de quarante maisons religieuses alimentent chaque jour la fainéantise et la mendicité ; à une certaine heure, tous les mendiants quittent leur poste et se rendent par troupe aux portes des couvents, où ils sont toujours assurés de trouver un repas qu'ils ne sont pas obligés de gagner. Ceux des religieux qui se distinguent le plus par ce genre d'aumône, après les Chartreux et les Bénédictins, sont les ordres

(1) Archives départementales.
(2) *Revue de Toulouse*, octobre 1862. Consulter pour la suite de la citation les archives départementales.

mendiants..... » Un peu plus loin, M. Castillon, auteur de ce
mémoire, ajoute : « Les particuliers n'imittent que trop l'exemple des religieux ; ils s'affectionnent aux mendiants, et lorsque les
administrateurs des hôpitaux envoient des détachements pour
arrêter les vagabonds mendiant et pauvres sans aveu, le peuple
prend leur défense, les arrache des mains des gardes et force
ceux-ci à se sauver par la fuite. Ces secours abondants, cette
bienfaisance funeste, cette protection absurde, attirent à Toulouse
les mendiants des campagnes et des villes voisines, et provoquent
à la mendicité les pauvres de la ville qui pourraient vivre de
leur travail. Tant qu'on n'empêchera pas les distributions mona-
cales, il ne faut pas espérer de voir diminuer la mendicité à
Toulouse. »

On peut se faire une idée des libéralités charitables de certains
couvents de la province par ce qui avait lieu au monastère de
Bolbone, situé dans le diocèse de Mirepoix. J'ai entre les mains
une lettre confidentielle du prieur à un de ses amis écrite au
mois de mars 1789. J'y lis les renseignements suivants sur cette
maison : « Il y a tous les jours de la semaine une aumône générale où assistent trois où quatre cents pauvres, indépendamment
de celle qu'on fait aux vieillards et aux malades qui est la plus
abondante ; nous n'avons pu vendre aucun grain ; le peu que
nous en avons recueilli, nous l'avons donné aux fermiers et
même à des cultivateurs pour ensemencer et se nourrir. La seule
ressource dont nous aurions pu tirer parti aurait été du gros
millet que nous avons eu avec assez d'abondance ; eh bien, nous
en donnons aux personnes qui en demandent, non pas à prix
d'argent, mais sous la condition qu'elles nous le rendront en nature, et cela ne s'appelle pas faire ses affaires pour gagner. »
L'abbaye de Bolbone, qui dépendait de l'ordre de Cîteaux, était
une des plus riches de la province : elle avait 17,000 livres de
revenu. On n'en comptait que trois qui fussent mieux dotées, et,
sur ce nombre, deux appartenaient au diocèse de Toulouse :
l'abbaye de Grandselve qui avait 20,000 livres de rente, et celle
de Saint-Saturnin qui en avait 22,000. Malheureusement un
très petit nombre de localités étaient favorisées par la présence
d'un riche monastère.

Les établissements de charité faisaient défaut dans la plupart des communautés rurales ou n'étaient dotés en général
que de rentes insignifiantes variant de 10 à 30 livres. Parfois même ces rentes étaient contestées et mal servies par les gros
décimateurs. En 1775, l'intendant fit des recherches pour connaître le nombre et le revenu des maisons de charité et des

fondations pieuses de la province. Nous avons trouvé les réponses qui lui furent adressées par les consuls de 57 paroisses (1). Sur ce nombre, 23 étaient absolument privées d'institutions de bienfaisance, et 14 avaient des fondations dont les revenus n'atteignaient pas 100 livres. « Nos pauvres malades, écrivaient les consuls de Saint-Rustice, périraient misérablement dans leur lit sans l'attention de notre curé à leur procurer par lui-même ou de la part des âmes charitables les plus prompts secours, parce qu'ils sont refusés cruellement à l'Hôtel-Dieu de Toulouse toutes les fois qu'on tente de les y faire conduire. » La Province destinait bien quelques secours aux indigents, mais peu de localités participaient à cette distribution. La bienfaisance publique avait cependant une immense tâche à remplir au sein des campagnes, où tant d'individus, ne possédant rien et ne pouvant faire aucune réserve sur un salaire trop modique, vivaient au jour la journée, tour à tour réduits à l'aumône par la maladie, le manque de travail ou l'élévation du prix des subsistances. A défaut d'une organisation plus régulière, le soin de soulager l'infortune retombait presque partout d'une manière exclusive sur la charité privée, dont les ressources étaient bien bornées et bien précaires, avec un régime économique si défavorable à la production des richesses et une organisation sociale qui rendait trop souvent les maîtres du sol étrangers à ceux qui fouillaient péniblement ses entrailles.

Depuis longtemps, toutefois, le gouvernement s'était efforcé, mais sans grand succès, d'améliorer cet état de choses qui présentait de véritables dangers pour l'ordre public ; car les mendiants étaient répandus en grand nombre dans tout le royaume, et beaucoup d'entre eux demandaient l'aumône « avec insolence et scandale. »

Pour réprimer ces abus, Louis XV prit, à la date du 10 mars 1720, une ordonnance en vertu de laquelle les indigents, que l'âge ou les infirmités empêchaient de gagner leur pain, devaient être renfermés dans les hôpitaux pour y être entretenus à la charge du public. Les mendiants valides devaient être conduits aux colonies et détenus jusqu'à leur départ. Défense était faite à tous particuliers, de quelque condition qu'ils fussent, de donner asile et même d'administrer aucuns vivres ni aliments aux personnes des conditions susdites, à peine de désobéissance et de prison. Quant à assurer à l'intérieur du royaume la subsistance des indigents valides auxquels le pain allait manquer aussi sou-

(1) Archives départementales. Subdélégation.

vent que la demande du travail ferait défaut, on n'y songea pas.

Aussi l'ordonnance de 1720, ne produisit-elle pas un grand effet. Le nombre des mendiants ne cessa d'augmenter, comme l'atteste le préambule de la nouvelle ordonnance que le roi porta en 1724. Ce fut alors que, pour combler la lacune qui avait frappé de stérilité la législation précédente, on eut recours à un expédient dont la logique faisait une nécessité, mais qui serait devenu désastreux pour les finances, si le jeu de cette institution n'eût été bientôt paralysé. « Nous permettons, disait le roi dans le second article de l'ordonnance, à tous mendiants valides qui n'auront point trouvé d'ouvrage... de s'engager aux hôpitaux qui, au moyen dudit engagement, seront tenus de leur fournir la subsistance et l'entretien. » C'était décréter le droit au travail.

Les infractions à la défense de mendier étaient punies de la manière suivante : les délinquants devaient être nourris au pain et à l'eau, pendant le temps jugé convenable par les directeurs ou les administrateurs des hôpitaux dans lesquels ils seraient renfermés, mais ce temps ne pouvait être moindre de deux mois. Si les mendiants tombaient en récidive, la durée de l'emprisonnement était au moins de trois mois ; de plus, avant d'être mis en liberté, on les marquait au bras de la lettre M. — A la troisième infraction, les femmes étaient renfermées pour cinq ans dans les hôpitaux généraux, et « même à perpétuité s'il y échoit. » Quant aux hommes, on les envoyait aux galères, où ils ne pouvaient pas rester moins de cinq ans.

Telles étaient les rigueurs dont la législation contre les mendiants et vagabonds était accompagnée. A l'instar de la plupart des lois de l'ancien régime, celle-ci ne reçut jamais une exécution complète. Malgré la réorganisation de la maréchaussée, les difficultés de la répression ne purent être vaincues. Il en résulta que le gouvernement ne fut pas exposé à succomber sous ses engagements téméraires ; mais la mendicité ne disparut pas de nos campagnes. Là où l'autorité fit acte de vigueur, on captura un certain nombre de mendiants valides, de ceux qu'on nommait alors « gibier de prévôt ; » mais la plupart allèrent grossir la catégorie des pauvres honteux, en attendant que le retour de la tolérance leur permît de solliciter publiquement des secours, ou que la demande du travail leur offrît le moyen de s'en passer.

Survenait-il une maladie qui privait le journalier du salaire, son unique ressource, il se trouvait réduit à implorer le secours des personnes charitables. Le curé de Saint-Sauveur affirme que le tiers de sa paroisse est alors dans le cas de l'aumône (1). A

(1) Archives départementales, *Etat des paroisses.*

Croix-Falgarde, c'est la destinée de tout le monde (1). On peut ajouter que, dans nos campagnes, il y avait bien peu de médecins pour donner aux malades les secours de l'art de guérir. Ce regrettable état de choses datait de loin, puisque Vanière, qui écrivait à la fin du dix-septième siècle et dans les premières années du dix-huitième, recommande, à quiconque veut acquérir un domaine, de ne pas s'éloigner du voisinage des grandes villes ou des gros bourgs, s'il veut être à portée des médecins. Plus d'un demi-siècle après, en 1763, on n'en trouvait que quatre sur les cinquante paroisses dont la situation est décrite dans l'enquête ouverte par l'archevêque. A la vérité, les chirurgiens étaient beaucoup plus nombreux. Il y avait des villages, tels que Colomiers, Lapointe-Saint-Sulpice et Saint-Félix, où on en comptait trois. A Caraman, il n'y en avait pas moins de cinq. Il faut croire, pour l'honneur de la Faculté, qu'ils employaient leurs inévitables loisirs plus dignement que les chirurgiens de Buzet qui, au dire du curé, « aiguisaient tout le jour leurs lancettes sur les mesures à vin (2). » Mais l'extrême abondance de ces ressources sur quelques points, ne doit pas faire illusion sur l'état général des campagnes. Des cinquante paroisses dont la situation nous est connue, les trois quarts environ ne trouvaient pas sur leur propre territoire le secours d'un praticien quelconque, à moins qu'on ne veuille comprendre sous ce nom MM. les membres de la corporation des perruquiers, qui portaient authentiquement le titre de lieutenants du premier chirurgien du roi. La condition des malades indigents, dans la plupart des communautés rurales, était donc peu propre à faire tomber en désuétude le vieil adage du paysan gascon : *Patienço, médécino dés paourés.*

Il paraît que la situation qu'accusent les chiffres fournis par l'*Etat des paroisses* du diocèse ne tendait pas à s'améliorer rapidement, car nous trouvons dans une statistique dressée vingt-cinq ans plus tard, en 1788, par le subdélégué de Toulouse, statistique qui n'embrasse pas moins de 208 communautés, que le nombre des médecins établis dans cette vaste circonscription, ne dépassait pas 9 et celui des chirurgiens 80. Cinquante-deux communes seulement sur 208 possédaient un praticien plus ou moins gradué; toutes les autres, c'est-à-dire les trois quarts, en manquaient absolument (4).

_____

(1) Archives départementales, *Etat des paroisses.* — (2) Id. — (3) Id. — (4) Id.

A la même époque, toutefois, il y avait à Toulouse 37 médecins et 29 chirurgiens, dont 6 *lieutenants professeurs* et 1 lithotomiste (1). En admettant avec les documents officiels que la population de cette ville s'élevât à 55,000 habitants en 1788, il y aurait eu 1 homme de l'art pour 833 habitants ; or, on y compte aujourd'hui 97 docteurs en médecine et 16 officiers de santé, soit au total 113 praticiens. La population étant montée à 126,936 âmes, il n'y a plus que 1 médecin pour 1,123 individus ; d'où il suit qu'à considérer seulement le nombre des gradués, le Toulousain avait, sous l'ancien régime, autant et plus de ressources qu'aujourd'hui du côté de la médecine ; mais si l'on regarde de près à la composition du personnel, c'est-à-dire aux grades mêmes qui témoignent de la valeur des études, on verra que les docteurs qui formaient à peine autrefois les 4/7 du corps médical à Toulouse, en constituent maintenant plus des 4/5. L'amélioration est plus sensible encore dans nos campagnes ; en 1788, on n'y comptait que 1 docteur sur 9 praticiens, aujourd'hui il y en a plus de 2 sur 9, ce qui marque un progrès très considérable dont il serait superflu de faire ressortir l'importance.

Hâtons-nous d'ajouter que l'insuffisance des études et du personnel dans le corps des médecins ruraux, au dix-huitième siècle, était un mal général dont notre diocèse eut même probablement moins à souffrir que beaucoup d'autres. C'est une conséquence qu'il est permis de tirer non-seulement de la présence d'une faculté de médecine au centre de la région, mais surtout des plaintes sévères articulées dans toutes les provinces du royaume et consignées dans les cahiers que les trois ordres remirent à leurs mandataires auprès des Etats généraux (2). Nous ferons la même observation relativement aux sages-femmes dont l'ignorance fatale était signalée de tous côtés (3). « L'impéritie de la plupart des chirurgiens, lisons-nous dans le cahier de Melun et Moret, étant un vrai fléau pour l'habitant des campagnes, les Etats généraux seront suppliés de faire renouveler les lois concernant leur admission. » Nous retrouvons l'énergique expression de ce vœu, ainsi que le désir de voir réprimer l'empirisme des charlatans et organiser les secours médicaux pour les indigents des campagnes, formulés dans les cahiers du clergé de Laon et de Montargis ; dans ceux de la noblesse de Bassigny et de

---

(1) Archives départementales.
(2) Résumé général des cahiers et pouvoirs (Paris, 1789).
(3) Château-Thierry, Pont-à-Mousson, Rennes.

Clermont, comme dans les cahiers du tiers-état d'Anjou, de Troyes et de Vitry-le-Français, etc., etc.

Pour adoucir le sort des malades, le gouvernement imagina en 1771 de faire distribuer, par l'entremise de l'intendant de Languedoc, des boîtes de médicaments dans les communautés rurales (1). On n'en donna que vingt pour toute la province, et on ne satisfit pas même ceux qui les reçurent; ainsi le curé de Villefranche-de-Lauragais se plaignit, non sans raison, qu'on n'envoyât pas des remèdes usuels, mais des drogues inconnues auxquelles on n'osait pas toucher, et que les quantités fussent insignifiantes; il vaudrait mieux, ajoutait-il, y substituer quelqu'argent. Sans doute, on ne tarda pas à prendre ce parti.

Quoi qu'il en soit, la condition des populations ouvrières était, en général, profondément misérable dans nos campagnes. D'une part, en effet, l'insuffisance de la demande du travail et le bas prix des salaires engendraient la misère; de l'autre, les institutions charitables manquaient pour en adoucir les rigueurs. Il est malheureusement trop certain que ces maux pouvaient être, en grande partie, attribués à l'absence des propriétaires, soit que, petits tenanciers, renfermés dans l'enceinte des gros bourgs, ils vécussent maigrement des fruits de leur domaine partagés avec le colon, soit que, opulents seigneurs, ils étalassent dans les grandes villes de province et jusqu'à Paris un luxe que le produit des charges les plus lucratives joint à la richesse territoriale ne suffisaient pas toujours à soutenir.

Ecoutons sur ce sujet, le chantre des *Géorgiques patoises :*

> Et bous aous qué grugeas, len de bostris bassals,
> De grossis rébenguts, souben lous capitals,
> Baldrio pas may, seignous, ana din bostros terros,
> D'uno foulo d'oubriès, anima las espéros?
> Lou paysan, appuyat dé bostro proutectiou,
> Sentirio pel mestié creissé soun affectiou.
> Un cop d'el, un souriré, uno paraoulo affablo,
> Un rés y fa trouba la péno supourtablo (2).

(1) Archives départementales.
(2) Cl. Peyrot, *l'Estiou.* Voici la traduction de ce passage :
Et vous qui dévorez, loin de vos vassaux, — De vos gros revenus, souvent le capital, — Ne vaudrait-il pas mieux, seigneurs, aller dans vos terres — D'une foule d'ouvriers ranimer l'espérance ? — Le paysan, soutenu par votre protection, — Sentirait pour le métier croître son affection. — Un coup d'œil, un sourire, une parole affable, — Un rien lui fait trouver son malheur supportable.

On est heureux de constater, en présence de l'abandon des champs par les grands propriétaires et de l'indifférence presque générale des seigneurs envers leurs vassaux, les nobles exemples d'une conduite opposée tenue, dans le pays toulousain, par de hauts personnages, hommes de cœur dont la mémoire ne doit pas périr. Il faut citer, entre plusieurs, le comte de Caraman et le seigneur de Morville. Nous avons trouvé dans les archives de la subdélégation une lettre des consuls de cette dernière communauté, par laquelle ils témoignent du bien journalier que ce gentilhomme faisait parmi ses vassaux, soit en leur procurant la facilité de vivre honnêtement de leur travail, soit en excitant leur émulation par des récompenses, des prix et des distinctions capables de les encourager (1). Ce seigneur bienfaisant était M. de Villèle, digne père du grand citoyen qui administra nos finances avec tant de succès, qui diminua l'impôt foncier de 92 millions et concilia, par une loi à jamais mémorable, les titres de propriété issus des ventes nationales avec les droits de l'équité, contre lesquels le temps lui-même n'avait pu prescrire devant la conscience publique.

Les faits que nous avons exposés dans cette étude n'auront pas seulement servi, nous l'espérons, à faire connaître au lecteur l'état malheureux des classes ouvrières dans nos campagnes au dix-huitième siècle ; ils auront encore simplifié la tâche qui nous reste à remplir, en montrant quelles causes avaient assuré ou maintenu cette situation déplorable et quels moyens pouvaient l'améliorer.

Les détails nombreux et précis dans lequels nous sommes entré au sujet du salaire prouvent si manifestement son insuffisance qu'il serait superflu d'insister davantage sur cette cause première et vraiment capitale du malaise des populations rurales.

Nous avons vu comment l'assistance publique était loin d'être organisée de manière à pallier ces maux. Nous ne reviendrons pas non plus sur ce point, nous réservant de mettre en lumière ceux qui n'ont pu qu'être indiqués jusqu'ici.

Remarquons d'abord, avec plusieurs rédacteurs de l'enquête ouverte en 1763 par l'archevêque de Toulouse, sur *l'état des paroisses*, que la gêne des cultivateurs devait être en partie attribuée au grand nombre d'enfants qu'il y avait dans les familles (2). Cette observation, plusieurs fois consignée dans ce document, s'applique à la bourgeoisie comme à la classe ouvrière ; car il n'était pas rare de trouver des pauvres honteux même parmi les gens

_____

(1) Archives départementales. — (2) Id.

de condition chargés d'une nombreuse progéniture. Il est vrai que tout alors dans l'ordre économique et dans l'ordre civil semblait pousser l'humanité à une désastreuse imprévoyance. En effet, pour déterminer chez les individus une volonté capable de régler, selon les lois de la prudence et les nécessités sociales, l'instinct vivace auquel la sagesse du Créateur a confié le soin de perpétuer son œuvre, il est indispensable que le sacrifice soit encouragé par la certitude de le voir tourner au profit de ceux dans l'intérêt desquels on se l'impose. Sans cela, l'individu ne trouverait en lui-même ni la force de dominer ses penchants, ni le sentiment dont cette force doit s'inspirer. Or, si l'état de la société est tel que l'homme ne rencontre pas autour de lui ou dans ses souvenirs traditionnels le type d'une condition préférable à la sienne et dont l'accès lui soit ouvert; si, d'un autre côté, sa triste position ne lui paraît pas susceptible de devenir pire, comment pourrait-il régler sa conduite sur des aspirations et des craintes auxquelles il reste étranger? Dans cette situation extrême, il s'abandonne sans frein au penchant de la nature, et les naissances se succèdent avec une rapidité qui n'est dépassée que par l'intensité des décès. Sous cette influence, la population reste stationnaire et le niveau de la vie moyenne s'abaisse. Tel était chez nous l'état des choses avant 1789.

Il paraît que le nombre des naissances était même supérieur à celui qu'on enregistre de nos jours; M. de Lavergne partage cette opinion. D'un autre côté, il résulte des documents que nous avons trouvés dans les archives de la subdélégation de Toulouse, qu'en ce qui concerne ce diocèse, la population était restée complétement stationnaire de 1779 à 1788. A ces deux époques, elle comprenait 134,000 habitants. La conséquence rigoureuse de ces faits est que la longévité moyenne, qui est la véritable mesure de la prospérité des peuples, devait être plus courte que de nos jours. Ce résultat est confirmé par les savantes recherches de MM. Charles Dupin, Moreau de Jonnès et Villermé, qui ont établi que la durée moyenne de la vie chez les Français avant la Révolution était seulement de 28 années, tandis qu'elle s'élève aujourd'hui à 39.

Mais déjà en 1790 le spectacle des maux engendrés par l'exubérance de la population jetait dans les esprits éclairés un grand discrédit sur l'opinion qui mesure uniquement la prospérité d'un empire au nombre de ses habitants, opinion que les écrivains politiques s'efforçaient de répandre depuis une vingtaine d'années. Le rapport du comité de mendicité à l'Assemblée nationale établit très judicieusement qu'une population excessive, sans un grand travail et sans des productions abondantes, serait une dévorante surcharge pour un Etat, car il faudrait alors que cette excessive population partageât les bénéfices de celle qui, sans elle, eût trouvé une subsistance suffisante ; il faudrait que la même somme de travail fût abandonnée à une plus grande quantité de bras ; il faudrait enfin nécessairement que le prix de ce travail baissât par la plus grande concurrence des travailleurs, d'où résulterait une indigence complète pour ceux qui ne trouveraient pas de travail, et une subsistance incomplète pour ceux même auxquels il ne serait pas refusé.

La France, au témoignage d'Arthur Young, donnait alors une preuve irréfragable de la vérité de cette opinion : « Je suis tellement convaincu, disait-il (1), par mes observations dans toutes les provinces, que la population du royaume est hors de proportion avec son industrie et son travail, que je crois fermement qu'elle serait plus puissante et infiniment plus prospère avec 5 millions d'habitants de moins... Un voyageur, sans faire autant que moi attention à ces objets, verra à chaque pas des signes non équivoques de détresse. Qui s'en étonnerait, sachant le prix de la main-d'œuvre, celui des subsistances et la misère qu'entraîne pour les classes inférieures la plus petite hausse dans les grains, misère qui s'accroît des alarmes qu'excite l'attente d'une disette ? »

Emu par le spectacle des souffrances qu'entraînait de toute part l'existence d'une population trop nombreuse pour les ressources que la société pouvait consacrer à son entretien, un homme de cœur, dont les débuts appartiennent aux dernières années du dix-huitième siècle (1798), eut le courage de dévoiler la véritable cause du mal que bien d'autres entrevoyaient sans oser la combattre. Il fallait être animé d'une conviction bien profonde et d'un grand dévouement pour oser affronter, comme fit Malthus, les préjugés les plus chers aux hommes politiques et les scrupules respectables des esprits timorés. Aussi son système tout entier se trouva-t-il en butte à des attaques qu'il eût fallu restreindre à quelques affirmations téméraires. D'un côté, on lui refusait tout patriotisme et jusqu'au sentiment de la plus vulgaire humanité ; de l'autre, on allait jusqu'à l'accuser de prêcher le vice. On finit cependant par comprendre que la puissance d'une nation se mesure autant à l'étendue de ses ressources qu'au nombre de ses habitants, et que prétendre nourrir deux individus avec ce qui est indispensable à l'entretien d'un seul, n'est pas améliorer le bien-être ni augmenter les forces productives du pays. Il a fallu plus

_____

(1) *Voyage en France.*

de temps aux doctrines de Malthus pour se justifier du reproche d'immoralité devant cette portion nombreuse du public qui juge les auteurs moins d'après leurs ouvrages que d'après les écrivains qui les critiquent au gré de leurs passions. Mais à mesure que l'*Essai sur le principe de la population* a été mieux connu, on l'a traité avec plus de justice, c'est-à-dire avec plus de faveur, et on s'accorde généralement à penser aujourd'hui qu'il n'y a pas moins de vertu à mortifier ses sens et à sacrifier ses jouissances personnelles au bonheur des autres qu'à suivre la pente de la nature sans souci des conséquences fâcheuses qui en peuvent résulter pour le bien-être de la famille, et même, à l'occasion, pour la santé des enfants et la dignité du mariage. En conseillant la prévoyance, l'honnête Malthus était si loin d'approuver les exagérations coupables que ses disciples en ont déduites ou que ses adversaires lui ont imputées, qu'il devint père lui-même d'une belle et nombreuse famille. Aussi la continence volontaire qu'il a recommandée par un noble sentiment de commisération, et qui ne saurait être entendue dans un sens plus étroit ni substituée aux saines inspirations de la conscience, guide suprême de nos actions, a-t-elle fini par trouver des défenseurs parmi les hommes dont les opinions religieuses sont aussi droites que sincères. M. de Maistre, dans son fameux traité *Du Pape*, parle du « profond ouvrage » de Malthus sur le principe de la population comme d'un de ces livres rares après lesquels tout le monde est dispensé de traiter le même sujet. »

Je me souviens qu'au temps où je fréquentais la Faculté de droit de Toulouse, j'entendis faire une apologie éloquente des doctrines et du caractère de Malthus dans un cours d'économie politique professé par M. Rodière, un maître cher aux jeunes gens, qu'il savait encourager, et non moins connu pour ses sentiments chrétiens qu'apprécié pour son rare savoir. Le temps, loin de modifier ses convictions les a affermies, comme le prouve un article remarquable inséré par cet écrivain dans la *Revue de l'année* (1), excellent recueil qu'on ne taxera pas d'hétérodoxie. L'amélioration générale du bien-être et le progrès de la longévité humaine, qui sont un des caractères distinctifs de notre époque, sont loin d'être étrangers au triomphe des principes que Malthus a le mérite d'avoir servi par ses écrits et par ses exemples.

Malheureusement, l'effet que cet homme de bien prétendait obtenir en amenant la conviction dans les esprits et dans les cœurs, nos législateurs modernes l'ont trouvé, sans le chercher

(1) 1864.

peut-être, dans les prescriptions étroites de la loi des successions, et du coup, ils ont, hélas! dépassé le but. Le cercle exigu dans lequel ils ont resserré les droits du père de famille, impose à celui-ci une réserve très rigoureuse, s'il a quelque souci d'empêcher le démembrement du patrimoine. Cette loi, édictée dans une époque de réaction, bien naturelle, d'ailleurs, contre l'ancien ordre des choses, a tout sacrifié à la passion de l'égalité : les droits de l'homme qu'on prétendait sauvegarder, les bonnes mœurs dont on se préoccupait moins, et l'accroissement de la population auquel on ne songeait pas du tout. Ces conséquences fatales exigent aujourd'hui un remède ; il faut faire une plus grande place à la Liberté. Mais, quelque dissemblable que soit le spectacle que nous avons sous les yeux et qui est la contre-partie de celui qu'a présenté l'ancien régime, il ne doit pas nous faire illusion sur le passé, car il n'infirme en rien ce fait souvent proclamé par les économistes et les hommes d'Etat, que la société française, telle qu'elle était avant 1789, trouvait un élément de faiblesse dans une population trop abondante pour ses ressources.

Arthur Young, imbu des préjugés de son pays et frappé de la différence que présentait, vis-à-vis du sol anglais, la division de la propriété dans quelques parties de la France, attribue à cette division même l'infériorité et les souffrances de notre agriculture. Nous ne saurions partager à cet égard l'opinion de l'illustre voyageur, et l'on va voir combien, dans notre Midi, le sentiment des contemporains différait sur ce point de celui d'Arthur Young. Une des causes le plus généralement assignées à la misère par les rédacteurs de l'*Etat des paroisses*, dans le diocèse de Toulouse, est précisément l'absence de propriété entre les mains des cultivateurs. « Presque personne n'est chez soi, dit le cahier de Saint-Martial, mais laboureur, estachant, maître-valet, berger. » — « Les biens-fonds, mandait-on de Clermont, appartiennent presque entièrement à des seigneurs, à des ordres religieux ou à des particuliers qui ne résident pas sur leurs domaines. » — « La plupart des ouvriers, dit le cahier de Saint-Sauveur, sont sans biens, n'ont d'autre ressource qu'un travail à la journée qui manque souvent et qui est modiquement rétribué (1). »

Les avantages de la petite propriété pour le bien-être des travailleurs sont si manifestes, qu'on pourrait s'étonner au premier abord qu'ils aient jamais été méconnus. Il est certain, en effet, qu'en temps de chômage et même aux heures restées libres après l'ac-

_____

(1) Archives départementales.

complissement de la tâche quotidienne, la possession d'un petit champ donne au manouvrier laborieux le moyen d'utiliser ses bras et de se créer un fonds de réserve pour les mauvais jours. Là même où le travail ne manque pas, mais où il est mal rétribué, l'ouvrier, qui ne craint pas de déployer toutes ses forces, peut se procurer en cultivant son héritage un salaire supérieur à tout autre. Il y a là un puissant élément de prospérité. Mais pour que tous ces effets se produisent, il est indispensable que l'organisation politique protége l'épargne, car si on se montre trop avide à la rançonner, on lui enlève sa raison d'être. Or, tel est le rôle que les charges royales jouaient à merveille sous l'ancien régime. D'un autre côté, les dîmes, les rentes et les droits féodaux pesaient sur la petite propriété et rendaient ses labeurs moins fructueux.

Sans doute, dans la généralité des cas et à bien des égards, la condition des roturiers loin d'être devenue pire, n'était pas aussi mauvaise vers 1789 qu'elle l'avait été au commencement du dix-huitième siècle. En somme, ils avaient fait leur profit de la guerre que le pouvoir royal ne cessait de livrer à la féodalité et de la jalousie dont le Parlement était animé contre les premiers ordres de la nation. Mais ce fut précisément l'amélioration de son sort qui fit sentir plus fortement au tiers-état l'infériorité de sa position actuelle. Il lui arriva comme au patient, qui retrouve le sentiment de la douleur à mesure qu'il est moins accablé par la maladie. Plus que le journalier, que le fermier, que le métayer même, le propriétaire se plaignait, car il était frappé plus directement et il entrevoyait un avenir beaucoup meilleur, auquel l'organisation politique et féodale faisait seule obstacle. Sa haine était surtout vive contre les seigneurs et les décimateurs dont l'intervention ne se justifiait pas, comme celle de la royauté, par une certaine réciprocité de services et par les nécessités du gouvernement. L'impuissance où l'on était de changer cet état de choses et le poids même des charges paralysaient l'activité nationale; aussi un dégoût général s'était-il emparé des propriétaires comme des simples cultivateurs. La majeure partie des campagnes était peu et mal travaillée, et la production s'en ressentait beaucoup, tant il est vrai, comme le dit Montesquieu, que les terres produisent moins en raison de leur fertilité que de la liberté des habitants.

CHAPITRE IV

DES MŒURS ET DE L'INSTRUCTION PUBLIQUE

Mœurs indolentes de la classe ouvrière. Superstitions. — L'instruction publique dans les campagnes. — Nécessité d'élever la demande du travail. Révolution économique entrevue.

Telle est l'influence des lois sur les mœurs et sur la fortune publique qu'un prêtre éclairé a pu dire, au dernier siècle (1763), en parlant de sa paroisse, aujourd'hui l'un des plus riches théâtres de la petite culture dans la Haute-Garonne : « On y est naturellement paresseux et entêté du préjugé du pays qui favorise le dégoût du travail. » Il ajoutait que le moyen de remédier à la pauvreté de ses paroissiens de Saint-Sauveur serait de leur procurer une occupation suffisante, et de les engager, par la vue du gain qui leur en reviendrait, à travailler avec plus d'activité et d'assiduité (1). Le temps a montré l'excellence de ce conseil.

Mais il faudrait se garder de croire que la situation accusée dans les lignes précédentes constituât un fait nouveau spécial à une localité particulière et à un moment donné. L'intendant de Basville, qui écrivait vers 1700, rapporte en effet dans ses mémoires (2) que les habitants du haut Languedoc « sont grossiers, peu laborieux et ont fort peu d'industrie. » Il ajoute, pour plus de précision, que ce sont là des « qualités ordinaires à tous ceux qui naissent dans des territoires gras et fertiles et qui s'occupent à labourer la terre. » On voit par ce témoignage que si, au dernier siècle, nos paysans avaient, en général, des habitudes indolentes, ils ne déparaient pas, sous ce rapport, la réputation de leurs ancêtres immédiats et qu'ils ne justifiaient que trop l'adage populaire : *Rasso rasséjo.*

Mais à qui doit être imputée la responsabilité de cette longue décadence morale? Est-ce à l'individu, est-ce aux institutions? Vainement l'ancien régime en accusait les hommes et jusqu'à la

---

(1) Archives départementales, *État des paroisses.*
(2) Mémoires de Basville, page 39.

nature pour s'innocenter lui-même, il n'a pu se soustraire à la contre-épreuve des temps nouveaux. L'avenir a prononcé contre lui.

De l'oisiveté à la fainéantise, il n'y a pas loin, et cette pente fatale conduit inévitablement à la misère à travers tous les vices. Aussi l'ivrognerie était-elle très commune dans nos campagnes au dix-huitième siècle, et considérée comme si dangereuse pour les mœurs et le bien-être du peuple, que plus d'un curé invoque contre elle les rigueurs canoniques et propose de la mettre au rang des *cas réservés* (1). La moralité des classes rurales valait-elle mieux alors que de nos jours? On aura peine à tirer cette conclusion de l'empressement avec lequel certains pasteurs recommandent, dans les cahiers adressés à l'archevêque, de favoriser les mariages des filles pauvres; et cela est écrit, notons-le bien, sur la même feuille où on signale le trop grand nombre des enfants comme une des causes majeures de la gêne qui règne dans les familles (2). Cette pieuse inconséquence en dit assez sur ce sujet. En résumé, la condition du paysan d'autrefois était bien plus mauvaise, et ses mœurs n'étaient pas meilleures que celles du paysan d'aujourd'hui.

Est-il besoin d'ajouter que les superstitions les plus ridicules avaient cours parmi ces esprits naïfs et incultes? L'influence de la lune sur la végétation était article de foi en matière de semailles, de plantation, d'ente, de taille, de coupe d'arbres, etc. La ménagère dans sa cuisine, le bouvier dans son étable se croyaient justiciables de la lune. — S'agissait-il de découvrir l'auteur d'un vol, de guérir la maladie d'un membre de la famille ou de quelque animal, vite on courait chez le sorcier qui mettait en branle son crible en marmotant des invocations et rendait ses oracles moyennant salaire. — La croyance aux *revenants* était si enracinée, qu'en certains lieux on mettait le couvert pour les morts la nuit de la Toussaint. — Chacun se figurait avoir rencontré, une fois ou l'autre, le *loup-garou* errant dans la campagne, et il n'était personne qui ne crût avoir à se plaindre du *drac* auquel on imputait tout ce que le somnambulisme et le cauchemar suscitaient d'extraordinaire, sans préjudice des simples méfaits de tout genre dont on ne connaissait pas les auteurs. — Le dangereux préjugé qui attribue au son des cloches la propriété de détourner les orages était si universellement répandu, qu'on n'eût peut-être pas rencontré dans toutes les paroisses de la province un carillonneur qui ne se mît en règle avec lui.

(1) Archives départementales, *Etat des paroisses*. — (2) Id.

La diffusion de l'instruction au sein des classes inférieures aurait seule pu dissiper l'ignorance et les superstitions dont elles étaient le jouet ou la victime; mais, hélas! l'enseignement populaire était bien loin de pouvoir suffire à cette tâche tant on l'avait négligé. C'est ainsi que, sur les cinquante paroisses pour lesquelles nous avons des renseignements précis, dix seulement possédaient des écoles. Les honoraires des instituteurs variaient de 100 à 150 livres. Nous n'avons rencontré qu'une seule exception qui passerait pour merveilleuse, même de nos jours : le maître d'école de Saint-Julia avait la jouissance d'une belle et bonne métairie. Le maximum du traitement pour les institutrices ne dépassait pas 120 livres. La carrière de l'enseignement, qui était, comme on voit, peu lucrative, ne devait pas être fort suivie, car dans plusieurs paroisses, telles que Saint-Jory et Cabanial, on était réduit à employer des vieillards de soixante-dix ans. Nous n'avons trouvé d'institutrices que dans les localités desservies par les instituteurs, et ce n'est qu'à Saint-Félix de Caraman que nous avons vu plus d'un maître dans le même village. Il paraît cependant que Caraman avait eu autrefois un régent de latin, mais il fut supprimé par l'intendant d'Auch (1).

Avec d'aussi faibles éléments, l'instruction du peuple était à peu près nulle. Au rapport du curé de Saint-Orens, « la plupart des gens de la campagne n'entendent pas du tout le français et les autres l'entendent très peu (2). » Il est juste d'ajouter que cette absence presque universelle d'enseignement, vers laquelle certains esprits outrés voudraient ramener la génération actuelle, trouvait déjà, au dernier siècle, des adversaires zélés dans tous les ordres de l'Etat. Les cahiers des députés du clergé de Toulouse et de Paris ne devaient pas être moins explicites à cet égard que celui du tiers-état de Lyon. Du reste, c'était sous la surveillance de l'épiscopat que l'instruction publique était donnée. Une ordonnance royale du mois de novembre 1744 portait défense à toute personne de tenir école dans la province de Languedoc sans avoir obtenu la permission et approbation des archevêques et évêques diocésains ou de leurs vicaires généraux sous peine de 100 livres d'amende pour la première infraction, d'emprisonnement en cas de récidive et de plus grande peine s'il y avait lieu. Nous devons constater que dans l'*Etat des paroisses* du diocèse de Toulouse, on voit plusieurs curés appeler de tous leurs vœux l'instruction pour les deux sexes.

(1) Archives départementales. — (2) Id.

Les cahiers des Etats généraux dressés en 1789 témoignent des mêmes dispositions dans les trois ordres. Ils s'accordaient à demander l'extension de l'enseignement gratuit, et l'amélioration du sort des instituteurs en exigeant d'eux des garanties de capacité qu'ils ne présentaient pas en général.

Quant à l'instruction des filles, si favorable au progrès des générations à venir, elle était formellement comprise* dans ce vaste programme qui embrassait l'éducation publique tout entière. On voulait qu'elle fût organisée « de manière à former des citoyens utiles dans toutes les professions, » sans en excepter celles qui se rapportent à l'art agricole. Hélas! plus de trois quarts de siècle se sont écoulés depuis que la nation a formulé solennellement ces vœux, et nous sommes encore loin de les voir tous exaucés!

Sans doute l'enseignement des lettres, du droit, de la médecine, des sciences militaires, des beaux-arts et des arts industriels, brille chez nous d'un vif éclat. Mais l'agriculture, qui est l'élément principal de notre richesse nationale et dont les principes devraient pénétrer à tous les degrés de la hiérarchie scolaire pour former des manouvriers intelligents, et, chose non moins essentielle, des chefs de culture vraiment capables, l'agriculture n'a même pas encore pris sa place dans nos écoles primaires rurales. Si l'on rencontre, en France, un petit nombre de foyers secondaires d'enseignement, il n'existe aucun établissement supérieur organisé de manière à attirer les fils des grands et des moyens propriétaires appelés à exercer une influence énorme et souvent décisive sur la direction de l'entreprise agricole. Aussi souffrons-nous, comme l'ancien régime et plus que lui, des inconvénients qu'entraînent les vices de l'éducation, c'est-à-dire l'abandon des campagnes par les maîtres du sol, maintenant imités par ceux qui le cultivent, l'isolement et l'antagonisme plus ou moins déguisé des diverses classes de citoyens.

Le mal avait déjà acquis tant de gravité dans notre Languedoc au dix-huitième siècle, que les pasteurs des paroisses rurales, engagés par l'archevêque à s'expliquer sur les moyens d'améliorer la condition matérielle et morale des populations au sein desquelles ils exerçaient leur ministère, ne crurent pas devoir se borner à ranimer le zèle refroidi des fruits-prenants ; ils s'efforcèrent de rechercher, même en dehors des travaux rustiques, comment on pourrait élever la demande de la main-d'œuvre.

Les uns s'en tinrent à solliciter une organisation de la culture qui, par l'association du propriétaire et de l'ouvrier, rendît celui-ci solidaire du produit de son labeur et le mît à l'abri des chômages.

Mais les changements de ce genre ne peuvent s'opérer avec fruit sans l'intervention du capital. Or, les ressources nécessaires manquaient très généralement. Le besoin était partout si bien senti, qu'on vit l'assemblée provinciale du Berry discuter, en 1786, la question d'établir des institutions de crédit dans les campagnes, et que, peu d'années après, le comité d'agriculture de l'Assemblée nationale émit le vœu qu'il fût formé dans chaque département une caisse patriotique de prêts volontaires pour les entreprises agricoles.

Au surplus, quand même le capital n'eût pas été aussi rare sous l'ancien régime, l'élément intellectuel aurait manqué pour en diriger l'emploi, tant l'éducation publique était loin de préparer les esprits aux travaux et à la vie des champs. Nous avons vu plus haut qu'un changement à cet égard était reconnu indispensable et que le principe de l'enseignement professionnel se trouve formellement consigné au nombre des vœux émis par la nation en 1789. Si, dans cet état de choses encore aggravé par les obstacles que les charges publiques, les droits féodaux et le régime des douanes mettaient à la création et à la circulation des produits, il y avait peu à espérer de la grande et de la moyenne propriété pour l'amélioration des salaires et pour le bien-être des classes rurales, on ne pouvait pas attendre davantage de la petite propriété, dont l'influence favorable, quoique niée par Arthur Young, était proclamée par nos meilleurs écrivains, par le marquis de Mirabeau et par d'Argenson, comme elle l'était par tous les hommes pratiques. L'abaissement des droits de mutation, sollicité par un grand nombre de bailliages, aurait apporté quelque adoucissement à son sort.

Moins confiants que certains de leurs collègues dans la réforme de l'agriculture, la plupart des curés, qui déposèrent dans l'enquête de 1763, frappés sans doute des obstacles de toute sorte que la constitution de l'ordre social et politique opposait à l'amélioration du bien-être des masses dans la vie rurale, appelaient à leur aide l'établissement de manufactures ou proposaient de diriger les enfants des cultivateurs vers les professions industrielles, en leur donnant, comme on dit encore aujourd'hui, un métier (tout comme si celui de laboureur n'en était pas un).

C'est ainsi que plusieurs années avant 89, l'idée de la révolution économique et le déplacement que nous voyons s'accomplir de nos jours dans la population des campagnes se présentaient déjà au regard observateur des hommes capables d'apprécier la situation et d'entrevoir ses conséquences lointaines. Certainement ces opinions devaient paraître téméraires et chimériques, au sein d'une société où les priviléges les plus abusifs avaient usurpé la place du droit, et où le régime des jurandes et des maîtrises opprimait l'indépendance de l'artisan et la liberté de l'industrie.

Toutefois, nous manquerions au respect dû à la vérité, et nous trahirions les sentiments d'estime et d'orgueil que nous inspirent nos antiques institutions provinciales, si nous omettions de signaler ici l'énergique et féconde impulsion que les Etats de Languedoc avaient donné aux manufactures et au négoce (1). Aussi bien le souvenir de cet heureux épisode ne saurait périr parmi nous, puisqu'il se tie à l'illustration de la noble famille de Puymaurin, dans laquelle le dévouement à la cité, la cordialité et l'esprit sont restés héréditaires.

Mais quels que fussent la prospérité de nos manufactures et le puissant secours qu'en retiraient les finances de la province, elles étaient trop clair-semées pour exercer une grande influence sur l'état général de la classe ouvrière. Les localités qui avaient le bonheur de les posséder en pouvaient seules retirer des avantages sérieux. A quelques lieues de là, on ne soupçonnait pas leur existence, et le paysan, accablé par son sort, indolent et dégoûté, ne voyait son salut que dans le travail de la terre, qui lui faisait souvent défaut, et dans la mendicité qui n'était guère propre à relever sa condition.

L'enquête ouverte par l'archevêque de Toulouse remonte à l'année 1763. Un quart de siècle plus tard, la France entière était appelée à formuler ses plaintes et ses vœux dans les cahiers remis par les bailliages et les sénéchaussées du royaume à leurs députés auprès des Etats généraux.

On voit par ces documents que la misère n'avait pas cessé de régner dans les campagnes, et que le Languedoc n'était pas, de bien s'en faut, la contrée la plus mal partagée sous ce rapport, puisqu'il y avait des provinces où la mendicité conservait les proportions d'un véritable « fléau. » Du reste, partout on s'en plaignait, et partout on se préoccupait des moyens de la faire disparaître. Mais le système de la concentration des secours et de la réclusion dans les dépôts avait produit tant d'abus et si peu d'effets utiles, qu'on était unanime à le réprouver.

On proposait de créer à sa place de nombreux ateliers publics, où toutes les personnes en état de travailler auraient trouvé de

---

(1) Consulter les procès-verbaux des Etats de Languedoc.

l'ouvrage, moyennant un salaire en rapport avec le prix courant des denrées de première nécessité. Ces ateliers devaient être principalement établis sur les routes et les chemins qui étaient fòrt négligés partout, moins cependant en Languedoc que dans le reste du royaume. Des prêts charitables auraient mis dans les mains des laboureurs et des artisans le petit capital nécessaire pour l'exercice de leur profession. Dans ce système, chaque communauté gardait ses pauvres, mais les siens seulement. C'est un point sur lequel tout le monde s'accordait.

Quant aux indigents non valides, on proposait, pour adoucir leur sort, la création dans chaque paroisse d'un bureau de charité, composé du curé et des notables habitants, lequel aurait centralisé et distribué directement, ou par l'intermédiaire des maisons religieuses, les dons volontaires des particuliers et les subventions de la Province.

Enfin, on parlait d'ouvrir, selon les besoins, des hôpitaux pour les vieillards et les infirmes qui n'auraient pu être secourus dans leur famille, ainsi que pour les aliénés, les enfants trouvés et les sourds-muets.

Il est vraiment à regretter que ces vues simples et logiques n'aient encore reçu qu'une exécution incomplète, car elles paraissent bien propres à résoudre ou tout au moins à simplifier le difficile problème de l'organisation de l'assistance publique dans les campagnes, problème dont la solution toujours différée a contribué, pour une large part, à faire émigrer les ouvriers ruraux dans les grandes villes qui abondent en ressources de tout genre.

LIVRE V

LA PROPRIÉTÉ ET LES PROPRIÉTAIRES

CHAPITRE PREMIER

LA PROPRIÉTÉ DEVANT LE FISC

Charges de la propriété dérivant du contrat censuel : censives, champarts, lods, accaptes. — Les dîmes. — Les impôts dans la communauté de Montbrun.

Si la condition de l'ouvrier dans nos campagnes était misérable et précaire sous l'ancien régime, celle du petit propriétaire et du bourgeois était loin d'être brillante ou même aisée. Le faible produit des terres et l'incertitude des revenus faisait souvent préférer à la jouissance directe du fonds la perception d'une rente fixe sous forme de bail à cens, contrat emphytéotique ou bail à locatairerie perpétuelle.

Outre les *censives*, certaines terres et même des communautés entières servaient, sous la forme, sinon sous la dénomination de *champart*, des redevances en nature proportionnelles au produit. La quotité de ces champarts était extrêmement variable et s'élevait parfois jusqu'au quart du revenu brut. Les couvents possédaient beaucoup de rentes de cette espèce, dont l'origine remontait jusqu'au temps où, après avoir défriché les bois et les landes qui s'étendaient sur une grande partie du sol de nos contrées, les ordres religieux en avaient confié l'exploitation et transmis la propriété plus ou moins complète aux mains des paysans. Certes, c'était pour les champarts une pure et noble origine que celle qui les rattachait à la conquête pacifique de l'homme sur la nature, à la révolution féconde opérée par ces ordres monastiques que M. Guizot a surnommé « les défricheurs de l'Europe. »

Et, toutefois, il n'était pas possible qu'un changement ne s'opérât, un jour, dans l'état de choses que cette révolution avait établi lorsqu'il se trouverait en opposition formelle avec les besoins matériels et les aspirations politiques de la société moderne, comme la féodalité dont il avait revêtu les formes. A Beïnac, dans le diocèse d'Albigeois, les champarts et censives étaient devenus si lourds pour les cultivateurs, que plusieurs d'entre eux avaient abandonné leurs terres. Cette petite communauté, qui comptait 54 feux en 1719, n'en avait plus que 33 en 1788 (1).

La propriété changeait-elle de mains, si elle ne jouissait pas du privilége de franc-alleu reconnu dans le Languedoc à tous les fonds qu'un titre spécial ne plaçait pas sous la directe d'un seigneur, il y avait lieu, au profit de celui-ci, au paiement du droit de mutation désigné sous le nom de *lods* dans le contrat censuel et que certaines coutumes appelaient *quint* et *requint* en matière de fief. Ce droit, qui variait, selon les lieux, du tiers au quarantième du prix de vente, était même dû pour le cas d'échange dans le ressort du Parlement de Toulouse dont la jurisprudence était contraire à cet égard au droit commun du royaume (2).

La mort du seigneur et du tenacier donnait lieu au droit d'*accaptes* et *arrière-captes,* qui était pour le seigneur directe ce qu'était pour le seigneur féodal le *relief* ou *rachat.* Mais les accaptes et arrière-captes n'étaient pas, comme les lods, de l'essence même du bail à cens ; ils n'étaient dus qu'autant qu'ils se trouvaient expressément stipulés. Ils ne pouvaient être exigés plus d'une fois dans un an, lors même qu'il survenait plusieurs mutations par mort (3). Sur ce point, nos lois fiscales actuelles ont moins de ménagements pour la propriété foncière que les institutions de la féodalité, contraste qui n'est pas à l'honneur de nos législateurs modernes.

Aux charges que nous avons énumérées et qui ne frappaient pas nécessairement toutes les terres, il faut ajouter les *dîmes*, auxquelles un bien petit nombre pouvait se soustraire.

La dîme était en général prélevée sur tous les grains. Dans quelques localités, on la payait seulement au douzième. A Saint-Jory, elle n'était perçue que sur les « choses qui sont dans leur maturité (4). » Ces adoucissements étaient des cas exceptionnels. Ailleurs, la dîme portait, selon l'usage des lieux, sur les légumes,

---

(1) Cahier des doléances.
(2) Boutaric, *Droits seigneuriaux*, p. 204.
(3) Archives départementales, *États de paroisses*. — (4) Id.

sur les plantes textiles, sur le vin, sur le foin, et même, comme à Saint-Léon, sur toute sorte de fruits (1). Il y avait des paroisses encore plus maltraitées, comme le prouve l'arrêt rendu par le Parlement de Toulouse, le 30 avril 1784, qui admit les décimateurs de Pointis-de-Rivière à prouver, suivant leur requête contre les consuls, syndics et communauté de ce lieu, « que les suppliants ont perçu pendant trente ans avant l'instance la dîme du *carnelage* sur la majeure partie des particuliers qui ont tenu des troupeaux, cochons et bestiaux sujets à ladite dîme, à la quotité de dix, un, suivant l'usage ; même que ladite dîme du carnelage se perçoit dans les lieux circonvoisins. » Ce genre de dîme subsista jusqu'à la Révolution : le cahier des doléances du diocèse du Comminge en fait foi. La dîme des agneaux, veaux et cochons se percevait à Verfeil et dans toute la temporalité de l'archevêque de Toulouse (2). Ferrière constate, dans son *Dictionnaire pratique*, que si la jurisprudence admettait la prescription quant à la quotité des dîmes et au mode de paiement, on ne pouvait prescrire l'exemption absolue, un curé n'ayant besoin pour les percevoir d'autre titre que son clocher. Il nous suffira d'ajouter que la perception autant que les bases même et la destination de cet impôt soulevaient partout des réclamations de plus en plus vives, auxquelles l'attitude des cours de justice donnait une nouvelle force.

Bien d'autres contributions encore pesaient sur les particuliers. C'était surtout un cri général contre les charges exorbitantes payées au roi.

Je dois à l'obligeance d'un savant consciencieux autant qu'infatigable dans ses recherches, M. Léon Galibert, la nomenclature des taxes qui frappaient la communauté de Montbrun, au diocèse de Toulouse, durant la seconde moitié du dix-huitième siècle. Cette communauté, composée de 400 habitants, s'étendait sur 1,744 arpents de 59 ares 27 centiares.

Au premier rang figure la *taille*. On sait qu'en Languedoc elle était réelle et perçue sur tous les biens roturiers en quelque main qu'ils se trouvassent, à l'exception des biens nobles qui étaient exempts même entre les mains des roturiers. Sans doute l'accroissement des revenus n'entraînait pas, comme ailleurs, celui des impôts, la taille ne variant pas dans cette province selon l'aisance du propriétaire, mais ayant pour base fixe et visible un cadastre fait avec soin. Néanmoins, cette charge inégalement répartie frappait principalement sur les bien-tenants les moins riches.

(1) Archives départementales, *Etats des paroisses.*
(2) Archives départementales ; fonds de l'archevêché, compte de 1534.

La taille, dont le produit était appliqué aux besoins généraux de l'Etat, portait sur la propriété territoriale et sur la propriété bâtie. A Montbrun, elle affectait le revenu agricole dans la proportion de 3 deniers à 4 sols pour livre, et prélevait uniformément 1 sol pour livre sur le loyer réel ou présumé des maisons.

2° Le *taillon*, qui servait à l'entretien de la gendarmerie, était perçu sur les deux natures d'immeubles. En 1788, il s'élevait à 44 livres 9 sols pour la communauté de Montbrun, et la taille atteignait 141 livres 19 sols. Ces chiffres n'avaient pas sensiblement varié depuis 1760.

Outre ces contributions, on en comptait trois affectées à la police, aux garnisons et au passage des troupes, c'étaient : 3° les *mortes-paies*, — 4° les *garnisons*, — 5° les *étapes*. En 1788, elles produisaient ensemble 78 livres 3 sols à Montbrun.

6° Les *deniers extraordinaires* constituaient une charge bien autrement lourde et qui augmentait d'année en année. Ils comprenaient : le don gratuit offert au roi par la Province, le traitement des officiers et gouverneurs de Languedoc, le service des emprunts, les frais de session des Etats, etc., etc. Voici quelle avait été, dans le cours du dix-huitième siècle, la progression de cet impôt dans la communauté de Montbrun : en 1700 il rendait 1,316 livres 10 sols ; en 1760, le produit s'élevait à 2,016 livres 5 sols, et il atteignait 2,779 livres 17 sols en 1788.

7° Les *frais d'assiette* ou de répartition devenaient aussi de plus en plus onéreux. Tandis qu'ils n'avaient pas dépassé 85 livres en 1700, ils montèrent à 220 livres 14 sols en 1768. Vingt ans après, selon la note communiquée par M. Galibert, ils dépassaient 1,100 livres. Il est vrai que, l'année suivante, on les réduisit à 555 livres.

8° Outre ces impôts permanents de leur nature, la propriété rurale était encore grevée du *vingtième*, contribution qui s'était présentée au début avec le caractère d'une charge transitoire. Mais loin de prendre fin avec les années, elle était devenue de plus en plus rigoureuse. C'est ainsi qu'au premier vingtième établi en 1710 vint s'en ajouter un second en 1749, et un troisième quelques années plus tard. Ces impôts prélevaient, comme le nom l'indique, une, deux ou trois fois la vingtième partie du revenu.

9° De toutes les charges fiscales en usage sous l'ancien régime, il n'en était pas de plus impopulaire que la *capitation*, car elle faisait sentir ses rigueurs jusqu'au plus bas degré de la fortune et de l'aisance. Bien qu'elle atteignît tous les ordres de la nation et jusqu'à l'héritier de la couronne, qui payait 2,000 livres pour sa part, la population ouvrière en était accablée. C'est ainsi, lisons-nous dans l'*Etat des paroisses*, qu'à Saint-Pierre de Bajourville, le moindre brassier qui n'avait que son travail pour vivre payait 8, 9 et quelquefois 10 livres de capitation. On était moins rigoureux à Montbrun, d'après les témoignages recueillis par M. Léon Galibert. Si le propriétaire ne travaillant pas de ses bras payait de 10 à 12 livres, le ménager était cotisé à 3, 4 et 6 livres ; le brassier, à 10 et 15 sols ; la servante, à 1 livre ; le jardinier, à 50 sols. Le maître-valet ayant deux charrues devait de 10 à 12 livres. Pour une charrue et demie, le taux était de 8 livres. Il descendait de 3 à 6 livres pour une charrue simple. On sait que la *capitation*, après avoir été essayée à plusieurs reprises, fut définitivement établie en 1695. Dans la communauté de Montbrun, elle produisit 350 livres en 1774. Douze ans après, elle ne donnait que 250 livres. Triste témoignage en faveur du bien-être de la population rurale !

A cette lourde charge venait s'ajouter celle de la *milice*.

L'agriculture supportait en outre une large part dans les impositions indirectes ou de consommation, telles que la *gabelle* pour le sel, l'*équivalent* pour la viande fraîche et autres denrées, la *marque des fers*, les droits sur les huiles, cuirs, etc., etc., qui s'élevaient pour l'ensemble de la Province de Languedoc à 465,000 livres. D'un autre côté, la consommation des produits agricoles était encore affectée par les octrois établis aux portes des villes sur un grand nombre d'objets. A Toulouse, par exemple, le foin, les farines fabriquées hors des moulins de la ville et du gardiage, les vins muscats et les eaux-de-vie étaient tarifés. Quant aux vins ordinaires, ils avaient à supporter des droits spéciaux, désignés sous le nom de *subvention* et *commutation*. Le *vin bourgeois ou du crû*, c'est-à-dire récolté et cuvé dans le gardiage de Toulouse, et destiné aux particuliers qui avaient acquis le droit d'*habitanage*, ne payait, par pièce, que 1 livre de subvention et 4 sols de commutation, tandis que la première de ces taxes était quadruplée pour le vin *étranger* ou *non bourgeois*.

La vente au détail donnait lieu à une contribution spéciale qui, de sa quotité, prenait le nom de *quart*. Mais les propriétaires qui faisaient vendre leur vin du crû, le buvetier du palais et les débitants des 16 enseignes privilégiées en étaient exempts (1).

La multitude des taxes directes ou indirectes, royales, provinciales, diocésaines ou féodales qui frappaient les produits du sol, le sol lui-même, les agents de la culture et les maîtres de la terre, paralysaient le progrès en empêchant la formation des capitaux, fruit de l'épargne.

(1) De Vacquier, *Mém. de l'Académie des sciences*, 1850, p. 160.

Les impôts étaient si exagérés qu'ils laissaient peu de ressources à la plupart des bien-tenants pour venir en aide à l'indigence. Plusieurs curés en ont consigné l'aveu dans l'enquête que nous avons souvent citée. Celui de Clermont reconnaît que les droits royaux et seigneuriaux absorbent presque le revenu des biens-fonds. A Saint-Léon, il arrivait souvent que nombre de particuliers étaient obligés de vendre le nécessaire pour payer les charges (1). A Montsaunés et à Mazères, dans le diocèse de Comminge, les choses étaient encore dans un si triste état au moment de la Révolution, que ces communautés menaçaient de faire de nouveau l'abandon de leurs terres trop allivrées, si le roi refusait de rétablir un ancien prélevé de 1,500 livres, qui leur avait été accordé à raison de leur « forcement » dans le tarif de la Province (2).

CHAPITRE II

VASSAUX ET BOURGEOIS

Difficulté des communications. — Droits honorifiques des seigneurs : chasse, vendanges, préséances. Rôle passif des consuls dans les campagnes. Les vassaux de Balma et du Pin. — La bourgeoisie réduite à se concentrer dans les villes : son esprit de famille. Naissances nombreuses. Testaments. Maîtres et serviteurs. Renchérissement des objets de consommation. Recherche des emplois publics. Anoblissements.

En l'absence du mobile de l'intérêt, le séjour de la campagne n'était pas de nature à tenter la masse des grands et moyens propriétaires, tant par suite de la difficulté des communications qu'à cause des empêchements apportés aux jouissances de la vie rurale par l'exercice des priviléges du seigneur et par le spectacle blessant des droits honorifiques qui lui étaient dévolus. Aussi ne résidait-on, en général, à la campagne que pendant la saison des vacances et pour faire trève aux affaires. L'habitation du maître ne formait pas, comme aujourd'hui, un corps de logis dis-

---

(1) Archives départementales, *Etat des paroisses.*
(2) Cahier des doléances.

tinct entouré de gracieux jardins. Elle consistait ordinairement
en quelques pièces situées au premier étage du bâtiment dont les
colons occupaient le rez-de-chaussée. Tout au plus voyait-on,
auprès de cette résidence, un petit parterre, enclos de murs et
de haies vives, découpé symétriquement en plates-bandes par des
bordures de buis et complanté d'arbres fruitiers. Ces modestes
demeures étaient presque toujours d'un accès difficile.

Bien que le Languedoc fût mieux pourvu de bons chemins
qu'aucune autre province, les voies secondaires qui conduisent
aux grandes routes étaient en si mauvais état, que la plus part
des localités devenaient inaccessibles quand survenaient de fortes
pluies. Le transport des denrées était toujours cher et souvent
impossible ; celui des personnes quelquefois dangereux et rarement commode.

Lorsqu'on n'était pas grand seigneur et qu'on n'avait pas à sa
disposition un carrosse, beaucoup de chevaux et de domestiques,
et avec tout cela d'assez bons chemins, on se rendait à la campagne sur la charrette à bœufs ou sur une lourde monture, affublée
d'une vaste selle garnie de tout un attirail de sacoches, de porte-
manteau, de croupière, de reculoir, de poitrail et de croupelins.
Quant aux voitures publiques, elles étaient peu rapides et peu
nombreuses. Après avoir été longtemps exploitées par des entreprises particulières, autorisées par concessions royales, les
messageries furent centralisées entre les mains de l'Etat, sous
l'administration de Turgot, qui leur donna un plus grand développement. C'est alors qu'on vit apparaître pour la première fois,
dans beaucoup de localités, un service régulier de diligences,
auxquelles la dénomination de *turgotines* fut attachée, en mémoire du ministre qui avait présidé à cette création.

Là même où la circulation des voyageurs ne rencontrait pas
d'obstacles insurmontables, l'imperfection, la pénurie et le prix
élevé des moyens de transport n'étaient nullement propres à inspirer le goût des excursions lointaines.

D'un autre côté, les communications par lettres étaient fort
lentes et soumises à des intermittences prolongées. En 1778, le
courrier de Paris n'était distribué que trois fois par semaine à
Toulouse. Les dépêches de cette ville pour Albi, Rodez, Rabastens, Castres et Lavaur, Saint-Gaudens et Montréjeau, Rieux et
Puylaurens, ne s'acheminaient vers leur destination que deux fois
par semaine (1). Enfin, les *porteurs* de Grenade, Beaumont,

_____

(1) *Calendrier de la Cour de Parlement pour l'année* 1778. A Toulouse, de
l'imprimerie de noble Pijon, avocat, capitoul.

Saint-Cla, le Mas-d'Azil et Saint-Girons, ne partaient de Toulouse que le dimanche. On peut juger par là de la lenteur avec laquelle les correspondances parvenaient dans les localités éloignées des villes et des principaux bourgs.

A la campagne, on vivait, pour ainsi dire, dans la solitude et l'exil. En général, toutes les relations de société se bornaient à faire et à recevoir, par intervalles, quelques visites dont la prolongation ne compensait pas la rareté. Les familles se transportaient en corps les unes chez les autres, se revoyaient avec un plaisir qu'on n'avait pas besoin de feindre et qu'on ne cherchait pas non plus à dissimuler, se traitaient sans façon et se quittaient avec peine ; car, à travers toutes les promesses de se réunir de nouveau, perçait le regret de se quitter et la difficulté de se rejoindre.

Il n'y avait de résidences vraiment agréables qu'à l'entour des centres populeux et sur le bord des grands chemins. Encore même ces situations privilégiées n'étaient-elles pas toujours exemptes d'inconvénients, au moins pour les cultivateurs. On en peut juger par les lignes suivantes que je traduis du *Prædium rusticum* (1), composé, comme tout le monde sait, par un poète distingué du Languedoc, le P. Vanière : « Fuyez, dit-il, fuyez surtout les grandes routes fréquentées par la milice ; la nue, aux sinistres lueurs et aux flancs chargés de grêle, inspire moins d'effroi que le tourbillon de poussière, soulevé par un bataillon de fantassins ou un escadron de cavaliers. La fermière n'appelle pas avec plus d'anxiété autour d'elle sa couvée menacée par le milan ; le berger à la vue du loup n'est pas plus effrayé pour son troupeau et pour lui-même, que lorsqu'il entend retentir dans le lointain le hennissement des chevaux de troupe, et qu'il voit scintiller dans la plaine l'airain des batailles. C'est que le soldat avide de maraude se jette dans les sentiers détournés, s'approprie furtivement tout ce qui s'offre à lui ou même l'enlève avec violence. Le laboureur qui cultive son champ est arraché à la charrue ; sur un ordre impérieux, le voilà contraint d'accompagner les troupes et, pour aider leur marche, d'atteler ses bœufs à leurs chariots. »

Toutefois, le passage des gens de guerre n'était pas le seul ni même le principal inconvénient qu'on rencontrait dans les campagnes ; il en était de beaucoup plus graves et bien autrement répandus. C'est ainsi que l'édit des eaux et forêts faisait défense aux marchands, bourgeois, artisans et habitants des villes,

---

(1) *Prædium rusticum*, livre I.

paroisses, villages et hameaux, paysans et roturiers de quelque
condition qu'ils pussent être, non possédant fiefs, seigneurie et
haute justice, de chasser en quelque lieu, sorte et manière, et
sur quelque gibier de poil et de plume que ce pût être, à peine
de 100 livres d'amende pour la première fois, du double pour
la seconde et, pour la troisième, d'être attaché au carcan du
lieu de leur résidence, à jour de marché, et banni pour trois
ans du ressort de la maîtrise. Le seigneur haut justicier ne
pouvait lui-même accorder la faculté de chasser qu'à des nobles; et les particuliers qui possédaient un fonds de terroir allo-
dial et exempt de toute féodalité, mais roturier dans la terre
d'un seigneur, n'y pouvaient chasser, non plus que ceux qui
n'avaient que des censives ou rentes provenant de baux à cens
ou bien roturières (1).

L'unique restriction, apportée dans l'intérêt de l'agriculture au
droit seigneurial de chasse, était la défense de pénétrer dans les
terres ensemencées depuis que le blé était en tuyau, et dans les
vignes, depuis le 1er mai jusqu'à la récolte. Hors de ce temps, le
seigneur justicier avait le droit de chasser dans toutes les terres
de sa juridiction, de même que le seigneur féodal dans l'étendue
de son fief; et il n'était pas permis aux particuliers de clore leurs
héritages pour les en empêcher. La seule exception admise con-
cernait les fonds placés derrière les maisons situées dans les
bourgs et les villages. Boutaric rapporte qu'un bourgeois de
Toulouse ayant fait enclore quelques arpents de vigne qu'il possédait à Cugnaux, le seigneur du lieu fit décider, par arrêt du
Parlement, qu'on pratiquerait dans la clôture deux ouvertures
ou deux portes dont il aurait une clef, pour chasser dans la vigne
quand il le jugerait à propos.

Quelque vexatoires que fussent chez nous les priviléges de
la noblesse en matière de chasse, il faut reconnaître cependant qu'en d'autres contrées les cultivateurs étaient beaucoup plus maltraités sous ce rapport. C'est ainsi, notamment,
qu'aux environs de la capitale, 50 lieues de pays se trouvaient
placées dans des conditions si défavorables par la multiplicité du
gibier entretenu pour les plaisirs de la cour, que le fermage des
terres, au témoignage du marquis de Turbilly, n'y dépassait
pas 10 et 15 livres par arpent, alors qu'il s'élevait à 50 livres et
plus, là où n'existaient pas les mêmes servitudes. Les *capitaine-
ries* donnaient lieu à une foule d'autres abus, ainsi que les chas-
ses accordées aux gouverneurs et commandants des provinces

(1) Boutaric, *Droits seigneuriaux.*

et des villes. En Languedoc, le règlement sur les droits honorifiques des seigneurs les autorisait, dans l'intérêt de la conservation de leur gibier, à faire tuer tous les chiens qui seraient surpris dans les champs entre le 1er mai et le 1er août (1).

Ces animaux devaient aussi être tenus captifs, depuis le 1er septembre jusqu'à ce que les vignes fussent dépouillées de leurs fruits. D'un autre côté, il était interdit aux particuliers de vendanger avant la publication des bans, et même dans les trois jours qui suivaient, afin que le seigneur pût faire plus commodément sa récolte (2).

Le règlement adopté au Parlement pour les droits honorifiques des seigneurs établissait, d'autre part, qu'ils pouvaient seuls occuper dans l'église paroissiale des bancs à marque seigneuriale avec accoudoirs, agenouilloires et dossiers. On les recommandait au prône et dans les prières publiques. L'eau bénite devait être donnée au seigneur d'une manière distincte à l'aspersion, et il était appelé à l'offrande immédiatement après les prêtres. On en usait de même pour la distribution du pain bénit et des cierges ; enfin, le juge et le procureur juridictionnel du seigneur étaient appelés à ces honneurs immédiatement après lui et sa famille, et avant les consuls et vassaux (3).

Ces pauvres consuls, dont la nomination appartenait ordinairement au seigneur, ne pouvaient convoquer une assemblée générale ou particulière sans y appeler son juge pour y présider. Ils étaient tenus de lui communiquer, à l'avance et par écrit, l'objet des délibérations, et s'ils recevaient quelque ordre supérieur, ils devaient le transmettre au seigneur ou à son juge, avec défense expresse de le communiquer au curé. On ne leur laissait pas même l'innocente prérogative d'allumer les feux de joie dans les réjouissances publiques ; cet honneur était réservé au juge, qui les précédait dans cette cérémonie comme aux processions et en toute rencontre. Il semble qu'une des principales fonctions des consuls dans les campagnes fût de faire sonner les cloches sans l'assentiment du curé de la paroisse, pour convoquer les assemblées de la communauté, auxquelles ils étaient, d'ailleurs, obligés d'assister, comme les autres habitants, et même sous peine d'amende (4).

Dans toutes les occasions solennelles, ces fonctionnaires portaient le chaperon mi-partie noir et rouge; ils ne manquaient pas de le revêtir lorsqu'ils présidaient aux jeux dans les fêtes

(1) *Recueil des arrêts du Parlement de Toulouse*, 30 juillet 1751. — (2) Id. — (3) Id. — (4) Id.

populaires, ainsi que Vanière nous en a conservé le souvenir :

Et sua proponit ti abeatus præmia consul.

C'est aussi dans cet appareil qu'ils prêtaient serment au seigneur, et lui faisaient la visite obligée aussitôt après leur nomination. Il y avait des communautés où celui-ci jouissait du droit de faire quitter le chaperon aux consuls, dans le cas de désobéissance.

Le peu de relief qui s'attachait aux fonctions municipales, et surtout la responsabilité qu'elles entraînaient vis-à-vis du fisc pour la collecte des impôts, responsabilité qui, dans les communes pauvres, exposait les consuls à la saisie de leurs biens et à la prison, explique l'adage populaire, assimilant le consul à une bête de somme, et cet autre, non moins expressif dans la bouche d'un manant :

Faouto d'aoutré, moun païré fouguet cossoul.

A Balma, tout le pouvoir des magistrats municipaux se bornait à constater, avec l'assentiment du bayle, les dégâts causés aux propriétés des particuliers et à en dresser un procès-verbal qui était remis au juge, chargé de prononcer entre les parties.

Dans une *reconnaissance*, renouvelée en 1774 au nom de cette communauté, les consuls de Balma se déclarent vrais vassaux emphytéotes et sujets de l'archevêque de Toulouse et de son église épiscopale et successeurs d'icelle. — Ils reconnaissent audit seigneur la faculté de faire mettre et tenir prisonnier, de son autorité ou de sa justice, tous malfaiteurs et autres dans les prisons de son château. — Enfin, lesdits consuls et commissaires confessent : « tous les habitants de la baronnie de Balma être tenus venir faire guet et garde personnelle, tant de jour que de nuit, audit château et pour la garde d'iceluy, toutes et quantes fois le besoin et la nécessité le requièrent sous le commandement d'un capitaine que le dit seigneur archevêque a accoutumé d'y tenir à ses dépens ou de tel autre qu'il lui plaira commettre à cet effet. » — Les habitants du consulat du Pin, qui tous aussi étaient vassaux et emphytéotes de l'archevêque de Toulouse, se trouvaient astreints aux mêmes obligations. — A Montbrun, les habitants étaient tenus de fournir, pendant huit jours, un poste de douze hommes aux fêtes de Roqueville ; et, chose plus grave, ils devaient en outre à leur seigneur une journée de travail par an.

Les faits que nous venons d'exposer suffiront, sans doute, à

montrer que si les propriétaires et les bourgeois n'étaient pas rete-
nus aux champs par l'intérêt de la culture, ils n'y pouvaient
guère être appelés par les avantages moraux attachés à la
qualité de bien-tenant. Aussi était-ce dans les villes où les
franchises municipales étaient vraiment sérieuses que les classes moyennes avaient cherché, dès longtemps, un refuge et
des garanties.

C'est là qu'on peut mieux saisir la physionomie de ces familles patriarcales, qui tenaient le milieu entre la noblesse et les
gens de métier, et que leur principe constitutif appelait à nouer,
à chaque génération, des alliances dans les deux pôles de l'ordre social. L'usage traditionnel de léguer à l'aîné des garçons
toute la part du patrimoine dont la loi laissait la disposition aux
ascendants, et l'habitude, très répandue parmi les collatéraux
restés célibataires, de laisser à leur frère aîné ou à l'aîné de ses
fils leur entière hérédité, avaient pour conséquence de ramener
sur une seule tête toute la fortune de la maison. Quand le chef
futur de la famille ne recherchait pas une riche alliance dans la
bourgeoisie, il se montrait assez souvent avide de relever sa con-
·dition en épousant une demoiselle noble, qui, pour ne pas languir
dans la gêne et le célibat, consentait à déroger, vanité souvent
punie, leçon aussi souvent perdue. De là ces liens fréquents de
parenté entre la bourgeoisie et la noblesse.

D'un autre côté, comme la légitime était légère dans les familles de condition moyenne, où il était ordinaire de compter jusqu'à
douze enfants, la dot des filles qui n'entraient pas en religion (les
autres perdaient leur légitime) ne leur permettait pas de faire,
en général, de riches mariages. Par le même motif, les cadets,
qui avaient pu embrasser une profession libérale et qui avaient
la prétention de devenir chefs de famille, étaient le plus fréquemment réduits à prendre femme dans une classe inférieure, où ils
retrouvaient, du reste presque toujours, des liens de parenté,
sinon même le berceau de leurs ancêtres. Très souvent, en effet,
c'était à un marchand habile, à un fermier actif ou à un artisan
laborieux, que remontait la prospérité de ces grandes maisons
qui brillaient à la tête de la bourgeoisie, en attendant que l'acquisition d'une charge ou d'une terre seigneuriale vînt les incor-
·porer à la noblesse.

On sait que, dans les pays de droit écrit, la légitime était seulement du tiers des biens lorsqu'il y avait moins de cinq enfants,
tandis qu'elle est aujourd'hui des deux tiers quand il y en a plus
d'un. Quelque nombreuse que fût sa progéniture, le père de famille conservait la disposition de la moitié de sa fortune, ce qui

ne contribuait pas peu à rendre les unions fécondes. J'ai sous les yeux un de ces vieux cahiers où, de génération en génération, l'époux inscrivait ses pactes de mariage, les naissances et, à l'occasion, les décès de ses enfants. Ce registre, dont le premier feuillet est daté de l'année 1628, concerne une ancienne maison bourgeoise dont les aînés, héritiers de belles terres et de nombreux fiefs, avaient coutume, après avoir pris leur grade d'avocat en Parlement, de s'allier avec la bonne noblesse du pays, tandis que les frères et sœurs puînés embrassaient la vie religieuse, se vouaient au célibat sous le toit paternel ou contractaient des unions souvent mal assorties. La moyenne des naissances, jusqu'à la chute de l'ancien régime, fut, à très peu près, de 10 par mariage.

Pour faire respecter ses dispositions testamentaires, le père de famille, après avoir fixé la légitime de ses enfants, ne manquait pas « de leur imposer silence d'autre chose demander ou faire demander. » Le respect qu'inspirait l'autorité paternelle et la tendance prononcée des mœurs, mettaient presque toujours l'accomplissement de ce vœu à l'abri des réclamations, même les moins contestables. L'éclat de la famille était un culte pour ses membres, et il semble que le sacrifice qu'ils lui faisaient de leurs intérêts matériels ne devait pas être sans compensation, puisqu'ils manquaient rarement de disposer de leurs biens, par acte de dernière volonté, en faveur de l'héritier présomptif du nom et du patrimoine de la famille.

La forme et le caractère général des testaments méritent à cet égard d'être relevés. Ils débutent tous par des réflexions philosophiques sur la certitude de la mort et l'incertitude de son heure, et par des invocations à Dieu, à la glorieuse Vierge Marie et aux saints Patrons, témoignage solennel de l'esprit religieux de la bourgeoisie, en un temps où le goût de l'impiété, gagnant les hautes classes de la société française, les dépouillait du dernier titre qui leur restât à la confiance et au respect des hommes. Pas de testament où les prières de l'Eglise et des pauvres ne soient réclamées par la fondation d'un obit ou la prescription de faire dire des messes basses, par des aumônes aux couvents ou par l'offrande de quelques secours aux malheureux. Le testateur était aussi dans la coutume de désigner le lieu de sa sépulture (1), et, presque toujours, il recommandait que ses cendres fussent réunies à celles de ses ancêtres, et qu'à un jour fixé, un service solennel, composé de messe, vêpres, absoute et chant du *Libera*,

_____

(1) C'était l'église pour les gens riches.

5.

fût célébré, tous les ans, à son intention ainsi qu'à celle de ses parents, amis et bienfaiteurs. D'ordinaire, l'héritier était nommément appelé à cette cérémonie, qui était parfois accompagnée d'une offrande de pain et de vin.

En instituant l'aîné de ses fils pour son héritier général et universel, le père de famille lui recommandait en termes exprès de veiller sur ses frères et sœurs en bas âge, sur leur éducation, leur entretien et leur établissement. S'il y avait des religieux dans la famille, il était prescrit à l'héritier de les accueillir chez lui avec les témoignages de respect et d'affection dus à leur mérite et à leur naissance. Quant aux filles, qui, en s'enfermant dans un couvent, avaient fait vœu de pauvreté, on ne manquait pas de leur adresser durant toute leur vie, sous le titre de *charité*, les présents que leur père ou leur mère avaient accoutumé de leur offrir.

Plus soucieux de transmettre son patrimoine intact qu'avide de l'augmenter, le bourgeois du dix-huitième siècle mettait toute sa prévoyance à régler ses dépenses sur son revenu, et il faut avouer qu'avec une progéniture nombreuse, cette tâche n'était pas toujours facile, dans une société où l'action des lois ne cessait de contrarier la production. Ce n'était qu'à force de simplicité dans la nourriture, l'habitation et l'habillement, que les plus fortunés parvenaient à donner une éducation convenable à leurs enfants sans contracter des dettes.

Si leur table était abondamment servie et toujours ouverte aux amis et aux parents, qu'on ne méconnaissait pas jusqu'au degré le plus éloigné, il n'y avait point dans la préparation des mets cette variété et cette recherche qu'on y apporte aujourd'hui. L'habitude de dîner à midi était générale en France, excepté dans la capitale chez les personnes de haut rang. Dans les plus riches maisons bourgeoises, la mère de famille ne dédaignait pas de surveiller son pot-au-feu, et on voyait ses filles suppléer avec empressement à l'inexpérience des domestiques pour servir les convives. C'était le temps où, maîtres et serviteurs, croyant de bonne foi appartenir à la même famille, n'avaient que de l'indulgence pour leurs menus travers et n'entrevoyaient d'autre séparation possible que la fin de leur vie; le maître n'était pas riche, mais le serviteur n'était pas exigeant. En 1774, on pouvait avoir un domestique mâle, à Toulouse, pour 20 écus par an, et une fille de chambre pour 16. Les domestiques n'avaient pas le souci de se créer une réserve pour le temps où les infirmités de la vieillesse paralyseraient leurs forces et nécessiteraient des ménagements et des soins quotidiens ; ils mouraient dans le logis de leurs maîtres,

qui les pleuraient comme un de leurs proches. Chasser un serviteur fidèle près du terme de sa carrière était une tache aux yeux
des honnêtes gens ; on ne s'y exposait pas. Il restera, parmi les
souvenirs les plus chers de mon enfance, celui de la vénérable fille
qui me berça sur ses genoux tremblants, comme elle avait bercé
ma mère. Elle amusa mon jeune âge des chansons et des récits
du vieux temps dont elle avait conservé le costume comme les
traditions. Volontiers elle me parlait de mon grand-père et plus
volontiers encore de mon bisaïeul et de ma bisaïeule, qu'elle avait
servis dans ses belles années. Lorsque cette vieille amie s'éteignit
chez nous, il m'en souvient encore, nous la pleurâmes de tout
cœur. On me pardonnera cette réminiscence tout à fait personnelle, car la reconnaissance a ses devoirs, et il est si doux de
les remplir.

La hausse des produits agricoles, qui, durant les vingt années
qui précédèrent 1789, augmenta les revenus des propriétaires, se
trouva contre-balancée, dans une certaine mesure, par le surcroît
de dépense qu'elle entraîna dans les consommations journalières
de la famille, et aussi par le renchérissement des objets manufacturés. La hausse du blé amena celle du pain ; l'élévation du prix
du bétail entraîna celle de la viande. Le mouton, qui se vendait 15 sols la livre carnassière (1 kilogr. 224 grammes) en 1772,
était coté à 19 sols 6 deniers en 1788. Le veau, qui valait 18 sols
en 1786, en valait 20, deux ans plus tard ; l'huile à manger, qu'on
se procurait à 1 fr. la livre en 1780, coûtait 1 fr. 25 c. en 1788. Il
en était de même pour les objets d'éclairage : l'huile de lampe,
qui se vendait à raison de 70 centimes la livre en 1780, était cotée
à 1 fr. 5 c. en 1788 ; la chandelle avait aussi augmenté de valeur.
On voit par ces exemples, qu'il serait facile de multiplier, que
le surcroît de dépense, imposé aux propriétaires par le renchérissement de toute chose, atténuait sensiblement l'augmentation
de leurs revenus, augmentation d'ailleurs bien restreinte par la
faiblesse même de la production agricole. D'un autre côté, les
articles manufacturés étaient relativement plus chers que les
produits naturels, parce que l'industrie, malgré ses priviléges
et peut-être à cause d'eux, se préoccupait faiblement d'abaisser
ses prix de revient, assurée qu'elle était du marché national. En
revanche, si les produits de nos manufactures étaient chers, ils
ne laissaient rien à désirer comme fabrication. La génération
actuelle en peut encore juger par ces vieux tissus de soie et ces
tentures antiques de laine qu'on rencontre dans les anciennes
demeures.

Le bourgeois aimait peu la campagne, où il se trouvait relégué au dernier plan. Cette disposition d'esprit, encore aujourd'hui sensible dans les petites villes, quoiqu'elle tende à disparaître, s'expliquait trop bien, hélas ! sous l'ancien régime, par la triste condition à laquelle les propriétaires non nobles se trouvaient réduits. Autant les gentilshommes se montraient attachés à leurs priviléges, autant les différents corps dont se composait la bourgeoisie des villes étaient fiers eux-mêmes de leur existence séparée et de leurs prérogatives particulières. Rien n'égale l'ardeur avec laquelle les notables disputaient rangs et pouvoir aux avocats, docteurs et gradués. Le même esprit qui faisait déserter les campagnes aux roturiers opulents, parce qu'ils n'y pouvaient acquérir aucune importance, les tenait rassemblés dans les villes, où leurs forces groupées présentaient une consistance véritable, qui attirait à eux le pouvoir municipal avec tous les honneurs dont il était accompagné.

La bourgeoisie ne mettait pas moins d'ardeur dans la recherche de tous les autres emplois publics, surtout de ceux qui emportaient avec eux l'anoblissement. Or, Necker nous dit qu'on en comptait de son temps quatre mille de cette espèce en France. Louis XI avait multiplié les anoblissements dans le but de déconsidérer l'ordre auquel il annexait ces recrues. Plus tard, la royauté se servit de cet expédient pour battre monnaie. Louis XIV et Louis XV, avec l'improbité administrative qui caractérise leurs règnes, ne rougirent pas d'annuler des titres qu'ils avaient donnés eux-mêmes et qu'ils rétablissaient ensuite moyennant finance.

Dès qu'un cultivateur se trouvait en possession d'une jolie fortune, il quittait les champs et achetait un office à son fils. On s'est beaucoup élevé contre le principe de la vénalité des charges, et l'on a eu raison. Il faut bien admettre cependant que l'application de cet usage aux emplois de judicature sous un gouvernement despotique, avait, du moins, l'heureuse conséquence d'élever les juges au-dessus de l'intimidation et des séductions du pouvoir. C'est dans le sentiment de leur indépendance et de leur inamovibilité que les magistrats du Parlement de Toulouse puisaient ces mâles vertus qui dictaient leurs remontrances.

CHAPITRE III

NOBLESSE ET CLERGÉ

La noblesse conserve ses droits honorifiques, mais perd l'autorité et l'influence. La propriété augmente de valeur et change de mains. Progrès du tiers-état. Absentéisme. — Toulouse cité littéraire, parlementaire et religieuse. — Le clergé : son rôle dans la société féodale n'est pas étranger aux progrès de l'impiété. Services rendus à l'agriculture par les ordres religieux. L'épiscopat aux Etats de la Province.

L'achat de certains offices n'était pas la seule voie ouverte aux roturiers pour entrer dans la noblesse ou tout au moins pour posséder des priviléges qui les élevaient au-dessus du vulgaire. L'acquisition d'une terre seigneuriale produisait cet effet, mais avec cette distinction majeure que le roturier propriétaire de biens nobles payait, tous les vingt ans, le droit de *franc-fief*. Ce droit représentait une année de revenu, et était encore acquitté par le fils lorsqu'il succédait à son père. Si le franc-fief avait, aux yeux des gentilhommes, l'avantage de ne pas laisser les propriétaires non nobles se confondre avec eux, il présentait, en revanche, le grave inconvénient de nuire à la vente de leurs terres.

Or, malgré les priviléges dont la noblesse était en possession, elle n'était guère habile à augmenter ni même à conserver son patrimoine. Les hommes, dédaignant de s'occuper des intérêts matériels de la famille, abandonnaient ce soin aux femmes, qui étaient, le plus souvent, peu capables et encore moins soucieuses de les bien gérer. Ce travers datait de loin, car Fénelon constate, dans son *Traité de l'éducation des filles*, que les dames de qualité étaient chargées, d'ordinaire, de faire les fermes et de recevoir les revenus. Mais, en réalité, c'était aux mains des intendants et des gens d'affaire que la fortune des grands seigneurs se trouvait remise. Cette négligence des intérêts matériels était d'autant plus funeste qu'elle s'alliait presque toujours à l'amour du luxe et à la prodigalité.

Avec ces sentiments, les plus hautes fonctions et les mieux

rétribuées, loin d'être un élément de fortune, devenaient parfois
une cause de ruine. On s'entourait d'un personnel nombreux de
serviteurs payés à gros gages. Avant la Révolution, dans les premières maisons de Toulouse, un laquais gagnait jusqu'à 500 livres,
et on lui fournissait, en outre, une belle livrée (1). Aussi ces emplois quasi-exceptionnels étaient-ils fort courus. Les personnes
de qualité tenaient table ouverte à la ville ainsi qu'à la campagne, et on y faisait grande chère. Madame de Sévigné, dans ses
charmantes lettres à sa fille mariée au marquis de Grignan, qui
était gouverneur de la Provence, met à nu cette plaie du malaise
financier qui rongeait secrètement les existences les plus brillantes, et en apparence les plus heureuses et les plus fortunées. Au
dix-huitième siècle, cette tradition n'était pas perdue.

Il convient d'ajouter que ce qui restait à la noblesse de son ancienne puissance était plus propre à susciter contre elle les ressenti-
ment et l'envie, qu'à accroître beaucoup ses richesses : elle avait
gardé les droits honorifiques, mais la propriété réelle passait aux
roturiers. En réalité, elle allait reculant sans cesse devant le tiers-
état. Il s'opérait alors une révolution analogue à celle qui, de nos
jours, démocratise la possession du sol et enrichit ceux qu'elle
dépouille. Il ne tint qu'à la noblesse d'en retirer les mêmes avantages et d'ajouter à ses revenus en éteignant ses dettes. En effet,
les propriétés rurales augmentaient rapidement de valeur, surtout dans les lieux favorisés par de bonnes routes. C'est ainsi que,
dans le gardiage de Toulouse, des prairies achetées à raison de
645 livres l'hectare en 1771, étaient évaluées à 1,405 livres en 1789.
A la même époque, on portait à 878 livres par hectare la valeur
des terres qui avaient été estimées 590 livres en 1774 et 425 livres
seulement en 1762.

Cette augmentation de valeur venait sans doute de l'élévation
qui tendait à se produire dans le cours des denrées, bien plus que
de l'amélioration qui apparaissait dans le taux des salaires; car,
si de petits propriétaires économes pouvaient s'occuper d'arron-
dir leur patrimoine, à peine quelques ouvriers, à force de sobriété
et de labeurs, parvenaient-ils à acquérir une parcelle du sol. La
grande propriété pouvait tirer bon parti de cette situation, désintéresser ses créanciers par quelques ventes, et se procurer, par la
même voie, les capitaux nécessaires pour mettre en valeur la
vaste étendue des terres qu'elle aurait conservée.

Quelques seigneurs intelligents et dévoués marquèrent la route
du progrès agricole, mais ce salutaire exemple fut trop peu suivi.

(1) Monteil, *Hist. des Français*, dix-huitième siècle, vingt-troisième décade.

Nous avons dit ailleurs la belle part qui revient aux Villèle et aux Lapeyrouse dans l'introduction des prairies artificielles et dans l'amélioration de nos troupeaux. Mais, hélas ! la plupart des gentilshommes ne résidaient jamais sur leurs terres ou n'y allaient qu'en passant. Le peu de bien qu'ils y faisaient, les priviléges blessants dont ils étaient en possession, et la rigueur avec laquelle les droits seigneuriaux étaient perçus par leurs fermiers, n'étaient pas de nature à leur attirer les sympathies populaires. On le vit bien à l'heure où retentit le glas funèbre de la féodalité.

Trop fidèle à suivre l'impulsion fatale ou calculée qui l'entraînait à la cour depuis que Louis XIV, suivant les traditions de François Ier, avait fait de Paris le centre du luxe, des plaisirs de l'esprit et des beaux-arts, la noblesse avait pris la vie rurale en aversion, et son exemple n'avait que trop séduit toutes les classes fortunées. Le marquis de Turbilly constatait avec douleur, dans son beau *Mémoire sur les défrichements*, « le goût, ou plutôt l'espèce de manie qu'ont la plupart des Français de tous les ordres de venir demeurer dans la capitale. » Pour arrêter ce qu'il appelait « une folie, » il désirait que les propriétaires se fixassent dans les campagnes où ils ramèneraient l'aisance. Il voulait faire « refluer dans la province l'argent dont elle manquait absolument pendant que la capitale en regorgeait. » « Les membres du corps politique, disait-il plus loin, doivent être proportionnés ; notre tête est trop grosse. » Qu'eût pensé, de nos jours, ce grand agronome en voyant Paris devenir, en quelque sorte, l'unique centre de l'activité nationale, le seul foyer de la vie politique et le dernier mot de l'organisation administrative ? Autrefois, du moins, les grandes cités de province, siége de cours suprêmes de justice, d'assemblées d'État et d'universités, d'ailleurs en possession de libertés municipales étendues, brillaient d'un véritable éclat au sein de toute la contrée environnante. Si elles partageaient avec Paris le fatal privilége d'attirer à elles les grands propriétaires, elles offraient, du moins, aux intérêts provinciaux, un centre de réunion et une force d'adhérence qui les faisait respecter.

Comme les écrivains français, et encore plus que ceux-ci, les étrangers étaient frappés de l'abandon de nos campagnes par les familles riches. Les environs même de Toulouse, aujourd'hui si peuplés, étaient loin de constituer alors une exception à la règle commune. Nous lisons, en effet, sur les tablettes d'Arthur Young, à la date de juin 1787 : « Jusqu'aux portes, c'est le désert : on ne rencontre pas plus de monde que si l'on était à cent milles de toute cité. » L'illustre voyageur n'hésite pas à reconnaître dans l'absentéisme une des causes majeures du mauvais état de notre agriculture nationale.

De bons esprits s'en étaient émus, chez nous, depuis longtemps. Le marquis de Turbilly, reprenant une idée exposée par le père de Mirabeau dans l'*Ami des hommes*, avait déterminé le gouvernement à encourager la fondation d'une société d'agriculture dans chaque généralité (1761). Déjà la ville de Rennes possédait une association de ce genre fondée en 1757, et l'Angleterre, l'Ecosse et l'Irlande, nous avaient devancé depuis quelques années dans cette voie. Un comité central d'agriculture fut aussi créé à l'instigation du marquis de Turbilly et avec l'aide de M. Bertin, contrôleur général des finances.

L'impulsion fut vive et, sur beaucoup de points, féconde ; mais elle ne triompha, ni partout ni longtemps, des obstacles que lui opposaient l'organisation sociale et les mœurs publiques. Voltaire avait cependant pris la plume pour gourmander les traînards et louer les plus valeureux. Il disait, dans son épître sur l'agriculture.

> ..... Penses-tu que, retiré chez toi,
> Pour les tiens, pour l'Etat, tu n'aies plus rien à faire ?
> La nature t'appelle, apprends à l'observer ;
> La France a des déserts, ose les cultiver ;
> Elle a des malheureux ; un travail nécessaire,
> Ce partage de l'homme et son consolateur,
> En chassant l'indigence, amène le bonheur ;
> Change en épis dorés, change en gras pâturages,
> Ces ronces, ces roseaux, ces affreux marécages.

Mais en vain Voltaire dictait ses vers champêtres et célébrait dans sa correspondance l'amour des champs dont il s'était épris ; en vain se peint-il lui-même présidant aux défrichements, caressant ses bœufs et se faisant confectionner des sabots, il ne parvint pas à convertir ses propres amis. « Je vous remercie, mon cher maître, lui écrivait d'Alembert, de m'avoir envoyé votre charmante épître sur l'agriculture, qui ne parle guère d'agriculture, et qui n'en vaut que mieux. »

Malheureusement pour les hautes classes de la société, les principes en usage dans l'éducation les disposaient mal à goûter les charmes de la vie champêtre. D'abord, on les élevait dans le mépris du travail et de tous ceux qui étaient obligés de s'y adonner pour vivre. Or, ce n'est pas un encyclopédiste ni un révolutionnaire qui fait cette remarque, mais le prosaïque Berland, qui traduisait, en 1756, le *Prædium rusticum* du père Vanière. En général, on sacrifiait beaucoup au côté brillant et frivole de l'existence, et l'on se préoccupait trop peu de donner aux jeunes gens une instruction solide et profitable.

Mais il n'en était pas ainsi pour ceux qu'on destinait aux carrières libérales ou à la prêtrise. Dans les familles parlementaires, en particulier, le culte des fortes études s'alliait à celui des grandes vertus, et la noblesse du caractère n'était pas le privilége exclusif du sexe le plus fort. Quand vint, pour les derniers représentants de ces augustes maisons, le moment des épreuves suprêmes, les femmes se montrèrent héroïques comme les hommes. On ne sait vraiment ce qu'il faut le plus admirer du dévouement conjugal d'Elisabeth de Cambon, de la fidélité stoïque d'Antoinette de Cassan au sentiment du devoir, ou de la sérénité de ces cinquante-trois magistrats de la cour de Toulouse qui, selon un témoin oculaire, allèrent à la mort avec le même air qu'ils avaient autrefois quand ils marchaient dans les cérémonies publiques.

Malheureusement pour l'ancien régime, ses agriculteurs ne valaient pas ses magistrats, au moins en ce qui concerne les connaissances professionnelles. A l'exception de quelques livres, dont les auteurs ne faisaient guère que se répéter les uns les autres, il n'y eut longtemps, pour le propriétaire, d'autre moyen de s'instruire des choses de l'économie rurale, que de prêter l'oreille aux dictons de la routine et de se livrer sans cesse aux tâtonnements et à des expérimentations coûteuses.

> *Nec pudor est dominum servos audire docentes,*
> *Usque novos tentare modos, artemque colendi*
> *Non nisi per grandes peccando discere sumptus* (1).

Heureux encore les cultivateurs, si les progrès de la publicité leur eussent permis de profiter de leur succès ou de leurs déceptions réciproques !

Pas plus que le goût de l'agriculture, celui du commerce et de l'industrie n'était en honneur dans le pays toulousain au dix-huitième siècle. Et cependant, la capitale du Languedoc semblait offrir à l'un et à l'autre des éléments sérieux de prospérité. En effet, cette ville, placée presqu'à égale distance de la Méditerrannée et de l'Océan, sur le bord du canal qui fait communiquer les deux mers, au centre d'un pays riche et voisin de la frontière espagnole, possédait dans la Garonne un moteur presque gratuit d'une puissance prodigieuse, et trouvait encore dans ce fleuve une

(1) P. Vanière, *Ver et Æstas.*

eau spécialement propre à la teinture. Enfin, elle avait dans ses
murs une population nombreuse d'ouvriers auxquels le bas prix
des vivres permettait de céder leurs services à des conditions fort
acceptables. Malgré ces avantages naturels, on ne comptait à
Toulouse qu'un petit nombre de manufactures où se fabriquaient
des bergames, des tapisseries d'une faible valeur, et quelques
étoffes moitié soie et laine. Quant au négoce, il consistait presque
exclusivement dans le trafic des laines d'Espagne. D'où venait
ce contraste si marqué entre le haut Languedoc et le Bas-Pays
dont les produits industriels jouissaient, dans le même temps,
d'une renommée universelle ?

Évidemment il en faut chercher la cause dans les dispositions
morales de la population et dans les circonstances politiques qui
avaient fait de Toulouse une ville de jurisconsultes, de lettrés, de
savants, d'artistes et de clercs. L'antique cité des Tectosages, des
rois Visigoths et des comtes Raymond, déchue depuis plusieurs
siècles du grand rôle qu'elle avait autrefois joué, et descendue au
rang purement nominal de capitale d'une province, tirait toute son
importance et tout son lustre de ses cours de judicature, de ses
écoles et de ses académies.

Depuis le treizième siècle, elle était devenue le siége d'un Parlement, le second du royaume, dont le ressort, quoique réduit,
s'étendait en dernier lieu sur dix-huit présidiaux et sénéchaussées ; autour de ce tribunal supérieur se groupaient plusieurs
juridictions spéciales. En 1765, le nombre des seuls officiers du
Parlement s'élevait à cent quarante-un. Les familles les plus distinguées du pays tenaient à honneur de se maintenir dans les
hautes fonctions de la magistrature, et les moins anciennes, qui
voulaient s'environner de quelque éclat, se disputaient les charges
de conseiller. Dans la bourgeoisie, l'ambition la plus modeste
était d'acquérir un office de procureur ou de prendre rang dans
la compagnie de messieurs les avocats. Tout gravitait autour de
ce centre ; de là, la nécessité des fortes études et le goût des
choses de l'esprit.

L'Université de Toulouse, dont la fondation remonte à l'année 1229, avait ses quatre facultés : celle de théologie, qu'un
traité avait imposée jadis à Raymond VII ; celle de droit, la plus
célèbre de toutes, immortalisée par l'enseignement de Cujas ;
celle de médecine et celle des arts. De nombreux colléges, dont
la grande réputation s'étendait au loin, préparaient la jeunesse à
recevoir l'enseignement supérieur des facultés. En 1789, on n'en
comptait pas moins de douze dans notre ville dont trois de plein
exercice et neuf de boursiers. Il y avait aussi cinq séminaires.

Toulouse possédait alors deux riches bibliothèques.

Des sociétés savantes entretenaient et encourageaient le goût des travaux de l'esprit dans la cité palladienne. « Il y a plus d'Académies dans le Languedoc, dit Expilly (1), que dans nulle autre province du royaume et même que dans plusieurs ensemble, et il n'est personne qui ne connaisse la célébrité de celles de Toulouse et de Montpellier. » A côté de notre Académie des Jeux-Floraux, la plus ancienne compagnie de ce genre fondée en France en 1323, s'était élevée l'Académie des sciences, inscriptions et belles-lettres. Etablie en 1719, cette dernière avait été reconnue par lettres patentes en 1746. Tandis que l'une excitait par ses fêtes et ses joûtes poétiques le culte de l'inspiration et du beau langage, l'autre embrassait, dans le vaste domaine des sciences, la géométrie, l'astronomie, la mécanique, l'anatomie, la chimie, la botanique et les diverses branches des connaissances humaines qui se rattachaient à la classe des inscriptions et belles-lettres. Une Ecole publique de grec et d'hébreu était annexée à cette dernière. Enfin, une Académie consacrée aux beaux-arts avait été établie en 1751 ; mais déjà Toulouse avait vu fleurir dans ses murs l'école illustrée par Cammas, Crozat et Rivalz ; et dès l'année 1744, la munificence des capitouls fondait des prix de sculpture, de peinture et de dessin.

Un dernier trait, pour compléter le tableau. Dans notre cité adonnée avec tant d'amour aux arts, aux sciences, aux lettres, à la jurisprudence, c'est-à-dire aux plaisirs et aux travaux de l'esprit, de nombreux cloîtres s'élevaient, asile des études silencieuses et des patientes investigations, refuge des âmes contemplatives et désabusées.

En somme, dans ce milieu tout catholique et parlementaire, il n'y avait de place ni pour les calculs de la grande industrie, ni pour les spéculations d'un vrai négoce, et il ne paraît pas qu'on fût en général fort épris des choses de l'agriculture. Pour modifier ces habitudes séculaires, il n'a fallu rien moins qu'une révolution qui a bouleversé, de fond en comble, l'ordre social, transformé les institutions politiques, proscrit la vénalité des charges, dépouillé les ordres privilégiés de leur rang et de leurs immenses possessions, déterminé, par la suppression des anciens abus et par l'espoir du gain, les moyens et petits propriétaires à améliorer la culture de leurs domaines, ouvert, enfin, aux classes inférieures une perspective plus favorable par l'impulsion donnée au travail national.

---

(1) *Dict. géogr., hist. et politiq. des Gaules et de la France,* verbo Languedoc.

Aujourd'hui même encore, malgré ces grands changements, nous n'avons pas cessé de ressembler par bien des côtés à nos pères. Si nous avons hérité de leur goût pour les lettres et pour les arts, n'avons-nous pas à nous reprocher, comme eux, trop de négligence pour la campagne et pour ses travaux? Il est vrai que parmi nos propriétaires favorisés des dons de la fortune, le plus grand nombre passe aux champs une moitié de l'année; c'est mieux sans doute qu'on ne faisait autrefois, mais c'est encore trop peu pour les intérêts privés des familles, trop peu surtout pour les intérêts sociaux. Nous n'avons pas plus le droit d'oublier les leçons du passé, que de méconnaître les signes du temps présent.

Personne n'ignore que, dans l'ancienne société, l'absentéisme, en privant la noblesse de l'influence qui se serait naturellement attachée au prestige de la caste et à la fortune territoriale, a compromis aussi ses intérêts pécuniaires, tant par l'amoindrissement des revenus, que par le surcroît des dépenses inséparables du contact des classes riches au foyer du luxe. Aussi arrivait-il, maintes fois, que la gêne se cachait sous les dehors de l'opulence dans les plus nobles familles, et même il n'était pas rare de voir des gentilshommes notoirement indigents. L'intendant, qui personnifiait en lui presque toute l'autorité royale et vers lequel, par conséquent, étaient tournés les regards de tous ceux qui avaient soif d'honneurs, d'emplois ou de secours, possédait le secret de ces mille et une misères. Tantôt, c'était un père qui, ayant donné à la patrie quatorze enfants dont dix survivaient, dix dont il n'avait pu faire ni des prêtres ni des religieuses, réclamait le crédit de monseigneur l'intendant de Languedoc pour obtenir la pension de 1,000 livres et la décharge de toute imposition, taille et capitation, attribuées, par l'édit du mois de décembre 1666, aux gentilshommes qui se trouvaient dans son cas (1); tantôt, c'était la baronne de ***, qui payait 2,230 livres de taille et qui, disait-elle, allait être forcée de vendre ses bœufs pours solder ses contributions. Celui-ci se plaignait de ne pouvoir faire honneur à ses affaires, parce que ses prés avaient été inondés; celui-là, parce que la grêle avait détruit ses moissons. Tous tournaient les yeux vers l'intendant comme vers la Providence, et semblaient en attendre leur salut (2). Parmi ces gentilshommes, il en était de vraiment à plaindre, comme certain chevalier, propriétaire au Bourg-Saint-Bernard, qui demandait 200 livres pour acheter un bœuf, et qui apportait à l'appui de sa supplique

(1) Archives départementales — (2) Id..

une attestation des consuls de sa communauté constatant l'insuffisance de sa fortune.

On doit remarquer, à la louange du siècle, que l'intendant n'était pas la seule providence des pauvres honteux. La noblesse et la bourgeoisie étaient animées d'une pieuse commisération pour ces misères cachées qu'elles renfermaient dans leur propre sein. C'était aussi avec le zèle le plus infatigable et le plus désintéressé qu'elles administraient les biens des hôpitaux. J'ai tenu en mes mains un volumineux registre où les dépenses journalières de l'hôpital de Gaillac ont été scrupuleusement inscrites, jour par jour, pendant de longues années, par le trésorier de l'établissement. Or, ce fonctionnaire, qui ne touchait aucune rétribution, était un personnage riche et qualifié qui, dans le même temps, comme syndic des gentilshommes et des principaux bourgeois de la ville, défendait à outrance les prérogatives consulaires de ses pairs contre les officiers de robe longue devant toutes les juridictions possibles. Cet exemple de modeste et constante sollicitude pour les intérêts des pauvres, qui honore un de mes ancêtres, n'était pas chose rare en ce temps où on voyait les plus fiers rivaliser avec les plus riches et les plus instruits pour sauvegarder et accroître le patrimoine des malheureux. Rarement alors dictait-on un testament dans la classe aisée sans que les pauvres honteux fussent l'objet d'une libéralité spéciale.

Les curés étaient les dispensateurs naturels de ces largesses, comme ils étaient les avocats des mendiants. Le bas-clergé vivait lui-même dans la gêne, et il n'était pas rare que les vicaires perpétuels fussent réduits par les décimateurs à la portion congrue. L'épiscopat, les titulaires des bénéfices, les ordres religieux profitaient presque seuls des dîmes, des rentes et des revenus directs des biens ecclésiastiques. De même que la noblesse s'était soustraite, depuis longtemps, à l'obligation du service militaire qui avait donné naissance à l'exemption d'impôt dont elle jouissait, de même la dîme et les priviléges du clergé ne se couvraient plus des charitables motifs auxquels ils empruntaient leur antique origine. L'abus seul avait survécu, et naturellement il suscitait contre les premiers ordres de l'Etat la haine de tous ceux qui n'en faisaient pas partie. C'est qu'en dehors des distinctions blessantes qu'il consacrait, il faisait retomber sur la masse de la nation, que sa part proportionnelle d'impôt aurait suffi à accabler, la lourde charge que les favoris de la fortune refusaient pour eux-mêmes.

Le rôle important qui appartenait au clergé dans l'organisation féodale, en nourrissant contre lui ces dispositions hostiles, favorisa singulièrement les progrès de l'impiété au dix-huitième siècle, impiété de circonstance et d'ostentation, comme la suite l'a heureusement prouvé, puisqu'elle n'a pas longtemps survécu aux abus sociaux et au débordement littéraire qui l'avaient produite. On sait qu'au milieu même des saturnales de l'irréligion et malgré toutes ses rigueurs, l'exercice du culte ne devait jamais être tout à fait abandonné dans nos campagnes, et que les idées chrétiennes, restées vivaces au fond du cœur du peuple, devaient retrouver, au bout de quelques années, dans la société civile, les égards dus au plus puissant de tous les éléments qui concourent à l'ordre public. Ce n'est point par les pamphlets de Voltaire et les divagations d'Anacharsis Clootz qu'on peut apprécier les croyances et les sentiments intimes, de la forte génération qui a fait 89. Il ne faut pas oublier que ces hommes que le souvenir du passé troubla dans leur triomphe jusqu'à les rendre injustes, violents, impitoyables, que ces mêmes hommes, avaient débuté par appeler sur la régénération de la France les bénédictions de Dieu, et que la plupart revinrent s'agenouiller dans ses temples lorsque la main du premier consul en eut rouvert les portes. La fidélité courageuse d'une grande partie de nos prêtres aux dogmes de la foi, et leur dévouement absolu au ministère des âmes dans le feu de la persécution, ont beaucoup contribué à cet heureux retour. C'est un hommage qu'il faut leur rendre.

Mais le clergé de l'ancien régime ne se distinguait pas seulement par les vertus spéciales à sa profession qui lui firent accomplir de si grandes choses dans les mauvais jours, on doit reconnaître aussi qu'à tout prendre, il adoucit plutôt qu'il n'aggrava les rigueurs des charges féodales, et que ses vassaux étaient loin d'être les plus à plaindre. D'un autre côté, l'art agricole doit beaucoup aux anciens ordres religieux, non-seulement pour avoir jadis défriché le sol, mais encore pour les services qu'ils ne cessèrent de rendre à l'économie du bétail en créant d'excellentes races bovines, et pour les progrès qu'ils ont fait faire aux diverses cultures, notamment à celle des arbres.

L'épiscopat lui-même, auquel son opulence exagérée, son personnel aristocratique, des habitudes quelquefois mondaines et un luxe contrastant avec la pauvreté des pasteurs et des ouailles, faisaient une multitude d'ennemis et d'envieux, l'épiscopat rendait à notre pays de signalés services par le zèle et l'habileté qu'il déployait dans le maniement des intérêts généraux de la Province, au sein des Etats de Languedoc. C'est ce qu'on verra avec plus de détail au livre suivant, où nous nous occuperons de l'administration publique.

LIVRE VI

CHAPITRE PREMIER

ORGANISATION JUDICIAIRE, FINANCIÈRE ET ADMINISTRATIVE

Organisation judiciaire, financière et militaire de la Province. — La bourgeoisie dans les fonctions municipales et les Etats de Languedoc. — Conseil du roi. Son omnipotence. — L'intendant, commissaire départi du Conseil, exerce ses pouvoirs. Il juge en premier ressort les affaires administratives et, en dernier ressort, toutes les causes par voie de délégation. — Un subdélégué, nommé par l'intendant, le représente dans chaque diocèse. De la statistique agricole. Instructions pratiques sur la culture. Demandes en dégrèvement d'impôt; indemnité, etc.

Avant d'apprécier, dans ses divers degrés, les caractères que l'autorité administrative proprement dite présentait dans le Languedoc, au dix-huitième siècle, jetons un coup d'œil rapide sur le mécanisme des autres pouvoirs publics.

La justice était administrée, en dernier ressort, dans la Province par le Parlement de Toulouse et par la Cour des comptes, aides et finances de Montpellier. Notre Parlement, dont l'origine remonte au règne de Philippe le Hardi en 1279, étendait son action sur dix-huit présidiaux et sénéchaussées, lesquels connaissaient, à leur tour, des appellations des sentences rendues par les juridictions inférieures. — En tant que chambre des comptes, la cour de Montpellier exerçait sa suprématie sur les deux bureaux des trésoriers de France séant, soit dans cette ville, soit à Toulouse, et sur les officiers comptables. Comme Cour des comptes, elle avait autorité sur les visiteurs des gabelles, les maîtres des ports et les juges conservateurs de l'équivalent.

Outre son Parlement, son présidial et son siége des monnaies, Toulouse avait encore une amirauté, une maréchaussée et une bourse commune, juridiction commerciale composée d'un prieur et de deux consuls.

Les magistrats municipaux ou capitouls y rendaient aussi la justice comme juges civils, criminels, de police et de voirie.

On sait quelle action étendue exerçaient ailleurs les *justices seigneuriales et royales*.

Quant aux affaires ecclésiastiques, il y avait à Toulouse une *chambre souveraine* qui connaissait des appellations interjetées sur les sentences rendues par les chambres du clergé, pour les provinces d'Auch, Toulouse, Narbonne et Albi.

On sait que les contraventions aux édits concernant les eaux et forêts étaient portées devant une juridiction particulière ou *maîtrise*. En Languedoc, le grand-maître avait sous lui sept maîtrises particulières, parmi lesquelles celle de Toulouse, dont le chef-lieu avait été transféré à Villemur.

Enfin, il existait encore un autre genre de juridiction sur lequel nous reviendrons plus loin, et qui ressortissait du conseil du roi : c'était le tribunal de l'intendant de justice, police et finance, dont le titre et la nature révocable du mandat révèlent l'omnipotence et la sujétion.

Dans l'ordre financier, l'intendant de Languedoc était préposé aux deux généralités de la Province : celle de Montpellier et celle de Toulouse, qui comptaient chacune douze diocèses ou recettes.

Sous le rapport militaire, il y avait en Languedoc, en 1765, un gouverneur général et un commandant, trois lieutenants-généraux, dont un pour le haut Languedoc, un pour le Bas-Pays et un autre pour les Cévennes, le Vivarais et le Vélay ; on y comptait, en outre, huit lieutenants de roi, neuf lieutenants de maréchaux de France, huit grands sénéchaux et trois grands baillis d'épée.

Telle était au dix-huitième siècle, et telle fut, jusqu'à la chute de l'ancien régime, l'organisation judiciaire, financière et militaire en vigueur dans notre Province.

Quant à l'administration proprement dite, sans revenir dans ce chapitre sur ce que nous avons dit ailleurs, au sujet de la situation particulière des communautés rurales (1), il nous suffira de rappeler que des liens étroits subordonnaient les consuls aux seigneurs ; c'étaient de simples paysans, souvent illettrés, qu'on revêtait du chaperon municipal. Les lumières et la fortune n'étaient pas un titre à cette distinction, d'ailleurs peu recherchée par les

_____

(1) Voy. Liv. III, ch. II, page 57.

riches propriétaires, parce qu'elle ne donnait, en général, qu'une autorité insignifiante et qu'elle exposait ceux qui en étaient investis aux mauvais traitements des agents du fisc et au cérémonial humiliant prescrit par le règlement sur les droits honorifiques des seigneurs.

Sans autorité dans les campagnes, la bourgeoisie n'avait d'influence que dans les villes, où, associée aux corporations ouvrières, elle formait l'ordre du tiers ; à Toulouse même, les fonctions municipales conféraient les honneurs de la noblesse par privilége spécial du roi. On sait que les députés du tiers étaient admis aux Etats de Languedoc en nombre égal à ceux du clergé et de la noblesse réunis, et que le vote avait lieu par tête ; toutefois, cette représentation était fort incomplète et irrégulière. C'est ainsi que plusieurs villes, moins privilégiées que certaines autres, n'envoyaient qu'à tour de rôle des députés aux Etats, et que la foule des municipalités n'était représentée en aucune façon dans cette assemblée. En réalité même, peu de députés étaient librement élus ; ils exerçaient leur mandat en vertu des fonctions de maire et de consul. Possédées près d'un siècle, à titre d'offices par des acquéreurs, ces charges avaient été rachetées plus tard par la Province. Dans une foule de municipalités, elles dépendaient de la nomination des évêques et des seigneurs. Ces députés, dénués de prestige et d'autorité auprès de leurs collègues, n'étaient le plus souvent que leur timide écho. Le tiers-état se plaignait amèrement d'être ainsi représenté. Dans la requête qu'il adressa au roi en 1789, il déplorait, non sans raison, que les impôts, dont le poids était écrasant, fussent établis par des évêques qui n'y contribuaient pas, et par des barons dont les biens nobles échappaient aux impositions réelles.

D'un autre côté, l'ordre du clergé et celui de la noblesse exprimaient aussi, pour leur propre compte, des doléances sur la manière dont ils étaient représentés aux Etats. Vingt-trois évêques et vingt-trois barons jouissaient, sans titre ni délégation aucune, du privilége de siéger pour l'ordre ecclésiastique et pour la noblesse. Tous ces griefs étaient fondés, et c'était à bon droit qu'on demandait de toute part une constitution vraiment représentative des trois ordres, formée des députés de chacun d'eux, librement élus par leurs pairs. Mais c'est bien à tort que, cédant à un entraînement aveugle, l'opinion publique s'élevait sans mesure contre l'administration des Etats. Sans doute, elle avait ses côtés faibles ; mais le bien surpassait de beaucoup le mal, ainsi que les faits vont le montrer. Avant d'apprécier les actes de cette assemblée justement célèbre, disons quelle part d'action lui était laissée et dans quelles limites son rôle se trouvait circonscrit.

Même dans les pays d'Etats, l'autorité royale exerçait une influence, non-seulement prépondérante, mais à beaucoup d'égards absolue. La meilleure part du pouvoir législatif revenait à la couronne. Au-dessus du Parlement, qui n'avait cessé de revendiquer le droit de rendre des ordonnances sur les matières civiles et administratives, et d'adresser des remontrances au monarque dont il enregistrait les édits ; au-dessus des Etats provinciaux, dont les attributions étaient bornées et dont les délibérations ne pouvaient se passer de l'approbation du prince, il y avait le *conseil du roi*, qui était, en même temps, cour suprême de justice, tribunal supérieur administratif et législateur souverain, le tout sous le bon plaisir de Sa Majesté. En effet, ce corps si puissant auquel tout venait aboutir, n'avait pas de juridiction propre, et ses membres qui n'étaient, selon l'expression du Parlement dans ses remontrances, que de simples « donneurs d'avis, » étaient tous révocables et, à peu près, sans importance personnelle.

Comme on n'aurait pu attendre la même docilité des magistrats qui composaient les tribunaux ordinaires, parce que leur indépendance était couverte par l'inamovibilité de leurs fonctions, on s'efforçait de leur enlever la connaissance des affaires qui intéressaient le gouvernement, et on avait fini par adopter pour toutes les ordonnances une formule par laquelle on réservait expressément à l'intendant, sauf appel au conseil, le jugement de toutes les contestations qui pourraient en résulter. On finit même par admettre la maxime dangereuse que tous les procès, dans lesquels un intérêt public se trouvait mêlé, excédaient la compétence des tribunaux ordinaires. On ne rougit plus alors d'arracher, par voie d'évocation, les parties à leurs juges naturels pour les livrer à la juridiction de ce conseil qui, selon le cynique aveu d'un de ses membres, pouvait toujours déroger aux règles dans un but utile. Ce même conseil protégeait tous les fonctionnaires du pouvoir central contre les rigueurs de la justice, en renvoyant le jugement de leurs causes à des commissaires de son choix statuant à sa discrétion. On ne laissait aux tribunaux ordinaires et aux cours de Parlement que la faculté de prononcer sur les contestations de particulier à particulier, tant on redoutait l'indépendance et l'équité de ce corps illustre dont les traditions sévères revivent dans notre magistrature. Encore même savait-on trouver au besoin, dans toutes les affaires, un intérêt public suffisant pour en saisir le conseil, instrument docile du monarque et de ses ministres. En réalité, c'était entre les mains du roi que toute l'autorité résidait, et le mot fameux de Louis XIV, « l'Etat, c'est moi, » était une vérité de moins en moins contestable.

Sous le nom d'*intendant*, un commissaire départi du Conseil du roi le représentait dans chaque Province. Comme ce Conseil, il était à la fois administrateur et juge ; il avait les mêmes attributions en premier ressort. Seul mandataire du prince, il jouissait, pour ainsi dire, d'une souveraine autorité dont il faisait parfois un bien triste usage.

Quant au *gouverneur de la Province*, chef de la force armée, ses fonctions comme administrateur étaient à peu près honorifiques, ce qui, dans le langage du temps, était loin d'impliquer la gratuité ; aussi cette dignité était-elle devenue l'apanage des plus hauts personnages de la cour.

Un *subdélégué* choisi par l'intendant, et qui représentait comme lui le gouvernement tout entier, était installé dans chaque diocèse. Il était soumis à ce chef immédiat comme celui-ci au ministre. En réalité, le subdélégué était le principal intermédiaire entre les particuliers et le pouvoir central, entre celui-ci et les particuliers. C'était lui qui instruisait l'intendant de l'état de son diocèse, qui transmettait à cet administrateur, avec ses observations, les demandes et les réclamations des citoyens, lui encore qui faisait exécuter les ordres du roi et qui distribuait ses faveurs.

Il pouvait donc beaucoup pour l'agriculture. Il en connaissait la situation par les rapports que lui adressaient régulièrement les consuls au sujet de l'apparence des récoltes et, plus tard, de leur produit (1). C'est sur ces documents qu'on établissait la statistique du diocèse. Depuis 1754, l'intendant demandait annuellement au subdélégué un état de toutes les espèces de denrées qu'on recueillait dans le département de Toulouse. Ces renseignements étaient consignés dans un tableau formé de colonnes spéciales pour le froment, le méteil, le seigle, l'avoine, l'orge, le maïs, les légumes, les foins et fourrages, les pailles, les vins, les cocons (2). Au début on avait demandé moins de détails ; même de regrettables négligences avaient faussé les résultats. C'est ainsi que jusqu'en 1769, on avait omis de tenir compte des semences. Peu à peu l'ordre et l'exactitude furent introduits dans la statistique, et il est vraiment à regretter que cette excellente institution ait été abandonnée pour un long temps à la chute de l'ancien régime. Sans doute, les chiffres qu'elle recueillait n'eurent jamais le caractère d'une certitude absolue ; la crainte que les déclarations ne servissent de motif pour élever l'impôt poussait les consuls à dis-

(1) Archives départementales. — (2) Id.

simuler la vérité. Mais, de nos jours encore, est-on tout à fait à l'abri d'appréhensions analogues ? et qui nierait cependant que la statistique, même à défaut d'une sincérité rigoureuse à laquelle elle n'atteindra peut-être jamais, ne présente des renseignements dont la signification générale a la plus haute portée aux yeux de l'économiste et de l'homme d'Etat ? Le subdélégué ne se bornait pas à faire connaître la quotité des récoltes, il la rapprochait des réserves présumées existantes et la comparait à la consommation probable du diocèse. Ces documents, centralisés par l'intendant, servaient de guide à ce haut fonctionnaire pour fixer le contrôleur général sur les ressources et les besoins de la Province. C'est en rapprochant les uns des autres les rapports de tous les intendants, que le pouvoir central appréciait l'opportunité de leurs demandes respectives et les modifications à introduire dans le régime commercial de la nation.

Indépendamment des enquêtes annuelles qui portaient sur le produit des récoltes, le subdélégué employait le même mode d'information lorsque des circonstances exceptionnelles jetaient le trouble dans les conditions habituelles de la culture. C'est ainsi qu'en 1786, le subdélégué de Toulouse, M. de Ginesty, consulta les communautés du diocèse sur les moyens employés pour suppléer à la disette des fourrages causée par une sécheresse extraordinaire. Ce fonctionnaire avait succédé à M. de Raynal, en 1780. Sa correspondance nous montre en lui un homme intelligent et dévoué à la prospérité de l'agriculture. Il a notamment écrit un Mémoire instructif sur l'industrie des bêtes à laine dans le diocèse de Toulouse (1).

C'était par l'entremise du subdélégué que le gouvernement adressait aux cultivateurs les instructions pratiques, destinées à propager les bonnes méthodes. On peut se faire une idée du ton général et du mérite de ces publications par l'extrait suivant, emprunté à une notice sur les prairies artificielles, distribuée en 1786 par ordre du roi Louis XVI : « Les prairies artificielles, est-il dit, font la richesse de l'agriculture, parce qu'elles fournissent les moyens de multiplier les bestiaux ; mais elles ont encore un avantage bien précieux, c'est celui de reposer les terres, de les rendre propres à produire du blé, sans qu'on soit obligé d'y mettre du fumier, en sorte qu'elles enrichissent une ferme en fumier de deux manières : par celui qu'elles procurent réellement et par celui qu'elles épargnent. Enfin, un autre avantage des prairies artificielles est de mettre le cultivateur en état de supprimer en

(1) Archives départementales.

partie les jachères. » On ne pouvait, en vérité, employer un langage mieux approprié au public agricole qu'il fallait convertir. Je trouve, à la date de 1787, une instruction sur l'échenillage qui fut répandue par ordre du ministre, et dans laquelle on montrait aux propriétaires l'utilité d'écheniller depuis les premières gelées jusqu'en mars, et, si on avait le temps, à l'époque de la ponte (fin juin au 15 juillet) et jusqu'à l'éclosion des œufs (15 juillet au 8 août.)

En 1785, le contrôleur général avait envoyé en Languedoc de la graine de turneps, pour être cédée, à raison de 15 sols la livre, à tout propriétaire qui payait 50 deniers de taille, et délivrée gratuitement à ceux qui étaient cotisés plus bas (1). Evidemment, ces précautions minutieuses révèlent de la part de l'autorité centrale une grande sollicitude pour les intérêts agricoles. Nous en pourrions multiplier les preuves.

Du reste, les Etats de Languedoc rivalisaient de zèle avec le gouvernement (2). Comme lui, ils répandaient parmi les cultivateurs des écrits utiles. C'est ainsi, par exemple, qu'en 1780 ils firent imprimer aux frais de la Province et distribuer à toutes les communautés l'instruction de Chabert sur le traitement des maladies charbonneuses. Comme le gouvernement, ils venaient aussi en aide aux propriétaires dont l'épizootie frappait les bestiaux. Il est juste d'ajouter encore, pour rendre justice à tout le monde, qu'en présence de ce fléau terrible, le Parlement de Toulouse ne montra pas moins de sollicitude pour l'agriculture que le gouvernement et que les Etats de Languedoc ; ses arrêts de janvier et septembre 1775 en font foi.

C'était, enfin, par l'entremise du subdélégué que les réclamations en dégrèvement d'impôt ou en indemnité pour grêle, inondations et autres accidents fortuits, étaient transmises à l'intendant (3). On peut croire qu'elles affluaient dans ses bureaux et que les bien-tenants les plus riches n'étaient pas les derniers à adresser leurs doléances et à obtenir abusivement des remises ; c'est du moins ce que l'on peut induire des réclamations formulées dans le cahier du clergé de la sénéchaussée de Toulouse en faveur d'une distribution plus égale des secours. On ne peut qu'approuver d'ailleurs la mesure qui s'y trouve proposée : « Que ceux, est-il dit, qui auront perdu leurs récoltes par grêle ou autres cas fortuits soient dispensés, proportionnellement à leurs pertes,

(1) Archives départementales.
(2) Procès-verbaux des Etats de Languedoc.
(3) Archives départementales.

de payer les impôts de l'année. » Hélas! la propriété foncière a
longtemps attendu la réalisation de ce vœu, et jusqu'à ces derniers temps, les indemnités pour grêle ne représentaient qu'une
part illusoire de l'impôt. Il en est autrement aujourd'hui ; c'est
un bienfait que l'agriculture doit au gouvernement impérial.

CHAPITRE II

LES ÉTATS DE LANGUEDOC

Les États de Languedoc ; services qu'ils rendent à l'agriculture. Routes, canaux,
redressement des rivières, etc. Encouragements à l'industrie chevaline et à
la production mulassière, à la sériciculture et aux diverses branches de l'économie rurale. — Rôle considérable du clergé dans les États de Languedoc.
Administration financière de cette assemblée. Rachats d'offices, etc. — La
noblesse aux États. Sa protestation au sujet de la manière dont elle y était
représentée. — Avantages particuliers du Languedoc du côté de la taille, des
corvées, des droits féodaux.

Le Languedoc, de l'avis de M. de Toqueville, était le mieux
ordonné des pays d'États, si supérieurs eux-même aux pays d'Élec-
tions. Dans ceux-ci, en effet, les impôts généraux étaient souvent
oppressifs quoique les charges locales fussent faibles, et les Provinces ne dépensaient presque rien pour elles-mêmes. En Languedoc,
au contraire, la majeure partie des contributions ne sortait pas de
la contrée ; un tiers à peine allait au gouvernement central, et les
contribuables ne s'en trouvaient que mieux. Sous le rapport des
voies de communication, par exemple, notre situation était bien
supérieure à celle des Provinces voisines, quoique chez nous tout
travail contraint fût proscrit. La construction et le bon entretien
de nos chemins frappa d'admiration Arthur Young. Il écrivit sur
ses tablettes : « Languedoc, pays d'États ; bonnes routes, faites sans
corvée. » Sur ces nombreuses et superbes voies qui venaient about-
tir, directement ou par des embranchements reliés entre eux, à
la grande ligne de poste, qui, de Port-Saint-Esprit à Montauban,
traversait la Province dans sa plus grande longueur, on avait
construit des ouvrages d'art magnifiques : ils perpétueront, avec

la mémoire des Etats qui les firent élever, celle des ingénieurs habiles qui les exécutèrent, tels que les deux Saget et les deux Garipuy.

Les communications par eau étaient aussi l'objet d'une incessante sollicitude, qui se traduisit par une coopération efficace aux dépenses nécessitées par la création du canal des Deux-Mers, par l'amélioration du port de Cette et de la navigation des rivières, particulièrement de la Garonne (1).

Les Etats s'occupèrent aussi du dessèchement des marais, de l'exploitation des terres incultes et du redressement des cours d'eau. Pour n'en citer qu'un exemple, nous rappellerons que c'est à eux que la vallée de l'Hers, aujourd'hui si féconde, doit de se trouver débarrassée de ces méandres sans fin, dont le cours capricieux gênait la culture et rendait les inondations si fréquentes et fatales. On désignait alors cette rivière sous le nom de l'Hers-Mort.

Des encouragements particuliers étaient donnés par la Province aux diverses branches de l'agriculture. Nous avons dit ailleurs de quelle sollicitude intelligente l'industrie chevaline et la production mulassière étaient l'objet. L'une et l'autre étaient encouragées suivant leur importance et en vue seulement des profits du cultivateur. Nous sommes un peu loin, aujourd'hui, de ces voies simples et naturelles auxquelles il y aurait grand profit à revenir.

C'est aussi à l'administration des Etats que la sériciculture doit ses progrès dans le Languedoc : achat de graines en Espagne et en Italie, subventions pour pépinières, distribution de mémoires concernant la manière d'élever les mûriers, encouragements à M. de Martoloy pour essais d'éducation en plein air, instances auprès du souverain pour décharger les soies et les étoffes de soie des droits de douane, tout fut mis en œuvre. En 1703, la Province avait déjà dépensé près de 100 mille livres en acquisition d'arbres seulement (2). Il est vrai que le pouvoir royal, qui avait depuis longtemps à cœur de développer la

---

(1) Le lecteur qui serait curieux de se former une idée exacte de l'administration des Etats de Languedoc, ne saurait mieux faire que de consulter le Mémoire publié sur ce sujet par M. Astre dans le *Recueil de l'Académie de législation* (année 1858). Les savantes recherches que cet écrivain a entreprises sur notre histoire locale ont jeté un véritable jour sur nos antiques institutions et sur l'état de la société sous l'ancien régime. Le talent consciencieux e l'auteur et l'indépendance de son caractère donnent une autorité particulière à ses écrits.

(2) Procès-verbaux des Etats de Languedoc.

sériciculture, encourageait le zèle des Etats et s'efforçait de concourir directement aux mêmes fins. En 1687, Louvois avait écrit à l'intendant de Languedoc que le roi, pour faciliter la propagation des mûriers, « trouvait bon qu'on en plantât le long des grands chemins, et que s'il était besoin de quelque ordre de sa part pour en assurer la propriété à ceux qui les planteraient, Sa Majesté le ferait incessamment expédier. » Les Etats s'unirent aux vues du monarque et chargèrent leurs commissaires, ainsi que les députés qui tiendraient les assiettes des diocèses, de faire connaître ces dispositions en envoyant aux communautés les mandes pour les impôts. La culture du pastel, celle de la garance et la plantation du peuplier d'Italie, furent aussi introduites ou développées par les Etats.

Toutes les questions qui touchaient à l'agriculture fixaient l'attention de cette haute assemblée. Tantôt elle s'efforçait de faire ouvrir le port de Bordeaux aux vins de Languedoc, tantôt elle discutait le droit de compascuité entre communautés que le Parlement de Toulouse avait établi en 1765, tantôt elle soumettait les blés du Midi à l'examen des savants et répandait à milliers, par la voie de l'impression, les conseils qu'ils adressaient aux cultivateurs. Un de ces mémoires, dû à la plume de Parmentier et de Dransy, insiste sur les inconvénients du piétinement des animaux dans le battage, sur la nécessité de cribler les grains, enfin sur les soins vigilants à donner aux récoltes dans les greniers. D'autres fois, les Etats avisaient aux moyens de combattre l'épizootie, dépensaient dans ce but près de 1,300,000 livres, et répandaient dans les campagnes les instructions de Vicq-d'Azir (1).

Le syndic de la Province adressait ces documents aux autorités municipales ainsi qu'aux curés des paroisses dont on regardait le concours comme très précieux. Nous avons vu, en étudiant les renseignements transmis par ces derniers à leur supérieur ecclésiastique, que, malgré l'insuffisance de leurs ressources, leur zèle pour soulager le peuple ne connaissait pas de bornes, et qu'ils s'honoraient autant par leur franchise que par leur modestie.

Si l'épiscopat, qui n'avait pas comme le bas clergé l'excuse de manquer de ressources (l'archevêque de Toulouse avait 110 mille livres de revenu, celui d'Albi 120,000, et celui de Narbonne 160,000), ne faisait pas toujours une part convenable dans ses aumônes aux pauvres qui vivaient dans les campagnes où la dîme était prélevée à son profit, en revanche, il ne se montrait pas

(1) Procès-verbaux des Etats de Languedoc.

moins dévoué que le bas clergé aux grands intérêts de la Province. Les évêques, quoique sortis pour la plupart de la classe des gentilshommes, s'accordaient parfaitement au sein des États avec l'ordre du tiers. « Le clergé, nous dit M. de Toqueville (1), s'associa avec ardeur à la plupart de ses projets, travailla de concert avec lui à accroître la prospérité matérielle de tous les citoyens et à favoriser leur commerce et leur industrie, mettant ainsi, souvent, à son service sa grande connaissance des hommes et sa rare dextérité dans le maniement des affaires. C'était presque toujours un ecclésiastique qu'on choisissait pour aller débattre à Versailles avec les ministres les questions litigieuses qui mettaient en conflit l'autorité royale et les États. » L'influence et la supériorité du clergé n'étaient pas moins sensibles au dix-huitième siècle dans les pays d'Election. On sait, en effet, que lors de la formation des assemblées provinciales, ce furent presque partout les ecclésiastiques qui firent preuve de la plus grande aptitude à traiter les intérêts généraux.

Toulouse, en particulier, doit beaucoup à l'active intervention du cardinal de Brienne. Par son influence, le canal Saint-Pierre fut creusé, les quais exhaussés et reconstruits, les avenues de la ville ouvertes et plantées, la navigation améliorée sur la Garonne. Mais ne peut-on pas dire, en revanche, que si le Languedoc doit beaucoup à Mgr de Brienne, la grande réputation d'habileté, qui le fit appeler dans les conseils de la couronne, n'était pas étrangère à des succès dont l'honneur doit revenir, en grande partie, à l'organisation même des États dont il avait la présidence?

Au nombre des bienfaits de cette illustre assemblée, il faut signaler son administration financière, qui lui permit d'exécuter de magnifiques travaux et de soustraire en même temps les contribuables aux vexations que n'aurait pas manqué d'entraîner la perception des taxes attachées à ces innombrables offices que le pouvoir central aux abois créait, coup sur coup, pour satisfaire ses inutiles et coupables profusions. L'attachement éprouvé du Languedoc pour ses franchises municipales était une mine que les conseillers de la couronne exploitaient avec avidité. Ils savaient que, quel que fût le prix qu'on mettrait au rachat des offices de maire, consul, assesseur, etc., la Province y souscrirait pour ne pas laisser subsister un état de choses qui compromettrait son indépendance.

La création des offices a été la planche aux assignats de l'ancien régime; il en a largement usé, sans bonne foi et même sans pu-

(1) *L'Ancien régime et la Révolution.*

deur. Tantôt on établissait des offices d'essayeurs d'eau-de-vie, de concierge des hôtels-de-ville et de langueyeurs de porcs. En 1705, la Province paya 30,000 livres pour le rachat de ce dernier genre de charges (1). D'autres fois, on instituait des greffiers de l'écritoire et des commissaires aux revues, des inspecteurs des voitures, des contrôleurs, essayeurs et visiteurs d'huile, des inspecteurs, visiteurs et contrôleurs de matériaux, des inspecteurs des suifs, etc. (2). Il arrivait aussi, qu'au mépris des plus solennelles promesses, le gouvernement rétablissait des offices qu'on avait déjà rachetés. Cet abus ne prit fin qu'avec l'ancien régime. Nous voyons, en effet, dans le cahier des doléances du diocèse de Comminges, la ville de Valentine se plaindre de ce qu'après avoir racheté ses charges municipales en 1774, elle avait été de nouveau privée, en 1787, de la nomination de ses consuls. Elle suppliait donc le roi de lui rembourser la finance, s'il voulait garder la charge, ou bien de lui rendre la charge, s'il préférait garder la finance.

Malgré ces déplorables expédients, le gouvernement se trouvait souvent réduit à implorer le crédit de la Province pour faciliter ou déguiser ses propres emprunts. Celle-ci n'avait donc pas tort d'être fière de l'ordre qui régnait dans ses finances et de se montrer attachée aux franchises qui lui valaient de tels succès.

La faculté de consentir, de répartir et de lever l'impôt avait été regardée, de temps immémorial, par les habitants du Languedoc, comme leur plus beau privilége, si bien, qu'en 1632 on les avait vus prendre les armes pour la défendre. L'impôt, après avoir été voté par les Etats, était réparti, entre les divers diocèses, d'après des bases qui avaient été fixées, paraît-il, en 1530. Pendant les quarante années suivantes, on avait procédé à l'arpentement et à l'estimation du sol de toutes les communautés. C'était d'après les données de ce travail que la part des impositions attribuée à chaque diocèse était divisée entre les communautés qu'il renfermait. La sous-répartition entre les particuliers s'effectuait suivant les indications des deux compoix : l'un, appelé *terrier*, fixait d'une manière invariable l'allivrement des biens-fonds, maisons et autres bâtiments, rentes foncières et autres redevances imposées *in traditione fundi;* l'autre, désigné sous le nom de compoix *cabaliste*, devait être renouvelé tous les ans. Primitivement, il donnait l'estimation et l'allivrement de tous les *avoirs mobiliers;* mais la coutume avait prévalu presque partout

---

(1) Procès-verbaux des Etats de Languedoc. — (2) Id.

de n'y faire mention que du gros et menu bétail et des industries personnelles (1).

Quant au recouvrement de l'impôt, lorsque la part afférente à chaque sénéchaussée était connue, les députés de la circonscription nommaient un receveur général. Le diocèse avait aussi son receveur particulier désigné par les députés des principales villes. En principe, il est vrai, la collecte des impôts devait être adjugée aux enchères, mais en réalité, faute d'enchérisseurs, elle était donnée au receveur particulier et au receveur général des impositions royales. Cette organisation financière, si supérieure à tout ce qui se pratiquait ailleurs dans ce genre, sert encore à plusieurs égards de modèle à la France. Nous avons le droit d'en être fiers pour les États de Languedoc.

La noblesse ne sut pas acquérir dans nos assemblées provinciales autant d'ascendant que le clergé. Les vingt-trois barons qui y siégeaient sans délégation de leurs pairs, mais en vertu de la prérogative attachée à leur terre, étaient pour la plupart employés à la cour ou dans la carrière des armes, de sorte qu'ils paraissaient rarement aux assemblées, où ils se faisaient remplacer par des gentilshommes qu'ils nommaient à leur choix. Aussi, la grande majorité de la noblesse se plaignait-elle de cet état de choses avec une vivacité dont les siècles précédents n'avaient pas vu d'exemple. Réunie à Toulouse, le 28 décembre 1788, elle protesta contre le nom et la qualité que les soi-disant États prenaient d'États de la Province de Languedoc; elle déclara qu'elle ne reconnaissait en aucune manière ladite assemblée pour les États de la Province, ni les gentilshommes se disant barons des États de Languedoc pour ses procureurs fondés ni ses représentants; qu'elle allait se pourvoir devant le roi pour obtenir la permission de former, dans une assemblée générale des trois ordres de Languedoc, une assemblée de vrais États constitutionnels de la Province. On reconnaît à ces accents que les idées nouvelles ont pénétré dans toute la société, et que l'humanité a retrouvé enfin le sentiment de ses droits. Comme les membres du tiers, les gentilshommes revendiquaient une part du pouvoir. Eux aussi voulaient concourir à la régénération de la France, et sauver quelque épave du naufrage qui menaçait d'engloutir leurs privilèges. Ils voyaient enfin qu'en cessant d'être une institution politique, la féodalité avait perdu ses titres à la confiance des masses qu'elle opprimait ou, tout au moins, qu'elle blessait sans compen-

---

(1) Consulter sur ce sujet un remarquable Mémoire de M. le président Caze, dans les *Mémoires de l'Académie des sciences* 1865.

sation. En effet, les dernières manifestations du régime féodal, quoique bien adoucies, inspiraient aux masses autant de méfiance et de haine qu'avaient fait autrefois ses plus graves excès.

Depuis deux siècles, les nobles ne résidaient guère à la campagne ; le bon roi Henri IV, qui aimait son peuple d'une affection toute paternelle, avait vu avec douleur les gentilshommes abandonner la vie des champs ; Péréfixe nous en a transmis le touchant témoignage. Sous les règnes suivants, la politique ombrageuse de Richelieu et l'instinct dominateur de Louis XIV firent envisager l'absentéisme, non plus comme un fléau public, mais comme un auxiliaire du pouvoir absolu dont ces politiques trop habiles voulaient revêtir la royauté. Les intendants eurent mission de pousser la noblesse dans cette voie dangereuse ; et chose digne de remarque, les pays où leurs efforts restèrent infructueux, furent ceux-là qui, plus tard, demeurèrent fidèles à la monarchie pendant la tourmente révolutionnaire. Lorsqu'à la vue des périls que l'absentéisme avait créés, en élargissant la distance qui séparait les diverses classes de citoyens, un monarque vertueux (que ses bienfaits suffiraient à immortaliser sans ses infortunes) voulut fixer la noblesse au sein des campagnes, il ne put arrêter le mouvement.

A part d'honorables mais rares exceptions, les seigneurs, indifférents au sort de leurs vassaux, fiers des prérogatives qui les élevaient au-dessus d'eux, avides de conserver leurs droits féodaux et d'en tirer tout le revenu posssible, n'inspiraient aux populations rurales que des sentiments de jalousie et de vengeance. Un historien célèbre a fait, au sujet des excès déplorables qui accompagnent les révolutions politiques, une observation essentielle qui peut, jusqu'à un certain point, trouver ici son application : « Plus ces excès sont violents, dit Macaulay, plus nous avons la conviction qu'une révolution était inévitable ; leur violence se mesure toujours à l'ignorance et à la férocité du peuple, comme cette ignorance et cette férocité se mesurent à l'oppression et à la dégradation sous laquelle le peuple a vécu. » Ces réflexions vraies, si on les prend dans un sens général, sont loin cependant d'offrir une explication satisfaisante des faits particuliers, et en temps de révolution surtout, les mots donnent le change sur les choses.

La conformité des noms a fait envelopper plus d'une fois, dans une proscription violente, des institutions d'une nature très diverse ; c'est ainsi que les dénominations de tailles, de corvées et de droits seigneuriaux, désignaient, suivant les lieux, des choses fort différentes, qui ne méritaient pas la même réprobation et ne sauraient excuser les mêmes représailles. Nous faisons cette remarque à l'honneur de la Province de Languedoc ; la taille, par exemple, était bien loin de s'y présenter, comme dans la plus grande partie du royaume, avec le caractère d'un impôt arbitraire dans sa répartition, solidaire dans sa perception, personnel et sujet à des variations continuelles, par suite des changements qui survenaient chaque année dans la fortune des contribuables. On sait, au contraire, que la taille était réelle en Languedoc et que, si elle ne frappait que les biens roturiers, elle les atteignait du moins entre toutes les mains, même en la possession des nobles.

Pas plus que la taille, les corvées ne pouvaient être exigées sans titre ; elles n'étaient point dues par la nature du bail à fief ou à cens. Nous avons rappelé ailleurs que les belles routes, dont le Languedoc s'enorgueillissait, avaient été construites sans corvées ; nous insistons sur ce fait, parce qu'il ne se reproduisait pas dans les autres provinces qui ressortissaient du Parlement de Toulouse. Les remontrances que cette illustre compagnie adressa au roi en 1756, ne le témoignent que trop (1). On voit par ce document qu'on arrachait les laboureurs à la charrue pour les employer, durant des mois entiers, à la construction des routes ; « traités, assure-t-on, plus impitoyablement que des forçats, ils n'ont pas même la nourriture qu'on accorde à ceux-ci. » La cour ajoutait : « Le mal est à son comble ; les corvées ont ravagé la généralité de Montauban ; elles causent le même désordre dans la généralité d'Auch. Des travaux ordonnés sans examen, conduits sans règle, changés et recommencés vingt fois dans le temps des semailles, de la culture de la vigne et de la moisson ; les meilleurs fonds envahis, les arbres arrachés, les jardins détruits, les maisons abattues, et tout cela sans dédommagement ! De grosses contributions, exigées en forme d'amendes et déposées chez les receveurs comme un impôt réglé, des emprisonnements continuels de journaliers et de laboureurs, des brigades de maréchaussées répandues dans les chaumières des paysans comme des hussards en pays ennemi ; tel est en abrégé le détail des vexations horribles qu'on exerce sur tous les pays du ressort du Parlement de Toulouse autres que le Languedoc. »

Mais cette Province n'était pas seulement favorisée du côté des corvées et de la taille ; elle l'était encore d'une manière relative quant aux droits féodaux. Il nous sera permis de rappeler, sans infirmer le caractère des développements dans lesquels nous sommes déjà entrés sur ce sujet, que la maxime *pas de seigneur*

(1) Consulter l'*Hist. de Languedoc*, continuée par M. Du Mège.

sans titre était chez nous la règle fondamentale, tandis qu'ailleurs, en Guyenne par exemple, on ne connaissait *pas de terre sans seigneur.*

Il s'en fallait beaucoup sans doute que la condition des populations rurales fût heureuse dans nos contrées et que l'agriculture y jouît d'une situation prospère; les faits nombreux que nous avons décrits, d'après les documents authentiques, ne laissent aucune équivoque sur ce point. Il est vrai aussi que de grands abus viciaient, jusque dans leur principe, nos meilleures institutions, et que les droits de l'homme et du citoyen étaient trop souvent méconnus. Mais il faut bien reconnaître cependant que ces maux séculaires, dont le redressement allait être enfin obtenu par une révolution mémorable, étaient si loin d'être particuliers à notre Province, qu'ils se répandaient sur toute la France, entraînant après eux, en l'absence des garanties qui étaient spéciales au Languedoc, des effets bien autrement funestes. Nous en pourrions multiplier à l'infini les tristes exemples, si ceux que nous avons rapportés ne prouvaient surabondamment notre thèse.

Une autre justice qu'on doit au Languedoc, c'est qu'à une supériorité relative, incontestable, ses institutions joignaient une grande valeur intrinsèque. On peut dire, avec M. le président Caze, que, « dans la dernière moitié du dix-huitième siècle, il n'y eut pas une liberté conquise, un droit reconnu, une réforme sociale légitime, qui n'eussent leur principe et leur germe dans les institutions de cette Province. »

Malheureusement nos pères, aveuglés par les abus dont ils souffraient, eurent le tort de méconnaître ce qu'il y avait de meilleur chez eux, ce que les étrangers y venaient admirer. Ils rendirent les institutions responsables de maux qu'il fallait imputer seulement aux vices de l'organisation sociale qui allait disparaître. C'est ainsi qu'on a laissé tout broyer et absorber par une centralisation excessive, qui, sans rien ajouter à l'unité politique déjà parfaite, nous a ravi des garanties administratives dont l'absence a causé de grands dommages aux départements méridionaux, et laisse encore sans contre-poids des intérêts puissants qui sont loin de s'accorder toujours avec les nôtres.

LIVRE VII

Toutes les espérances de la nation tournées vers les Etats généraux. On veut qu'ils exercent le pouvoir législatif sous la sanction du roi. — Au roi le pouvoir exécutif. — Doléances et vœux au sujet des impôts. — Assemblées provinciales. Réforme universellement réclamée. — Les communes aspirent à disposer plus librement de leurs revenus. — Admission de tous les citoyens à tous les emplois. — Justice. Suppression de la vénalité des charges. Egalité devant la loi. Simplification des formes judiciaires. — Liberté du commerce et de l'industrie. — Uniformité des poids et mesures. — Abolition des droits féodaux. — Liberté individuelle et de la presse. — Instruction et assistance publiques.

Le 14 avril 1789, les députés du tiers-état de la sénéchaussée de Toulouse se réunissaient dans le réfectoire du grand couvent des Frères mineurs conventuels de cette ville, sous la présidence d'André de Lartigue, lieutenant-général en la sénéchaussée et siége présidial de Toulouse. Le but de la réunion était de formuler les pouvoirs, de rédiger les instructions qui devaient être données à ceux de ses membres que cette assemblée avait déjà élus pour la représenter aux Etats généraux convoqués à Versailles (1). Ces députés eurent mission de remettre le cahier des plaintes et doléances de la sénéchaussée et d'en solliciter le succès.

Certains articles furent spécialement recommandés à leur zèle. Ils étaient relatifs au retour périodique des Etats généraux dans lesquels la nation opprimée mettait toutes ses espérances ; à la réformation des Etats de la Province, où les trois ordres étaient fort imparfaitement représentés ; enfin, à l'égalité de l'impôt qu'on était, non sans de bons motifs, bien impatient de voir établir sur toutes les propriétés et sur toutes les personnes sans distinction, car la disproportion des charges était devenue écrasante. L'urgence

(1) De Lartigue, lieutenant-général au Sénéchal ; Fos de Laborde, maire de Gaillac ; Campmas, docteur en médecine ; Rabby, seigneur de Saint-Médard ; Roussillou, ancien prieur de la Bourse ; Viguier, avocat ; Devoisins, avocat ; Monsinat, avocat.

d'opérer ces réformes parut telle, qu'on défendit aux députés de voter aucun subside avant qu'il eût été statué sur ces objets.

Ce n'est pas, toutefois, à obtenir ces changements que se bornait l'expression des besoins et des vœux formulés par les diverses communautés de la sénéchaussée de Toulouse. Longue était l'énumération de leurs griefs et doléances. Dans l'impossibilité où nous sommes de les reproduire, nous nous bornerons à présenter une analyse succincte de ces précieux documents, témoignages authentiques de l'état déplorable de la société française à la chute de l'ancien régime et du progrès des idées. On pourra juger de ce qui manquait à nos pères par les garanties qu'ils réclamèrent avec le plus d'énergie et d'unanimité. En effet, la royauté aspirait à la domination absolue sur les ruines des libertés municipales et de l'ordre féodal qu'elle combattait face à face, en même temps que la philosophie nouvelle, plus hardie que les légistes du moyen-âge et que les Parlements, les sapait par la base avec ses mordants écrits. D'un autre côté, le tiers-état était opprimé par les derniers vestiges de cette même féodalité dont les prérogatives humiliaient son amour-propre autant qu'elles pesaient sur ses intérêts matériels.

Malheureusement pour la royauté, le désordre des finances et les exactions qu'il avait entraînées à sa suite, le mépris avec lequel elle traitait les droits publics des citoyens et la liberté individuelle, enfin l'impudente dépravation qu'elle avait affichée pendant deux règnes, malheureusement pour elle tous ces motifs lui avaient fait perdre la confiance et le respect de ses sujets. On aimait la personne du roi Louis XVI, dont les vertus et les vœux patriotiques étaient bien connus : ses actes témoignaient hautement de la bonté de son cœur et de la droiture de ses intentions ; mais le sentiment des souffrances était trop vif, le souvenir du passé trop amer, pour que la nation ne cherchât pas en elle-même les garanties qu'elle n'avait pas trouvées ailleurs. Aussi ses plus vives espérances se tournaient-elles du côté des Etats généraux.

Toutes les communautés demandaient que la réunion de ces assemblées à des époques périodiques fût irrévocablement arrêtée en principe ; — que les députés du tiers-état y fussent appelés en nombre égal à celui des autres ordres réunis, et que les délibérations eussent lieu par tête et non par ordre.

Les députés de la sénéchaussée de Toulouse reçurent le mandat formel de déclarer les ministres du roi responsables envers la nation, non-seulement des malversations dans les finances, mais encore des atteintes portées aux droits tant nationaux que particuliers. N'était-ce pas là, dans sa plus large acception, le principe de la responsabilité ministérielle ?

En laissant au roi la plénitude du pouvoir exécutif, on ne prétendait lui conférer d'autre autorité législative que celle d'apposer sa sanction aux lois approuvées par les Etats généraux.

Dans la pensée de contenir ces pouvoirs dans les limites de la légalité, et de soustraire le pays aux conséquences dangereuses des entraînements auxquels les assemblées cèdent parfois comme les individus, le cahier de la sénéchaussée de Toulouse demandait, conformément au vœu exprimé par la communauté de Cordes, que les Parlements, qui tenaient du roi leur compétence judiciaire, reçussent de la nation le droit de vérifier les lois nouvelles, de veiller au maintien de la Constitution et d'en rappeler les principes oubliés ou menacés. N'est-ce pas, dans une de ses attributions principales, le rôle dévolu au Sénat dans l'organisation actuelle de l'Empire ?

La nation a seule le droit de s'imposer, dit le cahier de la ville et banlieue de Toulouse, c'est-à-dire d'accorder ou de refuser l'impôt, d'en régler l'étendue, la répartition, l'emploi, la durée, même d'ouvrir des emprunts. — On désirait voir substituer à la multiplicité des contributions royales et provinciales un impôt territorial unique, et une imposition personnelle de laquelle nul individu ne pourrait être affranchi. — On eut même la pensée d'établir des taxes sur les capitalistes, les banquiers, les financiers, les négociants, les armateurs, etc., et sur les objets de luxe. — Ici on demandait que le tarif du droit de *contrôle et insinuation* fût supprimé et remplacé par des taxes réduites et uniformes, — qu'on abolît les formalités ruineuses du *décret de bien*, qui écrasait les redevables et souvent les collecteurs eux-mêmes ; — là on réclamait l'amélioration du régime des *gabelles ;* — ailleurs, la suppression de l'*équivalent*, abonné par la Province, parce que la la perception de ce droit gênait le commerce et nuisait ainsi aux habitants des campagnes. — Certaines communautés, qui dépendaient de la sénéchaussée de Toulouse mais qui faisaient partie du diocèse d'Albi, voulaient qu'on fît disparaître la *pezade,* imposition aussi injuste que singulière, qui portait sur les hommes et sur les bestiaux. Cette taxe, établie à titre provisoire pendant les guerres des anciens comtes de Toulouse, avait été supprimée lorsqu'on institua la taille ; mais le fermier du domaine la fît revivre vers la fin du dix-septième siècle. Le diocèse, après avoir soutenu un long procès et dépensé 150,000 livres pour s'en débarrasser, avait dû consentir un abonnement de 13,000 livres pour cet objet.

Un point sur lequel toutes les communautés de la sénéchaussée se montrèrent unanimes fut l'égalité proportionnelle des impôts, tant réels que personnels, sur tous les sujets sans exception. Toulouse demanda que la Province fût autorisée à faire elle-même la levée des contributions publiques : c'était rendre indirectement un hommage mérité à l'administration financière des Etats de Languedoc qui devait servir bientôt de modèle à la France entière. On voulait que les ministres rendissent compte annuellement, et sous leur responsabilité personnelle, du produit des impôts et des autres revenus publics. Ce compte-rendu, qui ferait connaître en détail la situation des finances, devait être livré à l'impression.

Le pouvoir législatif remis tout entier aux Etats généraux, composés du roi et des députés de la nation librement élus par leurs pairs, on n'aurait laissé aux assemblées provinciales que les matières économiques, sur lesquelles elles auraient été appelées à statuer chaque année. — De toute part, on élevait des réclamations contre l'organisation des Etats de Languedoc ; tous les ordres sollicitaient de s'assembler librement et électivement pour travailler à cette réforme. Mais tandis que les uns proposaient de modeler cette institution sur celle que Sa Majesté avait accordée au Dauphiné, d'autres, partageant les défiances du Parlement envers l'autorité royale, ne voulaient pas d'une Constitution fixée dans le Conseil du souverain et sans l'intervention du peuple ; mais on était unanime à demander dans tous les ordres une représentation plus sincère.

Les communes aspiraient à obtenir l'entière disposition de leurs revenus sous la surveillance des Etats de la Province, exclusivement aux commissaires départis et aux ministres du roi. Elles revendiquaient la libre nomination des officiers municipaux qu'elles désiraient voir autorisés à juger gratuitement, avec l'assistance des assesseurs, toutes les causes sommaires, sauf l'appel au Parlement si le fonds principal excédait une somme déterminée.

La participation de tous les citoyens aux charges publiques devait avoir pour corollaire leur admission à tous les emplois militaires et civils. Aussi demandait-on la révocation de l'édit du mois de mai 1781, qui exigeait des preuves de noblesse pour prendre du service dans l'armée, ce qui avait presque totalement exclu des grades ceux qu'on nommait les officiers de fortune. Cette distinction était d'autant plus choquante que le tiers-état supportait la solde des troupes d'ordonnance et que la levée de la milice lui imposait, en outre, un service personnel, rendu plus pénible et, pour ainsi dire, humiliant à cause de l'exemption dont jouissait la noblesse. Ce privilége, qui s'étendait en certains cas aux gens formant la suite des gentilshommes et à bien d'autres, était aussi ridicule qu'immoral. Ses inconvénients s'aggravaient encore par le sans façon avec lequel le subdélégué admettait les motifs les plus futiles pour réformer les jeunes gens appuyés auprès de lui par de hautes influences. En ce temps, la peine des coups de plat de sabre était en usage dans l'armée, ce qui était peu propre, on en conviendra, à rehausser l'état militaire aux yeux du paysan et à lui faire envier le métier des armes.

Entraînés sans doute par l'exemple, plusieurs Parlements du royaume avaient pris des arrêtés pour ne recevoir dans leur compagnie que des nobles au même degré exigé par l'édit concernant les emplois militaires, quoique ces charges de magistrature conférassent la noblesse après un certain temps de possession, ainsi que le portait l'édit qui les avait créées.

D'autre part, on réclamait pour les ecclésiastiques non nobles l'admission aux prélatures et aux bénéfices consistoriaux.

Les abus qui s'étaient glissés dans l'administration de la justice donnaient lieu à des plaintes nombreuses ; aussi proclamait-on la nécessité de modifier les lois civiles et criminelles. On voulait que les charges de judicature fussent inamovibles mais non pas vénales, et que tous les tribunaux d'exception ainsi que les Cours des comptes, aides et finances fussent abolis. Plus d'établissement de commissaires pour juger les particuliers, quel que soit leur rang ; plus d'évocation au conseil de procès pendant devant les tribunaux légalement saisis ; en un mot, la justice pour tous, et pour tous l'égalité devant la loi.

Comme les procès étaient devenus interminables et ruineux, on parlait de simplifier les formes judiciaires, de faire rendre la justice gratuitement en pensionnant les magistrats, de rapprocher les tribunaux des justiciables, de restreindre les degrés de juridiction à deux, et d'étendre la compétence des premiers juges. On pourra se faire une idée exacte de la nécessité d'opérer ces réformes par l'exemple d'un procès que je trouve relaté dans le cahier des doléances de la communauté de Gaillac, la seconde ville de la sénéchaussée de Toulouse. Comme l'historique de ce différend peut jeter plus d'un trait de lumière sur la situation que l'ancien régime avait faite au commerce dans nos contrées, nous en dirons quelques mots. Le droit de *coupe* sur les blés qui se vendaient dans la ville de Gaillac n'avait jamais été perçu que sur le pied de la 344ᵉ partie du setier, et seulement entre les mains des étrangers et au marché, lorsqu'en 1716 la marquise de Saissac obtint du roi, à titre d'engagement à vie, la leude de Toulouse, de Gaillac et de plusieurs autres lieux. Les fermiers de la marquise prétendirent augmenter la quotité du droit et en étendre la perception. En 1754, la Cour des aides de Montpellier leur accorda « *provisoirement* 2 deniers maille par charge de froment, blé, vin et semence qui entrerait dans la ville de Gaillac ou passerait debout pour y être vendue ». Le même arrêt assujettissait au droit de coupe tous les blés et grains qui seraient vendus dans la ville, soit au marché ou dans les maisons particulières, à l'exception des blés et grains provenant des héritages des habitants et destinés à la consommation de la ville. Un second arrêt *provisoire* de la Cour des aides fixa au 64e le droit de coupe qui n'avait jamais été perçu qu'au 344e. Après la mort de Mme de Saissac, la ville de Toulouse ayant obtenu du roi l'inféodation des droits de leude et coupe, tant de cette ville que de celle de Gaillac et autres, les capitouls intervinrent au procès (1766), et firent si bien, que les consuls de Gaillac n'étaient pas encore parvenus à faire juger l'affaire au fond en 1788, après plus de trente ans d'efforts et de démarches. En attendant, le droit de coupe était perçu au 64e, au mépris de la plus vulgaire équité et au détriment du commerce.

Longtemps paralysé par les priviléges des villes, par les péages, par les droits de leude, de coupe et de marque, ainsi que par les douanes intérieures, le négoce, qui n'était pas encore dégagé de toutes ces entraves, se trouvait réduit à un état trop voisin de l'impuissance. Aussi, lorsque le pays fut appelé à dresser le cahier de ses plaintes, il s'éleva contre toutes ces restrictions et ces abus. Il demanda qu'on enlevât à jamais les obstacles qui empêchaient la libre circulation des produits, que les douanes fussent partout reculées jusqu'aux frontières et même qu'on accordât au commerce une entière liberté.

Du coup, on voulait aussi faire justice des priviléges exclusifs dont un petit nombre de négociants et d'industriels étaient en possession au grand préjudice de la fortune publique. Dans certains cahiers, on demandait que ces priviléges ne fussent pas renouvelés; dans d'autres, on se bornait à émettre le vœu qu'ils ne fussent accordés à aucun établissement industriel ou exploitation de mines que pour un temps limité, et d'après le consentement des administrations provinciales et des Etats généraux. L'assemblée de la sénéchaussée acceptant une rédaction plus large délibéra « de supprimer dès ce moment toute espèce de privilége exclusif, afin de donner un libre cours au commerce et à l'industrie. »

Et pour que l'agriculture se trouvât sur le même pied d'égalité, elle sollicita la destruction de toutes les entraves qui gênaient ses progrès : restriction imposée à la culture du tabac, faveur octroyée aux vins du bordelais au préjudice de ceux du Languedoc, etc.

Depuis longtemps, on se plaignait dans toute la France des embarras que la diversité des poids et des mesures apportait dans les transactions ; aussi réclamait-on d'une voix unanime la fin de cet état de choses. Le lecteur pourra juger, par les exemples suivants (1), si cette réforme était nécessaire dans la Province de Languedoc. Le territoire compris aujourd'hui dans l'arrondissement de Gaillac (Tarn), qui compte huit cantons, n'avait pas moins de sept étalons différents (*setier*) pour mesurer les grains. Il y avait des mesures particulières pour les liquides, et celles qui servaient au vin n'étaient pas, en général, les mêmes que celles qu'on employait pour l'huile et l'eau-de-vie. Cette dernière, appelée *livre*, comptait cinq unités différentes dans l'arrondissement de Gaillac. Pour les vins, il y avait sept sortes de *pinte*. La mesure de capacité employée pour les bois de chauffage variait dans quatre cantons. La diversité était plus grande encore pour les mesures agraires, car, dans le seul canton de Gaillac qui comprend douze communes, on ne comptait pas moins de dix espèces de *sétérée*. Il paraît qu'en outre on faisait usage de l'arpent des eaux et forêts dans les discussions sur les bois des particuliers lorsque ces bois avaient une certaine étendue (2). Enfin, dans l'arrondissement de Castres, on trouvait cinq unités de poids, en y comprenant le *poids de marc*, qui était d'un usage général en France. Ces faits, qu'on pourrait multiplier presque à l'infini et qui donnaient lieu à autant d'abus que d'embarras, suffiraient à expliquer l'intérêt qui s'attachait à l'établissement d'une règle uniforme.

Quant aux droits féodaux, les supprimer était, comme on le pense bien, au-dessus de toute discussion. Mais il y aurait eu une distinction capitale à faire entre les droits honorifiques, qu'on pouvait abolir purement et simplement, et ceux qui étaient réellement productifs de revenu et pour lesquels l'équité commandait de procéder par voie de rachat, ainsi que le demandait le cahier de Toulouse. L'abolition de ces droits féodaux, moyennant une indemnité pécuniaire pour les seigneurs et autres propriétaires dépossédés, aurait achevé d'affranchir le sol, sans aigrir les unes contre les autres les différentes classes de la société. Malheureu-

(1) Relevés dans l'ouvrage de M. Isidore Bousquet : *Table de conversion des anciennes mesures.* Albi (Rodière).

(2) Lenormant.

sement ce résultat, si précieux pour l'avenir de la liberté en France, ne devait pas être atteint.

Enfin, pour couronner l'œuvre régénératrice, on demandait de toute part que les lettres-clauses, lettres d'exil et autres espèces d'ordres arbitraires émanés du prince ou de ses ministres, fussent absolument proscrites comme attentatoires à la liberté individuelle. Il faut, disait-on, que nul citoyen ne puisse être privé de sa liberté que par le vœu de la loi clairement énoncé, et en punition d'un attentat commis contre la propriété ou la sûreté d'un autre citoyen. Tout homme arrêté par le magistrat, seul organe de la loi, devra être relâché sans délai s'il est reconnu innocent, et livré, s'il est coupable, à ses juges naturels, sans que l'ordre des tribunaux puisse jamais être interverti.

La liberté de composer, d'imprimer et de répandre des écrits, n'était pas oubliée dans cette déclaration des droits de l'homme; et il faut rendre à nos pères cette justice, qu'ils prétendaient concilier à cet égard toutes les exigences légitimes. Qu'y aurait-il à retrancher de cette formule donnée par le cahier de la ville et banlieue de Toulouse? « Etablir la liberté indéfinie de la presse par la suppression absolue de la censure, à la charge par l'imprimeur d'apposer son nom à tous les ouvrages qu'il imprimera, et de répondre solidairement avec l'auteur de tout ce que ces écrits auront de contraire à la religion, à l'ordre général, à l'honnêteté publique et à l'honneur des citoyens. »

Le triste sort de la classe inférieure du peuple inspire à plusieurs communautés les mêmes vœux que nous avons vus formuler par le clergé de la sénéchaussée de Toulouse pour répandre l'instruction dans les masses et pour améliorer leur bien-être. Ici, on demandait que les diverses villes du royaume fussent autorisées à fonder des caisses d'escompte et des monts-de-piété; ailleurs, on proposait d'établir des hôpitaux généraux dans tous les diocèses, et des bureaux de charité dans toutes les paroisses, à l'effet d'assister les vrais pauvres. En même temps, pour bannir la mendicité, on devait infliger des peines aux personnes valides qui seraient surprises à solliciter abusivement des secours.

Enfin, pour mettre les pasteurs des campagnes en position d'étendre leurs aumônes et de remplir efficacement le ministère de charité auquel ils dévouaient leur modeste existence, on voulait améliorer leur sort. C'était à augmenter la dotation des curés congruistes, des vicaires, des séminaires et des hôpitaux, qu'on parlait de consacrer les ressources que procurerait la suppression d'un certain nombre de maisons religieuses, abbayes et prieurés simples, qui était vivement réclamée. Cette mesure violente, que devait accompagner l'abolition des dîmes et la séquestration de tout le domaine ecclésiastique, allait compromettre au plus haut point les intérêts matériels de l'Eglise. Il était juste et facile de lui offrir des compensations. On y songea bien, mais on eut le tort de ne pas les mesurer aux sacrifices et de les accompagner, bientôt, d'engagements inacceptables, procédés qui contribuèrent naturellement à aigrir le clergé contre la Révolution dont il avait salué d'abord les aspirations généreuses.

Il ne faut pas l'oublier, en effet, le caractère dominant du grand mouvement de 89 est un élan universel, élevé, presque magique, vers le progrès, élan auquel le clergé et la noblesse participaient comme le tiers-état lui-même. Sans doute la différence des intérêts, des opinions et des goûts se retrouve dans les calculs personnels et dans les vues particulières; mais il est certain que les idées générales occupaient le premier rang dans l'esprit de tous, et que les ordres privilégiés allaient d'eux-mêmes au-devant des réformes et des sacrifices, à la suite du monarque qui aspirait à échanger le sceptre du pouvoir absolu contre le titre de « restaurateur de la liberté française. » Un historien célèbre (1) a caractérisé cette disposition commune des esprits en quelques lignes qu'il faut citer : « L'égalité dans l'ordre social et la liberté dans l'ordre politique, le respect des droits personnels de tout homme et l'action efficace de la nation dans ses affaires, une société juste et un gouvernement libre, c'est le vœu qui se trouve au fond de tous les vœux, qui s'élève au-dessus de toutes les diversités de situation et d'opinion. »

Telles étaient en particulier les aspirations les plus vives du tiers-état de la sénéchaussée de Toulouse, l'idée fondamentale que l'on retrouve dans tous les cahiers où il exprime ses doléances. Le résumé de ces documents, que nous avons écrit, pour ainsi dire, sous la dictée des contemporains, révèle, jusque dans la manifestation de leurs vœux, le triste état de la société française sous l'ancien régime. Considérées à ce point de vue, les idées de 89 représentent à la fois le bilan du passé et le programme de l'avenir.

Pourquoi faut-il qu'après avoir eu la gloire de rappeler à l'homme ses droits méconnus et de lui-même oubliés, les grands écrivains du dix-huitième siècle aient ajourné la réalisation de leurs vœux patriotiques et humanitaires, en déclarant aveuglement la guerre au sentiment religieux qui seul peut rendre la liberté durable et féconde! Dès la fin du siècle précédent, Leibnitz avait pressenti ces funestes écarts. On le voit, en effet, déplorer

---

(1) M. Guizot, *Revue des Deux-Mondes*, février 1863.

par avance, dans sa correspondance avec Arnaud, la destruction de la foi chrétienne et l'avènement de l'athéisme ou du naturalisme déclaré.

Relâcher les liens politiques, qui maintiennent l'ordre dans une société par l'empire de la force matérielle, sans fortifier en même temps les liens moraux, qui assurent cet ordre nécessaire par le sentiment désintéressé du devoir plus encore que par l'autorité de la raison humaine, c'est ouvrir l'ère des déceptions et préparer des triomphes faciles à ceux qui aiment à voir la liberté périr par ses excès. Mais s'efforcer de détruire la foi, qui seule peut inspirer le respect invariable du droit contre les suggestions de l'intérêt personnel, parce que seule elle commande à l'âme au nom de ses destinées futures, et prétendre en même temps agrandir le cercle des libertés civiles et politiques dans une société devenue indifférente ou incrédule, c'est mettre aux prises toutes les convoitises et préluder infailliblement à ces excès pernicieux qui déshonorent les plus belles causes et retardent leur succès définitif. Après la chute de l'ancien régime, chute si ardemment désirée et si généralement applaudie, la France allait faire cette triste expérience.

ÉPILOGUE

———

Parvenu au terme que nous avions assigné à la première partie de ces études, si nous reportons nos regards en arrière pour embrasser, dans un coup d'œil rapide, l'ensemble du chemin que nous avons parcouru et résumer nos souvenirs, les faits suivants attireront notre attention :

En premier lieu, l'état déplorable que présentait encore l'agriculture, aux dernières années de l'ancien régime, malgré des progrès incontestables dus aux découvertes de la science, aux facilités introduites dans les transactions commerciales par l'action du pouvoir royal, et aux encouragements directs de l'Etat et de la Province.

D'autre part, la triste condition des ouvriers ruraux si inférieure à celle dont ils jouissent maintenant.

La position des propriétaires bien mauvaise encore, quoiqu'un peu améliorée au point de vue des intérêts matériels ; la campagne abandonnée par les familles aisées de la bourgeoisie et de la noblesse.

La culture manquant de direction, criblée d'impôts et dénuée de capital.

Néanmoins, le Languedoc montrant une véritable supériorité sur les autres provinces, au point de vue administratif et financier, et jouissant de précieux avantages sous le rapport des tailles et des droits féodaux.

Avec cela, un état général de malaise et un profond mécontentement contre les principes qui régissaient l'ordre politique et social.

Enfin, l'esprit de progrès et de réforme trouvant de l'écho dans toutes les classes de la nation.

A tout prendre, si l'état de l'agriculture et la condition des populations rurales sous l'ancien régime étaient bien inférieurs à ce qu'ils sont devenus dans la société issue du grand mouvement de 1789, il n'est pas moins certain que nous avons le droit d'être fiers de nos aïeux, car ils avaient élevé notre pays au-dessus des contrées environnantes et de la France entière. Si même ils ne firent pas davantage, c'est qu'il ne leur avait pas été donné, plus qu'à d'autres, de se soustraire complétement à l'autorité du pouvoir absolu et aux entraves de la féodalité.

En sorte qu'il semble qu'à la veille de la Révolution, le cultivateur du pays toulousain eût pu s'approprier en toute justice, sinon en toute humilité, cette réponse du cardinal Maury à quelque interlocuteur malveillant : « Je m'estime peu quand je me considère, davantage quand je me compare. » Ce mot nous semble résumer les deux faces de la situation.

DEUXIÈME PARTIE

L'agriculture et les classes rurales dans la Haute-Garonne depuis 1789

LIVRE PREMIER

LES ASSOLEMENTS

CHAPITRE PREMIER

HISTORIQUE DE L'ASSOLEMENT

Coup d'œil rétrospectif : la jachère sous l'ancien régime. — La réforme de l'assolement mise à l'ordre du jour par les fondateurs de la Société d'agriculture (1798) et du *Journal des propriétaires ruraux* (1805). Les assolements en 1809. Programme du concours général de 1811. — L'agriculture sous la Restauration : les assolements en 1816 et en 1829. — L'agriculture sous le gouvernement de Juillet : polémique au sujet de l'assolement. Progrès accomplis sous le règne de Louis-Philippe. Le concours départemental des domaines. — L'agriculture sous la République : concours régionaux. — L'agriculture sous l'Empire : les lauréats de la prime d'honneur et du concours départemental. La jachère depuis 1852.

Un agronome célèbre, sir John Sainclair examinant « par quel cours de récoltes on peut, dans une série d'années, tirer d'une étendue de terre donnée la plus grande quantité possible de produits utiles, avec le moins de risques et de dépenses, » fait très judicieusement observer que c'est là le trait principal d'une bonne exploitation rurale, ce qu'on peut appeler l'âme ou l'essence de l'agriculture. En effet, pour l'économiste comme pour l'agronome et pour le cultivateur, l'assolement est le critérium de la production. On peut même ajouter qu'il donne, jusqu'à un certain point, la mesure des capitaux consacrés à l'exploitation rurale.

Mais si le but de l'assolement est facile à discerner, il est moins aisé de tenir compte de toutes les circonstances physiques et économiques qui influent sur ses résultats. C'est là pourtant un examen indispensable auquel il faut procéder, avant de mettre la main à l'œuvre, si l'on ne veut subir à jamais le joug d'une aveugle routine ou se précipiter dans les aventures.

On doit consulter d'abord la nature du sol et les vicissitudes ordinaires du climat, car toute terre ne porte pas toute semence. Virgile a exprimé cette idée dans plusieurs passages des *Géorgiques*, et spécialement dans quelques charmants vers que Delille a ainsi paraphrasés :

> Observe le climat ; connais l'aspect des cieux,
> L'influence des vents, la nature des lieux ,
> Des anciens laboureurs l'usage héréditaire,
> Et les biens que prodigue ou refuse la terre.
> Dans ces riches vallons, la moisson jaunira ;
> Sur ces coteaux riants la grappe mûrira.
> Ici sont des vergers qu'enrichit la culture ;
> Là règne un vert gazon qu'entretient la nature.

Mais, en dehors des conditions géologiques et climatériques, il est d'autres influences contre lesquelles on ne saurait aller sans péril. Tous les éléments qui constituent les frais de production doivent être étudiés, groupés, puis comparés à la valeur échangeable du produit. Comme ces éléments varient avec chaque localité et, pour ainsi dire, avec chaque exploitation, et que des changements incessants s'opèrent dans les prix de revient ainsi que dans la valeur vénale des produits, le cultivateur vigilant aura toujours les yeux fixés sur la balance pour n'être pas exposé à perdre à la fois son argent et ses peines.

Il appréciera d'abord la position que lui crée sa qualité de propriétaire, de colon ou de fermier. Il consultera ses facultés et ses ressources, car il ne faut pas que la terre soit plus forte que le laboureur, et il est toujours vrai de dire, comme au temps de Columelle et de Palladius, qu'un petit espace bien cultivé donne plus de bénéfice qu'une grande étendue négligée : *Fecundior est culta exiguitas quam magnitudo neglecta* (1). En regard des débouchés qui s'offrent à lui, l'entrepreneur de culture mettra le prix de la rente, celui des amendements et des engrais ainsi que les frais qu'occasionne la main-d'œuvre, enfin le service de tous les capitaux consacrés à l'exploitation à titre de cheptel vivant et mort, de fonds de roulement ou de toute autre manière.

On n'apprécie pas, en général, à sa véritable valeur le rôle prépondérant que le capital exerce sur les procédés et la marche de l'agriculture. L'absence de cette notion conduit à de grandes erreurs et à d'injustes reproches les personnes étrangères à l'économie rurale. Elles se figurent naïvement que le système des jachères ne doit son maintien qu'à l'esprit de routine, et qu'il n'y a qu'un préjugé à extirper pour renouveler la face de la terre. Malheureusement il n'en est pas tout à fait ainsi. On aura beau dissiper les ténèbres de l'ignorance, on ne parviendra pas pour cela à se passer d'argent. Or, sans argent, comment élever les bâtiments, acheter les bestiaux, se munir de bons instruments aratoires, se procurer les semences, les engrais et le surcroît de main-d'œuvre que rend indispensable la suppression de la jachère ? Tout cela exige des millions et des milliards. C'est là, en grande partie, le secret des misères du temps passé et des embarras du présent.

Ces vérités, que nous avons vu confirmées à chaque page, dans la première partie de cette étude, ressortiront plus éclatantes encore de l'examen des faits survenus dans la période qui voit s'accomplir la transformation de l'assolement antique.

L'alternance du blé et de la jachère, comme nous l'avons dit ailleurs, avait été empruntée par nos ancêtres aux Romains qui la tenaient eux-mêmes des Grecs. — La rotation triennale, composée de deux céréales consécutives et d'une jachère, peut revendiquer une origine non moins vénérable ; mais elle n'a jamais eu la même vogue en Languedoc, même depuis l'introduction du maïs, parce qu'elle exige un sol plus riche que l'assolement alterne. — On sait enfin qu'avant 1789, le blé ne succédait sans interruption au maïs que sur de faibles étendues de terrains, généralement situés autour des villages.

Si ces formules antiques se trouvaient alors, par leur simplicité même, en harmonie parfaite avec un état social, caractérisé par l'inégalité des classes, l'absence d'une direction éclairée dans l'entreprise agricole et la faiblesse du capital d'exploitation, elles ont depuis longtemps cessé de répondre au besoin croissant de

---

(1) Palladius, t. I, chap. VI.

bien-être, qui se manifeste dans un milieu imbu de principes
différents et en possession de ressources plus considérables. Cultiver les céréales sur une place invariablement déterminée dans
chaque exploitation, laisser à la jachère le soin de reconstituer
la fertilité enlevée par la dernière récolte, restreindre l'alimentation du bétail à quelques prairies naturelles et à la vaine pâture,
c'est là, sans doute, un système très complet, bien lié et d'une
exécution facile, mais souverainement insuffisant, on ne saurait
le méconnaître, pour assurer la subsistance d'une population
nombreuse, peu propre même à remplir la fin spéciale qu'on
se propose en l'appliquant, et qui se résume dans la production
économique des céréales.

Cette situation, que l'ancien régime avait léguée à la société
nouvelle et qui est encore celle d'un grand nombre de nos cantons, fut à peine entamée pendant les trente premières années du
dix-neuvième siècle. Mais ne nous hâtons pas d'accuser le cultivateur, car, pour opérer la transformation de l'assolement, il
faut, nous le savons tous, incorporer au sol de grands capitaux.
Or, comme l'épargne est presque l'unique source à laquelle on
puise et qu'elle se règle nécessairement sur les revenus, elle ne
.pouvait être bien abondante pendant que les agitations du forum
ou les nécessités de la guerre pesaient sur la production des
richesses.

Il faut rendre aux agriculteurs du pays toulousain cette justice, qu'au milieu même de nos discordes civiles la cause du progrès agricole ne fut pas abandonnée. Le drapeau changea de
mains, mais il fut porté aussi fièrement que les circonstances le
permettaient. C'est en pleine Convention, le 16 prairial an II,
c'est-à-dire au moins de juin 1794, que furent jetés les premiers
fondements de la Société d'agriculture de Toulouse. Mais cette Compagnie ne fut définitivement constituée que quatre ans plus tard,
le 8 juillet 1798.

Le projet de règlement, rédigé par un groupe d'agronomes, de
cultivateurs, de botanistes et de vétérinaires, fut soumis au représentant du peuple Dartigoète, à la Société des Jacobins et aux
corps constitués. Il est dit dans le préambule que le but de l'association est de parvenir, sous tous les rapports, à l'amélioration
de l'agriculture, et qu'il est surtout urgent de combattre et de
détruire les préjugés et la routine. « La nature, ajoutait-on, a
aussi ses tyrans, il faut l'en délivrer. »

La réforme de l'assolement n'était pas oubliée dans ce programme, car parmi les cinq bureaux ou sections qui composaient
la Société, il en était un exclusivement chargé des prairies natu-

relles et artificielles, de l'éducation des bestiaux, de l'amélioration des races et de leur conservation, en un mot, des questions majeures que soulevait l'adoption de l'assolement établi sur les nouvelles bases. Comme on tenait à propager les bonnes pratiques, chaque associé devait s'attacher à les répandre dans sa commune en les éprouvant lui-même et en engageant ses amis, les *sans-culottes*, à les suivre. Les espérances des fondateurs de la Société furent dépassées, car le progrès trouva des adeptes même parmi ceux qui n'étaient pas de vrais *sans-culottes*, et si les hommes intelligents et zélés qui ont attaché leur nom à cette œuvre, vécurent assez longtemps pour être témoins des résultats, ils ne manquèrent pas, sans doute, de s'en féliciter. En tout cas, on ne saurait leur refuser l'hommage d'avoir bien mérité de leur pays.

Malheureusement la rigueur des temps, les troubles civils, la guerre étrangère, le défaut de sécurité, toutes circonstances radicalement hostiles à la production des richesses et par conséquent à l'épargne, contrariaient les efforts des hommes les mieux intentionnés. Malgré tout, cependant, on ne perdit pas de vue le but, comme le prouvent les travaux de la Société d'agriculture pendant la dernière année du dix-huitième siècle.

Les acteurs ont, en grande partie, changé, mais l'œuvre reste la même. Le compte-rendu public fut présenté par un ci-devant noble, le citoyen Cassaigne, que les événements de la Révolution avaient enlevé, pour un temps, à ses travaux juridiques et relégué à la campagne, où il donnait l'exemple de la bonne culture et d'un dévouement héréditaire aux classes laborieuses, dévouement qui n'avait pu le soustraire aux persécutions des terroristes, persécutions qui ne purent lasser son dévouement.

Parmi les écrivains dont l'orateur analysa les travaux, on remarque, à côté du citoyen Buillon, l'un des fondateurs de la Société d'agriculture, les noms plus anciennement connus des Puymaurin, des Villèle et des Mac-Mahon. La réforme de l'assolement a trouvé de nombreux défenseurs. Le citoyen Lafage (pour parler le langage du temps) propose une rotation savante, dans laquelle les plantes ne reviennent sur le même terrain qu'au bout de cinq années. Il considère les prairies artificielles comme le germe fécond, unique, des récoltes abondantes. Point de fourrages, point de bestiaux; point de bestiaux, point d'engrais; point de récoltes. Ainsi s'exprimait M. de Lafage. C'était à rendre M. de Villèle jaloux.

Quant aux questions que soulevait l'application du nouveau système, bien plus favorable que l'ancien à l'élevage du bétail, elles étaient traitées avec autant de mérite que d'à-propos par les citoyens Lapeyrouse, Olivier, vétérinaire à Revel, et Mac-Mahon. Il nous suffira de signaler ici leurs travaux, nous aurons à les apprécier ailleurs.

Pendant toute la durée de l'Empire, la Société d'agriculture poursuivit sans relâche la tâche qu'elle s'était imposée de substituer les fourrages annuels à la jachère. Au mois de mai 1805, elle fonda le *Journal des Propriétaires ruraux, pour les départements du Midi.* Cette publication, ouverte à la discussion de tous les intérêts agricoles, devint, dès le début, une tribune où des voix autorisées prêchèrent la réforme de l'assolement.

En 1808, la Société invita tous ses correspondants, ainsi que tous les vrais amis de la bonne agriculture, à donner leur avis sur les rotations propres aux divers sols et fit appel à l'expérience des hommes pratiques au sujet de la disparition de la jachère. Celle-ci régnait encore en souveraine dans la plus grande partie du département, comme le prouvent les renseignements suivants insérés dans le *Journal des Propriétaires ruraux* de 1809 : « L'assolement triennal, blé, maïs, jachère, est en usage dans l'arrondissement de Villefranche, dans la partie de l'arrondissement de Toulouse située sur la rive droite de la Garonne, et dans la partie de celui de Muret, qui s'étend à la gauche du fleuve. Partout ailleurs, la rotation biennale est en vigueur et la jachère intervient après chaque récolte de blé ou de seigle. »

Les luttes gigantesques de l'Empire, qui portèrent si haut la réputation du nom français, en consacrant à la gloire de la patrie l'ardeur fratricide qui avait déchiré son sein, ne pouvaient favoriser nos intérêts économiques. L'application progressive des nouveaux principes d'assolement eut beaucoup à souffrir. Il est vrai que de 1800 à 1815, le blé valut en moyenne 22 fr. 34 c. l'hectol. sur la place de Toulouse. On ne le vit descendre que trois fois au-dessous de 20 fr., tandis qu'il atteignit deux fois au-dessus de 30. Mais si le cours élevé des céréales laissait des profits au cultivateur, le poids des contributions publiques allégeait singulièrement son épargne, et la rareté de la main-d'œuvre lui enlevait les moyens de faire mieux. Les héros, qui escortaient l'aigle impériale au travers des capitales de l'Europe, manquaient à la culture, en même temps que le trésor s'épuisait à les soutenir. Dans ces conditions, et en présence du faible taux de la rente, de l'état de gêne qui pesait sur les petits et les moyens propriétaires ainsi que de la difficulté, souvent invincible, de se procurer des bras, la jachère avait malheureusement sa raison d'être, et la voie du progrès n'était ouverte qu'au plus petit nombre.

. Pour encourager, partout, les efforts, un concours général fut institué, en 1811, par la Société d'agriculture de la Seine, alors présidée par François de Neufchâteau. L'épreuve, établie pour les exploitations les mieux tenues et les mieux dirigées, devait durer quatre ans. Chaque département avait un prix particulier, et c'est entre les lauréats désignés par les commissions locales que la Société de Paris devait choisir les siens, auxquels elle destinait une gerbe d'or et une autre d'argent, des houlettes et des thyrses. Ces grands prix n'ont jamais été distribués ; mais le concours s'ouvrit et l'idée reçut un commencement d'exécution. Décidément, l'agriculture était en honneur.

Il est certain que, depuis la Révolution, on s'occupait beaucoup plus qu'autrefois de tout ce qui a rapport à l'économie rurale. Le besoin de repos et la modicité des fortunes était pour quelque chose, sans doute, dans ce mouvement ; mais c'est au triomphe des grands principes de 1789 qu'en doit revenir le principal mérite.

L'agriculture, délivrée de ses entraves, prenait enfin son essor. Depuis une dizaine d'années, l'usage des prairies artificielles était devenu plus général dans la Haute-Garonne ; les jachères avaient diminué sensiblement, et les récoltes en grains étaient plus abondantes. J'en trouve le témoignage formel dans un discours public, prononcé par un de nos meilleurs agronomes devant la Société d'agriculture de Toulouse, en 1816, c'est-à-dire à une époque où on ne se piquait pas d'indulgence pour le gouvernement impérial.

La paix venue, il fallut solder nos désastres avant d'entreprendre la rénovation de l'agriculture, quelque pressante que fût cette tâche. On doit rendre au gouvernement de la Restauration la justice de reconnaître qu'il fit ce qui était en son pouvoir pour donner de la stabilité à la propriété foncière et alléger ses charges. C'était par là, en effet, qu'il fallait commencer. Les questions d'assolement n'arrivent qu'en second lieu et ne peuvent être enlevées par un vote législatif, ni se passer du concours du temps. Mais quant à l'opportunité de la réforme, il ne restait plus de doutes après les vicissitudes économiques qui avaient marqué la durée de l'ère impériale. D'ailleurs, la Restauration allait voir reparaître les mêmes variations excessives dans les rendements, et des écarts non moins extraordinaires dans les prix. De 1815 à 1819, nos mercuriales accusent des cours toujours supérieurs à 20 fr. par hectolitre et quelquefois à 30. Mais, depuis cette époque jusqu'à la chute de la dynastie, c'est-à-dire durant l'espace de douze années, le blé ne s'éleva qu'une fois à 20 fr., et tomba trois fois au-dessous de 15.

La Société d'agriculture de la Haute-Garonne n'avait pas attendu ces circonstances critiques pour imprimer une forte impulsion et une direction salutaire à notre économie rurale.

Dès l'année 1814, elle avait institué, sous le nom de *palmes agronomiques*, des récompenses pour les domaines les mieux tenus. Parmi les noms qui ouvrent la liste des lauréats, on voit figurer celui d'une femme, Mme veuve Vidal née Baron, noble exemple qui devait trouver plus tard des imitateurs dans Mme la marquise de Pérignon, Mme Audouy et Mme Vialet. Sur son domaine de Mont-Fort, près Varennes, Mme Baron avait propagé les cultures fourragères, multiplié les assainissements, amélioré le bétail. C'était, en effet, de ce côté qu'il convenait de tourner tous les efforts. L'avilissement prolongé du cours des grains le prouva sans réplique ; mais, hélas ! il mit temporairement les cultivateurs dans l'impuissance de mieux faire.

On songea bien aussi à la vigne. La Société d'agriculture institua des récompenses spéciales dont M. Lignières fut le premier lauréat (1816). Mais cette culture ne pouvait offrir de grands bénéfices en présence de la législation sur les boissons qui paralysait la consommation à l'intérieur, et des tendances de notre régime commercial qui nous fermait, par voie de représailles, les marchés étrangers. Ce régime, organisé pour favoriser avant tout les progrès de l'industrie, présentait en outre l'inconvénient majeur de faire renchérir les objets manufacturés servant à l'usage des colons et à l'exploitation rurale. C'est ainsi que le fer, ce métal si indispensable à l'agriculture, éprouvait une augmentation très sensible.

Les moyens propriétaires découragés se jetèrent, à la suite des grands seigneurs, sur les emplois publics, tandis que la population ouvrière des campagnes, faiblement sollicitée par la demande du travail et rétribuée en conséquence, vivait dans le malaise, malgré le bas prix des denrées de première nécessité. A peine quelques artisans parvenaient-ils à acquérir de faibles lambeaux du sol à force de labeurs et de privations ; en sorte que le progrès agricole, mal secondé par la moyenne propriété, ne l'était pas davantage par la petite.

Tel était l'état des choses dans la Haute-Garonne en 1829, comme le témoigne un écrit remarquable lu à cette époque devant la Société d'agriculture de Toulouse, par M. Cavalié, et qui a pour titre : *Coup d'œil sur l'Agriculture méridionale*. « Le meilleur système d'assolement n'est pas encore connu, disait ce magistrat-agronome. Ici, au blé on fait succéder le maïs et on laisse reposer la terre ; ailleurs, le blé ou le seigle ne sont suivis d'aucune récolte, et on pense qu'une année de repos absolu est indispensable pour rendre à la terre sa fécondité première. Nulle part, enfin, on ne suit de méthode assez sagement combinée, pour faire espérer une succession non interrompue de récoltes tantôt épuisantes, tantôt améliorantes. »

Sans prétendre infirmer l'autorité d'un témoin oculaire si recommandable par son talent, et sans contester la ressemblance du tableau, considéré comme une vue d'ensemble, l'observateur scrupuleux est heureux de constater, deçà delà, parmi les céréales et les jachères, l'existence des prairies artificielles qui gagnaient, chaque jour, en étendue. Ce genre de culture patronné à l'origine par le roi Louis XVI et appliqué de bonne heure dans notre pays par les Villèle et les Lapeyrouse, ne se propageait qu'avec lenteur. Cependant de nouveaux athlètes s'étaient joints à ceux des premiers jours. MM. de Malaret et Louis de Villeneuve inauguraient avec éclat leur longue et brillante carrière d'agronomes. Il existe une statistique qui porte au chiffre de 51,031 hectares l'étendue des prairies et luzernières dans la Haute-Garonne en 1830. Or, en 1861, après les nombreux défrichements effectués durant cette période trentenaire, on comptait encore 40,000 hectares de prés dans le département. C'était donc moins de 10,000 hectares, et sans doute beaucoup moins, que nous consacrions, en 1830, à la sole des fourrages artificiels. Le progrès, quoique sensible, avait été bien lent.

Du reste, il ne faudrait pas croire que cette situation rangeât alors la Haute-Garonne au-dessous du plus grand nombre des départements de la France, puisque Mathieu de Dombasle constate, dans un écrit daté de 1829, que l'introduction du système de culture moderne n'était encore, à cette époque, que très partielle et locale dans le royaume.

La révolution de Juillet, en ramenant vers les occupations de la vie rurale des hommes de talent qui avaient embrassé la carrière des emplois publics, suscita de nouveaux chefs à l'armée du progrès agricole. De ce nombre furent Jules d'Aram, Du Bourg, Edmond de Limairac, Emmanuel de Vaquié, que nous avons perdus, et d'autres que la Société d'agriculture a le bonheur de compter encore dans ses rangs, et dont je tairai les noms et les services, pour ne pas blesser leur modestie.

La question de l'assolement était à l'ordre du jour ; la discussion s'anima. La rotation triennale, qui avait marqué autrefois comme une réforme importante parce qu'elle enlevait à la jachère une moitié de l'étendue que l'assolement alterne lui avait consacrée jusqu'alors, la rotation triennale trouva des défenseurs intelligents et convaincus. Il faut avouer que les partisans du nouveau système avaient eu le tort de calquer trop littéralement leurs formules sur les pratiques appropriées au climat du Nord, qui est si différent du nôtre. C'est ainsi qu'ils avaient prôné avec plus de zèle que de sagesse la culture de la betterave à sucre et décrié celle du maïs.

La lutte était toujours vive entre les théoriciens ; mais si la forme restait la même, au fond, on se faisait, de part et d'autre, des concessions considérables. Il n'y avait pas bien loin, en effet, entre M. Decamps-Cayras et M. Vaïsse, défendant l'assolement triennal, mais réduisant des deux tiers la sole de la jachère qui n'occupait plus qu'un neuvième du sol dans la rotation ; il n'y avait, dis-je, pas bien loin entre ces agronomes et M. Leblanc, qui soutenait l'assolement quadriennal, sans croire toutefois pouvoir supprimer complétement la jachère. Le débat, soumis au jugement des hommes pratiques, allait recevoir une solution conforme aux aspirations progressives des uns et aux craintes légitimes des autres. On reconnut en principe la nécessité de sup-primer la jachère et de donner plus d'extension à la production des fourrages ; mais on constata aussi que la place occupée par la jachère ne pouvait être remplie utilement que par des plantes bien appropriées au climat. Enfin, les faits prouvèrent que la réforme de l'assolement nécessitant des avances considérables, sa propagation était subordonnée à l'abondance des capitaux.

La loi de 1836 sur les chemins vicinaux ouvrit une ère nouvelle au progrès. A mesure que les communications devinrent plus faciles, les frais de transport diminuant, les bénéfices du cultivateur furent plus considérables. Il put se créer des réserves et prêter davantage au sol. Ainsi firent les plus éclairés. Mais l'exemple ne fut pas universellement suivi. D'autre part, les hauts prix qu'atteignirent les grains depuis l'année 1836 jusqu'en 1848, offrant au propriétaire une large rémunération pour son capital, il se mit peu en peine de tenter des voies nouvelles dont l'éloignaient, d'ailleurs, l'insuccès de quelques pionniers téméraires et les préjugés séculaires des agents agricoles.

L'amélioration des salaires, en augmentant les ressources de la famille rurale, dès longtemps façonnée au plus sobre régime, lui permit de réaliser des épargnes qu'elle se hâta d'incorporer au sol. L'extension de la petite propriété amena graduellement celle de la culture intensive, car le petit propriétaire ne peut pas attendre pendant deux ans le revenu de son capital. S'il nourrit moins de bestiaux qu'on pourrait le désirer, il excelle, en revanche, à fouiller le sol et à soutirer à l'atmosphère ses principes fertilisants.

Une salutaire rivalité s'établit entre les nouveaux possesseurs et les fervents adeptes de l'art agricole : lutte toute pacifique qui devait tourner au profit de la production. Si les anciens types de l'assolement ne furent pas universellement abolis, du moins les prairies artificielles et l'élevage du bétail reçurent une extension considérable. Le trèfle prit, sur beaucoup de points, la place occupée par la jachère. En général même, on lui assigna deux ans de durée. Ce changement rendit triennal l'assolement dans lequel le blé alternait avec la jachère, et quinquennale la rotation dans laquelle le maïs ou l'avoine, semés après le blé, étaient primitivement suivis d'une jachère morte. Le maintien du trèfle pendant deux années, et le retour fréquent de cette plante sur le même terrain nuisant au produit, on essaya, sans grand succès, de la faire alterner avec l'esparcet qui devait durer le même laps de temps. Force fut alors de défricher le trèfle après avoir récolté les deux premières coupes et d'éloigner son retour en lui substituant d'autres cultures (plantes fourragères ou sarclées) : vesces, farouch, maïs, haricots, colza, etc.

La grande luzerne, toujours placée en dehors de l'assolement, fournissait le supplément nécessaire à l'alimentation du bétail. Mais soit que le préjugé, qui représentait ce fourrage comme malsain, nuisît à sa propagation, soit qu'on ne se rendît pas bien compte des exigences de cette plante, elle était à peine connue sur un très grand nombre de points où elle aurait pu s'accomoder fort bien à la nature du sol.

Il est certain, néanmoins, que les prairies artificielles avaient reçu une grande extension. Tandis que, en 1830, on n'évaluait pas à 10,000 hectares la surface qu'elles occupaient dans la Haute-Garonne, elles s'étendaient déjà sur 36,000 hectares, lorsque survint la catastrophe de 1848 ; c'était plus de 26,000 hectares que nous avions conquis sur la jachère pendant ces dix-huit années.

Une innovation féconde, qui devait mettre en relief les progrès réalisés dans l'assolement et stimuler de plus grands efforts, en avait signalé le cours. Je veux parler de l'institution d'une prime d'honneur départementale, successivement offerte à chacun de nos quatre arrondissements, et décernée par la Société d'agriculture au domaine le mieux tenu. L'initiative de cette mesure revient à M. Cunin-Gridaine, qui, avant d'être ministre de l'agriculture et grand industriel, avait débuté comme simple ouvrier en draperie. Une bonne pensée lui fit associer les agents de l'exploitation au propriétaire dans la répartition de la prime.

L'arrondissement de Toulouse fut le théâtre du premier concours en 1842; trois concurrents seulement se présentèrent. Le docteur Audouy, qui avait réalisé avec succès de notables améliorations sur son domaine de Lagarrigue, commune de Balma, ouvrit la liste des récompenses. L'année suivante vint le tour de l'arrondissement de Villefranche : M. d'Astruc obtint la prime pour son exploitation du Ravan, commune de Saint-Félix ; M. de Sévérac eut une mention honorable. Il y avait six concurrents. — En 1844, on en compta huit dans l'arrondissement de Muret. M. Niel, de Mauressac, fut couronné ; l'année suivante. M. Durand, propriétaire à Gabarret, arrondissement de Saint-Gaudens, obtint la prime sur cinq compétiteurs.

Avec l'année 1846 commence la seconde rotation du concours. Pour rendre plus efficace son action sur les réformes que l'assolement réclamait, on crut devoir substituer des conditions précises à la formule vague qui proposait la récompense à l'exploitation la mieux tenue. En conséquence, le programmme porta que le prix serait donné au propriétaire et aux cultivateurs du domaine le mieux administré, réunissant la plus forte proportion de récoltes fourragères et le plus grand nombre de bestiaux. Huit concurrents se firent inscrire. M. Rolland, ancien maire de Toulouse. déjà couronné quatre fois dans les concours spéciaux de la Société d'agriculture, mérita la prime pour sa terre de Lamothe, commune de Saint-Cézert. L'année suivante, on compta six compétiteurs dans l'arrondissement de Villefranche. M. Pontier de Laprade, propriétaire du domaine de Couffinal, près Revel, fut couronné.

Les troubles publics, l'absence de sécurité, l'avilissement des denrées de toute sorte, les contributions excessives, la suspension du travail national, la crainte de l'avenir, en arrêtant la formation de l'épargne et en portant une atteinte fatale aux réserves des cultivateurs, paralysèrent le progrès dans l'industrie agricole, comme dans toutes les autres, durant l'interrègne qui sépare la chute de Louis-Philippe de l'avènement de Louis-Napoléon.

Toutefois, les pionniers du progrès ne cédèrent pas au découragement. En 1848, on vit la prime d'honneur départementale disputée par douze concurrents dans l'arrondissement de Muret; elle échut à M. Sirat, pour son exploitation d'Arce, commune d'Auterive. Si le nombre des compétiteurs descendit à trois, l'année suivante, dans l'arrondissement de Saint-Gaudens, où M. de Basthoul obtint le prix pour ses beaux travaux sur sa terre de Saux et Pomarède, en revanche, il remonta à dix en 1850 ; dans l'arrondissement de Toulouse, M. Maury. propriétaire à Villemur, l'emporta sur ses rivaux ; M. Texereau eut une mé-

daille de vermeil. — L'année d'après, le nombre des concurrents
s'éleva jusqu'à douze à Villefranche. M. Henri de Laplagnolle,
propriétaire à Roques, commune de Bourg-Saint-Bernard, fut
classé le premier. — Le concours de 1852 fut encore plus
brillant quant aux résultats. Deux rivaux de moins se trouvèrent
en présence, mais deux distinctions de plus durent être distribuées. A la prime décernée à M. Vialet, pour son domaine du
Blanc, commune de Gaillac-Toulza, il fallut ajouter deux médailles d'honneur pour M. Trutat et pour M. Cabrol.

Encouragé par ces exemples et surtout par le retour de la sécurité qui signala le rétablissement de l'Empire, le progrès agricole
a poursuivi plus vivement que jamais sa croisade contre les préjugés et contre la jachère. A la tête du mouvement marchent les
lauréats de la prime départementale, toujours dévolue à l'exploitation réunissant la plus forte proportion de cultures fourragères et de bon bétail.

Interrompu en 1853, le concours eut lieu, l'année suivante,
dans l'arrondissement de Saint-Gaudens. M. Dufour obtint la
prime pour son domaine de Broucaille, près Boulogne. M. Namartre, qui préludait à de plus grands succès, eut une médaille
d'argent ; on comptait cinq candidats. — En 1855, il y en eut
deux de plus à Toulouse. M. Albert de Lapeyrouse, propriétaire
à Bazus, partagea le prix avec MM. Garrigues et Squivier, classés
au second rang. — L'année d'après, dans le concours ouvert à
Villefranche, M. le comte d'Auberjon, propriétaire du domaine
de Saint-Félix et futur lauréat de la prime d'honneur, obtint le
premier rang ; M. d'Holier reçut une médaille d'or. — Le concours de 1857 se tint dans l'arrondissement de Muret et compta
cinq compétiteurs. M. Fouque l'emporta avec son domaine de
Rieumajou, près Cintegabelle ; M. Abadie, de Beaumont-sur-Lèze,
reçut une médaille d'or. — L'année suivante, à Saint-Gaudens,
M. Namartre eut la prime, et M. Cargue une médaille de bronze
grand module ; quatre concurrents étaient inscrits. — On en
compta cinq à Toulouse en 1859. Le docteur Charles Viguerie fut
le lauréat de ce concours, et M. le marquis d'Hautpoul, propriétaire à Seyres, obtint la prime l'année d'après.

En 1861, une nouvelle institution vint joindre ses encouragements à ceux dont notre département se trouvait doté. Au-dessus
de la prime d'arrondissement pour les domaines fondée par le gouvernement de Juillet, au-dessus des concours régionaux inaugurés
sous la République et des concours départementaux d'animaux reproducteurs établis en 1857, vint se placer la prime d'honneur pour
les améliorations agricoles. Dans la Haute-Garonne, dix-sept con-

currents, presque tous connus par des succès antérieurs, entrèrent en lice. Cinq médailles d'or furent décernées : à Mme veuve Vialet, pour sa bergerie du blanc ; à M. Niel, de Mauressac, pour ses drainages; à M. Maury, de Villemur, pour ses défrichements; à Mme veuve Audouy, pour son beurre, et à nous-même, pour notre vacherie de Périole. M. le comte d'Auberjon, déjà lauréat de la prime d'arrondissement, obtint la coupe d'argent... et ses dépendances.

En 1862, le concours départemental reprit à Muret le cours interrompu de ses pérégrinations régulières. Sur cinq propriétés visitées, celles de M. Abadie, à Beaumont-sur-Lèze, fut classée la première. — L'année suivante, la prime échut au domaine de Lasserre, dirigé par M. Camparan, docteur-médecin à Saint-Gaudens. — Au concours de 1864, M. Boquet, le célèbre éleveur de Tournefeuille, reçut la prime départementale, et l'abbé Barthier, directeur du pénitencier de Saint-Orens, eut une médaille d'or. Cinq concurrents étaient inscrits. — On en compta trois, l'année suivante, à Villefranche, où M. de Raymond-Cahuzac obtint la prime. — A Muret, six candidats se présentèrent en 1866. M. Lajaunie, propriétaire à Cornus, près Cintegabelle, fut classé le premier. M. de Larroque et M. Lamothe reçurent chacun une médaille de vermeil. — La même distinction fut accordée, l'année d'après, dans le concours de Saint-Gaudens, à M. de Saint-Julien, sériciculteur distingué. Le principal lauréat fut M. Souville, de l'Isle-en-Dodon, éleveur renommé de la race gasconne. Six concurrents étaient en présence.

En 1868, la grande prime régionale d'améliorations agricoles étant proposée aux cultivateurs de tout le département, le concours d'arrondissement fut remis à l'année suivante, conformément aux précédents établis. Treize concurents entrèrent en lice pour la prime d'honneur. Elle échut à M. Henri de Sahuqué, propriétaire à Rangueil, déjà connu pour ses nombreux succès dans les concours d'animaux reproducteurs. Deux médailles d'or grand module furent décernées : l'une à M. de Capèle, à Noé, pour son vignoble; l'autre à nous-même, pour la recherche et l'emploi des eaux souterraines à l'arrosage des racines et autres produits sur notre domaine de Périole. En outre, deux médailles d'or furent attribuées à M. le marquis d'Hautpoul, à Seyres, pour ses défrichements et pour la tenue de son bétail, et à M. Abadie, de Beaumont-sur-Lèze, pour ses travaux d'assainissement. Tous deux avaient précédemment obtenu la prime départementale des domaines. Le jury décerna aussi une médaille d'argent à M. de Basthoul pour ses défrichements et ses reboisements: à M. Lajau-

.nie, pour ses constructions rurales et ses prairies (encore deux
lauréats de la prime départementale des domaines); enfin à
M. Roques, de Granzac, pour sa comptabilité modèle.

Sous l'influence de ces divers encouragements, le zèle des agriculteurs a redoublé. Les 93,000 hectares de jachères que nous
comptions en 1852 se sont réduits à 67,000. C'est là sans doute
un magnifique résultat, mais il faut avouer qu'il laisse encore une
large place au progrès. Tout nous porte à croire que sous l'influence combinée des nécessités économiques, des progrès de la
viabilité rurale, de l'abondance des capitaux, du perfectionnement des instruments aratoires et de l'élévation des salaires, la
transformation de l'assolement s'opérera, dans l'avenir, plus
promptement que jamais, pourvu, toutefois, que l'avilissement
des produits agricoles ne tarisse l'épargne dans sa source et ne
paralyse le crédit.

En effet, tandis que, d'une part, la culture des céréales, qui
joue un rôle prépondérant dans notre économie agricole, se
trouve lésée par la réforme des tarifs des douanes qu'on a opérée
sans transition comme sans ménagement pour nos intérêts, le
bétail semble appelé à prendre, d'année en année, une valeur
plus grande, et il en est de même des graines oléagineuses, ainsi
que des produits industriels. D'un autre côté, la consommation
toujours croissante des vins permet à la vigne de recevoir, chez
nous, une extension considérable aux dépens de la jachère, en
même temps que cette culture, déjà développée dans le bas
Languedoc au point d'envahir la place consacrée jusqu'alors aux
fourrages, force les propriétaires de ce pays à venir se munir chez
nous de cette denrée de première nécessité. Tout nous porte donc
à chercher dans des rotations intensives, basées sur les plantes
fourragères et oléagineuses autant que sur les céréales, un remède aux épreuves que l'avenir nous réserve.

Mais avant de décrire avec détail les moyens qui nous paraissent les plus propres à conduire notre agriculture locale vers une
situation plus prospère, il est indispensable de faire connaître
l'état des choses qu'il s'agit de réformer. Nous allons donc passer
successivement en revue les stations agronomiques les mieux
caractérisées, en remontant depuis les vallées inférieures jusqu'aux montagnes.

CHAPITRE II

LES STATIONS AGRONOMIQUES.

Les alluvions de la Garonne : culture des ramiers. — Les fonds dits de rivière.
Assolement alterne : blé, maïs. Cultures arbustives. Prairies naturelles et
artificielles. — La plaine. Assolement biennal avec jachère. Développement
à donner aux cultures fourragères et aux plantes sarclées. Cultures industrielles. — Les coteaux. Assolement triennal avec jachère. Extension des
prairies artificielles. — La montagne. Culture des vallons. Zone intermédiaire. Haute montagne. — La réforme de l'assolement au point de vue
financier et économique.

Après avoir esquissé l'histoire de nos assolements depuis la
Révolution française jusqu'à nos jours, il me reste, pour remplir
le cadre que je me suis tracé, à décrire avec détail et à apprécier, au point de vue du progrès et des conditions économiques
nouvelles, l'état présent de notre agriculture. Nous allons donc
passer successivement en revue les stations agronomiques les
mieux caractérisées, en remontant depuis les vallées inférieures
jusqu'aux montagnes.

Dans cet ordre méthodique, le premier type qui s'offre à nous
est l'alluvion de la Garonne. Sa formation est trop intéressante
pour ne pas arrêter un moment notre attention. Elle a été si
bien décrite par le regrettable M. de Saget, qu'il serait téméraire
d'en refaire, après lui, le tableau et qu'on déplore d'être contraint
à mutiler ces pages. Voici comment s'exprimait ce savant agronome : « Le fleuve torrentueux, dans toute la partie de son cours
qui traverse notre département et celui de Tarn-et-Garonne,
change souvent de lit et sape continuellement ses berges. Ses
ravages sont particulièrement remarquables dans la partie qui se
rapproche de l'embouchure du Tarn. Les plans de cette contrée,
levés à des époques diverses, montrent le fleuve tantôt baignant
le pied des coteaux de la rive gauche, tantôt s'en éloignant de
trois mille toises. Les changements s'opèrent quelquefois brus-

quement, tantôt d'une manière lente et successive... Il est souvent difficile, au bout de quelques années, de retrouver les vestiges des domaines les plus étendus, tandis que des lopins de terre que la rivière a favorisés, ont procuré à leurs heureux possesseurs une fortune considérable.

« La vigilance et l'activité du cultivateur fixent une terre d'une fertilité extrême sur des graviers stériles, tandis que sa prévoyante économie lui fait adopter un mode d'exploitation qui lui crée une fortune tant que le fleuve le favorise, et lui permet de sauver un capital considérable lorsque la Garonne vient ressaisir les conquêtes faites sur son domaine.

« Les riverains s'appliquent à faire recouvrir les graviers d'un limon fertile jusqu'à une hauteur qui excède les inondations ordinaires. Ils cherchent à ne donner aucune prise à l'action des eaux sur la terre végétale qu'ils ont fait déposer. Lorsque le fleuve, par sa direction ou son éloignement, n'a plus de tendance à détruire l'atterrissement, et qu'ils peuvent défricher le terrain, ils s'efforcent de le mettre à l'abri des crues extraordinaires.

« Pour obtenir les dépôts de limon, ils rendent les eaux stagnantes, ou du moins ils en divisent et ralentissent le cours par des obstacles multipliés à l'infini ; le saule, aménagé en têtards, leur en fournit les moyens... Les plantations de boutures de saule sont exploitées en coupes bisannuelles... La première fois que l'on porte la cognée dans la plantation, on ne laisse dans chaque trou que le pied le plus vigoureux, qu'on taille à 15 ou 18 pouces au-dessus du sol. On cherche à former, à cette hauteur, une tête dont les jets nombreux feront obstacle au cours des eaux. Si les dépôts recouvrent cette tête, on en forme une nouvelle sur une branche vigoureuse ; si la plantation est ensevelie et que le terrain ne soit pas assez relevé, on le replante. Si le sol est au-dessus des inondations ordinaires, on le soumet à un autre mode d'exploitation.

« Le dépérissement de la saussaie annonce que ce temps est venu. On détruit alors les têtards en les coupant entre deux terres. L'alluvion est convertie en une prairie dont le gazon doit raffermir le terrain et le protéger contre les ravages des eaux. S'il y a des parties marécageuses, on les complante avec des barres de saule destinées à venir en plein vent. Tout le reste du sol reçoit des peupliers. La distance à observer entre les arbres varie suivant l'espoir qu'on a de profiter de la récolte des foins.

« Si, pendant que le terrain est ainsi couvert de pâturages, la rivière attaque l'alluvion, on coupe les arbres à mesure qu'elle fait des progrès ; et si les arbres ont atteint leur douzième année, ils donnent au propriétaire un capital qui l'indemnise de ses avan-

ces et de la perte du revenu qu'il retirait du pâturage. Si, au con
traire, pendant que les arbres arrivent à leur maturité, le fleuve
a continué de s'éloigner des premiers atterrissements, la fortune
du cultivateur est assurée.

« La rapidité de la croissance du peuplier de la Caroline lui fait
donner la préférence sur toutes les autres espèces, toutes les fois
que le terrain est frais. Dans le cas contraire, il y a avantage à
planter le peuplier d'Italie et le sarrasin. Avant de procéder à
cette opération, on défriche la prairie naturelle qui s'est formée
spontanément. Puis, entre les rangées d'arbres, on cultive des
plantes sarclées, afin de faire disparaître le chiendent et les herbes parasites. Le pâturage alterne avec les céréales aussi longtemps que l'ombrage des arbres le permet. A cette époque (vers
la huitième année), on donne une jachère complète, on fume et
on sème, avec la céréale, des graines de légumineuses et de foin.
La prairie dure jusqu'à ce que les arbres soient faits. Il n'est
pas rare que ceux-ci atteignent alors un prix égal et quelquefois
supérieur à la valeur du sol. »

Pour éviter les redites, nous renverrons les remarques que nous
aurions à faire sur l'assolement des ramiers à la description de
la rotation en usage dans la partie inférieure de nos vallées principales. Là le maïs et le blé succèdent l'un à l'autre, sans autre
intermittence que le retour d'une jachère que l'envahissement
des herbes adventices impose, de loin en loin, au laboureur.

Ces terres, formées par des alluvions plus anciennes que celles
qu'on vient de décrire, sont vulgairement désignées sous la dénomination de *fond de rivière*. On sait que la vallée proprement
dite de la Garonne se trouve constituée géognostiquement par un
dépôt diluvien composé de cailloux, de graviers d'origine pyrénéenne et de terre argilo-siliceuse. Ce dernier élément domine
dans les bas-fonds. Il est en partie formé par les détritus fins des
roches pyrénéennes, par des débris schisteux ayant la même origine, et par un dépôt argilo-sableux emprunté au terrain tertiaire.
Ces parcelles, qui ont en général de la profondeur et dont les
divers éléments sont bien équilibrés, peuvent être considérées
comme des *terres franches*.

Dans les vallées secondaires du Lhers, du Girou et du Touch,
le sol est constitué par un lehm argilo-sableux plus ou moins calcarifère, résultat du lavage des terrains tertiaires qui enveloppent
immédiatement ces vallées. Les cailloux n'y jouent qu'un rôle
accessoire ; ces terres profondes, où tous les éléments se trouvent mélangés dans les proportions les plus convenables, sont

d'une fertilité exceptionnelle. Néanmoins, avec l'assolement alterne, qui ramène constamment le blé après le maïs, on ne saurait atteindre aux grands produits sans le concours des fortes fumures. Or, cette rotation ne fournit pas beaucoup d'éléments à la nutrition des animaux, puisque la paille des céréales ne constitue qu'un assez faible appoint pour cet usage.

Dans le département du Tarn et sur les bons terrains qui bordent les rivières, on fait succéder, de temps immémorial, le blé au maïs; mais il a fallu rendre presque illusoire cette dernière récolte, et l'accompagner de profonds labours à la bêche qui tiennent lieu d'engrais, soit en mettant à jour une terre vierge qui restitue à la couche arable l'élément minéral épuisé, soit en exposant le sol à l'action des agents atmosphériques qui le saturent d'azote. Malgré cela, le rendement du blé ne dépasse pas, en moyenne, 15 hectolitres à l'hectare.

A notre avis, il serait préférable d'adopter la rotation suivante :

1re Année, plantes sarclées avec fumure (maïs, pommes de terre, colza, etc.) ; 2e, orge de printemps ou blé d'automne ; 3e, plantes fourragères légumineuses (trèfle, esparcet, vesces, farouch) ; 4e, avoine ou blé d'automne.

En éloignant le retour des mêmes plantes, on en favoriserait la croissance. Après une forte fumure, le maïs arriverait à un rendement beaucoup plus considérable, et on aurait assez de temps pour donner les façons nécessaires, soit que le blé ou l'orge de printemps succédassent au maïs et à la pomme de terre, soit que le froment ou l'avoine fussent ensemencés sur la sole du trèfle défriché avant la maturité de la graine.

Dans les terrains de cette catégorie, on voit prospérer les cultures arbustives : les bas-fonds marécageux sont utilement complantés en oseraie, et les pépinières bien conduites donnent de beaux produits.

Mais c'est là, avant tout, la grande zone des prairies naturelles : au siècle passé, on n'y voyait guère autre chose. L'introduction des fourrages artificiels en a fait défricher une grande partie. Ce qui reste se réduit chaque jour. Est-ce un progrès ? Je ne voudrais pas l'affirmer, car une prairie bien conduite donne beaucoup de foin, et, tout au moins ensuite, une bonne dépaissance à l'automne. L'amélioration de nos cours d'eau, en diminuant les risques auxquels la récolte se trouve exposée, semblerait devoir encourager les propriétaires à conserver leurs prairies. Or, c'est précisément le contraire qui a lieu. On ne sait pas résister à la tentation d'obtenir quelques belles moissons sur ces terres

vierges. Il est vrai qu'elles trompent rarement l'espoir du cultivateur et qu'elles justifient, presque à la lettre, ces vers que
Cl. Peyrot appliquait au défrichement des pâtis :

> Penden dex ou doutz'ans san pausa séménat,
> Aquel terrein tout noou port'uno mar de blat.

Ainsi, l'on se hâte d'épuiser la fertilité accumulée par les siècles. Les récoltes de paille succèdent, sans interruption, aux
récoltes de paille jusqu'à ce que la terre se refuse à les nourrir,
et... l'on tue la poule aux œufs d'or.

C'est seulement dans les sols profonds et frais, appartenant à
la catégorie des terres franches, que l'on peut cultiver avec profit
la betterave dans nos plaines en dehors des champs irrigués. Les
agriculteurs doivent tirer parti de cette circonstance pour ménager une nourriture fraîche à leur bétail pendant les mois d'hiver ; mais il faut se garder, néanmoins, de baser sur le produit
trop casuel de cette plante l'alimentation des animaux.

Il est plus prudent de s'en rapporter pour cela à la grande
luzerne, qui donne un fort rendement dans les terres franches,
où elle prolonge son existence pendant de longues années, à
moins qu'elle ne soit envahie par les mauvaises herbes ou que
l'extrême humidité du sous-sol ne pourrisse les tiges de la légumineuse. Le cultivateur qui connaît son terrain peut préjuger ce
résultat.

L'art agricole a plus encore à réformer dans les parties sèches
de nos plaines, où le sol, souvent siliceux, très pauvre en calcaire, dénué d'humus et peu profond, se refuse à la culture du
maïs. On y voit la jachère morte alterner trop fréquemment avec
le blé, le seigle ou l'avoine. Le fumier, répandu immédiatement
avant la céréale, engendre les mauvaises herbes. Bien que sur un
grand nombre de points l'introduction des prairies artificielles
ait fait reculer la jachère, il reste encore de vastes étendues de
boulbènes consacrées à une intermittence de repos qui est loin
sans doute d'être infertile, comme certains esprits l'en accusent,
mais qui est certainement fort peu rémunératrice avec les conditions économiques inhérentes au progrès de l'agriculture.

Une jachère bien soignée soutire à l'atmosphère une quantité
considérable de composés azotés fort précieux. M. Voelker, le
savant chimiste de la Société royale d'agriculture d'Angleterre,
porte à près de 27 kilogr. par hectare le poids de l'azote que la

terre s'approprie ainsi sous forme d'ammoniaque. Cette évaluation s'accorde avec les chiffres trouvés par M. Barral dans des
analyses, où il fait d'ailleurs entrer en ligne de compte l'azote
engagé sous forme d'acide azotique. En calculant sur cette base,
et sachant que le guano contient de 14 à 15 pour 100 d'azote, on
trouve que les 27 kilogr. d'ammoniaque versés annuellement sur
chaque hectare par les eaux pluviales, équivalent à près de
200 kilogr. de guano. Mais, pour que la terre s'approprie ces
richesses, il est indispensable que les soins du cultivateur la
tiennent constamment ouverte à l'action des agents atmosphériques, et que l'opération du déchaumage, en particulier, s'effectue
immédiatement après la récolte, au lieu d'être ajournée pendant
une longue série de mois, pour laisser aux troupeaux une mai-
gre dépaissance qu'ainsi l'on paie, sans s'en douter, à un taux
vraiment usuraire.

Quoi qu'il en soit d'ailleurs d'un dosage, que tant de circonstances peuvent faire varier, il est reconnu par tous les cultivateurs que le blé semé sur jachère est plus productif, plus pesant,
moins sujet à la verse que celui qui succède aux prairies artificielles. Ce fait n'avait pas échappé à l'observation des anciens, et
Virgile, vantant les bons effets de la jachère pour les céréales,
s'écrie par la bouche de son traducteur, je devrais dire de son
imitateur, Delille :

> Veux-tu voir tes guérets combler tes vœux avides ?
> Par les soleils brûlants par les frimas humides,
> Qu'ils soient deux fois mûris et deux fois engraissés :
> Tes greniers crouleront sous tes grains entassés.

Il est certain aussi que le froment venu sur jachère est toujours
net : du moins il peut l'être toujours, puisque ce système permet
au laboureur de détruire les plantes adventices en multipliant à
propos les façons. Le régime du repos biennal a sa place marquée partout où les capitaux manquent, et où le sol, représentant
une faible valeur, n'entraîne pas la charge d'une rente élevée.
Mais ces conditions deviennent de plus en plus rares, car la terre
enchérit chaque jour, et il faut bien reconnaître que l'argent se
montre moins timide qu'autrefois pour favoriser la production.
D'un autre côté, le cours normal des grains ne s'élève guère,
tandis que la main-d'œuvre et tous les frais de culture deviennent plus coûteux. Aussi la jachère, à moins de faire crouler littéralement les greniers sous le poids des récoltes, ne saurait donner
que des produits insuffisants.

De là, la nécessité d'avoir recours aux plantes fourragères, lesquelles, outre le bénéfice qu'elles procurent sur le bétail, augmentent les engrais et permettent ainsi de ramener indéfiniment diverses légumineuses après le blé, ou d'aborder la culture des plantes oléagineuses et industrielles les plus rémunératrices, tous produits qui abaissent le prix de revient du froment lui-même.

C'est pourquoi, nous voudrions voir substituer à l'assolement biennal vulgaire la formule suivante : 1re année : vesces, colza ou pommes de terres fumés; 2e, blé; 3e, trèfle, esparcet fauché, ou farouch pâturé sur place ; 4e, blé ou avoine.

Dans cette rotation, chaque récolte épuisante est précédée et suivie d'une récolte améliorante, la présence d'une forte fumure donnant ce caractère à la sole des plantes sarclées. La culture du colza nettoie parfaitement les champs; il en est de même de la pomme de terre, qui peut lui être substituée selon les exigences du climat. A défaut de plantes sarclées, on emploiera la vesce noire ; il suffit de prendre la précaution de faucher en temps convenable, pour que le sol ne soit pas souillé par les mauvaises graines. D'un autre côte, soit après la récolte du colza, soit après celle des vesces, il reste un temps suffisant pour nettoyer complétement le champ et le préparer à recevoir une emblavure d'automne. Il en sera de même pour la sole du trèfle si on ne laisse pas grainer la plante, et qu'on se hâte de défricher aussitôt qu'on aura enlevé la seconde coupe. Dans les terrains secs, où il convient de donner la préférence à l'esparcet, la précocité de la récolte laisse encore plus de facilités pour les labours. Il est vrai que les prairies artificielles ne réussissent pas en tout lieu ; mais on sait que l'adjonction des amendements calcaires : marne, plâtre ou chaux, permet aux légumineuses de prospérer sur les boulbènes, où l'absence de cet élément s'opposait à leur réussite. Une impulsion très vive est donnée à ces travaux depuis quelques années ; on ne saurait le méconnaître. La Haute-Garonne, qui n'avait pas 500 hectares de terrains chaulés en 1852, en comptait près de 10,000 en 1862 ; et dans la même période, la surface marnée était passée de 897 hectares à 8,203. Sur ce nombre, l'arrondissement de Muret, qui appartient en grande partie aux plaines dont nous étudions la culture, se trouve compris pour plus de 5,000 hectares.

Pour compléter les approvisionnements de la ferme, on établira des luzernières; même si la situation le comporte, on pourra vendre son fourrage en nature, et on apportera les fumiers de la ville ; ce qui ne signifie pas, à notre avis, que, dans ces localités privilégiées, il n'y ait pas à tenir compte des lois naturelles qui rendent plus ou moins féconde la succession des cultures, notamment du précepte qui veut qu'après une plante d'une certaine espèce, d'un certain genre, ou même d'une certaine famille, on fasse choix d'une plante appartenant à une autre espèce, un autre genre, une autre famille. Cette alternance constitue à elle seule un élément de fertilité : *Sic quoque mutatis requiescunt fœtibus arva.*

A côté de ces cultures, dans la partie basse de nos plaines où la fertilité est plus grande et la fraîcheur plus durable, comme aux environs de Bruyères, on rencontre le sorgho à balai qui donne de fort bons résultats. Pourquoi n'étendrions-nous pas son domaine? L'ail et l'asperge réussissent très bien aussi dans les mêmes conditions; mais toutes les cultures maraîchères exigeant beaucoup de main-d'œuvre et des connaissances spéciales, il faut se garder de les entreprendre sans avoir à sa disposition l'un et l'autre de ces éléments.

Si on a de l'eau en abondance, on l'utilisera avec profit pour la culture des oignons, des betteraves et des légumes de toute sorte, en attendant que les bienfaits d'une irrigation générale permettent d'entreprendre sur de grandes étendues la production des fourrages et des plantes industrielles dont l'arrosage assure le succès.

Quant aux terrains les plus secs, ils conviennent, en général, à la vigne, surtout lorsqu'ils sont graveleux. On ne saurait mieux faire que de les convertir en vignobles.

Quittons la plaine et ses différentes terrasses pour gravir les collines dont le sol appartient à une formation géologique différente. Là c'est la région diluvienne, ici la région tertiaire. Celle-ci est horizontalement stratifiée et composée principalement, d'après M. Leymerie, de marnes, d'argile et d'argerêne, contenant des grumaux d'un calcaire impur. Le sable n'y joue qu'un rôle accessoire, et l'on n'y rencontre pas, en général, de cailloux. C'est ce que nous nommons vulgairement le *terre-fort*. La couche arable, effritée par la culture et ravinée par les pluies, se reforme sans cesse aux dépens des marnes phosphatées qui en constituent le sous-sol. De là, peut-être, le secret de sa constante fertilité qu'une succession de cultures épuisantes n'a pu détruire, même avec le concours des siècles.

Nulle part l'assolement triennal n'a pris et conservé plus de vogue; avant l'introduction des prairies artificielles, il y régnait en souverain. Aujourd'hui la situation est notablement modifiée, mais la rotation antique n'a pas complétement disparu, et il est encore trop commun de rencontrer des exploitations entières où une jachère morte intervient périodiquement après le maïs ou l'avoine qui succède au blé.

Certes, il y a mieux à faire, car si le froment se trouve ainsi placé dans de bonnes conditions de succès, la réussite est achetée à un prix exorbitant, à cause des frais de la jachère, et, d'un autre côté, le maïs, arrivant après une récolte épuisante sans être accompagné lui-même d'une fumure, ne peut donner son produit maximum : nous en disons autant de l'avoine, qui présente, en outre, l'inconvénient d'effriter bien davantage le sol.

A ce système, nous préférons la rotation suivante que nous avons vue pratiquer avec succès sur la belle terre de Seyres, par M. le marquis d'Hautpoul, lauréat du concours départemental :

1re année, blé ; 2e, maïs ; 3e, vesces ; 4e, blé ; 5e, maïs ; 6e, farouch ou légumes ; 7e, blé ; 8e, esparcet ; 9e, esparcet.

On remarquera que dans cet assolement les récoltes de paille reviennent seulement au bout de trois années, et qu'une large part est faite aux plantes fourragères. Ce système permet d'entretenir un bétail nombreux sans avoir recours à des prairies naturelles ou à des luzernières placées en dehors de la rotation. C'est un point essentiel à observer, car, sur nos coteaux, les prés et les luzernes sont loin de trouver des conditions favorables dans toutes les exploitations.

S'il en est autrement, et qu'on veuille faire prédominer les céréales, on pourra suivre un assolement analogue à celui que nous avons proposé pour les *terres franches* : 1re année, maïs fumé ; 2e, blé ; 3e, trèfle ou esparcet ; 4e, blé ou avoine.

Le maïs se trouve ainsi placé dans les conditions les plus favorables. Avec quelques soins particuliers et des semailles hâtives, on peut le récolter, au plus tard, vers la fin de septembre, et livrer à la céréale suivante non-seulement un terrain net de mauvaises herbes, mais déjà convenablement ameubli. Dans ce système, le blé donnera moins de paille qu'après une légumineuse ; il rendra une aussi grande quantité de grain, et la qualité de ce produit sera meilleure.

Si le retour du trèfle, tous les quatre ans, nuisait à sa prospérité, on pourrait le faire alterner avec l'esparcet. Mais le sol ne se prête pas partout à une semblable combinaison, et cette dernière plante doit être préférée sur les points les plus exposés à souffrir de la sécheresse. La vesce, et au besoin le farouch pâturé, prendraient la place de ces fourrages.

Enfin, si on disposait d'engrais assez abondants, et que l'entretien du bétail pût être basé sur des terrains placés en dehors de la rotation, soit des prés naturels établis dans le fond des vallées, soit des luzernières semées dans les terres profondes des collines, on pourrait cultiver, au lieu de prairies artificielles, le colza ou bien le haricot et la lentille, selon que la nature du sol en déciderait; la céréale de la quatrième année ne réussirait que mieux.

Mais telle n'est pas la voie vers laquelle les circonstances économiques nous poussent. C'est plutôt du côté des céréales que les retranchements devront être opérés si l'avilissement du cours des grains en rend, de nouveau, la production onéreuse. L'extension devra porter alors sur les plantes oléagineuses et fourragères, puisque les huiles et le bétail offrent des chances plus sérieuses de bénéfices.

C'est dans cette hypothèse que nous proposons la rotation suivante : 1er année, maïs fumé; 2e, colza, suivi d'une demi-jachère ou même, au besoin, d'un maïs fourrage avec fumure; 3e, orge de printemps ou blé d'automne; 4e, trèfle ou esparcet.

Le maïs succédant au trèfle est placé sur un sol que le labour de défrichement a exposé, dès l'automne, à l'action de l'air. Il reçoit, en outre, une forte fumure et des façons énergiques. Cette fertilité exceptionnelle assure sa réussite et celle du colza qu'on sème après le buttage entre les rangées du maïs.

La récolte a lieu d'assez bonne heure, l'année suivante, pour permettre de disposer le champ, soit à recevoir une emblavure à l'automne, soit, si l'on possède assez d'engrais, à être immédiatement occupé par un maïs-fourrage qui fournira, dès le mois de septembre, de grandes ressources pour l'entretien du bétail à cornes.

Bientôt après, on sème le froment d'hiver, ou, si le temps manque pour préparer convenablement le sol, on retarde l'opération jusqu'au mois de février; mais alors il faut donner la préférence à l'orge, dont une végétation rapide assure le succès.

Soit qu'on opte pour la céréale succédant au maïs-fourrage, ou pour le froment précédé d'une demi-jachère, le trèfle de la quatrième année sera placé dans de bonnes conditions; il pourra porter graine sans préjudicier à la récolte du maïs qui viendra à la suite.

Il va sans dire que si la nature du terrain, le climat ou les circonstances économiques rendent plus productives que le colza la culture des légumes : fèves, haricots, lentilles, pois chiches ou celle de toute autre plante sarclée, on optera pour le parti le plus avantageux.

La quantité d'engrais nécessaire pour porter au maximum les

produits de cette rotation, devra être achetée au dehors, ou provenir d'animaux dont l'alimentation sera complétée au moyen de fourrages naturels ou artificiels récoltés sur des champs placés en dehors de l'assolement. Au reste, la luzerne réussit à merveille dans les terre-forts qui offrent une certaine profondeur.

Quant aux localités où l'action de la sécheresse compromet les céréales et les fourrages, elles ne se refusent pas toujours à porter la vigne, dont les racines vont chercher au loin la fraîcheur dans le sein de la terre. On cultivera avec profit, sur les points convenablement abrités et soumis à une bonne exposition, les arbres fruitiers qui augmentent notablement le produit des jardins et des vignobles. Enfin, les bois donnent de sérieux bénéfices sur les coteaux fortement inclinés, où les labours seraient nuisibles et ruineux, sinon matériellement impraticables.

Dans la partie montagneuse du département comprise dans l'arrondissement de Saint-Gaudens, il faut distinguer la culture qu'on pratique dans le fond des vallons, de celle qui est en usage sur le flanc des hauteurs. L'une et l'autre portent l'indélébile empreinte de la différence caractéristique du sol et de la température.

La terre arable des vallons, formée aux dépens de celle des montagnes environnantes, est abritée par elles contre les grands froids, en même temps que l'abondance des sources la soustrait à l'effet désastreux de la sécheresse. Sur ces sols privilégiés, la même année voit mûrir le froment, et après le froment, le sarrasin. Puis, au printemps suivant, on sème du maïs et on place, au pied de chaque plante, des haricots qui grimpent sur sa tige. D'autres fois, le laboureur accorde la préférence à la pomme de terre sur le maïs. Lorsque ces cultures sont convenablement fumées, elles donnent des produits considérables, quoique bien inférieurs encore à ceux qu'on obtient sur les champs où l'irrigation déverse la fraîcheur.

Le voyageur est saisi d'admiration lorsque, après avoir traversé nos plaines poudreuses, desséchées par la canicule, il pénètre dans ces vertes oasis où la nature a réuni les productions de toutes les latitudes, depuis l'herbage plantureux jusqu'à la vigne qui se dresse sur des hautains, comme pour se rapprocher du soleil, dont les rayons avares semblent la féconder à regret. L'invasion de l'oïdium a porté un coup fatal au système des hautains, et le progrès des voies de communication, qui permet aux produits vinicoles de nos plaines de remonter, plus aisément qu'autrefois, dans le haut-pays, pourrait bien aggraver les suites de cette première atteinte.

A Bagnères-de-Luchon, où l'assolement biennal que nous avons décrit est en usage, on sème quelquefois un lin d'hiver après la pomme de terre qui alterne avec le maïs sur les sarrasins obtenus en culture dérobée à la suite du froment et du seigle.

Dans la plaine de Valentine, on voit pratiquer aussi la rotation suivante : première année, seigle, suivi d'un sarrasin avec lequel on sème du farouch; deuxième année, farouch et maïs. On fume toujours pour la première sole, et les cultivateurs soigneux en font autant pour la seconde.

Dans les terres moins riches des vallons, le maïs est suivi d'un · farouch, et l'assolement devient ainsi triennal.

Sur les sols plus élevés, dont la fertilité décroît avec l'altitude, on ne rencontre le maïs que par exception, et seulement sur les terres marnées. Là, il arrive après le froment et précède la jachère comme dans la rotation vulgaire du Lauragais. Mais l'assolement le plus généralement répandu est celui qui consiste à faire alterner le seigle ou le froment avec une jachère morte, dont une faible étendue est ensemencée en farouch.

La nature argilo-siliceuse du terrain ne se prête pas à la culture des prairies artificielles. Le trèfle réussit assez mal, et l'esparcet plus mal encore. On se plaint même que la grande luzerne ne tarde pas à disparaître, étouffée par les herbages que le sol semble produire de lui-même.

Heureusement, l'art agricole sait triompher de ces difficultés par l'emploi de la marne et de la chaux; mais les frais considérables que ces amendements entraînent en ont trop longtemps restreint l'usage. La surface des terrains chaulés, qui était tout à fait insignifiante dans l'arrondissement de Saint-Gaudens, il y a quinze ans, comptait déjà 8,310 hectares à l'époque de l'enquête officielle de 1862. Tous les cultivateurs conviennent que la prospérité des prairies artificielles, c'est-à-dire l'abondance des fourrages et des engrais, ne peut être obtenue qu'aux prix de ces améliorations. Il faut même ajouter que l'introduction de l'élément calcaire permet de substituer le blé au seigle sur un grand nombre de points, et qu'il favorise au même degré la culture du maïs. C'est donc de ce côté que doivent se porter d'abord tous les efforts de l'agriculteur.

La réforme de l'assolement viendra ensuite. Les prairies artificielles s'étendront aux dépens des jachères ; un bétail meilleur et plus nombreux en consommera les produits. Il pourrira les litières, qu'on est réduit à répandre dans les cours et les chemins pour en opérer la décomposition. Les engrais, mélangés de feuilles et de terreau qu'on prépare pour les prés, pourront être plus abondamment additionnés avec les déjections des animaux, ce qui en augmentera la quantité et surtout la valeur.

Ces animaux vivent, comme tout le monde sait, plusieurs mois consécutifs sur la haute montagne , où la dépaissance s'exerce sans discernement et sans frein. Cet abus a détruit nos richesses forestières les plus précieuses, et réduit, sur plusieurs points, les habitants de ces contrées à n'avoir d'autre combustible que les maigres tiges des rhododendrons, ou à brûler, comme dans le Thibet, les déjections du gros bétail. Jadis, cependant, ces cimes que nous voyons aujourd'hui si dépouillées, étaient couvertes d'une magnifique végétation dont les restes apparaissent encore sous la pioche du défricheur. Comment ne pas regretter ces géants des forêts, quand on songe au rôle providentiel que les montagnes jouent dans la création, à cette propriété qu'elles semblent posséder d'aspirer au sein des nuages les vapeurs qui, s'élevant à la surface de la terre et des mers, se condensent au-dessus de nos têtes, vapeurs que les montagnes nous renvoient sous la forme pittoresque des cours d'eau les plus riches.

Après avoir triomphé des bois et des arbrisseaux, la dent impitoyable du bétail s'attaque à la végétation herbacée qu'elle appauvrit toujours lorsqu'elle ne la détruit pas entièrement. L'écoulement des eaux pluviales ne se trouvant plus ralenti par la présence des forêts, ni régularisé à la surface du sol par l'action protectrice des végétaux inférieurs, dénude le terrain, creuse des ravines et entraîne ces terribles éboulements qui, sous le nom de *lavange* ou *barranque*, obstruent soudainement les routes et ensevelissent sous des masses de gravois et de rochers les meilleures terres des vallons. Le déboisement, en facilitant le glissement des neiges, est aussi le plus puissant auxiliaire de ces terribles avalanches toujours accompagnées de tant de deuil et de ruines.

L'intérêt public commande donc ici une réforme sévère, prompte, générale. La gravité des circonstances justifie l'intervention de l'Etat. Le gouvernement a eu l'honneur d'en prendre l'initiative et d'en assumer la responsabilité. Rendons-lui des actions de grâces et encourageons-le à s'avancer dans la voie qui s'ouvre à peine devant lui. A ces sols dénudés, et à peu près improductifs, il faut substituer de bons pâturages partout où il sera possible d'en établir, rendre à la sylviculture l'étendue qu'elle peut embrasser utilement, et n'abandonner enfin au système de la dépaissance implacable que les terrains dont l'altitude ou la composition géologique se refusent à une destination meilleure.

Mais, hélas! toutes les belles prespectives d'avenir que nous avons étalées aux yeux du lecteur dans le cours de ce chapitre sont bien plus faciles à entrevoir qu'à réaliser, car elles nécessitent d'énormes avances.

Pour bannir la jachère d'une exploitation, il ne suffit pas, en effet, de presser la succession des cultures, d'assainir, ni même d'amender le sol par des marnages ou par des chaulages, il faut encore mettre en équilibre les éléments organiques avec les éléments minéraux au moyen des fortes fumures et multiplier les façons, de manière à rendre ces substances assimilables par nos plantes à l'exclusion de toute végétation parasite. Si l'agriculteur n'est pas en mesure de faire ces avances à la terre, mieux vaut pour elle et pour lui le régime des longs et fréquents jubilés.

Il y a déjà près de vingt ans, M. de Gasparin estimait à plus de 400 fr. par hectare la différence existant entre le capital d'exploitation employé dans le système de la jachère biennale et le capital nécessaire à la rotation intensive, avec prédominance de produits consommés à la ferme. Si l'on considère l'augmentation survenue, depuis cette époque, dans le prix de la main-d'œuvre, qui a exigé un fonds de roulement plus considérable, les cours plus élevés du bétail, des instruments et des produits manufacturés employés par l'agriculture, comme aussi le renchérissement des constructions rurales, on admettra sans peine que l'évaluation de M. de Gasparin, qui remonte à vingt ans, peut être augmentée, sans crainte d'exagération, de 25 pour 100 et portée à 500 fr. par hectare. Le même agronome estime que pour substituer à la jachère triennale la culture intensive avec produits consommés sur la ferme, la dépense est inférieure d'un quart à celle que nécessite le passage de la jachère biennale au même régime. Les frais, en y comprenant l'augmentation générale de 25 pour 100 que nous avons proposée, atteindraient donc 375 fr. par hectare. Nous ferons observer en passant, pour justifier cette évaluation, que le capital de la culture intensive ainsi calculé reste encore inférieur de 3 pour 100 à celui des bonnes fermes du Nord, qui est de 800 fr. par hectare. On sait qu'il s'élève jusqu'au double (soit à 1,600 fr.) sur les points où des industries agricoles se trouvent annexées à l'exploitation rurale, comme à la ferme de Masny, dont M. Barral a donné une monographie très instructive.

Or, le département de la Haute-Garonne compte environ 66,000 hectares de jachère (la statistique de 1861 dit 67,000). On estime que les deux tiers de cette étendue se rattachent au système de l'assolement alterne, et le reste à la rotation triennale.

Dans le premier cas, les 44,000 hectares de jachère correspon-

draient à 88,000 hectares de superficie, qui, à raison de 500 fr.
par hectare, ne nécessiteraient pas moins de 44 millions pour
être soumis à la culture intensive, avec consommation de produits sur la ferme. Dans le second cas, les 22,000 hectares de
jachères incorporés dans la rotation triennale, se rapportant à
66,000 hectares de terre assolée, exigeraient, à raison de 375 fr.
par hectare, 24,750,000 fr. pour l'application du même régime.
Au total, il faudrait donc près de 70 millions (68,750,000 fr.) pour
bannir complétement la jachère du seul département de la Haute-
Garonne, sans compter les énormes dépenses que nécessiteraient
préalablement, dans un grand nombre de localités, l'opération du
marnage et du chaulage.

Mais la disparition de la jachère n'est pas le seul ni le plus
pressant besoin de notre agriculture. Il reste encore beaucoup à
faire pour les chemins ruraux, pour les endiguements, pour le
drainage, pour le reboisement des montagnes, etc., etc. Combien
donc ceux qui dirigent de près et de loin les destinées politiques
du pays devraient-ils être attentifs à ménager les intérêts du cultivateur, à ne lui imposer que des dépenses justifiées par la
nécessité ou bien par des avantages sérieux ! Avec quelle sollicitude ne devrait-on pas éloigner de nos capitalistes, les fallacieuses espérances des entreprises équivoques et des emprunts étrangers, qui absorbent une part de plus en plus importante de
l'épargne nationale au préjudice de l'exploitation du sol.

Mais si l'autorité publique a des devoirs impérieux, n'avons-
nous pas tous, jusqu'au plus humble, des obligations à remplir,
ou devons-nous borner nos efforts à dresser la longue énumération de nos doléances ? La mission de susciter de nouveaux efforts
et de leur imprimer la direction la plus favorable incombe surtout aux sociétés et aux comices agricoles, dont les membres
réunissent aux lumières, qui éclairent les questions, l'autorité
morale, qui commande la confiance. Entre toutes ces compagnies, la Société d'agriculture de Toulouse exerce dans le Sud-
Ouest une influence incontestée. C'est qu'elle s'est réservé constamment la noble tâche de marcher à l'avant-garde du progrès.
Pas une année ne s'est écoulée depuis sa fondation sans qu'elle
ait contribué, par ses publications et ses récompenses, à populariser les rotations intensives et les plantes les plus profitables.
On l'a vue proposer des prix pour les meilleurs mémoires trai-
tant des plantes textiles, tinctoriales et oléagineuses ; organiser
des concours pour la culture des fourrages, du colza et de la
vigne, pour la plantation des arbres, ainsi que pour les produits
animaux.

Depuis plus de vingt ans, elle décerne, au nom du ministre, une prime départementale au domaine le mieux dirigé, « où se trouvent réunis la plus forte proportion de récoltes fourragères, le plus grand nombre de bestiaux bien tenus et le meilleur système d'exploitation. » Cette formule générale répondait-elle aux exigences particulières que le nouveau régime commercial nous avait imposé? On ne pouvait prétendre qu'il en fût ainsi, puisque les plantes oléagineuses et textiles, ainsi que la vigne, ne trouvaient pas dans un programme de ce genre une place distincte analogue à l'importance que les circonstances semblaient leur réserver dans un avenir prochain.

Une lacune restait donc à combler. La Société d'agriculture n'avait qu'à reprendre ses anciennes traditions pour faire face à toutes les exigences. Nous proposâmes à cette compagnie de rétablir des récompenses spéciales pour les cultures qu'il paraîtrait le plus opportun d'encourager. Les prix ne consisteraient pas en numéraire, mais en médailles ou en emblèmes significatifs, comme, par exemple, un cep ou un thyrse d'argent pour la vigne.

Le temps n'est pas éloigné, disions-nous, où de semblables récompenses excitaient une vive émulation parmi les agriculteurs de la Haute-Garonne. Et ne voyons-nous pas encore, chaque année, disputer avec ardeur les fleurs et les couronnes de nos Académies, quoique ces fleurs et ces couronnes ne soient pas accompagnées des largesses du dieu Plutus? Les gros prix en argent n'ont pas seulement l'inconvénient majeur de resserrer beaucoup trop le cercle des encouragements nécessaires, ils ont souvent aussi pour conséquence d'entraîner les cultivateurs à des dépenses exagérées, et même parfois de les engager, hors des voies naturelles de la production, dans des spéculations aléatoires ou des industries factices. Sans prétendre condamner d'une manière absolue le principe des récompenses en numéraire qui ont leur utilité, nous pensions qu'avant de favoriser cette tendance, il convenait d'en bien examiner les effets matériels et d'en scruter les conséquences morales.

Le vœu que nous exprimions devant la Société d'agriculture de la Haute-Garonne, en 1866, a été exaucé. Cette même année, on proposa une médaille d'or pour la culture du colza. — En 1867, on a pris pour sujet la création des herbages. Ces deux épreuves ont donné des résultats très satisfaisants.

LIVRE II

LES CULTURES

CHAPITRE PREMIER

CÉRÉALES

§ 1er. — **Blé**.

Rendement sous l'ancien régime et sous l'Empire. Le haut prix des grains précipite les défrichements. Avilissement des cours. — Le système protecteur
inauguré par la loi de 1819. — Changement dans les semences. — La production des céréales dans la Haute-Garonne en 1830. Prix de revient. — La
jachère recule. La loi de 1832 sur l'échelle mobile. Progrès accomplis jusqu'en
1852. — Avilissement des cours sous la République. — L'enquête sur l'échelle
mobile. Sentiment de la Société d'agriculture de la Haute-Garonne. Les intérêts du Sud-Ouest sacrifiés dans la législation sur les céréales. Dangers de cette
situation. La vente des grains au poids. Résultats imprévus de la liberté de
la boulangerie. — Des modifications à apporter dans la culture du froment. Les
semences : choix, préparation. Sciage des grains. Battage. Les solatiers.

I

Le trait principal qui caractérisait l'agriculture du pays toulousain sous l'ancien régime était, comme on l'a vu, dans la
première partie de ce travail, une tendance exagérée à produire
des céréales, plantes épuisantes qui nécessitent beaucoup d'engrais et, à défaut de ceux-ci, l'intervention réparatrice de la
jachère. Or, comme il répugnait au cultivateur de consacrer ses
guérets à la production des fourrages, il n'entretenait qu'un bétail

insuffisant. De là, la disette des fumiers et l'obligation d'emprunter les éléments de la fertilité à l'atmosphère.

Entre autres inconvénients, ce système présentait celui d'aller à l'encontre du but principal qu'on se proposait d'atteindre. En effet, dans certains cas, il éloignait le retour des emblavures plus qu'il n'eût été utile avec un assolement mieux entendu, et il obligeait le cultivateur à substituer au froment des grains plus grossiers et d'une valeur inférieure. Enfin, il avait le tort plus grave encore de diminuer le rendement moyen du blé sur toutes les terres où on le cultivait. Ces faits ressortent de l'examen des documents officiels. Ainsi, le froment n'occupait pas dans les emblavures une étendue supérieure à cinq fois celle du méteil et à six fois celle du seigle, tandis que l'assolement lui accorde, aujourd'hui, un développement 18 fois plus élevé que celui du seigle et 33 fois plus fort que celui du méteil.

D'un autre côté, la statistique nous montre que le blé ne rapportait, année commune, que 5 grains pour 1, tandis qu'il donne, aujourd'hui, près de 15 hectol. par hectare ou plus de 8 fois la semence. Grâce à ces progrès, notre agriculture a pu se soutenir et prospérer avec des prix moyens de vente qui ne sont guère supérieurs à ceux du dernier siècle, bien que l'abondance du numéraire ait considérablement élevé la valeur échangeable de tous les produits.

Mais les récoltes ne sont pas seulement plus abondantes, de nos jours, nous savons qu'elles sont aussi plus égales entre elles. L'écart moyen entre les rendements extrêmes, qui était de 150 pour 100 avant 1789 dans la subdélégation de Toulouse, n'a pas dépassé 65 pour 100, pendant ces dernières années, dans la Haute-Garonne et les départements circonvoisins, comme il résulte des recherches auxquelles nous nous sommes livré et qui ont fait l'objet d'une note adressée à la Société centrale (1).

La culture du froment a donc réalisé, dans notre pays, de notables améliorations ; mais il reste beaucoup à faire pour l'élever au point où elle est parvenue en d'autres parties de la France. Nous allons esquisser les principaux traits de l'heureuse transformation qui a signalé le cours du dix-neuvième siècle ; puis, nous dirons comment, à notre avis, la culture du froment peut devenir plus productive encore et se défendre, avec moins de désavantage, contre une concurrence qui, en temps normal, s'est montrée désastreuse.

_____

(1) Des variations de la production du blé dans le Sud-Ouest. (*Journal d'agriculture du Midi.* 1860.)

Les dernières années du dix-huitième siècle, marquées par des vicissitudes profondes qui bouleversèrent la propriété dans ses fondements, coïncidèrent avec une succession de récoltes médiocres ou insuffisantes dont l'esprit de parti se fit de cruelles armes. Tandis que, pendant les cinq années qui précédèrent la Révolution, le cours moyen du setier de blé (93 litres 2 décilitres) à Toulouse, n'avait pas dépassé 15 fr. 47 c., il atteignit 21 fr. 30 c. en 1789, 20 fr. 40 c. en 1790, 20 fr. 60 c. en 1791, et 25 fr. 80 c. en 1792.

Les troubles civils, qui déchirèrent la France pendant les années suivantes, entraînèrent des perturbations profondes dans le commerce des grains.

En 1793, le prix de l'hectolitre de blé passa successivement de 25 livres 3 sous 11 deniers à 40 livres. Le taux s'élevant encore, le directoire exécutif de la Haute-Garonne intervint révolutionnairement et fixa le prix du setier de blé (mesure de Toulouse) à 33 fr., puis à 42 fr.

Le 11 septembre 1793, la Convention décréta un prix universel et prescrivit un taux maximum de 14 livres par demi-quintal métrique. Cet état de choses dura jusqu'au 21 novembre suivant; du 2 frimaire an III au 17 nivôse de la même année, le *maximum* fit ressortir le setier toulousain à 33 fr. 75 c.

Enfin, la loi du 4 nivôse mit un terme à cette règlementation si fatale à la circulation des produits et, par suite, aux consommateurs qu'elle avait pour but de protéger. Il en était temps : le discrédit des finances de la République était tel alors, que l'hectolitre de blé qu'on cédait contre 24 fr. en numéraire, se payait jusqu'à 6,400 fr. en assignats (1). Bientôt la liberté des transactions favorisant l'approvisionnement des marchés, et l'ordre public se raffermissant sous l'égide du premier Consul, l'agriculture, confiante dans ses destinées, reprit sa marche interrompue vers le progrès.

C'est sous ces heureux auspices que s'ouvrit le dix-neuvième siècle. Ses premières années furent marquées par la découverte ou du moins par l'emploi d'un préservatif nouveau contre la carie des grains qui causait de grandes pertes à nos cultiva-

_____

(1) J'emprunte ces chiffres à un excellent mémoire de M. Delquié, qui a pour titre : *Les progrès de l'agriculture méridionale justifiés par la comparaison du prix moyen des céréales avant et depuis 1789.* Ce travail, inséré dans le *Journal d'agriculture* de Toulouse, se distingue par la multiplicité des faits intéressants qu'il révèle, par l'élévation des idées, la sagesse des appréciations et les qualités du style

teurs. Les procédés de chaulage, popularisés au siècle précédent par Tillet et par Tessier, ne donnaient que des résultats incomplets, faute d'être scrupuleusement appliqués dans leurs minutieux détails. En 1797, la Société des sciénces et arts du département du Lot, après avoir entendu la lecture d'un mémoire de M. Robert-Fonfrède sur cet objet, avait invité ses membres à s'occuper de cette question. Un naturaliste suisse, Bénédict Prévost, qui depuis vingt ans s'était fixé à Montauban, où il avait contribué à fonder une académie, se livra à des études approfondies et à des expériences nombreuses qui furent couronnées de succès. Son attention s'était déjà portée sur l'efficacité des sels de cuivre pour détruire les germes de la carie, lorsqu'une circonstance fortuite lui révéla les facilités exceptionnelles que présentait l'emploi de cet agent. Un ami, qu'il entretenait des effets obtenus au moyen du vert-de-gris dans son laboratoire, lui apprit qu'à Villemade, près Montauban, un métayer, qui arrosait ses semences avec un lait de chaux, préparé dans un grand chaudron de cuivre, n'avait jamais de carie dans ses blés, tandis que les voisins, qui chaulaient dans un vase de bois, selon l'usage vulgaire, en avaient très souvent et quelquefois en très grande quantité.

Ce fut pour Bénédict Prévost une révélation. Il s'attacha à déterminer les effets des divers sels cuivreux sur la germination de la carie, et fixa bientôt ses préférences sur le sulfate de cuivre (vitriol bleu du commerce). Dans un mémoire qu'il fit imprimer en 1807, il conseille d'employer, par hectolitre de semences, 9 décagrammes de cette substance, dissous dans 14 litres d'eau. « Le blé, dit-il, doit tremper, pendant une demi-heure au moins, dans la dissolution ; mais un plus long séjour serait favorable. » Il résulte, en effet, d'observations plus récentes, que l'immersion du grain dans le sulfate de cuivre doit être prolongée pendant douze ou quatorze heures, pour qu'elle produise tous ses effets.

Nous insistons sur ce point, parce que, trop souvent, nos cultivateurs se bornent à tremper le grain dans un bain d'eau vitriolisée et à le retirer immédiatement pour le faire ressuyer sur l'aire. Cette méthode défectueuse ne peut donner que des résultats incomplets. Si l'on est pressé par le temps, il vaut mieux traiter les semences par le sulfate de soude et la chaux, selon le procédé dont Mathieu de Dombasle est l'inventeur. Cette préparation n'exige que quelques minutes. Quoi qu'il en soit, le vitriolage a rendu et rend encore d'immenses services dans notre contrée. La vulgarisation de cette utile pratique est certainement un des faits agricoles les plus considérables qui ont marqué le commencement de ce siècle.

Si l'on en croit l'Annuaire de Faillon pour 1807, le blé ne rendait, à cette époque, dans l'arrondissement de Toulouse, que 5 grains 1/2 pour 1 de semence; dans celui de Villefranche, il produisait 6 pour 1 ; dans celui de Muret, le rendement ne dépassait pas 5, et dans celui de Saint-Gaudens, il n'atteignait qu'à 3. Or, sous l'ancien régime, en 1778, la production moyenne du froment, dans l'étendue de la subdélégation de Toulouse, était déjà évaluée à 5 grains pour 1, comme l'attestent les documents officiels que nous avons cités ailleurs (1). Ces chiffres, comparés aux résultats obtenus en 1807, dans les arrondissements de Villefranche et de Toulouse (les seuls dont le territoire fût autrefois compris dans le diocèse), font ressortir une augmentation moyenne de 1 hectol. 30 environ par hectare. C'est peu pour une aussi longue période, tant il est vrai que les troubles civils et les nécessités de la guerre pèsent lourdement sur la production agricole.

La rareté de la main-d'œuvre rendit nos cultivateurs industrieux ; on vit les femmes saisir le mancheron de la charrue et nos agronomes les plus intelligents faire appel aux instruments perfectionnés. C'est ainsi que, dès 1812, M. de Peytes s'efforçait de vulgariser, à Puylaurens, l'emploi de la grande faux pourmoissonner les céréales, et enseignait ses ouvriers à approprier toutes les faux à cette destination, qui avait paru jusque-là nécessiter des instruments particuliers beaucoup plus lourds et plus chers. Néanmoins, et bien que cet exemple ait trouvé des imitateurs, il ne paraît pas que l'usage de cette méthode expéditive se soit rapidement propagé dans la Haute-Garonne ni dans les départements limitrophes.

Mais quelles que fussent la faiblesse des rendements et la rareté de la main-d'œuvre, le haut prix que les céréales atteignirent sous l'Empire et pendant les premières années de la Restauration, remboursait largement tous les frais de la culture. En effet, de 1800 à 1819, le blé ne descendit que trois fois au-dessous de 20 fr. et il s'éleva trois fois au-dessus de 30. Pour l'année 1812, en particulier, le cours moyen s'était établi à 34 fr. 49 c. Sous l'influence de ces ventes si largement rémunératrices, la culture des céréales reçut une extension excessive. De tous côtés, on défricha des prairies naturelles, des bois, des terrains vacants, destinés à la dépaissance pour les ensemencer

(1) Voir la première partie de cet ouvrage, liv. I, ch. II.

en blé. Le résultat de cet engouement fut d'amener, au bout de quelque temps, la dépréciation de la marchandise.

On vit alors s'opérer un changement radical dans le régime commercial de la France. Le système qui avait prévalu depuis Turgot peut se résumer ainsi : faculté d'exporter, sous réserve de certaines restrictions commandées par les nécessités de la consommation intérieure ; liberté absolue des importations. L'Assemblée nationale, l'Empire, et le gouvernement de la Restauration dans son projet de loi du 13 septembre 1814, avaient agi dans le même esprit. Une ordonnance royale de 1816 avait même accordé temporairement une prime d'importation de 5 fr. par quintal métrique aux froments étrangers. Sous l'influence de ces encouragements, l'agriculture russe ne tarda pas à faire une concurrence dangereuse à nos blés de Languedoc sur les marchés de la Provence. C'est dans le but d'atténuer ces inconvénients que les chambres françaises, stimulées par l'exemple des Anglais, inaugurèrent le système protecteur dans la loi de 1819, dont les dispositions, bientôt jugées insuffisantes, furent aggravées en 1821. On vit alors l'importation des blés étrangers interdite par les ports de la Provence, jusqu'à ce que les blés indigènes y eussent atteint le prix de 28 fr. l'hectolitre. Malgré ces restrictions abusives, le cours des grains ne put s'élever à un taux suffisamment rémunérateur ; on était en pleine crise en 1823. Depuis cinq ans, en effet, le prix moyen du froment, à Toulouse, n'avait pas atteint 17 fr. l'hectolitre.

Les cultivateurs bien avisés comprirent que l'amélioration des semences pourrait apporter quelque allègement à leurs maux. Leur attention fut appelée sur ce point essentiel par M. Théron-Lignières, chef d'une maison importante de Toulouse qui faisait le commerce des farines. Cet habile négociant, non moins connu pour sa rare intelligence que pour la loyauté de son caractère, signala, dans une note insérée au *Journal des propriétaires ruraux*, la nécessité et la possibilité d'améliorer la qualité de nos froments (1). Comme nos grains étaient inférieurs à ceux qui alimentaient les minoteries de Castelnaudary, les fabriques de Toulouse se trouvaient placées, vis-à-vis de celles-ci, dans une position défavorable qui réagissait sur nos cours. Or, l'usage du minot entrait déjà pour une large part dans la consommation des habitants du Midi, en sorte qu'il importait de donner satisfaction aux exigences de la demande. Cette circonstance fit substituer aux blés gros ou mitadins les blés du Roussillon et les massilargues de

(1) *Journal des propriétaires ruraux*, 1823.

Lavaur et de Puylaurens. On s'en trouva bien, car les ventes
furent plus faciles et les prix un peu plus élevés. J'insiste sur ce
fait, parce qu'il présente une certaine analogie avec la crise que
nous venons de traverser, et que l'amélioration des qualités doit
entraîner pour nous les mêmes conséquences.

Cependant, les procédés traditionnels de la culture ne se modi-
fiaient qu'avec lenteur. Ainsi, le fauchage des céréales, malgré
ses avantages incontestables qui l'avaient fait adopter aux Etats-
Unis et dans plusieurs contrées de l'Europe, était encore si peu
répandu en France en 1820, que l'auteur du livre intitulé : *Promenade de Paris à Bagnères-de-Luchon*, s'étonne de le rencontrer
dans la vallée de Campan et de ne pas le retrouver ailleurs, du
moins pour couper les blés, car on en faisait usage depuis longtemps pour moissonner les avoines. Quant au battage des grains,
on l'opérait en général avec le fléau. Toutefois, on avait encore
recours au piétinement des chevaux dans plusieurs localités de
l'arrondissement de Villefranche ; mais cette pratique peu usitée,
d'ailleurs, dans le reste du département, commençait à céder la
place au rouleau, qui devait mettre encore bien des années à se
vulgariser dans nos campagnes.

En résumé, malgré des progrès considérables, la culture des
céréales laissait encore beaucoup à désirer dans la Haute-Garonne
en 1830. En effet, la statistique officielle n'assigne à la production de cette année, qualifiée de récolte ordinaire, qu'un rendement de 10 hectol. 30 par hectare. On citait alors, comme des
modèles à imiter, les exploitations où le blé produisait huit fois la
semence. Ce résultat, obtenu par M. de Villèle et par M. de Malaret,
était relaté avec honneur à la séance publique de la Société d'agriculture en 1829. La faiblesse des produits tenait surtout aux
vices de l'assolement qui donnait encore fort peu aux plantes
fourragères, au moyen desquelles on se procure le travail et les engrais, deux éléments indispensables à une production élevée et
par conséquent économique. Dans les terres légères, la place du
froment était marquée entre deux jachères, de l'une desquelles il
avait à supporter les frais. Dans les terre-forts, le froment était
suivi d'un maïs, mais précédé d'une jachère morte, à peine interrompue çà et là par des dépaissances et par quelques semis de légumes. Placé dans ces conditions, le blé coûtait si cher à produire
que la Société d'agriculture de Toulouse, répondant à un questionnaire qui lui avait été adressé en 1830, crut devoir porter le prix
moyen de revient de l'hectolitre de froment sur nos terrains de
toute nature, à 22 fr. 04 c.

De 1830 à 1852, les progrès de l'agriculture furent plus rapides.

Les quinze années de paix que la Restauration avait procurées à la France avaient été employées à réparer les suites funestes des guerres de l'Empire. Le temps manqua pour accomplir de plus grands progrès, mais la voie des améliorations était frayée. Le gouvernement constitutionnel de 1830 profita du bénéfice de cette situation. Grâce à sa politique sagement pacifique, et à l'impulsion qu'il donna à toutes les branches de l'activité nationale, l'agriculture fit un pas décisif. L'antique jachère, attaquée de toute part dans la Haute-Garonne, fut contrainte de céder 20,000 hectares aux prairies artificielles. La terre, mieux fumée et cultivée plus profondément à l'aide des charrues nouvelles, auxquelles le nom de M. Lacroix et celui de M. Rouquet devaient rester attachés, donna des récoltes plus abondantes. Le rendement du blé, qui était de 10 hectol. 30 par hectare en 1830, s'élevait à 12 hectol. 13 en 1852. D'après la statistique officielle, l'arrondissement de Toulouse donnait alors 14 hectol. 51 ; celui de Muret, 11 hectol. 48 ; celui de Saint-Gaudens, 9 hectol. 81 ; enfin, celui de Villefranche, 12 hectol. 16.

Toutefois, à part les améliorations que nous avons signalées dans les labours, les procédés mécaniques de la culture étaient restés à peu près les mêmes que par le passé. Malgré les efforts de la Société d'agriculture (1833) pour encourager, soit par des essais publics, soit par des rapports officiels, la propagation du semoir Hugues, et malgré le zèle de nos agronomes les plus éminents, la méthode des semis à la volée resta seule en usage dans nos campagnes. Il convient, toutefois, de mentionner ici les remarquables essais de culture en ligne des céréales, opérés, durant plusieurs années, dans un département voisin, par un agronome irlandais dont les tentatives intelligentes et généreuses ont été trop peu connues. Je veux parler du regrettable O'Borne qui, sur son domaine de Saint-Géry (Tarn), avait mis en pratique, avant que personne y songeât dans nos contrées méridionales, tous les perfectionnements de l'agriculture anglaise en bétail, machines, constructions, amendements de tout genre et semences.

Presque au début de la période qui nous occupe, un fait considérable s'était produit dans le commerce des grains. La loi du 15 avril 1832, inspirée, comme celle de 1821, par le désir de procurer aux denrées agricoles une protection sérieuse, n'était, en quelque sorte que la reproduction de cette dernière. Elle s'en distinguait, cependant, en ce qu'elle rétablissait l'entrepôt fictif et substituait, aux prohibitions d'entrée et de sortie, des droits gradués dans les diverses zones, selon les cours des marchés régulateurs. Malgré le jeu de l'échelle mobile, le prix moyen du blé, à Toulouse, qui avait été de 19 fr. 78 c. en 1831 et de 20 fr. 54 c. en 1832, descendit à 15 fr. 47 c. en 1833, à 14 fr. 68 c. en 1834, et ne s'éleva pas au-dessus de 15 fr. 50 c. en 1835.

Mais, depuis cette époque jusqu'en 1848, les prix ayant oscillé autour de 20 fr., le cultivateur put réaliser des bénéfices et améliorer ses procédés ; aussi, est-ce à cette partie de la période qui nous occupe, qu'il faut rapporter les progrès attestés par la statistique de 1852. En effet, depuis la révolution de 1848 jusqu'au rétablissement de l'Empire, le défaut de sécurité et la stagnation des affaires paralysèrent l'industrie agricole comme toutes les autres. L'élévation démesurée des cours qui avait signalé les derniers mois de l'année 1847, fut suivie d'une débâcle complète sur nos marchés. De chute en chute, les cours descendirent jusqu'à 13 fr. 79 c. en 1850.

Qui pourrait assurer que l'agriculture et la fortune publique n'eussent échappé à cette périlleuse crise, si l'échelle mobile, trop longtemps maintenue, n'eût découragé le commerce, quand il aurait fallu compléter nos approvisionnements ?... Perdue dès lors aux yeux des consommateurs et de tout gouvernement jaloux de se maintenir, cette institution ne vécut plus que d'une existence tout à fait intermittente et précaire jusqu'à la réforme de notre régime commercial.

Toutefois, comme elle représentait pour les cultivateurs du Sud-Ouest le principe de la protection qui les défendait contre la concurrence étrangère et leur conservait le débouché des départements du sud-est, on les vit se grouper pour maintenir l'échelle mobile, lorsque s'ouvrit l'enquête qui devait décider de son sort. Tel fut le mandat que la Société d'agriculture de la Haute-Garonne donna à deux de ses membres les plus distingués, M. Lignières, ancien maire de Toulouse, grand propriétaire, ancien négociant en grains, et M. de Laplagnole, membre du conseil général. Il est certain, en effet, que la culture de nos départements méridionaux, malgré d'incontestables progrès qui, depuis 1830, lui avaient permis d'abaisser ses prix de revient de 2 fr. (de 22 fr. à 20 fr.) par hectolitre de blé, n'était pas encore en mesure de supporter les conditions du marché européen. D'une manière ou d'une autre, elle avait besoin d'être protégée dans une certaine limite. Personnellement, nous demandâmes devant la Société d'agriculture la substitution d'un droit fixe à une taxation variable, mais notre voix resta sans écho (1).

---

(1) *L'Agriculture du Sud-Ouest devant le nouveau régime commercial*, mé-

Quand, plus tard ,une polémique mémorable eut jeté la lumière sur les effets encore mal connus du mécanisme plus ingénieux qu'efficace et non moins dangereux qu'utile de l'échelle mobile, il s'opéra dans l'opinion des cultivateurs un mouvement favorable à la substitution d'un droit fixe aux tarifs variables. En 1861, la Société d'agriculture de Toulouse adopta ce sentiment. Naturellement jalouse de conserver à la production locale le débouché du sud-est, elle proclama la nécessité de la protection et en fixa le taux au tarif modéré de 2 fr. par 100 kilogr. pour les blés, et de 3 fr. par 100 kilogr. pour les farines de froment. Elle demandait aussi l'établissement d'une taxe de 1 fr. par 100 kilogr. pour les seigles, les maïs, les orges et les avoines; le tout sans distinction de pavillon ni de provenance. Cette tarification eût servi les intérêts du trésor public en même temps que ceux de l'entreprise agricole dans le Sud-Ouest, sans nuire aux consommateurs. Tel était, du reste, le sentiment de l'illustre économiste qui avait été le promoteur de la réforme de notre législation douanière.

On jugera de l'importance de cette question pour la Haute-Garonne quand on saura que la production indigène, après avoir pourvu aux besoins d'une population de 500,000 âmes, envoie annuellement à l'extérieur plus de 600,000 hectol. de blé, 8,000 hectol. de seigle et plus de 200,000 hectol. de maïs. Toutefois, les chambres ne crurent pas devoir satisfaire aux vœux émis par les propriétaires du Sud-Ouest, et la loi du 15 juin 1861 établit un droit fixe de 50 centimes seulement par 100 kilogr. à l'entrée des blés. L'introduction des seigles, maïs, orges, avoines, légumes, etc., devint complétement libre et gratuite, ainsi que l'exportation de tous les grains. On sait comment, par suite du trafic des acquits à caution, ce droit si minime de 50 centimes a perdu son importance. Du coup, les cultivateurs du Sud-Ouest se sont trouvés complétement désarmés devant la concurrence des producteurs étrangers, placés dans des conditions plus favorables sous le rapport du climat, du prix des terres, des charges publiques (1) et de l'abondance de la main-d'œuvre. La prudence la plus vulgaire

moire lu à la Société d'agriculture de la Haute-Garonne, dans les séances du 20 novembre 1858 et du 15 janvier 1859.

(1) D'après les calculs produits par M. le baron Decazes, président du comice agricole d'Albi, dans sa remarquable déposition à l'enquête de 1866, l'impôt foncier à lui seul aurait grevé le blé, récolté dans le département du Tarn en 1864, d'une contribution supérieure à 2 fr. par hectolitre (2 fr. 18 c.). — Voir le *Journal de Toulouse*, 7 décembre 1866.

commandait, tout au moins, de ménager une transition et d'en profiter pour développer les forces productives du pays. On n'en fit rien.

Bien au contraire, en laissant aux compagnies des chemins de fer (qui monopolisaient les transports, parce qu'on avait eu le tort d'aliéner les canaux entre leurs mains) la faculté de bouleverser, au moyen des tarifs différentiels ou spéciaux, les conditions naturelles du marché, on privait les producteurs indigènes des bénéfices qui résultaient de notre situation géographique. Aussi vit-on les céréales étrangères, non-seulement supplanter les nôtres dans la Provence et le bas Languedoc, mais même leur disputer l'approvisionnement de Toulouse, malgré l'avilissement des cours. Des plaintes nombreuses éclatèrent de toute part ; un mécontentement profond s'empara de tous les agriculteurs. L'industrie locale et le commerce qui, dans ce pays éminemment agricole, vivent principalement des consommations des propriétaires, en ressentirent un contre-coup fatal.

Le prolongement de la crise jeta le découragement parmi les agriculteurs les plus zélés. Ils durent se résigner à diminuer leurs emblavures pour s'adonner à d'autres productions. Ce conseil, que les agronomes étaient unanimes à recommander, effrayait, à bon droit, les hommes sages. On se demandait avec anxiété si le but que nos législateurs poursuivaient de la sorte serait irrévocablement atteint ; si, lorsque la culture des céréales serait réduite, le commerce extérieur ne se trouverait pas impuissant à combler le déficit d'une mauvaise récolte. Or, ce déficit ne s'élève pas à moins de 66 pour 100 dans la Haute-Garonne et les départements voisins, d'après les recherches auxquelles nous nous sommes livré et que nous avons communiquées, en 1860, à la Société centrale d'agriculture (1). L'exemple de la crise que notre industrie cotonnière traversait encore à cette époque n'était pas fait pour rassurer. La gêne, les souffrances et les catastrophes qui l'accompagnaient, faisaient appréhender que l'interruption de nos relations commerciales avec les contrées auxquelles nous devrions emprunter une partie de notre approvisionnement en grains, n'entraînât à un moment donné des désastres et des ruines. Il faut avant tout, disait-on, modifier les principes du droit maritime, et ce langage était rigoureusement juste.

L'inauguration de la liberté de la boulangerie, qui eut lieu sur ces entrefaites, ayant eu généralement pour effet d'élever le prix du pain au-dessus de la taxe officieuse, l'intérêt des consomma-

_____

(1) Voir aux pièces justificatives le tableau XI.

leurs se trouva sacrifié comme celui des producteurs de céréales. Il n'y eut que les boulangers qui en profitèrent. Les plaintes devinrent générales. Les débats législatifs en retentirent, et le gouvernement, cédant au vœu de la nation, ouvrit l'enquête agricole.

La Société d'agriculture de la Haute-Garonne, qui avait été des premières à la réclamer, étudia avec soin toutes les question soulevées par le programme. Elle put constater que le rendement des blés, qui n'atteignait encore que 12 hectol. 13 par hectare en 1852, s'était élevé à 15 hectol., en moyenne, depuis cette époque, et que le prix de revient de l'hectolitre de blé était descendu à 20 fr. Si l'on rapproche ce chiffre ainsi que les mercuriales dressées depuis 1848, des faits analogues constatés aux dernières années de l'ancien régime, et si l'on considère combien l'importation des métaux précieux a fait hausser la valeur nominale de toute chose, on s'étonnera avec notre savant collègue à la Société d'agriculture, M. Delquié, des ressources déployées par le cultivateur pour livrer son froment à des prix *réellement* très inférieurs à ceux qui se pratiquaient jadis. Sur le point spécial de la législation des grains, la Société d'agriculturede la Haute-Garonne émit le vœu qu'un droit de 2 fr. par hectolitre fut supporté par les blés étrangers, à leur entrée en France, tant que le cours de cette denrée ne dépasserait pas 25 fr. par hectolitre sur le marché régulateur.

Rien n'a encore été changé dans notre législation douanière, depuis que l'enquête agricole a été faite. Les résultats de cette grande mesure ne sont pas même complétement connus. Il est vrai que les prix élevés que les céréales ont atteint depuis cette époque, ont enlevé à la question le mérite de l'actualité. Elle n'en conserve pas moins, d'ailleurs, son importance, car elle se représentera dans un temps qu'on ne peut préciser sans doute, mais qu'il est sage de prévoir.

En attendant que la discussion se rouvre sur ce sujet, nous devons constater deux faits importants qui se sont produits depuis l'enquête. D'une part, la vente au poids s'est généralement substituée à la vente à la mesure dans le commerce des céréales. Le chiffre de 80 kilogr. ayant été adopté comme poids garanti par hectolitre de froment, il en résulte que nos mercuriales actuelles ne peuvent plus être comparées avec celles des années précédentes. Le propriétaire dont le blé pèse 76 kilogr. l'hectolitre, par exemple, vendît-il sa denrée à 21 fr. les 80 kilogr., n'en retire cependant que 19 fr. 95 c. par hectolitre. Il faudrait qu'un poids uniforme fût établi pour la France entière, et pour qu'il se rapprochât le plus possible du poids moyen des blés, il conviendrait, selon nous, de le fixer à 75 kilogr.

Le second fait considérable qui s'est produit depuis l'enquête est le résultat imprévu du régime de la liberté de la boulangerie. Lorsque l'expérience des premiers temps eut montré qu'elle ne favorisait pas les consommateurs quand le blé était à bas prix (les Parisiens y perdirent 8,500,000 fr. en 1865), les promoteurs du nouveau système affirmaient qu'il y aurait de sérieuses compensations aux époques de cherté. Voici, du reste, le langage que tenait à cet égard le ministre de l'agriculture, dans son rapport à l'Empereur, en date du 3 juillet 1864 : « Loin de redouter pour le nouveau régime l'épreuve d'une cherté, je pense, au contraire, disait M. Béhic, qu'elle lui sera favorable. Si les boulangers s'attribuent aujourd'hui un bénéfice un peu plus élevé peut-être que celui que leur accorderait une taxe bien faite en vue du moment présent, je suis persuadé qu'*aux époques où le blé sera cher, ils reconnaîtront la nécessité de réduire leurs profits à un taux extrêmement bas*, et qu'il s'établira, par le jeu libre et régulier du commerce, une sorte de compensation spontanée, entre les bonnes et les mauvaises années, analogue à la compensation administrative que votre Majesté a fait établir à Paris. »

On ne peut s'exprimer avec plus de clarté et de précision. Malheureusement, les faits n'ont pas justifié ces espérances. Nous avons eu le pain plus cher que la taxe lorsque le cours des céréales était avili, et cet écart qui, disait-on, devait disparaître avec la hausse du grain, est devenu plus considérable à mesure que le taux des mercuriales s'est élevé.

Tandis que nos calculs sur l'ensemble de l'année 1866 accusent, dans la commune de Toulouse, une perte moyenne de 1 centime environ, par kilogramme pour le pain bis (0 fr. 008686) et de 1 centime et demi à peu près pour le pain blanc (0 fr. 013906), l'exercice 1867 présente pour le consommateur une perte supérieure à 3 centimes (0 fr. 032286) par kilogramme pour le pain bis et à 4 centimes (0 fr. 0438) pour le pain blanc.

Il convient, dans l'intérêt de tous, de mettre un terme à cet état de choses : premièrement, pour adoucir la condition des consommateurs qui ne sont que trop éprouvés par la cherté du pain et, secondement, pour qu'on ne vienne pas plus tard, lorsque le blé sera à vil prix, alléguer en leur nom, en se basant sur des mercuriales fallacieuses et sur le prix exagéré du pain, à l'époque actuelle, que les producteurs ont eu de très beaux jours et qu'ils en ont largement profité. On n'est que trop porté, en effet, à opérer ce rapprochement sans songer que les cours les plus hauts coïncident, presque toujours, avec une mauvaise récolte, et que, dans ce cas, nos propriétaires, après avoir prélevé *sur la pile* la quote-part des *solatiers* qui ont fait la moisson et mis en réserve les semences, se trouvent encore dans l'obligation de payer en nature, sous forme de gages, une quantité invariable de grains à leurs maîtres-valets et autres ouvriers à l'année. Il arrive alors que le producteur ne peut disposer pour la vente que d'un lot de céréales si peu considérable, que les prix les plus élevés n'en compensent pas la faible importance. Cette considération devrait être sans cesse présente à l'esprit de ceux qui interrogent les statistiques et les mercuriales.

Convaincu que le retour au régime de la taxe atténuerait ces inconvénients, j'appelai, mais en vain, sur cette question, l'attention de la Société d'agriculture (séances des 9 mars et 16 novembre 1867, 4 janvier 1868) et de la Commission municipale de Toulouse. Depuis lors, cependant, beaucoup de communes sont revenues à la taxe. A ne pas admettre ce système (que rien ne saurait remplacer pour les plus pauvres consommateurs), on devrait, du moins, favoriser la création des sociétés coopératives qui peuvent, grâce à la réduction des frais généraux, à l'anticipation des paiements effectués par les consommateurs et à la suppression du bénéfice prélevé par les industriels, livrer, au-dessous même de la taxe, un pain supérieur en qualité à celui de la boulangerie.

II.

Si les pouvoirs publics ont le devoir de veiller sur les intérêts économiques des producteurs ainsi que des consommateurs, les agriculteurs ont aussi des obligations à remplir. En attendant l'heure des réparations et de la justice, aidons-nous nous-mêmes. Dans les lieux où la culture de la vigne présente des avantages réels, donnons-lui la préférence sur le blé. Partout ailleurs, nous souvenant que, pour produire cette céréale avec économie, il faut l'exonérer de la jachère et l'associer aux cultures fourragères ou industrielles, entrons résolûment dans la voie que d'autres ont eu l'impérissable mérite d'ouvrir devant nous. C'est le grand côté de la question.

Nous ne reviendrons pas sur ce que nous avons dit au chapitre des *Assolements,* sur la place qu'il convient de réserver au

blé dans les différentes rotations de culture. Il nous suffira de
rappeler que, pour recevoir cette plante dans les meilleures conditions, le sol doit se trouver débarrassé des mauvaises herbes. Par
conséquent, il est nécessaire que l'engrais de ferme ne soit pas
appliqué immédiatement avant de semer le froment, comme cela
n'a lieu que trop souvent encore. L'ameublissement, préparé de
longue main, devra être complet au commencement d'octobre, en
sorte que les semailles puissent être terminées dans ce mois ou,
au plus tard, dans les premiers jours de novembre, car l'événement justifie presque toujours le vieil adage de nos laboureurs :

Ço primaïg emprounto pa rés à ço dé raïg.

D'autre part, il serait téméraire de ne pas consulter sur le
choix des semences les besoins du consommateur. Ce qu'on
nous demande, en général, ce sont des blés propres et bien con-
ditionnés, faisant la plus blanche farine. Quant aux froments
corsés, la meunerie, qui les recherche aujourd'hui chez nous,
les empruntera peut-être demain aux nations étrangères avec
lesquelles nous ne pouvons entrer en concurrence.

On sait que nos cultivateurs distinguent les froments en blés
gros, fins et mitadins.

Les blés gros (poulards du Nord) vulgairement appelés *gros-
sagne*, à l'épi barbu et carré, à la tige haute, vigoureuse et feuillue,
sont les moins sujets à la verse et à la rouille ; ils prospèrent
mieux que tous autres dans les bas-fonds. La variété rouge est
actuellement plus recherchée que la blanche; l'une et l'autre
donnent une paille garnie de moelle mais dure.

Le mitadin, plus répandu que les blés gros, est constitué,
comme son nom l'indique, par un mélange des autres types. Il
passe pour être plus productif, sur les terrains argilo-calcaires,
que les blés gros et fins cultivés séparément.

On divise ces derniers en deux groupes : les mâles (blés fins
proprement dits), et les femelles (bladettes).

Parmi les premiers, la variété du Roussillon est incomparablement la plus répandue. Elle produit des blés pesants, durs et
colorés, qui sont fort recherchés par la boulangerie ; mais elle
est sujette à la verse et donne peu de paille.

On cultive aussi, mais depuis quelques années seulement, dans
la Haute-Garonne, le blé de Roumélie, qui est lourd et très précoce. En revanche, on lui reproche de se montrer sensible au froid.

Quant aux blés femelles ou bladettes, caractérisés, comme on
sait, par un grain tendre, une paille creuse et un épi générale-

ment sans barbe, les variétés le plus en renom sont celles de Puy-laurens et de Nérac. La première se distingue par un poids élevé ; la seconde, par la rigidité de la paille, qui lui permet de mieux résister à la verse.

Entre ces divers types, dont les propriétés sont sensiblement différentes, l'agriculteur doit fixer son choix en tenant compte des conditions physiques et économiques particulières à son ex-ploitation, ainsi que des besoins du commerce sur les marchés où il doit écouler ses produits.

Mais quelle que soit la variété des céréales à laquelle on s'ar-rête, il convient de ne confier à la terre que des grains qui ont achevé de mûrir sur pied, laissant de côté ceux qui ont été récoltés prématurément. On doit aussi mettre un soin particulier à purger les semences de tout mélange adultère. Nous avons entre les mains un admirable instrument, simple et vrai chef-d'œuvre de mécanique, que je voudrais voir acheter par toutes les municipa-lités de France, et prêter gratuitement aux cultivateurs. Sachons nous prévaloir de ce bienfait. Quand il fallait cribler et recribler les grains, puis les trier un à un sur la table de la ferme, on était excusable de semer avec le froment un mélange de folle-avoine ou de vesces ; mais aujourd'hui qu'un cylindre fait tout le travail sous les doigts d'un enfant, la négligence ne mérite aucun pardon.

Quant à la pratique plus généralisée du vitriolage, elle a tant d'effet sur la qualité et sur la quantité de la récolte, qu'il est superflu d'en recommander l'application. Autant en dirons-nous des appa-reils multiples (herses à dents de bois et de fer, rouleaux à pointes et autres), à l'aide desquels nos laboureurs recouvrent la semence ou complètent l'ameublissement du sol. La supériorité de ces engins sur la *massette* en bois qui, jadis, était seule en usage, les a fait généralement adopter. En revanche, ce n'est que sur un très petit nombre d'exploitations qu'on rencontre des semoirs. L'exemple donné sur ce point par M. Viguerie, par M. le vicomte d'Adhémar et par quelques autres, n'a pas convaincu le public agricole ; ce n'est aussi que dans les domaines les mieux conduits qu'on fait passer, vers la fin de l'hiver, le rouleau et la herse sur les céréales. Cette méthode a bien pourtant sa raison d'être. Quand les gelées ont émietté le sol ou que l'hiver a été très sec, le roulage tasse la terre autour des racines ; là, au contraire, où les pluies ont battu le terrain, la herse rompt la croûte qui s'est formée à la superficie et facilite l'action des agents atmosphéri-ques. Il est probable que ces procédés se populariseront parmi nous, si la culture en planche, qui en favorise l'application, continue à se développer aux dépens de la culture en billon, comme cela a lieu depuis quelque temps.

Mais nos blés, avant d'arriver à maturité, ont encore à lutter contre les intempéries : il faut compter avec les brouillards et la verse. Pour remédier au premier de ces fléaux, on a préconisé les variétés hâtives. C'est ainsi que la substitution des blés fins aux mitadins a donné des résultats non moins satisfaisants sous ce rapport que sous d'autres. Le sciage de toutes les variétés, avant que la maturité soit complète, atténue aussi les déplorables effets du brouillard ; tous les bons cultivateurs le savent par expérience. Quant à la verse, il est positif que certaines espèces y résistent mieux que d'autres, notamment les blés gros : blancs et rouges, qui ont repris faveur depuis quelques années, et les bladettes blanches de Nérac (blé bleu ou de Noé). On ne saurait trop recommander aux cultivateurs de renouveler souvent les semences, car les blés dégénèrent très promptement dans nos plaines silico-argileuses ; au contraire, ils conservent leurs caractères sur les coteaux où l'élément calcaire domine.

Dans certains cantons et notamment dans la Gascogne, on se loue de semer pêle-mêle plusieurs variétés dont l'une soutient l'autre, ainsi que le pratiquent les grands agriculteurs du Nord ; on va jusqu'à prétendre que le produit est supérieur à celui des mêmes variétés isolées. Il serait bon de multiplier et de préciser ces expériences, car un remède trouvé contre la verse serait un signalé service rendu à la pratique agricole. Dans le même but, on devrait essayer l'emploi du sel préconisé par les Anglais, celui de la chaux fort usité en Flandre, et le silicate de potasse qui a très bien réussi à Vaujours, chez M. Moll. Peut-être aussi y aurait-il utilité à expérimenter, en les semant à diverses époques, les variétés printanières de froment cultivées en Angleterre ; c'est là un sujet qui, par son importance, est bien digne d'appeler l'attention des directeurs de ferme-école, et qui ne déparerait pas le programme d'une Société savante. Ainsi l'a pensé la Société d'agriculture de la Haute-Garonne qui, sur notre proposition, l'a mis au concours en 1865.

Après avoir visité les expériences que M. l'ingénieur Petit a organisées, d'après le système de Georges Ville, sur son domaine de Labeaute, près Grenade, nous avons lieu de croire que la question de la verse aura fait, avant peu, un pas décisif dans la Haute-Garonne. Les efforts et les sacrifices de cet expérimentateur, non moins scrupuleux que zélé, révéleront, sans nul doute, des indications essentielles à une solution impatiemment attendue.

L'usage autrefois universellement répandu de couper les céréales à mi-hauteur, avec la faucille, en laissant le chaume adhérent au sol, a été remplacé, dans beaucoup de localités, par le sciage de la paille, rez terre, à l'aide de la grande faux. Cette dernière méthode présente le double avantage d'activer la moisson et d'empêcher les mauvaises graines de se répandre dans les champs ; mais, en revanche, elle a l'inconvénient de rendre le battage beaucoup plus lent et de salir les récoltes. Elle n'offre une supériorité réelle que dans les localités où la paille s'écoule à un bon prix et sur les terrains où elle reste courte. Dans ceux-ci, la petite faucille est fort pénible à manier, parce qu'elle oblige le moissonneur qui veut faire un bon travail à se courber jusqu'à une faible distance du sol. S'il veut épargner sa peine, c'est aux dépens de la besogne ; aussi, dans les cantons où la paille est généralement courte, on emploie un instrument plus allongé et coudé sur plat (*faous*, *piat*), avec lequel on coupe très convenablement les céréales.

Quant au sciage mécanique, il a été l'objet d'essais intéressants sur la propriété de M. Esparbié (moissonneuse Mackormik, 1860), et plus tard chez M. Dupuy-Montbrun (moissonneuse Mazier). La tentative la plus récente et la plus heureuse est celle qui a été faite en 1868 sur le domaine de la Cépière par M. Sarvy (de Pampelune), avec un instrument qu'il a fort intelligemment modifié. Le javelage, exécuté par un râteau automoteur, ne laisse pas plus à désirer que le sciage ; toutefois, l'impuissance dans laquelle se trouvent les moissonneuses de fonctionner dans les blés versés, ne leur permet pas d'entrer, sans de nouveaux perfectionnements, dans la pratique générale de notre culture.

Lorsque la moisson a été coupée, liée et mise en meulons, on achève de nettoyer le sol au moyen du râteau à cheval. Cet instrument, dans sa forme primitive, consiste en une tige de bois dans laquelle sont emmanchées des dents faites de la même matière ou en fer. On y supplée, depuis quelque temps, par les grands râteaux mécaniques usités pour récolter les fourrages. En ce cas, il est bon d'en écarter davantage les dents. Quant au battage, si l'introduction du rouleau à dépiquer a modifié, sur un grand nombre de points, les divers systèmes usités chez nous avant 1830, il ne les a pas fait disparaître encore complétement. C'est ainsi que dans la montagne, où la production du blé se trouve limitée à de faibles étendues, on continue à égrainer les tiges en les frappant sur le rebord d'un tronc de châtaignier refendu et évidé en forme de trémie. Dans les plaines, on entend encore çà et là, sur l'aire du petit cultivateur, le tic-tac cadencé du fléau. Mais voici que le rouleau lui-même se trouve supplanté

14

par les batteuses mécaniques. Il en existe plusieurs à vapeur, travaillant à la façon, dans la Haute-Garonne, et leur nombre augmente chaque année. C'est vers 1854 que ce genre de machines y a paru pour la première fois. L'année suivante, nous avons vu fonctionner la batteuse anglaise de Clayton sur le domaine de Lagarrigue, que les succès du regrettable docteur Audouy et de sa veuve ont placé et maintenu à un très haut rang. Comme les batteuses à vapeur, celles à manège de toute provenance se sont rapidement multipliées ; celle de M. Pinet, dont nous avons été un des premiers à faire usage dans le département, se voit disputer le terrain par la batteuse Cuson et par celle de M. de Planet, ingénieur savant autant qu'écrivain distingué. Son excellent livre: *la Vérité sur les machines à battre*, n'a pas peu contribué à appeler sur les batteuses la faveur des hommes pratiques. Il les a convaincus qu'avec ce genre d'appareils, on dépique plus économiquement qu'au moyen du rouleau; qu'on met ainsi les gerbes à l'abri des orages, qui les surprendraient étendues sur l'aire ; qu'on peut laisser beaucoup moins de grains dans la paille et beaucoup moins de terre parmi le grain.

Malheureusement, les batteuses (celles du moins qui ne battent pas en travers) ne ménagent pas la paille comme fait le rouleau. Ce détail a son importance dans une région où ce produit est abondant et très demandé.

En effet, nos blés donnent généralement beaucoup de paille ; cela tient aux variétés cultivées, ainsi qu'à l'assolement et au terroir. Tandis qu'on évalue communément le poids de la paille et de la balle réunies à deux fois celui du grain, j'ai trouvé, dans une expérience faite en 1858, sur cinq champs de nature diverse, ayant produit en moyenne 1,656 kilogr. de bladette par hectare, que le poids de la paille et des balles s'élevait à 4,194 kilogr. ; en sorte qu'au lieu d'avoir 100 de paille pour 50 de grains, selon le rapport admis par Thaer, je trouvai seulement 37,19 de grains pour 100 de paille.

L'année suivante, nos bladettes ayant été coupées à la faucille, de manière à laisser un bon chaume, au lieu d'être fauchées rez terre, la proportion fut de 53,9 de grain pour 100 de paille ; mais, si l'on eût fait entrer le chaume en ligne de compte, le rapport de la paille au grain eût dépassé celui de l'année précédente, avec une récolte inférieure, à la vérité, puisqu'elle ne s'élevait qu'à 1,336 kilogr. à l'hectare.

Quoique ces résultats ne soient pas susceptibles d'être généralisés (nos terres occupant le fond d'un vallon ou de basses collines), ils peuvent donner une idée de l'abondance des pailles dans le département. Ajoutons que des débouchés considérables s'ouvrent pour ce produit à Toulouse même et dans le bas Languedoc. Bien que les pailles dépiquées au rouleau soient plus recherchées que les autres pour la vente, les machines à battre gagnent chaque année du terrain.

L'introduction de ces engins puissants et des autres appareils mécaniques appropriés à la moisson n'entraînera pas seulement des changements dans nos procédés de culture, elle influera nécessairement aussi sur les usages établis pour la rétribution des moissonneurs. De nos jours, comme au siècle précédent, les travaux multiples de la récolte sont réservés à des tâcherons, qui, sous le nom de *solatiers*, *mistiviers*, *estivandiers*, perçoivent une quote-part des grains déterminée par la coutume des lieux. La proportion la plus généralement admise dans les localités où le battage s'opère au fléau est le huitième du produit. L'emploi du rouleau, qui diminue notablement le travail des manouvriers, a permis d'abaisser la part des solatiers au dixième. Si de nouveaux instruments viennent encore alléger ses obligations en augmentant celles de l'entrepreneur de culture, il deviendra nécessaire de modifier les conditions du contrat ; mais tout peut s'arranger à l'avantage réciproque du propriétaire et de l'ouvrier, sans répudier un système qui offre une des applications les plus heureuses du principe d'association, car il assure, d'une part, le travailleur contre l'exagération du prix des grains et, de l'autre, il garantit le propriétaire contre les prétentions exorbitantes du manouvrier.

§ 2. — Méteil.

L'étendue consacrée au méteil ne cesse de diminuer. — Progrès dans les rendements.

Les détails dans lesquels nous sommes entré relativement à la culture du blé abrégeront ce que nous avons à dire sur les autres céréales qu'on récolte dans la Haute-Garonne.

Nous parlerons d'abord du méteil ou mixture, mélange de froment et de seigle variable dans ses proportions. Sous l'ancien régime, le méteil contenait normalement, dans le pays toulousain, une partie de blé pour trois de seigle ; aujourd'hui, on met un tiers de blé et deux de seigle dans les terres les plus substantielles. On renverse la proportion dans les autres.

Le fait le plus considérable que nous ayons à signaler est l'étendue de plus en plus faible laissée au méteil dans notre asso-

lement. Le froment pur tend rapidement à le remplacer. C'est
ainsi que l'importance de cette culture, comparée à celle du blé,
a diminué dans les proportions suivantes : en 1784, la part du
sol consacrée au méteil formait presque le cinquième de celle qui
était affectée au blé ; en 1815, elle n'était plus que du douzième ;
en 1835, du quinzième ; enfin , en 1860, elle était réduite au
trente-troisième.

Quant au rendement, si l'on se reporte aux dernières années
de l'ancien régime, on verra que le méteil ne donnait que cinq
fois la semence, tandis qu'il produit aujourd'hui sept grains et
demi pour un, c'est-à-dire 50 pour 100 de plus. Le rendement
moyen de l'hectare paraît être actuellement de 15 hectol. ; d'après
M. Godoffre, il n'aurait été que de 13, il y a dix ans.

Malgré ces progrès, la sole du méteil tend, de plus en plus, à
se restreindre. Le cultivateur n'a pas à le regretter, car les deux
plantes qui composent le mélange ayant des exigences différentes
et ne mûrissant pas en même temps, la récolte était généralement peu abondante et, en tous cas, nullement homogène , ce
qui faisait que cette denrée n'avait pas un cours précis. En outre,
l'alimentation de nos populations rurales s'étant améliorée, le méteil n'a plus trouvé qu'un écoulement irrégulier et difficile. De
là, sa disparition successive de nos assolements.

§ 3. — Seigle.

Statistique comparée. — Exportation. — Seigle vert.

Comme le méteil, le seigle disparaît peu à peu de nos plaines
et se confine dans les montagnes auxquelles il convient admirablement, tant parce qu'il résiste au froid, que parce qu'il mûrit
de bonne heure et qu'il s'accommode des terres pauvres et sans
consistance.

En 1784, on estimait que la surface occupée par cette céréale,
dans la subdélégation de Toulouse, équivalait presque au sixième
de l'étendue consacrée au blé. Or, elle n'arrive pas aujourd'hui
au dix-huitième pour l'ensemble du département. Depuis 1815, le
seigle a perdu près de la moitié du terrain qu'il occupait. De
7,800 hectares, cette culture se trouve réduite à 4,000. Toutefois, elle donne lieu encore à un certain commerce d'exportation
que M. Godoffre évalue à 8,000 hectol. , indépendamment des
76,000 hectolitres qui sont absorbés par les besoins locaux.

Dans les plaines, le seigle occupe la place qu'on réserve ailleurs pour le froment et succède à une jachère. Dans la partie montagneuse de la Haute-Garonne, on le sème après une récolte de sarrasin.

Le rendement qui était, avant la Révolution, de 5 grains pour 1, est maintenant de 7 et demi. On l'évalue à 15 hectol. par hectare en moyenne. On obtient des résultats plus élevés en activant la végétation par l'emploi des poudrettes. Dans l'arrondissement de Saint-Gaudens, où cette pratique est fort usitée, on emploie communément 7 hectol. d'engrais par hectare.

Abandonné comme céréale, le seigle est cultivé sur des espaces restreints pour sa paille, qu'on emploie à lier les gerbes des autres céréales et à mettre l'ognon en paquets. Coupé en vert, il procure aux bestiaux une nourriture fraîche dont le principal mérite est d'arriver avant les autres fourrages. Pour cette destination, il est bon de l'associer à la vesce noire et au farouch hâtif. Les sols argileux et silico-argileux bien fumés conviennent parfaitement à cette culture. Il n'est pas rare de lui voir produire deux coupes.

Comme les animaux rejettent cette plante lorsqu'elle a durci, ce qui arrive peu de jours après qu'on a commencé à en faire usage, les bouviers prudents fauchent le seigle avant le moment critique, et le font sécher. Préparé de la sorte, il ne cesse pas d'être recherché par le bétail. M. de Puybusque, qui a expérimenté cette pratique, en a signalé les avantages à la Société d'agriculture.

§ 4. — Orge.

Statistique comparée. — Culture.

L'orge occupe une place moins considérable que le seigle dans nos assolements. Tandis que cette dernière plante est reléguée sur les plus pauvres terrains, l'orge, au contraire, se sème dans les meilleurs fonds, sur les alluvions anciennes et sur les défrichements. L'établissement de brasseries importantes, à Toulouse, a donné une impulsion particulière à cette culture ; mais, comme la plante est très exigeante et sujette au brouillard, on lui préfère, en général, le froment et l'avoine.

Sous l'ancien régime, c'est à peine si l'étendue-qui lui était laissée égalait la vingtième partie de la sole consacrée au seigle et la cent trente-deuxième partie de celle qu'on ensemençait en blé. En 1815, on ne comptait encore que 550 hectares en orge dans le département ; il y en a maintenant 2,000.

On sème, à l'automne ou au printemps, dans la proportion moyenne de 2 hectol. 50 par hectare. Le produit ordinaire est de 20 à 25 hectol. ; il s'élève jusqu'à 50 sur les fonds privilégiés et dans les années d'abondance. La paille de cette céréale est très recherchée par les animaux de l'espèce bovine et de l'espèce ovine. Elle est, du reste, plus substantielle que toutes les autres.

Il nous est arrivé plusieurs fois de couper, au mois de mars, les orges semées à l'automne, et d'en retirer un fourrage abondant, très favorable aux vaches laitières. La plante repoussait ensuite et donnait une belle récolte en grain. D'autres fois, on livre les orges trop vigoureuses à la dépaissance des troupeaux ; mais cette pratique exige une grande circonspection de la part du berger, car elle peut donner lieu à des météorisations dont l'effet est parfois presque foudroyant.

On prévient avec plus de succès la verse en semant l'orge à la fin de l'hiver. La rapidité de sa végétation la soustrait de bonne heure à l'influence des chaleurs excessives. On a moins de paille, mais la récolte en grain est plus assurée. A Périole, dans la vallée de l'Hers, nous obtenons en général des orges de printemps un rendement supérieur et un poids plus considérable que des autres.

Semée pour fourrage et associé aux vesces noires, l'orge procure à nos bestiaux une excellente nourriture verte. On sait que la *drèche*, livrée par les brasseurs aux nourrisseurs de Toulouse, favorise merveilleusement la sécrétion du lait et leur permet de soutenir la concurrence des vacheries foraines.

§ 5. — Avoine.

Statistique comparée. — Rendements. — Culture. — Variétés. — Usages.

L'avoine occupe aujourd'hui 17,000 hectares dans la Haute-Garonne, c'est-à-dire deux fois plus de terrain qu'il y a trente ans.

Avant la Révolution, cette céréale était cultivée dans le pays toulousain sur une assez vaste étendue, non qu'elle fût encore, comme au temps de Pline, la nourriture habituelle de nos ancêtres. Le méteil et le maïs l'avaient remplacée, depuis longtemps, dans les plaines et les pays de coteaux. Mais, ailleurs, au témoignage de l'abbé Rozier, le pain d'avoine formait encore, à la fin de l'ancien régime, la nourriture principale des malheureux habitants des montagnes. Les réquisitions qu'on fit de cette denrée pour l'approvisionnement des troupes pendant la tourmente révolutionnaire, et les *appels* réitérés auxquels elle donna lieu sous l'Empire, décóuragèrent la production.

Elle s'est relevée depuis ; mais le rendement moyen, bien qu'il se ressente de l'amélioration introduite dans nos procédés de culture et de la fertilité croissante du sol, est loin d'être suffisamment élevé. Il ne dépasse pas 21 hectol. 67 dans l'arondissement de Toulouse, et 19 hectol. 26 dans celui de Villefranche ; il descend à 18 hectol. 65 dans l'arrondissement de Muret, et même à 16 hectol. 31 dans celui de Saint-Gaudens. Cela tient à la place que l'avoine occupe dans l'assolement. Elle vient, en général, immédiatement après un blé semé sur jachère : trop souvent, dans ce cas, on ne lui accorde d'autre préparation qu'un simple labour. Il est cependant des localités où l'avoine, semée après une récolte de froment, reçoit une fumure et un nombre suffisant de façons ; ailleurs, elle succède au maïs et même à une prairie artificielle. Dans ce dernier cas, le produit s'élève à 40 et même à 50 hectol. par hectare, tandis qu'il descend à 15 hectol. là où la culture est la plus négligée.

Les semailles ont lieu, à l'automne, avant celles du froment. On jette, par hectare, 2 hectol. 90 dans l'arrondissement de Toulouse, et 2 hectol. 27 dans celui de Saint-Gaudens. L'avoine semée après l'hiver est moins productive et beaucoup plus légère que l'autre. Depuis le moment où elle a été recouverte par la herse ou la charrue (ce dernier mode est le plus généralement adopté), on ne lui donne, comme au blé, d'autre soin qu'un sarclage sommaire pour détruire les plantes adventices. Il y aurait, cependant, grand avantage à employer, suivant les cas, la herse et le rouleau. Ce dernier instrument a produit de remarquables résultats dans la plaine de Revel, où un ancien élève de Grignon, M. Rességuier, en a importé l'usage.

La variété d'avoine qu'on sème de préférence dans le département est la blanche ; mais il faut remarquer que, sous cette dénomination scientifique, on comprend des produits dont le grain présente une couleur très foncée, qui s'allie d'ordinaire à un bon poids (50 kilogr. par hectolitre et même davantage). Telles sont les qualités qu'offrent, en particulier, les avoines de la Gascogne, dites de Saint-Lys, qualités qui paraissent tenir au terroir, puisqu'elles cessent de se reproduire lorsqu'on les transporte sur certains autres sols, où elles reçoivent cependant une culture identique. Plusieurs autres variétés, notamment celle dite de Hongrie, ont été expérimentées avec succès par M. de Moly, ancien secrétaire général de la Société d'agriculture.

Dans toutes les exploitations, la paille d'avoine est mise en réserve pour les bœufs qui la consomment avec avidité; mais elle passe pour convenir bien moins à l'espèce chevaline. On l'emploie, en outre, ainsi que celle d'orge, à la fabrication du papier.

L'avoine est cultivée aussi comme plante fourragère ; on l'associe dans ce but avec la vesce noire.

La balle d'avoine, passée au vent, sert à quelques usages domestiques. On l'achète, à cet effet, sur le marché de Toulouse, au prix moyen de 50 centimes l'hectolitre.

§ 6. — Maïs.

Introduction du maïs ; sa teneur en azote. — Statistique comparée. — Sols qui conviennent au maïs. — Variétés. — Rendements. — Culture. — Le maïs, plante fourragère. — Usages.

Le maïs (*zea sativa*) est une plante dont la culture n'est pas fort ancienne dans nos pays. Importée du Pérou en Europe, au commencement du seizième siècle, elle ne prit des développements considérables, chez nous, que dans le siècle suivant.

Son introduction fut un grand bienfait pour nos contrées méridionales, auxquelles elle procura un aliment très substantiel, puisqu'il contient environ 12 et demi pour 100 de substances azotées et presque aussi nutritif que nos bonnes farines de froment, qui donnent de 12 à 13 pour 100 de gluten sec. Encore même, nos blés durs arrivent-ils seuls à ce degré de richesse; les qualités tendres ne donnent pas en moyenne plus de 8 pour 100. Cette admirable propriété du maïs, la rapidité de sa végétation et les ressources qu'il procure pour l'alimentation des animaux, lui ont valu d'occuper, dans toutes les parties du monde, d'immenses étendues de terrain, à ce point que sa culture est beaucoup plus répandue que celles du froment, du seigle et du sorgho. De là, une infinité de dénominations vulgaires, telles que : blé de Turquie, d'Espagne, de Guinée, gros millet des Indes et l'appellation impropre et encore usitée, chez nous, de millet. Sa propagation a été lente dans le Languedoc, puisque, en 1780, il ne couvrait encore que 4,000 arpents dans le diocèse de Toulouse.

Mais, comme sur bien des points, le sol convient très bien au maïs, notammment dans le Lauragais, cette céréale n'a pas cessé de s'étendre. Les cultivateurs de la Haute-Garonne lui consacraient déjà 30,720 hectares en 1815. Vingt ans plus tard, en 1835, le maïs occupait 40,695 hectares dans le département ; enfin, la statistique de 1860 lui assigne une étendue de 51,336 hectares, dont près de 20,000 pour l'arrondissement de Villefranche. La production moyenne s'élève, d'après les documents officiels, à 816,000 hectol., dont le quart se consomme hors du département.

Toutes les terres sont loin de convenir au maïs, car il exige un sol substantiel et qui conserve pendant l'été une certaine fraîcheur. Nulle plante peut-être n'est plus sensible aux bienfaits de l'irrigation : on voit ses feuilles ternies et effilées par la canicule s'ouvrir et se colorer subitement, pour ainsi dire, dès que l'eau pénètre jusqu'à ses racines. Les terrains argilo-calcaires assez profonds et bien exposés, ainsi que les boulbènes fortes ou marnées, sont très propres à cette culture. Si le maïs ne prospère pas en tout lieu, il présente, en revanche, l'avantage de pouvoir revenir fréquemment dans les localités qui lui conviennent. C'est ainsi que nous l'avons vu donner, pendant sept années consécutives, des produits presque identiques sur une parcelle de terre non fumée que nous avions consacrée à cette expérience.

Toutefois, si l'on veut obtenir de grands résultats et préparer convenablement le sol pour les récoltes suivantes, il faut avoir recours aux fumures copieuses. Avec le maïs, on n'a pas à redouter la verse en prodiguant les engrais, mais il est nécessaire qu'ils soient incorporés de bonne heure à la terre, car autrement ils pourraient devenir funestes à la plante pendant les chaleurs de l'été.

On cultive dans la Haute-Garonne plusieurs variétés de maïs qui se distinguent par la couleur et par la forme du grain. Il y a des maïs jaunes et des maïs blancs, et, dans chacune de ces espèces, des types à gros grains (vulgairement appelés *mil*) et des millettes. On prend soin, en général, de bien choisir les semences ; c'est un point non moins essentiel pour le rendement que pour la qualité du produit. Il existe, en effet, parmi les maïs à gros grains (*mil*), des épis comptant seize rangées et plus, dont les grains réguliers, fortement pressés les uns contre les autres, s'enfoncent en forme de coin vers le centre de la râfle ou *charbon blanc* sur laquelle ils sont implantés, tandis qu'il est d'autres espèces n'ayant au plus que douze rangées, dont les grains aplatis contre la râfle ne la pénètrent que faiblement et même laissent entre eux des surfaces vides. Dans ce cas, le volume du charbon blanc est triple et quadruple, ce qui diminue notablement le produit.

La millette ne présente pas toujours une râfle aussi réduite que les bonnes variétés à gros grains ; elle compte un plus grand nombre de rangées (vingt et au delà) sur chaque épi ; mais ces rangées sont irrégulières dans leur direction, et les grains eux-

mêmes n'offrent pas une forme homogène. Il est des localités où
l'on recherche spécialement les types dont l'extrémité supérieure
est aplatie, et qu'on désigne sous le nom de *maïnéto* (petite main).
Cette disposition est certainement peu favorable à l'égrainage mécanique ; mais elle s'allie à une contexture de grains si serrée,
que son rendement n'est pas inférieur à celui des variétés les
plus fécondes.

Le produit du maïs est extrêmement variable d'une localité à
une autre, moins encore par suite des différences que présente
le terrain, qu'à cause des procédés très divers de la culture.
Ainsi, il est des localités où le rendement moyen ne dépasse pas
12 ou 15 hectol. à l'hectare, tandis qu'ailleurs on cite des récoltes supérieures à 50 hectol. Avec une culture soignée, on peut
se promettre d'atteindre à 31 hectol. 67 par hectare : c'est le produit moyen que nous avons obtenu sur notre domaine de Périole
depuis sept ans. Toutefois, la Société d'agriculture de Toulouse
ainsi que la chambre consultative, ne portent le rendement
moyen du département qu'à 18 hectol. à l'hectare. Le rôle que
le maïs joue dans l'assolement et les soins dont il est l'objet, expliquent la différence des résultats.

La pratique la plus usuelle dans la Haute-Garonne est de faire
précéder le maïs d'un blé et de l'accompagner d'une jachère morte
sur laquelle on cultive, par exception, quelques légumes, mais
qu'on abandonne plus souvent à la dépaissance des troupeaux,
après y avoir jeté, vers le mois d'août ou de septembre, une
semence de farouch. Le maïs arrivant ainsi après le blé, se
trouve placé dans une condition très favorable, puisqu'il s'écoule
un long temps entre le moment où le sol débarrassé du froment
peut être ouvert par la charrue et celui où il doit recevoir
une nouvelle semence. Mais cet assolement laisse à la charge
de la récolte du maïs et de celle du froment qui l'a précédée
les frais de la jachère, d'où résulte une augmentation notable
dans le prix de revient de leurs produits respectifs. D'un autre
côté, malgré les ressources qu'offrent à l'alimentation du bétail
la paille du blé, les feuilles et la partie supérieure de la tige du
maïs ainsi que les dépaissances de la jachère, cette rotation ne
saurait donner lieu à une production d'engrais suffisante pour
élever au maximum le rendement des céréales sans le secours des
prairies naturelles ou artificielles.

A plus forte raison adressera-t-on ce reproche à l'assolement
qui fait précéder et suivre le maïs d'une récolte de paille. Il exige
d'autant plus d'engrais qu'il est privé du concours de la jachère et
qu'il voit se succéder, sans interruption, les récoltes épuisantes.

De plus, ce système de rotation a le tort de laisser très peu de temps entre la cueillette du maïs et les semailles du blé.

Enfin, dans un très petit nombre d'exploitations, on sème le maïs sur le trèfle, où il réussit fort bien. Un usage plus répandu est de le cultiver en première récolte sur les défrichements des grandes luzernes ; il donne alors de magnifiques produits, mais à la condition que le sol ait été travaillé de bonne heure. Il faut semer dru pour ne pas avoir de manquants.

Le maïs s'accommode parfaitement des labours profonds effectués avant l'hiver. Ils permettent à la plante de mieux résister à la sécheresse. L'approfondissement graduel et général de la couche arable, qui est un des résultats les plus heureux de notre pratique agricole depuis le commencement du siècle, a tourné au profit du rendement ; il s'est amélioré aussi par l'action des fumures qui sont devenues plus abondantes avec l'accroissement du bétail. D'un autre côté, l'introduction d'une charrue à double oreille a rendu la culture plus économique et surtout plus parfaite ; car, en buttant une rangée de maïs, on n'a pas à redouter de déchirer les radicelles de la ligne qui l'avoisine.

Au nombre des améliorations récentes, dont la culture du maïs a été l'objet, il faut citer encore les soins plus attentifs apportés à la conservation des épis dans les greniers, ainsi que l'introduction des égrainoirs mécaniques qui a reçu, depuis quelques années surtout, une grande impulsion. Les fabriques d'instruments agricoles de Toulouse font des expéditions considérables d'égrainoirs dans les départements voisins et spécialement dans les Landes. Nous citerons, entre tous nos constructeurs, M. Carolis et Mme veuve Geslot. Là où les machines n'ont pas pénétré, on égraine le maïs en frappant et râclant ensuite l'épi contre une lame en fer disposée à l'extrémité d'un petit banc. Les femmes sont chargées de cette besogne qui se fait ordinairement à la tâche, à raison de 25 ou 30 centimes l'hectolitre, vannage compris. Dans ces conditions de bon marché, le principal avantage, et peut-être le seul que l'égrainoir mécanique présente sur le procédé vulgaire, est la rapidité de l'exécution.

Les épis de millette blanche, récoltés en octobre et soumis à l'égrainage en janvier, rendent, après trois mois de dessiccation, 45 pour 100 de grain. On conçoit d'ailleurs que la proportion varie avec la qualité de la céréale et le degré de siccité. La râfle, que sa combustibilité a fait désigner sous le nom de charbon blanc, se vend à raison de 50 centimes l'hectolitre.

Quant à la tige du maïs, elle offre une importante ressource pour l'alimentation de l'espèce bovine. La partie supérieure (*cresto*), coupée à la hauteur de l'épi, dès que la panicule qui renferme les organes mâles de la plante commence à sécher, est généralement consommée en vert. Dans certaines localités où les fourrages sont rares, on coupe toutes les feuilles lorsqu'elles sont encore vertes, puis on les réunit en paquet et on les fait sécher : c'est là une bonne pratique, bien supérieure à celle qu'on emploie trop souvent dans la Haute-Garonne, et qui consiste à n'enlever les feuilles qu'avec les tiges après qu'on en a retranché les épis. Ce fourrage appelé *camborlo*, dans l'idiome de nos paysans, n'est pas facile à conserver. On est dans l'usage de l'amonceler en meules étroites et longues que l'on recouvre parfois avec du chaume. Les feuilles sont avidement dévorées par les bœufs, et les tiges dénudées sont employées au chauffage des colons. Quelques propriétaires plus industrieux, parmi lesquels il convient de citer M. Abadie, de Beaumont-sur-Lèze, coupent au hache-paille les tiges de maïs et les font ainsi entrer pour une part considérable dans l'alimentation de leur bétail.

Quand le maïs est exclusivement cultivé comme fourrage, la tige entière cueillie en vert, lorsqu'elle est encore tendre, est consommée tout entière par les animaux de l'espèce bovine ; ce produit prend le nom de *millargou*. On le sème à la volée ou, mieux encore, à raie et sur fumure, en ayant soin de ne pas épargner les sarclages. Ce dernier mode nous paraît bien supérieur au premier, car il est moins épuisant et généralement plus productif. Il a surtout l'avantage de faciliter la destruction des plantes adventices dont l'autre système favorise la croissance. Au lieu de semer le maïs-fourrage sur le flanc du billon, selon la pratique universellement employée lorsqu'on cultive la plante pour son grain, je fais semer à plat en espaçant les lignes à 70 centimètres. Ensuite, on passe le rouleau pour aplanir le sol et écraser les mottes qui embarrasseraient le jeu de la houe à cheval. Grâce à ce dernier instrument, les sarclages sont possibles, économiques et régulièrement exécutés. Le buttage vient à son heure.

Le *millargou* tient dans l'assolement la place du maïs cultivé pour son grain. On le sème aussi en récolte dérobée sur les éteules de farouch, qu'il sert à nettoyer et même à féconder, car il doit toujours être accompagné d'une forte fumure si l'on veut en obtenir de bons produits et le faire suivre d'une céréale. Les cultivateurs soigneux opèrent leur semis en divers temps et procurent ainsi à leur bétail, durant plusieurs mois et sans interruption, une nourriture dont il est fort avide. Les premières semailles ont lieu au commencement d'avril et les autres, de quinzaine en quinzaine, jusqu'à la Saint-Jean ; on peut employer jusqu'à 40 litres par hectare. Si les tiges étaient trop espacées, elles acquerraient un grand volume et seraient en partie délaissées par les animaux, à moins qu'on ne les préparât au coupe-racines.

Nous devons signaler ici les essais d'acclimatation d'une variété nouvelle, le maïs *Caragua* ou *Dent de cheval*, que sa maturité tardive ne permet pas de cultiver avec profit, comme céréale, sous notre latitude, mais qui présente, comme plante fourragère, l'avantage de se montrer moins sensible à la sécheresse que le maïs commun et de donner un rendement plus considérable. Dans les essais auxquels s'est livré M. de Carrière-Brimont, dans la vallée de la Lèze, le Caragua a fourni 92,000 kilogr. de fourrage vert à l'hectare, tandis que la variété vulgaire, cultivée dans les mêmes conditions, n'a pas dépassé 44,000 kilogr. A l'état sec, le Caragua a pesé 23,000 kilogr., et le maïs commun 11,000 kilogr. seulement.

A tout prendre, le maïs offre donc les plus précieuses ressources pour la nourriture des hommes et pour celle des animaux. Le grain, surtout en l'associant au froment, constitue un aliment sain et nutritif dont les populations rurales ne sont pas seules à tirer parti dans les années de disette. D'un autre côté, il est très favorable à l'engraissement du bétail, auquel il procure une chair succulente que nos ménagères distinguent et apprécient. On évalue à 600,000 hectol. environ, les quantités employées à ces divers usages dans la Haute-Garonne.

Au besoin, le maïs peut remplacer l'avoine dans la nourriture des chevaux, comme le prouve l'expérience de la cavalerie française, pendant la guerre de Crimée. C'est, du reste, une pratique répandue dans le Sud-Est de substituer le maïs à l'avoine pendant les fortes chaleurs ; pour cela, on le fait préalablement tremper dans l'eau, pendant quelques heures, afin de faciliter la mastication. La composition chimique du maïs explique ses propriétés nutritives ; d'après M. Magne, 4 kilogr. de ce grain renferment autant de matière grasse que 7 kilogr. d'avoine.

Mais, le maïs s'emploie encore à d'autres usages ; c'est ainsi que sa richesse en alcool permet de le soumettre avec profit à la distillation. Des établissements ont été fondés dans ce but par M. Boquet, à Tournefeuille, et par MM. Mather et Cᵉ, à Montaudran. M. d'Holier, propriétaire à Villefranche, est même parvenu à retirer du maïs une huile agréable au goût et excellente pour l'éclairage, sans nuire, assure-t-on (1), à la transformation du grain en alcool ou à son emploi dans la fabrication du pain.

_____

(1) *Revue agricole du Midi,* 1ᵉʳ avril 1865.

Le maïs occupe donc parmi nos plantes alimentaires le rang de ces précieuses espèces qui peuvent, selon les besoins du moment, être appliquées à la nourriture des animaux ou directement à celle des hommes. Quelque facilité que la liberté du commerce apporte désormais dans nos approvisionnements, il serait téméraire de rejeter sur elle le soin de pourvoir à notre subsistance, car la guerre aura son heure, et la guerre, comme il nous l'a été trop prouvé par celle que les Américains se sont faite entre eux, c'est la cessation du commerce et la ruine d'une magnifique industrie, quand il s'agit des cotons : ce serait la disette et peut-être la famine s'il s'agissait du blé. Il importe donc au plus haut point d'encourager et d'améliorer la culture de ces plantes secondaires, toujours si précieuses et qui peuvent devenir indispensables. Or, comme il n'est pas de meilleur stimulant qu'un prix rémunérateur, il conviendrait qu'un droit fixe modéré fût perçu sur cette céréale à son entrée en France.

Après avoir énuméré les avantages que présente le maïs, il nous reste à parler des inconvénients qu'on lui reproche. Le plus capital est de mûrir tardivement et de laisser ainsi un trop court délai pour préparer la terre à recevoir une semence d'automne. Cet inconvénient est manifeste, mais il est susceptible d'être atténué par une pratique intelligente. Des communes entières en font l'expérience depuis des siècles. D'abord, il faut semer de bonne heure, avant le 15 avril plus tôt qu'après ; tandis qu'en bien des lieux, on sème communément entre cette époque et la fin de mai. On ne doit pas négliger non plus de donner un sarclage à la bêche, dans le mois d'août ou de septembre. Cette opération prépare parfaitement le sol pour la récolte suivante et elle hâte la maturité du maïs ; on la précipite encore au moyen de l'effeuillage.

Ailleurs, on éloigne les rangées à 1 mètre, au lieu de les placer à $0^m,75$, selon l'usage du pays toulousain. Cette disposition permet d'ameublir le sol entre les lignes, au moyen de la charrue. Enfin, il est des variétés plus précoces que les types vulgaires et qui pourraient trouver un emploi avantageux dans les localités où ceux-ci mûrissent trop tard, et sur les exploitations où les travaux seraient accidentellement arriérés. M. Dupuy-Montbrun se loue, pour cet usage, du maïs quarantain.

S'il arrivait cependant que, malgré toutes ces précautions, les emblavures d'automne ne pussent avoir lieu dans des conditions convenables, nous conseillerions aux cultivateurs d'ajourner les semailles, de laisser la terre exposée à l'action des agents atmosphériques jusqu'à la fin de l'hiver, et de remplacer le blé par l'orge de printemps. C'est là une pratique dont nous avons toujours eu à nous louer.

Mais, on ne saurait trop le redire, il ne faut pas s'obstiner à cultiver le maïs partout; il exige, indépendamment des conditions climatériques qui lui sont propres, un sol profond, substantiel et frais. Il redoute le voisinage des arbres et les terres ardentes ou légères. Dans les fonds de cette nature, on doit lui préférer le colza, que sa précocité soustrait à l'action des fortes chaleurs, et qui laisse la terre longtemps libre pour recevoir les travaux préparatoires de la récolte en blé. Cet avantage doit assurer une place au colza sur toutes les exploitations où il n'a pas trop à souffrir de l'action des brouillards. L'association de cette plante au maïs enlèverait à cette culture les inconvénients qui résultent de l'accumulation des travaux à la fin de l'automne ; elle mettrait obstacle à l'envahissement du sol par les mauvaises herbes qui nécessitent, de temps à autre, l'intervention d'une jachère morte dans l'assolement triennal, où le blé succède immédiatement au maïs. Les soins particuliers et les engrais que l'on donnerait au colza seraient, d'ailleurs, largement payés par les produits de de cette culture, l'une des plus avantageuses que l'on puisse entreprendre aujourd'hui, et l'une de celles auxquelles l'avenir semble le plus favorable.

§ 7. — Sarrasin.

Détails historiques. — Statistique comparée. — Usages. — Culture. — Rendements.

Le sarrasin (*polygonum fagopyrum*) est cultivé sur une assez vaste étendue dans la partie montagneuse de la Haute-Garonne. Cette plante, que l'on croit originaire d'Asie et qui aurait été importée en Europe à l'époque des croisades selon les uns, et seulement vers la fin du quinzième siècle suivant les autres, ne se plaît pas dans toutes les terres ni à toutes les expositions. Elle exige, en effet, un sol très meuble et un climat humide. Elle redoute les vents secs et la gelée durant sa végétation.

Or, ces conditions ne se trouvent guère réunies dans nos plaines et dans nos pays de coteaux ; mais, en revanche, elles sont communes dans la partie montagneuse du département qui forme l'arrondissement de Saint-Gaudens. La culture du sarrasin ou blé noir y couvrait déjà 1,500 hectares en 1815. Elle s'étend aujourd'hui sur 1,000 hectares de plus. Dans l'arrondissement de

Muret, son importance est fort minime; elle est insignifiante partout ailleurs.

Toutefois, si cette plante n'est pas appelée à occuper une place invariable dans nos assolements, en dehors de la montagne, du moins elle peut, à l'occasion, rendre d'utiles services au cultivateur dont les récoltes ont été détruites par les intempéries. C'est ainsi qu'on s'est loué d'avoir semé du sarrasin sur des avoines ravagées par les froids de l'hiver et après des céréales anéanties par la grêle.

Dans les années où le fourrage est rare, le sarrasin procure aussi des ressources précieuses pour le bétail. C'est que cette admirable plante ne donne pas seulement un grain propre à la nourriture de l'homme et très favorable à entrenir la vigueur et l'embonpoint des animaux, elle offre aussi, lorsqu'on la coupe en vert, un fourrage qu'on a pu comparer au trèfle et qui est surtout favorable aux vaches laitières. Pâturé sur la fleur, le blé noir a, dit-on, l'inconvénient d'enivrer les brebis et de leur faire enfler la tête. Dans la Montagne-Noire, on s'abstient avec le plus grand soin de conduire les troupeaux dans les *savoyards* (c'est le nom sous lequel on y cultive le sarrasin). Les bergers de ce pays prétendent que l'usage de cette plante en vert entraîne, non l'enflure de la tête, mais bien le pissement du sang. On attend la maturité du grain pour faire la moisson, et la paille séchée est administrée aux bêtes à laine qui s'accommodent fort bien de cette nourriture.

Arthur Young estimait qu'un boisseau de sarrasin vaut autant que 2 boisseaux d'avoine pour l'alimentation des chevaux, et Mathieu de Dombasle, sans être aussi explicite, proclame la supériorité du sarrasin. Il le regarde comme aussi nutritif que l'orge pour l'engraissement des cochons. Réduit en farine, le blé noir est consommé avec profit par les bêtes à cornes. On sait, d'autre part, que les oiseaux de basse-cour s'accommodent parfaitement de cette nourriture qui paraît hâter la ponte.

Si les gelées surviennent prématurément, on a la ressource d'enfouir le sarrasin. Il constitue alors un très bon engrais. Malheureusement, cette pratique est trop peu suivie. On prétend que cette plante, empruntant beaucoup à l'atmosphère, n'épuise guère le sol. Nos montagnards du Tarn sont loin de partager cette opinion. Ils ont remarqué que lorsqu'on laboure la terre qui vient de porter du blé noir, elle est toujours sèche, même par un temps très humide.

Dans la Haute-Garonne, le sarrasin se sème en culture dérobée du 1er au 15 juillet, après qu'on a récolté le blé ou le seigle. On rompt le chaume, on herse jusqu'à parfait ameublissement, et on jette 75 litres de grain par hectare. Dans le Nord, on n'emploie guère que 50 litres, mais on double, au moins, la proportion lorsqu'on se propose d'enfouir la plante en vert ou de la faire consommer comme fourrage. La semence ne doit pas être ensevelie profondément ; on la recouvre à la herse. Malheureusement, dans nos pays, on néglige l'opération du roulage qui, en comprimant la terre contre le grain, en favorise la levée.

Dès lors, on ne s'occupe du sarrasin que pour faire la récolte. Comme la floraison s'opère en trois phases distinctes, qui n'embrassent pas moins de trois semaines, la maturité est tout à fait inégale. On se hâte de couper dès que les premiers grains étant noirs les seconds ont pris une teinte rouge foncée. On moissonne à la faucille les tiges, qu'on laisse étendues pendant plusieurs jours, puis on en forme de petites meules. Dans cet état, le grain se conserve à merveille et achève de sécher. Le battage a lieu au moyen du fléau, et la paille qui en provient sert à la nourriture du bétail ou à la fabrication des composts pour les prairies. On l'emploie aussi comme litière.

Le grain récolté dans la Haute-Garonne se consomme en entier aux lieux de production. M. Godoffre porte le rendement moyen du sarrasin dans le département à 15 hectol. par hectare. C'est, du reste, ce qu'on obtient, en général, dans la Bretagne. On verrait le produit s'accroître si, sur les sols maigres et épuisés, cette culture était accompagnée d'engrais. On sait que le rendement varie d'ailleurs beaucoup d'une année à l'autre. Il est quelquefois nul, souvent médiocre, et d'autres fois prodigieux. On affirme qu'en Flandre il atteint, avec les circonstances les plus favorables, jusqu'à 50 hectol. par hectare.

Quoi qu'il en soit de ce produit maximum, il est certain que les ressources qu'offre le blé noir pour l'alimentation des animaux (soit qu'on le laisse grainer ou qu'on le fasse consommer comme fourrage), et la valeur de cette plante comme engrais vert, lui méritent une plus large place dans nos assolements. Il n'est pas de culture intercalaire plus économique sous le rapport des travaux, moins exigeante peut-être en engrais, ni plus propre à réparer les désastres si fréquemment causés par les intempéries dans nos contrées méridionales.

§ 8. — Sorgho.

Sols propices au sorgho. — Culture. — Rendement. — Usages de la tige
et des graines.

« Partout où l'on a des terres riches, des alluvions de rivière
qui en renouvellent sans cesse la fécondité, et un marché ouvert
pour en écouler les produits, le sorgho (*holcus sorghum*) est une
des cultures les plus avantageuses qu'on puisse faire. » Telle est
l'opinion de M. de Gasparin à ce sujet. Les faits constatés dans
la Haute-Garonne sont loin de l'infirmer, et, toutefois, ils établissent que le domaine de cette plante n'est pas uniquement restreint aux alluvions, mais qu'il s'étend encore au terrain tertiaire
des coteaux qui dominent nos vallées. Le sol argilo-calcaire ne
lui est pas moins favorable que le sol argilo-siliceux. On a remarqué, dans les étés de 1865 et 1866, que le sorgho souffrait
moins que le maïs du manque d'humidité.

Une particularité curieuse à signaler est la facilité avec laquelle
cette plante se succède à elle-même pendant plusieurs années
consécutives, malgré l'énorme quantité de matières qu'elle fournit. C'est ainsi que dans la partie inférieure de la vallée de
Lhers, où cette culture est surtout pratiquée par de petits fermiers, on voit les champs porter sans interruption quatre et cinq
récoltes de sorgho. La seconde et la troisième seraient même,
dit-on, égales, sinon supérieures à la première ; à peine, durant
les neuf années du bail, en consacre-t-on une seule à quelque
autre produit. Ce système, il est facile de le concevoir, ne saurait
permettre d'atteindre aux rendements les plus élevés ; le vrai
rôle du sorgho dans l'assolement consisterait soit à remplacer une
autre plante sarclée, c'est-à-dire à alterner avec le blé ou l'avoine
dans la rotation biennale, soit à suppléer le maïs dans l'assolement
triennal.

Les travaux préparatoires sont les mêmes que pour le maïs ;
tout se borne en un labour à la bêche ou en deux façons à la
charrue. Dans les terres fortes, il est bon d'ouvrir la terre avant
l'hiver. Dès les premiers jours de mai, lorsque les gelées sont
passées et que le sol a été convenablement ameubli, on sème le
sorgho en espaçant les lignes à 90 centimètres. Avant d'opérer
le premier sarclage, on arrache à la main tous les pieds qui sont
de trop, laissant entre les autres un intervalle de 20 centimètres
environ. Dans la vallée de Lhers, on observe le même écarte-

ment entre les lignes, mais on rapproche les pieds à 6 ou 8 centimètres.

Quand les graines sont arrivées à maturité, c'est-à-dire vers la fin de septembre, on coupe les tiges à 50 centimètres environ de la partie qui doit former le balai ; le restant est mis en fagots et utilisé soit pour le chauffage, soit comme litière. Lorsqu'on veut employer la partie inférieure à ce dernier usage, on l'écrase préalablement sur l'aire au moyen du rouleau à dépiquer.

La partie supérieure, qui est destinée à la fabrication des balais, reste étendue pendant deux jours à terre pour en hâter la dessiccation. Réunie en fagots, elle est ensuite transportée à la ferme et dépouillée de la graine, qu'on détache en frappant les tiges sur une pierre ; on se hâte de passer cette graine au ventilateur pour en assurer la conservation.

Le produit s'élève de 40 à 55 hectol. par hectare, et le prix atteint de 6 à 8 fr. ; il était moindre, il y a quelques années, lorsque la graine n'était pas aussi recherchée pour l'engraissement des bestiaux. Réduite en farine et associée aux balles de blé, elle entre en hiver dans l'alimentation de nos bœufs de travail.

Après la dessiccation, qui exige de grands soins (la moisissure et la perte de la couleur nuisant beaucoup à la valeur vénale), les tiges se vendent de 32 fr. à 40 fr. les 100 kilogr. ; il y a quatre ou cinq ans, elles valaient presque le double. On estime que le produit moyen des tiges est de 10 à 15 quintaux métriques par hectare.

Les profits considérables qu'offre cette culture ont élevé considérablement le fermage des terres qui y sont propres. Dans les communes de Bruguières, Saint-Sauveur, Villeneuve-les-Bouloc, etc, où elle occupe les trois quarts des *fonds* dits *de rivière*, le sol est affermé à de petits cultivateurs, depuis 200 jusqu'à 280 fr. par hectare. Ces renseignements, que nous devons à l'obligeance d'un sage et intelligent agriculteur de ce pays, M. Desclaux, nous paraissent mériter toute confiance.

§ 9. — Millet.

Culture. — Rendements.

Le millet (*panicum miliaceum*) est cultivé dans les hautes vallées de l'arrondissement de Saint-Gaudens, soit en récolte principale, soit en récolte dérobée. Il a sur le sarrasin l'avantage de braver la chaleur et la sécheresse. Comme lui, il prospère sur les sols argilo-siliceux et se trouve placé d'ordinaire sur un chaume de seigle. On le sème alors en juillet et août, après avoir donné un léger labour de 10 centimètres et multiplié les hersages pour ameublir complétement le terrain. La quantité de semence varie beaucoup suivant les localités ; on emploie depuis 10 litres jusqu'à 40 litres par hectare.

Les cultivateurs soigneux sèment le millet en ligne et lui donnent deux sarclages. Certains même ne reculent pas devant les frais d'une fumure ; d'autres se contentent d'un semis à la volée et laissent les mauvaises herbes se multiplier librement. Ce dernier système est défectueux de toute manière. M. Laurens, président de la Société d'agriculture de l'Ariége, se loue de cultiver le millet entre deux farouch. Il sème en mai, et bientôt après il jette la semence de son second farouch qui forme, dès l'automne, un bon pâturage.

On récolte le millet à la faucille, lorsque la plus grande partie des panicules jaunit. Le grain, dont le poids rivalise avec celui du maïs, est encore plus estimé pour l'engraissement des volailles, mais il donne un pain plus pesant et plus serré. Le rendement varie, suivant les lieux et le mode de culture, depuis 10 hectol. à l'hectare jusqu'à 30. Quant à la paille, elle est délicate et fort goûtée par les bestiaux.

§ 10. — Riz.

Tentatives d'acclimatation opérées par les soins de MM. de Lasplanes et Clos.

Nous ne saurions clore la liste des céréales cultivées dans la Haute-Garonne, sans rendre hommage aux efforts généreux accomplis pour l'étendre par un agronome dont le souvenir restera, d'ailleurs, attaché à la création du canal de Saint-Martory ; nous voulons parler de M. de Lasplanes. Pendant les années 1847, 1848 et 1849, il tenta d'acclimater plusieurs variétés de riz dans le département. Le riz barbu de la Caroline du Sud, qu'il cultiva le premier, se développa d'abord avec vigueur, mais un très petit nombre d'épis parvint à une maturité complète.

L'année suivante, les essais portèrent sur un riz sans barbe dont la semence avait été récoltée dans le delta du Rhône. M. de Lasplanes fut plus heureux ; il put offrir à la Société d'agriculture une gerbe recueillie sur son domaine. Dans la pensée de cet homme de bien, le riz, s'il parvenait à se naturaliser dans la

Haute-Garonne, aurait bientôt enrichi les terres que le canal d'irrigation devait arroser, et nous étions destinés à voir repro-duire sous nos yeux les merveilles que cette plante venait de réa-liser dans la Camargue.

En 1849, de nouveaux essais, opérés avec la semence récoltée dans le pays l'année précédente, firent concevoir des espérances à leur auteur, sans être assez concluants, toutefois, pour porter la conviction dans le public agricole et déterminer quelque fervent adepte à reprendre la tâche que la mort de M. de Lasplanes laissa inachevée.

Depuis cette époque, M. Clos, le savant professeur de botani-que de Toulouse, a cultivé, dans le Jardin des Plantes de cette ville, la variété désignée sous le nom de *riz sec* qui vient dans les terrains non inondés. Les pieds se sont assez bien développés dans le principe, mais ils n'ont donné que des épis incomplets, et ils ont péri avant de mûrir.

CHAPITRE II

LÉGUMES

§ 1er. — Fève.

Statistique. — Culture. — Rendements. — Usages.

Des plantes légumineuses cultivées pour leur semence dans la Haute-Garonne, la fève est la plus répandue. Elle occupe 9,500 hectares, dont 3,000 dans l'arrondissement de Toulouse, 2,300 dans celui de Villefranche, 2,200 dans celui de Muret et 2,000 environ dans celui de Saint-Gaudens. La variété à laquelle on donne la préférence tient le milieu, sous le rapport du volume et de la fécondité, entre la grosse fève des marais (*faba major*) et la féverolle (*faba equina*). Cette légumineuse, empruntant à l'atmosphère la plupart de ses éléments, épuise très peu le sol. Comme elle prospère dans les lieux humides, qu'elle s'accomode fort bien des terres argilo-calcaires et qu'elle réussit, quoique à un moindre degré, dans les boulbènes, elle tiendrait avec profit une place plus large dans nos assolements si la culture en était mieux comprise.

Malheureusement, on se borne, en général, à semer les fèves en lignes très rapprochées, sans fumure et sans autre préparation que le labour superficiel qui les recouvre, soit qu'on les fasse succéder au maïs ou qu'elles viennent après le froment. Dans ce dernier cas, le sol est infesté par les mauvaises herbes et notamment par la folle-avoine. Des sarclages pratiqués à propos pourraient atténuer le mal, mais il arrive trop souvent que les maîtres-valets, auxquels les fèves sont en général données à moitié et qui n'ont pas d'intérêt sur la céréale suivante, négligent cette opération capitale. Cette circonstance a valu à la fève la réputation fort imméritée de salir le terrain et de l'épuiser, alors qu'avec des soins plus intelligents elle présente des résultats contraires.

Les cultivateurs habiles déchaument de bonne heure et passent la herse ou le rouleau. Quinze jours après, quand les plantes adventices ont levé, ils donnent une second labour suivi d'un nouveau hersage et sèment en lignes espacées à 70 centimètres, c'est-à-dire de deux en deux raies. Il convient que la terre soit fouillée à 25 centimètres au moins, et même qu'elle ait reçu une fumure. Cette préparation facilite la croissance de la plante et la rend plus apte à développer ses feuilles qui puisent si abondamment dans l'atmosphère les éléments de la nutrition. Enfin, outre qu'on n'a guère à craindre que le fumier cause la verse, on a l'avantage de faire disparaître, par les sarclages nécessaires à la prospérité de la plante, les mauvaises herbes que l'engrais de ferme apporte trop souvent avec lui.

L'adoption de la houe à cheval rendrait cette dernière opération plus facile et plus économique. Dès que les cosses inférieures commencent à se former, les cultivateurs soigneux coupent la cime des tiges. Cette méthode présente le double avantage d'augmenter la fécondité de la plante et d'atténuer les ravages des pucerons. On récolte les fèves en juin, quand on les a semées en septembre ou octobre. Les semis ainsi pratiqués donnent en général un produit plus élevé que ceux que l'on retarde jusqu'au mois de novembre, après l'enlèvement du maïs, bien que ces derniers aient moins à craindre le froid. Le rendement de la fève est d'ailleurs extrêmement variable ; tantôt il n'atteint pas 10 hectol. à l'hectare, et tantôt il dépasse 20 hectol. Ce dernier chiffre est encore inférieur à la moyenne qu'on obtient dans le Nord et qui s'élève à 26 hectol. C'est deux fois, au moins, ce qu'on récolte dans la Haute-Garonne. Encore faut-il défalquer la semence qui varie de 1 hectol. à 1 hectol. 50 et qui atteint jusqu'à 3 hectol. dans les environs de Caraman. En général, on opère le battage à l'aide du fléau ; mais lorsqu'on dispose de quantités considérables, on fait usage d'un rouleau en bois, garni de lames transversales très saillantes, usité pour égrainer le froment. Le sol bien amendé et bien nettoyé par la culture des fèves est, en outre, débarrassé de bonne heure de cette récolte, en sorte qu'on a le temps nécessaire pour le disposer à recevoir une emblavure.

On sait que dans notre Midi, où les salaires sont relativement peu élevés, le bétail assez rare et l'usage de la viande fastidieux avec les grandes chaleurs, c'est aux légumes que nos populations rurales empruntent, en grande partie, les suppléments azotés destinés à compléter leur alimentation. La fève, en particulier, qui est deux fois plus nourrissante que le froment, à poids égal, joue un rôle considérable dans le régime de nos paysans. Ils la mangent soit en vert, soit cuite avec du porc salé et accommodée à la soupe. Autrefois, ils mélangeaient la farine des fèves à celle du blé, communément dans la proportion d'un douzième. Cette pratique, fort usitée avant la Révolution, était encore très répandue, il y a cinquante ans. Elle tend aujourd'hui à disparaître. A l'état sec, la fève ne s'emploie guère que pour le bétail. Elle est fort goûtée par les chevaux. Selon Yvart, ils ne se nourissent pas moins bien avec trois quarts de boisseau de féverolles qu'avec un boisseau d'avoine. D'un autre côté, on sait qu'après le lait, il n'est pas, pour les jeunes veaux, d'alimentation préférable à la farine de fèves.

L'admirable propriété que possède cette légumineuse de tirer de l'atmosphère la plus grande partie de sa substance, la rend particulièrement propre à enrichir les champs dans lesquels on l'enfouit en vert. Sous ce rapport, elle est pour les terrains argileux ce que le sarrasin est pour les sols humides et légers de nos montagnes, et le lupin pour ceux dans lesquels la silice domine.

§ 2. — Haricots.

Statistique. — Culture. — Rendements. — Variétés.

Après la fève, le haricot est le légume qui occupe la plus grande place dans nos cultures. Il s'étend sur près de 7,000 hectares, dont 3,818 dans l'arrondissement de Saint-Gaudens, 1,435 dans celui de Toulouse, 1,154 dans l'arrondissement de Muret, et 481 dans celui de Villefranche. C'est que, là même où le haricot n'est pas

considéré comme une récolte principale, il est, à l'instar de la
fève, cultivé sur une multitude de petites parcelles par tous les
colons : métayers, maîtres-valets, estivandiers, bergers, qui le consomment en vert et en sec dans leur ménage. Sa teneur en azote
est, d'après M. de Gasparin, de 4,30 pour 100 à l'état sec et de
3,91 à l'état normal.

Le haricot, toujours cultivé sur jachère, réussit sur tous les
sols riches et frais, soit que ces qualités dérivent de leur nature ou
des amendements combinés avec des labours profonds. Toutefois,
les terrains légers et substantiels sont ceux sur lesquels le rendement est, à la fois, le plus égal et le plus élevé. Dans les localités
où les haricots sont cultivés comme récolte principale, on donne
deux ou trois labours et les hersages nécessaires pour que le sol
soit bien ameubli. On sème, en avril et dans la première quinzaine
de mai, en lignes espacées à 65 centimètres. C'est aussi à la même
époque qu'on ensemence les haricots que l'on associe aux cultures de maïs. Dans les deux cas, tous les sarclages se donnent à
la main. Il y aurait incontestablement avantage à mettre entre
les rangées une distance suffisante pour laisser passer la houe à
cheval. Le rendement moyen du haricot, cultivé en récolte principale, est d'environ 15 hectol. à l'hectare. Il ne dépasse guère
4 ou 5 hectol. en récolte additionnelle. Le produit est d'ailleurs
fort casuel. Une méthode sûre de le rendre moins variable et plus
élevé consiste à donner au labour une profondeur d'au moins
25 centimètres et à l'accompagner d'une bonne fumure. On ne
saurait oublier, en effet, que le haricot, faisant exception parmi
les légumineuses, est une plante épuisante et que, par conséquent, sa culture ne saurait constituer une excellente préparation
pour le blé qu'à la condition d'être pratiquée sur des terrains
d'une fécondité exceptionnelle ou bien enrichis par des engrais
abondants. Dans l'Alsace, où la culture est mieux entendue que
chez nous et le climat plus humide, on obtient jusqu'à 29 hectol.
par hectare.

Les haricots de Montastruc sont les plus renommés de la Haute-
Garonne. Ils appartiennent à la variété naine, qui est la quarantaine abâtardie (crantillouno), dont le grain est plus petit et plus
arrondi que celui de l'espèce commune qu'on cultive conjointe-
ment avec elle. Celle-ci paraît être une dégénérescence du haricot de Soissons. Elle est plus productive que l'autre et donne facilement 20 hectol. à l'hectare quand la saison est propice. J'ai
même entendu citer, à Saint-Geniès, un rendement exceptionnel
de 35 hectol. à l'hectare.

Dans les clos irrigués, on cultive principalement deux variétés qui donnent un rendement merveilleux : l'une naine (*moungé*), qui dérive du haricot dit flageolet ; l'autre grimpante (*goulut*), qu'on désigne dans le commerce sous le nom de *mange-tout*. On sème en tout temps, depuis la fin des gelées jusqu'au mois d'août. Le produit, vendu en vert pour la consommation de la ville, s'élève quelquefois au chiffre brut de 1,000 fr. par hectare.

§ 3. — Lentille (*Hervum lens*).

Statistique. — Culture. — Variétés. — Rendement.

De même que la fève est plus particulièrement le légume du pauvre, de même la lentille, à cause de son prix élevé, figure exclusivement sur les tables bien servies. La teneur en azote de ce légume est un peu plus considérable que celle du haricot, puisqu'il dose à l'état sec 4,40 pour 100.

Il se plaît dans les sols argilo-siliceux et les terrains calcaires ; on le cultive assez en grand sur les coteaux qui séparent la partie inférieure du bassin de l'Hers, de la vallée du Girou, particulièrement dans les communes de Saint-Loup, Pechbonnieu et Montberon. D'après la statistique officielle, il occupait, en 1860, 156 hectares dans l'arrondissement de Toulouse, 47 dans celui de Muret, et près de 20 dans celui de Villefranche ; il est à peu près inconnu dans l'arrondissement de Saint-Gaudens.

On place la lentille sur les terres qui ont porté le froment et qu'on a eu la précaution de labourer avant l'hiver. On achève de préparer le sol au printemps par de nouvelles façons et on sème en avril ou en mai, à raison de 80 litres par hectare. Généralement, on dispose le grain en lignes continues espacées à 65 centimètres ; d'autres fois, on sème en touffes, et il n'est pas rare de voir intercaler des légumes d'espèce différente entre les rangées des lentilles. La variété commune cultivée dans la Haute-Garonne est la lentille de Soissons abâtardie. On y récolte, en outre, sous le nom vulgaire de *mérillou*, l'espèce naine de la montagne.

Deux sarclages suffisent le plus souvent pour nettoyer le sol ; au second, les bons cultivateurs ramènent la terre autour de la plante. Ils ont soin aussi de réserver pour les lentilles un engrais bien décomposé. Malheureusement, c'est là l'exception. En négligeant de ces utiles pratiques, on augmente notablement l'incertitude des résultats. Les brouillards sont très funestes aux lentilles ; aussi doit-on bannir cette culture des lieux qui y sont particulièrement exposés.

Le rendement varie de 12 à 18 hectol. par hectare ; mais la plante fournit, outre la graine, un fourrage très nutritif, qu'on a le tort de ne pas mettre toujours à profit. L'esprit de routine fait ainsi sacrifier une ressource qu'on estime ailleurs à l'égal du meilleur foin.

§ 4. — Pois chiche. Pois.

Pois chiche : culture, usages. — Pois gris. — Pois carré. — Pois vert.

Le pois chiche (*cicer arietinum* et, en langage vulgaire, *sésérou*, *bécut*) se plaît sur les terrains argilo-calcaires peu sujets au brouillard. Il est répandu dans la partie la plus accidentée du canton de Montastruc ; on le sème ordinairement sur des terres qui ont porté du maïs et que l'on a ouvertes, avant l'hiver, au moyen de la bêche ; deux façons à la charrue complètent la préparation du sol. Les semailles s'opèrent dans la première quinzaine d'avril ; on espace les lignes à 70 centimètres environ. Un sarclage et un buttage sont jugés indispensables ; le produit est à peu près de 20 hectol. par hectare.

Le pois chiche est recherché pour la distillation ; on l'emploie aussi en purée dans le Languedoc. En Asie et en Afrique, ce légume joue un rôle bien plus considérable dans l'alimentation humaine. Les fanes constituent un excellent fourrage qu'on laisse perdre trop souvent.

Il en est de même de celles du pois gris ou *bisaille*, qui sont si estimées dans le Nord, qu'on y cultive cette plante uniquement pour les recueillir. Les animaux ne se montrent pas moins avides de son fruit, et c'est sous le nom de pois à vache, à brebis ou à agneau, qu'on désignait autrefois la bisaille. Les pigeons font une guerre si active aux jeunes pousses, qu'on est obligé de faire garder les semis. Cette culture n'a jamais eu une grande importance dans la Haute-Garonne, où il semble cependant qu'elle pourrait prendre une plus large place ; le pois, qui aime les terrains secs plutôt qu'humides, et légers plutôt que forts, y rencontrerait des expositions convenables. On sait que cette plante enfouie en vert constitue une bonne fumure.

La gesse ou pois carré, qui est plus exigeante que le pois rond, est à peine connue dans le département.

D'après la statistique de 1860, les pois secs, dénomination sous laquelle paraissent être comprises toutes les espèces et variétés, occupaient 800 hectares environ dans la Haute-Garonne ; l'arrondissement de Toulouse en comptait 400 ; ceux de Muret et

de Saint-Gaudens, moins de 200 chacun ; enfin, celui de Villefranche, 30 environ.

Depuis quelques années, la culture des pois verts est l'objet
d'une exportation considérable sur Paris et d'autres grandes villes.

CHAPITRE III

PLANTES A RACINE ALIMENTAIRE

§ 1er. — **Pommes de terre.**

Importation de la pomme de terre. — Propagation. — Statistique.
— Rendements. — Variétés. — Culture.

La pomme de terre (*solanum tuberosum*, et dans notre langue
vulgaire : *patano, truffo, truffet*) forme, comme on sait, pour les
naturalistes le type des solanées. Nous avons rappelé ailleurs l'historique de sa propagation en Europe, les efforts du roi Louis XVI
et de Parmentier pour la divulguer en France, et le zèle de
Mgr du Barral et de M. de Lapeyrouse pour la répandre dans nos
contrées méridionales.

Après la chute de l'ancien régime, l'œuvre de propagation ne
se ralentit pas. En 1795, un décret de la Convention convertit
les jardins de Versailles et des Tuileries en champs de pommes
de terre, et, dans certains départements, on contraignit les cultivateurs à consacrer à cette plante une étendue déterminée. Chez
nous, M. de Lapeyrouse en poursuivit sans relâche la propagande. La pomme de terre, ainsi qu'il nous l'apprend lui-même,
était inconnue dans le canton de Montastruc, lorsqu'il en apporta
la semence des Pyrénées. Au début, les cultivateurs ne refusaient
pas seulement d'en faire usage pour leur nourriture, ils s'obstinaient à n'en donner à aucune espèce de bétail. Vaincus enfin
par l'évidence, ils cessèrent de lui refuser leurs soins, et, en 1814,
chaque famille de paysans en récoltait une petite provision.

Les renseignements statistiques que nous possédons sur cette
époque, ne nous inspirent pas assez de confiance pour en faire l'objet d'une comparaison avec le temps actuel ; nous devons nous

borner à constater que la pomme de terre a pris, d'année en année, une plus grande place dans nos assolements, tantôt à côté du maïs, tantôt et plus souvent sur la jachère. Sa culture s'est surtout développée dans la partie montagneuse de la Haute-Garonne, où elle occupe plus de 5,000 hectares. Lorsque les inspecteurs de l'agriculture tracèrent la description de notre département en 1843, la pomme de terrre n'était guère cultivée en grand que dans la région pyrénéenne, où elle réussissait d'ailleurs très bien. Dans la plaine, au contraire, ses produits étaient peu considérables.

Cet état de choses, nous sommes heureux de le constater, s'est beaucoup modifié depuis cette époque. Si l'arrondissement de Villefranche donne la préférence au maïs, qui y réussit à merveille, il ne consacre pas plus de 738 hectares aux pommes de terre ; elles en occupent 2,178 dans l'arrondissement de Toulouse, et 3,178 dans celui de Muret. La part de l'arrondissement de Saint-Gaudens, qui est de 5,270 hectares, égale presque celle des trois autres réunis. Au total, cette culture s'étend sur 11,364 hectares dans la Haute-Garonne. En 1855, on l'évaluait, en chiffres ronds, à 11,000 hectares.

Quant au rendement, loin d'être inférieur dans nos plaines, ainsi qu'il l'était, il y a une vingtaine d'années, il s'est élevé à mesure que la couche arable a été plus approfondie, ameublie et fumée. En 1855, M. Godoffre évaluait le produit à 55 hectol. par hectare, la semence à 7 hectol. ; aujourd'hui, on récolte davantage. Un rendement de 140 à 150 hectol. par hectare est jugé bon sans paraître merveillleux, et dans les alluvions de la Garonne, ainsi que sur les terrains défoncés, il n'est pas rare de recueillir jusqu'à 300 hectol. de pommes de terre sur une pareille étendue. Nous devons citer, parmi les propriétaires qui pratiquent cette culture avec le plus de succès, M. Derrouch, maire de Gagnac. Ses produits sont recherchés pour les semailles comme pour la consommation urbaine.

La variété *chardon*, dont l'introduction remonte à quelques années, est celle qui paraît fournir la plus grande quantité de tubercules sains. On sème aussi avec succès la pomme de terre dite de *montagne* et, dans la culture maraîchère, l'espèce *quarantaine*.

Nous avons eu à nous louer d'avoir recouvert l'engrais avec la semence selon l'usage adopté dans les environs de Revel; c'est aussi une bonne pratique de confier les tubercules au sol dès qu'on n'a plus à craindre les gelées. La maturité est plus précoce et la récolte mieux assurée contre la maladie. En outre, le laboureur se ménage ainsi un délai suffisant pour préparer convenablement le sol à recevoir une emblavure.

On est dans la coutume de semer des pommes de terre de moyenne grosseur et de gros fragments de tubercules plus volumineux ; ces deux procédés donnent des résultats bien supérieurs à l'emploi des germes isolés. Nos cultivateurs ont soin de rejeter les tubercules qui poussent de longs filaments, parce qu'ils ne donnent que de mauvais produits. La distance communément observée est de 40 centimètres entre les plantes et de 75 centimètres entre les raies. Il suffit, en général, pour assurer la prospérité de la pomme de terre, d'opérer un sarclage unique à la main et plus tard un simple buttage à la charrue.

Cette culture, qui présente de si grands avantages pour l'alimentation des hommes et des bestiaux, est malheureusement exposée à de grandes vicissitudes depuis l'irruption de la maladie dont les ravages fréquents dans les Andes, au témoignage de M. d'Orbigny, nous ont été soudainement révélés en 1856. Les conséquences à jamais déplorables que ce fléau a entraînées pour l'Irlande, qui était devenue la patrie adoptive des pommes de terre comme les Andes sont leur pays natal, doivent nous rendre circonspects dans la part à faire à cette solanée. Toutefois, en présence du ralentissement de la maladie et des profits considérables que procure la pomme de terre, il serait imprudent de céder à un découragement qui n'a que trop duré.

En effet, si cette plante est loin de répondre à l'idée merveilleuse que s'en firent ses premiers propagateurs, et si le fameux repas de Parmentier, où tous les mets, depuis le pain jusqu'au café et au *gloria*, étaient uniquement composés des produits de la pomme de terre, doit rester célèbre parmi les tours de force culinaires, il n'est pas moins certain aux yeux de la science qu'un hectare de pommes de terre qui rapporte 17,000 kilogr. de tubercules, donne, en moyenne, d'après les recherches de M. de Gasparin, une quantité d'azote équivalant à la nourriture qu'on pourrait tirer de 40 hectol. de blé.

L'importance de ce produit et sa nature particulière qui permet de l'employer à la nourriture des animaux et directement à celle des hommes, selon les plaisirs du goût et les exigences de la nécessité, doit lui assurer une place constante sinon très étendue dans nos assolements ; elle peut venir après un blé et servir de préparation à une autre céréale : on affirme même qu'elle réussit très bien, quoique semée tardivement et sur un simple labour, après le farouch hâtif fauché en vert. Malgré les progrès que nous avons réalisés dans la culture de la pomme de terre, il est

certain que nous pourrions obtenir de plus beaux résultats dans
l'ensemble, si les bonnes pratiques se généralisaient. Un soin
très rigoureux devrait toujours présider au choix des semences ;
il conviendrait de bannir les tubercules malades, ainsi que ceux
dont les jets sont faibles et allongés. On fera bien aussi de renouveler, de temps à autre, les meilleures espèces pour en prévenir l'abâtardissement. Enfin, nous conseillons de semer de bonne
heure, avec une forte fumure, sur un sol profondément ouvert à
l'automne, retourné à la charrue et convenablement hersé dès le
printemps ; on arrachera les tubercules aussitôt qu'ils auront
atteint la maturité. Telles sont les conditions les plus favorables
pour obtenir des produits abondants et de bonne garde.

§ 2. — Betterave.

Son importance dans la Haute-Garonne. — Historique. — Variétés. — Culture. —
Récolte. — Conservation. — Valeur nutritive des racines et des feuilles.

D'après les relevés statistiques, la betterave n'occupait pas
300 hectares dans la Haute-Garonne en 1860. Depuis longtemps,
toutefois, quelques propriétaires, désireux de procurer à leur bétail
une nourriture verte durant l'hiver, ont introduit cette culture
dans leurs exploitations.

Il paraît que les premiers essais, qui remontent au commencement de ce siècle, eurent pour but de favoriser l'élevage des troupeaux à laine fine. En 1810, la Société d'agriculture publia dans
son journal une notice dans laquelle un de ses membres, après
avoir rappelé les services que la betterave rendait depuis dix ans
sur nos exploitations, recommandait fort judicieusement les profonds labours et les semis sur place. Le progrès, contrarié peut-
être par les vicissitudes que rencontra l'industrie qui l'avait
suscité, fut si lent, qu'en 1829 la betterave commençait à peine à
se généraliser dans la Haute-Garonne. L'année suivante vit s'établir la sucrerie de Roque-Taillade, fondée par M. Lacroix ; mais
les divers essais tentés pour naturaliser chez nous l'industrie
sucrière ne devaient pas aboutir. La sécheresse des étés oppose à
la culture des obstacles insurmontables ; il en sera peut-être bien
autrement lorsque l'irrigation viendra corriger et féconder les
ardeurs du soleil méridional.

En attendant, la betterave ne constitue même, nulle part dans
la Haute-Garonne, l'élément principal de la nourriture des bestiaux ; elle n'y joue qu'un rôle complémentaire. Cependant, elle

est recherchée avec avidité par les bêtes bovines, ovines et chevalines, ainsi que par les porcs. Elle possède une valeur nutritive
considérable et s'associe très bien à des pailles et des fourrages
inférieurs, qui, sans ce mélange, seraient beaucoup moins goûtés
par les animaux.

Cette plante exige un sol riche et humide, beaucoup d'engrais
et des labours profonds. C'est donc à tort qu'on se bornait, dans
le début, à intercaler la betterave entre les rangées du maïs, sans
donner à la terre d'autre préparation et à la plante d'autres soins
que ceux qui sont indispensables pour obtenir du maïs une récolte
fort ordinaire. Dans ces conditions, le rendement des betteraves
était nécessairement infime. Il s'est élevé, dans la suite, avec
l'approfondissement de la couche arable combiné avec l'emploi
de fortes fumures. La variété rose champêtre est celle qui nous
a donné les meilleurs résultats. On se loue également de la blanche de Silésie et de la betterave globe jaune. Ces deux dernières
sont plus riches que la précédente en matière sucrée. Depuis quelques années, on préconise dans le Midi la culture en ados. Lorsqu'on emploie cette méthode, il faut, après avoir donné les façons
ordinaires, disposer le champ en billons, dans l'intervalle desquels
on place le fumier ; puis on recouvre l'engrais en partageant les
billons qui se reforment au-dessus des raies primitives ; on roule
et on dépose les graines en ligne sur le sommet. Cette méthode,
que nous avons essayée concurremment avec celle qui consiste à
placer la semence sur le flanc du billon (comme on fait pour le
maïs), nous a moins satisfait que cette dernière. Les betteraves
ont été plus éprouvées par la chaleur.

Il est une pratique dont les résultats nous ont toujours paru
favorables et qui consiste à recouvrir la graine avec un mélange
de cendres lessivées et de sable. Ce procédé offre le grand avan-
vage de hâter la germination et de favoriser la croissance de la
plante dans le jeune âge. On entretient ainsi autour de la graine
une certaine fraîcheur, et l'on procure au germe naissant une
nourriture appropriée à sa faiblesse. Dans la pratique, un premier ouvrier trace une raie au cordeau avec une sarclette étroite,
vient ensuite une femme qui répand la graine et une troisième
personne qui la recouvre avec les cendres. Si on a beaucoup de
terrain à suivre, il est préférable d'employer le semoir qui remplit parfaitement ces diverses fonctions. Nous en avons vu un
très bon modèle sur le domaine de Gandels, où M. E. Rességuier,
élève distingué de Grignon et correspondant de la Société d'agriculture de Toulouse, a naturalisé cette culture avec un merveilleux succès. Nous conseillons de semer dru pour n'avoir pas

besoin de repiquer, car la transplantation éprouve beaucoup les betteraves sous notre ciel brûlant.

Il est essentiel d'arracher de bonne heure les plants inutiles et de soustraire ceux que l'on veut conserver au voisinage des mauvaises herbes qui leur causeraient un tort irréparable. Durant le cours de la végétation, il faut donner au moins deux binages avec la houe à cheval. Les multiplier davantage serait encore mieux, car cette opération, en détruisant l'adhérence de la couche supérieure du sol, le rend plus accessible aux influences atmosphériques. Il se laisse mieux pénétrer par les pluies.

La végétation, arrêtée durant les grandes chaleurs, reprend son cours à l'automne ; mais on ne doit pas retarder la récolte au-delà des premiers froids, car la betterave est très sensible aux gelées. La Toussaint doit trouver les tubercules sous les abris. L'incertitude du rendement dans les pays secs et l'époque retardée de la récolte, qui ne laisse pas assez de temps pour préparer le sol à recevoir une emblavure, empêchent la betterave de prendre une grande extension. Elle ne réussit bien que dans les terrains frais, et c'est sur les sols arrosés qu'elle donne ses plus grands produits.

Depuis bien des années nous la cultivons de cette manière. A l'automne, le champ préalablement fumé reçoit un premier labour de 30 à 35 centimètres de profondeur. La seconde façon. toujours précédée et suivie d'un hersage, a lieu en février ou mars ; la troisième, qui croise les deux premières, est accompagnée d'un nouveau hersage ; puis le champ bien ameubli est soigneusement rayonné. La graine, déposée au fond de la raie, se recouvre avec un mélange de cendres lessivées et de sable. On espace les lignes à 70 centimètres, et lorsqu'on éclaircit les plantes, on laisse entre elles une distance de 50 centimètres environ. L'arrosage a lieu au moyen de rigoles tracées entre les lignes. La culture des betteraves ainsi pratiquée peut rendre de 55,000 à 60,000 kilog. par hectare. On l'intercale avec avantage entre deux récoltes d'ognons (1).

Après avoir essayé de conserver les racines dans des magasins et dans des silos, nous croyons pouvoir conseiller ce dernier mode qui est, en définitive, plus économique et incontestablement plus efficace. Nous creusons dans le sol une tranchée ayant 1m,50 de large et 25 centimètres de profondeur. On la garnit de chaume et on dispose au-dessus, en forme de pyramide, les bet-

(1) Un hectare de betteraves dans une année de disette. (*Journal d'agr. pratiq. du Midi*, 185...)

teraves qu'on vient d'arracher; puis, on les recouvre avec du chaume, et on met au-dessus une vingtaine de centimètres de terre provenant de la tranchée et des rigoles qu'on trace de chaque côté des silos pour faire écouler les eaux pluviales. Les betteraves se conservent ainsi sans altération à l'abri des gelées.

A la différence des topinambours, qui causent des météorisations dès qu'ils commencent à germer, c'est-à-dire, en général, au commencement de mars, la betterave peut être administrée sans danger aux bestiaux jusqu'au mois de mai. Après l'avoir lavée et passée au coupe-racine, il est bon de la laisser fermenter pendant vingt-quatre heures. Associée à des balles de froment et à la paille hachée, la betterave constitue une nourriture complète, saine et économique. La valeur nutritive des racines a donné lieu à des appréciations très diverses; tandis que Mathieu de Dombasle avait conclu d'expériences, qu'il disait très précises, que 100 kilogr. de betteraves nourrissent autant que 45 kilogr. 4 de foin, Thaër admettait seulement l'équivalent de 460 de betterave pour 100 de foin. M. de Gasparin a même proposé 560. D'un autre côté, M. Gustave Heuzé, le professeur bien connu de Grignon, estime que pour égaler 100 kilogr. de foin il suffit de 300 kilogr. de betteraves. Nous croyons, avec la majorité des agronomes, qu'on peut admettre la proportion de 4 à 1. C'est au surplus le résultat de l'analyse complète que M. Boussingauld a fait de la variété champêtre, qui est celle qu'on cultive le plus généralement, chez nous, pour la nourriture des bestiaux.

Quant à l'équivalent des feuilles, le dosage en azote l'élèverait au quart du foin; mais il nous paraît plus sage de le ramener au sixième, comme l'estiment Block, Crud et Pabst. Du reste, la pratique de l'effeuillage n'est pas à conseiller dans le Midi : on ne doit enlever que les feuilles qui ne sauraient manquer d'être détachées par la houe du bineur. Quant à celles que l'on retranche à l'automne lorsqu'on procède à la récolte des racines, la grande abondance qu'on en a tout à coup empêche d'en tirer un grand parti. Cette nourriture favorise beaucoup la sécrétion du lait, mais c'est aux dépens de sa densité. Il est donc nécessaire pour la qualité du lait comme pour la santé des vaches, dont les aliments trop aqueux altèrent les fonctions digestives, d'ajouter une certaine quantité de fourrage sec et substantiel pour contre-balancer l'effet débilitant des feuilles de betterave.

§ 3. — Topinambour.

Historique — Usage. — Compte de Culture.

Cette plante, originaire de la partie la plus septentrionale du Mexique, est connue en Europe depuis plus de deux siècles ; mais sa culture s'est peu répandue, chez nous, à cause de la difficulté qu'on rencontre à en débarrasser le sol. Elle offre cependant de précieux avantages pour l'alimentation des bestiaux, qui en recherchent avidement les tubercules, ainsi que les feuilles et même les tiges.

Sous l'ancien régime, on n'appréciait le topinambour que comme plante potagère, et il en était encore de même dans le nord de la France en 1814, ainsi que le prouvent les instructions de la Société d'agriculture de la Seine. « Ce serait, peut-être, le cas, disait-on dans ce document, de faire sortir des jardins les topinambours qui y produisent peu, parce qu'ils sont constamment cultivés dans le même coin. » Nous constatons avec plaisir qu'à cet égard le département de la Haute-Garonne n'était pas en arrière des autres, puisque M. de Lapeyrouse cultivait à cette époque 1 hectare de topinambours pour ses brebis sur chacune de ses exploitations. Ce n'est guère que dix ans plus tard, c'est-à-dire en 1823, que l'on commença à introduire cette plante dans la grande culture de l'Alsace.

Chez nous, elle n'occupe encore qu'une place insignifiante dans l'assolement. On ne la rencontre que sur un nombre très restreint d'exploitations, et on lui consacre à peine quelques arpents, sur lesquels elle revient sans cesse. Toutefois, comme les essais se multiplient, et comme ils ne sauraient manquer d'en faire ressortir le mérite, sa culture s'étendra sans doute davantage ; mais il n'est pas probable qu'elle atteigne jamais de vastes proportions. En effet, l'intervalle trop limité qui sépare le moment où le tubercule arrive à maturité de celui où son usage devient dangereux, empêche le topinambour d'être cultivé en grand sur nos petits domaines ; mais on s'habitue de plus en plus à lui consacrer quelque lopin sur chaque ferme. Il y peut prétendre, car il s'accommode de sols et de climats très divers, même il croît assez bien aux expositions ombragées, et partout il donne des tubercules en quantité plus ou moins considérable sans doute, mais toujours nourrissants et inattaquables à la gelée.

On sait que le meilleur moyen de débarrasser le sol des topinambours est de le labourer plusieurs fois pendant les grandes chaleurs. A la rigueur, deux ou trois façons suffisent. Nous avons atteint parfaitement le but en donnant un premier trait de charrue, lorsque le tubercule commençait à couvrir le sol de ses premières feuilles ; puis un second, lorsque la plante avait poussé de nouveaux jets ; un troisième labour a disposé le sol en billon pour la culture du maïs-fourrage semé en ligne et fumé. Le sarclage à la main et le buttage, qui accompagnent la culture du maïs en ligne, ont parachevé la destruction du topinambour, qui n'a pas nui à la récolte fourragère et que nous n'avons pas vu reparaître dans la suite.

La facilité avec laquelle nous avons triomphé de la principale difficulté qui s'oppose à l'introduction du topinambour dans une rotation de culture régulière, nous fait penser (contrairement à une opinion que nous avons soutenue autrefois, après un illustre agronome) que le topinambour ne doit pas occuper le sol pendant un grand nombre d'années. Lorsqu'il se succède indéfiniment à lui-même, il exige beaucoup d'engrais pour donner des rendements semblables à ceux qu'il produit naturellement, pour ainsi dire, sur les terres dont il ne s'est pas encore assimilé tous les principes fertilisants.

Dans une note que nous avons communiquée en 1859 à la Société d'agriculture de Toulouse, et qui a été publiée dans son bulletin (1), nous avons décrit, d'après notre expérience personnelle, les procédés et les résultats économiques de la culture du topinambour. Nous nous bornerons à en extraire le tableau suivant, qui résume les dépenses et les recettes occasionnées par cet essai opéré sur une parcelle argilo-siliceuse de 33 ares 36 centiares, ayant déjà porté la même récolte l'année précédente, et produit 120 hectol. 25 litres de tubercules.

DÉPENSES

Impôt	3 fr.	» c.
Rente 3 pour 100, sur une valeur de 3,000 fr. l'hectare.......	30	»
Fumier : 1° demi-fumure restant en terre, 50 fr.............		
2° 10 charretées de 1,000 kil., à 10 fr. = 100 fr., moitié 50 fr....	100	»
— Transport, 3/4 journées d'un attelage..............	2	60
— Chargement, épandage, 3 journées 1/3.............	1	97
A reporter.......	137 fr.	57 c.

(1) Voir *Journal d'agriculture du Midi*, 1859, p. 166.

Report.......	137 fr.	57 c.
Labours, 4 rejointés, à 3 fr. 50.........................	14	»
Semaille, 1 journée de femme.......................	»	50
Semence, 4 hectol. topinambours, à 2 fr..................	8	»
Fossés, 5 journées d'homme.......	4	»
Sarclages, 4 journées..............	2	70
Buttage, 2/4 journée d'attelage, à 7 fr...................	3	50
— 2/4 journées de femme..............................	»	38
Couper et enlever les tiges sèches, 2 journées de femme	1	»
Arrachage des tubercules et transport à la ferme, façon à la bêche donnée au sol, 51 journées 31 fr. 90 (la moitié étant mise à la charge de la récolte suivante)........................	15	95
TOTAL DES DÉPENSES........	187 fr.	60 c.
A déduire pour la valeur des tiges employées comme combustible...	7	50
RESTE........	180 fr.	10 c.

Tubercules récoltés, 110 hectolitres, pesant 63 kilogrammes,
L'hectolitre revient à.............. 1 fr. 63,8
Le kilogramme, à................. » 02,6

§ 4. — Navet.

Navet blanc. — Rave. — Turneps.

Les navets si répandus en Angleterre, qu'ils occupent, dit-on, un sixième des terres labourées, s'accommodent beaucoup moins bien du climat et du sol de nos départements méridionaux. Dans la Haute-Garonne, en particulier, la réussite est si chanceuse que cette culture y est très peu pratiquée.

On y rencontre les trois variétés suivantes : 1° le petit navet blanc, globuleux, qui est cultivé dans les jardins, et qui sert à la nourriture des hommes et des animaux ; 2° la rave rouge, aplatie, que l'on sème en juin, et dont les feuilles servent, comme les racines, à l'alimentation du bétail ; 3° le turneps, qui est blanc, rond, et dont l'usage ne s'est pas généralisé, malgré des tentatives nombreuses, à cause du petit nombre des réussites. Toutefois, nous avons vu cultiver cette plante avec un grand succès, dans la plaine du Tarn, sur le domaine de Saint-Géry, dans le voisinage de Rabastens, où elle avait été introduite par le regrettable O'Born, dont nous avons déjà parlé. Aucune des branches de l'économie rurale n'échappait à l'action de cet infatigable novateur doué d'un remarquable esprit d'observation : semences, cultures, bétail, machines, bâtiments d'exploitation, amendements, il avait tout transformé, le plus souvent avec bonheur.

Le petit navet se sème sur les terres irriguées, plantées en ognons; il est précoce. Le semis de la rave rouge s'opère en juin; c'est encore une plante peu répandue, et dont la production ne dépasse guère, comme au dernier siècle, les besoins de la consommation humaine.

Enfin, le turneps vient en culture dérobée, soit seul, soit associé au seigle, au maïs-fourrage, etc. On sème le rutabaga dans les mêmes conditions. Le produit de ces racines est quelquefois magnifique, mais le plus souvent il est nul. Aussi ces cultures sont-elles peu en honneur.

Quelques propriétaires laissent monter les navets en graine pour utiliser la tige comme fourrage. Alors, on les coupe, lorsque la plante est fleurie. On cultive aussi, dans le même but, la navette et le colza; il n'est pas de fourrage plus précoce.

§ 5. — Carotte.

Carotte blanche à collet vert. — Culture.

La culture de la carotte est fort peu répandue dans le département en dehors des jardins. A l'exception d'une petite quantité, qui est mangée par les chevaux que l'on veut faire rafraîchir, tout le reste entre dans la consommation humaine.

Divers essais ont été tentés cependant pour introduire les variétés rustiques dans la Haute-Garonne. La carotte blanche à collet verdâtre est cultivée depuis quelques années par M. d'Holier, en récolte dérobée sur froment. Il la sème en mars et la recouvre avec le râteau à main ou le rouleau. En juillet, on abrite les jeunes plantes contre le soleil au moyen d'une légère couche de fumier frais. A la fin d'août, on sarcle et on éclaircit les carottes (1); on n'a plus ensuite que la peine de récolter.

Malheureusement, le succès est fort chanceux. En effet, cette plante, qui reste longtemps très menue, est sujette à être étouffée par les mauvaises herbes. Elle exige un terrain frais et profond. D'un autre côté, comme elle emprunte très peu à l'atmosphère, il faut qu'elle soit accompagnée d'une riche fumure pour donner de beaux résultats sans épuiser le sol.

(1) *Journal d'agriculture pratique*, 1859, p. 48.

§ 6. — Chou.

Usages. — Culture. — Variétés.

Nous nous autoriserons de l'exemple de M. de Gasparin pour
placer le chou (*brassica oleracea*) dans la classe des plantes à
racine alimentaire, quoiqu'on le cultive pour les feuilles et non
pour les racines.

Le chou est très propre à la nourriture des vaches laitières ; sa
valeur pour cette destination est bien supérieure à celle qu'il présente pour la nourriture des animaux de travail. Arthur Young
avait conclu, d'observations nombreuses, que 100 kilogr. de choux
employés à cet usage équivalent à 40 kilogr. de foin. Les petits
laitiers de la banlieue de Toulouse et les nourrisseurs établis dans
l'enceinte de la ville, qui tirent un si grand parti du chou, ne
s'inscriraient pas contre cette appréciation. Toutefois, cet aliment
doit être discrètement administré pour éviter des accidents graves. C'est surtout à l'automne et jusques aux grands froids, que
le chou donne des produits abondants, car alors il est aidé par le
climat qui, dans les autres saisons, lui est si contraire.

La réussite des semis offre les plus grandes difficultés sous
notre ciel de feu ; pour en triompher, il ne faut pas seulement
avoir recours aux irrigations, on doit aussi combattre sans relâche
l'altise qui s'acharne sur les jeunes pousses. Nos maraîchers ont
l'habitude de saupoudrer leurs semis avec de la cendre non lessi-
vée, quand les feuilles sont encore humides. Dans cet état, l'altise ne peut leur nuire ; mais cette opération minutieuse a besoin
d'être fréquemment renouvelée, et le succès n'est pas toujours
infaillible.

Il est une autre pratique ingénieuse mieux en harmonie avec
les conditions ordinaires de nos exploitations rurales et qui devrait
être plus répandue ; elle consiste à jeter la graine du chou en
même temps que la semence du maïs et dans la même raie. La
charrue recouvre à la fois l'une et l'autre ; l'humidité du sol, à
cette époque de l'année, facilite la germination, tandis que l'absence des fortes chaleurs rend moins à craindre les ravages de
l'altise. En sarclant le maïs, on éclaircit les choux. Le buttage
donné à la céréale profite aux crucifères ; et quand arrive, avec
le mois de septembre, le moment de la plantation, le chou a déjà
atteint une belle grosseur ; il reprend avec facilité et donne son
produit en hiver.

Pour obtenir de beaux résultats, il faut fumer abondamment au moment du repiquage et, si on le peut, arroser. Le chou alterne fort bien avec l'ognon dans la culture maraîchère ; il permet d'obtenir avec facilité deux récoltes en un an.

Nos jardiniers-vachers sèment le chou pommé et le chou cavalier, ainsi qu'une variété abâtardie qui provient de l'un et de l'autre ; ils apportent les plus beaux sujets au marché et, suivant le prix qu'ils en obtiennent, consacrent au bétail une partie plus ou moins considérable de la plante.

Le chou branchu du Poitou exige peu de soins et donne du fourrage en abondance ; nous le cultivons avec succès depuis plusieurs années.

CHAPITRE IV

PLANTES OLÉAGINEUSES

§ 1er. — Colza.

Historique de sa propagation dans la Haute-Garonne. — Statistique. — Procédés de la culture. — Rendements.

Des diverses plantes oléagineuses cultivées dans la Haute-Garonne, le colza (*brassica oleracca campestris*) est la seule qui présente une véritable importance. L'introduction de cette culture dans l'assolement ne remonte pas au-delà d'une vingtaine d'années, et ses plus grands progrès sont beaucoup plus récents.

Toutefois, dès 1806, la Société d'agriculture de Toulouse avait appelé l'attention publique sur l'importante question d'augmenter la production des huiles indigènes et avait mis ce sujet au concours. On était si loin alors de soupçonner les avantages que le colza pouvait procurer aux cultivateurs du Midi, que c'est à peine si le nom de cette plante se trouve mentionné dans un mémoire que la Société crut devoir récompenser par une médaille d'encouragement. Malgré les conseils et les succès de quelques agronomes, le colza gagnait peu de terrain. Il est vrai que les préjugés et la routine trouvaient un appui dans les affirmations contradictoires de la science, et que des membres de l'Institut, rédacteurs du nouveau cours d'agriculture, convenaient avec nos paysans que le sol du Midi n'était pas propice à cette plante. « Inutilement, disaient-ils, voudrait-on entreprendre la culture du colza dans les départements méridionaux, où les sécheresses se prolongent souvent et où les eaux propres aux irrigations sont rares. » Heureusement, tout le monde ne se laissa pas décourager et le progrès, quoique lent, ne s'arrêta pas. Il est certain cependant qu'en 1830, le colza était fort peu répandu dans la Haute-Garonne. Il l'était bien moins encore dans le Tarn, où il venait d'être introduit depuis quelques années (1828) par M. Delbosc, médecin, dans le canton d'Alban.

En 1843, les inspecteurs de l'agriculture signalèrent cette plante comme ayant pris récemment une certaine extension dans la Haute-Garonne et occupant une place fixe dans les assolements usités sur plusieurs domaines des arrondissements de Toulouse et de Villefranche. L'honneur de ce résultat revient à quelques praticiens consommés, qui firent preuve d'autant de zèle que de persévérance. Il en fallait, en effet, pour continuer à cultiver une plante dont la production n'obtenait, chez nous, dans le début, qu'un prix inférieur de 8 à 10 fr. par hectolitre aux cours de la Flandre et du Hainaut. M. Collasson donna cet exemple et initia le public agricole à ses procédés dans un mémoire plein de faits instructifs (1). Il recommandait, pour sa simplicité et son économie, la méthode qui consiste à semer le colza en ligne entre les rangées du maïs. Les semailles ont lieu aussitôt après le buttage de la céréale. On recouvre la graine au râteau, et quand le maïs est enlevé, on éclaircit, on sarcle et on butte légèrement la jeune plante.

Malgré tous les efforts de ses propagateurs, le colza, réuni aux autres plantes oléagineuses, n'occupait encore que 1,000 hectares dans le département, en 1855. En 1860, considéré seul, il s'étendait déjà sur une centaine d'hectares de plus. Depuis cette époque, ses progrès ne se sont pas ralentis (2).

Le sol du département convient, en bien des lieux, à la culture du colza. On sait, en effet, qu'il réussit sur les alluvions argilosiliceuses, les boulbènes profondes et meubles, comme celles qui constituent une partie considérable de nos vallées, et il donne

(1) Journal d'agriculture, 1838.

(2) Parmi les zélés propagateurs du colza, nous devons citer M. Niel, de Mauressac, qui a publié une notice très intéressante sur ce sujet dans le Journal d'agriculture du Midi, en 1852.

également de bons produits sur les coteaux argilo-calcaires analogues à ceux du Lauragais. L'expérience a levé tous les doutes. La dernière statistique constate que, sur les 1,114 hectares consacrés au colza dans la Haute-Garonne, on en compte 645 dans l'arrondissement de Toulouse. Sur ce nombre, 280 sont compris dans le canton de Grenade. Cette plante occupe dans l'arrondissement de Muret 432 hectares, dont 129 dans le canton de ce nom et 166 dans celui d'Auterive. Sa culture est fort peu répandue dans l'arrondissement de Saint-Gaudens ; elle l'est moins encore dans celui de Villefranche. Il est même, dans l'arrondissement de Toulouse, des cantons où elle est presque inconnue (Castanet, Verfeil et Montastruc). Le colza pourrait cependant y jouer un rôle utile quoique secondaire.

S'il redoute les brouillards durant tout le cours de sa végétation et si la graine, parvenue à maturité, est exposée aux ravages des vents, d'un autre côté, la précocité de la récolte, qui a lieu en juin, permet au colza de faire son profit de l'humidité du printemps sans avoir à craindre la sécheresse estivale qui est si souvent fatale aux autres plantes sarclées. Celle-ci exige une riche fumure, car le vernis cireux qui recouvre ses feuilles ne lui permet pas d'emprunter beaucoup à l'atmosphère. Toutefois, quand la terre a été bien amendée pour le colza et qu'elle est convenablement cultivée depuis le moment où on recueille la graine jusques au temps où on ensemence le blé, cette céréale donne d'excellents résultats.

On distingue deux variétés de colza : l'une d'hiver, l'autre de printemps. Celle-ci, qui donne moins de produit que la précédente, quoiqu'elle exige un sol plus riche et surtout plus frais, n'a pu se naturaliser dans la Haute-Garonne. Au début, trois procédés de culture se trouvèrent en présence. Le semis à la volée, qui est le plus vicieux, parce qu'il rend les sarclages fort difficiles, était le plus usité. On essaya ensuite du semis en ligne, mais sur place. Pour cela, on jetait la semence entre les rangées du maïs, et lorsque cette céréale était enlevée, on éclaircissait le colza, on le sarclait et on lui donnait un léger buttage. Cette méthode qui est fort épuisante, a généralement cédé la place à la culture en ligne avec transplantation.

Celle-ci est toujours plus productive, mais elle exige des soins spéciaux. On emploie de 7 à 8 kilogr. de graine par hectare pour les semis sur place; 2 kilogr. suffisent quand on forme les pépinières. Le sol sur lequel on les établit doit être bien fumé. Malgré cette précaution, on peut le considérer comme épuisé, au moins à l'égard des terres sur lesquelles le colza aura porté graine. Assez souvent, on jette la semence, au moins de juillet, entre les rangées du maïs quand on a donné le dernier buttage. Le plant ainsi semé, clair et de bonne heure, reprend facilement lorsqu'on le repique en novembre. Or, il est essentiel qu'il soit vigoureux.

Il est nécessaire aussi que le sol ait reçu une bonne fumure et, pour le moins, deux façons à la charrue. On recouvre le colza au moyen de cet instrument, et mieux encore de la houe à bras (*foussou*). C'est une bonne pratique de presser la terre avec le pied au-dessus de chaque plant pour en assurer la reprise. On laisse 80 centimètres entre les rangées, comme pour la culture du maïs, et on espace les tiges à 30 ou 40 centimètres. Il faut avoir grand soin de faire écouler les eaux pluviales. Un ou deux sarclages suffisent en général pour tenir le terrain net des mauvaises herbes. On écime le colza, afin de le faire drageonner.

Quand les feuilles inférieures commencent à tomber, que les siliques et la tige prennent une couleur jaunâtre, il faut couper le colza; car le vent, la chaleur et les oiseaux feraient tomber ses graines. On sait que les tourterelles en sont particulièrement avides. Certaines personnes font sécher les tiges pendant plusieurs jours et attendent qu'elles aient blanchi pour les mettre en meule. Ce procédé a l'inconvénient de laisser la récolte exposée aux intempéries et aux ravages des volatiles. Nous donnons la préférence à la méthode recommandée par Mathieu de Dombasle et qui consiste à disposer la récolte en meulons, immédiatement ou vingt-quatre heures après le faucillage, selon le degré de maturité. La graine, nourrie par la tige, achève de mûrir au sein des tas. On opère le battage dans les champs ou sur l'aire, et on sépare les siliques par un coup de ventilateur.

En 1855, les 1,000 hectares consacrés à cette plante oléagineuse dans la Haute-Garonne ne rendaient pas plus de 12,000 hectol., soit 12 hectol. par hectare. Aujourd'hui, la même surface produit de 16 à 24 hectol., d'après l'évaluation de M. Martegoute. Nous sommes donc en progrès; mais combien sommes-nous loin encore des résultats qu'on obtient dans le Nord! Aux environs de Lille, la récolte monte, dans les bonnes années, jusqu'à 42 hectol., et les terres qui produisent 20 hectol. de blé donnent de 26 à 30 hectol. de colza. Il est vrai qu'on y entend parfaitement cette culture et qu'on restitue à la terre, par le tourteau converti en engrais, le phosphate et l'azote que la plante avait enlevé, et qui passent en entier dans ses résidus sans que l'huile en emprunte un atome. L'engrais humain paraît surtout avoir une heureuse influence sur la végétation du colza.

Ajoutons, avant d'en finir avec cette plante précieuse, qu'elle procure des ressources importantes pour l'alimentation des bestiaux. Non-seulement, en effet, le tourteau est employé avec succès par l'engraissement, mais le colza, coupé en vert, est mangé avec avidité par les vaches laitières. On utilise les siliques pour nourrir le bétail à cornes. Quant aux tiges, on les emploie comme litière ou comme matière combustible.

§ 2. — Navette. Chou-Rave.

Procédés de culture. — Statistique. — Rendements.

Des plantes oléagineuses cultivées dans la Haute-Garonne, le colza est la seule qui ait pris une place importante dans l'assolement. Toutefois, dans les arrondissements de Toulouse et de Muret, notamment dans les cantons de Montastruc et de Verfeil, on rencontre la navette et le chou-rave sur un grand nombre d'exploitations, mais confinés dans des limites très étroites.

Il résulte habituellement des conventions du propriétaire avec ses maîtres-valets, le droit pour ceux-ci de semer un quart d'hectare environ en navette, dont le produit est présumé servir aux frais d'éclairage. On est dans la coutume de semer la navette à la volée dans les maïs, après qu'ils ont reçu un buttage; on récolte au printemps suivant, sans avoir donné aucun soin à la plante. Le sol, abandonné pendant quelques jours à la dépaissance des troupeaux, est ensuite défriché et fumé pour le disposer à recevoir une emblavure. La navette récoltée dans ces conditions après un maïs qui, le plus souvent, n'a pas reçu d'engrais, donne peu de produit.

Sur quelques exploitations, on cultive la navette comme plante fourragère; semée en août dans la proportion de 10 à 12 kilogr. par hectare, elle est fauchée dès le mois de mars. On peut la faire suivre d'une récolte de maïs-fourrage; il restera encore assez de temps pour donner au sol les façons nécessaires à la réussite d'un blé d'automne. Il n'est pas besoin d'ajouter que ces cultures intensives ne sauraient convenir que sur les domaines où l'engrais et la force motrice abondent. Les colons les plus soigneux repiquent la plante et la traitent comme le colza; elle craint moins la sécheresse que ce dernier et n'exige pas un terrain aussi substantiel.

Quant au chou-rave, sa culture est beaucoup moins répandue que celle de la navette; on le sème de bonne heure en pépinière, puis on le transplante. Lorsqu'on n'en veut pas recueillir la graine, on le donne en pâture aux bœufs.

L'œillette est également cultivée comme plante oléagineuse, mais sur une très faible étendue, que la statistique officielle ne porte pas à plus de 15 hectares pour tout le département.

Le produit de ces diverses graines n'entre pas dans le commerce ; il est largement absorbé par la consommation locale. L'huile est préparée dans les villages par de petits industriels qui perçoivent pour ce travail la totalité du tourteau et une rétribution d'environ 10 centimes par kilogramme. Une faible partie de la graine, écrasée et pressée avec un soin spécial, sert à préparer les aliments de la famille.

Au total, ces diverses cultures n'occupent guère plus de 200 hectares, et, si l'on y joint le colza, qui s'étend sur 1,114 hectares, on arrive à une contenance de 1,324 hectares pour l'ensemble des plantes oléagineuses produites en vue de cette destination exclusive. Mais il faut ajouter que le lin, que nous cultivons sur près de 3,000 hectares et le chanvre qui en occupe environ 230, fournissent, outre la filasse, une quantité considérable d'huile. On évalue à 8 hectol. le produit moyen en graine de l'hectare de lin, et à 9 hectol. celui du chanvre.

Or, on sait que, dans l'état actuel de la production nationale, la France, impuissante à se suffire, demande annuellement à l'étranger une quantité considérable de ces graines ; la moyenne des importations, pendant les trois années 1861, 1862, 1863, a dépassé 103,433,000 kilogr. Nos cultivateurs ne sauraient donc craindre que les débouchés fassent défaut aux produits de cette nature ; nous les avons vus se maintenir à des prix suffisamment élevés lorsque le cours des céréales était avili.

Cet avantage, combiné avec le long délai que ces plantes laissent pour ameublir le sol en vue d'une nouvelle récolte, doit encourager les propriétaires à en étendre de plus en plus la culture. Mais, pour qu'elle réponde à leurs vœux et prépare des succès aux produits à venir, il est indispensable de l'accompagner de fortes fumures. Les graines oléagineuses épuisent en effet la terre, et si on perdait cette vérité de vue, elle ne tarderait pas à se manifester d'elle-même.

§ 3. — Madia sativa. Sésame. Arachyde.

Essais d'introduction, par MM. de Villeneuve, Moquin-Tandon et Clos.

Diverses tentatives ont été faites pour naturaliser dans nos pays plusieurs plantes oléagineuses, qui donnent ailleurs des produits importants. C'est ainsi que la culture du madia sativa a été expérimentée avec assez de succès par M. de Villeneuve et par le comice agricole de Castres. M. Anacharsis Combes, président et fondateur de cette Société, qui a excité tant d'émulation dans la contrée environnante, a rendu compte de ces essais Malheureusement, les difficultés que rencontre l'extraction de l'huile, en l'absence de pressoirs confectionnés spécialement pour cet usage, n'ont pas permis de tirer un parti suffisant de la graine du madia. D'autres expérimentateurs reprochent à cette plante de ne donner, malgré sa belle végétation, qu'un produit très médiocre en huile, moitié moins, disent-ils, que le colza.

En 1842, M. le professeur Moquin-Tandon lut à la Société d'agriculture de Toulouse une intéressante notice sur le sésame (*sesamum orientale*), plante oléagineuse fort répandue en Orient depuis la plus haute antiquité, et que l'on emploie à une foule d'usages, notamment à la fabrication des savons. M. Boussard, qui avait expérimenté directement les qualités combustibles de cette huile, mit des graines à la disposition de nos propriétaires; divers essais eurent lieu. On répéta les expériences au Jardin des Plantes, et il parut en résulter que le sésame ne s'accommode pas bien de notre climat. Une température égale et modérée lui est nécessaire ainsi qu'un sol frais.

Depuis cette époque, M. Clos, qui remplit avec autant de distinction que de zèle la chaire illustrée par Moquin-Tandon, s'est efforcé vainement de naturaliser chez nous l'arachyde ou pistache de terre (*arachis hypogæa*). Cette légumineuse, qu'on croit originaire du Brésil, végète lentement dans notre pays et succombe aux moindres gelées.

CHAPITRE V

PLANTES POTAGÈRES.

Des progrès très importants ont été réalisés, depuis quelques années, dans la section des plantes potagères cultivées dans la Haute-Garonne. C'est principalement à l'initiative de la Société d'horticulture de Toulouse, dont la fondation remonte à l'année

1853, qu'en revient le mérite. Des variétés nouvelles, très supérieures aux anciennes, ont pris la place de ces dernières ; non-
seulement les produits indigènes suffisent aujourd'hui à la consommation locale qui est énorme, mais encore ils donnent lieu
à un certain mouvement d'exportation dans les départements voisins. Nos primeurs, en particulier, sont l'objet d'un commerce
qui devient tous les jours plus étendu. On les expédie en quantités considérables sur les marchés de Paris, où ils étaient inconnus il y a quinze ans. Borné par le cadre de cette étude, nous ne
pouvons suivre ici les progrès des diverses branches de la production maraîchère, et nous devons limiter nos recherches aux
plantes usuelles dont la culture s'applique à des étendues considérables, sans nécessiter les soins minutieux et les connaissances
spéciales de l'art horticole.

§ 1er. — Ognon.

Variétés. — Semis. — Culture. — Rendements.

L'ognon (*allium cepa*), dont la production dans le diocèse de
Toulouse, au siècle dernier, se bornait à la consommation locale,
a acquis aujourd'hui une plus grande importance. Des quantités
considérables sont dirigées vers le Nord pour être consommées
soit à l'état vert, soit après dessiccation ; des usines se sont élevées
aux environs de Toulouse, dans la vallée de l'Hers, pour l'exploitation de l'ognon torréfié. La supériorité des procédés industriels
de M. Veillon et de MM. Ruffat et Barrié a classé leurs produits
au premier rang de la fabrication française. L'ognon, après avoir
été soigneusement épluché, est déposé sur des plaques en tôle,
soumis à l'action de la chaleur dans des fours bien gradués, et
finalement aplati sur son axe, puis rangé et pressé dans des
barils. Ainsi préparé, il ne présente qu'un faible volume et se
conserve sans altération ; il suffit de soumettre la bulbe à l'action
de l'eau chaude pour lui faire reprendre sa forme naturelle. Grâce
à cet ingénieux procédé, l'usage de l'ognon dans les ménages
échappe au désagrément et au déchet de la conservation à l'état
vert, qui est d'ailleurs limitée à un certain nombre de mois.

Malheureusement, les exigences de la plante sont telles qu'elle
ne saurait se passer d'arrosages abondants et de riches fumures ;
sa production est donc assez restreinte. L'ognon est moins délicat sous le rapport du terrain, car il vient à peu près partout.
Nos jardiniers cultivent trois variétés bien distinctes, dont l'une,

celle dite de la *Saint-Michel* est très hâtive. On la sème au mois
de septembre ; on la repique en novembre pour la récolter en
juillet. Elle ne réclame qu'une faible quantité d'eau ; mais, en
revanche, la réussite peut être compromise par le froid ; aussi,
l'ognon de la Saint-Michel est-il beaucoup moins répandu que
les variétés moins précoces. La plus renommée de celles-ci est
la rouge dite de *Lescure* ; son rendement est cependant inférieur à
celui de l'ognon blanc, mais ce dernier n'est pas d'aussi bonne
garde. Les bulbes ne doivent être ni trop fortement aplaties, ni
surtout trop effilées. Ces dernières, vulgairement désignées sous
le nom de *cols,* sont impropres à la dessiccation industrielle et se
conservent mal à l'état vert. La conformation la plus prisée est
celle qui se rapproche de la sphère.

On réserve les bulbes les plus belles pour en faire des porte-
graines ; ceux-ci, repiqués en janvier, donnent leur produit au
mois d'août. Bien que les brouillards compromettent parfois la
récolte et que les prix soient extrêmement variables, cette petite
industrie est assez lucrative.

On sème l'ognon de Lescure et l'ognon blanc vers le mois de
décembre, sur un terrain béché et fumé. On emploie 1 kilogr. de
graine pour 200 mètres carrés de pépinière, étendue qui, dans les
années ordinaires, fournit assez de plant pour repiquer une surface de 25 ares. On recouvre la graine au moyen d'un râteau et
l'on éparpille au-dessus une mince couche de fumier de cheval
consommé. Cette pratique est essentielle, car elle empêche le
terrain de se meurtrir sous l'action des arrosements ou des pluies
et en outre, elle offre au plant un abri contre les gelées. Il faut
sarcler les semis à la main avec un soin minutieux, et ne pas
trop se hâter d'enlever l'engrais qui les protége. A mesure que
les gelées deviennent plus rares, on doit multiplier les arrosements, car la précocité et la beauté du plant ont une grande
influence sur le résultat définitif ; pour ce motif, il ne faut pas
craindre d'étendre les semis au-delà des besoins probables de la
culture, car la réussite est toujours chanceuse ; et s'il arrive qu'on
ait du superflu, on l'écoule assez souvent avec avantage. Dans
ces dernières années, le beau plant s'est vendu depuis 1 fr. 50 c.
jusqu'à 2 fr. 50 c. la canne carrée. Si on veut laisser le sol de
la pépinière assez garni pour produire une abondante récolte, on
se borne à éclaircir le plant. Il y a des localités dans le département du Tarn où on le vend au poids avec la terre adhérant aux
racines, mais cette pratique n'est pas en usage dans la Haute-
Garonne.

Le sol que l'on destine à recevoir l'ognon en a souvent porté l'année précédente; de plus, on le charge généralement à l'automne d'une plantation de choux, précédée d'une fumure ou d'une récolte dérobée soit de navets, soit de farouch hâtif ou de dragée. Dans ce cas, on défriche le terrain à mesure qu'on enlève le fourrage. Cette façon ne doit pas être profonde, 10 centimètres à peu près suffisent; mais il est nécessaire que le sol soit bien pulvérisé et fumé abondamment. L'ognon doit-il succéder à la betterave comme cela a quelquefois lieu dans nos clos irrigués de Périole, nous ouvrons toujours le sol avant l'hiver pour mettre à profit les richesses que l'atmosphère lui cède gratuitement. Nous sommes dans l'habitude de donner trois labours, dont le dernier croise les deux autres : à l'exception du premier, tous sont suivis d'un hersage ou d'un coup de rouleau.

Nous nous louons de réserver les engrais, tout au moins en partie, pour être enfouis par le travail même de la plantation; le fumier ainsi placé se trouve à la portée de l'eau qui doit le dissoudre et de la plante qui doit se l'assimiler. En outre, il exerce sur le sol un effet mécanique avantageux en l'empêchant de se tasser; on plante à la houe sur des planches plates, larges d'environ 1^m,60. Les rangées sont espacées à 0^m,25 et les ognons 0^m,09 dans les lignes; ce qui fait qu'on compte, en général, 44 pieds par mètre carré. La moitié seulement vient à bien. Le premier sarclage (*apicouna*) exige une certaine habileté pour soulever uniformément la terre sans ébranler les racines; il doit être donné de bonne heure, tant pour débarrasser l'ognon des plantes adventices, que pour rendre le sol perméable à l'irrigation. Le deuxième (*enrega*) consiste à ameublir le sol et à former entre les lignes des raies où l'eau puisse se ramasser; outre ces deux façons, il faut donner des sarclages supplémentaires, si les mauvaises herbes menacent d'envahir la plantation. Lorsque les fanes tardent trop à jaunir et se développent outre mesure, on les incline vers la terre, soit en passant sur elles une planche, soit à l'aide du pied ou de la main. On connaît que le moment de l'arrachage est venu quand les tiges sont uniformément jaunes et flétries.

L'ognon, enlevé de terre à la main et rassemblé en paquets de vingt-quatre bulbes, est ainsi laissé sur place pendant quelques jours. On doit éviter de le rentrer par un temps humide. Il n'est pas moins nécessaire, pour sa conservation, qu'il soit renfermé en un lieu sec et bien aéré; là s'opère un travail de fermentation, et la dessiccation s'achève.

L'ognon se vend à la douzaine ou au quintal. On entend par *douzaine* la réunion de douze *fours* composés chacun de 24 ou 25 têtes, soit de 300 ognons. Dans les années favorables, on en récolte jusqu'à 1,000 douzaines par hectare ; plus souvent le rendement oscille entre 800 et 900 douzaines. Le prix moyen est de 2 fr. 25 c. ; il varie depuis 2 fr. jusqu'à 4 fr. lorsque la denrée est belle ; la douzaine pèse jusqu'à 50 kilog. Tandis que les patrons de barque achètent l'ognon à la douzaine (mode parfaitement approprié au transport et à la revente en détail), les chefs de fabrique font leurs achats au poids. Ils paient en moyenne 2 fr. les 50 kilog. Les résidus que laisse la torréfaction constituent un engrais énergique recherché par les vignerons du bas Languedoc.

Lorsque le propriétaire ne veut pas gérer lui-même la culture de l'ognon, il la donne de compte à demi à une famille de jardiniers. Il fournit le sol, les labours, les engrais, la bête de somme qui tourne le noria, ainsi que la moitié de la semence ou du plant. Le *parcelier* fait les autre frais, pourvoit seul aux travaux et prend la moitié de la récolte. Ce sont là les conditions les plus usitées ; toutefois, on les modifie assez souvent dans la pratique en faveur du propriétaire. Il est certain, en effet, qu'elles sont moins avantageuses pour lui que pour son associé.

§ 2. — Ail.

L'ail gascon. — Variétés. — Culture. — Produit.

Comme l'ognon, l'ail (*allium sativum*) est un des légumes le plus anciennement cultivés. Les Egyptiens paraissent avoir été des premiers à lui accorder une certaine vogue. Les Grecs, au contraire, l'abhorraient ; et quant aux Romains, ils le considéraient comme un légume grossier réservé au bas peuple. Mais les Gaulois, nos ancêtres, ne l'appréciaient pas ainsi : ils ne se bornaient pas à faire usage de l'ail pour leur nourriture, ils lui reconnaissaient encore des vertus surnaturelles, comme le prouvent ces mots de Plaute :

..... *Tu manè caput gustaveris alli.*

Peut-être ne faut-il voir dans les propriétés merveilleuses que les anciens attribuaient à l'ail et à l'ognon pris à jeun, qu'une appréciation exagérée des propriétés hygiéniques qu'on ne saurait contester à ces deux plantes. Quoi qu'il en soit, les habitants de la France méridionale, en répudiant les superstitions de leurs pères, ont conservé leur goût, et l'*aiolli* résiste à toutes les révolutions de l'art culinaire. Cette prédilection, les Gascons et les

17

Provençaux l'ont apportée dans toutes les contrées où ils se sont établis. De là, le mouvement d'exportation lointaine auquel cette denrée donne lieu. C'est que, s'il est possible de cultiver l'ail partout, il n'est pas aussi facile, paraît-il, de lui conserver les qualités spéciales qui dérivent à la fois du climat et du terroir. La bulbe des environs de Paris et des départements du Nord et de l'Est peut être plus volumineuse que la nôtre ; mais les connaisseurs affirment qu'elle n'a pas le même arome, et que son odeur est équivoque et incertaine.

Dans la Haute-Garonne, où la culture des aulx est assez importante, on distingue deux variétés : l'une blanche, l'autre rose. L'ail blanc de Beaumont est recherché pour semence par les jardiniers de la plaine de Blagnac, qui lui consacrent de vastes terrains. Dans cette localité, il prend une teinte rose. On estime que lorsque les bulbes sont ainsi colorées, elles sont de meilleure garde. Le produit ordinaire est de 600 gerbes de 100 gousses, par arpent de 56 ares 90 centiares ; il atteint quelquefois 700 gerbes.

L'ail s'accommode bien d'un sol léger meuble et fumé fortement ; il n'a pas besoin d'arrosage. Communément on le cultive sur des champs qui viennent de porter une récolte de blé. La plantation consiste à mettre les cayeux en terre à une faible profondeur. Elle exige 100 gerbes environ par arpent. Cette opération se pratique à la main vers la fin de novembre ; souvent on intercale une rangée de haricots avec une rangée d'ail. On ne saurait trop apporter de soin à bien choisir la semence, car la qualité du produit entraîne de grandes différences dans les prix de vente ; on les voit varier de 500 pour 100 et plus encore.

Deux ou trois sarclages suffisent, en général, pour protéger l'ail contre les mauvaises herbes et pour tenir le sol convenablement exposé aux agents atmosphériques. La récolte a lieu en juin. On réunit les aulx en paquets de 50 bulbes, qu'on rassemble deux à deux au moyen d'un lien d'osier pour en composer des *gerbes*. Comme on estime que la meilleure manière d'en assurer la conservation consiste à les tenir suspendus dans un lieu bien aéré, on les accroche sous les planchers et sous les toits. Dans la plaine de Blagnac, les jardiniers en tapissent la façade de leurs maisons, depuis le moment de la récolte jusqu'à la foire de la Saint-Barthélémy, qui se tient à Toulouse vers la fin d'août. C'est le grand rendez-vous des maraîchers et des expéditeurs. Il n'est pas sans exemple que, dans des conditions économiques et culturales très favorables, l'ail ait payé, en une seule récolte, la valeur du terrain qui l'a produit.

§ 3. — Asperges.

L'asperge dans la plaine de Blagnac. — Culture. — Produit.

Parmi les plantes potagères cultivées sur de grandes étendues dans la Haute-Garonne, il faut citer l'asperge, qui est particulièrement en honneur dans les terres sablonneuses de la plaine de Blagnac. La graine, semée clair en mars, reste deux ans en pépinière. On plante les pattes, la troisième année, dans des fossés larges de 1 mètre et espacés à 90 centimètres. On forme deux lignes de pattes dans chaque fossé. Les pieds rangés le long du *terrier* (c'est le nom qu'on donne à l'espace resté vide entre les tranchées) sont placés à 0m,44 dans les lignes, et disposés de telle manière que les pieds d'une rangée ne se rencontrent pas face à face avec ceux de la rangée voisine.

La première année de la plantation, on coupe les tiges au mois de novembre ; puis on les recouvre de fumier et de terre. Au mois de mars suivant, on mélange ces substances par une première façon, et l'on a soin de tenir le sol net de mauvaises herbes en pratiquant de fréquents sarclages. On ne cueille les arperges que la troisième année de la plantation, c'est-à-dire quatre ans révolus après qu'on a semé la graine.

En attendant, on met à profit l'espace resté libre entre les fossés ; on y cultive des pommes de terre, des haricots, des racines, etc. Il en est de même aussi longtemps que l'on maintient la culture des asperges. On a soin seulement, dans le choix des végétaux ainsi intercalés, de donner la préférence à ceux qui portent le moins d'ombrage. Sous ce rapport, le maïs, qu'on emploie quelquefois, ne saurait être conseillé.

L'asperge doit être fumée une fois au moins en deux ans. La durée moyenne de la plantation est d'une douzaine d'années ; on en a vu, cependant, qui prospéraient à l'âge de vingt ans ; mais ces faits sont rares, et les grands produits s'obtiennent en général dans d'autres conditions. A Blagnac, on estime qu'une surface de 56 ares 90 centiares (l'arpent du pays), sillonnée de fossés d'asperges, peut donner un produit brut annuel de 1,000 à 1,300 fr., sans y comprendre les récoltes obtenues entre les fossés eux-mêmes.

§ 4. — Melons.

Les melons aux environs de Saint-Jory. — Culture. — Produit.

En dehors des jardins, où il est soumis à une culture plus ou moins forcée, le melon réussit à merveille sur les terrains siliceux de la vallée inférieure de la Garonne. La faible profondeur de la couche aquifère permet de donner à la plante le degré d'humidité qu'elle exige. On creuse des puits provisoires sur les points où la pente est la plus favorable, et on élève l'eau au moyen d'une bascule rustique. Ce système de culture en plein champ est surtout en usage aux environs de Saint-Jory.

Le terrain, soigneusement fumé et labouré, est divisé en planches larges de 1m,65 environ, sur chacune desquelles on creuse deux rangées de trous disposés à 1 mètre les uns des autres et en quinconce ; on remplit ces trous de terreau et on dépose dans chacun deux pieds obtenus par des semis opérés dans des caisses peu profondes qu'on échauffe en les plaçant sur un tas de fumier ou même dans un four. Le moment choisi pour le repiquage est celui où la jeune plante se dresse en crochet; tout au plus attend-t-on qu'elle ait deux feuilles. On opère l'arrosage en faisant circuler l'eau dans la ligne séparative des planches, dont les melons ne sont éloignés que d'une quinzaine de centimètres ; durant le cours de leur végétation, ils reçoivent une seconde fumure dans la raie et plusieurs sarclages.

On estime que 1 arpent porte 6,000 pieds dont le produit brut peut atteindre 20 centimes en moyenne, soit 2,100 fr. par hectares ; mais le rendement ordinaire ne dépasse pas 1,400 fr.

On cultivait autrefois le melon dit de Saint-Nicolas, à forme oblongue, à cote brodée et à chair rouge; cette variété est complétement abandonnée aujourd'hui. La faveur du public tend même à s'éloigner du melon romain ou rugueux, qui se distingue par sa côte ronde et saillante. On donne la préférence aux gros ananas, à chair rouge et à chair blanche; ces deux variétés, qu'on ne châtre pas, sont considérées comme les plus productives par les petits propriétaires des environs de Saint-Jory, pour lesquels la culture du melon en plein champ est une véritable source de richesses.

§ 5. — Plantes diverses.

Chou. — Navet. — Artichaut. — Cornichon. — Citrouilles.

Parmi les plantes potagères cultivées en grand dans la Haute-Garonne, nous devons citer encore : le chou et le navet, qu'on fait venir, en culture dérobée, sur les terres à ognon, dans la banlieue de Toulouse ; l'artichaut, dont la variété *camarde* est la plus estimée, et qui est surtout en honneur dans le terroir de Castelnaud-d'Estretefonds ; enfin, le cornichon, recherché par les fabricants des conserves alimentaires et qui exige tant de vigilance à cause de sa croissance rapide.

Nous devons mentionner encore la citrouille, dont on cultive plusieurs variétés, soit en plein champ, soit dans les jardins ; celle qu'on désigne sous le nom de *commune* vient sans eau. Les métayers la sèment dans les terres à maïs et en font consommer le produit par les porcs ; mais la variété la plus estimée est celle qu'on appelle vulgairement *courge melonne;* elle a la chair rouge et sucrée. On en distingue plusieurs types : la citrouille dite de *Blagnac* est ronde, de moyenne grosseur, à côtes saillantes ; sa peau est légèrement bleutée. Aux environs de Toulouse, on rencontre, dans tous les jardins, des citrouilles de forme oblongue et irrégulière dont la cavité intérieure est merveilleusement réduite ; enfin, il y a la grosse *melonne,* qui atteint un poids énorme et qui fournit une excellente nourriture aux hommes et aux animaux. Nous la cultivons avec succès depuis longtemps, et nous la croyons sans rivale dans les localités où l'action de l'eau seconde celle de la chaleur.

CHAPITRE VI

PLANTES TEXTILES

§ 1er. — Lin.

Statistique. — Produit. — Culture.

Les plantes textiles sont, comme tout le monde sait, cultivées en France dans des proportions qui ne leur permettent pas de faire complétement face à la consommation. C'est ainsi qu'il résulte du relevé des douanes que, dans les trois années 1861-62-63, les importations en lin teillé et étoupes ont surpassé les exportations de 51,832,071 kilog.

Dans la Haute-Garonne, la culture des plantes textiles n'a pas une grande importance. Le lin, bien qu'il occupe dix fois plus d'espace que le chanvre et qu'il soit répandu dans nos quatre arrondissements, ne s'étend pas sur plus de 3,000 hectares et ne donne pas plus de 400 kilog. de filasse, en moyenne, à l'hectare, soit 1 million 200,000 kilog. pour tout le département.

Divers obstacles inhérents au climat s'opposent à la réussite du lin : les froids de l'hiver, les gelées du printemps et la sécheresse. Pour se soustraire aux deux premiers, on a employé des variétés dont la végétation rapide ne nécessite pas des semailles d'automne. On espérait que, si les produits étaient accidentellement moins élevés, ils seraient, en somme, plus considérables par suite de leur uniformité. Les premiers essais, tentés dans ce sens avec des graines de Riga, paraissaient mettre ce point hors de doute ; malheureusement, les succès ne se sont pas confirmés. Un fait incontestable, c'est qu'avec le procédé vulgaire du semis d'automne la récolte est tout à fait casuelle et qu'en bien des localités le lin ne réussit pas une fois en trois ans. Il est même, dans notre Midi, des points bien plus maltraités. Trop souvent, le laboureur, voyant cette récolte perdue, est réduit à semer des haricots à sa place.

Quant à la préparation du sol pour le lin, elle laisse généralement peu à désirer sur nos fermes, sous le rapport des labours ;

ce qui s'explique par cette circonstance que le maître-valet, entrant en partage des produits, met tout ses soins à en assurer la réussite. C'est ordinairement sur le meilleur coin des terres préparées pour le froment qu'on sème le lin; le sol a reçu alors les quatre façons règlementaires, et le laboureur ne lui marchande pas les hersages. Le terrain, disposé en petits billons, est ameubli avec le râteau ou la massette; on sème en trois jets, à raison de 3 hectol. par hectare. Un sarclage minutieux suffit, le plus souvent, pour détruire les végétations parasites. Suivant les usages locaux, le rouissage s'effectue dans l'eau ou bien à la rosée; le lin préparé par ce dernier mode contracte une couleur grisâtre. Pour rendre plus rapide et plus économique l'opération du teillage, on étend la filasse sur l'aire dépicatoire, où on la soumet à l'action d'un rouleau en pierre. Ce système ingénieux ménage convenablement le brin; il est à souhaiter qu'il se généralise.

La graine, dont le produit moyen est de 8 hectol. à l'hectare, est abandonnée le plus souvent au colon pour l'éclairage des étables. La faible importance des quantités récoltées ne permet pas de l'appliquer, sur une grande échelle, aux usages industriels, tels que la peinture, les toiles cirées, l'encre d'imprimerie, etc. On sait que le tourteau qui provient de la fabrication de cette huile est le meilleur qu'on connaisse pour l'alimentation du bétail, ce qu'il ne faut pas entendre des volatiles auxquels il communique un goût détestable.

Enfin, personne n'ignore les propriétés curatives de la graine de lin; la médecine vétérinaire en fait un grand usage à titre d'émollient. C'est un de ces remèdes que les agriculteurs prudents ont toujours sous la main.

§ 2. — Chanvre.

Détails historiques. — Statistique. — Culture. — Rouissage. — Produits.

Pour le chanvre comme pour le lin, la production nationale reste au-dessous de la consommation, et dans les trois années 1861-62-63, les importations en chanvre teillé et en étoupes ont surpassé les exportations de 15,742,911 kilog. L'infériorité de notre département, en ce qui touche les plantes textiles, a depuis longtemps appelé l'attention des agronomes. En 1825, la Société d'agriculture de Toulouse proposa une médaille d'or à l'auteur du meilleur mémoire sur la culture du chanvre, et trois ans après, en 1828, elle partagea ce prix entre M. de Salembéni et et M. Limouzin-Lamothe. Malgré tous ces soins, la culture du

chanvre s'est peu répandue dans la Haute-Garonne. Plus restreinte que celle du lin, elle n'occupe pas plus de 228 hectares,
d'après la statistique officielle de 1860.

Comme cette plante aime les terrains frais et riches, et qu'elle
revient sans inconvénient sur le même sol, l'habitude a prévalu,
en bien des localités, de semer toujours le chanvre sur les mêmes
terres. On se trouve alors dans la nécessité de les couvrir, chaque année, d'un engrais nouveau, ce qui rend cette culture rui-
neuse pour les petits domaines qui ne disposent pas d'une quantité considérable de fumiers. Les chènevières, ouvertes à la bêche,
reçoivent plusieurs façons à la charrue avant les semailles, qui
ont lieu vers la fin d'avril, lorsque les gelées ne sont plus à
craindre. On emploie 250 litres de graine environ par hectare, et
on a soin de la tenir à l'abri des oiseaux jusqu'à ce qu'elle ait
levé. Ce soin est confié d'ordinaire aux enfants.

La variété cultvée dans nos pays est une plante annuelle, herbacée, dioïque; la maturité des tiges mâles s'effectuant avant
celle des tiges femelles, la récolte se fait en deux fois. On lie les
pieds en paquets et on les presse les uns contre les autres, la tête
en bas; les graines achèvent ainsi de mûrir, et les tiges sont portées au cours d'eau le plus voisin pour y subir l'opération du
rouissage. Les pieds mâles, qui donnent la filasse la plus fine,
restent quatre ou cinq jours dans l'eau; on y laisse les pieds
femelles pendant huit jours, parce qu'ils présentent un tissu plus
coriace. Dès que les fibres se détachent avec facilité, il faut se
hâter de retirer le chanvre du rouissage; car l'expérience prouve
que celui qui a moins macéré dans l'eau donne des fils plus élas-
tiques, plus forts et plus durables. On obtient en moyenne, dans
la Haute-Garonne, 600 kilog. de filasse par hectare et 9 hectol.
environ de graine.

De ce dernier produit, désigné sous le nom de chènevis, on
extrait une huile qui sert à l'éclairage, à la peinture et à d'autres
usages industriels, ainsi que des tourteaux fort utilement employés à l'engraissement du bétail. Les volatiles de nos basses-
cours ne sont pas moins friands du chènevis que les oiseaux des
champs. On assure que cette graine rend la ponte des poules plus
précoce et plus abondante.

§ 3. — Coton

Essais d'acclimatation tentés par MM. Ferrère, Dispan et Clos.

Nous ne nous pardonnerions pas d'en finir avec les plantes

textiles, sans rendre hommage au zèle infatigable avec lequel on a essayé d'acclimater le coton dans la Haute-Garonne. En 1808, 1809 et 1810, la Société d'agriculture renouvela, sans grand succès, ses tentatives au Jardin des Plantes de Toulouse ; des pluies froides et continues détruisirent les plantations, et tous les soins d'un très habile jardinier, M. Ferrère, n'aboutirent qu'à obtenir une trentaine de grammes d'un coton d'assez bonne qualité.

M. Dispan, dont cet échec était loin de décourager le zèle, poursuivit les expériences. Il cultiva, sema, arrosa de ses mains, et parvint à recueillir à Pibrac, dès l'année suivante, quelques livres de beau coton sur un carreau de boulbène graveleuse. Ce savant agronome mourut dans ce temps même, et, bien qu'il ressortît de ses essais que certaines variétés peuvent, à la rigueur, mûrir sous notre climat, la réussite parut si difficile et si incertaine, que les cultivateurs ne songèrent pas à en tirer parti.

De nouvelles expériences opérées sous l'intelligente direction de M. le professeur Clos, expériences qui ont porté sur le coton herbacé (le même qu'avait cultivé Ferrère), ne laissent pas d'espoir de naturaliser dans nos contrées les espèces de ce genre.

CHAPITRE VII

PLANTES FOURRAGÈRES

PREMIÈRE CLASSE

PRAIRIES PERMANENTES

Impulsion donnée aux défrichements par suite du haut prix des grains sous l'Empire. — Prés à pâturer dans la région des montagnes. — Prairies à faucher sèches et arrosées. — Leur importance respective. — Flore des prés. — Culture, semis, composts. — Concours de la Société d'agriculture.

« Si vous avez de l'eau, attachez-vous surtout aux prairies arrosées ; si vous n'avez pas d'eau, faites encore des prairies sèches autant que vous pourrez : c'est le meilleur usage que vous

puissiez faire de votre fonds. » Tel est le langage que Caton
l'Ancien tenait jadis aux cultivateurs du Latium ; telle est
la formule que les agronomes français ne cessèrent de répéter
jusqu'au moment où l'introduction des fourrages artificiels vint
ouvrir des horizons nouveaux à l'agriculture.

On a vu, dans la première partie de cet ouvrage, que la lenteur avec laquelle cette transformation s'opéra dans le début,
n'amena aucun changement considérable dans l'économie rurale
de nos contrées sous l'ancien régime. En 1789, les prairies naturelles pourvoyaient presque seules à l'alimentation des bestiaux
de travail et de rente dans le pays toulousain ; aussi l'usage des
dépaissances était-il entouré, par les autorités administratives et
judiciaires, de tout un arsenal de dispositions pénales.

A mesure que la propriété s'est morcelée, que les communaux
ont été vendus ou partagés et que la culture des fourrages artificiels s'est étendue, on a vu diminuer partout le terrain consacré
aux prairies naturelles. Autrefois, elles se prolongeaient dans le
fond de toutes nos grandes vallées : dans celles de l'Hers, de
l'Ariége, de la Garonne, du Salat, du Tarn, du Touch, de la
Louge, de la Save, du Girou et du Ger. Elles occupaient aussi
la partie inférieure de tous nos vallons ; cet état de choses s'est
complétement transformé. En dehors de la région des montagnes, où l'abondance des eaux permet l'irrigation, les anciens
prés ont été généralement convertis en terres arables. Malheureusement, nous manquons de documents certains pour apprécier
en chiffres l'importance de ce changement.

Le haut prix que les grains atteignirent sous l'Empire, donna
une grande impulsion au défrichement des prairies ; la tentation
était forte, puisque la mine semblait inépuisable et que la denrée
s'enlevait à des prix fabuleux.

En bonne économie, on ne saurait cependant conseiller de
détruire les prés, car ils donnent, en général, plus de bénéfice que
que les terres arables. Les produits exceptionnels, qu'on récolte
sans fumure pendant plusieurs années consécutives sur les défrichements, ne doivent pas faire illusion. Comme ils coïncident avec l'épuisement de la fertilité accumulée par les siècles,
ils ne représentent pas seulement le service du capital, mais
même, à un certain degré, l'amortissement de ce capital. Au bout
de quelques années, en effet, le sol traité sans ménagements aura
beaucoup perdu de ses facultés productives. Si l'on fait entrer en
ligne de compte ce dernier élément, et si le calcul porte sur une
période assez étendue, on trouvera, sans nul doute, qu'un pré
négligé est supérieur comme bénéfice aux terres arables aussi

mal soignées; et il n'est pas moins certain qu'une prairie bien conduite donne plus de profit que toute autre culture.

Au point de vue de l'exploitation, les prés se distinguent en prés à faucher et prés à pâturer; cette dernière catégorie, à laquelle appartiennent les meilleurs comme les plus mauvais herbages, n'a pas une grande importance dans la Haute-Garonne, en dehors de la région montagneuse. Nous n'avons pas, comme les cultivateurs de la Normandie, des prairies où l'herbe croît si rapidement, qu'on n'y saurait retrouver au matin le bâton qu'on a laissé tomber le soir. Chez nous, on n'abandonne exclusivement à la dépaissance que les terrains dont la situation où la nature se refuse à l'exploitation du foin.

Telles sont dans les Pyrénées ces vastes landes, qui s'étendent au pied des cimes neigeuses et sur le flanc abrupte des montagnes. Quel touriste n'a rencontré, au milieu de ces solitudes sauvages, les troupeaux de vaches, de moutons et de chèvres qui, sous la garde des bergers et de leurs grands chiens, séjournent durant la belle saison dans ces régions élevées? Une étroite enceinte, entourée de petits murs en pierre sèche et d'un réduit pour le pâtre, sert d'abri où plutôt de refuge au troupeau pendant la nuit. Comme l'homme aime instinctivement la société de ses semblables, et qu'il ne peut guère se passer d'eux pour donner satisfaction aux nécessités les plus pressantes de la vie, les bergers groupent leur campement toutes les fois que les circonstances n'y mettent pas obstacle. Ils passent plusieurs mois consécutifs sans redescendre dans la vallée, se nourrissant de lait et des petites provisions qu'on leur apporte à de longs intervalles.

Dans la plaine, on n'exploite en pâturage (*pastenc*) que des friches et des étendues très restreintes de prairie autour de chaque corps de domaine. Cette dépaissance (*sourtido*), comme son nom l'indique, à moins pour but de nourrir le bétail que de lui permettre de prendre de l'exercice et de respirer un air pur.

Les prés à faucher forment deux catégories distinctes, suivant qu'ils sont soumis ou non à l'arrosage ; leur contenance totale paraît s'élever à 58,000 hectares, dont les quatre cinquièmes sont occupés par des prairies sèches.

La composition de ces herbages a été, en divers temps, l'objet de recherches savantes et consciencieuses, parmi lesquelles nous devons citer celles de M. Baillet, professeur de botanique à l'Ecole vétérinaire de Toulouse (1), et celles de M. Clos, direc-

(1) Etude sur les graminées et les légumineuses fourragères des environs de Toulouse (*Journal d'agriculture*, 1859 et 1860).

teur de notre Jardin des Plantes (1). Nous renvoyons à l'étude de ces mémoires les personnes qui auraient intérêt à être fixées sur l'importance relative des espèces, sur leurs qualités et leurs exigences particulières.

Avant MM. Clos et Baillet, les inspecteurs généraux de l'agriculture avaient donné, dans la description agricole du département imprimée en 1843, une nomenclature sommaire des principales plantes qui composent le fond de nos prairies basses et élevées. Ils y avaient joint l'énumération des mauvaises herbes qu'on y rencontre le plus fréquemment; mais cette liste n'est pas complète. Voici l'énumération des douze espèces qu'elle comprend : le chrysanthème blanc (*ranunculus acris*); la renoncule rampante (*ranunculus repens*); la renoncule bulbeuse (*ranunculus bulbosa*); le brome des prés (*bromus pratensis*); le brome mou (*bromus mollis*); le brome stérile (*bromus sterilis*); la crête de coq (*rhinantus crista galli*); la patience (*rumex patientia*); la grande consoude (*symphitum officinale*); les fouchets et les joncs (*carex-juncus*); enfin, la berce (*heracleum spondylium*). Il y faut joindre la folle-avoine (*avena fatua*), *aratjo* de nos paysans, dont le foin grossier et très précoce a jauni quand on fauche les prés; la ravanelle (*raphanis lantara*), dont l'invasion est relativement récente; la presle (*equisetum arvense?* ou *limosum?*), vulgairement queue-de-cheval; et l'ortie, désignée sous le nom de *clouco*, dans le patois toulousain ; enfin, le farouch femelle.

La présence de mauvaises herbes dans la graine de foin recueillie dans les granges, et l'absence d'un certain nombre de bonnes espèces précoces, qui ont laissé échapper leurs graines à l'époque du fauchage, doivent faire rejeter ces sortes de semences pour la création des prairies. Il ne faut avoir recours qu'à des plantes bien connues et appréciées. Le cultivateur soigneux consultera les livres spéciaux et les faits pratiques; il n'adressera commandes qu'à des maisons vraiment dignes ses de sa confiance.

A côté des travaux de MM. Clos et Baillet, nous devons citer, parmi les bons ouvrages composés sur le sujet qui nous occupe, le chapitre que M. Laurens a consacré aux prairies naturelles, dans son *Traité de l'agriculture au point de vue chrétien*. A une connaissance approfondie des conditions culturales du Sud-Ouest, l'auteur joint une érudition puisée aux meilleures sources. La description de chaque espèce est accompagnée de renseignements précis sur la production et sur les quantités à employer pour semence. Voici cette nomenclature :

(1) Du choix des semences pour prairies (*Journal d'agriculture* 1864).

Dans les terrains humides, on peut associer la fétuque flot-
tante, la fétuque élevée, le paturin des prés, le paturin commun,
la fléole ou fléau des prés, l'agrostis traçante, le trèfle commun,
l'ivraie vivace, le lupin des prés et le lotier velu. — Pour les terrains frais : le dactyle pelotonné, le paturin des prés, la fétuque
élevée, l'agrostis commune, l'ivraie d'Italie, la houlque laineuse,
la fléole ou fléau des prés, le trèfle commun, le trèfle blanc et le
paturin commun. — Pour les terrains secs : la fétuque traçante,
la fétuque ovine, le trèfle blanc, la flouve odorante, la houlque
laineuse, le brome des prés, le fromental, le paturin des prés et
le lotier corniculé.

Un bon choix de semences pouvant seul garantir la supériorité du produit, les cultivateurs ne doivent négliger aucune
précaution à cet égard. Ils y trouveront de grands avantages si
les foins sont consommés par leur propre bétail, et de plus considérables encore, si cette denrée est livrée directement au commerce. En effet, le foin ayant été presque partout supplanté par la
luzerne pour l'approvisionnement du bétail de trait dans les
villes, malgré la variété des essences qui en fait un élément sain
entre tous, l'armée est, pour ainsi dire, devenue dans le département le seul acheteur du fourrage récolté sur les prairies naturelles. La disproportion de l'offre à la demande oblige donc les
producteurs à améliorer leurs produits.

Mais il ne suffit pas d'avoir les meilleures graines pour établir
une prairie, il faut que le sol soit lui-même exempt de mauvaises
herbes, bien étanché, convenablement nivelé et très fortement
fumé. Assez souvent on jette une demi-semence de luzerne avec
les graines de foin, pour augmenter le produit des premières récoltes. Malheureusement nos cultivateurs ne prennent pas, en général, tant de soins pour établir leurs prairies. Ils se contentent
d'aplanir le sol tant bien que mal, et de répandre à la surface,
des débris provenant du fénil.

Quant à l'entretien, voici ce qui a lieu dans nos plaines : le
plus grand nombre des colons se borne à répandre, sur les parties
les plus maigres des prairies, les balles de blé (qui sont infestées
généralement par la folle-avoine et autres plantes adventices), à
éparpiller la terre soulevée par les taupes et à tenir les troupeaux
éloignés des prés, depuis le second dimanche de mars jusqu'à la
fauchaison.

Après cela, on ne saurait être surpris que la quantité comme
la qualité du foin laisse beaucoup à désirer. Aussi, le produit
moyen des prairies sèches qui était évalué à 25 quintaux métriques par hectare en 1852, ne dépassait pas 35 quintaux dix ans

après. Les propriétaires plus soigneux obtiennent des récoltes beaucoup plus fortes. A la vérité, ils fument leurs prairies, au moins, chaque quatre ans. Ils emploient pour cet usage, soit le fumier de cheval, soit des composts composés de débris végétaux et animaux de toute sorte mélangés avec des terres de bonne nature. Les hersages, l'étaupinage et les sarclages sont, chez eux, des pratiques constantes; enfin, ils tiennent, autant que possible, les brebis éloignées des prés.

Dans les cantons montagneux, le cultivateur est plus en sollicitude pour ces prairies que dans la plaine. Sur la lisière de tous les prés on retrouve le tas de compost que la sollicitude du paysan vient grossir chaque jour. Il amène sur son héritage toutes les eaux de source et de pluie qu'il peut capter; il enlève régulièrement les excréments que les vaches laissent sur les dépaissances, tant il est jaloux que l'herbe soit unie à la surface et goûtée par le bétail. Si le sol est disposé de manière à recevoir les eaux fertilisantes qui viennent de la ville ou du village voisin, on peut être assuré qu'il n'en sera rien perdu. Du reste, on ne connaît pas de meilleur engrais. Nous en avons pu juger par nos propres yeux, lorsque nous avons parcouru, en 1867, avec une commission de la Société d'agriculture, une prairie que M. Bougues nous a présentée aux portes de Saint-Gaudens.

Dans cette excursion, qui avait pour but de récompenser la création des meilleurs herbages, nous avons admiré, aux environs de Montréjeau, les vastes et luxuriantes prairies du baron de Lassus-Camont, qui reçoivent en abondance les eaux de la Garonne. Chez M. de Pointis, près du village du même nom, nous avons vu un enclos magnifique, arrosé par le Ger et défendu contre les inondations de la rivière par un système de digues à double étage, submersibles et insubmersibles, dont la base est protégée par un bon enrochement.

Dans ces régions, l'irrigation commence à la fin de février. La première coupe a lieu en juin. On fauche le regain du 15 août au 15 septembre. A dater de cette époque jusqu'à la fin de février, on abandonne les prairies à la dépaissance de l'espèce bovine: soit des génisses, qu'on n'entretient que pendant un laps de six mois, soit des vaches, qu'on garde toute l'année. Ces dernières font tout le travail des champs; elles appartiennent aux races laitières des contrées environnantes, surtout à la famille saintgironnaise. Elles nourrissent deux ou trois veaux par an. On achète ceux-ci dans la vallée d'Arbas, dépendant du Salat, qui est lui-même un affluent de la Garonne. Ces veaux jouissent d'une réputation méritée.

En dehors de ces localités si favorisées par la nature, des efforts intelligents et heureux ont été faits pour l'établissement des prairies dans l'arrondissement de Saint-Gaudens. C'est ainsi qu'à Boussan, M. Guilhot de Lagarde a vu le succès couronner ses soins scrupuleux et infatigables. A Poulat, M. Belloc, lauréat de la Société d'agriculture, est parvenu à former une bonne prairie sur un sol graveleux précédemment abandonné à la production des acacias. Enfin, sur les coteaux qui dominent la Save, près de l'Isle-en-Dodon, M. Souville, a créé, au pied de sa ferme, dont les purins la fertilisent, une excellente prairie non moins remarquable par la qualité que par l'abondance du foin. Ces résultats encourageants méritent d'être signalés.

Nous devons rappeler aussi, à l'honneur des hommes qui ont frayé la voie aux améliorations, le concours ouvert en 1845, par la Société d'agriculture, pour les domaines irrigués. M. de Lasplanes, l'infatigable promoteur du canal de Saint-Martory, présenta le rapport, et conclut à décerner le prix d'honneur à M. Cargne, qui, entre autre mérite, avait celui d'élever les eaux de la Garonne au moyen d'une roue à godets. M. Dardier obtint une médaille d'or pour ses irrigations dans la vallée de la Louge.

DEUXIÈME CLASSE

PRAIRIES ARTIFICIELLES

On a vu, dans la première partie de cette étude, que, malgré les encouragements de l'Etat et le zèle bien louable d'un petit nombre d'agronomes, les prairies artificielles s'étaient peu étendues dans le pays toulousain, sous l'ancien régime. Dans les premières années qui suivirent sa chute et qui furent marquées par de profondes commotions sociales, le progrès ne fut pas rapide.

En 1807, les prairies artificielles avaient encore fort peu d'importance dans la Haute-Garonne, bien que la culture du grand trèfle et celle du farouch eussent pris faveur depuis quelques années. Quant au sainfoin et à la grande luzerne, qu'on y avait connus de toute antiquité, ils n'y occupaient pas une grande surface. Ces faits, constatés dans l'*Annuaire* de Faillon, se trouvent confirmés indirectement par une particularité trop caractéristique pour ne pas être rappelée ici. Lorsqu'en 1807 la Société d'agriculture de Toulouse, voulant encourager la propagation des fourrages artificiels : luzerne, sainfoin, vesce noire, trèfle et farouch, institua une médaille d'or pour être offerte au cultivateur qui aurait fait preuve d'habileté et de persévérance dans l'introduction de l'une de ces plantes, elle ne crut pas pouvoir imposer aux concurrents l'obligation de présenter plus de 2 hectares en culture fourragère. En cela, du reste, la Haute-Garonne n'était pas en arrière sur les départements voisins, puisqu'en 1816 les prairies artificielles étaient encore presque inconnues dans le Gers.

Une des causes auxquelles on attribue volontiers la lenteur avec laquelle elles se sont propagées dans nos contrées méridionales est l'extension qu'a reçu la culture du maïs. Il est certain que cette plante fournit, outre le grain qu'on peut consacrer à la nourriture des animaux, une bonne quantité de fourrage dont l'espece bovine s'accommode admirablement. Mais cette explication, quoique très plausible, est insuffisante, puisqu'elle ne peut s'appliquer aux cantons si nombreux, qui sont impropres au maïs. Il est certain qu'elle fait trop bon marché des conditions économiques résultant de la rareté des capitaux. En effet, dans l'industrie agricole, comme dans toutes les autres, les grandes améliorations ne s'obtiennent qu'au prix des fortes avances ; et combien n'en exigent pas les fourrages artificiels, soit sous forme de labour, d'engrais ou de semence pour arriver aux fins de la production, soit sous forme de bestiaux, de bâtiments, de salaire et de frais de toutes sortes pour opérer la transformation des produits ?

La vulgarisation de l'emploi du plâtre sur les légumineuses et l'extension du marnage et du chaulage, ont fait faire de grands pas aux prairies artificielles, surtout dans ces derniers temps. Si l'on en peut croire la statistique officielle, elles auraient doublé d'étendue, en dix ans, dans la Haute-Garonne. Tandis qu'elles ne comptaient que 36,000 hectares en 1852, elles en occupaient 72,111 en 1862.

§ 1er. — **Grande luzerne.**

Sa propagation dans le département. — Importance croissante de l'exportation vers le bas Languedoc. — Travaux préparatoires : défoncement à bras et à la charrue. — Semis. — Destruction du colaspis-atra. — Moyens usités pour débarrasser la luzerne de la cuscute et autres plantes nuisibles. — Rôle de la luzerne dans l'assolement. — Effets de l'irrigation.

On sait que la grande luzerne (*medicago sativa*) est improprement désignée dans notre langue vulgaire sous le nom de *san-*

fouen. Elle justifie parfaitement, chez nous, la qualification de *merveille des champs*, qu'Olivier de Serres lui a donnée. C'est qu'elle rencontre dans nos larges vallées argilo-siliceuses et au pied de nos coteaux argilo-calcaires le sol profond et substantiel qui lui convient. On a vu dans notre étude sur l'ancienne agriculture que la luzerne était peu et mal cultivée dans le bassin de de la Garonne, avant 1789, malgré les soins persévérants de Louis XVI et les efforts de nos meilleurs agronomes.

Sa propagation marcha d'abord avec lenteur. En 1812, d'après les calculs de M. de Villèle, on ne lui consacrait pas encore plus de 500 hectares dans l'arrondissement de Villefranche, où elle en occupait déjà 2,406 en 1862. Nous lisons aussi, dans un écrit de M. de Lapeyrouse, qu'elle était peu répandue dans le canton de Montastruc en 1814.

Voici quelle fut, d'après les documents officiels, l'importance de cette culture dans le département, à des époques plus rapprochées de nous. En 1852, elle comptait 7,127 hectares; en 1862, elle atteignait à 12,841 hectares. Elle a même dû s'étendre beaucoup depuis lors. On peut se faire une idée approximative de sa propagation par ce fait, qu'en 1866, les pailles et fourrages (catégorie dont la luzerne forme la plus grande part), expédiés par les gares du département vers le bas Languedoc, se sont élevés à 5,736 tonnes. Les canaux ayant transporté dans le même temps 3,743 tonnes, dont les trois quarts au moins ont été chargées sur les quais de la Haute-Garonne, nos exportations ont certainement dépassé 8,500 tonnes, tandis qu'elles étaient presque nulles il y a quelques années.

Le rôle de plus en plus considérable que la luzerne joue dans notre économie rurale excusera les développements dans lesquels nous allons entrer sur ce sujet. Un des avantages de cette plante c'est que, lorsqu'on la cultive sur un bon terrain où elle n'a pas paru depuis une longue suite d'années, elle réussit convenablement sans engrais. Cette propriété épargne une mise de fonds importante à celui qui veut entreprendre l'amélioration d'un domaine. La consommation, sur la ferme, des fourrages provenant des luzernières fournit bientôt des fumiers abondants qui apportent la fertilisation sur les autres soles de l'exploitation rurale. Mais cet avantage a sa contre-partie. Le retour de la plante dans un champ doit être d'autant plus retardé qu'elle l'aura occupé pendant un nombre d'années plus considérable. Si l'on néglige cette précaution essentielle, la luzerne ne tarde pas à dépérir.

Elle veut un terrain qui ne soit ni trop sec, ni trop humide, mais substantiel et profond. Quand l'eau est stagnante dans le sous-sol, la plante ne tarde pas à mourir. Les défoncements à 40 et 50 centimètres, accompagnés de fortes fumures, constituent une excellente préparation à la culture de la luzerne.

Avant d'entrer dans les détails de cette excellente pratique agricole, disons en peu de mots comment ses merveilleux effets sont expliqués par les travaux les plus récents de nos géologues et de nos chimistes. Tout le monde sait que l'argile domine dans le sous-sol du pays toulousain. Or, l'analyse signale dans cette substance : de la chaux, des silicates d'alumine et de potasse, enfin divers phosphates, c'est-à-dire les éléments les plus nécessaires aux végétaux que nous cultivons. Les propriétés chimiques du sol doublent les avantages, qui résultent de l'action physique des défoncements. On est dans l'usage d'opérer ces travaux à l'aide d'une forte charrue tirée par quatre et même par six bœufs. Un grand nombre de propriétaires emploient deux instruments. Ils font suivre la charrue ordinaire à deux bœufs d'un grappin traîné par un second attelage, ou d'une défonceuse, à laquelle on applique une ou deux paires de bœufs.

D'autres fois, on emploie la bêche après la charrue. Cette pratique n'est pas très ancienne, puisqu'en 1811 on la considérait comme une découverte récente de M. L. de Villeneuve. Ce dernier travail, fort supérieur au précédent, opère plus complétement le mélange du sous-sol avec la couche arable. La terre détachée, sous forme de prisme, offre une surface bien plus étendue aux agents atmosphériques, et leur action s'exerce d'autant plus efficacement dans les fonds argileux que le sous-sol n'est pas lissé par le versoir de la charrue, mais déchiré sur tous les points, excepté sur la surface étroite contre laquelle s'enfoncent les pointes de la bêche fourchue. Cet instrument paraît nous être venu de l'Aude. M. Cazal-Lapujade s'efforçait de le populariser dès 1811. Dans les terres sablonneuses ou légères, on emploie de préférence pour les défoncements la bêche plate. Autant que possible, ces travaux doivent être effectués avant l'hiver; de cette manière, la couche arable reste plus longtemps exposée à l'action fécondante des agents atmosphériques.

Dans le Lauragais, où la main-d'œuvre est moins rare et moins chère que dans le voisinage des grandes villes, les défoncements se font entièrement à bras; ils atteignent ordinairement une profondeur de 40 centimètres, qu'on obtient en ouvrant avec la bêche une seconde tranchée au-dessous de la première. La rémunération de ce travail consiste dans l'abandon de l'entière récolte de maïs que le champ peut porter dans l'année.

On trouve, sur les coteaux calcaires et jusque dans la plaine argileuse du Tarn, un système de défoncement à la bêche, qui n'est peut-être pas aussi énergique que le précédent, mais qui favorise mieux l'aération du sol et qui nécessite moins de main-d'œuvre. Il consiste à faire converger, sur un espace que la connaissance du terrain permet seule de déterminer, les efforts de trois et quelquefois de quatre personnes armées de fortes bêches à pointes. Au bloc de terre qu'elles soulèvent, adhère une forte partie de fonds vierge ; d'un autre côté, l'amoncellement de ces grandes mottes donne toutes facilités à la circulation de l'air : deux avantages bien précieux. Mais pour produire ses meilleurs effets, ce travail doit être effectué avant ou pendant l'automne, tout au plus au commencement de l'hiver. Lorsqu'il a été exécuté dans de bonnes conditions, on n'a qu'à donner un hersage suivi d'un labour léger pour ameublir le sol. Si on veut disposer le champ défoncé en planches, une seconde façon peut servir à les former. On passe ensuite un nouveau coup de herse ou de rouleau.

D'autres fois, après avoir donné deux labours dans le même sens et un troisième en travers, comme pour billonner le sol, on herse et on sème à plat ; lorsque la pente n'est pas bien accentuée, nous préférons disposer le terrain en planches afin de faciliter l'écoulement des eaux. Pour achever d'ameublir le sol et lui imprimer la conformation voulue, nous sommes dans la coutume de faire passer des ouvriers munis de houes et de tridents, qui ramènent la terre des bords de la planche vers le centre ; ils sont suivis par des femmes armées de râteaux en fer. On sème ensuite à la volée dans la proportion de 26 kilog. de graine par hectare et on recouvre la semence au râteau. Cette opération a lieu généralement en mars ou avril. Elle peut se prolonger sans inconvénient pendant le mois de mai, s'il n'est pas trop sec. Quant aux semailles d'automne, leur réussite est bien plus chanceuse.

On était autrefois dans l'usage de mélanger des graines de trèfle à la luzerne, afin d'obtenir plus tôt un fourrage abondant ; il en résultait que cette dernière se développait moins bien, et lorsque le trèfle venait à disparaître, il laissait des clairières dans la prairie. Bien des cultivateurs sont encore dans la coutume d'associer la grande luzerne à des céréales : blé, orge, avoine ; ce n'est pas une pratique à imiter. Si la récolte se couche, la luzerne est compromise, et en tout cas, elle se ressent toujours des obstacles mis à son dévelopement. D'autres fois, on sème avec la luzerne du maïs pour fourrage ; ce mélange a généralement pour effet de nuire aux deux plantes. Le maïs ne prospère pas, d'ordi-

naire, faute de sarclage, et s'il vient à lever, la luzerne en souffre
beaucoup, surtout pendant les fortes chaleurs.

A ne pas semer la luzerne seule (ce qui est la meilleure pratique), il vaut mieux donner la préférence au maïs cultivé en
ligne pour son grain. Quant à la vesce noire que les agronomes
latins recommandaient dans ce cas, il faut prendre garde que la
semence ne soit pas infestée par la variété parasite, vulgairement
appelée *vescil*. Cette plante, dont la végétation est rapide, talle beaucoup; comme elle étouffe la luzerne, il faut l'extirper à tout prix.
Dans certaines contrées, on a adopté l'usage de sarcler à la main
les semis aussitôt que la plante est sortie de terre ; on réitère cette
opération, suivant les besoins, jusqu'à ce que la légumieuse
puisse être saisie par la faux. Alors, on pratique un hersage immédiatement après que la coupe est enlevée.

Dans la Haute-Garonne, les cultivateurs sont beaucoup moins
soigneux ; ils attendent en général, pour s'occuper de leurs semis,
que la luzerne ou les mauvaises herbes qui l'envahissent puissent être tranchées par la faux. Si les pluies tombent à souhait, on
peut faucher une seconde fois à l'automne. Le produit de cette
première année est peu important ; on le rend plus considérable
en plâtrant, avant la fin de l'été, dans la proportion de 500 kilog.
environ par hectare. De bons cultivateurs assurent que lorsque
la luzerne a vieilli, l'effet du plâtre devient presque nul, l'amendement ne parvenant que fort imparfaitement aux suçoirs placés
à l'extrémité inférieure de la racine, et ne profitant pas aux graminées qui tendent à envahir le terrain.

Les meilleurs rendements d'une luzernière s'obtiennent, en
général, à la deuxième et à la troisième année ; à cet âge, on estime
que le produit moyen, dans la banlieue de Toulouse, est de
8,759 kilog. par hectare, dont la moitié environ provient de la
première coupe.

La deuxième est le plus souvent attaquée, au printemps, par
un insecte inconnu dans le Nord, le *colaspis-atra* (vulgairement
négril). Le moyen le plus efficace dont on ait usé pendant
longtemps, pour s'en débarrasser, consistait à faucher la plante
avant que l'ennemi n'eût commencé d'exercer ses ravages ; mais,
comme le choix du moment n'est pas toujours à la disposition de
l'agriculteur, on a dû chercher d'autres remèdes. Des industriels
ont inventé diverses poudres insecticides, dont le moindre inconvénient est d'être inoffensives ; car nous en avons examiné certaines qui exhalaient une odeur fétide et rendaient le fourrage
impropre à la consommation du bétail. Il en est même d'autres
dont les propriétés toxiques seraient fort à redouter.

Le désir de mettre à profit les herbes adventices, que le tranchant de la faux n'a pu abattre avec la grande luzerne, nous avait suggéré, comme à beaucoup de cultivateurs, l'idée de faire passer des bêtes ovines sur les luzernières aussitôt après l'enlèvement de la première coupe. Cette pratique n'a pas seulement produit l'effet attendu, elle a, en outre, amené l'extermination d'un grand nombre d'insectes, qui meurent écrasés, avant la ponte, sous les pieds des brebis. Quant à ceux qui parviennent à se sauver ou qui arrivent des champs voisins, on leur donne la chasse au moyen d'un appareil fort simple, consistant en une dalle de métal emmanchée dans son centre. La partie postérieure est relevée de manière à ne pas laisser tomber les insectes, qui sont amenés dans le fond de l'instrument lorsque, dans la manœuvre, on imprime à l'appareil un mouvement analogue à celui du maniement de la fourche. La largeur de l'instrument approchant de 1 mètre, on va vite en besogne ; on a encore imaginé des engins analogues emmanchés à la façon d'une faux et mis en jeu de la même manière. Nous avons expérimenté, en regard de ces appareils vulgaires, des machines plus compliquées, et nous n'avons pas trouvé qu'elles leur fussent supérieures dans les résultats. Au reste, la pratique de l'échenillage tend à se généraliser, et les avantages que nous en retirons nous-même, nous font un devoir de la recommander aux cultivateurs.

La troisième coupe donne plus souvent un foin de bonne qualité que la deuxième, mais elle n'est pas toujours abondante. Quant à la quatrième, qui a généralement lieu en octobre, elle produit un fourrage court et de bien inférieur, désigné sous le nom de *regain*.

On afferme couramment les luzernières à raison de 350 et 375 fr. par hectare dans les environs de Toulouse. Cette culture est beaucoup étendue depuis quelques années.

Les propriétés nutritives de la luzerne sont aujourd'hui appréciées à leur valeur. Il n'en a pas été toujours de même. Au siècle dernier, on voyait, dans la Gascogne, des cultivateurs qui ne l'employaient que pour les litières : Arthur Young en témoigne. Bien qu'on se soit ravisé depuis, les mérites de ce fourrage ont été longtemps contestés, nonobstant les affirmations de la science et les expériences pratiques, notamment celles de Crud, qui avait trouvé que 90 kilog. de luzerne sèche équivalent à 100 kilog. de bon foin naturel. Depuis qu'un soin plus intelligent préside à l'emploi de cette légumineuse, on ne l'accuse plus d'être mortelle pour les animaux, et on a fini par comprendre, que sous un poids égal, elle est plus nourrissante que le foin des prés naturels.

Aussi, tandis qu'autrefois elle était habituellement cotée à 1 fr. de moins par quintal métrique, elle atteint maintenant un prix plus élevé. On la vend d'autant mieux qu'elle est moins mélangée avec d'autres plantes. Ainsi, la deuxième et la troisième coupes sont plus recherchées que la première par les cultivateurs du bas Languedoc, auxquels le département de la Haute-Garonne envoie, depuis quelques années, une grande quantité de luzerne en balles pressées à la mécanique. On ne craint même plus de donner ce fourrage en vert au bétail à cornes après l'avoir laissé flétrir.

La production de la graine est plus en honneur dans le bas Languedoc que dans le pays toulousain. Cependant la difficulté de se procurer de bonne semence devrait porter un plus grand nombre de cultivateurs à en préparer pour eux. Trop souvent, en effet, les graines du commerce sont chargées d'espèces étrangères : mélilot *blanc*, cuscute, etc. Pour distinguer et enlever les germes funestes de cette dernière plante (*cuscuta europea*), on a proposé de frotter la graine, avec force, entre deux toiles. Cette opération rongerait les capsules de la cuscute, et un criblage séparerait ses graines qui sont plus fines que celles de la luzerne. M. de Fellemberg avait même fait construire une machine pour exécuter ce travail.

Lorsqu'un champ est envahi par la plante parasite, il faut, avant la floraison, râcler avec la bêche les parties atteintes, emporter les débris ou les incendier sur place. On ne doit pas redouter de couper le collet des racines, la légumineuse poussera de nouveaux jets, à moins qu'elle ne soit tout à fait débile. Dans ce cas, il convient de ressemer les parcelles qu'on aura sarclées. Mais si la cuscute est l'ennemi le plus redoutable de la luzerne, elle n'est pas le seul.

On doit s'attacher à faire disparaître, au moyen de hersages répétés avant et pendant l'hiver, les mousses et les herbes parasites qui envahissent les cultures. Les effets de cette pratique sont fort remarquables. J'ai vu une très vieille luzernière, abandonnée à la dent d'un grand troupeau de brebis pendant un hiver pluvieux, pousser, en peu de temps, des jets pleins de vigueur, après qu'on l'eut attaquée avec la herse, tandis que, sur des champs voisins qui n'avaient pas été soumis à l'action de cet instrument, une luzerne plus jeune et mieux ménagée étouffait sous les herbes adventices. Le temps ne manque pas, d'ordinaire, au colon industrieux pour effectuer les hersages. Il réserve cette opération pour ces jours, communs en hiver, pendant lesquels la prudence ne permet pas de conduire la charrue sur les guérets humides.

A défaut d'instruments spéciaux construits de manière à agir sur tous les points du terrain, quelles qu'en soient les inégalités, le laboureur se servira de la herse vulgaire qu'il accrochera de façon à diriger les couteaux dans la direction opposée au tranchant. Il aura soin de croiser les façons.

On doit veiller aussi au prompt écoulement des eaux, et, si l'irrégularité du sous-sol les tenait accumulées au pied des racines, on emploierait avec profit le drainage tubulaire. Nous en avons éprouvé nous-même de remarquables effets dans des cas analogues. Il est vrai que pour prévenir l'obstruction des tuyaux, nous avons placé au-dessus des drains une vingtaine de centimètres de gravier.

Enfin, lorsque la luzerne est attaquée par le rhizoctome, cryptogame qui, sous la forme de filets rougeâtres, enveloppe la racine, se nourrit de ses sucs et la fait périr, il faut creuser un fossé profond autour des parties atteintes. Si le mal continue à s'étendre, il n'y a rien de mieux à faire, selon M. de Gasparin, que de défricher et d'attendre plusieurs années avant de ramener la légumineuse sur le même sol.

On doit user d'une précaution analogue si l'on veut voir réussir la luzerne sur un champ où elle a été précédemment établie. Un dicton populaire recommande de mettre autant d'intervalle dans le retour de cette plante qu'elle aura duré d'années avant le défrichement.

On trouvera, du reste, une compensation à cet inconvénient dans l'abondance des récoltes que produit le terrain défriché. Mais cette mine n'est pas inépuisable, comme on a souvent l'air de le croire. C'est à tort que, durant plusieurs années, on fait succéder, sans transition, le blé à l'avoine ou à lui-même. Il vient un moment où la terre se lasse et se trouve envahie par les mauvaises herbes. Alors il ne suffit pas d'avoir recours à l'emploi trop négligé des engrais, il faut subir les inconvénients de l'improductive jachère. Un tel système d'assolement exigeant beaucoup du sol et ne lui rendant rien, ne laissant pas aux agents atmosphériques le temps de le pénétrer, à cause de la rapidité des travaux, prépare mal la terre à recevoir une nouvelle semence de luzerne.

Bien plus sage, à notre avis, est la pratique de ceux qui, satisfaits d'avoir prélevé sur les défrichements une récolte de maïs ou de quelque autre céréale sans le secours d'aucune fumure, se hâtent, dès la troisième année, de revenir aux plantes fourragères ou bien à une récolte sarclée accompagnée d'engrais. Ceux-ci, en effet, ne voient pas s'affaiblir les rendements d'année en année, et loin de compromettre le retour de la grande luzerne, ils le préparent et l'accélèrent.

Nous ne terminerons pas ce paragraphe sans appeler l'attention de nos agriculteurs sur les effets merveilleux produits par l'irrigation dans les luzernières établies aux abords du canal Latéral. Au mois de juillet 1868, nous avons visité plusieurs champs appartenant à MM. Naudin, dans le voisinage de Lacourtensourt, et nous y avons vu avec admiration une troisième coupe de luzerne luxuriante qui avait succédé à une très bonne seconde, alors que, dans le voisinage, cette coupe n'avait rien produit, et que la suivante ne promettait pas davantage. Ce contraste, coïncidant avec la cherté des fourrages, opérera sans nul doute de nombreuses conversions parmi les riverains du canal, qui ont eu le tort de n'avoir pas encore tiré parti des ressources qu'il leur offre. Si l'irrigation abrége la durée des luzernières, en revanche, elle féconde singulièrement la prairie permanente qui se substitue d'elle-même à la prairie artificielle.

§ 2. — Trèfle.

Culture. — Récolte de la graine. — Rôle du trèfle dans l'assolement.

Nous avons dit ailleurs comment le trèfle (trifolium pratense) s'était faiblement propagé dans le pays toulousain avant 1789. Cependant, cette légumineuse, qui se plaît dans les terrains silico-argileux, frais et profonds, avait sa place marquée dans nos basses plaines et dans la partie inférieure de nos vallées. L'emploi du plâtre, de la marne et de la chaux devait étendre son domaine plus loin encore, sans toutefois la faire préférer au sainfoin sur les terrains les plus secs de nos coteaux calcaires.

L'usage, constamment suivi dans la Haute-Garonne, est de semer le trèfle dans une céréale, soit à l'automne, soit au printemps. Nous préférons, quant à nous, cette seconde époque, car la la plante a moins à souffrir du froid, et le retard mis à son développement l'empêche de nuire à la récolte avec laquelle on l'associe.

Après avoir hersé le sol, on jette la semence, dans la proportion de 20 à 25 kilog. par hectare. Nous n'employons nous-même que 17 à 18 kilog., et nos trèfles sont généralement très épais ; il est vrai que nous avons soin de faire passer le râteau à main dans nos champs avant et après les semailles de la légumineuse. Un certain nombre de propriétaires suit encore le vieil usage de semer le trèfle enveloppé dans sa capsule ; la graine est ainsi mieux défendue en hiver contre le froid, et si on la jette au printemps, contre la chaleur. Mais cette méthode offre l'inconvénient très grave d'empêcher le cultivateur d'apprécier exactement la quantité de graines qu'il sème, ce qui nuit à la régularité de la distribution sur le sol.

S'il tombe des pluies en septembre, on peut quelquefois faire la première coupe à la fin d'octobre, mais le plus souvent on la retarde jusqu'au mois de mai suivant ; la deuxième a lieu en juillet : c'est celle-ci qu'on laisse monter en graine, contrairement à l'usage le plus répandu dans le Nord. Après avoir fauché le trèfle, on le fane avec précaution, on sépare les balles de la tige et on les écrase sous le rouleau de pierre, à défaut d'une meule verticale ; puis on nettoie le résidu de cette trituration avec le tarare ou le crible à main. Le produit varie de 250 kilog. à 300 par hectare ; le prix moyen étant de 100 fr. le quintal métrique, le bénéfice du cultivateur est considérable.

Mais la production de la graine entraîne des inconvénients : 1° elle fatigue le sol plus que la production du fourrage ; 2° elle ne laisse après elle qu'un foin de qualité très inférieure ; 3° elle rend le retour du trèfle plus chanceux ; 4° enfin, elle retarde les travaux préparatoires de la céréale suivante.

Ces désavantages sont réels, mais ils peuvent être atténués et ne sauraient d'ailleurs faire abandonner une culture aussi profitable. Il y a vingt ans, c'était une pratique générale, dans la Haute-Garonne, de conserver les trèfles sur le même sol pendant deux années consécutives ; or, il est certain maintenant qu'on ne peut guère les laisser persister, d'une manière utile, au-delà d'une année sur la grande majorité de nos terres. Ils dépérissent ensuite et cèdent la place aux mauvaises herbes qui, loin d'améliorer le sol par leurs détritus, le souillent par leurs semences ; ceci paraît tenir à ce qu'on ramène trop fréquemment le trèfle sur le même sol. Or, il y a deux manières de remédier à l'épuisement des principes nécessaires à la prospérité de cette plante, épuisement dont les effets pourraient bien empirer encore : 1° il conviendrait de ne semer cette légumineuse que sur une terre bien préparée et enrichie par de bonnes fumures ; 2° il faudrait attendre six années au moins, après le défrichement, pour demander au sol une nouvelle récolte de trèfle.

Si, malgré cela, la plante se refusait à donner de bons produits, la deuxième année, on devrait prendre pour règle fixe de ne la conserver qu'un an ; mais alors on pourrait la faire revenir dans un plus court délai.

Enfin, quand la cueillette de la graine retarde trop les semailles de la céréale suivante, plutôt que de mal effectuer cette opération en automne, il vaut mieux se contenter d'ouvrir le sol aux agents atmosphériques par un labour de défrichement, et différer de semer jusqu'au mois de février ou de mars. L'orge et l'avoine de printemps remplaceront, dans ce cas, le froment d'automne et seront, moins que lui, sujets aux brouillards, qui exercent souvent de si grands ravages sur la première céréale qui succède au trèfle.

La malpropreté des graines fourragères qu'offre le commerce, et qui sont trop souvent infestées par la cuscute (*cuscuta europea*) et par l'orobanche, devrait déterminer les cultivateurs à récolter eux-mêmes leurs semences.

On sait que la valeur nutritive du trèfle est égale sinon supérieure à celle du foin des prairies naturelles. L'usage de cette légumineuse est particulièrement favorable aux bêtes laitières ou à l'engrais ; tous les animaux s'en montrent avides.

Les documents statistiques ayant confondu, sous une même rubrique, les trèfles de toute nature (*trifolium pratense, trifolium incarnatum*), nous manquons de renseignements sur l'importance relative du genre dont il est question dans ce paragraphe. Il est certain toutefois qu'elle est considérable, mais non telle cependant qu'on ne puisse espérer de voir cette plante prendre une extension beaucoup plus grande aux dépens des jachères mortes, qui occupent environ près de 68,000 hectares dans notre département, d'après les renseignements officiels recueillis en 1860.

§ 3. — Sainfoin (*esparcette*).

Son importance sur les terrains calcaires et les coteaux. — Variétés. — Culture.

Si la grande luzerne réussit à merveille dans les sols profonds et de moyenne consistance que possède la Haute-Garonne ; si le trèfle prospère à côté de cette légumineuse et sur les terrains humides, où celle-ci ne tarde pas à périr, ni l'une ni l'autre de ces plantes ne s'accommodent des terres sèches et fortement calcaires de nos coteaux.

En revanche, le sainfoin (*onobrychis sativus*), vulgairement appelé *esparcette*, et, fort mal à propos, luzerne dans nos pays, donne de beaux produits dans ces conditions si défavorables aux autres fourrages. Il justifie pleinement la qualification d'*herbe fort valeureuse*, qu'Olivier de Serres lui a donnée.

On sème l'esparcette, dans la proportion de 3 à 6 hectol. par hectare, soit seule, soit associée à une céréale. Dans les contrées où le sol ne se soulève pas sous l'action des gelées, on préfère les semailles d'automne ; partout ailleurs, on jette la graine après l'hiver.

Dans nos cantons, on n'est pas dans l'usage de conserver ces prairies artificielles plus de deux ans. Quelquefois même, on les défriche, dans l'année qui suit le semis, après avoir obtenu l'unique coupe que procure la variété vulgaire ; car celle qu'on désigne sous le nom de *sainfoin chaud, sainfoin à deux coupes*, n'est pas encore bien répandue. Cette pratique, condamnée par M. de Gasparin comme défavorable à l'amélioration du sol, a cependant son excuse dans la difficulté de faire réussir l'esparcette sur le sol qu'elle a déjà longuement occupé.

Les bons cultivateurs sèment dru pour obtenir un fourrage moins grossier ; du reste, tout le bétail s'en accommode merveilleusement, surtout à l'état vert. Il ne faut point le laisser durcir.

De toutes les plantes fourragères cultivées dans la Haute-Garonne, nulle autre n'occupe une plus large place. Elle s'étend, en effet, sur près de 26,000 hectares, si l'on en croit la statistique officielle que je soupçonne d'avoir enflé les chiffres aux dépens de la grande luzerne, par suite d'une regrettable confusion de mots. Quoi qu'il en soit, l'esparcette joue un rôle considérable dans nos assolements, et sa culture mérite d'être étendue et perfectionnée.

Il est indubitable qu'aucune autre plante fourragère ne résiste comme celle-ci aux ardeurs de notre climat ; sa rapide croissance lui fait devancer les grandes chaleurs, puis elle subit un sommeil estival et refleurit à une faible distance du sol. Si on veut conserver la luzerne, il faut la préserver alors de la dent des brebis qui lui est fatale ; on doit faucher le regain pour le faire consommer à la crèche, ou le laisser sur place comme engrais. Dans les sols substantiels et profonds, on devra donner la préférence au sainfoin à deux coupes, qui est plus productif que l'autre. Enfin, pour obtenir une réussite complète, c'est-à-dire un bon fourrage qui soit suivi d'une belle céréale, il faut se garder de semer l'une ou l'autre variété sur des terres épuisées ou cultivées négligemment

§ 4. — Trèfle incarnat.

Variétés. — Culture. — Rôle du farouch dans l'assolement.

Le trèfle incarnat (*trifolium incarnatum*), vulgairement désigné sous le nom de trèfle de Roussillon et de farouch, est un fourrage annuel fort en usage dans la Haute-Garonne. Malheureusement les cadres de la statistique officielle, si fertiles en indications pour nous superflues, n'ont pas un titre spécial pour cette plante; en sorte qu'on ne peut apprécier exactement l'importance de sa culture qui s'étend sur plusieurs milliers d'hectares. Après avoir été longtemps circonscrite dans nos départements méridionaux, elle s'est développée vers le Nord.

Le trèfle incarnat s'accommode de tous les terrains, à la condition qu'ils ne soient pas trop calcaires. Il donne, avec peu ou point de frais, un produit très abondant et fort recherché des animaux qui le consomment en vert. Cette nourriture favorise beaucoup la sécrétion du lait et tient tout le bétail de la ferme en bon état. Quand on veut convertir le farouch en fourrage sec, on ne doit pas attendre que la fleur soit passée, il faut, au contraire, y mettre la faux aussitôt que les premières fleurs apparaissent. Ainsi traité, il constitue un aliment sain, quoique inférieur aux autres fourrages artificiels.

On cultive dans la Haute-Garonne deux variétés de farouch bien distinctes : l'une précoce, qui a le mérite d'arriver à maturité de très bonne heure; l'autre tardive, qui vient à point quand la première durcit et donne ses graines. Cette dernière, que M. de Gasparin a passée sous silence dans son cours d'agriculture, est aussi employée avec succès pour remplir les clairières des prairies temporaires imcomplétement réussies.

Associé à la variété précoce, le farouch tardif améliore les dépaissances (*débèzo*), que l'on consacre aux vaches et surtout aux brebis. Ces deux espèces de fourrage ont d'ailleurs l'avantage commun de repousser sous la dent du bétail. C'est à M. Juéry qu'est due l'introduction du farouch tardif dans la Haute-Garonne. Vers 1827, ce zélé praticien en fit la découverte dans les vallées des Pyrénées, où son emploi s'était concentré jusqu'alors. Il n'est pas douteux que cette plante, qui s'est beaucoup propagée depuis cette époque, ne soit appelée à étendre considérablement son domaine.

Du reste, sa culture est, en tout point, semblable à celle du farouch précoce. Les deux variétés se sèment du 15 août au 15 septembre sur des chaumes labourés très légèrement ou bien ouverts avec l'extirpateur. Nous employons avec succès pour cet usage une herse énergique de Grignon. Il faut, après cela, rouler fortement pour prévenir les effets désastreux des grands froids. On supplée à cette opération en faisant pâturer le terrain par des brebis qui le tassent sous leurs pieds. Souvent on sème le farouch sur les terres à maïs sans donner aucune façon au sol ni avant ni après les semailles. M. Vilmorin conseille de répandre par hectare 20 kilog. de graine mondée. En général, on préfère jeter la graine avec sa gousse. Dans cet état, nous employons, nous-même, de 10 à 12 hectol. par hectare. Dans certains cantons, on mélange de l'avoine ou de l'orge au farouch cultivé pour la dépaissance. On l'associe également avec succès au seigle destiné à l'alimentation du bétail. Ses tiges encore tendres, quand celles de la graminée commencent à durcir, empêchent ce fourrage d'être rejeté par les animaux et en prolongent l'usage.

Vers le mois de mars, les farouchs, que l'on veut faire consommer en vert ou bien sécher, sont plâtrés à raison de 5 quintaux métriques par hectare. Quant à la partie qui doit fournir la graine pour l'année suivante, non-seulement on ne l'amende pas, mais même on la livre pendant quelque temps à la dépaissance des troupeaux.

L'objection la plus sérieuse que l'on puisse faire à la culture du farouch, c'est qu'elle nuit au blé qui lui succède. Après avoir offert une belle apparence, il se soutient mal et donne moins de produit que le froment venu sur une jachère. L'inconvénient est certain, mais il peut être atténué par de bons labours et par l'emploi judicieux des engrais. Dès que le farouch est tombé sous la faux et, pour les dépaissances, dès que le mois de mai est venu, il faut se hâter de défricher. C'est un travail souvent fort difficile et bien propre à éprouver le bouvier, l'attelage et la charrue. Il convient de ne pas le retarder au-delà du 15 mai. Ne fît-on qu'entamer la superficie du sol, on ne doit pas négliger ce labour, car la première pluie d'orage s'arrêtera sur les points écroûtés par la charrue, et la seconde façon sera ainsi rendue plus facile et plus complète. Il faut avoir soin de faire suiv rechaque labour par la herse ou le rouleau. Plus on multipliera les façons, plus on ajoutera au produit de la récolte suivante.

Quant aux engrais, il est indispensable d'y avoir recours pour les parcelles où on aura laissé grainer le farouch. Partout ailleurs, si cette plante épuisante est venue sur un sol peu riche, il ne faut pas hésiter à appliquer une demi-fumure. L'analyse chimique, en indiquant les éléments que le farouch emprunte à la terre, mettra l'agriculteur sur la voie des substances qu'il doit lui restituer.

§ 5. — Vesce.

Vesce noire. — Vesce rousse. — Culture.

Deux variétés de vesces sont cultivées pour fourrage dans la Haute-Garonne : 1° la vesce noire, qu'on sème à l'automne et à la sortie de l'hiver ; 2° la vesce rousse, qu'on n'est pas dans l'usage de confier à la terre avant le printemps.

La vesce craint les fortes gelées comme les grandes chaleurs ; et dans les années humides, les limaces lui font une guerre désastreuse. Le produit est tantôt énorme et tantôt nul. On ne saurait donc baser exclusivement l'entretien du bétail sur la production de ce fourrage. « Ce serait folie, dit Schwertz, de vouloir restreindre la culture du trèfle en faveur de celle des vesces. Ce serait sacrifier la ménagère à la servante. »

Néanmoins, comme la vesce produit un excellent fourrage, qu'elle peut au besoin se passer d'engrais, et qu'elle améliore le sol loin de l'épuiser, c'est une des plantes dont la culture est la plus profitable. Aussi est-elle très répandue dans le département, surtout dans l'arrondissement de Villefranche. Elle exige peu de façons : une ou deux au plus. Nous sommes dans la coutume de répandre et de couvrir le fumier en même temps que la semence. Un coup de herse ou de rouleau complète la préparation du sol ; il ne reste après cela qu'à régulariser les planches et à tracer les égouts pour faciliter l'écoulement des eaux. La vesce étant une plante grimpante, on l'associe presque toujours avec de l'avoine ou de l'orge aux tiges desquelles ses vrilles viennent s'attacher.

Les premières semailles ont lieu, au commencement d'octobre, avant celles du froment. Si le froid tue les vesces d'automne, on sème de nouveau à la fin de l'hiver et jusqu'au mois de juin ; mais à mesure qu'on s'éloigne du mois de mars, le produit devient plus casuel. Il n'est, d'ailleurs, jamais comparable à celui des semailles opérées avant l'hiver. Les plus tardives donnent peu de fourrages, mais elles grainent fort bien.

Lorsqu'on veut faire consommer les vesces en vert, on les coupe aussitôt qu'elles sont en fleurs. Quand, au contraire, on se propose de les faire sécher, on attend que les gousses offrent une teinte jaunâtre. Dans cet état, elles sont très recherchées par le bétail, surtout par les chevaux. Malheureusement, la dessiccation très lente de ce fourrage le laisse longtemps exposé aux pluies, qui lui sont fatales.

Outre les avantages que la vesce présente pour l'alimentation des animaux, elle offre celui de laisser le sol libre pendant tout le temps nécessaire pour le bien préparer à recevoir une céréale ; elle utilise, sans les épuiser, les engrais qu'on lui destine ; enfin, elle étouffe un grand nombre d'herbes parasites sous sa végétation luxuriante.

§ 6. — Fourrages divers.

Sorgho. — Raygrass.

Outre les plantes fourragères que nous avons décrites dans ce chapitre, on en cultive un certain nombre d'autres dans la Haute-Garonne : nous voulons parler du maïs, de l'orge, de l'avoine et du seigle. Nous nous sommes assez étendu sur ce sujet, dans l'article particulier que nous avons consacré à chacune de ces plantes dans le chapitre des céréales, pour n'avoir pas à y revenir ici ; mais nous ne saurions passer sous silence les tentatives qui ont été faites pour naturaliser chez nous la culture du sorgho et celle du raygrass.

Dans les années 1855-56-57, le sorgho a été essayé partout, et on peut affirmer qu'il a généralement très bien réussi ; donnant, là, 20,000 kilog. à l'hectare ; ailleurs, 50,000 ; ailleurs, 100,000, selon la fertilité naturelle du sol. Malheureusement, les usines qui s'étaient fondées pour extraire l'alcool de cette plante ayant fait de mauvaises affaires, la production s'est arrêtée faute de débouchés.

On avait beaucoup vanté le sorgho comme plante fourragère ; il est certain que les animaux s'en sont montrés fort avides, mais le bruit qui s'est fait autour de quelques cas d'intoxication relatés par les journaux agricoles, a suffi pour suspendre les essais tentés de toute part. Dans notre pratique, nous avions remarqué que le sorgho, administré aux vaches laitières, faisait tourner le lait ; malgré ces inconvénients, il ne paraît pas que cette plante mérite toute la défaveur qui a succédé à un engouement extrême. Quelques propriétaires, qui ne se sont pas laissé décourager, affirment qu'elle constitue une culture avantageuse, payant bien ses frais et fournissant au bétail un bon fourrage d'hiver. De nouvelles études, pensons-nous, devraient être faites avant de renoncer, à tout jamais, à une plante qui s'accommode admirablement de notre sol et de notre climat.

Il s'en faut bien que le raygrass qu'on a tant prôné jouisse au même degré de ces avantages ; il exige un sol humide. L'absence de fraîcheur, si commune chez nous, a rendu stériles les expériences qui ont été faites dans nos plaines. Aussi, n'occupe-t-il qu'une étendue insignifiante (5 hectares) dans le département; toutefois, lorsqu'on a de l'eau en abondance et qu'on dispose d'une quantité considérable d'engrais, surtout de vidanges, on réalise des merveilles sous le soleil du Midi. On en peut voir la preuve chez M. Boquet, à Tournefeuille.

D'un autre côté, la culture du brome de Schrader a été l'objet de quelques essais plus ou moins encourageants dans la Haute-Garonne. Les résultats contradictoires qu'elle a présentés ne l'ont pas encore fait sortir des jardins où les expériences se poursuivent.

CHAPITRE VIII

PLANTES INDUSTRIELLES DIVERSES

Pastel. — Garance. — Cardère. — Anis.

Nous avons vu dans la première partie de cette étude que la culture du pastel, après avoir été très florissante dans le Midi, et notamment en Lauragais, de temps immémorial, n'avait plus d'importance dans notre contrée pendant la seconde moitié du dix-huitième siècle. Elle avait fini par disparaître devant l'indigo. Mais ce changement ne s'était pas opéré sans résistance de la part des cultivateurs. Ce ne fut qu'en 1737 que nos teinturiers virent lever la prohibition dont les Etats de Languedoc avaient frappé l'introduction de ce produit depuis l'année 1598.

Les circonstances critiques que le blocus continental amena dans nos relations internationales, mirent momentanément le pastel en vogue au commencement de ce siècle. On essaya d'abord de naturaliser chez nous l'indigotier de l'Amérique septentrionale. En 1807, le succès parut encourager les tentatives, mais on perdit bientôt tout espoir. Le pastel étant l'unique ressource de l'industrie française, Napoléon Ier fonda quatre écoles, dans le but de populariser la culture de cette plante et d'améliorer les procédés de la fabrication. M. le chevalier de Puymaurin, directeur de l'indigoterie de Toulouse, réalisa des perfectionnements sérieux. Mais ce fut en vain que le gouvernement offrit des primes aux cultivateurs et leur imposa l'obligation de consacrer au pastel des étendues considérables ; il ne put rendre la vitalité à cette culture, qui disparut de nouveau lorsque l'indigo fut admis à lui disputer le marché national. Comment eût-il pu en être différemment, s'il était vrai, comme on le disait alors (1), qu'une livre de fécule de pastel coûtait dix fois plus à produire qu'un pareil poids d'indigo des colonies et valait dix fois moins.

Désireuse de doter le département d'une plante industrielle, qui faisait la fortune d'une région voisine, la Société d'agriculture de Toulouse mit au concours la culture de la garance, et couronna, en 1824, un remarquable mémoire de M. de Gasparin, sur ce sujet. Malheureusement, les divers essais tentés pour naturaliser chez nous la garance n'ont pas donné des résultats propres à porter la conviction dans les esprits. Ils ont été repris récemment chez Mme Saint-Raymond, à la Marquette, sur des terres arrosées par le canal Latéral. C'est une expérience à continuer.

Autant en dirons-nous du chardon à foulon ou cardère, que nous avons vu cultiver sur le même domaine. Ces tentatives intéressantes méritent d'être suivies avec soin et persévérance.

On a également essayé, à plusieurs époques, d'introduire dans la Haute-Garonne la culture de l'anis, qui enrichit plusieurs communes appartenant aux arrondissements de Gaillac et d'Albi, dans le département du Tarn. En 1826, le secrétaire perpétuel de la Société d'agriculture de Toulouse lut, en séance publique, une notice sur les avantages que notre contrée pouvait retirer de cette plante. L'anis réussit, en effet, sur les terrains calcaires non exposés au brouillard, et il donne des produits, inégaux sans doute, mais généralement considérables. Il exige un sol très meuble, et redoute beaucoup le voisinage des mauvaises herbes. Quelques essais, que nous avons entrepris sur notre domaine de Périole, ont donné de fort bons résultats.

(1) De Villèle, *Journal des propriétaires ruraux*, 1815.

CHAPITRE IX

VÉGÉTAUX A TIGE LIGNEUSE

§ 1er. — **Vigne.**

I

La viticulture à la Société d'agriculture. — Le *Journal des Propriétaires ruraux* de 1806. — Mission du docteur Tournon dans le Bordelais en 1807. — Rendement moyen de la vigne et étendue des vignobles dans la Haute-Garonne en 1812. — Etude des cépages (1815). — La viticulture en 1820. — Ravages de la pyrale (1822). — Rapports et expériences de MM. Dispan et Magnes-Lahens. — Opinion de M. Lignières sur l'emploi des foudres (1826). — Crise vinicole en 1828. — Concours pour la vigne en 1830 et 1835. — Le pyrale en 1838. Concours de 1839. — La vigne dans la Haute-Garonne en 1843. — Encore la pyrale (1846).

Nous avons vu, dans la première partie de cet ouvrage, que lorsque la révolution de 1789 éclata, la propriété vinicole dans le haut Languedoc était, depuis quelques années, sous le coup d'une crise fatale résultant de l'absence des débouchés. Depuis vingt ans, en effet, les prix avaient fléchi de plus de 40 pour 100.

Grâce à la suppression des entraves que les priviléges des Bordelais mettaient à la vente de nos vins, la culture de la vigne n'aurait pas tardé sans doute à s'améliorer chez nous, si les perturbations bientôt infligées à la propriété foncière n'eussent paralysé tout progrès. Au milieu même des discordes civiles, les amis de l'art agricole ne perdirent pas de vue cette branche de l'économie rurale si importante dans nos contrées. Les rédacteurs des statuts de la Société d'agriculture, proposés à l'adoption du représentant du peuple Dartigoète et de la Société des Jacobins, avaient divisé la compagnie en cinq bureaux, ayant chacun des attributions distinctes ; le premier devait s'occuper exclusivement de la vigne et de la vinification.

Dès ses premiers débuts, le *Journal des propriétaires ruraux* consacra une large place à l'étude des questions qui se rattachent à la viticulture. Le volume de 1806 renferme un mémoire, sans nom d'auteur, où la voie du progrès est indiquée avec autant d'intelligence que de sagesse. On en peut juger par cette citation qui résume l'article : « Attendre avec précision la maturité du raisin avant de commencer la cueillette; profiter d'un temps sec; disposer ses vendanges de manière à terminer chaque cuvée avant de laisser commencer la fermentation; ne pas altérer les qualités de la masse en y laissant le raisin vert ou gâté; ne pas troubler la fermentation lorsqu'elle a commencé; mettre la surface du liquide fermentant à l'abri d'un trop grand courant d'air; entretenir une douce température dans le cellier; décuver avant le terme de la fermentation, si l'on désire un vin clairet et mousseux ; l'attendre, au contraire, pour les vins rouges, gros, etc. » Dans un autre mémoire, également anonyme, la taille tardive est condamnée avec raison. Hélas ! il faut avouer que tous les bons conseils qu'on donnait à cette époque n'ont pas été généralement suivis, et qu'après soixante ans d'intervalle, il ne serait pas superflu de les rééditer.

Alors comme aujourd'hui, les viticulteurs, amis du progrès, tournaient leurs regards vers la Gironde pour lui demander le secret de ses triomphes, et c'était aux savants maîtres de notre École de médecine qu'on déléguait le soin de recueillir ces leçons. En 1807, M. le docteur Tournon ouvrit la liste; son travail fut complété, l'année suivante, par la publication, dans le *Journal des propriétaires ruraux*, d'un mémoire substantiel adressé à la Société des sciences de Bordeaux par M. Vignes.

Il n'était certes pas inutile de réagir contre les pratiques usitées chez nous ; aucun soin ne présidait au choix des cépages ; on les plantait pêle-mêle au pal. Quand la vigne avait reçu les deux façons indispensables, on ne s'occupait plus d'elle jusqu'au moment des vendanges. Peut-on s'étonner, après cela, que le produit de l'hectare ne dépassât pas 10 hectol. 59 dans le département ? C'est le rendement que nous assigne la statistique officielle de 1812. D'après ce document, l'étendue des vignobles dans la Haute-Garonne, était alors de 48,325 hectares.

La Société d'agriculture, jugeant avec raison qu'une étude particulière des divers cépages était indispensable pour servir de guide aux viticulteurs, affecta à cet usage une partie du terrain consacré à ses expériences. Durant plusieurs années, elle se réunit en séance extraordinaire peu de jours avant l'époque des vendanges, afin d'examiner et de comparer les raisins des diverses espèces qu'on avait soin d'apporter avec leur sarment muni de ses feuilles. En 1815, sur la proposition de M. de Villèle, des commissaires durent parcourir les vignobles, avec mission de recueillir sur place les indications propres à établir une synonymie complète des cépages.

Outre les variétés cultivées dans la Haute-Garonne et dans le Sud-Ouest, le jardin d'expérience de la Société d'agriculture compta bientôt, grâce au zèle de ses membres et de ses correspondants, des spécimens de toutes les espèces les plus appréciées dans les vignobles les plus fameux. On se proposait d'utiliser cette collection pour les expériences démonstratives d'un cours de viticulture, dont le besoin était généralement apprécié.

Un praticien en renom, M. Cazeaux, écrivait, en 1820, qu'il n'y avait pas dans la Gascogne un seul bon vigneron. Ayant fait venir des environs de Cugnaux les ouvriers qui passaient pour les meilleurs, il acquit la certitude qu'en dépit de leur suffisance, ils se trompaient très fréquemment sur la désignation des ceps. Or, c'est à de tels hommes qu'était confié le soin de choisir, parmi les souches entremêlées des vignes, les sujets destinés aux plantations nouvelles. Vers cette époque, l'usage du sécateur, qui présente une grande économie sur la serpe pour l'opération de la taille, commença à triompher, chez nous, des répugnances suscitées par la routine.

Négligée par le propriétaire, mal conduite par ses agents, la vigne avait encore à se défendre, depuis quelques années, contre les ravages de la pyrale. Pour se débarrasser de la chenille, on essaya de presser la sommité des bourgeons et d'étêter la jeune branche au-dessus de la grappe ; on alluma des feux où les papillons venaient brûler leurs ailes; mais tous ces expédients ne donnèrent que des résultats incomplets. En 1822, M. Béguillet, après avoir étudié avec soin les mœurs de l'insecte, proposa de diriger les attaques, non plus contre la chenille ou le papillon, mais contre la chrysalide ; en effet, lorsque l'insecte file son cocon, il replie les feuilles de manière à s'en faire un abri, ce qui rend sa présence très reconnaissable. Il est facile alors de le recueillir et de le détruire dans son enveloppe.

L'attention de nos viticulteurs était fixée, depuis quelque temps, sur l'appareil vinificateur de Mlle Gervais. Une commission mixte de la Société d'agriculture et de l'Académie des sciences présenta, par l'organe de M. Dispan, un rapport qui constatait que la fermeture des cuves, en mettant obstacle à l'évaporation ainsi qu'au contact de l'air atmosphérique, donnait lieu à une augmentation de 10 pour 100 environ dans la quantité et préservait le vin d'un germe ou premier levain de fermentation acide. M. Magnes-Lahens observa que le vin préparé à vaisseau clos dépose beaucoup moins de tartre que celui qui est fabriqué dans une cuve découverte.

Le procédé de M. Dudevant, qui consistait à recouvrir les cuves avec des couvertures de laine et une toile imbibée d'eau, fut expérimenté, l'année suivante, par la commission d'œnologie. On trouva que le vin ainsi préparé conservait aussi plus de tartre que dans le cuvage à l'air libre.

La commission, composée de MM. Magnes, Astié, Victor Marqué et Dispan, crut devoir appeler l'attention des cultivateurs sur les avantages résultant du cuvage opéré dans des vaisseaux fermés. A ce conseil, elle ajouta d'excellents avis sur la nécessité de ne se servir que de barriques propres et saines, de tenir les tonneaux constamment pleins et de les renfermer dans des celliers frais, pour éviter l'action destructive de l'air et de la chaleur.

Ces sages précautions, trop souvent négligées, n'étaient pas étrangères aux maladies qui compromettaient la conservation de nos vins ; cet important sujet devint l'objet particulier des études de M. Magnes. En 1824, il répéta avec succès les expériences de Berton pour rétablir les vins tournés, au moyen d'une solution d'acide tartrique. Comme remède préventif, il conseilla de ne pas faire cuver la vendange dans les vaisseaux où l'on mettait de l'eau pour la préparation des *piquettes*, et il recommanda l'opération, beaucoup trop négligée, du soutirage des vins.

Un de nos viticulteurs les plus autorisés, M. Lignières, apporta bientôt le concours de son suffrage à la question du cuvage dans des vaisseaux clos. Il signala ce point comme un avantage précieux offert par les foudres, dont il se fit le propagateur (1826). Dans un excellent mémoire consacré à démontrer la supériorité des foudres sur les cuves et les barriques, M. Lignières aborda le sujet par les côtés pratiques. Sa thèse, présentée sous une forme claire et saisissante, appuyée d'ailleurs sur le calcul et l'expérience, était bien propre à porter la conviction dans tous les esprits. En effet, il faisait observer, avec juste raison, que le prix des foudres ne surpassait guère celui des cuves neuves ; que le local nécessaire pour les cuves suffisant à loger les foudres, on économisait la dépense d'un chai ; on gagnait aussi celle des barriques ; le vin cuvait mieux dans des foudres que dans des vaisseaux où il était exposé à l'air libre. L'évaporation, diminuant avec le développement des surfaces ambiantes et l'épaisseur des douves, l'ouillage était bien moins coûteux. Sur ce point important, M. Lignières affirmait, d'après ses propres constatations, que le vin logé dans les foudres ne perdait que 1 et 1/2 pour 100 de son volume, tandis que celui qui était renfermé dans des barriques subissait une diminution de 8 à 10 pour 100. En admettant 2 pour les foudres et 8 pour les barriques, il y avait encore un bénéfice de 6 pour 100 sur l'ouillage, avantage qui s'alliait à la conservation du spiritueux et de l'arome. La main-d'œuvre et les risques étaient aussi notablement diminués.

Les conseils judicieux de ce zélé praticien, comme ceux de nos savants professeurs, devaient, hélas! rester à peu près sans effets, par suite du découragement que le bas prix du vin faisait peser sur nos propriétaires. Les choses furent poussées à tel point que, dans le compte-rendu des travaux de la Société d'agriculture présenté en 1828, le secrétaire perpétuel, M. Cavalier, avocat-général près la cour royale, ne craignit pas de dire que la production vinicole était devenue « une occasion de dépense et de ruine. » Nos propriétaires étaient réduits à vendre leurs vins « à des prix dérisoires qui ne couvraient pas les frais, ou bien à en embarrasser leur cellier, sans aucun espoir pour l'avenir, avec la certitude, au contraire, que le temps ne ferait qu'empirer leur condition. »

Cette crise redoutable était universellement attribuée à l'extension considérable qu'avaient reçue les vignobles sans que l'accroissement des débouchés justifiât de tels développements. On estimait que, depuis 1809 jusqu'à 1826, la quantité des vins récoltés en France était passée de 36 millions d'hectolitres à 56 millions.

Or, l'impôt indirect continuait à peser sur la consommation nationale, et les vins français se voyaient enlever le bénéfice des exportations par les tarifs exorbitants qui les accueillaient à l'étranger. C'est ainsi, par exemple, qu'aux Etats-Unis les droits d'entrée n'étaient pas inférieurs à 189 fr. 90 c. par tonneau. En Prusse, ils atteignaient 520 fr., et en Russie, 1,200 fr.

De tous côtés, on jugeait la situation déplorable, mais on ne s'accordait pas également sur les moyens à employer pour en sortir. Il était cependat un point sur lequel tous les sentiments étaient unanimes : c'était l'impôt sur les boissons. Son établissement avait beaucoup nui à la popularité de l'Empire ; Napoléon Ier en a consigné l'aveu dans les dictées de Sainte-Hélène. « C'est la question vinicole, dit-il, qui m'a perdu ; si je n'avais pas rétabli les droits réunis, je ne serais pas ici maintenant ; je n'aurais pas livré la bataille de Waterloo, si j'avais pu compter sur l'affection des habitants des vignobles. »

Le gouvernement de la Restauration songea bien à répudier cet impôt, mais il ne sut comment le remplacer, et, sous un nom différent, les mêmes abus persistèrent. Aussi, les mêmes plaintes s'ensuivirent. Il faut avouer que ce n'était pas à tort. En effet, dans une pétition adressée par les propriétaires de vignes de la Haute-Garonne, il est démontré péremptoirement qu'en 1828 le vin se trouvait frappé de droits représentant 120 pour 100 de sa valeur. « C'est une véritable monstruosité en économie politique, s'écriait avec indignation M. Duplan, un futur député, déjà maître en l'art agricole, l'impôt ne doit jamais être qu'une partie minime de la chose imposée. » — « On l'a fort bien nommé *droits réunis,* et très improprement *contributions indirectes*, disait à son tour M. Lignières ; c'est une réunion de droits que le propriétaire paye et qu'une armée d'employés prend *très directement* dans sa poche. »

Toutefois, et malgré la légitimité de ces griefs, les esprits les plus clairvoyants ne bornaient pas leurs critiques à l'impôt des boissons ; ils s'attaquaient aussi aux rigueurs de notre régime commercial. Voici comment s'exprimait sur ce sujet M. Cavalié à la séance publique de la Société d'agriculture en 1828 : « Quoique le commerce intérieur soit un puissant agent de prospérité chez un peuple composé de 30 millions de consommateurs, il ne faut pas se le dissimuler, c'est dans nos rapports avec les autres peuples, c'est dans un échange continuel de nos produits territoriaux avec des denrées que notre sol ne saurait fournir, c'est dans les immenses ressources que doivent procurer un commerce étendu et une navigation puissante que nous devons chercher les véritables éléments d'une prospérité stable. Peut-être conviendrait-il, pour créer des débouchés extérieurs, d'établir le système de nos douanes sur des bases moins exclusives. »

La timidité de ce conseil venant à la suite de prémisses si bien posées, suffirait à nous révéler le sentiment général de l'auditoire et du pays. On sentait le mal, on en connaissait la cause ; mais on n'osait l'attaquer de front dans la crainte de faire brèche au régime protecteur qui couvrait la production des céréales. Au fond, c'était à tort ; car on pouvait céder beaucoup sur ce dernier point, sans compromettre en aucune façon les intérêts agricoles. Il n'y avait là qu'une question de mesure. Il n'en a pas été autrement depuis ; mais le succès allant toujours aux opinions extrêmes, nous avons été tour à tour victimes des doctrines trop absolues des protectionnistes et des opinions ultra-radicales des partisans du libre échange. En cela, comme en bien d'autres choses, la vérité se trouve entre les extrêmes ; pourquoi ne pas l'y chercher ?

Quoi qu'il en soit d'ailleurs de ces considérations particulières, il est certain qu'à la chute de la Restauration, la propriété vinicole était, depuis quatre ans, dans une véritable détresse. Un respectable négociant en vins du Lot, M. Agar, put constater, d'après les registres de ses achats, que l'hectolitre de vin qui avait valu de 23 à 24 fr. en 1786, 30 fr. en 1787, 32 à 33 fr. en 1788, et 40 fr. en 1789, n'avait pas atteint plus de 20 fr. en 1826, 15 fr. 50 c. en 1827, 12 fr. 50 c. en 1828, et 10 fr. 25 c. en 1829. On vit les propriétaires des meilleurs crus du Quercy réduits à livrer leurs vins à la chaudière.

Dans la Haute-Garonne, où la vigne avait pris une grande extension et où le rendement ne dépassait pas 11 hectol. 77 litres à l'hectare, les viticulteurs, impuissants à payer leurs frais avec des prix de vente dont la moyenne ne s'élevait pas au-dessus de 6 fr. 36 c. par hectolitre, se mirent résolûment à défricher. Il en résulta que nos vignobles, qui comprenaient 48,000 hectares en 1829, d'après l'estimation de Cavoleau, se trouvèrent réduits à 45,406, lorsqu'eut lieu le recensement officiel de 1839. Nos agronomes les plus fervents convenaient alors que la culture de la vigne devait être restreinte aux fonds trop médiocres pour porter des céréales ou des prairies artificielles. Telle était, en particulier, l'opinion exprimée par le premier de nos viticulteurs, M. Lignières, dans son excellent *Traité sur la Vigne*, opuscule succinct, mais plein de faits bien observés et décrits avec l'autorité d'un homme pratique, sagement ami du progrès.

Parmi les agronomes zélés qui se groupaient autour de lui pour faire face à l'orage, il faut citer M. de Saget, auquel nous devons des observations intéressantes sur la plantation de la vigne et sur l'économie résultant de l'emploi du sécateur pour débarrasser les souches du bois mort (1831); M. le baron de Puymaurin, dont les essais portèrent sur le provignage; enfin, MM. Prévost et de Bellegarde (1), qui disputèrent à M. Lignières le grand prix d'honneur pour la culture de la vigne, institué par la Société d'agriculture de Toulouse, prix qui consistait en un thyrse d'argent (1830). Le concours de 1835 fut pour M. Lignières l'occasion d'un nouveau triomphe.

Quelque temps après, M. Magnes-Lahens, déjà connu pour ses

(1) Avant de s'adonner à l'agriculture, le baron de Bellegarde avait pris une part active aux affaires publiques du département qu'il avait représenté au Conseil général et au Corps législatif. Placé, pendant dix ans, à la tête de l'administration municipale de Toulouse, il a laissé le souvenir d'un magistrat plein de droiture, ami du progrès, économe des deniers publics et fermement dévoué aux intérêts populaires.

études chimiques sur l'altération des vins, publia un rapport intéressant sur les avantages de la greffe anglaise, à double encoche (1837); l'année suivante, il fut chargé par la Société d'agriculture d'étudier, avec MM. Moquin-Tandon, de Salembény et Bosquet, les moyens de combattre les ravages de la pyrale. On sait que cet insecte, dont la première invasion chez nous paraît remonter jusqu'à 1780, avait reparu en 1829; depuis cette époque, il n'avait cessé de causer des dégâts à nos vignobles. M. Ducos, qui s'était fait une spécialité de cette étude, proposait, pour faire cesser le mal, l'ébourgeonnement ainsi que l'échenillage pratiqués à l'époque de la moisson. La commission, qui visita son domaine et celui de M. Tajan, considéra, comme un moyen presque assuré de détruire la pyrale, l'échenillage de printemps conseillé par M. Ducos et combiné avec l'enlèvement des œufs, dans les premiers jours d'août, suivant l'usage du Mâconnais. C'est sous l'inspiration de ces études, qu'un arrêté de M. Floret, préfet de la Haute-Garonne, en date du 3 avril 1839, recommanda d'une manière toute particulière d'exécuter les prescriptions de la loi relativement à l'échenillage. On y joignit une instruction familière sur les moyens de détruire la pyrale.

Malgré tous les fléaux qui frappaient la viticulture, le prix d'honneur pour la vigne ne fut pas moins chaleureusement disputé en 1839 que dans les précédents concours. M. Prévost, de Seysses, triompha de tous ses concurrents; on signala chez lui le soin qui avait présidé au choix des cépages, leur classement selon l'époque de la maturité, enfin, l'usage de faire cuver la vendange dans des vaisseaux clos. La première médaille d'or fut décernée à M. de Saint-Plancat, qui mettait à cuver séparément les meilleurs cépages et qui s'était fait une spécialité de la greffe; la seconde médaille d'or échut à M. Cazeingt-Lafont; enfin, deux grandes médailles d'argent furent attribuées à MM. de Lalène-Laprade et Carrère.

L'importance exceptionnelle de ce concours était certainement l'indice d'un progrès dans la viticulture, et toutefois il s'en fallait beaucoup que l'état général de cette importante branche de notre économie rurale fût satisfaisant. On en peut juger par la description qu'en tracèrent les inspecteurs généraux de l'agriculture en 1843.

La vigne était généralement plantée au pal, sur un sol ouvert par un simple labour; on n'avait recours au défoncement que dans les terrains ayant peu de fonds, et trop compactes pour se laisser percer par le pivot de la vigne; dans ce cas même, on se bornait à creuser des fossés de 45 centimètres en tous sens. Quant au choix des cépages, il était très mal observé dans la Haute-

Garonne ; on y trouvait peu de vignobles où toutes les variétés de raisin, même les plus disparates, ne fussent confondues. L'opération de la taille n'était guère mieux conduite, et l'usage du sécateur, malgré l'économie qu'il présente, était loin d'être général. Toutes les façons données à la vigne se bornaient au labour de déchaussement exécuté vers la fin de mars et au buttage opéré vers la fin de mai. A part le long joug, on n'employait pour tout cela que les instruments ordinaires de la culture ; la charrue courbe, qui ne laisse entre les souches qu'un étroit cavaillon, n'était pas encore connue.

Enfin, on jetait pêle-mêle dans la cuve les raisins mûrs et les raisins verts, et on les y laissait durant un mois ; il n'en pouvait sortir qu'un vin défectueux. Trop souvent on le renfermait dans des tonneaux, qui laissaient à désirer sous le rapport de l'odeur et de la propreté ; enfin, on négligeait de l'ouiller et de le soutirer suivant les besoins. Les celliers, lisons-nous dans le rapport des inspecteurs généraux, sont soumis à toutes les variations de l'atmosphère et suffiraient seuls, par leur construction vicieuse, pour détériorer le vin. Les vignobles bien tenus, munis d'une bonne installation et donnant d'excellents produits, tels que ceux de M. de Marsac, à Villaudric, étaient fort peu nombreux.

Ce tableau, il faut en convenir, n'est pas séduisant. Si les défauts qu'il accuse sont beaucoup atténués aujourd'hui, c'est grâce au prix exceptionnel que les vins atteignirent lorsque l'oïdium eut stérilisé d'immenses étendues de vignobles.

Mais avant de subir les ravages de ce fléau, nos vignes éprouvèrent de rechef, en 1846, les atteintes de la pyrale. Cette fois, l'espace envahi fut bien moins étendu qu'en 1838 et 1839 ; il ne dépassa pas le territoire de Saint-Simon, de Cugnaux, de Plaisance, de Portet, de Villeneuve et celui de quelques communes de l'arrondissement de Muret. Du reste, la pyrale paraît avoir une sorte de préférence pour cette région ; elle n'a jamais franchi la Garonne ni le Touch. Saisie de nouveau de cette question toujours renaissante, la Société d'agriculture, sur le rapport du docteur Noulet, conseilla l'ébourgeonnement de la vigne, l'écimage, l'échenillage, la destruction des chrysalides, l'usage des feux pour atteindre les papillons, enfin la cueillette des œufs sur les feuilles comme moyen de saisir la pyrale avant qu'elle ait commencé d'exercer ses ravages.

II

La révolution de 1848 amène une dépréciation inouïe des vins. — Statistique de 1852. — L'oïdium et le soufrage. — Nécessité d'étendre le marché extérieur et le marché national. — Traité de commerce avec l'Angleterre. — Impôt des boissons. — Mission viticole dans le Bordelais (1860). — Rapport de M. Filhol. — Cours de viticulture de M. Laujoulet. — Les débouchés des vins de la Haute-Garonne en 1862. — Produits supplémentaires de la vinification. — Raisins verts. — Culture des hautains.

Bientôt la révolution de 1848 jeta une perturbation profonde dans le cours du vin ; on le vit descendre à 5 centimes le litre. Les grands propriétaires éperdus se résignèrent à livrer leurs récoltes à l'alambic. En 1851, on comptait dans le département quarante distilleries, brûlant, en moyenne, 48,000 hectol. de vin dans l'année et produisant en alcool (de 86 degrés centésimaux) 5 à 6,000 hectol. M. Frédéric Lignières, digne successeur de son père, dont la Société d'agriculture avait couronné deux fois les utiles travaux, se plaçait au premier rang de nos viticulteurs et faisait construire, sur son domaine de Lapalme, un appareil Dérosne, qui brûlait de 160 à 170 hectol. de vin par jour.

Du reste, nos alcools, préférés par le commerce à ceux de l'Aude et de l'Hérault, étaient recherchés par les fabricants de liqueurs. On allait jusqu'à prétendre qu'à conditions égales d'âge et de conservation, les eaux-de-vie de la Haute-Garonne pouvaient soutenir la comparaison avec les armagnac. Toutefois, vu l'encombrement des produits, la Société d'agriculture crut devoir s'associer à la proposition formulée par M. Lignières pour l'abaissement des droits sur les alcools dénaturés devant servir à l'éclairage.

L'enquête statistique de 1852 constata l'existence de 55,000 hectares de vigne dans la Haute-Garonne. Sur ce nombre, l'arrondissement de Toulouse en comptait près de 23,000. On sait qu'il possède les meilleurs crûs du département. Les vins de Villaudric et de Fronton sont justement renommés ; ils se conservent en bouteille jusqu'à vingt ans et s'y améliorent. L'étendue des vignobles compris dans l'arrondissement de Muret était de 18,300 hectares; celui de Saint-Gaudens en comptait environ 8,000, et celui de Villefranche 5,672. Cet important accroissement n'était comparable qu'à celui qu'on avait signalé dans le Gard, l'Aude et l'Hérault.

En même temps que nos vignes avaient gagné en étendue, leur rendement s'était élevé; on allait jusqu'à prétendre qu'il avait

plus que doublé depuis quarante ans (1). Cette affirmation me
paraît exagérée. J'admettrais plus volontiers avec des documents
authentiques que, depuis 1829, le rendement moyen de l'hectare
serait passé de 11 hectol. 77 (2) à 15 hectol. (3).

Quant à l'amélioration des vins, l'élévation des cours en fit une
nécessité pour les propriétaires. Ils s'accoutumèrent à ne pas
omettre, comme par le passé, les précautions indispensables pour
en sauvegarder le goût et en assurer la conservation. M. Trutat,
qui avait importé, sur son domaine de Laounou, les procédés de
vinification usités dans la Bourgogne, en obtenait des résultats
remarquables. Nos meilleurs crûs se firent connaître, d'année en
année, avec plus d'avantage, et leurs produits, achetés par le commerce de Bordeaux, se débitèrent au loin sous l'étiquette des
vins de la Gironde.

Les ravages causés par l'oïdium, en diminuant notablement la
quantité des produits, en portèrent la valeur à des prix jusqu'alors
inconnus. Heureusement pour les consommateurs, les progrès de
la distillation permirent aux industriels du Nord de débarrasser
l'alcool de betteraves de son mauvais goût et de l'élever à un
degré bien supérieur à celui de nos eaux-de-vie. Cette découverte
était grosse de menaces pour la production vinicole. Si l'oïdium
cessait ses ravages les celliers allaient être bientôt encombrés. Or,
on venait de trouver dans le soufre un spécifique souverain contre l'infection cryptogamique, et M. Marès, dans l'Hérault, M. de
Lavergne, dans la Gironde, s'efforçaient de le populariser par
leurs exemples, par leurs écrits et par leurs leçons. Guidés par
l'instinct de l'intérêt, nos viticulteurs tournèrent leurs espérances
vers l'extension des relations commerciales avec les nations
étrangères, notamment avec les Iles-Britanniques.

Dans un écrit que nous publiâmes en 1859, sous ce titre : *Les
vins, étude économique sur l'agriculture du Sud-Ouest* (4), nous nous
fîmes l'écho de ce sentiment. « On ne doit pas perdre de vue,
disions-nous, que, de tous les produits que la France envoie au
dehors, le vin est celui qui a la plus grande valeur après les tissus
de laine et de soie, et qu'il est le plus important pour le fret.
L'intérêt de la marine, comme celui de l'agriculture, comme
celui du commerce lui-même, exige que l'industrie vinicole ne

(1) Lignières, *Journal d'agriculture*, 1854, p. 45.
(2) Pétition des propriétaires de la Haute-Garonne.
(3) Statistique officielle.
(4) *Journal de Toulouse*, juillet 1859.

soit pas plus longtemps mise en péril ; c'est l'honneur et le bien public qui réclament ici la sollicitude du gouvernement.

« A lui aussi incombe le devoir et reviendra le mérite d'agrandir nos débouchés. Comme il se montre libéral dans ses relations commerciales avec les autres peuples, il doit attendre d'eux un accueil favorable pour nos produits. Si la guerre des tarifs a heureusement cessé, pourquoi maintient-on de part et d'autre des mesures que la haine provoqua jadis et que l'intérêt des nations désavoue? Pourquoi, par exemple, frappons-nous l'importation des fers anglais de droits qui font renchérir ce produit de 50 pour 100 en France? L'agriculture et l'industrie gémissent des sacrifices qu'on leur impose en faveur de quelques maîtres de forges qui s'en pourraient passer ou qui ne sauraient, en tous cas, demander que le pays s'inflige plus longtemps dans leur intérêt des pertes qui ont déjà dépassé 2 milliards.

« Pourquoi aussi les Anglais, dont nous accepterions les fers et les houilles, n'abaisseraient-ils pas les barrières qui empêchent nos vins de pénétrer dans leur île? On a parlé de la nécessité de maintenir l'impôt sur la drèche, qui est le meilleur revenu de l'Etat; mais le fisc anglais perdrait-il quelque chose en mettant sur le vin la même taxe que sur la bière? Nous ne voyons pas ce qu'on pourrait objecter à cette considération, qui a paru saisissante à M. de Gasparin. Les consommateurs auraient la faculté de satisfaire leur goût, et l'Angleterre, qui éprouve annuellement un déficit considérable de grains, pourrait consacrer à les produire ses meilleures terres employées aujourd'hui à faire croître l'orge et le houblon.

« Mais si ces concessions réciproques doivent être le fruit de l'alliance, et si, dans ses relations pacifiques avec tous les peuples, notre gouvernement doit s'efforcer de procurer des conditions favorables au placement de nos produits, il ne doit pas non plus perdre de vue ce but lorsqu'il tire l'épée pour la cause de la civilisation et qu'il dicte les traités après la victoire. Naguère, nos escadres, combattant pour la plus sainte des causes, ont paru triomphantes dans les mers de la Chine et du Japon. Les négociateurs français ont obtenu des réparations légitimes et des concessions importantes ; peut-être auraient-ils pu exiger davantage pour nos produits.

« Mais il n'appartient pas seulement au gouvernement de les protéger sur le marché étranger, il peut aussi et surtout les favoriser à l'intérieur en réduisant les impôts de consommation. Sans doute, le vin est une matière éminemment imposable, et l'Etat ne peut pas sacrifier légèrement une source aussi précieuse de revenu; mais les faits ont prouvé mille fois que la surélévation de l'impôt compromet ses résultats pécuniaires et que les taxes rendent davantage quand elles sont plus modérées.

« Notre ancien système de perception, trop longtemps maintenu ou imité, fut, de la part de Montesquieu, l'objet d'une critique sévère et juste. Seul il eût suffi pour ruiner une culture moins appropriée à notre sol et à nos besoins. Mais la vigne, qui n'avait pas disparu devant le décret de Domitien, la proscrivant des Gaules pour favoriser la production du blé, ni devant l'ordonnance restrictive de Charles IX, ni devant les rigueurs de l'arrêt de 1731, qui, dans le même but, prohibait les plantations nouvelles et ordonnait, en certains cas, d'arracher les anciennes; la vigne devait rester à notre pays, moins d'ailleurs pour le rendre prospère, que pour témoigner que par elle il pourrait le devenir. »

Voici, du reste, la nomenclature des impôts qui frappent l'industrie vinicole : 1° *Contribution foncière*; 2° *Passavant*, exigible chaque fois qu'un propriétaire fait transporter des vins d'une de ses caves dans une autre; 3° *Acquit à caution*, quand le vin est transporté dans un entrepôt; 4° *Droit de mouvement*, quand le vin est vendu à un particulier pour la consommation de sa maison; 5° *Droit de détail*, quand le vin est vendu par les débitants; 6° *Licence*, exigible du marchand en gros qui vend aux détaillants; 7° *Licence*, payable par les débitants; 8° *Licence,* exigible du propriétaire qui vend son vin en détail; 9° *Licence*, exigible du marchand distillateur; 10° *Licence*, exigible du propriétaire qui met dans son vin une certaine quantité d'eau-de-vie pour composer des rogommes; 11° *Droit d'entrée*, payable pour le vin qu'on introduit dans les villes; 12° *Droit de navigation*, lorsque le vin est transporté sur nos rivières; 13° *Droit de navigation*, lorsqu'il est transporté sur les canaux; 14° *Décime de guerre*; 15° *Droit d'octroi*, aux portes des villes; 16° *Droit*, au profit de certaines villes qui, par des perceptions à leurs barrières sur les vins, s'affranchissent, en totalité ou en partie, de leurs contributions personnelles et mobilières.

Toutes ces charges qui pèsent sur la production vinicole et sur la consommation des vins restreignent le débouché qu'offrirait le marché national. L'impôt des boissons, en frappant la quantité sans tenir compte de la valeur, accable les crûs médiocres qui sont les plus nombreux : aussi a-t-on remarqué que le nombre des biens grevés d'hypothèques et la proportion des ventes forcées s'accroissent en raison de l'étendue des vignobles.

Mais cet impôt n'est pas moins fatal au consommateur qu'à l'agriculture. S'il gêne la circulation des produits en multipliant les entraves et les difficultés, il fait aussi et surtout renchérir les vins. Les droits d'entrée et d'octroi en particulier sont généralement trop forts. Ils assurent une prime élevée à l'industrie coupable de la sophistication, et diminuent dans les familles ouvrières l'usage du vin qui devient un objet de luxe et de débauche. Des taxes modérées serviraient aussi bien l'intérêt des finances municipales et n'arrêteraient pas la consommation qui se mesure, comme chacun l'éprouve, au prix de la denrée. Ainsi, par exemple, M. Millot a constaté que dans la commune de Lyon, où la quotité du droit variait suivant la localité de 0 fr. 85 c. à 5 fr. 50 c., la consommation, par habitant, descendait de 281 litres à 152. Dans le département de l'Aisne, on a observé des faits analogues. A Soissons, où le droit était de 1 fr. 55 c., la consommation s'élevait à 204 litres par tête. A Saint-Quentin, elle n'était plus que de 34 litres, parce que le droit montait à 6 fr.

Or, on sait qu'à Toulouse le vin en cercles ou en bouteilles paye à la Ville ou au Trésor 6 fr. 44 c. par hectolitre, c'est-à-dire 33 pour 100 au moins de sa valeur aux lieux de production, et l'alcool pur est frappé d'un droit de 125 fr. 20 c. par hectolitre, soit 150 pour 100 du prix d'achat ! ! !

Si les plaintes des pays vinicoles au sujet de l'impôt des boissons demeurèrent stériles, il n'en fut pas tout à fait de même de leurs récriminations contre les tarifs des douanes. Le traité de commerce avec l'Angleterre inaugura bientôt un système plus libéral qui a produit de bons résultats et fait concevoir de plus grandes espérances. Personnellement, nous l'avions appelé de tous nos vœux et nous lui souhaitâmes la bien-venue dans un mémoire qui fut communiqué à la Société d'agriculture de la Haute-Garonne, au mois de février 1860, et publié, quelques jours après, dans le *Journal de Toulouse* (1). Nous ne dissimulions pas notre satisfaction en voyant s'abaisser, d'une part, les barrières qui fermaient à nos vins l'accès d'une grande et opulente contrée, et, de l'autre, celles qu'on opposait, sur le sol français, à l'importation des produits de l'industrie houillère et métallurgique de nos voisins, au grand détriment de l'agriculture nationale qui se trouvait placée dans les conditions les plus défavorables pour entretenir et améliorer son outillage.

Les perspectives brillantes que le traité de commerce ouvrait devant les produits de la viticulture mirent à l'ordre du jour toutes les questions qui se rattachaient au perfectionnement de

(1) L'Agriculture et le Traité de commerce. (*Journal de Toulouse*, 27 février 1860.)

nos vins. M. le préfet Boselli institua une commission départementale (1) pour étudier, au sein même des vignobles les plus
fameux, les améliorations qu'il conviendrait d'introduire dans
les procédés de culture et de vinification usités dans la Haute-
Garonne. Cette commission, composée de savants et d'hommes
pratiques, après s'être livrée à un examen sérieux des questions
qui lui étaient soumises, parcourut le Bordelais, appréciant attentivement, dans tous les détails, les soins dont la vigne est l'objet
en ce pays. Elle a consigné ses observations dans un excellent
mémoire dû à la plume de son rapporteur M. Filhol, professeur
de chimie à la Faculté des sciences. Ce travail comprend deux
chapitres, dont le premier est consacré à la viticulture et le
deuxième à la préparation du vin. C'est le meilleur guide qu'on
puisse consulter. Il se résume, en quelque sorte, dans les conclusions suivantes qui le terminent :

1° Les cépages dont il est utile de favoriser la propagation dans
le département sont : le *négret*, le *bouchalès* à queue verte et à
queue rouge, le *maurastel*, le *redondal*, la *mérille*, le *mauzac*
blanc et la *chalosse*. 2° Il sera bon d'étudier le genre de taille qui
convient à chacun de ces cepages..... Il serait à désirer qu'un
prix spécial fût décerné à la suite d'un concours, par la Société
d'agriculture, au vigneron qui se serait montré le plus habile dans
l'art de tailler la vigne. 3° Il est utile de ne pas planter indistinctement dans une vigne les cépages dont les fruits ne mûrissent
pas à la même époque. Il serait bon de planter chaque cépage à part.
4° On ne doit récolter que des raisins parfaitement mûrs et ne
jamais mettre dans les cuves des raisins verts ni des raisins
pourris. 5° Il est bon d'égrapper le raisin, au moins en partie,
avant de l'introduire dans la cuve. 6° La durée de la cuvaison ne
doit dépasser que d'un petit nombre de jours le moment où la
fermentation tumultueuse a cessé. Elle doit être surtout moins
longue lorsqu'on n'a pas égrappé la vendange. 7° Il est indispensable de ne laisser dans les barriques aucune trace de lie ou
de tartre provenant des vins de l'année précédente. 8° Le vin
mis en barrique devra être ouillé souvent, surtout dans les premiers temps. Il sera bon de le soutirer au mois de mars ; un
deuxième soutirage effectué en septembre contribuerait à sa conservation. 9° La commission émet le vœu que le ban des vendanges soit aboli. 10° Enfin, la commission exprime le désir de

---

(1) Cette commission était composée de MM. Filhol, Jules Gleyses, Lignières,
de Papus, membres de la Société d'agriculture, et André Prévost, propriétaire à
Seysses.

voir se former, sous les auspices de l'administration, une école de viticulture où seraient rassemblés les types de tous les cépages cultivés dans notre département. On conçoit combien cette création rendrait facile l'exécution d'une bonne synonymie de nos cépages et l'étude du mode de taille qui convient le mieux à chacun d'eux.

De tous les vœux émis par la commission de 1860, il n'en est qu'un seul qui ait été réalisé, je veux parler de la suppression du ban des vendanges. Quant au concours pour la taille de la vigne et à la création de l'école de viticulture, nous attendons encore. L'initiative prise par M. Laujoulet n'a pas même été encouragée. Toutefois, il est juste de reconnaître que des efforts méritoires ont été faits pour suppléer cette école de viticulture sur laquelle on fondait tant d'espérances. C'est ainsi que MM. Filhol et Timbal, tous deux membres de l'Académie des sciences de Toulouse, ont décrit, avec l'autorité qui appartient au talent consciencieux, les principaux cépages cultivés dans la Haute-Garonne et dans le Tarn-et-Garonne. Cette étude, entreprise dans le but de faire connaître les propriétés relatives des diverses espèces, sera consultée avec profit.

D'un autre côté, le cours d'arboriculture, fondé par la Société d'horticulture et subventionné par la ville de Toulouse et le Département, a étendu son programme à la viticulture. Nous y avons gagné un excellent petit volume, dans lequel M. le professeur Laujoulet a résumé en traits concis le résultat de ses expériences personnelles. Ce savant maître, aussi habile en l'art d'écrire qu'en l'art d'observer, estime que la taille à longs bois, dont il a été fait grand bruit depuis quelques années, ne peut être substituée, chez nous, à la taille courte sur gobelet.

Il résume dans les lignes suivantes les perfectionnements qu'il importerait d'introduire dans notre système particulier de culture : « 1° Substituer à nos deux labours de déchaussage et de chaussage, quatre binages superficiels : le premier en mars, le second avant la fleur, le troisième après la fleur, et le quatrième à la véraison avec la charrue vigneronne traînée par un seul cheval. 2° Pincer et ébourgeonner avant le 15 mai ; rogner dans la première quinzaine de juillet, et effeuiller vers la fin d'août. Ces quatre opérations, qui n'exigeraient pas vingt journées par hectare, pourraient de beaucoup augmenter la production. 3° Nettoyer la vigne immédiatement après la chute des feuilles, et ne tailler qu'après les gelées les sarments de remplacement laissés sur la souche. » Ces modifications, constituant un changement complet dans les habitudes locales, nous faisons des vœux

20

pour qu'elles se généralisent, car nous sommes convaincus de leur efficacité.

Mais, quelque soin que les viticulteurs apportent à la fabrication de nos vins, ils sont trop peu alcooliques de leur nature pour qu'il n'y ait pas avantage, au point de vue de la consommation et du transport, à en élever le titre. Cette question, posée devant la Société d'agriculture par M. de Randal, a été l'objet d'un rapport favorable, aux conclusions duquel il faudra revenir, quand les intérêts du Midi seront équitablement appréciés par nos gouvernants.

En attendant que les marchés étrangers nous ouvrent des débouchés sérieux, nos produits cherchent leur placement dans l'intérieur de la France. Voici, d'après les relevés officiels des contributions indirectes, la destination qu'ils ont reçue en 1862 :

Les Basses-Pyrénées nous ont acheté.	11,181 hectol.	60
Les Hautes-Pyrénées..............	9,800 —	74
L'Ariége.........................	6,036 —	35
La Gironde......................	6,017 —	83
La Seine........................	3,269 —	95
Le Lot-et-Garonne................	2,284 —	»
Le Tarn........................	2,238 —	45
Le Tarn-et-Garonne...............	2,103 —	»
L'Aveyron	740 —	95
Le Cantal.......................	739 —	»
Le Gers.........................	679 —	»
Le Nord........................	237 —	»

On voit, par ce tableau emprunté à un mémoire très substantiel de M. Caussé sur la vente des vins de la Haute-Garonne, que la bonne renommée de nos produits s'étend au loin.

Sous l'action de l'élévation des cours, la vigne a reçu, depuis 1852, une certaine extension dans le département ; à cette époque, elle occupait 57,000 hectares. En 1862, on la cultivait déjà sur 61,086 hectares, et il est probable que le bas prix des grains, pendant les années suivantes, n'a pas nui à sa propagation.

On a tenté, sans grand succès, d'établir à Toulouse un marché aux vins ; c'est là pourtant une idée qu'il ne faudrait pas abandonner sans retour. Nous croyons qu'elle aurait trouvé de plus grandes facilités à se réaliser, si la qualité de nos produits s'était améliorée comme on pouvait y prétendre.

En effet, les leçons n'ont pas manqué. Si nos agronomes et nos vignerons n'ont pas eu la bonne fortune d'entendre les précieux enseignements du docteur Guyot, l'apôtre de la viticulture progressive, ils ont pu, du moins, consulter les observations que lui a suggérées la vue de nos vignobles.

A côté des écrits que nous avons cités avec honneur dans cet article, on doit placer encore les publications savantes et originales de MM. Lespinasse de Saune, de Lucy, Prévost et Pigache de Sainte-Marie. Ajoutons que les exemples n'ont pas fait défaut dans la contrée. Nous ne saurions omettre de nommer, parmi les pionniers du progrès, un viticulteur fort instruit et fort soigneux, que la mort nous a ravi prématurément, M. Hubert, directeur des octrois de Toulouse. Cet habile praticien était parvenu, par une culture rationnelle, par de bons procédés de vinification et une ardeur infatigable autant qu'éclairée, à rendre nos vins comparables aux produits distingués de la Bourgogne. Bien d'autres peuvent renouveler, après lui, ces heureuses tentatives de perfectionnement.

Ne conviendrait-il pas, dans ce but, de revenir à la pensée qui avait fait proposer la création d'un concours pour la taille et à l'ancienne institution des prix d'honneur pour la vigne, dont on a eu tant à se louer autrefois ? Poser la question. c'est, à notre avis, la résoudre.

Toutefois, il ne faut pas se dissimuler que l'encouragement le plus efficace qui puisse être donné à la viticulture consisterait à faciliter le placement de ces produits, à réduire à l'intérieur les droits qui frappent la consommation des vins, et à lui ménager à l'étranger des conditions plus favorables. Or, dans les concessions de tout genre que nous avons accordées ou obtenues par les traités internationaux, notre agriculture à payé pour notre industrie. Encore aujourd'hui, les vins français introduits en Angleterre acquittent un droit de 27 fr. 50 c. par hectolitre lorsqu'ils contiennent moins de 26 pour 100 en alcool, et une taxe de 68 fr. 70 c., lorsqu'ils en renferment plus de 42 pour 100. En Autriche et dans le Zollwerein, le droit d'importation atteint 30 fr. par 100 kilog.; en Espagne, il est de 42 fr. par hectolitre ; aux Etats-Unis, il varie depuis 49 fr. l'hectolitre jusqu'à 177 fr. 10 c. ; en Australie, il atteint 83 fr.; en Russie, les vins en cercle payent 51 fr. 28 c. les 100 kilog., plus le dixième ; les vins en bouteille, autres que le champagne, sont taxés à 1 fr. 20 c. la bouteille ; ce dernier ainsi que ses similaires mousseux, à 3 fr. 60 c. la bouteille, plus le dixième, etc., etc.

Or, on sait que les vins étrangers importés en France n'ont à acquitter qu'un droit fiscal de 25 centimes par hectolitre.

Entré dans la voie de la liberté commerciale, notre gouvernement aurait dû y marcher d'un pas égal, sans incliner d'un côté ni de l'autre. L'agriculture avait autant de titres que l'industrie à obtenir des conditions avantageuses ; elle a été trop souvent sacrifiée. S'il n'est pas possible de modifier encore un ordre de choses consacré par des stipulations solennelles, du moins l'Etat devrait procurer à l'agriculture les dédommagements qui résulteraient pour elle de l'abaissement des droits excessifs prélevés, à l'intérieur, sur les besoins.

Outre le vin, les cultivateurs de la Haute-Garonne demandent à la vigne d'autres produits, et d'abord le demi-vin qu'on prépare en versant dans la cuve, dès que le vin en a été retiré, une quantité d'eau égale au cinquième environ du vin obtenu. La décuvaison a lieu au bout de vingt-quatre heures. Les ras de vin et vinades, qu'on prépare à la suite, sont le produit des lavages successifs auxquels on soumet la vendange.

Le marc qui reste après ces opérations est jeté dans la cour de la ferme où il sert de nourriture aux pigeons. Les cultivateurs les plus soigneux l'emploient avec succès pour l'engraissement des bêtes ovines.

Dans certains vignobles de la plaine du Tarn, on fabrique avec la graine du raisin une bonne huile à brûler.

Enfin, des quantités considérables de raisins sont consommées en vert. En 1868, l'octroi de Toulouse a perçu des droits sur 981,039 kilog., qui ont produit au trésor municipel 32,374 fr. 81 c. à raison de 3 fr. 30 c. par 100 kilog. (poids brut au-dessus de 3 kilog.). Si le tarif était plus modéré, il n'est pas douteux que le raisin, fruit aussi sain qu'agréable, n'entrât pour une plus grande part dans l'alimentation des classes laborieuses.

D'un autre côté, l'exportation enlève pour Paris nos meilleurs chasselas. Les terres légères de la plaine de la Garonne sont particulièrement propres à cette culture qui prend chaque jour plus d'extension. Les prix obtenus varient entre 40 fr. et 80 fr. par quintal métrique, mais les frais absorbent près de 30 fr.

Nous ne terminerons pas ce chapitre sans présenter quelques renseignements sur la culture de la vigne en hautains. Ce système, usité dans l'arrondissement de Saint-Gaudens, consiste à faire grimper le cep sur des tuteurs vivants (généralement des érables champêtres, *acer campestris*), espacés à 3 mètres environ dans la raie. Tantôt ces plantations constituent de simples bordures, comme aux environs d'Aspect, tantôt elles forment des rangées isolées au milieu d'un champ, tantôt au contraire, elles sont disposées en quinconce, sur des surfaces de 1 ou 2 hectares. On plante à fossés et l'on place deux ou trois sarments au pied de chaque hautain. On fume entre les raies tous les deux ans.

Aux environs de Roquefort, on forme la souche à 1^m,50 de haut. On laisse à chaque pied deux hastes de 1 mètre à 1^m,30 que l'on allonge sur des cordons tendus, au nombre d'un ou deux, sur le même plan vertical, entre les hautains. Pour former ces cordons, on emploie des tiges de ronce ou de viorne. L'érable, qui sert de tuteur, est soigneusement émondé, chaque année, afin qu'il ne puisse prendre un développement nuisible à la vigueur de la vigne et à la qualité comme à l'abondance de ses produits. Malgré cette précaution, le vin, qui provient de cette vendange aqueuse et mal mûrie, est loin de constituer une boisson agréable. Il mériterait bien encore cette apostrophe que Cinéas, ambassadeur de Pyrrhus, lança jadis contre l'acide boisson récoltée sur les hautains d'Italie : « C'est justice, dit-il, d'avoir pendu la mère d'un tel vin à une croix si élevée. »

§ 2. — Les arbres.

Pépinières. — Impulsion donnée à cette industrie, depuis 1853, par la Société d'horticulture. — Production des fruits. — Concours des plantations ouvert par la Société d'agriculture en 1832, en 1837, en 1842. — Concours pour les plantations de mûriers (1846); prix d'honneur à la sériciculture (1847); encouragements divers. — Le peuplier : culture du peuplier de la Caroline. — Les ormes. — Le platane. — Le frêne. — Le robinier. — Le saule. — L'osier. — Le chêne. — Le hêtre. — Le sapin. — Statistique des forêts dans le département, en 1789, en 1834 et en 1854. — M. Dralet, conservateur des forêts. — Les déboisements et les reboisements depuis 1858 jusqu'en 1868.

Le département de la Haute-Garonne, présentant des altitudes très différentes et une constitution géologique peu homogène, l'arboriculture y étale un grand luxe de variété. Dans l'examen rapide auquel nous allons nous livrer ici, nous ne nous arrêterons qu'aux espèces qui offrent une véritable importance économique dans la contrée. Nous présenterons d'abord la statistique des pépinières; puis nous passerons en revue les arbres fruitiers et les arbres d'alignement. Enfin, nous appellerons l'attention du lecteur sur les forêts.

Au dernier siècle, le pays toulousain ne possédait qu'une faible étendue de pépinières, bien que les Etats de Languedoc en eussent encouragé à plusieurs reprises la création, soit pour développer la sériciculture, soit pour entretenir les magnifiques plantations d'ormes dont ils avaient embelli nos routes et nos promenades. L'administration du canal du Midi ayant attiré à Toulouse Panseron, habile pépinièriste de Vitry-sur-Seine, il fit plusieurs élèves. C'est à ses leçons et à ses exemples qu'on doit la création des établissements les plus anciens qui se trouvent groupés autour de Toulouse (1). On y formait des arbres d'alignement et des arbres fruitiers de toute sorte. Bien que cette industrie enrichît assez promptement ceux qui la mettaient en œuvre, elle ne paraît pas s'être rapidement développée.

La statistique de 1834, comme celle de 1854, a rassemblé les pépinières, les jardins et les vergers sous la même rubrique. En 1834, la contenance aurait été de 5,567 hectares. Vingt ans après, elle serait descendue à 4,427 hectares. A notre avis, on ne saurait rien conclure de ces chiffres, non-seulement parce qu'ils sont formés d'éléments divers, dont la part respective peut avoir varié, mais encore parce qu'ils vont à l'encontre de toutes les idées reçues. En ce qui concerne les pépinières, par exemple, le progrès était lent sans doute, mais enfin il y avait progrès et non pas décadence.

Du reste, nous devons constater que la grande impulsion donnée à l'industrie des pépinières date de la fondation de la Société d'horticulture de la Haute-Garonne, qui remonte précisément à cette époque (21 août 1853). Depuis lors, les pépiniéristes de Toulouse ont vu leurs débouchés se développer d'année en année. Aujourd'hui ils étendent leurs expéditions non-seulement aux départements voisins, mais à la France entière, à l'Espagne, et jusqu'au cœur de l'Allemagne. La culture des arbres forestiers et d'alignement n'est pas moins en honneur que celle des arbres fruitiers. Tout ce que la science et l'art ont enfanté de merveilles en ce dernier genre se trouve réuni dans les beaux établissements groupés autour de Toulouse.

Nous ne pouvons quitter ces magnifiques jardins sans jeter un coup d'œil sur les fleurs qui les décorent. Vivement encouragée par la Société d'horticulture, cette branche intéressante de nos richesses a pris, depuis 1853, un développement remarquable. A cette époque, nos fleurs ne trouvaient à se placer qu'à Toulouse et dans les environs. On les recherche aujourd'hui dans toute la France et même à l'étranger. Nos horticulteurs on produit de plantes nouvelles fort remarquables, qui ont été appréciées en Belgique et ont donné lieu à des transactions importantes. Les violettes de Toulouse conservent leur ancienne renommée. La culture est toujours entre les mains des propriétaires de la rive droite de la Garonne. Saint-Jory produit le plant, et Lalande la cultive. L'arome particulier de nos violettes constitue une qualité spéciale sans doute au terroir, puisque les jardiniers les plus

(1) *Annuaire* de Faillon, 1807.

habiles ont vainement essayé de l'obtenir ailleurs. Telle est la prospérité de nos établissements horticoles, qu'on estime que le chiffre de leurs affaires a quintuplé depuis quinze ans.

La production des fruits, dont on était accoutumé à goûter l'agrément plus que les avantages pécuniaires, tend à devenir une source importante de revenus, et c'est justice; car le soleil du Midi communique à nos fruits une saveur incomparable. Outre ses excellents *raisins* de table, le pays toulousain expédie au dehors quantité de *pêches*; celles de Cazères, dans la vallée de la Garonne, et celles de Mezens, au pied des coteaux du Tarn, ont une grande réputation. La *cerise*, la *figue*, la *prune*, l'*abricot*, la *poire*, abondent dans nos plaines, partout où s'offrent des localitées abritées contre les grands vents. Les *pommiers*, les *noyers* et les *châtaigniers* prospèrent surtout dans la montagne. Aux variétés anciennement connues et aux procédés autrefois en usage, on a substitué, depuis quelques années, des espèces nouvelles et des méthodes meilleures. Il est juste de signaler encore ici l'action de la Société d'horticulture, qui, prévoyant l'avenir que l'ouverture des voies ferrées réservait à nos fruits, s'est efforcée d'en élever la production au niveau des progrès de l'art moderne.

Toutefois, on n'avait pas attendu la fondation de la Société d'horticulture pour encourager dans le département les pépinières, les plantations, et même les plantes potagères. Dès l'année 1821, la Société d'agriculture de la Haute-Garonne avait institué une prime d'honneur pour cet objet. Prorogé d'année en année, le concours des plantations eut lieu en 1832; le prix consistant en un arbre d'argent, fut décerné à M. de Combettes-Caumont, conseiller à la Cour, propriétaire du domaine de Clairfont, dans la commune de Portet, pour ses belles plantations dont les essences avaient été judicieusement variées suivant la nature du sol.

D'après les conditions du programme, les concurrents devaient présenter un semis ou un repeuplement en arbres forestiers ou résineux opéré depuis deux ans au moins sur une surface de 10 hectares; ou bien avoir planté sur leur domaine au moins 2,000 arbres propres aux constructions; ou bien, enfin, avoir planté, depuis deux ans au moins, 500 mûriers. Cinq concurrents étaient en présence : nous citerons parmi eux M. de Lafitte, qui, sur son domaine de Merville, avait effectué des plantations très considérables en peupliers du pays, d'Italie, de Hollande et de la Caroline. Quelques-uns, de ces derniers, âgés de vingt-cinq ans, offraient une circonférence de 2 mètres et une élévation supérieure à 30 mètres. M. de Lafitte obtint une médaille d'or. Semblable distinction fut accordée à M. Rolland, qui, outre une quantité considérable de peupliers et d'ormeaux, présenta, sur son domaine de Lamothe, commune de Saint-Cézert, 1,800 jeunes mûriers d'une belle venue, une haie de multicaules longue de 400 mètres, et un grand nombre de sujets en pépinière. Il était d'autant plus opportun, alors, d'encourager la culture des mûriers, qu'elle avait été longtemps frappée d'un grand discrédit; on les avait en partie arrachés dans nos contrées méridionales.

Lorsque la lice s'ouvrit de nouveau en 1837, M. Rolland soumit à l'examen de la commission 3,500 mûriers, de trois à huit ans, parfaitement tenus; il obtint l'arbre d'argent. M. le marquis de Saint-Félix, qui avait vivement disputé le prix, reçut une médaille d'or. M. de Carrière-Brimont et le duc de Caraman eurent une mention honorable, et M. Roucoule entendit prononcer le rappel de la médaille d'argent qui lui avait été décernée au précédent concours.

En 1842, la Société d'agriculture récompensa un nouveau genre de mérite, en décernant le prix d'honneur à la marquise de Pérignon, propriétaire du domaine de Fréteserp et de Guinguette, dans la commune de Grenade. Là, sur un sol caillouteux, entremêlé d'un sable aride, on avait opéré un semis de pins maritimes, dont le succès était tel, qu'en neuf année le bois avait acquis une valeur triple de celle du terrain. Ecarté par ce concurrent rédoutable, le marquis de Saint-Félix, dont les belles plantations en chênes et en frênes n'avaient cessé de prospérer, obtint un rappel de médaille d'or. M. Ramel, propriétaire du domaine de Lespinet, eut une médaille d'argent, et M. Duportal une mention honorable.

Le concours de 1846, qui ne s'ouvrit qu'aux plantations de mûriers les plus belles et les mieux entretenues sous le rapport des soins et de la taille des arbres, compta cinq concurrents. Le prix fut décerné à M. Sans, pour sa terre de Larmurier, près Colomiers.

L'année suivante, des encouragements plus directs furent attribués à la sériciculture. Elle devint le sujet du grand prix d'honneur; cinq concurrents se le disputèrent sans pouvoir l'obtenir. Néanmoins, Mme de Guy, à Palàminy, près Cazères, et M. Fajou, au Pujolet, qui avaient établi des magnaneries remarquables, reçurent deux médailles d'or. Cette même année, la Société d'agriculture fut chargée de distribuer les primes que le conseil municipal de Toulouse offrait, depuis 1844, aux sériciculteurs qui apportaient leurs produits sur le marché aux cocons établi dans cette ville depuis 1838. En 1847, on constata que les quantités offertes étaient passées, en quatre ans, de 4,000 kilog. à 16,000 kilog.

Grâce aux encouragements de toute sorte dont la sériciculture était l'objet, et grâce aussi à l'enthousiasme quelque peu intéressé avec lequel la plus belle moitié du genre humain lui prodiguait ses soins délicats, l'éducation des vers à soie se développait dans notre pays, quand les attaques répétées de la maladie paralysèrent ses progrès. Vainement, au sein de la Société d'agriculture, les savants unirent leurs efforts à ceux des hommes pratiques, pour étudier et combattre le fléau, les beaux travaux zoologiques de M. le professeur Joly ne purent conduire à des résultats consolants. Quelques sériciculteurs intrépides, au premier rang desquels il faut citer M. Finiels, lauréat de l'Académie des sciences, luttent cependant encore çà et là avec des chances diverses ; mais le plus grand nombre a cédé au découragement. Par suite, la culture du mûrier est plus négligée aujourd'hui que jamais.

Il n'en est certes pas de même du *peuplier*. Si la variété dite du pays, à la tige noueuse et tordue, n'est plus en faveur, en revanche, le peuplier d'Italie se retrouve sur toutes nos exploitations ; il est sans rival pour être débité en planches. Dans les sols humides, on préfère le peuplier de la Caroline, dont la croissance est si merveilleusement rapide. Nous avons décrit, au chapitre des assolements, le régime auquel étaient soumises les alluvions de la Garonne ; le peuplier de la Caroline y tient le premier rang. Au témoignage de M. Taupiac (1), deux cents peupliers, contenus dans 1 hectare et espacés de 6 à 8 mètres, peuvent facilement valoir 6,000 fr. à vingt ans, et cela sans autres frais que ceux de plantation ; car le sol porte, pendant quatre ou cinq ans, des cultures intercalaires, et finalement il se convertit en prairie. On doit avoir soin de prendre les arbres dans une pépinière dont le sol ne soit pas trop supérieur par sa nature à celui qui va les recevoir. Il faut choisir des sujets bien venant, d'un an ou deux, et les replanter, sans retard, dans un terrain retourné avant l'hiver, en ayant soin de retrancher sur les racines le bois mort ou inutile, et sur la tige, les branches latérales à 1 pouce ou 2 de longueur. Il faut que les racines soient revêtues d'une couche de terre bien meuble et tassée avec précaution, de manière à ne laisser aucun vide. On émonde les sujets, tous les trois ou quatre ans, avec un soin particulier. Lorsque la plantation a pris son entier accroissement, elle présente un aspect grandiose et sévère, qui encadre majestueuse-

(1) *Statistique agricole de l'arrondissement de Castelsarrasin,* par M. Taupiac. Excellent livre, qui donne beaucoup plus que le titre ne promet, et qui n'est pas moins remarquable par la forme que par le fonds.

ment le cours de la Garonne ; mais le peuplier de la Caroline ne prospère pas seulement sur ses rives plantureuses, il vient à bien dans tous les sols frais et profonds, sur les parties humides des coteaux comme dans les plaines.

Dans le but de concentrer les forces de l'arbre sur la tige pour en activer la croissance, M. Hippolyte Rous, à qui on doit une monographie originale et instructive du peuplier de la Caroline, conseille de retrancher, du pied jusqu'au sommet, la plus grande partie des branches latérales, en leur laissant seulement des tronçons plus ou moins longs, selon l'âge et la force du sujet, mais qui, dans tous les cas, devront s'étendre, du sol jusqu'au faîte, en forme de pyramide. Ainsi, l'on dirige l'arbre pendant les dix premières années de sa croissance, élevant successivement la pyramide en retranchant les branches inférieures, puis on abandonne le peuplier à ses tendances naturelles. Si ce mode rationnel de taille peut rencontrer des difficultés lorsqu'on l'applique à une plantation dont les sujets ne se trouvent pas assez éloignés les uns des autres, il n'en saurait être de même des arbres isolés ou même convenablement espacés.

Dans la première partie de cet ouvrage, nous avons mentionné une communication faite à l'Académie des sciences de Toulouse par M. de Lapeyrouse, sur la maladie des ormes en 1787. Hélas ! toutes les recherches auxquelles on s'est livré depuis cette époque n'ont pas encore amené la découverte d'un remède spécifique. Dès l'année 1808, la Société d'agriculture de la Haute-Garonne, appréhendant la disparition complète des ormes dans notre pays, promettait un prix de 300 fr. à l'expérimentateur qui signalerait un arbre propre à remplacer cette essence pour le charronnage, et s'accommodant de notre sol et de notre climat. Le programme invitait les concurrents à fixer particulièrement leur attention sur le micocoulier (*celtis australis*, Lin.) et sur l'érable sycomore (*acer pseudo-platanus*, Lin.), qui ne répondirent pas aux espérances qu'on avait conçues. En 1812, le sujet fut remis au concours ; mais cette fois, on engagea les concurrents à rechercher les moyens préservatifs et curatifs des maladies fatales à l'ormeau. M. Goutelongue, juge de paix d'Aurignac et correspondant de la Société, lui soumit, en 1817, des observations pratiques qu'il compléta, en 1826, par un mémoire substantiel ; malheureusement, la culture la plus intelligente donnée aux ormes ne put annihiler les causes de destruction, et le fléau a continué ses ravages. Aucune des variétés de cette précieuse espèce, cultivées en grand dans le pays, n'a pu s'y soustraire ; aussi le *platane* tend-il à remplacer l'ormeau comme arbre d'alignement. On utilise plus communément avec lui, pour le charronnage, le frêne et l'acacia.

Dans la plaine, le *frêne* n'est guère cultivé qu'en bordure autour des champs. C'est mal à propos qu'on le plante sur les terres compactes et sèches, car il ne prospère que dans les lieux humides ; mais là, il végète rapidement et donne un excellent bois de charronnage ; nul autre n'a plus de force et de ressort.

Le robinier (*pseudo-acacia*), vulgairement désigné sous le nom d'acacia, s'accommode mieux des terres sèches et légères, bien qu'il préfère les sols frais et meubles ; son introduction, dans la Haute-Garonne, remonte aux premières années de ce siècle. En 1820, M. de Villèle, toujours au premier rang des innovations fécondes, rendait compte de ses essais à la Société d'agriculture ; ses écrits contribuèrent beaucoup à populariser cette essence, dont le gouvernement hâta la propagation en faisant distribuer de jeunes plants. On ne tarda pas, d'ailleurs, à apprécier les propriétés qui font de l'acacia un arbre d'une rare précocité, lorsqu'il est aménagé en taillis, et un excellent bois de charronnage lorsqu'on permet à la tige de prendre tout son développement. Au surplus, il n'est pas de culture plus favorable pour tirer du revenu de certains sols impropres aux céréales, comme l'ont prouvé les plantations de M. Marcel Lacaux, sur son domaine de Verfeil.

Plus difficile que l'acacia sur le choix du terrain, le *saule* est très communément cultivé dans les lieux frais et marécageux ; on l'aménage en têtars. La barre, coupée tous les trois ou quatre ans, sert à faire des cerceaux. Notons, en passant, l'usage bizarre et abusif qui soumet les osiers et les cerceaux, présentés sur le marché de Toulouse, à une vérification officielle, à la suite de laquelle ils peuvent être détruits s'ils sont reconnus de qualité inférieure. Cet emploi, dont l'origine remonte sans doute bien haut, a survécu à toutes les révolutions. Le titulaire ne perçoit que 48 fr. par an pour ses honoraires ; mais c'est encore trop, en vérité. On rencontre fréquemment le saule en bordures autour des prairies et même des champs, où sa racine pivotante et son feuillage peu épais causent beaucoup moins de dommage que la présence du chêne et surtout de l'orme.

On voit également prospérer, dans les terres humides de nos vallons et même de nos coteaux, l'*osier*, qui appartient aussi au genre saule. Deux variétés sont cultivées dans le département : l'osier rouge, employé pour la tonnellerie, et l'osier jaune, par les vanniers. Il n'est pas rare que les terrains les plus propres à cette culture se louent à raison de 350 et 400 fr. l'hectare.

Enfin le *chêne*, le *hêtre* et le *sapin* peuplent nos bois et nos forêts. On a remarqué que le chêne yeuse ne se montre pas au-dessus de 1,000 mètres, le chêne pédoncule au-dessus de 1,200, le hêtre au-dessus de 1,300 et le sapin au-dessus de 1,900 mètres.

Nous avons vu, dans la première partie de cet ouvrage, qu'à la chute de l'ancien régime, les bois étaient présumés occuper 87,177 hectares dans la Haute-Garonne. C'est l'évaluation adoptée par la Société d'agriculture dans un document officiel. Or il est indubitable, croyons-nous, que depuis cette époque les défrichements se sont beaucoup plus développés que les reboisements et, toutefois, la statistique officielle enregistre des évaluations bien différentes. En effet, tandis que vers 1789 les bois (non compris les forêts domaniales) n'auraient pas dépassé 65,254 hectares, ils auraient atteint, en 1834, jusqu'à 87,140 hectares, et en 1854, jusqu'à 92,626 hectares. Dans l'ensemble, c'est-à-dire en faisant entrer en ligne de compte les forêts de la couronne, on arrive pour 1789 à 87,177 hectares, pour 1834 à 101,429 hectares, et pour 1854 à 106,950 hectares 52. Il faut remarquer, au sujet de ces deux derniers chiffres, que les domaines non productifs se trouvent confondus avec les forêts et ne peuvent en conséquence être rigoureusement comparés avec la première évaluation. Mais cela ne suffit pas pour expliquer toutes les différences; car, en ne comptant que les bois appartenant aux particuliers et aux communes, on arrive à des résultats non moins incompréhensibles. Evidemment, il y a en tout ceci erreur ou malentendu. Dans ces conditions, nous devons nous borner à signaler les chiffres sans conclure.

On sait que pendant et même après la Révolution, les forêts domaniales mal surveillées furent dévastées et spoliées à l'envi. Les communes et les particuliers s'y taillèrent de vastes possessions, si bien qu'après l'apaisement des discordes civiles, M. Dralet, conservateur des eaux et forêts dans la circonscription des sept départements dont la Haute-Garonne faisait partie, put faire rentrer dans le domaine public 53,000 hectares qui en avaient été distraits, et amener, par des voies amiables, les détenteurs de 13,300 hectares de terrains usurpés à en payer la valeur à l'Etat.

Des vastes étendues boisées qui couvraient jadis le pays toulousain, il subsiste encore d'assez beaux restes. On peut citer la forêt de Bouconne, comprenant 2,027 hectares; celle de Bagnère-de-Luchon qui en a 1,880, et celle de Melles qui en compte 2,465.

Les dangers inhérents au déboisement des montagnes avaient frappé de bonne heure l'esprit observateur de M. Dralet. Plusieurs fois il entretint la Société d'agriculture de ses craintes, et toujours il s'efforça de conjurer le mal par les moyens dont il pouvait disposer. Non content de préserver de la destruction d'immenses étendues de bois en les faisant réintégrer dans le domaine public, il fit opérer de semis considérables et naturalisa avec succès le mélèze et le pin laricio sur la chaîne des Pyrénées.

Tout le monde sait quand et comment l'œuvre des reboisements a été reprise à la suite d'inondations désastreuses qui montrèrent les dangers auxquels on exposait les plaines en laissant déboiser les montagnes. Des pépinières ont été établies sur plusieurs points de la grande chaîne qui nous sépare de l'Espagne. J'ai visité le bel établissement de Luz dans les Hautes-Pyrénées ; il est parfaitement tenu. On assure que les plants qui réussissent le mieux dans la montagne de Barèges sont ceux du pin à crochet (pin commun du pays), du chêne, du pin noir d'Autriche, et de l'épicéa. Sur les plus grandes hauteurs et les moins bons terrains, le pin à crochet est sans rival. On le plante à trois ans. Il n'est pas endommagé par la neige autant que le mélèze. Quant au chêne, on le repique après la première ou la deuxième pousse. L'acacia réussit également, mais il est moins estimé ; on le réserve, ainsi que l'aune, pour les ravins. Le hêtre se montre bien plus délicat pour la reprise. Du reste, comme les conditions culturales varient avec l'altitude, l'exposition et la nature du sol ainsi que du sous-sol, les résultats, il est facile de le concevoir, présentent de grandes dissemblances.

Les travaux de reboisement auxquels il a été procédé dans la Haute-Garonne, en exécution de la loi du 28 juillet 1860, se sont étendus, dans l'espace de huit années, à 803 hectares 27, dont 644 hectares 50 en terrains domaniaux, 50 hectares 10 en communaux, et 108 hectares 67 appartenant à des particuliers. L'Etat a contribué au reboisement de ces deux dernières catégories de terrains en fournissant 802,400 plans d'arbres, dont 236,500 aux communes et 565,900 aux particuliers. Il a donné de plus une subvention de 500 fr.

800 hectares reboisés en huit années, c'est seulement 100 hectares en moyenne par exercice. Or, on a calculé que dans la dernière période décennale (1858-1868), les défrichements des bois appartenant à des particuliers ont au moins atteint 4,000 hectares, soit 400 hectares en moyenne par exercice, en sorte que le déboisement a marché quatre fois plus vite que le reboisement dans le département de la Haute-Garonne.

En présence des dangers que cette situation révèle pour nos approvisionnements ainsi que pour le régime général des eaux, il importe que l'Etat donne sans retard une impulsion plus énergique au reboisement des montagnes. Les résultats obtenus jusqu'à ce jour sont de nature à encourager de nouveaux et de plus grands sacrifices. L'avenir promet de les rembourser avec usure.

LIVRE III

DU BÉTAIL

CHAPITRE PREMIER

DE L'ESPÈCE BOVINE

§ 1er. — Le bœuf de travail.

Nécessité des aptitudes mixtes dans les races bovines du Sud-Ouest. Le travail du bœuf et celui du cheval comparés. Qualités à rechercher dans les animaux de trait; défauts à éviter.

L'étude que nous avons faite de l'agriculture du pays toulousain sous l'ancien régime, nous a présenté l'élevage du bétail à cornes sous un aspect peu favorable (1). Comme nombre et comme qualité, il y avait beaucoup à reprendre. Nous avons reconnu que cette situation, regrettable à tant d'égards, était, avant tout, la conséquence de la fausse direction donnée à l'assolement, et que, si on pouvait l'imputer aussi à la négligence et au défaut d'instruction des cultivateurs, il n'en fallait pas accuser nos écrivains agricoles qui se rendaient parfaitement compte des qualités qui font du bœuf une excellente bête de trait et un bon animal de boucherie. Du reste, agronomes et éleveurs étaient unanimes à proclamer la nécessité des aptitudes mixtes.

Ces traditions éprouvées depuis des siècles, devons-nous les répudier aujourd'hui devant les affirmations hardies de quelques esprits éminents, mais trop enclins peut-être à généraliser? Les progrès de la mécanique ont-ils si complétement modifié nos instruments d'agriculture qu'on n'ait que faire d'un moteur don-

(1) Voir ci-dessus liv. II, chap. III, p. 44.

nant, à peu de frais, un effort puissant et soutenu, et n'y aurait-il plus désormais à tenir compte que de la vitesse ? ou bien encore les assolements et les amendements auraient-ils si bien transformé le sol et le sous-sol de nos coteaux calcaires et de nos plaines argileuses, que la superficie ne durcisse plus comme autrefois, sous l'action combinée des fortes pluies et d'un soleil brûlant ? Les difficultés que présente au labour l'état si généralement compacte des couches inférieures seraient-elles devenues illusoires en présence des progrès de la science et de leurs applications les plus récentes ?

Discuter ces questions devant les agriculteurs de la Haute-Garonne qui les tiennent pour résolues, peut sembler un jeu futile de l'imagination aux personnes qui ignorent que des voix autorisées reprochent, chaque jour, aux laboureurs du Midi d'atteler des bœufs à leurs charrues, et s'efforcent de présenter ce fait comme le criterium le plus certain d'une agriculture arriérée.

On nous pardonnera d'essayer la réfutation de ces maximes qui ne sont pas seulement injustes en principe et humiliantes pour notre amour-propre, mais qui sont aussi dangereuses pour nos intérêts matériels, puisque, en présidant à la rédaction des programmes des concours régionaux et en inspirant les décisions des jurys, elles tendent à donner à l'élevage une direction uniforme qui mène droit à la destruction du bœuf de travail. Il n'y a plus moyen de se faire illusion sur ces tendances, car on ne prend plus la peine de dissimuler le but, et déjà on entonne le le chant du triomphe. Voici comment s'exprime l'honorable M. Gayot, ancien directeur de haras, dans un article d'ailleurs très remarquable et plein d'utiles indications et de savants aperçus (1) : « Il faut, dit-il, produire beaucoup de « viande, beaucoup plus qu'autrefois. Nos bêtes bovines de « trait doivent particulièrement concourir à ce résultat, non en « demeurant oisives à l'étable ou dans les herbages, mais en tra- « vaillant chaque jour *de moins en moins et de plus en plus mal*, « jusqu'à ce qu'il soit possible de les enlever complétement au « joug. » Voilà certes une déclaration nette et précise. Il y a longtemps, sans doute, que les agronomes argumentent sur le mérite relatif du bœuf et du cheval comme animaux de trait ; mais jamais, il faut en convenir, la question n'a pu se poser dans des circonstances plus importantes, on pourrait presque dire plus décisives que celles qui s'offrent aujourd'hui.

L'emploi du bœuf aux travaux agricoles est aussi ancien que la

(1) *Encyclopédie pratique de l'agriculteur*, t. III, p. 879.

charrue et non moins universellement répandu que l'usage de cet instrument lui-même. On sait, en effet, que les anciens Romains honoraient, d'un grand respect et presque d'un culte, le bœuf de travail. Pline rapporte que le meurtre de ces animaux était puni comme celui du laboureur, et ce fait est confirmé par Valère-Maxime et par Columelle. C'est que, selon la croyance populaire, c'était au bœuf que l'Italie avait emprunté son nom (*quod olim Græci tauros ιταλους vocarent*); c'est aussi qu'un taureau et une génisse avaient jadis tracé le sillon qui formait l'enceinte sacrée de Rome.

Non contents de prodiguer tant d'honneurs au bœuf de travail, les anciens l'avaient presque déifié, et, sans parler du culte idolâtre que les Egyptiens rendaient au bœuf Apis, les Athéniens vénéraient, dans le bœuf, le ministre de Cérès et de Triptolème, et la cosmographie païenne avait réservé au taureau une place dans les cieux parmi les constellations. Enfin Varron, le prince des agronomes latins, n'hésite pas à mettre le bœuf au premier rang parmi les animaux associés aux travaux de l'homme.

De nos jours encore, l'Asie entière ne connaît pas d'autre bête de trait et de labour, et il n'en est pas différemment en Afrique sur le territoire occupé par les Arabes. Ailleurs même, comme dans l'Inde, l'emploi du bœuf s'étend à la selle et au bât, tant la nature l'a admirablement conformé pour nous servir d'auxiliaire.

Mais elle l'a surtout doué d'une aptitude remarquable pour la traction. Il suffit de jeter un coup d'œil sur la structure du bœuf pour en être convaincu. En effet, chez l'animal que la spécialisation pour la boucherie n'a pas transformé en laboratoire de graisse, on remarque constamment une ossature développée, des articulations larges, des muscles énergiques, enfin la prédominance des parties antérieures du corps, spécialement de la tête et de l'encolure, toutes dispositions favorables au plus haut degré pour opérer, à l'aide du joug, la manœuvre des instruments agricoles. Il n'en faudrait pas conclure cependant que partout et et toujours le bœuf doive obtenir la préférence sur le cheval comme bête de trait ; cette assertion serait aussi contestable que celle qui considère le travail comme le moins important des produits que l'espèce bovine puisse donner.

Un mot, en passant, sur cette opinion dangereuse qu'une école puissante s'efforce de faire accepter comme un axiome. Dans les pays où le bœuf n'est pas appliqué à la charrue mais uniquement consacré à la production de la viande, on peut aisément se rendre compte de la spéculation. La ration d'entretien d'un animal à l'engrais est fixée par M Barral à 1 kilog. 666 grammes de bon

foin de pré, de trèfle ou de luzerne par 100 kilog. de son poids.
Ainsi un bœuf de 400 kilog. qui recevrait, par jour, 7 kilog. de
foin, conserverait à peu près le même degré de pesanteur. D'après
les calculs de notre savant publiciste, 10 kilog. de foin, ou leur
équivalent en autre nourriture, ajoutés aux 7 kilog. de la ration
d'entretien, accroissent en moyenne de 1 kilog. par jour le poids
de l'animal (1). Or le bœuf se vend sur pied de 55 à 65 centimes
le kilog. dans notre pays.

   Le bon foin valant, année commune, 6 fr. les 100 kilog., ce qui
ramène à 1 fr. 02 c. le prix de la ration de 17 kilog., l'engraisseur perdrait chaque jour 42 centimes par tête de bétail, sans
compter les frais de garde et tous les autres soins, ainsi que
l'intérêt des capitaux et les risques, en admettant même un
choix d'animaux prédestinés à échapper à toutes les indispo-
sitions et doués d'une grande aptitude à prendre la graisse,
car il n'en est pas beaucoup qui, sans peser plus de 400 kilog.,
gagnent 1 kilog. par jour. Il est vrai que le fourrage ne s'élève
pas toujours à 6 fr., mais souvent aussi il atteint un prix plus fort,
et, dans ces dernières années, il a dépassé 10 fr., ce qui suffirait
à prouver que dans nos contrées, où la production fourragère est
soumise à de si grandes vicissitudes et dotée de débouchés considérables, l'engraissement du bœuf ne saurait prendre rang parmi
les pratiques usuelles de notre agriculture. Sans doute l'emploi
des équivalents en grains ou tourteaux et l'usage de la nourriture
verte peuvent apporter leur contingent d'économie; sans doute aussi
le fumier doit figurer au décompte, et il est vrai encore que le
bœuf mis à l'engrais ne gagne pas seulement un certain nombre
de kilogrammes, mais que chaque kilogramme du poids total
augmente de valeur à mesure que la bête prend de l'embonpoint.
Malgré tout, cependant, si l'engraisseur ne se trouve en possession
de riches dépaissances et si le cours des fourrages ne s'abaisse pas
au-dessous du prix moyen, il aura grand'peine, quelle que soit
son habileté, à rentrer dans toutes ses avances ; les cultivateurs,
qui se rendent compte de leurs opérations, le savent bien, et
tous ont été convaincus par l'insuccès des plus hardis.

   Dans le Nord même, où le fourrage se vend moins cher que
dans le Midi tandis que la viande atteint un prix plus élevé, l'engraisseur qui n'a pas à sa disposition des pulpes de betteraves ne
recouvre pas ses frais. D'après les calculs de M. Lecouteux (2),
à considérer l'ensemble de la situation, dans la plupart des fer-

(1) *Le Bon Fermier,* p. 201.
(2) *Journal d'agriculture prat.,* 5 janvier 1864.

més à céréales et à fourrages artificiels, le bétail ne peut pas payer le foin au-delà de 5 fr. le quintal (métrique), de même qu'il ne peut pas produire le fumier à moins de 6 et 10 fr. les 1,000 kilog. Qu'en serait-il donc chez nous où les fourrages et les litières ont une valeur plus considérable?

Bien meilleure est la position de nos cultivateurs qui, placés dans les conditions économiques les plus générales, ne se bornent pas à engraisser les bœufs, mais les appliquent aux travaux des champs. Laissons encore la parole aux chiffres. Une paire de bœufs de labour, pesant de 6 à 700 kilog. par tête, consomme dans l'année 5,000 kilog. de foin de toute espèce qui, à raison de 5 fr. les 100 kilog., constituent une dépense de 250 fr. C'est sur cette base que les approvisionnements s'établissent dans nos fermes les mieux tenues. La nourriture verte et les fourrages avec lesquels on entretient l'attelage pendant une moitié environ de l'année, ne peuvent être estimés à plus de la moitié de cette somme, soit à 125 fr. En effet, d'une part, il est permis de conclure des expériences chimiques dues à M. Payen et à M. Boussingault, et des observations pratiques de M. Perrault de Jotemps et de M. de Gasparin (1), que 4 kilog. de foin vert, qui se réduisent par l'évaporation à 1 kilog. de foin sec, ont cependant une valeur nutritive au moins égale à 2 kilog. de ce dernier fourrage, ou, en d'autres termes, que la nourriture verte présente une économie de 50 pour 100.

D'un autre côté, tout le monde sait qu'aux jours où le bœuf de travail se trouve condamné au repos par les intempéries, surtout dans le cœur de l'hiver, il s'accommode facilement des pailles d'orge, d'avoine, de froment, des tiges de maïs, ainsi que des foins avariés et des marcs de vendange. Tous nos bouviers tirent un excellent parti de cette aptitude précieuse.

En joignant aux dépenses nécessitées par la nourriture de l'attelage celle de la ferrure, pour laquelle nos forgerons prennent des abonnements à 25 fr.; l'intérêt à 5 pour 100 du capital représenté par les bestiaux, et qui s'élève à 1,000 fr., soit 50 fr.; en outre pareille somme pour l'assurance contre les risques et les dépréciations auxquelles ces animaux sont exposés; enfin 10 fr. pour l'entretien des harnais, effets de pansement, médicaments et frais divers, on arrive à une dépense annuelle de 510 fr. Si l'on ajoute à cette somme 45 fr. pour les frais auxquels donnent lieu l'aiguisage et les réparations de la charrue, et 400 fr. pour les gages du bouvier, on trouvera que l'entretien d'une paire

(1) *Cours d'agr.*, t. III, p. 577.

de bœufs, avec son conducteur, ne dépasse pas 955 fr. Cette somme, répartie sur les 260 jours de travail que l'on compte dans le Sud-Ouest, ramène le prix de la journée à 3 fr. 67 c. Or, si l'on emprunte le concours des bouviers qui font métier de mettre leurs bestiaux au service d'autrui, il faudra payer, selon la saison, 5 fr., 6 fr. et même beaucoup plus. Le cultivateur qui consacre ses bœufs au travail réalise donc une économie qui n'est jamais inférieure à 30 pour 100, et qui atteint souvent à 50 pour 100. Ce profit n'est pas à dédaigner, surtout quand on le rapproche des résultats auxquels aboutit l'engraissement pratiqué dans les mêmes conditions économiques.

Mais pour conclure que le travail n'est pas, comme on l'affirme chaque jour, le moins important des produits que le bœuf puisse donner, il nous reste à prouver encore que l'agriculteur ne peut pas se procurer l'unité de travail à un moindre prix en employant d'autres animaux.

Examinons d'abord quelles dépenses nécessite, dans les conditions ordinaires de nos exploitations rurales, l'entretien de deux chevaux de labour. S'ils représentent une valeur de 750 fr. par tête, ce qui n'est pas trop pour des animaux qu'on met en parallèle avec des bœufs de 1,000 fr. la paire, l'intérêt annuel, à 5 pour 100 du capital de l'attelage, sera 75 fr. D'autre part, on ne saurait porter au-dessous de 15 pour 100, soit à 225 fr., la prime d'assurance pour les risques auxquels la valeur tout entière du cheval est exposée, soit par le fait des accidents ou des nombreuses et grièves maladies auxquelles ce solipède est sujet, soit par le cours naturel des choses, qui entraîne sa valeur à un complet dépérissement, à cause de l'impossibilité où l'on se trouve d'utiliser la chair du cheval pour la boucherie.

En vain objecterait-on que l'emploi exclusif des animaux jeunes aux travaux des champs et la revente au commerce des chevaux parvenus à l'apogée de leur valeur, exonérerait l'agriculture des pertes qu'elle éprouve sur son bétail de trait. Il n'en saurait être ainsi que dans les cantons où l'élevage est réellement une source de bénéfices et où la composition du sol et la distribution des cultures n'imposent aux attelages qu'un exercice modéré, incapable de nuire à leur développement. Mais appliquer ce système au labourage de nos *boulbènes* et de nos *terre-fort*, où le travail des chevaux les plus solides est déjà si onéreux et si imparfait, ce serait s'exposer, à la fois, à ruiner le bétail et à rendre les champs stériles. Sous quelque aspect que l'on considère les choses, l'entretien du cheval de labour dans nos pays sera toujours accompagné d'une certaine dépréciation.

A cette dépense, il faut ajouter, pour la nourriture de l'attelage, 7,200 kilog. de fourrage sec, à raison de 10 kilog. par tête et par jour, soit, à 5 fr. les 100 kilog., 360 fr., et 36 hectol. d'avoine représentant environ 355 fr. (1) ; en outre, 45 fr. pour abonnement de ferrrure, 50 fr. pour le harnachement à raison de 25 fr. par par collier, et 45 fr. pour aiguisage et réparation de charrue. Enfin, les gages du conducteur ne sauraient être comptés au-dessous de 450 fr. — Total des depenses annuelles, 1,605 fr.

Le nombre des jours de travail étant de 260, le prix de la journée de deux chevaux s'élève à 6 fr. 17 c., tandis que pour une paire de bœufs il ne dépasse pas 3 fr. 67 c., ainsi que nous l'avons montré plus haut. Cette différence, quoique bien considérable, est cependant très inférieure à celle que signale, pour une autre région du Midi, un agronome distingué, aux lumières duquel M. de Gasparin accordait une entière confiance. D'après la comptabilité de M. Durand, ancien maire de Saint-Gilles, dans le Gard, la journée d'un couple de bœufs coûte 3 fr. 67 c. ; celle d'une paire de juments, 8 fr. 89 c. ; enfin, celle de deux mules, 8 fr. 72 c. Cet écart est, comme on le voit, beaucoup plus grand que celui qui résulte de nos propres évaluations, circonstance qui pourrait prouver, au besoin, que nous nous sommes placé en deçà plutôt qu'au-delà de la vérité.

Il ne faut pas, du reste, donner à ces chiffres plus d'importance qu'ils n'en ont réellement ; car ils ne représentent qu'un côté de la question. Il nous reste à l'étudier sous d'autres aspects. Peu importerait, en effet, de savoir quels sont les divers prix de revient de la journée de travail, si on ne connaissait la nature et la quantité de la besogne accomplie, de part et d'autre, dans le même laps de temps. Mais ici il importe de poser une distinction essentielle qui résulte de la nature des travaux agricoles.

Ces travaux varient, comme on sait, avec la composition du sol, avec le genre de culture, avec les saisons. Dans notre Midi surtout, dont le climat accuse, d'un mois à l'autre, des températures si contraires, la prudence commande au cultivateur une

---

(1) Les consommations indiquées ci-dessus se rapportent à des animaux de force moyenne, pesant environ 500 kilog. par tête, et consacrés à un travail uniforme et modéré.

Les grands chevaux, employés aux rudes labeurs des chantiers de construction de nos chemins de fer, reçoivent, par tête et par jour, 18 litres d'avoine, 10 litres de son, et environ 5 kilog. de luzerne. En comptant l'avoine à 9 fr. 86 c. et le son à 3 fr. 50 c. l'hectolitre, le fourrage à 5 fr. les 100 kilog., on arrive, pour la nourriture seulement, à une dépense de 865 fr. par cheval et par année.

grande réserve dans l'adoption des pratiques les mieux prônées, fussent-elles les plus fécondes ailleurs.

Le sol du département de la Haute-Garonne se rattache, ainsi que l'ont montré les savantes études de M. Leymerie, à deux époques géologiques distinctes. Les coteaux sont formés par le terrain miocène qui s'y montre à nu, tandis que, dans les vallées, ce même terrain est recouvert par le diluvium déposé tantôt suivant une pente uniforme et tantôt en terrasse. Ce diluvium constitue parfois un terrain caillouteux de profondeur variable, et le plus souvent un sol mélangé de nature généralement siliceuse ou argileuse et toujours très pauvre en calcaire. Ces terres, désignées dans le langage vulgaire sous le nom de *boulbènes,* sont très sujettes à être battues par les pluies et durcies ensuite par la sécheresse. L'imperméabilité des couches argilo-marneuses , sur lesquelles elles reposent, présente de grandes difficultés pour les labours de défoncement.

D'un autre côté, la composition géognostique du sol arable de nos collines oppose aussi à la charrue des obstacles particuliers. Les marnes et les argiles entremêlées de grumaux de calcaire impur qui constituent les *terre-fort,* à l'exclusion du sable qui n'y joue qu'un rôle accessoire, rendent le sol compacte et les travaux souvent bien pénibles. Ces terrains se débarrassent difficilement de l'humidité, durcissent très vite à la surface, et si la pluie les surprend avant qu'ils soient ressuyés, ils se tassent infailliblement.

En dehors donc des terres franches, qui n'occupent qu'une étendue relativement faible dans le fond des vallées ; en dehors des terrains granitiques, qu'on ne rencontre que dans les cantons montagneux, le sol de la Haute-Garonne présente de très grandes difficultés pour les labours, difficultés que doublent encore les variations excessives d'un climat où les pluies sont rares et orageuses, les étés brûlants, les vents fréquents et secs.

Dans ces conditions, les labours de défrichement ne peuvent être exécutés qu'avec des instruments spéciaux en quelque sorte au pays, et par des attelages bien acclimatés, capables de déployer beaucoup d'énergie et de patience. C'est là qu'il faut voir nos bœufs s'avancer, intrépides et calmes, malgré tous les obstacles, dociles à la voix du bouvier qui les guide. Ils connaissent tous les termes du commandement, et ne se méprennent jamais sur leur propre nom. Ce nom leur est généralement donné d'après la couleur de la robe : le bœuf blanc est appelé *mulé,* le gris *souba,* le gris noir *mascaré,* le noir *escuré.* Le pelage dit *poil de blé* correspond à la désignation de *caoubé;* si la nuance tombe sur le rouge, le bœuf est appelé *laouré,* et on le nomme *marel* s'il est rouge-brun. Enfin, le *caillol* est celui dont le pelage est bariolé de plusieurs couleurs.

Seul entre tous les animaux de trait, le bœuf peut fournir un effort constant et prolongé ; le cheval est plus propre peut-être à ramasser toutes ses forces dans un instant voulu ; mais si l'obstacle ne cède point, ou si la résistance renaît sans cesse devant lui, il se rebute bientôt ou s'emporte. C'est ce qui arrive dans les labours ardus ; de là de nombreux coussinets, des raies sinueuses inégalement espacées, et en fin de compte un mauvais travail. Comme on ne pouvait nier l'existence des difficultés qu'offre notre sol et l'insuccès des tentatives si souvent renouvelées pour les vaincre en employant les chevaux ou les mules, on s'en est pris à notre matériel agricole.

Le timon raide qui, chez nous, accompagne la charrue comme aux anciens jours, a servi de prétexte à quelques esprits plus brillants que solides pour nous reléguer parmi les dévots de la routine, et je ne jurerais pas qu'en certains lieux on hésite à croire notre charrue supérieure à celle des Gaulois ou à l'araire de Virgile. Ai-je besoin de dire que l'instrument que nous employons pour nos labours ne ressemble pas plus à ceux auxquels on le compare, qu'à la charrue tirée par deux ânes avec laquelle les cultivateurs du moyen-âge sillonnaient leurs guérets ? Elle diffère même notablement de celle qu'on employait, il y a une trentaine d'années, dans le pays. Non-seulement le fer a remplacé le bois pour la construction, mais le versoir a été modifié d'après les meilleurs modèles ; et des changements plus récents ont rendu cet appareil admirablement propre à rompre les éteules de froment et de farouch, qui sont l'écueil des charrues étrangères les mieux construites. Chaque année, pendant l'essai des machines, qui a lieu à l'époque des concours régionaux, nous voyons voler en éclats les charrues les plus vantées au dehors, tandis que celles du pays triomphent seules des résistances.

Au concours de labourage qui eut lieu à Toulouse en 1862, le prix des labours profonds fut disputé par une charrue Dombasle à chaîne et par une charrue du pays à timon raide sortant des ateliers de M. Rouquet. Chacun de ces instruments était traîné par quatre bœufs vigoureux. Il en était besoin ; car il s'agissait de tracer un sillon dont la profondeur minimum devait être de 28 centimètres dans une éteule de farouch dont le sol pierreux avait été, durant l'hiver, tassé par le piétinement des brebis et durci ensuite par la sécheresse. Le fonctionnement de la charrue Rouquet fut tel, qu'un agronome, qui fait spécialement autorité en ces matières, a pu le résumer par les traits suivants dans un compte-rendu publié par le *Journal de Toulouse* : « Instrument marchant d'aplomb, fond du sillon propre et horizontal, par conséquent point de *coussinets*, tranchée correcte et verticale ; en un mot, condition d'un excellent labour. » La profondeur de la raie ne fut jamais inférieure à 30 centimètres, et descendit jusqu'à 35 dans la seconde partie de l'épreuve, qui eut lieu sur un point où le terrain était moins compacte. — Quant à la charrue Dombasle à chaîne, quoiqu'elle fût dirigée par un bouvier intelligent, qui n'en était pas à son premier succès et qui faisait un usage journalier de cet instrument, elle opéra un travail bien moins régulier que la précédente, et fut classée d'une voix unanime au-dessous d'elle.

Ce fait, pris entre mille, nous semble propre à montrer que, dans l'état actuel des progrès réalisés par la mécanique agricole, notre charrue ne le cède pas aux plus fameuses pour l'exécution des labours de défrichement et de défoncement dans les terrefort et dans les boulbènes. Si l'on veut bien considérer, d'autre part, que le tirage de cet instrument exige un effort énergique et soutenu que le bœuf seul peut donner, au moins dans des conditions économiques acceptables, on nous accordera que les cultivateurs du Sud-Ouest ne sont pas si mal avisés en lui conservant la préférence sur les autres animaux de trait pour l'exécution des travaux les plus pénibles.

Mais sur les exploitations rurales, assez étendues pour que le principe de la division du travail puisse y recevoir ses fécondes applications, il sera bien de faire exécuter, par des animaux plus rapides que le bœuf, les labours légers et les transports. C'est ainsi, par exemple, que les vaches consacrées à la production des veaux pourront être appliquées avec profit à la charrue, pour opérer les binages ainsi que les semailles d'automne et de printemps. Dans ces cas-là même on pourrait se contenter de n'employer souvent qu'un seul bœuf ou une seule vache, si l'on faisait usage d'un joug simple. Cet appareil, dont les expériences dynamométriques ont constamment fait ressortir la supériorité, laisse à l'animal la liberté de ses mouvements, et rend tous ses efforts utiles ; tandis que dans le système du joug double, les bœufs sont rivés l'un à l'autre, et dépensent une partie notable de leur force à se neutraliser. M. le baron Augier et M. Portal de Moux emploient avec succès de fort bons modèles de joug simple. On ne saurait louer également le demi-joug usité dans le département du Tarn pour certains transports. Cet appareil, sur les extrémités duquel sont fixés les brancards d'une charrette à deux roues, présente, comme notre double joug, l'inconvénient de faire éprouver à la tête du bœuf le contre-coup de tous les obstacles auxquels les roues viennent heurter. Il a aussi le tort de faire peser sur la nuque une grande partie de la charge. On pourrait faire disparaître aisément ces désavantages en isolant le joug du brancard; mais il faudrait ajouter alors deux traits, une sellette avec ses accessoires et un reculement : dépense devant laquelle s'arrêtent les petits cultivateurs, qui seuls usent de ce mode d'attelage.

Quant aux hersages et aux transports, ils peuvent être exécutés avec économie sur les grandes exploitations par les chevaux, et mieux encore par les mulets qui supportent plus aisément la chaleur et s'accommodent d'une nourriture moins délicate. La célérité dont ces solipèdes ont l'apanage rachète, dans ces cas particuliers, le surcroît de dépense que leur entretien occasionne.

A la vérité, en spécialisant les aptitudes de l'espèce bovine, on a pu créer des races qui ne le cèdent pas en rapidité au cheval maintenu à l'allure du pas. Tout le monde a entendu parler de ces courses agricoles, c'est-à-dire chargées, où, appelés à lutter de vitesse avec les chevaux sur une longue route, les bœufs ne restent pas inférieurs à leurs émules. Si le Nord nous offre ce curieux spectacle, nous voyons bien aussi dans notre Sud-Ouest, des attelages de bœufs et de vaches parcourir plusieurs centaines de kilomètres pour transporter, des Pyrénées à Toulouse, les marbres de Saint-Béat, les plâtres de l'Ariége et les foins de la montagne. Avant l'ouverture du chemin de fer des Pyrénées et de ses embranchements, c'était là le mode de transport le plus généralement usité. Le trajet s'accomplissait facilement et avec autant de rapidité que s'il eût été confié à des chevaux. Souvent un bidet, placé en flèche au bout du timon, ouvrait la marche. Les bœufs, qui venaient à la suite, appartenaient à ces races petites, agiles et nerveuses, dont les aptitudes spéciales, développées par les rigueurs du climat, la nature des pâturages et l'application au travail sur un sol escarpé, se maintiennent par l'indigénat autant et plus que par la sélection.

Mais ces animaux si alertes, si propres à agir sur les terres légères et peu profondes, et si admirables pour les transports, sont loin d'avoir assez de force pour vaincre la résistance que la ténacité du sol oppose à la charrue dans nos terre-fort et nos boulbènes; ils y seraient aussi impuissants et partant aussi déplacés que le cheval.

Ce qu'il nous faut pour les labours pénibles, c'est un animal de trait plus robuste que rapide, plus patient qu'impétueux, condition qui s'allie fort heureusement dans l'espèce bovine avec la production de la viande. Qu'il nous soit donc permis de ne pas mépriser tous ces avantages, faible dédommagement de la nécessité où nous sommes de consacrer à la culture une force motrice qui serait superflue en tant d'autres lieux.

Puisque l'emploi du bœuf de travail est une nécessité de notre position et que, dans les conditions les plus générales, il présente une grande économie sur celui du cheval, nous devons chercher d'abord à conserver et à développer dans nos races bovines les qualités de l'animal de trait. Mais comme, d'autre part, l'unité de force s'obtient à un prix d'autant moindre que le bœuf donne une plus grande quantité de viande à l'abattage, il convient aussi de l'améliorer dans le sens de l'engraissement, mais sans préjudicier toutefois à sa destination principale, car le travail, ainsi que nous l'avons démontré, est le plus net des profits que l'espèce bovine procure aux cultivateurs du Sud-Ouest.

Recherchons maintenant quelles qualités devra réunir notre bœuf à deux fins pour déployer, durant sa vie, la plus grande force motrice, et donner, à sa mort, la quantité la plus considérable de bonne viande.

Comme bête de trait, il est nécessaire qu'il présente un squelette solide, bien harmonisé et suffisamment volumineux, où puissent fonctionner à l'aise les organes de la respiration et de la nutrition. Il faut aussi de gros os pour offrir de larges attaches aux muscles, car c'est avec leur puissant concours que la locomotion s'exerce et, d'autre part, on sait qu'à égalité de force et d'énergie, la rapidité de la marche chez les animaux d'ailleurs également bien proportionnés est en raison du développement de leurs membres ; mais tout ceci, du reste, est chose relative et n'implique pas qu'on ne doive condamner l'exagération qui dépasserait le but.

Les Romains, qui étaient bons observateurs et qui avaient mis à profit l'expérience des Grecs et des Carthaginois, recherchaient dans leurs bœufs de travail, les qualités que nous avons décrites. *Parandi sunt boves..... quadrati, grandibus membris,* dit Columelle après le docte Magon. Toutefois, comme c'est par la tête que le bœuf opère le tirage, il importe que le cou et toutes les parties antérieures du corps soient spécialement développées, ce que Varron exprime en ces termes précis : *Latis frontibus, cervicibus crassis ac longis, a collo palearibus demissis, genibus eminulis, distantibus inter se.* Columelle est, s'il se peut, plus explicite encore, puisqu'il veut que le cou du bœuf ait la même ampleur que celui du taureau, et que le fanon descende presque jusqu'aux genoux. Il insiste aussi sur la bonne conformation de ces membres qu'on savait devoir être sains, saillants et écartés l'un de l'autre (1). Les agronomes latins ne sont pas moins unanimes à exiger une ample poitrine, de larges épaules et des côtes bien relevées : *pectore magno, armis vastis, lateribus porrectis* (2). Enfin le coffre sera vaste, *corpore amplo* (3) ; les reins larges, *lumbis latis* (4) ; l'épine dorsale droite et plate, *dorso recto planoque* (5), mais légèrement concave plutôt que convexe, *ne gibberi, sed spina leviter remissa* (6).

Tels sont les caractères principaux que les agriculteurs latins recherchaient dans leurs bœufs de travail. Des animaux ainsi conformés devaient être bien propres au labour et nullement réfractaires à prendre l'engrais. En effet, l'ampleur de la poitrine, l'arrondissement des côtes, le développement de l'épaule, l'horizontalité et la largeur du dos sont des qualités essentielles à la production économique de la viande. Mais les anciens ne s'en tenaient pas là, et, sans doute dans le même but, ils voulaient que le bœuf eût la culotte bien fournie, *clunibus bonis* (7), ainsi que de bons maniments, *tactu corporis mollissimo* (8). Enfin, ils exigeaient que la peau fût souple et douce au toucher, *corium attactu non asperum ac durum* (9). Ces derniers traits ne complètent-ils pas le bon bœuf à deux fins qui, aujourd'hui comme autrefois, est le type le mieux approprié à la culture du Sud-Ouest?

Après avoir décrit les qualités que nous devons rechercher dans nos races bovines, nous ne saurions passer sous silence les défauts et les exagérations qui sont de nature à contrarier leur aptitude au travail.

Le bœuf de boucherie, amélioré en vue de cette destination exclusive, est certainement un prodige de l'industrie humaine. Mais ces perfectionnements, éminemment profitables aux contrées qui n'élèvent le bœuf que pour l'abattoir, ne sauraient être impunément appliqués à nos races indigènes. Non-seulement, en effet, le squelette a été si bien aminci que les jambes ont assez à faire à soutenir le poids du corps ; non-seulement le volume de la tête et du cou a été si fort réduit qu'on se demande presque, avec un cultivateur humoriste, si ces parties sont plus propres que la queue elle-même à supporter le joug et opérer le tirage ; mais encore la poitrine a été tellement élargie, qu'elle écarte les jambes outre mesure, et que ces jambes, non moins diminuées de longueur que de grosseur, sont devenues aussi impropres à une marche un peu hâtée qu'à un effort tant soit peu considérable.

(1) Varron II. — (2) Id. — (3) Id.
(4) Columelle VI. — (5) Id. — (6) Id. — (7) Id.
(8) Varron, II. — (9) Id.

Voilà les tendances systématiques contre lesquelles nous devons aujourd'hui nous prémunir : réduction graduelle du squelette, affaiblissement outré des parties antérieures. Quant à la largeur de la poitrine, nous n'en sommes pas arrivés encore à en redouter l'exagération ; et, d'un autre côté, si on signale déjà quelques individus trop *près de terre*, il est encore plus fréquent d'en voir qui sont trop *enlevés*. Mais ces remarques trouveront leur place dans l'examen particulier de nos races locales, examen que les considérations précédentes rendront plus facile et plus succinct.

§ 2. — Les races bovines.

La race gasconne : son domaine, son aptitude au travail. Description. Amélioration à introduire dans le régime alimentaire et les appareillements. — La race garonnaise : des différentes aptitudes à l'engraissement. — Race bazadaise. — Race des montagnes : les vaches de Lourdes et de Saint-Girons. — Les races étrangères dans les laiteries des environs de Toulouse. — Statistique. — Historique des améliorations. — Bibliographie.

Deux grandes races bovines se disputent la préférence des cultivateurs de la Haute-Garonne : la race gasconne et la race garonnaise.

La première appartient, par sa conformation, à cette nombreuse tribu dont les diverses familles occupent, sous des noms différents, les montagnes et les coteaux qui bornent le bassin général de la Garonne, depuis Aubrac dans l'Aveyron, jusqu'aux Pyrénées, et des Pyrénées jusqu'à Bazas, aux confins du département de la Gironde. Elle comprend plusieurs familles classées dans les concours sous les noms de race d'Aubrac, d'Angles, ariégeoise et gasconne. Sous l'influence du climat, des alliances avec les espèces voisines, de la nourriture et de la destination plus ou moins spéciale qu'elles reçoivent, ces races présentent des différences assez tranchées, mais qui sont loin de faire disparaître leurs caractères principaux. On peut les ramener toutes au type du bœuf que nous avons décrit d'après les agronomes latins. Du reste, Varron, après avoir dit combien l'origine des animaux est à considérer, prend soin de nous faire savoir que les bœufs gaulois étaient les plus estimés en Italie pour le travail : *Boni enim generis in Italia plerique Gallici ad opus* (1).

La race gasconne, qui va fixer d'abord notre attention, et qui

(1) Varron, II, 5.

domine dans le département, passe, à bon droit, pour la première des races bovines de travail qu'on élève dans le Midi. Nulle, en effet, n'est plus énergique et plus patiente au labeur ; nulle, parmi les grandes races, n'est moins délicate pour sa nourriture, ni moins incommodée par les chaleurs les plus intenses. Elle présente, en général, des formes harmonieuses, un corps bien ramassé, des reins solides, de bons aplombs et une côte assez arrondie. Toutefois, la plèbe est loin d'être irréprochable sous ce dernier rapport, et il n'est que trop commun de rencontrer des animaux ayant le garrot étroit et le dos tranchant. Mais le défaut capital de la race est d'avoir le train postérieur trop peu développé, surtout quant à la largeur. Cette disposition, défectueuse au point de vue du tirage, parce qu'elle est peu favorable à la bonne direction des membres et au jeu de la puissance musculaire, nuit beaucoup au rendement en viande. Enfin, on pourrait désirer aussi que la racine de la queue présentât une saillie moins prononcée.

Le pelage est loin d'être uniforme chez tous les individus. Il se ressent du mélange inévitable des autres espèces, avec lesquelles la race gasconne est en contact. C'est ainsi qu'on observe des nuances rouge-clair depuis Villemur jusqu'à Montastruc, un peu blanchâtres aux-environs de Caraman, et souvent grises ou brunes à partir de Revel jusqu'à Villefranche et Nailloux. Chez les animaux appartenant à la variété du bas Lauragais, qui peuple les cantons de Montastruc, Verfeil, Lanta, Caraman et Montgiscard, la robe est généralement plus claire que celle des bœufs qui peuplent les bords de la Save et de la Gimone. Cette dernière famille, que l'on considère comme la plus pure, brille chaque année dans les concours de la région et a valu une réputation méritée à quelques éleveurs, au premier rang desquels figurent les MM. Puntous et M. Souville. Ce dernier possède, sur son domaine de Lisle-en-Dodon, une collection de bêtes gasconnes non moins remarquables par la distinction des sujets que par leur nombre. L'installation des étables peut servir de modèle.

Le poil, généralement brun chez le taureau, passe à des nuances plus claires chez le bœuf. La taille de celui-ci varie de 1^m,32 à 1^m,50 et plus. L'allure, assez rapide chez les jeunes animaux, se ralentit beaucoup avec l'âge, car la masse du corps ne cesse de grossir, et cet embonpoint incommode d'autant plus le bœuf gascon, qu'ayant les jambes courtes, il présente alors le défaut d'être, comme l'on dit, trop près de terre. S'il conserve encore toute sa puissance, il perd beaucoup de son énergie. D'un autre côté, il exige pour son entretien une nourriture plus abondante et plus délicate. Aussi les bons agriculteurs n'attendent-ils pas ce moment pour retirer leurs bœufs de la charrue et les mettre à l'engrais. Malheureusement la grande masse des cultivateurs suit une conduite opposée, et, par ce moyen, éprouve des pertes sensibles sur le capital des bestiaux, sur leur nourriture et sur leur travail. En vérité, M. de Dampierre a trop flatté nos bouviers, quand, après leur avoir rendu la justice de reconnaître qu'ils sont soigneux pour leurs animaux, qu'ils les traitent avec douceur, et qu'ils savent en tirer les plus rudes services, il a ajouté qu'ils exigent d'eux « une allure toujours rapide. » Peut-on s'empêcher aussi de voir le témoignage d'une bienveillance exagérée dans cette autre assertion de l'appréciateur émérite des *races bovines de France*, proclamant que « la première des qualités de la race gasconne, c'est sa légèreté et sa vigueur pour le travail. » Quant à la vigueur, il est vrai que c'est une qualité commune à tous les individus de la race; mais il faut reconnaître que la légèreté n'est pas, en général, l'apanage de nos bœufs.

Les femelles seules y peuvent prétendre, aussi sont-elles admirablement propres aux travaux légers, qu'elles effectuent avec autant d'aisance que de promptitude. La taille des vaches varie de 1ᵐ,20 à 1ᵐ,35 au maximum. Il n'est pas rare d'en trouver qui sont admirablement conformées dans les vallées secondaires du bassin de la Garonne, et le haut prix qu'on y attache montre assez combien nos éleveurs sont bons appréciateurs du bétail. Le défaut le plus commun des vaches gasconnes est d'être mauvaises laitières. C'est là une imperfection que des appareillements judicieux pourraient certainement atténuer. Or, il faut la faire disparaître pour hâter le développement de la race qui, dans les circonstances actuelles, s'opère lentement et oblige le cultivateur à employer des animaux trop petits. L'amélioration du régime alimentaire dans le bas âge, favorisant le jeu des organes de la nutrition, précipitera la croissance.

Mais pour atteindre promptement au but d'augmenter le volume afin de rendre le type gascon encore plus propre aux exigences croissantes de la culture, on peut recourir, en outre, à d'autres moyens, sans s'exposer aux chances des croisements opérés avec des races bovines possédant des aptitudes différentes. Ainsi, c'est une bonne pratique de ne pas livrer les femelles à la reproduction avant l'âge de deux ans et demi, tandis que, dans un grand nombre de cantons, on les fait saillir à dix-huit mois ou deux ans, et l'on ajoute à ce tort celui de les laisser encore s'épuiser à nourrir pendant six ou huit mois leur premier veau.

D'autre part, il conviendrait aussi de ne consacrer à la monte que des mâles bien développés. Or, auprès de Revel, et dans l'arrondissement de Saint-Gaudens, on était dans la coutume, il n'y a pas encore longtemps, de livrer les vaches à des taurillons de huit ou dix mois. Il est facile de comprendre combien cette mauvaise pratique est préjudiciable au père, qu'elle épuise prématurément, ainsi qu'au produit qui en résulte. On devrait donc, en usant d'une intelligente sélection, n'avoir recours qu'à des taureaux faits, offrant, avec une parfaite harmonie de formes, une taille élevée.

Toutefois, à défaut de ceux-ci, on pourrait emprunter avec avantage le sang d'une famille plus forte de la même tribu, et allier le taureau d'Aubrac à la vache gasconne, comme on donne le taureau gascon à la vache ariégeoise. Il y a trop d'analogie entre les races, et trop de constance dans chacune d'elles, pour qu'on ait à redouter que l'accouplement donne naissance à ces produits décousus qu'enfante tous les jours l'alliance des espèces trop disparates.

On a souvent proposé, pour améliorer la race gasconne, de la croiser avec la race garonnaise. Bien que ce métissage, favorisé par la présence des deux familles sur le même terrain, ait produit, avec le concours des siècles, de bonnes sous-races, telles que celle de Nérac, nous ne croyons pas qu'il soit opportun d'adopter ce croisement comme une pratique générale d'amélioration, tant parce qu'il ne conduirait d'abord qu'à des résultats incertains, que parce qu'il aurait pour effet de diminuer dans le bœuf gascon la rusticité, qui est une de ses qualités les plus précieuses. Telle est aussi l'opinion de notre maître et ami, M. le docteur Noulet. Ce savant professeur réprouve la voie des croisements, parce qu'il juge la race gasconne susceptible d'être très convenablement améliorée par elle-même.

Il est certain, en effet, qu'elle offre un grand nombre d'excellents types dans toutes ses variétés; et si la taille laisse à désirer chez trop d'individus, on peut la grandir à l'aide de bons appareillements et d'une nourriture plus substantielle dans le jeune âge, sans s'exposer à toutes les chances d'une infusion de sang étranger. Il est notamment une pratique qui ne doit pas être négligée par l'éleveur qui se propose de conserver au bœuf les qualités essentielles pour le travail : c'est de retarder l'époque de la castration. L'expérience prouve, en effet, que si cette opération pratiquée hâtivement développe dans l'animal l'aptitude à prendre l'engrais, elle affaiblit beaucoup trop son énergie musculaire. C'est une remarque que M. le professeur Serres a consignée dans son excellent *Guide hygiénique et chirurgical sur la castration.*

La précocité et l'ampleur des formes que nous voudrions introduire dans la race gasconne sont précisément au nombre des qualités qui recommandent la race garonnaise.

A l'encontre de la précédente, qui peuple les collines ainsi que les plateaux supérieurs du bassin de la Garonne, celle-ci occupe les alluvions les plus récentes du fleuve, et prolonge son domaine à travers l'Agenais jusqu'à Bordeaux. L'espace dans lequel elle se trouve circonscrite ressemble assez bien à un golfe creusé dans les possessions de la race des coteaux. Le flot envahira-t-il de nouvelles terres comme l'affirment de fervents propagateurs du type garonnais, ou bien la famille gasconne conservera-t-elle son antique prépondérance? C'est le secret de l'avenir; mais autant qu'on en peut juger par l'analogie des faits, l'espèce locale ne cédera pas le terrain. Elle pourra se laisser pénétrer par la race garonnaise, mais, en fin de compte, elle se l'assimilera, comme cela a toujours eu lieu jusqu'ici, car elle a pour elle l'influence du climat et les nécessités de la culture.

L'espèce garonnaise, plus communément désignée autrefois, chez nous, sous le nom d'*agenaise*, et ailleurs de *marmandaise*, est, de toutes les races bovines appliquées au travail, celle qui allie le mieux cette aptitude avec la facilité de l'engraissement. Elle est douée d'une haute stature. Son corps est allongé, ses os sont volumineux; la tête, plus fine que dans la race gasconne, est munie de cornes généralement dirigées en avant et en bas. La robe est rouge clair (couleur de blé), le poil lustré et fin.

Le bœuf garonnais est plus enlevé (haut sur jambes) que le gascon, et partant plus rapide. Son grand poids et sa forte membrure en font une puissante bête de trait. Malgré cela, il n'est pas aussi énergique que le bœuf gascon; il résiste moins à la fatigue et n'est pas capable de produire un effort aussi prolongé. D'autre part, il est moins rustique que celui-ci, plus délicat pour la nourriture, et beaucoup plus sensible à la chaleur. Soumis au même régime alimentaire et aux mêmes travaux que le gascon, l'agenais dépérit quand le premier conserve son embonpoint. Cette infériorité l'empêchera de se substituer à lui aussi longtemps que nos cultivateurs exigeront de l'espèce bovine un labeur pénible.

En revanche, si la race garonnaise le cède à la race gasconne du côté du travail, elle lui est fort supérieure pour la boucherie. La facilité avec laquelle elle prend l'engrais, et le haut degré d'embonpoint auquel elle parvient (il n'est pas rare de trouver aux marchés de Castelsarrasin des bœufs gras pesant de 11 à 12,000 kilog.), l'ont fait surnommer, un peu emphatiquement peut-être, *durham du Midi*. Mais il est certain, du moins, que cette qualification peut s'appliquer en toute justice à certains animaux fins, gras, présentés dans les expositions, ou mis en vente sur les champs de foire. C'est ainsi qu'au dernier concours d'Agen, nous avons remarqué des taureaux et des vaches aussi distingués par l'ampleur de la poitrine et le développement du train postérieur que par les qualités ordinaires à cette famille bovine. Plus récemment encore, à Bordeaux, le prix des bœufs jeunes, sans distinction de race, a été obtenu par un agenais de ving-six mois et demi, pesant 832 kilog.

Malheureusement on rencontre encore dans un grand nombre de sujets une dépression défectueuse sur les côtes en arrière de l'épaule. Ce vice de conformation, qui empêche le poumon de se développer, nuit à la faculté d'engraissement autant qu'à la force de l'animal : trop souvent aussi il s'allie avec une mauvaise conformation des jambes qui contrarie la marche, avec des genoux rentrants et des jarrets trop rapprochés. Ces défauts sont plus rares dans la race limousine, qui est sœur de la garonnaise comme la gasconne l'est de celles d'Angles et de l'Ariège. Le bœuf limousin a la poitrine plus ample, les hanches plus écartées et les extrémités plus courtes. A ne pas sortir de la famille, l'alliance du sang limousin nous paraît très propre à améliorer le type garonnais. Il suffirait aussi d'emprunter les procédés de la sélection pour développer dans la vache les qualités laitières qui lui font souvent défaut.

Du reste, tant que les éleveurs de l'Agenais soumettront leurs animaux au joug, et nous croyons qu'ils ne sauraient mieux faire que de persévérer dans cette voie, ils doivent se garder d'introduire dans leur race aucun sang étranger. Les croisements avec le durham favoriseraient, sans nul doute, l'aptitude pour l'engraissement, comme le prouvent les résultats obtenus dans la banlieue de Toulouse par M. Boquet. Mais qu'adviendrait-il des qualités qui rendent le bœuf garonnais si propre à traîner la charrue dans nos basses plaines ? Il est probable que la poitrine et les hanches présenteraient d'heureuses modifications dans l'animal issu du métissage. Mais ne faut-il pas craindre que les os ne s'amincissent à l'excès, et que la puissance musculaire n'aille s'affaiblissant ?

La race garonnaise, beaucoup moins nombreuse que sa rivale dans le département de la Haute-Garonne, n'offre pas, en général, le même degré de distinction. Toutefois, nous devons signaler les étables de Mme Viallet, à Gaillac-Toulza ; celles de M. Henri de Sahuqué, à Rangueil, et de M. d'Assézat, à Gaure, comme renfermant des animaux très remarquables, souvent récompensés dans les concours de la région.

Enfin, à côté des bœufs garonnais et gascons, on rencontre aussi chez nous quelques attelages de bazadais. La terre de Seyres, appartenant au marquis d'Hautpoul, en possède de magnifiques spécimens. L'origine de cette race à la robe brune, à l'allure vive et décidée, si admirable pour les transports, a donné lieu à beaucoup de commentaires. Les uns la font remonter à une tribu de Vasates qui aurait conservé une sorte d'indépendance au centre de l'occupation romaine, et qui aurait pris un soin particulier de tenir son bétail à l'abri de tout mélange ; d'autres la font dériver d'un croisement avec des sujets de la race suisse de Schwitz, importés en France pour réparer les désastres de l'épizootie de 1774, qui avait converti le Condomois et le pays d'Auch en vastes charniers. Cette dernière explication est plus acceptable que la première, et si l'importation est bien constatée, la formation de la race de Bazas en est une conséquence très naturelle. Mais ne pourrait-elle pas dériver plus simplement encore du mariage de la race gasconne à robe brune avec l'espèce agenaise ? Il y a quelques années, j'obtins une belle génisse bazadaise en alliant un taureau agenais, placé à l'École vétérinaire de Toulouse, avec une vache à robe foncée, issue elle-même d'un père garonnais et d'une mère gasconne. Quoi qu'il en soit, d'ailleurs, de l'antiquité et de l'origne de la race bazadaise, il n'est pas probable que, malgré ses qualités précieuses comme bête de trait et l'aptitude à l'engraissement qu'elle possède à un remarquable degré, nous la voyions jamais se substituer chez nous au bœuf gascon ; car si elle est douée d'une énergie particulière, et si elle possède une allure rapide, elle est loin d'offrir la même résistance pour le travail et la rusticité qui recommande notre espèce indigène.

Après avoir décrit les races bovines qui peuplent la plaine et les coteaux de la Haute-Garonne, il nous reste à parler de celles qui vivent sur la partie montagneuse du département. Bien qu'elles diffèrent des autres, il n'est pas possible de les ramener à un type commun clairement défini. Si on jette les yeux sur la carte, on verra que l'arrondissement de Saint-Gaudens, qui forme notre frontière avec l'Espagne, présente une langue de terre étroite et triangulaire, resserrée entre l'arrondissement de Saint-Girons dans l'Ariége et la partie montagneuse du département des Hautes-Pyrénées. A la base de ce triangle s'étend l'arrondissement de Muret. Autant de limites, autant de races. En effet, tandis que la famille gasconne et l'ariégeoise dominent dans les vallées inférieures du bassin pyrénéen et jusque dans les cantons les moins accidentés de l'arrondissement de Saint-Gaudens, on rencontre, dans la partie montagneuse des Hautes-Pyrénées qui avoisine le département de la Haute-Garonne, la belle race laitière de Lourdes, au poil rouge-clair, à la taille petite, aux formes harmonieuses et distinguées, à l'œil vif et à la peau fine. D'un autre côté, l'arrondissement de Saint-Girons a lui-même sa race particulière très distincte de la précédente, quoiqu'elle travaille avec la même agilité et qu'elle produise du lait en abondance. Sa taille n'est pas élevée et son poil manque généralement de finesse ; sa robe est d'une couleur foncée, fort analogue à celle du bœuf bazadais. L'existence de la race brune de Saint-Girons, au point de rencontre de la race de Lourdes qui a le pelage rouge-clair, et de la race ariégeoise qui offre des nuances brunes et noires, s'explique naturellement par l'alliance de ces deux types. Des métissages réitérés depuis des siècles ont fini par constituer une véritable race très caractérisée, et on pourrait ajouter même des sous-races, car, selon que le voisinage et les besoins de la culture ont poussé l'éleveur à emprunter davantage à l'une des espèces mères, il a obtenu des animaux plus petits et plus laitiers, ou bien plus volumineux et plus puissants. A nos yeux, le type de Saint-Girons présente une grande analogie avec celui de Bazas : bien que le climat, l'alimentation et le régime économique tout entier aient imprimé à ces races des caractères différents, et qu'il n'y ait entre elles que des rapports éloignés de parenté, il semble cependant, à en juger par la position géographique qu'elles occupent l'une et l'autre, et par l'identité du pelage, qu'elles dérivent d'un mode analogue de formation. Pour nous, le saint-gironnais est le bazadais des Pyrénées.

La partie montagneuse de l'arrondissement de Saint-Gaudens, placée, comme nous l'avons dit, au point de rencontre de trois races bovines bien distinctes, ne possède pas un bétail homogène. Elle emprunte de toutes mains. Toutefois, comme le pays est très convenablement placé pour l'élevage, et qu'il a besoin de trouver réunies dans l'espèce bovine l'aptitude au travail et les qualités laitières, on a judicieusement pensé qu'il ne fallait pas abandonner les accouplements au hasard, et, depuis plusieurs années, le conseil général du département y entretient des taureaux de la race de Lourdes. Dès 1825, la Société d'agriculture de la Haute-Garonne s'était occupée des moyens de tirer le plus de parti possible du lait de vache produit dans nos montagnes. Le beurre qu'on y fabriquait était si mal façonné qu'il ne tardait pas à rancir. La Société, aidée du zèle et des lumières de M. Dispan, professeur de chimie, s'efforça de répandre des instructions qui opérèrent quelque bien. On fera sagement de reprendre cette voie. Les encouragements seront plus efficaces maintenant que, sous l'influence de croisements rationnels et d'une nourriture plus abondante, les facultés laitières de l'espèce bovine se sont développées, et que, d'autre part, l'ouverture des chemins de fer rend les débouchés plus considérables.

Les femelles de nos races indigènes produisant peu de lait, il a fallu recourir à des espèces étrangères pour l'alimentation des populations agglomérées, et même pour les besoins des propriétaires riches, qui, suivant l'usage commun dans le Midi, passent une moitié de l'année à la campagne. C'est ainsi que la vache de Lourdes et la grande bretonne ou bordelaise ont peuplé les étables des nourrisseurs fixés dans l'enceinte même de Toulouse ; c'est ainsi que la vache de Saint-Girons se trouve entre les mains de tous les petits laitiers de la banlieue, et la bretonne, aux formes fines et exiguës, dans tous les parcs de la contrée. La race hollandaise domine dans les laiteries foraines justement renommées de l'Espinet et de Madron, le ayr pur chez le vicomte de Comminges, à Lapeyrouse, le croisement ayr chez Mme Audouy, à Lagarrigue, et la vache bordelaise dans l'établissement que nous avons fondé nous-même à Périole et qui a obtenu, comme le précédent, une médaille d'or au concours pour la prime d'honneur en 1861.

Un mot maintenant sur cette industrie particulière et sur les bestiaux qu'on y consacre. Tout le monde sait que les fourrages produits sur nos coteaux et nos plaines desséchés ont une valeur nutritive considérable, mais ne favorisent guère, en général, la sécrétion du lait. Comme, d'autre part, le grand nombre de chevaux que Toulouse compte dans ses murs y accumule une grande quantité de fumier dont la valeur vénale est parfois inférieure aux dépenses que le cultivateur aurait à faire pour le produire sur sa propre exploitation, par suite des variations énormes que présente le cours des fourrages et des litières, bon nombre d'agriculteurs placés dans le voisinage immédiat de la ville trouvent un avantage réel à vendre leur foin et à acheter leurs engrais. Il faut observer encore que la consommation du lait étant limitée et soumise journellement à de grandes fluctuations qui en rendent le débit difficile et chanceux, il n'est pas sans danger de baser l'organisation d'un domaine sur la fabrication d'un produit dont le cours ne s'élève pas avec celui des denrées qui entrent dans sa composition.

L'industrie de la laiterie donne de bons résultats entre les mains du petit cultivateur, qui alimente sa vache avec des débris de jardinage et les herbes qu'il cueille dans les fossés ; elle procure aussi des profits satisfaisants aux nourrisseurs de la ville, qui font consommer la drêche des brasseries, les eaux grasses des hôtels, ainsi que les reliefs des végétaux vendus sur nos marchés, et qui débitent chèrement une partie de leur lait sans sortir de l'étable. Mais l'agriculteur, qui veut tirer de ses fourrages le meilleur parti possible, doit se rejeter d'un aure côté. Dans les conditions actuelles du marché toulousain, nous ne conseillerons cette spéculation que sur les propriétés voisines des lieux où le lait se consomme et soumises à une culture intensive qui produise économiquement les racines et les fourrages verts. Encore conviendra-t-il de régler l'effectif des bestiaux de manière à ne pas faire d'emprunt trop onéreux aux réserves en fourrage dans les années où cette denrée atteint un grand prix.

Notre expérience personnelle nous a effectivement convaincu que cette industrie qui est avantageuse, lorsque le cours de la grande luzerne ne dépasse pas 4 fr. les 100 kilog., et convenablement rémunératrice tant qu'elle ne s'élève pas au-dessus de 5 fr. les 100 kilog., constitue le propriétaire en grande perte lorsqu'elle atteint 7 fr. Dans le premier cas, le mètre cube de fumier produit par nos vaches, ne nous est pas revenu au-dessus de 36 centimes ; dans le second cas, nous l'avons payé 2 fr. 96. (Le cours normal du fumier de cavalerie à Toulouse est de 3 fr.) Dans le troisième cas, il nous a coûté 7 fr. 92. Cependant, le prix du chaume employé pour les litières, à raison de 100 kilog. par mètre cube d'engrais, n'avait pas varié de plus de 60 centimes par 100 kilog. (1 fr. à 1 fr. 60 c. pris sur les lieux). Ces calculs portent sur les cinq années comprises entre le 1er juillet 1857 et le 1er juillet 1862. L'élévation du cours des pailles et fourrages depuis cette époque, nous a imposé l'obligation de transformer le régime économique de nos vaches. Nous les tenons constamment au vert, d'un bout à l'autre de l'année. Elles ne consomment, à l'état sec, que les pailles de maïs, d'avoine et de froment qu'on leur administre, en hiver, concurremment avec le son et les racines. Dans ces conditions, le produit brut moyen d'une vache (lait et veau compris) est de 400 fr. par an.

Comme nous l'avons dit plus haut, la vache de Lourdes peuple les étables des nourrisseurs de la ville. Ce choix se justifie par la grande quantité de lait qu'elle procure et par la facilité avec laquelle elle engraisse lorsque ses mamelles viennent à tarir. Il est vraiment dommage que, dans le programme du concours de boucherie qu'on avait institué à Toulouse, on n'eût pas ouvert une catégorie spéciale pour les femelles. Elles entrent. en effet, pour une part considérable dans l'alimentation de la population urbaine; car la consommation annuelle dépasse 1,700 têtes. Les vaches de Lourdes auraient pris certainement un rang distingué dans notre concours. Nous croyons même qu'elles ne se seraient pas montrées inférieures aux mâles de toutes les races que nous y avons vu figurer. L'intérêt bien entendu de la ville de Toulouse et du département est de relever cette institution trop vite abandonnée et d'en élargir les cadres.

Malheureusement, à côté des qualités qui recommandent la vache de Lourdes au choix des nourrisseurs, elle présente quelques inconvénients qui ne sont pas sans importance. C'est ainsi qu'à l'exemple des autres races pyrénéennes, les femelles ne donnent pas, d'ordinaire, le lait sans être sollicitées par un veau, quelquefois même par le leur, à l'exclusion de tout autre. D'un autre côté, le lait est en général moins butyreux que celui de la race bretonne.

En revanche, celle-ci se montre inférieure à la précédente sous le rapport des quantités produites. Les vaches suisses et hollandaises sont encore plus fortement éprouvées par la différence du climat et des herbages; aussi ne se sont-elles pas beaucoup répandues chez nous, malgré la distinction des types introduits par quelques éleveurs. La race bretonne ou bordelaise et celle de Lourdes ne conservent pas seulement la supériorité numérique dans nos vacheries, mais encore elles disputent souvent avec bonheur aux vaches hollandaises et suisses les récompenses que le concours départemental propose à toutes les races laitières sans distinction.

L'importation des types étrangers, façonnés exclusivement pour la boucherie, a exercé encore moins d'influence sur notre population bovine. Depuis quelques années, il est vrai, un petit nombre d'éleveurs fait naître le durham dans la Haute-Garonne; mais c'est plutôt pour récolter les médailles et les bank-nots du concours régional, qu'en vue des profits directs que cette industrie ne saurait procurer dans nos cantons. Avec des animaux assez bien choisis et préparés selon le goût du jour; avec un programme richement doté et des concurrents en fort petit nombre, la spéculation n'était ni mauvaise ni chanceuse. Mais voici que M. le ministre de l'agriculture se ravise; il remarque qu'après plusieurs années de coûteuses expériences, on ne peut réunir dans les concours de la région autant de durham qu'il y a de prix offerts. A quoi bon alors s'obstiner à subventionner à grands frais des taureaux que la méfiance des cultivateurs laisse sans emploi, et des vaches qu'ils admirent sans pouvoir les utiliser?

Tout à coup, l'allocation de 7,400 fr. s'est trouvée réduite à 4,100. L'élevage sérieux n'y perdra pas grand'chose ; il y peut gagner beaucoup si les fonds sont reportés sur nos belles races indigènes.

Après avoir décrit l'état présent de notre population bovine, jetons un regard sur le passé pour apprécier le développement numérique qu'elle a pris, les améliorations qu'elle a reçues, et rechercher, dans l'étude des moyens employés et des besoins à satisfaire, la direction qu'il convient de donner à l'élevage et les procédés les plus propres à conduire sûrement au but.

Les statistiques que nous possédons sur les dernières années de l'ancien régime sont malheureusement incomplètes et ne nous ont pas permis d'arriver à une appréciation directe du nombre des bestiaux que possédait le diocèse de Toulouse. Toutefois, nous avons pu rétablir l'inventaire des communautés formant aujourd'hui le canton de Montastruc, que l'on sait présenter une grande ressemblance avec toute la contrée environnante. Il résule de ce document, qu'on y comptait, en 1773, 925 animaux de l'espèce bovine, tandis qu'il y en a aujourd'hui 2,781. Le nombre aurait donc triplé depuis la Révolution. D'après cette base, il ne devait pas dépasser 45,500 têtes pour tout le département avant 1789.

On est réduit aux conjectures pour les premières années du dix-neuvième siècle, car les évaluations données dans l'Annuaire de Faillon, pour 1807, et dans celui de M. Dumège, pour 1828, sont visiblement exagérées. Mais on a des renseignements certains sur la statistique des bestiaux au 1er janvier 1830. Il résulte des relevés officiels que la Haute-Garonne possédait, à cette époque, 96,427 têtes de l'espèce bovine. En 1840, le nombre s'élevait déjà à 109,691 (1). Il atteignait 136,856 têtes en 1860.

Nous avons hâte de dire que si la quantité de nos bestiaux s'est beaucoup accrue, leur qualité s'est en même temps fort améliorée. Ce changement est le résultat des modifications introduites dans le régime alimentaire, l'hygiène du bétail et les accouplements.

Si le lecteur veut bien reporter son attention sur le tableau que nous avons tracé de l'économie du bétail sous l'ancien régime, il y verra qu'une déplorable négligence présidait à l'alimentation des animaux. L'absence des prairies artificielles et le rendement incertain des prés naturels, tour à tour éprouvés par l'inondation et la sécheresse, réduisaient fréquemment les bestiaux à un jeûne rigoureux durant l'hiver. Au printemps revenait l'abondance, dont le brusque contraste était une épreuve nouvelle pour la santé des animaux. Aussi, l'espèce bovine, mal nourrie en

(1) M. Godofïre l'évaluait à 415,000 en 1855.

hiver, mal abreuvée en été, toujours mal logée et mal pansée, devenait facilement la proie des maladies. Ajoutons que l'absence de vétérinaires laissait les cures entre les mains des ignorants et des empiriques.

Quant aux appareillements, ils étaient abandonnés au hasard. Les mâles et les femelles de tout âge et de toute race étaient lâchés pêle-mêle dans les dépaissances et s'accouplaient à l'envi.

Bien que les écrivains agricoles eussent tracé d'une main sûre les règles à suivre dans l'économie du bétail, les saines doctrines étaient peu répandues et surtout peu écoutées.

Est-il besoin de dire que nos cultivateurs ont dû transformer les procédés et les habitudes de leurs devanciers pour réaliser les améliorations que l'espèce bovine a reçues chez nous depuis le commencement du siècle?

La situation ne se modifia guère sous l'Empire, ni dans les premières années de la Restauration. En 1821, la Société d'agriculture, dans le but d'exciter le zèle des éleveurs, ouvrit le premier concours qui ait eu lieu dans le département. Il se tint à Toulouse, sur l'Esplanade, le 24 juin 1822. On n'y vit figurer qu'un seul taureau et une seule génisse. Deux ans après, lorsque le conseil général du département institua des primes pour l'espèce bovine. le préfet, M. de Juigné, constata, dans l'arrêté qu'il prit à ce sujet, que la Haute-Garonne était encore tributaire des contrées environnantes pour les bœufs. « La négligence, ajoutait-il, avec laquelle on élève cette espèce de bêtes à cornes et le manque d'étalons, sont les seules causes qui paralysent une branche si utile et si nécessaire à l'agriculture. »

C'est pour combler cette lacune qu'on proposa, en 1836, d'acheter, pour le compte du département, des taureaux dans la Gascogne et dans l'Agenais. D'un autre côté, des primes cantonales pour les meilleures génisses furent instituées par le ministre de l'agriculture, qui y consacra un crédit annuel de 2,000 fr. Cette somme, quoique bien inférieure aux sacrifices que le conseil général s'imposait pour les taureaux, produisit néanmoins de très bons résultats, grâce à l'emploi judicieux qui en fut fait par la commission de la Société d'agriculture, chargée de distribuer les primes. Un savant plein de zèle, le regrettable professeur Lafore, publia un écrit remarquable sur l'amélioration et la multiplication de l'espèce bovine dans la Haute-Garonne, écrit qui servit de guide à l'établissement des taureaux-étalons. Le système des achats fut constamment en vigueur jusqu'en 1847, époque à laquelle on le remplaça par une distribution de primes cantonales aux étalons les plus méritants. Mais, en 1855, le conseil gé-

néral revint au premier mode qu'il avait adopté. Un commission consultative, nommée par le préfet, fut appelée à seconder
l'administration dans l'exécution des mesures auxquelles l'application de ce système allait donner lieu. On compte aujourd'hui
une station de taureaux dans chaque canton du département.

Des encouragements d'une nature différente furent bientôt
attribués à l'espèce bovine par le programme du concours départemental d'animaux reproducteurs. Cette excellente institution,
inaugurée sous l'administration de M. West, en 1857, a produit
de bons résultats, auxquels ne sont pas étrangers les développements et les modifications introduites par son successeur
M. Boselli. En dernier lieu, notamment, on a séparé de la race
gasconne et de la race garonnaise les animaux de sang croisé, ce
qui a mis fin à une confusion dangereuse que nous avions blâmée
nous-même dans notre étude sur l'exposition agricole de 1858,
publiée par le *Journal de Toulouse*. « C'est à tort, disions-nous,
que le programme du concours a renfermé dans la même catégorie les races pures et les races croisées. Il y a déjà plus d'un
inconvénient à primer isolément ces dernières. Comme il arrive
souvent dans ce cas que les distinctions réservées aux efforts les
mieux conduits vont récompenser les caprices imprévus du hasard, on encourage indirectement la négligence des éleveurs
qui ne sont que trop portés à livrer leurs vaches au premier taureau venu. Un pareil système conduirait à la dégénérescence de
nos espèces indigènes. »

Heureusement nos éleveurs se montrent, tous les jours, plus
instruits et plus habiles. Les concours n'ont pas seulement sti-
mulé l'amour-propre et excité la cupidité, ils ont aussi développé
le goût de l'agriculture et favorisé le progrès des lumières. Par
eux, la multitude a appris à discerner le but vers lequel l'économie du bétail doit tendre en ce pays.

La meilleure part de ce résultat revient aux grandes expositions régionales, excellente institution née sous la République, et
que le gouvernement impérial a le mérite d'avoir adoptée, étendue, améliorée. Son infatigable sollicitude se traduit par l'introduction dans chaque nouveau programme des changements dont
l'expérience a révélé l'à-propos. Il en est un que nous ne voudrions pas voir ajourner plus longtemps, parce qu'il nous paraît
propre à mettre fin à un état de choses profondément regrettable.
Le but des concours n'est pas seulement, en effet, d'offrir aux
hommes pratiques un spectacle instructif; on s'est proposé en
outre, on s'est proposé surtout, d'améliorer les races d'animaux en
propageant les bons reproducteurs. Ce résultat est-il atteint dans

la limite du possible, et ne peut-on pas espérer d'obtenir des résultats plus considérables en compensation des sacrifices onéreux que l'Etat s'impose? Pour répondre à cette question, il n'est besoin que de considérer le mince rôle que jouent parmi notre population bovine les reproducteurs mâles primés dans les concours.

Nous avons hâte de dire que nous n'entendons pas nous poser en défenseur de ces restrictions qui, pour favoriser la médiocrité et la négligence, éloigneraient systématiquement des exhibitions régionales le bétail le plus beau. Il est bien vrai qu'avec l'organisation actuelle, les récompenses tendent de plus en plus à se concentrer sur un fort petit nombre d'exposants. Il arrive pour les concours agricoles ce qui est advenu aux courses de chevaux, où quelques écuries richement dotées et habilement conduites enlèvent tous les prix. De même, on voit s'élever dans nos campagnes des étables qui, peuplées des meilleurs types et dirigées avec autant de soin que de largesse, obtiennent, en toute justice, les plus belles récompenses. C'est une industrie d'un genre particulier fort légitime au fond et qui pourra devenir aussi utile au public qu'à ceux qui l'exercent, le jour où des prescriptions salutaires auront mis fin aux criants abus qui paralysent en ce moment une grande part de l'influence à laquelle les concours régionaux peuvent prétendre. Nous voulons parler de l'attribution des récompenses à de prétendus reproducteurs qui ne reproduisent rien du tout, et qui, en sortant du champ du concours, s'acheminent en troupe vers l'abattoir.

Pourquoi ne pas retarder de quelques mois la délivrance du numéraire qui accompagne les médailles, et ne pas imposer aux propriétaires des taureaux l'obligation de les livrer à la monte moyennant un prix modéré? Au bout de trois ou quatre mois, on procéderait au récolement des animaux, on constaterait, d'après un état officiel, leurs services comme reproducteurs, et le propriétaire recevrait, outre le prix décerné par le jury de l'exposition régionale, une gratification proportionnée au nombre des saillies que son taureau aurait faites. On pourrait en user de même à l'égard des races ovines et porcines.

Il est possible que ce changement contrarie les habitudes des *coureurs de concours*, surtout de ceux qui spéculent sur le monopole des races étrangères; mais dût-on les voir déserter pour un temps le théâtre de nos grandes exhibitions, cet inconvénient nous paraîtrait bien léger auprès des avantages que la masse des éleveurs trouverait dans l'adoption d'une mesure qui mettrait à leur disposition les meilleurs types, ceux-là même que l'intérêt actuel de leurs possesseurs tient, pour ainsi dire, hors du commerce et voue à une stérilité presque complète.

Les concours ont fait l'éducation des agriculteurs, mais ils n'ont pas encore atteint la fin principale qu'on s'était proposée, c'est-à-dire le perfectionnement général du bétail français. S'il a été fait beaucoup dans ce sens, on ne peut méconnaître qu'il reste beaucoup plus à faire ; mais du moins la voie est frayée, et il n'y a plus qu'à accélérer par quelques bonnes mesures la marche du progrès. Dans notre pays en particulier, le plus grand nombre des éleveurs discerne parfaitement le but vers lequel les efforts doivent tendre.

Quant aux moyens qui y conduisent : principes d'appareillement, règles d'élevage, soins hygiéniques, ils ont été enseignés à nos praticiens par les utiles et nombreuses publications de maîtres expérimentés dont on ne saurait taire les services sans ingratitude. Nous avons déjà nommé M. le professeur Lafore. Nous rappellerons, en suivant l'ordre des temps, les beaux mémoires de M. Gellé, sur l'hygiène du bœuf (1839) et de la vache (1843) ; celui de M. Serres, sur les moyens de perfectionner et d'améliorer l'espèce bovine dans la Haute-Garonne (1844), ainsi que les précieuses indications qu'il a publiées ultérieurement sur le choix des bœufs de travail (1861) ; les observations pratiques de M. Martegoute, sur le croisement et l'appareillement des bêtes bovines (1847) ; la remarquable notice de M. Prince, directeur de l'Ecole vétérinaire de Toulouse, sur le concours régional de 1852 ; enfin, le rapport très instructif de M. le professeur de clinique Lafosse sur les travaux de la commission du Herd-Book (1).

Il est une pensée fondamentale qu'on retrouve dans tous ces écrits, pensée que l'autorité du savoir et la connaissance parfaite des besoins locaux, chez ceux qui l'ont formulée, défendent d'une part contre les exagérations de l'esprit de système, et de l'autre contre l'obstination de la routine. Cette idée, dans laquelle se résument les vues et les observations que nous avons exprimées nous-même au sujet de l'amélioration de nos races bovines, est la nécessité, la légitimité des aptitudes mixtes. Développer avant

(1) Nous devons ici une mention spéciale à un livre qui a paru depuis que cette notice a été écrite, nous voulons parler du *Traité pratique des maladies de l'espèce bovine*, composé par M. Cruzel, vétérinaire à Grenade-sur-Garonne. Ce grand ouvrage, fruit de cinquante années d'étude et d'expérience, est le plus complet qui ait été encore publié sur cette importante matière. Il ne se distingue pas moins par l'étendue des connaissances et la sûreté des appréciations de l'auteur que par la clarté de l'exposition et les qualités du style.

tout dans nos bœufs la force et la vigueur pour le travail, et, d'autre part, hâter leur développement et augmenter le rendement en viande.

Ce but, il faut le poursuivre au moyen d'appareillements judicieux entre animaux de même race ; rechercher dans les mâles l'ampleur, l'harmonie des formes, et l'énergie musculaire autant que l'aptitude à l'engraissement ; exiger, en outre, chez les femelles destinées à faire souche, un large bassin et des qualités laitières ; augmenter la nourriture, surtout dans le jeune âge ; ne pas demander au bétail des efforts extrêmes, et l'enlever plus de bonne heure à la charrue.

Ainsi s'accroîtront les bénéfices de l'éleveur, ainsi les charges du laboureur seront allégées, ainsi l'engraissement, qu'un petit nombre à peine de cultivateurs pratique chez nous avec succès, deviendra plus facile et plus profitable. Cette industrie, encouragée par le rétablissement d'un concours de boucherie à Toulouse, prendra de l'extension à mesure que l'économie du bétail sera mieux comprise et pratiquée. Je voudrais, quant à moi, voir appeler dans ce concours les animaux de toute provenance, afin d'offrir à nos éducateurs les meilleurs modèles. Tous y trouveraient quelque enseignement, ceux qui font naître le bœuf, ceux qui l'élèvent et ceux qui utilisent ses forces, comme ceux qui le préparent pour l'abattoir.

Je désirerais plus encore ; non content de cette exhibition instructive mais trop rare, je voudrais que le marché aux bestiaux de Toulouse, élevé au rang que l'importance d'une aussi grande ville et sa position géographique lui assignent, devînt le rendez-vous hebdomadaire des engraisseurs de la vallée de la Garonne ainsi que des marchands du bas Languedoc, et des autres centres de consommation que nous pouvons approvisionner.

Il ne faut pas se laisser détourner de la voie des améliorations par l'optimisme outré, qui feint de croire que tout est pour le mieux, afin de ne pas se donner la peine de travailler au changement. Mais il ne faut pas non plus se laisser surprendre par les aphorismes hautains d'une science trop dédaigneuse des faits pratiques. Nous devons d'autant plus la redouter, qu'elle se juge assez sûre d'elle-même pour ne pas dissimuler ses mépris et ses aspirations, et qu'elle a pour les faire prévaloir la séduction des récompenses et l'éclat des concours régionaux.

Sans doute, le mal n'est pas grand encore. Nos races indigènes, pour être devenues plus aptes à produire de la viande, n'ont rien perdu de leurs qualités pour le travail. Mais n'oublions pas que des novateurs poursuivent le rêve dangereux d'une transformation radicale, et prétendent substituer le bœuf, laboratoire inactif de graisse, au bœuf, force motrice et source de profit. Jusqu'à ce jour, nos cultivateurs bien avisés n'ont pas mordu à l'hameçon, mais le pêcheur n'a pas retiré sa ligne... et les durham sont toujours là.

Ce qui était rigoureusement exact en 1864, lorsque nous présentions cette notice à la Société d'agriculture de la Haute-Garonne (1), ne l'est pas complétement aujourd'hui, Dieu merci. Le durham a cessé d'avoir les honneurs d'une catégorie spéciale dans les concours de la région, mais les jurys se montrent encore beaucoup trop imbus de la pensée de façonner nos races bovines de travail sur le type du bœuf de boucherie, qui ne répond que très incomplétement aux nécessités de l'économie rurale dans le Sud-Ouest.

CHAPITRE II

DES ESPÈCES CHEVALINE, MULASSIÈRE ET ASINE

§ 1er. — Espèce chevaline.

Dégénérescence de la race navarrine. — Race bigourdane améliorée. — Le cheval ariégeois. — Le sang anglais et le sang arabe. — L'anglo-arabe. — Les courses à Toulouse. — L'élevage du cheval fin dans l'arrondissement de Saint-Gaudens et dans celui de Toulouse. — Primes et encouragements. — Le cheval de trait délaissé. — Statistique.

On sait que les différentes races de chevaux, que le pays toulousain possédait au dix-huitième siècle, pouvaient être rapportées à deux classes bien distinctes : le type léger, élevé de temps immémorial dans nos montagnes, et le type mulassier, emprunté par nos pays de plaines et de coteaux aux grandes espèces du littoral océanique (2).

(1) Voir *Journal d'agriculture pratique pour le midi de la France.* 1864, p. 317.
(2) Voir ci-dessus, liv. II, chap. Ier, p. 30.

Il n'en est pas autrement aujourd'hui dans le département de la Haute-Garonne. La coexistence de ces races est la conséquence de conditions économiques et physiques supérieures à tous les règlements administratifs. Aussi est-ce en vain qu'avec plus de zèle que d'intelligence des besoins locaux, on s'est efforcé de contrarier la nature et de faire dévier la spéculation. On a trop oublié que la jument mulassière, comme le cheval léger, a sa place marquée sur notre sol, et qu'elle n'est pas moins digne d'encouragement.

Si les préférences exclusives de l'Administration pour le cheval d'armes ont retardé l'amélioration si importante du mulet, du moins elles ont peu réussi à populariser l'industrie rivale en dehors de sa sphère naturelle. L'insuccès qu'elle y a rencontré a même jeté sur l'espèce chevaline en général une défaveur aveugle.

Le temps nous paraît être venu de sacrifier, de part et d'autre, tous les préjugés, et d'examiner sans parti pris les graves questions que soulève la situation de l'espèce chevaline dans la Haute-Garonne.

La partie montagneuse du département comprise dans l'arrondissement de Saint-Gaudens touche, d'une part, aux limites des Hautes-Pyrénées, et, de l'autre, elle confronte avec l'Ariége. Au dix-huitième siècle, sur cette région de la grande chaîne qui nous sépare de l'Espagne, florissait, ainsi que nous l'avons dit ailleurs, le cheval navarrin, au corps bien membru, mais aux proportions médiocres, comme l'andalou, auquel le rattachaient les liens d'une étroite parenté. Nous savons qu'il avait la réputation fondée d'être le meilleur cheval d'armes des troupes légères.

Des croisements imprudents avec l'étalon arabe donnèrent à la race navarrine plus de nerf et des formes mieux harmonisées, mais lui firent perdre la force et la corpulence qu'elle devait à l'étalon andalou. Les courses de Tarbes, instituées en 1807, en constatant, sous le rapport de la vitesse, la supériorité des produits issus du sang oriental, contribuèrent à augmenter l'engouement. Les accouplements dirigés dans ce sens n'aboutirent qu'à rendre plus légère et plus nerveuse une race dont le défaut capital était une finesse extrême. L'abus alla si loin., que la taille n'atteignit plus que par exception aux proportions exigées par la cavalerie légère. Les propriétaires de juments, découragés, commençaient à se tourner vers la production du mulet.

Un changement était devenu indispensable; il fallait, à tout prix, grandir et grossir la race. On eut recours à l'étalon anglais; mais, soit que les deux espèces fussent trop disparates, soit que les conditions hygiéniques et alimentaires influassent défavora-

blement sur les produits, la tentative ne réussit pas complètement. On n'obtint pas de meilleurs effets en poussant à outrance
du côté du sang oriental. C'est alors que des éleveurs intelligents
comprirent la nécessité de réunir, pour l'amélioration de la race
navarrine, l'ampleur du cheval anglais à la rusticité de l'arabe.
On y parvint par la voie des croisements alternatifs ; mais le problème ne fut pratiquement résolu que le jour où se trouva constitué l'étalon anglo-arabe de pur sang. L'alliance de cet admirable
reproducteur avec la poulinière du pays donna naissance, dans
la plaine de Tarbes, à une belle race ayant de la force, de l'ampleur et de la distinction, race qui fut désignée par son fondateur
sous le nom de Bigourdane améliorée. De 1830 à 1852, cette
tâche fut poursuivie avec un grand zèle et un véritable succès par
M. Gayot ; mais, après la retraite de cet habile directeur, l'administration des haras abandonna son œuvre pour revenir au pur
sang anglais.

Comme le navarrin des Hautes-Pyrénées, le cheval ariégeois,
dont la population équine de nos montagnes procède également,
avait été amélioré par le sang anglo-arabe. Il avait acquis, de la
sorte, plus de taille et des formes mieux harmonisées sans cesser
d'être agile et rustique. Dès longtemps renommé pour son énergie infatigable dans nos régiments de cavalerie légère, il n'eût
pas tardé à être recherché pour la grâce et l'élégance. Mais, là
encore, un retour malheureux vers le pur sang anglais a tout
compromis. On sait que les premières tentatives dirigées dans ce
sens avaient autrefois donné de médiocres résultats. Combien
plus défavorables devaient-ils être à mesure que l'étalon amélio-
rateur s'éloignait davantage du type du bon cheval de service
pour se rapprocher du vainqueur des courses !

Ce fait n'a été que trop bien confirmé par l'exhibition hyppique
annexée au dernier concours régional de Foix. Voici en quel termes il a été apprécié par M. le professeur Gourdon, dans son excellente *Revue agricole du Midi* : Le concours « n'a eu d'autre résultat
que de rendre évidente, pour tous, la fâcheuse influence exercée
par l'introduction irrationnelle et peu réfléchie du sang anglais...

« Au lieu du petit cheval ariégeois, que nous connaissons tous,
et que caractérisent un corps de moyenne taille, des formes élé-
gantes et énergiques, des membres robustes, de larges articulations, un sabot droit et solide, un naturel doux et maniable,
qu'avons-nous vu à cette exhibition ? Des sujets élancés, à formes
grêles et décousues, sans caractère, sans harmonie, d'un tempérament plus ou moins irritable, difficiles à gouverner pour la
plupart, en un mot sans rapport avec les exigences du sol acci-

denté de l'Ariége. Ce n'est point là un progrès ; c'est une dé-
chéance, sans but comme sans avenir, à laquelle les éleveurs du
pays feront bien de mettre un terme, en quittant cette voie qui
ne les conduit à rien, et en revenant à la production pure et simple de leur ancienne et excellente race, qu'ils peuvent détruire,
mais qu'ils ne remplaceront pas (1) ».

Certes, on ne saurait rien imaginer de plus habilement façonné
pour une destination exclusive que le coureur anglais. Aussi
excelle-t-il à déployer, pendant quelques instants, une vitesse inconnue jusqu'à lui. Mais pour obtenir ce résultat, il a fallu sacrifier le volume, le poids, la force, puis la résistance, et enfin la
santé même des chevaux qu'un *entraînement* prématuré a couvert
de tares. Après cette transformation, que reste-t-il aux chevaux
de pur sang pour faire de bons reproducteurs ?... On sait que les
hippologues exigent des animaux qui doivent être employés à
créer ou à conserver une race, trois qualités essentielles dont
l'absence d'une seule compromet le succès de l'opération. La première est relative à la noblesse de l'origne, la seconde aux épreuves qui constatent la valeur individuelle du reproducteur, la troisième à la symétrie dans les formes et les proportions.

Or, sur ce dernier chef, les animaux de pur sang, dégénérés
comme ils le sont à cette heure, présentent trop souvent une conformation exclusive de tous les services qu'on est accoutumé à
retirer des chevaux, et leurs membres sont toujours grêles, sinon
tarés.

Quant aux épreuves, les chevaux de pur sang, sont aptes sans
doute à fournir en quelques secondes une carrière très rapide ;
sous ce rapport ils n'ont pas de rivaux ; mais ce mérite reste sans
emploi en dehors de nos jeux publics. S'il faut prolonger l'effort
pendant quelques minutes, le cheval de pur sang s'épuise ; si
bien qu'il a fallu rapprocher les anciennes distances de l'hippodrome, ne pas dépasser 4 kilomètres dans les plus longues épreuves,
et supprimer les courses à plusieurs *manches*. Qu'est-ce que cela
auprès des chevaux arabes, dont un grand nombre, selon le témoignage d'Abd-el-Kader, parcourent en un jour le trajet de Tlem-
cen à Mascara, c'est-à-dire cinquante parasanges, ou environ
250 kilomètres ? Mais même qu'est-ce que l'élite de nos pur sang
auprès de ces chevaux, communs dans l'Orient, qui font sans se
fatiguer, pendant trois et quatre mois de suite, des voyages de
80 kilomètres par jour ? Et pourtant, c'est un vrai soldat avec ses

(1) *Revue agricole du Midi*, 1er juin 1866.

armes et ses provisions qui les monte, non un de ces cavaliers-
fantômes que l'on nomme jockeys sur le turf.

Quant à l'origine, le pur sang a sans doute une véritable gé-
néalogie, et compte des célébrités parmi ses ancêtres. Mais qu'importe, après tout, s'il n'a pas conservé leurs belles formes, ou si,
fils lui-même de parents dégénérés, il doit transmettre à ses descendants des tares ou des défauts héréditaires. Dans ce cas, la
fixité de la race est une certitude d'insuccès pour l'éleveur. Que
peut-on attendre, en effet, pour améliorer le cheval de service de
ces reproducteurs grêles, plats et efflanqués, qui épuisent en quelques minutes toute leur énergie? Si la mère se rapproche de la
conformation du père, on aura un produit autant, si ce n'est plus,
impropre que ses parents à tout autre usage qu'aux jeux futiles
de l'hippodrome. Mais si la mère a plus de poids et d'étoffe que le
mâle, on obtiendra, selon toute apparence, un poulain décousu, en
qui les qualités solides de la jument seront déparées par les vices
de l'étalon.

Malgré ces aveux, nous ne voudrions pas être compté au nombre des ennemis du pur sang ; car nous estimons qu'il constitue
un des éléments essentiels à la régénération de nos races chevaly-
lines. Mais il faut s'entendre sur le sens des mots. Quel que soit
le degré de sensibilité d'un cheval et la noblesse de sa naissance,
nous ne croyons pas qu'il faille voir en lui un bon étalon s'il
n'allie ces qualités avec une conformation bien en rapport avec le
service qu'on désire obtenir du produit. En un mot, le nerf, ou
l'innervation si l'on veut, doit être inséparable de l'harmonie des
formes.

Nulle parmi les races chevalines ne possède cet ensemble de
qualités au même degré que l'arabe. Malheureusement son trop
faible volume l'empêche de satisfaire à toutes les exigences de
notre société moderne. Cet élément, combiné avec l'influence d'un
climat humide, d'une alimentation riche et des soins bien appropriés, a produit, chez les Anglais, une race non moins ardente,
non moins régulière que celle dont elle dérive, et cependant plus
volumineuse et plus forte. En France, on a bien tenté quelque
chose d'analogue ; mais cette œuvre, entreprise par le roi Louis-
Philippe au haras de Saint-Cloud, a été interrompue en 1848. Fût-
elle reprise comme elle devrait l'être, elle ne peut se passer du
concours des années.

Dans l'état actuel des choses, la voie la plus prompte pour se
procurer des reproducteurs qui réunissent à l'énergie et à la rusticité de l'arabe l'ampleur et la puissance qui distinguent le bon
cheval de service, c'est d'allier le sang oriental au sang anglais

par voie de croisement alternatif. L'analogie des races empêche-
rait ces coups en arrière qui font rétrograder les améliorations ;
et s'il arrive que les produits de ces mariages présentent moins
de corps que le cheval anglais, en revanche ils offriront plus de
résistance à la fatigue, et seront moins exigeants pour les soins et
pour la nourriture, deux qualités essentielles à la guerre, et
recommandables partout ailleurs. Tel est l'élément emprunté de
toute pièce au pur sang, et qui, dans les circonstances actuelles,
nous semble le plus propre à communiquer à nos races chevalines
cette vivacité de caractère et cette harmonie des formes qui sont
l'apanage des races nobles.

Il va sans dire que c'est avec les plus grands ménagements que
cet antidote contre la lymphe et la laideur doit être employé ; car
l'abus entraînerait les plus désastreuses conséquences. Nos magnifiques races de gros trait, en particulier, qui forment aujourd'hui
notre véritable richesse chevaline, parce que ce sont les seules
que le bon sens des éleveurs n'ait pas encore livrées aux fantaisies des *sportmen*, ne doivent recevoir le pur sang qu'à très faible
dose. Il faut qu'il ajoute à l'énergie musculaire et à la valeur
morale sans rien enlever à la puissance.

Mais si nous ne sommes pas ennemis du pur sang, nous ne le
sommes pas davantage des courses de chevaux. C'est un spectacle qui nous plaît autant qu'à nul autre, et nous sommes vraiment fiers pour Toulouse de l'éclat de ces jeux, qui appellent,
chaque année, dans ses murs, la population aisée des départements voisins. La première pensée de l'établissement des courses
dans notre ville remonte à l'année 1833, et se rattache à la célé-
bration d'une fête nationale. C'était le plaisir du public qu'on
avait en vue, et rien autre chose. L'instigateur de cette mesure
fut le regrettable Urbain Vitry, alors ingénieur architecte en chef
de la ville, un homme doué d'un goût sûr, d'une intelligence
d'élite ainsi que d'un profond savoir, et dont le cœur valait plus
encore que le talent. C'est le 29 juillet, à sept heures du soir, que
les concurrents se rassemblèrent autour du Grand-Rond choisi
pour le théâtre de la lutte. Aux termes du programme, les cavaliers étaient habillés de blanc, avec une ceinture rouge. Le prix
fut gagné par un cheval appartenant à M. Lacaux.

Quelques années plus tard, en 1837, la commission permanente du congrès méridional, instituée à la suite des brillantes
sessions que cette assemblée avait tenues à Toulouse pendant les
deux années précédentes, voulut créer des courses annuelles à
l'instar de celles qui avaient lieu sur les hippodromes de l'Etat.
Le conseil municipal de Toulouse et le conseil général s'étant

associés, par d'importantes subventions, à la réalisation de ce vœu, les courses furent inaugurées définitivement le 8 juin 1838.

Depuis cette époque, l'institution n'a cessé de se perfectionner. Les princes et les ministres ont rivalisé avec les associations locales (Jockey-club, Société des courses) et les compagnies des chemins de fer pour multiplier les prix. Aussi, le nombre des concurrents s'est élevé, et la vitesse déployée dans les joûtes a atteint un degré inconnu dans le début. Mais quelle que soit la valeur incontestable des chevaux et les péripéties de la lutte, ce sont moins les courses elles-mêmes, avouons-le, qui attirent la foule vers l'hippodrome de Toulouse, que l'éclat et la fraîcheur des toilettes, la multitude et la variété des équipages formant le défilé. C'est que, en vérité, après Paris, il n'est pas une autre ville en France qui puisse, en un jour de fête, offrir une aussi grande, une aussi belle réunion de femmes, de cavaliers et de voitures.

Quant à nos courses elles-mêmes, elles présentent, en général, un véritable attrait. Les prix sont de plus en plus disputés, et le spectateur, ami des émotions, trouve à satisfaire ses goûts dans les courses à obstacles, introduites depuis quelques années dans le programme. Tout cela pique la curiosité, enivre les grands et plaît au peuple : c'est le meilleur côté de la chose. Quelques spéculateurs s'y enrichissent ; quelques fous s'y ruinent : c'est moins bien, ce n'est pas encore moitié mal ; car la masse du public est désintéressée dans le débat. Mais ce qui est vraiment dangereux et souverainement ridicule, c'est d'entendre élever ces jeux à la hauteur d'une question d'économie rurale, comme si la conformation et les qualités du cheval de course n'étaient pas, à bien des égards, l'antipode de la conformation et des qualités qu'on doit exiger du cheval de service, le seul dont l'élevage importe, en définitif, à l'agriculture et à l'Etat. Vainement objectera-t-on que les héros de l'hippodrome comptent parmi leurs aïeux des chevaux non moins célèbres pour la beauté et pour la résistance que pour la vitesse. S'ils ne possèdent eux-mêmes que cette dernière qualité, à l'exclusion des autres, comment pourraient-ils transmettre celles qu'ils n'ont pas ? On avait bien imaginé une théorie fort ingénieuse qui restreignait l'influence du père sur le produit au développement des qualités morales ; mais toute l'éloquence des *turfistes* n'a pu encore déterminer la nature à se rallier à cette opinion trop rigoureuse.

Il est d'autant plus nécessaire de se bien pénétrer, à cet égard, des leçons de l'expérience, que l'étalon le plus irréprochable est encore loin de rendre lucratif l'élevage de l'espèce chevaline dans nos plaines et nos pays de coteaux. La production économique du cheval léger ne trouve sa place que sur nos montagnes. Tous les sacrifices qu'on prodigue ailleurs dans ce but, en primes et encouragements de tout genre, ou sont faits en pure perte, ou, ce qui est pis, n'aboutissent qu'à entraîner momentanément la spéculation dans une voie fatale, d'où l'insuccès la fait bientôt revenir. A peine un petit nombre d'éleveurs riches et habiles s'adonnent à la production du cheval d'armes, dans l'arrondissement de Toulouse. Nous citerons, entre les écuries les plus renommées, celles de M. Albert de Lapeyrouse, qui soutient avec éclat la grande réputation agronomique de ses ancêtres ; celles de M. le baron Henri de Cantalause, de M. Sol, et des frères Féral, à Lavalette. Quant aux animaux de pur sang anglais et oriental, ils sont admirablement représentés dans les splendides écuries du vicomte de Valady, à Gratentour. Mais ce sont là jeux de prince, où on laisse beaucoup d'argent si on n'est connaisseur de première force. La vraie, la grande spéculation est ailleurs.

Dans les montagnes de l'arrondissement de Saint-Gaudens, les choses se passent autrement. L'élevage des chevaux est, pour ainsi dire, abandonné à la nature. Dès le mois de juin, on conduit les animaux sur les pâturages élevés, d'où ils ne redescendent qu'à l'époque des premières neiges. Cette existence rude et nomade leur procure un fort tempérament et des membres énergiques. D'un autre côté, elle nécessite peu ou point de frais. Voilà la terre classique du cheval léger. Malheureusement, si nos races pyrénéennes sont sobres, vigoureuses et agiles, elles manquent généralement de taille. L'amélioration du régime alimentaire contribuerait sans doute à atténuer ce défaut, mais les dépenses auxquelles elle donnerait lieu seraient-elles compensées par la plus-value des produits ? Oui, peut-être, si l'on s'adonnait exclusivement à l'éducation des animaux d'élite propres au service des haras ou à la remonte des officiers ; mais de tels éléments ne sont pas entre toutes les mains. Il est certain, cependant, qu'avec plus de soins, quelques frais et des croisements bien entendus avec les étalons anglo-arabes, on pourrait opérer, sur une grande échelle, des améliorations importantes.

Des écrivains recommandables, frappés des obstacles qui contrarient la production du cheval léger dans nos plaines, ont imaginé de restreindre le rôle du Bas-Pays à l'élevage. D'après ce système, on ferait naître les poulains dans les montagnes, d'où ils descendraient ensuite pour se développer, sous l'influence d'une riche alimentation, et recevoir les éléments d'un dressage méthodique. La pensée était bonne en soi, car on exonérait ainsi

l'éducateur de la plaine de l'entretien des mères, toujours onéreux comparativement à la valeur du jeune produit, et, d'autre
part, on réservait à l'industrie du propriétaire les bénéfices qui
vont aux maquignons, auxquels le dressage est abandonné.

Plusieurs établissements fondés sur ce système ont jeté pendant quelque temps un vif éclat. Tous les connaisseurs se sou-
viennent des beaux produits présentés au concours des primes
par M. le président Martin, M. de Lacroix, M. le comte de
Campaigno, M. Dessoles et bien d'autres. Toutefois, malgré leurs
brillants succès, la plupart de ces écuries se sont fermées, parce
que, en définitif, la spéculation qui avait paru, un moment,
pouvoir s'accommoder aux conditions économiques, n'a pu lutter
contre le renchérissement des fourrages, ni soutenir la concurrence avec d'autres espèces mieux appropriées aux ressources du
pays. L'élevage ne s'est maintenu prospère que dans la partie
montagneuse de la Haute-Garonne, où il a valu une réputation
méritée à MM. Duran, Bougues, Fossat, Barès et à d'autres.

Les primes et les encouragements de toute sorte n'avaient
pourtant pas fait défaut à l'espèce chevaline, ou plutôt au cheval
léger. L'Etat lui prodigue depuis longtemps ses finances dans
un but plus facile à pénétrer qu'à justifier, et le Département suit
cet exemple avec une libéralité qu'il eût mieux valu reporter
sur une autre branche de la même famille. On sait, en effet,
que le conseil général de la Haute-Garonne vote, chaque année,
4,000 fr. pour les courses, 8,000 fr. pour les primes; plus un
crédit pouvant s'élever à 6,250 fr. pour l'école de dressage.

D'un autre côté, les conseils des hommes de science n'ont pas
fait défaut aux praticiens, et l'on ne saurait dire que ceux-ci aient
manqué d'entrain ou de savoir-faire. L'œuvre a pourtant échoué
contre la force des choses. Il est temps, ce nous semble, de mettre
cette expérience à profit.

Le grand argument qu'on entend sans cesse invoquer par les
imperturbables généralisateurs de l'espèce chevaline est l'intérêt
de l'Etat, grand mot qui fait illusion au public peu versé dans les
questions agricoles, et que, pour ce motif, on ne doit pas laisser
sans réponse. Chaque année, dit-on, la France importe, en
moyenne, toute compensation faite avec l'exportation, 11 à
12,000 chevaux, représentant en réalité une valeur de 18 millions.
Le fait serait-il rigoureusement exact, qu'il serait loin d'établir
que l'agriculture nationale dût s'en trouver plus mal. Ce n'est pas
tout, en effet, de produire, il faut produire avec profit. S'il ne
s'agissait, pour propager l'industrie chevaline, que de mettre en
valeur des éléments de fertilité perdus jusqu'à ce jour et impro-

près à recevoir une destination plus lucrative, il n'y aurait pas de controverse possible, et les agriculteurs applaudiraient des deux mains. Mais la question est toute autre, car il s'agit de tourner vers la production du cheval, surtout du cheval de troupe, des éléments employés ailleurs avec plus de profit. En se plaçant au point de vue de la richesse nationale, peut-on, par exemple, raisonnablement conseiller au cultivateur qui livre sa jument au baudet et vend son muleton de six mois au prix de 300 fr. ; peut-on lui conseiller de donner sa poulinière à un étalon léger dont le produit décousu ne vaudra pas, au même âge, plus du tiers de cette somme? Comment ne voit-on pas que le pays aurait tout à perdre à cette combinaison, et qu'il a grand avantage à exporter des mulets qui valent, à six mois, ce qu'ont peine à valoir, à quatre ans, les chevaux issus de la même mère livrée à un étalon de sang? En tout cas, il serait juste, lorsqu'on établit le bilan de notre industrie chevaline, de retrancher du passif la valeur de nos mulets exportés.

Or, nous en envoyons annuellement à l'Espagne de 20 à 25,000, valant de 12 à 15 millions (1). On sait que l'Italie, l'Amérique et les colonies sont aussi nos tributaires. Seule entre toutes les nations, la France exporte ce genre de produit et dans des proportions telles, qu'un de nos plus savants hippologues, M. Gayot, avoue que ces envois sont assez considérables pour faire rentrer les sommes nécessaires au paiement des chevaux que nous achetons à l'Angleterre, à la Belgique et aux divers États de l'Allemagne.

Malheureusement l'espèce mulassière n'est pas en faveur auprès de tout le monde ; l'entrée de presque tous les concours lui est interdite, et nous n'ignorons pas qu'on est quelquefois mal venu à prendre sa défense, même dans les contrées qu'elle enri-

---

(1) EXPORTATION DES MULES ET MULETS POUR L'ESPAGNE.

	Nombres.	Valeurs.
Années 1861 —	24,714 —	15,054,580
— 1862 —	22,493 —	12,867,640
— 1863 —	20,436 —	12,863,970
— 1864 —	20,406 —	12,867,640
— 1865 —	23,755 —	15,054,580

D'après le traité du 8 juin 1865, le droit d'entrée en Espagne est réglé ainsi qu'il suit :

Mules et mulets :
{ Jusqu'à un an.... 60 réaux = 18 fr. 20 c.
{ Au-dessus d'un an. 90 réaux = 24 fr. 30 c.

chit. Cependant, ce motif ne nous a pas semblé suffisant pour
passer sous silence son incontestable mérite. La remonte elle-
même, dont les besoins sont toujours invoqués en première ligne,
n'a-t-elle pas commencé à apprécier ces utiles auxiliaires?

Quoi qu'il en soit, l'industrie chevaline a fait, depuis vingt ans,
d'incontestables progrès. L'excédant de nos importations qui avait
été, en moyenne, de 16,500 têtes de 1844 à 1850, s'était déjà abaissé
à 13,800 de 1851 à 1857. La production indigène pourvoit
aux besoins de notre armée sur le pied de paix; il lui faut alors
de 8 à 9,000 chevaux par an. Quand il faut passer sur le pied de
guerre, la production indigène fournit encore à la remonte de
notre artillerie. Les chevaux légers seuls sont en nombre insuffisant. Ne nous en plaignons pas, car si d'une part cé sont ceux
dont l'élevage est, en général, le moins profitable chez nous, d'un
autre côté, nous possédons dans l'Algérie la terre classique du
premier cheval de cavalerie légère.

Là tout seconde cette industrie et se prête à ses perfectionnements : les goûts de la population, la nature de la propriété et les
ressources du sol. Le général Daumas, dont on ne saurait contester l'autorité en cette matière, l'a consigné dans les lignes suivantes que nous ne pouvons résister au plaisir de citer : « Il y a,
dit-il, une vérité qui, malheureusement, n'est pas connue encore,
et dont la démonstration est bien évidente cependant : c'est
qu'aucun établissement situé en France ne peut réunir les conditions de croisement, de production et d'élevage que présenteraient des établissements algériens. L'administration des haras
va chercher à grands frais, jusqu'au fond de la Syrie, des étalons
dont un acquéreur intelligent trouverait le modèle parmi les
types si variés de l'Algérie. Puis ce n'est pas le plus grand inconvénient qu'elle ait à subir. Le ciel de Pompadour et du Limousin
n'est pas certainement celui que réclament, aux années délicates
de leur croissance, les produits d'une brûlante contrée. Enfin, le
croisement rencontre en France d'innombrables difficultés, parce
que l'élevage chez nous est rare, hésitant, considéré par les uns
comme une spéculation hasardeuse, et par les autres, comme un
jeu ruineux. En Afrique, au contraire, l'industrie chevaline est
facile, car tout Arabe est éleveur, le penchant naturel, la foi religieuse, la tradition nationale, l'intérêt privé, poussent les maîtres
des grandes et petites tentes à la production comme à l'élevage.
C'est donc en Afrique qu'il faudrait créer les établissements destinés à améliorer notre race chevaline. » Tel est le sentiment du
général Daumas : *Nunc erudimini qui judicatis.*

Quant à nous, il nous paraît difficile de ne pas admettre que la région si bien décrite par le célèbre hippologue se prête mieux que nulle autre au perfectionnement du cheval de selle. Assurément cette conclusion pratique ne sera pas désavouée par notre savant collègue à la Société d'agriculture, M. le docteur Gourdon, qui a dépeint, avec des couleurs si vives, dans sa brochure : *Du Cheval oriental*, l'influence toute-puissante des milieux et des circonstances locales. Pour ce motif, l'Algérie mérite de fixer particulièrement l'attention de l'Etat, d'autant plus que, même dans nos pays de montagne, la spéculation commence à sembler pleine de mécomptes. Les éleveurs de l'Ariége, notamment, s'en détournent de plus en plus.

La question de l'intérêt général, ainsi élucidée et trouvée parfaitement conforme dans sa solution avec l'intérêt particulier des agriculteurs de la Haute-Garonne, il nous reste à étudier la production du cheval de trait. Sous ce rapport encore, nos plaines et nos coteaux ne sauraient lutter avec les contrées qui possèdent de gras pâturages et un climat plus humide et plus égal que le nôtre. Toutefois, cette spéculation est meilleure que les précédentes, parce qu'il y a plus de concurrents pour la vente des produits. L'Etat n'est point le seul acheteur. C'est donc à tort que les inspecteurs des haras impériaux s'efforcent de concentrer sur les chevaux de selle, exclusivement à tous autres, les primes que l'administration consacre à l'espèce chevaline. Les meilleurs éleveurs de l'Ariége s'en plaignent avec raison, et ils regardent cette mesure comme devant les amener forcément à n'avoir que des mulassières. On fera bien de ne pas décourager ces hommes de bonne volonté et de ne pas éteindre en eux le goût du cheval, car il serait bien difficile de les ramener à ce genre de spéculation, lorsqu'ils se seraient jetés avec la masse des cultivateurs dans la voie de plus en plus fréquentée de l'élevage vraiment productif du mulet.

La transformation de nos races chevalines est la conséquence du progrès de l'agriculture et de l'amélioration de la viabilité. D'une part, le cheval de selle est beaucoup moins demandé qu'autrefois, et, d'un autre côté, le cultivateur possédant plus de fourrage, peut élever des animaux plus forts, dont le placement est plus avantageux, parce qu'ils répondent aux exigences du commerce. Ce qu'on demande aujourd'hui, ce sont des chevaux puissants et agiles à la fois, ne manquant ni de poids, ni de nerf, et alliant le fond et la rusticité avec une certaine distinction dans les formes. Pourquoi tarde-t-on à offrir de tels modèles à l'éleveur et à encourager ses bonnes dispositions ? Les agriculteurs sont si généralement convaincus des avantages que présente la produc-

tion du cheval de forte stature que, depuis quinze ans, cette spéculation s'est beaucoup développée en France. Le compte-rendu
de l'administration des haras le constate en termes formels. Il
caractérise la situation par le mot « envahissement, » et il accuse
les éleveurs de « s'obstiner à faire partout, et quand même, » le
cheval de gros trait.

Malheureusement l'administration, qui n'a pu s'empêcher de
signaler le fait, n'en a pas tiré la conclusion qui en ressort naturellement, et, au lieu de chercher à améliorer le sujet sans lui
enlever les qualités qui le font rechercher par le commerce, elle
se propose de modifier les races en sens contraire. Comme les
procédés usuels de la culture font obstacle à ce dessein, elle n'as-
pire à rien moins qu'à les transformer du même coup. Elle prône
dans ce but la substitution de véhicules à deux et à quatre chevaux aux charrettes à deux roues qui seraient trop lourdes pour
la faiblesse des animaux qu'elle nous destine, et, dans l'espoir de
nous séduire, elle nous dépeint ses attelages perfectionnés prenant le trot en quittant les champs pour rentrer à la ferme ;
comme si l'agilité unie à l'impuissance pouvait suppléer à la
vigueur patiente, au poids et à la force qu'il nous faut rechercher
dans le moteur de la culture ! Or, c'est précisément la prédominance de ces qualités dans le bœuf qui lui donne la supériorité
sur le cheval pour le labourage de nos terres argileuses et compactes. Nous croyons avoir suffisamment expliqué et légitimé ce
fait dans notre étude sur l'espèce bovine, pour qu'il soit inutile
de rentrer dans la dicussion. Après cela (1), comment peut-on
s'attendre à ce que le cultivateur se montre dans l'avenir d'autant
plus empressé à remplacer ses bœufs par des chevaux, que ceux-ci
seront devenus moins propres à satisfaire à ses exigences ?

On ne gagnera rien à se roidir contre la force des choses, et on
peut y perdre tout. En effet, malgré la regrettable négligence
dont la production mulassière est l'objet de la part du pouvoir
central et des conseils départementaux qui se sont succédé depuis
la chute de notre organisation provinciale, cette industrie n'a cessé
de gagner du terrain et d'enrichir ceux qui ne l'ont pas dédaignée.

Dans quelle proportion les poulinières sont-elles consacrées
chez nous à la production des mulets et à celle des chevaux ? La
statistique officielle, qui ne recule pas toujours devant les menus
détails, est muette sur ce point. Elle ne fournit pas plus d'indications quant au nombre des juments vouées à une reproduction
quelconque. Les seules distinctions qu'elle formule se réfèrent au

_____

(1) Le bœuf de travail, liv. IV, chap. Ier, p. 319.

sexe et à l'âge, qui est envisagé comme inférieur ou supérieur à trois ans.

En 1862, le département comptait environ 25,000 chevaux, en y comprenant l'effectif des garnisons. Sur ce nombre, il y avait 12.813 juments de plus de trois ans, dont 2,745 dans la commune de Toulouse, où elles servaient, pour la plupart, à tout autre usage qu'à la reproduction. Les poulains et pouliches, âgés de moins de trois ans, s'élevaient, pour tout le département, à 4,300 têtes. Si l'on admet que la moitié de ces animaux, soit 2,150, fussent âgés de moins d'un an, proportion certainement supérieure à la vérité, parce que la Haute-Garonne élève plus de poulains qu'elle n'en produit, et si on ajoute un dixième pour les unions restées infructueuses, on trouve que le nombre des juments poulinières consacrées à la reproduction du cheval atteint, tout au plus, 2,365. Nous savons, d'autre part, grâce au rapport du directeur du dépôt de Tarbes, que les 17 reproducteurs de l'Etat, réunis aux 25 étalons approuvés ou autorisés dans la Haute-Garonne, ont sailli 1,900 poulinières pendant la monte de 1864. Notre calcul laisserait donc près de 500 juments, soit un cinquième environ du nombre total, à la catégorie des femelles saillies en dehors des conditions réglementaires. C'est beaucoup, quand on songe à l'important effectif des juments de l'armée placées chez les propriétaires ruraux, avec obligation de ne les livrer qu'à des étalons agréés par l'administration des haras. Nous croyons pouvoir conclure des considérations précédentes que le nombre des juments poulinières consacrées à la production du cheval dans notre département, ne dépasse pas 2,300, si toutefois il atteint à ce chiffre. Ce ne serait pas même le cinquième des femelles recensées dans la dernière enquête, comme âgées de plus de trois ans.

Telle est, en dehors des données beaucoup trop restreintes de la statistique officielle, l'hypothèse qui nous paraît être la plus admissible. Nous ne pousserons pas plus loin des inductions dont la base manquerait d'un contrôle rigoureux. Nous nous bornerons à grouper dans le tableau suivant les résultats généraux constatés par le dénombrement de 1862, en regrettant que les changements opérés dans les cadres des questionnaires précédents rendent toute comparaison impossible.

ANIMAUX DE FERME. — ESPÈCE CHEVALINE

	Muret.	Ville-franche.	Toulouse	Saint-Gaudens	
Chevaux et poulains (1) de moins de 3 ans. .	489	229	937	426	2,084
— de plus de 3 ans. .	1,401	758	4,277	1,356	7,792
Juments et pouliches (2) de moins de 3 ans.	490	356	861	512	2,219
— de plus de 3 ans. .	3,430	1,731	4,374	3,278	12,813
	5,810	3,074	10,449	5,572	24,905

Ces chiffres pourront présenter un jour de l'intérêt quand on les rapprochera de ceux qui seront recueillis dans la suite, mais seulement à la condition qu'on puisse ramener les résultats sous des titres semblables.

Les modifications que nous allons proposer n'enfreindraient pas cette règle. En effet, il ne s'agirait que d'introduire une subdivision en trois colonnes pour la catégorie des juments et pouliches de plus de trois ans. Dans l'une, on indiquerait le nombre de femelles consacrées à la production chevaline ; une autre serait destinée à marquer l'effectif des mulassières, et dans la dernière on inscrirait les juments qui ne sont pas livrées à l'étalon. Il est à remarquer que cette classification élémentaire conduirait indirectement à apprécier l'importance de l'élevage des chevaux, puisqu'elle donnerait approximativement la mesure de la production dont le contingent se trouve aujourd'hui confondu avec celui des élèves, dans la catégorie des poulains, et dans celle des pouliches de moins de trois ans. A la rigueur, on pourrait alors se dispenser d'établir une autre subdivision pour les poulains et pouliches de moins d'un an ; mais il serait préférable de faire cette distinction afin de permettre d'apprécier, plus exactement que par une moyenne hypothétique, l'influence de la stérilité, des avortements ainsi que de la mortalité chez les jeunes animaux. A défaut des renseignements que nous demandons, et qu'il est possible de se procurer sans augmenter les difficultés de l'enquête, on ne saurait se faire une idée exacte ni de l'importance de notre production chevaline et mulassière, ni de l'élevage des chevaux.

(1) Y compris les chevaux de l'armée, soit à la caserne, soit chez les cultivateurs. — (2) Idem.

§ 2. — Espèce mulassière.

Le mulet gascon et le mulet du Poitou. — Nécessité d'améliorer les baudets et les juments mulassières. — De la production et de l'élevage du mulet. — Rôle du mulet dans les travaux rustiques. — Le bardeau. — La statistique officielle. Lacunes à combler.

Nous avons dit ailleurs comment la production du mulet dans le Languedoc, favorisée, au dix-septième siècle, par l'introduction des baudets espagnols, s'était développée pendant le siècle suivant, grâce aux libéralités intelligentes des Etats généraux de la Province, et avait fini par donner lieu à une exportation considérable vers l'Espagne et les colonies. A cette époque, ainsi que de nos jours encore, le mulet gascon était considéré comme formant une race distincte du mulet du Poitou. Celui-ci se distinguait par son plus grand développement et par sa puissance ; celui-là par l'harmonie de ses proportions, la finesse relative de sa membrure et de son poil, par sa vigueur et sa longévité. L'un était plus propre à traîner de lourds fardeaux ; l'autre se montrait plus énergique et mieux conformé pour les travaux légers ainsi que pour tous les usages du luxe.

Cependant les baudets avaient une origine commune ; mais, sous l'influence du climat et de l'alimentation, ils s'étaient beaucoup plus développés dans le Poitou que dans la Gascogne. Quant aux juments, celles du littoral océanique présentaient une ampleur de formes tout à fait spéciale, et constituaient une race homogène. Chez nous, au contraire, où il n'existait pas de race proprement dite, les femelles, recrutées deçà, delà, ou bien issues de médiocres reproducteurs élevés dans le pays, étaient loin d'offrir la même régularité dans l'ensemble et les mêmes qualités individuelles. L'importance de ce fait n'avait pas échappé aux Etats provinciaux ; aussi ne se bornèrent-ils pas à encourager par des primes les propriétaires des meilleurs baudets et s'efforcèrent-ils d'améliorer les femelles, tant en attribuant la même faveur aux chevaux de forte stature destinés à la monte, qu'en faisant venir de belles mulassières des pays les plus renommés. Malheureusement, ce système a péri tout entier avec les Etats. Si, depuis sa chute, de grands progrès sont à signaler dans cette branche de l'économie rurale, on en doit reporter tout le mérite à l'intelligence de nos éleveurs. Les pouvoirs publics n'y sont pour rien, absolument pour rien.

Il est temps cependant qu'ils reprennent leur place à la tête du mouvement agricole ; car, pendant cet interrègne, nous nous sommes laissés devancer par des concurents que la nature a traités d'une main plus libérale. L'exposition nationale de 1860 n'a que trop clairement démontré, en effet, la supériorité de l'espèce mulassière du Poitou. Il faut, pour relever la nôtre, que les encouragements s'étendent aux deux facteurs du produit et au produit lui-même.

En ce qui concerne les baudets, je voudrais voir attribuer des primes annuelles aux animaux qui allient l'ampleur du corps à une taille élevée, dont la poitrine est large, les membres forts, les genoux gros et les jambes saines. Les ânes du Poitou réunissent ces qualités plus communément que ceux qu'on tire de la Catalogne, de Mayorque ou du Béarn. Surtout, on devrait refuser rigoureusement les récompenses au baudets livrés prématurément à la saillie ou atteints de tares héréditaires. En multipliant les bons animaux, les encouragements contribueraient à faire disparaître ces détestables reproducteurs aux formes anguleuses et presque toujours exiguës, dont les facultés prolifiques sont insuffisantes quand elles ne sont pas nulles. Or, il est malheureusement trop certain que la plupart de nos étalons n'ont pas de plus grand mérite ; ce sont, le plus souvent, des animaux aussi mal entretenus que mal choisis, qu'on enlève pour une saison, et quelquefois, pour le quart-d'heure, au brancard de la charrette. Combien cette pratique diffère de la stabulation permanente imposée aux baudets dans le Poitou ! Il est vrai que ce dernier système a ses défauts : il n'est pas rare qu'il entraîne la détérioration des extrémités ; mais on peut prévenir cet inconvénient en procurant aux étalons un exercice quotiden qui entretienne leur santé sans nuire à leur vigueur.

Du reste, il existe dans la Haute-Garonne, parmi une foule de haras plus ou moins indignes de ce nom, quelques établissements dont la tenue est irréprochable. Nous citerons, en première ligne, celui des frères Féral, à Lavalette. Rien n'y manque, ni une intelligente direction, ni un beau bétail, ni des constructions bien ordonnées ; c'est un vrai modèle. A Toulouse, le haras du sieur Dedieu a joui longtemps d'une grande réputation, justifiée par ses succès ; et M. Sarrans possède à Rieumes une station fort bien composée.

Autant que le baudet lui-même, la jument mulassière mérite d'attirer la sollicitude de nos administrateurs, puisque la mère paraît exercer une influence considérable sur le produit. Dans le Poitou, on recherche les fortes juments au poitrail, au coffre, à l'abdomen et à la croupe bien développés, aux jambes grosses et poilues, à l'ongle évasé plutôt qu'étroit, telles que sont les bretonnes et surtout les *maraichines* des marais Saint-Gervais. Avec moins de lourdeur dans la tête, des oreilles plus courtes et un tempérament moins lymphatique, tel est, selon nous, le type vers lequel on doit s'efforcer de ramener la mulassière du Midi. Quant au noble sang, il faut se garder de le verser, même à faible dose, dans ses veines; car en voulant ajouter aux qualités brillantes du produit, on pourrait compromettre ses mérites essentiels. Le mieux est quelquefois l'ennemi du bien. L'expérience a d'ailleurs été faite et n'a pas réussi. De semblables croisements ont porté un grand préjudice à la mulassière du Poitou, et convaincu les éleveurs que toute jument ayant du sang anglais ou normand est impropre à la production du mulet. Profitons de cet exemple pour éviter les mêmes fautes, et si jamais l'étalon mulassier obtient de nous les faveurs dont il est digne, réservons les récompenses pour les types vraiment supérieurs dans leur genre.

Suit-il de là que nous devions chercher à réaliser au parfait l'idéal de la mulassière décrite par Jacques Bujault, « cette bête, qu'il appelle lui-même affreuse et lymphatique, » qui ne doit être bonne qu'à faire des mules, et qu'il compare à une barrique au gros ventre montée sur quatre soliveaux? Nous ne le pensons pas; car, d'une part, un tel animal ne s'accommoderait guère de notre climat, ni de nos fourrages, et, de l'autre, il serait mal conformé pour donner la somme de travail que, dans les conditions économiques les plus ordinaires dans notre région, on peut demander avec profit à la jument. Mais il est un point sur lequel nous ne serons pas en désaccord avec le célèbre cultivateur de Chaloue, c'est que la mulassière doit être forte, trapue, écrasée. Nous reconnaissons avec lui que c'est la capacité du coffre et la largeur du bassin qui font la belle mule.

Ce n'est pas sans motif que nos éleveurs voient dans la croupe un peu courte et avalée de la mère une aptitude spéciale à la fécondation. La couleur de la robe n'est pas, non plus, chose indifférente. On sait que la blanche et l'alezane sont les moins prisées. La grise l'est bien davantage; mais on recherche surtout les robes foncées, et, en particulier, la baie brune. Du reste, de telles juments sont appréciées chez nous comme il convient. Les cultivateurs savent ce qu'en valent les produits : aussi les voit-on accourir en grand nombre aux foires de Toulouse, où les maquignons amènent de longs convois de la Saintonge, du Poitou, de la Bretagne et du Perche.

Des prix donnés dans le concours départemental aux meilleures juments suitées développeraient le goût du beau bétail, car l'amour-propre est un stimulant qu'il ne faut pas dédaigner, même à côté de l'intérêt.

Quant à l'étalon susceptible de produire la bonne jument mulassière, il devrait être primé comme le baudet. On verrait alors, dans chaque haras, de meilleurs chevaux, et les paysans, assez portés par caractère à renouveler leurs poulinières sans bourse délier, leur amèneraient un plus grand nombre de juments. Combien d'efforts n'avons-nous pas à faire pour élever la masse de nos poulinières à la hauteur de celles du Poitou ! La production chevaline proprement dite est plus intéressée, peut-être, que la production mulassière elle-même à cette rénovation qui aurait certainement pour effet de faciliter les remontes. En effet, elle augmenterait directement le nombre des chevaux de trait propres à l'armée ; et, d'un autre côté, en fournissant à l'agriculture un plus puissant moteur, elle rendrait disponible le cheval léger, encore employé parfois dans les champs, faute de mieux.

Mais que la poulinière soit livrée au cheval ou bien au baudet, elle est parfaitement susceptible de fournir une bonne somme de travail sur la ferme durant la plus grande partie de la gestation. C'est une source de profit trop souvent négligée par nos paysans, car ils auraient presque toujours avantage à échanger, contre une force motrice qui reste sans emploi, le supplément de nourriture que le déploiement de cette force rendrait nécessaire. A la condition de se tenir en garde contre les abus, cette combinaison profiterait à la jument et à son fruit comme à la bourse du propriétaire. M. Cruzel, le savant chroniqueur du *Messager*, qui excelle à éclairer la pratique agricole par les enseignements de la science et à régler les applications scientifiques par la connaissance approfondie de notre situation économique et culturale, n'hésite pas à croire que, sous l'influence de ce régime, les non-fécondations et les avortements deviendraient plus rares dans nos étables en même temps que les produits acquerraient plus de vigueur.

Un mois après sa naissance, le muleton commence à partager l'alimentation de sa nourrice. C'est alors le cas de lui administrer des farineux si on veut hâter son développement, surtout quand la mère est appliquée au travail.

Mais il est une spéculation non moins lucrative que la production du mulet et mieux appropriée, peut-être, au morcellement de la propriété rurale, je veux dire l'élevage. Comme il implique l'adoption du système de la stabulation permanente, il s'adapte parfaitement aux domaines soumis à la culture intensive, quelque importante qu'en soit d'ailleurs l'étendue. C'est ainsi que nous avons trouvé l'élevage du mulet dans l'état le plus prospère, sur la belle exploitation de Labastide-Saint-Pierre, près Montauban, où M. Avit, lauréat de la prime d'honneur, continue les grandes traditions de son père.

Le cultivateur qui veut s'adonner à cette spéculation choisira, de préférence, des animaux dont le développement soit précoce. M. Lafosse, professeur de clinique à l'École vétérinaire de Toulouse, a enseigné, dans un excellent article sur l'élevage et la production du mulet, les moyens de se tenir en garde sur ce point contre la dissimulation des vendeurs. Quant aux qualités à rechercher dans les jeunes animaux, voici comment elles sont décrites par ce savant maître : « De l'ampleur dans les formes, une tête un peu longue et très légèrement busquée à son extrémité inférieure, des oreilles relativement courtes, des membres forts avec des articulations larges, des pieds bien développés, sont des conditions que l'élève devra toujours réunir. — La robe qu'il porte n'est pas indifférente dans son choix ; les poils qui la composent doivent être longs : les plus foncés sont les plus estimés ; les marques de feu aux lèvres et aux ars sont aussi recherchées ; il en est de même de cette bande noire du dessus, croisée sur les épaules, que l'on nomme *raie de mulet* (1). » D'autre part, l'acquéreur doit s'assurer de l'absence de la hernie ombilicale, défaut grave, assez commun chez les individus des deux sexes.

On sait que le jeune élève, doué d'une grande puissance d'assimilation, se contente d'une nourriture grossière. Des fourrages inférieurs, de la bonne paille avec un peu de foin ou de son lui suffisent. Mais il va sans dire qu'à mesure que l'animal se développe et qu'on exige davantage de lui, il doit recevoir une alimentation plus substantielle. A dix-huit mois, il peut déjà être employé aux légers travaux du battage et attelé à la herse. A trente mois, il change ordinairement de maître et commence sa carrière de labour. Toutefois, on fera bien de le ménager jusqu'à cinq ans, parce qu'il n'est pas complétement formé avant cette époque. Cette circonstance rend possible une nouvelle spéculation pour les cultivateurs qui ne demandent à leur bétail qu'un effort modéré. Ils achètent des mulets poitevins de trois ans qu'ils revendent, au bout d'une ou deux années, dans le bas Languedoc ou la Provence. On voit des maquignons donner ainsi des mulets à cheptel.

Lorsque l'animal a atteint tout son développement, il est parfaitement propre soit à porter sur son dos, soit à traîner des fardeaux considérables. Nous avons vu qu'au siècle dernier, bien

_____

(1) *Journal d'agriculture du Midi*, 1855.

qu'on lui contestât une partie de ses mérites, on le reconnaissait comme sans rival pour le bât. De nos jours, la science a pu déterminer cette supériorité par des chiffres, et M. de Gasparin a été conduit à admettre que, tandis que, en une journée, le cheval porte sur son dos le tiers de son poids à la distance de 46 kilomètres, et la moitié à celle de 28 kilomètres, le mulet et l'âne portent un quart en sus de cette quantité.

Le lecteur se souvient qu'au dix-huitième siècle, un préjugé, moins répandu d'ailleurs dans notre province que dans les pays à climat plus humide, faisait rejeter presque absolument le mulet comme impropre au tirage. De nos jours, on ne soutient plus cette thèse ; et les beaux esprits qui s'obstinent à ne voir dans le mulet qu' « un âne quelque peu perfectionné, » amusent le public à leurs dépens. Les hippologues reconnaissent, par l'organe d'un de leurs chefs le plus justement considérés, M. Gayot, que « le mulet est une bête de trait puissante, énergique et sobre : partout, ajoute-t-il, sa production est une richesse et son utilisation agricole une ruine. »

Nous ne pouvons accepter ces derniers mots, même en considération des éloges mérités qui les précèdent. Au fond, cependant, l'auteur est moins hostile qu'il ne semble à l'emploi du mulet. Il ne repousse pas cet animal comme impropre au travail agricole : loin de là, c'est à lui et au cheval qu'il en destine la charge, à l'exclusion du bœuf. Seulement, il veut que le cultivateur se serve de son bétail de trait et le revende sans jamais l'user. Cette théorie est, sans doute, ingénieuse et séduisante, mais l'application m'en semble, en bien des cas, environnée de difficultés et même de périls. Tout canton, en effet, n'est pas pays d'élevage, et il s'en faut bien que les conditions de la culture soient les mêmes partout. Là où la nature du sol ne se prête pas à la production économique des plantes fourragères et exige un grand déploiement de force, le système de M. Gayot devient impraticable ; car si, d'un part, on entend ménager son bétail, on ruine sa terre, et si l'on veut fouiller convenablement le sol sans abuser des animaux, on est contraint d'en entretenir un trop grand nombre. Le principe est bon, mais il n'est pas susceptible d'une application aussi générale qu'on pourrait souhaiter. Toutefois, dans nos cantons méridionaux où ce mode est adapté aux conditions de la culture, le mulet obtient, à bon droit, la préférence du cultivateur parce qu'il peut, sans inconvénient, commencer à travailler à trente mois, tandis que l'avenir du cheval serait compromis si, au même âge, on lui imposait la même besogne.

Constatons, en passant, la supériorité que l'espèce bovine présente, à cet égard, sur les autres animaux de trait. Seule elle peut, en dehors de la spécialité de l'élevage, fournir une somme importante de travail sans altérer sa valeur, parce qu'elle n'est pas seulement productive de force, mais encore de viande. Du reste, si l'on tient compte de la longévité ordinaire du mulet, qui dépasse de beaucoup celle du cheval, on trouve que l'amortissement par annuité n'est pas très considérable. M. de Gasparin estime qu'on ne doit pas porter à plus de 10 pour 100 l'assurance sur la vie des mulets, tandis qu'il faut compter 16 ou 17 pour 100 pour les chevaux (1). D'un autre côté, la supériorité du travail des animaux faits sur celui des animaux adultes, constitue, à elle seule, un dédommagement suffisant pour la dépréciation des attelages dans tout pays qui, sans se prêter à l'entretien économique d'un bétail nombreux, exige un grand déploiement de force pour les travaux rustiques.

Comparé au cheval, le mulet a une allure plus égale, moins vive, mais mieux soutenue. Il résiste davantage à la fatigue et à la chaleur, mais il ne s'accommode pas si bien d'un climat humide; en somme, il n'est pas aussi sujet aux maladies. Quant à la puissance moyenne pour le tirage, elle est la même dans les deux espèces, proportionnellement à la masse, d'après M. de Gasparin. Comme, avec cela, le mulet est beaucoup plus accommodant pour sa nourriture que le cheval, il produit l'unité de force à un moindre prix sur nos exploitations rurales.

Dans les contrées humides, on reproche au mulet de s'enfoncer plus profondément que le cheval dans le sol, ce qui provient de la conformation étroite de son pied; mais cet inconvénient se fait peu sentir dans les régions sèches du Midi. Plus généralement on accuse le mulet d'être méchant et têtu. A ce sujet, il faut constater qu'il se ressent de la rudesse qu'on lui témoigne, trop souvent, dans le jeune âge; toutefois, son conducteur en triomphe presque toujours lorsqu'il allie une intelligente fermeté à une grande douceur. Les hommes de l'art affirment qu'il est rare que les mulets les plus farouches ne deviennent pas dociles après avoir été châtrés : c'est là une remarque dont mon expérience personnelle m'a montré la justesse.

Avant d'en finir avec l'espèce mulassière, il n'est pas hors de propos de rappeler que le nom de mulet (*mulus*) est spécialement affecté au produit du croisement de la jument avec le baudet, et qu'on donne la qualification de bardeau (*hinnus*) à l'animal né du cheval et de l'ânesse. La conformation, le caractère et les

_____

(1) *Cours d'agriculture*, t. V, p. 416.

aptitudes du bardeau le rapprochent davantage de sa mère que
de son père. Il est plus petit, plus sobre et ordinairement plus
énergique que le cheval lui-même. Mais la production de ces animaux ne présente pas chez nous, comme dans les îles Baléares,
le caractère d'une spéculation sérieuse. Ils sont en fort petit
nombre, et leur naissance est aussi souvent le résultat d'un
accouplement fortuit que des préférences de l'éleveur.

Les renseignements officiels que nous possédons sur l'espèce
mulassière ne sont ni assez nombreux, ni assez explicites pour
donner une idée des progrès réalisés depuis le commencement
du siècle dans cette branche de notre économie rurale. C'est à
peine si, dans la tableau que les inspecteurs de l'agriculture ont
tracé de la Haute-Garonne, en 1843, il y a quelques lignes sous
cette rubrique : *Mules.* De la production, pas même une mention
sommaire ; quelques mots seulement sur l'élevage, pour rappeler
qu'il était autrefois très suivi dans les vallées situées au pied des
Pyrénées, et que les propriétaires de notre département vont
acheter dans le Gers des mules de six mois, qu'ils revendent, un
an après, aux Espagnols. Quant aux données numériques, ce
livre n'en renferme aucune. D'après un article récent, et d'ailleurs
très remarquable, sur l'espèce mulassière, inséré dans l'*Encyclopédie pratique de l'agriculteur*, la part de notre Midi serait restreinte à l'élevage. Le département de la Haute-Garonne n'est
pas même nommé dans cette étude. Et cependant l'Annuaire de
de M. Godoffre, publié en 1855, lui assignait déjà 8,000 mules
ou mulets environ ; celui de 1865 donne une évaluation à peu
près semblable. Nous nous bornerons à faire observer que ce
chiffre est supérieur à celui de la dernière statistique officielle
qui mentionne seulement 7,583 mules et mulets, ainsi répartis :
3,150 dans l'arrondissement de Toulouse, 2,031 dans celui de
Muret, 1,652 dans celui de Saint-Gaudens, et 750 dans celui de
Villefranche.

Ces nombres, fussent-ils rigoureusement exacts, ne donneraient qu'une idée fort imparfaite de nos richesses, puisqu'ils ne
séparent, des muletons ayant moins de six mois et appartenant
en conséquence à la production proprement dite, ni les animaux
âgés de six mois à trois ans, sur lesquels s'établit la spéculation
de l'éleveur, ni les mules et mulets moins jeunes qui sont employés d'une manière constante, soit aux transports du roulage,
soit aux travaux de la ferme. Le nombre de ces derniers s'élevait déjà à 2,204 dans la Haute-Garonne, en 1855. Selon nous,
il y aurait donc nécessité d'établir dans la catégorie unique des
mules et mulets que présentent les cadres actuels de la statisti-

que, trois subdivisions basées sur l'âge, qui serait considéré :
1° comme inférieur à six mois ; 2° comme compris entre six mois
et trois ans ; 3° enfin, comme supérieur à cette limite.

Encore ne serait-il possible de se rendre bien compte de l'importance de l'industrie mulassière qu'autant que le recensement
de l'espèce chevaline modifié ferait connaître le nombre des
juments livrées au baudet, et que la statistique des ânes et
ânesses serait, elle aussi, plus explicite.

En effet, cette dernière ne renferme qu'une seule colonne, où
les sexes, les âges et la destination se trouvent confondus. C'est
un vrai chaos dans lequel il faut, de toute nécessité, porter la
lumière. Pour ne pas avoir à revenir plus loin sur l'urgence et le
sens de ces réformes, disons en deux mots qu'il conviendrait au
moins de séparer les mâles des femelles, d'indiquer si les baudets
servent à la production mulassière, et de distinguer parmi les
femelles celles qui sont livrées à la monte. Ces indications complémentaires donneraient aux chiffres leur véritable signification,
et aideraient beaucoup à dresser un inventaire raisonné du bétail
français.

En attendant, nous sommes réduits à chercher dans des informations privées les éléments que l'enquête officielle nous refuse.
Il résulte des renseignements incomplets qui nous sont parvenus,
que l'effectif des baudets employés à la monte, dans les quatre
arrondissements de la Haute-Garonne, dépasse 120. Sur ce
nombre, il en est qui font une centaine de saillies dans une
campagne ; mais comme la plupart sont beaucoup moins employés, nous baserons nos calculs sur une moyenne de 50 juments
par étalon, moyenne qui se rapproche beaucoup de celle que
l'administration des haras a constatée pour la production de l'espèce chevaline. A ce compte, le département posséderait environ
6,000 juments mulassières.

Si l'on considère, de part et d'autre, la valeur des reproducteurs, celle des animaux auxquels ils donnent naissance dans
l'année et celle du jeune bétail soumis à l'élevage, on pourra conclure hardiment que l'industrie du mulet a bien au moins quatre
fois plus d'importance chez nous que celle du cheval. En outre,
elle a beaucoup plus d'avenir et autant de besoins.

Ne sont-ce pas là des motifs assez sérieux pour lui mériter
une part dans les largesses du Conseil général ?

Si l'on ne traite les espèces chevaline et mulassière en raison
de leur importance dans notre pays, qu'on les traite du moins
dans la proportion inverse ; cela vaudra mieux encore que le
régime actuel.

§ 3. — Espèce asine.

Statistique de l'espèce asine. — L'âne de Gascogne. — Le lait d'ânesse. —
Elevage des baudets; encouragements offerts à l'espèce mulassière dans les
Deux-Sèvres.

De l'espèce mulassière à l'espèce asine, la transition est toute
naturelle, et nous nous reprocherions d'avoir interverti l'ordre
généalogique en plaçant les fils avant le père, si nous n'avions
cru devoir tenir compte de l'importance relative des deux espèces
dans le département. Or, tandis que la Haute-Garonne, d'après
les évaluations les plus récentes de la statistique, possède
7,583 mulets ou mules, et que la production de ces bestiaux
occupe le plus grand nombre de nos juments poulinières et nos
meilleurs baudets, l'effectif général de l'espèce asine ne dépasse
pas 5,783 individus.

Sans doute il en était autrement dans le moyen-âge, lorsque
les ressources manquaient pour entretenir des animaux plus exigeants. C'est que l'âne est sobre entre tous, et il a le don de s'assimiler des aliments dont les autres espèces ne sauraient tirer
parti. Sous ce rapport, il est même supérieur au mulet et il l'emporte en particulier sur le cheval, qui ne peut fournir un bon service, si le fourrage qu'on lui donne n'est riche en principes
azotés. M. de Gasparin estime que, lorsque le foin ne possède pas
1,30 à 1,40 pour 100 de ces principes, il faut compléter l'alimentation du cheval par des grains. En revanche, le fumier des ânes
et des mulets est inférieur à celui des chevaux, même lorsqu'ils
reçoivent une nourriture identique : l'azote s'y trouve nécessairement en quantité moindre.

L'âne joint à la sobriété une grande résistance au travail, beaucoup de force, de patience et de douceur. Il exige peu de soins, et
cependant quelque attention spéciale. Ainsi l'habitude qu'il a de
se rouler à terre, même lorsqu'il est attaché à la crèche, l'expose
à divers accidents graves. On a employé, chez moi, avec succès.
pour guérir les enchevêtrures, le traitement exclusif par l'eau
froide. La complexion nerveuse de l'âne le prédispose aux affections tétaniques. J'ai vu un baudet y succomber à la suite d'une
très petite blessure qu'il s'était faite au cou en appuyant sur son
licol. Les cordes, dont on fait trop fréquemment usage pour entourer la tête des ânes et les tenir attachés, devraient toujours
être remplacées par des lanières plates qui ne présentent pas les
mêmes inconvénients.

Dans nos montagnes, on emploie l'âne pour le bât. Avec lui, tous les sentiers sont accessibles. Il sert aux transports de l'industrie et aux travaux rustiques, si bien que, dans le seul arrondissement de Saint-Gaudens, on compte encore 2,200 ânes ou ânesses. Les arrondissements de Toulouse et de Muret en ont chacun 1,500 environ, et celui de Villefranche 513 seulement. Il est à remarquer que la race, qui est très petite dans la région montagneuse, présente une plus forte stature dans nos plaines.

Il fut un temps, peu éloigné de nous, où les baudets avaient le privilége exclusif de desservir les grands moulins de Toulouse ; à elle seule, l'usine du Bazacle en employait 60. Cet usage persista même, pendant quelques années, après que l'on eut commencé à voiturer les grains et farines sur des charrettes traînées par des animaux plus puissants. On réserva alors aux baudets le service des petites pratiques. Il n'y a guère plus de vingt ans qu'on a cessé de voir dans nos rues ce cortége d'âniers poussant devant eux, à force de cris et de coups, plusieurs bêtes de somme portant sur le dos les deux sacs réglementaires. La charge, à peine déposée chez le client, toute la troupe transportée d'aise courait vers le moulin, butinant sur son passage ce qui pouvait satisfaire son appétit ou ses caprices, au grand effroi des maraîchers et de bien d'autres. N'avons-nous pas tous entendu raconter dans notre enfance les prouesses du fameux *Cambajou* qui emportait un jambon entier à belles dents ? C'est la dernière célébrité de la légende.

Après lui, l'espèce asine, déchue du droit de cité, s'est vue confinée à la campagne, où on la tient de plus en plus éloignée de la charrue. Il n'y a guère aujourd'hui que les très pauvres cultivateurs des sols tout à fait légers qui emploient les ânes pour les labours. On s'en sert bien plus communément à la charrette. Du reste, il n'est pas de bête de trait mieux faite pour procurer, dans de bonnes conditions économiques, une quantité modérée de force: Comme le mulet, l'âne résiste fort bien à la chaleur. Cette qualité et son allure soutenue le font rechercher pour la manœuvre des norias. Dans notre Midi, c'est le cheval du petit cultivateur.

Tout le monde sait que les femelles donnent un lait très recommandé contre les affections des organes respiratoires. De là une industrie vraiment importante et lucrative dans les grandes villes. Les âniers de Toulouse vendent ordinairement le lait à raison de 1 fr. 80 c. le litre. Or, une assez bonne ânesse produit, en moyenne, 1 litre et demi par jour, et les meilleurs sujets donnent 1 litre de plus. On n'obtient, d'ailleurs, ces résultats qu'au moyen d'une alimentation convenable en fourrages et en farineux. C'est aux foires de Grisolles, de Fronton, de Montauban et de Toulouse que se font les achats. La vallée de la Garonne est, en effet, la patrie de la race asine dite de Gascogne. Suivant les uns, les premières importations seraient venues d'Italie ; suivant d'autres, nous en serions redevables à l'invasion des Maures. Quoi qu'il en soit, l'espèce s'est parfaitement naturalisée chez nous, et bien que dans le Midi elle ne présente pas la même supériorité que dans l'Ouest, cependant elle est loin d'être à dédaigner. Les ânesses bonnes laitières, qui ont récemment mis bas, valent, en moyenne, 180 fr. Les meilleures atteignent et dépassent le prix de 230 fr.

Lorsqu'elles perdent le lait, les nourrisseurs de la ville les font de nouveau saillir et, en général, les donnent à cheptel à de petits cultivateurs jusqu'après le part. On évalue la bête au moment de la livraison, et, une seconde fois, à l'époque de la remise. La plus-value constitue le bénéfice, qui se partage par égale portion entre le propriétaire de l'animal et le cheptelier. Les risques ne sont pas à la charge de celui-ci. Il en est autrement quand le nourrisseur livre l'ânesse en échange d'une somme d'argent qui lui est réellement comptée, et qu'il stipule en sa faveur la faculté de reprendre l'animal après la mise bas, moyennant le remboursement du prix et le paiement d'une indemnité représentative de la plus-value et fixée par avance. Le taux ordinaire est de 50 fr. Dans les deux cas, pendant les douze mois que dure la gestation, le cheptelier peut se servir de l'ânesse pour tous ses besoins. Il est dans l'usage de l'employer à des transports et autres travaux légers. La nourriture la plus simple et même la plus grossière suffit à sustenter l'animal. Quand il ne pâture pas l'herbe des fossés, il ne reçoit, le plus souvent, que du chaume. Ce genre de spéculation est en usage dans les environs de Castelginest et de Grisolles.

Avec une alimentation plus substantielle et un bétail bien choisi, on pourrait obtenir des profits autrement considérables. En effet, lorsque les ânesses sont douées d'une forte stature et d'une conformation régulière, si on les livre à des baudets remarquables, elles donnent naissance à des animaux dont on tire un parti beaucoup plus avantageux. Les mâles, en particulier, atteignent à des prix fabuleux dans les centres de production. En Poitou, on estime que la valeur des ânons, appartenant aux meilleures espèces, augmente de 100 fr. par mois, et, dans les îles Baléares où un bon baudet vaut plus de 1,000 fr., on en cite qu'on ne pourrait obtenir à moins de 3,000 et même de 5,000 fr. Il est vrai que, dans l'espèce asine, l'étalon conserve jusque dans la vieillesse ses facultés prolifiques. Nous avons décrit plus haut les qualités que doit présenter le baudet destiné à couvrir des juments ; c'est aussi l'animal le plus propre à se reproduire lui-même.

Rien n'égale la sollicitude dont les cultivateurs des Deux-Sèvres entourent sa naissance. Ils ne se contentent pas de lui avoir choisi d'illustres parents dans cette race dont l'indigénat et la sélection ont fait un vrai chef-d'œuvre ; ils imposent à la mère, dans l'intérêt de son fruit, un régime qui, pour prévenir l'embonpoint, se heurte d'ordinaire à l'effet opposé, affaiblit l'ânesse ainsi que l'ânon, et prive celui-ci du lait abondant qui devrait réparer ses forces. Dans les premiers jours, on y supplée par des bouillies, et, plus tard, par des panades qui servent de transition à la nourriture herbacée. Le sevrage a lieu à neuf mois.

Malheureusement tous les soins de l'éleveur se bornent à bien choisir la nourriture ; il n'a aucun souci du pansage. Loin de là, il s'enorgueillit de voir son baudet se couvrir, depuis le garrot jusqu'à la queue, d'une sorte de manteau feutré composé des poils que l'animal perd à chaque mue et qui s'amalgament avec les déjections sur lesquelles il se couche et avec les sécrétions de la peau ; de là, des affections cutanées infectes et purulentes. Qui sait si, à l'origine, cette sotte pratique n'eut pas pour motif de soustraire l'ânon aux rigueurs d'un climat humide, ou si l'on s'était proposé de donner au reproducteur les apparences d'une ampleur enviée, comme font ces engraisseurs de bœufs qui appliquent un amas d'ordures sur les cuisses de leur bétail pour en dissimuler les imperfections ? Quoi qu'il en soit, c'est un travers dont nous devons nous garder avec le même soin qu'il faudrait mettre à imiter les paysans du Poitou dans la recherche des qualités fondamentales qui constituent le bel étalon et la vraie jument mulassière.

Sans revenir sur ce que nous avons dit à ce sujet, nous nous bornerons à ajouter qu'aux yeux de ces cultivateurs, nos émules et nos maîtres, plus le baudet est long, plus grands sont ses produits. Quant à la taille elle-même, ce n'est pas chose plus indifférente que l'ampleur de la poitrine et du coffre, la grosseur des membres et la largeur des articulations ; car le prix des baudets, à mérite égal, augmente avec la taille.

Le choix des reproducteurs est d'autant plus important pour nous que le climat, l'alimentation, et jusqu'à la division de la propriété foncière, tout contribue à nous éloigner des résultats que la nature prépare, pour ainsi dire, elle-même sous le ciel brumeux des rivages de l'Océan. Là tout concourt à grandir la race, quand, dans notre Midi, tout conspire à la limiter. Nous devons

donc redoubler de zèle et contre-balancer les désavantages de notre
position géographique par des importations judicieuses de reproducteurs et par une alimentation plus large donnée aux élèves.

Mais pour accomplir le grand œuvre de la réhabilitation du
mulet de Gascogne, il faut que les pouvoirs publics, reprenant,
pour les compléter, les traditions de nos assemblées provinciales.
viennent efficacement en aide aux efforts individuels. Les Etats
de Languedoc donnaient des primes pour les meilleurs étalons,
chevaux mulassiers ou baudets ; joignons-y des récompenses pour
les plus belles juments et ânesses suitées, ainsi que pour les
élèves les plus méritants de l'espèce mulassière et même des
races chevalines de gros trait.

Il ne faut négliger aucun élément de succès pour réussir, car
nous sommes bien devancés à cette heure. Un écrivain compétent entre tous, M. Ayrault, vétérinaire à Niort et correspondant
de la Société centrale d'agriculture, écrivait, en 1859 : « Les baudets mulassiers du Midi de la France n'ont avec ceux du Poitou
d'autre rapport que leur spécialité..... Petits de corps et grêles de
membres, ils font, avec les juments du pays, des mulets minces
qui ne peuvent, en aucune façon, rivaliser avec les beaux et
puissants animaux que les marchands du Languedoc, du Béarn
et de l'Espagne, vont chercher en Poitou. » L'Exposition nationale de 1860 a donné raison à M. Ayrault. Quelque pénible que
nous soit cet aveu, nous devons reconnaître que l'écrivain et les
juges ne se sont pas trompés.

Les éleveurs de l'Ouest ont eu le bon esprit de ne pas s'endormir
sur ces lauriers. En 1865, ils ont annexé au concours régional de
Niort une exposition d'animaux appartenant à la production mulassière. Le total des prix à distribuer ne s'élevait pas à moins de
7,850 fr. Les largesses du programme s'adressaient aux baudets et
aux ânesses pleines ou suivies de leur fruit né depuis le 1er janvier 1864 ; aux étalons mulassiers et juments mulassières pleines
soit du baudet, soit du cheval mulassier, ou bien suitées ; enfin
aux mules et mulets nés avant le 1er janvier 1863 et postérieurement à cette époque. On le voit, rien n'était oublié dans ce vaste
et généreux programme. C'est ainsi que la question des encouragements est comprise dans le pays le plus avancé sous le rapport
de la production mulassière.

Cet exemple doit exciter notre zèle et lever tous les scrupules.
Nous avons d'autant plus besoin de nous aider nous-mêmes que
nous sommes moins secondés que nos rivaux par la nature. Chez
eux, le sol et le climat poussent au développement du bétail :
chez nous, tout tend à la concentration des formes. Notre pays

occupe une station intermédiaire entre le littoral brumeux de l'Océan, patrie des animaux de gros trait, et les plages brûlantes de l'Afrique, terre classique du mulet le plus léger. Cette position a ses avantages comme ses inconvénients. S'il faut que l'alimentation réagisse constamment contre les influences physiques, il est certain aussi qu'au moyen de soins intelligents, nous pouvons obtenir une race non moins précieuse que celle du Poitou, quoique ne possédant pas exactement les mêmes aptitudes, race moins lourde et moins gigantesque, mais plus rapide, plus énergique et plus sobre, convenant à merveille pour tous les travaux qui exigent une certaine célérité dans l'emploi économique de la force. Or, ce sont là des besoins généralement ressentis par le roulage comme par la culture. Mieux que tout autre, notre tribu gasconne peut les satisfaire. Pour nous, en particulier, elle joint à cet avantage celui de faire disparaître les chances toujours redoutables de l'acclimatation. Sans différer plus longtemps, efforçons-nous donc de regagner le temps perdu.

Pour parvenir au but, il peut suffire d'étendre à l'espèce mulassière les encouragements que nous réservons, sans grand succès, au cheval léger, ou que nous prodiguons dans les jeux futiles de l'hippodrome. Indépendamment des subsides de l'Etat, le budget départemental octroie à l'espèce chevaline (et l'on sait ce qu'il faut entendre par ce mot) un crédit qui peut atteindre 18,250 fr. Ce serait trop, en vérité, s'il ne s'agissait que de faire prospérer une industrie bonne en soi, ou seulement née viable; mais c'est beaucoup trop peu si l'on se propose de compenser par ce moyen les désavantages inhérents à une spéculation incompatible avec les conditions économiques de notre agriculture. Qu'est-ce, en effet, qu'une somme de 18,000 fr. relativement à l'effectif des poulinières et des poulains entretenus dans des conditions défavorables? Il n'y a pas là un dédommagement sérieux, c'est seulement un leurre. Mais comme les billets de cette loterie sont chers, les gens sages ne se laissent pas tenter par l'appât des primes et ils s'éloignent de plus en plus d'une spéculation trop chanceuse.

La production et l'élevage du mulet sont une véritable source de richesse. Efforçons-nous donc d'en augmenter et d'en étendre les bienfaits autour d' nous ; cessons de faire un titre aux industries rivales de leur infériorité même ; encourageons partout ce qui est utile et profitable dans l'espèce mulassière, comme dans l'espèce chevaline, nous gardant avec soin de faire passer les excitations de l'esprit de système et les fantaisies de la mode avant les besoins et les profits de l'agriculture.

Nombre de comices nous ont déjà frayé la voie ; mais il appar-

tient à la Société d'agriculture de la Haute-Garonne de donner
au mouvement une impulsion décisive, et d'éclairer les pouvoirs
publics sur une question trop longtemps obscurcie. Comme l'intérêt spécial des départements méridionaux, l'intérêt général de la
patrie commune lui en fait un devoir. Aussi bien n'aura-t-on pas
grand'peine à prouver qu'une industrie qui a le rare mérite de
s'accommoder avec les conditions économiques d'une région si
justement dénommée *le pays de l'agriculture difficile*, est vraiment
digne de la sollicitude d'une administration intelligente et dévouée.
C'est ce que pensait le plus illustre de nos agronomes lorsqu'il
écrivait, au sujet de l'emploi du mulet pour les travaux agricoles :
« Loin de chercher à contrarier cette tendance, le gouvernement
doit la favoriser comme toutes les habitudes qui concourent au
bien-être des populations. »

§ 4. — Conclusions.

La question mulassière à la Société d'agriculture et au Conseil général. —
Réformes à opérer.

Les considérations que nous venons de développer ayant été
soumises à la Société d'agriculture de Toulouse en 1865, une
commission fut nommée pour en apprécier les conclusions. M. le
professeur Lafosse présenta le rapport qui se trouve inséré, à la
suite de ce mémoire, dans le *Journal d'agriculture du Midi* (1).
La commission fut unanime à reconnaître l'utilité de favoriser
l'industrie mulassière. Le rapporteur s'attacha d'abord à réfuter
cette objection singulière, qu'il ne faut pas encourager une spéculation parce qu'elle est avantageuse. Il n'eut pas de peine à montrer les inconvénients d'un système qui conduirait logiquement
à reporter toutes les récompenses sur les industries qui ne pro-
mettent que des revers. Il fit ressortir la contradiction qui existe
entre les principes universellement acceptés aujourd'hui de l'économie politique, et la vieille maxime consistant à produire de
tout, partout, coûte que coûte. Passant ensuite à l'examen des
faits, M. Lafosse signala, avec l'autorité qui s'attache à ses vastes connaissances, les desiderata de notre production mulassière
et la nécessité de nous prémunir contre la concurrence qui nous
menace en France et à l'étranger.

(1) *Journal d'agr. prat. du Midi*, 1865, p. 317.

Il constata fort judicieusement que, si la production et l'élevage du cheval fin trouvent des conditions favorables dans nos localités montagneuses , « où la nourriture d'un poulain ne coûte que 1 fr. 50 c. pendant toute la saison du pacage, et dans celles qui sont pourvues de prairies irriguées où l'entretien d'une poulinière se réduit à 80 fr. par an, » c'est procéder au rebours de l'économie et contrairement aux lois physiologiques que d'adopter comme principe la production du cheval de guerre dans la partie du département dépourvue de pâturages.

La commission formula même, à cet égard, le regret que l'administration de la guerre eût imposé aux propriétaires, chez lesquels elle a mis en dépôt des juments d'artillerie, l'obligation de les employer à la reproduction de leur espèce. Elle exprima le vœu qu'on pût livrer au baudet celles, au moins, qui possèdent une aptitude spéciale.

Convaincue que l'industrie mulassière est d'autant plus digne d'être encouragée et améliorée qu'elle offre plus de chances de succès et qu'elle est plus menacée, la commission demanda qu'une place fût assignée à l'espèce mulassière dans le concours départemental, et qu'une somme de 2,400 fr. fût consacrée à sa dotation. Ces conclusions, adoptées par la Société d'agriculture, furent transmises, en son nom, au conseil général, qui ne crut pas devoir les accueillir (1865).

Appelé moi-même par les électeurs du canton centre de Toulouse à faire partie de cette assemblée, je crus devoir attirer, de nouveau, l'attention du conseil général sur cette question dans la session de 1868. Le moment semblait d'autant plus propice que l'opinion exprimée, l'année précédente, en faveur de la production mulassière par les conseils d'arrondissement de Toulouse et de Villefranche, venait d'être confirmée par un vote nouveau. On persistait à demander des encouragements pour l'industrie mulassière de préférence à ceux qui sont attribués aux *courses*. D'un autre côté, la suppression du concours de boucherie laissait libre un crédit de 800 fr. sur les encouragements accordés à l'agriculture. J'insistai vainement pour que cette somme fût réservée à l'espèce mulassière. On préféra la répartir sur diverses branches du concours départemental, qui ne devait pas être, malgré tout, plus nombreux et plus brillant !

Nos contradicteurs objectèrent l'intérêt des remontes de l'armée, et cet intérêt (nous pourrions dire ce semblant d'intérêt) parut suffisant pour justifier le maintien des allocations exagérées accordées à l'espèce chevaline et l'abandon de l'espèce mulassière sacrifiée comme une industrie rivale. Nous ne nous chargeons pas de démontrer comment ce système peut s'accorder avec les intérêts agricoles du département. La tâche serait au-dessus de nos forces, puisque de plus habiles n'ont pas même cru pouvoir la tenter. Cependant, l'intérêt général ayant dans l'Etat son représentant attitré, et l'Etat ayant en mains les contributions que nous lui payons sous tant de formes, il semble qu'il serait préférable de réserver les fonds départementaux pour les intérêts spéciaux du département, auquel, d'ailleurs, ses ressources ordinaires ne suffisent pas.

Au surplus, examinons quelle est, en réalité, l'importance de cet intérêt général derrière lequel nos contradicteurs s'abritent. On a allégué que l'administration de la guerre avait été obligée, dans des circonstances récentes, d'acheter 3,500 chevaux à l'étranger pour nos remontes. Voilà le grief.

Mais la réponse est facile. D'une part, en effet, on reconnaît que cette remonte s'est opérée très aisément et dans les meilleures conditions. On a acheté 3,500 chevaux en Hongrie, « on aurait pu y en acheter 10,000. » D'autre part, on ne saurait nier qu'en dehors de la région des montagnes, la production du cheval de guerre est si peu rémunératrice dans la Haute-Garonne, qu'en général la moyenne de ces élèves ne vaut pas à trois ans plus qu'un mulet à six mois. Or, avec une somme égale à celle qu'on retire des trois muletons, qu'on obtient facilement en quatre ans, le gouvernement français peut acheter à l'étranger, non pas seulement un cheval, mais bien deux chevaux. Il ferait donc une mauvaise affaire en forçant la production chevaline dans les régions qui n'y sont pas propices, alors même que les encouragements qu'il distribue, ou qu'on distribue pour lui, produiraient le résultat qu'on en attend.

Mais il s'en faut bien qu'il en soit ainsi. En effet, si l'élévation et la multiplicité des primes peuvent entraîner un certain nombre d'éleveurs en dehors des voies naturelles de la production, elles ne sauraient changer les lois physiques et les conditions économiques, ni rendre bonne pour tous une spéculation mauvaise en soi. C'est ainsi qu'après tant d'efforts et de sacrifices, les comités de remonte n'ont trouvé à acheter dans le département que 33 chevaux en 1865, 45 en 1866, 22 en 1868. J'excepte l'année 1867, parce que la création d'un dépôt provisoire à Toulouse y fit affluer 169 chevaux, dont une grande partie, née et élevée hors du département, fut présentée par des maquignons et des courtiers. Dans les conditions normales, la Haute-Garonne ne fournit donc pas à la remonte plus de 30 à 35 chevaux.

La perspective de vendre à l'Etat ne paraîtrait donc pas bien

séduisante si elle n'était doublée par celle des primes départementales. C'est encore là une loterie où il y a fort peu de bons
billets. S'il est vrai, comme le rapportent les documents statistiques, que l'effectif de la production et de l'élevage du cheval dans
la Haute-Garonne approche de 6,000 têtes, le chiffre des acquisitions de l'armée est presque dérisoire. Que de dupes du côté des
perdants... et même du côté des gagnants !

Nous croyons qu'il y aurait avantage à modifier tout cela, non
pour substituer un système préconçu à un autre système, mais
pour donner raison aux faits en mettant à profit une expérience
chèrement acquise. Dans cet ordre d'idées, il conviendrait, pensons-nous :

1° De restreindre à la partie montagneuse du département les
encouragements offerts à l'espèce chevaline. Ailleurs, on les a
prodigués sans profit, mais non pas sans danger, et l'administration des haras a donné l'exemple d'une réduction intelligente en
supprimant le dépôt d'étalons de Villefranche, dont les reproducteurs ne trouvaient pas à s'employer ;

2° Il faudrait améliorer dans le reste du département l'espèce
mulassière, comme les sociétés d'agriculture et les conseils d'arrondissement le demandent. Il est d'autant plus essentiel d'entrer dans cette voie que nos produits sont de moins en moins
recherchés au dehors. Les exportations en mulets et mules, qui
s'élevaient à 23,567 têtes en 1866, sont descendues à 16,603 l'année suivante, et, en 1868, elles n'ont pas dépassé 13,364 têtes.
Par suite, la valeur des mules et mulets exportés a fléchi, en
deux ans, de 6,733,990 fr. (1).

3° Enfin, nous estimons qu'à côté des récompenses il y aurait
lieu de faire intervenir l'enseignement scientifique. Il est également nécessaire à ceux qui s'adonnent à l'une et à l'autre de
ces deux branches de l'économie rurale. Si l'on eût jusqu'ici tenu
compte des conditions économiques et des lois physiques qui
président à la production et à l'élevage, on ne se serait point
heurté contre la force des choses, et l'on eût évité de grandes
pertes de temps et d'argent. Nous croyons, avec le nouvel inspecteur des haras, M. Richard, du Cantal, que la création d'une
chaire, dans laquelle seraient enseignés les principes de la zootechnie, serait appelée à rendre de grands services à notre région.

(1) En 1866, 15,554,230 fr.; en 1868, 8,820,240 fr.

CHAPITRE III

ESPÈCE OVINE

§ 1er. — Historique des améliorations.

Troupeaux d'élevage et d'engraissement. — Races : la lauragaise. Le mouton de
montagne. Le mérinos : sa propagation sous l'Empire et sous la Restauration.
Concours de la Société d'agriculture. Les laines à la douane (1823-26). La race
lauragaise conserve les préférences de l'éleveur. — Régime économique des
troupeaux (1834). — Primes aux béliers (1847-1850). — Concours des troupeaux (1850-51). — Les brebis laitières des environs de Toulouse. — Amélioration du régime économique des troupeaux. — Soins donnés aux appareillements :
la sélection et les croisements. — Troupeaux d'élevage : expérience de
M. Martegoute sur la production des sexes. — Troupeaux d'engraissement. —
L'espèce ovine dans les montagnes : laiteries. Engraissement. — Transhumance.

On sait qu'au dix-huitième siècle, les cultivateurs du pays toulousain s'adonnaient à plusieurs genres de spéculation sur l'espèce
ovine, dont ils appréciaient fort bien l'importance; aussi occu-
pait-elle une place considérable sur un grand nombre d'exploitations. A plusieurs reprises, les Etats provinciaux, le grand corps
de la magistrature, les autorités locales et le pouvoir central lui-
même avaient témoigné leur sollicitude pour cette branche de
l'économie rurale, soit en introduisant des types étrangers, soit
en portant des règlements de police concernant les dépaissances,
soit en vulgarisant les bonnes méthodes par la voie de l'impression. Quelques hommes, amis du progrès, secondèrent ces vues
avec autant d'intelligence que d'activité (1).

A cette époque, nos agronomes admettaient deux divisions
dans l'espèce ovine : les troupeaux d'élevage et les troupeaux
d'engraissement. Dans la première de ces catégories, on comprenait ceux qui étaient exploités pour la vente du lait dans le voisinage de Toulouse, comme ceux qui se trouvaient consacrés,

(1) Voir ci-dessus, liv. II, ch. II, p. 36.

ailleurs, aux diverses spéculations dont la production et l'élevage des agneaux peuvent devenir l'objet. Encore aujourd'hui, cette classification est parfaitement conforme à la nature des choses. Nous ne saurions nous en écarter.

Disons d'abord qu'à l'exception des moutons qui vivent sur le versant pyrénéen, toutes nos races semblent pouvoir être ramenées à un type unique : le lauragais.

Les écrivains agricoles du dix-huitième siècle avaient observé qu'en allant du sud au nord de la France, depuis le brûlant Roussillon jusqu'aux fraîches plaines des Flandres, l'espèce ovine passait successivement d'une taille plus que médiocre à de fortes proportions ; d'une toison fine, épaisse et courte, à une laine généralement grossière, longue et non tassée. La nature du climat et des herbages expliquait ce changement, ainsi que les caractères particuliers des variétés innombrables qu'on distinguait dans les pays intermédiaires. On peut faire aujourd'hui des observations assez analogues sur la population ovine des Pyrénées, quand on se dirige du rivage méditerranéen vers le littoral humide de l'Océan.

Placés au centre de la chaîne, entre la région où vit la petite race mérine et le bassin de l'Adour, patrie du grand mouton à laine grossière, les cantons montagneux de la Haute-Garonne possèdent une espèce intermédiaire, sans caractères bien tranchés, mais inférieure cependant, quant à la taille et à la finesse, à la race lauragaise, avec laquelle elle a des affinités sensibles.

On sait que celle-ci a emprunté son nom aux coteaux argilo-calcaires compris entre la plaine de l'Ariége et la Montagne-Noire, région où la race présente les caractères les plus remarquables de pureté.

Dans cet état, la bête lauragaise s'offre avec une taille moyenne, une tête fine privée de cornes, un coffre suffisamment long et développé, la poitrine assez descendue, mais trop souvent resserrée vers les épaules. La laine courte et tassée rappelle un peu celle du mérinos, quoiqu'elle lui soit bien inférieure en finesse. Les animaux dont la toison s'étend sur le fanon et sur la tête, ceux qu'on appelle *Couffats* dans l'idiome vulgaire, ne sont pas considérés comme appartenant a la race pure.

Du reste, quand on considère le domaine si vaste et si varié que le mouton lauragais occupe dans les départements de la Haute-Garonne, de l'Aude, du Tarn, du Tarn-et-Garonne, du Lot-et-Garonne et du Gers, on conçoit que l'indigénat a dû modifier souvent ses aptitudes. C'est ainsi qu'on voit osciller le poids des brebis depuis 35 kilog. jusqu'à 50; celui des moutons, de 40 à

55, et celui des béliers, de 60 à 80. De même, les toisons, qui arrivent au poids moyen de 3 kilog. 500 dans les environs de Toulouse, n'atteignent pas ailleurs 2 kilog. Il faut reconnaître toutefois, à considérer l'ensemble des choses, que la situation de nos troupeaux s'est considérablement améliorée depuis 1789.

La sollicitude du roi Louis XVI, dont le nom reste attaché à l'introduction du mouton mérinos et à la fondation de la bergerie de Rambouillet, avait valu au pays toulousain la possession d'un certain nombre de reproducteurs d'élite que Gilbert avait choisis en Espagne. Les discordes civiles, qui marquèrent la chute de la monarchie, furent fatales à cette innovation. On trouve, en effet, dans les registres de Me Vidal, notaire à Toulouse, à la date du 16 ventôse an VIII, le bail de cinq troupeaux, « seuls restes échappés aux troubles de thermidor. » Mais l'Empire ayant repris les errements de la royauté, la Société d'agriculture se trouva, dès 1803, en possession d'un nouveau troupeau.

En 1805, on voyait des moutons à laine fine chez MM. de Villèle, de Mac-Mahon, Couzi, Desazars et de Lapeyrouse. Ceux-ci provenaient directement des envois faits par le célèbre professeur d'Alfort, que le gouvernement français avait chargé d'aller prendre livraison des moutons mérinos que l'Espagne s'était engagée à nous livrer par le traité de Bâle.

Le haut prix que les laines fines atteignirent dans les premières années du dix-neuvième siècle, donna une certaine vogue aux races perfectionnées. En effet, en 1801 et 1802, les toisons mérinos valurent 2 fr. la livre. En 1803, le prix s'éleva à 2 fr. 10 c.; en 1804, il était à 1 fr. 60 c. Même à ce taux, il surpassait de 100 pour 100 celui des laines métisses cotées à 80 centimes, et de 125 pour 100 celui des variétés communes dont on n'obtenait que 60 centimes.

Malheureusement pour les éleveurs du mouton mérinos, les choses ne tardèrent pas à changer de face, si bien, qu'en 1809 les laines fines et métisses étaient absolument sans cours. A peine en offrait-on 20 pour 100 de plus que des communes qui étaient au contraire fort demandées. Les éleveurs se plaignirent. Pour donner satisfaction à leurs vœux, le gouvernement établit deux foires de laines fines à Toulouse. Mais cet expédient n'eut pas les résultats qu'on s'en était promis. En 1810, ces laines n'atteignirent que 97 centimes, tandis que la commune valut 13 et 14 sous. Or, c'était uniquement sur la supériorité des toisons que les éducateurs pouvaient compter pour les dédommager des frais considérables nécessités par l'achat et l'entretien des bêtes fines, puisqu'elles se montraient inférieures aux espèces indigènes quant au poids et à la précocité, comme aussi sous le rapport des qualités laitières.

Mais si l'introduction des troupeaux perfectionnés trompa l'attente de leurs propriétaires, on ne peut méconnaître, selon la juste remarque de Morel de Vindé, que chacun de ces troupeaux n'ait été le centre d'une amélioration agricole. Partout, en effet, où cette innovation fut introduite, les prairies artificielles durent s'étendre aux dépens de la jachère. Chose bien importante aussi, nos bergers apprirent à conduire, avec plus d'intelligence et de soins, les animaux confiés à leur garde. Sous ce rapport, en effet, il y avait beaucoup à reprendre, malgré les efforts de la Société d'agriculture, qui avait institué des récompenses pour cet objet, et malgré les sévères leçons que la cachexie aqueuse ou pourriture infligeait périodiquement aux éleveurs.

Un vétérinaire en renom, M. Fauré, dans un rapport qu'il présenta, en 1820, à la Société d'agriculture du département, n'hésita pas à signaler le mauvais régime auquel les troupeaux étaient soumis comme favorisant les progrès du mal. Il accusait l'excès de chaleur des bergeries et leur malpropreté. On était alors dans l'usage de n'en retirer le fumier que deux ou trois fois par an. Il incriminait aussi l'absence des ouvertures nécessaires pour une bonne ventilation. Les animaux entassés dans ces étuves infectes respiraient un air vicié par les émanations putrides qui s'exhalaient continuellement de l'intérieur de la bergerie et de leur propre corps. Ces émanations volatilisées par la chaleur portaient dans les poumons et dans le sang les principes d'altération qui occasionnent ou aggravent les maladies.

Enfin, l'alimentation des troupeaux ne laissait pas moins à désirer que leur logement. On ne leur donnait, toute l'année, qu'une nourriture verte et aqueuse qu'il fallait aller chercher au dehors et souvent même au loin, en exposant les animaux aux pluies pénétrantes qui les morfondent. L'alimentation, insuffisante en hiver, devenait exubérante au printemps, époque où elle engendrait des maladies d'une autre nature.

L'exemple des éleveurs de mérinos, autant que la voix des hommes de l'art, enseigna aux bergers comment on mesure les aliments aux besoins des troupeaux, et comment, par l'association constante des fourrages secs et des fourrages verts, on conjure une des causes les plus puissantes des fléaux qui exercent leur ravage sur l'espèce ovine.

Nos hardis éleveurs ne se bornèrent pas à confirmer, en les répétant, les expériences de Crud sur la nourriture la plus convenable aux bêtes à laine : ils essayèrent, en 1812, la pratique du parcage. Mais l'exemple que donnèrent en cela M. de Villèle dans la Haute-Garonne, M. de Villeneuve dans le Tarn, et M. de Mac-Mahon dans le Gers, ne fit pas un seul prosélyte.

Malgré tous les insuccès, le zèle ne se refroidissait pas. Le gouvernement avait établi un dépôt de béliers mérinos chez M. de Raymond, à Léguevin. Ces reproducteurs étaient mis à la disposition des propriétaires du département, depuis le 1er juillet jusqu'au 1er septembre, ainsi qu'il appert d'un avis inséré au *Mémorial administratif* de 1813 (1). L'année suivante, M. de Lapeyrouse accrut son troupeau de 200 mérinos de race choisie, pris à cheptel, du prince Eugène. En 1819, la Société d'agriculture récompensa les efforts du savant naturaliste en lui décernant ses *palmes agronomiques* et en le proclamant candidat au concours général qui devait s'ouvrir à Paris l'année suivante. Ce troupeau devint plus tard la souche de quelques autres qui acquirent une grande renommée. Citons au premier rang celui de M. le docteur Viguerie, que vinrent compléter 3 béliers et 40 brebis de Naz (1827), et celui de M. Bernard, à Gragnague.

Nous devons consigner ici, à la louange de nos éleveurs, qu'ils avaient d'autant plus de mérite à ne pas céder au découragement, que la clavelée faisait depuis quelques années de nombreuses victimes dans le pays toulousain.

En 1824, la Société d'agriculture avait mis à l'étude les moyens de combattre ce fléau, et elle avait entendu un mémoire de M. Fauré, qui engageait les propriétaires à faire pratiquer la clavélisation (ou inoculation de la maladie) en leur proposant l'exemple des résultats favorables obtenus par ce procédé chez M. de Malaret, à Fonbeauzard.

En 1829, le mal, qui n'avait pas disparu de nos contrées, y sévit avec une nouvelle recrudescence. La Société d'agriculture s'en émut et chargea M. Dupuy, directeur de l'Ecole vétérinaire, et M. Fauré, de lui présenter un rapport sur ce sujet. Non-seulement ces hommes de l'art se prononcèrent énergiquement pour la clavélisation, mais encore, forts des exemples qu'ils avaient vus se multiplier autour d'eux, ils déclarèrent que l'emploi des moyens curatifs, mis d'ordinaire en usage (saignées, purgatifs, vésicatoires et stimulants), leur paraissait être plus dangereux qu'utile. Mieux valait encore abandonner aux seules forces de la nature les animaux atteints par la clavelée. Cette déclaration catégorique, émanant de personnes dont l'opinion faisait autorité dans le pays, produisit un retour salutaire.

(1) *Mémorial administratif*. 1813, n° 241.

La faveur des agronomes pour les laines fines était telle que, dans le concours ouvert en 1828 par la Société d'agriculture, les laines communes se trouvaient absolument exclues. La houlette de vermeil, destinée aux éleveurs de moutons de race superfine, fut attribuée à M. de Lapeyrouse, dont le père avait été, comme on sait, l'un des premiers propagateurs du mérinos dans nos contrées.

La première houlette d'argent, offerte pour les moutons de race améliorée, échut à M. Décamps-Cayras, excellent praticien, auquel nous devons un fort bon article sur l'éducation des bêtes à laine, qui témoigne que l'auteur a bien observé tout ce qui touche au choix, à la nourriture et au logement des troupeaux. Ce travail fut imprimé par les soins de l'administration départementale, pour être répandu dans toutes les communes.

La deuxième houlette d'argent, proposée à l'éleveur dont le troupeau présenterait la laine « la plus améliorée par des croisements successifs de bêtes communes avec des béliers de race pure, » fut décernée à M. Lacroix, un des hommes dont la vie a été la plus utile aux progrès de notre agriculture locale.

Cependant, malgré la tendance absolue des encouragements officiels, la masse des cultivateurs se montrait rebelle à l'introduction des mérinos. On sait que le type méridional, dont il est question ici, se rattache à la variété qui domine dans le Roussillon. Il est fort différent de celui qu'on nomme, de nos jours, mérinos de Rambouillet. C'est un animal de faible taille, à la tête petite, fréquemment sans cornes, à l'ossature légère. Il n'a ni fanon, ni replis à la peau. Nos cultivateurs objectaient, à bon droit, que cette race, inférieure en précocité à l'espèce lauragaise, comme le prouvait le poids des agneaux, était si peu laitière qu'elle se trouvait parfois impuissante à allaiter son fruit. Le succès de la spéculation dépendait donc uniquement du prix des laines fines dont on ne trouvait pas toujours facilement à se défaire, même à des prix relativement bas, et de la valeur des élèves pour la reproduction, industrie fort chanceuse.

Le mieux, comme il arrive souvent, se trouvait entre les opinions extrêmes. Les novateurs avaient le tort de ne s'occuper que de la finesse des toisons, et la masse des cultivateurs, celui de n'y point songer.

Naturellement cette question des laines avait été portée du domaine de la zootechnie et de l'élevage dans celui de la douane. L'année 1823 vit s'opérer un changement considérable dans la législation qui, depuis 1815, régissait l'importation de ce produit. La taxe la plus faible (laines communes brutes) fut élevée de

10 fr. à 30 fr. par 100 kilog., la plus forte (laines surfines lavées à chaud) fut portée de 60 fr. à 240 fr.

L'année suivante, une nouvelle ordonnance fixa les droits sur les laines communes à 40 fr., 100 fr. et 106 fr. par 100 kilog., selon qu'elles étaient brutes, lavées à froid ou lavées à chaud.

Enfin, en 1826, on substitua à ces taxes un droit uniforme de 30 pour 100 de la valeur à l'importation ; mais on fixa pour chaque espèce un minimum de prix. Le chiffre de 1 fr. fut adopté pour les laines brutes, celui de 2 fr. pour les laines lavées à froid, et celui de 3 fr. pour celles qui avaient été lavées à chaud, ce qui revenait à une tarification de 50 et 60 pour 100 de la valeur réelle.

Ces rigueurs n'eurent pas pour l'agriculture les résultats favorables qu'on en avait espérés. M. de Malaret, dans un mémoire adressé en 1833 à la Société d'agriculture de la Haute-Garonne sur les travaux des conseils réunis de l'agriculture, du commerce et des manufactures, dont il faisait partie, nous montre l'élévation des tarifs agissant d'une manière funeste sur l'étendue de la fabrication et, par contre-coup, sur la valeur des laines indigènes, qu'on avait voulu protéger. On sait, en effet, que, dans la confection des étoffes, les divers types de laine se prêtent un mutuel appui, et que c'est de leur combinaison que les industriels tirent les plus heureux résultats. Les droits presque prohibitifs qu'on avait établis sur les produits similaires de l'étranger pour conserver à nos laines fines le marché national, eurent pour conséquence de ralentir la fabrication et de diminuer la demande des laines communes dont le prix baissa malgré l'élévation des droits protecteurs.

Ee 1834, le cours moyen des laines communes dans la Haute-Garonne ne dépassait pas 1 fr. le kilo. La laine mérinos était comptée au double. Malgré cet écart considérable, il y a lieu de penser que l'entretien des bêtes fines ne devait pas être beaucoup plus avantageux que celui des brebis lauragaises, du moins aux environs de Toulouse. En effet, le produit brut moyen d'une brebis mérinos était évalué à 13 fr. 60 c., dont 7 fr. pour la laine et 6 fr. 60 c. pour l'agneau vendu à huit mois. La différence de 3 fr. 50 c. que pouvait produire la laine, en supposant que la quantité fût égale de part et d'autre, devait être facilement rachetée par le poids des agneaux et par la vente du lait.

A la vérité, les agneaux de lait vendus à six semaines, ne valaient guère, à cette époque, plus de 5 fr. par tête ; mais comme chaque brebis donnait un agneau 1/3 par an, ce produit s'élevait, au moins, à 6 fr. 66 c. La laine, calculée à raison de 3 kilog. 500 par tête, donnait 3 fr. 50 c., à quoi il fallait ajouter pour 15 litres de lait à 15 centimes un supplément de 2 fr. 25 c., soit, en totalité, un revenu brut de 12 fr. 41 c. On conçoit aisément que le faible écart de ces produits respectifs (1 fr. 41 c.), pouvait bien être racheté par l'économie réalisée sur la nourriture des agneaux, sur les soins et l'entretien des mères, ainsi que par la moins-value du capital représenté par les animaux de la race locale.

Le régime économique des troupeaux, au temps qui nous occupe, était loin d'être comparable à celui que l'on trouve maintenant en usage sur la plupart de nos domaines. « Beaucoup de propriétaires, lisons-nous dans une excellente monographie imprimée en 1834, dans le *Journal d'agriculture* de Toulouse, veulent avoir des troupeaux sans faire le moindre sacrifice pour les nourrir, en ne leur donnant que de la paille et du chaume en hiver et ce qu'ils peuvent trouver dans des pacages, quelquefois très mauvais ; mais aussi, il périt, tous les ans, un grand· nombre de bêtes, et, au lieu des bénéfices attendus, on fait des pertes considérables. » Nous ajouterons que le mauvais état des bergeries n'était pas étranger à ce résultat fatal. Les animaux se trouvaient logés fort à l'étroit dans des réduits obscurs dont le plafond surbaissé restreignait outre mesure la capacité de l'air respirable, inconvénient que les bergers aggravaient encore en bouchant avec une aveugle sollicitude toutes les ouvertures et jusqu'aux plus petites fentes par où le froid aurait pu pénétrer. Sans doute, tous nos agriculteurs n'en étaient pas là, mais telle était, bien certainement, la pratique le plus généralement suivie.

M. Bernard, à Gragnague, M. Décamps, à Cayras, M. de Limairac père, à Montaudran, bien d'autres encore, s'efforçaient de pousser les propriétaires de troupeaux dans une voie meilleure. On trouvait, sur leurs domaines, des bergeries vastes et bien aérées, ainsi que des fourrages en réserve (vesces et trèfle) pour la morte saison.

Pour un troupeau de 120 à 140 bêtes, on ensemençait 2 à 3 hectares en avoine qu'on faisait consommer sur place. En outre, les brebis avaient la dépaissance des prairies artificielles du domaine (grande luzerne, trèfle, esparcet), depuis l'enlèvement de la dernière coupe jusqu'au 1ᵉʳ février. Puis elles pacageaient dans les farouchs semés à l'automne sur une quinzaine d'arpents environ. Le parcours avait lieu, chaque jour, sur une quantité rigoureusement limitée, de manière à ce que le troupeau ne repassât sur le même terrain qu'au bout de trois ou quatre semaines. Ainsi les herbes avaient le temps de développer leur végétation. Cela durait jusque vers le 15 mai, époque où l'on rompait les éteules pour préparer le sol à recevoir une emblavure de froment.

En accompagnant ce régime d'un peu de nourriture sèche administrée à l'étable avant d'aller au pacage, et en prenant la précaution d'éloigner les brebis des herbages mouillés par la rosée, on arrive sûrement au succès. Ce n'est plus, alors, un produit brut de 12 à 13 fr. par tête qu'on peut obtenir, mais bien des résultats doubles et presque triples.

Ces avantages, constatés par le jury chargé par la Société d'agriculture de décerner, en 1850, aux troupeaux de l'arrondissement de Toulouse, une prime de 300 fr. et une autre de 200 fr., offertes par le ministre, firent écarter, bien à tort du concours, les propriétaires qui vendaient le lait en nature et les agneaux de lait pour la boucherie. La première prime fut attribuée à M. Zéphyrin de Lapeyrouse, pour un magnifique troupeau mérinos issu de celui que son grand-père avait introduit dans la contrée sous l'Empire. La deuxième prime échut à Mme Roques, de Villeneuve-les-Bouloc, propriétaire d'un bon troupeau lauragais, un peu métissé, exploité dans les conditions ordinaires qui consistent à conserver le tiers des agnelles pour renouveler les plus vieilles brebis, et à vendre, avec ces dernières, le tiers restant des agnelles et tous les mâles non indispensables comme reproducteurs. Dix-neuf concurrents avaient pris part à ce concours.

Celui de l'année suivante, qui eut pour théâtre l'arrondissement de Villefranche, ne compta que trois inscriptions. M. Bénech fut classé au premier rang. Le peu d'empressement des propriétaires fit substituer à la prime des troupeaux le système des primes aux béliers, qui avait été employé, sans grand succès, depuis 1847 jusqu'en 1850.

L'institution des concours régionaux, dont le premier fut tenu à Toulouse en 1851, offrit de nouveaux encouragements aux mâles de l'espèce ovine.

Dans les conférences qui eurent lieu au siége de la Société d'agriculture, à la suite du concours régional de l'année suivante, on prit, à l'unanimité, la résolution de demander au gouvernement l'établissement d'une bergerie nationale à Toulouse. Il est certain que cette création, à laquelle l'introduction récente des reproducteurs anglais prêtait un intérêt spécial, se justifiait à la fois par l'importance de nos troupeaux et par la variété des conditions économiques auxquelles ils sont soumis.

La moins intéressante n'est pas celle qu'offrent, aux environs de Toulouse, les brebis exploitées pour la vente du lait en nature et des agneaux de lait. Dans cette situation, le produit moyen de notre troupeau de Périole, qui est convenablement nourri à la crèche, mais très resserré sous le rapport des dépaissances, atteint,

une année dans l'autre, à 22 fr. par tête. Il se décompose ainsi :
agneaux, 13 fr. 05 c.; lait, 23 litres, à 15 centimes, 3 fr. 45 c.;
laine (3 kilog. 600), 5 fr. 50 c.

Sur les domaines où les dépaissances sont plus étendues, la
production du lait s'élève jusqu'à 50 litres par tête et par an. En
1864, le troupeau de M. Lagaillarde, à Beaupuy, donna, sous la
direction du sieur Vergnes, un peu plus de 52 litres de lait par
brebis. Le revenu brut atteignit à 34 fr. par tête. Je citerai encore, pour leur production exceptionnelle en lait, le troupeau de
Mᵐᵉ Derrouch, à Balma, et celui de M. Destenay, à l'Union.

On sait que le lait des brebis est apporté, chaque matin, à Toulouse, où on le consomme soit à l'état naturel, soit sous forme de
caillé. On l'emploie surtout à fabriquer des fromages plats d'une
remarquable délicatesse. Mais la brebis lauragaise ne produit pas
seulement du lait en abondance, elle le donne, en outre, d'excellente qualité. Les analyses de M. le professeur Filhol ont effectivement prouvé qu'il renferme beaucoup plus de matières grasses
et de matières sèches que celui des races anglaises et mérines.

Il n'est pas inutile d'ajouter que les bergers auxquels se trouve
confié le soin des meilleurs troupeaux, ont un intérêt dans la
spéculation. C'est là, du reste, une excellente règle, généralement
appliquée dans le pays toulousain. La quote-part du berger varie
du dixième au tiers et même à la moitié du produit, selon la
proportion dans laquelle il contribue aux dépenses et selon l'importance des gages fixes qui est extrêmement variable.

Aux environs de la ville où la vente du lait et des agneaux de
lait est en usage, les troupeaux, confiés aux soins d'un agent spécial, comptent de 80 à 150 bêtes au plus.

Sous l'influence des sollicitations constantes du berger que l'intérêt privé aiguillonne, les propriétaires, éclairés par les succès
des plus habiles d'entre eux et par les doctes écrits des maîtres
expérimentés de notre École vétérinaire, parmi lesquels il faut
citer MM. Gellé, Lafosse et Gourdon (1), ne se montrent plus
aussi parcimonieux qu'autrefois pour nourrir les troupeaux, et ils
rivalisent entre eux pour les bien loger.

A ces anciennes bergeries étroites et basses, où le bétail était
réduit à chercher sur le sol les débris piétinés et salis de quelques
fagots de feuillée ou de paille, ont succédé des constructions am-
ples, bien aérées et munies de râteliers et de mangeoires dans

(1) *Hygiène des moutons*, par M. Gellé (1840); *De l'industrie des bêtes ovines*,
par M. Lafosse (1857); publications agricoles de M. Gourdon dans le *Journal
de Toulouse*.

lesquels on administre au bétail de bons fourrages secs et des racines. Il existe bien encore des bergeries très défectueuses; j'en pourrais citer une où, par suite de l'exiguité et de la mauvaise exposition des locaux, la mortalité des agneaux de lait, qui ne dépasse pas 5 pour 100 dans la contrée environnante, s'élève, en moyenne, à 33 pour 100. Heureusement ce sont là des exceptions dont le nombre va diminuant chaque jour.

Mais la sollicitude de nos agriculteurs ne s'est pas bornée à former une classe d'hommes experts dans la conduite des bêtes à laine, à modifier le logement et l'alimentation des troupeaux : elle s'est étendue aussi à l'amélioration des races.

Notre espèce lauragaise, si rustique qu'elle s'accommode parfaitement d'un climat sous l'action duquel les moutons du Nord succombent, si prolifique qu'elle donne trois agneaux en deux ans, si sobre qu'elle se nourrit en été sur les plus maigres dépaissances et qu'elle résiste, durant la froide saison, aux privations que l'insouciance des maîtres et l'incurie des bergers lui imposent; notre espèce lauragaise, malgré toutes ces qualités, laisse à désirer encore comme bête de boucherie et comme bête à laine. Elle est de taille moyenne et bien conformée dans son ensemble. Cependant, si la poitrine est profonde, elle n'est pas suffisamment large. Trop souvent, aussi, l'épaule et le rein manquent d'ampleur. Le poids vif des brebis ne dépassant pas toujours 35 kilog., celui des moutons 40 kilog., et celui des béliers 60 kilog., on peut songer à mieux sous ce rapport. D'un autre côté, la toison courte et tassée gagnerait à être plus fine. Comme elle pèse de 3 kilog. à 3 kilog. 6, une augmentation de 25 pour 100 dans le prix de vente aurait une importance réelle.

C'est à opérer ces modifications que l'industrie de nos éleveurs s'est attachée. La méthode de sélection, employée un peu partout et bien secondée par l'amélioration du régime alimentaire, a toujours produit de bons résultats. M. Armaingt, de Montbrun, et, à sa suite, M. de Lafage et M. le vicomte de Villèle, se sont dévoués à cette œuvre avec autant de constance que de sagacité. On peut affirmer qu'ils ont porté notre race lauragaise à un degré de perfectionnement qui lui permet de soutenir le parallèle avec les meilleurs types sous le rapport de l'ampleur et de l'harmonie des formes.

D'autres éleveurs ont tenté la voie des croisements qui semblait devoir conduire plus vite, sinon plus sûrement, au but. Nous recommandons, à ceux qui voudraient les y suivre, la lecture attentive de l'*Etude sur l'industrie des bêtes ovines dans les départements sous-pyrénéens*, par M. le professeur Lafosse. C'est un excellent guide qui signale les écueils dont la route est parsemée.

Au début, on allia la brebis lauragaise au dishley, puis au southdown. L'un et l'autre s'accommodent assez mal de notre climat. Ils sont trop exposés à être emportés par les maladies des voies respiratoires, par les affections cachectiques et les coups de sang. Mais les animaux issus de ces unions, sans être beaucoup moins rustiques que la race locale, se font distinguer par une précocité exceptionnelle et par une admirable régularité dans les formes. Les agneaux de lait arrivent plus promptement au poids réglementaire. Quant au lainage, il laisse nécessairement à désirer.

Pour remédier à cet inconvénient, M. Martegoute, le savant directeur de la bergerie expérimentale du Blanc, a importé le dishley-mauchamp-mérinos, création de M. Yvart dans laquelle le meilleur sang anglais de boucherie, le dishley, entre pour un quart ainsi que le mauchamp, dont la laine se distingue par la forme lisse et l'éclat soyeux du brin. Les deux autres quarts ont été fournis par le gros mérinos de Rambouillet. Ce type artificiel, dont l'origine récente était empruntée à des éléments si divers, fut croisé avec notre race lauragaise dont la fixité est incomparable. Quelque bien dirigés que fussent les appareillements, ils ne pouvaient conduire à des résultats très homogènes. A tout prendre, cependant, l'influence de ce croisement a été favorable à l'espèce locale dont il a augmenté la précocité et régularisé les formes, bien plus, d'ailleurs, qu'amélioré la laine.

On aurait obtenu, pensons-nous, des résultats plus satisfaisants à tous égards, si l'on eût employé, au lieu du dishley-mauchamp-mérinos, le mérinos pur des environs de Paris. Outre que cette race ne le cède à aucune autre pour l'aptitude à l'engraissement, elle présente une supériorité incontestable sous le rapport de la laine. A dix-huit mois et deux ans, les béliers de Rambouillet pèsent de 80 à 100 kilog., et dépouillent de 5 à 10 kilog. de laine en suint. Les métis se distinguent aussi par des qualités analogues. Plus facile à acclimater que les races anglaises, le mérinos a plus de fixité que les types améliorateurs de récente origine, et son ancienne parenté avec la famille lauragaise est une garantie contre ces coups en arrière qui déconcertent l'éleveur. Nous avons, nous-mêmes, essayé plusieurs de ces croisements en regard les uns les autres, et les résultats que nous en avons obtenus, nous engagent à accorder la préférence à ce dernier. Il n'est pas douteux, pour nous, que toutes les industries dont les bêtes ovines sont l'objet dans le bassin sous-pyrénéen, n'aient à en retirer de grands avantages, surtout celle qui consiste à élever les jeunes animaux pour repeupler les troupeaux et pour fournir des moutons d'engrais.

Cette dernière est incontestablement la plus répandue dans la Haute-Garonne. On la trouve partout où l'éloignement de la grande ville met obstacle à la vente du lait. Sur chaque métairie, on nourrit un lot de 30 à 40 bêtes à laine tenues à cheptel par le maître-valet ou le colon partiaire. Dans un grand nombre d'exploitations, on n'entretient le troupeau que pendant une partie de l'année. Achetées en novembre, les brebis sont revendues en mai, avec les agneaux, après la tonte. En d'autres cantons, on conserve sans fin le même troupeau qui se renouvelle par lui-même. Les brebis, auxquelles on n'impose qu'une portée par an, atteignent un âge plus avancé que celles qui sont consacrées à la production des agneaux de lait dans les environs de Toulouse. Ces dernières cessent de donner des produits suffisants vers la septième ou la huitième année, tandis qu'on en voit, parfois ailleurs, qui dépassent l'âge de quinze ans. Mais il est plus que douteux que ce soit là une source de bénéfices, puisque l'animal arrivé à la décrépitude perd tous les jours de sa valeur.

La spéculation ayant pour objet, outre la vente des brebis trop vieilles pour l'agnelage, la production et l'élevage des produits qu'on garde jusqu'à six mois, un an et même jusqu'à deux ans, lorsqu'on vend les agnelles suitées, le cultivateur soigneux règle le temps de la monte de manière à faire naître les agneaux dans la saison la plus propice. Il tient compte à la fois des exigences du marché et des ressources du sol sur lequel le troupeau doit trouver sa subsistance. Aussi la saison de la lutte n'est-elle pas la même partout. La plupart des bergers la font commencer dès la mi-juin; les agneaux naissent alors vers le milieu de novembre; ailleurs, on retarde d'un mois. Enfin, dans la montagne, près de Revel, on voit des troupeaux où la monte se prolonge pendant tout le mois d'août.

Trop rarement on donne au bélier un supplément de grains qui serait fort utile pour réparer ses forces sinon pour stimuler son ardeur. Cet animal, employé à la lutte vers l'âge de dix-huit mois, couvre, en moyenne, de 40 à 50 brebis par an. Celles-ci sont livrées à la reproduction au même âge que les mâles.

M. Martegoute, vice-président de la Société d'agriculture de la Haute-Garonne et ancien professeur d'économie rurale à l'Institut agronomique de Versailles, s'est livré à des expériences fort curieuses sur la production des sexes dans l'espèce ovine. Ses observations ont justifié pleinement cette loi générale formulée par Girou de Buzareignes : le sexe du produit dépend du plus ou moins de vigueur relative des individus que l'on accouple.

Au début de la lutte, quand le bélier est dans toute sa force, il procrée plus de mâles que de femelles (76,47 %). Lorsque, quelques jours après, les brebis venant en chaleur en grand nombre à la fois, le bélier s'épuise par le renouvellement fréquent de la lutte, la procréation des femelles reprend le dessus (83,34 %). Enfin, quand, plus tard, le nombre des brebis en chaleur diminue, la procréation des mâles en majorité recommence (69,23 %).

A côté des spéculations dont l'élevage est l'objet, viennent se placer celles qui se rapportent à l'engraissement. Cette dernière industrie opère, en général; sur de petits lots, excepté toutefois dans l'arrondissement de Saint-Gaudens. Les éleveurs de cette région accidentée achètent leurs animaux vers la fin de novembre pour les vendre gras en avril. Puis, en mai, ils se procurent un second troupeau qu'ils revendent après l'avoir tondu, ou, au plus tard, vers la fin de septembre. On donne la préférence aux petits moutons d'Aspet et de Lanemezan sur la grande race du Bigorre qui s'engraisse moins vite et a le pied trop délicat. Les animaux de quatre à cinq ans sont les plus recherchés. Le jour, on retient le troupeau dans les pâturages et on lui distribue ensuite, à la bergerie, des pailles et des regains de pré naturel. Les cultivateurs les plus soigneux complètent l'alimentation par un supplément de grains.

C'est parmi les animaux ainsi mis en bonne chair sur les herbages qui occupent les dernières ramifications des Pyrénées et de la Montagne-Noire, ainsi que sur les coteaux du Gers et du Quercy, que les cultivateurs de la plaine choisissent les moutons qu'ils se proposent de conduire à un état d'embonpoint plus complet. Là, l'industrie de l'engraissement affecte des proportions plus restreintes. Elle agit, en général, sur des lots de vingt à quarante moutons qui ne font pas un long séjour à leur nouveau domicile. Dans la plaine du Tarn, il n'est pas rare de voir les troupeaux se renouveler trois et quatre fois pendant la saison des engrais. Les dépaissances, les fourrages secs et les farineux (vesces, ers, purges de blé, maïs), sont employés concurremment par les bergers. On en trouve qui sont remarquablement habiles à tirer parti de toute chose et qui réalisent chaque année, dans un laps de huit à dix mois, un produit brut de 1,000 fr., sans entretenir plus de 35 moutons à la fois.

Il est même, dans la Haute-Garonne, des personnes qui ont poussé l'art de l'engraissement à ses dernières limites et dont le nom retentit périodiquement dans le concours de boucherie institué depuis quelques années à Toulouse, dans celui de Bordeaux qui réunit les éleveurs de la région et dans celui de Passy qui appelle les engraisseurs de la France entière. M. Andral voit ses premiers succès toujours confirmés par de nouveaux triomphes qui ne sauraient, cependant, faire oublier ceux de feu M. Viallet et de sa veuve, ni ceux du très regrettable M. Ramel dont le nom symbolise le goût éclairé de l'agriculture uni au dévouement pour les malheureux.

Ces hautes récompenses attribuées à nos éleveurs pour des animaux issus du croisement de l'espèce lauragaise avec les meilleurs types de l'Angleterre, ont montré le parti qu'on peut tirer des appareillements intelligents, lorsqu'ils se trouvent associés à un bon régime alimentaire.

Mais ces deux conditions sont indispensables au succès. C'est une vérité dont il faut que les bergers se pénètrent ainsi que les propriétaires. Trop souvent il arrive que ces derniers se montrent parcimonieux pour la nourriture des bêtes ovines. Or, il ne faut pas perdre de vue qu'un troupeau ne peut transformer en lait ou en viande que les principes nutritifs qu'il s'assimile et même que la partie des aliments qui excède la ration d'entretien, c'est-à-dire celle qui est indispensable pour entretenir le jeu des organes de la vie, de manière à empêcher le dépérissement de l'animal. L'insuffisance des approvisionnements a donc pour effet de diminuer la production. D'un autre côté, elle légitime, en quelque sorte, les déprédations que le troupeau exerce, de tous côtés, sur un domaine où il est réduit à *chasser pour vivre,* selon l'expression du dicton populaire.

Quant aux bergers, il reste encore à les convertir au régime des bergeries aérées et à l'utilité des bons appareillements. Reconnaissons, toutefois, que la Société d'agriculture de la Haute-Garonne en leur distribuant, chaque année, des médailles d'honneur, a puissamment favorisé parmi eux la diffusion des bonnes pratiques.

Comme la plaine, la haute montagne a ses troupeaux d'élevage et d'engraissement. La rigueur du climat ne permettant pas aux animaux d'y séjourner toute l'année, ils en descendent vers les premiers jours de septembre et s'acheminent dans la direction des vallons où ils doivent passer l'hiver. Une partie même s'avance jusque dans la plaine. Le propriétaire des brebis paie au cultivateur qui se charge de les soigner et de les nourrir, depuis le 1er novembre jusqu'au 5 mai, une indemnité de 1 fr. par tête. En outre, il abandonne la laine. Les agneaux qui naissent sont partagés par moitié. Cette spéculation est en usage dans les environs de Boussens. La dépaissance des prairies et des bois, les feuilles

sèches des arbres et les regains constituent les éléments principaux de l'alimentation.

Dès que le mois de mai paraît, les bêtes ovines reprennent la
la direction des cimes neigeuses. Les bergers de la montagne
groupent les petits lots des cultivateurs, conviennent avec le propriétaire des herbages de l'espace qui leur sera accordé, paient
une minime rente et, pendant trois ou quatre mois, stationnent
avec leurs troupeaux sur la montagne. On évalue de 4 à 6 fr., en
moyenne, la plus-value que les bêtes ovines y acquièrent pendant ce temps.

Lorsque les brebis ont du lait, on l'emploie à la fabrication des
fromages organisée en association. La *laiterie* se compose ordinairement de 300 brebis et peut donner 1,600 livres de fromage.
Nous avons vu dans nos études sur l'ancienne agriculture que
ces diverses pratiques étaient en usage dans les Pyrénées, au
dernier siècle.

Il ne paraît pas, non plus, que l'espèce ovine s'y soit beaucoup
modifiée depuis cette époque. On sait que d'une extrémité à
l'autre de la chaîne, les types varient complétement. Tandis que
les bords de la Méditerranée sont peuplés par la petite race mérine dont la toison présente une remarquable finesse, le littoral
océanique a de grands moutons à la laine excessivement longue
et grossière. Les cantons pyrénéens de la Haute-Garonne, placés
au point de rencontre des deux races, en ont subi l'influence. Ils
n'offrent pas de type bien tranché, quoique la population y soit
considérable. Ce sont, en général, des animaux de petite taille,
vifs, alertes, au pied sûr, à la laine grossière, non tassée et souvent jarreuse. La variété qui campe aux environs de Castillon
se fait remarquer par une teinte rougeâtre qui colore la tête et les
jambes comme chez certains moutons algériens. Nous l'avons vu
représentée par plusieurs lots peu homogènes, mais non pas sans
mérite, au concours départemental de Saint-Gaudens, en 1867.

En effet, quelque inférieurs que paraissent les moutons de la
montagne en regard de la race lauragaise, dont la plaine et les
coteaux de la Haute-Garonne possèdent de si beaux types, il ne
faut pas pour cela les dédaigner. Des animaux plus exigeants ne
pourraient prospérer sous un climat aussi rigoureux et sur un
sol aussi accidenté et aussi aride que celui qu'ils habitent. L'espèce lauragaise y serait aussi dépaysée que le sont, sur nos
coteaux dénudés par la canicule, les races formées sous le ciel
brumeux et dans les gras herbages de la Grande-Bretagne. Notre
département (c'est un des traits particuliers de sa physionomie)
présente des conditions climatériques et culturales si diverses que

toutes les familles ovines, depuis les plus perfectionnées jusqu'aux plus rustiques, peuvent y trouver raisonnablement leur place, ce qui ne signifie pas que toutes se plaisent en tout lieu ; bien au contraire. La nature a ses lois pour le règne animal comme pour le règne végétal, et elle sait les faire respecter.

§ 2. — Statistique. — Conclusions.

Statistique de l'espèce ovine en 1830. — Dénombrement de 1840. — Statistiques
de 1852, 1857 et 1862. — Diminution de l'espèce ovine, ses causes.
Conclusions : progrès constatés ; amélioration à apporter dans la qualité des laines
et l'aptitude des animaux pour l'engraissement.

Parvenu à ce point de notre étude, il ne paraîtra pas sans doute hors de propos d'interroger les documents statistiques propres à faire connaître l'mportance de l'espèce ovine dans le département et les variations qu'elle a subies à diverses époques.

En 1830, elle comptait, d'après les relevés officiels, 363,406 individus ainsi repartis : béliers, 7,040 ; brebis, 186,375 ; moutons, 112,370 ; agneaux, 57,621. Mais déjà en ce temps les agronomes signalaient une diminution considérable dans le nombre des troupeaux. M. de Villeneuve, qui appela l'attention de la Société d'agriculture de Toulouse sur ce fait en 1833, en attribuait la cause à la suppression des jachères, dont les prairies artificielles avaient pris la place, et aux difficultés suscitées par l'administration des forêts dans l'exercice du droit de parcours.

La diminution de la population ovine s'affirma dans le dénombrement de 1840. L'effectif était descendu de 363,406 à 354,112. Mais si l'on entre plus avant dans les éléments qui concourent à ce résultat, on verra que le déficit devait être en réalité plus considérable. En effet, tandis que, en 1830, le nombre des agneaux était de 57,621 pour 186,000 brebis (soit environ 30 pour 100), en 1840, on trouva 36,670 agneaux de plus, bien qu'il y eût 10,352 brebis de moins. La proportion des agneaux aux brebis s'éleva à 53 pour 100 ; chiffre probablement exagéré, et dont l'écart, comparé à celui du dénombrement précédent, accuse, de part ou d'autre, une méprise qui ne permet pas de pousser plus loin les inductions. A notre avis, il y aurait moins de chances d'erreur en éliminant les agneaux du calcul. L'effectif de la population ovine ainsi réduit aux brebis, aux béliers et aux moutons, était de 305,785 individus en 1830 et de 259,821 en 1840. Différence, 55,954.

Ce chiffre élevé était loin d'aller à l'encontre de l'opinion publique en cette matière. En effet, nous lisons dans le rapport présenté au ministre par les inspecteurs de l'agriculture sur la situation de la Haute-Garonne en 1843, que le morcellement des propriétés et le défrichement général des prairies avaient considérablement diminué la quantité des bêtes à laine qu'on entretenait autrefois dans le département. Les grands troupeaux de 400 à 500 têtes avaient disparu et l'on ne rencontrait que des lots variant de 60 à 100 brebis.

Pendant les douze années suivantes, les conditions économiques et culturales purent-elles se modifier au point d'imprimer à notre économie animale une impulsion en sens inverse capable non-seulement d'arrêter la diminution de l'espèce ovine, mais même d'en élever le nombre bien au-delà du point qu'il atteignait en 1830. C'est ce dont nous ne voudrions pas nous porter garant, malgré les assertions de l'enquête dressée en 1852. Grand dut être l'étonnement de nos cultivateurs, lorsque le dénombrement de cette année leur apprit que les troupeaux étaient passés, depuis 1840, de 354,112 têtes à 497,009. Les circonstances les plus favorables (et certes l'agriculture avait traversé, depuis 1848, une période qui ne pouvait passer pour lui avoir été bien propice) n'auraient pu justifier une augmentation de 142,897 têtes.

Mais examinons les choses de plus près afin de voir quel degré de confiance les renseignements officiels peuvent inspirer. Nous remarquerons, d'abord, qu'une double catégorie est consacrée à l'espèce ovine, désormais rangée sous la dénomination de mérinos et autres races perfectionnées, et sous celle de races locales.

Or, dans l'arrondissement de Saint-Gaudens, où nous ne soupçonnions pas que les races mérines ou perfectionnées eussent acquis une grande importance (l'introduction du sang mérinos d'Espagne n'ayant exercé qu'une influence restreinte, dont les traces sont à peu près effacées depuis longtemps), la statistique de 1852 accuse la présence de 15,224 bêtes améliorées. Est-il besoin d'ajouter que le dénombrement décennal de 1862, plus soigneusement opéré sous la surveillance d'une commission spéciale, ne fait aucune mention de ces races mérines ou améliorées dans l'arrondissement de Saint-Gaudens ?

D'un autre côté, si l'on examine attentivement le contingent assigné aux agneaux par la statistique de 1852, on sera également surpris de voir que leur nombre, estimé à 57,621 en 1830, à 94,291 en 1840, a atteint 170,943. En sorte que la proportion des agneaux aux brebis qui était d'environ 30 pour 100 en 1830, et de 53 pour 100 en 1840, se serait élevée à 70 pour 100 en 1852, pour revenir, comme nous le verrons plus tard, à 31 pour 100 dans la période décennale suivante.

Evidemment il y a quelque méprise, et les animaux dénombrés en 1852 comme *agneaux de l'année*, ne correspondent pas à ce qu'on a appelé, depuis, *agneaux trouvés au moment du recensement.* Si l'on considère séparément l'arrondissement de Toulouse, on voit signaler 76,000 agneaux pour 96,000 brebis, c'est-à-dire 78 pour 100, proportion supérieure de 120 pour 100 à celle de la période suivante. L'erreur ne proviendrait-elle pas de ce qu'on aurait fait entrer en ligne de compte, en 1852, les agneaux de lait qui sont livrés au boucher à l'âge de six semaines, tandis que les animaux de cette catégorie n'auraient figuré ni auparavant, ni par la suite, dans les relevés officiels?

Quoi qu'il en soit, il résulte des observations précédentes, si nous ne nous abusons, que les énonciations du dénombrement de 1852 ne doivent être acceptées qu'avec la plus grande réserve, et ne sauraient être prises rigoureusement comme des termes de comparaison.

M. de Lavergne, ayant eu connaissance des résultats de l'enquête manuscrite opérée par les soins du ministre de l'agriculture en 1857, fut frappé de la diminution de l'espèce ovine en France. Dans l'espace de cinq années, le pays avait perdu 215,000 béliers ou moutons et 6,110,000 brebis ou agneaux. La Haute-Garonne figurait, dans ce bilan désastreux, au quatrième rang pour avoir éprouvé un déficit de 192,436 têtes. Elle était descendue de 497,009 à 304,573.

Sans doute, il est incontestable que depuis le dénombrement précédent, l'espèce ovine avait été fortement éprouvée par les épizooties dans toutes les parties de l'Empire. Elle avait payé tribut à la clavelée, au piétin et surtout à la cachexie aqueuse. Cette dernière maladie avait, dit-on, enlevé en deux ans la cinquième partie de l'effectif; et l'on sait que la Haute-Garonne n'avait pas échappé aux atteintes du fléau.

Néanmoins, il y a tout lieu de croire que nos pertes avaient été surfaites par suite des exagérations, en sens inverse, que présentait la statistique de 1852. En réalité, nous n'avions pas perdu, comme on le prétendait, près des trois cinquièmes de nos bêtes ovines. Si en 1853 et 1854 la cachexie avait exercé de grands ravages, les dernières années de la période avaient permis de combler, en partie, les vides.

Hâtons-nous de proclamer que le dénombrement de 1862 a donné, d'ailleurs, des résultats plus consolants. Tandis qu'en 1857, nous étions descendus à 304,573 bêtes ovines, nous sommes

remontés en 1862 à 362,506. Dans ce dernier résultat, les béliers
figurent pour 5,679, les moutons pour 70,478, les brebis pour
217,197 et les agneaux pour 69,152. La proportion des agneaux
aux brebis ainsi fixée à 31 pour 100 ne peut être suspectée d'exagération, mais elle doit nous faire accueillir avec défiance les
chiffres assignés aux agneaux dans certaines périodes antérieures.

Déduction faite de cet élément, pour ainsi dire insaisissable,
l'effectif des bêtes ovines dans la Haute-Garonne aurait varié,
depuis 1830, dans les proportions ci-après :

1830.	305,785.
1840.	259,821.
1852.	326,066.
1862.	293,384.

En résumé, nous possédions en 1862 plus de bêtes ovines qu'en
1840, mais un peu moins qu'en 1830, et beaucoup moins qu'en
1852, si toutefois les chiffres recueillis à cette époque méritent
quelque confiance.

En outre, il résulte de la comparaison du dénombrement inédit
de 1857 avec celui de 1862, que nous sommes en train de réparer
nos pertes. Toutefois, je pense qu'il ne faut pas se faire illusion
sur ce retour. Les restrictions apportées aux dépaissances dans
l'intérêt du reboisement et de la conservation des forêts, le morcellement croissant de la propriété et la réduction successive des
jachères mettent obstacle à l'accroissement de l'espèce ovine. Les
grands troupeaux sont destinés à devenir de plus en plus rares,
et chaque année en voit disparaître quelques-uns.

Un membre très distingué de la Société d'agriculture de la
Haute-Garonne, le regrettable M. Edmond de Limairac, frappé
des difficultés que la suppression des jachères mettait à l'entretien de nos troupeaux durant la canicule, avait eu l'idée ingénieuse
d'étendre à nos plaines la pratique de la transhumance aux Pyrénées, qui est en usage jusque dans les environs de Pamiers et de
Saverdun. Les difficultés résultant de la longueur de la route
seraient bien diminuées, aujourd'hui, par suite de l'établissement
des chemins de fer ; mais il reste à convertir nos bergers, ce qui
viendra, sans doute, si le succès favorise les tentatives des plus
hardis. L'idée devrait être reprise.

Elle le serait d'autant plus à propos, que l'augmentation de
l'espèce ovine, chez nous, porte exclusivement sur les brebis qu'on
garde, en général, toute l'année sur la ferme, tandis que la diminution frappe l'effectif des moutons. C'est une remarque qui est
commune à chacun de nos quatre arrondissements. Cependant,

on ne saurait méconnaître que les conditions nouvelles de la culture ne soient plus favorables à l'entretien des moutons qu'à celui
des brebis. Non-seulement il est plus facile d'en proportionner le
nombre aux ressources dont on dispose, mais encore on peut choisir
pour la spéculation le moment le plus propice, et l'abandonner
dès que les circonstances économiques cessent de la seconder.

Les bergers habiles réalisent en quelques mois, par l'engraissement des moutons, des profits supérieurs à ceux que bien d'autres
n'accumulent pas, dans une année, en élevant des agneaux. J'ai
cité les colons partiaires de la plaine du Tarn ; on devrait les
imiter en ce point. Tel est, du reste, le rôle que la division du
travail semble assigner plus particulièrement à nos vallées, tandis
qu'elle réserve aux montagnes la spéculation de l'élevage.

Deux faits ressortent pour nous de l'étude que nous venons de
faire de l'espèce ovine dans la Haute-Garonne :

1° Un progrès sensible résultant de l'amélioration du régime
auquel ces animaux sont soumis quant à la nourriture, à l'habitation et aux appareillements ;

2° La nécessité de donner une impulsion décisive au progrès,
qui nous réserve à la fois des toisons plus fines et des bestiaux
doués d'une conformation plus favorable à un engraissement rapide
et complet.

L'action de la Société d'agriculture, celle du concours départemental d'animaux reproducteurs, celle des concours régionaux et
de boucherie, se sont utilement exercées dans ces deux sens. Toutefois, il reste encore, si nous ne nous trompons, quelques lacunes
à combler.

En ce qui touche l'amélioration de la laine, il faut faire quelque chose de plus spécial que de récompenser des exhibitions
d'animaux venus on ne sait d'où, préparés, on ne sait comment,
pour un concours où les mâles sont présentés seul à seul et les
femelles par petits lots de cinq têtes. Pour que la lutte entre les
éleveurs soit bien sérieuse et offre la plus grande utilité pour
tous, il convient qu'elle s'établisse entre les troupeaux entiers, et
que les juges soient appelés à apprécier les résultats économiques
de la spéculation comme les procédés de l'élevage. C'est là un sujet
que la Société d'agriculture du département pourrait proposer pour
ses prix spéciaux.

Enfin, en ce qui concerne la production si intéressante de l'agneau
de lait, pourquoi la laisser sans encouragement ? Les environs de
Toulouse produisent, dit-on, chaque année, plus de 60,000 agneaux
de lait qui sont consommés, pour la plupart, dans cette ville. Un

certain mouvement d'exportation commence à se manifesters vers Bordeaux et vers Marseille ; il faut le favoriser en faisant connaître partout nos produits. Leur supériorité est proclamée par quiconque a pu établir la comparaison entre la chair tendre, délicate et savoureuse de nos agneaux et la viande sèche et filandreuse qu'on vend ailleurs sous le même nom.

Il est au moins étrange que notre concours départemental de boucherie, dont la ville de Toulouse faisait en partie les frais, n'ait pas ouvert une catégorie spéciale pour les agneaux. C'est une lacune qu'il faudra combler, dans l'intérêt des consommateurs et dans celui des éleveurs, lorsqu'on voudra rétablir cette institution. La comparaison des résultats aura bientôt convaincu nos bergers les plus incrédules des avantages que produisent les bons appareillements lorsqu'ils sont secondés par le régime alimentaire (1).

CHAPITRE IV

ESPÈCE CAPRINE

Diminution constatée par les dénombrements de 1830, 1840 et 1862. — La chèvre sur les montagnes. — Troupeaux émigrants dans la plaine.

La chèvre, qui appartient au cheptel de l'agriculture pastorale, recule devant le progrès de l'art agricole. Plus sobre, plus rustique, plus hardie que la brebis, elle s'accommode d'un plus grand nombre de végétaux et va chercher sa nourriture sur des sommets presque inaccessibles. Malheureusement, sa dent est fatale aux arbrisseaux qu'elle ravage sans pitié.

(1) A la suite des noms que nous avons rappelés dans cet article, il nous sera permis de citer encore parmi les éleveurs de la région les plus zélés pour l'amélioration de l'espèce ovine : M. Delcasse, dans l'Aude ; M. de Vialar, dans le Tarn-et-Garonne ; M. de Naurois, dans le Tarn ; enfin, dans la Haute-Garonne, M. Paul de Résumat, qui porte noblement un grand nom, et qui ne dédaigne pas d'associer la pratique de l'art agricole à l'étude des sciences spéculatives.

Bannie de nos plaines, à mesure que les défrichements s'étendaient, l'espèce caprine ne forme, aujourd'hui, de troupeaux considérables que dans la partie montagneuse de l'arrondissement
de Saint-Gaudens et particulièrement dans le canton de Bagnères-
de-Luchon.

En 1830, on comptait dans le département 5,275 chèvres,
179 boucs et 717 chevreaux, soit, en totalité, 6,171 têtes. Dix ans
plus tard, en 1840, cet effectif ne dépassait pas 4,776 individus, et
le dénombrement de 1862 n'en a recensé que 3,671.

La diminution est constante et rapide. Où s'arrêtera-t-elle ? On
ne saurait le préciser, et cependant il est probable que la chèvre,
qui est la vache du pauvre montagnard et qui seule peut donner
quelque valeur à la dépaissance des pics les plus ardus, restera
inexpugnable dans ces derniers retranchements. Mais il importe
de l'y cantonner. En effet, les déprédations qu'elle a exercées
depuis des siècles aux dépens des richesses forestières de la France
sont telles, qu'un sylviculteur éminent a pu dire qu'elle avait fait
plus de tort à notre marine que les incendies des arsenaux, les
naufrages et le canon. Pour mettre un terme à cet état de choses,
la loi du 21 mai 1827 a interdit aux chèvres l'accès des bois appartenant à l'Etat et aux établissements publics, en tout temps, même
quand ils sont défensables. Malgré ces prohibitions, nos bois communaux ont beaucoup souffert de leur présence. On sait avec quelle
avidité elles broutent les pousses des jeunes taillis et jusqu'à l'écorce
des arbres.

A Luchon, les petits troupeaux, réunis sous la conduite de jeunes
bergers, quittent, chaque matin, leur étable pour se répandre sur
les montagnes et les landes environnantes. Ils rentrent au coucher
du soleil. Durant la belle saison, les chèvres n'ont d'autre nourriture que celle qu'elles recueillent sur les dépaissances. En hiver,
lorsque la rigueur du temps les empêche de sortir, on leur administre un peu de foin et de feuillée.

L'observation ayant démontré que les individus naturellement
dépourvus de cornes font perdre moins de fourrage dans les râteliers, sont d'un tempérament plus doux et ménagent mieux la
toison des bêtes à laine avec lesquelles ils vivent en commun, les
montagnards de la vallée de Barége ont formé des troupeaux entiers de chèvres sans cornes. Cette variété se reproduit par la sélection, avec ses caractères distinctifs.

Le lait de la chèvre a trop de parfum et pas assez de crême pour
qu'on puisse le convertir utilement en beurre ; mais on l'emploie
avec un grand succès à la fabrication des fromages. Ceux de
l'amarade, dans l'Ariége et ceux de *Grésigne,* dans le Tarn, jouis-

sent dans le Midi d'une réputation bien méritée par leur finesse et leur bouquet sauvage. Ils sont petits, minces, de forme ronde et renfermés dans des feuilles de châtaignier.

La chair du chevreau est tendre et délicate. Comme on n'élève que les femelles, tous les mâles, qui ne sont pas destinés à la reproduction, sont vendus à la boucherie avant l'âge de six mois, car, passé ce temps, la viande perd ses qualités.

Outre les troupeaux qui séjournent toute l'année à la montagne, il en est d'autres à Saint-Béat, à Luchon et à Aspet qui émigrent pendant quelques mois dans nos plaines où ils sont exploités pour le lait. C'est vers le 15 avril, après la vente des chevreaux dont on se débarrasse à l'âge de trois semaines, que les troupeaux se dirigent vers nos cités méridionales. Chaque matin le berger parcourt les rues avec ses chèvres aux pendantes mamelles. Il annonce son passage à grands cris ou bien en sifflant dans son chalumeau, et il tire le lait sous les yeux des clients qui ont ainsi l'avantage de l'acheter pur et de le boire chaud. Le chevrier emploie le reste du jour à paître son bétail sur le bord des chemins et, trop souvent, à dévaster les haies qui les bordent.

On sait que la chèvre donne d'excellent suif. Mélangé avec celui du bœuf et celui du mouton, il en augmente la consistance. Aussi, est-il fort estimé pour la fabrication des chandelles. La peau du bouc et du chevreau châtré (menon) sert à confectionner les outres dans lesquelles nos montagnards renferment le vin. La chamoiserie, la mégisserie et la ganterie recherchent la peau des chèvres et des chevreaux. Sa finesse et son élasticité lui donnent une grande valeur.

A l'opposé de ce qui a lieu dans la région pyrénéenne, les fromagers du Mont-d'Or tiennent leurs chèvres dans une stabulation complète. M. Ayrault en a vu qui fournissaient, dans ces conditions, 8 litres de lait par jour, tandis qu'on évalue à 2 litres le produit des chèvres entretenues dans les dépaissances. Nous recommandons aux personnes que ces détails pourraient intéresser, une excellente étude publiée sur ce sujet par M. Martegoute, dans le *Journal d'agriculture pratique* de 1850.

En l'état actuel de l'industrie, la toison de la chèvre commune est presque sans valeur. Aussi a-t-on cherché à acclimater la chèvre d'Angora dont le poil plus fin, plus soyeux, plus brillant et plus long, sert à fabriquer les tissus précieux désignés sous le nom de *cachemires*. La bergerie de Rambouillet possédait, déjà depuis longtemps, des chèvres de cette espèce, lorsqu'en 1819, M. Jaubert amena à Perpignan un troupeau de chèvres du Thibet, dont 100 pour le compte du gouvernement français et 50 pour

M. Ternaux. Par les soins de celui-ci, le problème de l'acclimatation a été résolu, mais il est certain que la race n'a pas conservé toutes les qualités qui l'avaient fait rechercher par cet éminent industriel.

CHAPITRE V

ESPÈCE PORCINE

Régime vulgaire de l'élevage et de l'engraissement. — Statistique. — Races indigènes. — Porcs anglais.

Dans sa charmante légende du sorcier, chef-d'œuvre de bon sens et de fine observation, M. Goux trace en quatre vers le portrait de nos porcs indigènes :

Risibles échassiers, haut montés sur leurs pattes,
Os gros, crins longs et durs, dos tranchant, côtes plates.
Doués pour s'engraisser de talents négatifs,
Toujours prêts, en revanche, à vous manger tout vifs.
. . . .
On les vend une fois, on les achète deux.

Cette image est frappante de ressemblance, et le trait qui termine est d'une incontestable vérité. Il faut ajouter cependant que ces types défectueux, si répandus dans nos contrées au dix-huitième siècle (1), deviennent plus rares, chaque jour, grâce à la sélection et grâce aux croisements.

Les vieilles coutumes de l'élevage disparaissent peu à peu à mesure qu'on défriche les communaux. Cependant, il en subsiste des traces, et il est quelques hameaux encore ayant, comme jadis, un porcher commun qui, chaque matin, rassemble, au son de la corne, tous les porcs de la localité, pour les conduire à la dépaissance. Le soir venu, la troupe se débande et rentre bruyamment au logis, où elle trouve sa provende préparée.

Plus communément nos paysans tiennent leurs porcs attachés

(1) Voir ci-dessus, liv. II, chap. IV, p. 46.

à un piquet dans le voisinage de la ferme. Ils les y laissent plus ou moins de temps, selon que l'état de la température le permet.

Au début, la nourriture de ces animaux consiste en débris de tout genre et en une bouillie de son ; plus tard, on emploie les pommes de terre cuites et le maïs en grain et en farine.

Comme chaque famille entretient au moins un porc (les maîtres-valets en ont généralement deux et assez souvent trois), et que la production des porcelets constitue une industrie assez répandue dans certains cantons, la race porcine compte un nombreux effectif dans le département. D'après la statistique de 1862, il s'élèverait à 92,124 individus, dont 37,269 âgés de plus d'un an et 54,855 n'ayant pas atteint douze mois. Le recensement antérieur donnait près de 10,000 têtes en moins. La plus forte proportion, dans les deux catégories, nous est offerte par l'arrondissement de Saint-Gaudens. Il compte 16,529 animaux de plus d'un an et 28,022 n'ayant pas atteint cet âge.

On distingue dans notre espèce porcine indigène trois races, ou pour mieux dire trois familles : celle du Quercy, celle de la Gascogne et celle dite *du pays*, qui prend divers noms suivant les localités. Du reste, ces trois types ont entre eux la plus grande analogie. — Voici la description que M. le professeur Serres en a tracée de main de maître : « Ces trois races, dit-il, sont caractérisées par un corps allongé ; la colonne dorso-lombaire mince, parfois légèrement voussée en contre-haut (dos de carpe); les épaules rapprochées, le bassin étroit, la croupe courte, souvent avalée ; la côte plate, la poitrine étroite, la tête grosse, les oreilles larges, épaisses, mi-pendantes ; les branches du maxillaire peu écartées, le cou long, les membres forts et longs, les cuisses fortement fendues, les onglons gros et durs, les masses musculaires développées, la peau épaisse, les soies nombreuses, grosses et rudes. La couleur noire prédomine chez les gascons, la blanche chez ceux du Quercy ; chez les individus de la race du pays, la robe est généralement noire, avec une bande blanche entourant le corps. L'appétit est très bon ; l'appareil digestif est fortement développé et fonctionne bien, la circulation active, une grande résistance à la fatigue, une santé robuste, une tendance aux maladies franchement inflammatoires. Ces caractères, nos trois races les possèdent à des degrés variables. Ils sont plus accusés chez les individus de la race gasconne que chez ceux de la race du Quercy ; ils sont moins prononcés chez les individus de notre race locale. Ces caractères sont susceptibles de varier avec le mode d'élevage. »

Nous ne saurions rien ajouter à la description si bien tracée par

M. le professeur Serres. Nous nous bornerons à constater seulement que le temps a montré la justesse des aperçus qu'il présentait devant la Société d'agriculture en 1859. En effet, sous l'influence de soins mieux entendus, et surtout d'appareillements plus judicieux, nos races indigènes se sont beaucoup améliorées. Les porcs aux grosses jambes et aux oreilles pendantes sont discrédités partout.

Il est juste de reconnaître qu'une bonne partie de ces progrès revient à l'importation des porcs appartenant aux races anglaises, dont la conformation merveilleuse a montré à nos éleveurs la direction qu'il faut suivre pour les appareillements et même leur a révélé, à un degré qu'ils ne soupçonnaient pas, les aptitudes de l'espèce porcine pour arriver à un engraissement rapide et complet. Toutefois, nous ne devons pas omettre de signaler que l'introduction des petits cochons tonkins, qui avait eu lieu antérieurement, avait commencé à familiariser nos éleveurs avec les types perfectionnés. Mais l'exiguité des proportions qu'affectait cette race en avait beaucoup restreint la propagation dans le Midi. C'est, paraît-il, le comte d'Adeymar, notre ambassadeur en Angleterre, qui importa de ce pays en France le porc de Chine que les expériences de Chabert devaient bientôt faire apprécier mathématiquement, pour ainsi dire.

Les porcs anglais ont exercé une influence directe sur nos races indigènes par la voie du croisement. C'est là même, paraît-il, le vrai rôle qui leur appartient dans nos contrées méridionales où les besoins de la population réclament non pas seulement de la graisse, mais aussi de la chair. On sait, en effet, que la viande de porc est la seule qui, du commencement à la fin de l'année, entre dans l'alimentation de nos paysans.

Or, le porc anglais au corps trapu, cylindrique, bien descendu, à l'ossature légère, à la tête fine et aux courtes oreilles, est certainement une merveilleuse machine pour transformer économiquement les aliments en graisse, mais il ne donne pas de la viande en proportion. C'est là le vrai motif qui maintient nos races indigènes, malgré leurs défauts palpables et leurs échecs dans les concours, en face des races étrangères pures qui peuplent les grands établisssements de nos premiers éleveurs. Nous citerons entre tous, ceux du regrettable docteur Viguerie, à Madron ; de M. Boquet, à Tournefeuille, et du vicomte d'Adhémar, à Blagnac.

On a dit très justement que le porc est la caisse d'épargnes du petit cultivateur. Rien n'est plus vrai. C'est à lui acheter du son que passent les économies de chaque semaine, c'est à lui ramasser des herbes que les vieillards et les enfants utilisent, chaque jour, leurs mains débiles. Il importe donc que cette caisse rembourse, à la fin, toutes les avances qu'on lui aura faites, et même qu'elle donne, avec le principal, le plus fort intérêt possible. Nos races locales remplissent-elles ce but? Pas toujours, dira-t-on, j'en conviens. Cependant, il est juste de reconnaître que, depuis quelques années, grâce aux améliorations dont elles ont été l'objet, elles se montrent très supérieures à elles-mêmes. En attendant que les progrès de la sélection leur permettent de rivaliser avec les races étrangères, c'est aux produits croisés que l'engraisseur intelligent et le consommateur rustique nous paraissent devoir réserver leur préférence.

CHAPITRE VI

BASSE-COUR

§ 1er. — Poules.

Statistique. Exportations. — Régime alimentaire. — La poule gasconne.

Les prix de plus en plus élevés qu'atteignent les produits de la basse-cour ont augmenté l'importance de cette branche intéressante de notre économie rurale. D'après les relevés officiels, la Haute-Garonne comptait, en 1862, 1,158,185 poules ou poulets. M. Martegoute estime qu'on peut attribuer à la moyenne des métairies une production de 40 têtes par paire de labourage, soit 4 têtes par hectare. D'après cette donnée, le département comptant plus de 360,000 hectares de terre labourable, le nombre des volailles serait d'environ 1 million et demi. Quoi qu'il en soit de ces chiffres qui ne sauraient présenter qu'une évaluation très vague, il est certain que la Haute-Garonne, après avoir pourvu à la consommation locale qui est relativement énorme (en 1865, elle s'est élevée dans la ville de Toulouse à 7 têtes par habitant), fournit des quantités considérables de volailles au bas Languedoc, à la Provence et à l'Espagne, ainsi qu'au Bordelais. Nos maisons

de commerce envoient directement des œufs à Paris. Barcelonne
nous demande surtout des poules vieilles; Marseille, des poulets et des chapons. Quant à l'Hérault, il enlève, outre les galli-
nacés de cette espèce, beaucoup de dindons et de pintades. On
n'évalue pas à moins de 4,500 paires de poules les expéditions
qui se font, chaque semaine, pour l'Espagne. Celles-ci ne constituent pas l'élite de nos produits. On le réserve pour la consommation de Toulouse et de Marseille.

On peut juger du développement de nos exportations par les
chiffres suivants qui représentent le tonnage des volailles vivantes
expédiées par la gare de Toulouse vers Cette :

En 1861, il était de	402	tonnes.
En 1862, il s'éleva à	704	—
En 1863, — à	862	—
En 1864, — à	1,031	—
En 1865, il atteignit..............	1,226	—

En sorte que, dans un laps de quatre ans, les quantités ont
triplé. Du reste, on assure que parmi nos maisons de gros qui
s'occupent de ce commerce, il en est qui font, dans l'année, plus
de 500,000 fr. d'affaires. Elles s'approvisionnent dans les foires
et les marchés par l'intermédiaire d'une foule de petits commissionnaires qu'on voit sillonner rapidement les routes, juchés au
sommet des cages échafaudées sur leurs chariots et toujours en
compagnie d'un fidèle chien loulou, qui n'a pas son pareil pour
saisir et rapporter, sans les blesser, les poules surprises en
flagrant délit d'évasion.

Comme c'est à la femme du cultivateur que revient le produit
des œufs et des volailles, elle met tous ses soins à les multiplier. Dans les exploitations données à colonage partiaire ou à
maîtres-valets, il y a de grands abus à cet égard. Et il n'est guère
possible qu'il en soit autrement, puisque, avant de pouvoir vendre quelque chose à son profit, il faut que la ménagère paie au
propriétaire une grosse rente en nature.

Celui-ci ne lui laisse, en général, pour nourrir la volaille que
les grains de blé, d'orge et d'avoine qu'il n'a pu séparer de la paille
malgré tous ses efforts et..... la faculté de laisser vaguer ses
volatiles. Bien que ce procédé primitif n'exige aucun déboursé,
il n'est peut-être pas, pour cela, plus économique. D'un côté, en
effet, les volailles exercent de grands ravages dans les terrains
nouvellement ensemencés ainsi que sur ceux où le grain a mûri,
et, d'un autre côté, elles ne peuvent prendre un développement

rapide et considérable lorsque les éléments de la nutrition ne leur sont pas offerts avec une suffisante abondance. Sur les exploitations bien tenues, on combat ces inconvénients avec succès, en tenant les volailles renfermées au temps des semailles et de la moisson, et en leur distribuant, tous les jours de l'année, une certaine quantité de grains.

Nos ménagères n'ignorent pas que lorsque les hôtes de la basse-cour y sont constamment tenus en captivité, il est nécessaire de joindre quelques aliments verts au régime des farineux et des racines cuites, comme aussi de renouveler fréquemment l'eau dans les mangeoires et de faire régner la propreté dans l'enclos ainsi que dans la volière. Il faut que

> Le soleil en naissant la regarde d'abord;

c'est la première condition pour une exposition favorable. La cour devra être pourvue d'abris pour protéger ses habitants contre les excès de la chaleur et de l'humidité.

Ainsi logées et entretenues après la période de l'élevage en plein air, nos volailles du Midi, sans atteindre au même poids que les poulardes de la Flèche, ne sont pas moins délicates et appétissantes. Même lorsqu'on les tient renfermées dans l'*épinette*, avec du maïs à discrétion, elles ne sont pas encore aussi grasses que celles de la Flèche. En revanche, leur chair ne sent pas l'air empesté du réduit obscur où celles-ci sont étroitement renfermées, sans qu'on enlève leurs ordures pendant toute la durée du traitement qui doit les conduire au comble de l'obésité. On sait que, pour atteindre ce résultat, le *poulailler* du Maine gorge ses poulardes comme nous faisons aux oies et aux canards, et que, vers la fin de l'engraissement, il ajoute du *saindoux* à la farine de blé noir, d'orge et d'avoine, qu'il leur administre sous forme de boulettes ou pâtons.

Notre poule du pays est de taille moyenne; son plumage et ses pattes sont généralement de couleur noire, bien qu'il soit commun d'en voir qui soient autrement nuancées. On remarque que la volaille dont les pattes sont jaunes est la moins tendre. La poule toulousaine a la crête haute et la chair fine; elle est bonne pondeuse, bonne couveuse, très précoce et très rustique, s'accommode fort bien des brusques variations de notre climat. Son poids varie entre 2 kilog. et 3 kilog. 500. Ce dernier chiffre peut aussi s'appliquer aux chapons. Toutefois, les meilleurs sujets le dépassent.

M. Gayot a été sévère et même injuste lorsqu'il a écrit que.

« dans nos départements méridionaux, la poule fait généralement assez triste figure. » Il la représente comme chétive, pauvre pondeuse, dure et coriace, même quand on ne la laisse pas trop vieillir. « En effet, ajoute-il, il est impossible de manger nulle part des poulets moins avenants à l'œil et plus résistants à la dent ; ils n'ont aucune saveur, ils ne fournissent qu'un détestable aliment. » Après avoir lu ces lignes, je reste convaincu que le savant directeur de l'*Encyclopédie pratique* les a écrites dans un moment d'humeur noire et au souvenir de quelque méchant rôti de table d'hôte. Sans doute, l'image qu'il a tracée n'est pas un portrait de fantaisie; l'original existe, mais seulement à titre d'exception, et c'est tout à fait à tort qu'on l'a présenté comme le type des races méridionales.

A la taille près, elle s'appliquerait plutôt aux espèces exotiques, qu'un engouement inexplicable a mis, pendant quelque temps, en faveur dans nos basses-cours et qu'une intelligente réaction en a déjà presque complétement banni. Si au lieu de donner tant de soins aux volailles cochinchinoises et brahma-poutra, qui se distinguent surtout par leur conformation défectueuse, on avait appliqué à notre race indigène la méthode de sélection unie à l'amélioration du régime alimentaire, on l'eût rendue comparable au crève-cœur qu'un éducateur justement renommé, M. Jacques, met au premier rang des races françaises pour la délicatesse de la chair, la précocité et l'aptitude à l'engraissement.

§ 2. — Oies.

L'oie de Toulouse. — Procédés d'engraissement. — Statistique. — Débouchés.

Sans être ni aussi ancienne ni aussi étendue que la réputation des oies sacrées de Rome, celle des oies de Toulouse ne date pas, comme on l'a prétendu, de l'inauguration des concours régionaux. Les écrits des agronomes du siècle dernier en font foi.

Il est certain que notre race locale se recommande, entre toutes celles qu'on élève en France, par l'ampleur des formes: nulle autre ne présente sous le ventre cette masse traînante de graisse que nos paysans désignent sous le nom de *panouillo*.

Justes appréciateurs de cette qualité, comme aussi des avantages qu'offre l'élevage et l'engraissement des oies, nos agronomes les plus éminents n'ont pas dédaigné de s'en occuper. Vers la fin du dernier siècle, la presse locale publia sur cette matière plusieurs articles très instructifs. Le premier, de M. Casimir de Puymaurin, faisait connaître les procédés les plus usités de l'élevage, de l'engraissement et de la salaison. On y lit que, depuis le mois de juin jusqu'au mois d'octobre, il se consommait alors plus de 120,000 oies dans la seule ville de Toulouse. Celles qu'on accommodait avec le sel de la fontaine de Salies avaient la réputation d'être beaucoup plus tendres et plus délicates que les autres. Deux modes étaient usités pour la préparation de la viande : l'un consistait à faire rissoler les quartiers dans la graisse avant de les déposer dans les pots en faïence ; par l'autre système, on se bornait à saler les quartiers et à les presser dans le pot sans les soumettre à la cuisson, puis on les recouvrait de graisse d'oie, et, à la surface, d'une couche de graisse de porc, dont la densité particulière maintenait la salaison à l'abri du contact de l'air. La première de ces méthodes était préférée avec raison, chez nous, par M. de Puymaurin. M. Jalabert, docteur en médecine à Mirepoix, se fit le défenseur du salage sans cuisson préalable, procédé dont la place est marquée partout où l'on ne pousse pas les oies jusqu'à la haute graisse, puisque l'état avancé d'engraissement de ces volatiles à l'époque où on les sacrifie, rend nécessaire, en quelque sorte, de séparer l'élément adipeux des quartiers dont on veut manger la chair.

D'un autre côté, M. Gallet, grand agriculteur à Montréal, près de Carcassonne, prit la plume pour recommander le mode d'engraissement qui consiste à gorger (*souffler*) les oies de grains, à l'aide d'un entonnoir en fer-blanc dont la partie inférieure, coupée en bec de flûte, plonge dans le cou de l'oiseau. Un petit bâton, qui occupe l'intérieur du tuyau, sert à régler l'écoulement du grain et de la boisson dont on l'assaisonne. C'est avec raison que M. Gallet jugeait que ce procédé était supérieur à celui qui consiste à laisser les oies se faire elles-mêmes la part du maïs bouilli mis à leur disposition.

M. de Villèle présenta sur ce sujet des observations vraiment concluantes qui n'ont encore rien perdu de leur valeur. Des expériences bien suivies lui prouvèrent qu'il était très avantageux de gorger les oies, et qu'avant de les soumettre à cette opération, dont la durée moyenne est de vingt jours, il était nécessaire de les tenir sequestrées, douze par douze, durant quelques semaines, en leur offrant à discrétion du maïs bouilli.

En 1815, la Société d'agriculture de la Haute-Garonne fit reproduire par son journal les quatre notices que nous venons de mentionner, témoignant ainsi du mérite qu'elle reconnaissait à ces observations, comme aussi de l'importance qu'elle attachait à la question économique.

Il est certain que l'élevage des oies joue un rôle assez considérable dans l'économie rurale du département, surtout en ce qui concerne la petite culture. D'après la statistique officielle, on comptait 123,194 oies dans la Haute-Garonne en 1862. Il se consomme à Toulouse presque autant d'oies que de dindons et de canards réunis. On y mange une quantité considérable d'oisons de primeur qui se débitent par quartiers, et qui atteignent depuis 8 fr. jusqu'à 14 fr. la paire, suivant l'époque. Mais la plus grande partie des oies qui paraissent sur nos marchés est destinée à la salaison. On attribue leur supériorité pour cet usage au maïs qui est exclusivement employé dans l'engraissement. Une quantité de 30 litres environ suffit à mener l'opération à bonne fin. Mortes, mais non vidées, nos oies pèsent en général de 14 à 18 kilog. la paire, et se vendent autour de 1 fr. 50 c. le kilogramme.

Les foies servent à fabriquer des pâtés truffés analogues à ceux de Strasbourg. Dans les familles riches, la maîtresse de maison ne dédaigne pas de participer, ou tout au moins de présider, à la confection de ses terrines de foies gras, pour lesquelles elle accepte, avec une satisfaction qui ne cherche pas à se dissimuler, les félicitations de ses convives.

On sait que la plume et le duvet de l'oie sont, pour la famille du petit cultivateur, une autre source de jolis profits. C'est sans négliger son ménage que la femme veille sur les couveuses et qu'elle donne ses soins aux oisons. L'industrie qui consiste à faire éclore les œufs et à vendre les petits, quelques jours après leur naissance, est généralement distincte de l'élevage. Celui-ci ne donne pas lieu à des entreprises importantes, mais à une multitude de petites spéculations s'exerçant sur des troupeaux dont les plus nombreux ne dépassent pas 40 têtes. Aussi, est-ce aux enfants qu'est dévolue la mission d'aller cueillir les herbes et, plus tard, de conduire la bande bruyante dans les chaumes. Les déboursés ne commencent guère qu'avec l'engraissement, opération largement rémunératrice.

On trouve des oies, non-seulement dans les fermes isolées, mais dans tous les hameaux et les villages, dans les localités les plus sèches comme dans les plus voisines des cours d'eau. En 1820, un voyageur spirituel notait sur ses tablettes que l'oie tient la place de la vache dans toutes les plaines de l'Aquitaine. Cette critique, très exagérée déjà pour l'époque où elle fut faite, le serait bien davantage aujourd'hui que le bétail à cornes est plus nombreux. Nous devons cependant reconnaître que, même actuellement, il est une multitude de lieux où cette fine observation ne serait pas déplacée. Est-ce à tort, est-ce à raison que le vieil usage du pays toulousain a prévalu ? Je crois que la constitution de la propriété et surtout l'influence du climat ont tranché souverainement la question en sa faveur.

§ 3. — Dindons.

Statistique. — Consommation locale. — Élevage.

Le dindon est, comme on sait, originaire de l'Amérique septentrionale, où il vit encore à l'état sauvage. On affirme qu'il atteint, dans ces conditions, un poids de 10 à 30 kilog., et que les femelles couvent de trois à quatre fois par an.

Au contraire, dans notre région méridionale, la femelle couve, à grand'peine, deux fois dans l'année, et le plus grand poids du mâle ne dépasse pas 10 kilog. Quoique notre race locale soit relativement assez forte, les sujets de huit mois n'atteignent pas, en moyenne, plus de 7 kilog. 500. Il n'est pas rare de voir des dindons au plumage panaché de blanc et de noir ; toutefois, la couleur noire est la plus commune.

L'élevage de cette volatile présente une grande importance dans la Haute-Garonne. La statistique officielle de 1862 lui attribue un effectif de 77,000 têtes. En 1865, la ville de Toulouse a consommé, à elle seule, près de 43,000 dindes. Indépendamment de ces quantités et de celles qui sont mangées dans le reste du département, nous faisons des expéditions importantes dans la Provence et dans l'Hérault.

On sait que le dindon est très délicat pendant les premiers mois de son existence. Il exige alors des soins infinis; l'humidité de l'air lui est surtout fatale. Il a besoin d'une nourriture tonique et variée. On affirme que l'ognon haché lui est très salutaire lorsqu'il *pousse le rouge.*

Après cette période, il devient robuste et bon marcheur. Il excelle alors à trouver son alimentation dans les champs, qu'il débarrasse des insectes nuisibles. Un enfant peut garder une centaine de dindons. Lâché dans les chaumes, le coq-d'Inde y fait ample moisson des graines bonnes et mauvaises qui sont tombées à terre, notamment de la folle-avoine que sa maturité précoce fait égrener plus qu'aucune autre dans nos guérets. En peu de temps, on réalise de beaux bénéfices par cette spéculation qui tend à se répandre, mais qui est loin encore d'avoir atteint tout le développement dont elle paraît susceptible.

Dès 1815, la Société d'agriculture de Toulouse, comprenant

toute l'importance de la question, ouvrait les colonnes de son journal à une monographie instructive sur le coq-d'Inde, composée par M. Cazeaux. Ne conviendrait-il pas, aujourd'hui, que la même compagnie prît l'initiative d'une exposition de volailles grasses qui mettrait en relief toutes les richesses de nos basses-cours ?

§ 4. — Canards.

Statistique. — Elevage. — Pâtés de foies gras.

L'élevage du canard est bien moins important que celui des oies dans la Haute-Garonne. Il compte 89,963 têtes. C'est encore un chiffre fort respectable, un peu supérieur à celui que présentent les dindons.

Le canard commun s'emploie pour les usages de la table. On réserve pour l'engraissement une variété plus forte qui provient du croisement des canes communes avec le canard de Barbarie, Le produit de ce métissage prend le nom de *Mulard*. Il arrive au poids de 4 et 5 kilog.

On sait que le canard exige de grands soins durant les premiers jours de sa vie. La pluie surtout lui est fatale. Mais lorsqu'il a pris des forces, sa robuste constitution lui permet de se plier à tous les régimes et de s'assimiler une foule de substances. C'est ainsi que, malgré qu'il aime beaucoup à nager et à barboter, il s'accommode parfaitement de la privation de ces ébats aquatiques. Sa facilité à digérer est devenue proverbiale.

Dans la Haute-Garonne, on engraisse le canard avec du maïs, de la même manière que l'oie ; il y aurait, paraît-il, avantage à concasser et à faire cuire ou fermenter le grain avant de le présenter aux animaux. Cette préparation en rendrait l'assimilation plus rapide et plus complète. C'est du moins ce qu'a prouvé une première expérience faite par M. Dupuy-Montbrun. Il a constaté qu'un lot de canards entretenu de cette façon avait employé sensiblement moins de temps et de nourriture qu'un autre lot soigné d'après la méthode ordinaire, pour atteindre à un poids identique. Les procédés employés pour saler la viande du canard, pour en préparer la graisse et accommoder les foies en pâtés, sont fort analogues à ceux dont on fait usage pour l'oie.

Le foie du canard est plus fin et plus délicat que celui de ce dernier volatile. Il sert à faire les meilleurs pâtés truffés que la charcuterie toulousaine expédie sur tous les points de l'Europe.

D'après les relevés officiels, la ville de Toulouse ne consomme-
rait pas moins de 34,000 canards par an. Elle emploie, en outre,
pour ses pâtés un nombre considérable de foies de canard et d'oie
qui lui sont expédiés de tous les points du département et
d'ailleurs.

⸲ 5. — Pintade.

Oscillation dans les prix de vente. — Débouchés.

La pintade (*numida meleagris*), qu'on nomme quelquefois poule
de Guinée ou de Numidie, n'est pas inconnue dans la Haute-
Garonne; mais ses goûts vagabonds, ses habitudes dévastatrices
et son cri dissonnant en ont restreint l'élevage. Ce n'est pas sans
raison que plusieurs écrivains voient dans la pintade le faisan de
nos contrées méridionales. Quand elle est jeune, en effet, sa chair
ressemble assez à celle du faisan. Il est même des amateurs qui
trouvent à chacun de ses membres un goût distinct qui rappelle
divers gibiers. C'est pour cela, sans doute, qu'après la clôture de
la chasse, elle atteint sur nos marchés le double de son prix ordinaire, et passe de 1 fr. 50 c. et 2 fr. à 3 fr. 50 c. et 4 fr.

En revanche, la pintade vieillie se montre inférieure à la poule.
Elle est plus coriace.

On sait que l'élevage de la pintade donne lieu, chez nous, à une
exportation assez considérable vers Cette et Marseille. Le poids
moyen des sujets oscille entre 1 kilog. et demi et 2 kilog.

§ 6. — Pigeons.

Statistique. — Législation. — Les pigeons de volière.

La statistique officielle de 1862 fixe, je ne sais d'après quelle
base, le nombre des pigeons du département à 430,697. Si jamais
évaluation a mérité la qualification d'hypothétique, c'est bien
celle-ci.

Du reste, nous sommes convaincu qu'il n'y a pas lieu pour nos
cultivateurs de se féliciter de cette richesse, car l'élevage du pigeon, réduit à *pourchasser son vivre* dans les semis et les récoltes,
est bien certainement la spéculation la plus insensée qu'on puisse
faire.

En 1854, nous avons publié sous ce titre : *Les pigeons nuisibles à
l'agriculture*, une étude dans laquelle, après avoir tracé l'histori-

27

que du sujet et signalé l'importance des dégâts que le pigeon cause à la production agricole, nous faisions connaître l'état de la législation sur cette matière, et nous applaudissions à une circulaire du préfet de la Haute-Garonne, qui recommandait l'exécution d'un arrêté préfectoral du 4 octobre 1811, lequel oblige les propriétaires de pigeons à les tenir renfermés pendant l'espace d'environ cinq mois, afin de remédier aux ravages que ces oiseaux causent aux récoltes (1).

Sans doute, disions-nous, malgré les sages règlements dont M. Migneret vient de recommander l'exécution et par suite de la variété des assolements, la protection accordée à l'agriculture n'est pas suffisante : certaines récoltes, comme celles du colza, ne sont pas convenablement défendues. Il serait nécessaire que la faculté accordée aux propriétaires de tuer les pigeons sur leur terrain, du moment qu'ils peuvent causer quelque dommage, fût étendue à toute l'année, comme cela avait été proposé par une circulaire du ministre du commerce, en date du 4 septembre 1835.

Ces rigueurs ne paraîtront pas abusives lorsqu'on saura qu'il résulte des calculs de M. Paris, cités par M. Bosc, l'une des premières autorités de la science, qu'un couple de pigeons bizets et les quatre petits qu'ils font dans l'année, vivant pendant cinq mois de céréales, de pois, de vesces et autres graines utiles, consomment la quantité de grain nécessaire pour entretenir un homme pendant un mois et demi, tandis que leur chair peut à peine le bien nourrir pendant un jour (2).

Nous pensons avec M. Morel de Vindé qu'en beaucoup de cas, l'élevage du pigeon de volière, engraissé dans la cour de la ménagerie, est préférable a celui du bizet, réduit à pourchasser son vivre *per fas et nefas*. Celui-ci, qu'on désigne communément sous le nom de *Tourier*, est exclusivement consommé sur les lieux de production, tandis que l'autre, vulgairement appelé *Patu*, donne lieu à une exportation assez considérable vers le bas Languedoc. Le prix moyen de ce dernier varie depuis 70 centimes en été, jusqu'à 1 fr. en hiver. Dans le Lauragais, ces petites éducations sont une source de profits par les valets de ferme auxquels elles procurent quelque argent pour leurs menus plaisirs.

----

(1) Les pigeons nuisibles à l'agriculture. (*Journal de Toulouse* du 23 août 1854.)

(2) *Dictionnaire d'agriculture*, note sur l'article PIGEONS.

§ 7. — Lapin.

Procédés d'élevage. — Choix des reproducteurs. — Débouchés.

Nous ne prendrons pas congé des hôtes de la basse-cour sans nous arrêter devant la loge du lapin. Hélas ! tout n'y est pas pour le mieux. Ici, c'est un réduit presque hermétiquement fermé qui laisse échapper, dès qu'on l'ouvre, des gaz nauséabonds. Point de litière sur le sol, l'urine ruisselle à terre et suinte au seuil de la porte. Des herbes salies et fermentées jonchent l'aire. Le lapin, qui est délicat, en gâte ainsi plus qu'il n'en mange. Faut-il s'étonner si, dans ce milieu malpropre, où il ne reçoit qu'une nourriture aqueuse, il devient victime des épidémies, et si sa chair contracte un mauvais goût ?

Tout cela est à réformer. Il faut au lapin de l'air, de l'espace et une couche assez épaisse (10 à 15 cent.) de litière menue qu'on renouvellera de temps en temps. Les éducateurs qui prennent ces précautions, ne préviennent pas seulement le gaspillage de la nourriture; ils soustraient les élèves à bien des causes morbides. C'est ainsi, par exemple, que les lapereaux échappent au mal d'yeux, résultant du dégagement des vapeurs ammoniacales.

Lorsqu'on nourrit uniquement les lapins au vert, et qu'on ne peut varier suffisamment la nourriture, il devient indispensable de leur administrer, de temps à autre, quelque aliment tonique : fenouil, anis, persil, chicorée amère, ou bien un peu de sel de cuisine ou d'écorce de saule. On prévient ainsi le relâchement de voies digestives et l'altération du sang.

Au contraire, lorsque les lapins sont tenus habituellement au sec, il est bon de varier quelquefois la nourriture par une alimentation rafraîchissante.

Toutes nos ménagères savent qu'il faut se garder de présenter aux lapins des herbes détrempées par la pluie ou la rosée, autrement on s'expose à leur voir contracter des indigestions mortelles.

Un soin particulier doit présider au choix des reproducteurs. On les prendra parmi les animaux les plus pesants, présentant au plus haut degré les caractères recherchés par le commerce. Il faut que la femelle ait, au moins, six mois révolus, pour la livrer au mâle. Lorsqu'elle sera nourrice, on ne manquera pas de mettre de l'eau à sa disposition, afin qu'elle ne soit pas tentée de dévorer ses petits pour étancher la soif qui la brûle.

Enfin, si l'on veut conduire les lapins à un engraissement rapide, il est bon d'associer une ration de grain à la nourriture verte. On assure que la castration des mâles est une pratique très profitable à l'éleveur. Elle n'est point en usage dans nos contrées.

L'importance de la cuniculture y est telle, cependant, qu'on devrait se préoccuper sérieusement d'en améliorer les procédés. Non-seulement, en effet, la production de la Haute-Garonne suffit à la consommation locale qui dépasse 20,000 têtes pour l'unique ville de Toulouse, mais encore elle fournit un contingent considérable à l'exportation vers le bas Languedoc.

§ 8. — Abeilles.

Statistique. — Amélioration à apporter dans les habitudes des apiculteurs.

Encore plus que le lapin, l'abeille aurait le droit d'accuser notre négligence. Que faisons-nous pour elle ? Quatre planches clouées ensemble, traversées dans le milieu de leur longueur par un croisillon et percées de petits trous à la partie inférieure, voilà la ruche. On la dresse sur quelques pierres le long d'un mur ou d'une haie, à une exposition qui n'est pas toujours la plus favorable ; puis on la recouvre au moyen d'une brique et l'on attend, avec insouciance, l'heure de la récolte. Le produit consiste, en général, en 2 kilog. 500 de cire et 6 kilog. de miel. Assez souvent même la négligence du propriétaire, nous n'osons dire de l'éducateur, cause la ruine de l'essaim.

En 1852, le département comptait, d'après la statistique officielle, 12,032 ruches. L'arrondissement de Muret en avait, à lui seul, plus de 4,000 ; celui de Toulouse et celui de Saint-Gaudens, près de 3,000 chacun ; enfin celui de Villefranche, un peu moins de 2,000. On estimait que la valeur totale de ces ruches s'élevait à 61,366 fr., ce qui ramène le prix moyen à 5 fr. 10 c.

La statistique de 1866 accuse l'existence de 13,876 ruches, soit 1,844 de plus qu'en 1852.

Le nombre pourrait être beaucoup augmenté. Mais on n'aura grand intérêt à le faire que lorsqu'on saura et qu'on voudra donner aux abeilles les soins qui leur sont nécessaires Les bons guides ne manquent pas à cet égard, car il n'est peut-être pas de branche de l'économie rurale que les savants et les hommes pratiques aient explorée avec plus de sollicitude et de bonheur. Huber nous a révélé les mœurs des abeilles, et plusieurs apiculteurs de mérite ont mis ses découvertes à profit pour le gouvernement de leurs ruches.

Entre les innombrables appareils que le génie inventif des amateurs a conçus et qui ne se recommandent pas, en général, par leur simplicité, nous signalerons la bonne ruche de M. Lombard. Elle consiste en deux compartiments superposés et séparés par une planchette percée de trous. Les abeilles déposent les rayons à la partie supérieure, en sorte que, pour faire la récolte, il suffit de détacher le chapeau. Mais cette opération fort simple présente le grand inconvénient de coûter la vie aux abeilles qui se rencontrent sur le passage du fil de fer qu'on fait circuler entre le couvercle et le corps de la ruche pour les séparer plus aisément. M. Radouan a fait disparaître ce danger en substituant à la planchette un petit grillage de bois. M. de Fravière l'a encore perfectionné par l'addition d'une seconde grille qui croise la première, à la distance de quelques centimètres. Cette disposition ingénieuse, mettant obstacle au prolongement des rayons dans le corps de la ruche, suffit pour empêcher la reine de continuer la ponte au-delà du double grillage. Nous n'hésitons pas à recommander les divers modèles que cet auteur propose pour les champs et pour les jardins. Ils réunissent une grande simplicité à l'entente parfaite des conditions nécessaires à la conservation de l'essaim, à l'abondance et à la qualité des produits.

Mais pour se procurer une belle récolte il ne suffit pas d'être en possession d'une bonne ruche bien peuplée, il faut encore la mettre à une exposition où elle n'ait pas à souffrir du froid ni même des fortes chaleurs. En outre, on prendra soin de protéger les abeilles contre les attaques des ennemis qui les assiégent dans leur demeure, et on veillera sur les approvisionnements de la république ailée afin qu'elle ne devienne pas victime de la disette lorsque les fleurs lui manqueront.

C'est aux instituteurs, surtout, qu'il appartient de répandre dans les campagnes le goût et les notions de l'apiculture. Cette industrie nécessite peu de frais pour donner de beaux produits. On ne saurait trop en favoriser le développement.

LIVRE IV

LES POPULATIONS OUVRIÈRES DANS LES CAMPAGNES

CHAPITRE PREMIER

LE MOUVEMENT DE LA POPULATION

Faits statistiques constatés dans la Haute-Garonne et dans les départements limitrophes. — L'augmentation de la population dans les villes coïncide avec le
dépeuplement des campagnes.

La nature a doté le département de la Haute-Garonne d'un sol
singulièrement varié, sur lequel la culture offre tous les caractères que commandent, dans les plaines, sur les coteaux et sur
les montagnes, la composition tranchée de la couche arable, la
différence considérable des altitudes et les conditions économiques les plus opposées. Des productions très diverses y trouvent
leur terrain naturel, depuis celles qui sont particulières au régime
pastoral, jusqu'à la culture maraîchère et à la floriculture. On y
rencontre des forêts, des terres à seigle, à blé, à maïs, des vignes,
des alluvions, des vergers et des pépinières.

Comme pour compléter ce tableau et résumer dans notre département toutes les conditions économiques et culturales du sol
français, une importante cité, chef-lieu d'un grand commandement militaire et d'un vaste ressort académique, s'élève au centre
de ce beau pays, exerçant au loin sur les populations méridionales l'énergique attraction d'une suprématie antique rehaussée
par la présence d'une cour qui a succédé au second parlement
du royaume, par la réputation de ses nombreuses écoles, par le
culte traditionnel des arts, des lettres et des sciences, par les
progrès de l'industrie et du commerce, enfin, par les jouissances
multiples de la vie de société.

Cette situation spéciale, si nettement caractérisée, nous a paru digne d'être observée avec soin, puisqu'à l'attrait, bien respectable à nos yeux, de l'intérêt local viennent se joindre des rapports saisissants avec l'état général de la société en France.

Nous ne reviendrons pas ici sur la condition des classes rurales sous l'ancien régime. Nous l'avons décrite ailleurs avec détail (1). Si la comparaison de ce temps avec la période contemporaine était propre à nous faire juger du passé par le présent, elle ne saurait jeter la même lumière sur les problèmes que présente l'époque actuelle. Nous nous bornerons donc à en suivre la filiation à dater de l'année 1789, qui a inauguré l'ère nouvelle.

Si l'on en croit le tableau de la population du royaume présenté par le comité d'imposition des taxes, le département de la Haute-Garonne ne comptait pas, au commencement de la Révolution, plus de 253,653 âmes. La commune de Toulouse avait, à cette époque, 55,068 habitants; en sorte que tout le reste du département, qui comprenait de plus qu'aujourd'hui l'arrondissement de Castelsarrasin, n'aurait pas eu tout à fait 200,000 âmes.

Quoique Arthur Young, en citant ce document, estime que c'est un guide sûr, parce que les instructions pour dresser les listes des contribuables étaient positives et explicites, et qu'il n'y avait, selon lui, pour le peuple, aucune raison de dissimuler en cette matière, nous nous garderons d'ajouter une foi absolue à de tels renseignements. S'ils étaient les meilleurs qu'on possédât à cette époque, ils n'en sont pas moins très éloignés de la certitude, bien relative encore à plusieurs égards, de nos statistiques contemporaines. En effet, lorsqu'on rapproche des 253,653 individus dénombrés par le comité d'imposition les chiffres officiels de l'an VIII (1800), on voit qu'en une dizaine d'années, signalées par de profondes commotions politiques, la population de la Haute-Garonne aurait gagné 151,921 habitants, ce qui accuse une progression supérieure de 150 pour 100 aux périodes les plus fécondes qui ont suivi. En présence d'une allégation aussi manifestement erronée, on ne saurait considérer comme précis les chiffres du comité d'imposition. Toutefois, ce tableau présente un grand intérêt, car les renseignements qu'il nous offre sont les moins fautifs qui nous restent, et, en les acceptant comme de simples données, on peut encore les consulter avec fruit. La seule conclusion que nous en voulions déduire et qui ne paraîtra pas sans doute exagérée, c'est que de 1789 à 1800, pendant que la

(1) Voir livre IV, p. 63.

population décroissait de près de 5,000 âmes dans la commune de Toulouse, elle augmentait dans le reste du département.

Les documents plus positifs que nous possédons sur les temps postérieurs établissent que, depuis le commencement du dix-neuvième siècle, la Haute-Garonne, considérée dans son ensemble mais séparée de l'arrondissement de Castelsarrasin, serait passée de 345,029 habitants à 493,724 (1).

En 1800, la commune de Toulouse renfermait 50,171 individus, ce qui ne faisait pas 15 pour 100 de la population totale ; aujourd'hui elle est à plus de 25 pour 100 avec les 126,936 âmes que le recensement de 1866 lui assigne.

Comment ce résultat considérable s'est-il produit? Quelles vicissitudes l'ont précédé ? Tels sont les points qu'il convient d'éclaircir, en jetant un coup d'œil rapide sur les faits, avant de les soumettre à un examen plus détaillé, qui nous conduira à l'appréciation des causes auxquelles on peut en rapporter l'existence.

Dans la période comprise entre 1800 et 1821, la Haute-Garonne vit sa population augmenter de 46,089 habitants. Sur ce nombre, la commune de Toulouse n'en gagna que 2,157. Ce n'est que plus tard, dans la période quinquennale de 1826 à 1831, qu'elle atteignit et dépassa le chiffre de 55,068 individus, qui représentait sa population en 1789.

De 1821 à 1826, Toulouse ne gagne à peu près rien; mais le reste du département s'enrichit de 22,558 habitants.

De 1826 à 1831, l'augmentation de la population approche de 7,000 âmes pour Toulouse ; elle se ralentit pour le reste du département, quoiqu'elle atteigne encore 13,885 individus.

Dans la période quinquennale suivante, la population du chef-lieu augmente plus promptement que jamais et passe de 59,630 habitants à 77,372. Par contre, la progression se ralentit encore dans le reste du département, qui ne gagne que 9,129 âmes.

De 1836 à 1841, les choses se passent en sens inverse : la ville perd quelques centaines d'habitants et le reste du département gagne 13,751 individus, chiffre à peu près égal à celui de l'avant-dernière période.

De 1841 à 1846, grand accroissement de la population de Toulouse, qui augmente de 17,271 âmes. Mais, par contre, le mouvement ascensionnel, qui s'était manifesté jusque-là dans le reste du département, fait place à une tendance prononcée vers la décroissance, qui se traduit par un déficit de 3,404 individus.

La période suivante, signalée par des catastrophes politiques et

---

(1) Voir aux pièces justificatives le tableau XII.

des crises économiques et sociales sans précédents, offre un brusque temps d'arrêt dans le mouvement inverse de la famille urbaine et de la famille rurale. Toulouse ne gagne rien ; mais le reste du département n'enregistre qu'une perte relativement insignifiante de 287 individus, fait bien essentiel à observer, à côté du déficit de la période antérieure et des pertes bien plus onéreuses encore que nous ne cesserons désormais de relever.

Ainsi, tandis que Toulouse gagnera 9,000 habitants, de 1851 à 1856, le reste du département éprouvera un déficit plus qu'équivalent à ce nombre.

Enfin, de 1856 à 1861, la populalion de la ville augmentera de plus de 10,000 âmes et atteindra le chiffre de 113,229 habitants, alors que celle des campagnes et des centres secondaires éprouvera une nouvelle perte de 7,251 individus. La même coïncidence est encore à signaler de 1861 à 1866. La ville gagne 13,707 habitants ; le reste du département en perd 4,064.

Que si maintenant revenant sur nos pas, nous groupons ensemble les résultats des vingt années qui ont précédé le dernier dénombrement pour mieux en pénétrer la signification, nous verrons que de 1841 à 1866 la population totale de la Haute-Garonne a passé de 468,071 âmes à 493,724. Mais cette augmentation n'a profité qu'à la commune de Toulouse, qui a reçu un surcroît de 49,971 habitants, tandis que le reste du département pris en masse comptait, en 1866, 24,318 individus de moins qu'en 1841. La perte moyenne est, par an, de 972 âmes ; tandis que de 1821 à 1841, on avait enregistré, dans les mêmes limites, une augmentation de 2,615.

Mais il y a plus encore ; car si, au point de vue spécial de la Haute-Garonne, les pertes faites par nos campagnes comparées à l'accroissement du chef-lieu, peuvent, à certains égards, être considérées comme un simple déplacemeut ayant produit, en fin de compte, un boni de 16,000 âmes, on ne saurait apprécier ainsi les faits en les étudiant à un point de vue plus général et en rapprochant du mouvement de la population dans la Haute-Garonne les documents recueillis dans les départements circonvoisins sur lesquels la ville de Toulouse exerce, à des degrés divers, son influence attractive.

Pendant la période décennale 1851-1861, l'Ariége, l'Aude, le Tarn, le Tarn-et-Garonne, le Gers et les Hautes-Pyrénées, ont perdu 55,471 habitants. Or, durant cet intervalle, notre département, même en y comprenant la ville de Toulouse, n'a gagné que 2,471 âmes ; de sorte que si l'on compense les résultats, on trouve qu'en dix ans la Haute-Garonne et les six départements limitrophes ont perdu exactement 53,000 âmes.

Dans la première moitié de cette période, le déficit s'était élevé à 42,666 habitants ; dans la seconde, il s'est arrêté à 10,534. Le fléau a donc diminué d'intensité, mais sans suspendre son cours. Le dénombrement qui a eu lieu en 1866 a donné des résultats moins défavorables, puisque la population des six départements voisins, pris dans l'ensemble, est restée presque stationnaire. L'Ariége, le Gers et le Tarn-et-Garonnne ont perdu 7,092 habitants qui ont été regagnés par l'Aude et le Tarn. Le mal s'est localisé, mais il sévit d'une manière inquiétante dans trois de nos départements. Il faut même remarquer que, dans les autres, les communes rurales ont été généralement éprouvées à l'instar de ce qui a eu lieu dans la Haute-Garonne, où Toulouse a gagné près de 14,000 habitants, tandis que le reste du département en perdait plus de 4,000. Les recherches de M. Alby ont mis ce résultat hors de doute pour les quatre arrondissements du Tarn.

En étudiant le mouvement de la population dans la Haute-Garonne, nous avons été frappé de l'étroite relation qui se manifeste, à cet égard, entre la destinée de l'antique capitale du Languedoc, devenue le foyer des arts industriels dans le Midi et celle des campagnes environnantes. Nous avons reconnu, tour à tour, que les époques du plus grand accroissement de la population, dans ces dernières années, coïncidaient avec le développement le plus lent de la prospérité du chef-lieu, et que les temps les plus favorables pour la grande ville étaient contemporains de de la décadence de la vie rurale. Nous avons constaté, à chaque période quinquennale, l'existence de ces courants opposés, et nous les avons vus tantôt précipiter et tantôt ralentir leur marche, mais toujours simultanément et comme si quelque force cachée leur imprimait une impulsion commune (1).

(1) Des faits analogues sont signalés de toute part, en voici un exemple frappant :

Dans l'arrondissement d'Avallon (Yonne), il y avait, d'après les recensements, dans la catégorie de l'agriculture :

En 1856............................... 28,755 individus.
En 1861............................... 27,740 — (
En 1866.......:....................... 25,788 —

Dans les catégories de l'industrie et du commerce :

En 1856............................... 9,994 individus.
En 1861...... .... 11,122 —
En 1866............................... 12,721 —

Maintenant que ces points sont bien établis, recherchons, dans le développement historique des faits sociaux, les causes originelles de la situation qui nous est faite. Nous étudierons ensuite cette situation elle-même avec ses divers caractères, et nous nous attacherons à résoudre les problèmes qu'elle soulève.

CHAPITRE II

L'AGRICULTURE ET L'INDUSTRIE

L'industrie sous l'ancien régime, la Convention et le Directoire. — Système commercial de l'Empire; condition des classes rurales. — L'industrie et l'agriculture sous la Restauration ; opinion de M. de Malaret sur les effets du sytsème protecteur ; situation des populations ouvrières. — L'agriculture et l'industrie sous le gouvernement de Juillet; les classes rurales. — La crise de 1848. — Les salaires et la dépopulation des campagnes (1850-1866) ; l'émigration; progrès de l'industrie (1852-1862). — Parallèle entre la situation faite à l'industrie et à l'agriculture par le régime commercial en vigueur.

Sous l'ancien régime, malgré les efforts et les sacrifices des Etats de Languedoc, l'industrie s'était trouvée gênée dans ses développements hors de la Province par les traites ou douanes, surtout par la traite domaniale que les rédacteurs de l'*Encyclopédie* regardaient comme destructive du commerce étranger et principalement de l'agriculture. A l'intérieur, elle était limitée quant à la demande, par la pauvreté du consommateur et, quant à la production, par un monopole destructif de la concurrence qui seule, en abaissant la valeur échangeable des produits, aurait pu les rendre accessibles à un plus grand nombre d'acheteurs.

Ainsi l'agriculture a perdu, en dix ans, 2,967 individus, et l'industrie et le commerce ont gagné 2,727 individus.

Le nombre des ouvriers agriculteurs, à la journée, de toute nature, était :

En 1856, de.... .... 13,721 individus.
En 1861, de........................... 9,125   —
En 1866, de........................... 6,132   —
Plus de la moitié ont disparu en dix ans.

(RAUDOT, Correspondant du 25 mars 1867.)

Dans ces conditions, la somme de main-d'œuvre nécessaire à l'industrie, loin d'être considérée comme un danger ou un obstacle pour l'exploitation du sol, était régardée, au contraire, comme un palliatif heureux mais bien insuffisant contre les souffrances de cette multitude que l'état arriéré de l'agriculture laissait sans emploi, c'est-à-dire dans la gêne et souvent dans la détresse.

Sous l'empire des causes que nous avons fait connaître, les objets manufacturés étaient tenus à un prix élevé, relativement aux matières premières et aux produits naturels. On conçoit qu'il n'en pouvait être différemment, l'industrie nationale restant étrangère aux progrès de la fabrication ; c'était la conséquence d'un système commercial exclusif, formulé, comme toutes les institutions de l'ancien régime, dans l'intérêt du petit nombre.

Colbert, qui avait le sentiment de l'heureuse influence que l'abondance des denrées de consommation exerce sur la prospérité des peuples, avait autrefois tenu compte de leurs intérêts, et, selon la remarque de M. Amé, juge très compétent en ces matières, il restait, jusqu'à ces derniers temps, beaucoup à faire dans notre législation douanière pour rendre aux transactions internationales le degré de liberté que leur avait laissé ce grand ministre.

Après lui, en effet, les surcharges et les prohibitions se multiplient. Une pénalité barbare s'impose à la conscience des juges. C'est ainsi qu'après l'arrêt de 1716, qui prescrivait de brûler les étoffes de l'Inde introduites en France, le gouvernement renouvela, le 8 juillet 1721, la défense de vendre, d'acheter et de faire usage, sous peine de mort, des tissus de l'Inde et de la Chine.

Enfin, sous l'influence des lumières que les économistes venaient de jeter sur les lois de la production des richesses, et grâce aux idées de justice et d'égalité qui avaient pénétré dans la société du dix-huitième siècle, nos diplomates, dont les intentions valaient d'ailleurs mieux que les actes, conclurent le traité de 1786. Cet accord, en favorisant l'introduction en France des produits manufacturés en Angleterre, créait un stimulant à l'industrie nationale et servait les besoins de la masse des consommateurs. Mais cette réforme, opérée au sein d'une nation profondément agitée par le sentiment de ses maux et inquiète sur l'avenir, fut vivement attaquée par les industriels dont le monopole s'était si longtemps exercé au préjudice des consommateurs. D'un autre côté, les avantages illusoires qu'on avait stipulés pour nos vins laissant subsister un droit exorbitant de 1 fr. 25 c. par litre, le traité de commerce ne profita qu'aux premiers crûs. La plupart des pays vinicoles, ainsi mis hors de cause, n'élevèrent pas leur voix contre les clameurs des centres industriels qui finirent par obtenir de l'Assemblée nationale un remaniement des tarifs.

La guerre que la Convention déclara à l'Angleterre fut, des deux parts, le signal de nouvelles rigueurs. On en vint à décréter que toute personne convaincue de *se servir* de marchandises de la Grande-Bretagne serait réputée *suspecte* et punie comme telle. Or, on sait ce que cela signifiait dans le langage du temps.

Le Directoire adoucit les rigueurs de la pénalité, mais seulement pour en assurer l'application ; au fond, il ne se montra pas plus libéral. Le haut prix auquel l'absence de la concurrence tenait les produits de l'industrie française n'était pas de nature à transformer les habitudes traditionnelles d'une génération façonnée aux privations de toute sorte par la dure condition dans laquelle elle avait vécu sous l'ancien régime. Il en résulta que le développement de la richesse publique qui, suivant l'influence des lois économiques et les tendances morales, tantôt tourne plus particulièrement au progrès du bien-être, tantôt à l'augmentation des naissances, se porta plus spécialement vers ce dernier but.

Là où il y a un pain, il naît un homme, a dit un physiologiste célèbre du dix-huitième siècle. C'était encore, à l'époque qui nous occupe, la vraie formule du temps. La Révolution, en rendant à l'individu ses droits naturels, et en émancipant le travail, suscita une émulation féconde qui contribua au développement de la richesse publique. Comme il surgit des pains, il naquit des hommes. La population qui, d'après la correspondance du subdélégué était, depuis dix ans, stationnaire dans le diocèse de Toulouse en 1788, prit un grand développement à dater de cette époque. Si l'on en juge d'après les chiffres recueillis par le comité d'imposition, le département de la Haute-Garonne n'aurait pas eu en 1789 plus de 253,653 habitants, y compris même l'arrondissement de Castelsarrasin qui, plus tard, en fut détaché quand Napoléon 1er créa le département de Tarn-et-Garonne. Or, en 1800, déduction faite du contingent de Castelsarrasin, notre département comptait, d'après les archives statistiques, 345,029 individus. Sans doute, on peut contester l'exactitude rigoureuse de ces chiffres, mais il n'est pas possible d'en méconnaître la signification générale.

Les rigueurs que l'Empire exerça, à titre de provocation ou de représaille, contre le commerce étranger, eurent pour effet d'élever encore le prix des objets manufacturés, toujours au préjudice des consommateurs. Cela fit la fortune de quelques industriels, mais en comprimant l'essor du travail national, en sorte que le bien-être des populations s'améliora peu.

Nous lisons dans un écrit du temps qu'en 1815 le maïs formait la principale et souvent l'unique ressource du peuple dans nos campagnes. On confectionnait avec ce grain un pain vulgairement appelé *mistras* et une bouillie qui, sous le nom de *millas*, est encore servie sur toutes les tables dans la contrée. Le maïs jouait alors un rôle vraiment providentiel en présence du bas prix des salaires et de la cherté du froment. De 1800 à 1805, le blé avait valu en moyenne, 22 fr. 30 c. l'hectolitre sur le marché de Toulouse. De 1806 à 1811, les cours descendirent à 19 fr.; mais de 1811 à 1815, ils s'élevèrent à 25 fr. 79 c. Les classes rurales trouvèrent aussi quelque adoucissement aux privations que leur imposait cette cherté excessive, dans la culture de la pomme de terre qui, depuis quelques années, était en train de se répandre. On sait que M. de Lapeyrouse contribua beaucoup à propager cette plante bienfaisante. C'est un service qui mérite d'être rappelé, à côté de ceux que ce savant a rendus à la science et à son pays.

L'habitation de l'ouvrier ne valait pas mieux alors que sa nourriture. Dans nos plus riches cantons, les bâtiments ruraux étaient construits en pisé ou en *paillebart*, et n'avaient qu'un rez-de-chaussée très resserré. « Le four, lisons-nous dans une description qui date de 1814, est souvent adossé à la cheminée de la métairie et sa bouche y est ouverte. Toutes les constructions ne reçoivent du jour que par la porte : on peut en conclure qu'elles sont peu salubres pour tout ce qui les habite. »

Mais la population rurale n'était pas seulement atteinte dans son bien-être par la cherté des subsistances et de tous les objets de consommation, elle était de plus en plus décimée par la guerre. Aussi, tandis que, en cinq ans, de 1800 à 1806, le département, moins la ville de Toulouse, avait gagné 21,374 âmes, il lui fallut ensuite près de quinze années pour prendre un semblable accroissement. Il est même essentiel de remarquer qu'en 1821, époque où on put constater une nouvelle augmentation de 22,558 habitants, cinq années de paix et de prospérité avaient cicatrisé les plaies que les gloires et les revers de l'Empire nous avaient léguées.

Cependant les chambres de la Restauration ne se montrèrent pas plus libérales que le gouvernement déchu vis-à-vis des produits fabriqués à l'étranger. Les industriels purent amasser de grosses fortunes sans imprimer une grande activité au travail national et sans mettre leurs produits à la portée du plus grand nombre. On a calculé qu'en 1820 on ne comptait en France que 17 individus sur 100 occupés aux manufactures, tandis qu'il y en avait 47 sur 100 en Angleterre. Chez nous, cette branche

de l'activité nationale était donc alors bien loin de faire une concurrence sérieuse à l'exploitation rurale pour la main-d'œuvre ;
ce qui ne l'empêchait pas de compromettre, à d'autre égards, les
intérêts agricoles. Les priviléges dont elle était en possession
donnèrent lieu à des plaintes bien légitimes dont M. de Malaret
se fit l'écho parmi nous. Voici comment s'exprimait, en 1825,
cet homme justement distingué par la variété et la solidité de ses
connaissances, par la noblesse de ses sentiments et par son attachement aux intérêts du Midi : « Le système prohibitif d'importation et d'exportation et les droits des douanes, qui reçoivent
chaque année de nouveaux accroissements, ne sont pas moins
nuisibles (que les droits d'enregistrement et les impôts indirects)
aux. intérêts de l'agriculture. Ce serait une question très susceptible d'être discutée que celle de savoir si ces droits sont favorables
aux intérêts bien entendus des fabriques pour lesquelles ils ont été
créés ; mais ce qui n'est pas douteux, c'est le préjudice qu'ils
causent aux cultivateurs par l'élévation qu'ils maintiennent dans
le prix des objets qui leur sont nécessaires. Sans nous occuper
ici de leurs besoins personnels comme consommateurs, il nous
suffira de faire remarquer que le fer, ce métal si précieux sans
lequel l'agriculture ne saurait exister, a éprouvé, depuis peu de
temps, une augmentation très sensible, relative aux droits prélevés sur les fers étrangers à leur entrée en France...

« La préférence accordée à l'industrie manufacturière est donc
la principale cause de la détresse de l'agriculture, car il ne dépend
pas de celle-ci de produire à bon marché, comme on le lui recommande sans cesse, tant que les objets qu'elle est obligée de solder
auront une valeur comparativement plus élevée que les denrées
qu'elle peut livrer au commerce. Il faut donc, pour qu'elle puisse
prospérer, que le système prohibitif et les droits de douane pèsent
également sur toutes les provenances de l'étranger ou qu'elles
soient toutes admises aux mêmes conditions. Alors les dépenses
de l'agriculture se mettront en harmonie avec la valeur de ses
produits, et le commerce se chargera de maintenir à peu de frais
cet équilibre, toutes les fois que la facilité des communications le
lui permettra. »

Ce ne fut pas ce dernier parti que l'on prit, et nos industriels
purent même se rassurer pour longtemps sur le sort de leurs priviléges lorsque, à l'occasion de la loi sur les céréales, un pacte
léonin leur valut l'appui des grands propriétaires dont la législation afficha l'intention de protéger particulièrement les intérêts.

Cependant, malgré les prévisions des auteurs de la loi, le prix
moyen des blés à Toulouse ne dépassa pas 16 fr. 89 c., de 1820 à

1830. Le salaire de l'ouvrier rural aux environs de cette ville s'étant élevé, d'après nos calculs, à 256 fr. 70 c. pendant cette période, il représentait une valeur de 15 hectol. 19 litres de blé. Or, nos recherches sur la condition des classes rurales sous l'ancien régime nous ont montré que, de 1785 à 1790, l'homme de journée ne gagnait pas, dans ces mêmes lieux, plus de 162 fr. 43 c., soit 9 hectol. 59 litres de blé au cours du temps.

L'immense amélioration qui s'était opérée de toute part dans la rémunération du travail agricole depuis 1789 avait jusqu'alors plutôt favorisé l'accroissement de la population que tourné au profit de son bien-être. C'était, comme nous l'avons dit, la conséquence des habitudes sobres des classes rurales et du haut prix des objets manufacturés.

On peut se faire une idée assez exacte du régime économique auquel les classes ouvrières étaient soumises dans nos campagnes par la manière dont elles étaient logées. La négligence était si grande sur ce point, que la Société d'agriculture de la Haute-Garonne crut devoir prendre l'initiative des améliorations en mettant la question au concours en 1825. Elle proposa une médaille d'or de 300 fr. à l'auteur du meilleur mémoire sur les moyens de rendre plus commodes et plus salubres les habitations des cultivateurs. Le prix ne fut pas décerné, mais une médaille d'encouragement fut attribuée l'année suivante à M. Lebrun, architecte à Castres. J'emprunte les détails qu'on va lire au programme de ce concours. « Les habitations laissent à désirer sous le rapport de la salubrité, le plus essentiel de tous. Le sol des maisons est ordinairement plus bas que le terrain qui les environne ; les planchers n'ont pas assez d'élévation, l'air circule mal dans l'intérieur. Sous le rapport de la commodité, on n'a encore obtenu aucune amélioration. La porte d'entrée est ordinairement le seul moyen pratiqué pour obtenir du jour et de l'air. Il résulte de cette disposition que, dans l'hiver, les maisons sont excessivement froides, et cependant le pauvre aurait grand besoin de suppléer par une clôture plus exacte à la cherté du combustible dont il manque presque toujours. Les distributions intérieures sont faites sans discernement, sans aucune prévoyance pour les besoins de la famille. Les dépendances, ajoutait-t-on, sont insuffisantes ; la demeure des animaux est en général malsaine, étroite, et leur occasionne de fréquentes maladies. » Les faits que le programme de 1825 nous révèle sont trop significatifs pour qu'il soit nécessaire d'insister davantage sur ce point spécial.

La période comprise entre 1821 et 1831 présenta, jusqu'à la fin, les mêmes caractères. Nous en trouvons une nouvelle

preuve dans un discours très remarquable, prononcé en 1829 à
la Société d'agriculture de Toulouse par M. Fouray de Salimbény,
juge de paix à Muret. « Il est trop certain, disait-il, que les
classes inférieures en France, plus par l'empire de l'usage que
par l'impossibilité d'y atteindre, sont loin de se permettre une
consommation convenable au maintien de leurs forces et de leur
santé. Le laboureur, qui arrose de ses sueurs les champs les plus
fertiles, ne se nourrit le plus généralement que de pain de seigle
et ne s'abreuve que de piquette ; élevant des volailles, trafiquant
des bœufs, nourrissant des bêtes à laine et cultivant des vignes,
il vit sans vin, sans viande, sans drap et sans souliers, et cependant nous nous plaignons du défaut de consommateurs ; où en
trouverons-nous de plus rapprochés ? Ne craignons donc pas de
produire trop ; mais faisons en sorte qu'on consomme davantage,
et pour cela multiplions nos produits, au point de les rapprocher
des classes inférieures. Or, il est facile de prévoir qu'à cet égard
une révolution dans les usages est imminente. La génération qui
passe, élevée dans la privation des objets de vêtement et de nourriture dont nous avons parlé, n'ose pour ainsi dire se les permettre ; mais celle qui la suit n'imitera pas cette réserve. »

La révolution économique que M. de Salimbény avait si clairement entrevue, nous la voyons s'accomplir depuis quelques
années ; mais, à l'époque où il écrivait, la population rurale, qui
n'avait pas encore appris à élargir et à varier ses consommations
en produits naturels et qui ne pouvait guère se permettre l'usage
onéreux des produits manufacturés, mettait au produit de son
développement numérique ce qu'elle refusait à son bien-être.
De 1821 à 1826, elle augmenta de 15,551 individus ; de 1826 à
1831, elle en gagna 13,885 ; soit, en dix ans, 29,436.

La période décennale comprise entre 1830 et 1840 est marquée
par des faits analogues. Le salaire annuel des ouvriers ruraux,
dans la banlieue de Toulouse, s'éleva à 265 fr. 85 c. ; mais comme
le blé valut en moyenne 18 fr. 18 c., le salaire ne représenta que
14 hectol. 61, tandis que dans la période précédente il avait égalé
15 hectol. 19. La population agricole continua à augmenter, mais
avec plus de lenteur. Elle gagna 22,880 âmes au lieu de 29,436.

L'industrie, fort restreinte encore dans ses développements,
n'occupait pas beaucoup de bras. L'usage de ses produits était
médiocrement répandu parmi la classe ouvrière, ce qui tenait,
comme nous l'avons dit, aux habitudes des consommateurs et au
prix élevé des articles qu'on leur destinait. Les choses même
étaient poussées si loin, que c'était alors une opinion répandue dans
notre pays que la production industrielle y surpassait les besoins

de la population. Un membre de la Société d'agriculture de Toulouse fit très judicieusement remarquer, dans un article inséré
en 1831, dans le *Journal des propriétaires ruraux*, que « c'est
le peu de consommation que la classe des prolétaires fait des
étoffes qui cause cette surabondance des produits ; que l'instruction et l'aisance, disait-il, se répandent dans les campagnes,
et bientôt on pourra établir de nouvelles fabriques. » L'avenir ne
tarda pas à justifier cette appréciation.

A défaut de la concurrence étrangère, les expositions et la
concurrence intérieure firent faire de notables progrès à l'industrie. Le goût du confortable et du luxe se développa dans les
classes riches avec l'étendue de leurs ressources. Bientôt il devait
se propager parmi les petits propriétaires et les petits rentiers, et
gagner enfin la classe des prolétaires au préjudice de l'épargne.
Les résultats de cette importante révolution apparaissent dans
la période de 1840 à 1850. La consommation des produits industriels, sous des formes infiniment variées, prend un tel développement, que, pour satisfaire à la demande, la production doit
emprunter à la culture des forces qu'elle ne lui rendra point parce
qu'elle pourra les mieux payer.

Jusque-là, le peuple des campagnes avait participé à l'accroissement général de la population. Si, depuis l'année 1800, l'augmentation était de 53 pour 100 dans la commune de Toulouse,
elle atteignait 33 pour 100 dans le reste du département. Cet
état de choses change en 1840. La population de la Haute-Garonne
continue à augmenter, elle gagne en cinq ans 13,867 âmes ; mais
cet accroissement est tout entier au profit de la grande ville,
centre des industries du luxe : non-seulement la campagne ne
gagne rien, chose inouïe jusque-là, mais, de plus, elle perd
3,404 habitants. Il est à remarquer que l'augmentation qui se
produisit pendant cette période sur le prix des grains ayant con-
tre-balancé l'élévation graduelle des salaires, l'homme de journée
ne vit pas améliorer beaucoup son bien-être dans les campagnes.
On peut présumer que cette circonstance dut contribuer à ouvrir
les yeux à nos manouvriers sur les avantages que présentait la
grande ville où s'exerçaient des professions plus lucratives. La
facilité toute nouvelle des communications et les échos de la
publicité rendaient le parallèle facile à une masse de travailleurs.
Il convient d'ajouter aussi que la direction tout au moins indécise et le caractère trop peu religieux de l'instruction primaire tendaient à enlever à la jeunesse cet attachement au sol qui fait le
charme de la vie champêtre.

Dans ces dispositions d'esprit, comment l'ouvrier rural aurait-il

pu résister à l'appât des gros salaires, alors surtout que la prévoyante sollicitude de l'assistance publique dans les villes éloignait de lui les causes et les suites de la misère. Or, dans nos
campagnes, rien de semblable n'était organisé et il s'en fallait
beaucoup que l'agriculture pût rétribuer la main-d'œuvre aussi
chèrement que l'industrie, elle qui ne recevait qu'une protection
illusoire à peine propre à donner le change aux esprits prévenus
sur le monopole exercé à ses dépens; elle, enfin, qui n'obtenait
pour ses produits vinicoles ni la liberté du marché français, ni
le bénéfice des stipulations internationales. Il faut le reconnaître,
en effet, le régime parlementaire, qui a donné à la France de
longues années de paix et de liberté qui ont tourné au profit de
tous les citoyens, s'est cependant trop souvent inspiré de l'intérêt
exclusif des classes dont il était la personnification.

  La révolution de 1848, en substituant tout à coup à un pouvoir oligarchique l'autorité de la démocratie, montra aux regards
étonnés de la France et du monde une force nouvelle, dont la
puissance gouvernementale et conservatrice n'était pas même
soupçonnée de ceux qui aspiraient à l'élever. Il est vrai que ce
pouvoir, qui avait d'abord rallié sous la bannière de la fraternité
chrétienne toutes les forces vives de la société et qui, dans le
principe, avait maintenu l'ordre et la concorde entre les citoyens,
ne tarda pas à s'affaiblir par la convoitise coupable des uns et par
les aspirations rétrospectives des autres. L'élément démocratique
ainsi divisé menaçait de sombrer dans l'anarchie, quand un bras
puissant le sauva.

  La domination tumultueuse de la République et la crise alimentaire qui l'avait précédée portèrent une terrible atteinte au
travail national. Toutes les sources de la prospérité tarirent simultanément. Cette fois, les pertes de l'agriculture ne profitèrent pas
à l'industrie; l'une et l'autre furent frappées du même coup. La
population de la Haute-Garonne cessa de s'accroître, ce qui
n'était pas encore arrivé depuis le commencement du siècle. De
1846 à 1851, le département éprouva un déficit de 328 habitants.
La perte, en dehors de la commune de Toulouse, fut de 287 individus. On se souvient que, dans la période quinquennale précédente, le déficit de la population rurale avait été de 3,404; il allait
être beaucoup dépassé dans la suite. Ce temps d'arrêt dans le
mouvement progressif de la population du département dénote
l'état de gêne des consommateurs qui avait restreint la production et le commerce des objets de luxe. L'industrie paralysée cessa
de faire à l'agriculture une concurrence désastreuse pour la main-
d'œuvre; d'un autre côté, la condition de nos travailleurs profita

de la baisse des céréales. Le prix du blé, après être monté très haut, s'avilit complétement ; de sorte que le cours moyen de la période décennale 1840-1850 ne dépassa pas, à Toulouse, 19 fr. 05 c. Or, le salaire ayant continué à s'élever jusqu'à 291 fr., il put être échangé contre 15 hectol. 28 litres de blé.

Le mouvement de hausse se prolongea de 1850 à 1860. Le salaire atteignit, en moyenne, 348 fr. 94 c. ; mais comme le prix du blé passa de 19 fr. 05 c. à 21 fr. 72 c., l'augmentation n'excéda pas 78 litres de blé. C'était peu pour arrêter le courant, qui entraînait l'ouvrier rural vers les centres industriels, vers les grands travaux d'embellissement entrepris dans les villes et vers les innombrables chantiers des chemins de fer. Aussi, la dépopulation des campagnes prit-elle un développement extraordinaire. Les communes rurales de la Haute-Garonne perdirent, en dix années, 16,563 habitants, et l'ensemble du département, en y comprenant Toulouse, ne gagna pas tout à fait 2,500 âmes.

Autour de nous, on eut à enregistrer des faits plus douloureux, puisque les six départements circonvoisins perdirent, dans le même temps, 55,471 âmes. Cependant, là, comme chez nous, le prix du travail avait suivi une progression ascendante, ainsi que le prouvent les chiffres consignés dans notre tableau récapitulatif des salaires dans le vignoble de Gaillac (Tarn). De 1851 à 1861, les hommes gagnèrent 326 fr. 31 c., et purent se procurer avec cette somme 15 hectol. 02 de froment.

De 1861 à 1866, nous avons à signaler dans les environs de Toulouse une nouvelle et rapide augmentation. Le salaire s'élève en moyenne à 382 fr. 53 c., et comme le prix moyen du blé descend de 21 fr. 72 c. à 20 fr. 66 c., l'ouvrier peut acheter, avec la rémunération de son travail, 18 hectol. 51 de froment au lieu de 16 hectol. 06. A Gaillac, on eut à enregistrer des faits analogues (1). Or, il faut remarquer que ce surcroît considérable de charges pour l'entrepreneur de culture n'a pas coïncidé avec un accroissement de revenu, — bien au contraire. Aura-t-il du moins arrêté la dépopulation des campagnes ? Hélas ! le recensement de 1866 a justifié à cet égard les craintes qu'on avait conçues. Le département de la Haute-Garonne, considéré dans l'ensemble, gagne, à la vérité, 9,643 habitants ; mais si l'on isole la commune de Toulouse, la perte est de 4,064 âmes. On peut encore se faire une idée du dépeuplement de nos campagnes et de la concentration de la population dans les villes, par ce fait signalé par M. Godoffre dans son Annuaire de 1868, que, depuis

---

(1) Voir aux pièces justificatives, tableau X.

dix ans (1856-1866), on compte, dans la Haute-Garonne, 11 communes descendues à la catégorie de 100 à 200 habitants; 12 à celle de 301 à 400, 3 à celle de 401 à 500; tandis que 2 sont montées à la catégorie de 1,501 à 2,000, et 1 à celle de 4,001 à 5,000 habitants. Ces résultats n'étonneront personne, par la raison bien simple que, malgré les sacrifices de nos propriétaires, le salaire des agents ruraux est resté inférieur à celui qu'offraient, au sein même de nos campagnes, les innombrables chantiers des chemins de fer en construction et, dans les villes, les grands travaux d'embellissement ainsi que les ateliers industriels.

Ajoutons encore que dans nos cantons montagneux, où les conditions de la vie rurale sont les moins favorables pour l'ouvrier, il continue à chercher, soit dans la profession de colporteur, soit dans l'émigration en Amérique, un remède suprême à la soif de bien-être qu'il éprouve.

Dans l'arrondissement de Saint-Gaudens, en particulier, on voit tous les ans de nombreuses familles de cultivateurs partir pour Buenos-Ayres, Montevidéo, Rio-Janeiro, la Havane, etc. Les hommes fournissent à l'émigration un contingent beaucoup plus considérable que les femmes; aussi le dénombrement de 1866 assigne-t-il au sexe féminin une supériorité marquée dans cet arrondissement (4,515 individus, sur une population totale de 136,265 habitants); tandis que, dans ceux de Muret et de Villefranche, qui sont également agricoles, le sexe masculin est au contraire un peu plus nombreux (dans l'ensemble, 536 individus sur une population totale de 149,958 habitants).

On estime qu'une moitié environ des émigrants rentre dans la mère patrie après avoir fait fortune, et s'empresse de prendre rang parmi les propriétaires du sol. L'Amérique et les grandes villes du continent sont les centres du mouvement qui entraîne les populations rurales. Chacun a sa sphère d'action. L'éloignement diminue beaucoup l'énergie du premier de ces courants au profit de l'autre. On ne voit guère s'expatrier vers le Nouveau-Monde que les cultivateurs placés dans des situations entièrement défavorables, tandis que les familles de paysans qui habitent dans le voisinage des villes vont successivement se fixer dans leurs faubourgs aussitôt qu'une occasion favorable, dès longtemps attendue et préparée, vient à s'offrir. Dans cette dernière étape, que les domestiques et les individus appartenant aux divers corps d'état franchissent sans s'y arrêter un instant, le manouvrier se prépare à porter ses pénates au cœur même de la cité, centre des professions les plus lucratives et des plaisirs faciles. C'est dans ces idées qu'il élève sa progéniture.

Le départ des familles rurales habitant le voisinage de la grande ville laisse la place libre aux populations qui vivent plus reculées dans l'intérieur des terres, où l'absence de la concurrence industrielle tient les salaires à plus bas prix. Avides de bien-être, celles-ci se précipitent, à leur tour, vers la condition meilleure qui s'offre devant elles. C'est ainsi que le mouvement d'émigration s'exerce de proche en proche, et avec d'autant plus d'intensité que la prospérité des centres industriels est plus grande. Sans doute, chaque famille ne séjourne pas, inévitablement, dans toutes les stations que nous avons décrites ; mais telle est cependant la voie la plus suivie, et l'on peut affirmer qu'en général les choses ne se passent pas autrement dans le Sud-Ouest et, en particulier, dans la Haute-Garonne.

Or, on sait que s'il est, chez nous, peu d'établissements industriels fort considérables, on en compte une multitude d'assez importants : 2,300 environ dans le département, dont 800 à Toulouse. La production est extrêmement variée. Sous ce rapport, notre petite capitale ressemble à Paris. La statistique la plus récente porte à 12 millions la valeur vénale des établissements que l'industrie privée compte à Toulouse. Le chiffre de leur fabrication dépasse 55 millions, et le nombre des ouvriers qu'ils occupent atteint 8,587.

Pour l'ensemble du département, la valeur vénale des établissements industriels est de 27 millions ; le chiffre de leur fabrication surpasse 96 millions de francs, et ils comptent un personnel de 16,000 individus. Ces renseignements se rapportent à l'année 1862. Or, en 1852, d'après la statistique officielle, notre industrie manufacturière n'occupait que 4,039 hommes, 1,072 femmes et 980 enfants ; soit, en totalité, 6,091 personnes ou 10,000 de moins. On peut juger par là des développements qu'elle a pris. Encore même cet effectif de 16,000 individus, quelque considérable qu'il paraisse, est bien loin de donner une idée complète du nombre des ouvriers occupés en dehors des travaux agricoles. En effet, il ne comprend pas tous les corps d'état, mais seulement ceux qu'on peut considérer comme se rattachant d'une manière directe à la confection des produits industriels.

M. de Planet, dans un mémoire très intéressant communiqué à l'Académie des sciences, mémoire auquel nous avons emprunté ces données numériques, estime que le salaire des hommes occupés dans les diverses manufactures de la Haute-Garonne en 1862 atteignait 4 fr. au maximum et s'élevait, en moyenne, à 2 fr. par jour. Les femmes gagnaient, en moyenne, 1 fr. Or l'agriculture, dans les conditions qui lui sont faites, ne peut, même aujourd'hui,

donner des prix pareils. Elle n'a pas, comme sa rivale ou... sa
sœur — je ne tiens pas au mot ; l'un et l'autre sont vrais — un
enseignement supérieur analogue à celui de l'Ecole polytechni-
que et de l'Ecole centrale de Paris, ni d'excellentes écoles secondaires comme celle des arts et métiers d'Aix, ou des arts et des
sciences industrielles de Toulouse. Là se forment les ingénieurs
et les contre-maîtres qui donnent une utile direction à l'entreprise, ainsi que les meilleurs ouvriers qui travaillent sous leurs
ordres. L'agriculture avait bien autrefois un institut agronomique, mais on l'a détruit sans le remplacer, et s'il existe encore
quelques établissements d'instruction secondaire, ils sont trop
clair-semés et trop imcomplets pour répondre à tous les besoins.

D'un autre côté, l'agriculture n'a pas, comme l'industrie, la
bonne fortune de voir ses produits équitablement protégés contre
une concurrence désastreuse. On sait, par exemple, que la carrosserie, qui occupe à Toulouse 1,500 ouvriers, est défendue contre les produits similaires étrangers par une taxe de 10 pour 100,
plus les 2 décimes. L'impression des tissus (520 ouvriers) est
protégée par un droit de 15 pour 100 ; la chapellerie, par un tarif
de 1 fr. 50 c. par pièce pour les feutres de toute sorte et les cha-
peaux de soie ; l'industrie des fontes, par des droits variables de
3 à 20 pour 100 ; celles des chaussures, ainsi que la menuiserie
mécanique (meubles de toute sorte), par un tarif de 15 pour 100.
Une taxe de 1 fr. 25 c. par kilogramme protège l'industrie des
papiers peints. La fabrication des faux est sauvegardée par un
droit de 1 fr. 44 c. par kilogramme ; la filature du coton par un
droit de 7 à 8 fr. par kilogramme. Enfin, les constructeurs-méca-
niciens sont favorisés d'un tarif protecteur de 15 à 50 pour 100.
Nous pourrions prolonger beaucoup l'énumération.

Loin d'obtenir de semblables ménagements, la production
agricole est livrée sans défense à la concurrence étrangère. Mais
il y a plus encore, car elle a à se défendre contre les rigueurs du
fisc. C'est ainsi que les droits établis sur les alcools ruinent les
distilleries dans le Nord et paralysent, dans le Midi, l'expédition
lointaine des vins auxquels le *vinage* communiquerait la faculté
de supporter les longs parcours sous toutes les latitudes. C'est
ainsi que l'impôt des sucres restreint la culture si améliorante
des betteraves, et que l'impôt des boissons écrase la production
vinicole et inflige de dures privations à toute la classe ouvrière.
Aussi, est-ce merveille de voir comment le capital, qui est la
sève du progrès, s'éloigne de cette branche de la fortune publique pour se jeter sur celles qu'on favorise à son détriment.

Frappée dans ses débouchés à l'intérieur et au dehors, privée

de direction à cause de l'insuffisance de l'enseignement professionnel, dénuée de capitaux parce qu'elle manque de direction et
de débouchés, l'agriculture ne peut offrir à ses agents des salaires aussi élevés que ceux des industries qui lui font concurrence
pour la main-d'œuvre. Malheureusement elle ne présente pas non
plus des ressources comparables à celles des villes sous le rapport de l'assistance publique. A cet égard on est même resté bien
loin de la limite des choses possibles. C'est pour de tels motifs
que nos paysans quittent les champs, vont s'enfermer dans les
centres industriels, mener la vie nomade du colporteur ou même
tenter fortune en Amérique. Il nous suffira d'avoir indiqué ici
ces points principaux. Ils trouveront leur développement naturel
dans la suite de ce travail.

CHAPITRE III

LA DIMINUTION DES NAISSANCES

L'infécondité des mariages résulte des exigences croissantes de la population du
côté du bien-être ainsi que du régime des successions. — Faits statistiques.
— Avantages et dangers de l'extension de la liberté testamentaire. — Effets
salutaires de la liberté du commerce sur le bien-être général. — La conscription et les mariages.

L'étude que nous avons faite du mouvement de la population
dans la Haute-Garonne a mis en relief deux points pricipaux : le
ralentissement de son accroissement numérique, et l'émigration
des ouvriers ruraux dans les villes. Ces deux faits doivent être
considérés isolément pour en bien pénétrer les causes, en déterminer les effets et leur assigner des remèdes convenablement
appropriés.

Afin de mieux saisir la physionomie du mouvement social que
nous voyons s'accomplir sous nos yeux, nous examinerons, rapidement, en dehors du cadre particulier de cette étude, les documents statistiques recueillis dans l'ensemble de la France. Nous
y voyons d'abord que la proportion de l'accroissement annuel de
la population, qui avait été de 1 sur 56 et demi dans la période

quinquennale de 1817 à 1821, s'était graduellement abaissée, jusqu'à n'être plus que de 1 sur 588 entre les années 1852 et 1856. La période quinquennale suivante, malgré une amélioration très notable, ne s'élève pas au-dessus de 1 sur 270. En rapprochant ces faits des progrès de la longévité humaine qui ont contribué à l'accroissement de la population, on est frappé de la diminution des naissances. A quelle cause faut-il l'attribuer?

Nous placerons au premier rang les exigences croissantes des générations nouvelles du côté du bien-être. Partout où il y a un pain il naît un homme, avait-on pu dire au dix-huitième siècle, mais aujourd'hui, pour que le prolétaire donne naissance à un enfant, il ne suffit plus qu'il ait un pain à partager avec lui, il faut, en outre, qu'il entrevoie la possibilité de jouir, dans la vie commune, de ces commodités de l'existence dont le progrès du bien-être a fait autant de nécessités.

Il y a plus encore, car, pour déterminer le prolétaire à donner naissance à une progéniture nombreuse sous l'empire d'une législation qui a restreint au quart la portion de l'hérédité dont le père de famille, ayant plus de deux enfants, peut disposer en dehors de la part des légitimaires, il faut qu'avec la faculté de satisfaire aux exigences de sa condition sociale, l'ouvrier n'ait ni le goût ni l'espoir d'arriver à la propriété par l'épargne. En effet, s'il a dans le cœur ce sentiment qui porte l'homme à élever sa position et à perpétuer dans sa descendance l'édifice d'une fortune laborieusement acquise, il ne lui reste d'autre refuge contre les conséquences de la loi que la continence volontaire. Voilà pourquoi la maxime qui domine de nos jours chez ceux qui ont une part, même exiguë, à la propriété du sol ou aux richesses mobilières est de refouler en soi les instincts naturels. On a dit avec raison que si nos anciennes lois avaient reconnu le fils aîné, notre législation moderne créait le fils unique.

A mesure que l'élévation des salaires permet à un plus grand nombre d'individus de réaliser des économies et, par ce moyen, de passer du prolétariat dans la classe des propriétaires, l'influence restrictive de la législation multiplie ses effets. Le mal ira donc augmentant avec le développement de la richesse publique, si la loi n'est pas modifiée dans un sens libéral.

Je sens qu'avec une constitution démocratique et chez un peuple passionné pour l'égalité plus encore que pour la liberté, les réformes de ce genre doivent rencontrer de grands obstacles. Mais comme les restrictions imposées au droit naturel qu'a tout homme de disposer, à son gré, de sa chose ne se justifient que par les nécessités de l'ordre social, elles ne sauraient se maintenir en présence de besoins nouveaux et plus impérieux que ceux qui les avaient provoqués. Chaque temps a ses exigences. C'est la noble tâche des philosophes et des économistes d'en étudier les signes et de diriger l'esprit humain dans la voie du progrès et de la discipline morale, sans laquelle toutes les libertés sont des périls, avec laquelle toutes les libertés sont des droits.

Au législateur il appartient ensuite de concilier dans la loi civile les principes immuables du droit naturel avec les ménagements que réclame l'état politique des nations. Je suis loin de croire, pour ma part, qu'il y eût avantage à substituer, chez nous, aux règles étroites du Code civil la liberté absolue de tester. Jadis, à Rome, une disposition semblable eut pour effet d'établir une distinction profonde et funeste entre les riches et les pauvres. L'opulence du petit nombre et la détresse de la multitude y devinrent une cause permanente de dissensions. Avec une constitution plus démocratique que celle de la République romaine, la France serait exposée à des dangers plus grands.

Toutefois, les graves inconvénients que pourrait amener un changement radical dans notre régime des successions, ne sauraient détourner l'attention des publicistes de l'infécondité croissante des mariages que ce système favorise. De 1772 à 1841, le rapport des naissances à la population avait déjà diminué de plus de 25 pour 100, d'après les calculs de M. Moreau de Jonnès. Que doit-il en être aujourd'hui ?

Le tableau suivant (1) présente, à côté de la moyenne annuelle des naissances et des décès, l'accroissement correspondant de la population depuis 1814 :

	Naissances.	Décès.	Accroissement.
Sous la Restauration..	967,449	783,273	184,257
Sous Louis-Philippe...	969,073	825,923	142,716
Sous la République...	971,773	854,817	116,956
Sous l'Empire........	959,713	863,719	95,993

Il résulte de ces chiffres que la France, quoique plus peuplée qu'il y a cinquante ans, compte aujourd'hui moins de naissances et voit ses habitants augmenter dans une proportion très inférieure.

Nous devons cependant ajouter que le nombre des naissances après être descendu jusqu'à 899,000 en 1855 est remonté depuis cette époque, et, dans les quatre années 1861, 1862, 1863 et 1864, les dernières qui nous soient connues, il est revenu au même

(1) Emprunté à M. Raudot. (*Correspondant* du 25 mars 1867.)

point qu'avant 1847 (déduction faite des départements annexés) (1). Malheureusement, la durée moyenne de la vie, qui s'était prolongée de six ans environ, de 1816 à 1847, a diminué depuis cette époque.

En présence des résultats généraux constatés depuis le commencement du siècle, il n'y a pas lieu de s'étonner que nous ne possédions plus cette force d'expansion qui, sous l'ancien régime, nous permettait de coloniser le Canada, la Louisiane et les Antilles. La fondation de tels établissements offre cependant de grands avantages à la mère patrie, comme la prospérité de l'Angleterre l'atteste. En effet, les colonies procurent à la métropole des facilités exceptionnelles pour s'approvisionner en matières premières, en même temps qu'elles lui offrent des débouchés pour les produits de ses manufactures. Aussi longtemps que la France subira le régime du partage forcé, elle ne parviendra pas à donner la vie à ses établissements coloniaux, fussent-ils placés, comme l'Algérie, dans les conditions géographiques les plus heureuses.

D'un autre côté, la stagnation des naissances menace même notre position en Europe. En effet, des événements récents ont placé sous le sceptre du roi de Prusse une population de 29,216,531 âmes : c'est le chiffre produit par M. de Bismarck à la Chambre des députés. Or, cette population compte annuellement 931,000 naissances fournissant 296,000 jeunes gens de vingt à vingt et un ans. Si on ajoute à la Confédération du Nord les 8 millions et demi d'habitants fixés au sud du Mein, et qui ont, en moyenne, 274,000 naissances fournissant 87,000 jeunes gens de vingt à vingt et un ans, on arrive à une population de 38,000,000 d'âmes, déjà égale à celle de la France, et comptant 1,205,000 naissances quand nous n'en avons que 990,000 ; comptant aussi 383,000 conscrits, tandis que le nombre des nôtres ne dépasse pas 315,000. — En somme, comme l'a fait observer M. Raudot (2), dont la compétence en cette matière est reconnue de tout le monde, la grande Prusse, avec une population égale à la nôtre, aura beaucoup plus d'hommes capables de faire la guerre, c'est-à-dire qu'elle sera, en réalité, plus forte d'un cinquième au moins que la France. Ces faits sont trop considérables pour ne pas fixer l'attention de nos hommes d'Etat et leur inspirer des résolutions salutaires.

Une réforme prudente dans nos lois nous paraît propre à con-

---

(1) Note de M. de Lavergne reproduite dans les comptes-rendus de l'Académie des sciences morales et politiques. (*Journal de Toulouse* du 23 avril 1867.)

(2) *Journal de Toulouse*, 14 septembre 1866.

tre-balancer, à la longue, la tendance funeste qui pénètre de plus en plus dans les mœurs avec l'augmentation des fortunes privées. Les exemples de changements introduits dans la législation pour arrêter la dépopulation des empires se retrouvent dans l'histoire de tous les peuples. Les lois papiennes, portées sous Auguste, n'eurent pas d'autres motifs ; et puisque nous avons évoqué le souvenir des Romains, ayons sans cesse présente à l'esprit la chute de leur domination, chute à laquelle l'affaiblissement progressif des populations italiennes n'eut pas une moindre part que la décadence de l'esprit politique.

Mais la diminution des naissances ne résulte pas seulement, avons-nous dit, des restrictions exagérées de notre loi sur les successions ; elle dérive, avant tout, des exigences croissantes des générations nouvelles, du côté du bien-être et des appétits insatiables du luxe. Or, il n'est peut-être qu'un moyen efficace de donner satisfaction à ces besoins réels ou fictifs (lorsque l'autorité des idées morales est impuissante à les régler), c'est la mise en pratique de la liberté commerciale sur de larges bases.

La conséquence naturelle et nécessaire de ce régime est, en effet, d'abaisser d'un côté, par l'extension de l'offre, le prix des objets de consommation là où ils sont produits le plus chèrement, et d'autre part, d'en augmenter la valeur en multipliant la demande dans les lieux où la faible importance des débouchés avilit les prix. C'est tout profit pour les nations qui, vendant mieux ce qu'elles produisent, payent moins cher ce qu'elles achètent.

Malheureusement pour l'humanité, ce principe fécond ne comporte pas une application rigoureuse. Aussi longtemps, en effet, qu'il suffira de l'ambition d'un prince ou des aspirations belliqueuses d'un peuple pour compromettre la liberté des échanges, il sera téméraire de baser sur des arrivages, toujours casuels, les approvisionnements d'un pays en denrées de première nécessité. La perturbation que la guerre d'Amérique a apportée dans notre industrie cotonnière, peut donner l'idée de ce qui adviendrait chez nous si, le découragement s'emparant des producteurs de céréales, la France, obligée de compter sur l'étranger pour sa subsistance, se voyait tout à coup privée de ces ressources ou seulement menacée de l'être !

En matière de liberté commerciale, l'intérêt politique impose donc, à bon droit, des restrictions à l'application de la théorie ; mais il n'en détruit pas pour cela la valeur morale, et ce n'est qu'en s'inspirant sagement mais résolûment de cette tendance, que le législateur peut largement favoriser, dans notre société moderne, la production et la distribution des richesses qui font arriver le bien-être jusqu'aux classes laborieuses. L'exemple de l'Angleterre est décisif à cet égard. La population multiplie rapidement par l'augmentation des naissances et par les progrès de la longévité. En dix ans l'accroissement a été de 1 habitant sur 88 ; tandis que, en France, il ne paraît pas s'être élevé au-dessus de 1 sur 270. En 1859, il arriva qu'avec une population plus nombreuse d'un sixième que celle des Iles-Britaniques, nous ne gagnâmes que 38,563 âmes, tandis que le Royaume-Uni vit sa population augmenter de 372,650 habitants. Les hommes d'Etat et les publicistes anglais s'accordent à signaler dans le *Free-trade* une des causes capitales de la prospérité de leur pays, comme aussi dans l'esprit opposé dont s'inspirait encore notre législation douanière, le motif de notre insuccès. Ce point de vue est exagéré, sans doute, mais il présente certainement un grand fond de vérité. Pour ma part, je ne vois pas comment, en présence du spectacle qu'offrait alors la France, à côté des nations soumises à des lois plus libérales, on contesterait l'influence salutaire qu'exerce sur le bien-être des masses et sur l'accroissement de la population, l'application rationnelle et large de la liberté commerciale et de la liberté de tester.

Depuis 1860, les rigueurs de notre législation douanière ont été adoucies, et un traité, qui restera célèbre, a été négocié avec une puissance voisine. Les deux peuples n'ont eu qu'à s'en féliciter. Pourquoi faut-il qu'une brusque réforme, opérée sans ménagements pour l'agriculture, soit venue la placer dans une situation de tout point inférieure à celle de l'industrie ? C'est là une grande faute dont nous portons la peine ; mais les vérités économiques ne sauraient être responsables de la fausse application qu'on en fait.

Il faut ranger encore parmi les causes de la diminution des naissances, l'élévation de notre contingent militaire. On sait que depuis 1824 il est passé de 40,000 hommes à 100,000. M. Delamarre avait calculé qu'en sept années, avec le régime qui prend fin, près de 350,000 hommes étaient enlevés à la vie civile, 350,000 hommes des plus robustes qui ne se mariaient pas, et n'avaient pas d'enfants, du moins d'enfants légitimes ; car il n'était pas rare qu'on eût à déplorer l'impossibilité où se trouvaient des jeunes gens de la réserve de réparer le tort fait à la réputation d'une jeune fille. La loi nouvelle remédie, mais incomplétement, à cette situation si funeste à la moralité publique. Elle laisse aux jeunes gens qui n'ont pas plus de trois années de service à faire, la faculté de contracter mariage, sans cesser pour cela d'être soumis à l'éventualité des appels et aux règlements sur la réserve. On aurait dû aller plus loin.

Mais l'élévation du contingent n'a pas seulement une influence indirecte sur la rareté de la main-d'œuvre parce qu'elle entraîne le ralentissement des naissances, elle l'affecte aussi directement en enlevant un grand nombre de bras au travail national. M. de Lavergne a calculé, en effet, que la France ne comptant pas beaucoup plus de 6 millions de travailleurs effectifs, dont les deux tiers habitent les champs, chaque cultivateur devait produire en moyenne la subsistance de dix personnes. Enlever 100,000 hommes au sol, c'est donc lui ôter les moyens de nourrir 1 million d'êtres humains.

Il ne faut pas le perdre de vue, en effet, nos troupes, contrairement à celles du Royaume-Uni qui se recrutent par l'engagement volontaire dans la multitude des gens déclassés et des oisifs, se composent de l'élite de la nation soumise à l'engagement forcé. L'agriculture et l'industrie sont donc plus spécialement éprouvées chez nous par les levées d'hommes ; et le détriment est d'autant plus considérable que notre effectif est très supérieur à celui de l'Angleterre, et que notre population, au lieu d'augmenter comme la sienne, diminue sensiblement dans les campagnes. Ces circonstances n'ont pas peu contribué à aggraver les dommages causés à la production agricole par la guerre de Crimée qui a nécessité trois appels de 140,000 hommes, et par celles d'Italie, de Chine, du Mexique, etc.

Les 2 milliards 500 millions dont elles ont grevé le budget, de l'aveu même du gouvernement, ne représentent, en réalité, qu'une partie de ce qu'elles ont coûté à la France. La gloire qu'elles ont procurée à nos aigles, et les faibles augmentations de territoire qu'elles ont amenées, ne compensent pas, tant s'en faut, ce qu'elles nous ont fait perdre en hommes et en argent.

Finalement même, notre position en Europe s'est trouvée amoindrie par le développement exagéré d'une puissance voisine, dont l'ambition sans borne, comme sans scrupule, et l'organisation militaire menacent nos frontières et imposent à l'Europe des armements ruineux. Cette situation si fatale aux affaires doit-elle encore se prolonger? Déjà nous nous sommes vus contraints à remanier notre loi militaire et à appeler, en quelque sorte, la nation sous les armes. Nous devons rendre au gouvernement la justice de reconnaître qu'en augmentant les forces de l'armée, il a égalisé et ménagé, autant que possible, les charges des citoyens. Si la durée du service est étendue à neuf ans, en revanche les soldats ne restent sous les drapeaux que cinq ans au lieu de sept, et ils ont la faculté de contracter mariage à l'expiration de la première année de la réserve, c'est-à-dire au bout de six ans. Enfin, en incorporant dans la garde mobile tous les jeunes gens valides de vingt et un à vingt-cinq ans, on a appelé toutes les classes de la société à payer la dette du sang pour la défense du pays; ce qui est conforme aux principes de l'égalité et de la justice. Le nouveau régime militaire constitue un sacrifice douloureux, mais indispensable; il sera l'éternel honneur du ministre qui l'a proposé et de la nation qui s'y est résignée.

Mais ces charges, la France doit-elle les subir aussi longtemps qu'il plaira à la Prusse de persister dans son système de convoitise armée? Nous croyons, quant à nous, qu'il en faut finir avec les incertitudes de cette situation, et que le moment est venu de proposer et, au besoin, d'imposer le désarmement à cette puissance. Si l'on doit engager la lutte avec elle, il ne faut pas lui laisser le temps d'acquérir l'homogénéité qui lui manque et qui fait notre force, ni de suppléer aux avantages que notre nouvel armement nous assure.

L'agrandissement de la Prusse impose au patriotisme de la France l'obligation de compléter ses frontières naturelles. Sans doute, la guerre est une extrémité douloureuse à laquelle il ne faut se résoudre que dans les circonstances suprêmes; mais quand la grandeur et la sécurité de la France sont compromises, on ne doit plus balancer. L'acquisition des frontières naturelles est la seule solution qui puisse amener, avec une paix durable, la réduction du contingent et des dépenses militaires après laquelle l'agriculture soupire, avec raison, depuis si longtemps.

CHAPITRE IV

LE PAYSAN

Régime alimentaire des paysans : les faucheurs des environs de Toulouse et les briquetiers belges. — Les vêtements. — L'habitation. — Le mobilier. — Superstition. — Mœurs : esprit de famille; noces; funérailles. — Nécessité de développer le sentiment religieux. — Le curé de campagne : son rôle; comment améliorer sa position.

Nous avons dit notre sentiment sur les causes principales de la diminution des naissances, maladie de la société nouvelle, inconnue à l'ancien régime qui n'avait éprouvé que l'excès contraire. Examinons maintenant les motifs qui portent les familles rurales à émigrer dans les grands centres.

Au fond, tout ici revient à ce fait capital, que l'ouvrier, quoique jouissant dans nos campagnes d'une condition bien supérieure à celle qu'il avait il y a vingt ans, est encore loin d'y trouver des avantages analogues à ceux que le séjour des villes lui présente. Cette triste vérité apparaîtra partout dans l'examen détaillé que nous allons soumettre au lecteur.

En ce qui concerne l'alimentation du paysan, on ne saurait méconnaître qu'un grand progrès n'ait été réalisé depuis le commencement du siècle. L'étude des documents contemporains nous a montré que le seigle et le maïs formaient alors la base de la nourriture, et que jusqu'à la fin de la Restauration, il en fut à peu près de même. Or, il en est autrement aujourd'hui. Ce régime alimentaire constitue des exceptions de plus en plus rares, et là où le seigle et le maïs sont encore employés, on n'en fait pas constamment usage et on les associe avec le froment. Nos paysans ont la coutume de cuire leur pain chez eux. Cette pratique, que la multiplicité des boulangeries rurales tend à faire disparaître à l'entour des villages, est encore si commune qu'on peut la considérer comme à peu près générale. Elle implique l'usage d'une substance plus grossière que celle dont l'ouvrier se nourrit dans les villes (1), substance qui joue cependant un rôle plus considérable dans l'alimentation du paysan, puisqu'il consomme 5 hectol. de blé par tête et par an, tandis que la population urbaine n'emploie pas 3 hectol. Cette forte disproportion ne s'explique pas seulement, hélas! par le grand déploiement de puissance musculaire que nécessitent les travaux rustiques, elle est malheureusement aussi la conséquence d'une consommation beaucoup plus restreinte de viande et de boissons alcoolisées.

En effet, tandis que l'ouvrier des villes va s'approvisionner journellement à la boucherie, une famille de cultivateurs, composée du père, de la mère et de trois enfants, se contente, en

(1) Le parisien ne mange que du pain de froment, et il le lui faut de première qualité ; les secondes et les troisièmes farines n'entrent pas à Paris ou en sortent pour se consommer ailleurs. Le pauvre lui-même ne veut que ce qu'il y a de mieux ; l'administration municipale qui, chaque année, avait coutume de distribuer aux bureaux de bienfaisance la farine nécessaire à la confection d'un excellent pain bis destiné aux indigents, a dû renoncer à cette dotation en nature ; ceux à qui l'on donne des bons de pain de seconde qualité y ajoutent ce qui est nécessaire pour avoir du pain blanc. (De Lavergne, *L'Agriculture et la population*, p. 388.)

moyenne, d'un bout à l'autre de l'année, d'une centaine de kilogrammes de graisse ou de chair de porc salée qu'on laisse rancir pour en employer moins. On l'accommode à la soupe, avec des légumes verts ou secs, suivant la saison, et ce qui n'a pas fondu dans le pot de fer est servi chaud avec cette garniture ou mangé froid sur un morceau de pain. Lorsque le repas principal n'a pas laissé de reliefs, ce qui le plus souvent arrive, le paysan déjeune et goûte d'un gros morceau de pain qu'il assaisonne avec quelque bulbe d'ognon ou d'ail pour le rendre plus appétissant. Quant à la viande de boucherie, elle ne se montre sur sa table que deux fois dans l'année : aux jours du mardi gras et de la fête locale, à moins qu'un grand événement, tel qu'une première communion ou un mariage, ne vienne interrompre la monotonie de la vie commune, ou bien encore à moins qu'un accident survenu à quelque bête à cornes n'en mette la dépouille au plus bas prix.

Sous le rapport de la boisson, le régime alimentaire de nos cultivateurs ne vaut pas même celui auquel ils étaient soumis sous l'ancien régime, puisque alors le vin, vendu au détail, atteignait rarement à 2 sous le litre, et que les demi-vins et vinades n'avaient, pour ainsi dire, aucune valeur. Or, même avant l'apparition de l'oïdium, le cours des produits vinicoles, augmenté par les exigences du fisc, était déjà trop élevé pour ne pas gêner la consommation. Plus tard, les ravages du fléau, en renchérissant démesurément la denrée, en interdirent presque complétement l'usage à l'ouvrier rural. L'eau fut, pendant quelques années, son unique boisson. Il ne se permettait d'y joindre un peu d'arrière-vin que dans les moments où les grands travaux nécessitaient un déploiement exceptionnel de force. Depuis que la maladie de la vigne a perdu de son intensité, il s'abreuve mieux ; mais il ne le fera tout à fait bien que lorsque l'impôt des boissons aura cessé de prélever la grosse part des déboursés du consommateur. Il y a là une réforme pressante à accomplir dans l'intérêt de nos paysans. Tous les médecins conviennent, en effet, que les maladies abdominales, si fréquentes dans nos campagnes durant les fortes chaleurs, sont causées le plus souvent par la déplorable habitude, disons-le mot, par la triste nécessité de boire de l'eau pure lorsque le corps est en sueur.

Le tableau suivant, emprunté à la statistique officielle de 1858, fait ressortir l'infériorité du régime alimentaire de nos populations agricoles. Il s'applique à une famille moyenne, composée du père, de la mère et de trois enfants. Les dépenses sont évaluées en numéraire et ainsi réparties dans les quatre arrondissements de la Haute-Garonne :

29

	Pain.	Légumes.	Viande.	Lait.	Boissons.	Sel.	Chauffage.
Toulouse.......	297	26	53	»	38	8	28
Muret.........	255	45	48	5	50	ᵉ 10	29
Saint-Gaudens..	230	28	42	9	47	11	39
Villefranche....	260	38	79	»	37	12	37
Moyenne.....	260	34	55	7	43	10	33

Au total, les divers articles de ce budget ne s'élèvent qu'à la minime somme de 442 fr., soit à 110 fr. 50 c. par personne, grande et petite, ce qui ne fait guère plus de 0 fr. 30 c. (0,3028) par tête et par jour.

On aura une idée plus exacte du régime alimentaire de nos ouvriers ruraux en entrant dans le détail des consommations journalières du tâcheron occupé à faucher, c'est-à-dire au travail le plus pénible effectué durant les plus longs jours. Le faucheur arrive sur le chantier avant cinq heures du matin, après avoir parcouru quelquefois plusieurs kilomètres. Il se met trop souvent à l'œuvre sans avoir pris la moindre nourriture ; ceci dépend, d'ailleurs, des habitudes de chacun, en l'absence de l'usage, établi dans certaines localités, de manger un morceau de pain avant de commencer la besogne. — A sept heures, l'ouvrier prend son premier repas, composé de soupe et de vin. — A midi, seconde halte, pendant laquelle le faucheur mange son pain avec quelque débris de viande salée qui a bouilli dans la soupe, ou un ognon s'il n'a rien de mieux. — A quatre heures, nouvelle halte ; on pique la faux, on prend un morceau de pain et l'on boit un coup de vin. — Puis, lorsque, vers sept heures et demie du soir, le soleil a disparu à l'horizon, l'ouvrier regagne sa demeure, où l'attend une nouvelle ration de soupe, le premier aliment chaud auquel il ait goûté depuis la veille. Mes faucheurs estiment qu'un homme consomme, en moyenne, dans ses quatre repas, 3 livres de pain, dont la moitié sert à préparer la soupe, 1 litre de vin, et un morceau de viande qu'ils évaluent à 3 sous. Au prix normal des denrées, le tout ne s'élève pas au-delà de 75 centimes.

Évidemment, c'est beaucoup trop peu, alors surtout que le salaire se réglant sur la tâche, on gagne d'autant plus qu'on travaille davantage, et on travaille d'autant plus qu'on se nourrit mieux. Comme la locomotive, le corps humain produit la force en raison de la quantité d'éléments qu'il transforme. Cette vérité si simple, encore obscurcie chez nous par des habitudes de sobriété résultant de l'exiguïté traditionnelle des salaires, autant et plus que de l'influence énervante du climat, devrait être plus généralement mise en lumière.

Elle n'a pas échappé à l'observation des cultivateurs belges. Voici comment se nourrissait une brigade de terrassiers, de Charleroy, occupée dans les environs de Toulouse à la fabrication des briques : elle se composait de trois hommes dans la force de l'âge, et de deux adultes comptés pour un homme ; ensemble, ils consommaient, chaque jour, 1 kilog. de viande, 5 kilog. de pain, 360 grammes de beurre, 8 litres de vin, 4 kilog. de pommes de terre, 72 grammes de bon café et demi-litre de lait ; soit, par individu : 250 grammes de viande, 1 kilog. 250 de pain, 90 grammes de beurre, 1 kilog. de pommes de terre, 18 grammes de café, 1 décilitre environ de lait, et, en outre, 2 litres de vin, boisson que le Belge ne tarde pas à trouver meilleure et plus nourrissante que la bière dont il s'abreuve dans son pays.

Cette alimentation n'est pas seulement plus abondante que celle de nos ouvriers, elle est aussi plus hygiénique. Je ne crois pas qu'il y eût avantage à substituer le beurre à la graisse dans la préparation des aliments, mais je ne doute pas que la santé de nos paysans ne s'accommodât fort bien d'une substance rafraîchissante telle que le lait, et d'une boisson tonique telle que le café. En tous cas, nos tâcherons, s'ils prenaient la peine d'y réfléchir, n'hésiteraient pas à augmenter leur consommation en vin et en viande à l'instar des Belges qui y trouvent santé et profit. Ceux d'entre nos ouvriers que l'appât des gros salaires a attirés, pour un temps, dans les chantiers des chemins de fer, n'ont-ils pas dû modifier leur régime dans le même sens ou quitter la partie? D'ailleurs, ce n'est pas impunément qu'on peut astreindre le corps à l'usage d'une nourriture insuffisante ou mauvaise. Entre autres accidents, ces abus peuvent entraîner la pellagre, maladie terrible qui n'est pas inconnue dans notre Lauragais et dont on aurait tort de croire que la consommation du maïs soit l'unique cause, puisque son apparition, dans notre pays, date précisément du moment où cette consommation a diminué.

Espérons que ces exemples porteront leurs fruits et que la locomotive humaine mieux chauffée produira une plus grande quantité de force dans le même temps. Comme il est de toute justice que l'ouvrier soit rétribué en raison de ce qu'il cède à l'entreprise agricole, il recevra davantage sans que, en réalité, il en coûte beaucoup plus à celui qui l'occupe. Tout le monde y gagnera.

Il n'est peut-être pas inutile de faire remarquer que nous sommes, chaque jour, presque à notre insu, témoins d'une transformation de ce genre. Notre attention, absorbée par l'augmentation constante et parfois trop rapide des salaires, ne se reporte pas assez vers les conséquences favorables que cette augmenta-

tion entraîne dans le régime alimentaire de l'ouvrier et, par
suite, dans la somme même de travail qu'il accomplit dans un
temps donné. Or, il est certain que l'homme de journée nous
fournit plus de besogne qu'autrefois; à cet égard, le taux des
salaires fait illusion sur le prix de l'unité de force que l'on
devrait seul considérer. Il s'en faut bien qu'ils aient suivi, l'un
et l'autre, la même progression. En effet, nos études compa-
ratives sur le taux des journées sous l'ancien régime accusent,
au profit du temps présent, une augmentation d'au moins 67
pour 100, tandis que les travaux à la tâche, tels que le fauchage
que nous avons pris pour exemple, ne présentent qu'un enché-
rissement moyen de 30 pour 100 qui ne saurait paraître excessif
à côté de l'accroissement de valeur obtenu par les produits agricoles. Dans ces conditions, le progrès profite à tout le monde. Mais,
pour qu'il en soit ainsi, il ne suffit pas, notons-le bien, que le
paysan se nourrisse mieux, il est nécessaire que l'organisation du
travail lui permette de retirer un parti avantageux du surcroît
de dépense que l'amélioration de son régime alimentaire aura
entraîné. C'est un côté de la question sur lequel nous aurons à
revenir à l'occasion des salaires.

En attendant, constatons que si, depuis le commencement du
siècle, nos paysans sont mieux nourris qu'autrefois, ils sont aussi
mieux vêtus et mieux logés. D'après la statistique officielle, l'habillement d'une famille moyenne de journaliers, composée du
père, de la mère et de trois enfants, nécessitait, en 1858, une
dépense de 67 fr. dans l'arrondissement de Villefranche, et de
75 fr. dans celui de Toulouse, plus particulièrement influencé
par le voisinage de la grande ville. Dans l'arrondissement de
Muret, ces frais atteignaient 86 fr. et ils s'élevaient à 91 fr. dans
celui de Saint-Gaudens, où le froid se fait plus longtemps sentir.
En moyenne, la dépense était de 79 fr. par famille; aujourd'hui,
il faudrait compter bien davantage. L'amélioration du salaire, les
progrès de l'industrie et la transformation des habitudes traditionnelles ont concouru à ce résultat.

Les vêtements ont abandonné la forme antique et suivent quelque peu le caprice de la mode : la même veste et la même robe
n'ont plus mission de revêtir, sans distinction de saison ; les
générations qui se succèdent ; la blouse tend à s'universaliser,
et, chez les plus élégants, les pans de la veste s'allongent en
jaquette ; de bons souliers disputent aux sabots l'empire de la
chaussure; mais de bas, on n'en voit encore qu'aux jambes des
tout petits enfants ou des femmes en toilette, à moins qu'un
froid glacial ne force tous les sexes à se précautionner contre ses

rigueurs. Le luxe dans les vêtements est un goût qu'il n'est pas bon d'encourager. On n'a jamais entendu dire qu'il ait inspiré aux femmes un acte de vertu, ni qu'il ait enrichi les familles. Mais, sans toucher aux limites de la frivolité, si commune et si funeste ailleurs, sans dépasser même les exigences de l'hygiène, sous le rapport de la propreté, que de progrès ne reste-t-il pas à faire ?

Autant en dirai-je de l'habitation, et cependant les améliorations sont ici tellement sensibles qu'on pourrait les considérer comme une transformation complète. En 1858, on estimait que le logement d'une famille d'*estachants* représentait, en moyenne, un loyer de 37 fr. dans le département de la Haute-Garonne. Cette évaluation serait trop faible pour l'époque actuelle ; mais si l'on paie plus cher, on est mieux logé. Une louable émulation s'est emparée de nos propriétaires ; ils ont tenu à faire participer leurs serviteurs au bien-être dont ils jouissent eux-mêmes. Ce n'est pas qu'il n'existe encore beaucoup de chambres à coucher dont le sol, bas et humide, est seulement carrelé devant l'âtre, et bien des demeures que le voisinage d'une mare ou de la fosse à fumier expose à des émanations dangereuses ; cependant, le progrès gagne de proche en proche.

Dans la plupart des métairies, une grande cuisine dallée, blanchie, surmontée d'un plancher bien joint, sert de lieu de réunion à la famille. Cette pièce n'est plus souillée, comme autrefois, par la présence du linge sale et de la barrique en perce, voire même de quelques volatiles et quadrupèdes. La lumière y pénètre au travers de châssis garnis de verre blanc. Ce n'est plus comme au temps où Arthur Young signalait l'absence des vitres aux fenêtres de nos meilleures habitations rurales, ni même, comme en 1814, alors que la demeure du paysan ne recevait de jour que par la porte. A peu d'exception près, la lumière y afflue aujourd'hui avec la même facilité que l'air.

L'éclairage est également en progrès, car l'huile épurée tend à se substituer de plus en plus à l'infecte et brumineuse résine. Malgré tout, cependant, les conditions hygiéniques de la vie rurale laissent encore à désirer sous plusieurs rapports. Si le village n'est pas un foyer pestilentiel aussi dangereux que la ville, il n'en faut pas faire honneur à la propreté des rues qui sont le réceptacle de toutes les immondices. A certains égards, nos paysans ne sont pas seulement au-dessous des Chinois, qui retirent un merveilleux parti de l'engrais humain ; ils ne sont pas même à la hauteur des Hébreux qui, du moins, prenaient la précaution d'enfouir les excréments pour se soustraire à des émanations non

moins funestes que désagréables. A l'exception de quelques propriétaires soigneux et des maraîchers les plus attentifs, personne
dans nos campagnes ne met à profit ces matières fertilisantes, le
voisinage des habitations en est souillé. A cet égard, les chefs-lieux
d'arrondissement ne sont pas toujours plus favorisés que les
villages. Il n'est pas rare, en effet, de trouver, dans nos départements méridionaux, des petites villes de 8 à 10,000 âmes où les
trois quarts des maisons n'ont pas des lieux d'aisance. Quand
donc les autorités municipales interviendront-elles pour mettre
fin à un état de choses si contraire aux lois de la décence et de
la salubrité ?

Comme les bâtiments, le mobilier de la ferme a reçu des améliorations notables ; le centre de la cuisine est toujours occupé
par la grande table, autour de laquelle on se rassemble pour
prendre les repas et causer affaires. Le long du mur s'élève un
dressoir en bois blanc ciré, garni d'assiettes peintes, puis un
vaste bahut où la ménagère enserre les draps blancs et les habits
de fête. Une grande pendule, au balancier de cuivre resplendis-
sant, sonne les heures du travail. Les coins de la chambre sont
occupés par de bons lits qui cachent, sous une grande couverture
de laine, la *paillassière*, gonflée de balle de maïs et surmontée
d'une *couette* dont la plume n'est pas toute empruntée à l'oiseau
sacré du Capitole. A la tête du lit s'étalent les rideaux de serge qua-
drillés de rouge et de blanc que l'on déploie à l'heure du coucher
pour former autant de chambres particulières dans la chambre
commune. C'est sous leur abri qu'on place, à l'occasion, le berceau du nouveau-né. De tout cela, la ménagère prend le plus
grand soin, car c'est son nid et c'est aussi sa dot.

Des bancs et quelques chaises complètent l'ameublement du
logis. J'allais oublier le souvenir de première communion appendu au mur et surmonté du laurier béni, l'image du saint
patron, celle du héros à la redingote grise et la figure légendaire
du Juif-Errant. Mais je n'aurai garde d'omettre le grand parapluie
bleu que l'aïeul a si longtemps convoité dans ses rêves et que les
plus déshérités de la fortune envient encore à leurs voisins.

Telle est la demeure de l'humble ouvrier des champs, de celui
qui n'est pas encore et qui ne sera peut-être jamais propriétaire
d'une parcelle de ce sol qu'il arrose de ses sueurs. Malgré tout ce
que son habitation laisse à désirer, il y vivrait heureux si les maladies et la vieillesse ne venaient trop souvent le surprendre sans
défense. L'assistance publique, si ingénieuse à rechercher les
maux, si puissante à les pallier au sein des villes, est inconnue
dans la plupart de nos communes rurales et fort imparfaite en

d'autres, quoique admirable dans ses résultats là où elle a reçu une forte organisation. Politiquement, cette négligence est une faute ; moralement, c'est une infraction aux lois de la Providence.

Quel degré d'aisance ne faut-il pas, en effet, dans une famille pour qu'elle puisse procurer à ses membres, sans s'imposer de trop lourds sacrifices, tous les avantages qu'offre l'association mutuelle de secours ? Et, à défaut des réserves sur lesquelles cette aisance repose, quels accroissements ne devrait pas recevoir le salaire pour procurer les mêmes adoucissements à l'infortune ? L'absence de cette organisation n'a pas seulement pour effet de créer à l'ouvrier rural une situation fort pénible à laquelle il cherche naturellement à se soustraire ; elle tend aussi à maintenir entre les diverses classes de citoyens cet isolément funeste qui a tué l'ancien régime et qui, plus d'une fois déjà, a mis en péril la société nouvelle.

Ce sujet est trop important et trop vaste pour que nous nous bornions à en donner un simple aperçu ; nous lui consacrerons une étude spéciale (1). Aussi bien suivrons-nous en cela la pente naturelle de notre goût, puisque l'amélioration du sort des populations agricoles, au milieu desquelles notre existence s'écoule, est l'œuvre privilégiée de notre vie, celle à laquelle nous avons voué la meilleure part de ce que Dieu nous a départi d'activité, d'intelligence et de fortune. Puissions-nous, au terme de notre carrière, avoir réalisé quelque bien dans la sphère que nous pouvons embrasser et voir en perspective ce que nous aurons entrepris, perfectionné par ceux qui, bientôt associés à nos sympathies et à nos efforts, en doivent recueillir l'héritage.

Si, dans l'état actuel des choses, et par suite de l'erreur plusieurs fois séculaire qui a fait concentrer les ressources de l'assistance publique dans les villes, nos campagnes se trouvent très inégalement et très insuffisamment dotées, elles ne sauraient non plus supporter le parallèle en ce qui concerne l'instruction populaire. Outre que l'enseignement est en général donné avec beaucoup moins de libéralité dans les communes rurales et qu'il laisse sans culture une multitude d'intelligences qui se ressentent toujours de cet engourdissement prolongé, les leçons de l'instituteur ont le tort de rendre l'écolier étranger à la profession de ses parents à l'âge où ceux-ci en contractaient le goût. Ces inconvénients ne sont pas les seuls qu'on puisse signaler ni qu'on puisse guérir. Comme ce sujet délicat exige d'assez longs développements,

(1) Voir ci-après, liv. V, De l'Assistance publique.

nous les renvoyons aux chapitres dans lesquels nous aurons à apprécier l'enseignement agricole sous toutes ses faces (2).

Mais c'est bien ici le lieu de constater l'heureuse influence de l'instruction sur les mœurs publiques. Depuis que la loi de 1833 a multiplié les écoles, on voit reculer la superstition. Ce n'est pas qu'il n'en reste encore des traces jusque dans le voisinage des grandes villes. J'ai vu appliquer la chair palpitante d'un pigeon sur la tête d'un enfant malade, et je sais qu'on torture encore les crapeaux sur les plaies cancéreuses. Cependant, il est certain, qu'à mesure que l'ignorance se dissipe, ces pratiques barbares et ridicules tendent à disparaître. En cela, le maître d'école a prêté au clergé un utile concours. Aussi, le métier du sorcier devient-il décidément mauvais. Celui-ci n'a plus le monopole de toutes les cures. Le médecin et le vétérinaire sont consultés de préférence. Le paysan croit bien encore un peu à certaine influence occulte qui empêche son pain de cuire, arrête son attelage dans une côte ou une fondrière et renverse sa lourde charrette. Mais beaucoup sont assez instruits pour n'accuser que leur propre maladresse et assez malins pour blâmer celle d'autrui. La crainte des morts fait place à un sentiment plus tendre et plus élevé. On n'entend pas accuser aussi souvent les âmes en souffrances quand la fièvre brûle le sang des malades ou que leur poitrine est oppressée. Toute la famille, sans en excepter les hommes jeunes et vieux, accourt aux vêpres de la Toussaint et fait cortége au prêtre dans sa visite au cimetière. Chacun se rend dans la paroisse où reposent les cendres de ses proches. On voit des paysans faire plusieurs lieues pour aller prier, en ce jour solennel, sur des tombes vénérées.

Mais si la superstition a reculé, presque partout, devant le progrès des lumières, il n'en est pas encore ainsi dans les lieux écartés ou sauvages. Les montagnes sont devenues son principal refuge. Là, elle n'a presque rien perdu de l'influence qu'elle exerçait au dernier siècle. Le paysan illettré croit au *drac* et aux revenants. Si le renard exerce ses déprédations dans la basse-cour, vite on va quérir le sorcier qui décrit un cercle d'une certaine étendue autour de la demeure, en marmotant quelques paroles. Et ces gens grossiers ont la croyance que le renard ainsi *enserré* ne reparaît plus, à moins qu'on n'introduise de nouveaux hôtes dans le poulailler.

Si l'ouvrier des champs est plus superstitieux que celui des villes, parce qu'il est moins instruit, en revanche le paysan a

(2) Voir ci-après, liv. VI, De l'Éducation et de l'Enseignement professionnel au point de vue de l'agriculture.

l'avantage sous le rapport des mœurs et de l'esprit de famille. Ne pouvant nier le fait, certain auteur a prétendu lui enlever sa valeur morale. Pour lui, la chasteté du villageois est « une sorte de pureté grossière qui ne relève ni n'épure l'âme » et qu'on n'a pas grand mérite à observer. Comme si l'homme n'apportait pas toujours avec lui ses passions ; comme si la vie n'était pas une lutte incessante entre l'instinct du mal et la loi du devoir ! Ce même écrivain, pour qui l'honnêteté des sentiments n'excuse pas la simplicité des mœurs et la naïveté du vieux langage, nous représente la paysanne comme impudique avec innocence et chaste cyniquement. Il ajoute que la fille séduite, abandonnée, si ses antécédents sont honnêtes et qu'elle élève son enfant, évite même le blâme et se marie sans peine. Je ne sais si ces assertions sont exactes dans le milieu où vit l'auteur, mais elles ne le sont pas certainement partout, et on a grand tort de les présenter comme telles. La vie presque sauvage et les habitudes grossières usitées dans quelques localités perdues, pour ainsi dire, au milieu des montagnes, ne sauraient être prises comme des types généraux dans le temps actuel. Le plus grand nombre des paysans français ne ressemble pas davantage à cette figure insensible et brutale que les ouvriers honnêtes de la ville à la population tarée qui fréquente les bals et les cabarets des boulevards.

A la campagne, tout se passe en plein air et en public : les jeux, les chants, les danses et l'amour. C'est tout profit pour la décence. Les jeunes gens apprennent à se connaître et à s'aimer dans les champs, où ils partagent les mêmes travaux. Les noces, toujours accompagnées d'un festin pantagruélique, durent, en général, deux jours. Le nombre des convives se mesure à l'aisance des conjoints. Chez les paysans riches, il atteint souvent la centaine. Il est rare que ces unions, où le sentiment a plus de part que les considérations mercantiles, ne tournent pas à bien. Les mauvais ménages sont rares dans nos métairies, et l'emploi qu'offrent aux bras affaiblis des vieillards la conduite de la charrue et finalement le soin du bétail et la garde des enfants en bas âge assure à la vieillesse des égards qu'elle ne trouve pas toujours dans les familles plus favorisées des dons de la fortune. Sous ce rapport, l'intérieur des métayers et des maîtres-valets vaut mieux que celui des journaliers.

Les fêtes locales sont des occasions de réunion avidement saisies par tous les sexes et par tous les âges. On se prépare, de longue main, à recevoir les parents et les amis accourus de loin à une invitation toujours flatteuse. La ménagère a blanchi son linge, et le père de famille laborieux a mis quelques écus en

réserve pour fêter ses hôtes. Volatile de basse-cour, viande de
boucherie, vin, liqueurs même et café, rien ne manque au repas.
Le soir venu, les maîtres du logis, s'ils n'ont qu'un seul lit, le
partagent avec leurs invités. Ils occupent eux-mêmes le milieu
de la vaste couche. Les femmes se rangent du côté de l'épouse,
les hommes à la suite du mari. On est ainsi, parfois, jusqu'à
quatre et cinq sous la même couverture.

Comme les noces, les funérailles se célèbrent avec solennité
dans nos campagnes. Des émissaires choisis parmi les voisins les
plus proches vont, deux à deux, un bâton à la main, convier la
parenté. Le corps est porté par des personnes du même sexe que
le défunt. Au sortir du cimetière, les invités retournent à l'Eglise
pour y faire une courte oraison et reconduisent la famille à la
maison mortuaire, où l'on sert un repas frugal, composé de pain,
de vin, de légumes, de fromage, quelquefois de morue, mais
jamais de viande. Une prière pour le défunt accompagne toujours
cette agape fraternelle.

Sévères pour eux-mêmes, nos paysans le sont pour leurs pareils
et pour les personnes d'un rang plus élevé, celles-ci fussent-elles
leurs propres maîtres. Dans ce cas, la crainte pourra bien imposer silence à l'opinion, mais elle la fortifiera loin de la détruire.
Ce qu'on n'ose blâmer devant tous, on le condamne impitoyablement dans les entretiens intimes. Celui qui compterait sur la
simplicité de nos populations rustiques pour dissimuler, en vivant
au milieu d'elles, les irrégularités d'une existence équivoque, n'y
ferait pas longtemps des dupes. Sa conduite, en blessant les idées
morales que le paysan respecte, exciterait les sentiments de méfiance et de jalousie qu'il nourrit instinctivement dans son cœur.
Ces sentiments, un des traits essentiels de son caractère, ont
sans doute été fortifiés par le souvenir des souffrances infligées
aux classes inférieures dans les siècles précédents, mais ils exis-
tent en germe dans les profondeurs de l'âme humaine. Il s'en
faut tant que la Révolution, en supprimant les abus intolérables
de l'ancien régime, ait donné pour l'avenir une sécurité complète à l'ordre social, que notre temps a vu lever l'étendard san-
glant de toutes les convoitises.

Détruire l'inégalité politique, augmenter le bien-être matériel
des masses, c'est sans doute affaiblir l'armée des mécontents
toujours prête à se ranger derrière les utopistes et les agitateurs;
mais ce n'est pas résoudre, d'une manière définitive, le problème
de la paix publique. Aussi longtemps, en effet, que l'inégalité des
conditions, qui est une loi providentielle, subsistera, il y aura
parmi les hommes des riches et des pauvres. Ce qui importe,

c'est qu'il n'y ait pas des cœurs durs et des âmes envieuses. Or, comme l'égoïsme est inné en nous, qu'il représente et résume le principe du mal toujours en lutte avec la loi morale qui est le salut des sociétés comme des individus, il importe de développer dans tous les hommes le sentiment de la fraternité. Seul le christianisme a cette puissance, parce qu'en même temps qu'il révèle à l'homme son inanité personnelle, le plan et le but suprême de la création, il ouvre devant nous le trésor des éternelles espérances et nous impose comme un devoir la charité, qui est l'essence même de sa doctrine.

Voilà pourquoi le prêtre, qui a reçu mission de la prêcher, a le droit d'être écouté de tous. C'est le premier ouvrier de l'harmonie sociale. Il lui appartient, en effet, de déclarer au riche qu'avant de satisfaire son luxe et sa vanité il doit soulager les malheureux; — à l'homme intelligent, qu'il est redevable envers le public des services que son intelligence peut lui rendre; — à l'indigent, que la résignation et la reconnaissance sont des obligations sacrées. Mieux que personne, le prêtre peut travailler à adoucir comme à épurer les mœurs. Quel autre aura assez d'autorité morale pour remontrer au paysan, qui est si dur pour lui-même, qu'il doit avoir des égards pour les malades et ne pas refuser son aide à l'infortune, cette infortune fût-elle amenée par l'oubli des austères vertus qu'il pratique lui-même et des privations qu'il s'inflige?

Notre clergé français est toujours resté fidèle à sa haute mission, et lorsqu'en 1848 la société, surprise par une catastrophe inouïe, s'est trouvée en péril, on a vu comment il s'est dévoué pour conjurer la tempête. Aujourd'hui, que les temps sont plus calmes, il poursuit en paix son œuvre conciliatrice. Peut-être obtiendrait-il des succès plus complets et plus faciles, si, à la manière des ministres d'un autre culte, il vivait moins étranger aux familles qu'il évangélise et s'il était moins mêlé aux luttes des partis. Du reste, il jouit dans le monde entier d'une estime particulière, bien justifiée par ses mœurs, par sa charité et par sa science.

Dans une paroisse bien ordonnée, le prêtre ne doit pas seulement donner l'exemple d'une vertu austère, et remplir avec décence et régularité les fonctions du sacerdoce; sa sollicitude pastorale doit s'étendre à tous les âges et à toutes les conditions. Le propre de son ministère est de resserrer les liens qui unissent les hommes entre eux et qui rattachent toutes les actions de la créature à ses fins dernières. Seul, il a autorité pour porter aux uns des paroles de commisération envers les malheureux, et pour prêcher aux autres la patience et la résignation. Ses actes, comme seś discours, doivent se résumer dans la charité. Que ne peut, autour de lui, un prêtre animé de cet esprit? Son cœur lui fait trouver des auxiliaires là où d'autres n'auraient rencontré que des indifférents ou des jaloux. Les obstacles qui traversent ses projets éclairent sa conduite, et s'ils trompent souvent la confiance qu'il pouvait avoir en lui-même et dans les secours purement humains, ils doublent son espoir dans celui qui envoie les nobles inspirations et qui seul permet de les réaliser.

Ami des enfants, comme son divin Maître, le pasteur fonde, surveille, complète les écoles où les deux sexes reçoivent une éducation vraiment chrétienne et une instruction solide appropriée à leurs besoins. Jaloux de soustraire aux séductions de la vie les adolescents auxquels il vient d'ouvrir les portes du tabernacle, il saura trouver dans son infatigable charité des ressources ingénieuses pour les retenir auprès de lui. Les jours ouvriers sont absorbés par le travail, la matinée du dimanche se partage entre le repos et l'office divin; mais il reste à régler l'emploi de cette longue après-midi. Il faut l'avouer, c'est l'effroi du bon curé de campagne. Pour tenir les jeunes filles éloignées des plaisirs bruyants, si dangereux pour leur vertu, surtout dans le voisinage des villes où des couples équivoques viennent mêler leurs cyniques ébats aux danses villageoises, le pasteur rassemble son troupeau virginal sous la bannière d'une pieuse congrégation dont il préside régulièrement les saints exercices.

De même pour les jeunes garçons, il cultive en eux le goût du chant et de la musique sacrée, leur donnant lui-même ou leur faisant donner sous ses yeux des leçons toujours associées à quelque sage conseil. De la sorte, il obtient un double résultat; non-seulement il soustrait la jeunesse à la contagion des vices qui s'étalent dans les cabarets, dans les cafés et dans les bals publics, c'est-à-dire à la dissipation, au jeu, à l'ivrognerie et à l'inconduite, mais encore il ajoute un éclat particulier à la pompe des cérémonies religieuses, qui deviennent ainsi moins indignes de la majesté de Dieu, et plus propres à laisser de salutaires impressions dans les âmes. Pour cette œuvre et pour toutes celles dont le prêtre enrichit sa paroisse, telles que les écoles et les sociétés de secours mutuels, il sait obtenir et, ce qui est plus difficile encore, rendre durable le concours des personnes qui peuvent en assurer le succès. Il excelle à multiplier de tout côté les exhortations et les encouragements, à exciter les sentiments généreux, à piquer les amour-propres, et à faire tourner toute chose, sans excepter les petits travers de notre vanité, au profit de ses pieux desseins.

Malheureusement, le zèle de nos pasteurs vient souvent se briser devant les difficultés d'une condition matérielle trop précaire. Comment veut-on que celui qui a peu donne beaucoup ? En mesurant parcimonieusement les honoraires aux curés de campagne, il arrive qu'on affame l'indigent. Ce n'est pas tout encore; lorsque l'âge et les infirmités paralysent l'activité du prêtre, l'absence d'un fonds suffisant pour lui assurer une retraite modeste contraint ses supérieurs à lui conserver des fonctions auxquelles il ne peut plus suffire. Tout souffre alors dans la paroisse, et on a vu des pasteurs très recommandables arriver ainsi, par des négligences ou des lenteurs inséparables de la caducité, à détruire en peu de temps une grande partie du bien qu'ils avaient opéré durant une longue et laborieuse carrière.

Il semble, cependant, qu'il ne serait pas impossible de remédier à cette lacune. Peut-être suffirait-il d'établir une sorte de société de secours mutuels entre tous les ecclésiastiques de chaque diocèse. Les recettes deviendraient à peu près invariables, parce que le taux des cotisations étant modéré et les bienfaits de l'œuvre partout sensibles, tous les prêtres, soit dans leur propre intérêt, soit par un esprit de confraternité charitable, voudraient participer à l'association. Chaque année, le produit des cotisations serait réparti entre les membres qui justifieraient de leurs besoins. On ne mettrait au fonds de réserve que les excédants de recette, et lorsqu'ils auraient atteint une certaine somme, on pourrait diminuer les cotisations elles-mêmes. Si je ne m'abuse, ce système serait plus généralement goûté que celui qui consiste à accumuler un capital énorme pour se servir, dans la suite, des intérêts dont il sera productif. La formation de cette réserve impose, en effet, au clergé actuel des sacrifices dont il ne profite que peu ou point, et dont ses successeurs pourraient bien ne pas retirer de plus grands avantages si, ce qu'à Dieu ne plaise, le vent des révolutions ou de l'intolérance qui souffle en Europe venait à agiter notre atmosphère politique. Quoi qu'il en soit d'ailleurs du mérite de ce projet, il est certain qu'il est urgent d'améliorer la situation du clergé dans les campagnes pour qu'il puisse, en toute circonstance, suffire à sa mission charitable et moralisatrice.

Nous bornerons à cette remarque nos réflexions incidentes sur ce sujet, et nous conclurons de l'examen auquel nous avons soumis la condition de la famille rurale, à la nécessité de modifier son état moral autant que son état matériel. C'est le seul moyen d'arrêter le mouvement qui l'entraîne vers les villes. Cette double réforme doit être poursuivie par la diffusion des

doctrines religieuses, par une méthode d'enseignement mieux
appropriée au métier de cultivateur, par une organisation de
l'assistance publique basée sur le principe de la décentralisation et
sur le concours simultané de toutes les forces sociales, par l'abaissement des taxes qui élèvent abusivement le prix des objets que
l'ouvrier consomme. Tel est l'impôt sur les boissons, qui ne fait
pas seulement renchérir une denrée de première nécessité considérée par le paysan comme une succédanée du pain et de la
viande, mais qui, en restreignant la culture de la vigne, le prive
d'un travail constant et pour tous rémunérateur. Tels sont encore
certains tarifs de douanes, qui augmentent le prix des objets manufacturés servant à l'usage des classes inférieures.

Enfin, la condition matérielle et morale de l'ouvrier des
champs profitera de l'élévation graduelle des salaires, combinée
avec une production de force plus considérable résultant de
l'amélioration du régime alimentaire, force qui, appliquée à des
instruments plus énergiques ou plus maniables et vivifiée par la
participation de l'ouvrier dans les profits auxquels son travail
donne lieu, lui permettra d'arriver, en suivant la voie de l'épargne,
à la petite propriété qui est la grande ambition de sa vie.

CHAPITRE V

LES SALAIRES

De la concurrence faite au travail agricole par le travail industriel, les embellissements des villes et les grands travaux publics. — Moyens d'en conjurer
les effets : augmentation du capital d'exploitation ; organisation du travail.
— Participation de l'ouvrier à l'entreprise agricole. — Substitution du travail à la tâche au travail à la journée. — Engagements à long terme. —
Patronage.

Dans notre étude sur l'ancien régime, nous avons présenté le
tableau comparatif des salaires avant la Révolution et à diverses
époques de la période comtemporaine jusqu'à l'année 1860. Cet
examen, qui a porté sur la condition des journaliers : hommes,
femmes et adultes, considéré, soit dans les conditions ordinaires

de la culture, soit en pays de vignobles, sur les maîtres-valets ainsi que sur les métayers, nous a fourni la preuve d'une augmentation graduelle très notable dans les salaires du cultivateur (1).

Depuis l'année 1860, une nouvelle amélioration s'est produite. Nous avons eu occasion de la signaler pour la mettre en parallèle avec la rétribution du travail industriel, et nous avons vu que, dans un vignoble où les ouvriers ne contractaient que des engagements d'un jour, les salaires payés depuis 1860 jusqu'en 1866 s'étaient élevés de 23 pour 100 relativement à la période décennale précédente. Cette brusque augmentation, qui avait le tort de coïncider avec une diminution notable du revenu pour l'entrepreneur de culture, a eu plusieurs causes.

Nous en avons trouvé la principale dans la concurrence du travail industriel favorisé par une protection qu'on refusait à l'agriculture. Ici l'exagération seule est blâmable. Mais tant qu'on n'aura pas mis l'agriculture, qui est la principale industrie de la nation, sur le pied d'une égalité parfaite avec les mieux traitées, cet abus soulèvera de justes plaintes.

Il est encore d'autres causes artificielles qui ont exercé une influence funeste sur l'émigration des ouvriers ruraux par l'appât des salaires dont l'entreprise agricole ne pouvait soutenir la concurrence. On a nommé les fastueux travaux entrepris pour l'embellissement des grands centres, et l'ouverture simultanée d'innombrables chantiers pour la construction des chemins de fer.

Quant aux travaux des villes, on ne saurait en contester le mérite et l'à-propos lorsqu'ils s'appliquent aux choses essentielles (élargissement des voies insuffisantes pour la circulation, aération des quartiers malsains, conduites d'eau, éclairage, égouts, construction d'églises, d'écoles, d'asiles, etc.). Mais ils ne sont plus à louer quand ils se rapportent à des choses futiles, ou même quand ils dépassent leur but, parce qu'ils pèsent sur la subsistance du peuple par les octrois et qu'ils grèvent l'avenir par les emprunts. Il y a là de graves abus qui prendront fin quelque jour, mais que l'autorité du gouvernement peut beaucoup atténuer en attendant une réforme plus radicale.

En ce qui concerne les chemins de fer et tous les travaux d'utilité publique vraiment dignes de ce nom (routes, canaux de navigation et d'irrigation, desséchement, endiguement, reboisement, etc., etc.), il faut considérer que l'agriculture est appelée à en faire son profit ; elle a donc le plus grand intérêt à les voir se développer, même au prix de la concurrence inévitable des salaires.

_____

(1) Voir liv. IV, p. 62, et aux pièces justificatives, les tableaux IX et X.

Du reste, le grand coup est maintenant porté en ce qui concerne l'établissement des rail-ways. Nous en avons éprouvé les atteintes, nous en goûtons aussi les avantages, autant du moins que l'inégale application des tarifs le permet. En définitif, tout se réduit ici à une question de mesure ; l'abus seul est condamnable.

Mais quand même toutes les exagérations dont l'agriculture se plaint à bon droit viendraient à prendre fin, elle aurait encore à compter avec la production industrielle et les travaux publics, il ne faut pas se le dissimuler. Ce n'est même pas tout, la culture méridionale n'en aurait pas moins à subir la concurrence de la culture du Nord qui, mieux pourvue de capitaux, et plus favorisée par nos lois douanières et fiscales pour le placement de ses produits, peut offrir au manouvrier de meilleurs salaires. C'est ainsi que dans l'Yonne le prix de la journée (1) varie de 2 fr. en hiver jusqu'à 3 fr. 50 c. en été, et qu'il atteint même à 4 fr. dans le département de Seine-et-Oise ; tandis que, dans nos cantons les plus favorisés, il ne dépasse pas 2 fr. 25 c. au maximum, et 1 fr. 36 c. pour la moyenne de l'année. Ces exemples, qu'on pourrait multiplier aisément, montrent quelle importance nous devons attacher à la question des salaires. Il n'en est peut-être pas de plus considérable aujourd'hui. Ne conservons pas d'illusion à cet égard ; la crise doit aboutir, par la force même des choses, à un nouvel accroissement dans le prix de la main-d'œuvre. Or, cette solution pourra devenir désastreuse pour l'entrepreneur de culture, s'il ne se hâte d'en conjurer les effets.

Heureusement, il existe deux moyens efficaces pour lutter contre les difficultés : l'un consiste dans l'acroissement du capital d'exploitation, l'autre dans l'organisation du travail sur la base de l'association.

Quant au premier moyen, il n'est pas, hélas ! à la disposition de tous les cultivateurs ; mais ceux auxquels l'argent ne fait pas défaut, n'en sauraient faire un meilleur emploi que de le consacrer libéralement à l'exploitation du sol. Toutes les données de la statistique s'accordent, en effet, à montrer que le produit net comme le produit brut le plus élevé se rencontrent là où le capital est le plus abondant. Que ce capital soit converti en machines, bestiaux ou engrais, etc., il est fécond sous toutes ces formes. C'est ainsi que les forces de l'ouvrier, appliquées à un instrument puissant ou seulement bien approprié à sa destination, rendent une somme de travail très supérieure à celle qu'on obtient avec un outillage médiocre. De là la possibilité d'élever les salaires. De

(1) Mémoire de M. Charles Martenot, lauréat de la prime d'honneur.

même, lorsque l'industrie du bétail se trouve annexée à la ferme, elle offre, entre autres avantages, celui de fournir à l'ouvrier une occupation plus constante que ne fait la culture exclusive des céréales : ce qui revient pour le paysan à une augmentation de recettes. D'un autre côté, l'effet des fumures copieuses, des amendements et des améliorations de tout genre introduits dans le sol, en augmentant sa fertilité, rendent plus féconde la main-d'œuvre qu'on y consacre. Il y a alors possibilité de la mieux payer.

Mais il est, à part l'emploi bien entendu des grands capitaux et dans l'organisation même du travail, d'autres moyens de faire face, sans trop de désavantage, à l'élévation des salaires. Je veux parler de la participation plus ou moins étendue de l'ouvrier à l'entreprise agricole elle-même ; de la substitution plus fréquente du travail à la tâche au travail à la journée ; enfin, de l'adoption des engagements à long terme. Ceci nécessite quelques explications.

On a toujours reconnu que la possession du sol est le lien le plus capable de retenir l'ouvrier dans les champs ; il s'attache à la maison qu'il a bâtie, aux arbres qu'il a plantés. Le *bientenant* est si fier de sa condition, qu'on ne le voit guère s'allier avec des familles non propriétaires, et comme, en général, la culture de son modeste héritage n'exige pas beaucoup de temps en dehors de ses moments perdus, il met le plus souvent ses bras au service de quelque exploitation voisine. Quand même la petite propriété ne joindrait pas à cet avantage les garanties inappréciables qu'elle offre à l'ordre social, on ne saurait trop en favoriser l'extension, en en facilitant l'accès au laboureur par la diminution des droits d'enregistrement.

Mais comme, malgré tout, beaucoup de manouvriers ne semblent pas destinés à éprouver de si tôt les jouissances attachantes de la propréité, on doit s'efforcer d'y suppléer en leur attribuant, sur les fruits du sol, des droits temporaires qui constituent une quasi-propriété. L'association du travailleur avec l'entrepreneur de culture permet d'atteindre ce but. Elle consiste à rendre la main-d'œuvre solidaire, dans des proportions déterminées, des résultats auxquels elle concourt. La puissance de ce principe a de tout temps frappé les hommes pratiques, et c'est à lui que l'ancienne agriculture, dénuée de capitaux et contrariée dans ses progrès par les vices de l'ordre économique et social, avait confié son salut sous la loi du métayage. Trop oublieux des services reçus, quand l'heure de l'émancipation a sonné et que la fortune est redevenue propice, les maîtres du sol se sont hâtés de rompre le lien qui les unissait aux fidèles compagnons de leur longue misère. De ce que les clauses de l'antique bail à colonage s'accordaient difficilement, en beaucoup de cas, avec les exigences du progrès agricole, on en a conclu trop hardiment contre l'idée même de l'association, qu'il eût été bon de sauvegarder comme principe, en modifiant les formes qu'elle avait revêtues.

L'émigration de la population des campagnes et l'élévation des salaires ont ouvert les yeux sur la nécessité de resserrer les liens moraux et la solidarité des intérêts qui sont l'essence de l'association. Il s'en faut bien, d'ailleurs, que l'application de ce principe ait été complétement abandonnée; nos meilleurs praticiens lui attribuent avec raison une partie de leurs succès, notamment en ce qui concerne les spéculations sur le bétail. Suivi sur ce point, leur exemple n'a pas été assez imité en d'autres.

On n'a pas besoin de remonter bien haut dans notre histoire pour trouver le régime du métayage prépondérant dans notre contrée; il est certain qu'il recule à mesure que le progrès avance. Ce n'est pas ici le lieu d'examiner si ce changement n'a pas été parfois trop radical et si le métayage ne vaut pas mieux que sa réputation. Ces questions trouveront leur place ailleurs; mais il est un point incontestable qu'il importe de relever : c'est que les cantons, où le sol est exploité par des métayers, sont ceux où la culture a le moins à souffrir de la rareté des bras. Tous les travaux étant exécutés par les membres de la famille, ce n'est guère qu'à l'époque de la moisson qu'on a besoin d'ouvriers supplémentaires. Alors, si l'on n'en a pas engagé à l'avance, dans le voisinage, moyennant une part proportionnelle de la récolte, on est réduit à subir les exigences des ouvriers nomades, qui font payer plus cher leurs services, mais qui ne manquent jamais de les offrir, parce qu'il sont sûrs d'être bien payés. Si le concours du propriétaire pour les améliorations ne fait pas défaut au colon partiaire, celui-ci trouvera son profit à s'imposer un surcroît de main-d'œuvre. On le verra déployer une activité extraordinaire, tout à fait inconnue dans les lieux où les métayers n'ont pas la bonne fortune d'être généralement secondés par leurs maîtres.

La participation du travailleur aux bénéfices de l'entreprise agricole, quoique beaucoup plus restreinte dans le système de la culture à maîtres-valets, s'y fait cependant sentir, et l'on observe que cette catégorie d'ouvriers est beaucoup moins portée à multiplier ses exigences et à abandonner les champs que celle dont les membres, quoique engagés à l'année, n'ont pas une part déterminée dans les produits. La principale raison est, sans doute, que les gages du maître-valet étant, en grande partie, payés en nature, il n'a jamais à souffrir de l'élévation parfois exorbitante du prix des grains. Il est certain, néanmoins, que ce motif, suffisant pour calmer ses appréhensions légitimes, ne le serait pas pour satisfaire ses aspirations vers un avenir meilleur, si l'espoir d'une belle récolte ne promettait de réaliser ses vœux. Ce merveilleux mirage exerce un irrésistible attrait sur l'homme des champs, sur le paysan autant que sur le propriétaire. Il est vrai de dire que l'un et l'autre ont de bons motifs de continuer leur confiance à la terre qu'ils améliorent, car si les produits maxima continuent à n'apparaître qu'à de longs intervalles et si les déceptions ont leur tour, la moyenne des rendements s'élève d'une manière très sensible avec le progrès de l'art agricole.

C'est encore au principe de l'association appliquée à l'opération de la moisson et du battage que nous devons, en grande partie, de conserver dans nos campagnes, à des conditions de salaire abordables, les nombreuses familles d'*estachants*, dont quelques membres sont employés sur nos exploitations rurales à titre de *solatiers, estivandiers,* ou *mistiviers.* Tous ces termes sont synonymes ; ils impliquent l'existence d'une convention, le plus souvent verbale, qui assure à l'ouvrier une part variant du huitième au dixième des grains récoltés, moyennant quoi celui-ci s'oblige à sarcler, couper, lier, dépiquer les céréales, nettoyer le grain, mettre la paille en meule, etc., etc. On a coutume de clore la série de ces travaux par une fête champêtre (*paillado*), que le maître offre à son personnel. Presque toujours, le solatier cultive à moitié fruit quelques arpents de terre à maïs ; c'est pour lui une autre source de bénéfice, parce qu'il y consacre ses moments perdus ; c'est, en même temps, un lien qui l'attache au sol.

Malheureusement, il n'est pas toujours possible de donner à l'ouvrier un intérêt direct dans le produit de son labeur ; en ce cas, le moyen le plus économique d'élever son salaire pour le retenir aux champs est de substituer le travail à la façon au travail à la journée, toutes les fois que la nature des choses le comporte. Satisfait d'accroître son gain en redoublant ses efforts, le tâcheron se montre moins exigeant. La comparaison des prix va mettre ce point en évidence.

Sur notre domaine de Périole, dans la banlieue de Toulouse, le fauchage des prés coûtait 4 livres 5 sols par arpent en 1784. En 1814, on le payait 5 fr. ; or, c'est encore aujourd'hui le taux convenu avec nos solatiers. Un respectable agriculteur de nos voisins, M. Cazal, a observé chez lui des faits entièrement semblables. — Pour le fauchage des chaumes, nos solatiers recevaient 3 livres par arpent avant la Révolution. Nous ne leur donnons pas davantage maintenant, et, si nous avons recours à des ouvriers étrangers au domaine, nous payons de 4 à 5 fr. Ainsi donc, en nous plaçant dans le cas le plus défavorable, l'augmentation dans les prix n'est que de 40 pour 100. On peut l'évaluer à 30 pour 100 en moyenne, tandis que la comparaison du taux mensuel des journées, aux mêmes époques et sur le même domaine, accuse une différence qui surpasse 67 pour 100. Ces chiffres n'ont pas besoin de commentaires ; ils entraînent invinciblement cette conclusion, que le prix-fait doit obtenir la préférence sur le travail à la journée aussi souvent que la nature de l'ouvrage ne s'y oppose pas.

Mais, helas ! il n'en est pas toujours ainsi. Il faut pourtant que l'ouvrier arrive à obtenir de son labeur une rétribution suffisante pour subvenir à ses besoins sans cesse croissants et propre à contre-balancer, dans de justes limites, la concurrence des salaires que les industries rivales suscitent à l'agriculture. De là l'augmentation du taux des journées, augmentation qui doit être d'autant plus considérable, que les jours de travail sont ou peuvent être moins nombreux. Ce dernier genre d'inconvénient diminue avec la durée des engagements ; il est très sensible dans certains pays de vignoble, où l'ouvrier ne loue ses services que pour une seule journée. L'apparence du ciel fait-elle craindre la pluie, les propriétaires diffèrent l'exécution de l'ouvrage, et les plus pauvres cultivateurs restent sans emploi. En attendant, la besogne s'accumule et, quand on ne peut plus retarder, on se trouve contraint à payer la journée à des prix fabuleux.

Cette situation est mauvaise pour tous. D'une part, l'entrepreneur de culture achète l'unité de force beaucoup plus cher que dans le système des longs engagements, et, de l'autre, la condition de l'ouvrier, au moins de celui qui n'est pas propriétaire, est loin d'être meilleure, parce que, en définitif, il ne gagne pas davantage et qu'il est exposé à contracter dans l'oisiveté les habitudes les plus funestes. Quelques chiffres mettront ces faits en évidence.

J'ai eu, en mes mains, des comptes très régulièrement tenus par deux propriétaires de vignes situées dans les environs de Gaillac sur le Tarn. L'un d'eux, qui loue, chaque jour suivant ses besoins, un certain nombre d'ouvriers sur la place de cette ville, a dû subir, de 1860 à 1866, une augmentation de 36 pour 100 sur les prix de la période quinquennale précédente. L'autre, qui occupe les hommes à l'année, les a tous conservés, malgré la concurrence des chantiers de construction des chemins de fer, sans élever les salaires de plus de 16 pour 100. En sorte qu'avec les mêmes déboursés, celui-ci s'est procuré beaucoup plus de travail que celui-là, ce qui revient à dire qu'il en a obtenu une partie gratuitement, grâce à la bonne organisation de l'entreprise. D'un autre côté, ses ouvriers ne jugent pas sans doute leur sort inférieur à celui de leurs camarades qui ne contractent pas de longs engagements, puisqu'ils persistent eux-mêmes à ne pas changer leur condition.

Je sais bien que la très petite propriété, si commune dans certains vignobles, ne se prête pas au régime des longs engagements; mais, dans ces mêmes lieux, combien n'est-il pas de personnes qui, réunissant un assez grand nombre de parcelles pour occuper un ou deux vignerons durant l'année entière, suivent aveuglément une méthode contraire à leurs intérêts? Quant aux plus petits propriétaires, s'ils n'exécutent pas les travaux de leurs propres mains, ils auraient vraisemblablement avantage à confier leur vigne à un cultivateur d'une capacité reconnue qui recevrait une part proportionnelle dans le produit.

Des faits que nous avons exposés, il ressort, si nous ne nous trompons, la preuve manifeste que, pour conjurer les suites désastreuses de l'accroissement très considérable des salaires qui menace notre agriculture, dans le temps même où la réforme des lois douanières et le maintien des lois fiscales lui font perdre l'espoir de voir élever la valeur échangeable de ses produits de manière à compenser l'augmentation des dépenses, c'est une nécessité pour l'entrepreneur de culture de tourner tous ses efforts vers l'abaissement des prix de revient. Or, il est incontestable que l'emploi d'un capital d'exploitation considérable permet d'atteindre ce but en augmentant les quantités produites, et il est certain aussi qu'une bonne organisation du travail conduit au même résultat en diminuant le prix de l'unité de force. Pour nous, bonne organisation du travail, signifie : application large et raisonnée du principe de l'association, — extension des engagements à long terme, — travail à la tâche substitué le plus possible au travail à la journée, — enfin, patronage.

Ce dernier mot paraîtra peut-être blessant à quelques-uns, naïf à d'autres, insignifiant au plus grand nombre, tant les diverses classes de la société sont peu accoutumées, en général, je ne dirai pas à s'entr'aider, elles ne font autre chose en définitif tout le long du jour, quoiqu'il en semble, mais à compter sur leur bienveillance réciproque. Cette sorte d'isolement moral, qui a son principe dans le souvenir des longues souffrances endurées par les classes ouvrières sous l'ancien régime et des représailles qu'on a plus tard exercées en leur nom, est une plaie qu'il importe d'autant plus de cicatriser que les mauvaises passions l'enveniment sans cesse.

Ce mal moral ne peut être guéri que par une thérapeutique appropriée à sa nature, je veux dire par le développement de l'intelligence appliquée aux vérités économiques, que des sophismes si divers obscurcissent à tous les degrés de l'échelle sociale. La connaissance des lois qui président à la formation et à la distribution des richesses éclairera chacun sur ses intérêts, sur ses obligations et ses droits comme sur ceux d'autrui, et fera cesser par là des malentendus très dangereux.

Toutefois, quelque vives que soient les lumières de la science, elles ne parviendraient pas à dissiper les ténèbres dont les préjugés et les passions aiment à s'envelopper, si l'autorité de la loi religieuse n'écartait elle-même du cœur de l'homme les sentiments égoïstes et hostiles pour y faire régner la fraternité chrétienne. « Aimez-vous les uns et les autres, » tel est le précepte divin sur lequel repose l'harmonie sociale aussi bien que les espérances suprêmes de notre âme. Soyons-y tous fidèles.

Il n'en saurait être ici comme dans les choses purement humaines, où la loi du plus fort commande l'attitude du faible. Le premier pas vers la conciliation doit être fait par celui qui, ayant été mieux favorisé que les autres du côté de l'intelligence, de la naissance ou de la fortune, a reçu de la Providence une mission plus étendue auprès de ses semblables. Ainsi envisagées sous leur véritable jour, les obligations sociales deviennent plus faciles à remplir. Si l'homme bienfaisant voit ses intentions méconnues, ses desseins contrariés, ses sacrifices payés d'ingratitude, il ne succombera pas au découragement. Bientôt peut-être il en sera récompensé en découvrant que ces natures grossières se polissent à son contact : la méfiance fera place à la confiance, l'honnêteté à la rudesse, l'attachement à l'indifférence ou même à une haine sourde.

Et si, juste en toute chose, le patron s'attache à faire participer, dans une mesure équitable, ses ouvriers au progrès que le temps et les circonstances apportent dans la fixation des salaires, s'il prend à cœur leurs intérêts les plus divers, s'il excite leur zèle par des récompenses, s'il flatte leur amour-propre soit en leur donnant publiquement des éloges, soit en mettant entre leurs mains de beaux attelages et de bons instruments de culture, ses laboureurs, fiers et satisfaits, seront moins tentés de lui marchander leurs services et plus affermis contre les séductions. N'est-il pas vrai que les bons ouvriers se fixent, de préférence, chez les bons maîtres ? Et comment n'en serait-il pas ainsi ?

LIVRE V

CHAPITRE PREMIER

PARALLÈLE ENTRE LES VILLES ET LES CAMPAGNES

Caractère centralisateur de l'assistance publique sous l'ancien régime. — Parallèle entre la situation actuelle des villes et des campagnes. — Institutions de prévoyance : sociétés de secours mutuels; caisses d'épargnes. — Œuvres charitables comparées : bureaux de bienfaisance à Toulouse et dans le département; établissements hospitaliers; œuvres charitables diverses. Etablissements de crédit : prêt gratuit; société du Prince impérial, Caisse des avances de Caraman, mont-de-piété.

« L'étude des maux de l'humanité et de leurs remèdes se mêle intimement à tous les intérêts de l'ordre social. La politique, qui l'avait trop souvent dédaignée, découvre, non sans quelque effroi peut-être, qu'au sein de cette étude sont des questions desquelles peuvent dépendre le repos des Etats et la destinée des peuples. » Ces lignes, que M. de Gérando consignait, il y a trente ans, dans l'introduction à son grand *Traité de la Bienfaisance publique,* ont reçu depuis lors une double consécration de l'expérience et présentent encore aujourd'hui un singulier à-propos. On les dirait écrites d'hier.

Les avertissements du philanthrope ne produisirent pas tous leurs fruits ; mais les dangers, que la pénétration de son esprit lui avait fait entrevoir, finirent par se montrer saisissants à tous les yeux sous la forme d'une révolution, qui devait renverser tout un système politique, ébranler l'ordre social dans ses fondements et déplacer les bases de l'autorité souveraine.

Avec un pouvoir fort et préoccupé à bon droit de donner une

satisfaction légitime aux intérêts matériels et moraux des classes populaires, la propagande socialiste et l'émeute sont moins à redouter sans doute dans les villes qu'elles ne l'étaient auparavant; mais la négligence et l'inégalité dont les campagnes s'affligent, à leur tour, entretiennent une sorte de mécontentement sinon de malaise qui se traduit en termes différents, mais non moins accentués; l'émigration de la famille rurale succède à l'agitation des faubourgs.

Le mal est grand autour de nous. Dans le seul département de la Haute-Garonne, la population, considérée en dehors de la commune de Toulouse, a perdu, depuis vingt-cinq ans (1841-1866), 24,318 individus. Et si l'on groupe les résultats constatés, en dix ans (1851-1861), dans les départements circonvoisins : dans l'Ariége, l'Aude, le Tarn, le Tarn-et-Garonne, le Gers et les Hautes-Pyrénées, on trouve une perte de 55,471 habitants, qui n'a pas été rachetée par des accroissements postérieurs. Ces chiffres parlent haut et justifient surabondamment les doléances et les appréhensions des cultivateurs du Midi. La question est posée devant l'homme d'Etat et l'économiste : question capitale et ardue que des circonstances impérieuses ne permettent pas d'ajourner. Simple agriculteur, je viens apporter à l'œuvre du salut commun le faible tribut de mes observations et le témoignage de mon zèle.

Les causes qu'on assigne communément à la dépopulation des campagnes peuvent se ramener à deux chefs principaux : les unes sont relatives à la condition matérielle des classes ouvrières; les autres, comme l'éducation, sont des causes morales. Parmi les premières, on doit distinguer l'infériorité des salaires que nous ne pouvons que signaler ici, et le défaut des institutions de prévoyance et de charité qui va faire la matière de cette étude.

La disproportion, que la rémunération de la main-d'œuvre entraîne dans la condition de l'ouvrier rural, comparée à celle de l'ouvrier des villes, s'accroît, en effet, de toute la distance que l'on observe dans les ressources que l'assistance publique ménage à l'un et à l'autre, puisque l'obtention d'un secours quelconque revient, en définitif, à une augmentation de salaire. Or, à première vue, on est frappé de la sollicitude avec laquelle la charité organise et multiplie ses dons dans les villes, tandis qu'en tant d'autres lieux, on cherche vainement la manifestation de ses œuvres philanthropiques.

Le mal ne date pas d'aujourd'hui ni même de ce siècle. Nous savons qu'il était déjà grand sous l'ancien régime et que le clergé et les magistrats municipaux le déploraient avec amertume.

Tandis que les curés des paroisses rurales du diocèse de Toulouse se plaignaient qu'on ne faisait presque rien pour leurs pauvres, les capitouls s'inquiétaient, au contraire, de ce que les distributions quotidiennes de secours faites aux indigents par les communautés religieuses attiraient dans la ville les mendiants et les vagabonds de toute la Province, au grand péril de la sécurité publique (1).

Il est à regretter que l'exercice de la bienfaisance n'ait pas pris, de nos jours, une autre direction, car les funestes effets que jadis on signalait çà et là se sont beaucoup généralisés. Les grands centres ont attiré de plus en plus les populations agrestes, depuis qu'aux séductions de la charité s'est ajoutée celle des gros salaires offerts par l'industrie. Le fléau s'étend ; il faut le conjurer avant qu'il ne soit trop tard.

Étudions d'abord et comparons les faits. En ce qui concerne les institutions de prévoyance, les premières dont on doive parler parce que ce sont les plus susceptibles de produire de bons résultats et qu'elles préviennent les maux auxquels les œuvres charitables cherchent à porter des remèdes, nous sommes forcé de reconnaître que les communes rurales de la Haute-Garonne sont bien insuffisamment dotées. Ainsi, les sociétés de secours mutuels, qui exercent une action si féconde sur la condition morale et matérielle de leurs membres, se trouvent en bien petit nombre dans nos campagnes. L'institution n'est pourtant pas nouvelle dans le département, puisque, parmi les sociétés existantes, il en est six qui sont antérieures au dix-neuvième siècle. En outre, la Haute-Garonne occupe le huitième rang parmi les départements qui possèdent le plus grand nombre d'associations de ce genre. Elle n'en compte pas moins de 172, mais presque toutes sont renfermées dans l'enceinte des villes. Toulouse en possède à elle seule 88 ; Muret, Saint-Gaudens et Villefranche en ont ensemble 6. Les autres communes du département, dont le nombre s'élève à 574, n'en comptent que 78 ; d'où il résulte que près de 500 communes, c'est-à-dire plus des 6/7 du nombre total s'en trouvent privées (2).

La disproportion n'est pas moins frappante à d'autres égards. Ainsi, tandis que le chef-lieu est doté, depuis trente ans, d'une caisse d'épargne et de prévoyance fort bien administrée dont

_____

(1) Voir la première partie de cet ouvrage, liv. IV, chap. III, p. 87.

(2) Au 1er janvier 1869, le département de la Haute-Garonne possédait 99 sociétés *autorisées* dont 67 à Toulouse. Il comptait, à la même époque, 63 sociétés *approuvées* dont 21 à Toulouse.

l'actif, au 31 décembre 1868, approchait de 4 millions (3 millions 899,043 fr. 16 c.), les autres communes du département n'ont encore que trois établissements de ce genre, dont deux seulement fonctionnaient, au 1er janvier dernier, dans les villes de Saint-Gaudens et de Revel. On a beau dire que la terre est la caisse d'épargne des populations rurales ; il est certain cependant qu'avant de se convertir en immeubles, les petites économies du paysan restent souvent sans emploi, faute de trouver, dans un voisinage assez prochain, un centre où on les recueille pour les faire fructifier.

Après les institutions de prévoyance, passons en revue les œuvres purement charitables. Bien que les bureaux de bienfaisance soient plus uniformément répandus que les sociétés de secours mutuels, *près de la moitié des communes du département en sont encore privées*. Le but principal de ces établissements est, comme on sait, la distribution des secours à domicile. On compte 72 bureaux de bienfaisance dans l'arrondissement de Toulouse, 74 dans celui de Muret, 99 dans celui de Saint-Gaudens et 60 dans celui de Villefranche. Il faut ajouter que leurs ressources sont loin d'être proportionnées à la population respective des localités qui les possèdent. L'avantage est toujours du côté des grands centres ; la plus mauvaise part revient aux communes rurales. Ainsi sur les 356,751 fr. auxquels se sont élevées les *recettes ordinaires* de tous les bureaux de bienfaisance du département en 1866, celui de Toulouse était compris pour 184,298 fr. La disproportion des ressources entraîne naturellement celle des allocations. En 1867, la moyenne des secours par personne s'est élevée à 21 fr. 45 c. dans la ville de Toulouse, tandis qu'elle n'a pas dépassé 10 fr. 95 c. dans l'ensemble du département.

Grâce aux importantes ressources que le bureau de bienfaisance du chef-lieu distribue avec la plus ingénieuse sollicitude, il embrasse presque toutes les œuvres philanthropiques dans son action féconde dirigée par des hommes de bien et de talent, animés d'un zèle infatigable. Sept succursales groupées autour du bureau central et disséminées dans les différents quartiers de la ville forment elles-mêmes autant de centres d'information et et de distribution de secours.

Des médecins sont attachés à chaque *dispensaire*; ils donnent, plusieurs fois par semaine, des consultations gratuites aux pauvres ; ils les visitent chez eux et pratiquent au besoin les opérations chirurgicales. Les malades reçoivent aussi les soins des saintes filles de la Charité, qui se rendent tous les jours à leur domicile et qui savent doubler le prix des secours qu'elles apportent par la bienveillance et la plus douce commisération. Le bureau de bienfaisance fournit encore à ses malades le bouillon, le combustible et les médicaments ; il prend même à sa charge les frais de séjour aux eaux thermales. Ce n'est pas tout, il a des dispensaires spéciaux pour les affections de la vue et pour celles de la bouche, pour les maladies des femmes et pour d'autres encore.

Sa vigilance s'étend jusqu'aux enfants que leur mère ne peut nourrir. Un secours mensuel pourvoit à cette intéressante situation ; mais il y a plus encore, et à côté des pauvres atteints par la maladie, le bureau de bienfaisance vient en aide à tous les autres genres d'infortune par des distributions de pain, de viande, de bois, et de coke, parfois de soupe, même par des allocations en numéraire pour faciliter aux malheureux le paiement de leur loyer et l'entretien de leurs vêtements. Afin de leur procurer un pain plus substantiel et de meilleure garde on a créé naguère une boulangerie spéciale. Dans un but qu'on ne saurait trop louer, c'est par l'intermédiaire discret des filles de Saint-Vincent-de-Paul, qu'on soulage la pauvreté qui voile ses angoisses.

Enfin, le bureau de bienfaisance de Toulouse ne se propose pas seulement de remédier à toutes les infortunes ; mû par une heureuse inspiration, il s'efforce d'en prévenir le retour dans la limite de ses moyens, et pour cela, il tient ouvert des asiles qui partagent avec la famille les soins matériels (1) et moraux que réclame l'enfance ; il subventionne des écoles où les jeunes filles sont tenues à l'abri des compagnies dangereuses et formées à la vertu ; enfin, des ouvroirs, où on leur enseigne, par l'apprentissage des travaux d'aiguille, à s'entretenir avec le produit de leur labeur. Telles sont les ressources multiples et puissantes que le bureau de bienfaisance de Toulouse met à la disposition de l'indigent dans l'enceinte de cette ville.

Quant aux infortunes qui surgissent au-delà du mur d'octroi, dans nos faubourgs populeux et dans tout le reste de la commune, le bureau de bienfaisance leur avait, jusqu'à ces derniers temps, impitoyablement refusé toute espèce d'assistance. Hors de l'octroi point de secours, telle était la maxime invariablement adoptée. Il n'y avait d'exception que pour les malades qu'on dirigeait sur les stations thermales.

Dans le but de mettre un terme à cet état de choses, si douloureux pour la population rurale au milieu de laquelle s'écoulent tous les jours de ma vie, j'acceptai, au mois de septembre 1866,

---

(1) En 1867, il a été dépensé 2,800 fr. pour donner la soupe aux élèves, qui tous cependant n'appartiennent pas à des parents pauvres.

le mandat peu envié de membre de la Commission municipale à Toulouse. Après une année de lutte, de propagande et de froissements, grâce au concours de mes collègues et de l'administration municipale, grâce aussi à l'intervention de M. le préfet Dulimbert, j'ai eu la satisfaction de voir disparaître un à un tous les obstacles et se réaliser mes espérances les plus chères. Il m'a même été donné d'associer mes efforts à ceux des hommes de cœur qui ont accepté la mission d'organiser la distribution des secours dans la banlieue. Suivant l'idée que j'avais émise moi-même dans un questionnaire qui fut adressé, par les soins de Mᵍʳ Desprez, à tous les desservants de cette vaste circonscription, des comités locaux ont été créés pour répartir et distribuer les ressources qui leur sont confiées par le bureau de bienfaisance. J'avais pensé qu'il devait y avoir autant de comités que de paroisses. Cette disposition n'a pas été admise ; mais il est probable qu'on l'adoptera quelque jour, car elle est réclamée de divers côtés. En effet, l'étendue trop grande de certaines circonscriptions paralyse l'action de l'assistance, oblige les pauvres à de longs déplacements et rend presque illusoire, sur certains points, le contrôle du comité. On peut raisonnablement espérer, d'autre part, que l'influence de l'esprit paroissial sera favorable à l'obtention des dons et legs en faveur des indigents. Nous croyons devoir recommander cette modification aux administrateurs du bureau de bienfaisance qui s'efforcent, avec la plus louable sollicitude, de perfectionner le service de l'assistance pulique dans la banlieue.

Heureusement, pour les plus pauvres familles qui y résident, l'administration des hospices de Toulouse n'a jamais cessé d'étendre ses bienfaits jusqu'aux limites de l'ancien gardiage. Cet asile reçoit, en outre, des pensionnaires dont l'entretien est mis à la charge du département ou des communes. Il y a dans la Haute-Garonne treize établissements hospitaliers dont trois à Toulouse. Les autres sont situés à Alan, Auterive, Luchon, Carbonne, Castanet, Grenade, Muret, Revel, Saint-Gaudens et Villemur. Mais en dehors des grands établissements de Toulouse, les ressources de ces maisons, à quelques exceptions près (Carbonne, Revel, Luchon, etc.), se trouvent resserrées dans des limites étroites, et l'installation laisse généralement à désirer. Là même où la munificence de quelques riches donateurs semblait avoir levé tous les obstacles (legs de M. Ramel, pour l'hôpital thermal de Luchon et de M. Roquefort à l'hospice de Revel), on attend encore la réalisation des institutions philanthropiques qu'ils ont si puissamment patronnées. Mais les revenus des maisons hospitalières fussent-ils plus considérables, ils ne suffiraient pas longtemps aux demandes qu'ils feraient naître, car l'hospice, ainsi que l'a dit M. Moreau, appelle l'hospice, comme l'abîme, l'abîme.

En effet, cette institution, en affranchissant le peuple de la prévoyance, l'empêche de se mettre en garde contre les causes naturelles de la misère. Heureusement ces conséquences fatales ne se développent qu'en proportion des ressources acquises par les établissements hospitaliers. Or, comme avec ce système, l'assistance est plus coûteuse qu'avec tout autre, on a peu à craindre de voir se généraliser ces résultats abusifs. Mais l'effet est sensible au sein des villes où les hôpitaux disposent de grands biens ; on s'en dispute le séjour, quoique la bienfaisance s'y exerce, à quelques égards, dans des conditions peu séduisantes.

Isoler l'individu de ses affections pour lui donner des secours dans un hôpital, c'est bien certainement parer aux besoins les plus pressants de son corps, mais c'est souvent aussi imposer à son cœur de très pénibles sacrifices. Sans doute, la nécessité de maintenir l'ordre dans un établissement public et de conserver la discipline au sein d'un personnel nombreux, dont la douleur et les privations ont aigri le caractère, impose une grande réserve dans les rapports des pensionnaires avec leur famille et justifie la rigueur avec laquelle les parents sont tenus éloignés du lit de mort de leurs proches. Mais la légitimité du règlement n'en détruit pas la sévérité et ne guérit pas les blessures qu'il fait au cœur des pauvres patients et de ceux qui s'intéressent à leur sort. Je sais bien qu'il est, hélas ! des êtres aussi dénués d'affections que de ressources autour desquels la mort ou l'indifférence ont fait le vide. Qu'on donne à ceux-ci un asile pour finir leurs jours et les consolations suprêmes de la religion pour les aider à accomplir ce dernier sacrifice ; rien de mieux. Mais pour ceux auxquels la Providence a conservé une famille et des amis, la solitude substituée à la solennité du dernier adieu est chose bien cruelle.

On sait, du reste, avec quel empressement on accorde aux malheureux recueillis dans nos établissements hospitaliers tout ce qui peut adoucir leur existence. Il n'est pas possible de pousser plus loin la prévoyance dans tout ce qui concerne la disposition des locaux, l'installation du mobilier, le service sanitaire, les soins hygiéniques et la nourriture. Sur ce dernier point même, on dépasse peut-être quelquefois le but, en substituant, sans transition, un régime alimentaire substantiel et une vie oisive aux habitudes sobres et laborieuses que le vieillard avait dès longtemps contractées. Malgré les apparences les plus favorables, ce brusque changement n'est pas sans péril. Je crois, qu'en fortifiant l'alimentation, comme on a raison de le faire, il conviendrait de soumettre les vieillards à des travaux légers qui, sans fatiguer le corps, tinssent les membres en mouvement et l'intelligence en éveil. On fait bien quelque chose dans ce genre; il y a dans l'hôpital de la Grave un petit nombre d'individus employés à divers services, sous le nom de *pauvres utiles*, et recevant à ce titre une légère gratification; il conviendrait, pensons-nous, d'étendre cette catégorie à tous les pensionnaires auxquels l'état de leur santé permet de se livrer au travail. Les petits profits de ce labeur hygiénique serviraient à procurer quelques douceurs aux vieillards et allègeraient, en quelque manière, les charges de l'établissement.

Outre les incurables, l'hospice de la Grave reçoit, jusqu'à concurrence de 25, les orphelins légitimes de l'arrondissement de Toulouse; et la maison de Charité de la rue Louis-Napoléon, qui est une dépendance du même établissement, recueille 40 orphelines légitimes appartenant au département tout entier. Quant aux orphelins de père ou de mère qui, se trouvant placés en dehors des prévisions de la loi, ne sont secourus que dans des cas exceptionnels, l'administration des hospices de Toulouse a eu la bonne pensée de fonder pour eux l'orphelinat agricole de Francazal. On ne peut qu'applaudir à ces vues philanthropiques et faire des vœux pour que les ressources de cette maison lui permettent d'étendre ses bienfaits aux orphelins de tout le département; car, au début, on ne doit accueillir que ceux de la ville de Toulouse.

En général, nos institutions de bienfaisance ont le tort grave de relâcher les liens qui unissent, à divers degrés, les hommes entre eux. Dans un but louable d'économie, on s'est efforcé de développer toutes les ressources de la division du travail et de l'association, mais le côté financier a fait perdre de vue, à quelques égards, le côté moral, et, pour n'en avoir pas tenu compte, on s'est heurté à deux excès dangereux. D'une part, la centralisation des secours dans les villes a entraîné hors des campagnes une population qu'il eût été plus politique d'y retenir en améliorant son sort. En effet, la main-d'œuvre n'aurait pas autant manqué à la culture, et l'ouvrier rural, mis en position de trouver dans le travail des champs, combiné avec le jeu des institutions de bienfaisance, les moyens d'arriver à la propriété qu'il convoite ou tout au moins à une modeste aisance, serait devenu un des soutiens de l'ordre social auquel sa présence dans les villes est loin de donner les mêmes garanties.

D'un autre côté, si l'accumulation des ressources dans les agglomérations urbaines y attire les indigents au préjudice de l'agriculture , le caractère même de l'assistance publique a souvent pour effet de rendre l'individu étranger à sa famille, de le dépouiller de la responsabilité que la vie commune entraîne et, en fin de compte, de concentrer sur sa personnalité seule toutes ses joies et ses appréhensions. Il est nécessaire d'entrer ici dans quelques développements ; mais d'abord il doit être bien entendu que nos critiques ne s'adressent pas en particulier à telle ou à telle œuvre dont l'action sagement réglée exerce, d'ailleurs, une influence salutaire ; nous ne prétendons blâmer que les tendances générales et les exagérations de système.

Examinons la situation d'une famille d'ouvriers au sein d'une grande ville abondamment pourvue, comme la nôtre, d'institutions de bienfaisance. La crèche, la salle d'asile, l'école, recueillent tour à tour les enfants. Ainsi, Toulouse compte huit salles d'asile quand le département tout entier n'en a pas plus de onze. Lorsque la jeunesse a ainsi grandi, un peu loin du sein maternel et des yeux du père, mais au grand profit des ressources du ménage que son entretien n'a pas surchargé, l'ouvroir reçoit les jeunes filles, tandis que les garçons, commençant à voler de leurs propres ailes, se mettent en apprentissage au dehors avec le concours des sociétés de charité, dont le patronage les accompagne jusque dans leurs loisirs et leurs jeux. Des âmes pieuses et dévouées ont établi ces œuvres pour soustraire les jeunes gens des deux sexes aux mauvais exemples qu'ils trouveraient dans leur famille. C'est une bonne et salutaire pensée. Mais tous les adolescents qu'on rassemble ainsi sont-ils assez malheureux pour avoir à redouter les mauvais exemples de leurs proches ? Et ne court-on pas le risque de relâcher de plus en plus des liens que l'éducation du jeune âge n'a pas fortifiés ? Les ouvroirs, en particulier, n'ont-ils pas l'inconvénient de faire contracter à leurs pensionnaires des habitudes et des goûts différents de ceux qui conviendraient à des filles destinées par leur naissance à de rudes travaux ? Quoi qu'il en soit de ces objections, cette dernière œuvre procure un grand soulagement aux familles pauvres. Elle compte six maisons à Toulouse et trois seulement dans toutes les autres communes de la Haute-Garonne.

Si la bienfaisance a tout prévu pour alléger à l'ouvrier des villes les charges que l'entretien de ses enfants lui impose , elle ne fait pas moins pour adoucir les embarras et prévenir la gêne que la maladie apporte dans les familles indigentes. L'Hôtel-Dieu procure gratuitement aux malades un refuge, le concours d'excellents médecins, les remèdes et les soins de tout genre que son état nécessite, tandis que le bureau de bienfaisance et d'autres œuvres charitables suppléent de leur mieux au déficit que la suspension du salaire entraîne dans les ressources du ménage.

Quand la vieillesse arrivera avec son douloureux cortége d'infirmités, et que le père de famille sera devenu un fardeau pour ceux auxquels il a donné le jour, l'hospice s'ouvrira devant lui et pourvoira à ses besoins, car ici la société à tout prévu. L'indigent, ainsi défendu par elle contre les charges inséparables de l'éducation des enfants et de l'entretien des infirmes ou des vieillards, assuré pour les siens et pour lui d'un asile, si la maladie survient, et des secours de la bienfaisance officielle quand le salaire fera défaut, l'indigent reste trop souvent étranger à l'esprit comme aux devoirs de la famille. En lui enlevant la responsabilité, qui fait la force comme le tourment de l'homme sur la terre, on tend, sans le vouloir, à resserrer le cercle de ses pensées et à renfermer ses préoccupations dans la limite de ses jouissances personnelles. Dès lors, n'attendez pas des natures vulgaires cette vertu qui commande au père de famille soucieux de l'avenir de ses enfants le sacrifice de ses plaisirs. Il fera plus de visites à la taverne qu'à la caisse d'épargne et ne s'élèvera jamais à la hauteur de la continence volontaire; ce sera le prolétaire par essence. Dominé par ses appétits sensuels, il trouvera peut-être que la société, qui a tout fait pour lui, pouvait bien davantage et, à l'occasion, il saura lui prodiguer les témoignages de son ingratitude; heureux s'il s'en tient aux menaces. Seuls les cœurs droits échappent à la contagion. Et cependant, combien n'existe-t-il pas dans les villes d'œuvres de bienfaisance inconnues ailleurs, et que l'admirable sollicitude de la charité a établies pour soulager toutes les infortunes, subvenir à tous les besoins!

Dès sa naissance, l'enfant est l'objet des soins de la Société maternelle, instituée pour secourir les femmes indigentes en couches. L'Ecole de la Maternité leur offre, à l'Hôtel-Dieu Saint-Jacques, un asile gratuit pour leur délivrance et des layettes pour le nourrisson. Les crèches, les salles d'asile, les écoles gratuites, les ouvroirs, les sociétés de patronage, accueillent successivement, comme nous l'avons vu, le petit citadin au grand profit des ressources de la famille.

L'Hôtel-Dieu ouvre ses portes aux malades, et l'hôpital de la Grave, aux incurables et aux vieillards. Mais comme ces établissements magnifiques, qui font, à juste titre, l'orgueil de la cité, se trouvaient insuffisants, de saintes filles, remplies de foi et de confiance, ont préparé une nouvel asile à la vieillesse qu'elles soignent de leurs mains et nourrissent du produit de leurs quêtes journalières. L'établissement des *Petites-Sœurs des Pauvres*, transféré dans un local aussi sain que spacieux, entretient aujourd'hui 150 infortunés. Là, du moins, les campagnes ont leur part; près de la moitié des pensionnaires leur appartiennent.

Le service des *enfants assistés* lui-même, quoique organisé et dirigé, par l'autorité administrative et les hospices, avec la plus intelligente sollicitude dans ses trois branches (enfants trouvés, abandonnés, orphelins), a fourni à la charité privée l'occasion de multiplier et de féconder ses largesses. C'est sous cette heureuse inspiration qu'ont été fondés les orphelinats nombreux à Toulouse, où de pauvres enfants retrouvent, dans les soins et l'affection des vierges chrétiennes, plus que l'image d'une mère. Que ne peuvent sur ces créatures sans tache l'amour de Dieu et le dévouement à l'humanité souffrante! Ne les voit-on pas, aussi indulgentes pour les fautes d'autrui que rigoureuses pour elles-mêmes, et saintement inspirées de la générosité avec laquelle le Sauveur des hommes accueillit la pécheresse repentante de Béthanie, renfermer leur existence dans la solitude pour élever vers Dieu le cœur de ces malheureuses femmes qui ont descendu tous les degrés du vice, et qui aspirent à revendiquer leur part du céleste héritage? Non contentes d'offrir aux *repenties* un refuge contre des séductions dangereuses pour leur faiblesse, la charité chrétienne a ouvert un asile aux pauvres enfants dont l'innocence est en péril au sein des plus détestables exemples.

A coté de la grande œuvre de la *Préservation,* je ne me pardonnerais pas d'omettre deux autres établissements du même genre, dont l'un a été fondé par les sœurs Clarisses et dont l'autre doit sa création à une dame charitable, qui a renoncé à tous les avantages que lui assuraient dans le monde une position sociale élevée ainsi qu'une grande fortune, pour s'attacher tout entière, dans la retraite, à former le cœur et l'esprit des jeunes filles pauvres abandonnées de leurs parents.

Mais combien d'œuvres est-il encore dans notre religieuse cité, qui se cachent, comme celles-ci, dans le demi-jour pour se dérober à l'admiration publique et qu'on hésite à nommer, dans la crainte d'alarmer des dévouements non moins modestes qu'infatigables. — Ici, c'est la Société de Saint-François Régis qui poursuit la réhabilitation des unions illégitimes, élève la femme séduite au rang d'épouse, et donne aux enfants nés hors mariage un père et une mère qu'ils acquièrent le droit d'estimer comme ils ont le devoir de les chérir. — Là, ce sont des cœurs émus par le triste sort des prisonniers, qui vont leur apporter des secours et de salutaires exhortations. Il est vraiment admirable de voir comment l'aumône se multiplie dans les villes pour subvenir à tant de bonnes œuvres ; tous les arts lui prêtent leur concours. L'éloquence sacrée touche en sa faveur le cœur des fidèles. La science austère ne dédaigne pas de s'allier avec la musique pour donner un éclat, non moins solide que brillant, aux conférences charitables de la Société de Saint-François Xavier.

D'autres associations, dignes émules de celle-ci dans l'œuvre du patronage des institutions de prévoyance, obtiennent d'importantes ressources en organisant des loteries : c'est là le balancier avec lequel une infinité de sociétés charitables grandes et petites battent monnaie. Grâce à ces profits multipliés, au produit des quêtes et aux souscriptions individuelles, les *Enfants-de-Marie* et les *Economes-des-Pauvres* achètent les étoffes avec lesquelles elles confectionnent, de leurs propres mains, des vêtements pour les enfants des familles les plus indigentes de la cité.

Mettrons-nous en parallèle, avec ce qui se pratique dans les campagnes, les sacrifices que les conseils municipaux des grandes villes s'imposent pendant les crises politiques et alimentaires pour donner aux classes ouvrières du travail en abondance et du pain à prix réduit ?

Encore moins pourrait-on assimiler les faibles aumônes dont la distribution est confiée au desservant d'une commune rurale avec les dons considérables qui passent par les mains des curés de nos riches paroisses urbaines. Le plus souvent, cependant, ces fonds proviennent du revenu des biens ruraux. Pourquoi, direz-vous, ne restent-ils pas dans les campagnes ? — Ah ! c'est qu'il faut compter toujours avec *l'absentéisme*, déplorable travers qui usurpe le rang d'un devoir sacré.

A côté de l'*aumônerie*, il est à Toulouse d'autres œuvres qui procurent à l'indigence le pain, le vêtement, le chauffage, et, ce qui n'est pas à dédaigner pour le cœur des malheureux, de fraternelles paroles d'encouragement et de sympathie. De ce nombre est la Société de Saint-Vincent de Paul. En 1866, les conférences de Toulouse ont distribué en secours de toute nature la somme de 28,726 fr. Mais qui pourrait compter les bienfaits qu'elles ont répandus dans l'âme de leurs protégés ? Car le but de l'institution est, avant tout, de moraliser les hommes, de les unir et de les conduire à la religion, qui seule, selon la juste expression de M. Guizot, peut nous soutenir et nous apaiser dans nos douleurs, celles de notre condition ou celles de notre âme. Hélas ! les pauvres de nos campagnes ne connaissent pas toutes ces manifestations à la fois si fécondes et si délicates de la charité.

Mais le génie de la bienfaisance ne s'évertue pas seulement à soulager les infortunes dans les villes, il s'efforce aussi de les prévenir. Le malheur frappe-t-il inopinément l'ouvrier, le prêt charitable ouvre généreusement sa caisse et lui confie sur gage, pour trois mois et sans intérêt , une somme qui peut s'élever jusqu'a 500 fr. Pourquoi , hélas ! cette œuvre admirable qui, depuis 1827, multiplie ses bienfaits dans la commune de Toulouse, n'en dépasse-t-elle pas les limites ?

La pensée de l'étendre à nos campagnes a cependant frappé depuis longtemps de bons esprits justement alarmés sur les dangers de l'ordre social. Nous la trouvons exprimée dans un mémoire ayant pour titre : *Des monts-de-piété dans l'intérêt de la propriété foncière*, mémoire lu, en 1849, à la Société d'agriculture de Toulouse, par M. de Vaillac, un homme de cœur dont le nom fut associé à toutes les œuvres de bienfaisance. « Jusqu'à présent, disait-il, le gouvernement n'a rien fait pour les personnes qui se trouvent momentanément dans la gêne ; si elles étaient plus misérables, elles auraient part aux secours affectés aux hôpitaux et aux bureaux de bienfaisance ; si elles l'étaient moins, elles profiteraient du sacrifice que l'Etat s'impose pour les caisses d'épargne. Il y aurait donc justice à secourir cette classe de la société, intéressante sous tant de rapports. On peut, avec des mesures bien peu dispendieuses, combattre l'usure, augmenter la masse des transactions, faciliter le commerce, prévenir quelques faillites, arrêter un peu la mendicité, diminuer les secours à donner par les villes et le gouvernement dans les temps de disette et de crise commerciale ou politique. Les établissements destinés à opérer ces résultats manquent : un vide est à combler, une organisation des monts-de-piété, des monts-de-piété vraiment dignes de ce nom, est à faire par arrondissement. »

Un moment on 'put croire que le crédit gratuit allait être organisé, de tous côtés, pour l'ouvrier pauvre et honnête, sous la forme des prêts d'honneur. Une grande expérience fut tentée sous l'inspiration d'une femme, non moins distinguée par les qualités du cœur que par l'éclat de son rang, et sous les auspices du jeune Prince qui est appelé à s'asseoir, un jour, sur le premier trône du monde. L'avenir dira ce qu'on peut attendre de la *Société du Prince Impérial*. Mais jusqu'ici les résultats n'ont pas généralement répondu aux espérances qu'on avait pu concevoir. Pour que de semblables œuvres aient de la durée, il est indispensable en effet que le remboursement du prêt soit assuré par un gage ou par une caution.

C'est pour ce dernier mode de garantie que s'était déterminé M. de Riquet, lorsqu'il fonda, en 1781, la Caisse d'avances de Caraman en faveur des habitants de ce comté. Le capital, qui était de 10,000 livres, devait être prêté à 3 pour 100 l'an, et pour un laps de deux ou trois années au maximum, à des cultivateurs pauvres. Ces avances devaient être employées à acheter des semences, à remplacer des bestiaux enlevés par l'épizootie, à rebâtir des chaumières incendiées, à relever les familles dont la maladie aurait épuisé les ressources, etc. Le remboursement des prêts était garanti par une bonne caution, et, en outre, solidairement, par les administrateurs de la Caisse. Les intérêts capitalisés devaient servir à créer un nouveau fonds, les 10,000 fr. avancés par M. de Riquet pouvant être remboursés à la volonté de ses héritiers.

Pendant la tourmente révolutionnaire, le gouvernement s'empara des capitaux de la Caisse de Caraman. Ils ne lui furent restitués, avec les intérêts, que le 3 août 1808. Depuis cette époque, elle a fonctionné selon des principes qui diffèrent notablement des vues du fondateur. C'est ainsi que les placements sur hypothèque se sont substitués graduellement aux placements chirographaires.

Au 1ᵉʳ janvier 1860, l'actif de la Caisse montait à 17,707 fr., après remboursement de la créance primitive aux héritiers de M. de Riquet. Un nouveau règlement a élevé de 400 à 500 fr. le maximum des prêts, avec faculté pour l'emprunteur de se libérer par à-comptes, qui ne peuvent être inférieurs à 100 fr. La durée des prêts a été portée de trois à cinq années, et l'obligation de fournir caution, qui n'était plus qu'une gêne inutile et parfois onéreuse en présence de la garantie hypothécaire, a été supprimée. Ces règles font de la Caisse de Caraman un établissement de crédit agricole très utile, sans doute, mais non pas pour la classe déshéritée des « nouveaux et anciens ménagers, » que le fondateur avait particulièrement en vue.

Les prêts d'honneur ne sont guère en usage dans nos campagnes qu'au sein des Sociétés de secours mutuels et dans des cas fort rares. Ils sont d'ailleurs toujours soumis au service d'un intérêt. En ce qui concerne les prêts gratuits, tout l'avantage reste donc à l'ouvrier des villes.

Il n'en est pas autrement pour les prêts sur gage à titre onéreux. Afin de soustraire les petits emprunteurs aux frais de tout genre qu'entraîne le recours aux monts-de-piété de Bordeaux et de Marseille, par l'intermédiaire des commissionnaires, frais qui ne s'élèvent pas à moins de 17 pour 100, le bureau de bienfaisance de Toulouse a fondé, dans cette ville, un établissement analogue qui offre des conditions beaucoup moins onéreuses. Il n'est pas douteux que sous l'habile direction de M. le conseiller Fossé, dont les sentiments philanthropiques sont si bien connus, le nouveau mont-de-piété ne réalise par la suite, dans le taux de l'intérêt. toutes les améliorations compatibles avec les exigences du service. L'argent que l'ouvrier des grandes villes se procure par cette voie lui revient sans doute bien cher, mais il coûterait plus encore au cultivateur à cause de l'éloignement des maisons de dépôt. On pourrait diminuer cet inconvénient en multipliant les monts-de-piété. Ne serait-il pas possible de combiner cette institution avec celle des caisses d'épargne, de manière que l'une fît prospérer l'autre ?

CHAPITRE II

L'ASSISTANCE PUBLIQUE DANS LES COMMUNES RURALES

Interdiction de la mendicité. — Organisation des dépôts ; dispositions législatives ; règlement administratif ; deux catégories de détenus ; nécessité de les isoler ; question de principe ; le Code pénal ; danger d'interdire la mendicité ; la caisse d'assistance dans la Nièvre. — L'œuvre des pensions agricoles dans la Haute - Garonne. — Organisation de la médecine cantonale ; nécessité de modifier le régime actuel.

Si l'on excepte le service des aliénés, celui des enfants assistés et des sourds-muets, c'est-à-dire les ressources affectées à quelques situations exceptionnelles rigoureusement définies, et des allocations qui ne peuvent aboutir, vu leur modicité, qu'à des effets accidentels et restreints (secours accordés par le conseil général aux veufs et aux veuves chargés de famille ; secours dans les cas d'extrême misère), l'organisation de l'assistance publique dans nos communes rurales se réduit à un petit nombre d'institutions inégalement réparties et n'atteignant que fort incomplétement leur but. En sorte que, dans la généralité des cas, l'unique moyen qui s'offre aux indigents pour subvenir aux besoins de la vie, consiste dans l'exercice de la mendicité. Or, la législation en vigueur a prétendu le leur ravir. Passe encore si on l'eût remplacée par des secours qui, sans isoler l'indigent de sa famille, eussent donné satisfaction aux nécessités les plus impérieuses ; mais non, on s'est borné à fonder au chef-lieu du département un dépôt de mendicité, où les pauvres reçoivent une assistance chèrement achetée par la réclusion et par une cohabitation peu digne d'envie. Aussi, les indigents de nos campagnes ne se montrent-ils nullement épris de ce séjour. Presque tous les pensionnaires de cet établissement (il est essentiel de le signaler), ont leur domicile légal dans la commune de Toulouse, qui seule profite ainsi des sacrifices que le département tout entier s'impose à cet égard.

L'institution des dépôts étant la clef de voûte d'un système complet, créé dans une intention louable et patronné par l'administration supérieure qui s'efforce de l'étendre à tout le pays, doit attirer particulièrement notre attention.

Le point de départ de cette organisation remonte au décret du 17 juillet 1808, qui interdit la mendicité et pose en principe l'établissement de dépôts, où les sexes et les âges seraient placés d'une manière distincte. Ce décret trouva sa sanction dans les châtiments édictés par le Code pénal (art. 274 à 282). Aux termes de l'art. 274, le mendiant doit, après l'expiration de sa peine, être conduit au dépôt de mendicité dans les limites duquel il aura mendié, et, s'il est valide et mendie d'habitude dans un lieu où il n'existe pas encore de dépôt, il est, d'après l'art. 275, punissable d'un emprisonnement, dont la durée varie selon qu'il a été arrêté dans les limites ou hors des limites du canton de sa résidence.

Le dépôt est, à proprement parler, une maison de moralisation et d'amendement, destiné à faire contracter au condamné, après l'expiration de sa peine, le goût du travail et des habitudes régulières. Ce ne serait donc point aussi, comme on le suppose en général, un lieu où puisse se réfugier tout individu privé des ressources nécessaires à son existence. La loi est formelle, et l'honorable M. Goulhot de Saint-Germain l'a rappelé catégoriquement dans un rapport présenté au Sénat, dans la séance du 8 décembre 1863. Constatons cette tendance, mais n'en soyons pas effrayés, car le gouvernement sait se montrer plus équitable et plus libéral.

En effet, aux termes des règlements en vigueur, le dépôt de mendicité est destiné à recevoir : 1° les individus appartenant au département condamnés pour cause de mendicité, et qui auront subi leur peine ; 2° les individus que le préfet jugera convenable d'y admettre, à raison de leur indigence absolue et de l'impossibilité où ils se trouveraient de pourvoir à leurs besoins par le travail, et d'être reçus dans les établissements de charité de leur domicile.

Or, si la dernière de ces catégories présente en général des êtres aussi recommandables par leur moralité qu'intéressants par leurs infortunes, il n'en est malheureusement pas de même de la première, surtout en ce qui concerne les hommes. Un grand nombre de ceux-ci ont eu maille à partir avec la justice en d'autres occasions, et leur contact avec les pauvres admis au dépôt par voie administrative est presque une flétrissure pour les autres et, à coup sûr, une compagnie dangereuse. Il y a là une lacune regrettable dans l'organisation de certains dépôts de mendicité; elle disparaîtra sans doute si cette institution se maintient, car on ne peut douter que ceux qui l'ont remise en œuvre ne soient désireux de lui faire produire les meilleurs fruits, comme l'attestent la direction morale et les soins matériels dont les reclus sont l'objet.

J'ai visité le dépôt de mendicité de Toulouse. A part la disposition des locaux qui laissent forcément à désirer, parce qu'ils ont été construits pour un autre usage, il n'est pas possible de voir une maison de ce genre tenue avec plus d'ordre et de soin. Dortoirs, réfectoires, salles de travail, cours, infirmeries, tout est irréprochable. Le régime alimentaire lui-même est excellent. Soumis à la surveillance ferme et paternelle à la fois d'un directeur très recommandable, les pensionnaires (le plus grand nombre du moins) paraissent se soumettre avec facilité à la règle. Les Sœurs de Charité leur distribuent, avec la sollicitude pieuse de leur ministère, les bienfaits d'une éducation chrétienne. Tout enfin serait à louer si, dans un établissement qui a le double caractère d'un asile et d'une maison pénitentiaire, on trouvait établie la distinction que la loi elle-même a faite entre les mendiants condamnés pour un délit et les pauvres recueillis par humanité, entre les individus auxquels le dépôt s'ouvre pour une expiation et ceux qu'on y recueille par sympathie pour l'infortune. Or, sur les 78 pensionnaires que le dépôt renfermait au 1er juillet 1868, 57 étaient admis par voie administrative et 21 après condamnation judiciaire.

D'autres considérations puissantes militent en faveur de cette distinction. En effet, la cohabitation des détenus de toute catégorie a pour conséquence d'adoucir outre mesure le sort des mendiants valides incorrigibles. A ceux-ci, il faudrait une discipline sévère, un travail obligatoire fortement organisé, qui pût leur faire abandonner le goût du vagabondage par la crainte de la répression. On se plaint particulièrement de la douceur du régime que le voisinage des hospices entraîne pour les dépôts qui y sont annexés, comme cela a lieu dans douze départements, et notamment dans la Haute-Garonne, où le régime de ces maisons est à peu près semblable. Pour atteindre les deux fins bien distinctes qu'on se propose : donner asile aux infortunés et amender les vagabonds, ne vaudrait-il pas mieux renoncer à ces établissements hybrides, qui, en réalité, ne remplissent complétement aucun but, et placer les mendiants invalides dans les hôpitaux, tandis qu'on reléguerait les mendiants vagabonds dans un quartier spécial des maisons d'arrêt, où ils n'offusqueraient pas les premiers et ne seraient pas exposés eux-mêmes à être corrompus par les détenus de pire espèce ?

Il est d'autant plus nécessaire de séparer les indigents admis par voie administrative de ceux qui le sont après condamnation que, dans cette dernière catégorie, figurent un grand nombre de vagabonds étrangers au département , et qui ne séjournent dans le dépôt qu'en attendant l'ordre d'être dirigés ailleurs. Sur 226 individus entrés au dépôt de mendicité de la Haute-Garonne en 1867, on n'a pas compté moins de 146 étrangers presque tous repris de justice.

Du reste, même en passant sur les inconvénients que nous avons signalés, on n'a pu arriver encore à un régime uniforme pour les dépôts. Les règles varient selon les circonstances locales et la situation particulière des départements. Toutefois, les établissements auxquels une exploitation agricole se trouve annexée, sont ceux qui, jusqu'à ce jour, ont obtenu les meilleurs résultats, surtout pour la moralisation des détenus.

L'institution des dépôts de mendicité est d'ailleurs moins répandue qu'on ne le croit en général. 20 départements seulement ont créé des établissements spéciaux pour cette destination, et 12 ont approprié à cet usage des locaux dépendant des hospices ; enfin, 17 ont traité avec des départements voisins ; de telle sorte qu'il reste encore en dehors de ce régime 40 départements. A la vérité, parmi ceux-ci il en est 8 qui possèdent des maisons de refuge destinées, non pas à éteindre, mais à restreindre la mendicité (1). Ainsi donc, après un quart de siècle, malgré les efforts des philanthropes et la bonne volonté de l'administration centrale, on n'a guère établi le système que sur une moitié du territoire. Il faut avouer que Louis XV allait plus vite en cette sorte de besogne.

Mais la question de principe avait été posée bien avant le règne de ce prince. Il est même à remarquer qu'elle se trouve formulée catégoriquement dans les écrits les plus anciens qu'on

(1.) D'après l'exposé de la situation de l'Empire (1869), la mendicité est actuellement interdite dans 59 départements.

ait composés en Europe sur la bienfaisance publique. Voici comment s'exprimait, en 1545, le célèbre prieur Dominique de Soto, professeur à Salamanque : « L'exil est une peine qui ne peut être infligée qu'au coupable. Les règlements doivent être faits non en haine des indigents, mais dans un sentiment d'amour pour eux ; non contre eux, mais en leur faveur..... L'autorité ne peut interdire au pauvre de mendier qu'en pourvoyant à ses besoins, car autrement ce serait le dispenser de vivre. Mais elle n'a pas, disait-il, le droit de taxer le riche pour le contraindre à donner..... Elle n'a pas non plus celui de limiter les besoins du pauvre. » A cela, l'abbé Jean de Médina répliquait « qu'en assurant aux indigents un secours régulier, leurs enfants recevraient une éducation convenable, ils éviteraient et l'humiliation et les tentations ; les fainéants seraient obligés de travailler ; les vagabonds cesseraient de porter de lieu en lieu la contagion des maladies et des vices ; les personnes charitables auraient la certitude du bon emploi de leurs aumônes. » En vérité, le tableau tracé par l'abbé de Médina était merveilleux et presque séduisant. Soudain, la foule turbulente des mendiants disparaissait, mais avec elle aussi la liberté individuelle, ce bien sans qui les autres ne sont rien et dont son contradicteur s'était trop exclusivement préoccupé. D'autre part, l'exécution de ce plan, comme de tous ceux qu'on a tracés depuis sur le même modèle, était entourée de grandes difficultés pratiques. En supprimant la mendicité, on guérissait, il est vrai, une des plaies les plus hideuses de l'ordre social, mais on l'exposait en même temps aux commotions les plus graves en décrétant le droit absolu, indéfini, à l'assistance.

Cette question n'a pas vieilli et mérite qu'on s'y arrête. Les abus que la mendicité entraîne après elle, comme le gaspillage des aumônes, les encouragements qu'à son insu elle donne quelquefois à la fainéantise et les dangers du vagabondage, ont appelé très naturellement l'attention des publicistes et du législateur, qui se sont efforcés de les combattre avec le zèle le plus digne d'éloges. Frappé de l'idée qu'une distribution plus judicieuse des secours accordés aux mendiants, secours qui pourvoient tant bien que mal à leurs nécessités, remédierait plus efficacement à la misère publique et permettrait de la faire disparaître, on a cru pouvoir compter sur la coopération de la charité privée, et on s'est hâté de frapper les mendiants d'ostracisme.

Les législateurs se sont mis les premiers à l'œuvre, et ils ont édicté la section V du titre Ier du IIIe livre du Code pénal contre les associations de malfaiteurs, les vagabonds et les mendiants. rapprochement déplorable qu'ils ont, hélas ! suivi plus avant et même dépassé. Aux termes de l'art. 270, les vagabonds ou gens sans aveu sont ceux qui n'ont ni domicile certain, ni moyen de subsistance, et qui n'exercent habituellement ni métier ni profession. L'art. 271 porte que, lorsqu'ils auront été légalement déclarés tels, ils seront punis de trois à six mois d'emprisonnement et demeureront, après avoir subi leur peine, à la disposition du gouvernement pendant le temps qu'il déterminera eu égard à leur conduite.

Or, en ce qui concerne les mendiants, l'art. 274 décide de même que *toute personne* qui aura été trouvée mendiant dans un lieu pour lequel il existera un établissement public organisé afin d'obvier à la mendicité, sera punie de trois à six mois d'emprisonnement, et sera, *après l'expiration de sa peine*, conduite au dépôt de mendicité. Ainsi donc, le seul fait de tendre la main dans un lieu pour lequel il existe un établissement public organisé pour obvier à la mendicité, expose l'indigent, quels que soient son âge et son sexe, ses infirmités et sa détresse, même sa bonne renommée, à être traîné comme un vagabond devant les tribunaux, à subir l'humiliation d'un jugement et l'opprobre de la prison, puis à être incarcéré dans le dépôt pendant un délai dont *la durée est laissée à l'arbitraire de ses gardiens*.

Cette législation, qui est aujourd'hui en vigueur, avait besoin d'être complétée par l'organisation des ressources destinées à soulager les misères réelles. On projeta donc l'établissement, dans chaque commune, d'un fonds de secours qui devait être alimenté par les souscriptions particulières, et, au besoin, par l'impôt et les allocations du budget départemental. Ces fonds, centralisés par le bureau de bienfaisance ou une commission de charité, devaient être répartis, par leurs soins, entre les indigents de la commune.

A en juger par l'ensemble des résultats, cette organisation, malgré son apparente simplicité, ne serait pas d'une application facile, puisque l'argent a fait défaut presque partout et que les instructions administratives sont généralement restées sans effet. Cela vient en partie, sans doute, de ce qu'on aime à faire ses charités soi-même, ou, tout au moins, à les confier à des intermédiaires de son choix. D'un autre côté, il est certain que la plupart des dons qui alimentent l'aumône sont le produit de prélèvements journaliers, et partant presque insensibles, sur les ressources des petits ménages. Très souvent même ces libéralités conservent la forme de dons en nature, et, presque toujours, elles sont l'expression d'un mouvement spontané, inspiré par une commisération essentiellement individuelle : deux caractères qui manquent à la souscription fixe dont le produit est destiné a être réparti par des tiers.

Mais admettons que toutes les circonstances défavorables disparaissent par enchantement, que le fonds de secours soit formé et fonctionne selon les règles. Qui voudrait se porter garant des effets de ce système devant les infortunes qu'il exile ou délaisse aujourd'hui devant les périls qu'il peut créer demain à l'ordre politique et à la société ?

Si la disette multiplie les malheureux en tarissant les sources du travail et en élevant outre mesure le prix des subsistances, si les mendiants se pressent en foule sur les pas des agents de la police pour encombrer les dépôts, que répondra-t-on à ces enfants, à ces vieillards, à ces hommes et à ces femmes valides qui viendront dire : « Nous n'avons pas de pain, et vous nous défendez d'en demander à ceux qui soulageraient nos maux, si nous pouvions les leur exposer ! » Dans ce moment critique pourra-t-on solliciter avec confiance l'appui de la charité privée qu'on aura froissée dans le libre exercice de ses bonnes œuvres et découragée en prétendant l'asservir aux formes administratives ?

Mais, sans invoquer les circonstances exceptionnelles, l'interdiction de mendier rendrait intolérable la condition de l'indigent dans les campagnes, si les règlements s'exécutaient avec rigueur. Or il arrive en cela comme pour les lois trop sévères, on finit par fermer les yeux devant les infractions. La défense s'observe dans les villes où les agents de la police sont nombreux et stimulés par la présence des hauts fonctionnaires ; mais hors de là on continue à mendier. La loi est une lettre morte ; il ne faut pas s'en plaindre, car si cette ressource venait à faire défaut, nous verrions grossir le nombre des familles qui abandonnent les champs. Elles iraient chercher dans les centres populeux les compensations que les institutions de bienfaisance y distribuent. Le fléau du *paupérisme* serait dès lors naturalisé chez nous.

En effet, l'interdiction de la mendicité a pour corollaire le droit à l'assistance. Quels que soient à cet égard les artifices du langage, ils ne sauraient changer le fond des choses. Au lieu de donner aux asiles préparés pour les pauvres la qualification de maisons de travail, comme en Angleterre, nommez-les dépôts de mendicité, cela ne fera pas qu'on n'y tienne table ouverte pour tous les indigents invalides ou inoccupés, auxquels est refusée la liberté de demander leur subsistance à la commisération publique. Or, il suffit de ce fait pour que l'individu, rendu étranger au sentiment de la responsabilité personnelle, s'abandonne à l'oisiveté, à l'imprévoyance et au vice. De là cette plaie hideuse du *paupérisme* qui ronge l'Angleterre en dépit de sa forte constitution civile, de ses immenses ressources financières et des rigueurs qu'il a fallu introduire dans le régime intérieur des Workhouses. Ces refuges sont devenus un foyer d'abjection et de débauche. Les indigents les considèrent comme leur patrimoine, et on assure que certaines familles s'y succèdent, de génération en génération, depuis le règne d'Elisabeth.

En France, pour échapper aux charges exorbitantes que l'établissement des dépôts devait entraîner dans les départements où les mendiants abondent, soit parce que le travail manque, soit parce que l'ouvrier a dès longtemps contracté des habitudes indolentes et vicieuses, on a eu l'heureuse pensée de faire précéder l'installation des dépôts par la fondation d'une caisse d'assistance charitable, alimentée au moyen des souscriptions volontaires, et, au besoin, par les contributions publiques. Les ressources de chaque commune concentrées sur son territoire sont administrées par des hommes de bien, choisis parmi les souscripteurs.

Cette institution a produit de remarquables résultats dans la Nièvre, où elle a été conçue et mise en œuvre par un administrateur plein de zèle et de talent, animé d'un excellent esprit de conciliation et de justice, M. de Magnitot. La moralité publique y a beaucoup gagné, car les crimes sont devenus moins nombreux, les naissances illégitimes plus rares, et les écoles se sont peuplées d'enfants voués jusque-là à une existence vagabonde et dissolue.

Mais peut-on se promettre d'obtenir partout un succès semblable et de le voir durer? Il est essentiel d'examiner ici quelle était la situation des choses dans la Nièvre lorsque l'assistance y fut établie. Nous emprunterons ces détails au rapport du préfet lui-même : « On voyait des bandes de vagabonds et de mendiants venir, à jour et à heures fixes, réclamer avec arrogance et comme un droit acquis l'hospitalité des fermes et des maisons isolées. Non contents d'exiger du pain, de la soupe et des aliments de tout genre, ils demandaient non moins impérieusement à passer la nuit..., se livraient à de scandaleuses orgies, répondaient par l'insulte ou la menace aux représentations des propriétaires ou des fermiers..., et semaient l'incendie sur leurs pas. »

Or ce tableau ressemble bien peu, il faut l'avouer, au spectacle que la mendicité présentait dans notre pays au moment où elle a été proscrite. Les pauvres gens qui tendaient la main devant nos demeures inspiraient de la pitié, non de la crainte. C'étaient, en général, des infirmes ou des vieillards, quelquefois, à la vérité, des enfants, mais rarement des hypocrites ou des fripons. S'ils arrivaient plus nombreux, à certain jour de la semaine, c'était pour paraître moins importuns. Loin d'être exigeants, ils se montraient satisfaits de la plus petite monnaie et s'éloignaient en priant Dieu pour celui qui venait de l'offrir. Peut-on raisonnablement se promettre de rencontrer le même zèle parmi les souscripteurs là où les mêmes appréhensions n'auront pas existé ? et l'ascendant de l'autorité administrative suppléera-t-elle à un intérêt palpable ? L'expérience n'autorise pas à le préjuger.

Mais du moins il est certain que la bienfaisance administrative ne saurait mieux faire que d'appeler à son aide la charité privée, qui seule peut compléter son œuvre et réparer ses erreurs. Toutefois, il ne faudrait pas trop présumer d'elle et croire qu'on peut impunément l'assujettir à des formes rigoureuses. Si elle a sauvé la société des dangers auxquels la disette des subsistances, les crises industrielles et les troubles civils l'ont exposée tant de fois, c'est qu'alors son action se déployait partout dans une liberté complète. En sera-t-il de même maintenant qu'elle ne peut s'exercer à sa guise et que les pouvoirs publics, en prohibant la mendicité, ont pris l'engagement implicite d'assurer du travail ou du pain à tous ceux qu'ils privent de cette ressource ?

La mendicité était en quelque sorte la soupape de sûreté de l'ordre social. A ce procédé simple et rationnel dont les dispositions législatives contre le vagabondage suffisaient à détruire les principaux abus, on a substitué un mécanisme renouvelé des Romains et importé d'Angleterre, mécanisme qui fonctionne à grands frais et qui est loin d'offrir autant de garantie à la sécurité publique dans les villes et autant d'avantages aux pauvres dans les communes rurales, puisqu'il y est à peu près considéré comme non avenu. En tout cas, il est notoire qu'on ne recueille guère, dans le dépôt de mendicité de la Haute-Garonne, que des indigents ayant leur domicile à Toulouse ou bien des vagabonds capturés dans les rues de cette ville ; il est donc de toute justice de laisser la charge à ceux-là seuls qui en retirent les bénéfices et d'attribuer aux fonds que le département consacre à subventionner cet établissement une destination réellement profitable aux malheureux des autres communes.

A notre avis, on devrait moins s'occuper de réprimer la mendicité et davantage des moyens de la rendre inutile. C'est, du reste, à cet ordre d'idées que se rapporte l'institution dont nous allons entretenir le lecteur.

Rien encore n'avait été fait de spécial pour la vieillesse agricole dans la Haute-Garonne, lorsque, en 1858, M. le préfet West fonda, avec l'appui du conseil général, des pensions pour les vieux serviteurs ruraux. « En intéressant les hommes au bonheur et au malheur de leurs semblables, a dit Malthus dans son beau chapitre de la direction à donner à la charité, l'instinct bienfaisant que la nature a mis en eux les engage à porter remède aux maux partiels qni résultent des lois générales; mais si cette bien-veillance ne distingue rien, si le degré de malheur apparent est la seule mesure de cette libéralité, il est clair qu'elle ne s'exer-cera que sur les mendiants de profession. Nous assisterons ceux qui auront le moins besoin de secours, nous laisserons périr l'homme actif et laborieux luttant contre d'inévitables difficultés. » L'œuvre des pensions agricoles ne prévient pas seulement ce danger, elle relève encore le bienfait en lui donnant le caractère d'une récompense.

Cette institution, accueillie avec faveur dès sa naissance par l'opinion publique et continuée avec un zèle louable, a reçu diffé-rentes modifications. Elle consiste à assurer, à domicile, moyen-nant une pension qui est ordinairement de 80 fr., l'entretien et des soins convenables aux indigens incurables et aux vieillards infirmes. Autant que possible, ils sont secourus dans leur propre famille, et, à défaut de celle-ci, on les place dans celles que re-commandent des liens de parenté d'affection ou de voisinage. Enfin, pour certains cas exceptionnels seulement, on a recours aux hospices et aux autres établissements charitables. Il est essentiel de remarquer, à l'avantage de ce système et à la louange de ceux qui l'ont inauguré, qu'en laissant à la charge des familles dont il stimule le zèle la majeure partie des dépenses auxquelles l'en-tretien des pensionnaires donne lieu, il exonère le budget dépar-temental et celui des communes du surcroît considérable de frais que nécessiterait la présence des mêmes indigents dans les mai-sons hospitalières.

Malheureusement, cette excellente œuvre, si propre à entre-tenir l'esprit de famille et à adoucir le sort des vétérans de la culture, n'a pas encore reçu les développements nécessaires. Il faut remarquer cependant une progression notable dans le nom-bre des pensions concédées. Grâce au zèle et à la sollicitude du chef actuel de l'administration départementale, on comptait, au 30 juin dernier, 147 pensionnaires, tandis qu'en 1861, il n'y en avait pas plus de 84. Malgré cela, le nombre des personnes actuellement secourues dépasse à peine la proportion d'une par quatre communes. Ces 147 vieillards ou incurables reçoivent des pensions dont la quotité varie comme il suit : 2 à 40 fr.; 12 à 50 fr.; 47 à 60 fr.; 84 à 80 fr.; 1 à 100 fr.; 1 à 120 fr. Au total, la dépense s'élève à 10,440 fr.

Les bons effets obtenus par ce mode d'assistance ont déterminé la charité privée à le développer sur quelques points. Nous avons été chargé nous-même, par une pieuse femme dont la vie a été un acte non interrompu d'abnégation et de dévouement, de transmettre au bureau de bienfaisance de Toulouse un capital de 10,200 fr., dont le revenu annuel doit former cinq pensions d'égale quotité, qui seront attribuées à autant de familles indigentes de la paroisse de Croix-Daurade. Quelques dispositions particulières qui accompagnent ce legs méritent d'être signalées. Les titulaires des pensions seront désignés par le bureau de bienfaisance sur une liste double, présentée par le curé. Chaque année, il est procédé à la révision des pensions, qui peuvent être maintenues sur la même tête aussi longtemps que le bureau le juge convenable. Enfin, cette libéralité n'est pas seulement applicable aux vieillards et aux incurables, mais encore aux familles chargées d'enfants en bas âge. Cette dernière disposition nous semble présenter un grand intérêt et devoir être prise en considération lorsque l'œuvre départementale des pensions agricoles recevra les développements nécessaires pour qu'elle puisse exercer une influence sérieuse sur la condition des populations rurales.

C'est au fondateur des pensions agricoles, à M. le préfet West, qu'est due aussi l'organisation de la médecine cantonale. On sait, par des documents authentiques, que le service sanitaire était encore fort négligé dans nos campagnes à la fin du dernier siècle. Depuis cette époque, il s'est progressivement amélioré. La présence des hommes de l'art a cessé d'être le privilége de quelques localités populeuses. Il résulte d'une statistique dressée en 1788, par le subdélégué de Toulouse, que les trois quarts des communautés de ce diocèse manquaient de médecins. Aujourd'hui encore, 153 communes seulement, sur les 578 qui forment le département de la Haute-Garonne, trouvent sur leur propre territoire ce secours précieux. Mais il faut ajouter que l'amélioration de la viabilité, en rapprochant les distances, permet aux médecins de donner leurs soins à une clientèle plus étendue qu'autrefois. D'un autre côté, tandis qu'en 1788 on ne comptait dans nos campagnes que 1 docteur sur 9 praticiens, aujourd'hui il y en a plus de 2 sur 9, ce qui marque un progrès très considérable dont il serait superflu de faire ressortir l'importance.

Malgré ces améliorations, le besoin d'une organisation spéciale pour la visite des ouvriers ruraux malades et pour la distribution des remèdes se faisait douloureusement sentir. M. de Vaillac, dans son remarquable rapport sur l'assistance publique dans les campagnes, présenté en 1849 à la Société d'agriculture de Tou-

louse, signala cette lacune. Ce n'est que plusieurs années après.
en 1856, que le service de la médecine cantonale a été fondé.
Plus tard, on a réparti les communes de la Haute-Garonne en
89 circonscriptions, à la tête de chacune desquelles on a placé un
médecin qui donne gratuitement les consultations et un phar-
macien qui délivre les remèdes aux frais du département et des
communes.

Quelque sérieux que soient les effets obtenus par cette institution philanthropique, il faut bien reconnaître que son influence
actuelle se trouve restreinte dans des limites fort étroites. En
effet, dans la plupart des communes, on ne voit apparaître le
médecin cantonal qu'une ou deux fois par an, à l'époque où il
fait ses tournées pour la vaccination. En général, même, son
existence n'est connue que des conseillers municipaux et des
notables qui voient figurer, sur le tableau du budget, l'allocation
demandée pour ce service considéré, avec raison, comme ne rem-
plissant pas ses fins. Cependant, les charges que cette organisation entraîne retombent sur les localités qui n'en retirent
aucune utilité comme sur les autres. Or ces dernières sont, de
beaucoup, les moins nombreuses. En cet état, il n'est que trop
certain que, le plus souvent, rien ne compense pour nos pauvres cultivateurs les avantages que la population urbaine de Toulouse retire soit des visites à domicile, organisées par le bureau
de bienfaisance, soit des consultations gratuites si libéralement
données dans les hôpitaux, dans les dispensaires et au siége des
sociétés de médecine par l'élite de notre faculté. En effet, comme
chaque circonscription de la médecine cantonale embrasse en
moyenne 6 communes 1/3, l'éloignement des secours en interdit
l'usage au plus grand nombre des cultivateurs.

Sans doute, quelques développements que reçoive le service
médical dans les campagnes, il ne saurait offrir autant de ressources que dans les villes. Mais si l'on ne peut se proposer
raisonnablement d'assimiler toute chose, on doit du moins s'efforcer d'atténuer, autant que possible, les différences. L'institution
des médecins cantonaux diminue certainement le mal ; mais elle
ne saurait suffire à la tâche, sans recevoir de très grands développements qui gréveraient outre mesure le budget départemental et celui des communes. En 1866, les dépenses se sont élevées
à 23,770 fr. pour le traitement des médecins, et à 9,950 fr. pour
la fourniture des médicaments ; soit, au total, à 33,720 fr. Or, la
subvention ministérielle accordée à ce service n'a pas dépassé
1,500 fr. Ne serait-il pas préférable de centraliser l'institution
en laissant les communes agir au mieux de leurs intérêts pour

atteindre le but, c'est-à-dire s'organiser à leur gré et se grouper selon leurs convenances ? Dans ce système, le département se bornerait à encourager les efforts des communes par une subvention proportionnée à leurs sacrifices.

C'est, pensons-nous, sur l'association des petites bourses qu'on doit, avant tout, s'appuyer pour compléter le service sanitaire des campagnes. L'action des sociétés de secours mutuels, combinée avec les subventions que le département et les communes affecteront aux besoins des indigents, nous paraît pouvoir résoudre d'une manière satisfaisante toutes les difficultés. En attendant, sous ce rapport, comme sous tant d'autres, la situation faite à nos paysans est fort inférieure à celle qu'offre le séjour des grands centres. Cessons donc de nous étonner s'il obtient leur préférence.

Hâtons-nous plutôt de réparer la double erreur qu'on a commise dans l'économie de l'assistance publique, en faisant passer les œuvres purement charitables avant les institutions de prévoyance, et en concentrant les secours dans l'enceinte des villes, au lieu de les répandre partout où il y avait des souffrances à soulager.

CHAPITRE III

DE LA PAUVRETÉ DANS LES CAMPAGNES.

Causes qui engendrent la misère parmi les populations rurales : entretien des enfants ; insuffisance de l'instruction ; relâchement des liens moraux ; faiblesse des salaires ; absence des institutions de prévoyance ; frais de maladie ; entretien des infirmes et des vieillards. — Moyens économiques d'élever les salaires. — Asiles pour l'enfance annexés aux écoles des filles.

Après avoir décrit et comparé la situation respective des villes et des campagnes sous le rapport des institutions de bienfaisance, et constaté l'infériorité des secours que la charité publique attribue aux populations rurales, il nous reste à dire comment, à notre avis, le mal pourrait être combattu.

Le mouvement constant et rapide qui entraîne l'ouvrier des champs vers nos grandes cités a déjà produit assez de consé-

quences funestes et suscité de sinistres appréhensions pour qu'il
soit inutile d'insister ici sur la nécessité de fixer le cultivateur au
sol qu'il abandonne. Le seul moyen d'atteindre ce but, on ne saurait le dissimuler, est d'améliorer la position des classes agricoles, de telle sorte qu'elles n'aient pas à envier le sort des populations urbaines.

Comme la situation fâcheuse faite à l'ouvrier rural dérive de
causes multiples et d'ordre différent, c'est aussi à des remèdes
divers qu'il faut avoir recours pour la modifier. De la gêne, qui
est l'état dans lequel on éprouve des privations, à l'indigence, qui
est celui où le nécessaire fait défaut, il y a bien des genres de
pauvreté. La mission de la bienfaisance est d'arrêter l'infortune
sur cette pente fatale qui conduit trop souvent à l'abdication de
l'intelligence et même au désespoir.

Mais où commence la pauvreté? Il n'est pas possible de le défi-
nir rigoureusement, car rien n'est plus variable, plus relatif. Le
tempérament, l'éducation, les habitudes, le climat lui-même
modifient les exigences. L'Anglais et l'Allemand ne s'accommodent pas de ce qui suffit au Français, ni celui-ci de la condition
dont l'Espagnol et le Napolitain se contentent. Un sauvage se
trouverait dans l'abondance là où l'homme civilisé se croit presque dans la détresse. C'est que la pauvreté se mesure par les
comparaisons et qu'on ne se sent pas privé des jouissances qu'on
ignore. Plus donc s'élève le degré de l'aisance générale et du
bien-être par lequel elle se manifeste, plus s'élève aussi l'échelle
des privations qui constituent la pauvreté. Le mal est-il moins
sensible parce qu'il est, à rigoureusement parler, moins réel?
Non certes, puisqu'il affecte avec la même vivacité le cœur de
l'homme et qu'il augmente la distance qui le sépare de ses semblables. Ne nous plaignons pas qu'il en soit ainsi, car le sentiment des besoins est le stimulant le plus efficace de l'activité et
de la production chez tous les peuples.

Aussi longtemps que l'inégalité des conditions subsistera dans
la société, c'est-à-dire aussi longtemps que le monde sera monde,
il y aura des pauvres parmi nous ; ainsi le veulent les dispositions
morales de l'homme, ainsi le permet la Providence, qui nous
prescrit de nous entr'aider et qui nous en fait à la fois un devoir,
une nécessité et un mérite.

Dans les chapitres précédents, nous avons comparé la situation
faite aux pauvres dans les villes avec celle qu'ils trouvent dans
nos campagnes, et nous avons constaté avec douleur une profonde inégalité. Avant de rechercher les moyens par lesquels on
peut améliorer cet état de choses, il est nécessaire que nous

passions en revue les causes qui engendrent la misère parmi les populations rurales.

Et pour cela, prenons la vie humaine à son début. Même avant sa naissance, l'enfant est une cause de gêne pour sa famille, puisqu'il ne permet pas à sa mère de se livrer aux pénibles labeurs des champs, du moins pendant le dernier mois de la grossesse. Venu au monde, il réclame des soins incessants qui absorbent, avec les travaux intérieurs, tout le temps de sa nourrice, laquelle, ne gagnant pas pour un, doit manger pour deux. S'il y a dans la maison des enfants plus âgés ou des vieillards que l'âge et les infirmités retiennent au logis, ils veillent sur le nouveau-né et ménagent à la mère active quelques heures d'un travail rétribué; mais il faut pour cela que le voisinage du chantier se prête à cette combinaison.

Jusqu'à l'âge de trois ou quatre ans, l'enfance ne cesse de réclamer une vigilance particulière. Il est vrai que, dans le voisinage des villes, les femmes sont dans la coutume de prendre un second nourrisson après avoir sevré le leur. La rétribution qu'elles reçoivent pour ce genre de service est, en général, plus que suffisante pour compenser le salaire ; mais combien peu y sauraient prétendre ? Dans la grande majorité des cas, il faut le reconnaître, la naissance d'un enfant grève, pour plusieurs années, le budget du cultivateur, parce qu'elle affaiblit, d'une part, la source des revenus, et que, de l'autre, elle ajoute aux dépenses du ménage. Plus donc les unions sont fécondes et plus la gêne augmente. Cet état ne s'améliore qu'à mesure que les enfants ont assez grandi pour se suffire à eux-mêmes.

Heureux encore ceux dont les parents mettent le jeune âge à profit pour leur procurer, avec une éducation religieuse qui les tienne à l'abri des séductions du vice, une instruction qui leur permette de tirer un jour tout le parti possible de l'intelligence que Dieu leur a départie. On ne saurait en effet le nier, car la statistique est venue donner sa sanction aux prévisions des amis du progrès ; les mœurs s'adoucissent et les crimes diminuent à mesure que l'ignorance se dissipe. Il est même certains genres de forfaits qui tendent à disparaître. Encore moins pourrait-on contester l'influence du frein religieux pour refouler les vices : paresse, ivrognerie, débauche, luxe, convoitise, qui sont, plus encore que l'ignorance, causes efficientes de la pauvreté.

En l'absence de salaires aussi élevés que ceux des industries qui s'exercent dans les villes, combien ne doit-on pas regretter dans nos campagnes le faible développement des Sociétés de prévoyance qui prive nos populations de ressources matérielles considérables et d'un stimulant énergique vers l'épargne et les autres qualités morales dont ces institutions favorisent l'exercice ?

Il fut un temps, trop bien connu des cultivateurs du dernier siècle, où le travail faisait défaut dans les champs pendant six mois de l'année et n'était rétribué que d'une manière très insuffisante. On ne sortait de l'état de gêne que pour tomber dans l'indigence. Heureusement, ce temps-là n'est plus. Les progrès de la culture et la facilité des communications rendent les chômages de plus en plus rares. Les ouvriers ne se plaignent pas, comme au dix-huitième siècle, de manquer d'occupation ; bien au contraire, c'est presque toujours la main-d'œuvre qui fait défaut dans les exploitations rurales. Le salaire s'est beaucoup amélioré chez nous, et toutefois on ne peut nier qu'il ne reste inférieur encore au taux de maint autre département.

Depuis plusieurs années, il n'y a guère, pour nos cultivateurs, de repos forcé que celui que les intempéries et la maladie leur imposent. Mais, dans ce dernier cas, d'autres dépenses viennent s'ajouter à la suspension du salaire. Ce sont les frais de garde du malade, le concours du médecin qu'on appelle presque toujours trop tard, enfin les médicaments. Heureux encore celui que le besoin ou le désir de reprendre prématurément son ouvrage ne fait pas tomber en rechute. Les hommes de l'art s'accordent à penser que le plus grand nombre des maladies qui affligent nos paysans a son principe dans une alimentation insuffisante pour le labeur qu'elle doit sustenter et dans l'insalubrité des logements. Ces causes pourraient être combattues avec succès.

Mais il en est une autre que les procédés les plus merveilleux de la science et les meilleures lois hygiéniques ne sauraient conjurer, je veux dire les infirmités et la décrépitude. Il vient un moment où les ressorts de la machine humaine se détendent, et où, loin de suffire à notre subsistance et de pourvoir à celle des autres, nous avons un indispensable besoin de leur appui. Pour beaucoup d'infortunés, cet âge arrive avant la vieillesse. Or, il ne faut pas seulement au valétudinaire une nourriture appropriée à la faiblesse de ses organes, son état réclame, en outre, des soins assidus et nécessite des frais de garde et de maladie, dépenses que l'infortuné ne peut même, hélas ! payer toujours d'un témoignage de résignation et de gratitude !

Telles sont les causes principales qui engendrent, à divers degrés, la pauvreté dans les campagnes. Nous les résumerons, pour plus de clarté, sous les dénominations suivantes : dépenses nécessitées par l'entretien des enfants, — insuffisance de l'instruction, — relâchement des liens moraux, — faiblesse des salaires, — absence des institutions de prévoyance, — frais de maladie, — soins donnés aux infirmes et aux vieillards. Il nous reste maintenant à rechercher comment ces différentes causes de misère peuvent être le plus efficacement combattues.

On entend répéter, chaque jour, que la faiblesse des salaires est l'unique motif de l'abandon des campagnes. En conséquence, on dit et on redit qu'un moyen infaillible d'arrêter l'émigration est d'élever la rétribution du travail. Ce procédé est simple, il est vrai, mais non pas d'une exécution facile, surtout en présence de l'avilissement des prix que la liberté absolue du commerce des grains amène parfois dans le cours des céréales qui constituent notre principale récolte. Nous croyons cependant qu'en associant plus largement l'ouvrier à l'entreprise agricole, ou même en substituant le travail à la tâche au travail à la journée toutes les fois que la chose est possible, et en modifiant le régime alimentaire des classes rurales, on peut augmenter les profits du paysan sans élever beaucoup le prix de l'unité de force produite. Ces considérations nous paraissent dignes d'être sérieusement examinées, mais nous ne pouvons que les indiquer ici pour ne pas sortir du cadre de notre étude.

Au surplus, on aurait tort de croire que l'accroissement du salaire fût un remède à tous les maux. Nous n'avons certes pas l'intention de contester que l'augmentation des revenus n'entraînât celle du bien-être, et nous appelons de tous nos vœux le moment où tous les membres de la société pourront prendre une part plus large dans les jouissances qu'elle procure. Mais il faut bien reconnaître aussi que c'est précisément dans les lieux où les salaires sont les plus forts, c'est-à-dire dans les grands centres, que se rencontrent les plus profondes misères. C'est ainsi que Paris compte un indigent sur dix-sept personnes, et l'on dit, d'un autre côté, qu'un tiers des habitants de Lille reçoit des secours du bureau de bienfaisance, et que plus d'une commune rurale de la Flandre a proportionnellement autant de pauvres (1).

Si, tournant les regards vers le passé, on examine la condition de nos paysans, on sera frappé de voir combien d'heureuses améliorations elle a reçu ; la rétribution du travail s'est élevée avec la quantité et la valeur des produits. L'entrepreneur de culture et le propriétaire auraient tort de se plaindre de cette situation, car ils en ont eux-mêmes plus largement profité. Aussi n'est-ce pas là le sujet de leurs plus vives doléances ; mais s'ils s'accommodent à merveille du résultat final auquel conduit la marche naturelle

(1) De Lavergné, *L'agriculture et la population*, p. 79.

du progrès, ils conçoivent de justes appréhensions en voyant la main-d'œuvre devenir non pas seulement de plus en plus chère, mais de plus en plus rare, et la population ouvrière quitter les champs pour se jeter dans les villes.

Que le salaire rural doive s'améliorer encore, et que cette augmentation contre-balance en quelque manière l'émigration des laboureurs, nous l'admettons sans peine. Mais on voudra bien reconnaître avec nous que les immenses ressources accumulées dans nos cités par la bienfaisance publique, pour venir en aide à tous les besoins, créent un véritable privilége à la population urbaine, une augmentation de salaire indirecte, conditionnelle, mais palpable et toujours appropriée aux nécessités du moment ; avantage qui ne saurait être raisonnablement compensé par un accroissement général du prix de la main-d'œuvre dans les communes rurales, et qui rend nécessaire l'établissement d'institutions analogues au sein de la vie champêtre.

Nous avons énuméré ailleurs les œuvres multiples et fécondes que le génie de la bienfaisance, secondé par la puissance de l'association, a élevées dans les villes à l'honneur de l'humanité et au profit de tous les âges. Or, quand même les ressources financières ne feraient pas défaut dans les campagnes, il s'en faudrait bien que la situation topographique des habitations, qui sont en grande partie disséminées, se prêtât aux mêmes combinaisons. Mais, de ce qu'on ne saurait tout imiter, faut-il tout rejeter ?

Ainsi, dans la grande majorité des communes rurales, où le nombre des petits enfants est très restreint et la demeure des parents souvent éloignée, il est bien difficile de fonder utilement une salle d'asile pour l'enfance. Mais partout où il existe une maison d'école pour les filles, pourquoi n'ajouterait-on pas une division où seraient reçus les enfants des deux sexes ayant moins de six ans ? Ce serait tout profit pour la famille, pour les écoliers et pour le maître. La mère serait plus libre pour s'occuper des travaux d'intérieur et de la culture ; les enfants recevraient plus tôt les éléments d'une éducation chrétienne et d'une bonne instruction ; on les formerait à la discipline, ce serait bien du temps gagné ; enfin, la tâche du maître d'école, qui commence avec la sixième année de l'enfant, serait rendue plus facile et plus fructueuse. En même temps, la position pécuniaire de l'institutrice serait améliorée. Cette combinaison a déjà fait ses preuves, et je pourrais citer plusieurs paroisses où les ressources fournies par le produit de l'asile forment l'appoint nécessaire à l'entretien d'une maison de sœurs.

Mais ici, nous nous trouvons en présence d'un préjugé fatal

qui retarde le progrès quand il faudrait le servir, et qui le condamne au lieu de le diriger. Qui n'a entendu accuser l'enseignement primaire de rendre la condition de l'ouvrier rural insupportable à ses propres yeux et de provoquer l'abandon des champs? Nous montrerons dans le livre suivant consacré à l'éducation et à l'enseignement professionnel, que, si ce reproche est fondé à quelques égards et si la critique frappe à bon droit les procédés de l'enseignement primaire, elle n'infirme en rien le principe même de l'instruction; car l'intelligence, qui place l'homme au premier rang des créatures et qui élève son esprit vers Dieu, ne lui a pas été donnée en vain. L'amélioration morale des individus, aussi bien que celle de leur bien-être matériel, se lie en effet au développement de leurs facultés intellectuelles.

CHAPITRE IV

LES SOCIÉTÉS DE SECOURS MUTUELS

Avantages économiques et moraux des associations mutuelles. — Coup d'œil sur l'histoire de ces associations. — Dispositions adoptées en vue des intérêts agricoles. — Dépenses moyennes des sociétés. — Des secours à donner aux infirmes et aux vieillards. — Du service sanitaire. — Nécessité de multiplier les associations mutuelles.

Pour augmenter le bien-être des classes rurales, ce ne serait pas assez de les rendre plus chrétiennes et plus unies, ni même de les aider à tirer tout le parti possible de leur intelligence, il faut s'efforcer encore de les soustraire aux conséquences funestes des calamités auxquelles la nature a exposé tous les individus. En cela, prévenir le mal est le plus sage, et n'est pas toujours le plus difficile. Soulager, sinon guérir les blessures qu'on n'a pas empêchées, est à la fois une satisfaction pour le cœur et un service rendu à l'ordre social; car la Providence, pour nous faciliter le devoir, l'a confondu ici avec notre intérêt.

Parmi les institutions qui se proposent ces fins humanitaires, se placent au premier rang, pour leurs effets comme pour leur importance, les sociétés de secours mutuels. Nous avons signalé l'inégalité avec laquelle elles se trouvent réparties, chez nous, entre les villes et les campagnes. Il importe de faire cesser cette anomalie autant que la nature des choses le permet. Quant à arriver, sous ce rapport, à une similitude complète, on n'y saurait songer. Mais il y a beaucoup à faire dans la limite du possible.

Selon l'opinion de Ricardo, aucun plan pour secourir la pauvreté ne mérite attention, s'il ne tend à mettre les pauvres en état de se passer de secours. Or, quelles que soient l'ardeur de la charité privée et les hautes prétentions de la bienfaisance administrative, il est malheureusement certain que, si l'une et l'autre réussissent à apporter des soulagements temporaires à la condition des malheureux, elles sont hors d'état de la modifier profondément. Aussi les hommes ont-ils éprouvé de bonne heure la nécessité de faire appel à un autre principe et de compléter l'œuvre de la charité par les bienfaits de l'association.

L'histoire de ces tentatives nous conduirait à des développements curieux à travers le cours des âges, mais nous entraînerait trop loin de l'objet spécial de cette étude. Contentons-nous de rappeler sommairement qu'il existait, chez les Athéniens et dans les autres Etats de la Grèce, de véritables sociétés mutuelles de secours, et qu'à Rome les associations ouvrières étaient déjà usitées sous le règne de Numa. Dans notre propre pays, où ce principe fécond a subi tant de transformations et de vicissitudes, il peut aussi revendiquer une antique origine. Personne n'ignore quelle grande part de succès lui revient dans les vaillantes luttes du moyen-âge, où il favorisa l'avènement du tiers-état et de la société moderne. Mais l'association ne fut pas seulement un élément de résistance contre la féodalité, elle exerça aussi une grande action comme institution de bienfaisance, surtout dans notre France méridionale, où elle avait revêtu la forme de *confrérie*.

Bien plus grand encore est le rôle que la Providence lui assigne de notre temps ; car, selon la juste remarque de M. de Tocqueville, « ce sont les associations qui, chez les peuples démocratiques, doivent tenir lieu des particuliers puissants que l'égalité des conditions a fait disparaître. »

La faveur croissante dont les sociétés de secours mutuels n'ont cessé de jouir s'explique naturellement par l'action favorable qu'elles exercent sur le bien-être et la moralité de leurs membres. En ce qui concerne le côté matériel, elles viennent efficacement en aide à la charité privée et à la bienfaisance publique. Elles diminuent le nombre des indigents et, par là, elles ménagent un meilleur sort aux plus infortunés. Elles attaquent dans ses causes le mal que ces dernières combattent dans ses effets.

D'un autre côté, le principe d'association relève le moral de l'homme, en développant en lui le sentiment de la dignité personnelle et de la responsabilité. La charité légale, au contraire, humilie celui qu'elle oblige et favorise l'imprévoyance en la dérobant aux conséquences de ses fautes. Aussi ce système a-t-il pour effet de reproduire les maux qu'il soulage, comme on l'a cruellement éprouvé dans les pays où il est en vigueur. Là, on voit le paupérisme renaître de ses cendres et parfois la taxe des pauvres s'accroître sans mesure jusqu'à tarir les sources de la prospérité publique. L'Angleterre a passé par cette crise. Jadis, à Rome, l'application des mêmes maximes avait fait tellement pulluler les misérables, que César trouva les trois quarts de la population inscrits sur les registres des pauvres.

Mais l'association ne diminue pas seulement le nombre des infortunés, elle inspire à tous ses membres des sentiments d'union fraternelle. De même qu'elle rapproche les individus de la même condition, de même elle rapproche les diverses classes de la société par le lien d'un bienfaisant patronage. Dans les pays où ces institutions sont largement développées, comme en Angleterre, on voit les plus hautes notabilités de la bourgeoisie et de la noblesse rechercher, comme une faveur, les titres de commissaire ou de trésorier des sociétés de prévoyance. Sous ce rapport, ces associations ne sont pas seulement supérieures à la charité légale, elles le sont aussi à tout ce qu'on nomme bienfaisance administrative ; car les secours que celle-ci distribue par les mains de ses employés n'ont trop souvent, aux yeux de ceux qui les reçoivent, que le caractère d'une rémunération obligée, sinon même celui d'une restitution ; rarement il provoquent la reconnaissance.

Au contraire, les sociétés de secours mutuels, ainsi que Napoléon III l'a si bien dit, ont le précieux avantage de réunir les diverses classes de la société, de faire cesser les jalousies qui peuvent exister entre elles, de neutraliser en grande partie le résultat de la misère, en faisant concourir le riche volontairement par le superflu de sa fortune, et le travailleur par le produit de ses économies, à une institution où l'ouvrier laborieux trouve toujours conseil et appui. On donne ainsi aux différentes communautés un but d'émulation, on réconcilie les classes et on moralise les individus. » En Angleterre, le succès des *sociétés d'amis*, sous le rapport de la moralisation, est tel, qu'à voir la supériorité des ouvriers mutualistes, on aurait peine à les croire nés sur le même sol que les autres.

Cette influence merveilleuse que les associations de prévoyance exercent sur la moralité et le bien-être des populations, ne pouvait manquer de leur valoir les sympathies de l'Eglise qui s'était montrée jadis si favorable aux confréries. Dans notre Midi, le concile tenu à Avignon en 1849 émit le vœu qu'on poussât, autant que possible, l'indigent à entrer en participation des avantages que présentent les sociétés de secours mutuels; et Pie IX a formulé dans le même sens le sentiment officiel de l'Eglise universelle dans son bref du 5 mars 1850, daté de Portici.

Le but de ces associations est, en général, de fournir aux malades et aux infirmes des secours pécuniaires; de leur procurer les soins du médecin, l'assistance des veilleurs et les remèdes; de rendre dignement les honneurs funèbres aux associés défunts; de venir en aide à leurs veuves et à leurs enfants; enfin, selon la pensée du décret du 26 avril 1856, de former un fonds de réserve pour servir des pensions de retraite aux vieillards.

Le choix des dispositions à employer pour concourir à ces fins donne le moyen de contribuer à l'amélioration morale des sociétaires comme à leur bien-être matériel, et le plus grand nombre de ces institutions poursuit et obtient ce double résultat. C'est ainsi qu'en refusant tout secours dans les maladies causées par la débauche ou l'intempérance, et pour les blessures reçues dans une rixe, où le sociétaire aura été l'agresseur, ou dans une émeute à laquelle il aura pris une part volontaire, l'association contribue à faire de ses membres des hommes tempérants et paisibles.

De même, en excluant de son sein les individus qui sont frappés d'une condamnation infamante, ceux qui ont une conduite déréglée et notoirement scandaleuse, ou qui se montrent indélicats dans la gestion des fonds de la société ou inhumains vis-à-vis de leurs confrères, l'association met en honneur parmi ses membres le sentiment de la considération personnelle, la moralité, la probité, la commisération. En même temps, elle entretient chez eux l'habitude si précieuse de l'épargne.

Nous avons vu que l'admission des membres honoraires, qui viennent en aide à la caisse commune sans lui imposer aucune charge, a pour effet de rapprocher toutes les classes de citoyens par le lien d'un patronage aussi honorable pour ceux qui l'inspirent que pour ceux qui l'exercent. La réunion de tous les membres aux fêtes de la société et leurs participation à ses prières solennelles resserre encore cet heureux lien.

Enfin, en posant en principe que le sociétaire qui transporte sa résidence hors de la paroisse ou de la commune perd tous ses droits, les associations mutuelles établies dans les campagnes contribuent directement à arrêter l'émigration des populations rurales, émigration qu'elles combattent indirectement en améliorant la condition de l'ouvrier au moyen des secours de tout genre qu'elles lui procurent sous son propre toit.

Dans quelques localités même, l'intérêt agricole a inspiré des dispositions particulières dignes d'être imitées. Ainsi, la société de Moulis, dans le département de la Gironde, et, à son exemple, celles que nous avons fondées nous-même à Balma et à Croix-Daurade, dans l'arrondissement de Toulouse, excluent tout membre convaincu d'avoir porté préjudice aux récoltes d'autrui, de les avoir dérobées ou détruites sur pied, d'avoir nui aux arbres, vignes, etc., alors même que le fait n'aurait pas entraîné de poursuites judiciaires. Il n'est pas douteux que la pratique ne révèle encore bien d'autres modifications ingénieuses à apporter dans les statuts des sociétés de secours mutuels, soit dans un intérêt général ou d'ordre public, soit pour l'avantage spécial des associés. C'est même là un mérite sérieux de l'institution : l'enquête est toujours ouverte pour éclairer sa marche et hâter ses progrès.

Déjà l'expérience a montré le péril de beaucoup de combinaisons plus généreuses que sages, et, d'un autre côté, appuyée sur la statistique, elle est arrivée à saisir, pour ainsi dire, la loi même de l'imprévu. C'est ainsi qu'en groupant les résultats observés, on a reconnu, lisons-nous dans l'excellent ouvrage de M. Laurent, sur le paupérisme et les associations de prévoyance, que la cotisation moyenne de 1 fr. par mois, payée dans les sociétés approuvées, se répartissait de la manière suivante :

Indemnité de 1 fr. pour 4 jours 9/10 de maladie.	4 fr.	90 c.
Honoraires du médecin......................	1	80
Frais de médicaments......................	2	05
Frais funéraires...........................	0	50
Secours à la veuve ou aux orphelins..........	0	25
Total....................	9 fr.	50 c.

Les frais de gestion s'élevant tout au plus à 1 fr. par tête, il reste, par cotisation, un excédant de 1 fr. 50 c., auquel viennent s'ajouter le produit des droits d'entrée, les amendes, les legs, ainsi que les dons des associés bienfaiteurs. La prudence commande de consacrer une partie de cet excédant à la création d'un fonds de réserve pour faire face aux dépenses imprévues.

Le surplus devrait, à notre avis, former une caisse de secours pour la vieillesse. Comme beaucoup de sociétés ont rencontré des écueils dans des promesses imprudentes de pensions de retraite, nous ne voudrions pas que les associations rurales fussent exposées au même péril. On ferait disparaître cet inconvénient en admettant en principe que les secours annuels, attribués aux vieillards et aux infirmes, seraient considérés comme une faveur, non comme un droit.

On a beaucoup recommandé aux sociétés mutuelles de placer les fonds destinés à cet objet sur la caisse des retraites pour la vieillesse, fondée par le gouvernement. Mais si l'on considère qu'avec le mécanisme de cette institution, il ne faut pas moins de 2,213 fr. pour assurer une pension de 100 fr. à un homme de soixante-cinq ans, on comprendra que les modestes associations des communes rurales n'en sauraient faire usage sans se condamner en quelque sorte à l'impuissance.

Nous pensons donc qu'il y aurait grand avantage à opérer directement la distribution des fonds destinés aux vieillards sans les capitaliser. On les répartirait en pensions de 100 fr. qui n'exonéreraient pas les titulaires de leur coécation mensuelle de 1 fr., moyennant quoi ils conserveraient d'ailleurs leurs droits d'associés, dans les limites fixées par les statuts. Le bureau aurait la faculté d'accorder et de suspendre le secours extraordinaire de 100 fr. par année. Cette allocation suffirait, en beaucoup de cas, comme le prouve l'exemple d'une autre institution charitable, pour retenir au sein de leur famille les vieillards et les infirmes qui sont à charge à leurs proches. Venez en aide à ceux-ci, vous stimulerez en eux une généreuse émulation, et ils rivaliseront avec vous d'empressement et de sacrifices. C'est là un résultat que les associations mutuelles peuvent, à bon droit, se proposer et qui est bien digne de susciter le zèle des membres honoraires. On éviterait toutes les plaintes auxquelles l'attribution de ces pensions pourrait donner lieu, en y pourvoyant au moyen des dons des bienfaiteurs.

Je voudrais que ceux-ci fussent appelés à former la majorité du conseil de la société. Leur présence aurait pour effet de faire prédominer dans les délibérations l'esprit de charité sur l'instinct de parcimonie qui règne si souvent en souverain dans les associations dont les cotisations des membres participants constituent toutes les ressources. Le sentiment de responsabilité qui résulterait, pour les bienfaiteurs, de la situation qu'ils auraient créée par eur vote, les rattacherait à l'œuvre et sauvegarderait l'état de ses finances. Sous leur patronage actif et leur surveillance désintéressée, on pourrait entreprendre quelques petites opérations dont les membres participants retireraient de sérieux avantages, telles, par exemple, que la revente, en détail et à prix coûtant, de certains objets de consommation achetés en gros. Au besoin même, on pourrait faire, au moyen des fonds en caisse, soit des avances gratuites, soit des prêts à intérêt aux familles des sociétaires. En tout cas, il est utile, sinon absolument indispensable, que les associés bienfaiteurs souscrivent des engagements pour plusieurs années. Sans cela, la société ne saurait prudemment retirer de leur concours tout le profit qu'il lui peut donner parce qu'elle s'exposerait aux suites désastreuses qui résulteraient pour elle d'un abandon imprévu.

Si l'on pouvait assez compter sur le zèle des membres honoraires, c'est aussi à eux que l'on confierait le plus utilement les fonctions de *visiteur*. Leur présence auprès des malades, les petits services qu'ils leurs rendraient, l'autorité de leurs conseils et leurs encouragements, tout cela créerait, d'homme à homme, des liens de sympathie et de reconnaissance. Au besoin, l'indigent trouverait auprès de son visiteur un précieux supplément aux ressources de la caisse de la société. Il finirait par s'attacher à son protecteur, et celui-ci (ne fût-il payé de ses soins et de ses sacrifices par aucun témoignage de gratitude) ne saurait manquer d'éprouver cette satisfaction indicible que procure la conscience du bien opéré, du devoir accompli. Quel bonheur surtout si, par ses exhortations amicales, le visiteur ramenait un jour le cœur d'un mourant vers Celui qui tient compte d'un verre d'eau offert en son nom!

Mais quand même les sociétés de secours mutuels n'auraient pour effet que de mettre l'ouvrier à l'abri des dépenses de tout genre que la maladie entraîne, elles seraient déjà dignes de toute espèce d'encouragement, car elles amélioreraient d'une manière sensible le bien-être de la famille rurale et atténueraient l'infériorité de sa position.

Nous avons vu, dans la première partie de cette étude, combien le service sanitaire laisse à désirer dans nos campagnes, malgré les bienfaits que l'organisation de la médecine cantonale produit sur divers points. L'éloignement de l'homme de l'art et les frais qui sont la juste rémunération de son ministère portent nos paysans à réclamer, presque toujours trop tard, les conseils de la science. La maladie, qui pouvait être coupée au début, devient difficile et quelquefois impossible à guérir, lorsqu'elle s'est développée. On voulait éviter une dépense légère, et voilà qu'on en a provoqué de bien lourdes qui resteront peut-être, hélas! sans succès. Outre les visites du médecin, il faut payer les remèdes et donner au patient des soins qui impliquent la suspension du salaire d'une personne valide. Cette suspension de salaire vient s'ajouter à celle qui frappe le malade lui-même, en sorte que les ressources de la famille diminuent à mesure que ses besoins augmentent.

C'est ici que les sociétés de secours mutuels sont admirables, car elles envoient le médecin, délivrent les remèdes à prix réduit sinon sans frais, fournissent gratuitement les veilleurs et paient une indemnité au sociétaire par jour de maladie. Sa femme et ses proches participent dans des conditions déterminées à ces divers avantages (1). Combien de familles cette ingénieuse combinaison n'a-t-elle pas sauvées de la gêne et même de la ruine !

Le médecin devient l'ami des clients qu'il a obligés. Écouté avec un respect religieux par ceux auxquels il prodigue ses soins, on le voit soit dans les entretiens particuliers, soit même, à l'occasion, dans les assemblées générales des confrères, leur adresser de salutaires instructions, dissiper leurs préjugés et les convertir insensiblement au progrès dont il s'est constitué le missionnaire. Que d'avis l'homme de la science n'a-t-il pas à donner au paysan sur les soins hygiéniques dont il devrait entourer sa personne qu'il expose sans précaution aux intempéries, et sur la nécessité d'aérer sa demeure dont l'insalubrité est si souvent un foyer pestilentiel ; que d'utiles conseils à divulguer sur les fatales conséquences de la contagion ainsi que des maladies héréditaires, comme la phthysie qui exerce de si grands ravages dans nos campagnes; que de choses à dire à l'ouvrier sur son régime alimentaire qu'une parcimonie maladroite réduit au nécessaire le plus strict, sans se douter des dégâts irréparables qui en résultent pour la santé, et encore de la perte en force, c'est-à-dire en travail et en salaire, qui en est la conséquence ? Rien ne doit être négligé pour améliorer à tous égards la condition de nos travailleurs, qui sont, hélas ! trop disposés à abandonner les campagnes. Si nous ne voulons voir les salaires s'élever tout à coup sans mesure et peut-être même rester çà et là impuissants, il faut s'efforcer d'éloigner des populations rurales toutes les causes de malaise.

Nous n'hésitons pas à dire que, pour arriver à cette fin, on doit surtout s'appuyer sur les institutions de prévoyance, au premier rang desquelles se placent les sociétés de secours mutuels. Il conviendrait que chaque paroisse eût au moins une association de ce

---

(1) Les statuts des sociétés de Saint-Roch à Balma et de Notre-Dame à Croix-Daurade réservent au sociétaire la faculté de prendre des abonnements moyennant lesquels les membres de sa famille, trop jeunes ou trop âgés pour faire partie de l'association, ont droit aux visites du médecin de la société et bénéficient de la réduction de 25 pour 0/0 qu'elle obtient de son fournisseur pour les remèdes. Le prix de ces abonnements est de 2 fr. 50 c. par personne et par année.

genre, et que là où la population est trop faible, les communes voisines se réunissent par groupe. « C'est ma ferme intention, a dit Napoléon III, quand il était président de la République, de faire tous mes efforts pour répandre sur la surface de la France les sociétés de secours mutuels ; car, à mes yeux, ces institutions, une fois établies partout, seraient le meilleur moyen, non de résoudre des problèmes insolubles, mais de secourir les véritables souffrances en stimulant également et la probité dans le travail et la charité dans l'opulence. » La même pensée anime l'Eglise vis-à-vis de ces associations. Cet heureux accord doit être resserré et mis à profit. Il faut qu'une impulsion très vive soit donnée, puisque le fléau qu'on veut combattre prend chaque jour de plus grands développements. Prévenons le mal pour n'avoir pas ensuite à le guérir. Le succès sera moins difficile à coup sûr et bien plus complet.

Pour arriver à ces fins, il conviendrait peut-être de susciter, plus vivement qu'on ne l'a fait jusqu'ici, le zèle des magistrats municipaux et des instituteurs par des récompenses honorifiques, et, d'un autre côté, de stimuler l'empressement des cultivateurs en leur fournissant les premiers fonds. Mais tout cela ne peut suffire. Si l'on veut que le mouvement soit général, qu'il s'étende jusqu'aux localités les plus pauvres, où par conséquent son action est plus difficile à établir quoiqu'elle y soit plus nécessaire, c'est à l'esprit religieux qu'il faut demander des forces. Lui seul peut assurer à l'œuvre le concours, toujours utile et souvent indispensable, des associés bienfaiteurs.

CHAPITRE V

INSTITUTIONS DE BIENFAISANCE

Nécessité de développer l'institution des pensions à la vieillesse agricole. — De la réforme du service sanitaire. — Ce que la charité administrative gagne à s'exercer par le ministère des Sœurs. — Rôle des bureaux de charité. — Comment prévenir les abus de la mendicité sans l'interdire. — Résumé.

Quelque extension que reçoivent, dans nos campagnes, les institutions de prévoyance, il restera toujours, auprès d'elles et en dehors d'elles, des infortunes à soulager. La charité privée ne manquera pas, hélas! de bonnes occasions pour déployer ses ardeurs et la bienfaisance publique elle-même trouvera certainement à s'exercer.

Ainsi, il est à souhaiter que l'œuvre des pensions agricoles, que nous voudrions voir adopter par les sociétés de secours mutuels dans l'intérêt de leurs membres infirmes et nécessiteux, fût étendue en dehors de ce cercle comme une des manifestations les plus fécondes de la charité administrative. Un homme d'un immense talent et d'un zèle éprouvé pour les intérêts populaires, le sénateur Michel Chevalier, fait observer avec raison que le respect pour la vieillesse se maintient difficilement là où il faut que chacun se prive pour un vieillard. Si, au contraire, le vieillard apporte par sa pension un revenu fixe dans le ménage, il apparaîtra aux siens comme une véritable providence, et le sentiment de la famille, loin d'être fâcheusement atteint, s'en trouvera vivifié. Cette remarque est pleine de justesse. On voit, chaque jour, devant les tribunaux de paix et les bureaux d'assistance judiciaire, des pères et mères, sans ressource, forcés à invoquer l'autorité de la loi pour obtenir de leurs enfants la plus minime rente viagère. Ceux qui ont à la fournir en marchandent la quotité sou par sou, parce que c'est de l'argent qu'il faut débourser; tandis que celui chez lequel le vieillard prétend fixer sa résidence et dépenser son revenu est presque toujours envié par ses frères et sœurs, bien qu'en définitif il supporte la plus forte part des sacrifices.

Il y a deux raisons à ce fait : l'une est que, dans beaucoup de pauvres ménages, la mise en réserve de la somme la plus modique est presque impossible à effectuer ; l'autre consiste en ce que le plus modeste capital disponible, l'*argent de poche*, comme on dit dans le langage vulgaire, est chose si nécessaire à l'occasion et parfois si rare, qu'on se trouve trop souvent, hélas! réduit, pour se le procurer, à vendre à bas prix des objets qu'il faudra racheter plus tard à chers deniers.

Donner au cultivateur accablé par l'âge ou par des infirmités précoces, et qui se recommande par des antécédents honorables, un secours qui porte le caractère d'une distinction, n'est pas seulement faire de la bonne morale et de la bonne politique, c'est aussi faire de l'économie. Il est certain, en effet, que les familles, encouragées par une subvention modique à conserver dans leurs foyers les vieillards et les infirmes, s'imposeront, dans ce but, des sacrifices qui exonéreront le public des charges qu'il aurait à supporter pour entretenir ces malheureux dans un hospice, dans un dépôt de mendicité, ou dans quelque établissement de répression. En effet, si l'on répartit, sur chacun des trois cent soixante-cinq jours de l'année l'indemnité de 80 fr., qui a paru suffisante jusqu'ici pour faire produire d'excellents résultats aux pensions agricoles, on trouve que le prix de la journée atteint seulement 22 centimes, tandis que les frais moyens d'entretien, par individu, dans le dépôt de mendicité de Toulouse, s'élèvent à 70 centimes par jour (1). L'économie dépasse donc 68 pour 100; ce qui revient à dire qu'on peut assurer le bonheur de trois vieillards, au sein de leur famille, avec une somme inférieure à celle que nécessite la présence d'un seul pensionnaire dans les asiles publics. Ces chiffres n'ont pas besoin de commentaire. Après cela, ne serait-il pas de toute justice que l'Etat, qui prélève une si grosse part de l'impôt, partageât avec le département et les communes les frais auxquels l'application générale du système donnerait lieu?

En ce qui concerne la Haute-Garonne, l'expérience ayant démontré que le dépôt de mendicité n'atteint pas le but qu'on avait en vue, cet établissement devrait cesser d'être subventionné par le conseil général, et la dotation de 25,000 fr. qui lui est attribuée viendrait grossir utilement le fonds des pensions agricoles. Si l'on adoptait pour règle que ces pensions ne seraient accordées que dans les communes qui consentiraient à prendre à leur charge une part proportionnelle de la dépense, soit, par exemple, les 2/5, on arriverait à ce résultat que les 36,243 fr. de l'allocation départementale entraînant un contingent communal de 24,160 fr.. on disposerait d'une somme totale de 60,403 fr., qui permettrait de pourvoir à 755 pensions de 80 fr. Cette institution ainsi développée ferait sentir son action bienfaisante dans toutes nos communes, et ne tarderait pas sans doute à provoquer les libéralités de la charité privée.

Mais ce ne serait pas assez de s'occuper du sort des vieillards indigents et des infirmes, il faudrait songer de plus aux malades dans toutes nos familles de cultivateurs. Pour le plus grand nombre d'entre elles, le service médical pourrait être convenablement assuré, comme nous l'avons dit ailleurs, par la création des sociétés de secours mutuels : celle de Balma (canton sud de Toulouse) ne se borne pas à offrir à ses membres les soins du médecin et les remèdes; elle tient encore à leur disposition des fauteuils pour les infirmes et des baignoires; elle leur prête aussi des pliants pour qu'aucune personne bien portante n'ait à parta-

(1) Rapport du préfet au conseil général (1863), p. 70.

ger la couche d'un malade, au risque de porter atteinte à sa propre santé et d'incommoder inévitablement le patient. Nous avons dit plus haut comment l'adoption du système des abonnements annuels procurait, presque gratuitement, les secours du médecin et, à prix réduit, les remèdes aux membres de la famille du sociétaire, trop âgés ou trop jeunes pour entrer eux-mêmes dans l'associaton mutuelle.

Restent les indigents que la pénurie de leurs ressources laisse en dehors de cette organisation et que le régime actuel de la médecine cantonale est tout à fait insuffisant à protéger. Pour ceux-ci, il est nécessaire que la charité administrative pourvoie à leurs besoins. La présence habituelle du médecin de la société sur les lieux rendra cette tâche moins difficile et peu onéreuse, soit que le conseil municipal traite à forfait avec lui pour tous les pauvres inscrits sur la liste officielle, soit que la rétribution de ses services soit établie proportionnellement au nombre des indigents ou même des visites dont ils seront l'objet. C'est à venir en aide aux communes qui entreraient dans cette voie que pourrait être consacrée fort utilement la subvention de 12,000 fr. que le conseil général accorde à la médecine cantonale.

Il ne faut pas perdre de vue, d'ailleurs, en fixant les honoraires du médecin, qu'il est de toute justice que ses fonctions soient convenablement rétribuées. On ne doit pas oublier que l'homme de l'art s'est imposé des sacrifices considérables pour son instruction scientifique, et que la dignité de sa profession en exige chaque jour de nouveaux. Au surplus, si l'on tient à recevoir avec assiduité les soins d'un homme intelligent et instruit, il est indispensable de se montrer juste, sinon même généreux à son égard. Que ces principes, trop souvent méconnus, soient généralement appliqués, et l'on verra bientôt, dans nos campagnes, à défaut des docteurs en médecine, s'accroître le nombre des officiers de santé qui sont leurs modestes mais utiles auxiliaires. J'aime, quant à moi, pour en avoir bien connus plusieurs, ces hommes actifs, expérimentés, serviables, qui ne reculent jamais devant une tâche ingrate et que le voyageur en traversant la contrée croise toujours sur son chemin, tant la santé de leurs clients, parmi lesquels ils comptent presque autant d'amis, leur inspire de sollicitude et leur cause de déplacements et de fatigues. Comme le riche, le pauvre a sa part dans ces soins quotidiens, et l'on voit aussi souvent la monture du médecin de campagne s'arrêter à la porte de la chaumière qu'à l'entrée des habitations où règne l'aisance.

A côté du service sanitaire il convient d'organiser la distribu-

tion des divers secours destinés à venir en aide à tous les genres
d'infortune. Autant que possible, ces secours seront donnés en
nature : c'est la meilleure manière d'en prévenir la dilapidation
et aussi de les obtenir avec abondance de la charité privée. Au
premier rang doivent figurer les allocations en pain, principalement pour les familles ayant à leur charge des vieillards et des
enfants en bas âge, ainsi que pour celles dont la maladie a tari les
petites avances. La pomme de terre qui, pour nos paysans, est
une succédanée du pain, peut jouer un rôle fort utile dans ces
distributions. L'expérience nous a prouvé qu'elles doivent être
abondantes aussi longtemps que le salaire se trouve suspendu par
les rigueurs de la saison, et qu'on peut les réduire des deux tiers,
dans la généralité des cas, lorsque la reprise des travaux s'effectue avec les beaux jours. Aux convalescents on procurera une
alimentation fortifiante (viande et vin) pour hâter leur rétablissement. Efin, dans la froide saison, on opérera des distributions
de combustibles et d'effets mobiliers, surtout de vêtements et de
chaussures, en proportion des ressources dont on pourra disposer.

Dans les communes où il serait possible d'avoir un établissement de sœurs pour donner l'instruction aux filles et tenir un
asile ouvert pour les petits enfants des deux sexes, on pourrait
charger les mêmes personnes de visiter les indigents à domicile.
Il suffirait, en beaucoup de cas, d'ajouter une légère subvention
à la rétribution scolaire qu'on exigerait des parents aisés, pour
procurer gratuitement une éducation chrétienne aux filles pauvres et pour assurer aux familles indigentes l'aide précieuse de
ces vierges respectables qui, mieux que personne, peuvent servir
d'intermédiaire entre le riche et le pauvre, parce que leur caractère inspire confiance à tous. Elles sont accueillies des uns avec
la déférence que commande l'abnégation de soi-même et l'ascendant de la vertu ; aux autres, elles parlent avec l'autorité du dévouement ; en sorte qu'elles ont à la fois le secret de ceux qui
éprouvent les souffrances et le moyen d'attendrir ceux qui ont le
pouvoir de les alléger.

C'est aussi par la main des sœurs que je voudrais voir passer
la meilleure part des secours que la charité administrative accorde
aux pauvres dans les villes, parce qu'elles ont la vertu de restituer à la bienfaisauce publique, dans l'opinion de celui qu'elle
assiste, le caractère de spontanéité et de commisération qu'il lui
refuse trop souvent, pour n'y voir qu'une indemnité payée par
la crainte et mesurée par l'avarice. En effet, ces pieuses filles
possèdent à merveille le secret de cette charité intelligente, recommandée par un philanthrope célèbre, « charité qui connaît en

détail ceux dont elle soulage les peines, qui sent par quels étroits liens sont unis le riche et le pauvre, et s'honore de cette alliance ; qui visite l'infortuné dans sa maison, et ne s'informe pas uniquement de ses besoins, mais de ses habitudes et de ses dispositions morales. Une telle charité impose silence au mendiant effronté, qui n'a pour recommandation que les haillons dont il affecte de se couvrir ; elle encourage au contraire, elle soutient, console, assiste avec libéralité celui qui souffre en silence des maux immérités. Il est impossible de pratiquer une telle charité sans croître journellement en vertu ; c'est la seule qui fasse, à la fois, le bonheur de celui qui la pratique et de celui qui en est l'objet. » En lisant ces lignes profondes et touchantes de Malthus, ne dirait-on pas que l'écrivain protestant s'est proposé de faire l'apologie des œuvres catholiques de bienfaisance ? Cet hommage indirect a d'autant plus de prix, qu'il émane d'une haute intelligence, qui n'avait pas coutume de s'asservir, dans la recherche du vrai, à l'empire des traditions ou des idées en vogue.

Au-dessus des institutions que nous avons décrites et dans le but, soit d'en activer l'exercice et d'en surveiller la marche, soit même à l'occasion de les suppléer, il conviendrait d'établir dans chaque commune un bureau de charité, composé du maire, du curé et d'un petit nombre de membres choisis par le préfet dans les·familles notables et bienfaisantes, sans distinction de couleur politique, afin de ne décourager·la bonne volonté de personne dans une œuvre pour laquelle on a besoin du concours de tout le monde. En cette matière délicate, l'esprit de parti doit être soigneusement écarté, car il ne manquerait pas de nuire au résultat principal qu'on se propose d'atteindre, et qui, en définitif, importe le plus au gouvernement lui-même. Le zèle et la générosité ne sont pas choses aussi communes qu'on pourrait croire, il est donc indispensable d'utiliser tous les dévouements. C'est, d'ailleurs, le vrai moyen de conserver aux institutions de bienfaisance le caractère philanthropique et chrétien, qui seul peut les vivifier et les rendre durables.

Dans les communes rurales, les fonctions du bureau de charité, sans se confondre avec celles du conseil de la société mutuelle, pourraient, au besoin, être remplies par les mêmes individus. Le bureau, qui inspirerait confiance à la charité privée, provoquerait utilement son concours. Il ferait les propositions pour les pensions agricoles et dresserait la liste des indigents admis à recevoir, à titre gratuit, les soins du médecin ainsi que les remèdes. Il délivrerait des certificats temporaires d'indigence, moyennant lesquels l'exercice de la mendicité serait permis, sur le territoire

de la commune, aux individus dont on jugerait que les ressources
personnelles et les dons de l'assistance publique ne suffisent pas
à assurer les moyens d'existence. Les membres du bureau visi-
teraient les pauvres à domicile pour s'enquérir de leurs besoins,
suppléeraient les filles de la charité pour la distribution des secours dans les petites communes, signaleraient à l'occasion l'insalubrité des logements pour y mettre un terme, et veilleraient
à ce qu'on n'abusât point des forces de l'enfance. Ils correspon-
draient avec les caisses d'épargne et administreraient gratuitement les biens des pauvres. Dans ses rapports avec l'autorité
centrale, le bureau de charité serait le défenseur naturel des intérêts populaires et le promoteur des modifications à apporter
dans le régime de l'assistance publique. Je suis si loin de regarder cette institution comme superflue, qu'à mes yeux les autres
ne sauraient produire tous leurs bons effets sans celle-là. Elle
est appelée à les vivifier et à les compléter les unes par les autres. Les observations que suggèrera au bureau de charité le jeu
quotidien des œuvres de bienfaisance, le mettront parfaitement
en mesure de rassembler les éléments les plus propres à hâter
la solution définitive du problème de l'assistance dans les campagnes.

Pour nous, quelque confiance que nous inspire l'organisation
la plus prévoyante et la mieux entendue des institutions philanthropiques et charitables, nous ne leur croyons pas assez de vitalité pour se développer largement en présence du régime des
dépôts qui semble avoir résolu toutes les difficultés par le concours de la force publique et des finances départementales.

Les lois contre le vagabondage suffisent à elles seules pour
sauvegarder la sécurité publique et enlever à la mendicité ses
principaux inconvénients. Au lieu de traîner sans fin, de la rue
au tribunal, du tribunal à la prison, de la prison au dépôt, les
malheureux qui demandent l'aumône, j'aimerais mieux que
l'autorité, après s'être assurée de leurs besoins, leur délivrât un
certificat qui leur servirait de recommandation auprès des personnes charitables dans le canton où il sont domiciliés. Il leur serait
interdit de tendre la main ailleurs, sous peine d'être assimilés
aux vagabonds et, comme tels, d'être détenus aux frais de leur
département respectif.

En 1868, sur 394 mendiants internés dans le dépôt départemental, 187 étaient sans domicile fixe, et 166 résidaient dans la ville
de Toulouse. Toutes les autres communes de la Haute-Garonne
ne figuraient dans les admissions que pour 41 individus, dont 12
appartenaient à l'arrondissement du chef-lieu, 10 à celui de Muret,

14 à celui de Saint-Gaudens et 5 à celui de Villefranche. Dans ces conditions, il serait de toute justice que le dépôt de mendicité, s'il doit être maintenu, devînt exclusivement municipal et fût entretenu aux frais de la ville de Toulouse, les autres communes du département ne profitant pour ainsi dire pas de cette institution.

Nous portons la peine de la double erreur qu'on a commise en négligeant d'organiser les secours dans les campagnes et en les multipliant parfois jusqu'à la profusion dans les villes. Lorsque à l'offre d'un salaire supérieur viennent se joindre les garanties de l'assurance mutuelle contre les frais de maladie, et même, en certains cas, contre le chômage ; lorsque l'ouvrier peut compter aussi sur le concours des œuvres charitables établies pour toutes les infortunes auxquelles il est exposé, comment résisterait-il à la tentation de quitter les champs (si l'amour de la propriété ne l'y retient), pour jouir dans les cités industrielles des avantages qui lui sont offerts ? En fin de compte, les ressources que la bienfaisance procure reviennent à une augmentation de salaire, et ce n'est pas sans raison que le travailleur y attache un grand prix. Il est donc urgent de créer dans les communes rurales des centres de secours pour contre-balancer, en quelque manière, l'influence attractive exercée par les institutions philanthropiques accumulées dans les villes.

On peut ajouter, en parlant le langage rigoureux de la raison, que les dépenses consacrées à cet objet ne seraient pas désavouées par les règles d'une sévère économie, car l'absence de ces secours doit entraîner forcément dans l'ensemble des salaires une augmentation de prix équivalente, avec cette différence essentielle que l'augmentation portera sur la totalité des ouvriers ruraux, tandis que les dépenses de la bienfaisance publique seraient limitées aux besoins des ouvriers indigents.

Je sais bien que les communes ne sont pas riches et que les impôts qui les frappent sont lourds, mais le département peut venir à leur aide en employant à prévenir la mendicité les sommes qu'il réserve pour l'entretien des dépôts. Je sais aussi qu'une grosse partie de nos contributions va s'engloutir hors de chez nous dans des dépenses qui, loin de tourner au profit général de l'agriculture, ont souvent pour effet d'embarrasser sa marche en lui suscitant la concurrence funeste des travaux improductifs entrepris pour l'embellissement des cités. S'il est nécessaire et profitable qu'une partie des charges imposées à la propriété foncière aille au pouvoir central qui lui donne la sécurité et qui veille sur ses intérêts généraux, il ne faut pas cependant perdre de vue la satisfaction des besoins particuliers qui se font sentir plus immédiatement et qui, dans l'état actuel des choses, se trouvent en grande souffrance. Nos budgets communaux sont pressurés par l'action d'une centralisation excessive qui absorbe, en outre, tant d'autres contributions et dont les pauvres sont les premières victimes.

Pour mettre fin à l'inégalité qui pèse sur nos campagnes, inégalité que la constitution démocratique du gouvernement rend dangereuse pour l'orbre public, ce ne sera pas trop du concours simultané de toutes les forces sociales. L'Etat, le département et les communes doivent rivaliser de zèle avec les particuliers. A notre avis, le mal ne trouvera son remède que dans l'unanimité des efforts.

On devra d'abord s'attacher à le prévenir : raviver par les idées religieuses le sentiment des devoirs sociaux et de famille ; diminuer par une surveillance sévère la funeste contagion dont les cabarets sont le foyer ; procurer à la jeunesse des deux sexes une instruction appropriée à la vie et aux travaux des champs ; donner la plus grande extension aux Sociétés de secours mutuels, afin de mettre les populations ouvrières à l'abri des conséquences désastreuses que la maladie entraine avec elle, au lieu de s'arrêter devant le spectre des sociétés secrètes qu'on évoque si souvent contre les associations les plus conservatrices, sans se douter que celles-ci sont précisément le remède et l'obstacle à celles-là. Enfin, il faudrait développer dans la limite du possible toutes les institutions qui sont de nature à favoriser la prévoyance et à féconder l'épargne.

D'un autre côté, il conviendrait d'organiser l'assistance publique de manière à ménager les susceptibilités des pauvres et à resserrer autour d'eux le lien de la famille. Dans ce but, il faudrait substituer les secours à domicile pour les vieillards et les incurables au principe de l'assistance hospitalière et de la réclusion dans les dépôts ; faire du régime des pensions agricoles la règle générale et réserver l'hospice pour les cas exceptionnels, contrairement à ce qui se pratique aujourd'hui ; créer dans chaque commune un vrai bureau de charité pour patronner les indigents, stimuler la bienfaisance, centraliser les informations, provoquer les réformes et, au besoin même, distribuer directement les secours.

Enfin, il conviendrait de laisser à chacun la liberté de solliciter des aumônes et d'en distribuer à sa guise. N'est-ce pas là d'ailleurs un sûr moyen pour l'Etat d'échapper à une responsabilité dangereuse, sans anéantir la prévoyance chez le pauvre et sans désintéresser la commisération du riche ?

M. Leplay dit quelque part que s'il fallait indiquer la force qui, en agissant à chaque extrémité de l'échelle sociale, suffit à la rigueur pour assurer le progrès, on devrait signaler au bas la prévoyance, au sommet la religion. Nous partageons ce sentiment en matière d'assistance publique. Et, toutefois, pour rétablir l'équilibre nécessaire entre la population des villes et celle des champs, ce n'est pas assez de s'armer du levier de la prévoyance et de prendre son point d'appui dans l'esprit religieux ; il faut encore enlever à l'ennemi toutes ses ressources et diriger nos efforts du côté par où ses recrues viennent ravitailler la place. En d'autres termes, tournons nos regards vers les campagnes, efforçons-nous d'y fixer les laboureurs ; car il est incontestable, comme l'a dit M. Moreau Christophe, que, pour tarir la misère, il faut en disperser les sources, non les concentrer.

Frappé des lacunes que l'organisation de l'assistance publique présentait dans les communes rurales de la Haute-Garonne, et des conséquences fâcheuses qui en dérivent, encouragé d'ailleurs par l'intérêt que le conseil général du département a toujours pris à ces questions, je signalai devant cette assemblée, à la séance du 29 août 1868, la nécessité de compléter le service sanitaire dans les campagnes et la faible influence exercée par le dépôt central de mendicité sur le sort des indigents hors de la ville de Toulouse. Je conclus en demandant « que l'attention de l'Administration fût appelée sur l'organisation de l'assistance publique dans les communes rurales, et qu'elle fût invitée à étudier les moyens les plus propres à combler les lacunes que ce service présente. »

Soit que l'on se fût mépris sur mes intentions, soit que la majorité du conseil jugeât que le système en vigueur fût au-dessus de toute critique, ma proposition, combattue par le préfet, fut repoussée par l'ordre du jour, malgré l'appui qui lui fut prêté par quelques-uns de mes collègues.

Pour ne pas compliquer par des considérations personnelles une question d'humanité, je passe sur d'autres incidents dont j'aurais le droit de me plaindre, et j'attends de mes collègues, édifiés sur la droiture de mes intentions, un examen impartial des faits que j'ai précisés et des questions importantes qu'ils soulèvent.

LIVRE VI

CHAPITRE PREMIER

INSTRUCTION PRIMAIRE

Etat de l'enseignement public dans les campagnes au dix-huitième siècle. — Les idées de 1789. — La loi de 1833. — Statistique de l'instruction primaire dans la Haute-Garonne depuis 1830 jusqu'en 1866. — L'instruction, au point de vue chrétien. — Education des femmes. — Enquête de 1860. — Programme de l'enseignement : religion, notions élémentaires d'agriculture, excursions agronomiques, principes d'économie politique. — Pourquoi convient-il de repousser la gratuité absolue de l'enseignement dans les communes rurales ? — Le nouveau programme donne satisfaction aux vœux des agriculteurs.

Après avoir exposé la situation de nos campagnes au point de vue de l'assistance publique, signalé l'infériorité qu'elles présentent à cet égard vis-à-vis des centres populeux et décrit les modifications qui nous semblent les plus propres à combattre cette désolante inégalité, nous sommes naturellement amené à étudier l'état de l'enseignement public, car l'homme ne vit pas seulement de pain, selon la parole du divin Rédempteur. Comme le corps a ses exigences, l'intelligence a les siennes, et c'est le propre d'une civilisation vraiment avancée de susciter et de satisfaire concurremment ces besoins divers.

Si le cadre de cette étude l'eût permis, j'aurais cédé volontiers au légitime orgueil de mettre en parallèle l'état intellectuel et moral des classes ouvrières en Angleterre avec celui de nos populations rurales, dont les documents les plus dignes de foi attestent la supériorité ; mais nous devons nous borner ici à suivre le développement intellectuel dans le département de la Haute-Garonne.

Rappelons d'abord qu'il résulte de l'enquête faite en 1763, sur l'*état des paroisses* du diocèse de Toulouse, qu'un cinquième seulement des communautés avait des écoles et que l'enseignement en était souvent abandonné aux soins impuissants de vieillards septuagénaires. N'en déplaise à M. de Riancey, il n'est pas exact de dire, pour notre contrée du moins, que la part des pauvres était plus grande en 1789 qu'aujourd'hui (1); bien au contraire, l'ignorance des classes ouvrières était plus générale et plus profonde. Le mal datait de loin, et depuis longtemps déjà d'excellents esprits demandaient qu'on y portât remède. Ainsi Fénelon, dans son admirable *Traité de l'éducation des filles*, avait recommandé vivement qu'on procurât au peuple une instruction solide. Nous savons aussi qu'en 1789, il y avait, dans les trois ordres de l'Etat, nombre de personnes éclairées qui voulaient que le pain de l'intelligence fût dispensé plus libéralement à la multitude. Le cahier du clergé de la sénéchaussée de Toulouse, en particulier, est très explicite à cet égard.

La réalisation de ce vœu s'est lentement accomplie jusqu'au temps où, sous le gouvernement du roi Louis-Philippe, fut portée la loi de l'instruction primaire. En 1830, on ne comptait encore dans la Haute-Garonne que 209 communes pourvues d'instituteurs; près des 2/3 n'en avaient point. Le nombre des écoles ne dépassait pas 272. Dès 1833, les choses commencèrent à changer rapidement de face ; en cette même année, il n'y avait déjà plus que 242 communes sans instituteur. En 1838, le nombre des écoles s'éleva à 538, dont 146 spéciales aux filles. On compta jusqu'à 17,295 enfants dans ces maisons pendant les mois d'hiver, et 13,576 durant l'été. Le mouvement devint si rapide qu'en 1841, avec 563 instituteurs, dont 114 privés et 449 communaux, le nombre des écoliers atteignit 22,401 pendant l'hiver et 14,171 en été.

De progrès en progrès, le département est arrivé à posséder, en 1866, 1,363 établissements de toute nature, dans lesquels sont admis 66,453 enfants des deux sexes. Malgré cela, on compte encore 5,458 enfants de sept à treize ans qui ne reçoivent aucune instruction (2,304 garçons et 3,154 filles). Il reste donc beaucoup à faire pour l'enseignement populaire, surtout dans nos campagnes ; toutefois, il est juste de remarquer que l'enseignement libre se développe partout à côté de l'enseignement public. Le premier compte 463 écoles fréquentées par 3,136 garçons et

(1) *Correspondant*, juin 1867, p. 180.

18,756 filles ; le dernier possède 900 établissements qui reçoivent 37,285 garçons et 7,276 filles.

Considérées à un autre point de vue, nos écoles se trouvent réparties entre 1,099 écoles laïques, fréquentées par 29,753 garçons et 10,756 filles, et 263 écoles congréganistes recevant 10,851 garçons et 15,273 filles.

Cette merveilleuse prospérité, qui ne s'est pas ralentie depuis que la dépopulation a envahi nos campagnes, a frappé, non sans raison, l'attention des agriculteurs et les a généralement convaincus de la nécessité d'apporter des modifications profondes au système pédagogique en vigueur dans les communes rurales. Malheureusement, on n'a pas encore donné satisfaction complète à ces vœux pressants et légitimes. Il y a d'autant plus lieu de le regretter qu'on a suscité de la sorte nombre d'adversaires au principe même de l'enseignement et qu'on a provoqué, de la part des personnes originairement les moins hostiles, des récriminations ardentes et très exagérées.

Peut-on douter que les sociétés chrétiennes suivent cependant la voie de la charité évangélique, quand elles offrent aux indigents le pain de l'intelligence, comme lorsqu'elles leur distribuent des secours d'une autre nature pour subvenir aux besoins matériels? L'homme ne doit-il pas à son Créateur l'hommage de tout son être, de ses facultés morales comme de ses facultés physiques? Sans doute, en établissant parmi les hommes cette inégalité des conditions qui, par l'émulation, engendre le progrès, qui rend les créatures indispensables les unes aux autres, et qui est à la fois le lien des sociétés humaines et le principe de leur activité, sans doute la Providence n'a pas appelé à recevoir la même culture toutes les intelligences qu'elle a d'ailleurs inégalement dotées. Mais en peut-on conclure que les êtres qu'elle a le moins favorisés de ses dons n'aient, pour ce motif même, aucun titre à l'assistance de ceux qui sont traités avec plus de largesse? Personne n'oserait le penser en ce qui concerne le côté matériel de la vie. Comment n'en serait-il pas de même des choses de l'intelligence, puisque, si ces jouissances sont d'une autre nature que la satisfaction des besoins physiques, elles ne sont cependant ni moins réelles ni moins sensibles. Quiconque a reçu une éducation un peu soignée l'éprouve chaque jour.

J'irai même plus loin, et je m'associerai de grand cœur à ceux qui réclament les bienfaits de l'instruction pour cette moitié du genre humain qui, au dire de certaines gens, *en sait toujours assez* pour bien remplir son rôle dans le monde. Chez les uns, cette conviction est le résultat de la faible estime en laquelle ils tiennent l'intelligence du plus grand nombre des femmes ; chez les autres, elle dérive du peu d'importance qu'ils attribuent à leurs fonctions. Des deux parts, on se fait une idée étroite et fausse des choses. Ce sont bien plutôt, en effet, les vices de leur éducation qui rendent les femmes peu propres aux affaires que la faiblesse de leur naturel. Lorsque leur esprit a reçu une bonne direction et que la situation dans laquelle elles se trouvent placées leur impose des devoirs virils, ne les voit-on pas très souvent déployer les qualités les plus solides, en les relevant par la délicatesse propre à leur sexe ?

Quant au rôle le plus ordinaire des femmes dans les affaires de la famille, il est encore immense. Voici comment un sage de l'antiquité, qu'on ne traitera pas d'esprit chimérique, s'exprime à ce sujet : « Je pense, disait Socrate, qu'une bonne compagne est tout à fait de moitié avec le mari pour l'avantage commun. C'est l'homme, le plus souvent, qui, par son travail, fait venir le bien à la maison, et c'est la femme qui, presque toujours, se charge de l'employer aux dépenses nécessaires. L'emploi est-il bien fait ? la maison prospère ; l'est-il mal ? la maison tombe en décadence (1). » Notre dicton populaire : *La femno fa l'oustal*, ne dit pas autre chose.

Mais l'influence des femmes ne se borne pas à soutenir ou à ruiner les maisons ; elle s'étend au-delà du domaine économique dans la sphère de l'ordre moral. Fénelon dit qu'elles ont la principale part aux bonnes et aux mauvaises mœurs de presque tout le monde (2). Se tournent-elles du côté de la vertu, elles lui prêtent un charme particulier, répandent le bonheur autour d'elles, et donnent la prospérité et la joie à la famille, la charité et les bons exemples à tous. Elles consolent la vieillesse de leurs parents, allègent à l'époux les charges de la vie et fortifient les enfants dans le culte du devoir. Mais, hélas ! si elles dévient du droit chemin, quels ravages elles exercent ! La mauvaise éducation des femmes fait alors plus de mal que celle des hommes. Comme elles sont insinuantes et persuasives, elles sont d'autant plus dangereuses. Que de vices dérivent de la manière dont elles élèvent leurs enfants ! Que de maux découlent des passions qu'elles inspirent dans un âge plus avancé ! Si les mœurs valent mieux dans nos campagnes qu'au sein des villes, il faut en rendre grâces aux femmes, qui y sont généralement plus retenues et plus chrétiennes.

(1) Xénophon, *Economiques*, chap. III.
(2) *Éducation des filles*, chap. I.

Puisque leur éducation exerce une si grande influence sur la moralité et le bien-être des familles, elle ne doit pas être plus négligée que celle des hommes. Elle n'est guère moins essentielle, en effet ; car les femmes, en dehors des occupations qui leur sont habituellement dévolues au sein de la famille, sont en outre associées aux travaux rustiques et souvent appelées, par la force des choses, à suppléer leur époux. Nous ne saurions donc trop applaudir à cette disposition d'une loi récente, qui oblige toutes les communes dont la population dépasse 500 habitants à entretenir une école de filles. Du reste, nous voyons s'élever chaque jour, dans nos campagnes, sous l'inspiration de la charité chrétienne, d'humbles établissements où de saintes femmes se dévouent, avec la plus admirable abnégation et le zèle le plus éclairé comme le plus scrupuleux, à l'éducation des personnes de leur sexe (1).

L'importance et la variété des questions que présente l'enseignement primaire au point de vue agricole excusera les développements dans lesquels nous allons entrer. Déjà nous avons fait connaître notre sentiment sur cette grave matière, dans un article publié par le *Journal d'agriculture pratique* de M. Barral (2), au sujet de l'enquête ouverte en 1860, par M. le ministre de l'instruction publique, sur les besoins de l'enseignement primaire. Comme la question a fait un grand pas depuis cette époque, et qu'on ne conteste plus guère aujourd'hui la nécessité de donner à l'instruction primaire dans les campagnes un caractère conforme aux occupations agricoles, nous ne reviendrons pas sur les arguments que nous avions présentés en faveur de cette opinion, contre laquelle la commission de 1860 s'était implicitement prononcée, en se bornant à maintenir les notions élémentaires sur l'agriculture dans le programme facultatif.

Disons d'abord que quelles que soient nos sympathies pour la diffusion de l'instruction, nous sommes loin de partager l'opinion de ceux qui prétendent la rendre obligatoire. Ce système, qui rappelle les mauvais jours de 93, blesse les plus nobles sentiments de l'homme. Même dans les temps de calme et d'apaisement, sous un gouvernement sage et sincèrement conservateur,

(1) Frappés de l'aptitude des femmes à diriger l'enfance, les Américains, dont on ne conteste pas le sens pratique, confient à des institutrices l'enseignement populaire des deux sexes. Dans l'Etat de Massachussetts, les neuf dixièmes des écoles sont tenues par des femmes. Suivant une coutume, qui mériterait d'être suivie ailleurs, les maîtres font exécuter aux enfants des chants patriotiques qui développent en eux le sentiment national.

(2) Les écoles primaires et l'agriculture. (*Journ d'ag. prat.*, 1862, t. I, p. 47.)

comme celui dont la France jouit à cette heure, l'application de
ce principe ne serait ni sans danger, ni sans opprobre. N'y a-t-il
pas de pauvres familles auxquelles le faible salaire de leurs enfants fournit l'appoint indispensable pour subvenir aux plus
pressantes nécessités de la vie ? Si vous enlevez le petit travailleur à ses occupations pour l'enfermer dans l'école, vous augmen-
terez le malaise de ceux que vous prétendez servir, et c'est avec
raison qu'ils détesteront en vous un oppresseur. Mais qu'ils
soient indigents ou aisés, les parents auxquels on ravira leurs
fils pour les façonner aux idées de l'enseignement officiel, ne
faciliteront pas auprès de l'écolier la tâche du maître. Je trouve
bien sensée cette réflexion d'un instituteur, M. Lecomte, qui dit
à ce propos : « Que fera le maître de cet élève dont le corps sera
présent, de par la loi, et dont l'esprit, selon l'inspiration des parents, sera rétif à ses ordres, insensible à ses reproches, indiffé-
rent à ses menaces, hostile même à ses témoignages de bonté et
aux preuves de son affection? » Mais il y a plus, car cet inconvénient, très réel et très fâcheux à certains égards, devrait être
considéré comme un bien dans le cas où le pouvoir, qui dirige
l'enseignement obligatoire, jugerait utile à ses desseins d'inspirer
à la jeunesse l'intolérance ou l'impiété en matière de religion, une
soumission aveugle au despotisme ou le mépris de l'ordre social
en matière politique.

Pour multiplier le nombre des élèves, il n'est pas besoin de
recourir à la force matérielle : mieux vaut les attirer par les bienfaits d'une bonne et solide éducation vraiment en rapport avec
le rôle que les enfants sont appelés à jouer dans la société. Du
reste, les écoles ne désemplissent pas. Elles ont aujourd'hui quatre millions et demi d'élèves, tandis qu'elles n'en comptaient
pas trois millions il y a vingt ans. En présence de cette progression rapide, on avouera qu'il y a grandement lieu de se préoccuper de la nature de l'enseignement.

Pourquoi le dissimuler ? On adresse de toute part de graves
reproches au système actuel. La voix publique l'accuse de favoriser la dépopulation des campagnes, et la voix publique a raison
à la fois contre les optimistes, qui prétendent que l'enseignement
primaire n'est pour rien dans ce regrettable fait, et contre les
pessimistes, qui veulent qu'il en soit la seule cause. En effet, s'il
est incontestable que l'élévation des salaires, dans les trop nombreux chantiers des chemins de fer et des grands travaux entrepris pour l'embellissement des villes, a entraîné loin de ses
foyers une portion notable de la famille rurale, il est bien certain
aussi que des causes d'ordre différent ont concouru à ce résultat

et préparé les voies à la séduction en changeant les mœurs.

L'enfant fréquente l'école dès l'âge de six ans, et, généralement, jusqu'à sa treizième année. Qu'y apprend-il? Le catéchisme, la lecture, l'écriture, les éléments de la langue française, le calcul. Ces matières sont obligatoires. Jusque-là, rien de mieux, car elles constituent le fondement de toute éducation un peu lettrée. Mais pour posséder ces notions élémentaires est-il nécessaire que l'enfant n'entende parler d'autre chose durant six ou sept longues années d'étude? Évidemment non, si l'enseignement est donné avec un peu d'intelligence. La preuve en est que, dans la plupart des écoles, on joint à ces matières des leçons sur quelques-unes des parties facultatives du programme, telles que la géographie, l'histoire, le dessin linéaire, le chant, et quelquefois même l'agriculture.

Malheureusement, le règlement, qui exige si peu pour les matières obligatoires de l'instruction primaire, a admis une grande variété dans la partie facultative, de telle sorte qu'elle se trouve diversifiée dans chaque école, selon le goût de l'instituteur. Le plus souvent, il donne la préférence au dessin qui flatte l'œil, à la musique qui charme l'oreille, ou à l'histoire qui, pour être passablement professée à des enfants, ne demande, à la rigueur, qu'un peu de mémoire ou de lecture. L'enseignement agricole jette moins d'éclat; il exige des connaissances plus sûres et plus étendues: aussi est-il généralement délaissé. Faut-il s'étonner après cela de ce que le petit campagnard, parvenu à sa treizième année et quittant les bancs de sa classe pour les rudes travaux de la terre, se trouve mal à l'aise au sein de ses occupations nouvelles? Son corps n'est pas accoutumé à la fatigue, et son intelligence n'a pas appris à s'exercer sur l'art de gouverner les champs; il ne soupçonne pas même que la science ait rien à démêler avec la culture. Le rôle de manouvrier, et de manouvrier novice, qu'il est réduit à jouer, ne satisfait pas plus son amour-propre que ses goûts. Imbu de l'idée que son petit savoir le classe au-dessus du vulgaire, et séduit par l'exemple de ses camarades, qui ont cherché dans les villes un travail moins pénible ou mieux rétribué, il prend sa condition en dégoût, oublie qu'un voisin, naguère aussi pauvre que lui, vient de conquérir par le labeur et l'épargne une place parmi les maîtres du sol; il ne voudrait pas d'ailleurs de la propriété acquise à ce prix; il lui faut moins de peine et plus de jouissance. Vienne l'occasion, il quittera les champs; comme il en a imité d'autres, d'autres l'imitent à leur tour, et les campagnes se dépeuplent.

Sans doute, à prendre les choses au point de vue purement théorique, « le premier pas, peut-être le seul indispensable pour

civiliser les classes inférieures, est de leur enseigner la lecture,
l'écriture et les premières notions du calcul. » J.-B. Say a pu le
dire avec raison. Mais l'enseignement primaire, ainsi entendu,
suppose nécessairement l'existence d'institutions particulières, où
l'on s'occupe spécialement des connaissances propres aux diverses professions, à l'agriculture, aux arts, au commerce. C'est
ainsi que le comprenait ce grand économiste. Or, l'enseignement
agricole, tel qu'il est organisé chez nous, laisse beaucoup à désirer. D'un côté, la suppression de l'Institut agronomique de
Versailles a frappé de mort l'enseignement supérieur ; de l'autre,
la disparition d'un grand nombre de fermes-écoles a enlevé à
l'instruction secondaire la majeure partie de son importance.
Tout, ou presque tout, se réduit à un nombre très restreint
d'écoles impériales si clair-semées, qu'elles ne répondent pas
même aux grandes divisions géologiques et culturales du sol, et
à quelques établissements conservés çà et là, sous des titres
divers, par un conseil général ou un comice.

En réalité, l'enseignement agricole reste à peu près partout
complétement étranger à la population des campagnes. Et cependant, comme Jean-Jacques Rousseau en a fait la remarque, « dans
l'ordre social, où toutes les places sont marquées, chacun doit
être élevé pour la sienne. » Pénétrons-nous enfin de cette vérité fondamentale, et que, sous l'empire d'une prudente réforme,
nos écoles primaires nous rendent, au lieu de jeunes gens dé-
goûtés et déclassés, des âmes fortes, dévouées à leur profession,
confiantes dans l'avenir et sagement avides de progrès. Le temps
fait rarement défaut à ceux qui veulent se hâter : il ne manquera pas pour l'enseignement agricole ; de très bons juges
l'affirment avec l'autorité de l'expérience. La majorité des élèves
ne pourrait-elle pas en avoir fini à dix ans, par exemple, avec
la lecture, l'écriture, les éléments de la langue et le calcul? C'est
un tour de force que bon nombre de ceux qui veulent faire leurs
classes de latin accomplissent deux ans plus tôt.

Je ne parle pas de l'instruction religieuse, parce qu'elle ne doit
jamais cesser d'avoir sa place dans les préoccupations de notre
esprit, et que je ne sais pas d'âge où l'homme puisse se flatter
de n'avoir plus rien à apprendre sur ses devoirs envers Dieu,
envers ses semblables et envers lui-même. En instruisant le peuple, il faut le moraliser pour qu'il fasse un bon usage des lumières
qu'il aura reçues. L'enseignement primaire a moins pour résultat
de développer la somme des connaissances que la faculté même
de connaître. Cette science élémentaire n'est en réalité qu'un
véhicule qui peut porter à l'esprit et au cœur les mauvaises

comme les bonnes notions ; il est donc essentiel de le diriger vers le bien. Avant de mettre l'homme en mesure de faire fortune dans la société, on doit lui enseigner à connaître et à pratiquer ses devoirs, autrement il pourrait être facilement entraîné à tout immoler à un égoïsme aveugle et intraitable. Seule l'autorité de la religion peut modifier cette tendance funeste, et l'on ne saurait redouter, en favorisant le sentiment chrétien, d'affaiblir dans les jeunes intelligences le goût de l'étude et des sciences humaines, car c'est le christianisme, il n'est pas permis de l'ignorer, qui a été l'instituteur des sociétés modernes et qui, dans des siècles reculés, joignant l'exemple au précepte, ouvrait des écoles auprès du sanctuaire. Cette tradition ne s'est pas affaiblie, la fondation des ordres enseignants le témoigne avec éclat.

J'aime, quant à moi, cette émulation féconde qu'une noble rivalité suscite entre les établissements laïques et les écoles chrétiennes, le niveau des études en profite ainsi que la bonne tenue et la moralité. Loin de redouter pour le triomphe des idées libérales l'ascendant de la religion, je suis fermement persuadé que, seule, elle peut rendre la liberté durable et féconde, parce qu'elle a une autorité plus puissante que toutes les lois humaines et toutes les constitutions pour nous prescrire le respect du droit et de la liberté d'autrui. Mais il y a plus encore ; dans une démocratie qui veut vivre, il faut que les idées religieuses soient profondément ancrées au cœur de l'homme ; car la participation de l'individu à la souveraineté publique n'est sans danger qu'autant qu'il exerce sur lui-même l'empire qu'il revendique sur les autres.

Les deux ou trois années que l'écolier pourrait consacrer à l'étude de l'agriculture seraient suffisantes pour lui donner les notions essentielles à la pratique intelligente de cet art. Il s'agirait bien moins, en effet, de remplir sa mémoire de physique, d'astronomie, d'histoire naturelle, de chimie et d'algèbre, que d'initier son intelligence aux bonnes méthodes par des exemples bien choisis, accompagnés d'explications simples dans lesquelles les sciences ne joueraient qu'un rôle secondaire et mesuré.

Une promenade faite, chaque semaine, dans la campagne donnerait au maître le moyen de compléter son enseignement. Tantôt, dirigeant l'excursion vers une ferme connue par ses succès, il mettrait sous les yeux de ses disciples les instruments perfectionnés et leur en démontrerait le jeu ; ailleurs, en comparant un champ bien drainé et nivelé avec une terre marécageuse et mal unie, il ferait ressortir l'importance des travaux d'assainissement et dirait comment on peut les exécuter d'une manière ra-

34

tionnelle. Chemin faisant, il expliquerait à ses élèves le rôle utile que les petits oiseaux jouent dans la nature et leur apprendrait à distinguer les insectes nuisibles. De temps à autre, le maître donnerait, sur le terrain, une leçon d'arpentage, et il ferait connaître aux enfants la nature des différents sols ainsi que le rôle des amendements et des engrais. Ces promenades, répétées durant toute l'année, mettraient sous les yeux des élèves les phases diverses des opérations agricoles. En voyant le succès des bonnes pratiques et les mauvais résultats d'une routine aveugle, ils apprendraient à aimer et à servir le progrès. On ne peut douter que ces excursions scientifiques n'avançassent l'instruction des écoliers, car l'enfance est un âge où il est plus facile de s'instruire par la vue que par la réflexion.

Les cours d'adultes, qui s'adressent à des intelligence plus développées, offriraient encore un moyen sûr de répandre les connaissances agricoles. Il en est un autre qu'on ne saurait trop recommander, car l'expérience qu'on en a fait en Belgique lui a été très favorable ; je veux parler des conférences professées par des agriculteurs de bonne volonté ou par des maîtres nomades, tels que les médecins-vétérinaires que leurs études théoriques, non moins que leur expérience journalière, rendent spécialement aptes à bien remplir cette fonction. Enfin, des bibliothèques communales, munies de bons ouvrages d'agriculture, perfectionneraient l'œuvre en y faisant participer tous les âges et même, à un certain degré, tous les sexes.

Je voudrais aussi que l'économie politique, présentée avec méthode et simplicité, fût enseignée partout ; car, la solidité de l'esprit, comme l'a dit Fénelon (1), consiste à vouloir s'instruire exactement de la manière dont se font les choses qui sont les fondements de la vie humaine. Toutes les plus grandes affaires roulent là-dessus. Il n'est pas de plus sûr moyen pour mettre nos petits savants en garde contre les promesses décevantes des utopies socialistes qu'un jour ou l'autre on fera briller à leurs yeux. On peut affirmer qu'il en est de l'économie politique comme de la philosophie, dont on dit qu'elle a « des discours pour la naissance des hommes, comme pour la décrépitude. » D'excellents esprits n'ont pas dédaigné de composer de bons manuels pour mettre l'économie politique à la portée de tout le monde. Nos ouvriers, mieux instruits, aideraient puissamment aux progrès de l'agriculture ; ils augmenteraient la fortune du pays en faisant la leur.

(1) *Traité de l'éducation des filles*, chap. XI.

Mais pour réaliser toutes les parties de ce programme et améliorer comme il convient la position des instituteurs dont on aggrave les charges, il faut augmenter les ressources financières du budget des écoles. Comment atteindre ce résultat? Elèvera-t-on l'impôt qui est déjà si lourd ou bien la rétribution scolaire? La liste des pauvres gratuitement admis à l'école, selon le vœu de la loi, ayant été préalablement dressée, on se demande pourquoi, dans un moment où chacun accepte l'accroissement du prix de toute chose, et où le salaire de tout ouvrier suit cette inévitable progression, la rétribution scolaire, réclamée de ceux qui peuvent la supporter, ne subirait pas elle-même la loi du temps? Une augmentation, si légère qu'elle fût, lèverait bien des obstacles et faciliterait bien des améliorations. Nous partageons complétement cette manière de voir, qui a été formulée dans l'enquête de 1860. La gratuité absolue de l'enseignement est sans doute une chose bonne en soi, mais non certes une chose indispensable. C'est un luxe que les communes riches font bien de se donner, car cette dépense vaut mieux que beaucoup d'autres. Mais enfin c'est une libéralité qu'on ne saurait conseiller aux communes qui n'ont pas de grandes ressources. Dans celles-ci, il convient que la faveur de la gratuité soit exclusivement réservée aux familles pauvres. Les autres se suffiront à elles-mêmes.

Au moyen d'une rétribution modérée qu'on exige des parents jouissant d'une certaine aisance, on a pu, dans un grand nombre de localités, procurer l'enseignement gratuit aux indigents sans surcharger le budget des communes. C'est une combinaison que les libéralités de quelques pieux fondateurs et le dévouement désintéressé des congréganistes multiplient chaque jour autour de nous.

La commission de 1860, peu ménagère des deniers publics, demandait qu'on pourvût à l'accroissement des dépenses par l'augmentation des impôts. Et, d'un autre côté, en même temps qu'elle aggravait les charges de la propriété rurale, elle refusait de donner satisfaction à ses griefs les plus légitimes. L'agriculture était simplement maintenue dans la partie facultative du programme des écoles primaires, et il en a été ainsi jusqu'à ce jour.

Aussi, après sept années d'incessantes plaintes, la question s'est-elle représentée plus grave et plus pressante. Le gouvernement, qui tient à la résoudre dans le vrai sens des intérêts généraux, l'a de nouveau soumise à une commission spéciale dont les principes se rapprochent trop des nôtres pour que nous n'adhérions pas à son programme. Voici en quels termes il est formulé :

1º Organiser immédiatement, partout où les circonstances le permettront, un cours d'agriculture et d'horticulture approprié au département, dans celles des écoles normales où ce cours n'a pu être encore régulièrement établi ;

2º Créer dans chaque département un emploi de professeur d'agriculture qui sera chargé de l'enseignement agricole dans l'école normale, le lycée ou le collége, et des conférences qui pourraient être faites aux instituteurs et aux cultivateurs ; assurer au titulaire de cet emploi un traitement convenable sur les fonds du ministère de l'agriculture et sur ceux de l'instruction publique ; choisir le professeur d'agriculture parmi les candidats dès à présent jugés dignes, et, afin de les recruter pour l'avenir, choisir parmi les meilleurs élèves de la troisième année des écoles normales ceux qui auraient une aptitude spéciale pour cet enseignement, les envoyer, pendant deux ou trois ans, dans une école d'agriculture ;

3º Provoquer et encourager l'annexion d'un jardin aux écoles normales et aux écoles primaires rurales qui n'en possèdent pas encore, afin d'exercer les enfants à la pratique de l'horticulture ; instituer des promenades agricoles une fois par semaine, avec un objet d'étude qui corresponde aux travaux de la saison ;

4º Modifier le règlement des écoles primaires communales, de telle sorte que dans chaque commune on puisse, par la fixation des heures de classe et de l'époque des vacances, concilier les exercices classiques avec les travaux des champs ;

5º Recommander aux préfets de placer, autant que possible, les instituteurs possédant des connaissances spéciales d'agriculture dans les contrées où ces connaissances peuvent être plus particulièrement utilisées ;

6º Recommander aux instituteurs des communes rurales de donner, par le choix des dictées, des lectures et des problèmes, une direction agricole à leur enseignement, soit dans la classe du jour , soit dans celle du soir ; enfin, leur recommander de faire, de temps en temps, dans leurs cours d'adultes, après les leçons ordinaires d'écriture, de calcul et d'orthographe, des lectures agricoles accompagnées d'explications et de conseils ;

7º Fixer un programme général d'enseignement agricole qui serait approprié, dans chaque département, aux conditions de la culture locale ;

8º Faire inspecter annuellement les écoles normales par des inspecteurs généraux de l'agriculture, ainsi que quelques écoles rurales dans chaque département ;

9º Provoquer et encourager des concours annuels entre les élèves, soit des écoles primaires, soit des cours d'adultes ; et, indépendamment des questions ordinaires de l'enseignement classique, leur donner en même temps à résoudre des questions agricoles, s'efforcer d'assurer aux instituteurs pour ce dernier objet, en dehors des récompenses honorifiques ordinaires, une rémunération réglée d'après le nombre des élèves admis au concours, et d'après le degré et le nombre des récompenses obtenues par eux.

Il est à regretter, pensons-nous, que ce programme n'ait pas ravivé l'institution des délégués cantonaux auxquels la loi de 1850 avait confié la mission d'exercer une surveillance paternelle sur les écoles primaires. On sait qu'aux Etats-Unis l'administration des *Common schools* est confiée, dans chaque ville, à un comité élu au scrutin secret. Le contrôle officieux et gratuit, mais non désintéressé, des pères de famille, s'exerçant à côté de celui des inspecteurs officiels, ajouterait aux garanties morales de l'enseignement. Il est certain, en outre, qu'appliqué aux choses de l'agriculture, il présente des avantages particuliers résultant de la compétence spéciale des délégués cantonaux. Au point de vue de l'harmonie sociale, cette institution offre encore le mérite de resserrer les liens, qui, pour le bien de tous, doivent unir les diverses classes de personnes. Si, comme il est permis de l'espérer, ces fonctions, non moins délicates qu'honorables auxquelles serait réservée la faculté de correspondre directement avec le ministre, étaient attribuées aux hommes les mieux placés dans l'estime et la confiance de leurs concitoyens, comment les jeunes élèves et leurs parents pourraient-ils rester insensibles à des marques de sollicitude prodiguées avec autant de désintéressement que de zèle?

L'œuvre des bibliothèques communales, en particulier, qui peut faire tant de bien et tant de mal, suivant la direction qu'on lui imprime, et qui ne saurait se passer du concours d'une main libérale, non plus que d'un esprit prudent et dévoué, trouverait dans les délégués cantonaux d'excellents guides et de puissants soutiens.

L'application du nouveau programme sera d'autant plus facile dans la Haute-Garonne, que les élèves de notre Ecole normale sont déjà familiarisés avec les choses de l'agriculture. Auditeurs assidus de l'excellent cours public de M. le professeur Noulet, ils compléteront leur instruction théorique et pratique par des leçons données dans l'intérieur de l'école et par des excursions agronomiques dirigées par leurs maîtres. J'ai eu quelquefois la bonne fortune de voir le domaine que j'exploite choisi pour but de ces promenades, et je dois dire que j'ai été charmé de me trouver, pendant quelques heures trop rapides, en contact avec cette jeunesse intelligente, avide d'étendre ses connaissances et si bien préparée par ses maîtres à tirer parti de tout pour son instruction. Du côté des instituteurs, il n'y aurait donc pas de difficulté à introduire l'enseignement agricole dans nos écoles primaires rurales. Il en faut tenter l'essai résolûment, car la question n'intéresse pas seulement les amis de l'agriculture, mais encore le pays tout entier. L'organisation de l'enseignement agricole en France, je n'hésite pas à le dire, serait un véritable titre de gloire pour le Souverain. La tâche est immense, en effet, car la réforme doit porter à la fois sur les classes moyennes et sur l'élite de la société riche et polie, comme sur la population ouvrière. Il faut qu'elle embrasse l'éducation aussi bien que l'instruction des générations nouvelles.

CHAPITRE II

L'enseignement professionnel indispensable au fermier et au propriétaire cultivateur. — Conséquences heureuses de la présence des propriétaires sur leurs
domaines, au point de vue des intérêts matériels et de l'harmonie sociale.
— L'appât des fonctions publiques et la direction indécise de l'enseignement
entraînent dans les villes les jeunes gens appartenant aux classes moyennes.
— Nécessité de diminuer les emplois publics et d'organiser l'enseignement
professionnel. — Toulouse, capitale du Midi et centre de la région du maïs.
offre des ressources particulières pour une école régionale.

On a souvent fait la remarque que notre agriculture, considérée dans son ensemble, manque de direction et de capitaux.
Cependant, il n'est certes pas rare de rencontrer des domaines
dont l'étendue restreinte n'offre pas un champ assez vaste à cette
partie du capital d'exploitation que représente l'industrie du cultivateur. Telle est la position d'un grand nombre de petits et de
moyens propriétaires qui ne sauraient parvenir à réaliser, malgré
tous leurs soins, des revenus comparables à ceux qu'ils obtien-
draient du même capital employé à l'exploitation des fonds d'autrui sous le régime du fermage.

En effet, tandis que les fermiers retirent généralement de leur
mise de fonds un revenu annuel de 10 pour 100, la rente du propriétaire ne dépasse pas 3 pour 100. En y joignant le profit de
l'entrepreneur de culture, communément évalué à la moitié de la
rente, soit 1 1/2 pour 100 et le bénéfice que le propriétaire ex-
ploitant peut réaliser sur son propre salaire, on arrive tout au
plus à 5 pour 100, c'est-à-dire à la moitié du revenu qu'obtient
le fermier avec la même somme. Le fermage est donc une carrière fructueuse ouverte à l'activité des cultivateurs. Mais, pour
qu'ils en connaissent tout le prix, il est nécessaire qu'ils aient
reçu une éducation solide, propre à les prémunir contre des
erreurs qui pourraient leur être fatales, et à leur faire tirer le
meilleur parti possible des ressources qui se trouvent placées
entre leurs mains.

Indispensable au fermier, l'enseignement professionnel de l'agriculture n'est pas moins nécessaire au moyen propriétaire qui exploite ou fait exploiter sous ses yeux son propre fonds. Et il est bien permis d'ajouter, en se plaçant au point de vue des intérêts particuliers comme de l'intérêt public, qu'il est infiniment souhaitable que le faire-valoir s'identifie de plus en plus à la moyenne propriété. En effet, si ceux qui la détiennent ne joignent à leur qualité de propriétaire celle de rentier ou d'industriel, ils sont condamnés à vivre misérablement, à moins qu'ils n'augmentent leurs revenus en appliquant leur intelligence et leur activité aux choses de la campagne.

En dehors du faire-valoir, les placements sur immeubles ruraux font payer trop cher la sécurité spéciale qui les caractérise. C'est là un luxe bon pour les princes de la finance, naturellement avides de fixer au sol le char mouvant de la fortune. Mais trop de bourgeois sont princes à cette condition. Combien ne rencontre-t-on pas dans les villes de petits propriétaires oisifs, qui vivent dans la gêne et dans la privation des jouissances que ce séjour offre aux plus riches, jaloux des plaisirs, du talent, de la fortune d'autrui, empressés à médire de tous ceux qui, en s'élevant, semblent les rabaisser, heureux lorsqu'ils ne heurtent pas eux-mêmes contre la ruine et l'oubli avant le terme de la carrière. Ce n'est pas que nous blâmions ceux qui, possédant peu, veulent mieux assurer leur avoir. En cela, ils suivent la sagesse ; mais ils se rendent la chance défavorable, lorsqu'ils ne joignent pas à la minime rente du capital foncier les profits de l'entrepreneur de culture et les économies de la vie rurale.

Sans doute, on peut désirer, en se plaçant au point de vue général de la production, qu'une partie du capital foncier, représenté par la petite et la moyenne propriété, se tranforme en capital d'exploitation aux mains des mêmes agriculteurs devenus fermiers de possessions plus considérables. Cette révolution pacifique, analogue à celle qui s'opéra en Angleterre après les Stuarts, tournerait certainement au profit du sol, et il est bon d'en favoriser le développement successif. Cependant on ne doit pas s'en exagérer la portée.

Dans notre pays, tous, petits et grands, aiment de vivre chez eux. La jouissance temporaire du sol ne suffit pas à leurs désirs, ils veulent en être les maîtres, et pour les résoudre à échanger cette situation contre celle de fermier, il faut qu'au désir de faire plus rapidement leur fortune se joigne la conscience de leur force, qui sera le résultat de l'enseignement spécial de l'art agricole et la puissance de l'exemple. Les changements de cette nature exigent beaucoup de temps, parce qu'ils se trouvent en opposition avec nos sentiments intimes et nos habitudes traditionnelles. Quelque succès que l'avenir leur réserve, il est bien probable que dans la moyenne propriété comme dans la grande, il restera toujours une grande place au faire-valoir. En tout cas, c'est le premier échelon du progrès, et l'on ne saurait mieux faire aujourd'hui que d'encourager les moyens propriétaires à consacrer leurs loisirs à améliorer la culture de leur domaine.

On nous permettra de reproduire ici les idées que nous émettions sur ce sujet en 1859 (1). S'il est souhaitable, disions-nous, que les petits propriétaires se transforment en fermiers des grands domaines, il ne l'est pas moins que la moyenne propriété s'identifie au faire-valoir. La résidence à la campagne et l'application à l'agriculture des propriétaires aisés et instruits serait féconde en conséquences heureuses pour eux-mêmes, pour le pays et pour la société. Ils y gagneraient personnellement d'accroître leur fortune, tant par l'augmentation des revenus qui suivrait la transformation de leurs épargnes en capital d'exploitation que par la diminution des dépenses de luxe qui sont plus qu'inutiles à la campagne. En outre, l'habitude du travail ne leur permettant jamais d'être oisifs, ils pourraient demander à l'étude ses heures d'indicible satisfaction. L'instruction et la fortune seraient la récompense de ce genre de vie. La considération ne saurait manquer au citoyen utile qui répandrait autour de lui l'aisance par le travail et les bonnes pratiques par l'autorité de ses exemples. Enfin, il jouirait de l'heureux pressentiment de voir son action se prolonger au-delà de sa vie dans les œuvres qu'il aurait réalisées.

L'emploi d'une direction intelligente augmenterait tout d'abord la production. L'épargne réalisée sur ses profits et réduite en travail ajouterait, par une production supérieure, au capital du pays ; enfin l'extension de la demande du travail entraînerait l'élévation des salaires. Les agents de la culture y trouveraient leur compte comme le propriétaire, comme la nation. Il n'y aurait plus de misère ni d'émigration possible là où la main-d'œuvre ne cesserait d'être recherchée à des prix qui permettraient l'épargne aux ouvriers. Quant à ces infortunes exceptionnelles ou passagères qui sont le résultat des accidents ou des disettes, quel maître pourrait les voir d'un œil insensible chez ceux qui seraient les fidèles artisans de sa prospérité ? Les liens qui doivent unir les propriétaires aux agents de la culture, ainsi

(1) Voir, dans le compte-rendu du Congrès méridional, notre *Essai sur les causes qui ont nui au progrès de l'agriculture en France.* (Toulouse 1859.)

entretenus par des rapports journaliers, seraient resserrés par la réciprocité des services. On verrait s'effacer cet antagonisme des classes, qui n'est, au fond, qu'un malentendu ; car il n'est pas plus possible au capitaliste de faire valoir son argent sans le travail de l'ouvrier, qu'il ne l'est à l'ouvrier de rendre son travail productif sans l'intervention du capitaliste.

L'activité, la sobriété et l'aisance, plus universellement répandues, maintiendraient les mœurs publiques. Le vice éprouverait un rude échec, lorsqu'il ne serait plus secondé par les appétits de l'oisiveté, les séductions de la vanité et l'entraînement de la misère. La crainte de Dieu et le respect de ses lois sont plus naturellement familiers à ceux qui voient, chaque jour, leur bien-être et leur subsistance même exposés, avec les fruits de la terre, aux coups de la Providence. L'esprit de famille, ravivé à tous les degrés de l'échelle sociale par les avantages de la communauté et la solidarité des intérêts, par là réciprocité des services et le sentiment des devoirs, offrirait au malheur et à la vieillesse plus d'égards et de soins. Quelles brillantes destinées seraient le partage de la nation qui joindrait aux ressources de l'esprit français la simplicité des goûts, l'énergie et la persévérance qui se développent dans la vie agricole !

Le premier point à gagner, c'est de fixer dans les campagnes cette partie de la jeunesse que les préjugés de l'éducation et l'appât des fonctions publiques entraînent dans les villes. Le mal était déjà grand du temps de Labruyère. Il l'a censuré dans une page pleine de causticité et de finesse, que le lecteur ne trouvera pas surannée. « On s'élève à la ville, dit-il (1), dans une indifférence grossière des choses rurales et champêtres ; on distingue à peine la plante qui porte le chanvre d'avec celle qui produit le lin, et le blé froment d'avec les seigles, et l'un ou l'autre d'avec le méteil : on se contente de se nourrir et de s'habiller. Ne parlez pas, à un grand nombre de bourgeois, ni de guérets, ni de balivaux, ni de provins, ni de regains, si vous voulez être entendu ; ces termes, pour eux, ne sont pas français : parlez aux uns d'aunage, de tarif ou de sou pour livre, et aux autres de voie d'appel, de requête civile, d'appointement, d'évocation. Ils connaissent le monde, et encore par ce qu'il a de moins beau et de moins spécieux ; ils ignorent la nature, ses commencements, ses progrès, ses dons et ses largesses : leur ignorance souvent est volontaire et fondée sur l'estime qu'ils ont pour leur profession et leurs talents. Il n'y a si vil praticien qui, au fond de son étude sombre

(1) Labruyère, *Les caractères et les mœurs de ce siècle,* chap. VII, De la ville.

et enfumée, et l'esprit occupé d'une plus noire chicane, ne se préfère au laboureur, qui jouit du ciel, qui cultive la terre, qui sème à propos, et qui fait de riches moissons ; et, s'il entend quelquefois parler des premiers hommes ou des patriarches, de leur vie champêtre et de leur économie, il s'étonne qu'on ait pu vivre en de tels temps, où il n'y avait encore ni offices, ni commissions, ni présidents, ni procureurs ; il ne comprend pas qu'on ait jamais pu se passer du greffe, du parquet et de la buvette. » Quelle profession cependant mérite plus que l'agriculture, je ne dirai pas seulement le respect, mais la reconnaissance de ses détracteurs. Grands et petits ne viennent-ils pas, deux fois le jour, en confessant leur dépendance, réclamer d'elle une nouvelle vie?

Loin de nous la pensée de rabaisser les fonctions publiques. Nous avons un sentiment trop élevé de leur dignité et de leur importance pour manquer au respect que tout bon citoyen doit aux dépositaires de la loi. Mais ce respect même nous porte à dire qu'une sage réduction des emplois publics, en donnant une consécration nouvelle à leur utilité, permettrait au gouvernement d'être plus difficile sur les choix et d'éloigner ces médiocrités affligeantes qu'on rencontre partout. Moins de fonctionnaires ; ils seront meilleurs. L'Etat perd de toute manière à en entretenir au-delà de ses besoins réels. L'exemple de toutes nos révolutions prouve combien peu le nombre des fonctionnaires est un élément de force pour les gouvernements, et justifie les reproches que Napoléon, à Sainte-Hélène, adressait à leur manque de foi politique et de sentiment national (1). Mais le plus grand détriment que l'excessive multiplicité des emplois publics cause à une nation, c'est qu'elle détourne de l'agriculture, de l'industrie et du commerce ceux qui, réunissant l'instruction à la fortune, seraient les premiers agents de la prospérité de l'Etat et les plus intéressés à sa conservation. Sous cette influence, ils tournent en masse leurs vues vers les emplois publics. Mais comme, en fin de compte, le nombre des places est toujours très inférieur à l'offre des services, la catégorie éconduite va, à l'heure de la déception, s'abrutir dans l'oisiveté ou fomenter le mécontentement et la révolte. Napoléon avait bien raison de dire qu'un changement de mœurs à cet égard est devenu indispensable, et que le dégoût des places signalera notre retour à la haute morale (2).

Toutefois, nous ferons remarquer que l'appât des fonctions

(1) *Mémorial de Sainte-Hélène*, 12 août 1816.
(2) *Mémorial de Sainte-Hélène*, 7 novembre 1816.

salariées serait impuissant à entraîner la jeunesse, celle qui est riche du moins, si l'éducation ne travaillait de longue main à la séduire. Les emplois publics ne sont pas le chemin de la fortune, et ils exigent le sacrifice de l'indépendance : deux conditions qui sont naturellement antipathiques à l'esprit humain. Mais l'éducation prétendue libérale, en refusant aux intérêts matériels l'attention qu'ils méritent et en appelant sur eux l'oubli et le dédain de la jeunesse, la conduit aux portes de la virilité, l'esprit imbu de superbes maximes d'indépendance et de dignité humaine, mais vide des connaissances qui peuvent lui assurer l'une et l'autre dans le cours d'une carrière. Au terme des études littéraires, lorsque le temps de l'émancipation et de la vie réelle est venu, si l'on n'est doué de ces rares qualités qui font rechercher le mérite, on doit, pour obtenir un emploi sur ses concurrents, implorer la faveur, faire jouer l'intrigue, renchérir de souplesse. Heureux lorsqu'à la fin l'esprit, découragé par l'insuccès, ne s'abandonne pas à cette oisiveté fatale qui ternit jusqu'à la dignité de l'homme. Telle est l'indépendance qu'une certaine éducation libérale trop répandue réserve au plus grand nombre de ses adeptes.

Ajoutons que, souvent, elle néglige les besoins de l'âme autant que les intérêts matériels, et qu'elle n'offre d'autre sanction à sa morale que la versatilité de ses enseignements philosophiques. On élève les hommes comme s'ils n'avaient pas une âme à sauver et un corps à nourrir.

On ne cultive en eux que les facultés de l'esprit ; mais, en revanche, on le fait chez tous les individus, sans distinction d'aptitude. La majorité, qui n'a que peu ou point de dispositions pour les lettres, retarde les bons esprits qui pourraient y exceller. La multitude des maîtres que cette affluence nécessite empêche de les bien choisir : deux motifs qui ont contribué à rabaisser le niveau des études. N'est-il pas surprenant de voir la moitié de nos écoliers succomber à l'épreuve du baccalauréat devant la traduction de quelques lignes de latin, après qu'ils ont consacré huit années à apprendre cette langue !

« Si les études étaient profanées à toute sorte d'esprits, a dit excellemment le ministre qui fonda l'Académie française, on verrait plus de gens capables de former des doutes que de les résoudre ; et beaucoup seraient plus propres à s'opposer aux vérités qu'à les défendre (1). » Ce grand politique pensait que les lettres, qui sont un titre de gloire pour les nations et qui procu-

(1) Richelieu, *Testament politique*, chap. II, section X.

rent d'ineffables jouissances aux esprits choisis, ne doivent pas être enseignées à tout le monde. « Les hautes études, avait dit Platon (1), ne sont pas utiles à tous, mais seulement à un petit nombre. »

« Le commerce des lettres, ajoute Richelieu, bannirait absolument celui de la marchandise, qui comble les Etats de richesses ; ruinerait l'agriculture, vraie mère-nourrice des peuples... enfin, il remplirait la France de chicaneurs, plus propres à ruiner les familles particulières et à troubler le repos public qu'à procurer aucun bien aux Etats (2). » Nous avons vu l'accomplissement de ces paroles, et nous en subissons encore les funestes conséquences.

Mais, à la fin, le remède a été apporté au mal. Comme le voulait Richelieu, les connaissances générales, nécessaires dans toutes les professions, sont maintenant enseignées dans les premières années à toutes les intelligences. Là, les aptitudes se font jour. Ceux qui choisissent les lettres (enseignement classique), comme ceux qui se destinent aux sciences (enseignement spécial), suivent ensuite des voies parallèles, mais distinctes, où ils devront d'autant mieux réussir, « que leur génie y sera plus propre et qu'ils seront instruits de meilleure main. »

Il ne suffit pas cependant d'avoir posé dans l'instruction publique la distinction essentielle qui résulte des aptitudes. L'intérêt de la société exige que de nouveaux et de plus grands efforts soient faits pour inculquer à la génération nouvelle la crainte de Dieu, le sentiment de la fraternité et le respect des pouvoirs. C'est là l'apostolat de la religion, qui a pour ses commandements la sanction des peines et des récompenses de l'autre vie. « La religion, dit M. de Bonald, met l'ordre dans la société, parce que seule elle donne la raison du pouvoir et des devoirs. » L'Evangile est, par excellence, le code des obligations morales. Mais combien peu lisent aujourd'hui les *Saintes Ecritures* qui sont bien réellement le testament de la divinité en faveur des hommes, car elles contiennent l'expression de ses volontés suprêmes et les conditions rigoureuses de ses infinies libéralités.

Au fond, les intérêts de tous les citoyens sont solidaires. Le capital et le travail sont indispensables à la vie des peuples. Ils ne peuvent languir ou se développer l'un sans l'autre. L'injustice, qui consiste à élever outre-mesure le prix de leurs services relatifs, finit par retomber sur celui qui l'a commise, comme sur celui contre lequel on l'avait dirigée. La production et la con-

---

(1) Platon, *Des lois,* liv. VII.
(2) Richelieu, *Testament politique,* chap. II, section X.

sommation se règlent mutuellement ; elles ont l'une dans l'autre leur raison d'être. Peut-être un jour les nations en viendront-elles à reconnaître aussi la solidarité de leurs intérêts. Alors la guerre sera devenue impossible, et le bien-être général s'accroîtra sans limite. Mais quelles que soient les espérances que font naître les découvertes scientifiques : la vapeur qui abrége l'espace, et l'électricité qui supprime le temps, l'humanité n'est pas appelée à de si beaux jours, et Dieu tient les catastrophes en réserve pour confondre notre orgueil.

Toutefois, ce sentiment ne doit pas décourager notre faiblesse, et nous devons tendre de toutes nos forces vers le bien. La diffusion des doctrines économiques peut seule éclairer dans cette voie la marche de l'humanité et précipiter ses progrès. L'économie politique, en donnant une juste appréciation des choses, signale les écueils et féconde les efforts ; elle engendre l'esprit de conduite. C'est l'expérience des siècles, la sagesse des individus et des nations. Nul ne peut s'enrichir loyalement sans avoir d'emprunt à lui faire. Ceux qui, affichant pour elle un superbe mépris, parviennent néanmoins à la fortune à force d'ordre et d'habileté, ressemblent, trait pour trait, à M. Jourdain, qui faisait de la prose sans le savoir. L'économie politique n'est pas le complément, mais l'accessoire obligé de toute éducation libre. La science ne s'en peut passer dès qu'elle descend aux applications pratiques. Le pays qui resterait étranger aux découvertes scientifiques, mais non aux lois de l'économie, se trouverait vis-à-vis des autres dans une infériorité considérable, mais relative ; celui qui possèderait la science sans l'esprit de conduite, serait condamné à une infériorité absolue. En outre, l'économie politique est la meilleure sauvegarde contre les séductions de l'utopie et du sophisme. Tout le monde connaît la réponse de ce lord qu'on entretenait du succès que les théories socialistes pourraient avoir parmi les ouvriers anglais, dans le temps où elles avaient séduit une multitude des nôtres, jusqu'à éteindre en eux la notion du juste et le sentiment de l'humanité : « Il n'y a rien à redouter ici, répondit-il, les ouvriers anglais savent trop d'économie politique. »

Mais ce n'est pas une seule classe de citoyens, c'est la société tout entière que cette science éclaire sur ses véritables intérêts et sur ses diverses obligations. Elle nous enseigne à ne pas attendre tout de l'Etat, comme nous sommes, en général, trop portés à le faire ; à ne pas le rendre responsable des faits qui lui sont étrangers et de nos propres fautes. Sans doute, il a aussi ses devoirs et, dans sa sphère, son action peut devenir aussi efficace qu'elle est puissante. Malheureusement, nous sommes beaucoup enclins à l'en faire sortir, ce qui ne peut arriver sans compromettre nos intérêts dans l'effrayante mesure de son influence. A chacun sa tâche, mais il faut nous aider pour que le ciel nous aide.

Tout ou presque tout est encore à faire autour de nous. Tandis que l'industrie et le commerce, qui sont loin cependant d'avoir dans notre contrée la même importance que l'agriculture, y possèdent des écoles spéciales, nous n'avons aucun établissement où cet art si utile soit enseigné.

Que d'hommes cependant il y aurait à instruire? A côté des ouvriers et des très petits propriétaires, auxquels la modicité de leurs ressources ne peut permettre que l'accès des écoles primaires, se trouve une multitude de moyens et de grands tenanciers. Or, comme le fermage ne s'offre qu'à titre d'exception dans notre pays, le sol est presque partout exploité par le propriétaire lui-même, ou, sous sa direction plus ou moins immédiate, par des colons partiaires ou des valets gagés à l'année. La moyenne propriété étant fort répandue, il importe essentiellement d'éclairer ceux qui la détiennent. En général, ils n'ont que des notions très insuffisantes sur leur profession, et ils en négligent trop le côté moral. Tout cela est d'autant plus regrettable, qu'ils résident pour la plupart au milieu des champs où leur fortune s'est créée, et s'accroît par les labeurs et par les privations de chaque jour.

Malheureusement le *pagès* (c'est le nom qu'on donne au paysan enrichi qui cultive ses terres) a les défauts de ses qualités. A côté de l'amour du travail et de l'instinct de l'épargne, qui font sa force, il porte en lui un cœur souvent rigoureux pour les misères des autres, surtout lorsqu'elles sont le résultat de la paresse et de la prodigalité qu'il a en horreur. Les yeux fixés sur l'héritage qu'il a conquis au prix de ses sueurs et dont il songe sans cesse à reculer les limites, il n'accorde en général qu'une importance secondaire aux choses de l'intelligence, et il néglige ses devoirs religieux et sociaux. Le cercle de ses préoccupations ne s'étend guère au-delà des intérêts de sa famille.

Cette situation déplorable est l'effet de l'éducation. Les fils des *pagès* sont envoyés d'ordinaire, pour s'instruire, dans les collèges communaux de l'arrondissement ou du chef-lieu. Dans ces établissements, le niveau des études n'est pas toujours élevé, et ces études ne sont nullement appropriées aux besoins des futurs agriculteurs. Ce qui pour eux est l'accessoire, y tient le rang principal (langues mortes, histoire ancienne, rhétorique, etc.).

Un autre reproche grave adressé à cet enseignement, c'est qu'au point de vue religieux, les leçons et l'exemple des maîtres ne sont pas toujours propres à faire de bons chrétiens (1).

Les jeunes gens ainsi élevés, ou quittent le collége vers le milieu de leurs études pour retourner aux champs, ou bien terminent leurs humanités, et ne reprennent la vie rurale qu'après avoir subi l'échec du baccalauréat. Les plus intelligents abandonnent la profession qu'ils tenaient de leur père, pour se jeter dans les carrières prétendues libérales, au grand préjudice de l'exploitation du sol. L'enseignement spécial inauguré par M. Duruy, quoique constituant un progrès véritable, ne répond que bien incomplétement aux besoins des cultivateurs. Ils ne peuvent être satisfaits que par la création d'une école professionnelle, où les fils de nos moyens propriétaires trouveront un bon enseignement théorique et pratique de la culture, envisagée au point de vue particulier du Sud-Ouest, et où ils apprendront, en même temps, à connaître et à remplir leurs devoirs sociaux.

La position de Toulouse, au centre du bassin sous-pyrénéen, dans une région agricole, scientifiquement caractérisée par la culture du maïs et de la vigne ; la facilité des communications résultant des nombreuses voies de fer qui y convergent de tous côtés ; l'importance de cette grande ville, relativement aux chef-lieu des départements qui l'environnent ; la renommée de ses écoles ; les grandes ressources qu'elle présente au point de vue scientifique (cours, collections), sont autant d'éléments de succès pour l'école professionnelle qui serait établie dans le voisinage d'une cité, encore aujourd'hui reconnue pour la capitale du Midi. La création d'un établissemeut de ce genre se fait si bien sentir, qu'elle a été plusieurs fois sollicitée par la Société d'agriculture de la Haute-Garonne, et qu'elle a été l'objet de nombreuses demandes formulées dans l'enquête agricole. Plus récemment encore (1868), le conseil général du département a

(1) Nous croyons, avec des personnes expérimentées, qu'il serait possible de remédier à cet état de choses dans les grands établissements du moins, en confiant la surveillance des élèves, pendant les études et les récréations, à des hommes voués, dans l'état religieux, à l'éducation de la jeunesse. Les élèves s'habitueraient bientôt à aimer et à respecter en eux une autorité à laquelle ils ne sont pas accoutumés à prodiguer des marques d'attachement et de profonde estime dans la personne des maîtres d'études laïques auxquels leur cœur ne s'ouvre jamais. Cette réforme assurerait aux établissements de l'Etat les principaux avantages qui recommandent les maisons congréganistes à la sollicitude des familles, et elle conserverait aux écoles de l'Université tous les mérites qui leur sont propres.

émis un vœu analogue sur nos instances pressantes. Sera-t-il exaucé ? Le rapport de M. Tisserant sur l'enseignement supérieur de l'agriculture, nous laisse peu d'espoir. Il propose en effet la la fondation de deux écoles régionales, dont l'une serait établie dans le Bordelais et l'autre dans un département du littoral méditerranéen.

Si l'on se borne à un seul établissement, ce qui serait plus sage dans une période d'essais, il semble que la Haute-Garonne présente des titres incontestables à la préférence. Sa position intermédiaire entre les deux régions qu'on veut favoriser, les besoins pressants de notre culture que la liberté du commerce des grains a éprouvée plus fortement qu'aucune autre, militent en notre faveur. Mais lors même que le concours de l'Etat viendrait à faire défaut, la création d'une école régionale dans le département intéresse à un si haut dégré la prospérité agricole du pays, que nous n'hésitons pas à dire que le département devrait prendre l'initiative et assumer les charges de cette création. Ce qui nous manque, c'est un établissement analogue à celui que les Frères de la Doctrine chrétienne dirigent à Beauvais.

J'ajouterai qu'il serait probablement facile de trouver, dans le voisinage de Toulouse, les terrains nécessaires à l'installation d'une ferme expérimentale, et il serait à souhaiter, pensons-nous, que la viticulture et l'irrigation pussent y recevoir des applications pratiques.

Pour compléter l'enseignement, les bons livres ne manquent pas : on en a même écrit de spéciaux à la culture du Sud-Ouest. J'en puis citer un qui est admirablement approprié à l'éducation ainsi qu'à l'enseignement de la classe moyenne des cultivateurs que nous avons ici particulièrement en vue. Je veux parler du traité que M. Laurent (de l'Ariége) a composé pour l'Orphelinat protestant de Saverdun (1). Notions scientifiques précises, connaissance approfondie des exigences particulières du sol et du climat du Midi, expériences directes multipliées, divisions rationnelles, exposition lucide, style clair, coulant, et pourtant concis, telles sont les qualités de ce livre qui ne se recommande pas moins par les tendances morales et religieuses qui le caractérisent au plus haut degré. C'est un genre nouveau, supérieurement traité, que je voudrais voir reprendre par une plume catholique, habile à mettre en relief, à côté des sévères enseignements du dogme, les ressources infinies que prêtent au sentiment et à l'imagination les sacrements et les mystères sous les

(1) *De l'agriculture au point de vue chrétien.* Toulouse, 1865.

consolants emblèmes de nos cérémonies et de nos fêtes. Il faut moraliser les hommes en les instruisant ; tout le monde en convient.

Des institutions spéciales à l'enseignement de l'agriculture sont reconnues nécessaires. L'Angleterre, l'Allemagne, la Suisse, l'Italie, la Belgique et même la Russie, nous offrent en ce genre des encouragements et des modèles. C'est, en partie, à l'absence de cette instruction professionnelle qu'il faut attribuer le rang inférieur que notre agriculture occupe en Europe. Au-dessus de l'enseignement agricole, libéralement donné à la population ouvrière des campagnes dans toutes les écoles primaires, il faudrait donc ouvrir des écoles régionales où l'on formerait des régisseurs, des fermiers et des propriétaires experts à diriger eux-mêmes leurs exploitations.

CHAPITRE III

ENSEIGNEMENT SUPÉRIEUR

De la frivolité des goûts dans la haute société et de son indifférence pour les classes moyennes et inférieures. — Dangers de l'isolement social. — Palliatif que pourrait présenter, à cet égard, l'organisation du suffrage universel à deux degrés.— L'agriculture en honneur dans la haute société toulousaine : mœurs, séjour des propriétaires à la ville ; les séances de la Société d'agriculture. — Nécessité de répandre et de fortifier à tous les degrés l'enseignement agricole. — Ressources que présente la ville de Toulouse pour l'organisation d'un cours supérieur d'agronomie.

Dans une contrée comme la nôtre, où la population presque entière est directement intéressée à la prospérité de l'agriculture, il faut que les classes les plus élevées dans l'ordre social ne soient pas les dernières mais les premières à connaître cette science que les sages de l'antiquité regardaient comme la plus digne de l'homme libre et la plus essentielle à la chose publique (1).

_____

(1) On peut consulter à ce sujet une étude que nous avons publiée en 1855 dans la _Revue de Toulouse_, t. I, p. 537, et t. II, p. 341, sous ce titre : _De l'agriculture chez les Grecs et chez les Latins._

Nous dirons toute la vérité à notre pays, parce que nous la lui devons, convaincu comme nous le sommes que, dans notre société moderne, la paix et l'harmonie ne pourront s'établir que lorsque chacun sera pénétré du sentiment de ses devoirs autant que jaloux de ses avantages et de ses droits.

Sous l'ancien régime, l'aristocratie de la fortune, celle du talent et celle même de la naissance, avaient trop généralement offert le déplorable exemple d'un mépris souverain pour la loi divine et d'une indifférence hautaine à l'égard des classes inférieures. Les sublimes élans qui signalèrent l'abandon tardif des droits féodaux sur l'autel de la patrie, ne purent soustraire longtemps les seigneurs à des représailles implacables et souvent aveugles. Lord Grenville, qui jugeait cette situation à distance avec l'autorité d'un grand homme d'Etat, libre de nos préjugés nationaux, écrivait, à la veille du jugement de Louis XVI, que le moyen le plus assuré de soustraire l'Angleterre au contre-coup des événements qui ensanglantaient la France, était, avant toute chose, de rendre la situation des classes inférieures aussi bonne que possible. C'est par là, en effet, plus encore que par sa forte constitution politique, que l'Agleterre conjura le péril. Chez nous, au contraire, où, en regard des souffrances de la multitude, les classes élevées avaient étourdîment fait étalage d'impiété, d'égoïsme et de corruption, on vit s'accomplir ces vengeances qui ont compromis et dénaturé la grande cause de la Révolution française.

De cet héritage funeste, la haute société du dix-neuvième siècle n'a pas, hélas, répudié tous les travers. Il en est deux que je prétends accuser ici : la frivolité des goûts et l'isolement social ; l'un et l'autre tirent leur origine des vices de l'éducation et des préjugés en vogue.

L'éducation, en effet, ne vaut pas seulement par les procédés pédagogiques de l'enseignement, elle vaut aussi par la direction supérieure qu'elle reçoit et par le but qu'on lui assigne. En présence de l'oisiveté dont les parents s'enorgueillissent, comme jadis les seigneurs féodaux faisaient de leur ignorance, comment certains jeunes gens riches pourraient-ils professer un goût bien vif pour les fortes études dont on ne prétend pas qu'ils tirent aucun parti dans le monde? De toutes les carrières ouvertes à leur activité, celle des armes est la seule dont les préjugés ne leur ferment pas l'accès ; mais, en revanche, l'état militaire n'est considéré que comme un passe-temps, bon à occuper le petit nombre d'années qui sépare la sortie du collége du moment où, par le mariage, on devient chef d'une nouvelle famille. C'est avec cette préparation incomplète qu'on entre dans la vie réelle, où

l'on est appelé à exercer une action précise et personnelle sur les
intérêts matériels et moraux de plusieurs.

Dans notre pays, où la fortune consiste le plus souvent en
propriétés territoriales non affermées, c'est des choses de l'agriculture qu'il importerait principalement que les classes riches
fussent instruites. Alors, seulement, elles pourraient prendre
quelque goût pour les travaux rustiques et les diriger dans la voie
du progrès au grand profit des propriétaires ainsi que de tous les
travailleurs associés de près ou de loin à l'entreprise agricole.
Or, c'est à quoi on n'est nullement préparé, et comme, sous ce
rapport, l'éducation des femmes n'est pas plus tournée que celle
des hommes, du côté des travaux sérieux et des occupations pratiques, on voit prévaloir dans les jeunes ménages le goût des
plaisirs et tous les accompagnements d'une vie frivole. Les con-
versations insignifiantes et les lectures futiles tiennent la place
qu'il faudrait réserver aux entretiens sérieux, à la réflexion et
aux solides études.

Bientôt on est saisi par un ennui insurmontable contre lequel
il faut multiplier les distractions. On recherche les gens inoccupés pour s'étourdir avec eux dans les fêtes. On ne tarde pas
à être rencontré partout, excepté chez soi. Mais comme tout en ce
monde finit par devenir monotone, tout, jusques aux danses de
caractère, à la musique d'amateurs, aux jeux de cartes, même à la
comédie bourgeoise et aux fins repas, on entreprend, pour se dé-
sennuyer, une excursion aux stations thermales les plus courues
par le grand et le demi-monde, ou même un plus lointain voyage
qui coûte beaucoup d'argent, sans procurer aucune connaissance
dont on puisse tirer profit. On se décharge sur quelque mandataire, plus ou moins instruit et fidèle, du soin fastidieux de
veiller aux intérêts matériels. Soi-même on y devient pour ainsi
dire étranger. A plus forte raison l'est-on aux choses qui ne sont
point personnelles et surtout aux affaires publiques pour lesquelles
on professe un superbe et commode mépris. Ainsi, l'on s'isole de
tout et de tous, heurtant les positions intermédiaires par des
dehors superbes qui ne sont rachetés ni par la supériorité de l'intelligence, ni par des services rendus, ni par l'ascendant moral
que donne le dévouement aux intérêts populaires. En même
temps, on irrite les petits par le contraste de leur situation et
par l'indifférence qu'on leur témoigne. A peine sait-on comprendre et balbutier leur langue.

Voilà le genre d'existence que trop de gens mènent encore à la
campagne, en attendant le moment de courir à la ville, pour y
dissiper dans les frivolités du luxe les revenus que les champs

ont donnés. Parfois même les rentes ne suffisent pas. Certes,
une semblable manière de vivre est loin d'être conforme aux
principes de la fraternité chrétienne, qui veut que les hommes
mettent au service les uns des autres les dons qu'ils ont reçus,
moins pour eux-mêmes que pour en être les dispensateurs. Toutes
ces manifestations de l'égoïsme ne justifient que trop la défiance
et les ressentiments qu'elles provoquent.

Et cependant, en aucune société et en aucun temps, fût-il
jamais plus nécessaire de resserrer les liens sociaux? Nous vivons
sous un regime de nivellement absolu ; chaque citoyen a les
mêmes droits politiques comme les mêmes droits civils : c'est
une situation presque unique dans le monde et dans l'histoire. Le
suffrage du plus pauvre et du plus riche, du plus ignorant et du
plus instruit, du plus honnête et du plus envieux, pèsent d'un
poids égal dans la balance des destinées publiques. Si, en de
semblables conditions, nous parvenons à concilier le maintien
de l'ordre avec le développement de la liberté, nous aurons réalisé l'idéal des gouvernements, vers lequel tous les peuples ten-
dront après nous.

Or, nous ne sommes pas libres de répudier le grand rôle que
la Providence nous a soudainement départi en un jour de révolution. Le suffrage universel est une institution définitivement
acquise à la France. Si l'on en pouvait douter quelques années
encore après son établissement, il n'en saurait être de même
aujourd'hui. En 1848, la proclamation du suffrage universel nous
a préservés de l'anarchie par la prépondérance des campagnes;
mais bientôt les excitations de la presse, menaçant d'enlever à
l'ordre public ses dernières garanties, le suffrage universel allait
succomber sous les restrictions de la loi du 31 mai, quand la
dictature le sauva. C'est sous l'égide et d'après les inspirations
du Pouvoir qu'il a vécu et fonctionné depuis cette époque.

Mais voici qu'à leur tour les aspirations libérales demandent à
être satisfaites, et c'est justice ; car chez un peuple avancé en
civilisation, la liberté doit prendre place à côté de l'ordre. Or,
comment, sans courir à de nouvelles perturbations sociales, résoudre ce problème que la coalition des hommes de parti et la
mobilité du caractère national compliquent si étrangement? Après
avoir subi en aveugle la direction du Pouvoir, voilà que le suffrage universel semble de plus en plus disposé à accepter, sans
réfléchir aux conséquences, le mot d'ordre d'une opposition systématique. Les gens calmes, que l'esprit de parti n'enivre pas,
voient avec douleur les hommes d'ordre faire la courte échelle
aux ennemis de la société pour monter à l'assaut du gouverne-

ment. Le suffrage universel doit-il fatalement nous promener du despotisme à l'anarchie et de l'anarchie au despotisme, sans nous donner jamais la liberté avec l'ordre? Nous n'acceptons pas pour lui ce jugement, qui serait une condamnation sans appel. Nous croyons fermement, au contraire, qu'il peut, et qu'il peut seul, résoudre le grand problème d'un gouvernement stable et progressif au sein des sociétés les plus avancées dans les voies de la civilisation.

Mais, pour que le suffrage universel atteigne ce but, il est indispensable de rendre son action aussi intelligente qu'elle est régulière. Il ne faut pas appeler des travailleurs, que leur genre de vie laisse forcément étrangers aux débats politiques, à se prononcer pour ou contre des hommes qu'ils ne connaissent pas et qui personnifient des systèmes ou des tendances dont la multitude ne soupçonne rien. Dans ces conditions, le scrutin n'est pas toujours suffisamment éclairé; il aboutit, en général, à un vote d'entraînement. Ne serait-il pas plus sage d'y substituer un vote de confiance réfléchi? N'est-il pas naturel en effet que les électeurs si nombreux, qui, par position, n'ont pas le loisir ou les moyens de s'occuper des choses de la politique, donnent mandat à une personne d'eux bien connue, ayant mérité leur confiance par des services réels, de désigner, en leur nom, l'élu dont elle est plus apte qu'eux-mêmes à apprécier les divers titres?

Je verrais à ce changement plusieurs avantages : une garantie sérieuse contre les entraînements presque inévitables de la multitude, qui n'est que trop portée à sacrifier ses intérêts à ses passions; une invitation, pour certains éléments conservateurs indifférents ou timides, à prendre leur place dans la vie publique; enfin, la nécessité, pour les diverses classes des citoyens, de resserrer entre elles les liens sociaux dont le relâchement met tout en péril.

En effet, les relations habituelles des hommes ne tarderaient pas à être empreintes d'une plus grande bienveillance, lorsque les riches et les puissants, ayant quelque chose à attendre des plus petits, seraient sollicités par l'intérêt ou par l'amour-propre à s'occuper davantage de leur sort. Certes, un tel mobile n'est pas le plus noble qu'une âme chrétienne puisse se proposer. Il y a dans l'accomplissement gratuit du bien une saveur particulière que l'ambitieux ne goûta jamais! Qui sait cependant si Dieu, qui fait tourner les imperfections comme les qualités des hommes au profit de leurs semblables, n'a pas voulu en cela favoriser les déshérités de ce monde? Il est du moins naturel de penser que ceux-ci, traités avec plus d'égards et de sollicitude, se montreraient moins envieux. Ainsi les vices de l'éducation se trouveraient corrigés, dans une certaine mesure, par les mœurs politiques.

La stabilité de nos institutions y gagnerait sans nul doute, car, dans un Etat démocratique, il n'est pas de garantie meilleure pour l'ordre matériel que la satisfaction des intérêts généraux et l'apaisement des esprits résultant de l'harmonie sociale. Mais, hâtons-nous de dire que dans notre fortuné pays les tendances périlleuses, naguère condamnées par la voix d'un évêque, grand orateur et grand publiciste, homme de Dieu et sagement de son temps (1), sont loin d'être aussi générales qu'elles paraissent ailleurs. L'élite de notre société n'est point inattentive et inoccupée. Elle ne dédaigne pas les sciences, et elle professe un amour traditionnel pour les lettres et pour les arts. Quant à l'agriculture, on sait qu'elle jouit de ses prédilections.

Partout, en effet, dans notre Midi, cet art non moins utile que modeste est en honneur; il a le privilége de grouper autour de lui tout ce que nous comptons de plus éminent par l'intelligence, les dignités, la naissance et la fortune. Il n'est homme du monde qui se croit dispensé d'en parler en connaisseur, et dans la meilleure compagnie de notre cité, c'est un sujet de conversation auquel les femmes elles-mêmes ne veulent pas rester étrangères. Du reste, on en cite de vraiment habiles dans le *mesnage des champs*, et je me plais à redire que ce n'est point là une nouveauté parmi nous, car déjà sous le premier Empire et même sous l'ancien régime, nous avions des femmes agriculteurs. Mais ne soyons pas trop fiers de nos titres, car nous avons aussi nos défauts, et si nous ne sommes pas de grands pécheurs, nous ne sommes pas non plus sans reproche.

Volontiers, nous nous plaignons que, dans nos contrées, le fermage refuse à l'agriculture son industrie et ses capitaux; nous déplorons que le métayer, avec sa routine et sa misère, soit impuissant à combler cette lacune; nous reprochons à la régie à profit de manquer trop souvent à ses fastueuses promesses, et nous avons raison sur tous ces points. Mais nos propriétaires agriculteurs ont-ils toujours assez d'instruction et de ressources, obtiennent-ils de plus grands succès?

Il serait naturel que celui qui a plus de moyens de s'instruire fût plus éclairé, et que celui qui a plus de capitaux en confiât davantage au sol reconnaissant. Malheureusement il n'en est pas tout à fait ainsi. Sans doute, il arrive qu'on rencontre de bons

---

(1) Mgr Dupanloup, évêque d'Orléans, membre de l'Académie française.

propriétaires agriculteurs, comme on trouve de bons fermiers, de bons métayers et de bons régisseurs. La chose même est plus commune, et les résultats obtenus de la sorte honorent notre agriculture et ouvrent au pays les plus magnifiques perspectives ; mais ces succès présentent un caractère trop exceptionnel. Il faut bien l'avouer, la plupart des propriétaires qui s'adonnent à la culture n'ont que des connaissances imparfaites de cet art ; ils restent à peu près aussi étrangers aux notions de l'économie rurale qu'aux enseignements de la science. Si nous manquons d'agriculteurs, encore plus manquons-nous d'agronomes. Plus d'instruction d'une part donnerait lieu à plus d'améliorations de l'autre. Les capitaux, trop parcimonieusement restitués au sol qui les produit, y seraient plus souvent employés à des consommations reproductives.

Mais, ce ne sont pas toujours la science et la bonne volonté qui seules font défaut à nos agriculteurs ; c'est aussi l'argent. Beaucoup, sans trop consulter leurs ressources, cumulent les occupations du campagnard et les loisirs du citadin. Ils imitent, à leur manière, ces braves dont on dit qu'ils peuvent supporter les périls et les fatigues, mais non pas la perte de leurs plaisirs. Quelques mois de séjour à la ville ont bientôt englouti les laborieuses épargnes de l'année ; les séductions du luxe triomphent des exigences du sol.

Il faut pourtant reconnaître que, depuis quelques temps, on est entré dans une voie meilleure. Ce n'est plus seulement comme autrefois, les deux ou trois mois des vacances que l'on passe aux champs, c'est tout au moins la moitié de l'année, depuis la clôture des courses aux chevaux jusqu'aux fêtes de Noël. Beaucoup même regagnent la campagne dès les premiers jours d'avril, et jusqu'à l'hiver, ils ne font dans nôtre petite capitale, en dehors des déplacements nécessaires pour leurs affaires, que des apparitions de courte durée, à l'époque des processions, des fêtes nationales, des courses et des grandes foires. Ainsi réduit à quelques mois, le séjour à la ville n'est plus une cause de ruine, ni même, en général, de gêne pour nos propriétaires. Aussi bien savent-ils mettre ce temps à profit pour échanger leurs idées, causer de leurs intérêts, se communiquer les résultats de leurs expériences et de leurs études.

La Société d'agriculture est le terrain neutre où l'on se rencontre. La plus grande liberté est laissée aux discussions qui sont toujours tempérées par des sentiments réciproques de bienveillance, soit qu'elles s'improvisent à l'occasion de la lecture que chaque membre est tenu de faire, à jour marqué, d'un mé-

moire de sa composition dont il est libre de choisir le sujet, soit
que le débat s'engage sur une proposition déjà connue dont une
commission a préparé le rapport. Chacun fournit le contingent
de ses lumières, et certes les aptitudes des sociétaires sont variées ; car la Compagnie compte dans son sein, non-seulement
des praticiens ayant fait leurs preuves, mais des maîtres en l'art
vétérinaire et en zoologie, de géologues, des botanistes, des chimistes, des jurisconsultes, des magistrats, des médecins et des
publicistes. Grâce à ces derniers, des comptes-rendus hebdomadai-
res, reproduits par les organes les plus accrédités de la presse
toulousaine, étendent à toute la région le retentissement de ces
modestes mais utiles débats. Depuis quelques années, une excellente *Revue agricole*, à laquelle les publications spéciales de Paris
font de fréquents emprunts, est venue compléter, sous l'intelligente direction du docteur Gourdon, l'influence progressive du
journal de la Société (1).

(1) Nous avons cependant une lacune à signaler, au point de vue agricole, dans
l'organisation si étendue et si vivace de nos sociétés savantes. L'Académie impériale des sciences, inscriptions et belles-lettres de Toulouse qui résume, pour
ainsi dire, les spécialités auxquelles se rapportent les travaux des diverses écoles, facultés, académies et sociétés de la ville, n'a pas une section d'économie
rurale. On sait qu'il en est autrement à l'Académie des sciences de Paris.

Il conviendrait, pensons-nous, de combler cette lacune. La nouvelle section
que nous proposons d'établir compléterait la classe des sciences. Elle pourrait
compter quatre titulaires : deux pour l'économie rurale proprement dite et la
grande culture, qui se rapportent aux travaux de la Société impériale d'agriculture de la Haute-Garonne, la plus considérable, peut-être, des compagnies de ce
genre, en province ; un pour la zoologie appliquée, dont notre Ecole vétérinaire
compte des maîtres si habiles ; un, enfin, pour les cultures spéciales si brillam-
ment représentées à Toulouse par la Société d'horticulture, qui a rendu de grands
services à la production maraîchère, à la culture des arbres, des fruits et des fleurs.

Nous croyons pareillement que le prestige de l'Académie des sciences, inscriptions et belles-lettres, n'aurait qu'à gagner à la création de sections spéciales dans
la classe des lettres qui n'en a point en ce moment. Le nombre pourrait être
porté à trois, comprenant chacune cinq membres. Une section des belles-lettres
proprement dite correspondrait aux travaux littéraires de l'Académie antique
et si justement célèbre des Jeux-Floraux ; une section d'histoire et d'archéologie
se rapporterait à la Société studieuse de ce nom ; et une section des sciences
morales et politiques, aux études philosophiques, économiques et juridiques, qui
occupent notre Académie de législation, dont la réputation est devenue euro-
péenne. Moyennant cette classification, qui ne nécessiterait pas l'adjonction de
plus de quatre titulaires, à cause des connaissances spéciales des membres actuels de l'Académie, et qui ne ferait pas varier sensiblement le contingent respectif des deux classes qui la composent, cette institution deviendrait comme
la synthèse des sociétés scientifiques et littéraires de Toulouse. Le prestige de la
Compagnie et l'éclat de ses concours en seraient beaucoup accrus.

A ces éléments d'information plus ou moins didactique, la ville de Toulouse a réuni un musée et un cours public d'agriculture. La chaire est occupée, depuis sa fondation, par un savant maître qui joint, à une autorité scientifique partout acceptée, l'expérience d'une intelligente pratique et le charme d'une diction aussi élégante que lucide. En éclairant ses auditeurs sur les secrets de l'art difficile qu'il professe, M. Noulet sait leur en inspirer le goût. J'en parle en connaissance de cause, parce que j'ai eu la bonne fortune de m'instruire à cette école, et bien d'autres avec moi conservent un précieux souvenir de ses leçons.

Malheureusement, cet enseignement n'est pas mis à la disposition des jeunes gens qui en pourraient le mieux profiter. Ceux-ci, renfermés dans l'enceinte des lycées et des collèges, sont scrupuleusement tenus dans l'ignorance des choses de l'agriculture, dont la plupart d'entre eux feront, cependant un jour, leur principale occupation. L'agriculture n'est pas aussi ennemie des lettres, ni aussi étrangère aux souvenirs classiques qu'on le suppose. Les poètes et les prosateurs de la Grèce et de Rome ne l'ont pas dédaignée. Rappelons, à côté d'Hésiode et de Virgile, l'auteur des *Économiques*, et le docte Varron. Au témoignage de Caton, qui a laissé lui-même un excellent ouvrage sur cette matière, la dernière limite de la louange pour un bon citoyen était d'être appelé bon agriculteur. Pourquoi, chez nous, dédaignerait-on d'instruire les jeunes gens d'un art auquel tant d'autres se relient? On enseigne dans les collèges beaucoup de choses moins nécessaires. De l'ignorance des classes dirigeantes sur ce sujet dérive, peut-être, cet ensemble de lois et de mesures législatives, si gratuitement contraires aux intérêts de l'agriculture.

Je suis persuadé, quant à moi, que cet enseignement, restreint dans de sages limites, viendrait en aide à l'étude des lettres et des civilisations anciennes, de même qu'à celle des sciences, auxquelles il offre des applications infiniment variées. Du moins, il peut être considéré comme le couronnement de toute éducation libérale, dans une contrée adonnée comme la nôtre à l'art agricole.

L'Etat, paraît-il, va ouvrir des cours supérieurs d'agronomie au Muséum de Paris. On s'est demandé s'il ne conviendrait pas d'imiter cet exemple dans les grandes villes de province déjà dotées des éléments scientifiques qui se rapportent à cet enseignement. De la sorte, on rapprocherait les leçons de ceux qui en doivent profiter et qui ne sont pas toujours assez riches pour les aller chercher au loin, dans un milieu où les conditions de la vie matérielle sont relativement onéreuses. D'un autre côté, cet enseignement, étant de nature à compléter l'instruction des jeunes gens qui suivent les cours des diverses facultés et à intéresser un grand nombre d'agriculteurs qui passent une partie de l'année dans le villes de Province, il n'est pas douteux que l'ouverture d'un cours d'agronomie institué dans ces conditions ne présente de grands avantages et ne soit accueilli avec faveur par le public.

La commission nommée par le ministre de l'agriculture, pour étudier toutes les questions qui se rattachent à l'enseignement supérieur, a proposé de fixer la durée des cours à deux ans. La première année devrait être consacrée à la mécanique, — la physique, — la chimie, — la botanique. — la zoologie, — la minéralogie, — la géologie, — la météorologie, — le génie rural et les constructions agricoles, — la législation générale et la géographie agricole.

On traiterait, pendant la deuxième année, de l'agriculture générale, — de la zootechnie, — de la sylviculture, — de la viticulture, — de l'arboriculture, — de l'horticulture, — de la technologie agricole, — de l'économie rurale et de la statistique, — enfin, de l'histoire de l'agriculture et de l'agriculture comparée.

Quelque étendu que soit ce programme, trop vaste à notre avis pour le temps qu'on propose de lui consacrer, il n'échappera à personne que la ville de Toulouse renferme, dans le personnel de ses corps savants, tous les éléments nécessaires pour que chaque partie en soit très convenablement traitée. Aux titulaires si distingués de nos chaires d'agriculture et d'arboriculture viendraient s'adjoindre les savants professeurs de nos facultés et de nos grandes écoles. Rien ne manquerait, car il serait probablement facile de trouver dans les bâtiments et les terrains du Jardin des Plantes ou ailleurs, les locaux et le champ d'application nécessaires à l'installation matérielle des cours d'agronomie. Nous applaudissons de grand cœur aux idées émises sur ce sujet par M. Félix Deschamps dans la *Minerve* (1), et nous désirons sincèrement qu'elles triomphent de tous les obstacles : de ceux qui sont dans la nature même des choses et de ceux que l'auteur a suscités gratuitement à son projet dans les considérations qui en accompagnent l'exposé.

« Il est trois manières, dit l'illustre Thaër (2), d'envisager ou d'apprendre l'agriculture : comme métier, comme art, comme science.

(1) *La Minerve de Toulouse,* février 1869.
(2) Thaër, *Principes raisonnés d'agriculure.*

« L'art est la réalisation de l'idée; celui qui l'exerce reçoit des autres, par confiance, l'idée ou la règle de ce qu'il fait. L'apprentissage de l'art consiste ainsi dans l'adoption d'idées étrangères, dans l'étude des règles et dans l'aptitude à les mettre en pratique.

« La science ne fixe aucune règle positive, mais elle développe les motifs d'après lesquels elle découvre le meilleur procédé possible pour chaque cas éventuel, qu'elle apprend à distinguer avec précision.

« L'art exécute une loi donnée et reçue; la science donne la loi. »

C'est à ces trois divisions : métier, art, science, que l'enseignement public doit répondre.

Au premier degré, il conviendra de compléter l'instruction primaire par des notions abrégées sur l'agriculture et par l'application de ses principes aux travaux du sol. En déracinant les préjugés de l'ouvrier, on rendra plus facile le progrès qu'ils contrarient.

Déjà le gouvernement avait introduit, à titre d'essai, l'enseignement pratique de l'agriculture dans quelques-uns des établissements où se forment les jeunes maîtres appelés à diriger les écoles primaires des communes rurales. Encouragé par le succès, il vient d'étendre cette mesure. Le jour approche où sera réalisée la pensée de l'Empereur, qui considère l'enseignement pratique des notions agricoles et de l'horticulture comme le complément nécessaire de l'instruction dans les écoles primaires.

Les fermes modèles départementales ou d'arrondissement viendraient ensuite, là où le besoin s'en ferait sentir, achever l'éducation des ouvriers et des contre-maîtres de l'industrie rurale. Au-dessus de ces établissements et dans des zônes bien tranchées, s'ouvriraient les écoles régionales, clé de voûte de l'organisation. Là, se donneraient rendez-vous les jeunes gens appartenant aux familles aisées. Ils y trouveraient à leur disposition tous les éléments d'une bonne instruction théorique et pratique. Voilà pour le second degré de l'enseignement.

On peut se demander, en outre, s'il n'y aurait pas avantage à ce que l'agriculture fût professée comme un art utile dans des chaires spéciales qu'on annexerait aux grands établissements d'instruction publique, et particulièrement à ces petits colléges qui, dans l'état actuel des choses, pèsent sur le budget des communes sans une grande utilité. L'économie politique, concurremment professée avec les sciences, serait développée, comme elles, dans le sens des intérêts agricoles. Ainsi élevés, les futurs législateurs, magistrats et administrateurs de la France, n'en seraient pas plus malhabiles à remplir leurs fonctions.

« Dans un pays agricole, disait Talleyrand, tout doit être cultivateur. On sera momentanément magistrat, guerrier, législateur ; mais les travaux champêtres feront l'occupation habituelle de l'homme, et chacun y trouvera le délassement ou même la récompense de ses fonctions de citoyen. Un tel changement de mœurs, multipliant dans les campagnes les expériences, contribuera nécessairement à y accroître les bonnes méthodes et à y faire fructifier les principes que les livres élémentaires auront déjà pu y introduire. »

L'enseignement supérieur, centralisé dans les instituts agronomiques de la capitale et des provinces, réunirait, pour l'élite des agriculteurs et des futurs professeurs, tous les éléments d'une instruction scientifique perfectionnée. Institut et écoles régionales devraient être mis à la charge et placés sous l'administration exclusive de l'Etat ou du département. Ce point ne semble plus pouvoir être contesté après l'insuccès des divers régimes mixtes tentés à Roville, à Grignon, à Grand-Jouan, à la Saulsaie. Que si quelqu'un trouvait trop ambitieuses les vues que je viens d'exposer au sujet de l'enseignement agricole, je lui répondrais, en empruntant le langage de notre Michel Montaigne : « Entre les arts libéraux, commençons par l'art qui nous fait libres : elles servent toutes voirement en quelque manière à l'instruction de notre vie et à son usage, comme toutes aultres choses y servent en quelque manière aussi ; mais choisissons celle qui y sert directement et professoirement. »

LIVRE VII

LA PROPRIÉTÉ FONCIÈRE ET L'ENTREPRISE AGRICOLE

CHAPITRE PREMIER

CONSTITUTION DE LA PROPRIÉTÉ

La propriété en Languedoc sous l'ancien régime. — Les domaines nationaux. — La propriété sous le Directoire, le Consulat et l'Empire. — Les cotes foncières en 1815 ; le milliard d'indemnité ; dégrèvement de l'impôt. — Les cotes foncières en 1835 et 1842 ; progrès de la petite propriété. — La France lui doit son salut sous la République. — Distribution de la propriété en 1852 et 1862. — Le morcellement de la propriété activé par la loi des successions et le régime des partages, combattu par les dispositions préciputaires et l'infécondité des mariages. — Nécessité d'étendre la liberté testamentaire. — Effets du morcellement sur la valeur des immeubles, la production, la main-d'œuvre et l'entreprise agricole.

Lorsque la révolution de 1789, brisant les entraves que l'ancien ordre des choses imposait au développement social, ouvrit à l'humanité des horizons nouveaux, notre région méridionale, plus favorisée que le centre et le nord de la France sous le rapport de la constitution de la propriété et de l'administration publique, présentait le spectacle d'une véritable prospérité relative et faisait, à plus d'un égard, l'admiration des étrangers. « Avoir une terre en Lauragais » était l'ambition de beaucoup de grands seigneurs.

Le Languedoc, pays d'états et de franc-alleu, était peut-être alors la contrée la plus libre de France, bien que le cultivateur eût, presque partout, à compter avec la dîme et, trop souvent encore, avec les droits féodaux et les exigences du fisc royal. Il n'était pas de province mieux pourvue de beaux chemins et de canaux, moins accablée par les charges publiques, ni plus digne de

rivaliser avec les pays les plus fertiles. C'est une justice que tout
le monde rendait à nos pères, et qu'ils étaient seuls à se refuser,
non certes par modestie, mais par l'effet de ce travers inguéris-
sable qui porte les méridionaux à blâmer entre eux tout ce qui se
fait chez eux, en attendant de prendre leur revanche en exaltant
sans mesure leur pays devant les étrangers.

Sous l'ancien régime, les grands domaines occupaient, sans
doute, une place immense sur notre territoire, et cependant les
petits tènements se montraient en tout lieu. On se souvient
qu'Arthur Young, qui avait déjà parcouru une grande partie de
la France, lorsqu'il visita le Languedoc en 1789, fut saisi d'étonnement à la vue du morcellement de la propriété foncière.

Quelques années après, la vente des biens nationaux précipita
ce mouvement, mais en le dénaturant, hélas! Il ne faudrait pas
croire, du reste, que la conséquence de ces ventes ait été d'augmenter beaucoup le nombre des détenteurs du sol ; la propriété
changea de mains plutôt qu'elle ne se divisa. En passant des
nobles, du clergé et des maisons religieuses ou hospitalières aux
financiers, aux bourgeois et aux paysans, la terre, plus avidement sollicitée, vit augmenter sa production sans que la culture
réalisât cependant de grands progrès. C'est que le progrès ne
s'obtient pas sans capitaux. Or, les capitaux étaient fort rares en
ce temps de tourmente révolutionnaire ; et lorsque, plus tard,
l'épargne vint reconstituer des réserves, on se montra timide à
les employer sur des immeubles dont la possession, viciée dans
son origine, ne paraissait pas à l'abri d'une revendication prochaine. Une défaveur marquée dans les prix de vente traduisait en
chiffres les appréhensions et les répugnances du public à ce sujet.
D'un autre côté, le souvenir encore récent des confiscations était
peu propre à donner confiance à ceux-là même qui avaient
échappé une première fois à la spoliation.

Ce défaut de stabilité dans la propriété foncière eut pour effet
de refroidir l'attachement que le maître du sol éprouve naturellement pour la terre, attachement qui le porte à lui consacrer sa
sollicitude et ses ressources. De là cette tendance fatale de nos
classes moyennes à s'éloigner de la vie des champs, tendance dont
nous ne sommes pas encore tout à fait guéris.

Après le règne de la Terreur, quand l'ordre commença à se
rétablir, la propriété foncière, dépréciée par les difficultés de la
culture et la concurrence des biens nationaux, avait perdu la
moitié de sa valeur vénale. Telle était la situation en 1795 et 1796.
Il faut ajouter que l'absence de sécurité dans les campagnes en
éloignait tous ceux qui pouvaient vivre ailleurs. C'est à cette épo-

que que se rapportent ces crimes audacieux dont le souvenir commence à devenir légendaire : arrestation de diligences, assassinat de courriers, sanglantes vengeances, dévastation complète des demeures isolées et même des habitations urbaines, etc. La banlieue de Toulouse ne fut pas plus exempte de ces déprédations que les communes éloignées des centres populeux. J'ai entendu parler d'une maison de campagne assez confortable, située à quelques kilomètres de notre capitale, et dont le mobilier fut pillé pendant la nuit et enlevé sur des charrettes. Pour faire disparaître ces derniers vestiges des désordres révolutionnaires et rétablir la sécurité, il fallut employer les colonnes mobiles et les commissions militaires. Le calme ne reparut complétement qu'en 1803.

Toutefois, nous dûmes au Consulat (1799-1804) quelques années de paix et de tranquillité qui tournèrent au profit de l'agriculture. On peut se faire une idée de cette prospérité, hélas trop courte, par l'augmentation du prix des baux à ferme. Les trois métairies de l'hospice de Castelsarrasin, qui avaient été louées ensemble 2,090 livres en 1752 et 3,325 livres en 1785, atteignirent 5,375 fr. en 1797 et 5,790 fr. en 1803 (1). Il faut redescendre jusqu'à l'an de grâce 1857 pour trouver un chiffre aussi élevé. Cette rénovation agricole était, en partie, l'œuvre du ministre Chaptal, qui, pour le bien de la France, resta trop peu d'années aux affaires. Elevé en Languedoc, protégé par les Etats de la Province qui avaient fondé pour lui une chaire de chimie à Montpellier, et qui, plus tard, soumirent à ses conseils les projets d'amélioration qu'ils avaient conçus, Chaptal aimait et connaissait notre pays où il avait provoqué ou favorisé la création de plusieurs manufactures considérables. La prospérité de l'agriculture ne lui était pas moins chère que celle de l'industrie et du commerce. Il eut toute sa vie un goût prononcé pour l'art agricole. On lui doit plusieurs écrits remarquables sur la vigne et la vinification, ainsi que sur la chimie appliquée à l'agriculture. Malheureusement pour nous, Chaptal quitta le ministère en 1804. Il n'y avait passé que quatre ans.

Les guerres gigantesques de l'Empire, en absorbant une partie considérable des ressources de la France en hommes, en bétail et en capitaux de tout genre, nuisirent à la prospérité de l'art agricole. Dans notre contrée, on vit les filles remplacer les garçons au mancheron de la charrue, et les attelages de labour mis en réquisition pour les nécessités de la guerre. Cependant, comme dans tous les genres d'industrie, rien ne résiste à la puissance des prix

---

(1) Taupiac, *Statistique agricole de l'arrondissement de Castelsarrasin*, p. 218.

rémunérateurs, l'élévation du cours des grains permit à la production nationale de se soutenir, sinon de se développer.

Il est vrai que l'agriculture cessait peu à peu d'être abandonnée, comme elle l'avait été jadis, par les classes élevées. Le besoin de repos et d'économie y ramenait un grand nombre de propriétaires. Ce mouvement fut sensible et fécond dans le pays toulousain, comme l'attestent les écrits de cette époque (1), mais il ne parvînt pas à dominer toutes les causes défavorables. On peut mesurer l'étendue du mal par la dépréciation des baux à ferme. En voici un exemple significatif : les trois métairies de l'hospice de Castelsarrasin, dont nous avons parlé plus haut, et qui avaient été louées 5,790 fr. en 1803, ne purent atteindre au-dessus de 3,100 fr. en 1815 (2).

Un ouvrage de Lavoisier, sur la richesse territoriale du royaume de France, dont un extrait fut communiqué en 1791 au comité des impositions de l'Assemblée nationale, et les renseignements recueillis par Chaptal, dans son livre de l'Industrie française, publié en 1818, permettent de comparer les produits de l'agriculture française à la fin de l'ancien régime et à la chûte de l'Empire. Il résulte de ces documents, que M. de Lavergne a appréciés avec l'autorité d'une savante et consciencieuse critique, que la somme totale des produits obtenus par l'agriculture française aurait été de 2 milliards 600 millions en 1789, et d'un peu plus de 3 milliards en 1815. — C'était une augmentation de 500 millions dans un laps de vingt-cinq années.

Le même économiste, après avoir rapproché des données recueillies par Arthur Young sur la distribution de la propriété en France, vers 1789, les chiffres que M. Rubichon assigne à l'année 1815, arrive à cette conclusion, qu'à cette dernière époque, la grande propriété possédait encore la moitié environ du sol, et que la petite, même en y comprenant les domaines de 12 hectares en moyenne, n'embrassait pas le tiers que le voyageur anglais lui avait attribué. M. de Lavergne doute qu'avant la Révolution la propriété fût beaucoup plus concentrée dans le royaume qu'à la chûte de l'Empire.

En ce qui concerne le département de la Haute-Garonne, les documents officiels les plus anciens dont nous ayons connaissance remontent précisément à l'année 1815. Ils concernent les cotes foncières dont le nombre était, à cette époque, de 119,927. Nous

(1) Journal des propriétaires ruraux, 1810, p. 131.
(2) Taupiac, Economie rurale de l'arrondissement de Castelsarrasin, p. 218.

les verrons progressivement augmenter à mesure que nous nous rapprocherons du temps présent.

La paix dont la France jouit pendant la Restauration permit à l'agriculture de réparer ses forces. Malheureusement elle se vit abandonnée tout à coup par ses chefs les plus fervents, trop jaloux de prendre leur part des places et des faveurs que les événements politiques mettaient entre les mains du gouvernement nouveau. D'un autre côté, le bas prix des grains durant cette période ne permit pas aux propriétaires de faire de grandes économies, et la faiblesse des salaires empêcha l'ouvrier rural de créer cette petite épargne qui l'encourage à tenter l'acquisition d'un lopin de terre.

Il en résulta que, malgré les progrès considérables réalisés dans la production agricole, le nombre des propriétaires s'accrut lentement. En 1826, on comptait 123,800 cotes foncières dans la Haute-Garonne. L'augmentation n'avait pas atteint tout à fait 4,000 cotes en dix ans.

Il est vrai que la situation équivoque faite aux détenteurs des domaines nationaux n'était pas de nature à faciliter les transactions sur ces immeubles. Quoique étroitement borné dans son développement, le morcellement du sol effrayait déjà nombre d'esprits timides qui entrevoyaient dans les progrès de la petite propriété l'anéantissement prochain de la grande et la ruine assurée de l'agriculture française. L'avenir devait faire justice de ces craintes chimériques.

Sous le règne suivant, un grand ministre, fils d'agriculteur et agriculteur lui-même, comprit qu'il importait à la sécurité et à la prospérité publiques d'affermir la propriété entre les mains de tous ses détenteurs sans distinction. Pour mettre un terme à l'anxiété des acquéreurs de biens nationaux et aux réclamations des anciens possesseurs, il fit voter l'indemnité de 1 milliard en faveur des familles spoliées. Par cet acte de justice, M. de Villèle rendit un aussi grand service à l'agriculture qu'en obtenant pour elle un dégrèvement de 92 millions sur l'impôt foncier. On peut juger de la hausse qui s'était opérée chez nous, dans la valeur vénale des terres depuis la chute de l'ancien régime, par les faits suivants, recueillis dans un département voisin et relatés par M. Combes, dans la *Statistique de l'arrondissement de Castres*. Un domaine vendu, en 1790, au prix de 84,000 fr., atteignit 140,000 fr. en 1808, 145,000 fr. en 1814, et, finalement, 170,000 fr. en 1827 (1).

_____

(1) *Statistique de l'arrondissement de Castres,* par Anacharsis Combes (1835), p. 49.

La révolution de 1830 ramena vers la vie rurale une grande partie de ceux qu'elle éloigna des emplois publics. La classe des moyens et des petits propriétaires s'accrut plus rapidement que par le passé. En 1835, on comptait déjà dans la Haute-Garonne 132,236 cotes foncières, soit 8,436 de plus qu'en 1826.

Le mouvement devait être encore plus prononcé dans la période comprise entre 1835 et 1842. Le haut prix des produits agricoles (grains et bestiaux) et l'amélioration de la vicinalité augmentèrent la valeur des immeubles. L'ouvrier put réaliser des épargnes sur son salaire devenu plus constant et plus élevé ; il prit une plus grande place parmi les maîtres du sol. En 1835, on comptait dans la Haute-Garonne 59,493 cotes inférieures à 1 fr.; en 1842, il y en avait 62,873. Dans l'espace de ces huit années, les cotes de 5 à 10 fr. passèrent de 22,291 à 24,180 ; celles de 10 à 20 fr. s'élevèrent de 19,162 à 21,249 ; soit, pour ces trois classes, une augmentation de 7,356 cotes. Celles de 20 à 30 fr. et celles de 30 à 50 fr. s'accrurent ensemble de 2,268 articles. Au total, le relevé qu'on opéra en 1842 comprit 143,374 cotes foncières, c'est-à-dire 11,138 de plus que celui de 1835.

Le changement qui s'opérait, d'année en année, dans la constitution de la propriété, commençait à être apprécié avec plus de justice qu'autrefois. L'expérience avait prouvé que la petite propriété ne le cède pas à la grande, sous le rapport des rendements. Si elle n'offre pas les mêmes ressources pour l'entretien du bétail, en revanche elle est sans rivale pour les cultures industrielles. Les esprits sages étaient surtout frappés des garanties que l'augmentation du nombre des propriétaires offre à l'ordre social, garanties auxquelles l'instabilité des institutions politiques de la France donne une immense importance. Cette considération, que M. de Malaret développait devant la Société d'agriculture, quelques années avant la révolution de 1830, et que M. Leblanc reproduisit devant la même compagnie en 1844, parut saisissante à tous les esprits lorsque éclata la catastrophe de février qui, de nouveau, laissa la France sans gouvernement, et, de plus, sans constitution. On se demande quel danger n'eût pas couru l'ordre public si la proclamation du suffrage universel, en conférant à tous les citoyens des droits égaux, n'eût trouvé dans la classe si nombreuse des propriétaires un frein modérateur pour comprimer les aspirations insatiables des fauteurs de désordre.

La statistique de 1852, dressée à la fin de la République, peut servir de point de départ pour apprécier les changements que la distribution de la propriété a subis depuis l'établissement de l'Empire. A cette date, le département de la Haute-Garonne comptait, sur 100 domaines, 40 exploitations inférieures à 5 hectares, — 17 ayant de 5 à 10 hectares, — 18 de 10 à 20 hectares, — 19 de 20 à 50 hectares, — 5 de 50 à 100 hectares, et 1 comprenant plus de 100 hectares.

Le relevé des cotes foncières, opéré en 1858, signala une augmentation de 26,501 articles depuis 1842. La catégorie des cotes inférieures à 5 fr. avait gagné 21,806 cotes ; celle de 5 à 10 fr. s'était accrue de 5,107 ; celle de 10 à 20 fr. se trouvait grossie de 1,515 cotes. La catégorie de 20 à 30 hectares resta sensiblement la même, puisqu'elle n'augmenta que de 70 cotes. Mais toutes les sections supérieures à 30 fr. éprouvèrent une diminution plus ou moins sensible. La propriété s'était donc beaucoup divisée depuis seize ans.

La statistique officielle dressée en 1862 nous permet d'apprécier exactement la constitution de la propriété à cette époque. Voici quel était, d'après ce document, le nombre des domaines ruraux classés selon leur contenance : on comptait 26,560 exploitations ayant moins de 5 hectares ; 8,870 de 5 à 10 hectares ; 5,812 de 10 à 20 hectares ; 2,844 de 20 à 30 hectares ; 1,546 de 30 à 40 hectares ; 843 de 40 à 50 hectares ; 584 de 50 à 60 hectares ; 432 de 60 à 80 hectares ; 326 de 80 à 100 hectares ; et seulement 318 au-dessus de 100 hectares.

D'après ces données, l'importance relative de ces diverses classes de domaines pourrait être ainsi établie : 55 sur 100 avaient moins de 5 hectares (en 1852, c'était seulement 40 sur 100); 18 1/3 comptaient de 5 à 10 hectares (en 1852 il y en avait 17); 12 avaient de 10 à 20 hectares (le recensement précédent en accusait 18); 11 domaines variaient de 20 à 50 hectares (antérieurement il y en avait 19); 3 comprenaient de 50 à 100 hectares, tandis qu'auparavant il y en avait 5. Enfin, sur 100 exploitations, on n'en comptait pas une, mais seulement les 2/3 d'une, ayant une superficie supérieure à 100 hectares. En 1852, la proportion avait été de 1 pour 100. Dans l'arrondissement de Saint-Gaudens, en particulier, le document officiel le plus récent ne signale que 20 domaines dans cette dernière catégorie, tandis qu'il constate l'existence de 10,637 propriétés inférieures à 5 hectares. Ce sont les chiffres les plus hauts et les plus bas que l'on ait enregistrés dans la Haute-Garonne.

Les données numériques que nous venons de rapporter, en accusant l'intensité du mouvement qui pousse la propriété vers le morcellement, font déjà pressentir les caractères généraux qu'offre la constitution de nos exploitations rurales. Ce qu'on appelle ici grande propriété ne porterait pas le même nom ailleurs. On distingue communément par ce mot les domaines dont la superficie excède 80 hectares. Ceux qui en ont de 20 à 80 constituent la moyenne propriété ; au-dessous est la petite. La commission de la Société d'agriculture, qui a élaboré les réponses au questionnaire de l'Enquête, estime que, relativement à leur importance, la grande propriété occupe 1/5 de la surface du département, la moyenne 1/4 et la petite le surplus.

Il est certain que le sol se morcelle chaque jour davantage. C'est là, en grande partie, l'effet inévitable de notre législation civile qui a resserré dans des limites trop étroites le droit naturel qu'ont les parents de disposer de leurs biens, et qui a conféré à chacun des cohéritiers (art. 826 du Code Napoléon), le droit de réclamer sa part en *nature* des meubles et immeubles de la succession. La petite propriété est incessamment et inintelligemment émiettée par l'effet de cette législation malencontreuse. Les arrangements de famille, ayant pour but de conserver le domaine dans une seule main, deviennent chaque jour plus rares. Le contraire avait lieu autrefois, et c'était là du reste, bien souvent, lorsque les héritiers étaient nombreux, une cause de gêne, sinon de ruine, pour celui qu'on paraissait avoir traité avec la plus grande faveur. Est-il besoin d'ajouter que l'exploitation du sol ne pouvait attendre un grand secours pécuniaire de la part d'un propriétaire obéré ? Généralement aujourd'hui, à la mort des ascendants, le partage a lieu en nature, à moins qu'il ne soit impossible de former des lots. C'est, d'ailleurs, le parti le plus sage sous une législation qui a réduit au quart des biens la quotité disponible, lorsque le nombre des enfants s'élève à trois.

La propriété serait donc entraînée vers un morcellement incessant et rapide par l'effet de la loi sur les successions, si le courant n'était modéré par l'action inverse des échanges et la formation des agglomérations nouvelles de parcelles, par l'usage fréquent des dispositions préciputaires, et surtout par la diminution des naissances. Ce dernier et déplorable expédient est, en effet, le seul refuge qui reste au père de famille jaloux de prévenir le démembrement du domaine qu'il a créé au prix de ses sueurs et qu'il est, d'ailleurs, parfaitement libre de dissiper au gré de ses caprices. Refouler en soi les instincts naturels et resserrer le nombre de ses enfants dans les limites les plus étroites, voilà ce qu'il est réduit à faire au détriment de la morale, de l'autorité paternelle et de la prospérité du pays.

Je ne sais ce que l'honneur et la félicité des familles peuvent gagner à ces combinaisons qui enchaînent la génération présente et les générations à venir, qui règlent souverainement les rapports des époux entre eux, et qui condamnent les jeunes gens à des mariages où les aspirations du cœur et les convenances sociales ont beaucoup moins de part que l'intérêt mercantile. Mais il est certain, du moins, qu'on atteint de la sorte le but proposé : à deux enfants par mariage, les dots s'équilibrant, le domaine reste intact. Comme la contagion de l'exemple descend des grands aux petits, l'infécondité des unions légitimes, favorisée d'ailleurs par la soif du bien-être et par les appétits du luxe, gagne tous les jours du terrain dans nos campagnes. Si le législateur, en décrétant l'égalité des partages, a eu pour but d'asseoir la fortune publique sur le travail personnel plutôt que sur l'hérédité, l'événement a trompé ses prévisions dans nos contrées méridionales ; car les cadets des familles bourgeoises, satisfaits d'une position médiocre, s'endorment le plus souvent dans l'oisiveté des petites villes, préférant, s'il est nécessaire, s'astreindre au célibat que payer les joies de la paternité, au prix des fatigues et des sacrifices d'une carrière laborieuse.

Elles deviennent tous les jours moins nombreuses en effet, ces familles patriarcales, dont les enfants se sentant voués au travail par la médiocrité de leur patrimoine ; formés de bonne heure, par l'exemple de leur père, à des habitudes régulières et actives ; initiés par une mère vigilante aux règles de l'économie comme aux joies du foyer, s'élancent avec ardeur à la conquête d'une position destinée à les élever un jour au-dessus des jeunes gens qui, nés plus riches, ont dédaigné le travail. Rarement le succès trompe leurs efforts, et s'il arrive que la mort surprenne le père ou la mère avant que tous leurs enfants soient établis, l'aîné des frères, héritier des obligations morales du père, comme de ses libéralités préciputaires, le supplée en toute chose ; l'aînée des sœurs supplée la mère, et la prospérité de la famille ne s'arrête pas.

De tels exemples sont rares, à la vérité, mais non pas introuvables. Qui n'en pourrait citer quelqu'un ? Je connais, quant à moi, une maison largement hospitalière, où les anciennes mœurs ont conservé un souverain empire. Autour d'un vieillard vénéré qui a fourni une utile carrière, et mérité l'estime et la confiance de tout son canton par sa droiture inflexible autant que par ses sages conseils, se groupent quatre jeunes hommes, parvenus de bonne heure à des positions élevées dans les carrières administratives, dans l'armée et dans la marine. Deux enfants seulement restent au foyer paternel : l'aîné qui, pour remplacer son père dans une charge, où leurs aïeux se sont succédé sans interruption depuis le règne de François Ier, a renoncé aux perspectives séduisantes d'un bel avenir ; et une sœur pieuse, intelligente et dévouée, considérée par tous ses frères comme l'ange et le conseil de la maison. Dans cet intérieur modeste, les absents ne sont jamais oubliés. Aussi bien leur nom revient-il, chaque soir, dans la prière en commun. La sœur et l'aîné des frères, devenu lui-même chef de famille, veillent avec sollicitude sur le présent et sur l'avenir de tous. L'union des enfants n'a jamais subi la moindre atteinte. Les avantages matériels offerts à l'un d'eux, pour l'*honneur de la maison*, n'ont point suscité de jalousie. Les cadets ont fait mieux que se plaindre ; ils se sont mis résolûment au travail et ils font avec succès leur chemin dans le monde.

Mais nous voilà bien loin de l'égalité des partages. En reprenant notre sujet, nous sommes d'abord réduits à constater que notre régime des successions n'a pas seulement fait perdre à la famille française cette puissance d'expansion qui jadis lui permettait de coloniser les déserts de l'Amérique ; en devenant inférieure à elle-même, elle est devenue inférieure aux populations qui grandissent si rapidement autour d'elle. Dieu veuille que lorsque l'excès du mal forcera le législateur à rendre à l'homme une plus large part des droits naturels dont il l'a frustré, notre ascendant en Europe et notre influence dans le monde n'aient pas subi un irréparable échec !

Toutefois, il faudrait prendre garde, en voulant éviter un écueil, de ne pas tomber dans un autre. C'est pour la liberté, et non pour le privilége, que nous élevons la voix. Le droit d'aînesse n'a pas nos sympathies. Nous n'aimons les excès d'aucun genre, et si l'autorité du père de famille peut être étendue quant à la quotité disponible et à l'attribution des lots, nous reconnaissons volontiers que la liberté testamentaire ne saurait être aussi large en France que dans la libre Amérique. Nous ne pensons pas que le préciput doive, en aucune circonstance, dépasser la moitié des biens. Nous croyons cependant qu'il conviendrait de l'élever jusque-là pour restaurer dans la famille rurale le respect de la puissance paternelle et pour rendre la fécondité au mariage.

Du reste, nous nous empressons de reconnaître que les changements de cette nature sont de ceux que la loi ne saurait prescrire brutalement. Il faut attendre qu'ils s'imposent d'eux-mêmes à l'opinion encore affolée par le souvenir des abus à jamais anéantis d'un autre âge.

Libre de ces préjugés et éclairé par notre expérience, le législateur italien s'est montré plus libéral. Le Code civil, promulgué le 15 juin 1865, élève à la moité la quotité des biens dont le père de famille peut disposer, quel que soit le nombre de ses enfants.

Si le testateur ne laisse que des ascendants, la quotité disponible s'étend aux deux tiers de la fortune.

Chez nous, il est vrai, la réaction des mœurs atténue sensiblement les conséquences du *partage forcé*, mais le morcellement de la propriété foncière n'en poursuit pas moins sa marche progressive; car il puise sa plus grande énergie dans la compétition légitime du sol par le travailleur qui s'est voué à l'épargne. Un grand nombre de propriétaires obérés se sont enfin convertis à l'idée de vendre des terres qui ne rapportaient pas plus de 2 pour 100 de revenu net entre leurs mains impuissantes, terres pour lesquelles ils payaient en intérêts, enregistrement, commission ou honoraires, une redevance qu'on n'estime pas à moins de 7 1/2 pour 100. L'avidité du paysan à acheter des terres et la facilité d'opérer, en valeurs industrielles, productives d'un intérêt considérable, le remploi des fonds provenant des ventes, a déterminé ce mouvement.

La dette hypothécaire n'a pas cependant diminué. Les renseignements fournis par la direction des domaines pour l'ensemble du département établissent que le montant des prêts sur hypothèques était de 22 millions en 1865 comme en 1859 ; mais on s'accorde à reconnaître que les emprunts chirographaires sont moins nombreux que par le passé. Il s'est opéré sur ce point un changement sensible dans nos usages.

Jusqu'à ces dernières années, le prix des terres suivait une progression ascendante à laquelle les diverses catégories d'immeubles participaient en raison inverse de leur étendue. On estime que, dans l'ensemble, cette augmentation est d'environ 25 pour 100, si l'on remonte à trente années. Une plus-value beaucoup plus considérable était acquise par les propriétés qui avoisinent les centres de population et par celles qui sont desservies par des chemins de fer ou de bonnes routes. Cet accroissement du prix des terres a été, pour beaucoup sans doute, la conséquence des progrès de l'agriculture et du taux rémunérateur de ses produits qui, en réagissant favorablement sur la rente, sur les profits de l'entrepreneur de culture et sur le salaire de l'ouvrier, ont facilité la formation de l'épargne dans toutes les mains. On ne saurait méconnaître, cependant, que la dépréciation du signe monétaire et l'absence de la concurrence des valeurs industrielles n'aient contribué à ce résultat. Au contraire, la terre a été moins recherchée depuis que les *actions* et les *obligations* sont devenues à la mode.

L'expérience un peu chère que beaucoup de rentiers on fait de ces placements fugitifs, produira sans doute un retour salutaire

vers les opérations sérieuses qui se rattachent à la mise en valeur
du sol. Si les 12 millions que la place de Toulouse a compromis
dans les chemins espagnols eussent été consacrés chez nous à de
grands travaux publics, tels que l'amélioration de la vicinalité et
l'irrigation, ou bien à l'augmentation du capital de l'exploitation
rurale, ils auraient produit un bien immense dans le département.

En attendant que les terres reprennent la valeur qu'elles avaient
il y a quelques années, ce sont les petites bourses qui soutien-
nent les cours, car les plus modestes cultivateurs n'ont pas cessé
de tenir la propriété foncière en très haute estime. Le désir de
prendre rang parmi les maîtres du sol les pousse à une concurrence qui élève considérablement le prix des immeubles.
Ils deviennent enchérisseurs dès qu'ils ont quelques avances et
qu'ils entrevoient le moyen de se libérer à l'aide de l'épargne ;
car, dans une société où règne l'ordre et l'égalité civile, l'épargne
est le levier, comme le travail est le point d'appui, au moyen desquels l'homme écarte les obstacles qui s'opposent à l'amélioration
de sa condition matérielle. Telle est sa puissance, qu'elle trompe
rarement l'espoir du cultivateur.

Les effets du morcellement ne sont pas moins favorables à la
production agricole, et, s'il est juste de reconnaître que le progrès est parti de la grande propriété, on ne peut nier que la somme
des produits ne s'accroisse notablement par l'infatigable activité de Jacques Bonhomme. « Aide-toi, le Ciel t'aidera, » telle est
sa devise. Aussi, voyez avec quelle ardeur il assainit et fouille le
sol. Malheureusement il n'est pas riche d'engrais, mais l'expérience lui a prouvé qu'à force de tourner et de retourner la
terre, elle emprunte à l'atmosphère des éléments de fertilité iné-
puisables. Comme il ne compte pas avec son labeur et que, d'un
autre côté, il ne débourse presque rien, sa culture lui paraît
être fort économique. A considérer les choses de plus près, il verrait qu'il en est autrement, car la main-d'œuvre a bien son prix ;
mais que lui importe, puisque, cette valeur, il la tire pour ainsi
dire du néant. En effet, le désir d'acquérir a seul assez de prestige pour lui faire mettre tous ses instants à profit et pour tenir
en éveil toutes les facultés de son intelligence. Du reste, le succès
couronne le plus souvent les efforts du petit cultivateur et il a
droit d'en être fier.

C'est en l'imitant, à sa manière et sans en avoir l'air, que
l'agriculture perfectionnée est parvenue aux magnifiques résultats
qui font l'honneur et la prospérité de ce temps. En effet, tous ses
procédés comme ceux de la petite culture se réduisent, en fin de
compte, à augmenter le capital d'exploitation. Sans doute, la

forme est différente. L'amélioration consiste moins en un surcroît de main-d'œuvre qu'à employer de bonnes machines et de
riches engrais. Mais, au fond, les machines ont-elles un autre but
que de permettre à la grande culture de donner au sol, dans des
conditions économiques favorables, les façons que le petit propriétaire prodigue à son champ? et, d'un autre côté, ne peut-on
pas dire qu'à certains égards l'emploi des fortes fumures, indispensable sur les fermes bien entretenues, est destiné à fournir à
la terre une partie de l'ammoniaque que le génie industrieux et
patient du petit cultivateur soutire à l'atmosphère? En réalité,
matériel perfectionné, bon bétail, constructions bien aménagées,
tout cela est du capital. La main-d'œuvre elle-même n'est pas
autre chose. La contradiction apparente des deux systèmes agricoles ne va pas plus loin que leurs procédés. Ils s'inspirent des
mêmes principes et se proposent la même fin.

C'est à tort qu'on s'efforce de les représenter comme hostiles
l'un à l'autre, car ils ont des intérêts communs et, en outre, ils
se prêtent un mutuel appui. Ne sont-ils pas, en effet, intéressés
à un égal degré au maintien de l'ordre public, et les crises économiques qui atteignent l'un, ne frappent-elles pas l'autre? Les
variations du régime commercial et les erreurs de notre législation civile les affectent en même temps. Mais il y a plus, et en
se plaçant au point de vue purement agricole, comment pourrait-on
méconnaître les services que la grande et la petite propriété se
rendent sans cesse? N'est-ce pas, presque toujours, sur le salaire
qu'il trouve chez le grand tenancier que le manouvrier réalise la
première épargne qui lui permet d'acheter à crédit son premier
lopin de terre? N'est-ce pas encore sur la même exploitation,
qu'en attendant d'avoir agrandi son héritage de manière à y
trouver une occupation constante, le nouvel acquéreur ira chercher le travail qui doit le faire vivre, hâter sa libération et lui
permettre d'élever une chaumière dont il pourra se sentir et se
dire le maître?

D'un autre côté, il est incontestable que le petit tenancier, cap-
tivé par l'amour du sol, n'abandonne presque jamais les champs
pour la ville, contrairement à la tendance, hélas! si puissante de
nos jours parmi les simples prolétaires. C'est une remarque qu'on
a fait partout. Il est certain aussi que le petit propriétaire pouvant, la plupart du temps, disposer de ses bras pour le service
d'autrui, procure à la grande culture une somme fort considérable de main-d'œuvre. L'opinion publique et les documents
officiels le proclament très haut.

Dans sa réponse au questionnaire de l'Enquête, la Société

d'agriculture de Toulouse a porté à 90 pour 100 le nombre des petits propriétaires du département qui cultivent à la fois et pour eux et pour autrui. Cette évaluation approximative est encore inférieure à la réalité, car les renseignements statistiques élèvent à 16,215 le contingent des ouvriers de cette catégorie, qui seraient ainsi un peu plus nombreux que les fermiers, métayers et journaliers non propriétaires ; ces derniers ne dépassent pas 15,326 personnes. Quant aux propriétaires cultivant de leurs mains et ne cultivant que leur fonds, la statistique de 1862 les porte au chiffre de 27,383, soit 46 pour 100 du nombre total de nos cultivateurs évalué à 58,924.

Nous en avons assez dit, pensons-nous, sur les avantages de la petite propriété, au point de vue politique et agricole, pour être en droit de blâmer sévèrement le régime des ventes judiciaires qu'on lui applique. En 1866, M. de Vauce a établi devant le Corps législatif, d'après les documents officiels, que les frais s'élevaient à 112 pour 100 sur les ventes forcées inférieures à 500 fr., à 100 pour 100 sur celles de 500 fr., à 70 pour 100 sur celles de 500 à 2,000 fr., et à 35 pour 100 sur celles de 5,000 à 10,000 fr. Quels que soient les besoins du fisc, quelque intéressante que soit la position de ses agents et de tous les hommes d'affaires, on ne voit pas pourquoi la propriété, et spécialement la plus petite, leur est ainsi sacrifiée.

Ces déplorables abus exigent une réparation prompte et radicale, car ils blessent à la fois les notions les plus vulgaires de l'égalité et de la justice. La réforme devrait s'étendre encore aux droits prélevés par l'enregistrement sur les successions, les donations et les ventes amiables ; car, dans les occasions où ils retombent de tout leur poids sur la propriété foncière, ils absorbent le revenu de l'année et grèvent même le capital. Comment légitimer les frais exorbitants des partages judiciaires, qu'il serait cependant si facile de réduire, en attribuant aux juges de paix la liquidation de toute succession inférieure à 3,000 fr. ? Le fardeau est trop lourd pour la fortune immobilière ; il est de toute équité que la fortune mobilière en supporte une part proportionnée à son importance. Quant au droit sur les échanges, il est d'autant plus urgent de le réduire qu'on ne saurait trop favoriser ce genre de transaction dans l'intérêt de la production agricole, puisqu'en économie rurale, réunion des parcelles est synonyme d'abaissement dans les prix de revient.

A nos yeux, le morcellement de la propriété, qui est le trait le plus caractéristique de sa constitution au temps actuel, offre des garanties trop précieuses à l'ordre politique pour que l'Etat n'en

seconde pas le développement naturel et légitime. Nous croyons
que la société tout entière est intéressée au succès de cette révolution pacifique et indéfinie, qui ne fait violence à personne et
qui enrichit ceux qui veulent bien se laisser dépouiller par elle.

Est-ce à dire pour cela que la constitution de la propriété, dans
notre pays, ne laisse rien à désirer? Non certes. Il est manifeste,
en effet, qu'en l'état présent des choses, une partie du sol, relativement minime, représente un capital foncier et absorbe un
capital d'exploitation trop considérable qui pourrait trouver ailleurs
un emploi plus lucratif. Secondement, la grande et la moyenne
propriété manquent du capital d'exploitation indispensable au
progrès ; en sorte que la culture s'offre, presque partout et côte
à côte, à l'état.de pléthore et à l'état de consomption.

Sans doute il est incontestable que l'amour de la terre est seul
capable d'inspirer à l'ouvrier des campagnes ces prodiges d'activité et d'économie, qui de rien, pour ainsi dire, créent le capital.
Il est certain aussi que la petite culture offre des avantages incom-
parables dans le voisinage immédiat des villes où l'engrais n'est
pas cher et où les produits maraîchers s'écoulent aisément, comme
aussi dans les localités où l'on peut se livrer à des cultures spéciales (vigne, arbres à fruit, pépinières, légumes, sorgho à
balai, etc., etc.), sur des terres assez fertiles pour que le travail y
supplée à la pénurie du fumier. Mais on peut affirmer cependant
que, dans un très grand nombre de cas, le petit propriétaire cultivant son bien est loin de retirer de son capital tout le profit qu'il
est en position d'en obtenir. Une simple observation mettra ce
point hors de doute.

Dans les pays où le fermage est usité, on estime qu'entre les
mains d'un homme industrieux le capital d'exploitation produit
communément 10 pour 100. Cette évaluation n'est certainement
pas exagérée. Avec une fortune de 20,000 fr., un fermier a donc
2,000 fr. de revenu. Voyons maintenant ce qu'obtient le petit
propriétaire d'un capital semblable. Comme maître du sol, il prélève environ 3 pour 100 pour la rente, qui représente l'intérêt du
fonds. A cela viennent s'ajouter le profit de l'entrepreneur de culture, qui est communément évalué à la moitié du prix de la
rente, soit 1/2 pour 100, et le petit bénéfice réalisable sur son propre salaire, c'est-à-dire l'épargne à opérer sur le prix de la journée de travail après avoir satisfait aux nécessités de la vie. Tout
au plus donc le petit propriétaire qui cultive son bien obtient-il,
dans la plupart des cas, un revenu de 5 pour 100, soit 1,000 fr.
pour 20,000 fr. de capital, tandis que le fermier en retire le
double.

Ce résultat nous semble jeter une grande clarté sur la question, si souvent posée et débattue, de la grande et de la petite culture. Il prouve manifestement que si la possession d'un lopin de terre est à la fois un stimulant incomparable au travail et à l'épargne, si elle constitue un lien qui rattache le paysan au sol, un intérêt qui le porte à sauvegarder de toutes ses forces la paix et l'ordre public, il est cependant un degré où, sur un champ d'opération trop restreint, la petite propriété se trouve représenter un capital foncier et absorber un capital d'exploitation trop considérable pour qu'ils soient productifs d'un intérêt élevé. Dans ce cas, le petit cultivateur ne retire pas de son intelligence et de son activité, non plus que de son argent, tous les avantages pécuniaires qu'il pourrait en attendre s'il les employait, à titre de fermier, sur un domaine plus étendu.

Ceci nous conduit naturellement à l'examen des divers modes d'exploitation en usage dans notre contrée.

CHAPITRE II

DES DIVERS SYSTÈMES D'EXPLOITATION

§ 1er. — Fermage.

Son importance dans la Haute-Garonne. — Dispositions caractéristiques des baux à ferme. — Les petits propriétaires auraient intérêt à devenir fermiers des grands domaines.

On sait qu'au dernier siècle le fermage n'était pas usité dans nos pays comme mode d'exploitation. Il y a trente ans, on le connaissait à peine dans la Haute-Garonne. Encore aujourd'hui, il n'y occupe qu'un rang très secondaire. On le trouve plus fréquemment sur les grands domaines que sur ceux de moyenne étendue ; et il n'est pas rare de le voir appliqué à une multitude de petits lots dépendants d'une exploitation plus considérable et généralement consacrés aux cultures fourragères. L'arrondissement de Saint-Gaudens en offre de remarquables exemples. Il compte à lui seul plus des trois cinquièmes des fermiers recensés dans le département. Là, nous avons vu, chez M. le baron de Lassus-Camont, sur les rives plantureuses de la Garonne, 70 hectares de terre labourable divisés entre 105 fermiers, et 45 hectares de prairies arrosables, répartis entre 195 individus. Les parcelles, qui contiennent 25 ares, sont quelquefois divisées entre plusieurs. Pour les terres labourables, les baux ont une durée de cinq ans et se paient en nature. Pour les prairies, la durée du bail varie de un an à cinq. On conçoit que, dans ces conditions de morcellement, le nombre des fermiers relevé par la statistique est loin de pouvoir donner une idée, même approximative, de l'importance du fermage.

D'après les documents officiels, on ne compte pas moins de 4,600 individus cultivant à la fois pour eux et pour autrui comme fermiers dans notre département, à ce non compris 780 particuliers non propriétaires. Un procédé plus certain pour apprécier le rôle du fermage dans la Haute-Garonne consiste à relever sur les documents de l'enquête administrative le nombre des fermes louées par baux authentiques. Celles-ci ne s'élèvent pas à plus de 1,318, tandis que les exploitations conduites par des métayers et des maîtres-valets dépassent 13,000.

Voici les dispositions les plus saillantes que présentent ordinairement les baux à ferme. L'entrée en possession et la sortie du preneur sont, presque toujours, fixées au 1er novembre. La durée du contrat est, le plus souvent, de neuf années, bien plus rarement de six, surtout de trois. Mais il est encore moins ordinaire de trouver des baux d'une durée supérieure à neuf ans. Le prix du fermage est généralement payable en argent et par termes égaux : il reste invariable pendant toute la durée du bail. Cependant, il est un petit nombre de personnes qui stipulent que le paiement aura lieu en nature. L'hectolitre de blé est alors pris pour type. Le propriétaire se ménage des réserves, consistant en denrées de toute sorte, pour l'approvisionnement de sa maison. Suivant l'usage des lieux, les impôts et contributions restent à la charge du propriétaire ou sont mis au compte du fermier : en tout cas, ce dernier est chargé d'acquitter les prestations en nature. Pour la sûreté des droits que le contrat lui confère, le propriétaire exige, en général, indépendamment du privilége créé par la loi en sa faveur, un supplément de garanties par voie d'hypothèques, de cautionnement ou de nantissement. Les femmes ont coutume de s'obliger par le contrat.

La direction de la culture appartient généralement au fermier. Toutefois, on l'astreint, d'ordinaire, à entretenir un certain nombre de têtes de bétail et une étendue déterminée de prairies arti ficielles. Les pertes provenant des cas fortuits sont réparties par moitié entre les parties contractantes si le preneur n'a pris l'engagement de s'assurer contre la grêle. Telles sont les dispositions qu'on rencontre le plus fréquemment dans les baux à ferme. Elles suffisent à prouver que l'institution est encore à l'état rudimentaire chez nous. Tout se borne, en effet, de la part des propriétaires, à stipuler des garanties rendues nécessaires par la position précaire du fermier, et, de la part du preneur, à se ménager la faculté d'épuiser le sol avant la fin du bail.

La méfiance est l'esprit qui domine dans les contrats. On n'y sent pas régner la préoccupation de favoriser les progrès de la culture, qui seuls pourraient rendre la spéculation vraiment profitable pour tous. Chez nous, les fermiers ont la réputation d'épuiser les domaines, et il faut avouer que beaucoup d'entre eux la justifient. Mais comment feraient-ils autrement, puisqu'ils manquent d'avances et qu'ils sont même souvent étrangers aux choses de la culture? Tout cela changerait si notre Midi avait, comme le Nord, une classe de fermiers à qui l'instruction et le capital ne font pas défaut. Nous possédons, il est vrai, dans nos familles de propriétaires cultivateurs (*pagès*) des éléments admirables pour la constituer ; mais, hélas ! on ne sait pas les mettre en œuvre. Les Anglais, qui s'entendent à calculer, préfèrent devenir gros fermiers que rester petits propriétaires. Aussi, tandis que le sol va s'émiettant sans cesse chez nous, on remarque le contraire en Angleterre. Un écrivain de ce pays, M. Fawcett, prétend que le nombre des propriétaires y est trois fois moindre aujourd'hui qu'il n'était au commencement de ce siècle.

Pour que le *pagès* puisse pressentir tous les avantages du rôle qui lui est réservé, c'est-à-dire le parti qu'il peut tirer de ses facultés intellectuelles et morales, ainsi que de sa fortune, il est indispensable que l'enseignement professionnel lui révèle les secrets de l'art qu'il pratique empiriquement et les principes économiques dont il n'a que des notions instinctives. Déjà l'on remarque que les fermiers, issus de la classe des propriétaires cultivateurs, réussissent plus communément dans l'entreprise agricole que ceux qui sont sortis du groupe des régisseurs.

Quant au propriétaire, comme il n'éprouve d'autre souci que celui d'assurer et d'accroître son revenu, il ne tardera pas à rejeter ses préventions contre le fermage lorsqu'il le verra pratiquer par des hommes dont les lumières, l'activité et l'aisance assurent le succès. En effet, le fermage procure au maître du sol une rente qui n'est généralement pas inférieure au revenu qu'on obtient par le colonage partiaire ; de plus, la quotité de cette rente échappe à toutes les variations. Que peut souhaiter de plus le propriétaire qui ne joint pas à cette qualité celle d'entrepreneur de culture ?

§ 2. — Métayage.

Son rôle dans l'économie rurale. — Les métayers en 1812. — Conditions ordinaires des contrats. — Résultats favorables du bon accord entre les parties contractantes.

Le faux calcul, qui enchaîne à la propriété foncière les petits capitalistes qui auraient intérêt à devenir fermiers, réduit le tenancier, qui n'est pas lui-même entrepreneur de culture, à la nécessité de confier l'exploitation de son domaine au colonage partiaire. Or, le plus souvent, les métayers n'ont, pour ainsi dire, d'autre capital que leurs bras, et la culture languit forcément entre leurs mains. A coup sûr, ce système est, de tous, le plus misérable et le moins favorable au progrès. Le maître, qui seul pourrait faire l'avance du capital nécessaire aux améliorations, répugne à l'y consacrer, parce qu'il ne doit retirer qu'une part du bénéfice. D'un autre côté, l'esprit de routine et la condition nécessiteuse du métayer lui font regarder de mauvais œil des innovations qu'il ne sait pas apprécier et qui pourraient compromettre temporairement sa subsistance. Souvent il est arrivé qu'en cela le maître et le métayer ont raisonné juste ; ce qui est la condamnation évidente du système.

Il faut pourtant reconnaître que, malgré ses graves inconvénients, le colonage partiaire est le moins mauvais des expédients entre lesquels doit opter le propriétaire d'un domaine de moyenne grandeur qui ne le fait pas cultiver sous ses yeux et qui ne trouve pas de bon fermier. Il s'assure ainsi, du moins, une part proportionnelle dans les produits. Que s'il confie son fonds, à titre de fermier, à celui qui l'aurait pris comme colon partiaire, outre qu'il compromet entièrement son revenu, il expose celui-ci à la tentation, sinon même, dans les mauvaises années, à la nécessité de ruiner le domaine pour subsister et payer la rente. Quant au fermier, il court, dans la spéculation, le risque majeur de dévorer le minime capital d'outillage qui lui aurait permis d'être métayer. Tels sont les principaux motifs qui, depuis tant de siècles, assurent le maintien de cette institution. Longtemps ce fut le seul mode d'exploitation usité dans notre pays. Au dix-huitième siècle, cependant, le réveil de l'art agricole vint l'ébranler. Nos agronomes les plus zélés pour le progrès se montrèrent impatients de rompre les liens dans lesquels la routine des colons les tenait asservis.

A la chute de l'ancien régime, bien que le métayage fût le système le plus communément adopté dans les provinces méridionales, il y était cependant un peu moins en faveur qu'en certaines autres. Si l'on en croit Arthur Young, il s'étendait, à cette époque, sur les sept huitièmes du territoire de la France, et, presque partout, il présentait le caractère de l'exploitation la plus misérable.

De longues années après, en 1812, les métayers étaient encore très pauvres dans la Haute Garonne, ainsi que l'affirme un savant observateur qui a daté de cette époque une monographie du canton de Montastruc, dont les considérations, suivant sa remarque, s'appliquent aux cantons de Verfeil, de Lanta, du centre de Toulouse et à d'autres. Mais déjà le métayage avait perdu beaucoup de terrain. C'est ainsi, par exemple, que dans l'arrondissement de Villefranche, où il était autrefois adopté sur toutes les exploitations, on comptait, en 1812, plus de maîtres-valets que de métayers. En ce temps, c'était la coutume des colons partiaires d'employer très fréquemment les animaux de trait à des transports exécutés à l'insu du maître. Ils se livraient aussi à un trafic immodéré sur les bestiaux, qui nuisait à la culture tant par l'irrégularité du travail, suite nécessaire des changements d'attelage, que par l'absence du colon que ce trafic faisait courir avec sa famille aux foires et aux marchés. « Il n'est pas de métairie, lisons-nous dans une note de M. de Villèle, sur la plaine de Revel, qui ne soit abandonnée, pendant deux ou trois jours de la semaine, par la partie de la famille la plus utile au domicile ou à la culture. » Toutefois, à cette époque, et malgré l'état de gêne commun à la plupart des métayers, il y avait parmi eux quelques familles dans l'aisance, et on citait des domaines où le colonage partiaire donnait de bons résultats.

Ces faits heureux sont plus fréquents de nos jours, surtout dans les pays de montagne où ce mode d'exploitation a bien encore sa raison d'être. Les récompenses, que la Société d'agriculture de Toulouse décerne annuellement aux meilleurs métayers, ont exercé à cet égard une salutaire influence. A tout prendre, la condition des colons partiaires ne paraît pas être inférieure à celle des maîtres-valets, comme au siècle passé. En ceci, du reste, il ne saurait y avoir rien d'absolu, les choses variant à l'infini. Dans l'arrondissement de Muret, par exemple, plus des deux tiers des métayers sont en même temps propriétaires, tandis qu'on n'en

compte guère plus d'un sur dix, dans l'arrondissement de Villefranche, qui puisse être rangé dans cette catégorie. A considérer
l'ensemble du département, la moitié de nos métayers sont propriétaires.

Suivant la fertilité du sol, le partage des fruits a lieu dans une
proportion qui varie entre un *maximum* de la moitié et un *minimum* du quart. A Verfeil, on a coutume de donner au colon la
moitié du maïs et le tiers seulement des autres produits. Ailleurs,
la proportion, restant la même pour le maïs et les menus grains,
descend au quart pour le blé. Il est même, assure-t-on, des
domaines où le colon ne perçoit qu'un huitième sur les céréales.
L'impôt est tantôt à la charge du propriétaire, tantôt du métayer;
tantôt le fardeau est partagé d'une manière plus ou moins égale
entre l'un et l'autre.

Quant au capital agricole, la construction et l'entretien des bâtiments ruraux incombent au maître du sol. Le plus souvent, c'est
lui qui fournit les avances nécessaires pour l'acquisition du bétail.
Les profits et pertes, auxquels cette spéculation donne lieu, sont
généralement partagés par égale portion. Dans certaines localités, cependant, le colon ne bénéficie que d'un tiers et même d'un
cinquième. Les outils aratoires sont presque toujours fournis par
le métayer qui participe aux frais des semences, dans la proportion qu'il a sur les récoltes. La même règle s'applique aux
sinistres.

On exige toujours du colon une rente en volailles. Suivant
l'usage des lieux, elle est établie, soit d'après le nombre d'hectolitres de blé qu'on sème, soit d'après le nombre des paires de
labourage. Si le métayer élève des canards, des oies ou des dindons, il en partage les profits avec le propriétaire. Enfin, celui-ci
se réserve, d'ordinaire, le produit des arbres fruitiers, des bois
et des vignes, en totalité ou en partie.

A côté de ces conditions si variables du bail à colonage, il en
est une qui ne change, hélas! jamais et qui paralyse, dans la généralité des cas, la bonne volonté du métayer : je veux parler du
terme d'une seule année imposé à la durée des baux. Le colon
eût-il en ses mains les capitaux nécessaires pour améliorer la culture, il ne pourrait, sans témérité, les employer dans une spéculation à court terme. Aussi a-t-il contracté l'habitude de ne donner à la terre que son travail qui ne lui coûte aucun déboursé.
Le métayage ne vaut que par les qualités des parties contractantes.
Les liens des traditions anciennes, des services personnels et d'une
coopération éprouvée, peuvent seuls donner confiance au colon
dans les dispositions de son maître. Heureux lorsqu'il inspire les

37

mêmes sentiments à celui-ci , et que le propriétaire a le pouvoir
et le désir de rivaliser d'efforts avec son modeste associé. Dans
ce cas, tout va pour le mieux. S'agit-il d'opérer des chaulages,
des marnages, des drainages sur une grande échelle, l'accord
s'établit bientôt. Le ¡maître fait tous les frais d'achat, le colon
s'impose les corvées, et les résultats indemnisent largement l'une
et l'autre partie.

Je sais des domaines qui ont été transformés complétement
sous le régime du métayage et qui ont ainsi passé de la plus pauvre culture à la meilleure. Constructions, bétail, outillage, amendements , travaux d'assainissement et d'irrigation , tout est à
souhait. L'union des volontés et des ressources a enfanté des
prodiges de fécondité. Il est vrai qu'en ce cas, si les métayers
sont des hommes laborieux, dociles, intelligents et probes, le maître est lui-même un modèle de droiture, d'aptitude et d'activité.
Non content de répandre parmi ceux qui l'entourent le bien-être
et les bonnes pratiques, il a pris, dans une région qui dépasse
les limites de la commune qu'il habite, l'initiative de tous les perfectionnements, et il est devenu le guide des cultivateurs qui
aiment le progrès associé à la prudence.

Pourquoi tairais-je, ici, que j'entends désigner l'ami (1) avec
lequel, depuis les années du collége , je mets en commun peines
et plaisirs, et pour qui mon esprit n'a pas de contrainte ni mon
cœur de secrets. Avant nous, de précieuses relations avaient rapproché nos pères et nos aïeux, déjà même elles s'étendent à nos
enfants. La similitude de nos goûts pour la vie indépendante et
pour les occupations agricoles, l'accord de nos idées sur les hommes
et sur les choses, par-dessus tout l'identité de nos croyances et
de nos principes religieux, ont établi entre nos cœurs des liens
que rien encore n'a pu relâcher et que la mort même, Dieu aidant,
ne brisera pas. Malgré la franchise de cet aveu, j'ai la confiance
de n'avoir pas exagéré l'éloge en traçant le portrait du propriétaire qui sait concilier le système du métayage avec les progrès de
la culture pour le plus grand profit de tout le monde.

Je n'aurai pas non plus à puiser hors de mes souvenirs pour
retracer l'image du bon métayer. Pourrais-je oublier, en effet,
une famille de vaillants cultivateurs , prompts à l'ouvrage,
dociles aux conseils, connaisseurs en bétail, soigneux en toutes
choses, sobres, probes, flattés de la confiance qu'on leur témoi-
gnait, profondément respectueux et dévoués pour leur maître
dont ils étaient sincèrement aimés. Entre eux, les rapports étaient

_____

(1) M. Charles Du Bernard, membre du conseil général du Tarn.

toujours faciles, l'accord complet, et, par suite, la métairie allait prospérant, chaque année davantage. Des circonstances impérieuses rompirent les relations que, de part et d'autre, plusieurs générations s'étaient plu à resserrer. Le domaine fut vendu. Quand l'heure du départ sonna, les larmes coulèrent de tous les yeux. Une distance de vingt lieues allait séparer le maître du métayer, les enfants de l'un des enfants de l'autre. Mais on se promit de se revoir et, depuis vingt-cinq printemps, on se tient parole. Jusqu'à ce que la mort ait glacé la main rugueuse du vieux bordier, il ira chaque année presser la main de ses anciens maîtres qui sont restés ses meilleurs amis.

Les exemples d'attachement et de confiance réciproques entre les parties contractantes du bail à colonage ne sont pas aussi rares qu'on pourrait le soupçonner en ce temps d'indifférence, et les effets salutaires qui en résultent pour la culture se reproduisent dans des cantons entiers. Aussi ce système d'exploitation a-t-il trouvé, de nos jours, des défenseurs convaincus. Il est certain qu'il présente, sous une forme attrayante et simple, une application usuelle du principe de l'association auquel la force des choses ramène peu à peu le travail agricole.

Sans contester les effets favorables du métayage dans les pays où ce contrat et les modifications qu'il comporte sont entrés dans les mœurs nous hésitons cependant, à croire que ce soit là la forme définitive que l'organisation de l'exploitation agricole doive présenter, en général, chez nous. Le découragement des propriétaires qui, depuis quelques années, vendaient mal leurs récoltes et payaient plus cher leurs ouvriers, en a ramené un certain nombre vers une pratique qu'ils condamnaient auparavant comme paralysant leur initiative et gênant leur action dans la voie du progrès. Ces griefs sont trop fondés pour que le métayage se substitue au faire-valoir qui a conquis, pied à pied, le territoire, et qui ne tardera pas, sans doute, à reprendre l'offensive.

§ 3. — Faire-valoir.

Trois conditions dans le faire-valoir : le propriétaire cultivant de ses propres mains ; le propriétaire dirigeant en personne son exploitation (détails sur le système de culture à maîtres-valets) ; le propriétaire administrant son domaine par l'intermédiaire d'un régisseur.

« Un pays, dit J.-B. Say, aurait de grands éléments de prospérité, si beaucoup de propriétaires instruits étaient répandus dans

les campagnes et en perfectionnaient l'agriculture, soit directement par de bons procédés, soit indirectement par de bons exemples. » Il n'est pas douteux, ajoute-t-il, que des propriétaires éclairés n'exerçassent une haute influence sur la prospérité du pays.
Dans l'opinion de ce grand économiste, le faire-valoir doit occuper le premier rang entre les différents modes d'exploitation. Le
fermage n'arrive qu'en second lieu.

Il est certain que nul plus que le maître du sol n'a de bonnes
raisons pour se montrer généreux envers lui. Il n'a pas à craindre, comme le fermier, que d'autres soient appelés à profiter de
ses sacrifices. Mais pour que le faire-valoir produise tous ses bons
effets, il est nécessaire que le propriétaire agriculteur possède les
qualités de son état, c'est-à-dire les lumières, l'esprit de conduite
et l'activité. Elles sont indispensables dans toutes les situations,
quoique chacune ait ses exigences particulières.

On distingue dans le faire-valoir trois conditions bien caractérisées en principe, quoique très souvent entremêlées et confondues dans l'application. Tantôt le propriétaire est à la fois l'or-
ganisateur gérant, l'administrateur et l'ouvrier de l'entreprise
(c'est le cas du petit tenancier cultivant son héritage de ses propres
mains) ; tantôt il laisse à d'autres le travail manuel pour ne conserver que l'organisation et l'administration (comme cela a lieu
le plus souvent sur les domaines de moyenne étendue); tantôt
enfin, le propriétaire se borne à faire exploiter pour son compte
et d'après ses inspirations, mais non plus sous sa direction immédiate. Il se fait représenter par un délégué (c'est l'organisation
généralement en usage sur les grandes exploitations rurales).

Nous ne reviendrons pas ici sur ce que nous avons dit ailleurs
concernant le rôle de la petite propriété et la condition de celui
qui la cultive. Nous avons exprimé notre sentiment à cet égard
dans les chapitres que nous avons consacrés à la constitution de
la propriété et à l'étude de la condition matérielle et morale des
ouvriers ruraux.

Nous reporterons donc notre attention sur la classe des moyens
et des grands propriétaires qui font valoir leurs domaines. Obligés
d'emprunter le concours de bras étrangers , ils prennent à gages
soit de simples *valets* qu'ils se chargent de nourrir, soit des *maîtres-valets*. Ce dernier système est de beaucoup le plus employé
et, croyons-nous, le plus avantageux.

En 1862, la Haute-Garonne ne comptait pas moins de 6,289
exploitations dirigées par des maîtres-valets. Sur ce nombre, les
arrondissements de Villefranche et de Muret en avaient chacun
plus de 2,000, celui de Toulouse 1,784, et celui de Saint-Gau-

dens 191 seulement. En réalité, le maître-valet est un entrepreneur de main-d'œuvre qui s'oblige à tenir un certain nombre de personnes à la disposition du propriétaire, moyennant des conditions stipulées pour toute l'année. Les gages se composent de denrées en nature (grains, boissons), d'une certaine somme en numéraire et d'une quantité déterminée de terre, consacrée à la production du maïs, des légumes et des plantes textiles. Ces cultures, dont l'étendue varie suivant la coutume des lieux, sont tantôt données à moitié fruits et tantôt laissées entièrement au maître-valet. C'est encore un usage très variable que celui qui consiste à lui confier un intérêt sur le bétail.

A Verfeil, le maître-valet reçoit pour chaque homme qu'il fournit : 4 hectolitres de maïs, 4 hectolitres de blé et une somme de 30 fr. Il partage par moitié avec le propriétaire le produit de 56 ares 90 centiares de terre ensemencée en maïs. Enfin, on assigne à la famille du maître-valet une étendue de quelques ares pour sa provision de légumes, d'huile et de lin. On lui fournit le combustible nécessaire pour son foyer et pour le four où elle cuit son pain. Ces conditions tendent à s'améliorer. Dans certaines parties du canton, on donne 2 hectolitres de grains en plus et une quantité double de terre à maïs. A Cadours, chaque homme gagé reçoit 6 hectolitres de froment, 6 hectolitres de maïs, 30 fr. en numéraire et la demi-part du produit de 56 ares 90 centiares de terre ensemencée en maïs. En outre, on assigne à la famille du maître-valet 28 ares, sur lesquels elle récolte sa provision de lin et de légumes. Elle reçoit à titre de boisson une certaine quantité de *piquette*, et pour son chauffage, 200 fagots évalués 20 fr. Aux environs de Toulouse, la condition des maîtres-valets est meilleure. Nous leur donnons 1 hectolitre de blé et 1 hectolitre de maïs de moins, mais ils ont deux fois plus de terre à maïs. Grâce aux progrès de la culture, ils récoltent année ordinaire, sur une étendue de 1 hectare 13 ares qui leur est confiée, 36 hectolitres de maïs en grain, soit 18 hectolitres pour leur part virile. Souvent même ce chiffre est dépassé. Or, il y a dix ans, le rendement n'excédait pas 13 hectolitres 50 en moyenne sur la même contenance.

Comme on le voit par ces exemples, les gages des maîtres-valets se composent principalement de denrées de consommation qui les prémunissent contre la disette et la cherté excessive des subsistances. D'un autre côté, ils se complètent par une quotité proportionnelle dans certains produits de la culture et quelquefois par un certain bénéfice sur le bétail. Ces combinaisons, qui les associent au succès de l'entreprise agricole, n'ont pas, à mon avis, un égal mérite. La première offre de grands avantages, et ses inconvénients peuvent être facilement prévenus; il n'en est pas de même de la seconde. En effet, lorsque le maître-valet a un intérêt sur le bétail de croît seulement, il lui prodigue les fourrages, fallût-il pour cela faire pâtir les animaux de trait. Si, pour prévenir ce danger, on assigne au maître-valet un bénéfice identique sur les bœufs de travail, il est trop porté à les ménager aux dépens de la bonne exécution des labours. Dans l'un et l'autre cas, il est enclin à différer, au préjudice de la récolte prochaine, le défrichement des éteules, afin de prolonger la durée de la dépaissance. Les femmes sont toujours payées à la journée lorsque le propriétaire les occupe, et les enfants s'emploient à garder les porcs, les oies ou les dindons; petites spéculations qui donnent de jolis profits. Il n'est pas rare, en outre, qu'un ou plusieurs membres de la famille du maître-valet tiennent sur le domaine l'emploi de *solatier* qui leur confère une part proportionnelle dans les céréales dont ils opèrent la moisson et le battage.

Grâce à cette organisation, tous les membres de la famille du maître-valet trouvent leur chantier sur le domaine. Les hommes jeunes et vieux tiennent le mancheron de la charrue, et lorsque le plus robuste va faucher la moisson, c'est le plus souvent aux mains d'un fils ou d'un frère adolescent qu'il confie son attelage. Quant aux femmes, laissant à la plus âgée d'entre elles les soins de l'intérieur, elles partagent tous les travaux de la culture. Ainsi vivent nos maîtres-valets, simplement mais sans inquiétude, confiant dans leur maître vis-à-vis duquel ils ne sont liés, la plupart du temps, que par un contrat verbal. Si les petits tenanciers jugent la condition des maîtres-valets trop inférieure à la leur et si les *estachants* eux-mêmes trouvent leur sort préférable, en revanche les maîtres-valets mènent une existence plus tranquille. Leurs mœurs sont douces et austères. Il est rare que le ménage soit troublé par la mésintelligence des époux ; ils élèvent avec facilité une progéniture assez nombreuse. En général même, dans ces familles, on se montre indulgent et respectueux pour la vieillesse qui se suffit longtemps à elle-même, soit en conduisant la charrue, soit en donnant des soins au bétail, deux opérations qui exigent plus d'expérience que de force physique.

Dans notre étude sur l'ancien régime, nous avons eu occasion de mettre en parallèle la condition actuelle de nos maîtres-valets avec celle qu'avait présentée le dix-huitième siècle, et cette comparaison, comme il était naturel de le pressentir, a tourné fort à l'avantage du temps présent. (1).

(1) Voir dans la première partie de cet ouvrage, liv. IV, chap. Ier, p. 77.

Nous ne terminerons pas ce que nous avons à dire au sujet des maîtres-valets, sans rappeler l'heureuse inspiration et les efforts généreux d'un homme de bien, pour exciter dans notre pays l'émulation de ces utiles agents de l'exploitation rurale. En 1807, M. Cazal-Lapujade fit frapper dix médailles d'encouragement que la Société d'agriculture décerna, l'année suivante, à autant de maîtres-valets de l'arrondissement de Toulouse. Depuis cette époque, cette Compagnie n'a cessé d'offrir à ces intéressants travailleurs quatre médailles, dont une est attribuée à chacun des arrondissements de la Haute-Garonne. En 1818, M. Cazal-Lapujade, pour propager une institution dont les bons résultats ne s'étaient pas fait attendre, fit don à la Société d'agriculture de cinq médailles d'or qui devaient être accordées à autant de maîtres-valets pris dans la proportion d'un pour chacun des départements circonvoisins du nôtre. Le zèle infatigable de cet agriculteur ne resta pas sans récompense. En 1821, le roi lui décerna une médaille d'argent, distinction alors bien rare et par conséquent très flatteuse. Ce fut en toute vérité que le président de la Société d'agriculture put dire à M. Cazal, en lui remettant ce signe honorifiqne, que c'était un témoignage de la reconnaissance de ses concitoyens. En effet, il est d'autant plus nécessaire d'exciter par des récompenses le zèle des maîtres-valets, que ces agents étant, à beaucoup d'égards, désintéressés dans le succès de l'exploitation, se laissent aisément dominer par des habitudes indolentes. D'un autre côté, dans ce système, l'ouvrier diligent et vigoureux n'étant pas plus rétribué que celui qui n'a pas les mêmes qualités physiques et morales, le premier a de la tendance à se régler sur le second. C'est à l'entrepreneur de culture à réagir, par une direction intelligente et une surveillance active, contre ces inconvénients que l'autorité du chef de la famille ne suffit pas toujours à conjurer.

Hâtons-nous d'ajouter, à l'honneur de notre temps, qu'une louable émulation, pour améliorer le sort de nos populations ouvrières, anime les classes élevées. Nous en avons plusieurs fois rapporté les preuves dans le cours de cet ouvrage, et si nous en rappelons ici le souvenir, c'est que la sollicitude du maître, à l'égard de ses subordonnés, nous paraît être une des qualités essentielles que doit posséder le propriétaire agriculteur. Son intérêt privé comme le grand œuvre de l'harmonie sociale s'accordent sur ce point. Une éducation vraiment chrétienne peut seule inspirer ce sentiment et l'élever au-dessus des dégoûts que l'ingratitude apporte à son heure. Un charmant poète, qui est en même temps un bon agriculteur et un philanthrope dévoué,

a rendu cette pensée en quelques vers heureux, dont on me
permettra la citation :

> «..... Il faut toujours au bien
> Dévouer, sans calcul, son cœur de citoyen ;
> Il faut toujours marcher où le devoir nous mène
> En comptant aux profits l'ingratitude humaine.
> Des ingrats, n'en a pas qui veut..... »

M. CALEMAR DE LAFAYETTE.
(*Le Poème des Champs*, liv. VII.)

A cette bienveillance, robuste pour tous ceux qui l'environnent, le propriétaire devra joindre la prudence, l'ordre et l'esprit
de suite. Il est indispensable qu'il possède à fond la pratique de
son art, et il serait fort à désirer qu'il en connût la partie théorique : c'est à cela que l'enseignement doit tendre.

Si le propriétaire administre lui-même son exploitation, il faut
qu'il en suive le détail et que tous les ordres partent de lui. Sa
présence continue sur le domaine est indispensable. Il doit renoncer aux jouissances qu'offre le séjour temporaire de la ville, et
chercher dans la vie des champs toutes ses satisfactions. Il en
peut être parfois autrement, si le propriétaire a un contre-maître
intelligent, initié à ses habitudes, et cependant ce n'est pas le
mieux. La résidence à la campagne est un si bon exemple et
produit de si salutaires effets pour la prospérité des familles,
qu'on ne saurait trop la pratiquer. L'économie dans les dépenses
personnelles prend la place des coûteuses futilités du luxe. On
s'enrichit à la fois parce qu'on augmente ses revenus et parce
qu'on en met une plus grande portion en réserve. L'épargne
retourne naturellement à la terre sous forme d'améliorations et,
à l'occasion, d'acquisitions d'immeubles. Toutefois, le propriétaire sage ne doit pas incorporer tous ses capitaux au sol, surtout
sur un même corps de domaine ; il exposerait ainsi tout son
avoir au désastre d'une année calamiteuse, et il ne serait pas
plus raisonnable de s'obérer et d'hypothéquer son fonds pour
doter ses enfants.

Dans le ménage rustique, les rôles doivent être bien définis.
Au mari, les occupations extérieures ; à l'épouse, le gouvernement de la maison : l'un amasse et l'autre conserve. Et comme
tous deux ont pris l'habitude de mettre chaque instant à profit,
ils ont du temps pour tout. La maîtresse de maison semble se
multiplier dans son ménage, et cependant elle trouve le moyen
de diriger l'éducation de sa fille et de donner plus d'un coup
d'œil au jardin. Le propriétaire agriculteur, de son côté, est, pour

ainsi dire, toujours présent dans ses champs; il en surveille tous les travaux, tantôt passant de longues heures avec ses ouvriers, tantôt les surprenant à l'improviste. Cependant, il ne manque jamais de faire accueil à tous ceux qui viennent solliciter son conseil ou son appui, ni même de visiter avec sa famille les malades et les malheureux des environs. Rentré chez lui, il met ordre à ses comptes, se tient au courant des nouveautés agricoles, et, pour peu qu'il ait le goût des lettres, il se livre encore, pendant quelques instants, à ces bonnes lectures qui délassent, ornent et charment l'esprit.

Mais si le propriétaire n'administre pas directement son domaine, comme la régularité de l'organisation exige que les ordres soient toujours transmis par la même bouche, il se borne à s'assurer de leur exécution, dont il laisse la responsabilité à son représentant. Bien qu'il entre fréquemment dans le détail de toute chose, il n'a pas besoin d'être constamment présent sur le chantier, où ses visites doivent être irrégulières et inattendues. Maître de son temps, il en pourra consacrer une partie à l'étude. « A corriger la solitude de la campagne est de grand efficace la lecture des bons livres, vous tenant toujours compaignie, » a dit Olivier de Serres. J'aime autant, pour les jeunes gens et pour les hommes faits, ce genre de distraction que la chasse et les fantaisies hippiques. Il y a plus de satisfaction pour l'esprit, et, lorsqu'on a l'honneur d'appartenir aux classes dirigeantes, on doit avoir l'orgueil de primer les autres par l'intelligence plus encore que par les biens de la fortune. Il faut être d'autant plus jaloux d'acquérir cette supériorité morale qu'on occupe une position sociale plus élevée. L'instruction n'est-elle pas d'ailleurs une propriété véritable, tellement inhérente à l'homme, qu'elle lui reste lorsque les malheurs domestiques ou les commotions politiques l'ont dépouillé de tous ses autres biens?

Dans le temps où nous vivons, il faut, pour que l'inégalité des conditions se fasse accepter sans murmure, que les plus haut placés justifient leur élévation auprès des classes moyennes par le développement de l'intelligence et par la bienveillance des rapports sociaux; auprès des plus petits, par le patronage de leurs intérêts et par l'assistance dans leurs besoins. Les grands de ce monde sont les délégués de la Providence. Comme ils recueillent tous les honneurs et les avantages de cette délégation, ils en doivent assumer les devoirs et les charges. C'est pour avoir trop longtemps méconnu cette vérité, qui est de toutes les époques et de tous les pays, quoi qu'on en pense, que l'ancienne société française a sombré dans une épouvantable tourmente. Profitons de ses fautes. Le calme est rétabli à la surface, mais les signes précurseurs de l'orage assombrissent l'horizon. Qui pourrait le nier ? et qui ne voudrait conjurer la tempête ?

Il ne suffit plus maintenant de vivre honnêtement chez soi, et seulement pour soi ; de s'isoler dans le milieu qui nous entoure ; de se renfermer, vis-à-vis des pouvoirs publics, dans un superbe et commode dédain ; il faut réunir tous les efforts pour faire face au danger, et quand le ciel sera redevenu serein, nous continuerons à manœuvrer de concert pour que le navire qui porte la société nouvelle ne se brise contre les écueils où l'ancienne société a péri presque entière.

Pour assurer l'avenir, c'est du côté des générations qui s'avancent qu'il faut tourner nos constantes préoccupations. Il importe de développer les intelligences et de discipliner les cœurs. Ce sera l'œuvre de l'éducation rendue plus chrétienne et de l'enseignement public mieux approprié aux besoins spéciaux d'une nation plus agricole encore qu'industrielle et guerrière. Nous ne reviendrons pas ici sur ce que nous avons dit sur ce sujet délicat dans les chapitres que nous lui avons consacrés. Nous rappellerons seulement que l'enseignement professionnel de l'agriculture, si nécessaire au propriétaire qui fait cultiver son domaine sous ses yeux, l'est encore à celui qui, n'y résidant pas, en abandonne la direction ainsi que l'administration aux soins d'un de ces intendants ou régisseurs vulgairement désignés sous le nom d'*hommes d'affaires*.

La statistique de 1862 porte à 889 le nombre des propriétaires de la Haute-Garonne cultivant par les soins d'un régisseur, mais nous devons faire observer que, sous cette dénomination générique, se trouvent réunis des éléments fort dissemblables et qu'il était d'ailleurs impossible de distinguer avec précision. Le simple surveillant qui fait exécuter et exécute lui-même, en travaillant comme les autres ouvriers, les ordres que son maître lui donne, plusieurs fois le jour, coudoie dans cette liste le régisseur portant jacquette et ne voyageant qu'en *jardinière*, sorte de vice-roi qui tranche de tout sur le domaine en l'absence du propriétaire, nous n'osons dire du maître. On ne peut donc tirer aucune conclusion du renseignement officiel quant à l'importance relative du mode d'exploitation par régie. Généralement les gages de l'homme d'affaires se composent d'une quotité invariable de denrées et de la jouissance d'une étendue déterminée de terre. En outre, il reçoit une somme fixe en argent ou, ce qui est préférable, une part proportionnelle dans les bénéfices.

Ce régime mixte, qui consiste à mettre l'exploitation aux mains d'un agent intéressé au produit, peut être considéré comme une sorte de commandite dans laquelle l'un des associés fournit les capitaux et l'autre son industrie seulement. Ce mode, par sa complication même, ne peut guère s'adapter qu'à une exploitation assez considérable, à l'opposé du métayage que ses faibles ressources semblent restreindre aux domaines de moindre étendue. Dans le système de la régie à profit, la disproportion des mises et la faculté de commettre et de couvrir les malversations doit rendre les propriétaires très circonspects dans le choix du régisseur, lequel joindra à une habileté consommée une probité inaltérable. S'il est difficile de trouver ces qualités réunies dans cet agent, il ne l'est pas moins de rencontrer, en même temps, dans le propriétaire une suffisante connaissance de ses intérêts pour contrôler les opérations du régisseur, les ressources pécuniaires pour les réaliser, et la volonté de les consacrer à cet usage. Cet heureux concert se présente cependant quelquefois et produit d'excellents effets. Malheureusement il est bien plus fréquent d'entendre parler de régisseurs infidèles et promptement enrichis dont l'aisance contraste avec la gêne du maître.

A tout prendre, ce régime, pas plus que le métayage, n'est de nature à réaliser de grands progrès et à élever le prix de la rente. L'un et l'autre cependant ont leur raison d'être et leur utilité. Rien ne vaut le métayage pour les domaines de faible étendue, qui n'ont pas la bonne fortune d'attirer les soins et les capitaux d'un fermier sérieux ou du propriétaire. Le meilleur sort d'une grande exploitation pareillement délaissée est de jouir, sous l'administration d'un régisseur à profit, des avantages de la division du travail que le colonage partiaire ne saurait lui procurer au même degré.

CHAPITRE III

DU CAPITAL AGRICOLE

Dans son beau livre sur l'économie rurale de la France, M. de Lavergne, comparant la région du Sud-Ouest, à laquelle se rattache le département de la Haute-Garonne, avec le nord de la France, sous le rapport du capital d'exploitation, constate une immense différence à notre désavantage. C'est là, on n'en saurait douter, une des causes qui placent notre agriculture méridionale dans une situation inférieure que ni le climat, ni la nature du sol, ne sauraient complétement justifier.

Cependant des progrès très considérables ont été réalisés chez nous à cet égard depuis 1789. Il résulte, en effet, des données que nous avons recueillies sur l'ancien régime, que le capital d'exploitation, alors employé sur nos champs, ne s'élevait pas au tiers de son importance actuelle.

Bien qu'il nous paraisse fort difficile de déterminer, même approximativement, par une formule synthétique la valeur de ce capital à cause de la multiplicité des éléments qu'il renferme et de la diversité des conditions culturales que le département présente, nous essaierons cependant de porter le flambeau de l'analyse dans quelques-unes de ses parties pour mettre en lumière les traits essentiels de la situation. Mais, d'abord, expliquons-nous sur la signification des mots, parce qu'en cette matière délicate la confusion des termes a eu souvent pour résultat d'empêcher les praticiens et les économistes eux-mêmes de s'entendre.

Suivant la classification adoptée par M. de Gasparin, nous distinguerons dans le capital agricole :

1° Le capital fixe, comprenant, outre le fonds lui-même, les capitaux qu'on lui a incorporés définitivement pour le mettre en valeur, tels que les constructions, les clôtures, les chemins, les travaux de desséchement, etc. ;

2° Le capital de cheptel, divisé en cheptel vivant (bestiaux de trait et de rente), et en cheptel mort (instruments agricoles) ;

3° Le capital circulant ou fonds de roulement, qui se compose des réserves nécessaires pour nourrir les hommes et les animaux, payer le salaire des ouvriers, pourvoir l'exploitation de semences et d'engrais, enfin, des sommes nécessaires pour réparer les pertes du cheptel, solder les impôts, au besoin les assurances, et subvenir à toutes les dépenses d'entretien.

§ 1er. — Du capital fixe.

I

Capitaux consacrés à l'exploitation du sol. — Défrichements : statistique. — Assainissement : drainage. — Amendements : marnage, chaulage. — Irrigation : canal de Saint-Martory ; canal Latéral à la Garonne ; projets divers.

Le capital fixe appartient presque toujours, en ses diverses parties, au propriétaire du sol, auquel il se trouve incorporé. Quoique la terre en constitue l'élément principal, nous n'en dirons rien dans ce paragraphe, où nous nous proposons uniquement d'apprécier les capitaux consacrés à l'exploitation. En ce qui concerne la valeur des terres et les variations qu'elle a subies, nous renvoyons le lecteur aux détails que nous avons donnés dans le chapitre de cette étude où la constitution de la propriété se trouve décrite.

Passant à la partie du capital agricole, employée à la mise en valeur du domaine, notre attention est d'abord appelée sur les défrichements. On sait qu'à une époque reculée, de vastes étendues d'excellents fonds étaient consacrées ou plutôt abandonnées à la sylviculture dans le pays toulousain.

Nous avons vu, dans nos recherches sur l'état agricole de la province au dix-huitième siècle, que, malgré l'impulsion donnée aux défrichements, la septième partie du sol, qui forme aujourd'hui le département de la Haute-Garonne, soit 87,177 hectares, était encore occupée par des bois en 1789. La loi du 29 septembre 1791 ayant autorisé, sans restriction aucune, les défrichements, ils furent poursuivis, assure-t-on, à raison de 300 hectares, en moyenne, par année. Mais la loi du 9 floréal an II ayant mis quelque obstacle aux déboisements, le mouvement se ralentit. Toutefois, la Société d'agriculture de Toulouse, consultée en 1822 par le ministre de l'intérieur, crut pouvoir évaluer à 200 hectares, en moyenne, les défrichements annuellement opérés sous la nouvelle législation, ce qui portait à 6,000 hectares la superficie déboisée. A ce chiffre venaient s'ajouter encore 2,000 hectares environ, qu'on présumait avoir été usurpés sur les lisières des forêts royales ou communales et défrichés par les riverains. En sorte que l'étendue des bois et forêts se serait trouvée réduite à 63,342 hectares, en 1822 (1).

On a des relevés officiels pour la période décennale 1858-1868. Il résulte de ces documents que la contenance des bois défrichés, après déclaration, s'est élevée à 3,563 hectares 17 ares. Indépendamment de ceux-ci, il en est qui ont été défrichés sans autorisation préalable. On peut les évaluer, sans exagération, au dixième des bois compris dans la catégorie précédente (356 hectares 31 ares), soit, au total, 3,919 hectares 49 ares.

En appliquant ce chiffre aux périodes qui ont suivi la promulgation du Code forestier de 1827, on trouve que les défrichements se sont étendus, pendant les quarante dernières années, à

(1) *Journal des propriétaires ruraux,* 1822.

11,758 hectares 48 ares, chiffre qui n'est très probablement pas exagéré, puisque les 4,205 hectares de bois domaniaux, aliénés depuis le commencement de ce siècle, l'ont été, en partie, avec faculté de défrichement.

D'après les données qui précèdent, la contenance des bois et forêts atteindrait, au plus, à 52,386 hectares 79 ares dans la Haute-Garonne, même en y comprenant 803 hectares de terrains reboisés depuis 1861. Les évaluations de la statistique officielle sont loin de s'accorder avec ces renseignements. En 1834, elle assignait aux bois une contenance totale de 87,140 hectares (non compris 14,289 hectares non imposables). Vingt ans après, malgré l'importance des défrichements, les bois auraient gagné 5,521 hectares! Laissant aux staticiens de profession le soin d'expliquer ces différences, devant lesquelles la raison des simples mortels reste confondue, nous nous bornerons à constater que la Société d'agriculture, dans ses réponses au questionnaire de l'Enquête agricole, a émis l'opinion que, depuis trente ans, la Haute-Garonne, abstraction faite de la partie montagneuse du département, aurait perdu la moitié de ses bois. Evidemment, cette appréciation ne saurait être prise au pied de la lettre, mais elle donne une idée de l'importance des défrichements. Les tableaux dressés par l'administration forestière constatent, d'ailleurs, que le mouvement ne s'est pas ralenti depuis cette époque, et il ne s'arrêtera pas sans doute, aussi longtemps que le produit des terrains boisés se trouvera trop inférieur à celui que donnerait le même sol soumis à d'autres cultures.

Les travaux d'assainissement, qui font aussi partie du capital de fonds employé à la mise en valeur du domaine, ont pris depuis 1789 un grand développement. De nombreux cours d'eau, qui exerçaient de fréquents ravages dans les vallées, ont été endigués avec soin. L'organisation du service hydraulique a rendu de grands services à cet égard. Le régime des fossés mères a été fort amélioré. Les particuliers, de plus en plus soucieux de leurs intérêts, entretiennent avec plus de soins les fossés qui bordent leurs héritages et ils en creusent de nouveaux pour assainir les champs. C'est aussi sur une vaste échelle que les travaux de nivellement ont été opérés sur nos exploitations rurales. L'emploi du tombereau devenu général, d'exceptionnel qu'il était au dernier siècle, l'application plus fréquente du cheval et du mulet aux transports de terre, la substitution de légères ravales en tôle aux lourds engins si justement flétris du nom de *galère* par le laboureur apitoyé sur le sort de ses bœufs, ont exercé une grande influence sur le développement de ces travaux préliminaires si

essentiels. Enfin, une grande impulsion a été donnée au drainage
depuis qu'on a imaginé de substituer à la pierre et aux fagots,
qu'on déposait traditionnellement au fond des fossés couverts,
les tuyaux en poterie que les Anglais nous ont appris à fabriquer
économiquement.

Les sociétés d'agriculture ont rivalisé avec les administrations
départementales. Des machines perfectionnées ont été mises à la
disposition des fabricants ; on a importé des outils spéciaux, admirablement appropriés pour creuser et nétoyer les tranchées ; un
service spécial d'ingénieurs a été créé par le conseil général, sur
la proposition de M. Migneret, pour opérer gratuitement les études ; on a publié des instructions pratiques, et des médailles ont
été offertes pour activer et récompenser le zèle des agriculteurs.
Tout cela a produit, en définitif, d'excellents effets, quoique
fort inférieurs, sans doute, aux merveilles que certains esprits
naïfs et prime-sautiers annonçaient pompeusement. En ceci, la
nature de notre sol et de notre climat ne se prêtait pas aux changements à vue. 2,000 hectares environ ont été drainés dans la
Haute-Garonne, et la plus grande partie l'a été avec succès. C'est
peu, sans doute ; mais, après cela, on n'est pas autorisé à dire,
comme on l'a fait, que tous les encouragements ont été stériles.

Notre opinion personnelle est que, si le drainage régulier trouve
rarement son emploi chez nous, il en est autrement du drainage
irrégulier, qui, sur un grand nombre de points, est commandé
par l'intérêt bien entendu de l'agriculture et même par celui de
la salubrité publique. Cette dernière considération s'est présentée
à notre esprit à la lecture d'un mémoire remarquable de M. le
docteur Armieux, notre compatriote, sur les marais souterrains.

On sait que ce fut au moyen de véritables travaux de drainage,
dont il est possible d'apprécier encore les traces, que les Latins
débarrassèrent le sol de la campagne romaine des éfluves marécageuses qui y entretenaient les fièvres.

De notre temps, n'a-t-on pas vu les Anglais tirer du drainage
les mêmes bienfaits hygiéniques ? Le docteur Wilson, qui a comparé l'état sanitaire du comté de Kelso, pendant les deux périodes
décennales de 1777 à 1787, et de 1829 à 1839, a été amené à conclure que la proportion des fièvres intermittentes était descendue
de 20 pour 100 à 6 pour 100 depuis que le sol avait été drainé sur
une grande étendue. En France, dans les landes de Lamothe-
Beuvron, les médecins ont aussi constaté que le nombre des
fièvres intermittentes palustres décroît à mesure que le drainage
se propage.

Le département de la Haute-Garonne, où les affections fiévreuses sont si fréquentes et si fatales, ne se trouve-t-il pas placé dans des conditions géologiques et climatériques qui puissent faire espérer les mêmes résultats? Cette question, qui se présente d'abord à notre pensée, n'a pas été aussi directement envisagée par M. Armieux, quoiqu'il signale dans son mémoire la présence de marais souterrains sur les plateaux du bassin sous-pyrénéen de Lannemezan, dans les plaines qui environnent Toulouse, et jusque dans la partie basse de cette ville, située sur la rive gauche de la Garonne.

Les savantes recherches de M. le professeur Leymerie ont démontré que le sol de nos vallées d'érosion est constitué géognostiquement par un diluvium de composition très variable, déposé au-dessus du terrain miocène qui se redresse sur nos coteaux. Or, les couches de ce diluvium sont loin d'être homogènes et uniformément inclinées. L'élément siliceux, qui entre dans la composition des *boulbènes*, fait défaut dans le sol sous-jacent. Celui-ci est tout à fait imperméable, et souvent il manque de la pente nécessaire à l'écoulement des eaux qui ont pénétré jusqu'à lui à travers le sédiment supérieur, en sorte que l'humidité se concentre à une faible distance de la surface. Là elle rencontre ces débris végétaux et animaux qui, par l'échauffement du sol et le contact de l'air, engendrent les miasmes dont l'atmosphère se charge. Il n'est pas douteux pour nous que le drainage, en même temps qu'il doublerait la fertilité de ces terrains, ne fît disparaître les causes d'insalubrité qu'ils renferment. Quant à nos coteaux, bien qu'ils soient plus favorisés sous le rapport de la pente, qu'ils ne possèdent pas de nappe d'eau souterraine, et que les conditions sanitaires y soient en général plus satisfaisantes, il est certain que les cultivateurs industrieux trouvent, pour ainsi dire dans chaque repli du sol, matière à opérer un dessèchement utile, ce qui, en terme d'hygiène, signifie assainissement.

Or, comme malgré tous les encouragements accordés pendant plusieurs années au drainage, l'étendue des terres sur lesquelles on l'a appliqué ne paraît pas excéder 2,000 hectares (800 ont été drainés avec le concours du service hydraulique), il reste beaucoup à faire. En présence de cette situation, déplorable au point de vue de la production agricole, et non moins fatale sous le rapport sanitaire, il est fort à regretter que le conseil général de la HauteGaronne ait supprimé la modeste allocation au moyen de laquelle on distinguait, par des médailles solennellement distribuées, le mérite des agriculteurs qui avaient poursuivi avec le plus de zèle et de succès l'œuvre du drainage.

Il est arrivé pour cela, comme pour tant d'autres nouveautés renouvelées des anciens ; on s'est d'abord passionné outre mesure : les uns en ont usé à propos et d'autres sans discernement. En général, on a trop perdu de vue que, chez nous, ce n'est qu'exceptionnellement que le drainage peut être régulièrement appliqué sur de vastes étendues, tandis qu'au contraire, il existe une infinité de points qui demandent à être assainis par des fossés couverts. Aussi, les résultats n'ont pu répondre à toutes les espérances..., et la faveur publique s'est retirée. Cependant le drainage (moins le mot) était connu de tout temps dans notre pays, et il est certain qu'on l'y verra pratiquer encore quand même tous les encouragements officiels manqueraient à la fois. Mais l'œuvre marche trop lentement, puisque ces retards laissent en souffrance de grands intérêts matériels et compromettent peut-être la salubrité de nos campagnes.

Il nous reste à présenter une dernière observation. Beaucoup d'agriculteurs s'étant plains qu'au bout de quelque temps leurs drains, envahis par les racines, cessent d'agir ; nous croyons devoir leur recommander une pratique dont nous usons avec succès depuis longues années. Elle consiste à répandre uniformément au-dessus des tuyaux une couche de 15 centimètres environ de grave. La largeur de la tranchée n'excédant pas 10 centimètres, on peut recouvrir de la sorte 66 mètres de drains avec 1 mètre cube de gravier. Dans les terrains plats où la pente est trop faible , mais dont le sous-sol est formé par des couches filtrantes, il suffit, pour procurer l'écoulement des eaux souterraines, de les diriger dans des puisards creusés à cet effet, et qu'on remplit de pierres jusqu'au niveau de la couche arable. C'est là encore une méthode que nous avons employée avec succès pour étancher nos terres les plus basses.

Plus que les travaux d'assainissement, les marnages et les chaulages ont reçu une vive impulsion dans la Haute-Garonne, où l'absence de l'élément calcaire se fait sentir sur de vastes étendues (terres silico-argileuses et argilo-siliceuses ou boulbènes). En 1852, on ne comptait pas 1,000 hectares marnés dans tout le département (897) ; en 1862, il y en avait déjà plus de 8,000 (8,203). Dans la même période, la contenance des terres chaulées s'est élevée de 400 à 10,000 hectares (9,982). L'abaissement du prix des chaux grasses de Carmaux qui nous arrivent par le chemin de fer du Tarn, au prix de 70 centimes les 50 kilog. en gare de Toulouse, imprime, depuis quelques temps, une nouvelle impulsion au chaulage. Nos agriculteurs semblent même lui accorder la préférence sur le marnage qui coûte bien davantage sans produire plus d'effet.

38

Un membre distingué de la Société d'agriculture de Toulouse, fort expert en ces matières, M. Victor de Capèle, évalue à 322 fr. 50 c. le marnage de 1 hectare à raison de 150 mètres cubes. Le chaulage effectué dans la proportion de 10,000 kilog. (200 quintaux de 50 kilog.), lui a coûté 205 fr. 50 c. — Différence, 117 fr. par hectare (1). On conçoit, du reste, que la quantité de marne à employer dépend de sa richesse en carbonate de chaux et de la durée qu'on attend de ses effets. M. Martegoute estime que si la marne donne de 30 à 40 pour 100 seulement de carbonate de chaux, on doit employer 300 mètres cubes par hectare pour un plein marnage, tandis que si elle en contient de 50 à 80 pour 100, la moitié de cette quantité est plus que suffisante. La durée d'un marnage à haute dose est de trente à quarante ans.

Au fond, la question de préférence entre le chaulage et le marnage n'est qu'une question de chiffres dont les termes sont trop variables pour qu'on puisse s'arrêter à une solution générale. C'est à chacun à bien établir ses calculs et à agir en conséquence, en tenant compte de l'importance et de la durée probable des effets produits par ces amendements. Grâce à Dieu, notre département est riche en marnes de bonne qualité et l'extraction en est généralement facile. Dans la vallée de la Garonne, on trouve de belles carrières à quelques mètres au-dessous du diluvium; sur les coteaux qui couronnent le bassin de ce fleuve et de ses affluents directs et indirects, elle affleure même la couche arable qui se reforme sans cesse à ses dépens. Des géologues attribuent à la présence des phosphates qui ont été signalés dans ces marnes une partie de leurs effets sur les végétaux. Quoi qu'il en soit de cette explication, il est généralement admis que le résultat de cet amendement est de doubler le rendement des céréales et de permettre aux légumineuses de prospérer sur des champs où elles ne réussissaient pas. Les communes de Daux, de Merville et bien d'autres, ont été transformées par ce moyen. Il en est résulté cette conséquence remarquable, que la valeur vénale des boulbènes (sol argilo-siliceux), qui était très inférieure à celle des terre-forts (sol argilo-calcaire), s'en est sensiblement rapprochée.

Comme les travaux d'assainissement et les amendements, l'irrigation rentre dans la partie du capital de fonds employée à mettre le sol en valeur. On sait que, malgré la richesse des cours d'eau qui sillonnent le pays toulousain, rien de considérable n'avait été fait, dans le but de les utiliser pour l'arrosement des terres, en dehors de la région des montagnes, avant 1789. Hélas! depuis

(1) *Journal d'agriculture*, 1867, p. 354.

cette époque, nous n'avons pas marché à pas de géant! On n'évalue pas à plus de 500 hectares la surface de nos terrains irrigués.

Cependant, dès 1807, un officier supérieur du génie, dont le nom mérite la reconnaissance publique, M. Mescur de Lasplanes, formait le projet de déverser sur les plaines desséchées de la rive gauche de la Garonne les eaux fertilisantes de ce fleuve. En 1817, il exécutait une seconde excursion avec M. l'ingénieur Maguès et M. Marqué-Victor, professeur de physique ; et, l'année suivante, il exposait, dans un mémoire adressé au conseil général du département, la possibilité de réaliser cette grande entreprise. En 1819, MM. Maguès et Marqué-Victor, auxquels s'étaient joints M. de Saget et M. d'Ayguesvives, poursuivirent leurs études sur les irrigations de la Garonne. Cette fois, les recherches portèrent sur les deux rives et embrassèrent toute la vallée, depuis l'embouchure de la Neste à Montréjeau, jusqu'à la jonction du Tarn à Moissac. L'année suivante, MM. Maguès et Marqué-Victor présentèrent à la Société d'agriculture un mémoire sur ce sujet, avec une carte qui n'avait pas nécessité moins de 20,000 opérations barométriques.

De son côté, M. de Lasplanes soumettait à la même Compagnie une étude sur le moyen d'organiser la navigation et l'arrosage dans la plaine située entre les Pyrénées et Toulouse. Le général Sabathié prêta son appui au projet. Néanmoins, la solution devait tarder longtemps à venir. En 1838, la question fut reprise avec un nouvel entrain. M. Legrand, directeur des ponts et chaussées, se transporta sur les lieux, et M. l'ingénieur Montet présenta un projet pour un canal navigable, dirigé de manière à pouvoir servir en même temps pour l'irrigation.

Malgré ces puissants auxiliaires et l'infatigable dévouement de M. de Lasplanes, la solution se faisait toujours attendre. Cependant, quelques canaux d'arrosage étaient inaugurés avec succès dans le voisinage de Saint-Gaudens, par M. Martin Lacoste et par M. Saint-Arromans. L'infortuné Marc, que l'inspiration de la nature et du bon sens avait conduit à pratiquer les règles de l'hydraulique, sans en avoir jamais appris les éléments, appelait l'attention de la Société d'agriculture sur le canal du Bazer. Enfin, en 1846, le canal de navigation et d'irrigation de Saint-Martory devint loi de l'Etat, mais la révolution de Février en fit bientôt abandonner l'exécution. On sait quelles vicissitudes ont précédé la reprise des travaux : d'une part, la dérivation des eaux de la Neste effectuée sans observer les tempéraments qui devaient en atténuer le préjudice pour la vallée de la Garonne ;

et, d'autre part, les restrictions considérables apportées au projet primitif d'arrosement. Il est permis d'espérer, toutefois, que le dévouement de quelques hommes éclairés, parmi lesquels nous devons citer avec honneur MM. Gabriel de Belcastel, Maignon et Théophile Petit, décidera les propriétaires de la zone inférieure du bassin à exercer une action commune, qui seule peut les faire profiter des avantages que l'irrigation leur réserve.

Grâce à l'initiative prise par M. de Saget, député de Tarn-et-Garonne, la rive droite de notre fleuve, entre Toulouse et Agen, s'est trouvée bien plutôt desservie que la rive gauche par un canal d'arrosage. Malheureusement, les cultivateurs n'ont tiré, jusqu'à ce jour, qu'un bien faible parti des richesses que ce cours d'eau met entre leurs mains. Les résultats obtenus par MM. Dufourc, Salvaire, Naudin et par quelques autres, sont pourtant de nature à encourager de nouvelles tentatives.

On sait que l'arrosement de la vallée de l'Ariége avait été autrefois l'objet des études de MM. Maguès et Marqué-Victor. Les travaux ont été repris en 1853 par M. de Raynal; mais là encore rien n'est fini, et, dans la plaine du Tarn, on en est toujours aux avant-projets. Sous le rapport des irrigations, nous sommes donc bien peu avancés dans le département de la Haute-Garonne; cependant la nature nous a donné de puissants cours d'eau, ainsi que ce brûlant soleil du Midi, qui fait éclore des prodiges de fécondité lorsqu'il échauffe de ses rayons la terre humide. C'est bien véritablement de notre pays qu'on peut dire que les sources de ses montagnes et ses fleuves majestueux roulent annuellement des milliards à la mer.

II

Voies de communication : navigation (fleuve, canaux, projet d'un canal maritime, tarifs); chemins de fer (réseau, tarifs différentiels, avantages du percement des Pyrénées); routes et chemins (développement, desiderata). — Bâtiments ruraux : logement des colons; étables à bœufs, écuries, bergeries, porcheries, citerne, hangars, fosse à fumier; évaluation des constructions servant à l'exploitation des fermes et des vignobles.

Si l'irrigation est négligée dans la Haute-Garonne, en revanche il faut reconnaître que nos voies de communication ont été merveilleusement améliorées depuis 1789. On sait cependant que le Languedoc, pays d'États, se distinguait alors entre toutes les provinces de France par l'étendue et le bon entretien de ses routes, ainsi que par l'importance de ses voies navigables.

La Garonne, qui a donné son nom à notre département, prend sa source dans les Pyrénées espagnoles. Elle est flottable depuis le pont du Roi jusqu'à l'embouchure du Salat (86 kilomètres), et navigable jusqu'à la mer sur une longueur de 432 kilomètres, dont 112 dans le département. Elle reçoit l'Ariége, qui est navigable l'espace de 30 kilomètres, et le Tarn qui l'est sur une étendue bien plus considérable, dont 21 kilomètres sont compris dans la Haute-Garonne. Ces voies naturelles ont été complétées par un magnifique système de canaux qui comprend le canal du Midi, ou des deux mers, et le canal Latéral.

Dans la pensée de son auteur, l'immortel Riquet, le canal du Midi ne devait pas seulement servir à établir une communication directe pour la batellerie entre la Méditerranée et l'Océan, il devait, un jour, devenir un canal maritime à l'usage des navires du commerce. La possibilité de réaliser cette entreprise dans ces proportions gigantesques est démontrée par les études de nos ingénieurs, depuis Vauban jusqu'à MM. Maygues, Dupeyrat et Maguès. Si, comme il semble qu'on le puisse espérer, le percement de l'isthme de Suez s'effectue bientôt, un immense transit est assuré à cette ligne qui, même sans cela, se trouverait magnifiquement dotée. Malheureusement la Compagnie des chemins de fer du Midi est à la fois fermière du canal des deux mers et concessionnaire du canal Latéral à la Garonne, créé sous le règne de Louis-Philippe comme prolongement du premier. Elle s'oppose à des travaux qui ébranleraient le monopole qu'on a eu l'imprudence de mettre entre ses mains. Il pourrait se faire, cependant, que le développement du trafic, résultant de l'ouverture du canal maritime, lui réservât, dans l'avenir, de sérieux dédommagements.

Quoi qu'il en soit, il est bien certain que la Haute-Garonne et les autres départements qui sont traversés par cette voie magistrale, ont le plus grand intérêt à sa transformation. Plusieurs fois déjà la question a été débattue dans la presse, dans les chambres de commerce et dans nos sociétés savantes, mais on n'est pas encore parvenu à la débarrasser des entraves que des intérêts hostiles et puissants lui suscitent. Le conseil général de la Gironde en a été saisi en 1867. Puisse cette démarche intelligente appeler enfin sur cette importante affaire l'attention de nos hommes d'Etat et le concours de toutes les forces vives du pays. Il est à remarquer ici que l'auteur du projet abandonné du canal des Pyrénées, M. Galabert (1831), voulait donner 22 mètres de largeur sur 3 de profondeur à la voie navigable qu'il proposait d'ouvrir entre Toulouse et Bayonne, pour la rendre accessible à des bâtiments de 100 à 130 tonneaux.

Dans la lettre impériale du 15 août, Napoléon III manifestait l'intention d'améliorer les canaux et les rivières, contre-poids modérateur des chemins de fer. Nulle part ces patriotiques désirs ne recevraient une application plus opportune que dans nos contrées, qui gémissent sous la loi du monopole.

En effet, les tarifs appliqués sur nos canaux, au lieu de fléchir comme sur ceux que l'Etat a rachetés (décret du 9 février 1867), sont tels que les marchandises paient par tonne et par kilomètre, en 1re classe (céréales, vins, sucres, etc.), sur le canal du Languedoc, 0^f,05, et sur les canaux rachetés par l'Etat, 0^f,006 seulement avec les doubles décimes. Les engrais acquittent un droit de 0^f,04 et les houilles de 0^f,02 sur le canal du Midi, tandis que sur les canaux de l'Etat ils ne paient que 0^f,003 (décimes compris).

L'élévation des droits de navigation est si exorbitante qu'elle atteint presque le prix des transports par la voie ferrée. L'écart n'est que de 40 centimes par tonne entre Cette et Bordeaux, *à la remonte* (20 fr. 60 c. contre 21 fr.). Aussi la concurrence des canaux se trouve-t-elle complétement anéantie ; il faut lui rendre la vitalité. En attendant la création d'un canal maritime, l'Etat devrait tenter un arrangement avec la Compagnie fermière du canal du Midi, pour réduire les droits de navigation et racheter l'usufruit du canal Latéral. Du moins, pour y suppléer, conviendrait-il d'améliorer la navigation de la Garonne entre Toulouse et Agen ? Notre commerce pourrait ainsi profiter de l'abaissement des droits perçus sur les rivières. On sait qu'ils ne dépassent pas 0^f,002 pour les marchandises de la 1re classe et 0^f,001 pour celle de la 2e.

Comme pour les canaux, le Sud-Ouest est victime des grandes compagnies en ce qui concerne les chemins de fer. La Chambre de commerce, les corps délibérants et la Société d'agriculture de la Haute-Garonne ont fait entendre, à cet égard, des plaintes fondées, auxquelles il est bien temps de compatir et de rendre justice. On comprend que, dans le but de favoriser la concurrence entre les grandes entreprises de transport, le gouvernement approuve des tarifs réduits pour les trajets complets d'une mer à une autre, d'une frontière à une autre ; mais l'équité exige que des prix proportionnels aux distances soient appliqués sur tous les points intermédiaires de chaque ligne.

Or, en l'état présent des choses, le jeu des tarifs différentiels, ou pour mieux dire spéciaux, amène ce résultat que les mêmes marchandises transportées de Marseille à Bordeaux ne paient que 20 fr., tandis que si elles stationnent à Toulouse, elles doivent acquitter pour le même parcours 36 fr. 65 c., soit 80 pour 100 de plus. Les Toulousains font-ils des expéditions de grains à Bordeaux, on leur applique un tarif de 4 centimes, tandis que Montauban jouit d'un tarif de 3 centimes. Notre commerce envoie-t-il des grains vers le bas Languedoc, qui est notre débouché le plus considérable, il doit subir le tarif le plus élevé. Ainsi, du reste. Croira-t-on, par exemple, que la Compagnie du chemin de fer prenne, pour rendre les marchandises à destination, un délai plus considérable que celui qu'exigent les bateliers naviguant sur le canal voisin ? L'abus va pourtant jusque-là (1).

Ces combinaisons trop ingénieuses qui, pour servir les intérêts de quelques actionnaires, bouleversent toutes les conditions économiques d'une région, font perdre à notre département une partie des avantages qu'il pourrait obtenir du magnifique réseau de voies ferrées qui le sillonne en tous sens. Longtemps nous avons attendu notre premier chemin de fer. C'est le second Empire qui nous l'a donné, et il est juste de reconnaître qu'il a doté largement la Haute-Garonne. Actuellement, nous possédons 269 kilomètres de rails-ways : 25 sur la ligne de Toulouse à Bordeaux, 50 sur celle de Toulouse à Cette, 45 de Toulouse à Foix, 104 de Toulouse à Montréjeau, et 25 de Toulouse à la ligne du Lot. L'ouverture du chemin de fer du Gers complétera prochainement ce réseau.

Il ne nous manquera plus alors qu'un débouché direct sur l'Espagne ; mais tant que ce besoin ne sera pas satisfait, il restera beaucoup à faire pour nos contrées. Ce grand mur des Pyrénées, comme l'a dit, quelque part, M. de Lavergne, est le plus grand obstacle à la prospérité du Sud-Ouest. On le sent plus que jamais depuis l'établissement du réseau des chemins de fer. En effet, aussi longtemps que les routes de terre ont conservé leur importance, Toulouse, profitant du voisinage de l'Aragon, est restée l'entrepôt naturel des denrées que la France envoyait à l'Espagne. Tous les anciens traités de géographie en font foi. Il en est bien autrement depuis que la voie de fer a détrôné les routes transpyrénéennes. Les positions ont été subitement changées, et Toulouse, placée vers le centre de la chaîne, s'est trouvée reléguée au point extrême des communications, qui se font par Bayonne et Perpignan. Cette situation n'est pas seulement préjudiciable au Languedoc et à l'Aragon, elle l'est au centre de la France et de l'Espagne, qui ne peuvent échanger leurs produits aussi librement qu'ils le feraient par une voie directe.

(1) Pariset, *Economie rurale du Lauragais*, p. 63.

Si les communications étaient rendues plus faciles, le versant espagnol trouverait chez nous un débouché fructueux pour ses laines et ses huiles, pour ses vins et pour son chêne-liége, et nos exportations en mules, en volailles et en bétail de toute sorte, prendraient un plus grand développement. Nous ne sommes pas de ceux qui redoutent l'invasion des vins alcooliques d'Espagne. Bien au contraire, nous sommes persuadé qu'il y aurait tout avantage à les associer à nos vins faibles du Midi, qui deviendraient ainsi de meilleure garde et supporteraient mieux les transports. Les abus qu'on a signalés ne tiennent pas à la nature des choses, mais aux défectuosités de notre législation douanière : il sera facile de les faire disparaître. De même pour les laines, en facilitant l'introduction des mérinos d'Espagne, loin de nuire à nos produits indigènes, on donnerait une nouvelle vie à la fabrication qui utilise concurremment les laines fines et les laines communes.

Quant au commerce des mules, c'est le plus important que notre région entretienne avec l'Espagne. Il porte annuellement sur plus de 25,000 têtes, et n'attend pour se développer que l'ouverture des communications et le perfectionnement des procédés de l'élevage. On sait aussi que notre Midi dirige vers l'Espagne une grande quantité de volailles. C'est là encore un produit qui gagnerait beaucoup à arriver promptement à sa destination.

Enfin, en ce qui concerne la question des céréales qui est si capitale au point de vue de l'alimentation publique et de la prospérité de l'agriculture, l'ouverture d'un chemin de fer au centre des Pyrénées permettrait aux populations des deux versants de s'entr'aider l'une l'autre, soit pour écouler le trop plein de leurs produits, soit pour compléter leurs approvisionnements. Ne voyons-nous pas, cette année, les farines cotées 3 fr. de plus par 100 kilog. au centre de l'Espagne qu'à Toulouse ? (1)

Est-il besoin d'ajouter que, des deux parts, l'industrie comme l'agriculture retirerait de grands avantages du percement des Pyrénées ? Nous serions alors dans les meilleures conditions pour convertir en pâtes les blés durs d'Espagne qui viennent à grand frais trouver de l'emploi à Toulouse, sous le régime des admissions temporaires (2). D'un autre côté, les richesses métallurgiques de nos montagnes ne seront réellement mises en valeur que lorsque le combustible leur sera fourni dans de bonnes condi-

(1) De Gomiécourt, *Communication à la Chambre de commerce de Toulouse*, 1869, p. 12.
(2) Id.

tions. Or, c'est ce que pourront faire les magnifiques gisements houillers de l'Aragon, qui sont à peine exploités aujourd'hui. Tout le monde gagnera au changement.

L'ouverture des Pyrénées centrales n'aura pas seulement pour effet d'entretenir des relations fréquentes entre des contrées qui sont restées à peu près étrangères l'une à l'autre, malgré la proximité de leurs frontières. Elle rapprochera les capitales de deux grands pays et favorisera les communications de la France avec sa colonie d'Afrique, lorsque les chemins de fer espagnols relieront directement Madrid à Carthagène que l'on sait être si voisine d'Oran et si favorisée par les courants maritimes, que la traversée s'effectue sur de petites embarcations avec autant d'aisance que de rapidité. Cette combinaison fera profiter l'Espagne d'un transit important. Elle la soustraira aussi à l'isolement si fatal à sa grandeur, et la fera entrer, d'une manière plus intime, dans le mouvement européen, où ses richesses territoriales et l'énergie de ses habitants lui réservent un rôle considérable. Il appartient à la science moderne, qui a trouvé les moyens d'accomplir des travaux bien autrement difficiles en perçant le mont Cénis, de triompher des obstacles naturels, et au génie des deux peuples, personnifié dans leurs gouvernements, de cimenter, par le développement des relations commerciales, les liens d'amitié que la similitude des croyances religieuses grave au fond des cœurs. De telles œuvres immortalisent un règne.

Aux grandes artères qui, en 1789, faisaient l'admiration d'Arthur-Young, se sont soudées depuis cette époque de nombreuses routes impériales et départementales. Leur développement dépasse 1,000 kilomètres dans la Haute-Garonne. Nous comptons aussi 934 kilomètres de chemins de grande communication, et le double en chemins d'intérêt commun ou vicinaux (1,845). C'est du règne de Louis-Philippe que date la transformation de la viabilité dans nos campagnes, où les communications étaient, pour ainsi dire, impossibles en terre-fort pendant une assez longue partie de l'année. Le mauvais état des chemins décuplait parfois le prix des transports pour les denrées, et quant aux personnes, les plus favorisées de la fortune étaient réduites à se laisser véhiculer sur le dos d'une bête de somme ou traîner sur la charrette à bœufs, comme les rois fainéants, de classique mémoire. Aux jours de marché, on voyait arriver dans les chefs-lieux de canton les paysans riches ainsi que leurs femmes juchés sur de lourdes selles, entre deux sacs de toile blanche, aux flancs rebondis, et fouettant la poulinière pour faire sensation au milieu des badauds. Aujourd'hui, tout cela tend à disparaître. Les hommes eux-mêmes se désaccoutument de monter à cheval dans nos campagnes. La selle massive a fait place à l'attelage léger de la *jardinière*, et parfois du *breac*. Ainsi l'on voyage plus vite, plus commodément et plus souvent.

L'œuvre de la monarchie de Juillet, continuée sous l'Empire avec le concours dévoué d'une administration intelligente, ayant à sa tête un homme de talent et d'un zèle éprouvé, M. Dutour, est loin cependant d'être complète, même dans les limites où on l'a renfermée jusqu'à ce jour. Si, en l'an de grâce 1866, sur 775 kilomètres de chemins d'intérêt commun il ne restait que 186 kilomètres à termininer, en revanche, sur 6,800 kilomètres de chemins vicinaux classés, plus de 5,000 n'étaient pas encore amenés à l'état d'entretien. On voit par ces chiffres combien grande est la lacune qui reste à combler, et combien nous devons nous féliciter que Napoléon III ait pris à cœur de hâter l'achèvement de nos chemins vicinaux.

Quant aux chemins ruraux proprement dits, leur situation est loin d'être satisfaisante dans l'ensemble. Sans doute, il en est un certain nombre que les particuliers ont pris soin de mettre en bon état pour leur service plus ou moins spécial, mais la plupart de ces voies, non-seulement sont tout à fait négligées, mais encore journellement rétrécies et supprimées par l'avidité des riverains dont la prescription ; autorisée par la jurisprudence, vient couvrir les empiétements. La Société d'agriculture de Toulouse s'est préoccupée de cet état de choses, et, dans l'Enquête agricole, elle a émis le vœu qu'en attendant qu'on puisse disposer des ressources nécessaires pour réparer les chemins ruraux, on en opérât partout la reconnaissance et la délimitation ; qu'on les déclarât propriété communale ayant une destination publique, afin de les mettre à l'abri de la prescription; qu'on encourageât la formation de syndicats pour les entretenir, et qu'on mît les agents-voyers à la disposition de ces syndicats. Espérons que ces idées si sages et si pratiques seront remarquées par la commission centrale chargée d'apprécier l'Enquête agricole, et que nous les verrons mettre à exécution dans un avenir prochain.

Comme la viabilité, l'installation des bâtiments ruraux a fait de grands progrès dans la Haute-Garonne depuis 1789. Les grands et les moyens propriétaires sont beaucoup plus confortablement établis à la campagne où ils résident davantage. Le goût des jardins les a portés à entourer leurs habitations de parcs gracieusement dessinés. Le paysan riche lui-même, quoiqu'il n'ait pas encore cédé à la passion des jardins anglais, s'est montré particulièrement fier d'occuper une vaste résidence. Enfin les colons, comme nous l'avons fait observer ailleurs, sont en général incomparablement mieux logés que n'étaient leurs pareils sous l'ancien régime.

D'un autre côté, les écuries et toute l'installation de la ferme ont été, à quelques exceptions près, sensiblement améliorées. Il n'est pas rare de rencontrer aujourd'hui de vastes étables à bœufs où les bestiaux, placés sur deux rangs faisant face aux murs latéraux, le long desquels le râtelier est appendu, se trouvent séparés par un couloir large de 2 à 3 mètres, à l'extrémité duquel s'ouvrent des portes spacieuses qui servent à approvisionner les animaux et à sortir les fumiers. Dans ces constructions récentes, la hauteur du plafond varie de 3 à 4 mètres. Telles sont les dispositions les plus généralement suivies ; elles nous paraissent bien entendues et très suffisantes dans la plupart des cas. On trouve des étables construites, d'après le système belge , sur quelques grandes exploitations , particulièrement sur celles auxquelles se trouvent annexées des industries spéciales, telles que la production du lait, etc. Nous avons adopté nous-même cette disposition pour notre vacherie de Périole, et nous n'avons eu qu'à nous en louer. Les animaux laissant tomber beaucoup moins de fourrage à leurs pieds, exigent, sous ce rapport, moins de surveillance ; mais on conçoit que cet avantage, qui est vraiment sérieux là où un petit nombre d'agents se trouve préposé aux soins d'un troupeau considérable de vaches laitières ou de bœufs à l'engrais, est fort atténué sur les métairies où on n'entretient que peu de bestiaux, et particulièrement des bœufs de travail. Ceux-ci, en effet, sont toujours soignés par le bouvier qui les guide à la charrue.

Nos agriculteurs sont généralement convaincus aujourd'hui de la nécessité qu'il y a à donner une bonne ventilation aux étables et à procurer un écoulement facile aux urines, qui, sans cette précaution, échaufferaient les pieds des animaux. Avouons, toutefois, qu'on n'a pas encore abandonné partout la détestable coutume de construire au pied de la crèche un marche-pied sur lequel le bœuf est contraint de se dresser pour saisir sa ration. Ce procédé, qui doit sans doute son origine à l'usage de laisser accumuler le fumier dans une cavité ménagée sous les pieds des bestiaux, présente le grand inconvénient de fatiguer beaucoup l'animal, dont le poids considérable retombe en entier sur le train postérieur. Il expose en particulier les femelles pleines ou fraîchement vêlées à des accidents très graves.

Comme le logement des bœufs, celui des chevaux et des mulets a été fort amélioré depuis quelque temps. On trouve même, chez

plusieurs de nos éleveurs, des écuries qui peuvent être considérées comme des modèles du genre. Nous citerons dans le nombre
celles du vicomte de Valady, à Gratentour, et des frères Féral, à
Lavalette.

Les bergeries laissent plus généralement à désirer. Il en est,
hélas! beaucoup encore qui ne valent guère mieux que celles qu'on
rencontrait partout dans le pays toulousain avant 1789. Cependant, nous devons constater de grands progrès sous ce rapport.
Les bergeries nouvelles sont presque toujours vastes et bien aérées.
L'usage des râteliers et des crèches, autrefois inconnu, est répandu
dans la plupart des métairies.

Les loges à porcs cessent d'être des cloaques infects. Dans les
constructions récentes, on prend soin de carreler le sol et de
donner une issue aux urines. Sur quelques domaines, on trouve
employé un système ingénieux de mangeoire qui permet de présenter la nourriture aux animaux sans en être incommodé. Enfin,
grâce à un heureux aménagement, les gorets sont séparés ou
rapprochés de leur mère à volonté, et celle-ci ne peut s'approprier
la provende qu'on leur destine. On a même imaginé un modèle
d'auge à porcs qui protége les sujets les plus faibles contre la
brusque avidité des plus forts. Tous ces perfectionnements et
d'autres encore, relatifs à la préparation et à la distribution de la
nourriture, se trouvent réalisés dans les grands établissements des
environs de Toulouse, et notamment à la porcherie de Madron,
fondée par M. Charles Viguerie, qu'une mort prématurée a ravi
à l'art médical, qu'il pratiqua avec autant de dévouement que de
succès, et à la science agricole, dont il fut un des pionniers les
plus instruits et les plus résolus.

Jadis, autour de toutes les fermes, on rencontrait une mare
alimentée par les eaux pluviales et qui servait à abreuver les bestiaux, Dieu sait comment! Aujourd'hui, ces foyers pestilentiels
tendent à disparaître. On a multiplié les puits et les machines
élévatoires (pompes et norias), que nos constructeurs de Toulouse
excellent d'ailleurs à fabriquer. Sur les points où les sources ne
sont pas suffisamment abondantes pour les besoins de l'exploitation, quelques agriculteurs intelligents et soigneux ont établi des
citernes. L'installation la plus complète que nous connaissions en
ce genre est celle de la terre d'Auffréry, appartenant au maréchal
Niel, qui, à l'exemple des héros de l'ancienne Rome et de plusieurs
célébrités contemporaines, ne dédaigne pas d'être grand par l'épée
et par la charrue. Malheureusement, cet excellent modèle, qu'on
peut prendre pour règle dans nos contrées et auquel je dois personnellement une bonne inspiration, n'a pas encore trouvé beau-

coup d'imitateurs. Il n'est pas douteux, cependant, que l'établissement d'une citerne dans les fermes n'offre, sur un grand nombre de points, une ressource précieuse, soit dans les cas d'incendie, soit même, pendant l'été, pour procurer aux animaux une boisson saine, sans les astreindre à ces longs déplacements qui les fatiguent et qui empiètent sur les heures du travail.

Nulle part, au contraire, le progrès n'apparaît plus manifeste dans les constructions rurales qu'en ce qui concerne les abris destinés aux récoltes et au matériel de l'exploitation. A peine trouvait-on, autrefois, sur les domaines les mieux tenus, quelque étroit appentis (*capèlo*), où l'on remisait les charrettes. Les pailles et les fourrages étaient laissés au dehors, lorsqu'ils ne pouvaient contenir dans le grenier à foin. Il en est bien autrement aujourd'hui. On ne voit guère de corps d'exploitation qui ne soit muni d'un hangar plus ou moins spacieux; et toutefois, à peu d'exceptions près, les locaux sont encore insuffisants pour renfermer tout ce qu'il serait utile de soustraire aux intempéries.

Bien plus grande est la négligence des propriétaires et des cultivateurs en ce qui concerne la fosse à fumier. S'il en faut croire le témoignage de M. Cavalié, l'emploi des engrais était, pour ainsi dire, inconnu chez nous avant 1830, tant l'incurie des colons était complète et générale à cet égard.

Un membre distingué de la Société d'agriculture de la Haute-Garonne, M. Dupuy-Montbrun, qui a fait des recherches et des études spéciales sur les engrais, estime que sur cent tas de fumier qu'il a visités dans les environs de Toulouse en 1863, soixante-dix étaient abandonnés, sans précaution aucune, à l'action des pluies et de la sécheresse, et trente recevaient quelques soins donnés avec plus ou moins d'intelligence. Trois fosses seulement étaient recouvertes par un toit, et trois se trouvaient munies d'une pompe à purin. Même en admettant que M. Dupuy-Montbrun ait eu la main malheureuse, ce que je serais porté à croire, il est certain que la tenue des fumiers laisse, en général, beaucoup à désirer sur nos fermes et qu'on ne traite pas toujours avec plus de sollicitude ceux qu'on achète à Toulouse ou ailleurs. On ne saurait donc trop recommander à tous les colons de suivre l'exemple des bons cultivateurs qui disposent les engrais pailleux en un tas régulier présentant aussi peu de surface que possible à l'air extérieur. Ils ont soin de les stratifier, de les abriter sous une mince couche de terre, enfin, de les arroser pour qu'ils ne se dessèchent pas. Avec ces précautions, hélas! trop souvent négligées, on peut à la rigueur se passer d'une fosse en maçonnerie.

Mais nous avons encore un reproche à adresser à nos agricul-

teurs au sujet des engrais : ils laissent enlever par des spéculateurs étrangers au département une masse de résidus fort riches
en matières fertilisantes qui proviennent de la grande ville ou
qui s'y trouvent centralisés par le commerce. Cependant, nous
sommes mieux placés que tous autres pour tirer un parti avantageux de ces ressources, et nous avons d'autant plus besoin de les
appeler à notre aide que, depuis quelques années, une grande
partie de nos pailles, au lieu de faire retour au sol sous forme de
fumier de ferme ou de compost, est absorbée par les fabriques
de papier qui ne rendent rien à la terre. L'usine de Lacourtensourt en consomme à elle seule plus de 1 million de kilogrammes
par an. La papeterie du Bâzacle est aussi fort importante. Ces
établissements emploient les pailles de blé et d'avoine ; ils
rejettent celle d'orge comme faisant un papier inférieur , et
recherchent principalement celle d'avoine à cause de la modicité
de son prix. On sait aussi que des quantités considérables de
fourrage sont expédiées par la Haute-Garonne dans le bas Languedoc qui, non-seulement ne nous vend pas d'engrais, mais
qui nous en enlève. La fatale négligence de nos cultivateurs, à
tous ces égards, nous porte à croire que la création d'une bonne
fosse à fumier serait un sujet de concours fort bien choisi pour
les prix spéciaux de notre Société d'agriculture et de tous les
comices des départements voisins.

En l'absence des éléments nécessaires pour déterminer avec
une suffisante exactitude la valeur du capital fixe incorporé au
sol sous forme de bâtiments d'exploitation, nous pensons qu'il ne
sera peut-être pas sans intérêt de mettre en lumière quelques-
uns des éléments de cette question importante. Il résulte des
données que nous avons recueillies que, sur un domaine de
100 hectares soumis à l'assolement triennal dans les conditions
les plus ordinaires de la culture, avec l'équivalent d'un tiers de
tête de gros bétail par hectare, les constructions représentent une
valeur de 150 fr. par hectare. Nous avons trouvé ce capital plus
que triplé sur certains domaines de notre région consacrés à la
culture intensive avec consommation de produits sur la ferme.

Les conditions particulières que présente la propriété vinicole
exigeaient un examen spécial. Sur un vignoble de 30 hectares,
situé dans la plaine de Muret et annexé à un grand domaine
appartenant à M. V. de Capèle, notre collègue à la Société d'agriculture, nous avons trouvé que les cuviers et celliers, suffisants
pour loger une récolte ordinaire de 700 hectol., et, au besoin, les
produits invendus de la récolte précédente représentaient un
capital de 273 fr. 50 c., soit, en chiffres ronds, 270 fr. par hec-

tare (1). Cette installation étant faite à neuf, et pouvant passer pour très confortable, on doit en retrancher 25 pour 100 environ, si l'on veut déterminer le capital moyen des bâtiments spéciaux consacrés à l'exploitation des vignes dans la plaine de Muret.

§ 2. — Cheptel vivant et cheptel mort

Cheptel vivant sous l'ancien régime ; le bétail sur nos fermes. — Cheptel mort : concours de charrues ouverts par la Société d'agriculture en 1816 et 1821, succès de la charrue Cougoureux ; charrues belge et Dombasle ; charrue Lacroix (1826) ; concours de 1828, 1834 et 1840 ; charrue Rouquet ; amélioration du matériel agricole ; les erreurs de la statistique officielle ; le gros matériel ; l'outillage de l'ouvrier. — Evaluation du matériel agricole dans les fermes et les vignobles.

Encore plus que le capital fixe, le capital de cheptel manque à l'agriculture dans le Sud-Ouest. Nous avons eu occasion de remarquer ailleurs (2), en étudiant la situation des communautés qui forment actuellement un des cantons de l'arrondissement de Toulouse, que le nombre des bestiaux était, en 1773, trois fois moindre qu'il ne l'est aujourd'hui, et que leur valeur était inférieure de 100 pour 100 à celle qu'ils représentent. En sorte que, si l'on généralisait ces résultats, on trouverait que le bétail a sextuplé de valeur.

A côté de cette appréciation, nous devons mentionner le résultat de nos recherches sur un domaine de 100 hectares, situé en terre-fort dans le canton Centre de Toulouse et soumis à l'assolement triennal vulgaire : blé, maïs, jachère, avec prairies naturelles et prairies artificielles de longue durée. Cette situation, qui est supérieure à celle que présentent les exploitations où une jachère morte intervient après chaque céréale, et inférieure à celle des domaines soumis à la culture intensive, donne peut-être une idée assez juste de la moyenne de nos fermes. Nous avons trouvé que les bestiaux de trait et de croît réunis présentent l'équivalent d'un tiers de tête de gros bétail par hectare et une valeur d'environ 100 fr. Cet effectif se rapproche très sensible-

(1) Le cuvier occupe 126 mètres carrés et le cellier 160. La maçonnerie nécessaire pour enclore ces 286 mètres de surface, à la hauteur de 8 mètres, a coûté 5,442 fr. (à raison de 7 fr. le mètre carré) ; 286 mètres carrés de plancher ont nécessité une dépense de 858 fr. (à 3 fr. le mètre) ; 300 mètres carrés de toiture, à 3 fr., ont coûté 900 fr. ; enfin, les portes, fenêtres et accessoires sont comptés pour 1,000 fr. Au total, les frais ont atteint 8,206 fr.

(2) Voir ci-dessus, 1re partie, liv. III, chap. II, p. 59.

ment de celui que, dans l'Enquête agricole, la Société d'agriculture a assigné à la moyenne des propriétés de 50 hectares assorties en terres de toute nature. Il se compose de 6 bœufs, 2 vaches,
60 brebis ou moutons, 8 cochons, 2 juments poulinières, soit au
total l'équivalent de 17 ou 18 têtes de gros bétail, ce qui ne fait
guère plus d'un tiers de tête par hectare (1).

Cette proportion, considérée comme moyenne, n'est pas l'indice
d'une agriculture bien avancée. Quoique l'incertitude des récoltes
fourragères doive rendre l'éleveur très circonspect dans notre
région, il peut, sans être téméraire, arriver plus haut, nous osons
dire jusqu'au double. C'est la voie vers laquelle tous nos intérêts
nous poussent. Nous avons réalisé dans ce siècle des progrès
immenses qui ont porté sur la qualité autant que sur le nombre
même des sujets ; mais on voit qu'il n'est pas temps encore, pour
les efforts individuels et pour les encouragements administratifs.
de s'arrêter, puisque nous ne sommes parvenus qu'à mi-chemin.

Cette observation peut s'appliquer au cheptel mort comme au
cheptel vivant. Il sera facile de le démontrer par les faits. Mais,
d'abord, félicitons-nous sur les améliorations, nous pourrions dire
la transformation dont l'outillage agricole a été l'objet sur toutes
nos fermes depuis 1789. Grâce à Dieu, le gros matériel ne consiste plus exclusivement en quelques charrues grossières et en
quelques charrettes montées sur un essieu en bois.

L'antique charrue du Languedoc, sans régulateur, munie d'un
coutre épais et d'un versoir étroit et rustique, était trop imparfaite pour ne pas attirer l'attention de nos agronomes. En 1816,
la Société d'agriculture de Toulouse proposa une médaille d'or de
500 fr. au constructeur qui présenterait, l'année suivante, cette
charrue perfectionnée de manière à travailler la terre à une plus
grande profondeur, en n'exigeant que la force d'une paire de
bœufs ou de chevaux. Il ne paraît pas que cette mesure ait produit d'abord des résultats importants, puisque le sujet fut prorogé
à plusieurs reprises. En 1821, un prix d'encouragement fut accordé au sieur Bélaval, et, l'année suivante, la charrue à disque
du sieur Cougoureux lui valut une médaille d'or et une somme
de 200 fr. La Commission fut frappée de l'égalité de la marche
de cet instrument et de la quantité du travail obtenu. Il avait
remué, dans un temps donné, un cube de terre supérieur d'un

---

(1) M. Pariset, dans son *Economie rurale du Lauragais*, p. 160, évalue à un peu
moins d'une tête pour 3 hectares (10 têtes, sur 36 hectares) le bétail ordinairement entretenu sur les fermes dans les arrondissements de Castelnaudary (Aude)
et de Villefranche (Haute-Garonne).

tiers à celui qu'avait attaqué la charrue du pays. On lui accorda l'honneur de figurer dans le musée agricole. On serait même allé plus loin si la fabrication grossière de l'appareil et la complication du fonctionnement n'en avaient rendu la vulgarisation impossible. Ce premier essai permit d'espérer que l'inventeur perfectionnerait son œuvre, et la Société d'agriculture s'empressa de lui en fournir les moyens.

Son attente ayant été déçue, le sujet fut retiré du concours, en 1824, après de nouveaux essais, qui constatèrent, de rechef, la supériorité de la charrue Cougoureux sur celle du pays, mais son infériorité à l'égard de la charrue belge dont la surface inférieure du labour était plus unie et le travail plus égal.

Le vent était depuis quelque temps aux innovations. En 1820 et 1821, le conseil général accorda des fonds à la Société d'agriculture pour acheter des instruments perfectionnés. Parmi ces appareils, qui furent exposés dans une salle du Jardin des Plantes, figuraient un extirpateur, une sonde et une charrue belge. M. de Marsac, dont le zèle ne se laissait pas devancer, introduisit ce dernier instrument sur son domaine de Rieutort, et M. de Malaret importa bientôt à Fontbeauzard la charrue Dombasle.

Ce dernier instrument, malgré son incontestable supériorité, heurtait trop vivement les habitudes de nos laboureurs pour entrer de plein pied dans la pratique agricole. L'absence d'un timon raide les embarrassait pour tourner au bout du sillon; la position du versoir incliné à droite et la présence d'un mancheron double gênaient leurs mouvements accoutumés. Enfin, on reprochait à la charrue Dombasle de s'engorger trop facilement et de ne pas donner assez de profondeur aux labours.

Un agriculteur de notre contrée, M. Lacroix, entreprit d'accommoder cet instrument au goût de nos bouviers et de lui donner les qualités nécessaires pour en obtenir un travail plus énergique sans augmenter le tirage. Le succès couronna ses efforts. La charrue qu'il soumit à l'examen de la Société d'agriculture, en 1826, suscita un enthousiasme extraordinaire dont les publications de ce temps portent le témoignage emphatique. M. Lacroix n'était pas un inventeur, comme le proclamaient ses panégyristes, mais c'était, incontestablement, un vulgarisateur selon l'acception la plus étendue comme la plus élevée du mot, imprimant aux découvertes des agronomes du Nord les modifications commandées, chez nous, par la nature du sol et du climat, ainsi que par les habitudes séculaires des paysans. Il établit à Toulouse des ateliers d'où sortirent, en foule, pour se répandre dans toute la région, des herses, des extirpateurs, des scarifica-

teurs et bien d'autres instruments, tous marqués, comme ses
charrues, au coin d'une appropriation intelligente aux besoins de
la culture méridionale. Réduit à ces justes proportions, le rôle
que M. Lacroix a joué parmi nous est encore fort beau. Il est
peu d'hommes qui aient rendu d'aussi grands services à la contrée. Nous ajouterons, à sa louange, que la fin de sa carrière
devait être digne de ces nobles prémices. Cet homme de bien a
laissé, en mourant, à la Société d'agriculture de la Haute-
Garonne, un legs qui doit servir à donner un prix annuel aux
serviteurs ruraux les plus recommandables.

L'atelier d'instruments agricoles , fondé à Toulouse par
M. Lacroix, à l'instar de celui de Mathieu Dombasle à Roville,
était alors le seul établissement de ce genre qui existât dans le
Midi. En 1828 , la Société d'agriculture lui décerna une médaille
d'or.

Cependant, la charrue Lacroix continuait à jouir d'une grande
vogue. Sa supériorité sur l'antique charrue de bois était manifeste. Elle pénétrait dans le sol avec plus de facilité, traçait un
sillon plus large, plus uni à sa base, plus net sur les côtés et re-
levait beaucoup mieux la terre. On exécutait avec elle des labours
dont la profondeur constituait vraiment une nouveauté. Néanmoins, on pouvait désirer un instrument plus léger et mieux
approprié aux travaux ordinaires. En 1834, la Société d'agriculture ayant rouvert un concours pour les charrues, réserva
son prix principal et décerna une nouvelle médaille d'or à
M. Lacroix. Il avait présenté deux charrues modifiées d'après son
système, l'une à chaîne et l'autre à âge fixe. Ce fut cette dernière
qui fut couronnée.

Dans ce tournoi pacifique, on vit paraître, en concurrence avec
ce fabricant renommé, M. Rouquet, son élève et son imitateur. Il
obtint une médaille d'argent. Sa charrue se distinguait par la
substitution du fer à la fonte dans la construction du corps de
l'appareil, ce qui le rendait à la fois plus léger et moins sujet à
être rompu, ainsi que par l'adaptation, à l'extrémité de l'âge, d'un
système ingénieux de régulateur qui permettait d'en faire varier
plus aisément l'entrure. M. Palissart, de Gimont, obtint aussi
une médaille d'argent dans le même concours.

Cependant, le problème n'était pas considéré comme parfaitement résolu. La Société d'agriculture ouvrit de nouveau la lice
en 1840. Malgré le zèle des fabricants , le prix fut encore réservé.
M. Lacroix, dont les préférences s'étaient fixées, avec raison, sur
la charrue à chaîne avec bâtis en fonte, qui présente les meilleures conditions de stabilité, obtint un rappel de médaille d'or.

On décerna à M. Rouquet un rappel de médaille d'argent. Bien que des encouragements et des mentions fussent attribués à d'autres constructeurs, c'est entre ces deux que la lutte était la plus vive, et il devenait de plus en plus sensible que la faveur du public se portait de préférence vers la charrue de M. Rouquet, dont les formes se rapprochaient davantage de celle qui, de temps immémorial, était en usage dans le pays. Sa construction simple, ingénieuse et solide, permettait d'effectuer, en dépensant moins de force, des labours plus réguliers et plus profonds. Elle ne tarda pas à jouir d'une grande vogue entre toutes les charrues du même genre que nos forgerons de campagne s'appliquaient à confectionner.

M. Rouquet sut conserver et accroître sa clientèle en apportant à son œuvre les modifications dont l'usage faisait ressortir la nécessité. C'est ainsi que, pour remédier au reproche souvent adressé aux charrues en fer, d'entamer difficilement le sol ou même de ne pas l'entamer du tout lorsqu'il est desséché à la surface, il adapta à la sienne le soc mobile de Bergasse (du Gard), et créa la *charrue à pointe* dont l'action est incomparable pour pénétrer dans les champs battus par les pluies, durcis par le soleil et piétinés par les animaux. Ce perfectionnement, tombé dans le domaine public, est employé aujourd'hui par tous nos constructeurs. Nous citerons entre les plus méritants, Artigue, à Toulouse, et Tournier, à Gémil, qui, tous deux, se sont efforcés, avec succès, de doter notre agriculture d'engins énergiques pour opérer les labours profonds.

Comme la charrue, le véhicule rustique a reçu de grandes améliorations depuis 1789. A ces charrettes grossièrement fabriquées, impuissantes à porter de lourds fardeaux, quoique seules employées à tous les charrois de la ferme et dont les deux roues criaient sur leur essieu en bois, ont succédé des machines d'une construction simple mais régulière et solide. L'emploi du fer, se généralisant avec l'abaissement de son prix, a produit ces changements heureux. Ils sont plus sensibles encore dans nos montagnes où des cercles en métal ont remplacé les doubles jantes en bois qu'on appliquait aux roues des chars. Il serait même à souhaiter que l'emploi de ces instruments à quatre roues s'étendît partout où il existe de fortes pentes. Avec le chariot à deux roues, en effet, la charge se déplace selon l'inclinaison du terrain et fatigue considérablement les animaux soumis au double labeur d'opérer le tirage et de maintenir l'équilibre. Dans nos plaines, on a vu se généraliser l'usage des tombereaux à bœufs et à cheval, qui sont moins lourds que la charrette, plus faciles à charger et à décharger. Ces instruments ont cessé d'être une rareté sur nos exploitations.

Il en est de même de la herse. On sait que sous l'ancien régime peu de métairies en étaient pourvues. Ces appareils consistaient généralement en un bâti grossièrement façonné avec des dents en bois comme les montants. Beaucoup de cultivateurs privés de cet engin y suppléaient en traînant sur les guérets l'échelle de leur charrette enlevée de sur ses roues ; mais la masse des propriétaires, sous l'empire du préjugé qui faisait considérer comme funeste un trop grand ameublissement du sol, bornaient toutes les façons au travail de la charrue. Il en fut longtemps ainsi, malgré l'exemple des praticiens les plus habiles. Cependant, en 1808, les succès de M. de Villèle avaient déjà converti autour de lui bien des cultivateurs.

A cette époque, on connaissait même le rouleau à pointe qui joue maintenant un si grand rôle pour émietter nos guérets, mais il était encore fort peu répandu. Aujourd'hui, si les meilleurs systèmes de herse ne sont en usage que sur nos exploitations les plus soignées, il n'est pas de métairie qui ne possède quelque appareil plus ou moins bon en ce genre. Le rouleau Croskill, lui-même, est employé sur les fermes les mieux tenues ; mais, n'en déplaise aux novateurs à outrance, cet excellent instrument peut être remplacé dans la plupart des cas par le rouleau à pointes, lorsqu'on le passe à propos.

En ce qui concerne les extirpateurs, les scarificateurs et les houes à cheval, nous devons reconnaître que l'usage de ces appareils est encore loin de s'être généralisé, quoique notre Musée agricole en possède divers spécimens depuis quarante-cinq ans. En 1826, M. de Malaret faisait venir de Roville une houe à cheval, une charrue à butter avec deux versoirs en fonte et un extirpateur à cinq socs. Malgré les efforts de cet agronome et la propagande de M. Lacroix, tous ces instruments n'ont pas pris, dans nos procédés de culture, le rang important qui leur appartient. Après avoir fait usage, pendant quelques années, des extirpateurs et des scarificateurs, on s'en est dégoûté. Les buttoirs ont mieux réussi, et la houe à cheval, exclusivement employée aujourd'hui sur quelques cultures spéciales, attend, pour entrer dans la pratique universelle, que l'on introduise des changements indispensables dans le régime auquel sont soumis nos plantes sarclées (maïs, pommes de terre, colza, etc.)

Mes appréciations ne s'accorderont peut-être pas très bien sur ce point et sur d'autres avec les données recueillies par la statistique officielle de 1862, mais je vais dire pourquoi je me mets peu

en peine de m'y conformer. C'est qu'en parcourant les colonnes
qui présentent l'inventaire de notre outillage agricole, j'en ai remarqué une où se trouve signalée la présence de 778 charrues à
avant-train et une autre où l'on porte à 299 le nombre des
machines à moissonner employées dans le département. Or, je ne
crois pas que les cultivateurs de la Haute-Garonne mettent en
activité une seule charrue à avant-train, et je doute fort qu'en
1862 il y eût, dans nos quatre arrondissements, plus d'une demi-
douzaine de machines à moissonner employées ou abandonnées
par leurs propriétaires.

Ce n'est pas que nos agriculteurs manquent de zèle, loin de là ;
c'est plutôt que ces machines, dont on exalte outre mesure le
mérite, ne répondent pas toujours aux espérances des premiers
acheteurs : ainsi il est arrivé pour les faucheuses qui ont coûté
cher et sont restées sans emploi. Nous dirons plus de bien des
faneuses et surtout du râteau à cheval ; ce dernier instrument
pénètre partout ; on en fabrique de fort bons modèles dans les
campagnes les plus reculées. Le système anglais, tout en fer, à
dents recourbées et à bascule, prend rapidement la place que le
petit râteau des faneuses et le grand râteau à cheval, tout en bois
ou denté en fer, occupaient naguère.

Nous ne reviendrons pas ici sur ce que nous avons dit au sujet
des moissonneuses et des machines à battre dans notre chapitre
sur les céréales. Depuis 1789, le fléau a cédé presque partout la
place au rouleau d'abord, et puis aux batteuses à manége et à
vapeur. Le département en possède de tous les genres, et l'usage
s'en propage chaque jour. La vogue est maintenant aux manéges
à chaîne de Cuson et aux grandes machines à vapeur qui battent
et vannent en même temps. Le ventilateur, qui était une véritable rareté dans notre région sous l'ancien régime, est universellement employé aujourd'hui. Du reste, dans toutes nos petites
villes, on trouve des fabricants qui le confectionnent dans les
meilleures conditions. L'usage des trieurs, quoique beaucoup
plus récent, tend à se répandre sur un grand nombre de domaines, mais ce n'est point encore assez. Il faudrait, à notre avis,
que chaque commune possédât un appareil de ce genre, qui
serait tenu à la disposition des petits cultivateurs, moyennant
une minime redevance. Enfin, grâce à l'habileté de nos grands
constructeurs de Toulouse et à la richesse de nos dépôts d'instruments perfectionnés, les hâche-pailles, les coupe-racines, les
laveurs, les concasseurs de grains, etc., etc., pénètrent peu à
peu sur nos domaines les mieux tenus.

Malheureusement, toutes les parties de l'outillage agricole n'ont pas été l'objet de perfectionnements aussi considérables que les machines dont nous venons de parler. Cette remarque s'applique principalement au petit matériel que l'ouvrier manie sans intermédiaire et qui est, le plus souvent, sa propriété personnelle. Telles sont : la faux, la faucille, les pelles, les bêches, les houes à main, etc. Quand on a vu et comparé entre eux les instruments usités dans des localités différentes, on reste frappé de l'infériorité que présentent, en général, ceux qui se trouvent entre les mains de nos cultivateurs des environs de Toulouse. C'est ainsi que la position du manche de la faux, en obligeant l'ouvrier à tenir son corps fortement incliné vers la terre, le fatigue sans profit. Le montagnard, mieux outillé, se redresse avec le manche de sa faux et conserve la liberté de ses allures. Nos paysans, cependant, commencent à l'imiter.

La houe, usitée dans les environs de Toulouse, présente des inconvénients analogues à ceux de la faux. Comme le manche forme un angle très aigu avec le plat de l'instrument, et qu'il est d'ailleurs très court, il oblige celui qui le manie à se courber beaucoup vers la terre. Cette disposition, qu'expliquent, jusqu'à un certain point, les soins minutieux nécessités par le sarclage du maïs, nous paraît inférieure, dans la généralité des cas, à celles que présente la houe employée dans certains vignobles du Midi et dans la vallée de la Save. Son manche est plus allongé et l'angle qu'il forme avec le plat de l'instrument plus ouvert. D'un autre côté, le tranchant de la houe étant plus étroit que la partie correspondante du côté de la douille, l'instrument pénètre dans le sol avec plus de facilité.

Quant à la bêche, outre qu'en beaucoup de localités on emploie la bêche plate, lorsque la bêche fourchue produirait un meilleur effet, il y a beaucoup à reprendre sur la forme même de cet instrument. La direction du tranchant étant perpendiculaire à celle du manche, nuit à la fois à la pénétration et au jet. Sous ce rapport, la bêche employée dans la vallée de la Save est bien supérieure à celle des environs de Toulouse. Non-seulement l'extrémité inférieure du tranchant est plus étroite que celle qui avoisine la douille, mais encore, à partir de ce point, le fer s'incline de l'arrière à l'avant. Les outils belges, au tranchant aminci, étroit, incliné, légèrement concave, et coupant dans tous les sens, fatiguent beaucoup moins les bras de l'homme. La longueur du fer permet de reporter vers la main, qui sert de point d'appui, une partie de la charge, tandis qu'avec notre bêche, le poids se trouve tout entier à l'extrémité. La poignée qui termine le manche de l'outil belge en facilite aussi la manœuvre.

Notre pelle, toute en fer, constitue certainement un progrès sensible sur l'ancienne pelle en bois ferrée, dont le tranchant était démesurément épais. Cependant, les meilleurs instruments, en ce genre, ne sont pas encore entre toutes les mains, surtout dans la Gascogne. Que n'imite-t-on les montagnards des Hautes-Pyrénées, qui font usage d'un manche dont l'allongement et la courbure facilitent beaucoup la manœuvre. Enfin, la faucille dont se servent nos moissonneurs est trop courte et trop plane, pour leur permettre de couper les céréales assez près de terre sans les fatiguer beaucoup. Aussi s'acquittent-ils généralement fort mal de leur tâche. Cette circonstance n'a pas peu contribué, sans doute, à faire remplacer la faucille par la grande faux, avec laquelle on laisse beaucoup moins de blé dans les champs.

On voit par ces exemples que l'outillage de nos ouvriers ruraux présente de grandes imperfections. Pourquoi ne pas s'attacher avec plus de soin à les faire disparaître? Il faudrait pour cela établir des concours particuliers entre les fabricants, et soumettre leurs produits à des essais publics bien sérieux. Rien ne vaudra ces expériences au grand jour, pour propager les bons instruments et faire condamner les mauvais.

Avant d'en finir avec le cheptel mort, il nous reste à faire connaître quelques éléments qui peuvent servir à en déterminer la valeur. Nous avons procédé à l'inventaire minutieux du matériel agricole employé sur un domaine de 100 hectares, soumis à l'assolement triennal le plus vulgaire, et nous avons reconnu qu'il représente en valeur d'achat un capital de 3,200 fr., et en valeur vénale une somme moitié moindre. Sur des domaines de même contenance, soumis à une culture plus intensive, le cheptel mort nous a offert une valeur double et même triple.

Là où la vigne est cultivée sur une grande étendue, le cheptel mort est bien plus considérable. Sur un domaine de 30 hectares, compris dans le canton de Muret, et produisant année moyenne 24 hectolitres par hectare, la vaisselle vinaire et ses accessoires ont coûté 10,150 fr. (1), soit 338 fr. 33 c. par hectare, ou, en chiffres ronds, 340 fr. Ce matériel étant neuf, bien conditionné et suffisant pour loger une récolte entière et un tiers en réserve, on

(1) En voici le détail tel qu'il nous a été communiqué par M. de Capèle, dans les lumières duquel nous avons une entière confiance : cuves contenant 700 hectolitres, à raison de 5 fr. l'un, 3,500 fr.; foudres pouvant renfermer 900 hectolitres, à 6 fr. l'hectolitre, 5,400; comportes 80, à 5 fr. l'une, 400 fr.; un pressoir fixe, 500 fr.; un fouloir, 100 fr.; pompe à décuver, tuyaux, raccords, etc., 250 fr.

peut calculer qu'il représente une valeur supérieure d'au moins 25 pour 100 à la moyenne des vignobles du pays.

§ 3. — Capital circulant.

Le capital circulant est en rapport avec le cheptel, le genre et l'intensité de la culture dont il solde les dépenses annuelles. — Impôt foncier (nécessité de la péréquation); centimes additionnels; contribution mobilière; impôts de consommation; droits d'enregistrement : leur exagération; prestation en nature : réforme à opérer. — Assurances contre la grêle (Société de Toulouse); contre la mortalité des bestiaux (Société d'Aspet), etc. — Engrais minéraux et animaux : la fabrication des poudrettes à Toulouse. — Approvisionnements de la ferme. — Evaluation du capital circulant; comment l'augmenter, : rôle des sociétés de crédit (projet de banque agricole de M. Granié), rôle de l'épargne.

Le capital circulant ou fonds de roulement est nécessairement en rapport avec le cheptel dont il doit réparer les pertes, et avec le genre et l'intensité de la culture, dont il est destiné à solder toutes les dépenses qui se renouvellent chaque année. Il comprend, en conséquence, les sommes nécessaires pour faire face aux salaires des colons, — à l'entretien et à la nourriture des bestiaux, — au renouvellement des machines, — aux semences et aux frais de toute sorte qu'exigent le maintien de la terre en son état de fertilité, — le paiement des contributions et les assurances.

Mais d'abord il faut payer l'impôt. On sait que la contribution foncière en France s'élève, en principal seulement, à 169,300,000 fr. Ce chiffre ne serait pas exagéré si la répartition entre les départements était équitable et si d'autres taxes ne venaient aggraver beaucoup celle-ci. Or déjà, en 1815, l'écart, entre les départements, était de 1/7 à 1/17, d'après le travail de révision opéré par ordre du baron Louis. En 1856, M. Leroy de Baulieu (1) estimait que l'impôt foncier ne prélevait que 1/19 du revenu dans certains départements, tandis qu'en d'autres, il absorbait 1/5. L'écart a dû beaucoup s'accroître, depuis cette époque, par suite de la mise en valeur des terres incultes et de l'inégale augmentation du prix des denrées, qui a beaucoup plus favorisé les pays herbagers et vinicoles que les terres à céréales. En 1815, le revenu territorial imposable était évalué à 1 milliard 600 millions. C'est d'après cette base que fut opéré le dégrèvement de 1821. Dix ans plus tard, M. Thiers portait le chiffre à 2 mil-

(1) *Moniteur* du 9 juin 1856.

liards. On l'a fixé à 2 milliards 600 millions dans le travail ordonné par la loi des finances de 1851. En 1862, il atteignait, d'après les évaluations officielles, 3 milliards 226 millions.

On sait que le cadastre, qui sert de base à l'impôt foncier, remonte à cinquante ans à peu près. Depuis cette époque, les conditions économiques de l'agriculture en France ont été transformées. De vastes terrains, qui étaient presque sans valeur, ont été défrichés ou assainis. Tandis que les herbages s'étendaient dans la région du Nord, les vignobles se développaient au Midi, si bien qu'ils gagnaient 40,000 hectares en dix ans dans le seul département de l'Hérault. D'un autre côté, le Centre, qui ne produisait que du seigle et de l'avoine, s'est couvert de riches moissons de froment.

Le département de la Haute-Garonne, où la production des céréales domine et se trouve fatalement limitée quant au rendement par le fléau de la verse, est loin d'avoir participé, dans la même proportion que le Nord et le Midi, à l'augmentation des revenus agricoles. Il en résulte que nous supportons une part relativement beaucoup plus forte de l'impôt ; on peut s'en faire une idée en considérant les choses dans l'intérieur du département lui-même. Lorsque, en 1818, l'impôt fut réparti sur la base du nouveau cadastre, l'arrondissement de Villefranche, où la production des céréales était en honneur, fut taxé comme les trois autres en proportion de son revenu. Or, à cette époque, une partie considérable des arrondissements de Muret et de Saint-Gaudens était couverte de friches. Mais les choses ont tant changé depuis, que lorsque, il y a quelques années, le conseil général, cédant aux instances des contribuables, fit procéder à une expertise, on constata que l'arrondissement de Villefranche avait droit à un dégrèvement de 8,500 fr. Il en fut tenu compte bientôt après, dans la proportion de 50 pour 100, par voie de transaction amiable.

La révision du cadastre, qui doit amener la péréquation de l'impôt entre les départements, comme entre les arrondissements, les communes et les particuliers, est commandée par la justice et aussi par les nécessités pratiques. En effet, le morcellement de de la propriété, la transformation des cultures et l'assainissement des terres ont si complètement changé la physionomie et les divisions du sol, qu'en beaucoup de lieux il est presque impossible de se reconnaître sur les feuilles cadastrales.

On objecte contre la révision des matrices que cette mesure entraînerait une sorte de pénalité fiscale vis-à-vis de l'agriculture progressive Mais, outre que l'effet ne saurait, en aucun cas, lui être bien préjudiciable, les experts devront naturellement séparer, dans leur appréciation, la plus-value résultant des améliorations accidentellement introduites dans le sol par les procédés de la culture, de celle qui se rattache aux divers éléments du capital fixe, tels que les défrichements, les plantations, l'ouverture des communications et des débouchés, etc.

On objecte encore que les propriétaires des domaines les plus chargés d'impôts, les ayant acquis ou reçus dans ces conditions, elles ne sauraient réellement leur être défavorables. Aurait-on donc oublié que, depuis 1789, l'égalité devant les charges est un des principes fondamentaux de notre droit politique? Sans méconnaître les difficultés inséparables de la révision générale du cadastre, nous croyons qu'elles ne sont pas insolubles et qu'on devrait faire enfin justice des inégalités exorbitantes qui caractérisent la situation actuelle, comme on fit, au siècle passé, pour des priviléges qui n'étaient pas plus onéreux.

L'inégalité dans les bases de l'impôt foncier entraîne des conséquences analogues pour les centimes additionnels. Or, ces charges locales se sont si fort accrues dans ces derniers temps, qu'en 1866 elles équilibraient déjà les 27 millions auxquels l'Etat a renoncé depuis 1851, et qu'elles portaient l'impôt foncier à 299 millions.

Aux centimes additionnels permanents et aux centimes additionnels variables vient s'ajouter l'impôt mobilier qu'on a étendu aux propriétaires fonciers comme aux capitalistes, quoique, dans l'intention primitive du législateur, il dût être spécial à ces derniers.

En outre, la propriété foncière est grevée par les droits de consommation : impôt sur les boissons, octroi, etc., qui n'atteignent pas moins le producteur que le consommateur, car le renchérissement des denrées en ralentit l'écoulement.

De plus, c'est sur elle que retombe la plus grande partie des droits d'enregistrement dont le produit est tel que, réuni à ceux de greffe, d'hypothèque et perceptions diverses, il a pu être porté au budget de 1868 pour 340,748,000 fr. (1). Ces charges exorbitantes n'absorbent pas seulement l'entier revenu de la propriété, mais encore une portion considérable du capital. On sait, par exemple, que le droit de succession entre étrangers est de 9 fr. 90 c. pour 100. La ligne directe, elle-même, quoique plus favorisée, n'est pas exempte de tous frais de mutation, comme en Belgique. Contrairement à l'équité, le passif n'est pas défalqué de l'actif des successions, en sorte qu'on a pu voir des héritiers, payant des

_____

(1) Rapport du commissaire général sur l'Enquête agricole, p. 236.

droits sur une succession obérée qu'ils acceptaient pour faire honneur à la mémoire du défunt, verser au trésor autant ou plus qu'il ne leur restait à toucher de l'héritage liquide (1).

Ce n'est pas tout encore, la propriété foncière supporte la prestation en nature. Quoique ce soit là incontestablement une institution utile et dont les avantages sont manifestes dans l'ensemble, le poids en est très lourd, beaucoup plus même qu'il ne serait nécessaire pour arriver aux mêmes résultats. Pourquoi, en effet, oblige-t-on souvent les prestataires à des déplacements lointains quand un autre chantier s'ouvre dans le voisinage? Pourquoi laisse-t-on détériorer les chemins existants pendant qu'on emploie les prestations à créer des lignes nouvelles? Pourquoi, enfin, choisit-on, pour exécuter la corvée, le temps où les cultivateurs ont le plus grand besoin de leurs attelages, alors qu'ils pourraient effectuer une partie de leur tâche en transportant du gravier pendant la morte saison si on établissait des lieux de dépôt. En ce qui me concerne personnellement, j'ai pu créer et entretenir, à peu de frais, une étendue assez considérable de chemins d'exploitation en occupant mes attelages à transporter de la grave pendant les jours pluvieux. Bien d'autres propriétaires font de même.

Outre les contributions que nous avons énumérées ci-dessus, la propriété foncière paie l'impôt des portes et fenêtres.

Encore faut-il ajouter que, sur la part léonine qui revient à l'Etat dans le produit de toutes les taxes, une faible portion seulement fait directement retour aux communes rurales. M. Pariset a calculé que, pour l'arrondissement de Castelnaudary, qui est limitrophe de la Haute-Garonne, la proportion ne dépassait pas le quart des recettes (2). Sans doute, une autre part de ces sacrifices profite à l'arrondissement par voie de dépenses générales, mais il est certain, toutefois, qu'elle est relativement minime. M. Des Molles, appréciant au sein du Corps législatif (3) les sacrifices imposés à la propriété foncière a pu, sans exagération, les évaluer pour une grande partie de la France, au quart du revenu! Cette conclusion n'a pas besoin de commentaire.

Outre la charge des impôts, l'exploitation rurale doit supporter celle des assurances contre le feu, la grêle, etc. Sur ce dernier chef, nous ferons remarquer que le département de la Haute-Garonne est, depuis longtemps déjà, doté d'une caisse d'assurance mutuelle contre la grêle. En 1800, plusieurs propriétaires formè-

(1) Rapport du commissaire général sur l'Enquête agricole, p. 234.
(2) Économie rurale du Lauragais, p. 76.
(3) Moniteur du 9 juin 1856.

rent, sous la direction de M. Barrau, une association ayant pour
but d'atténuer les effets désastreux de ce fléau si commun, hélas !
dans notre région. Le 15 novembre 1826 parut une ordonnance
qui approuvait la Société mutuelle de Toulouse. Cette association
étend aujourd'hui ses opérations dans toute la France, et se
maintient en présence des sociétés à primes fixes, auxquelles les
clients ne manquent pas non plus, malgré l'élévation des tarifs.
Depuis 1826, la Société de Toulouse a garanti les récoltes de
400,000 assurés et payé à 60,000 d'entre eux plus de 10 millions
d'indemnité. La moyenne de ses dividendes a été de 84 pour 100.

Nous avons souvent entendu les propriétaires exprimer le regret que les polices d'assurance cessassent de couvrir les céréales
lorsqu'elles se trouvaient disposées en meulons. Il en résulte que,
même en payant une forte prime, on n'a pas la certitude de se
soustraire aux suites d'un désastre. Il semble, cependant, que tous
les inconvénients pouvant résulter, pour les compagnies, de la
négligence que les propriétaires ou fermiers mettraient à rentrer
leurs récoltes, disparaîtraient devant la fixation d'un jour précis
pour chaque département. On ne saurait donner trop d'attention
aux questions qui se rattachent aux assurances contre la grêle
dans la Haute-Garonne, car le fléau y prend quelquefois des proportions désastreuses. En 1866 il a ravagé 167 communes et causé
un préjudice qu'on évalue à plus de 5 millions. Ce serait presque
le septième du revenu agricole du département. Certaines zones
sont si fréquemment atteintes par la grêle que les compagnies
ont dû élever beaucoup leurs tarifs ou même abandonner les opérations dans ces localités. C'est ainsi que les *Assurances générales*
n'acceptent pas d'affaires dans l'arrondissement de Saint-Gaudens,
et qu'elles ont un tarif de 10 pour 100 sur le blé dans les cantons
de Rieux et de Motesquieu-Volvestre, alors qu'elles n'exigent que
1 fr. 70 c., pour le même risque, à Fronton, Grenade, Villemur.
Cadours, etc.

On doit aussi à l'initiative de nos agriculteurs l'établissement
d'une société d'assurance mutuelle contre la mortalité des bestiaux. L'exemple est parti de la commune d'Aspet, dans l'arrondissement de Saint-Gaudens. Voici les traits principaux de son
organisation que j'emprunte à une communication fort intéressante, adressée par M. Adoue à la Société d'agriculture de la
Haute-Garonne. L'association, dont la durée est fixée à cinq ans,
se renouvelle par tacite reconduction. L'indemnité à payer pour
chaque sinistre se prélève, sur chaque associé, en proportion des
têtes de bétail qu'il possède à ce moment. Les propriétaires associés choisissent, parmi eux et dans leur quartier, un syndic dont

les fonctions sont purement honorifiques. Le syndic recouvre la somme due pour chaque tête de bétail assuré. Il reçoit les réclamations, visite les bêtes malades et fait les rapports. Les syndics de chaque quartier réunis forment le bureau. Si le bureau estime qu'un animal atteint d'une maladie dangereuse peut être livré à la consommation, il en opère la vente pour le compte de la société et en encaisse le prix. Que la bête soit morte ou vendue, l'assuré reçoit les quatre cinquièmes de sa valeur. Aux termes du règlement, il doit supporter seul la perte de l'autre cinquième.

Depuis sa fondation, la Société d'Aspet n'a jamais donné lieu à aucune réclamation sérieuse. Du 6 novembre 1861 au 15 mai 1865, elle a payé 4,071 fr. pour 65 têtes de bétail mortes ou vendues. Dans cette période d'à peu près trois ans et demi, chaque tête de bétail assuré aurait payé, d'après la note de M. Adoue, environ 8 fr. 85 c., soit, par an, 2 fr. 52 c.; ce qui est bien peu de chose dans une région où les maladies contagieuses exercent de fréquents ravages. Il est grandement à souhaiter que l'exemple donné par la commune d'Aspet trouve de nombreux imitateurs : c'est une voie dans laquelle notre conseil général devrait pousser l'agriculture.

Le prix élevé des assurances et des contributions publiques explique, jusqu'à un certain point, l'exiguïté du capital consacré par l'entrepreneur de culture à l'acquisition des engrais. Les choses sont poussées à ce point, que les propriétaires de la Haute-Garonne laissent emporter dans les départements voisins une partie des fumiers provenant des régiments de cavalerie cantonnés à Toulouse. A l'exception des boues et des poudrettes, presque tous les résidus de la grande ville échappent à nos cultivateurs. C'est ainsi que Toulouse expédie annuellement, dans l'Aude, l'Hérault et le Gers, de 20 à 22,000 kilog. d'engrais-chiffon. Des quantités importantes de débris de plume, ainsi que de tourteaux de lin et de colza, sont envoyées dans la Gironde. Enfin, les résidus que laissent la fabrication de la bierre (touraillons) et la préparation des cuirs prennent aussi la direction du Bordelais ou du bas Languedoc. Le sang des abattoirs de Toulouse, qui reçoivent par an 100,000 animaux, était encore, il y a peu d'années, perdu dans les flots de la Garonne. On en fabrique maintenant des engrais qui ne sont pas assez recherchés dans le pays.

Nous devons faire remarquer, cependant, en ce qui concerne les engrais minéraux, qu'ils sont fort usités chez nous. Outre la chaux et les marnes dont nous avons parlé à l'occasion des amendements, nos cultivateurs font un grand usage du plâtre. Il en existe de belles carrières dans le département même, aux environs de Salies ; toutefois, c'est de l'Aude et surtout de l'Ariége que viennent les quantités les plus considérables. Les merveilleux effets de cet engrais sur les légumineuses, et la supériorité que les céréales, succédant au trèfle plâtré, présentent sur celles qui viennent après les trèfles non plâtrés, en ont généralisé l'usage.

Enfin, sur nos meilleures fermes, on emploie le sulfate de fer, pour fixer les vapeurs ammoniacales qui s'échappent des engrais azotés. C'est à M. Rolland qu'on doit la propagation de cette utile pratique (1850), dont il avait d'ailleurs exagéré l'importance.

Déjà, en 1815, M*me* Vibert-Duboul, qui a fondé la première fabrique de poudrette qu'ait eue le département de la Haute-Garonne, avait employé, paraît-il, avec succès la chaux pour la conservation des urines. La Société centrale d'agriculture de Paris, ayant chargé sa commission spéciale des engrais d'examiner les produits de M*me* Vibert, la félicita d'avoir trouvé le moyen de conserver et de combiner, dans sa fabrication, des sels jusque-là perdus. La Société lui décerna une médaille d'or, et ordonna l'impression du mémoire dans les *Annales de l'agriculture française*.

L'industrie des poudrettes s'est beaucoup développée à Toulouse depuis cette époque. En 1862, on estimait qu'elle livrait à la consommation de 14 à 16,000 hectolitres de matières pulvérulentes, pesant de 55 à 60 kilog., soit environ 750,000 kilog. (1), qui étaient presque exclusivement employés dans l'arrondissement de Saint-Gaudens et dans la partie montagneuse de celui de Muret. Toutefois, les procédés usités, encore aujourd'hui, dans la fabrication sont loin de résoudre le problème de l'utilisation complète de l'engrais humain. Sous ce rapport, comme sous celui des émanations auxquelles les ateliers de cette industrie donnent lieu, on est même, en général, fort au-dessous des résultats pour lesquels Bridet (de Caen), l'inventeur des poudres végétatives, s'était fait breveter par Louis XVI.

Nous avons cherché à nous rendre compte de l'importance relative des divers éléments qui constituent le fonds de roulement sur un domaine de 100 hectares soumis à l'assolement triennal, et voici les résultats auxquels nous avons été conduit. Les provisions en fourrages et en pailles, nécessaires pour entretenir, depuis le 1er novembre jusqu'à la récolte, tout le bétail de l'exploitation qui forme l'équivalent de 33 têtes, à raison d'un tiers de tête par hectare, s'élève à 1,800 fr. En outre, la prudence com-

(1) Rapport sur le commerce des engrais dans la Haute-Garonne, par M. Dupuy-Montbrun. (*Journal d'agriculture* 1862.)

mande au propriétaire de tenir en réserve des approvisionnements égaux à la moitié de ces quantités, soit une nouvelle somme de 900 fr. Les grains en magasin pour le paiement des gages en nature et la consommation du bétail exigent un capital de 1,200 fr. Les semences valent 900 fr., et le premier semestre de l'impôt exige 500 fr. Enfin, une somme de 1,000 fr. en numéraire suffit à tous les autres besoins de l'exploitation jusqu'aux premières rentrées qui, dans le cas spécial que nous avons étudié, proviennent de la vente des agneaux. Au total, le capital circulant s'élève à 58 fr. par hectare. En y ajoutant 150 fr. pour les constructions et 116 fr. pour le cheptel vivant et mort, on trouve que le capital d'exploitation est de 329 fr. par hectare.

Il ne sera peut-être pas sans intérêt de placer en regard de ces chiffres ceux que nous avons relevés sur un domaine d'une contenance de 110 hectares, situé dans le voisinage du premier, mais soumis à une culture intensive, et dont les fourrages ne sont pas entièrement consommés sur la ferme. On y entretient l'équivalent de deux tiers de tête de gros bétail par hectare. Le capital d'exploitation, évalué d'après les mêmes bases que ci-dessus, atteint 782 fr. par hectare. Tandis que, dans le cas précédent, le cheptel ne dépassait pas 116 fr. par hectare, ici il s'élève à 250 fr. 80 c., et le capital circulant passe de 58 fr. à 99 fr. 44 c. Cette énorme différence entre des domaines voisins donne la mesure des progrès qui nous restent à accomplir pour mettre le plus grand nombre de nos exploitations au rang de celles qui sont convenablement tenues. On sait, en effet, que dans le Nord comme dans le Midi de la France, le capital d'exploitation des bonnes fermes atteint 800 fr. par hectare.

Dans les réponses de la Société d'agriculture de Toulouse au questionnaire de l'Enquête agricole, le capital d'exploitation, bâtiments compris, est évalué pour tout le département de la Haute-Garonne à 350 fr. par hectare, et celui de roulement à 30 ou 40 fr., soit au total 380 ou 390 fr. en moyenne. Il est à regretter qu'on n'ait pas fait connaître les éléments qui entrent dans la composition de ce chiffre. Tel qu'il est, cependant, il suffit pour montrer que nous ne sommes pas encore à mi-chemin dans la voie que les bons fermiers du Nord nous ont tracée et que nos agronomes les plus méritants ont déjà parcourue avec succès. Mais si l'on réfléchit que ce chiffre de 380 ou 390 fr., étant une moyenne, comprend les terrains les plus favorisés, on sera frappé de la pénurie du capital employé sur les autres exploitations, et l'on s'expliquera comment, malgré tous les progrès que notre agriculture a réalisés depuis 1789, elle est, en ce moment, si inférieure à celle du Nord, sous le rapport du rendement des récoltes et du bénéfice de l'entreprise agricole.

Il importe à l'Etat et à nous-mêmes de faire cesser cette inégalité; mais comment y parvenir? Les institutions de crédit dont on parle tant, et dont certains esprits croient pouvoir tout espérer, ne sont pas, à notre avis, une panacée universelle. La question est complexe, il faut l'examiner sous ses divers aspects. En ce qui concerne les grands travaux préliminaires qui ont pour objet la mise en valeur du sol et qui sont appelés à transformer les conditions économiques et culturales du Sud-Ouest, tels que l'ouverture ou le perfectionnement des voies de communication (chemins de fer, navigation, grande et petite voirie), ainsi que l'utilisation générale des cours d'eau pour l'arrosement de nos grandes vallées, nous pensons que l'agriculture ne peut se passer du concours des capitaux étrangers, et que l'Etat doit s'efforcer de lui procurer, par tous les moyens qui sont en son pouvoir, l'aide de nos puissantes compagnies financières. L'abondance des capitaux sur le marché national et la difficulté qu'on a de leur trouver un emploi solide et lucratif offre, en ce moment, des ressources exceptionnelles dont il faudrait profiter.

Quant au capital d'exploitation proprement dit : bâtiments ruraux, bétail, matériel agricole et fonds de roulement, nous ne croyons pas que, dans l'état actuel des choses, la culture méridionale doive, en règle générale, chercher à l'augmenter par des emprunts. C'est sur ses propres réserves que la sagesse commande de le prélever. Sans doute, il en peut être différemment là où il existe une classe de fermiers intelligents, connaisseurs et actifs. Dans un tel milieu, les banques agricoles sont appelées à rendre de grands services, mais non pas hors de là. Le crédit est une arme à deux tranchants ; il ne la faut pas trop manier, dans la crainte de se blesser, lorsqu'on n'est pas bien sûr de soi-même. On peut être plus hardi, au contraire, quand on se sert de son épargne, car alors on n'a pas à redouter des atteintes graves.

Les fermiers des environs de Paris, qui font des opérations à courte échéance, ne craignent pas d'emprunter à gros intérêts, comme le prouve la prospérité croissante du comptoir agricole de Melun, qui fait jusqu'à 30 millions d'affaires par an. Cet établissement procure aux cultivateurs, par l'intermédiaire du *Crédit agricole*, des fonds puisés à la Banque de France, et partant augmentés de diverses commissions, savoir : 1/2 pour 100 pour le *Crédit agricole*, et 2 pour 100 pour le Comptoir. Si le taux de la Banque de France est à 2 1/2 pour 100, l'intérêt ne dépasse pas 5 ; mais lorsqu'il s'élève à 8 et 9 pour 100, comme en 1864, le taux des prêts atteint de 10 à 11 pour 100. Ces conditions seraient ruineuses pour les cultivateurs de nos contrées.

Aussi un de nos concitoyens, M. Granié, qu'une longue pratique des affaires a conduit à une fortune honorable, s'est-il appliqué à rechercher les moyens de procurer au propriétaire foncier rural des capitaux à un taux inférieur à 5 pour 100. Depuis vingt ans qu'il consacre à l'étude de cette question sa vive intelligence et ses connaissances spéciales, il a publié quatre écrits remarquables qui lui ont mérité de flatteuses approbations et attiré des critiques dont il a su faire son profit.

M. Granié propose la création d'une Banque foncière, ayant pour but : 1° de prêter sur hypothèque à tout propriétaire foncier rural jusqu'à concurrence de la moitié de la valeur du sol nu ; 2° d'escompter des billets à deux signatures présentés par des propriétaires, des fermiers ou des cultivateurs associés ou intéressés à une exploitation rurale ; 3° de faire des avances sur consignation de produits agricoles. La garantie qu'offre pour le remboursement des billets, indépendamment de la matière escomptable et des valeurs mobilisables, le sol nu hypothéqué pour la moitié seulement de son prix, est évidemment supérieure à toutes celles que présente la Banque de France. Nous faisons des vœux pour que le projet de M. Granié mette bientôt l'agriculture méridionale en position de trouver de l'argent à un taux modéré. Aussi bien la Prusse nous a-t-elle devancés dans cette voie. On sait que l'organisation, en société obligatoire de crédit, de tous les propriétaires de domaines seigneuriaux de chaque province, aboutit à procurer aux emprunteurs des capitaux considérables à un taux qui ne dépasse pas 4 ou 4 1/2 pour 100, amortissement compris. Ce succès, consacré par une longue expérience, doit encourager M. Granié et rassurer nos propriétaires sur la solution impatiemment attendue du crédit rural à bon marché.

En attendant que de telles facilités leur soient offertes, nos cultivateurs feront bien, en général, de n'emprunter qu'à eux-mêmes et à leurs propres épargnes. Mais, dira-t-on peut-être, l'épargne est insuffisante. Cet argument, pris dans un sens général, tombe, à mon avis, devant les faits, puisque l'agriculture a tant et tant prêté à l'Etat, à l'industrie, au commerce et à toutes les entreprises financières de la France et de l'étranger. Si nos cultivateurs n'ont pas augmenté davantage leur capital d'exploitation, c'est qu'ils ont manqué de confiance en eux-mêmes, et il n'en sera pas autrement aussi longtemps qu'ils ne posséderont qu'une instruction incomplète.

Il convient d'ajouter cependant que, même avec la meilleure

volonté, un grand nombre d'agriculteurs (nous pourrions dire le plus grand nombre, en circonscrivant nos observations aux trois ou quatre années qui ont précédé l'Enquête agricole) n'a rien pu faire pour le progrès, parce que la mévente des denrées ne leur a permis de réaliser aucune épargne. Ce qu'il faut, en effet, à l'agriculture méridionale pour compléter son capital d'exploitation et en tirer un bon parti, c'est sans doute, dans une certaine mesure, le concours de l'Etat et des compagnies financières, la création d'une banque agricole et la diffusion à tous les degrés de l'enseignement professionnel, mais c'est avant tout un prix rémunérateur pour les produits du sol dans les circonstances normales. A la rigueur même, le temps aidant, on pourrait se passer de tout le reste.

LIVRE VIII

LES DOLÉANCES ET LES VŒUX DE L'AGRICULTURE

CHAPITRE PREMIER

L'ENQUÊTE AGRICOLE

Les déposants dans l'enquête manuscrite à Toulouse. — Quels seraient les
moyens les plus propres à améliorer la condition de l'agriculture?
1° Comment diminuer les frais de production? Des réformes à apporter en ce qui
concerne la direction de l'entreprise agricole (organisation de l'enseignement
professionnel ; encouragements ; moyens de diminuer l'absentéisme). — Le
capital agricole (de l'épargne ; des institutions de crédit ; des subventions de
l'Etat, du département et des communes). — Le travail (rareté de la main-
d'œuvre ; dépopulation des campagnes : comment y remédier).
2° Comment étendre nos débouchés du côté du marché intérieur et du côté du
marché extérieur.

L'Enquête solennelle que le gouvernement, ému des plaintes
de l'agriculture, ouvrit en 1866, va nous permettre de présenter,
d'après les documents originaux, le résumé fidèle des doléances
exprimées par le pays toulousain dans cette manifestation significative, unique encore en son genre et où toutes les opinions ont
pu se donner un libre cours.

Ayant eu l'honneur de faire partie de la commission départementale d'Enquête et d'être désigné pour présenter le rapport
sur les réponses écrites faites au questionnaire officiel dans l'arrondissement de Toulouse, je crus devoir grouper, dans un travail d'ensemble et par ordre analytique , les renseignements
recueillis et les opinions émises sur les matières d'économie
générale en indiquant, par un numéro qui se rapporte aux divers
questionnaires , la source dont ils émanent. L'importance des

intérêts en jeu, le nombre et la valeur des documents renvoyés à
l'examen de la commission, exigeaient de sa part autant d'attention que de réserve. A la simple énumération des auteurs,
on peut déjà préjuger le mérite de ces témoignages (1).

C'est sous la rubrique du dernier article du questionnaire officiel que nous avons cru devoir grouper toutes ces dépositions.
Il est ainsi formulé : *Quels seraient les moyens les plus propres à
améliorer la condition de l'agriculture et quelles mesures croirait-on
devoir proposer dans ce but ?* Ces moyens nous paraissent pouvoir
être, rangés sous deux chefs principaux : 1° ceux qui doivent
avoir pour effet de diminuer les frais de production ; 2° ceux qui
se rapportent à l'extension des débouchés.

I. — *Diminuer les frais de production.*

Tout produit exigeant le concours de ces trois éléments : la

(1) Les voici rangés pêle-mêle, dans l'ordre suivant lequel ils nous ont été
présentés :

(1) Chambre consultative de l'arrondissement.
(2) S. Exc. le maréchal Niel, président du conseil général.
(3) Le comte de Campaigno, député, vice-président du conseil général.
(4) Deloume, juge de paix à Verfeil, membre du conseil d'arrondissement.
(5) Bories, membre du conseil général.
(6) Rozy, avocat, professeur d'économie politique à la Faculté de Droit.
(7) Duplan, député, membre du conseil général, président de la Société
      d'horticulture.
(8) Lamothe, maire à Pins-Justaret.
(9) Féral, maire à Lavalette, membre du conseil d'arrondissement.
(10) Olagnon, notaire à Montastruc, secrétaire du Comice agricole.
(11) Dupuy-Montbrun, membre de la Société d'agriculture.
(12) Merlé, juge de paix à Cadours, membre du conseil d'arrondissement.
(13) Lapujade, membre de la Chambre consultative d'agriculture.
(14) Le docteur Roucolle, maire de Cadours.
(15) Le vicomte de Lapasse, membre de la Société d'agriculture.
(16) Bastide d'Yzar, ancien député, membre de la Société d'agriculture.
(17) Charles Ducap, avocat, propriétaire au Pin.
(18) Société d'agriculture de la Haute-Garonne (*).
(19) Chambre de commerce de Toulouse.
(20) Granié, ancien élève de l'Ecole spéciale de commerce et d'industrie.

(*) Les réponses de la Société d'agriculture au questionnaire de l'enquête ont été élaborées
par une commission composée de MM. de Papus, *président*, Caze, Martegoute, de Lapasse,
Théron de Montaugé, Texereau, de Baichis, Dupuy-Montbrun, Gourdon, Lafiteau, Caussé,
rapporteur.

direction, le capital et le travail, nous passerons successivement en revue ces divers termes.

Direction.

I. La nécessité d'organiser l'*enseignement agricole* à tous les degrés est une condition indispensable au progrès.

1° L'instruction primaire, qui développe l'intelligence, doit être propagée. Sa généralisation fera disparaître, en partie, les inconvénients qu'elle présente ([12]). L'ouvrier, dont les facultés intellectuelles seront plus exercées, pourra mieux accomplir sa tâche.

L'instruction primaire a-t-elle été dirigée dans un sens favorable ou nuisible à l'agriculture? Question controversée, mais en ce sens seulement que les uns prétendent qu'elle n'a qu'une faible influence sur le choix des professions ([1], [4]), tandis que les autres se plaignent de ce que, dans l'état actuel des choses, l'enseignement primaire, loin d'inspirer le goût de l'agriculture, en détourne les enfants auxquels on donne des notions vagues et incomplètes sur des matières étrangères à la profession de cultivateur ([18]). Il est fâcheux que le programme n'ait aucun rapport avec l'agriculture ([7], [11]). Elle devrait en être une des bases essentielles, et il serait d'autant plus facile de donner satisfaction à ce vœu, dans la Haute-Garonne, que les élèves de l'Ecole normale suivent l'excellent cours d'agriculture professé par M. Noulet.

L'enseignement est trop théorique et pas assez religieux ([18], [15]). Les progrès de l'éducation devraient marcher de pair avec ceux de l'instruction ([15]), surtout en présence du relâchement des liens moraux qui unissent les diverses classes de la Société ([1], [4], [10], [11], [12]) (1).

2° Mais il ne faut pas seulement à l'agriculture des ouvriers intelligents et instruits, elle réclame aussi des contre-maîtres et

---

(1) Nous devons signaler un accord remarquable entre les réponses au questionnaire résumées ci-dessus et les dépositions orales recueillies dans les divers arrondissements de la Haute-Garonne. C'est ainsi qu'en ce qui concerne l'enseignement primaire, on est partout frappé des inconvénients résultant de la direction, tout au moins indécise, qui lui a été imprimée jusqu'à ce jour. Dans l'arrondissement de Saint-Gaudens, en particulier, on l'accuse de pousser à l'abandon du travail agricole (M. Larrieux) et de favoriser l'émigration de l'ouvrier rural (MM. Ferras, Claverie, Larrieux). Partout on demande que des notions d'agriculture et d'horticulture complètent et caractérisent l'enseignement primaire dans les campagnes (MM. Cabrol, à Muret; Vidal et Camparan, à Saint-Gaudens). Il faut même ajouter que cette préoccupation paraît l'emporter, chez les déposants, sur l'utilité de propager l'instruction.

des directeurs ou, en d'autres termes, un enseignement professionnel complet.

Au-dessous de l'Ecole de Grignon, qu'on parle de réorganiser en vue du degré supérieur, comme le fut, pendant un temps trop court, l'Institut agronomique de Versailles, il conviendrait de placer des fermes-écoles (11) ou des écoles régionales (18) en nombre suffisant ; on s'y livrerait à des expériences utiles. Les conditions climatériques et économiques du Sud-Ouest sont si tranchées qu'il y aurait nécessité de fonder à Toulouse, où les éléments scientifiques abondent, un établissement de ce genre.

L'instruction est un besoin qu'il faut satisfaire avant de créer les institutions de crédit, non-seulement parce qu'elle peut, jusqu'à un certain point, y suppléer (15), mais encore parce qu'il n'est pas prudent de contracter des emprunts lorsqu'on n'est pas assez expert pour en retirer un parti lucratif (11).

II. A côté de l'enseignement professionnel, on peut placer, comme ayant une grande influence sur la direction de l'entreprise agricole, les encouragements donnés à ses diverses branches par l'Etat, les départements et les comices.

Les concours pour la prime d'honneur et les concours régionaux d'animaux reproducteurs ont produit de très bons effets (7, 18). Tout le monde le proclame, mais ils sont perfectibles.

En principe, ils devraient être organisés plus qu'on ne fait en dehors des théories officielles et des préférences de l'administration, suivant les besoins locaux (18). On ne saurait perdre de vue, par exemple, que nos races bovines, tout en se perfectionnant sous le rapport de la boucherie, doivent conserver leur merveilleuse aptitude pour le travail qu'elles nous procurent à un prix plus avantageux que ne peuvent faire les autres animaux de trait. Les encouragements à la race durham n'ont pas de portée sérieuse dans le pays toulousain.

Pour l'espèce chevaline, on ne devrait pas s'obstiner à primer uniquement le cheval fin, mais bien le cheval de trait capable de produire la bonne mulassière. La première de ces spéculations n'offrant, dans la plupart des cas, que des chances de perte, les encouragements devraient porter surtout du côté de notre espèce mulassière si supérieure comme revenu à l'espèce chevaline, quoique de plus en plus inférieure à la race du Poitou, qu'on a le bon esprit de ne pas négliger ailleurs.

En ce qui concerne les concours d'animaux, il conviendrait de diminuer la valeur des récompenses qui créent, sans profit pour le pays, l'industrie factice des *coureurs de concours*.

Les concours d'instruments, pour devenir sérieux, devraient revêtir un caractère de spécialité. Il faut que les essais se fassent plus consciencieusement. Les épreuves sont trop courtes. On a abusé des médailles. Que prouvent-elles aujourd'hui ?

Comme l'ensemble de l'exploitation agricole, les cultures spéciales sont tout à fait dignes d'attention et méritent des encouragements.

La coupe d'honneur serait-elle moins honorable, quand une prime en numéraire ne viendrait pas s'y ajouter ? Et ne vaudrait-il pas mieux, en bien des cas, remplacer les prix en argent par des instruments (11), des emblèmes agricoles, ou de simples médailles ?

Mais avant de répandre les encouragements sur certaines branches de l'économie rurale, il faudrait laisser à d'autres la liberté de se développer, soit en abaissant les obstacles qu'on a mis à l'écoulement des produits (vins et alcools), soit en enlevant les défenses qui en proscrivent la culture (tabac) (18) (1).

III. Le meilleur service à rendre à l'entreprise agricole, n'est-ce pas de *diminuer l'absentéisme ?*

Pour atteindre ce but, il conviendrait d'éloigner des moyens et des grands propriétaires l'appât des fonctions salariées. On préparerait ce résultat en diminuant le nombre, sinon le traitement (11) des titulaires.

D'un autre côté, pour retenir les propriétaires dans les campagnes, il conviendrait d'y étendre leur influence en empruntant à d'autres États des institutions favorables à la résidence (7) : création de commissaires pour surveiller tous les travaux publics (7), etc., etc.

Si toutes les fonctions qui se meuvent dans un canton ou en représentent les intérêts étaient le privilège de ceux qui consentent à y vivre, les hommes de valeur émigreraient moins (18).

Un autre moyen d'arrêter l'absentéisme, en maintenant le respect de l'autorité paternelle, serait de laisser plus de latitude au père de famille dans ses dispositions testamentaires (composition des lots en meubles ou en immeubles (18) (2).

Il faudrait que les hautes classes de la société, patronnant les intérêts populaires, prissent une part active dans l'inspection des écoles, la direction de l'assistance publique, etc. Par ces moyens

---

(1) Dans l'enquête orale, M. Grandidier a renouvelé le vœu émis par la Société d'agriculture pour que l'autorisation de cultiver le tabac fût étendue au département de la Haute-Garonne.

(2) Le même vœu a été émis à Saint-Gaudens par M. Bérot.

et d'autres analogues, on créerait l'esprit rural aussi favorable à la stabilité sociale qu'à la prospérité des campagnes (¹⁸).

Capital.

L'insuffisance des capitaux pour porter l'agriculture à une situation plus prospère est un fait unanimement admis par les déposants (1). Comme les capitaux peuvent arriver à l'agriculture de trois côtés : de l'épargne faite sur ses revenus, — des institutions de crédit, — des subventions fournies sous différentes formes, par l'État, le département ou les communes, nous passerons en revue ces divers éléments :

1° Et d'abord, occupons-nous de l'épargne. Le plus sûr moyen de l'accroître (après celui de procurer à l'agriculture des prix rémunérateurs pour ces produits, moyen qui sera développé plus loin), est d'atténuer les charges publiques, notamment l'impôt foncier. Pour cela, il conviendrait de faire partager par les valeurs mobilières, dont les revenus sont plus considérables et plus fixes que ceux de la propriété immobilière, le poids des contributions que celle-ci supporte presque seule (¹², ¹⁸), et d'établir la péréquation de l'impôt foncier entre les divers départements de l'Empire et entre les diverses communes de chaque département (2). La révision du cadastre, qui est également demandée, permettrait de répartir plus équitablement les charges entre les contribuables de la même commune.

Réduire considérablement les droits de mutation (⁸, ¹⁰, ¹¹, ¹⁸), qui dévorent la propriété foncière et s'opposent au développement

---

(1) Cette opinion a été notamment développée, dans l'enquête orale ouverte à Villefranche, par MM. Antonin et Ferradou-Roqueville.

(2) Dans l'enquête orale, le dégrèvement de l'impôt foncier a été demandé par tous les déposants (MM. Guiraud et Langlade, à Villefranche ; Cappé, Martegoute, Bataille, de Corail, Cavalié, à Muret ; Ferras, Grandidier, à Saint-Gaudens, etc.). Beaucoup ont émis le vœu que les valeurs mobilières soient appelées à partager avec la propriété immobilière le poids des charges publiques (MM. Razous et Guiraud, à Villefranche ; Cappé, Martegoute, Bataille, Larroque, Cavalié, à Muret ; Bérot, à Saint-Gaudens, etc.). Enfin, on a vivement sollicité la péréquation de l'impôt entre les départements de l'Empire et les divers cantons de chaque département. (Voir les dépositions de MM. Loubet, à Saint-Gaudens, et, à Villefranche, celles de MM. Noël, juge de paix à Revel, Langlade, Antonin et Buisson. Ce dernier a constaté que l'impôt foncier, qui ne dépasse pas 1/16 du revenu pour l'ensemble de la France, atteint, dans la Haute-Garonne, tantôt 1/7, tantôt 1/6, tantôt même 1/5.) A Muret, MM. d'Aure et Loubet ont demandé la révision du cadastre.

fécond de la petite propriété ([6]), réduire aussi les droits de succession ([8]) qui devront toujours être calculés en défalcant le passif de l'actif ([11], [18]) (1).

Diminuer les droits perçus à l'occasion des échanges ([11]), alléger enfin les charges qui pèsent sur l'agriculture, soit à titre d'impôt permanent, soit à titre d'impôt accessoire ([1], [7], [8], [9], [10], [11], [12]).

Deux cahiers ([9], [15]) demandent que l'impôt foncier soit dégrevé d'une somme égale au produit des taxes perçues sur les importations des denrées agricoles venant de l'étranger.

Un autre moyen d'atténuer les charges de l'agriculture consisterait à abaisser les tarifs des assurances qui garantissent le capital d'exploitation et les produits agricoles contre l'incendie, la grêle, etc. On demande, en général, que l'Etat prenne la haute main sur les assurances et qu'il les rende obligatoires. Sur ce dernier point, cependant, il y a quelques divergences dans les opinions. En tout cas, on devrait favoriser les assurances mutuelles contre la mortalité des bestiaux. Elles ont fait leurs preuves dans le département (2).

A côté des moyens d'accroître l'épargne du cultivateur, viennent se placer les moyens de la conserver à l'exploitation du sol. Ce résultat, préparé par la diffusion de *l'enseignement agricole* parmi les propriétaires et les ouvriers ruraux, doit être complété par des dispositions législatives qui *éloignent de nos capitalistes le leurre des emprunts étrangers* (la place de Toulouse est compromise pour 12 millions dans les chemins espagnols seulement) ([15]). Il faudrait aussi mettre des *entraves à la formation des Sociétés anonymes* qui drainent les capitaux dans les campagnes ([18]).

2° Nous avons dit que les fonds nécessaires à l'agriculture pouvaient aussi lui venir des institutions de crédit.

Or, c'est ce qui n'a pas lieu actuellement. Sous ce rapport,

---

(1) La diminution des droits d'enregistrement a été universellement sollicitée dans le cours de l'enquête orale. (Voir les dépositions de MM. Lapersonne, Ferradou, de Corail, à Villefranche ; Larroque, Cavalié, d'Aure, à Muret ; Ferras et Labatut, à Saint-Gaudens, etc.).

On a demandé, avec la même unanimité, que, pour la perception des droits fiscaux, les dettes fussent déduites de l'actif des successions. (Voir les dépositions de MM. Lapersonne, à Villefranche ; Cabrol, à Muret ; Couaddeau, Ferras, Larrieu, à Saint-Gaudens, etc.).

(2) Les mêmes vœux ont été émis dans l'Enquête orale. M. Cabrol, à Muret, et M. Bérot, à Saint-Gaudens, se sont prononcés dans le sens des assurances obligatoires. M. Vidal a élevé la voix en faveur des associations cantonales contre la mortalité des bestiaux.

comme sous tant d'autres, l'industrie agricole est la moins favorisée. Aussi, les cultivateurs réclament-ils pour elle des institutions analogues ([1], [4], [8], [11], [13]) à celles qui font prospérer les manufactures et le commerce. Dans l'état actuel des choses, on prête au propriétaire non à l'entrepreneur de culture ([6]), et les emprunts hypothécaires qui sont les plus chers, puisque, avec les frais, l'intérêt atteint 6 et 7 pour 100 ([7], [11]), remplacent de plus en plus les emprunts chirographaires ([18]).

Pour faciliter l'établissement du crédit agricole, on a proposé divers changements à la législation : 1° possibilité d'engager les récoltes pendantes sans avoir besoin de se dessaisir de la possession de l'objet engagé ; 2° étendre ces dispositions aux prêts qui seraient faits sur les bestiaux attachés aux exploitations rurales ([6], [12]) ; 3° extension du décret du 21 mars 1848 et de la loi du 21 mars 1858 sur les magasins généraux pour les produits de l'industrie, aux produits agricoles et aux consignations faites par les agriculteurs ([6]).

Le même cahier demande, dans le but de faciliter aux cultivateurs l'achat des engrais, que la loi confère, en termes précis, aux vendeurs d'engrais à crédit un privilége sur les récoltes auxquelles ces engrais auront été appliqués ([6]).

Plusieurs déposants réclament des institutions financières qui, à l'aide de l'émission d'une monnaie fiducière ou autrement, puissent prêter à l'agriculteur de l'argent à bas prix ([4], [13], [18], [20]). M. Granié, membre correspondant de la Société d'agriculture de Toulouse, a composé sur ce sujet un traité qui se recommande par des vues neuves, des rapprochements pleins d'intérêt et une connaissance approfondie de la matière (1).

3° Mais il est encore, en dehors des institutions de crédit et de l'épargne, une troisième voie par laquelle une certaine somme de capitaux arrive à l'exploitation du sol ; je veux parler des subventions fournies par l'Etat, les départements ou les communes. Ces subventions s'appliquent aux grandes entreprises qui ont pour but d'améliorer la viabilité, de créer des irrigations, de multiplier les marnages, les drainages, etc.

Quant à la viabilité qui influe favorablement sur le prix de revient des denrées agricoles, parce qu'elle facilite le transport des fumiers ainsi que des produits, de la ferme aux champs et des champs à la ferme ([1], [3], [7]), et parce qu'elle diminue pour l'agri-

---

(1) Dans l'enquête orale, la création de banques spéciales faisant des avances à l'agriculture, moyennant un taux modéré, a été demandée par MM. de Gilède et Cavalié, à Muret ; et par M. Servat, à Saint-Gaudens.

culteur le prix des engrais venant des contrées lointaines ainsi que celui des amendements de toute sorte (plâtre, chaux, marne, etc.), elle est susceptible de grandes améliorations dans la Haute-Garonne ([7]).

Nous parlerons ailleurs de ce qu'il y aurait à faire du côté de la navigation fluviale et des voies ferrées. Nous nous contenterons de signaler ici, avec la Société d'agriculture, l'utilité d'affecter un large crédit à l'achèvement des chemins vicinaux proprement dits, dont 1,728 kilomètres seulement sur 6,800 sont à l'état d'entretien dans le département.

En attendant qu'on puisse consacrer des fonds aux simples chemins ruraux, il y aurait lieu d'adopter des mesures conservatoires à leur égard. En effet, ils ne sont pas seulement tombés dans un regrettable état de dégradation ([4], [10], [11], [13]), mais encore ils disparaissent, chaque jour, sous le coup des usurpations plus ou moins intelligentes des riverains ([1], [18]) (1).

Enfin, l'œuvre régénératrice des irrigations, qui est appelée à transformer les vastes plateaux de la Garonne, attend une impulsion énergique ([15]) (2). Celle des reboisements demande à être poussée avec vigueur ([15]). Ces deux questions se lient.

L'agriculture attend encore de l'Etat une subvention indirecte qui consisterait à réduire ([11]), sinon à supprimer ([16]) le monopole du sel, denrée dont les propriétés alimentaires et fertilisantes ne sauraient être révoquées en doute, et à supprimer les droits de douane à l'entrée des engrais : phosphates, etc. ([18]).

L'amélioration du régime des cours d'eau opérée par les associations syndicales a produit de bons résultats, mais elle ne sera tout à fait efficace que lorsque l'administration aura donné aux

---

(1) Devant les membres de la commission d'enquête réunis à Muret, M. Dario a élevé la voix en faveur des chemins vicinaux, et M. de Gilède a formulé de justes réclamations pour la conservation et le perfectionnement des chemins ruraux proprement dits.

(2) De même, dans chaque arrondissement, les cultivateurs sollicitent les bienfaits de l'irrigation. En effet, le canal de Saint-Martory, dans son plus grand développement, ne saurait satisfaire que le plus petit nombre des intéressés. A Villefranche, les déposants ont été unanimes à demander que les plaines de Revel et de Villefranche fussent arrosées au moyen des eaux recueillies et emmagasinées dans la montagne noire. A Muret, M. Cappé sollicite une dérivation des eaux de l'Ariége, à la hauteur de Varilles. A Saint-Gaudens, M. Bergougnan exprime le désir de voir terminer le canal du Bazert et opérer une prise d'eau dans la Neste, pour fertiliser une partie des cantons de Montréjeau et de Boulogne.

ponts et autres travaux d'art des proportions analogues avec le débit actuel des rivières et ruisseaux.

On propose de créer des ressources spéciales, destinées à les mettre en état d'entretien et à les y maintenir. En attendant, on voudrait que le concours des agents du service hydraulique fût acquis gratuitement aux syndicats ([18]).

Le drainage, que la nature du sol de la Haute-Garonne ne permet pas d'employer d'une manière régulière sur de vastes étendues, mais qui a sa place marquée en une infinité de points, a été encouragé par le conseil général. Dans l'intérêt de la salubrité publique, comme dans celui de l'agriculture, on a eu tort de supprimer les médailles au moyen desquelles on récompensait les meilleurs travaux d'assèchement.

Travail.

En ce qui concerne cet élément capital des frais de production, on admet unanimement qu'il devient de plus en plus cher et rare. En bien des lieux même, la main-d'œuvre est déjà insuffisante ([1], [3], [10], [11], [12]) (1). Examinons quelles sont les causes qui ont amené, soit la diminution du nombre des ouvriers ruraux, soit l'élévation des salaires agricoles et quels moyens pourraient atténuer les inconvénients que cette situation présente.

On remarque, tout d'abord, que les familles sont moins nombreuses qu'autrefois ([1], [3], [4], [7], [11], [13], [18]). Cela ne tient pas seulement à ce qu'étant moins unis entre eux qu'ils n'étaient auparavant, nos paysans se séparent à la moindre querelle ([11]); cela vient surtout de la diminution des naissances. On ne trouve presque plus de familles qui comptent quatre enfants ([10]). — Déjà , lorsqu'il y en a trois, on dit que la famille est nombreuse ([11]) (2).

Deux causes paraissent avoir contribué au mouvement progressif de l'infécondité systématique des mariages : 1° le désir que ressentent les parents de ne pas diminuer leur bien-être en augmentant leurs charges ([15]); 2° l'instinct qui porte le propriétaire à conserver intact, sur une seule tête, le patrimoine qui est l'œuvre de sa vie. Cet effet s'étend à mesure que la classe des

---

(1) La cherté et la rareté croissante de la main-d'œuvre ont été signalées partout dans l'Enquête orale. A Saint-Gaudens, un déposant a cité des terres qu'on a dû laisser en friche, faute de bras pour les cultiver.

(2) M. Martegoute, membre correspondant de la Société impériale et centrale d'agriculture, a pareillement insisté sur la diminution des naissances, devant la commission séant à Muret.

maîtres du sol s'accroît aux dépens de celle des prolétaires ([18]). Les plus petits propriétaires suivent à cet égard l'exemple des moyens et des grands.

La liberté des échanges, en mettant les objets au plus bas prix par la concurrence qu'elle suscite, paraît être le moyen le plus efficace d'augmenter la masse des jouissances et de combattre ainsi la première de ces causes d'infécondité. Quant à la seconde, elle ne saurait trouver son remède que dans l'extension du droit naturel de tester, mais les dangers que présenterait cette extension pour une société démocratique, comme la nôtre, doivent rendre le législateur circonspect. Sans doute, l'avenir éclairera ce point.

Mais la population rurale ne diminue pas seulement parce que les naissances sont de moins en moins nombreuses, elle diminue aussi par l'émigration qui pousse les ouvriers ruraux dans les villes. Ce contingent formé, pour la plus grande partie, d'ouvriers terrassiers ([1], [2], [3], [7], [10], [12]), comprend aussi des ouvriers appartenant à des corps d'état ([4], [11], [13]) et des domestiques de maison ([4], [10], [11], [13]). On remarque que ce sont surtout les jeunes gens et les jeunes filles ([10], [11], [12], [18]), c'est-à-dire les ouvriers ruraux les plus vigoureux, qui se dépaysent le plus facilement. Ils sont d'ailleurs plus sensibles aux plaisirs qu'offre la grande ville et qu'on ne trouve pas à la campagne. Peut-être même les jeunes filles sont-elles en plus grand nombre, à cause des facilités de placement que Toulouse leur offre ([1]). Il est plus rare que des ménages entiers émigrent ([10], [11], [12], [18]) (1).

La réduction du contingent au-dessous de 100,000 hommes, et l'extension du système des réserves, qui a produit de bons effets, contre-balanceraient, dans une certaine proportion, les pertes de l'agriculture ([18]) (2).

Quant à l'augmentation des salaires qu'on évalue à 25 pour 100 depuis 30 ans ([18]), elle n'aurait rien que de normal et de favorable, si elle coïncidait avec une augmentation proportionnelle dans le prix des denrées, et si même elle s'offrait comme une conséquence naturelle du libre cours des choses humaines.

---

(1) Des plaintes contre l'émigration de l'ouvrier rural ont éclaté dans tous nos arrondissements, surtout dans celui de Saint-Gaudens. MM. Foch, Couaddeau, Vidal et Larrieu ont entretenu la commission d'Enquête sur ce sujet. Tandis que dans les autres arrondissements on exprime le regret de voir l'ouvrier quitter les champs pour les grandes villes, dans celui-ci on signale en outre une émigration considérable vers l'Afrique, l'Amérique, l'Espagne et l'intérieur de la France (Larrieu).

(2) L'abaissement du contingent a été demandé dans tous les arrondissements.

Mais, il n'en est pas ainsi. La protection, maintenue à l'égard des industries qui s'exercent dans les villes, leur permet d'élever artificiellement les salaires au-dessus de ceux que peut offrir l'agriculture, qui est dénuée de toute protection (¹⁰) (1). D'un autre côté, ce travail qui est plus lucratif est en même temps moins pénible et plus constant (¹, ², ³, ¹¹, ¹⁸) que celui de la terre.

À l'appât de la rétribution élevée offerte par l'industrie, vient encore se joindre celui des gros salaires payés par les entrepreneurs des embellissements qu'on exécute avec trop de rapidité dans les grandes villes. N'est-ce pas là aussi que les puissantes compagnies de chemins de fer occupent un personnel considérable d'hommes vigoureux dont elles paient largement les services (⁷, ¹⁰)?

Enfin, l'assistance publique, dont les secours reviennent, en définitif, à un supplément de salaire, n'est-elle pas organisée dans les centres populeux avec le plus grand soin, tandis qu'elle est presque totalement négligée dans les campagnes (¹, ², ⁴, ⁷, ¹¹, ¹⁸), quoiqu'elle y soit cependant en progrès (¹)?

Cette situation n'est pas sans remèdes. Elle exige que l'agriculture, qui est la première industrie de la nation, soit mise sur un pied d'égalité parfaite avec les plus favorisées, l'inégalité des situations entraînant celle des salaires.

Quant aux travaux publics (ateliers de construction des chemins de fer, — percement des villes), il faudrait ne pas les exécuter coup sur coup, mais les régler méthodiquement et d'une façon durable, de manière à ne pas amener des déplacements trop considérables et trop fréquents. On éviterait ainsi d'attirer de loin sur un point donné, par l'élévation des salaires, une multitude d'ouvriers qu'on laisse ensuite sans travail, après leur avoir fait contracter des goûts qu'ils ne peuvent plus satisfaire (²).

En ce qui concerne l'assistance publique, une réforme radicale est urgente. Il faut rompre avec les traditions de centralisation, que le passé nous a léguées, — multiplier les secours dans les campagnes pour y retenir les indigents, au lieu de les attirer dans les villes (²), — accroître le nombre des sociétés de secours mutuels, afin d'organiser, d'une manière satisfaisante, le service médical dans les campagnes, et de conjurer ainsi une des causes

(1) Exemples : la carrosserie, qui occupe 1,500 ouvriers à Toulouse, est protégée par un droit de 10 pour 100 les décimes ; l'impression des tissus et la cordonnerie (820 ouvriers), par un tarif de 15 pour 100 ; les constructions mécaniques (270 ouvriers), par des droits qui varient de 15 à 50 pour 100, etc.

principales de la misère. C'est un vœu général (¹, ³, ⁷, ¹¹, ¹⁸). Lorsqu'on n'a pu prévenir l'infortune, on peut l'assister à domicile, en développant l'institution des pensions agricoles, excellente combinaison qui conserve l'esprit de famille et permet de tirer d'une somme donnée un effet moral et des résultats économiques bien supérieurs à ceux qu'on obtient en appliquant le régime des maisons hospitalières.

Un cahier demande qu'une partie de ces établissements soit reportée des villes dans les campagnes (²). Après avoir dit quelles sont, à l'égard de la concurrence dont les salaires sont l'objet, les plaintes et les vœux de nos agriculteurs, ajoutons qu'en présence de la cherté croissante de toutes les consommations de l'ouvrier (¹, ¹¹, ¹³) et du nivellement des prix avec ceux de l'agriculture du Nord, nivellement dont nous sommes menacés pour un avenir plus ou moins prochain, nous devons nous préparer à supporter une nouvelle hausse.

Pour cela, il ne convient pas seulement de se munir d'un bon matériel qui rende la main-d'œuvre aussi productive que possible, il faut encore développer dans nos exploitations le principe fécond de l'association du travailleur à l'entreprise agricole, et là où cette association ne sera pas praticable, substituer, autant que possible, le travail à la façon au travail à la journée : le premier ayant haussé et devant nécessairement hausser moins vite que le second. Voilà des tendances qui mériteraient d'être encouragées.

Dans l'intérêt des maîtres, envers qui les ouvriers ne sont que trop portés à violer leurs engagements, et dans l'intérêt des ouvriers qui sont, à leur tour, victimes des erreurs volontaires ou involontaires des maîtres (ceux-ci sont crus en justice sur leur affirmation) (¹⁷, ⁶), la plupart des cahiers demandent qu'on étende aux ouvriers agricoles les dispositions de la loi du 22 juin 1854, relative aux livrets (¹, ⁷, ⁸, ¹⁰, ¹¹) (1).

II. — *Etendre les débouchés.*

Nous avons vu comment on pourrait servir les intérêts de l'agriculture en diminuant les frais de production. Il reste à examiner maintenant ce qu'il y aurait à faire pour augmenter ses débouchés, soit du côté du marché *intérieur*, soit du côté du marché *extérieur*.

---

(1) Le même vœu a été exprimé dans l'Enquête orale par M. Ferradou-Roqueville à Villefranche et par M. Couaddeau à Saint-Gaudens.

Marché intérieur.

En ce qui concerne le marché national et ceux de nos produits qui ont des similaires à l'étranger, on demande que ces produits similaires soient frappés, à leur entrée en France, d'un droit équivalent à celui que paient au fisc nos produits indigènes ([15]) (1).

Pour le blé, qui constitue la principale récolte dans le pays toulousain, c'est-à-dire dans la Haute-Garonne et dans les départements limitrophes, presque tous les cahiers se sont prononcés catégoriquement dans ce sens ([1], [2], [3], [5], [8], [9], [12], [15]), et ils ont proposé divers tarifs variant entre 2 fr. et 5 fr. par 100 kilog. Ce droit fixe serait invariablement perçu, quels que fussent les cours. La Société d'agriculture, qui a proposé un droit de 2 fr. par hectolitre, estime que toute barrière devrait être enlevée lorsque les prix dépasseraient 25 fr. par hectolitre ([18]) (2).

Quant au régime actuel des acquits-à-caution, qui se transforment en une prime à la sortie donnée aux blés du littoral, où l'exportation est facile et productive, au préjudice des blés du Midi, qui sont récoltés sur le point où se fait l'importation des blés étrangers ([2]), tous les cahiers sont unanimes à en condamner les abus ([1], [2], [3], [4], [5], [6], [7], [12]).

On demande que les acquits-à-caution soient supprimés ou, tout au moins, règlementés de manière à en limiter l'usage aux ports d'entrée ([1]). La Société d'agriculture estime qu'on devrait revenir aux conditions de la loi de 1836 ([18]). Ce dernier système aurait, sur celui de la suppression radicale, l'avantage de con-

(1) M. Pariset a calculé que l'impôt (principal, centimes, fraction de personnelle-mobilière et portes et fenêtres) frappait l'hectolitre de blé de 1 fr. 52 c. dans le Lauragais. Le poids moyen de l'hectolitre s'élevant à 77 kilog, l'impôt serait de 2 fr. environ par 100 kilog.

(2) Dans l'Enquête orale, à part un très petit nombre de personnes qui se sont prononcées soit en faveur du régime actuel (M. Noël), soit en faveur de l'échelle mobile (M. Cazeing-Lafont), la très grande majorité des déposants a demandé l'établissement d'un droit fixe sérieux capable de protéger nos cours contre la concurrence des céréales étrangères (MM. Guiraud, de Raymond, Antonin, Lamothe, Razous, Ferradou-Roqueville, à Villefranche; Martegoute, de Godebout, Payart, de Gilède, de Carrière, Cappé, Gabarrot, à Muret; Bergougnan, Loubens, de Latour-Landorthe, Dufour, Servat, à Saint-Gaudens, etc.). Mais, tandis que les uns veulent que ce droit fixe reste invariable, quelles que soient les fluctuations des cours, les autres demandent, comme la Société d'agriculture de la Haute-Garonne, que ce droit cesse d'être perçu lorsque les mercuriales atteindront un chiffre déterminé, variant depuis 22 fr. jusqu'à 25 fr. par hectolitre.

server à l'industrie de la meunerie un travail considérable, et à l'agriculture une importante quantité d'issues ([18]) (1).

Les effets de la loi de 1861 ont été très défavorables au Sud-Ouest. Si les blés étrangers ne font une concurrence sérieuse aux blés indigènes sur le marché de Toulouse que dans des circonstances exceptionnelles ([1]), ils leur ont enlevé les débouchés de la Provence et leur disputent celui du bas Languedoc ([1], [2]). De là cette déplorable stagnation dans le commerce des grains qu'on a éprouvée durant plusieurs années ([1], [10], [11]).

La suppression de l'échelle mobile lui a porté un coup si fatal que la chambre consultative d'agriculture estime que les débouchés, précédemment offerts à nos froments indigènes, ont perdu par cette cause 50 pour 100 de leur importance ([1], [3]). Si les cours se sont relevés en 1866, c'est que Marseille ne s'est pas trouvée suffisamment approvisionnée pour satisfaire aux demandes et qu'on a dû s'adresser à nos producteurs. En outre, le Sud-Ouest a été appelé à suppléer aux mauvaises récoltes du Centre-Est ([1]).

Mais notre région n'a pas seulement à se plaindre du régime commercial, elle est également victime de l'organisation actuelle des voies de transport. En ce qui concerne la *voie d'eau,* qui est la plus ancienne et qui pourrait être la plus économique, elle est tombée entre les mains de la Compagnie des chemins de fer du Midi, dont elle était naturellement appelée à tempérer les exigences. Les tarifs, au lieu de s'abaisser, comme sur les canaux rachetés par l'Etat, ont été relevés. L'exagération des droits est telle, qu'entre Cette et Bordeaux, ils atteignent 20 fr. 60 c. par tonne ; et comme les chemins de fer ont établi le prix des transports à 21 fr., il ne reste pour le batelier qu'un écart de 20 centimes (M. Bary). Ces combinaisons désastreuses ont ruiné la batellerie et annihilé, pour ainsi dire, l'œuvre merveilleuse de Riquet. Il faudrait, pour remédier à cet état de choses, établir l'uniformité des tarifs sur les canaux ([7]), replacer le canal Latéral à la Garonne entre les mains de l'Etat, et améliorer le cours de la Garonne de Toulouse à Agen ([1]) (2).

En ce qui concerne les chemins de fer, le Sud-Ouest est encore

---

(1) Dans l'Enquête orale, le régime actuel des acquits-à-caution a été l'objet de nombreuses attaques dans tous nos arrondissements. (Voir en particulier les dépositions de MM. Noël, de Raymond et Lamothe, à Villefranche ; celles de MM. Cappé et Martegoute, à Muret.)

(2) Des vœux favorables à l'abaissement des tarifs sur le canal du Midi et le canal Latéral ont été exprimés à Villefranche, par M. Ferradou, et à Muret, par M. de Gilède.

victime des compagnies. Il n'y a qu'une voix pour réclamer contre les tarifs différentiels ou, pour mieux dire, spéciaux. Non-seulement ils ont enlevé à Toulouse son commerce de transit, mais même ils l'ont dépossédée des avantages de sa position topographique (Bary). Ils présentent des écarts tels, que les mêmes marchandises transportées de Marseille à Bordeaux ne paient que 20 fr. ; tandis que, si elles stationnent à Toulouse, elles ont à acquitter 36 fr. 65 c. pour le même parcours, soit 80 pour 100 de plus (Bary).

La suppression des tarifs différentiels est unanimement demandée ([1], [2], [3], [5], [9], [15]). Les cultivateurs sont victimes de la variation des tarifs, qui tantôt sont de 3, de 4 et de 7 centimes pour la même nature de marchandise ([18]). Il est particulièrement à regretter que le tarif le plus élevé, 7 centimes, s'applique à nos transports en grains vers le bas Languedoc et la Provence qui constituaient autrefois, pour nous, d'importants débouchés ([18]). Pour envoyer nos céréales à Bordeaux, nous avons un tarif de 4 centimes, tandis que Montauban jouit d'un tarif de 3 centimes.

D'un autre côté, les droits de manutention perçus en gare sont plus considérables pour les expéditions de Toulouse sur Bordeaux que pour celles de Cette sur cette dernière ville ([18]). Ainsi, lorsque partout ailleurs on s'attache à multiplier les communications et à abaisser les frais de transport, c'est le contraire qui a lieu pour la contrée du Midi ([2]).

Ces inégalités criantes qui bouleversent, au gré des compagnies, la situation de nos marchés, devraient prendre fin et être remplacées par une taxation uniforme. On désirerait que les tarifs fussent moins élevés qu'ils ne sont actuellement ; c'est un vœu général ([1], [2], [5], [7], [11]) (1).

Une semblable réforme profiterait à celles de nos denrées qui n'ont pas de similaires à l'étranger comme aux autres. Elle augmenterait la consommation des vins qui attend aussi, pour se développer, qu'on supprime ([6]) ou qu'on abaisse les taxes d'octroi qui les frappent à l'entrée des villes ([1], [7]) (2). Il serait également

----

(1) L'abaissement et l'unification des tarifs sur les chemins de fer ont été unanimement demandés dans les quatre arrondissements de la Haute-Garonne.

(2) La modification du régime actuel des octrois, en ce qui concerne les produits agricoles, est universellement demandée. (Voir les dépositions de MM. Antonin et Sevène, à Villefranche ; Martegoute, Bataille Cabrol, Payart, d'Aure, à Muret ; Camparan, à Saint-Gaudens.) — On ne diffère que sur le principe d'une réforme plus ou moins radicale.

nécessaire d'atténuer les droits de circulation dont on pourrait rendre la perception moins incommode ([18]) (1).

En ce qui touche aux mesures réglementaires émanant des autorités locales et qui sont de nature à entraver les transactions, on signale la fixation des heures avant lesquelles les commerçants ne peuvent se présenter sur les marchés ([10]), sous prétexte de laisser plus de latitude au consommateur pour ses approvisionnements personnels.

On signale aussi les obstacles de tout genre (consignation élevée et lenteur considérable) qu'on rencontre sur le marché aux bestiaux de Toulouse, par suite des formalités imposées à l'entrée du bétail ([18]).

Marché extérieur.

Nos débouchés pourraient s'étendre à l'extérieur comme sur le marché national. En diminuant les frais de transport sur les canaux, les chemins de fer et les routes de terre, on abaisserait le coût de nos produits indigènes pour le consommateur étranger.

Le vin, qui forme un des principaux articles de nos exportations, en profiterait beaucoup. Mais auparavant il convient de le rendre susceptible de supporter les longs trajets. Telle est la propriété que lui communiquerait l'opération du vinage réclamée par tous les viticulteurs. La législation actuelle gêne le petit producteur sans profiter au trésor ([18]). L'abaissement, dans une sage limite, des droits perçus sur les alcools, pourrait concilier tous les intérêts.

Enfin, le gouvernement devrait s'efforcer de nous procurer des communications directes avec l'Espagne en perçant le massif des Pyrénées. Il pourrait, en donnant à nos canaux les proportions d'un canal maritime, qui réalisât la pensée de Vauban, faire participer le Sud-Ouest aux avantages d'un transit que l'avenir développerait, selon toute apparence, dans des proportions merveilleuses (2). Il faudrait aussi ménager à l'étranger des conditions plus favorables pour l'introduction de nos produits spéciaux. Mais les traités de commerce, conclus dans cet esprit depuis quelques années, n'ont pas eu un effet considérable dans notre région

---

(1) Dans l'Enquête orale, l'abaissement de l'impôt sur les boissons a été sollicité partout. MM. Langlade et Ferradou ont demandé l'établissement de l'*exercice* chez les producteurs de vin.

(2) Dans l'Enquête orale, le percement des Pyrénées, au col de la Glère, a été demandé par MM. Vidal et Dufaur, à Saint-Gaudens.

(⁴, ¹², ¹³). Cependant, les vins et les spiritueux paraissent en avoir tiré quelques avantages (¹, ⁴, ¹², ¹³). Ces traités ont fait naître plus d'espérances .qu'ils n'ont encore donné de résultats, et la Chambre consultative d'agriculture de l'arrondissement de Toulouse a dû se borner à constater, avec la majorité des déposants, que les dispositions des traités de commerce, étant conçues dans un esprit libéral, ne peuvent que favoriser l'essor des transactions agricoles (¹, ³, ⁷, ¹⁰).

CHAPITRE II

ÉPILOGUE

Pourquoi il reste tant à faire du côte de l'harmonie sociale et des intérêts agricoles; funeste influence exercée par l'esprit de parti, la passion des armes et les sentiments égoïstes.

Nécessité de réformer les tendances morales. — Il faut fortifier l'esprit chrétien qui unit les classes entre elles et les hommes entre eux. — C'est par les classes supérieures que la réforme doit commencer. — On peut combattre l'absentéisme par l'organisation du suffrage à deux degrés, la création des magistratures locales, etc.

Nécessité de réformer les institutions politiques. — Abus de la centralisation; il conviendrait de grouper les départements en provinces; avantages de ce changement au point de vue administratif et agricole.

L'exposé qui précède, quoique ne se rapportant qu'aux dépositions écrites présentées à l'Enquête agricole dans l'arrondissement de Toulouse, peut permettre d'apprécier avec exactitude les vœux exprimés dans tout le département de la Haute-Garonne, comme le prouvent les notes que nous avons jointes à ce résumé et qui se réfèrent aux témoignages oraux recueillis dans tous nos arrondissements.

La crise qui en a provoqué l'expression a eu sans doute pour cause occasionnelle l'avilissement prolongé du cours des denrées agricoles combiné avec l'élévation constante des frais de production. Depuis cette époque, les prix ont éprouvé une exagération en sens contraire résultant de la faiblesse des récoltes pendant deux années calamiteuses. La plupart des producteurs, n'ayant que de faibles quantités disponibles, en ont souffert comme la masse des consommateurs. Toutefois, l'avilissement des cours ayant pris fin, les plaintes les plus bruyantes ont cessé. Mais il ne faut pas se faire illusion sur le fond des choses. Non-seulement le retour de faits analogues est possible, il est encore probable, et, en tout cas, les maux dont l'agriculture souffre sans intermittence, et dont les crises temporaires ne font que manifester plus ostensiblement l'étendue, sont tels qu'on devrait les attaquer résolûment et sans délai.

On est en droit de s'étonner de ce que, plus de trois quarts de siècle après l'avènement d'une ère mémorable, annoncé comme devant mettre un terme à tous les abus dans la société et dans l'ordre politique, il reste tant à faire sous le rapport de l'harmonie sociale et des intérêts matériels, particulièrement en ce qui concerne l'agriculture.

Sans doute, depuis 1789, grâce aux principes de liberté et d'égalité inaugurés à cette date et si largement développés dans la suite, grâce aussi aux progrès des sciences et à leurs applications merveilleuses secondées par le génie industriel et par l'instinct de l'épargne, la France a présenté le spectacle d'une prospérité croissante et d'une amélioration sensible dans le bien-être et dans l'état intellectuel de ses enfants. C'est l'honneur de notre époque, et nous le revendiquons avec fierté. Toutefois, en présence du frémissement des passions subversives et des griefs unanimes de la propriété foncière, il faudrait être frappé d'aveuglement pour ne pas apercevoir les dangers qui menacent l'ordre social et les défauts qui déparent nos institutions.

Cet état de choses regrettable provient, selon nous, de ce que l'égoïsme d'une part, et, de l'autre, l'esprit de parti et la passion des armes, ont trop souvent absorbé l'attention qui aurait du s'attacher aux questions sociales (population, assistance, enseignement, etc.) et aux intérêts locaux (administration, agriculture, etc.).

Cependant, la révolution de 1789 et les crises violentes qui la suivirent révélaient clairement la nécessité des réformes économiques et morales. Hélas! on ne voulut voir dans ces grands changements qu'une phase du développement de nos institutions politiques. A peine l'ordre matériel était-il rétabli dans le forum, que les dissentiments des partis recommencèrent au détriment des intérêts sociaux et locaux. Laissés en souffrance pendant les guerres gigantesques qui firent si longtemps diversion à nos querelles intestines, ces intérêts se virent de nouveau sacrifiés aux passions politiques, lorsque la paix fut rendue à la France, accablée par ses triomphes autant que par ses défaites. Combattre le gouvernement, non pour redresser ses écarts dans l'intérêt de tous, mais pour le renverser au profit de quelques-uns, telle fut la tactique des partis et le jeu auquel les classes dirigeantes, trop oublieuses de leurs devoirs, se livrèrent témérairement sans se douter que le sol, miné par l'impiété et par le socialisme, tremblait sous leurs pas. C'est ainsi que, de changement en changement, arriva la catastrophe de 1848, qui ouvrit, devant le pays étonné, les plus sinistres perspectives. Le péril social s'étant révélé tout à coup aux yeux les moins clairvoyants, l'union s'établit entre les hommes honnêtes de tous les partis, autant, on peut le dire, dans le but de sonder et de guérir les maux dont la société souffrait, que pour assurer le maintien de l'ordre public.

Mais lorsque, pour atteindre ce double but qui menaçait de leur échapper, les conservateurs eurent remis les destinées de la France entre les mains de la dictature, rassurés sur le maintien de l'ordre matériel et désintéressés en quelque manière, leur semblait-il, dans les questions sociales, ils tournèrent peu à peu, comme autrefois, toute leur ardeur vers la satisfaction des intérêts privés et vers les débats politiques. Du moins l'initiative des particuliers, bornée à des efforts isolés ou trop restreints, faiblement encouragée d'ailleurs par l'Etat qui agissait pour son propre compte, n'a abouti qu'à des résultats incomplets. Aussi l'harmonie sociale, il faut bien le reconnaître, n'a pas fait de grands progrès chez nous. Cependant elle constitue la principale base de l'ordre dans les pays dotés d'institutions démocratiques et aspirant à la liberté.

Même au sein des campagnes, les classes inférieures se montrent, trop souvent encore, malveillantes, sinon hostiles, à l'égard des classes élevées. Le lien du patronage, autrefois si puissant pour leur faire aimer la vie rurale, est aujourd'hui sans force. Les grands et surtout les moyens propriétaires devenus, par suite des vices de l'éducation, plus avides de places et de plaisirs que jaloux de leur indépendance, se sont acheminés vers les villes où les emplois lucratifs s'exercent. L'ouvrier des champs, séduit comme eux par l'appât des gros salaires et les commodités de la vie, s'est décidé à les suivre. Il s'est aperçu qu'en l'absence de ses maîtres, rien ne remplaçait pour lui les bienfaits que les associations de prévoyance et l'organisation de l'assistance publique lui réservent dans les centres populeux. Aussi bien le caractère indécis de l'enseignement primaire était-il peu propre à faire goûter, par la nouvelle génération, les occupations viriles du cultivateur.

Ajoutons que même, si elles ne sont pas absentes, les classes élevées se montrent trop souvent indifférentes ou dédaigneuses à l'égard de ceux dont la Providence leur a confié la protection.

C'est pourtant dans ce but qu'il leur a été fait à elles-mêmes une part plus large dans les biens de la fortune, dans les ressources propres à développer l'intelligence et à étendre le savoir, ainsi que dans ce don de la naissance qui, jusque dans les sociétés les plus démocratiques, a le privilége d'appeler sur ceux qui en sont gratifiés l'attention générale et même de la part du vulgaire une sorte de déférence instinctive.

La solidarité que Dieu a établie entre les hommes se révèle ici avec éclat. De même qu'au sein de chaque famille il a placé l'autorité paternelle pour protéger la faiblesse des enfants, de même dans la grande famille sociale il a mis auprès des petits, des ignorants et des malheureux, un certain nombre d'hommes puissants par le savoir et par la fortune auxquels il a donné la mission d'éclairer et de protéger les autres. Malheureusement l'égoïsme, fatal instinct de notre nature, obscurcit toutes ces notions. Les grands oublient qu'ils sont les délégués de la Providence, et qu'à ce titre ils se doivent aux faibles. Beaucoup, pour ne se priver d'aucune satifaction, renvoient l'heure des largesses jusqu'à la mort, c'est-à-dire jusqu'au moment où les générosités les plus splendides n'impliquent aucun sacrifice, puisqu'il faut tout quitter. S'ils croient par ces libéralités tardives acquérir un autre mérite que celui de réparer le tort matériel causé par la négligence dont ils se sentent coupables, ils se font naïvement illusion. Les faibles, se voyant délaissés par les grands, méconnaissent à leur tour les obligations sacrées que Dieu leur a départies. Ils abandonnent leur cœur à la haine et à la convoitise. Seul, le sentiment religieux, fortifié par les craintes et les espérances d'une autre vie, est capable de maintenir l'homme dans la voie du devoir qui se confond ici-bas avec celle de l'harmonie sociale.

Mais l'esprit chrétien n'a pas seulement le privilége d'unir entre elles toutes les classes de la société, il peut aussi atténuer beaucoup les divisions qui se glissent dans leur propre sein. Malheureusement pour la France, les classes élevées, formées d'éléments hétérogènes, sont complétement désunies. Les questions nationales ne les passionnent guère à ce titre, mais seulement par les rapports qu'elles ont avec les intérêts mobiles des partis. Cet antagonisme, qui a son origine dans les traditions historiques, je veux dire dans le rôle prépondérant que la noblesse et les classes moyennes ont tour à tour rempli dans le passé, ne s'est effacé qu'un moment devant les effrayantes perspectives que la révolution de 1848 déroula sous les yeux des amis de l'ordre. Le péril passé et la sécurité publique garantie, on a vu les hommes appartenant aux partis dont les aspirations définitives sont les plus inconciliables se coaliser contre le pouvoir. Il est vrai que cette conduite s'explique, sans se justifier pourtant, par la docilité sans borne d'une autre fraction des classes élevées, complaisante jusqu'à approuver toutes les fautes de nos gouvernants, qu'elle aurait pu arrêter sur une pente fatale si elle eût montré plus d'indépendance et de résolution.

De cet état de choses, il résulte que les classes supériéures, soit à cause de leur hostilité, soit à cause de leur complaisance systématique envers le pouvoir, ont cessé de constituer pour l'Etat un élément de conservation et de force suffisant pour lui permettre de relâcher, autant qu'on pourrait légitimement le souhaiter, les liens qui entravent la liberté individuelle et l'initiative personnelle. En outre, le gouvernement, obligé d'avoir toujours l'œil ouvert sur les entreprises de ses adversaires, est trop souvent tenté de chercher dans les émotions de la guerre étrangère une diversion aux excitations des partis.

Il est temps que les classes supérieures, renonçant à un retour impossible vers des formes plus ou moins oligarchiques de constitution et à des restaurations de dynasties qui causeraient de grandes ruines et porteraient de nouveaux coups à la stabilité du principe monarchique, se rattachent sans arrière-pensée à la démocratie et au nom illustre qui la personnifie parmi les familles souveraines. Résister au courant qui pousse notre époque serait téméraire ; s'abstenir n'est guère moins dangereux. En vérité, les classes supérieures n'ont d'autre conduite à tenir que de diriger le mouvement lui-même, en prenant, dans la société et dans les affaires, la part que la force des choses leur attribuerait quand même elle leur serait refusée par les institutions. En effet, du moment où, fidèles aux vues de la Providence, qui a établi les grands pour être les protecteurs des faibles, les classes supérieures exerceront autour d'elles un patronage actif, leur influence s'imposera au pouvoir, lequel en deviendra plus stable, parce que sa marche sera mieux éclairée et sa part de responsabilité moins lourde.

On se plaint de l'absentéisme, et ce n'est point à tort. Mais qu'a-t-on fait pour le prévenir? Dans l'ordre civil, on a édicté une loi sur les partages qui, si elle était rigoureusement exécutée, enlèverait tous ses charmes à la possession du sol, qu'elle déchire sans profit pour personne et au détriment de la culture. La loi sur les successions a restreint dans des limites si étroites la liberté testamentaire du père de famille qu'il ne peut, dans la plupart des cas, sauvegarder l'intégrité du patrimoine, s'il a plusieurs enfants. De là cette décadence de l'autorité paternelle qu'on signale à tous les degrés de la hiérarchie sociale, et qui est le prélude des déchirements et de l'émigration. D'un autre côté, telle est l'exagération des droits prélevés sur la propriété foncière par l'impôt et les mutations, que nos agriculteurs passent la moitié de leur vie à travailler pour le fisc. On sait qu'il en est bien autrement de la fortune mobilière, ce qui n'est pas très propre à fixer les préférences pour la possession du sol.

Dans l'ordre politique, tandis qu'on a étendu, sans mesure, le nombre et le traitement des fonctions salariées qui entraînent les propriétaires ruraux dans les villes, on n'a rien fait pour les rattacher à la campagne. Il serait pourtant si facile de modifier tout cela! Si le suffrage universel à deux degrés se substitue, un jour, au suffrage direct (ce que nous croyons nécessaire pour concilier les aspirations libérales de notre époque avec les exigences de l'ordre public dans une nation aussi vive et aussi mobile que la nôtre), on trouvera dans le jeu de cette institution un puissant attrait pour retenir les propriétaires riches à la campagne. Naturellement désignés par leur instruction et leur fortune au suffrage de leurs compatriotes, ils ne voudront pas perdre le bénéfice de leur position en renonçant à la résidence.

D'un autre côté, si l'on substituait, à certaines fonctions judiciaires et administratives salariées, des magistratures gratuites, si l'on instituait des comités d'inspection, également gratuits, pour les écoles, les travaux publics, etc., et si les titulaires de ces emplois étaient choisis, exclusivement à tous autres, parmi les personnes ayant leur domicile dans le canton, il n'est pas douteux que les propriétaires, ambitieux de ces honneurs, ne préférassent ce séjour à celui des grandes villes qui ne leur offrirait pas les mêmes avantages. C'est encore aux propriétaires résidant sur leurs domaines que devraient être réservées les fonctions honorifiques dans les sociétés de prévoyance ainsi que la composition des bureaux de charité.

Enfin, on trouverait un remède préventif contre cette maladie sociale, qu'on a nommée l'absentéisme, dans une organisation complète de l'enseignement théorique et pratique de l'agriculture. La meilleure manière d'inspirer aux fils de nos grands et moyens propriétaires le goût des opérations agricoles, dans un siècle positif comme le nôtre, n'est-ce pas de leur enseigner les procédés qui peuvent les rendre productives?

Mais qu'on ne se fasse pas illusion. Ce sont, avant tout, les tendances morales qu'il importe de changer; il faut que le sentiment du devoir triomphe de l'amour de soi et de l'indifférence à l'égard des autres. Faire appel, dans ce but, aux sentiments élevés de notre âme, ne saurait suffire; car, dans la nature humaine, l'instinct du mal surmonte trop souvent celui du bien. Isoler les préceptes de la morale des forces que la religion leur communique, c'est presque les condamner à l'impuissance. L'intérêt de l'ordre public devrait donc porter les gouvernements à favoriser l'esprit religieux.

Les hommes qui en sont véritablement imbus, ne prennent aucune part aux séditions et ne les fomentent pas. Si, parfois, le culte respectable des souvenirs les empêche de se mêler aux affaires publiques; si, par honneur pour leur passé, ils renoncent aux avantages que le présent pourrait leur offrir, on les voit accomplir ce sacrifice avec une résignation exempte d'amertume qui en double le mérite. Ce ne sont pas eux qui contractent, avec les têtes exaltées de tous les partis vaincus et avec les ennemis de l'ordre social, des alliances téméraires pour préparer le renversement des pouvoirs établis. Ils ne se pardonneraient pas d'exposer leur pays au fléau des révolutions pour satisfaire leurs aspirations ou leurs rancunes. Dans leur retraite, pleine de calme et de dignité, ils honorent la France par leurs vertus comme ces augustes représentants de nos races royales, dont le dévouement sans borne à la patrie est resté le culte et la loi sur la terre étrangère.

Désintéressés, en quelque sorte, du côté des choses de la politique, c'est vers l'accomplissement de leurs devoirs sociaux et de famille que ces chrétiens désabusés tournent tout leur zèle. Les œuvres de bienfaisance n'ont pas de soutien plus généreux et plus actif, ni le progès agricole d'apôtres plus zélés. En cela, ils rendent à l'ordre public et à la prospérité générale des services qu'il n'est pas possible de méconnaître.

C'est par les classes supérieures, à notre avis, que la réforme sociale doit commencer. Plus tard, elles la propageront autour d'elles. Il importe donc que l'éducation qu'elles recoivent présente un caractère profondément chrétien. Nos gouvernements n'ont rien gagné, bien au contraire, ils ont beaucoup perdu à se montrer hostiles aux idées religieuses, soit dans l'enseignement, soit dans la politique. Qui pourrait nier, par exemple, que la guerre plus ou moins ouverte qu'on a faite à l'enseignement libre, dans l'intérêt de l'enseignement officiel, n'ait été nuisible à l'Etat? D'un côté, en effet, elle a éloigné du gouvernement les sympathies de ceux contre qui elle était dirigée, et, de l'autre, l'antagonisme qu'elle suscite affaiblit dans les établissements universitaires l'autorité des idées religieuses qui sont si favorables à l'ordre public.

De même, au point de vue politique, n'est-il pas notoire que la guerre d'Italie, si glorieuse pour nos armes et dont les suites ont été si fatales à notre prépondérance en Europe, a éloigné du gouvernement un grand nombre de conservateurs sincères, parce qu'en favorisant la spoliation des Etats de l'Eglise, elle blessait leurs susceptibilités religieuses et leur filiale affection pour le père commun des fidèles ? Au contraire, le pouvoir s'est-il jamais senti mieux soutenu que lorsque l'élément religieux lui a prêté, comme aux jours qui ont immédiatement précédé et suivi l'avènement de l'Empire, le concours de son influence conciliante et moralisatrice ? C'est qu'en effet, il n'est pas de remède plus efficace que l'esprit chrétien pour combattre les passions anarchiques qui fermentent dans les bas-fonds de la société et le fanatisme haineux des partis qui entretient la division parmi les classes dirigeantes.

Toutefois, la réforme ne doit pas se borner au côté moral ; il est nécessaire qu'elle s'étende aux institutions. Nous avons fait connaître les changements que nous croyons utiles d'apporter dans l'exercice du suffrage universel pour le soustraire aux entraînements et aux surprises. Nous avons exposé les motifs qui nous semblent militer en faveur de la réduction des emplois salariés et de l'extension des fonctions gratuites. Avons-nous besoin d'ajouter que nous considérons les gros traitements comme un fléau pour les contribuables et une séduction dangereuse pour les moyens et les grands propriétaires. Mais là ne s'arrêtent pas nos critiques. Depuis longtemps on déplore avec raison le peu de prestige qui, dans notre France, s'attache au principe d'autorité. Les dissentiments au lieu de se produire et de se maintenir dans les bornes légales n'aspirent qu'à en sortir. Questions économiques, administratives, religieuses, générales et même locales, tout est envahi par la politique : c'est une conséquence inévitable de notre système de centralisation qui, en enlevant à la province son action propre, ne la laisse vivre et agir que par l'impulsion de la capitale.

La révolution de 1789, loin d'être une réaction contre les tendances envahissantes du pouvoir central, en a poussé l'exagération jusqu'aux plus extrêmes limites. Dans notre étude sur le pays toulousain, nous avons constaté qu'au dix-huitième siècle le Languedoc présentait une grande supériorité sur les autres provinces. Il n'est pas douteux pour nous qu'il ne dût cet avantage à l'institution justement célèbre des Etats, qui personnifiaient l'administration du pays par le pays lui-même. Grâce aux lumières et à la ferme attitude de cette haute assemblée, notre

province ne souffrit pas, autant que d'autres, des entraves féodales et de la tyrannie du fisc. Ses finances furent sagement administrées et consacrées à d'utiles entreprises. Nulle part, en
France, la viabilité ne s'exerçait dans des conditions meilleures.
Nos routes et nos canaux faisaient l'admiration des étrangers.
Sans doute, l'institution des Etats présentait d'étranges anoma-
lies, surtout quant à la manière dont les députés des divers
ordres étaient nommés. On aurait dû réformer ces abus, mettre
le droit commun et l'équité à la place du privilége, modifier les
attributions de cette assemblée en ce qu'elles avaient d'absolument incompatible avec l'ordre nouveau; mais, en introduisant
des changements nécessaires dans l'institution, il fallait en consacrer le principe.

Au lieu de prendre ce parti, on aima mieux multiplier les
circonscriptions administratives pour en affaiblir l'importance.
On n'octroya aux conseils des départements qu'une autorité fort
secondaire. Dès lors, on vit le pouvoir central grandir sur la
ruine des institutions provinciales qui, jusque-là, avaient sau-
vegardé nos intérêts et fécondé nos sacrifices. La grosse part des
impôts, au lieu de rester, comme autrefois, dans la contrée pour
être consacrée à ses besoins les plus impérieux, échut au pouvoir
central qui devait l'employer à des dépenses beaucoup moins
profitables. Du coup, on tua la vie politique en province, et on
rendit possible la dictature sanglante de la Commune de Paris.
Si, en ces jours néfastes, les départements se fussent trouvés
groupés en agglomérations compactes, dotées de conseils fortement organisés, la France n'eût pas eu à déplorer tous les excès
qui dénaturèrent la grande cause de la Révolution et jetèrent
ensuite le pays dans les bras de la dictature, dont les fautes finirent par attirer sur lui toutes les douleurs de l'invasion et de
l'occupation étrangère.

Instruits par ces exemples, on aurait dû, à l'avènement de la
Restauration, renoncer au système de la centralisation à outrance.
On le conserva néanmoins dans la pensée que l'action du gouvernement, dégagée des embarras que pourrait lui susciter l'exercice des institutions provinciales, serait plus libre et plus forte.
Mais il arriva qu'en concentrant le pouvoir dans la capitale, on
l'exposa non plus à des échecs partiels, mais à des désastres
complets, comme l'ont prouvé depuis lors les deux révolutions
qui, en moins de vingt ans, ont emporté deux dynasties.

Il est temps de réagir contre cette organisation périlleuse et
de rentrer dans nos voies traditionnelles. Aussi bien la logique
a déjà porté nos gouvernants à étendre à des circonscriptions

plus considérables que le département lui-même, les ressorts des cours d'appel, les académies, les douanes, le génie civil, les régions agricoles, les commandements militaires, etc.; il en devrait être de même pour l'administration proprement dite. On peut atteindre ce résultat sans jeter la confusion nulle part. Il suffirait de réunir les départements actuels, d'après leur position géographique, leurs traditions et leurs relations d'affaires, en un certain nombre de groupes que M. Le Play (1) a proposé de porter à treize. On établirait au chef-lieu de la circonscription, à côté d'un haut fonctionnaire administrant au nom du pouvoir central, des états provinciaux composés des membres formant les conseils particuliers de chaque département et appelés à statuer sur leurs intérêts communs. L'autorité qui s'attacherait aux vœux, comme aux décisions de cette assemblée suffirait pour empêcher que les pays agricoles ne fussent sacrifiés aux districts industriels, et les producteurs d'une région à ceux d'une autre, ainsi que cela a lieu trop souvent aujourd'hui.

Un membre de l'Institut, dont l'opinion fait autorité en matière administrative, M. Vivien, a parfaitement résumé dans les lignes suivantes les principaux avantages de la réforme que nous appelons avec lui de tous nos vœux. Voici comment il s'exprime : « De la réunion de plusieurs départements, groupés d'après la communauté des intérêts, la position géographique, le climat, résulterait une concentration d'efforts, de capacités, de ressources financières, et par suite la création de grands travaux, d'établissements importants, une amélioration féconde du territoire et une force politique, sur laquelle s'appuieraient le gouvernement dans les temps de repos, et l'ordre aux époques de trouble (2). »

D'un autre côté, le caractère élevé, que cette réforme imprimerait aux fonctions électives qui s'y trouveraient rattachées, mettant en relief ceux qui en seraient revêtus, ferait rechercher ce ce mandat par les hommes de mérite, auxquels il faciliterait l'accès de la représentation nationale. Avec cette organisation, les suffrages publics risqueraient moins de s'égarer sur des hommes médiocres ou sur des inconnus, ce qui est plus dangereux encore. Mais pour obtenir ce résultat, il serait indispensable que la durée des sessions permît de traiter les affaires avec tous les développements qu'elles comportent, et que la publicité des séances et des procès-verbaux assurât au vrai mérite et aux esprits

(1) *De la réforme sociale en France*, par M. Le Play, commissaire général aux expositions universelles, t. II, p. 384.
(2) *Etudes administratives*, par M. Vivien, t. I, p. 110.

sages et indépendants les moyens de se manifester au grand jour.

En appliquant à l'élection le suffrage à deux degrés, on excite-rait dans les classes dirigeantes une émulation louable pour le bien public. Beaucoup rechercheraient cette délégation comme un hommage rendu à leur position sociale, à leur valeur person-nelle et à leurs services. Prenant une part plus active à l'admi-nistration des intérêts de la commune, du département et de la province ; appelées à siéger dans le prétoire de la justice et à exercer un contrôle sérieux sur la direction de l'enseignement, les classes élevées seraient moins tentées de s'abandonner aux suggestions du fanatisme politique dont elles redouteraient davan-tage les écarts. Leur présence habituelle au sein des campagnes leur ferait un devoir et une nécessité de vivre en bonne intelli-gence avec le pouvoir. Elles appelleraient ses faveurs sur la popu-lation rurale, et il aurait lui-même intérêt à user de ménage-ments envers elles pour se concilier leur influence. Nous pensons qu'on peut beaucoup attendre de cette réforme.

Quant à celle qui substituerait à notre système trop exclusif de centralisation une organisation administrative basée sur des principes différents, nous croyons qu'elle est indispensable pour assurer aux intérêts de l'agriculture les satisfactions qu'ils solli-citent en vain depuis longtemps.

Nous sommes fermement convaincu, d'ailleurs, que la décen-tralisation provinciale est le meilleur moyen d'arriver à com-pléter, par des voies pacifiques et d'une manière durable, nos frontières naturelles. En effet, pouvons-nous espérer de voir venir à nous les peuples que la nature nous a donnés pour voisins et l'histoire pour frères, si nous ne leur offrons, avec le suffrage universel, avec la sécurité et la grandeur dont on ne jouit que sous le drapeau de la France, les libertés civiles et l'indépendance administrative dont ils s'enorgueillissent d'être en possession ?

Puissé-je, un jour (c'est le vœu le plus ardent de mon âme), voir, dans notre vieille France étendue jusqu'au Rhin, l'harmonie s'établir entre les divers éléments de notre société démocratique, sous l'influence des idées chrétiennes ; le sentiment des devoirs publics se substituer au fanatisme aveugle des partis politiques dans nos provinces intelligemment reconstituées ; enfin, l'agri-culture fleurir avec le concours de tous ses enfants, dont elle est également propre à assurer le bien-être matériel et à favoriser le progrès moral.

FIN

I.

ÉTAT

DU PRODUIT DES RÉCOLTES DANS LE DIOCÈSE DE TOULOUSE

(1764 — 1788)

D'après les renseignements recueillis par le subdélégué. (Archives de la Haute-Garonne.)

ANNÉES.	FROMENT.	MÉTEIL.	SEIGLE.	AVOINE.	ORGE.	FOINS et FOURRAGES.	PAILLES.
	Setiers (1).	Setiers.	Setiers.	Setiers.	Setiers.	Charret. (2)	Charretées.
1764	400.000	100.000	80.000	58.000	11.400	40.000	100.000
1765	280.000	50.000	40.000	48.000	10.000	48.000	70.000
1766	273.334	68.000	56.609	83.400	7.980	45.000	60.900
1767	410.000	71.040	73.750	36.300	9.800	32.500	50.400
1768	170.000	56 000	34.500	11.000	5.200	40.000	30.500
1769	328.000	75.000	34.500	32.000	8.000	66.000	61.000
1770	244.000	56.275	68.000	24.000	8.000	44.000	61.000
1771	203.334	45.025	67.900	20.000	12.400	33.449	45.750
1772	330.000	60.000	48.000	20.000	9.000	48.000	60.000
1773	430.000	80.000	64.000	20.000	24.000*	48.000	72.000
1774	330.000	60.000	48.000	20.000	27.000*	60.000	60.000
1775	412.500	75.000	60.800	20.000	18.000*	24.000	40.000
1776	267.000	60.000	48.000	20.000	18.000*	60.000	60.000
1777	232.500	45.000	36 000	15.000	13.500*	60.000	60.000
1778	360.000	70.000	58.000	24.000	21.000*	60.000	70.000
1779	495.000	90.000	72.000	30.000	27.000*	36.000	80.000
1780	264.000	65.000	36.000	16.000	13.500*	45.000	60.000
1781	110.000	20.000	16.000	6.666	6.000	7.500	10.000
1782	220.000	40.000	24.000	10.000	6.000	56.250	40.000
1783	330.000	60.000	40.000	10.000	12.000	45.000	30.000
1784	288.000	52.500	36.000	15.000	15.000	11.250	60.000
1785	330.000	45.000	48.000	20.000	12.000	9.000	48.000
1786	220.000	40 000	24.000	10.000	6.000	22.500	60.000
1787	330.000	60.000	48.000	15.000	13.500	45.000	60.000
1788	110.000	20.000	12.000	5.000	3.000	22.500	15.000

(1) Les grains sont évalués en setiers. Le setier contient 93 litres ?

(2) Les foins et pailles sont évalués en charretées de 15 quintaux (poid de marc.) Le quintal égale 48 kilog. 950 grammes.

(*) Le produit des *menus grains* est confondu avec celui de l'orge dans les quantités marquées du signe *.

II.

STATISTIQUE DU BÉTAIL

(Espèces chevaline, bovine et ovine)

DANS LES COMMUNES FORMANT LE CANTON DE MONTASTRUC

(1773 et 1788 — 1862).

COMMUNES.	Espèce Chevaline.		Espèce Bovine.		Espèce Ovine.	
	en 1788	en 1862	en 1773	en 1862	en 1773	en 1862
Azas............	25	41	80	305	200	331
Bazus..........	17	52	38	101	100	798
Bessières........	27	86	116	174	»	337
Buzet..........	30	106	154	532	375	1429
Garidech........	19	48	36	222	100	70
Gémil..........	»	20	16	48	»	»
Lapeyrouse-Fossat	28	101	86	98	270	530
Monpitol........	16*	33	44	183	100	185
Paulhac........	»	123	100	328	300	334
Roquesérière.....	10*	42	85	224	200	416
Saint-Jean-l'Herm.	4*	16	48	200	»	»
Montastruc......	8	102	122(1)	366	244(1)	775
	184	770	925	2781	1889	5205

* NOTA. Les chiffres accompagnés de ce signe sont empruntés à la statistique de 1773. Ils manquaient à celle de 1788.

(1) Les évaluations accompagnées de ce signe manquaient à la statistique de 1773. Nous y avons suppléé en appliquant à la commune de Montastruc l'écart moyen que présentaient, pour les autres communes du canton, les statistiques de 1773 et 1862.

III.

TABLEAU DU PRIX MOYEN DU FROMENT

(Rapporté à l'hectolitre)

DANS LA PROVINCE DE LANGUEDOC

(1756 — 1790).

ANNÉES.	PRIX.	ANNÉES.	PRIX.
	fr. c.		fr. c.
1756	11 33	1774	18 »
1757	11 94	1775	13 92
1758	14 05	1776	13 86
1759	16 81	1777	16 14
1760	16 20	1778	20 44
1761	12 90	1779	16 36
1762	10 68	1780	14 98
1763	12 29	1781	17 10
1764	15 37	1782	19 92
1765	15 43	1783	19 67
1766	17 39	1784	16 84
1767	18 19	1785	16 94
1768	17 17	1786	17 04
1769	16 52	1787	17 55
1770	17 42	1788	18 51
1771	17 74	1789	22 68
1772	18 26	1790	20 76
1773	20 85		

NOTA. — A Toulouse, le blé valut **19 fr. 94**, en 1788.
— 20 fr. 80, en 1789.

IV.

TABLEAU

DU PRIX MOYEN DE L'HECTOLITRE DE BLÉ A TOULOUSE

(1800 — 1868)

ANNÉES	Fr. c.	ANNÉES	Fr. c.	ANNÉES	Fr. c.
1800	21 17	1823	17 53	1846 ...	23 14
1801	24 48	1824	15 »	1847 ...	23 22
1802	24 22	1825	13 45	1848 ...	15 34
1803	23 75	1826	13 14	1849 ...	14 90
1804	19 61	1827	17 05	1850 ...	13 79
1805	20 62	1828	21 37	1851 ...	14 05
1806	23 37	1829	19 24	1852 ...	16 37
1807	20 48	1830	19 78	1853 ...	20 80
1808	16 77	1831	19 73	1854 ...	26 91
1809	13 68	1832	20 54	1855 ...	26 935
1810	20 37	1833	15 47	1856 ...	32 156
1811	30 01	1834	14 68	1857 ...	25 755
1812	34 49	1835	15 50	1858 ...	17 68
1813	20 38	1836	18 82	1859 ...	17 30
1814	23 12	1837	20 37	1860 ...	19 25
1815	20 94	1838	17 07	1861 ...	25 12
1816	28 10	1839	19 66	1862 ...	24 12
1817	30 85	1840	19 95	1863 ...	20 09
1818	24 54	1841	17 32	1864 ...	17 56
1819	16 97	1842	19 21	1865 ...	16 45
1820	16 88	1843	21 44	1866 ...	19 62
1821	16 04	1844	21 12	1867 ...	26 05
1822	16 34	1845	21 10	1868 ...	27 61

V.

TABLEAU

DU PRIX DE L'HECTOLITRE DE FROMENT

A Gaillac (Tarn).

ANNÉES.	PRIX.	ANNÉES.	PRIX.	ANNÉES.	PRIX.
1800	22 50	1823	17 75	1846	23 95
1801	26 10	1824	14 75	1847	24 45
1802	24 23	1825	13 87	1848	16 10
1803	24 23	1826	13 35	1849	14 25
1804	19 37	1827	17 24	1850	14 62
1805	19 23	1328	21 73	1851	14 76
1806	22 21	1829	19 80	1852	17 14
1807	21 44	1830	18 81	1853	22 27
1808	17 15	1831	19 63	1854	26 16
1809	14 65	1832	21 99	1855	27 91
1810	19 56	1833	16 29	1856	32 75
1811	28 90	1834	15 85	1857	24 88
1812	32 72	1835	15 55	1858	18 27
1813	21 09	1836	19 48	1859	17 29
1814	17 62	1837	20 87	1860	19 50
1815	20 57	1838	16 94	1861	26 50
1816	27 94	1839	19 23	1862	25 »
1817	31 15	1840	19 20	1863	20 70
1818	25 55	1841	17 25	1864	17 75
1819	18 »	1842	19 04	1865	16 50
1820	17 58	1843	20 91	1866	19 45
1821	16 23	1844	21 70	1867	26 91
1822	16 45	1845	20 55	1868	28 90

TAUX MENSUEL DES JOURNÉES D'HOMME DANS LA BANLIEUE DE TOULOUSE. (¹) VI.

	JANVIER.	FÉVRIER.	MARS.	AVRIL.	MAI.	JUIN.	JUILLET.	AOUT.	SEPT.	OCTOBRE	NOVEMB.	DÉCEMB.	
1718	0 30	0 40	0 40	0 50	0 50	0 50	0 50	0 50	0 50	0 30	0 30	0 30	(1) Les chiffres relatifs à l'année 1718 sont empruntés aux archives de Blagnac, les autres à la comptabilité du domaine de Périole.
1785 - 1790	0 50	0 50	0 50	0 60	0 60	0 94	1 40	1 40	0 68	0 60	0 55	0 50	
1820 - 1830	0 80	0 80	0 80	0 80	1 »	1 30	1 30	1 30	0 95	0 80	0 80	0 80	
1830 - 1840	0 80	0 80	0 90	0 90	1 »	1 40	1 40	1 40	1 »	1 »	0 80	0 80	
1840 - 1850	0 80	0 80	0 90	0 90	1 25	1 47	1 47	1 47	1 25	1 »	0 80	0 80	(2) Au produit des journées il faut ajouter le bénéfice réalisé sur la terre à mais cultivée à moitié fruit (voir tableau IX). Il est essentiel de constater aussi que, depuis 1850, les ouvriers sont occupés aussi souvent que le temps n'y met pas obstacle (voir tableau VIII).
1850 - 1860 (2)	0 80	0 80	0 90	0 90	1 25	1 67	1 67	1 67	1 25	1 »	0 80	0 80	
1861 - 1866 (2)	0 80	0 80	0 90	0 90	1 50	1 82	2 21	1 85	1 25	1 »	0 80	0 80	
1868 (3)	1 »	1 »	1 »	1 »	1 50	2 21	4 34	3 55	1 25	1 »	1 »	1 »	

TAUX MENSUEL DES JOURNÉES DE FEMME DANS LA BANLIEUE DE TOULOUSE. (¹)

	JANVIER.	FÉVRIER.	MARS.	AVRIL.	MAI.	JUIN.	JUILLET.	AOUT.	SEPT.	OCTOBRE	NOVEMB.	DÉCEMB.	
1718	0 15	0 20	0 20	0 25	0 25	0 25	0 25	0 25	0 25	0 15	0 15	0 15	(3) L'élévation du salaire en juin, juillet et août, résulte du produit procuré au tâcheron par une récolte tout à fait exceptionnelle (blé 27 h. 36 à l'hectare) coïncidant avec des prix non moins exceptionnels (27 fr. 60 l'hectolitre.)
1785 — 1790	0 30	0 30	0 30	0 30	0 30	0 84	0 84	0 84	0 30	0 30	0 30	0 30	
1851 — 1855 (2)	0 50	0 50	0 50	0 50	0 50	0 77	1 »	1 »	0 54	0 52	0 51	0 50	
1856 — 1861 (2)	0 50	0 50	0 50	0 60	0 656	0 90	1 06	1 06	0 654	0 63	0 54	0 50	
1861 — 1866 (2)	0 50	0 50	0 60	0 60	0 675	1 13	1 38	1 19	0 75	0 67	0 54	0 50	
1868 (3)	0 60	0 60	0 60	0 60	0 675	1 285	2 80	2 353	0 75	0 70	0 60	0 60	

	JANVIER	FÉVRIER	MARS	AVRIL	MAI	JUIN	JUILLET	AOUT	SEPT.	OCTOBRE	NOV.	DÉC.	OBSERVATIONS.
1762	0 50	0 50	0 645	0 75	0 629	0 58	0 50	0 50	0 625	0 40	0 40	0 40	Ordonnance des consuls du 29 mars 1762.
771-1780	0 60	0 55	0 80	0 80	0 825	0 775	0 775	0 65	0 625	0 80	0 60	0 55	Archives de l'Hôpital St-André.
781-1789	0 56	0 57	0 837	0 817	0 80	0 746	0 803	0 732	0 657	0 775	0 614	0 596	Id.
824-1829	0 76	0 84	0 93	1 20	1 30	1 25	1 26	1 16	1 02	0 98	0 84	0 80	Comptabilité particulière.
851-1860	0 88	0 88	1 03	1 20	1 31	1 27	1 37	1 31	1 22	1 20	1 05	0 93	Id.
861-1866	1 038	1 174	1 23	1 591	1 669	1 54	1 49	1 37	1 64	1 60	1·27	1 17	Id.
1868	1 12	1 06	1 43	1 82	1 55	1 63	1 44	1 21	1 93	1 25	1 40	1 17	Id.

TAUX MENSUELS DES JOURNÉES DE FEMME DANS LE VIGNOBLE DE GAILLAC.

	JANVIER	FÉVRIER	MARS	AVRIL	MAI	JUIN	JUILLET	AOUT	SEPT.	OCTOBRE	NOV.	DÉC.	OBSERVATIONS.
780-1788	0 30	0 35	0 40	0 40	0 375	0 425	0 45	0 35	0 35	0 475	0 40	0 375	Archives de l'Hôpital St-André.
824-1829	0 42	0 50	0 56	0 62	0 63	0 61	0 56	0 60	0 71	0 75	0 50	0 50	Comptabilité particulière.
851-1860	0 602	0 618	0 633	0 717	0 773	0 772	0 764	0 749	0 754	0 758	0 65	0 593	Id.
861-1866	0 60	0 653	0 743	0 976	1 045	0 996	0 99	0 90	1 105	0 76	0 65	0 60	Id.
1868	0 67	0 76	0 82	1 13	1 26	1 16	1 "	0 90	1 57	0 76	0 65	0 70	Id.

RÉPARTITION DES JOURS DE TRAVAIL (Hommes.) VIII.

	JANVIER	FÉVRIER	MARS	AVRIL	MAI	JUIN	JUILLET	AOUT	SEPT.	OCTOBRE	NOV.	DÉC.	TOTAL	OBSERVATIONS.
1750-1790	13	16	18	16	15	19	24	23	21	16	13	12	206	Le nombre total est emprunté à la statistique officicile pour 1852 (moyenne du dép. de la Haute-Garonne).
1820-1850	19	18	21	19	23	25 ²/₄	26 ³/₄	25 ³/₄	25	21 ²/₄	20	18	262	Total adopté par M. de Gasparin pour la région du Midi.
1850-1860	22 ³/₄	21 ²/₄	25	22 ³/₄	23	25 ³/₄	26 ³/₄	25 ³/₄	25	25 ³/₄	24	21 ³/₄	288	Total et répartition mensuelle relevés dans notre comptabilité de Périole.

RÉPARTITION DES JOURS DE TRAVAIL (Femmes.)

	JANVIER	FÉVRIER	MARS	AVRIL	MAI	JUIN	JUILLET	AOUT	SEPT.	OCTOBRE	NOV.	DÉC.	TOTAL	OBSERVATIONS.
1780-1790	6	6	6	7	10	19	24	23	10	12	12	6	131	Total emprunté à la statistique officielle pour 1852 (moyenne de la Hte-Gar.)
1850-1860	21	20 ³/₄	23	21	21 ³/₄	24 ³/₄	26 ³/₄	25	24 ³/₄	24	22	19 ³/₄	273	Total et répartition mensuelle relevés dans notre comptabilité de Périole.

RÉPARTITION DES JOURS DE TRAVAIL (Adultes.)

	JANVIER	FÉVRIER	MARS	AVRIL	MAI	JUIN	JUILLET	AOUT	SEPT.	OCTOBRE	NOV.	DÉC.	TOTAL	OBSERVATIONS.
1856-1861	21 ³/₄	20 ³/₄	24 ³/₄	21 ²/₄	22 ¹/₄	25 ²/₄	26 ²/₄	25	24 ²/₄	24 ³/₄	22	21	280	Le nombre total et la répartition mensuelle sont pris dans notre comptabilité de Périole.

TABLEAU RÉCAPITULATIF DES SALAIRES D'HOMME ÉVALUÉS EN BLÉ (banlieue de Toulouse). IX.

	Jours de travail.	Produit des journées.	Bénéfice sur la terre à maïs.	TOTAL	Prix moyen de l'hect. de blé (4).	Le salaire équivaut à	
1785—1790	206 (¹)	162 43	»	162 43	16 94	9ʰ 59	(1) Moyenne pour la Haute-Garonne en 1852, statistique officielle.
1820—1830	262 (²)	256 70	»	256 70	16 89	15 19	(2) Moyenne adoptée par M. de Gasparin pour la région du Midi.
1830—1840	262 (²)	265 85	»	265 85	18 179	14 61	(3) Évaluation prise dans notre comptabilité de Périole, mais modifiée pour rendre les résultats comparables (exactement 288 jours). Or ces 8 journées supplémentaires donnent, pour la période 1850-1860, un produit de 9 fr. 54 au prix moyen de 1 fr. 193 ; et, pour la période 1861-1866, 10 fr. 19 au prix moyen de 1 fr. 274. Rigoureusement il faudrait en tenir compte.
1840—1850	262 (²)	291 01	»	291 01	19 058	15 28	
1850—1860	280 (³)	334 27	14 67	348 94	21 72	16 06	
1861—1866	280 (³)	356 82	25 71	382 53	20 66	18 51	(4) Mercuriale de Toulouse.

TABLEAU RÉCAPITULATIF DES SALAIRES DE FEMME ÉVALUÉS EN BLÉ (banlieue de Toulouse).

1785—1790	131 (¹)	75 40	»	75 40	16 94	4ʰ 45	
1851—1856	273 (⁵)	167 90	9 78	177 68	21 01	8 40	(5) Renseignements pris dans notre comptabilité de Périole.
1856—1861	273 (⁵)	186 58	9 78	196 36	22 42	8 76	
1861—1866	273 (⁵)	209 77	17 14	226 91	20 66	10 98	

TABLEAU RÉCAPITULATIF DES SALAIRES D'HOMME ÉVALUÉS EN BLÉ (vignoble de Gaillac). X.

PÉRIODE.	Jours de travail.	Salaire annuel.	Prix moyen de l'hectolitre de blé.	Le salaire équivaut à	
1762	206 (1)	111f 68	13f 41 (3)	8h 33	(1) Moyenne pour la Haute-Garonne en 1852 (statistique officielle).
1771—1780	206 (1)	141f 76	17f 05 (4)	8h 31	(2) Evaluation prise dans la comptabilité de Périole, mais modifiée pour rendre les résultats comparables. Nous avons considéré que l'exagération que présentait ici l'application de ce chiffre se trouvait largement rachetée par l'emploi fructueux des heures de travail restant à la disposition de l'ouvrier après l'achèvement de son labeur réglementaire. Commencé à la pointe du jour, il se termine à 4 heures du soir en toute saison. 3) Mercuriales de Languedoc, moyenne de 1756 à 1763.
1781—1789	206 (1)	147f 93	18f 70 (4)	7h 91	(4) Mercuriales de Languedoc. (5) Evaluation de la mercuriale de Toulouse prise pour rendre les résultats comparables. Si on calculait d'après la mercuriale de Gaillac qui porte le prix du blé à 22 fr. 093, le salaire n'équivaudrait qu'à 14 hect. 77 litres.
1851—1860	280 (2)	326f 31	21f 72 (5)	15h 02	(6) Mercuriale de Toulouse. Si on calculait d'après la mercuriale de Gaillac, qui porte le prix du blé à 21 fr. 29, le salaire n'équivaudrait qu'à 18 hect. 38 litres.
1861—1866	280 (2)	391f 44	20f 66 (6)	18h 94	

XI.

Des variations de la production du blé dans le Sud-Ouest.

Départements.	Communes.	Semence par hectare.	Rendement moyen.	Rendement maximum.	Rendement minimum.	Ecart entre les récoltes extrêmes (semence déduite).
Ariège............	Saint-Ybars....	1 h 90	12h 80	16h »	6h 95	65 °/o
Tarn-et-Garonne.....	Nègrepelisse....	(60	15 »	25 »	9 50	66 °/o
Haute-Garonne......	Toulouse .... / Balma..........	1 80	18 »	30 45	10 53	65 °/o
Idem............	Pechbonnieu.... / Castelginest.....	1 80	20 »	28 60	11 74	63 °/o
Idem........ ...	Fonsegrives.....	1 80	14 »	20 »	7 »	65 °/o
Idem........ ...	Corneharrieu. ..	2 15	15 10	20 »	9 13	62 °/o
Tarn.............	Revel.	1 70	16 »	20 75	8 73	65 °/o
Idem............	Montmiral......	1 50	12 32	17 58	9 »	54 °/o
Idem............	Montans........	2 »	» »	20 17	6 20	76 °/o
Idem............	Id. P.	2 »	» »	21 88	8 45	69 °/o
Idem............	Id. S.	2 »	» »	18 26	7 62	71 °/o
Idem............	Gaillac........	1 70	11 31	16 90	5 91	73 °/o
Idem............	Lisle.........	1 50	20 »	37 »	12 »	70 °/o
Idem............	Id...........	1 »	19 10	25 90	13 60	49 °/o
Idem.	Brassac........	2 »	6 50	10 »	3 »	87 °/o
Aude.............	Tout le dép.....	2 »	16 »	20 »	9 »	61 °/o

Si on examine un à un les résultats que nous venons d'énumérer, on remarquera que sur les seize écarts signalés et qui varient de 49 à 87 pour 100, cinq sont inférieurs à 65 pour 100, six sont supérieurs à 66 pour 100, et cinq sont compris entre ces deux nombres. Si donc on se proposait d'établir sur ces données l'écart moyen entre les rendements extrêmes dans les départements voisins de la Haute-Garonne, c'est au chiffre de 65 pour 100 qu'il conviendrait de s'arrêter.

Nous devons même rappeler ici que, pour ne pas tomber dans l'inconvénient de généraliser des accidents particuliers, nous avons prié nos correspondants de ne pas faire entrer en ligne de compte les récoltes *anéanties* par la grêle et les inondations. Certains d'entre eux nous ayant fait observer que, pour répondre à notre intention, ils avaient dû éliminer quelques rendements, l'écart dans la production des bonnes et des mauvaises années est en réalité plus considérable que nos calculs ne l'accusent. Mais il est difficile de déterminer dans quelle proportion.

En ce qui concerne la grêle, on peut cependant s'en faire une idée par les chiffres suivants que nous relevons dans le compte-rendu des opérations de la *Société de Toulouse*, dont le Directeur a bien voulu nous donner connaissance.

De 1827 à 1854, c'est-à-dire dans vingt-huit ans, les valeurs assurées s'étant élevées à 417 millions 458,053 fr., et les sinistres à 12 millions 333,412 fr., la proportion moyenne est, pour 100 fr. de risques, 2 fr. 79 c. d'indemnité.

Mais si tel est le résultat moyen, les éléments qui concourent à le former sont bien dissemblables. En 1853, par exemple, il n'y a eu que 84,926 fr. de sinistres, pour 15,170,038 fr. de valeurs assurées. Ce n'est pas tout à fait 60 centimes pour 100 fr.

En 1852, au contraire, on avait eu 829,594 fr. de sinistres sur 16,343,893 fr. de valeurs assurées, c'est-à-dire 5 fr. 7 c. pour 100 fr.

Différence entre les deux exercices, 85 pour 100.

Ainsi donc la grêle, qui détruit annuellement près de 3 pour 100 de nos récoltes, n'enlève pas dans certaines années bien au-delà de 1/2 pour 100, tandis que d'autres fois elle prélève jusqu'à 5. L'importance de ce fait n'échappera à personne. Mais si les ravages de la grêle sont souvent étendus, ils ne sont pas toujours complets, et ceux qui ne l'étaient pas ont été enregistrés par nos correspondants. Malheureusement, les exemples de campagnes entièrement ravagées sont communs dans certains cantons, et ce n'est probablement pas compter trop haut que de ranger dans cette catégorie le tiers des sinistres. Ce serait environ 1 pour 100 à ajouter à notre écart moyen de 65 pour 100.

Quant aux désastres causés aux céréales par les inondations, bien qu'ils s'exercent sur un théâtre restreint, ils sont pourtant considérables et d'autant plus propres à influer sur les écarts de la production que rien n'est plus irrégulier que le retour des crues extraordinaires, et qu'en outre il arrive le plus souvent que les terrains atteints par l'inondation se couvrent, l'année d'après, des moissons les plus riches. On sait que les rendements extrêmes sont plus fréquents dans le fond des vallées que partout ailleurs.

(Extrait de notre mémoire sur les variations de la production du blé dans le Sud-Ouest. — *Journal d'agricult. pratique* de Toulouse, sept. 1860).

XII.

MOUVEMENT

DE LA POPULATION DANS LA HAUTE-GARONNE.

ANNÉES.	TOUT le département.	COMMUNE de Toulouse (a).	LE RESTE du département.	Le département sans la ville de Toulouse	
				Gagne.	Perd.
1800...	345.029 (b)	50.171	294.858	»	»
1806...	367.551 (c)	51.319	316.232	21.374	»
1821...	391.118	52.328	338.790	22.558 (d)	»
1826...	407.016	52.675	354.341	15.551	»
1831...	427.856	59.630	368.226	13.885	»
1836...	454.727	77.372	377.355	9.129	»
1841...	468.071	76.965	391.106	13.751	»
1846...	481.938	94.236	387.702	»	3.404
1851...	481.610	94.195	387.415	»	287
1856...	481.247	103.144	378.103	»	9.312
1861 (e)	484.081	113.229 (f)	370.852	»	7.251
1866...	493.724	126.936	366.788	»	4.064

(a) En 1789, la commune de Toulouse comptait 55,068 habitants (Schnitzler).

(b) Déduction faite des 60,545 habitants compris dans l'arrondissement de Castel-sarrasin.

(c) Déduction faite des 62,766 habitants compris dans l'arrondissement de Castelsarrasin.

(d) Ce chiffre, qui se rapporte à un espace de 15 ans, donne, par période moyenne de 5 ans, 7,518.

(e) En 1861, le département de la Haute-Garonne occupait le 25me rang pour la population absolue, le 36me rang pour la superficie. Il renferme 4 arrondissements. 39 cantons, 578 communes. Son étendue étant de 6,296 kilom. carrés (Godoffre). il avait 76 habitants 88 par kilomètre carré.

(f) C'est-à-dire plus de 23 pour 100 de la population totale du département.

TABLE DES MATIÈRES

PREMIÈRE PARTIE

.L'agriculture et les classes rurales dans le pays toulousain
sous l'ancien régime

LIVRE PREMIER

TABLEAU DE LA CULTURE DANS LE PAYS TOULOUSAIN AU DIX-
HUITIÈME SIÈCLE

Pages.

CHAPITRE Ier : ASSOLEMENTS. — Aperçu historique. — Réveil de l'art
agricole en France sous le règne de Louis XVI. — Les assolements dans
le diocèse de Toulouse sous l'ancien régime............................ 1

CHAPITRE II : CÉRÉALES ET LÉGUMES. — Les céréales : blé, maïs, méteil,
seigle, orge ; rendements moyens ; écarts dans la production. — Les
céréales devant la législation douanière. — Restrictions imposées à la
culture de la vigne pour augmenter la production du froment. — Les
menus grains : statistique. — La pomme de terre : détails historiques ;
efforts de Mgr Du Barral dans le diocèse de Castres, et de M. de Lapeyrouse
dans le pays toulousain, pour propager cette plante................ 6

CHAPITRE III : PLANTES FOURRAGÈRES. — Fourrages artificiels : farouch,
vesces, luzerne, trèfle : détails historiques ; esparcet. — Prairies naturelles ; leur développement. — Fourrages-racines : turneps, topinambour, betterave : de la culture de cette plante en Europe et dans les
provinces méridionales de la France. — Fourrages supplémentaires :
maïs, dragée. — Ecarts de la production fourragère dans le diocèse de
Toulouse. — Législation sur les pâturages : jurisprudence du Parlement.
— Ordonnance des capitouls 15

CHAPITRE IV : CULTURES ARBUSTIVES ET INDUSTRIELLES. — La vigne :
détails sur la viticulture et la vinification ; effets du régime des
traites et des douanes. — Les bois : augmentation des prix ; défrichements ; mesures conservatoires. — Cultures industrielles : pastel.
— Sériciculture. — Plantes potagères. — Plantes oléagineuses et
textiles.. 21

LIVRE II

LE BÉTAIL

Pages.

CHAPITRE Ier : Espèces chevaline, asine et mulassière. — Des espèces chevaline et mulassière. — Encouragements donnés par les États de Languedoc. — L'administration des haras du royaume : système de Colbert ; règlement de 1717. — Régime particulier à la Province de Languedoc ; gratifications annuelles aux propriétaires des chevaux et baudets. — Importance relative des industries chevaline et mulassière. — Usages du mulet, élevage. — La race asine de Gascogne. — Espèce chevaline : préférence donnée dans la plaine aux races de trait ; le cheval navarrin dans nos montagnes. — L'art vétérinaire au dix-huitième siècle... 30

CHAPITRE II : Espèce ovine. — De l'espèce ovine : troupeaux d'élevage ; troupeaux d'engraissement. — L'industrie du lait et des agneaux de lait dans les environs de Toulouse. — Le commerce des moutons dans le diocèse. — Régime des troupeaux : bergeries, alimentation ; la cachexie et les prisonniers de la Miséricorde. — Tentatives de croisement avec les béliers de Flandre. — Troupeaux mérinos de MM. de Villèle et de Lapeyrouse.................................... 36

CHAPITRE III : Espèce bovine. — L'espèce bovine : sentiment unanime des écrivains agricoles sur les qualités du bœuf. — L'élevage négligé dans le diocèse de Toulouse. — Production insuffisante. — Historique de l'épizootie (1775). — Le charbon (1777-1783). — La disette des fourrages (1784 et 1785). — Valeur des bestiaux................ 41

CHAPITRE IV : Porcherie et basse-cour. — Porcherie, basse-cour et colombier.. 46

LIVRE III

LES TRAVAUX, LES PRODUITS ET LE CAPITAL AGRICOLE

CHAPITRE Ier : Les travaux et le matériel de la ferme. — Les produits et les débouchés. — Rôle insignifiant des engrais dans la culture. — Les charrues et les labours : controverse. — Le gros matériel de la ferme. — Les outils du journalier. — Procédés en usage pour la préparation des récoltes. — Impulsion donnée aux transactions commerciales : le nombre des foires augmente ; suppression des leudes et péages, ainsi que des droits seigneuriaux sur les foires et marchés. — La valeur des produits agricoles s'élève. — La classe ouvrière n'en profite pas. — La population reste stationnaire...................... 49

CHAPITRE II : Du capital agricole. — Faible importance du capital consacré à l'agriculture : 1o Capital fixe : bâtiments, clôtures, chemins. — 2o Capital de cheptel : animaux de trait et de rente ; statistique des

Pages.

communautés formant aujourd'hui le canton de Montastruc ; matériel
agricole. — 3º Capital circulant ou fonds de roulement : provisions,
salaires, semences, engrais , etc............................... 57

LIVRE IV

LES POPULATIONS OUVRIÈRES

CHAPITRE Iᵉʳ : LES SALAIRES. — Etat précaire des populations ouvrières
sous l'ancien régime. Le travail peu recherché et mal rétribué. La loi du
maximum. — Les journaliers : hommes et femmes dans le gardiage de
Toulouse. Parallèle avec la période moderne. — Les journaliers dans
les pays de vignoble. Salaires comparés. — Les hommes à gage plus
favorisés que les *estachants*. Le maître-valet d'autrefois et celui d'aujourd'hui. — Du métayage 63
CHAPITRE II : LE RÉGIME ALIMENTAIRE. — La nourriture. — L'habitation. — Les vêtements (cherté relative des objets manufacturés)...... 81
CHAPITRE III : DE L'ASSISTANCE PUBLIQUE. — De l'assistance publique.
Pauvreté du bas clergé. Emploi des dîmes. Les secours font défaut
dans les campagnes et affluent dans les villes où ils attirent les indigents : aumônes des maisons religieuses. Ordonnances de Louis XV
contre les mendiants. — De l'exercice de la médecine dans le diocèse de
Toulouse. — Statistique des établissements de charité. — Le seigneur
bienfaisant. — Des causes de la misère dans les campagnes. Exubérance
de la population. Absence de propriété entre les mains des cultivateurs. 86
CHAPITRE IV : DES MOEURS ET DE L'INSTRUCTION PUBLIQUE. — Mœurs indolentes de la classe ouvrière. Superstitions. — L'instruction publique
dans les campagnes. — Nécessité d'élever la demande du travail. Révolution économique entrevue. 100

LIVRE V

LA PROPRIÉTÉ ET LES PROPRIÉTAIRES

CHAPITRE Iᵉʳ : LA PROPRIÉTÉ DEVANT LE FISC. — Charges de la propriété
dérivant du contrat censuel : censives, champarts, lods, accaptes. —
Les dîmes. — Les impôts dans la communauté de Montbrun......... 107
CHAPITRE II : VASSAUX ET BOURGEOIS. — Difficulté des communica-
tions. — Droits honorifiques des seigneurs : chasse, vendanges, pré-
séances. Rôle passif des consuls dans les campagnes. Les vassaux de
Balma et du Pin. — La bourgeoisie réduite à se concentrer dans les
villes : son esprit de famille. Naissances nombreuses. Testaments.
Maîtres et serviteurs. Renchérissement des objets de consommation.
Recherche des emplois publics. Anoblissements 112
CHAPITRE III : NOBLESSE ET CLERGÉ. — La noblesse conserve ses droits
honorifiques, mais perd l'autorité et l'influence. La propriété augmente

Pages

de valeur et change de mains. Progrès du tiers-état. Absentéisme. — Toulouse cité littéraire, parlementaire et religieuse. — Le clergé : son rôle dans la société féodale n'est pas étranger aux progrès de l'impiété. Services rendus à l'agriculture par les ordres religieux. L'épiscopat aux Etats de la Province... 123

LIVRE VI

DE L'ADMINISTRATION PUBLIQUE

CHAPITRE Ier : ORGANISATION JUDICIAIRE, FINANCIÈRE ET ADMINISTRATIVE. — Organisation judiciaire, financière et militaire de la Province. — La bourgeoisie dans les fonctions municipales et les Etats de Languedoc. — Conseil du roi. Son omnipotence. — L'intendant, commissaire départi du Conseil, exerce ses pouvoirs. Il juge en premier ressort les affaires administratives et, en dernier ressort, toutes les causes par voie de délégation. — Un subdélégué, nommé par l'intendant, le représente dans chaque diocèse. De la statistique agricole. Instructions pratiques sur la culture. Demandes en dégrèvement d'impôt, indemnité, etc... 133
CHAPITRE II : LES ÉTATS DE LANGUEDOC. — Les États de Languedoc ; services qu'ils rendent à l'agriculture. Routes, canaux, redressement des rivières, etc. Encouragements à l'industrie chevaline et à la production mulassière, à la sériciculture et aux diverses branches de l'économie rurale. — Rôle considérable du clergé dans les Etats de Languedoc. Administration financière de cette assemblée. Rachats d'offices, etc. — La noblesse aux Etats. Sa protestation au sujet de la manière dont elle y était représentée. — Avantages particuliers du Languedoc du côté de la taille, des corvées, des droits féodaux.................. 140

LIVRE VII

DOLÉANCES ET VŒUX DU PAYS TOULOUSAIN EN 1789

Toutes les espérances de la nation tournées vers les Etats généraux. On veut qu'ils exercent le pouvoir législatif sous la sanction du roi. — Au roi le pouvoir exécutif. — Doléances et vœux au sujet des impôts. — Assemblées provinciales. Réforme universellement réclamée. — Les communes aspirent à disposer plus librement de leurs revenus. — Admission de tous les citoyens à tous les emplois. — Justice. Suppression de la vénalité des charges. Egalité devant la loi. Simplification des formes judiciaires. — Liberté du commerce et de l'industrie. — Uniformité des poids et mesures. — Abolition des droits féodaux. — Liberté individuelle et de la presse. — Instruction et assistance publiques.... 149
ÉPILOGUE... 159

DEUXIÈME PARTIE

L'agriculture et les classes rurales dans la Haute-Garonne depuis 1789

LIVRE PREMIER

LES ASSOLEMENTS

Pages.

CHAPITRE Ier : Historique de l'assolement. — Coup d'œil rétrospectif : la jachère sous l'ancien régime. — La réforme de l'assolement mise à l'ordre du jour par les fondateurs de la Société d'agriculture (1798) et du *Journal des propriétaires ruraux* (1805). Les assolements en 1809. Programme du concours général de 1811. — L'agriculture sous la Restauration : les assolements en 1816 et en 1829. — L'agriculture sous le gouvernement de Juillet : polémique au sujet de l'assolement. Progrès accomplis sous le règne de Louis-Philippe. Le concours départemental des domaines. — L'agriculture sous la République : concours régionaux. — L'agriculture sous l'Empire : les lauréats de la prime d'honneur et du concours départemental. La jachère depuis 1852 161

CHAPITRE II : Les stations agronomiques. — Les alluvions de la Garonne : culture des ramiers. — Les fonds dits de rivière. Assolement alterne : blé, maïs. Cultures arbustives. Prairies naturelles et artificielles. — La plaine : assolement biennal avec jachère. Développement à donner aux cultures fourragères et aux plantes sarclées. Cultures industrielles. — Les coteaux : assolement triennal avec jachère. Extension des prairies artificielles. — La montagne : culture des vallons. Zone intermédiaire. Haute montagne. — La réforme de l'assolement au point de vue financier et économique 176

LIVRE II

LES CULTURES

CHAPITRE Ier : Céréales 192

§ 1er. *Blé*. — Rendement sous l'ancien régime et sous l'Empire. Le haut prix des grains précipite les défrichements. Avilissement des cours. — Le système protecteur inauguré par la loi de 1819. — Changement dans les semences. — La production des céréales dans la Haute-Garonne en 1830. Prix de revient. — La jachère recule. La loi de 1832 sur l'échelle mobile. Progrès accomplis jusqu'en 1852. — Avilissement des cours sous la République. — L'enquête sur l'échelle mobile ; sentiment de la Société d'agriculture de la Haute-Garonne. Les intérêts du Sud-Ouest sacri-

Pages.

fiés dans la législation sur les céréales. Dangers de cette situation. — La vente des grains au poids. — Résultats imprévus de
la liberté de la boulangerie. — Des modifications à apporter dans
la culture du froment. Les semences : choix, préparation.
Sciage des grains. Battage. Les solatiers...   192

§ 2. *Méteil.* — L'étendue consacrée au méteil ne cesse de diminuer. — Progrès dans les rendements........................   211

§ 3. *Seigle.* — Statistique comparée. — Exportation. — Seigle
vert...   212

§ 4. *Orge.* — Statistique comparée. — Culture..............   213

§ 5. *Avoine.* — Statistique comparée. — Rendements. — Culture.
— Variétés. — Usages..................................   214

§ 6. *Maïs.* — Introduction du maïs ; sa teneur en azote. —
Statistique comparée. — Sols qui conviennent au maïs. — Varié-
tés. — Rendements. — Culture. — Le maïs, plante fourragère.
— Usages...   216

§ 7. *Sarrasin.* — Détails historiques. — Statistique comparée.
— Usages. — Culture. — Rendements....................   223

§ 8. *Sorgho.* — Sols propices au sorgho. — Culture — Rendement. — Usage de la tige et des graines   226

§ 9. *Millet.* — Culture. — Rendements....................   227

§ 10. *Riz.* — Tentatives d'acclimatation opérées par les soins
de MM. de Lasplanes et Clos.............................   228

CHAPITRE II : Légumes.................................   229

§ 1er. *Fève.* Statistique. — Culture. — Rendements. — Usages ...   229

§ 2. *Haricots.* — Statistique. — Culture. — Rendements. —
Variétés   231

§ 3. *Lentille* (Hervum lens). — Statistique. — Culture. —
Variétés. — Rendement...............................   233

§ 4. *Pois chiche. Pois.* — Pois chiche : culture, usages. — Pois
gris. — Pois carré. — Pois vert..........................   234

CHAPITRE III : Plantes a racine alimentaire..................   235

§ 1er. *Pommes de terre.* — Importation de la pomme de terre.
— Propagation. — Statistique. — Rendements. — Variétés.
— Culture..   235

§ 2. — *Betterave.* — Son importance dans la Haute-Garonne. —
Historique. — Variétés. — Culture. — Récolte. — Conservation. — Valeur nutritive des racines et des feuilles..........   238

§ 3. *Topinambour.* — Historique. — Usage. — Compte de
culture..   242

§ 4. *Navet.* — Navet blanc. — Rave. — Turneps.............   244

§ 5. *Carotte.* — Carotte blanche à collet vert. — Culture.......   245

§ 6. *Chou.* — Usages. — Culture. — Variétés........   246

CHAPITRE IV : Plantes oléagineuses........................   247

§ 1er. *Colza.* — Historique de sa propagation dans la Haute-
Garonne. — Statistique. — Procédés de la culture. — Rendements...   247

Pages.

§ 2. *Navette. Chou-Rave.* — Procédés de culture. — Statistique. — Rendements 251

§ 3. *Madia sativa. Sésame. Arachyde.* — Essais d'introduction, par MM. de Villeneuve, Moquin-Tandon et Clos............. 252

CHAPITRE V : PLANTES POTAGÈRES............................... 253

§ 1er. *Ognon.* — Variétés. — Semis. — Culture. — Rendements 254

§ 2. *Ail.* — L'ail gascon. — Variétés. — Culture. — Produit.... 257

§ 3. *Asperges.* — L'asperge dans la plaine de Blagnac. — Culture. — Produit... 259

§ 4. *Melons.* — Les melons aux environs de Saint-Jory. — Culture. — Produit 260

§ 5. *Plantes diverses.* — Chou. — Navet. — Artichaut. — Cornichon. — Citrouilles............................. 261

CHAPITRE VI : PLANTES TEXTILES 262

§ 1er. *Lin.* — Statistique. — Produit. — Culture............ 262

§ 2. *Chanvre.* — Détails historiques. — Statistique. — Culture. — Rouissage. — Produits......................... 263

§ 3. *Coton.* — Essais d'acclimatation tentés par MM. Ferrère, Dispan et Clos.. 264

CHAPITRE VII : PLANTES FOURRAGÈRES 265

PREMIÈRE CLASSE : Prairies permanentes. — Impulsion donnée aux défrichements par suite du haut prix des grains sous l'Empire. — Prés à pâturer dans la région des montagnes. — Prairies à faucher sèches et arrosées. — Leur importance respective. — Flore des prés. — Culture, semis, composts. — Concours de la Société d'agriculture. 265

DEUXIÈME CLASSE : Prairies artificielles............... 274

§ 1er. *Grande luzerne.* — Sa propagation dans le département. — Importance croissante de l'exportation vers le bas Languedoc. — Travaux préparatoires : défoncement à bras et à la charrue. — Semis. — Destruction du colaspis-atra. — Moyens usités pour débarrasser la luzerne de la cuscute et autres plantes nuisibles. — Rôle de la luzerne dans l'assolement. — Effets de l'irrigation.................................... 272

§ 2. *Trèfle.* — Culture. — Récolte de la graine. — Rôle du trèfle dans l'assolement................................. 280

§ 3. *Sainfoin* (esparcette). — Son importance sur les terrains calcaires et les coteaux. — Variétés. — Culture............. 282

§ 4. *Trèfle incarnat.* — Variétés. — Culture. — Rôle du farouch dans l'assolement....................... 283

§ 5. *Vesce.* — Vesce noire. — Vesce rousse. — Culture........ 286

§ 6. *Fourrages divers.* — Sorgho. — Raygrass............... 287

CHAPITRE VIII : PLANTES INDUSTRIELLES DIVERSES. — Pastel. — Garance. — Cardère. — Anis.. 288

CHAPITRE IX : VÉGÉTAUX A TIGE LIGNEUSE 290

§ 1er. *Vigne.* — I. La viticulture à la Société d'agriculture. — Le *Journal des Propriétaires ruraux* de 1806. — Mission du

Pages.

docteur Tournon dans le Bordelais en 1807. — Rendement moyen de la vigne et étendue des vignobles dans la Haute-Garonne en 1812. — Etude des cépages (1815). — La viticulture en 1820. — Ravages de la pyrale (1822). — Rapports et expériences de MM. Dispan et Magnes-Lahens. — Opinion de M. Lignières sur l'emploi des foudres (1826). — Crise vinicole en 1828. — Concours pour la vigne en 1830 et 1835. — La pyrale en 1838. — Concours de 1839. — La vigne dans la Haute-Garonne en 1843. — Encore la pyrale (1846)   290

II. La révolution de 1848 amène une dépréciation inouïe des vins. — Statistique de 1852. — L'oïdium et le soufrage. — Nécessité d'étendre le marché extérieur et le marché national. — Traité de commerce avec l'Angleterre. — Impôt des boissons. — Mission viticole dans le Bordelais (1860). — Rapport de M. Filhol. — Cours de viticulture de M. Laujoulet. — Les débouchés des vins de la Haute-Garonne en 1862. — Produits supplémentaires de la vinification. — Raisins verts. — Culture des hautains   299

§ 2. *Les arbres.* — Pépinières. Impulsion donnée à cette industrie, depuis 1853, par la Société d'horticulture. — Production des fruits. — Concours des plantations ouvert par la Société d'agriculture en 1832, en 1837, en 1842. — Concours pour les plantations de mûriers (1846) ; prix d'honneur à la sériciculture (1847) ; encouragements divers. — Le peuplier : culture du peuplier de la Caroline — Les ormes. — Le platane. — Le frêne. — Le robinier. — Le saule. — L'osier. — Le chêne. — Le hêtr . — Le sapin. — Statistique des forêts dans le département , en 1789 , en 1834 et en 1854. M. Dralet, conservateur des forêts. Les déboisements et les reboisements depuis 1858 jusqu'en 1868   309

LIVRE III

DU BÉTAIL

CHAPITRE Ier : DE L'ESPÈCE BOVINE   348

§ 1er. *Le bœuf de travail.* — Nécessité des aptitudes mixtes dans les races bovines du Sud-Ouest. Le travail du bœuf et celui du cheval comparés. Qualités à rechercher dans les animaux de trait ; défauts à éviter   348

§ 2. *Les races bovines.* — La race gasconne : son domaine, son aptitude au travail. Description. Amélioration à introduire dans le régime alimentaire et les appareillements. — La race garonnaise : des différentes aptitudes à l'engraissement. — Race bazadaise. — Races des montagnes : les vaches de Lourdes et de Saint-Girons. — Les races étrangères dans les laiteries des envi-

rons de Toulouse.—Statistique.—Historique des améliorations.
— Bibliographie... 334

CHAPITRE II : Des espèces chevaline, mulassière et asine.......... 348

§ 1er. *Espèce chevaline.* — Dégénérescence de la race navarrine. — Race bigourdane améliorée. — Le cheval ariégeois. —
Le sang anglais et le sang arabe. — L'anglo-arabe. — Les
courses à Toulouse. — L'élevage du cheval fin dans l'arrondissement de Saint-Gaudens et dans celui de Toulouse. — Primes et
encouragements. — Le cheval de trait délaissé. — Statistique.. 348

§ 2. *Espèce mulassière.* — Le mulet gascon et le mulet du
Poitou. — Nécessité d'améliorer les baudets et les juments mulassières. — De la production et de l'élevage du mulet. — Rôle du
mulet dans les travaux rustiques. — Le bardeau. — La statistique officielle. Lacunes à combler 363

§ 3. *Espèce asine.* — Statistique de l'espèce asine. — L'âne de
Gascogne. — Le lait d'ânesse. — Elevage des baudets : encouragements offerts à l'espèce mulassière dans les Deux-Sèvres..... 372

§ 4. *Conclusions.* — La question mulassière à la Société d'agriculture et au Conseil général. — Réformes à opérer.......... 378

CHAPITRE III : Espèce ovine.................................. 382

§ 1er. *Historique des améliorations.* — Troupeaux d'élevage et
d'engraissement. — Races : la lauragaise. Le mouton de montagne. Le mérinos : sa propagation sous l'Empire et sous la
Restauration. Concours de la Société d'agriculture. Les laines à
la douane (1823-26). La race lauragaise conserve les préférences
de l'éleveur. — Régime économique des troupeaux (1834). —
Primes aux béliers (1847-1850). — Concours des troupeaux
(1850-51). — Les brebis laitières des environs de Toulouse. —
Amélioration du régime économique des troupeaux. — Soins
donnés aux appareillements : la sélection et les croisements. —
Troupeaux d'élevage : expérience de M. Martegoute sur la production des sexes. — Troupeaux d'engraissement. — L'espèce
ovine dans les montagnes : laiteries. Engraissement. — Transhumance... 382

§ 2. *Statistique.* — *Conclusions.* — Statistique de l'espèce ovine
en 1830. — Dénombrement de 1840. — Statistiques de 1852,
1857 et 1862. — Diminution de l'espèce ovine, ses causes. —
Conclusions : progrès constatés ; améliorations à apporter dans la
qualité des laines et l'aptitude des animaux pour l'engraissement 398

CHAPITRE IV : Espèce caprine. — Diminution constatée par les dénombrements de 1830, 1840 et 1862. — La chèvre sur les montagnes.
— Troupeaux émigrants dans la plaine........................ 403

CHAPITRE V : Espèce porcine. — Régime vulgaire de l'élevage et de
l'engraissement. — Statistique. — Races indigènes. — Porcs anglais.. 406

CHAPITRE VI : Basse-cour 409

§ 1er. *Poules.* — Statistique. Exportations. — Régime alimentaire. — La poule gasconne.............................. 409

Pages.

§ 2. *Oies.* — L'oie de Toulouse. — Procédés d'engraissement. — Statistique. — Débouchés............................ 412

§ 3. *Dindons.* — Statistique. — Consommation locale. — Elevage 415

§ 4. *Canards.* — Statistique. — Elevage. — Pâtés de foies gras.. 416

§ 5. *Pintade.* — Oscillation dans les prix de vente. — Débouchés 417

§ 6. *Pigeons.* — Statistique. — Législation. — Les pigeons de volière.. 417

§ 7. *Lapin.* — Procédés d'élevage. — Choix des reproducteurs. — Débouchés... 419

§ 8. *Abeilles.* — Statistique. — Amélioration à apporter dans les habitudes des apiculteurs........................... 420

LIVRE IV

LES POPULATIONS OUVRIÈRES DANS LES CAMPAGNES

CHAPITRE Ier : LE MOUVEMENT DE LA POPULATION. — Faits statistiques constatés dans la Haute-Garonne et dans les départements limitrophes. — L'augmentation de la population dans les villes coïncide avec le dépeuplement des campagnes.................................. 422

CHAPITRE II : L'AGRICULTURE ET L'INDUSTRIE. — L'industrie sous l'ancien régime, la Convention et le Directoire. — Système commercial de l'Empire, condition des classes rurales. — L'industrie et l'agriculture sous la Restauration; opinion de M. de Malaret sur les effets du système protecteur; situation des populations ouvrières. — L'agriculture et l'industrie sous le gouvernement de Juillet; les classes rurales. — La crise de 1848. — Les salaires et la dépopulation des campagnes (1850-1866); l'émigration; progrès de l'industrie (1852-1862). — Parallèle entre la situation faite à l'industrie et à l'agriculture par le régime commercial en vigueur... 427

CHAPITRE III : LA DIMINUTION DES NAISSANCES. — L'infécondité des mariages résulte des exigences croissantes de la population du côté du bien-être ainsi que du régime des successions. — Faits statistiques. — Avantages et dangers de l'extension de la liberté testamentaire. — Effets salutaires de la liberté du commerce sur le bien-être général. — La conscription et les mariages................................. 440

CHAPITRE IV : LE PAYSAN. — Régime alimentaire des paysans : les faucheurs des environs de Toulouse et les briquetiers belges. — Les vêtements. — L'habitation. — Le mobilier. — Superstitions. — Mœurs : esprit de famille; noces; funérailles. — Nécessité de développer le sentiment religieux. — Le curé de campagne : son rôle; comment améliorer sa position.. 447

CHAPITRE V : LES SALAIRES. — De la concurrence faite au travail agricole par le travail industriel, les embellissements des villes et les grands travaux publics. — Moyens d'en conjurer les effets; augmentation du capital d'exploitation; organisation du travail. — Participation

de l'ouvrier à l'entreprise agricole. — Substitution du travail à la tâche
au travail à la journée. — Engagements à long terme. — Patronage... 462

LIVRE V

DE L'ASSISTANCE PUBLIQUE

CHAPITRE Ier : PARALLÈLE ENTRE LES VILLES ET LES CAMPAGNES. — Caractère centralisateur de l'assistance publique sous l'ancien régime. —
Parallèle entre la situation actuelle des villes et des campagnes. —
Institutions de prévoyance : sociétés de secours mutuels ; caisses d'épargnes. — Œuvres charitables comparées : bureaux de bienfaisance à
Toulouse et dans le département ; établissements hospitaliers ; œuvres
charitables diverses. — Etablissements de crédit : prêt gratuit ; société
du Prince impérial ; caisse des avances de Caraman ; mont-de-piété... 471
CHAPITRE II : L'ASSISTANCE PUBLIQUE DANS LES COMMUNES RURALES. —
Interdiction de la mendicité. — Organisation des dépôts ; dispositions
législatives ; règlement administratif ; deux catégories de détenus ; nécessité de les isoler ; question de principe ; le Code pénal ; danger d'interdire la mendicité ; la caisse d'assistance dans la Nièvre. — L'œuvre des
pensions agricoles dans la Haute-Garonne. — Organisation de la médecine cantonale ; nécessité de modifier le régime actuel.............. 485
CHAPITRE III : DE LA PAUVRETÉ DANS LES CAMPAGNES. — Causes qui
engendrent la misère parmi les populations rurales : entretien des
enfants ; insuffisance de l'instruction ; relâchement des liens moraux ;
faiblesse des salaires ; absence des institutions de prévoyance ; frais de
maladie ; entretien des infirmes et des vieillards. — Moyens économiques d'élever les salaires. — Asiles pour l'enfance annexés aux écoles
des filles... 497
CHAPITRE IV : LES SOCIÉTÉS DE SECOURS MUTUELS. — Avantages économiques et moraux des associations mutuelles. — Coup d'œil sur l'histoire de ces associations. — Dispositions adoptées en vue des intérêts
agricoles. — Dépenses moyennes des sociétés. — Des secours à donner
aux infirmes et aux vieillards. — Du service sanitaire. — Nécessité de
multiplier les associations mutuelles........................... 503
CHAPITRE V : INSTITUTIONS DE BIENFAISANCE. — Nécessité de développer
l'institution des pensions à la vieillesse agricole. — De la réforme du
service sanitaire. — Ce que la charité administrative gagne à s'exercer
par le ministère des Sœurs. — Rôle des bureaux de charité. — Comment prévenir les abus de la mendicité sans l'interdire. — Résumé.... 544

LIVRE VI

DE L'ÉDUCATION ET DE L'ENSEIGNEMENT PROFESSIONNEL AU POINT
DE VUE DE L'AGRICULTURE

CHAPITRE Ier : INSTRUCTION PRIMAIRE. — Etat de l'enseignement public
dans les campagnes au dix-huitième siècle. — Les idées de 1789. — La

Pages.

loi de 1833. — Statistique de l'instruction primaire dans la Haute-
Garonne depuis 1830 jusqu'en 1866. — L'instruction au point de vue
chrétien. — Education des femmes. — Enquête de 1860. — Programme
de l'enseignement : religion, notions élémentaires d'agriculture, excursions agronomiques, principes d'économie politique. — Pourquoi
convient-il de repousser la gratitude absolue de l'enseignement dans les
communes rurales ? — Le nouveau programme donne satisfaction aux
vœux des agriculteurs...................................... 521

CHAPITRE II : ENSEIGNEMENT SECONDAIRE. — L'enseignement professionnel indispensable au fermier et au propriétaire cultivateur. — Conséquences heureuses de la présence des propriétaires sur leurs domaines
au point de vue des intérêts matériels et de l'harmonie sociale. —
L'appât des fonctions publiques et la direction indécise de l'enseignement entraînent dans les villes les jeunes gens appartenant aux classes
moyennes. — Nécessité de diminuer les emplois publics et d'organiser
l'enseignement professionnel. — Toulouse, capitale du Midi et centre
de la région du maïs, offre des ressources particulières pour une école
régionale.. 534

CHAPITRE III : ENSEIGNEMENT SUPÉRIEUR. — De la frivolité des goûts
dans la haute société et de son indifférence pour les classes moyennes
et inférieures. — Dangers de l'isolement social. — Palliatif que pourrait présenter, à cet égard, l'organisation du suffrage universel à deux
degrés. — L'agriculture en honneur dans la haute société toulousaine :
mœurs, séjour des propriétaires à la ville ; les séances de la Société
d'agriculture. — Nécessité de répandre et de fortifier à tous les degrés
l'enseignement agricole. — Ressources que présente la ville de Toulouse
pour l'organisation d'un cours supérieur d'agronomie.............. 545

LIVRE VII

LA PROPRIÉTÉ FONCIÈRE ET L'ENTREPRISE AGRICOLE

CHAPITRE Ier : CONSTITUTION DE LA PROPRIÉTÉ. — La propriété en
Languedoc sous l'ancien régime. — Les domaines nationaux. — La
propriété sous le Directoire, le Consulat et l'Empire. — Les cotes foncières en 1815 ; le milliard d'indemnité ; dégrèvement de l'impôt. —
Les cotes foncières en 1835 et 1842 ; progrès de la petite propriété. —
La France lui doit son salut sous la République. — Distribution de la
propriété en 1852 et 1862. — Le morcellement de la propriété activé
par la loi des successions et le régime des partages, combattu par les
dispositions préciputaires et l'infécondité des mariages. — Nécessité
d'étendre la liberté testamentaire. — Effets du morcellement sur la
valeur des immeubles, la production, la main-d'œuvre et l'entreprise
agricole.... 557

CHAPITRE II : DES DIVERS SYSTÈMES D'EXPLOITATION.................. 572
§ 1er. Fermage. — Son importance dans la Haute-Garonne. —

Dispositions caractéristiques des baux à ferme. — Les petits propriétaires auraient intérêt à devenir fermiers des grands domaines..............................a....................... 572

§ 2. *Métayage*. — Son rôle dans l'économie rurale. — Les métayers en 1812. — Conditions ordinaires des contrats. — Résultats favorables du bon accord entre les parties contractantes.. 575

§ 3. *Faire-valoir*. — Trois conditions dans le faire-valoir : le propriétaire cultivant de ses propres mains ; le propriétaire dirigeant en personne son exploitation (détails sur le système de culture à maîtres-valets) ; le propriétaire administrant son domaine par l'intermédiaire d'un régisseur................. 579

CHAPITRE III : DU CAPITAL AGRICOLE............................ 587

§ 1er. *Du capital fixe*. — I. Capitaux consacrés à l'exploitation du sol. — Défrichements : statistique. — Assainissement : drainage. — Amendements : marnage, chaulage. — Irrigation : canal de Saint-Martory ; canal Latéral à la Garonne ; projets divers... 588

II. Voies de communication : navigation (fleuve, canaux, projet d'un canal maritime, tarifs) ; chemins de fer (réseau, tarifs différentiels, avantages du percement des Pyrénées) ; routes et chemins (développement, desiderata). — Bâtiments ruraux : logement des colons ; étables à bœufs, écuries, bergeries, porcheries, citerne, hangars, fosse à fumier ; évaluation des constructions servant à l'exploitation des fermes et des vignobles....... 596

§ 2. *Cheptel vivant et cheptel mort*. — Cheptel vivant sous l'ancien régime ; le bétail sur nos fermes. — Cheptel mort ; concours de charrues ouverts par la Société d'agriculture en 1816 et 1821 ; succès de la charrue Cougoureux ; charrues belge et Dombasle ; charrue Lacroix (1826) ; concours de 1828, 1834 et 1840 ; charrue Rouquet ; amélioration du matériel agricole ; les erreurs de la statistique officielle ; le gros matériel ; l'outillage de l'ouvrier. — Evaluation du matériel agricole dans les fermes et les vignobles... 607

§ 3. *Capital circulant*. — Le capital circulant est en rapport avec le cheptel, le genre et l'intensité de la culture dont il solde les dépenses annuelles. — Impôt foncier (nécessité de la péréquation) ; centimes additionnels ; contribution mobilière ; impôts de consommation ; droits d'enregistrement : leur exagération ; prestation en nature : réforme à opérer. — Assurances contre la grêle (Société de Toulouse) ; contre la mortalité des bestiaux (Société d'Aspet), etc. — Engrais minéraux et animaux : la fabrication des poudrettes à Toulouse. — Approvisionnements de la ferme. — Evaluation du capital circulant ; comment l'augmenter ; rôle des sociétés de crédit (projet de banque agricole de M. Granié), rôle de l'épargne.................. 616

LIVRE VIII

LES DOLÉANCES ET LES VŒUX DE L'AGRICULTURE

Pages.

CHAPITRE Ier : L'ENQUÊTE AGRICOLE. — Les déposants dans l'enquête manuscrite à Toulouse. — Quels seraient les moyens les plus propres à améliorer la condition de l'agriculture ? 627

    I. Comment diminuer les frais de production ? Des réformes à apporter en ce qui concerne : 1º la direction de l'entreprise agricole (organisation de l'enseignement professionnel ; encouragements ; moyens de diminuer l'absentéisme) ; — 2º le capital agricole (de l'épargne ; des institutions de crédit ; des subventions de l'Etat, du département et des communes) ; — 3º le travail (rareté de la main-d'œuvre ; dépopulation des campagnes ; comment y remédier) 628

    II. Comment étendre nos débouchés : 1º du côté du marché intérieur ; 2º du côté du marché extérieur... 639

CHAPITRE II : ÉPILOGUE. — Pourquoi il reste tant à faire du côté de l'harmonie sociale et des intérêts agricoles ; funeste influence exercée par l'esprit de parti, la passion des armes et les sentiments égoïstes. — Nécessité de réformer les tendances morales. Il faut fortifier l'esprit chrétien qui unit les classes entre elles et les hommes entre eux. C'est par les classes supérieures que la réforme doit commencer. On peut combattre l'absentéisme par l'organisation du suffrage à deux degrés, la création de magistratures locales, etc. — Nécessité de réformer les institutions politiques. Abus de la centralisation ; il conviendrait de grouper les départements en provinces ; avantages de ce changement au point de vue administratif et agricole 644

PIÈCES JUSTIFICATIVES

    I. Produit des récoltes dans le diocèse de Toulouse (1764-1788). 655

    II. Statistique du bétail à Montastruc (1773 et 1788-1862)...... 656

    III. Prix moyen du froment dans la Province du Languedoc (1756-1790). 657

    IV. Prix moyen du blé à Toulouse (1800-1868). 658

    V. Prix moyen du blé à Gaillac (1800-1868). 659

    VI. Taux mensuels des journées dans la banlieue de Toulouse (1718-1868) 660

    VII. Taux mensuels des journées dans le vignoble de Gaillac (1762-1868)... 661

    VIII. Répartition des jours de travail (hommes, femmes, adultes)... 662

    IX. Les salaires évalués en blé dans la banlieue de Toulouse (1785-1866)... 663

    X. Les salaires évalués en blé dans le vignoble de Gaillac (1762-1866)... 664

    XI. Les variations de la production du blé dans le Sud-Ouest.... 665

    XII. Mouvement de la population dans la Haute-Garonne (1800-1866) 667

Toulouse, imp. L. Hébrail, Durand et Cⁱᵉ, rue de la Pomme, 5.

www.ingramcontent.com/pod-product-compliance
Lightning Source LLC
Chambersburg PA
CBHW031440210326

41599CB00016B/2057